温度测量实用技术

第2版

王魁汉　等编著

机械工业出版社

本书从温度测量实际出发，全面系统地介绍了温度计量与测试的基本原理与实用测温技术。全书内容包括：温度与温标的基础知识及测温技术的新进展，膨胀式温度计、电阻温度计、热电温度计及辐射温度计的工作原理、结构、特性、选择与应用，光纤温度传感器等新型温度传感器，测温防爆技术，热电偶保护管所用材料的分类、特性及应用，温度量值传递、测温系统在线原位校准与标准化，固体内部与表面、气体、高温熔体、核电站、芯片与半导体以及航空航天、冶金、石油化工等领域的实用测温技术与应用。本书内容全面、新颖，紧密联系实际，反映了国内外有关测温的新理论、新动向，具有很强的系统性、科学性、先进性与实用性。

本书可供从事热工计量测试的工程技术人员、科研工作者参考，也可作为高等院校相关专业师生的教学用书或参考书。

图书在版编目（CIP）数据

温度测量实用技术/王魁汉等编著 . —2 版 . —北京：机械工业出版社，2020.1（2025.1 重印）

ISBN 978-7-111-64188-9

Ⅰ. ①温…　Ⅱ. ①王…　Ⅲ. ①温度测量　Ⅳ. ①TB942

中国版本图书馆 CIP 数据核字（2019）第 262832 号

机械工业出版社（北京市百万庄大街 22 号　邮政编码 100037）

策划编辑：陈保华　责任编辑：陈保华
责任校对：张晓蓉　封面设计：马精明
责任印制：邓　博
北京盛通数码印刷有限公司印刷
2025 年 1 月第 2 版第 8 次印刷
184mm×260mm · 42.75 印张 · 928 千字
标准书号：ISBN 978-7-111-64188-9
定价：169.00 元

电话服务　　　　　　　　　网络服务
客服电话：010 - 88361066　机 工 官 网：www.cmpbook.com
　　　　　010 - 88379833　机 工 官 博：weibo.com/cmp1952
　　　　　010 - 68326294　金 书 网：www.golden-book.com
封底无防伪标均为盗版　机工教育服务网：www.cmpedu.com

第 2 版序

温度是度量世界中最基本的物理参数之一，研究、开发精确、稳定、灵敏的温度传感器，实现高精度、高响应性的温度精准测量对于人类掌握自然规律和控制物理与化学过程具有极为重要的意义。特别是近年来智能制造已成为技术革命的核心，自然界、工程中温度的精准、快速、稳定的感知，成为诸多行业智能制造的重要前提条件，受到广泛的关注和重视。

长期以来，王魁汉教授致力于温度测量技术的教学和研究工作，辛勤耕耘，取得了丰硕的成果。2007年他总结前期的教学与研究工作，编著出版了《温度测量实用技术》（以下简称第1版）一书，适应了当时温度精准测量、服务我国科技发展的迫切需求。近年来，第四次工业革命方兴未艾，诸多工业与研究领域，对于温度测量提出了更高的要求。从高达数千摄氏度的高温到零下数百摄氏度低温的测量，复杂多变、干扰纷杂、极端危险环境的温度可靠、稳定、安全测量等，温度测量技术面临众多迫切的需求和巨大的挑战。另一方面，如何根据具体的测量要求，合理应用最适用的温度测量技术，并管理、优化温度测量技术与进程，是成功应用温度测量技术，并开辟温度测量施展功能的新领域，是温度测量研究与开发方面的研究重点。在温度传感技术的应用方面，王魁汉教授和相关领域的专家、学者开展了卓有成效的工作，取得了重要的创新成果，积累了宝贵的经验。他们总结、汇聚了领域内外专家、学者的出色工作，并系统总结、提高，在第1版的基础上撰写了本书，奉献给广大读者，相信本书会对从事温度测量相关工作的科技工作者、高校的教师、研究生和大学生的学习、开发、研究、生产、设计、教学等提供重要的支持和帮助。

适逢本书出版之际，特借此机会向王魁汉教授和各位合作者表示祝贺，并期望本书为我国的温度测量技术的研究、传播和广泛应用带来新的福音。

中国工程院院士

第 2 版前言

温度是一个基本的物理量，几乎所有的生产过程及科研工作都与温度密切相关。因此，对于温度传感器的开发、选择、校准与正确使用，保证准确地测量与控制温度，对科研与生产都十分重要。例如，火箭液氢储罐的温度仅 $-263℃$（10K）左右，而火箭发射燃烧的温度高达 $2500℃$ 以上，对于超低温、超高温物理现象、等离子加热技术等都需要准确地测量与控制温度。由传感器、智能化仪表所构成的测控系统，是不可缺少的基础技术与装备核心，对促进我国工业转型升级，完成《中国制造2025》强国战略，发展战略性新兴产业，推动现代化国防建设，保障和提高人民生活水平，将发挥重要作用。

1971 年东北工学院（现东北大学）筹建温度计量室，委派我赴北京国家计量院温度室学习，初步了解低、中、高温度传感器的性能、结构、校准与检定。1972 年又为辽宁省计量局举办温度计量培训班，赴哈尔滨工业大学进修，有机会系统学习各种温度传感器的基本原理与应用。1973 年在参照清华大学与哈尔滨工业大学教材的基础上，为辽宁省计量局编写了《温度及其测量方法》。1987 年与 1991 年又分别编写出版了《热工测试技术》与《温度测量技术》。2007 年编写出版了《温度测量实用技术》（以下简称第 1 版）。第 1 版内容很实用，颇受读者欢迎。为了适应时代发展的需求，保持本书的生命力，帮助读者解决新问题，应机械工业出版社及朋友之邀，我们决定对第 1 版进行修订再版。

本次修订的重点是：增添新型温度传感器、新材料、新型测温技术与新理论。新增辐射测温技术最新进展及多波长温度计，由清华大学符泰然副教授编写；热电偶用温度变送器，由原上海模数仪表有限公司总经理金建民高工编写；热电偶时间常数测量装置与应用，由沈阳东大传感技术有限公司总经理夏春明高工编写；核电站温度测量仪表等，由苏州赛新自动化科技有限公司总经理宋平高工编写；航空发动机中高速与高温气流的温度测量，由304 所赵俭研究员编写；石油化工反应器及煤化工气化炉温度测量，由天津市中环温度仪表有限公司总经理刘瀚孺高工编写。原上海工业自动化仪表研究院有限公司防爆站站长胡富民高工对第 7 章中测温防爆技术做了修订，其余各章的修订工作皆由王魁汉教授完成。全书由王魁汉教授统稿，宋平高工对全书进行了整理。

在学习、借鉴与总结国内外先进理念的基础上，结合作者 40 多年的实践经验，本书将更加紧密联系生产实际，具有很强的系统性、科学性、先进性与实用性，并兼有工具书的特点，是一本难得的实用测温技术大全。

在本书编写过程中，得到了中国仪器仪表协会、温度仪表专业协会领导的鼓励与关照，浙江乐清市华东仪表厂董事长吴兴华高工、浙江伦特机电有限公司董事长吴加伦高工等同行业朋友，提供了一些有益的资料和帮助，在此一并表示衷心感谢。

由于传感器的知识深广，科技发展迅猛，而作者水平有限，书中不足之处在所难免，敬请读者指正。

王魁汉

第 1 版序

随着科学和经济的发展，测温学与测温技术在我国有了长足进展，并反过来推动了科学和生产技术的进步。多年来，国内出版的有关温度测量的著作已有多本，对我国测温技术的发展起了很好的推动作用。这些著作各有特点，有些侧重于温度计量学，有些侧重于温度测量仪表。至于侧重于测温应用技术的书，却很少见到。从事测温工作的人，常以此为憾。现在，王魁汉教授的这本新作可以较好地满足读者的要求了。

王魁汉教授长期从事温度测量技术的研究和教学。多年来，他把研究的重点放在工程中温度测量的应用技术上，放在解决工程中出现的测温问题上，在国内众多从事测温工作的同仁中，是很突出的。15年前，他在编著《温度测量技术》一书时，就做过重点向"测温应用技术"倾斜的尝试。该书出版后，得到了读者，尤其是在生产第一线从事测温工作的读者的高度赞许和热烈欢迎。这本新作更是突出了"应用技术"的主线。在温度测量仪表的各章中，都加入了不少与实际应用有关的内容。"测温防爆技术"和"温度传感器耐高温与防腐蚀技术"两章，介绍了在有爆炸危险场所和高温腐蚀性等恶劣环境中使用的仪表和技术，以适应越来越严格的工业生产安全性、可靠性和耐用性要求。作者把温度仪表的标准化和计量单独成章，是很有见地的，因为这些工作虽然重要却常被忽视。此外，作者还在这本书的附录中，收入了大量实际应用中经常需要的最新数据和资料。书中不但反映了测温技术各方面的新发展，而且介绍了许多在实际工作中十分重要、但在其他温度著作中很少介绍的知识。上述这些具有特色的内容，使这本专著具有很强的实用性，以至在某种程度上可作为工具书使用。作者将书名取为《温度测量实用技术》，的确是名副其实。

祝贺《温度测量实用技术》的出版！相信它会在测温工作中，助大家一臂之力。

中国温度仪表专业协会顾问、原上海工业自动化仪表研究所所长

张继培

第1版前言

传感技术是现代信息技术的三大支柱之一。它是信息获取、处理及传输的源头，是自动化的技术基础。它是计算机、信息处理等综合性高技术密集型前沿技术之一。各国都在积极开发新型传感器。伴随传感技术的发展，每个领域都将呈现出种类繁多、型号各异的传感器。温度传感器就是一种最常用的家喻户晓的传感器。因此，如何对温度传感器进行最佳选择、校准及使用将是十分重要的。

温度是一个基本的物理量，它是生产过程中应用最普通、最重要的工艺参数，无论是工农业生产，还是科学研究、国防现代化，都离不开温度测量。它是现代测试技术中应用频率最高的技术之一。然而，温度的准确测量并非轻而易举，即使有了准确度很高的温度计，如果测量方法选择不当，或者测量环境不能满足要求，皆难以得到预期结果。目前，有关温度测量实用技术的专著很少。作者长期从事温度测量与材料科学的理论与应用技术研究，切身感到实用测温技术的重要性、复杂性及实施的困难。作者曾在1991年撰写《温度测量技术》一书，颇受欢迎，很快销售一空，海内外的读者纷纷要求再版，美国学者希望能有英文版本。在中国温度仪表专业协会、仪表材料分会的支持与关怀下，在同行专家的鼓励下，决心再撰写一本材料更新颖、内容更实用、理论更系统、结构更科学的新著，并邀请国内知名专家及富有实践经验的企业家、工程技术人员参与撰写。

本书从温度测量实际出发，全面系统地介绍了温度测量实用技术。全书内容包括：1990年国际温标，各种温度计的工作原理、特性、选择与应用；温度传感器的防腐、耐磨、隔爆、防爆技术，温度量值传递（溯源）、测温系统的校准与标准化；固体表面与内部、气体、液体温度测量，温度测量在相关行业的实际应用，以及现场测温的典型故障分析与对策等。书中还收录了现行国际标准，美、英、德、日等国家标准中关于温度测量的技术数据。在内容上紧密联系生产实际，力求学以致用。其他专著中很少涉及的有关传感器的防爆技术，连接、安装用螺纹、法兰与接插件，本书也做了适当介绍。本书不仅系统地收集了国内外新型温度传感器及测温技术方面的新成果、新动向，还凝聚了作者多年的教学与科研成果及现场测温经验。

本书深入浅出，注重实用，具有很强的实用性、先进性，并具有一定的指导作用，兼有教材与工具书的特点，可谓是一本难以寻求的实用测温技术大全。本书可供冶金、石化、机械、电力等行业的工程技术人员、工人参考，也可供相关专业在校师生、研究人员参考。

本书由王魁汉教授等编著。其中，第3章3.5节由张明高工编写；第4章4.7节由华东仪表厂吴兴华厂长编写；第6章6.1、6.2节由沈阳工业大学贾丹萍副教授编写；第6章6.5节由沈阳航空学院田丰教授编写；第7章由上海工业自动化仪表研究所国家级仪器仪表防爆安全监督检验站原站长胡富民高工编写；第8章8.1至8.5节由北京科技大学黄进峰博士编写；第9章9.1节由辽宁省计量科学研究院侯素兰高工编写；第10章10.3至10.5节、10.7节由春晖仪表公司邹华总经理、天津中环仪表公司刘汉杰总经理、上海自动化仪表三厂宋平总工、沈阳测温仪表厂孙新国总工、肇庆自动化仪表公司吴珏总经理、东北大学刘喜海副教授编写；其他章节由王魁汉教授编写。全书由王魁汉教授统稿。

在编写过程中，辽宁省计量科学研究院黄成新教授协助对全书进行整理、归纳，还得到西仪集团温度仪表厂宋普厂长、浙江伦特机电公司吴加伦总经理、辽宁省计量科学研究院宋德华教授等许多专家、朋友的指导与帮助。在此一并致以诚挚谢意！

作者虽然在测温领域耕耘30多年，但书中不足之处在所难免，敬请广大读者批评指正。希望本书在促进我国测温技术的发展、缩小我国温度仪表与先进国家的差距、创立温度仪表民族品牌等方面发挥其作用。

王魁汉

目　　录

第1章　温度测量概述

温度是一个重要的物理量。它是国际单位制（SI）中7个基本物理量之一，也是工业生产中主要的工艺参数。但是，要准确地测量温度是很困难的，无论采用准确度多么高的温度计，如果温度计选择不当，或者测试方法不适宜，均不能得到满意的结果。由此可以看出测温技术的重要性与复杂性。

1.1　温度与温标

1.1.1　温度

物体的冷热程度常用"温度"这个物理量来表示。从能量角度来看，温度是描述系统不同自由度间能量分布状况的物理量；从热平衡的观点来看，温度是描述热平衡系统冷热程度的物理量。它标志着系统内部分子无规则运动的剧烈程度。温度高的物体，分子平均动能大；温度低的物体，分子平均动能小。对于非平衡态系统，目前对温度尚缺乏准确的定义。

温度的高低，也可由人的器官感觉出来，但这很不可靠，也不准确。例如，我们在环境温度为5℃的室内坐久了会觉得很冷，但是，一个长时间工作在冰天雪地的人突然进入此屋内，则会感到很暖和。因此，用人的感觉来判断或测量温度是不科学的。但是温度计量又不能像长度计量那样，简单地采用叠加的办法，例如两壶100℃的开水倒在一起，温度仍是100℃，绝不会是200℃。如此看来，温度是一个特殊的物理量，称之为"内涵量"。国际单位制中其他6个物理量称为"广延量"，它们可以叠加。

为了判断温度的高低，只能借助于某种物质的某种特性（例如体积、长度和电阻等）随温度变化的一定规律来测量，自然就会有形形色色的温度计。但是，迄今为止，还没有适应整个温度范围用的温度计（或物质）。比较理想的物质及相应的物理性能有：液体、气体的体积或压力，金属（或合金）的电阻，热电偶的电动势和物体的热辐射等，这些性能随温度变化，都可作为温度测量的依据。

1.1.2　温标

为了保证温度量值的统一和准确，应该建立一个用来衡量温度的标准尺度，简称为温标。温度的高低必须用数字来说明，温标就是温度的数值表示方法。各种温度计的数值都是由温标决定的。即温度计必须先进行分度，或称标定。好比一把测量长度的尺子，预先要在尺子上刻线后，才能用来测量长度。由于温度这个量比较特殊，只能借助于某个物理量来间接表示，因此温度的尺子不能像长度的尺子那样明显，它是利用一些物质的"相平衡温度"作为固定点刻在"标尺"上，而固定点中间的温度值则是利用一种函数关系来描述，称为内插函数（或称内插方程）。通常把温度计、固定点和内插方程称为温标的三要素，或称为三个基本条件。

1. 经验温标

借助于某一种物质的物理量与温度变化的关系，用实验方法或经验公式所确定的温标，称为经验温标。

1714 年德国人华伦海脱（Fahrenheit）以汞（水银）为测温介质，以汞的体积随温度的变化为依据，制成玻璃水银温度计。他规定以人的体温为 96 度，以当时人们可获得的最低温度，即氯化氨和冰的混合物的平衡温度为 0 度。这两个固定点中间等分为 96 份，每一份为 1 度，记作°F。这种标定温度的方法称为华氏温标。

1740 年瑞典人摄尔休（Celsius）把冰点定为 0 度，把水的沸点定为 100 度，用这两个固定点来分度玻璃水银温度计，将两个固定点之间的距离等分为 100 份，每一份为 1 度，记作℃。这种标定温度的方法称为摄氏温标。

还有一些类似的经验温标，如兰氏温标、列氏温标等，都有各自相应的内容。为便于读者参考、使用，这里将各种温标的温度值间换算关系，列在表 1-1 中。

表 1-1　温度换算系数表

温标单位	开尔文,K	摄氏度,℃	华氏度,°F	兰氏度,°R
开尔文,K	T	$T - 273.15$	$\frac{9}{5}(T - 273.15) + 32$	$\frac{9}{5}T$
摄氏度,℃	$t + 273.15$	t	$\frac{9}{5}t + 32$	$\frac{9}{5}(t + 273.15)$
华氏度,°F	$\frac{5}{9}(\theta - 32) + 273.15$	$\frac{5}{9}(\theta - 32)$	θ	$\theta + 459.67$
兰氏度,°R	$\frac{5}{9}\Theta$	$\frac{5}{9}\Theta - 273.15$	$\Theta - 459.67$	Θ

由上述可知，经验温标的缺点在于它的局限性和随意性。例如，若选用水银温度计作为温标规定的温度计，那么别的物质（例如乙醇）就不能用了，而且使用温度范围也不能超过上下限（如 0℃，100℃），超过了就不能标定温度了。

2. 热力学温标

由于经验温标具有局限性和随意性两个缺点，不能适用于任意地区或任何场合，因而是不科学的。只有"放之四海而皆准"、用普遍规律所确定的温标，才是最科学的。物理学家开尔文（Kelvin）提出，在可逆条件下，工作于两个热源之间的卡诺热机与两个热源之间交换热量之比等于两个热源热力学温度数值之比，即

$$\frac{Q_1}{Q_2} = \frac{T_1}{T_2} \text{ 或 } T_1 = \frac{Q_1}{Q_2} \times T_2 \tag{1-1}$$

式中，Q_1 为卡诺热机从高温热源吸收的热量；Q_2 为卡诺热机向低温热源放出的热量；T_1 为高温热源的温度；T_2 为低温热源的温度。

由式（1-1）看出温度 T 是热量 Q 的函数，而与工质无关。1848 年开尔文建议，

利用卡诺定理及其推论，可以建立一个与工质无关的温标，即热力学温标，热力学温标所确定的温度数值称为热力学温度（单位为 K）。

假设待测热源的热力学温度为 T，一个标准热源的热力学温度已知为 273.16K（水三相点），利用卡诺热机测温，令 $T_s = 273.16$K，则由式（1-1）有

$$\frac{T}{T_s} = \frac{Q}{Q_s}, \text{或} \ T = \frac{Q}{Q_s} \times T_s \tag{1-2}$$

式中，Q_s 为卡诺热机向标准热源放出的热量。

如果能用卡诺热机测出比值 Q/Q_s，则可由式（1-2）求得待测热源的热力学温度。式（1-2）可称为热力学温标的内插方程。

实际上，卡诺热机是不存在的，只好从与卡诺定理等效的理想气体状态方程入手，即根据玻意耳 – 马略特定律复现热力学温标：

$$pV = RT \tag{1-3}$$

式中，p 为一定质量气体的压力；V 为气体的体积；R 为摩尔气体常数；T 为热力学温度。

由式（1-3）可知，当气体的体积恒定（定容）时，一定质量的气体（例如 n 摩尔气体），其温度与压力成正比，于是当选定水三相点的压力 p_s 为参考点时，则

$$\frac{T}{T_s} = \frac{p}{p_s} = \text{恒量}, \text{或} \ T = \frac{p}{p_s} \times T_s \tag{1-4}$$

可以看出，式（1-4）与式（1-2）是类似的，当用定容气体温度计测出压力比 p/p_s 时，即可求得相应的热力学温度 T。式（1-4）称为理想气体的温标方程。由式（1-4）还可以看出，只要确定一个基准点（水三相点）温度，则整个温标就确定了。

由于实际气体与理想气体有些差异，所以当用气体温度计测量温度时，总要进行一些修正（如真实气体非理想性修正、容积膨胀效应修正）、毛细管等有害容积的修正和气体分子被器壁吸附的修正等）。由此可见，气体温标的建立是相当繁杂的，而且使用很不方便。

气体温标一旦建立起来，再用气体温度计测量热力学温度，同样繁杂。

3. 国际温标

为了实用方便，国际上经协商，决定建立一种既使用方便，又具有一定科学技术水平的温标，这就是国际温标的由来。

国际温标通常具备以下条件：

1）尽可能接近热力学温度。

2）复现精度高，各国均能以很高的准确度复现同样的温标，确保温度量值的统一。

3）用于复现温标的标准温度计，使用方便，性能稳定。

第一个国际温标是 1927 年第七届国际计量大会决定采用的温标，称为 1927 年国际温标，记为 ITS – 27。此后大约每隔 20 年进行一次重大修改，相继有 1948 年国际温标（ITS – 48）、1968 年国际实用温标（IPTS – 68）和 1990 年国际温标（ITS – 90）。

国际温标进行重大修改的原因，主要是由于温标的基本内容（即所谓温标"三要

素")发生变化，即温度计（或称内插仪器）、固定点和内插公式（方程）的改变。可以说，温标发展的历史，就是"三要素"发展的历史。过去各国使用的温标是1968年国际实用温标（即IPTS-68）和为补充下限不足而临时采用的1976年0.5~30K范围的（国际）暂行温标（简称EPT-76）。但从1990年1月1日开始，各国陆续采用1990年国际温标（简称ITS-90）。

ITS-90是1989年7月第77届国际计量委员会（CIPM）批准的国际温度咨询委员会（CCT）制定的新温标。我国从1994年1月1日起全面实行ITS-90国际温标。

1.2 1990年国际温标（ITS-90）简介

ITS-90的热力学温度仍记作T，为了区别于以前的温标，用T_{90}代表新温标的热力学温度，其单位仍是K。

与此并用的摄氏温度记为t_{90}，单位是℃。T_{90}与t_{90}的关系仍为

$$t_{90} = T_{90} - 273.15 \tag{1-5}$$

1990年国际温标，是以定义固定点温度指定值及在这些固定点上分度过的标准仪器来实现热力学温标的，各固定点间的温度是依据内插公式使标准仪器的示值与国际温标的温度值相联系。

1.2.1 定义固定点

ITS-90的定义固定点共有17个，见表1-2。

表1-2 ITS-90定义固定点

序号	温度		物质①	状态②	$W_r(T_{90})$
	T_{90}/K	$t_{90}/℃$			
1	3~5	-270.15~-268.15	He	V	
2	13.8033	-259.3467	$e-H_2$	T	
3	17	-256.15	$e-H_2$（或He）	V（或G）	0.00119007
4	20.3	-252.85	$e-H_2$（或He）	V（或G）	
5	24.5561	-248.5939	Ne	T	0.00844974
6	54.3584	-218.7916	O_2	T	0.09171804
7	83.8058	-189.3442	Ar	T	0.21585975
8	234.3156	-38.8344	Hg	T	0.84414211
9	273.16	0.01	H_2O	T	1.00000000
10	302.9146	29.7646	Ga	M	1.11813889
11	429.7485	156.5985	In	F	1.60980185
12	505.078	231.928	Sn	F	1.89279768
13	692.677	419.527	Zn	F	2.56891730
14	933.473	660.323	Al	F	3.37600860
15	1234.93	961.78	Ag	F	
16	1337.33	1064.18	Au	F	4.28642053
17	1357.77	1084.62	Cu	F	

① 除^{3}He外，所有物质都是天然同位素成分，$e-H_2$是平衡氢。

② 符号代表的意义：V为蒸气压点；T为三相点；G为气体温度计测定点；M、F分别为熔点、凝固点。

从表 1-2 可看出以下特点：

1）固定点总数比 IPTS - 68 增加了 4 个。

2）取消了氖（Ne）沸点、水沸点和氧（O_2）沸点。

3）增加了 5 个新的固定点，它们是氖（Ne）三相点、汞（Hg）三相点、镓（Ga）熔点、铝（Al）凝固点和铜（Cu）凝固点。

4）固定点的数值几乎全改了，而且变得更准确（到 mK 级）。

5）低温方面的沸点全被取消了，代之以三相点或熔点，例如镓熔点。

6）低温下限延伸了，按 ^{3}He 蒸气压方程，下限延到 0.65K。

1.2.2　标准仪器

ITS - 90 的内插用标准仪器变化较大，特别是低温方面，数量多且复杂，由不同温度范围（或区间）而定。整个温标分 4 个温区，其相应标准仪器分别如下：

1）0.65 ~ 5.0K，^{3}He 和 ^{4}He 蒸气压温度计。

2）3.0 ~ 24.5561K，^{3}He 或 ^{4}He 定容气体温度计。

3）13.8033K ~ 961.78℃，铂电阻温度计。

4）961.78℃ 以上，光学或光电高温计。

由上述可以看出，在低温部分将气体温度计正式定为标准仪器，虽然比较复杂，但目前还找不出一种比较实用的标准仪器。以前曾热门一时的铑铁电阻温度计没被采用。

另一方面，高温范围的铂铑 10 - 铂热电偶作为温标的标准仪器已被取消，代之以铂电阻温度计（961.78℃ 以下）和光学高温计（961.78℃ 以上）。

1.2.3　内插公式

ITS - 90 各温度范围的内插公式分得比较细，而且可以跨范围或交叠使用。

1. 0.65 ~ 5.0K 范围

在此范围内，T_{90} 按下式用 ^{3}He 和 ^{4}He 蒸气压 p 来定义：

$$T_{90} = A_0 + \sum_{i=1}^{9} A_i \left[(\ln p - B)/C \right]^i \qquad (1-6)$$

式中，A_0、A_i、B 和 C 都是常数，对于不同的区间，它们的数值略有差异，见表 1-3。

表 1-3　氦蒸气压方程式常数值

常数	^{3}He 0.65 ~ 3.2K	^{4}He 1.25 ~ 2.1768K	^{4}He 2.1768 ~ 5.0K
A_0	1.053447	1.392408	3.146631
A_1	0.980106	0.527153	1.357655
A_2	0.676380	0.166756	0.413923
A_3	0.372692	0.050988	0.091159
A_4	0.151656	0.026514	0.016349
A_5	- 0.002263	0.001975	0.001826

（续）

常数	^{3}He 0.65 ~ 3.2K	^{4}He 1.25 ~ 2.1768K	^{4}He 2.1768 ~ 5.0K
A_6	0.006596	− 0.017976	− 0.004325
A_7	0.088966	0.005409	− 0.004973
A_8	− 0.004770	0.013259	0
A_9	− 0.054943	0	0
B	7.3	5.6	10.3
C	4.3	2.9	1.9

该范围又分成 3 个区间：

1）0.65 ~ 3.2K，用 ^{3}He。

2）1.25 ~ 2.1768K，用 ^{4}He。

3）2.1768 ~ 5.0K，用 ^{4}He。

2. 3.0 ~ 24.5561K 范围

在此范围内，T_{90} 是由一台 ^{3}He 或 ^{4}He 定容气体温度计定义的，经 3 个固定点分度：氖（Ne）三相点、平衡氢（e – H$_2$）三相点和 3.0 ~ 5.0K 之间某一温度点（由 ^{3}He 或 ^{4}He 蒸气压温度计确定）。这里又分两种情况：

1）从 4.2 ~ 24.5561K 之间，用 ^{4}He 作为测温气体，T_{90} 定义的关系式为

$$T_{90} = a + bp + cp^2 \tag{1-7}$$

式中，p 是气体温度计中的压力；a、b 和 c 三个系数数值由前述 3 个温度点确定，但最后一个点是限在 4.2 ~ 5.0K 之间的某一温度。

2）在 3.0 ~ 24.5561K 之间，可用 ^{3}He，也可用 ^{4}He 作为测温气体。但在 4.2K 以下使用时，必须考虑气体的非理想性修正，即要计算第二维里系数 $B_3(T_{90})$ 或 $B_4(T_{90})$。此时，T_{90} 的定义如下：

$$T_{90} = \frac{a + bp + cp^2}{1 + B_x(T_{90})N/V} \tag{1-8}$$

式中，p 和 a、b、c 的意义同式（1-7）；N 是给定气体的密度；V 是气体温度计温泡的容积；x 是相应的气体同位素；B_x 是第二维里系数，其值确定如下：

对于 ^{3}He 气体：

$$B_3(T_{90}) = [16.69 - 336.98(T_{90})^{-1} + 91.04(T_{90})^{-2} - \\ 13.82(T_{90})^{-3}] \times 10^{-6} \tag{1-9}$$

式中，$B_3(T_{90})$ 的单位是 m^3/mol。

对于 ^{4}He 气体：

$$B_4(T_{90}) = [16.708 - 374.05(T_{90})^{-1} - 383.53(T_{90})^{-2} + \\ 1799.2(T_{90})^{-3} - 4033.2(T_{90})^{-4} + 3252.8(T_{90})^{-5}] \times 10^{-6} \tag{1-10}$$

式中，$B_4(T_{90})$ 的单位是 m^3/mol。

3. 13.8033 ~ 1234.93K 范围

此范围内插公式全部用铂电阻温度计电阻比（W）表示的参考函数（或偏差函数），但有以下几点需要说明：

1）电阻比中不再用冰点电阻 $R_{273.15K}$（有的写成 R_0），而是直接用水三相点电阻 $R_{273.16K}$，即

$$W(T_{90}) = R(T_{90})/R_{273.16K} \qquad (1\text{-}11)$$

2）由于新温标取消了水沸点，铂电阻温度计的纯度表达形式不再是 $W(100℃) = R_{100}/R_0$，而是下列二者之一：

$$W(-38.8344℃) \leqslant 0.844235 \qquad (1\text{-}12)$$

$$W(29.7646℃) \geqslant 1.11807 \qquad (1\text{-}13)$$

3）对于用到 961.78℃ 的铂电阻温度计，还应满足：

$$W(961.78℃) \geqslant 4.2844 \qquad (1\text{-}14)$$

在此范围内，参考函数比 IPTS-68（75）发生较大变化，ITS-90 参考函数 $W_r(T_{90})$ 的定义如下：

1）对于 13.8033 ~ 273.16K 范围：

$$\ln[W_r(T_{90})] = A_0 + \sum_{i=1}^{12} A_i\left\{[\ln(T_{90}/273.16)+1.5]/1.5\right\}^i \qquad (1\text{-}15a)$$

此式的反函数（等效精度在 0.1mK 之内）为

$$T_{90}/273.16 = B_0 + \sum_{i=1}^{15} B_i\left[\frac{W_r(T_{90})^{\frac{1}{6}}-0.65}{0.35}\right]^i \qquad (1\text{-}15b)$$

两式中的常数 A_0、B_0、A_i 和 B_i 的数值列于表 1-4。

2）对于 0 ~ 961.78℃ 范围：

$$W_r(T_{90}) = C_0 + \sum_{i=1}^{9} C_i\left[\frac{T_{90}-754.15}{481}\right]^i \qquad (1\text{-}16a)$$

此式的反函数（等效精度在 0.13mK 之内）为

$$T_{90}-273.15 = D_0 + \sum_{i=1}^{9} D_i\left[\frac{W_r(T_{90})-2.64}{1.64}\right]^i \qquad (1\text{-}16b)$$

两式中的常数 C_0、D_0、C_i 和 D_i 的数值见表 1-4。

3）在 234.3156K（-38.8344℃）~ 29.7646℃ 范围，温度计的分度是在这两个端点上和水三相上进行，两个参考函数［式（1-15）和式（1-16）］都要使用。

上述各温度范围定义的固定点和参考函数列于表 1-4。

4）有关低温领域的偏差函数。整个低温范围主要是指平衡氢（e-H_2）三相点到水三相点的范围。一支温度计的分度要在下述一系列固定点上进行。

6 个三相点：平衡氢、氖、氧、氩、汞和水的三相点。

表1-4 各参考函数的常数值

A_0	-2.13534722	B_0	0.183324722	B_{13}	-0.091173542
A_1	3.18324720	B_1	0.240975303	B_{14}	0.001317696
A_2	-1.30143597	B_2	0.209108771	B_{15}	0.026025526
A_3	0.71727204	B_3	0.190439972	C_0	2.78157254
A_4	0.50344027	B_4	0.142648498	C_1	1.64650916
A_5	-0.61899395	B_5	0.077993465	C_2	-0.13714390
A_6	-0.05332322	B_6	0.012475611	C_3	-0.00649767
A_7	0.28021362	B_7	-0.032267127	C_4	-0.00234444
A_8	0.10715224	B_8	-0.075291522	C_5	0.00511868
A_9	-0.29302365	B_9	-0.056470670	C_6	0.00187982
A_{10}	0.04459872	B_{10}	0.076201285	C_7	-0.00204472
A_{11}	0.11868632	B_{11}	0.123893204	C_8	-0.00046122
A_{12}	-0.05248134	B_{12}	-0.029201193	C_9	0.00045724

D_0	439.932854
D_1	472.418020
D_2	37.684494
D_3	7.472018
D_4	2.920828
D_5	0.005184
D_6	-0.963864
D_7	-0.188732
D_8	0.191203
D_9	0.049025

两个靠近 $e-H_2$ 的 17.0K 和 20.3K 的点。这两个点的确定，可用前述气体温度计在 16.9~17.1K 和 20.2~20.4K 之间测得，也可用 $e-H_2$ 的蒸气压与温度之间的关系式在 17.025~17.045K 和 20.26~20.28K 之间确定。两个关系式分别为

$$T_{90} - 17.035 = (p - 33.3213)/13.32 \tag{1-17a}$$
$$T_{90} - 20.27 = (p - 101.292)/30 \tag{1-17b}$$

上面两式中 p 的单位都是 kPa。

在低温范围，铂电阻温度计的偏差函数为

$$W(T_{90}) - W_r(T_{90}) = a[W(T_{90}) - 1] + b[W(T_{90}) - 1]^2 +$$
$$\sum_{i=1}^{5} c_i[\ln W(T_{90})]^{i+n} \tag{1-18}$$

式中，$W(T_{90})$ 为被分度的铂电阻温度计在 T_{90} 时的电阻比，系数 a、b 和 c_i 是在一系列固定点上确定的（$n=2$）。

将 13.8033~273.16K 范围再分成几个小范围（温区），各温区的偏差函数都一样，只是系数与固定点数各异：

1）24.5561~273.16K 区间。铂电阻温度计是在 $e-H_2$、Ne、O_2、Ar、Hg 和 H_2O 三相点上分度，偏差函数式（1-18）中的系数 a、b、c_1、c_2 和 c_3 都从这些点上获得，此时 $c_4 = c_5 = n = 0$。

2）54.3584~273.16K 区间。温度计在 O_2、Ar、Hg 和 H_2O 三相点上分度，从而确定式（1-18）偏差函数中的系数 a、b 和 c_1，这里 $c_2 = c_3 = c_4 = c_5 = 0$，$n=1$。

3）83.8058~273.16K 区间。在此区间，偏差函数的形式为

$$W(T_{90}) - W_r(T_{90}) = a[W(T_{90}) - 1] + b[W(T_{90}) - 1]\ln W(T_{90}) \tag{1-19}$$

温度计是在 Ar、Hg 和 H_2O 三相点上分度，并由此确定系数 a 和 b。

4. 0~961.78℃范围

在这个范围，偏差函数的形式为

$$W(T_{90}) - W_r(T_{90}) = a[W(T_{90}) - 1] + b[W(T_{90}) - 1]^2 +$$
$$c[W(T_{90}) - 1]^3 + d[W(T_{90}) - W(660.323℃)]^2 \tag{1-20}$$

这里，温度计的分度要在水三相点、锡凝固点、锌凝固点、铝凝固点和银凝固点上分度，以确定 a、b、c 和 d 的数值。

该范围又分成 5 个区间：

1）$0 \sim 660.323℃$。

2）$0 \sim 419.527℃$。

3）$0 \sim 231.928℃$。

4）$0 \sim 156.5985℃$。

5）$0 \sim 29.7646℃$。

在这些区间内偏差函数仍如式（1-20）和式（1-16）所示，只是确定 a、b、c 和 d 的固定点视不同温区有所增减，见表 1-5。

表 1-5　为确定铂电阻温度计偏差函数的分度点

温度范围	偏 差 函 数	分度点（见表 1-2）
$273.16 \sim 13.8033K$	$a[W(T_{90}) - 1] + b[W(T_{90}) - 1]^2 + \sum\limits_{i=1}^{5} c_i[\ln W(T_{90})]^{i+n}, \, n = 2$	$2 \sim 9$
$273.16 \sim 24.5561K$	$a[W(T_{90}) - 1] + b[W(T_{90}) - 1]^2 + \sum\limits_{i=1}^{5} c_i[\ln W(T_{90})]^{i+n}, \, c_4 = c_5 = n = 0$	2、$5 \sim 9$
$273.16 \sim 54.3584K$	$a[W(T_{90}) - 1] + b[W(T_{90}) - 1]^2 + \sum\limits_{i=1}^{5} c_i[\ln W(T_{90})]^{i+n}, \, c_2 = c_3 = c_4 = c_5 = 0, \, n = 1$	$6 \sim 9$
$273.16 \sim 83.8058K$	$a[W(T_{90}) - 1] + b[W(T_{90}) - 1]\ln W(T_{90})$	$7 \sim 9$
$0 \sim 961.78℃$	$a[W(T_{90}) - 1] + b[W(T_{90}) - 1]^2 + c[W(T_{90}) - 1]^3 + d[W(T_{90}) - W(660.323℃)]^2$	9、$12 \sim 15$
$0 \sim 660.323℃$	$a[W(T_{90}) - 1] + b[W(T_{90}) - 1]^2 + c[W(T_{90}) - 1]^3 + d[W(T_{90}) - W(660.323℃)]^2, \, d = 0$	9、$12 \sim 14$
$0 \sim 419.527℃$	$a[W(T_{90}) - 1] + b[W(T_{90}) - 1]^2 + c[W(T_{90}) - 1]^3 + d[W(T_{90}) - W(660.323℃)]^2, \, c = d = 0$	9、12、13
$0 \sim 231.928℃$	$a[W(T_{90}) - 1] + b[W(T_{90}) - 1]^2 + c[W(T_{90}) - 1]^3 + d[W(T_{90}) - W(660.323℃)]^2, \, c = d = 0$	9、11、12
$0 \sim 156.5985℃$	$a[W(T_{90}) - 1] + b[W(T_{90}) - 1]^2 + c[W(T_{90}) - 1]^3 + d[W(T_{90}) - W(660.323℃)]^2, \, b = c = d = 0$	9、11
$0 \sim 29.7646℃$	$a[W(T_{90}) - 1] + b[W(T_{90}) - 1]^2 + c[W(T_{90}) - 1]^3 + d[W(T_{90}) - W(660.323℃)]^2, \, b = c = d = 0$	9、10
$-38.8344 \sim 29.7646℃$	$a[W(T_{90}) - 1] + b[W(T_{90}) - 1]^2$	$8 \sim 10$

5. $-38.8344 \sim 29.7646℃$ 范围

在此范围内，偏差函数仍是式（1-20）和式（1-16），温度计是在 Hg 三相点、水三相点和 Ga 熔点上分度，以确定 a 和 b 的数值，这时 $c = d = 0$。

注意，这时参考函数 $W_r(T_{90})$ 的数值，在 273.16K 的上、下应分别取自式 (1-15) 和式 (1-16)。

6. 银凝固点以上的温度范围

在这个范围内，T_{90} 由基于普朗克辐射定律定义：

$$\frac{L_\lambda(T_{90})}{L_\lambda[T_{90}(x)]} = \frac{\exp\{C_2[\lambda T_{90}(x)]^{-1}\} - 1}{\exp[C_2(\lambda T_{90})^{-1}] - 1} \tag{1-21}$$

式中，$T_{90}(x)$ 是指下列各固定点中任一个：银凝固点、金凝固点或铜凝固点；$L_\lambda(T_{90})$ 和 $L_\lambda[T_{90}(x)]$ 是在波长（真空中）λ，温度分别为 T_{90}、$T_{90}(x)$ 的黑体辐射的单色辐射亮度；$C_2 = 0.014388\mathrm{m \cdot K}$。

作为标准仪器的光学（或光电）高温计，其实际应用将在以后有关章节中说明。

这样，在 13.8033K 以上温区采用的标准仪器就仅剩有铂电阻温度计和光学（或光电）高温计了，加上固定点的发展，整个温标将变得更准确。因此，ITS – 90 确实具有先进性与科学性。

1.3 温度测量基础

1.3.1 温度测量的基本原理

假定有两个热力学系统，原来各处在一定的平衡态，这两个系统互相接触时，它们之间将发生热交换（这种接触称为热接触）。实验证明，热接触后的两个系统一般都发生变化，但经过一段时间后，两个系统的状态便不再变化，说明两个系统又达到新的平衡态。这种平衡态是两个系统在有热交换的条件下达到的，称为热平衡。

取 3 个热力学系统 A、B、C 进一步做试验。将 B 和 C 相互隔绝开，但使它们同时与 A 接触，经过一段时间后，A 与 B 以及 A 与 C 都达到了热平衡。这时如果再将 B 与 C 接触，则发现 B 和 C 的状态都不再发生变化，说明 B 与 C 也达到热平衡。由此可以得出结论：如果两个热力学系统都分别与第三个热力学系统处于热平衡，则它们彼此间也必定处于热平衡。该结论通常称为热力学第零定律。

由热力学第零定律得知，处于同一热平衡状态的所有物体都具有某一共同的宏观性质，表征这个宏观性质的物理量就是温度。温度这个物理量仅取决于热平衡时物体内部的热运动状态。换言之，温度能反映出物体内部热运动状况，即温度高的物体，分子平均动能大；温度低的物体，分子平均动能小。因此，温度可表征物体内部大量分子无规则运动的程度。

一切互为热平衡的物体都具有相同温度，这是用温度计测量温度的基本原理。选择适当的温度计，在测量时使温度计与待测物体接触，经过一段时间达到热平衡后，温度计就可以显示出被测物体的温度。

1.3.2 温度计的选择

1. 温度测量方法

根据温度传感器的使用方式，温度测量方法通常分为接触法与非接触法两类。

（1）接触法　由热平衡原理可知，两个物体接触后，经过足够长的时间达到热平衡，则它们的温度必然相等。如果其中之一为温度计，就可以用它对另一个物体实现温度测量，这种测温方式称为接触法。其特点是，温度计要与被测物体有良好的热接触，使两者达到热平衡，因此测温准确度较高。用接触法测温时，感温元件要与被测物体接触，往往要破坏被测物体的热平衡状态，并受被测介质的腐蚀作用，因此对感温元件的结构、性能要求苛刻。

（2）非接触法　利用物体的热辐射能随温度变化的原理测定物体温度，这种测温方式称为非接触法。其特点是：不与被测物体接触，也不改变被测物体的温度分布，热惯性小。从原理上看，用这种方法测温上限可以很高。通常用来测定 1000℃ 以上的移动、旋转或反应迅速的高温物体的表面温度。

两种测温方法的比较见表 1-6。

表 1-6　接触法与非接触法两种测温方法的比较

测量方法	接　触　法	非接触法
特点	测量热容量小和移动物体有困难；可测量任何部位的温度；便于多点集中测量和自动控制	不改变被测介质温度；通常测量移动物体的表面温度
测量条件	测量元件要与被测对象很好接触；接触测温元件不要使被测对象的温度发生变化	由被测对象发出的辐射能充分照射到检测元件；被测对象的有效发射率要准确知道，或者具有重现的可能性
测量范围	容易测量 1000℃ 以下的温度，测量 1800℃ 以上的温度有困难	测量 1000℃ 以上的温度较准确，但测量 1000℃ 以下的温度误差大
准确度	通常为 0.5%～1%，依据测量条件可达 0.03℃	通常为 20℃ 左右，条件好的可达 5～10℃
响应速度	一般为 1～2min	一般为 2～3s

2. 温度计的分类

（1）按测温原理分类　常用温度计按其测温原理分类，其种类见表 1-7。

（2）按准确度等级分类　按照温度计准确度等级可分为基准、工作基准、一等标准、二等标准及工业用等各种温度计。国际上准确度最高的标准计量仪器由国际计量局保存，我国的国家基准存放在中国计量科学研究院。各省、市技术监督局温度标准都要定期与国家基准比对，以确保全国及各地区的温度量值统一。

表 1-7 列出了常用温度计的种类及特性。但实际使用的温度传感器不限于此，还有很多种，见表 1-8。各种温度计的测温范围如图 1-1 所示。

表 1-7　常用温度计的种类及特性

原理	种类	使用温度范围/℃	量值传递的温度范围/℃	准确度/℃	线性化	响应速度	记录与控制	价格
膨胀	水银温度计	−50～650	−50～550	0.1～2	可	中	不适合	低
	有机液体温度计	−200～200	−100～200	1～4	可	中	不适合	
	双金属温度计	−50～500	−50～500	0.5～5	可	慢	适合	

（续）

原理	种类		使用温度范围/℃	量值传递的温度范围/℃	准确度/℃	线性化	响应速度	记录与控制	价格
压力	液体压力温度计		−30~600	−30~600	0.5~5	可	中	适合	低
	蒸汽压力温度计		−20~350	−20~350	0.5~5	非	中		
电阻	铂电阻温度计		−260~1000	−260~630	0.01~5	良	中	适合	高
	热敏电阻温度计		−50~350	−50~350	0.3~5	非	快	适合	中
电动势	热电温度计	B	0~1800	0~1600	4~8	可	快	适合	高
		S·R	0~1600	0~1300	1.5~5	可			
		N	0~1300	0~1200	2~10	良	快	适合	中
		K	−200~1200	−180~1000	2~10	良			
		E	−200~800	−180~700	3~5	良			
		J	−200~800	−180~600	3~10	良			
		T	−200~350	−180~300	2~5	良			
热辐射	光学高温计		700~3000	900~2000	3~10	非	—	不适合	中
	光电高温计		200~3000	—	1~10		快	适合	高
	辐射高温计		≈100~≈3000	—	5~20	非	中		
	比色温度计		180~3500	—	5~20		快		

表1-8 温度传感器概况

温度传感器	应用的物理效应	温度计
热电偶	塞贝克效应	热电高温计
热电阻（热敏电阻）	电阻随温度的变化	数字温度计、多点温度计
二极管	P–N结的温度特性	半导体温度计
太阳电池 光电倍增管	热电效应 光电效应	辐射温度计 亮度温度计、比色温度计
晶体钛酸钡	热电效应	晶体温度计
氯酸钾（KClO₃）	核磁共振	NQR温度计
双金属、汞、乙醇、气体	膨胀	双金属温度计 玻璃温度计、气体压力温度计 液体压力温度计
感温铁氧体	磁性变化	磁温度计
碳酸钾	化学变色	温度指示剂

3. 温度计的选择

为了准确地测量温度，最重要的是使温度计的感温部分与被测物体的温度一致（对于辐射温度计，射入温度计内的辐射要与被测物体的热辐射一致）。其一致的程度

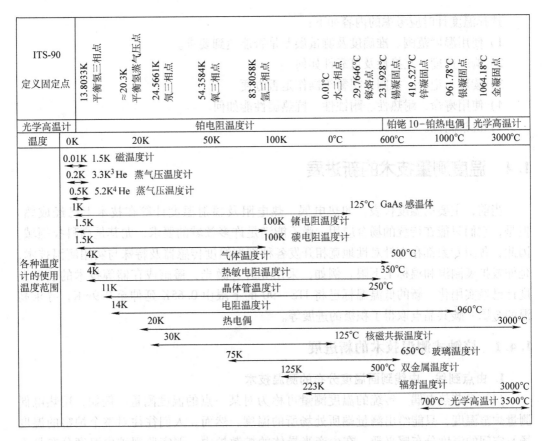

图 1-1　各种温度计的测温范围

取决于二者的热接触。接触不良将导致测温误差。其次，还应详细探讨测量目的、测量对象及主要的测定量是什么（见表 1-9），并在掌握温度计性质、安装情况的基础上，采用最恰当的方法选择最适合的温度计，这点也很重要。

表 1-9　温度测量注意事项

注意事项	探讨的内容
测量对象的状态	是哪种状态（固体、液体、气体）；是静止，还是运动；大致的温度范围，温度的变化速度；是否有吸热或放热，是否有热流
欲取得的信息	是局部温度，还是整体温度；是物体的表面温度，还是内部温度；是瞬间温度，还是某段时间的平均温度
主要的测定量	是温度的绝对值还是相对值；是温度值还是温差，而温差与空间、时间及其他何种因素有关；温度值是否变化，变化的大小及倾向或速度如何
测量对象与温度计的关系	测量对象的形状与温度计的安装方式的关系；测量对象的温度与检测元件温度一致的程度（对于利用辐射的温度计，测量对象发出的辐射应与射入温度计的辐射有正确对应关系）；测温元件对测量对象的影响程度；气氛、振动、温度、噪声等环境因素对测量对象及温度计的影响

选择温度计时应考虑的内容如下：

1）使用温度范围、准确度及测量误差是否能达到要求。

2）响应速度、互换性及可靠性如何。

3）读数、记录、控制、报警等操作是否方便。

4）使用寿命，耐热性、耐蚀性、抗热震性能如何。

5）价格高低。

1.4 温度测量技术的新进展

当前，主要的温度仪表，如热电偶、热电阻及辐射温度计等在技术上已经成熟。但是，它们只能在传统的场合应用，尚不能满足许多领域的要求，尤其是高科技领域。因此，各国专家都在有针对性地竞相开发各种新型温度传感器及特殊与实用测温技术，延伸或扩展测温和温标上下限。例如，采用光纤、激光、遥感或存储等技术的新型温度计已经实用化，新的低温温标已将 ITS – 90 的下限由 0.65K 延伸至 0.9mK，寻求高温的金属 – 碳共晶点取得了积极的进展等。

1.4.1 接触式测温技术的新进展

1. 由点到线、由线到面温度分布的测温技术

（1）多芯热电偶　传统的温度测量可称为对某一点的温度测量。例如，用热电偶测量炉窑温度，只能给出测量端所处场所的温度。然而，人们往往对整个炉窑的温度场及空间的温度分布感兴趣。在生产半导体的扩散炉内，严密监视炉内温度分布是十分必要的。采用多芯铠装热电偶，可以测量竖窑或炉衬内的温度分布。对于筒仓、煤仓等可用测温电缆，沿其电缆线上组装多支热电偶或热电阻测量线状温度分布。

（2）光纤式温度分布测量装置　光纤式温度分布测量装置是用一只传感器就能测出线状温度分布的划时代产品。该装置的基本原理是将激光脉冲射到光纤中，依据到达各处返回的散射光中斯托克及反斯托克光之比，求其温度。这种光纤式温度分布测量装置最长可测量 30km 以内的温度分布，用于测量油井从地面到地下深度方向的温度分布是很理想的。

（3）用辐射温度计或热像仪测量表面温度分布　对于被测表面的温度测量与控制，从前多用热像仪或辐射温度计，如水泥行业对回转窑表面温度监视，通过红外温度计沿窑轴线运动可以测出旋转炉窑表面温度分布，以防止过烧。然而，对于钢铁厂的高炉外表层的温度分布的测量，若采用辐射温度计，则由于视野及精度等原因，目前仍多采用热电偶。可是，若具有充分的监视能力，必须用多支热电偶，致使成本增高；若采用上述的光纤技术则可以大幅度降低成本。

（4）用长热电偶（铠偶）测量表面温度分布　对于步进式加热炉等炉内温度分布的测量，通常是将热电偶焊接或铆接在耐热物体上，然后在逐渐向炉内移动的同时测量温度。为了测量整个炉内温度分布，热电偶要很长，有的达 90m 以上，操作很不

方便。

（5）用耐热数据记录仪与短热电偶相结合测量表面温度分布 将小型半导体存储装置放入耐热容器内，并与短热电偶一起随物体放入炉内（见图1-2），就可以很方便地测量炉内温度分布。当然，根据炉内温度高低及停留时间长短，该装置具备一定的耐热性是必要的。

2. 由表面到内部、深部的温度测量技术

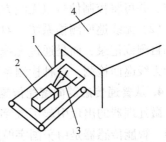

欲知物体内部温度，是将带有保护管的温度传感器插入物体内直接测量。但是，有时却受到许多制约，有时欲测量的内部温度是不能直接插入的，例如人体内部温度的测量。为此，人们有针对性地开发出测量体温的温度计，其原理如图1-3所示。温度计中间有绝热层，上下各有一个热敏电阻，并在其上放一个加热器。如将此温度计放在人体表面上，因在上、下热敏电阻间有温度差，所以要用加热器加热来消除温度差。在内部附有发热体的物体

图 1-2 软熔炉测温用记忆装置

1—印制电路板 2—记忆装置

3—热电偶 4—软熔炉

中，热量将由内向外扩散，因此表面温度当然要比内部温度低，其间具有温度差。为此，在加热物体的表面，如能消除此温度梯度，并能测出表面温度便可知其内部温度。应用上述原理，欲测量工程管道内的流体温度，在此不用加热器，而在管道上安放一块与管道具有相同材质的垫片。其外部再缠绕保温材料，用此方法减少或尽量消除温度梯度。这种管道包括垫片在内与内部流体的温度梯度将非常小。因此，如果在管壁及垫片间插入极细的铠装热电偶，就可以测出近似于流体的温度。其测温原理如图1-4所示。实验结果与插入管道内热电偶实测结果偏差极小，而且响应时间也很短。

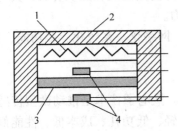

图 1-3 深部温度测量原理

1—加热器 2—金属框 3—绝热层

4—热敏电阻

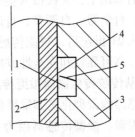

图 1-4 减少温度梯度测温原理

1—垫片 2—管壁 3—保温材料

4—铠装热电偶 5—温度梯度

3. 从有线到无线的测温技术

传统的热电高温计均由热电偶、补偿导线及显示仪表组成，即测温元件与仪表间具有不可分割的联系，通常都采用带有电缆的有线连接方式。然而，对于旋转或移动物体温度进行监测时，则遇到了难以克服的困难。为了从电缆束缚中解放出来，最近

开发出带有遥测仪或温度存储器的测温系统。该系统不用导线连接，而是采用无线传输方式，开拓了新型测温方法。

（1）空调用温度、湿度传感器系统 该系统有主机与子机两部分。子机应定期将设在内部的温度、湿度传感器测得的数据以无线方式传送给主机。主机再通过输出单元将其转换成 1~5V 的信号，送给控制装置。由于子机采用电池供电，可放置在任何地方，并可将控制信号以无线方式传递，十分方便。

（2）无线巡回测检系统 对于安装在现场的传感器测得的数据，不用巡检人员到现场目测或记录，而是通过无线数据收集系统，对带有无线传输模式的现场用传感器进行无线巡回检测。这种检测系统对于危险场所及高部位的检测十分方便。

4. 从普通传感器向智能传感器发展

微处理器的出现引起了数字化革命，推动了测量仪表的发展，其中产生了智能传感器。智能传感器是由美国宇航局于 1978 年在宇航工业应用中首先提出的。其核心思想即利用计算机技术，将微处理器分散化，并与传感器融合，进而使传感器技术达到智能化。1983 年，美国 Honeywell 公司率先推出过程工业使用的智能压力传感器，其他公司迅速效仿，纷纷推出各自的智能传感器产品。智能传感器除了具备一般传统传感器的基本功能外，还具有一种或多种敏感功能，实现信号检测、变换，又可实现逻辑判断、计算，甚至实现自动检查、校正、补偿、诊断、双向通信和数据存储输出等功能，并且可利用人工智能、模糊理论等理论成果，不断开发和实现新的高级智能传感器。

近几年，研发目标又集中在以工业现场总线为基础，以 CPU 处理器为核心，以数字通信为变送方式，以传感器和变送器为一体的新一代现场总线式智能传感器或网络传感器。模糊传感器的快速发展也是一种非集成化的新型智能传感器，它是在经典数值测量的基础上，又模拟人类感知的全过程，进行模拟推理和知识合成，具有适应环境变化、自学习、自调节、自适应、自管理的能力。

进入 21 世纪后，智能传感器向单片集成化、网络化、系统化、多功能、总线化、虚拟化、高可靠性和安全性方向发展。

5. 从传统传感器向微型传感器发展

传感器的微型化是其发展的另一个主要方向。微电子技术是推动微型传感器诞生的主要因素。微型传感器因为具有体积小、质量轻、低功耗、成本低、性能好、智能化水平高，易于批量生产，便于集成化和多功能化等特点，所以在许多应用领域正在取代传统传感器。一般将微传感器定义为至少有一维尺寸达到亚毫米级。敏感元件的尺寸从毫米到微米，甚至到纳米。

目前应用较多的微型传感器有：应变式、压电式微传感器；压阻式、电容式、谐振式压力微传感器，硅压力微传感器；微型热电偶、半导体结、热敏电阻等热微传感器；复合型气体微传感器，半导体陶瓷、多孔氧化物、硅 MOS（金属－氧化物－半导体场效应晶体管）型温度微传感器，离子敏微传感器等化学传感器；光敏电阻、光敏晶体管、半导体光敏型等光电微传感器；声表面波压力、温度、气体、角速度等微传感器。

6. 从无线传感器到无线传感器网络

所谓无线传感器网络是将传感器节点广泛分布，每个节点均同时具有传感、数据处理和无线通信功能，使节点之间检测的数据进行无线通信的系统，因此产生比传感器单独使用所不可比拟的效果。

节点传感器具有小型、价廉、适应多种安装环境等优点，在复数点配置的每个节点都可同时响应各个传感器的通信。由于传感器通信是无线方式，就可不依赖有限网络，将传感器节点灵活配置和部署。无线传感器网络特别适用于分散环境布置的作业，如环境污染监测、电力系统监测、生产过程检测等。

目前主要应用的无线传感器网络以压力、温度、光传感器为主。

1.4.2　辐射测温技术的新进展

辐射测温属于非接触测温中的一类重要方法。辐射测温传感器不需要与测量对象接触，通过热辐射光谱强度与温度的普朗克函数关系式来计算物体温度。相比于热电偶、热电阻等传统的接触式测温方法，基于热辐射光谱测量的非接触辐射测温技术具有测温范围广、响应速度快、不影响被测物体温度场等技术优势，在科学研究与工业技术领域得到广泛应用。

1. 单光谱、双光谱与多光谱辐射测温技术

依据测量光谱通道数量，辐射测温技术分为单光谱测温技术、双光谱测温技术、多光谱测温技术等。

（1）单光谱测温技术　通过单个光谱（波段或波长）的热辐射强度测量，获得目标温度。单光谱测温又称为单色测温，单光谱测温是商用辐射测温仪、标准辐射温度计所采用的通用测温技术。基于不同的测量传感器以及测量光谱的选择，单色测温仪器可具有不同的测量频率、测量灵敏度、测温范围等。面向极高温（>3000℃）或低温（<-50℃）、更快频率（>MHz）、长时间稳定性的单色辐射测温技术是未来重要的发展方向。

（2）双光谱测温技术　通过两个光谱的热辐射强度测量，计算获得物体温度。双光谱测温法又称为比色测温法，在应用时一般假设两个测量光谱的发射率相同或者发射率比值已知。相比于单色测温法，双光谱测温的技术优势在于适用目标表面发射率变化或未知，或者测量光路中存在灰尘、部分遮挡等测量环境。双光谱测温法具有很好的目标适应性与环境适应性，广泛应用于航空航天、能源动力、冶金铸造等领域的高温测量。双光谱测温由于采用信号比值的处理方式，其测量灵敏度要小于单色测温的灵敏度，这是其固有局限性。此外，随着测量光谱扩展至长波红外时，双光谱测温的灵敏度也会显著降低。因此，双光谱测温技术一般多采用 0.7~2.5μm 近红外光谱，适用于300℃以上的中高温测量。

（3）多光谱测温技术　辐射测温从单光谱、双光谱向多光谱测温技术发展。多光谱辐射测温方法通过多个光谱下的辐射强度测量，结合特定的光谱发射率函数，构建多波长辐射测量方程，实现温度测量。多光谱测温方法适用于目标发射率未知或存在环境辐射干扰杂的测量环境，通过多波长的优化选择，可以避免辐射测量中可能存在的干扰谱线，在燃烧、高速流动等恶劣实验环境下具有更好的适应性。单光谱、双光谱测温可视为多光谱测温的简化形式。相比于单光谱或双光谱测温，多光谱测温方法的技术实现较为复杂，近些年来，多光谱分光技术、光谱杂散光校准、温度计算模型、温度分度方法等方面的研究工作进一步推动了多光谱测温仪的研发与应用。目前多光谱辐射测温计的应用主要面向于科研与工程实验领域。

2. 点、场分布测量的辐射测温技术

依据测量目标的空间区域，辐射测温技术可分为点目标测量、面成像测量。目标的几何分辨率取决于传感器的选择与光学成像系统的设计。

点目标辐射测温计采用单像元的光电传感器或热电传感器，适用于动态温度的在线监测，尤其是在高速或超高速辐射测温中具有很好的应用优势。双光谱测温、多光谱测温一般为点目标辐射测量。

基于 CCD（电荷耦合器件）图像传感器、MCT（碲镉汞）以及其他焦平面传感器的辐射温度场测量技术，在非均匀目标或多个目标测量时具有显著的技术优势。红外热像仪是商用主流的面成像辐射测温仪，主要分为制冷、非制冷，中波、长波，高、低分辨率，显微、常规成像等各种规格。面成像辐射测温仪主要应用于温度场测量。对于曲面目标或者三维目标测量，面成像测温仪需要考虑方向发射率的辐射校准以及空间投影的几何校准。

3. 多光谱成像融合的辐射测温技术

具有多光谱测量与场测量功能的辐射测温仪是辐射测温技术发展的先进方向，同时兼顾了光谱测量与空间测量需求，具有双光谱或多光谱测温仪与面成像测温仪的优点，可实现未知发射率目标的温度场测量。多光谱成像融合的辐射测温技术主要包括几种方式：

1）将彩色拜耳滤镜与单个 CCD 图像传感器集成，形成了 R/G/B 三光谱辐射测温仪。通过在单个 CCD 图像传感器表面覆盖 R/G/B 三色滤镜获得 R、G、B 分量，具有应用的便捷性，但往往会牺牲测量的空间分辨率。具有更多光谱的滤镜镀膜技术以及近红外镀膜技术的发展，将为多光谱成像测温仪研发提供更丰富的选择。

2）采用分光成像与多个图像传感器集成方案，形成多传感器成像融合的辐射测温技术。多个图像传感器分别实现不同光谱的辐射成像测量，结合多光谱辐射测温方法，获得目标温度场分布。相比于滤镜镀膜技术，分光成像技术采用多个图像传感器实现多光谱测量，具有更高的空间分辨率。由于分光成像光路实现难度以及多传感器成像融合的复杂性要求，传感器数量一般仅为 2~5 个。

3）采用多光谱成像光谱仪的辐射测温技术。多光谱成像光谱仪通过干涉成像或声光可调谐滤光成像等原理，实现不同光谱的辐射成像测量，具有出色的光谱分辨能力。多光谱成像光谱仪一般无法实现多光谱的同时测量，无法适用于动态目标的温度测量。

4. 不透明表面与半透明介质的辐射测温技术

根据辐射特征差异，测量目标分为不透明表面与半透明介质。传统的辐射测温技术仅适用于不透明物体的表面温度测量（见图 1-5a），通过物体表面辐射测量获得温度。

半透明介质（也称为辐射参与性介质）是指在一个或若干个谱带（波段）范围内，其谱带光学厚度为有限值的介质，例如燃烧火焰、大气介质层、光学玻璃、陶瓷、气凝胶、涂层等。燃烧火焰温度场诊断、热防护涂层温度检测、红外光学窗口温度测量等在能源动力、航空航天领域具有重要的应用需求。非接触式辐射测温技术是半透明介质内部温度场测量的一种有效手段。与不透明物体辐射测量存在显著差异，对于半透明介质，辐射测温仪器所探测的有效辐射是环境边界反射辐射、透射辐射与介质内部辐射复合叠加的有效辐射，辐射测温的本质是通过测量被测物体的有效辐射，反演被测物体温度分布。

（1）基于多角度方位的半透明介质内部温度分布的辐射测量技术　　基于多角度方位的半透明介质多光谱测量模式（见图 1-5b）是实现半透明介质内部温度场测量的常用方法，通过在不同空间方位上测量得到的有效辐射强度构造非相关的辐射测量方程，反演求解半透明介质内部温度场。这种测量模式既可以建立在传统的单色或比色辐射测温技术上，也可以建立在多光谱辐射测温技术上。测量模式的核心思想是通过空间方位的辐射测量信息反演温度的空间分布。这种模式的优点在于能够简化反问题求解过程，局限性在于为实现多方位测量，需要在被测半透明介质的不同方位上布置多个测量传感器，或需要在实验测量中移动测量传感器的位置，导致测量系统较为复杂，增加了测量不确定度来源。基于多角度方位的辐射测量技术已应用于火焰 三维温度场测量研究领域，发展更稳健的三维重建方法与辐射反问题计算算法是其研究的热点和难点。

（2）基于单角度方位的半透明介质内部温度分布的多光谱测量模式　　基于单角度方位的半透明介质温度分布的多光谱测量模式（见图 1-5c），通过在不同波长下有效测量辐射，反演求解沿辐射测量方向上的半透明介质内部温度场。这种模式只需在一个方位下测量目标半透明介质的多光谱有效辐射，实现沿射线方向上的一维温度场的测量反演研究，即通过多光谱测量信息反演空间分布信息。与多方位测量模式相比，辐射传递方程不能转化为线性方程，使得反问题必须作为非线性反问题进行求解，计算求解难度加大，往往会导致求解问题具有高病态性。这种测量模式可应用在实验空间

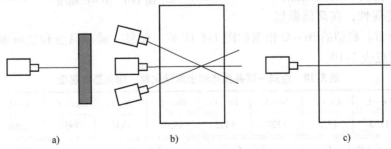

a)　　　　　　　　　　　b)　　　　　　　　　　　c)

图 1-5　辐射测温技术应用模式

a）单角度不透明物体　b）多角度半透明介质　c）单角度半透明介质

或其他条件不允许布置多个测量传感器的测试环境中，在实际工程应用中有着一定的优势。基于单角度方位的半透明介质多光谱测量技术已应用在热防护涂层辐射测温、红外窗口非接触测量等领域。

1.4.3 暂行低温温标（PLTS－2000）0.9mK～1K 简介

ITS－90 规定在 0.65～5.0K 之间，T_{90} 由 ^{3}He 和 ^{4}He 的蒸气压与温度的关系来定义。但由于低温工程的科学研究迫切要求测温下限不断下延，2000 年 10 月国际计量委员会决定采用基于 ^{3}He 熔解压曲线的压力与温度关系的 PLTS－2000，作为覆盖 0.9mK～1K 范围内的暂行低温温标，使温标下限大幅降至 0.9mK。

PLTS－2000 温标以 ^{3}He 熔解压和温度的关系为基础，决定了由 0.9mK～1K 之间的温标。^{3}He 熔解压 p（MPa）与温度 T_{2000}（K）之间关系式如下（有关系数未摘录，需用者可阅参考资料）：

$$p = \sum_{i=-3}^{+9} a_i (T_{2000})^i \tag{1-22}$$

1.4.4 金属－碳共晶点高温温度标准

辐射测温技术的应用越来越普遍。因此，人们对高温区辐射测温的准确度也十分关心。ITS－90 规定，在 Ag 凝固点（961.78℃）以上，基于普朗克定律定义，可选用 Ag、Au 或 Cu 点中任一温度点为基点外延。其特点是辐射测温的温度越高，测温的误差越大。如何才能减少辐射测温的误差，最好的办法是寻求高温区的固定点来校准辐射温度计。

人们发现，金属－碳共晶点和金属碳化物－碳共晶点具有良好的复现性，在高温温区

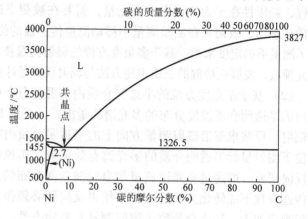

图 1-6　Ni－C 相图

较均匀地分布。典型的 Ni－C 相图如图 1-6 所示。金属－碳共晶点和金属碳化物－碳共晶点温度见表 1-10。

表 1-10　金属－碳共晶点和金属碳化物－碳共晶点温度

材料	Fe－C	Co－C	Ni－C	Pd－C	Rh－C	Pt－C	Ru－C	Ir－C	Re－C
温度/℃	1153	1325	1327	1492	1657	1738	1953	2290	2474

材料	δ（Mo）－C		TiC－C		ZrC－C		HfC－C		
温度/℃	2583		2761		2883		3186		

3000℃以下的 12 种金属 – 碳共晶点温度和金属碳化物 – 碳共晶点温度的重复性也极好。其温度测量的重复性（σ）与 ITS – 90 高温区的不确定度（$k=1$）的比较如图 1-7 所示。

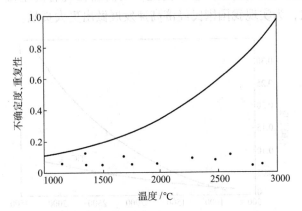

图 1-7　共晶点温度重复性与 ITS – 90 不确定度的比较
—— —ITS – 90 的不确定度（$k=1$）
· —共晶点温度的重复性（σ）

鉴于金属 – 碳共晶点有如此良好的重复性，那么在 Cu 点以上，例如取 Ru – C（1953℃）和 TiC – C（2761℃）两点，共计三个固定点校准辐射温度计，将使高温温标的不确定度大幅度降低。

图 1-8 所示为用 Cu、Ru – C 和 TiC – C 三个固定点校准，各点温度测量的不确定度为 0.15 时的高温温标与 ITS – 90 不确定度的比较。

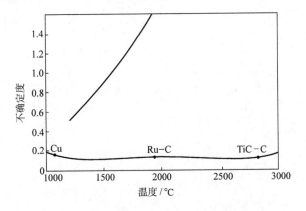

图 1-8　三个固定点校准法与 ITS – 90 不确定度的比较
—— —ITS – 90（Cu 点以上用插补公式）
—●— —用三个固定点校准

图 1-9 所示为用 Cu 和 TiC – C（2761℃）两个固定点校准，Cu 点的不确定度约为 0.008，TiC – C 的不确定度为 0.05 时的高温温标与 ITS – 90 不确定度的比较。

　　温度传感器作为热敏元件是传感器行业重要组成部分。而传感器被誉为信息装备的特种元件，是信息技术的三大支柱之一，是促进我国先进生产力发展的高技术，是我国信息产业发展的基础类新型产业。为此，我们应在现有的基础上，总结经验，展望未来，开拓进取，为实现我国国民经济高速发展做出更大贡献。

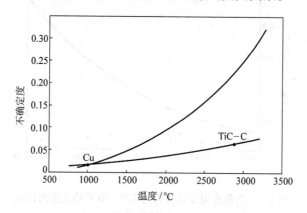

图 1-9　两个固定点校准法与 ITS – 90 不确定度的比较

—— —ITS – 90（Cu 点以上用插补方式）

—•— —用两个固定点校准

第2章　膨胀式温度计

根据物体热胀冷缩原理制成的温度计统称为膨胀式温度计。它的种类很多，有液体膨胀式玻璃温度计，液体、气体膨胀式压力温度计及固体膨胀式双金属温度计等。

2.1　玻璃液体温度计

2.1.1　特性与分类

1. 特性

玻璃液体温度计，简称玻璃温度计，是一种直读式温度测量仪表，具有如下特点：

1）结构简单，制造容易，价格便宜。

2）测温范围广，准确度较高。

3）可直接读数，使用方便。

4）节约能源。

5）易损坏，破损后，有些物质（如汞、甲苯等）将污染环境。

2. 分类

1）按使用目的划分有三大类，见表2-1。

2）按结构划分，有棒式、内标式和外标式三种。

3）按感温液体划分，有水银温度计、有机液体温度计等。

表2-1　玻璃温度计的分类

标准温度计	一等标准水银温度计、二等标准水银（汞铊）温度计、标准贝克曼温度计、检定体温专用标准水银温度计
精密温度计	贝克曼温度计、量热温度计、其他精密测量用温度计
工作温度计	一般规格温度计（包括一般实验室用温度计、工业用一般规格温度计、农业用一般规格温度计）、电接点温度计、石油产品用温度计、焦化产品用温度计、气象用温度计、海洋用温度计、体温计

2.1.2　原理与结构

1. 原理

玻璃温度计是利用感温液体在透明玻璃感温泡和毛细管内的热膨胀作用来测量温度的，其结构如图2-1所示。感温泡1中储存感温液体2，当感温泡在被测量的介质中受热（或冷却）时，感温液体沿毛细管6发生膨胀上升（或收缩）或下降，于是在毛细管旁边的主刻度 5 上直接显示温度的变化值。

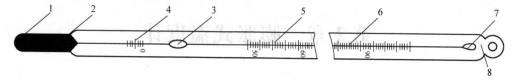

图 2-1 玻璃液体温度计的结构

1—感温泡 2—感温液体 3—中间泡 4—辅刻度 5—主刻度 6—毛细管 7—安全泡 8—玻璃棒

感温液体的体膨胀与温度的关系为

$$V_{t_2} = V_{t_1} + (t_2 - t_1)\alpha V_{t_1} \tag{2-1}$$

式中，α 为感温液体的体膨胀系数；V_{t_2} 为感温液体在温度为 t_2 时的体积；V_{t_1} 为感温液体在温度为 t_1 时的体积。

由式（2-1）可知，当感温液体的温度变化相同时，体膨胀系数（某温度间隔内体积的相对变化）越大的液体介质，其体积的增加也越大。但是，温度计的示值不仅取决于感温液体的体积变化，而且，还与感温泡容积变化有关，其示值是由视膨胀系数决定的。所谓视膨胀系数即为感温液体介质的平均体膨胀系数与玻璃的平均体膨胀系数之差，通常可用下式表示：

$$K = \alpha - \alpha' \tag{2-2}$$

式中，K 为视膨胀系数；α 为感温液体的体膨胀系数；α' 为玻璃的体膨胀系数。

由于感温液的体膨胀系数较玻璃的体膨胀系数大许多倍，因此当感温泡受热或冷却后，可明显地看出感温液在毛细管内的高度变化，并以此显示出温度的变化值。

2. 结构

温度计所用的玻璃都是特殊制备的，分为普通玻璃、高温玻璃及特种玻璃三种。它们应具备如下特性：在使用温度范围内不变形；游离碱要少；滞后现象及时效变化小等。采用的感温液体有汞、有机液体（乙醇、煤油等）或汞基合金等。感温液体的体膨胀系数及做成温度计后的视膨胀系数见表 2-2。

表 2-2　感温液体的体膨胀系数及做成温度计后的视膨胀系数

液体类别	温度测量范围/℃	体膨胀系数/(1/℃)	视膨胀系数/(1/℃)
汞	−30 ~ 600	0.00018	0.00016
甲苯	−80 ~ 110	0.00109	0.00107
乙醇	−80 ~ 80	0.00105	0.00103
煤油	0 ~ 300	0.00095	0.00093
石油醚	−120 ~ 20	0.00142	0.00140
戊烷	−200 ~ 20	0.00092	0.00090
汞基合金	−60 ~ 0	0.00018	0.00016

玻璃温度计的结构类型有棒式、内标式、外标式、电接点玻璃温度计及带有金属保护管等多种。

（1）棒式温度计　棒式温度计具有厚壁毛细管，刻度直接刻在毛细管的外表面上。

感温泡外径通常等于或小于玻璃棒外径（见图 2-1）。它比内标式耐冲击，准确度较高且实用。

（2）内标式温度计　将测量毛细管贴靠在标尺板上，两者均封装在一个玻璃保护管内的温度计称为内标式温度计。它的分度线不脱落，准确度高，但抗冲击性差，可作为实验室用温度计。

（3）电接点温度计　以汞上升、下降作为通断的温度计称为电接点温度计。在毛细管的规定点处焊两根金属丝，当温度升高时，汞柱即与这两根导线接通。它与电子继电器等装置配套后，可以用来对某一温度点进行发信、报警或二位控制。它有两种形式：固定电接点温度计（工作接点固定在某一设定温度点上）和可调电接点温度计（工作接点可以在标尺范围内任意调节）。

（4）带有金属保护管的工业温度计　在工业生产过程中使用的温度计通常带有金属保护管。金属保护管的作用是防止玻璃温度计受到机械损伤，并使之固定在被测设备上。

3. 使用方法

按使用时浸没方式不同，有全浸式和局浸式两种温度计。

（1）全浸式　在进行测量时要将温度计液柱全部浸没在被测介质中。它的测温准确度较高，但不易看清刻度，使用不方便。

（2）局浸式　在进行测量时，温度计部分液柱浸没在介质中，而且浸入的长度是固定的，其余部分则暴露在大气中，使用时应注意。该种温度计容易看清其刻度，但准确度不高。即使进行露出液柱修正，准确度仍低于全浸温度计。

4. 基本参数

（1）示值允许误差　普通温度计和标准温度计的指示值与标尺值之间的差值，称为示值允许误差。全浸温度计及二等标准水银温度计示值允许误差，按 JJG 130—2011 和 JJG 128—2003 规定，应分别符合表 2-3、表 2-4 要求。

表 2-3　玻璃温度计示值允许误差　　　　　　　　　　　（单位:℃）

感温液体	温度计上限或下限所在的温度范围	分度值					
		0.1	0.2	0.5	1	2	5
		全浸温度计示值允许误差					
有机液体	−100 ~ < −60	±1.0	±1.0	±1.5	±2.0	—	—
	−60 ~ < −30	±0.6	±0.8	±1.0	±2.0	—	—
	−30 ~ 100	±0.4	±0.5	±0.5	±1.0	—	—
汞基	−60 ~ < −30	±0.3	±0.4	±1.0	±1.0	—	—
汞	−30 ~ 100	±0.2	±0.3	0.5	±1.0	±2.0	—
	>100 ~ 200	±0.4	±0.4	±1.0	±1.5	2.3	—
	>200 ~ 300	±0.6	±0.6	±1.0	±1.5	±2.0	±5.0
	>300 ~ 400	—	±1.0	±1.5	±2.0	±4.0	±10.0
	>400 ~ 500	—	±1.2	±2.0	±3.0	±4.0	±10.0
	>500 ~ 600	—	—	—	—	±6.0	±10.0

表2-4　二等标准水银温度计的示值允许误差　　　　（单位:℃）

测温范围	0℃辅刻度范围	分度值	示值允许误差	
			新制的	使用中的
−60~0	—	0.1	±0.20	±0.25
−30~20	—			
0~50		0.1	±0.15	±0.20
50~100	−1~1			
100~150	−1~1			
150~200	−1~1	0.1	±0.20	±0.25
200~250	−1~1			
250~300	−1~1	0.1	±0.25	±0.40

（2）动作误差　电接点温度计接通和断开各一次的实际通断温度数值（由标准温度计确定）与标尺上接点温度的最大差值为动作误差，其数值不应超过表2-5的规定。

表2-5　电接点玻璃温度计的动作误差　　　　（单位:℃）

名称		感温液体	温度测量范围	分　度　值						
				0.1	0.2	0.5	1	2	5	10
				动作误差						
电接点玻璃温度计	固定电接点	汞	−58~<−30				±1			
			−30~<0			±0.5	±1			
			0~100			±0.5	±1			
			>100~200			±1	±1.5			
			>200~300			±1	±2			
	可调电接点	汞	−58~+30				±1			
			−30~+50				±1			
			18~24	±0.2						
			15~35		±0.3					
			0~50			±0.5				
			0~100				±1			
			50~150				±1			
			100~200					±2		
			200~300					±2		
			0~200					±2		
			0~300						±5	±5

（3）示值稳定度　温度计经长期使用后，因玻璃发生劣化致使示值改变的性能称为示值稳定度。它是检验温度计用玻璃老化处理质量的重要指标。如果玻璃温度计的老化处理不好，则其示值将发生较大的变化。工作用玻璃温度计经稳定度试验后，其

零点位置的上升值不得超过分度值的 1/2（无零点辅标的温度计可测定上限温度示值）。200℃以上分度值为 0.1℃的温度计，其零点上升值不得超过一个分度值。

　　（4）使用温度　各种温度计的使用温度范围见表 2-2。

2.1.3　使用注意事项与测量误差

1. 玻璃温度计

　　玻璃管及感温泡不能有破损、裂纹；感温液柱不应有断节或含有气泡、灰尘；刻度线及数字不应脱落；刻度板不应松动或滑动；使用后的温度计其零点等将发生变化，因此，要定期进行分度或检定。

2. 带保护管的温度计

　　为了提高强度、减少热冲击，在玻璃温度计外常套有金属保护管。但感温泡与保护管的间隙要小。为了增强热传导性能，可在感温泡周围注入适当的液体（汞或油等），或者添加金属粉末；另外，由保护管热传导引起的误差要特别注意。保护管管壁越厚，插入深度越浅，其误差越大。因此，在进行精密测量时，最好不用保护管。

3. 温度计的使用

　　感温泡的玻璃壁很薄，容易破损，使用时应避免机械冲击。另外，有反常的外压施加到感温泡上将会引起示值升高，对此也要注意。要尽可能减少对温度计的热冲击，经高温加热的温度计玻璃表面，如碰上低温的水滴、石头或金属将产生裂纹。当用有机液体玻璃温度计时，由于有机液体黏度大易黏附于毛细管壁，因此，测量时要缓慢插入温度计。

4. 温度计的安装

　　温度计应安装在无振动的场所，并使汞柱直立后再固定。假如水平安装，易发生断柱现象。如有日光等直接辐射，易引起误差，并容易发生断柱现象。

5. 示值读数

　　1）温度计与被测介质要充分达到热平衡后才能读取示值。

　　2）视差。由于标尺位置与毛细管有一定距离，因此，读数时视线应与标尺相垂直，并与液柱端面处在同一平面上，否则将产生视差。为避免主观误差，由两人交替读数更好。

　　3）露出液柱的修正。当感温泡处于高温、毛细管处于低温或相反时，由于感温液收缩将引起示值下降，所以根据要求进行修正是很必要的。对于全浸温度计，露出的液柱长度不得大于 15mm。当处于局浸检定时，其示值应按下式修正：

$$\Delta t = KN(t - t_1) \tag{2-3}$$

式中，Δt 为露出液柱的温度修正值；K 为感温液的视膨胀系数；N 为露出液柱长度与 1℃对应液柱长度之比；t_1 为由辅助温度计测出的露出液柱的平均温度；t 为该温度计所指示的温度。

　　由此可见，实际温度应为该温度计的示值与 Δt 之和。当局浸温度计在检定时，露出液柱的环境温度 t_2 不符合规定（$t_2 = 25$℃）时，应按下式修正：

$$\Delta t = KN(25 - t_2) \tag{2-4}$$

因此，实际示值应为被检温度计示值与 Δt 之和。

2.2 压力式温度计

压力式温度计也是一种膨胀式温度计，按所用介质不同，分为液体压力式温度计和气体压力式温度计、蒸气压力式温度计。压力式温度计的特性见表2-6。

表2-6 压力式温度计的特性

项目	水 银 压力式温度计	液 体 压力式温度计	气 体 压力式温度计	蒸 气 压力式温度计	双金属温度计[①]
仪表刻度	等间隔	等间隔	等间隔	不等间隔	等间隔
测温范围/℃	$-50 \sim 650$	$-70 \sim 300$	$-200 \sim 500$	$-60 \sim 300$	$-70 \sim 500$
指示机构驱动力	大	大	小于左边 两种温度计	小于最左边 两种温度计	小于最左边 两种温度计
温包大小	中	很小	很小	中	中
导管的最大长度/m	50	20	30	10	—
环境温度修正法	双金属修正、 导线修正	双金属修正、 导线修正	不需修正	不需修正	不需修正
响应速度/s	≈8	≈15	≈10	≈5	≈20
周围压力影响	可忽略	可忽略	通常很小	很小	可忽略
其他		1）温包与显示部分的距离可以很长 2）如果感温液凝固，对机器有损伤		1）只有当感温液与蒸气共存的情况下，示值与其量无关 2）导管长度与直径对示值无影响 3）温包可以做得很小	1）可以小型化 2）因无导管，不能远距离测定

① 为了便于比较，将双金属温度计也列入表中。

2.2.1 原理与结构

1. 原理

利用充灌式感温系统测量温度的仪器称为压力式温度计，其测温原理是液体膨胀定律。一定质量的液体，在体积不变的条件下，液体压力与温度之间的关系可用下式表示：

$$p_t - p_0 = \frac{\alpha}{\beta}(t - t_0) \tag{2-5}$$

式中，p_t 为液体在温度 t 时的压力；p_0 为液体在温度 t_0 时的压力；α 为液体的体膨胀系数；β 为液体的压力系数。

由式（2-5）可看出，当封密系统的容积不变时，液体的压力与温度呈线性关系。由此原理制成的液体压力式温度计的标尺应为均匀等分。

在封密系统内，气体蒸气的压力与温度间也呈一定的函数关系。压力式温度计就是利用上述原理实现测温的。

2. 结构

压力式温度计的基本结构如图 2-2 所示。它是由充有感温介质的温包、传压元件（毛细管）及压力敏感元件（弹簧管）构成的全金属组件，即充灌式感温系统。温包内充填的感温介质有气体、液体及蒸发液体等。测温时，将温包置于被测介质中，温包内的工作物质因温度升高体积膨胀而导致压力增大。该压力变化经毛细管传给弹簧管并使其产生一定的形变，然后借助齿轮或杠杆等传动机构，带动指针转动，指出相应的温度。由此可以看出，温包、毛细管及弹簧管是压力式温度计的三个主要部分。仪表的质量与这三部分关系极大。

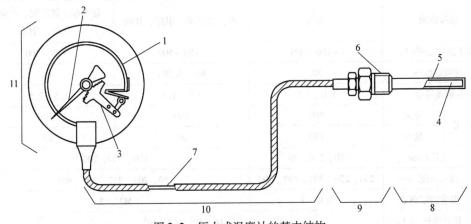

图 2-2　压力式温度计的基本结构

1—弹簧管　2—指针　3—变换机构　4—工作介质　5—温包　6—连接螺钉
7—毛细管　8—感温部分　9—连接部分　10—传导部分　11—显示部分

温包是直接与被测介质相接触来感受温度变化的元件，要求它具有一定强度、较低的膨胀系数、较高的热导率及一定的耐蚀性。

毛细管主要用来传递压力变化。如果毛细管细而长，则传递压力的滞后现象很严重，致使温度计的响应速度变慢。但是，在长度相同的条件下，毛细管越细，仪表的准确度越高。

3. 分类

压力式温度计根据充灌的工作介质的不同可分为 3 类：

（1）液体压力式温度计　包括有机液体压力式温度计及水银压力式温度计等。

（2）蒸汽压力式温度计　充灌的介质为低沸点物质，如丙酮、乙醚等。

（3）气体压力式温度计　充灌的介质多为氮气。

4. 基本参数

（1）允许基本误差　压力式温度计的准确度等级和允许基本误差应符合表2-7的规定。

（2）基本参数　压力式温度计的基本参数见表2-8。

表2-7　压力式温度计的基本误差（JJG 310—2002）

准确度等级	允许基本误差（测量范围的，%）
1.0	±1.0
1.5	±1.5
2.5	±2.5
(5.0)	±5.0

注：1. 对汽车、拖拉机专用压力式温度计的允许基本误差应不超过测量范围上限值的±4%。

　　2. 蒸气压力式温度计其准确度等级是指标尺后2/3部分；标尺前1/3部分的准确度等级允许降低一个等级。表中括号内的5.0级只适用于准确度等级为2.5级蒸气压力式温度计的标尺前1/3部分。

表2-8　压力式温度计的基本参数

参数及特性		气体压力式温度计	液体压力式温度计	低沸点液体压力式温度计
感温物质		氮气	汞、二甲苯、甲醇、甘油	氯甲烷、氯乙烷、乙醚、甲苯、丙酮
温度测量范围/℃		-100~500	-50~500	-20~300
时间常数/s		80	40（汞20）	40
准确度等级		1.0、1.5	1.0、1.5	1.5、2.5
量程/℃	最大	500	500	200
	最小	120	30	20
温包	长度/mm	150、200、300	100、150、200	
	插入长度/mm	200、250、300、400、500	150、200、250、300、400	
	安装固定螺纹	M33×2	M27×2	
	耐公称压力/Pa	$16×10^5$、$63×10^5$		
	材料	纯铜和不锈钢		
毛细管	内径/mm	$\phi0.4±0.005$		
	外径/mm	$\phi1.2±0.02$		
	长度/m	1、2.5、5、10、20、30、40、60	1、2.5、5、10、20	1、2.5、5、10、20、30、40、60
	材料	纯铜和不锈钢		
	外包保护材料	纯铜丝编织、铝质蛇皮管、塑料		
指示仪表	表壳直径/mm	100、150、200		
	材料	胶木、铝合金		
	安装方式	凸装、嵌装、墙装		
	刻度盘形式	白底黑字、黑底白字、黑底荧光粉字		
工作环境条件		周围环境温度5~60℃，相对湿度不大于80%RH		

5. 280 型压力式指示温度计

280 型压力式指示温度计适于较远距离非腐蚀性液体或气体的温度测量。其技术参数见表2-9。

表 2-9 280 型压力式温度计的技术参数

参数	WTZ－280 压力式温度计	WTQ－280 压力式温度计
测温范围/℃	－20～＋60、0～50、0～100、0～120	0～160、0～200、0～300
精度等级	1.5	1.5/2.5
温包尺寸/mm	$\phi15\times150$、$\phi15\times200$	$\phi22\times300$
安装螺纹	M27×2、G3/4	M33×2、G1
表盘直径/mm	$\phi100$、$\phi150$	$\phi150$
测量距离/m	≤20	
温包耐压/MPa	1.6、6.4	
仪表正常工作环境温度/℃	－10～55	

6. 288 型电接点压力式温度计

288 型电接点压力式温度计适于测量较远距离的对铜和铜合金无腐蚀作用的液体、气体的温度，并能在工作温度达到和超过给定值时发出电信号。该温度计也可以用作温度调节系统内的电路接触开关。其技术参数见表2-10。

表 2-10 288 电接点压力式温度计的技术参数

参数	WTZ－288 压力式温度计	WTQ－288 压力式温度计
测温范围/℃	－20～60、0～100、0～120	0～160、0～200、0～300
精度等级	1.5	1.5/2.5
温包尺寸/mm	$\phi15\times200$	$\phi22\times300$
安装螺纹	M27×2、G3/4	M33×2、G1
测量距离/m	≤20	
表盘直径/mm	$\phi150$	
电接点形式	常开上、下限或双上限	
工作电压/V	220～380	
接点容量/V·A	10（无感负载）	

2.2.2 使用注意事项与测量误差

压力式温度计适于测量对温包无腐蚀作用的液体、蒸气和气体的温度。小型压力式温度计可用于汽车、拖拉机及内燃机冷却水系统、润滑油系统的温度测量。其使用时应注意的事项如下：

1）压力式温度计与玻璃水银温度计相比，时间常数较大。时间常数除与压力式温度计的种类、大小有关外，还与环境有关。例如，在搅拌条件很好的恒温水槽中，水银压力式温度计及气体压力式温度计的时间常数都很小，分别为 3 ~ 8s 及 2 ~ 5s。在测量时，要将测温元件放在被测介质中保持一定时间，待示值稳定后再读数。

2）如果被测介质有较高压力或对温包有腐蚀作用时，应将温包安装在耐压且耐腐蚀的保护管中。

3）液体压力式温度计，最好用来测量处于测温范围中间部分的介质温度；而蒸气压力式温度计，最好用来测量较测温范围中间部分稍高的介质温度。

4）安装时毛细管应拉直，且最小弯曲半径不应小于 50mm。每隔 300mm 处，最好用轧头固定。

5）在测量时应将温包全部插入被测介质中，以减少导热误差。

6）在安装液体压力式温度计时，其温包与显示仪表应在同一水平面上，以减少由液体静压力引起的误差。

2.3 双金属温度计

利用膨胀系数不同的双金属元件来测量温度的仪器称为双金属温度计，它是一种固体膨胀式温度计。其结构简单、牢固，又可将温度变化直接转换成机械量变化，因此，广泛用于简单的控温装置。而且，它还可以部分取代水银温度计，用于测量气体、液体及蒸气的温度。采用双金属温度计是解决汞害的一条途径，因而近几年发展很快。

2.3.1 原理与结构

1. 原理

双金属温度计是由两种线胀系数不同的金属薄片叠焊在一起制成的。如图 2-3 所示，将其一端固定，如果温度升高，下面的金属 B（如黄铜）因热膨胀而伸长，上面的金属 A（如因瓦合金）却几乎不变。致使双金属片向上翘。温度越高则产生的线膨胀差越大，引起的弯曲角度也越大。其关系可用下式表示：

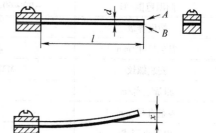

图 2-3 双金属温度计的工作原理

$$x = G(l^2/d)\Delta t \qquad (2\text{-}6)$$

式中，x 为双金属片自由端的位移（mm）；l 为双金属片的长度（mm）；d 为双金属片的厚度（mm）；Δt 为双金属片的温度变化（℃）；G 为弯曲率（将长度为 100mm，厚度为 1mm 的线状双金属片的一端固定，当温度变化 1℃（1K）时，另一端的位移称为弯曲率），取决于双金属片的材质，通常为 $(5 \sim 14) \times 10^{-6}$/K。

目前，实际采用的双金属材料的特性见表 2-11。100℃ 以下采用黄铜与 34% 镍合金钢；150℃ 以下采用黄铜与因瓦合金；250℃ 以上采用蒙乃尔高强度耐蚀镍合金与 34%

~42%镍合金钢。双金属温度计不仅用于测量温度，而且还用于温度控制装置（尤其是开关的"通 – 断"控制），其使用范围相当广。

表2-11　双金属材料的特性

材料	化学成分(质量分数,%)	线胀系数/(10^{-6}/℃)	可测量的最高温度/℃
黄铜	Zn30,Cu70	22.8	200
镍合金钢(恒范钢)	Ni36,其余为 Fe	1~2	
蒙乃尔合金(高强度耐蚀镍铜合金)	Ni60~70,Cu30,Fe2,Mn1~2	14	300
镍合金钢	Ni36~42	4	
镍合金钢	Ni20	18~20	500
镍合金钢	Ni42~52	5~10	
18 – 8 不锈钢	Ni8,Cr18	18.4	500
镍合金钢	Ni42~54	5~10	

2. 结构

根据上述原理制成的双金属温度计的结构如图 2-4 所示。它的感温元件通常绕成螺旋形，一端固定，另一端连接指针轴。当温度变化时，双金属片因受热或冷却的作用，使感温元件的弯曲率发生变化，并通过指针轴带动指针偏转，在刻度盘上直接显示出温度变化。

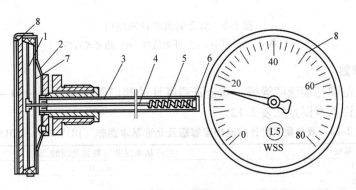

图 2-4　双金属温度计

1—指针　2—表壳　3—金属保护管　4—指针轴　5—双金属感温元件
6—固定端　7—刻度盘　8—仪表

3. 分类

依据双金属温度计的标度盘平面与保护管轴线的交接方向可分为以下类型：

（1）角型　检测元件轴线与标度盘平面垂直的形式称为角型，又称转向型。

（2）直型　检测元件轴线与标度盘平面平行的形式称为直型，又称径向型。

（3）可调角型　除具有角型、直型功能外，可调直角型还能由角型转化为直型，或由直型转化为角型，可由用户任意无级调整检测元件轴线与标度盘平面之间的夹角。

按照感温元件的形状分为平螺旋型与直螺旋型两种。

依据使用情况，可制作热套式双金属温度计。在仪表损坏须更换时，热套式双金属温度计不必降温降压，更不需要停机，只要更换仪表机芯即可，企业可实现连续生产。例如，电站、石化部门热力过程的设备和管道介质测温，可采用热套式长颈型双金属温度计。

双金属温度计的结构如图 2-5 所示。

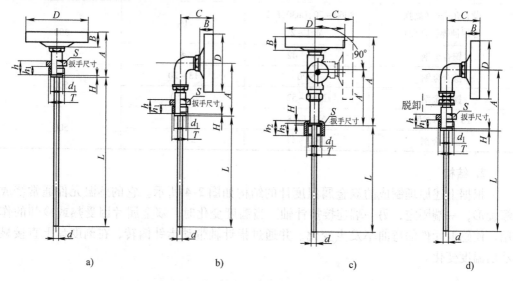

图 2-5　双金属温度计的结构

a）角型　b）直型　c）可调角型　d）热套式直型

4. 基本参数

（1）测温范围与准确度等级　双金属温度计的测温范围通常为 $-80 \sim 500$℃。其准确度等级及允许基本误差见表 2-12。

表 2-12　双金属温度计的准确度等级及允许基本误差（JB/T 8803—2015）

准确度等级	允许基本误差（测量范围的, %）
1.0	±1.0
1.5	±1.5
2.0	±2.0
2.5	±2.5
4.0	±4.0

允许基本误差的计算方法：对于单向分度的双金属温度计，是温度测量上限的百分数；对于双向分度的双金属温度计，是测量上下限之和的百分数；对于无零位分度的双金属温度计，是测量上下限之差的百分数。

（2）时间常数　双金属温度计的时间常数与结构有关，一般不超过 40s。

2.3.2　使用注意事项与测量误差

（1）线性温度范围及允许使用温度范围　双金属温度计的双金属片在一定温度范

围内，其偏转角与温度呈线性关系，则此温度范围称为双金属片的线性温度范围。而允许使用温度范围，是指由温度引起变形应力到达双金属片弹性极限之前的温度上限（在该温度下双金属片不产生残余变形）。

允许使用温度范围大于线性温度范围。在允许使用温度范围内，双金属片的特性虽有所下降，但由于温度引起的变形应力尚未达到弹性极限，不产生残余变形，故双金属片仍允许使用。

（2）校验　感温元件及传递机构经长期使用后，容易产生误差。因此，经常对温度计进行校验并加以修正是很必要的。

2.3.3　带热电阻（偶）、温度变送器的双金属温度计

这是一种现场能就地显示并可远传电信号的温度计。它既可以现场指示温度，又可传送热电阻（偶）或二线制温度变送器信号。该温度计已广泛用于冶金、石化、电力等工业部门。

1. 特点

1）集热电阻（偶）、双金属温度计、温度变送器为一体。

2）适合在恶劣环境中长期工作。

3）远传电信号精度高，工作稳定；也可以直接以二线制的形式输出，提高信号长距离传送过程中的抗干扰能力。

4）性能价格比高。

2. 技术指标

（1）测量范围　$-60 \sim 500 ℃$。

（2）显示精度等级　1.5 级。

（3）远传电信号偏差

1）K、E 型热电偶允许偏差为 $\pm 2.5 ℃$ 或 $\pm 0.75\% t$。

2）Pt100 铂电阻允许偏差：A 级为 $\pm (0.15 + 0.002 |t|)$；B 级为 $\pm (0.30 + 0.005 |t|)$。

3）温度变送器基本偏差 Δ 为

$$\Delta = \Delta_1 \pm 0.5\% FS$$

式中，Δ_1 为热电阻（偶）允差；FS 为测量范围。

（4）温度变送器传送方式　二线制（$4 \sim 20 \text{mA}$）。

（5）正常工作环境

1）环境温度：$-25 \sim 80 ℃$（危险场所不高于 70℃）。

2）相对湿度：$5\% \sim 95\% RH$。

（6）环境温度影响　$\leqslant 0.05\%/1℃$。

3. 结构

带热电阻（偶）温度变送器的双金属温度计结构如图 2-6所示。

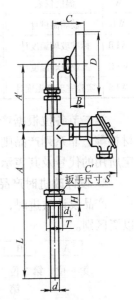

图 2-6　带热电阻（偶）温度变送器的双金属温度计结构

2. 4 产品型号的组成

根据 JB/T 9236—2014《工业自动化仪表产品型号编制原则》，产品型号应表示产品的主要特性，作为产品名称的简化代号，供生产、订货及施工等使用。型号并不能完全表达产品的全部细节。但是，相同型号的产品一般是可以互换的。

1. 产品型号的组成

产品型号的组成如图 2-7 所示。

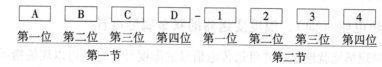

图 2-7 产品型号的组成

第一节的第一位表示该产品所属的大类。膨胀式温度计所属大类为温度仪表，代号为"W"［汉语拼音 WEN（温）的第一个字母］。

第一节第二位表示该产品所属的小类，以后的各位则根据产品不同情况表示该产品的原理、功能、用途等。玻璃温度计、双金属温度计及压力式温度计等，产品型号第一节的代号及其意义见表 2-13。

表 2-13 产品型号第一节的代号及其意义（JB/T 9236—2014）

代号	名称	代号	名称	代号	名称	代号	名称
W	温度仪表	WLX	电接点玻璃温度计	WSGX	电接点杆式温度计	WTZ□	蒸气压力式温度计
WL	玻璃温度计	WS	金属膨胀温度计	WSGK	杆式温度控制器	WTG□	水银压力式温度计
WLB	标准玻璃温度计	WSS	双金属温度计	WSGB	杆式温度变送器	WTY□	液体压力式温度计
WLG	工业玻璃温度计	WSSX	电接点双金属温度计	WT	压力式温度计	K	压力式温度控制器
WLS	实验室玻璃温度计	WSG	杆式温度计	WTQ□	气体压力式温度计	B	压力式温度变送器

第二节各位根据产品不同情况，系列产品可以分别代表产品的结构特征、规格、材料等；非系列产品则可以是产品序号，均由产品型号管理单位根据产品具体情况规定所用的代号及其表示的意义。

2. 设计改进时产品型号的表示

产品设计改进时，允许在第二节的最后添加一位大写汉语拼音代号（见图 2-8），以资区别。

图 2-8 设计改进时产品型号的表示方法

3. 双金属温度计的型号表示方法

双金属温度计的型号表示方法如图 2-9 所示。

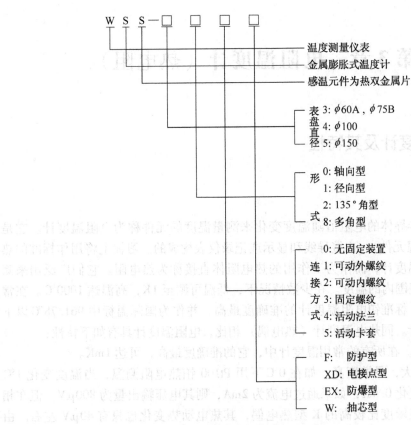

图 2-9 双金属温度计的型号表示方法

第3章 电阻温度计（热电阻）

3.1 电阻温度计及其特性

3.1.1 特性

利用导体或半导体的电阻值随温度变化来测量温度的元件称为电阻温度计。它是由热电阻体（感温元件）、连接导线和显示或记录仪表构成的。习惯上将用作标准的热电阻体称为标准温度计，而作为工作用的热电阻体直接称为热电阻。它们广泛用来测量 $-200 \sim 850℃$ 范围内的温度。在少数情况下，低温可测至 1K，高温达 1000℃。在常用电阻温度计中，标准铂电阻温度计的准确度最高，并作为国际温标中 961.78℃ 以下内插用标准温度计。同热电温度计（热电偶）相比，电阻温度计具有如下特性：

1）准确度高。在所有的常用温度计中，它的准确度最高，可达 1mK。

2）输出信号大，灵敏度高。如在 0℃ 下用 Pt100 铂热电阻测温，当温度变化 1℃ 时，其电阻值约变化 0.4Ω，如果通过电流为 2mA，则其电压输出量为 $800\mu V$。但在相同条件下，即使灵敏度比较高的 K 型热电偶，其热电动势变化也只有 $40\mu V$ 左右。由此可见，电阻温度计的灵敏度较热电温度计高一个数量级。

3）测温范围广，稳定性好。在振动小而适宜的环境下，可在很长时间内保持 0.1℃ 以下的稳定性。

4）不需要参考点。温度值可由测得的电阻值直接求出。输出线性好，只用简单的辅助回路就能得到线性输出，显示仪表可均匀刻度。

5）采用细铂丝的热电阻元件抗机械冲击与振动性能差。元件的结构复杂、尺寸较大，因此，热响应时间长，不适宜测量体积狭小和温度瞬变区域。

3.1.2 原理

1. 热电阻材料与温度的关系

物体的电阻一般随温度而变化。通常用电阻温度系数来描述这一特性。它的定义是：在某一温度间隔内，当温度变化 1K 时，电阻值的相对变化量常用 α 表示，量纲为 K^{-1}。根据定义，α 可用下式表示：

$$\alpha = \frac{R_t - R_{t_0}}{R_{t_0}(t - t_0)} = \frac{1}{R_{t_0}}\frac{\Delta R}{\Delta t} \tag{3-1}$$

式中，R_t 为在温度为 t℃ 时的电阻值（Ω）；R_{t_0} 为在温度为 t_0℃ 时的电阻值（Ω）。

由式（3-1）看出，式中 α 是在 $t \sim t_0$ 温度范围内的平均电阻温度系数。如令 $t =$

$100℃$，$t_0 = 0℃$，代入式（3-1）中，则变为

$$\alpha_{100} = \frac{R_{100} - R_0}{100 R_0} \tag{3-2}$$

式中，R_{100} 为在温度为 $100℃$ 时的电阻值（Ω）；R_0 为在温度为 $0℃$ 时的电阻值（Ω）。

实际上一般导体的电阻与温度的关系并不是线性的，那么，欲知任一温度下的 α，则应对式（3-2）取极限，而变成如下形式：

$$\alpha = \lim_{\Delta t \to 0} \frac{1}{R_{t_0}} \frac{\Delta R}{\Delta t} = \frac{1}{R} \frac{\mathrm{d}R}{\mathrm{d}t} \tag{3-3}$$

由式（3-3）看出，α 是表征导体电阻与温度关系内在特性的一个物理量。即用 α 表示相对灵敏度。这是一个通用的表达式，具有更广泛的意义。

金属导体的电阻一般随温度的升高而增加，这类导体的 α 为正值，称为正的电阻温度系数。而半导体材料与此相反，具有负的电阻温度系数，即 α 具有负值。各种材料的 α 并不相同，对纯金属而言，一般为 $0.38\% \sim 0.68\%$。它的大小与导体本身的纯度有关。在通常情况下纯度越高，α 越大，相反，即使有微量杂质混入，其值也会变小，故合金的电阻温度系数在室温下通常总比纯金属小。

2. 金属导体的电阻比

为了表征热电阻材料的纯度及某些内在特性，需要引入电阻比 W_t 的概念：

$$W_t = R_t / R_{t_0} \tag{3-4}$$

如果令 $t_0 = 0℃$，$t = 100℃$，则式（3-4）变为

$$W_{100} = R_{100} / R_0 \tag{3-5}$$

由式（3-2）可知：

$$R_{100} = R_0(1 + 100\alpha_0^{100})$$

在无特殊注明的情况下，通常用 α 代替 α_0^{100}。

$$R_{100} = R_0(1 + 100\alpha) \tag{3-6}$$

将式（3-6）代入式（3-5）中，则

$$W_{100} = \frac{R_0(1 + 100\alpha)}{R_0} = 1 + 100\alpha \tag{3-7}$$

由此可见，对某种特定材料而言，W_{100} 也是表征热电阻特性的基本参数。它与 α 一样与材料纯度有关，W_{100} 值越大，电阻丝的纯度越高。因此，在测温学中铂电阻温度计的铂纯度用电阻比 W_{100} 表示。1968 年国际实用温标要求标准铂电阻温度计的 $W_{100} \geqslant 1.39250$；而现行的 90 国际温标（ITS – 90）则要求铂电阻温度计在该温度时的电阻 $R_{(T_{90})}$ 与水三相点时的电阻 $R_{(273.16K)}$ 之比导出，即

$$W_{(T_{90})} = R_{(T_{90})} / R_{(273.16K)}$$

铂电阻温度计的感温元件用无应力的高纯铂丝制成，并至少应满足下列两条件之一：

$$W_{(-38.8344℃)} \leqslant 0.844235$$

$$W_{(29.7646℃)} \geqslant 1.11807$$

对使用到 Ag 点的铂电阻温度计，还必须满足下式：

$$W_{(961.78℃)} \geq 4.2844$$

3. 原理

当温度变化时，感温元件的电阻值随温度而变化，并将变化的电阻值作为电信号输入显示仪表，通过测量回路的转换，在仪表上显示出温度的变化值。这就是电阻测温的工作原理。这种电阻随温度变化的特性，可用如下三种方法表示：

（1）做图法 用画曲线的方法将热电阻的分度特性在坐标纸上表示出来。常用热电阻材料的电阻与温度关系如图3-1所示。

（2）数学表示法 用数学公式描述热电阻材料的电阻与温度关系。

（3）列表法 用表格的形式表示热电阻的分度特性，即电阻-温度对照表，通常称为分度表。国产铂热电阻和铜热电阻是统一设计定型产品，均有相应的分度表。凡分度号相同的铂热电阻及铜热电阻均应符合相应的分度表规定。

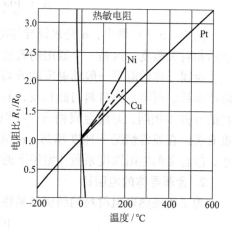

图3-1 常用热电阻材料的电阻
与温度关系

分度表在实际工作中非常重要，其作用是：①通常用热电阻测温时得到的是电阻值，要根据其数值的大小在相应的分度表上才能查出温度值；②同热电阻配套使用的显示仪表的分度及线路的设计等皆以分度表为依据。

3.1.3 标准铂电阻温度计

1. 标准铂电阻温度计的结构

标准铂电阻温度计的结构有杆式与套管式两种。杆式的测量上限温度高，测温范围有两种：−183~630℃和0~1064℃，分别称为中温铂电阻温度计和高温铂电阻温度计。套管式的测温范围为−260~100℃，又称为低温铂电阻温度计。两种标准铂电阻温度计的结构如图3-2所示。它们的R_0值均为25Ω左右。图3-2a所示为用于90K以上的杆式标准铂电阻温度计。有4条内引线，感温元件密封在充满干燥空气的石英管内，为防止管内空气对流，在其内加了隔板。此种电阻温度计，如用在低温领域，由于室温对其热传导影响大，容易产生误差。在90K以下的温域，最好采用如图3-2b所示的小型并可全部浸入温度相同区域的套管式标准铂电阻温度计。为了使其热交换良好，在铂制套管内部同时封入氦气。4条内引线通过铅玻璃引出，外部连接导线要缠绕在被测物体上，这样可减少由导线引起的导热损失。

标准铂电阻温度计的电阻与温度的关系，除与其纯度有关外，还要受其结构、丝材的机械变形、加工后的热处理工艺及气氛的影响。因此，所用铂丝必须是无应力的，并经严格清洗和充分退火的纯铂丝。在骨架上绕制时，应采用无感应绕制，尽可能减少电阻中的电感值。由图3-2看出，标准电阻温度计均采用无应力结构，即当铂丝受

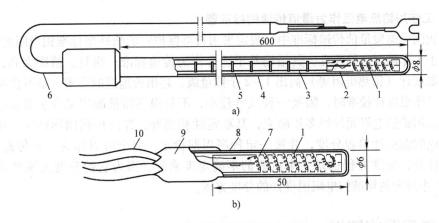

图 3-2　标准铂电阻温度计的结构

a）杆式标准铂电阻温度计　b）套管式标准铂电阻温度计

1—铂电阻丝　2—骨架　3—内引线　4—保护管　5—防止热对流隔板

6—连接导线　7—云母骨架　8—铂套　9—铅玻璃　10—铂导线

热膨胀或冷却收缩时皆不受骨架的约束，这点很重要。铂丝中若有应力存在，它的电阻将增加，电阻温度系数 α 则下降。因此，不仅在制造中要注意使铂丝处于无应力状态，而且在使用中仍然要特别注意，尽量避免在铂丝中产生应力。例如，冲击、振动、突然加速或减速都可能在铂丝中产生应力。

标准铂电阻温度计按温标（ITS-90）规定，其测量上限温度已从 630℃ 扩展到 961.78℃。但是，当温度低于 13.81K 时，铂电阻的残余电阻很小，其灵敏度也要显著降低，故向更低温度延伸是有困难的。

2. 标准铂电阻温度计的使用

标准铂电阻温度计是 ITS-90 规定的从 13.8033~1234.93K 间的内插标准仪器，也是实用测温技术中准确度最高的温度计。根据 ITS-90 规定，在不同的温度范围内，标准铂电阻温度计的电阻比和温度的关系式不同。经法定计量技术机构检定合格的标准铂电阻温度计，只给出几个固定点上的 $W_{(T)}$。为使其在有效测温范围内，每一个温度点都有相应的 $W_{(T)}$。

（1）利用 ITS-90 参考函数 $W_{r(T)}$ 表　ITS-90 规定，标准铂电阻温度计的电阻比与温度关系式为

$$W_{(T_{90})} = W_{r(T_{90})} + \Delta W_{(T_{90})} \tag{3-8}$$

式中，$W_{r(T_{90})}$ 为参考函数，属于理想的铂电阻温度计的电阻比；$\Delta W_{(T_{90})}$ 为偏差函数，这些函数形式与使用温区有关。

而 ITS-90 给出了铂电阻温度计在各温区的偏差函数 $\Delta W_{(T_{90})}$ 的计算公式和相关系数。通过计算就可求出该支温度计的电阻比和温度对应关系。

（2）利用标准铂电阻温度计的 $W_{(T)}$ 和 T 对照表　检定机构可提供该支温度计的 $W_{(T)}$ 和 T 的对照表，可直接用所测的 $W_{(T)}$ 查出对应温度 T。

3. 工作用铂热电阻作为量值传递的标准器

在我国中温段量值传递标准中，规定采用石英保护管的长杆型标准铂电阻温度计。但是对于工作温度计的校准，其结构并不适合作为传递标准；而且，精度太高，常常比被校温度计（铂热电阻等）高出1~2个数量级，超出传递链的要求，是不合理的。

在工作温度计校准时，需要一种尺寸较小，不易损坏而精确度又合乎要求的标准器。工作用铂热电阻元件经多年研究，其稳定性相当好，并已得到国际确认。用这些元件制成的温度计单独分度，并按一定程序周期检定，完全可以作为一种传递标准。除稳定性外，分度方程也是一个重要的不确定度来源，因为它的分度关系并不符合ITS-90中规定的标准铂电阻温度计的分度方程。

3.2 热电阻的结构

工业热电阻的基本结构如图3-3所示。热电阻主要由感温元件12、内引线11、保护管9三部分组成。通常还具有与外部测量及控制装置、机械装置连接的部件。它的外形与热电偶相似，使用时要注意避免用错。

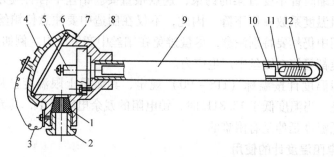

图3-3 工业热电阻的基本结构

1—出线孔密封圈 2—出线孔螺母 3—链条 4—盖 5—接线柱 6—盖的密封圈 7—接线盒 8—接线座
9—保护管 10—绝缘管 11—内引线 12—感温元件

3.2.1 感温元件

热电阻感温元件是用来感受温度的电阻器。它是热电阻的核心部分，由电阻丝及绝缘骨架构成。

1. 热电阻丝材料

作为热电阻丝材料应具备如下条件：

1）电阻温度系数大，线性好，性能稳定。

2）使用温度范围广，加工方便。

3）固有电阻大，互换性好，复制性强。

能够满足上述要求的丝材，最好是纯铂丝。我国纯铂丝品种及适用范围如表3-1所示。

表 3-1　我国纯铂丝品种及适用范围

品种	代号	电阻比 W_{100}	适用范围
1 号铂丝	Pt1	$\geqslant 1.39254$	制造标准铂电阻温度计
2 号铂丝	Pt2	1.3850 ± 0.0004	制造 A 级允差工业铂热电阻
3 号铂丝	Pt3	1.3850 ± 0.001	制造 B 级允差工业铂热电阻
4 号铂丝	Pt4	$\geqslant 1.3920$	标准铂电阻温度计用引线及其他
5 号铂丝	Pt5	$\geqslant 1.3840$	工业铂热电阻用引线及其他

2. 绝缘骨架

绝缘骨架是用来缠绕、支承或固定热电阻丝的支架。它的质量将直接影响热电阻的性能。因此，作为骨架材料应满足如下要求：

1) 在使用温度范围内，电绝缘性能好。

2) 热膨胀系数要与热电阻丝相近。

3) 物理及化学性能稳定，不产生有害物质污染热电阻丝。

4) 足够的机械强度及良好的加工性能。

5) 比热容小，热导率大。

目前常用的骨架材料有云母、玻璃、石英、陶瓷等。用不同骨架可制成各种热电阻感温元件。

3. 感温元件分类

(1) 云母骨架感温元件（见图 3-4）　它的结构特点是：抗机械振动性能强，响应快。很久以来多用云母制作骨架。但是，由于云母是天然物质，其质量不稳定，作为骨架材料必须认真选取。即使是优质云母，在 500℃ 以上也要放出结晶水并产生变形。因

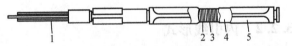

图 3-4　云母骨架感温元件
1—银制内引线　2—铂电阻丝　3—云母骨架　4—云母片
5—不锈钢弹簧片

此，使用温度宜在 500℃ 以下。图 3-4 中 1 为感温元件的银制内引线，其长度取决于热电阻的插入深度。直径为 $\phi 0.03 \sim \phi 0.05 \text{mm}$ 的铂电阻丝 2，用无感绕制法绕在夹角为 60°的锯齿形云母骨架 3 上。所谓无感绕制，即双绕法，其目的是消除因通过变化的测量电流而产生的感应电动势或电流。这在采用交流电桥测量时尤为重要。因此，热电阻的绕制均用双绕法。在其两侧为了绝缘设有较宽的云母片 4，其上又绑两个截面为半圆形的弹簧片 5。该弹簧片的作用：当把此感温元件放进保护管时，它既具有抗振动及冲击的作用，又具有增加热传导、减小热惰性和自身加热的作用。

云母骨架感温元件，因其电阻丝并非完全固定，故受热后引起电阻变化小，电阻性能比较稳定，但其体积较大，不适宜在狭小场所进行测量，并且响应时间较长是其不足。

(2) 玻璃骨架感温元件（见图 3-5）　其特点是：体积小，响应快，抗振性强。因为铂丝已固定在玻璃骨架上，故在使用中不产生形变，所以必须选取与电阻丝具有相同膨胀系数的玻璃做骨架。否则，将产生应力，当温度变化时引起膨胀或收缩，就会

改变热电阻的性能。感温元件的尺寸是多种多样的，较通用的是外径为 $\phi 1 \sim \phi 4mm$，长度为 $10 \sim 40mm$。这种玻璃骨架的软化点约为 450℃，最高安全使用温度为 400℃，而且，低温到 4K 仍然可用。为了将电阻丝封入玻璃中，需要在高温下加工，因此，应选取热稳定性好的铂丝。在制作前，首先要准备好与铂丝膨胀系数相同的玻璃骨架 1，再将直径 $\phi 0.04 \sim \phi 0.05mm$ 的铂电阻丝 2 绕在刻有双头螺纹槽的玻璃骨架 1 上，绕线经热处理（其温度要高于玻璃软化点），使电阻丝固定在骨架上，然后调整其电阻使之达到规定值，再装入与骨架材质相同的玻璃管 3 内，玻璃骨架与玻璃管中间留有空隙，将两头烧熔。

（3）陶瓷骨架感温元件（见图 3-6） 它的特点是：体积小，响应快，绝缘性能好。使用温度上限可达 960℃。此种感温元件采用陶瓷骨架，其形状各不相同，外径为 $\phi 1.6 \sim \phi 3mm$，长度为 $20 \sim 30mm$。通常是将直径为 $\phi 0.04 \sim \phi 0.05mm$ 的铂电阻丝 3 绕在刻有双头螺纹槽的陶瓷骨架上，表面涂釉后再烧结固定。

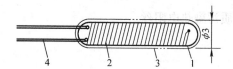 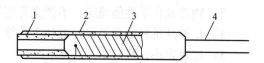

图 3-5　玻璃骨架感温元件　　　　　　图 3-6　陶瓷骨架感温元件
1—玻璃骨架　2—铂电阻丝　3—玻璃管　4—内引线　　1—陶瓷骨架　2—表面釉　3—铂电阻丝　4—内引线

3.2.2　内引线形式

内引线是热电阻出厂时自身具备的引线，其功能是使感温元件能与外部测量及控制装置相连接。内引线通常位于保护管内。因保护管内温度梯度大，作为内引线要选用纯度高、不产生热电动势的材料。对于工业铂热电阻而言，中低温用银丝作为引线，高温用镍丝。这样既可降低成本，又能提高感温元件的引线强度。对于铜和镍热电阻的内引线，一般都用铜丝、镍丝。为了减少引线电阻的影响，其直径往往比电阻丝的直径大很多。

热电阻的引线有两线制、三线制及四线制三种。

1. 两线制

在热电阻感温元件的两端各连一根导线（见图 3-7a）的引线形式为两线制。这种两线制热电阻配线简单，计装费用低，但要带进引线电阻的附加误差，因此不适用于 A 级，并且在使用时引线及导线都不宜过长。

对于按 GB/T 30121—2013《工业铂热电阻及铂感温元件》生产的热电阻，因 R_0 的数值是由接线端子开始计算的，这项误差从形式上消除了。然而与此同时又引入另一项误差。因为铂热电阻的内引线一般是银丝或镍丝。它们的电阻温度系数显然不同于铂丝，尤其是当内引线与铂电阻丝所处的温域不同时，将要引入误差。但应注意，按照国际电工委员会的标准，R_0 不包括内引线的阻值，仅从热电阻感温元件的端点算起。

2. 三线制

在热电阻感温元件的一端连接两根引线，另一端连接一根引线（见图 3-7b），此种引线形式称为三线制。它可以消除内引线电阻的影响，测量精度高于两线制。作为过程检测元件，其应用最广。在如下情况必须用三线制热电阻取代两线制热电阻：测温范围窄；导线长；在架设铜导线途中温度易发生变化；对两线制热电阻的导线电阻无法进行修正的场合。

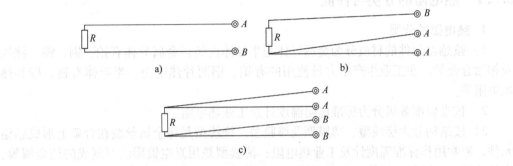

图 3-7　感温元件的引线形式
a）两线制　b）三线制　c）四线制
◎—接线端子　R—感温元件　A、B—接线端子的标号

3. 四线制

在热电阻感温元件的两端各连两根引线（见图 3-7c），此种引线形式称为四线制。在高精度测量时，要采用四线制。此种引线方式不仅可以消除内引线电阻的影响，而且在连接导线阻值相同时，还可以消除该电阻的影响。

3.2.3　保护管

1. 保护管

保护管是用来保护感温元件、内引线免受环境有害影响的管状物，有可拆卸式和不可拆卸式两种。其材质有金属、非金属等多种材料。应依据使用的目的，选择不同结构与尺寸的保护管。有关保护管的详细内容见第 8 章。

2. 绝缘物

热电阻在用于高温或低温测量时，常常由于绝缘不良在电阻丝间产生漏电或分流，造成测量误差，其原因有以下几点：

1）有水蒸气进入保护管内，随着温度的降低，在绝缘物、内引线及感温元件的表面凝结，使其绝缘下降，致使指示温度偏低。

2）用氧化镁作为绝缘物，则易吸潮，而且它的绝缘电阻将随温度升高而降低。

3）通常用银丝作为铂热电阻的内引线，但是在 300℃ 左右的温度下，银丝表面的氧化银将蒸发。因此，要有银蒸镀在绝缘物的表面上，使绝缘电阻明显降低。

为了解决上述问题，在常温下，可将保护管内部充满露点高而干燥的气体。对于低温用热电阻，可用石蜡灌入保护管内密封，或将干燥的空气充满保护管，也是有效的。绝缘物的绝缘性能取决于绝缘物的材质与温度，所以用于高温的热电阻要选取高温下绝缘性能好的材质作为绝缘物。

3.3 工业热电阻

3.3.1 热电阻的分类与性能

1. 热电阻的分类

1）按感温元件的材质分为金属导体与半导体两类。金属导体有铂、铜、镍、铑铁及铂钴合金等。在工业生产中大量使用的有铂、铜两种热电阻。半导体有锗、碳和热敏电阻等。

2）按准确度等级分为标准电阻温度计及工业热电阻。

3）按结构分为绕线型、薄膜型及厚膜型。绕线型是将金属丝绕在骨架上形成感温元件，通常用作标准温度计及工业热电阻；薄膜型是用真空镀膜法等制成的纯金属膜，有特殊用途；厚膜型是将纯金属微粉糊涂在基板上，经烧结形成厚膜，也有特殊用途。

2. 基本参数

（1）允差等级与分度　热电阻的允差等级和允差值见表 3-2。铂电阻新、旧标准分度特性差异见表 3-3。

（2）温度测量范围及允差　所谓允差，即热电阻实际的电阻与温度关系偏离分度表的允许范围。工业铂电阻的温度测量范围及以温度表示的允差见表 3-2。铂电阻新、旧标准允差对比见表 3-4。

美国工业铂电阻允差（ASTM E1137—2014）优于 IEC 要求。其允差为

$$A 级：\Delta = \pm(0.13 + 0.0017 \mid t \mid)℃$$
$$B 级：\Delta = \pm(0.25 + 0.0042 \mid t \mid)℃$$

表 3-2　热电阻的允差等级和允差值（JJG229—2010）

热电阻 类型	允差 等级	有效温度范围/℃		允差值
		线绕元件	膜式元件	
工业铂电阻 （PRT）	AA	−50 ~ +250	0 ~ +150	$\pm(0.100℃ + 0.0017\mid t\mid)$
	A	−100 ~ +450	−30 ~ +300	$\pm(0.150℃ + 0.002\mid t\mid)$
	B	−196 ~ +600	−50 ~ +500	$\pm(0.30℃ + 0.005\mid t\mid)$
	C	−196 ~ +600	−50 ~ +600	$\pm(0.6℃ + 0.010\mid t\mid)$
工业铜电阻（CRT）	—	−50 ~ +150		$\pm(0.30℃ + 0.006\mid t\mid)$

注：1. 表中 $\mid t \mid$ 是以摄氏度表示的温度的绝对值。

2. A 级以上允许偏差不适用于采用二线制的铂电阻。

3. 对 $R_0 = 100.00\Omega$ 的铂电阻，A 级允许偏差不适用于 $t > 450℃$ 的温度范围。

4. 二线制热电阻偏差的检定，包括内引线的电阻值。对具有多支感温元件的二线制热电阻，如要求只对感温元件进行偏差检定，则制造厂必须提供内引线的电阻值。

表 3-3　铂电阻新、旧标准分度特性差异

热电阻		温度/℃										
		-200	-100	0	100	200	300	400	500	600	700	800	850
R/Ω	BA₂	17.28	56.95	100.00	139.10	177.03	213.79	249.38	283.80	317.06	—	—	—
	Pt100(IPTS-68)	18.49	60.25	100.00	138.50	175.84	212.02	247.04	280.90	313.59	—	—	—
	Pt100(ITS-90)	18.52	60.26	100.00	138.51	175.86	212.05	247.09	280.98	313.71	345.28	375.70	390.48

注：BA₂ 是一种已经淘汰的旧铂电阻的分度号。

表 3-4　铂电阻新、旧标准允差对比

热 电 阻		温　度/℃								
		-200	-100	0	100	200	300	400	500	600
BA₂	$\pm(0.30+0.60\%t)$	1.5	0.9	0.3	0.75	1.20	1.65	2.10	2.55	3.0
	$\pm(0.30+0.45\%t)$									
Pt100	A　$\pm(0.15+0.2\%t)$	0.55	0.35	0.15	0.35	0.55	0.75	0.95	1.15	1.35
	B　$\pm(0.30+0.5\%t)$	1.3	0.8	0.3	0.8	1.3	1.8	2.3	2.8	3.3

注：BA₂ 是一种已经淘汰的旧铂电阻的分度号。

（3）热电阻在100℃及0℃的电阻比 W_{100}　工业热电阻的电阻值和电阻比的允差见表3-5。

表 3-5　工业热电阻的电阻值和电阻比的允差

热电阻名称	代　号	分度号	温度为0℃时的电阻值 R_0/Ω		电阻比 $W_{100}(R_{100}/R_0)$	
			名义值	允差	名义值	允差
铜电阻	WZC	Cu50	50	±0.05	1.428	±0.002
		Cu100	100	±0.1		
铂电阻	WZP	Pt10	10 (0~850℃)	A级 ±0.006 B级 ±0.012	1.3851	A级 ±0.0006 B级 ±0.0012
		Pt100	100 (-200~850℃)	A级 ±0.06 B级 ±0.12		
镍电阻	WZN	Ni100	100	±0.1	1.617	±0.003
		Ni300	300	±0.3		
		Ni500	500	±0.5		

（4）响应时间　当温度发生阶跃变化时，热电阻的电阻值变化至相当于该阶跃变化的某个规定百分比所需要的时间，称为响应时间。热电阻的电阻值变化至相当于该阶跃变化的63.2%所需要的时间，称为时间常数，通常以 τ 表示。热电阻的响应时间不仅与结构、尺寸及材质有关，还与被测介质的表面传热系数、比热容等有关。热电阻的响应时间见表3-6。热电阻时间常数检测实例见表3-7。

表 3-6 热电阻的响应时间

感温元件		保护管		响应时间/s			
		材质	壁厚/内径	63.2%	90%	63.2%	90%
云母骨架	φ4mm	不锈钢	0.2/4	15	39	13	32
	φ6mm	不锈钢	1.0/6	24	62	23	46
	φ8mm	不锈钢	1.0/8	36	86	34	74
玻璃骨架	φ2mm	不锈钢	0.15/2	10	22	9	21
	φ3mm	不锈钢	0.15/3	16	33	14	31
	φ4mm	不锈钢	0.15/4	20	48	20	42
测量条件				从100℃水到0℃的静止水中		从100℃水到0℃的搅拌水中	

表 3-7 热电阻时间常数检测实例

热电阻元件	保护管		时间常数 τ/s	备 注
	材质	尺寸/mm		
100Ω 云母骨架线绕式	SUS304	外径 φ15 内径 φ11	42	静止水中，有传热
			53	静止水中，无传热
	玻璃	外径 φ15 内径 φ11	34	静止水中，有传热
100Ω 玻璃骨架线绕式	—	外径 φ4	4	静止水中
			67	送风冷却

测定响应时间的方法有两种：①以温度计的电阻作为加热元件，在现场条件下测试温度计的响应时间；②在规定的条件下，测量响应时间，然后以相似原理推算到现场待测介质的响应时间。

美国工业铂电阻试验标准（ASTM E1137—2014）规定，铂电阻响应时间是在室温 20℃ ±5℃ 的空气中到流速为 0.9m/s ±0.09m/s，温度为 77℃ ±5℃ 的水中，温度上升到阶跃的 63.2% 的时间 $\tau_{0.632}$，并规定铂电阻外套管直径为 φ3mm 和 φ6mm 的响应时间 $\tau_{0.632}$ 分别为 3s 和 8s。

（5）额定电流 为了减少热电阻自热效应引起的误差，对热电阻元件规定了额定电流。在测量电阻值时，允许元件中连续通过的最大电流称为额定电流，一般为 2 ~ 5mA。

（6）日本工业热电阻 日本铂电阻的性能见表 3-8。

表 3-8　日本铂电阻的性能（JIS C 1604：1997）

分度号	100℃与0℃的电阻比	允差级别	额定电流/mA	使用温度范围/℃	引线形式
Pt100 （Pt10）	1.3851	A B	0.5 1 2	L：-200~100 M：0~350 H：0~650 S：0~850	2 线制 3 线制 4 线制
JPt100	1.3916	A B	1 2 (5)	L：-200~100 M：0~350 H：0~500	2 引线 3 引线 4 引线

注：引线对 A 级和铠装铂电阻不适用。

3.3.2　常用工业热电阻

1. 铂电阻

由以铂作为感温材料的感温元件、内引线和保护管构成的温度传感器，称为铂电阻。它通常还具有与外部测量控制装置、机械装置相连的部件。铂电阻具有示值稳定、测温准确度高等优点，还具有一定程度的抗振动冲击的性能（以免细铂丝断线），更重要的是互换性好，即每支合格的热电阻，其分度特性均在允差范围内与相应的分度表一致。各国工业铂电阻的规格大体上是相同的。然而，分度表及允差却不相同。日本标准中铂电阻的允差见图 3-8。该标准的特点是电阻温度系数小，$\alpha = 0.003851$。高纯铂丝易受污染和变形的影响。为了减少装配结构及使用环境污染的影响，可在铂中添加微量元素形成合金，以降低铂丝的电阻温度系数。此种方法不仅在结构上增加了机械强度，而且 α 值可以调整。

为了改变铂电阻测温标准的不一致状况，国际电工委员会（IEC）以 IEC 751 出版物形式，规定了铂电阻的允差和分度表。实施 ITS-90 后，其数值又有了变化。我国现行的 GB/T 30121—2013、JJG 229—2010 铂电阻技术条件和检定规程都等同于 IEC 751（2008）出版物。

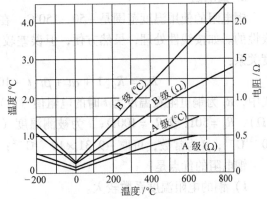

图 3-8　铂电阻（100Ω）的允差

铂电阻的使用温度范围是 -200~850℃。在如此宽广的范围内，很难用一个数学公式准确地描述其电阻与温度的关系，通常是分成两个温度范围来描述。

对于 -200~0℃ 的温度范围：

$$R_t = R_0 \left[1 + At + Bt^2 + Ct^3 (t - 100) \right] \qquad (3-9)$$

对于 0~850℃ 的温度范围：

$$R_t = R_0(1 + At + Bt^2) \tag{3-10}$$

式中，R_0 为温度为 0℃ 时铂电阻的电阻值；R_t 为温度为 t 时铂电阻的电阻值；A、B、C 为常数，当 $W_{100} = 1.3851$ 时，其常数 A、B、C 分别为：$A = 3.9083 \times 10^{-3}℃^{-1}$，$B = -5.775 \times 10^{-7}℃^{-2}$，$C = -4.183 \times 10^{-12}℃^{-4}$。

式（3-9）和式（3-10）来自 IEC 751 修订版，符合 ITS-90 的温度-电阻关系式。在 IPTS-68 中铂电阻温度电阻关系式与式（3-9）和式（3-10）一致。只是 A、B、C 系数值略有不同。其原因是 ITS-90 与 IPTS-68 在固定点的温度值有了变化，导致 W_{100} 不可避免地发生了变化。

根据 ITS-90 提供的 ITS-90 和 IPTS-68 的差值 $t_{90} - t_{68}$，在 100℃ 时为 +0.026℃。这样有一支 IPTS-68 的 Pt100 铂电阻，在 100℃ 时电阻恰好是 138.500Ω。换算到 ITS-90 时，该支 Pt100 铂电阻在 100℃ 的电阻应为

$$R_{100(90)} = R_{100(68)} + \frac{dR}{dt}[\Delta t_{(90-68)}] = (138.500 + 0.3793 \times 0.026)Ω = 138.510Ω$$

所以根据式（3-5），按 ITS-90，W_{100} 变为 1.3851。

国家标准中铂电阻只有 Pt10 和 Pt100 两种。实际使用中还有 Pt20、Pt50、Pt200、Pt300、Pt500、Pt1000 和 Pt2000 等。使用时应注意以下三点：

1）以摄氏度（℃）为单位的允差计算公式（见表 3-2）适用于所有标称值的铂电阻；而以欧姆（Ω）为单位的 Pt100 分度表只适用于 $R_0 = 100Ω$ 的铂电阻。

2）对标称电阻值 R_0 非 100Ω 的铂电阻，使用 Pt100 分度表时，计算以 Ω 为单位的允差必须乘以系数 $R_0 \times 10^{-2}/Ω$，R_0 为该铂电阻在 0℃ 时的电阻值。

3）所有非标的铂电阻，使用 Pt100 分度表时，其 W_{100} 应为 1.3851。

2. 铜电阻

铜电阻的使用温度范围是 -50~150℃，在此温度范围内铜电阻与温度的关系是非线性的。如按线性处理，虽然方便，但误差较大。通常用下式描述铜电阻的电阻与温度关系：

$$R_t = R_0[1 + \alpha t + \beta t(t - 100) + \gamma t^2(t - 100)] \tag{3-11}$$

式中，R_t 为铜电阻在温度为 t 时的电阻值（Ω）；R_0 为铜电阻在温度为 0℃ 时的电阻值（Ω），$R_0 = 50Ω$ 或 $R_0 = 100Ω$；t 为被测温度（℃）；α 为电阻温度系数，可取 $4.280 \times 10^{-3}℃^{-1}$；$\beta$ 为常数，可取 $-9.31 \times 10^{-8}℃^{-2}$；$\gamma$ 为常数，可取 $1.23 \times 10^{-9}℃^{-3}$。

铜电阻的优点是：

1）铜的电阻温度系数较大。

2）高纯铜丝容易获得。

3）价格便宜，精度优于镍电阻，互换性好。

它的缺点是：固有电阻太小，铜的电阻率为 $\rho_{Cu} = 0.017Ω \cdot mm^2/m$，而铂的电阻率却为 $\rho_{pt} = 0.0981Ω \cdot mm^2/m$。因此，为保持一定的阻值，往往需要细而长的铜丝，使其体积增大。另外，铜在 250℃ 以上易氧化，致使电阻发生变化，因此，铜电阻的使用温度范围一般在 120℃ 以下。铜电阻的型号为 WZC，分度号为 Cu50（$R_0 = 50Ω$）及

Cu100（$R_0 = 100\Omega$）。铜电阻在工业中的应用逐渐减少，日本已从 1974 年起废除了铜电阻的工业标准。

工业铂电阻 Pt100、日本工业铂电阻 JPt100 与工业铜电阻 Cu50、Cu100 分度表见附录 A。

3. 镍电阻

镍电阻的 α 较铂大，约为铂的 1.5 倍，主要用于较低温域，使用温度范围为 $-50 \sim 300℃$。但是，温度在 200℃ 左右时，α 具有特异点，故多用于 150℃ 以下。它的电阻与温度关系式为

$$R_t = 100 + 0.5485t + 0.665 \times 10^{-3}t^2 + 2.805 \times 10^{-9}t^4 \qquad (3\text{-}12)$$

式中，t 为温度值；R_t 为在温度为 t 时的电阻值。

但是，对镍电阻而言，很难获得 α 相同的镍丝，尽管高纯镍丝的电阻比 $W_{100} = 1.66$ 左右，但实用化镍丝的电阻比却为 1.618 或者更低。须指出，不同厂家生产的镍电阻无互换性。对于镍电阻。可采用如图 3-9 所示的合成电阻的方式，即将镍丝与电阻温度系数极小的锰铜丝并联在一起，调整温度系数以达到规定值，使其具有互换性。

镍电阻的制作工艺较复杂，同铂电阻相比精度低，制成标准温度计很困难。在国际上，已列入国家标准的只有德国工业标准（DIN 43760）。该标准中规定了镍电阻的允差（见图 3-10）。另外，在美国有军用标准（MIL - B - 5491A）。镍电阻的标称电阻见表 3-9。

表 3-9　镍电阻的标称电阻表　（单位：Ω）

温度/℃	DIN 43760	MIL - B - 5491A	温度/℃	DIN 43760	MIL - B - 5491A
-50		37.95	140	190.9	92.80
-40		40.15	160	206.6	100.30
-20		44.85	180	223.2	108.20
0	100.00	50.00	200		116.50
20	111.2	55.25	220		125.20
40	123.0	60.70	240		134.30
60	135.3	66.50	260		143.80
80	148.3	72.65	280		153.85
100	161.8	79.00	300		164.50
120	176.0	85.70			

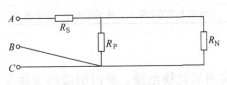

图 3-9　镍电阻

R_N—镍电阻　R_S、R_P—锰铜补偿电阻

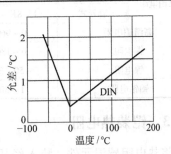

图 3-10　镍电阻的允差

4. 低温用热电阻

通常金属一旦处于低温，其电阻值将变得很小。在常温附近广泛使用的铂电阻，如果进入 70K 以下的温域，其灵敏度就急骤下降，到 20K 时其灵敏度只有室温的 1/200，如再进一步降温到 13K 以下，则其电阻小到几乎无法测温。

（1）铑铁电阻温度计　有些纯金属及合金处于低温时电阻比较小。但是，将具有磁矩的原子添加到贵金属中形成合金后，即使处于低温，其电阻仍然比较大。巧妙而有效地利用此种性质的是英国国家物理研究所 NPL，他们首先研制成铑铁 ［Rh + Fe0.07%（摩尔分数）］电阻温度计。此种二元合金具有正的电阻温度系数，从室温到低温，电阻值的变化是单调的。在 30K 以下其电阻温度系数仍然很大，所以，铑铁温度计尤其适用于 30K 以下直到 1K 的低温测量。我国也能生产标准及工业用铑铁温度计，并已在生产与科研中应用。

（2）铂钴电阻　铂钴电阻是含钴为 0.5%（摩尔分数）的铂钴合金。铂钴电阻（$R_0 =$ 100Ω）的灵敏度较大，在 20K 附近为 0.13Ω/K，

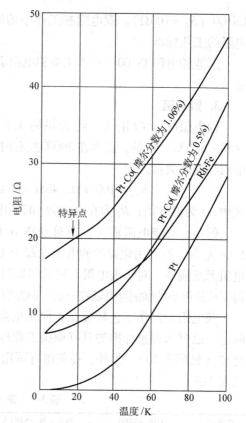

图 3-11　低温用热电阻的电阻
（$R_0 = 100Ω$）温度特性

在 4K 附近为 0.15Ω/K，作为实用温度计是足够的。随着低温工程和深冷技术的发展，铂钴电阻的应用将会更加广泛。低温用热电阻的电阻温度特性如图 3-11 所示。

5. 日本 JIS 标准以外的实用热电阻（见表 3-10）

表 3-10　日本 JIS 标准以外的实用热电阻

种　　类		使用温度范围	特　　点
标准铂电阻	棒式	90K ~ 630℃	以 4 端子测量法为主，校准点为 4 点，高精度（±1mK 以下），抗机械冲击性差
	套管式	13.8K ~ 100℃	
高温铂电阻		0 ~ 960℃	精度约 1mK，抗机械冲击差，安装时应注意
铜电阻		0 ~ 180℃	电阻温度系数线性好，使用温度范围窄，固有电阻小
镍电阻		- 50 ~ 300℃	电阻温度系数大
铂钴电阻		1 ~ 300K	超低温下残留电阻大，磁场影响小，自热效应大

3.3.3　铠装热电阻

将热电阻感温元件，装入经压制、密实的氧化镁绝缘、有内引线的金属套管内，焊接感温元件与内引线后，再将装有感温元件的金属套管端头填充、焊封成坚实整体

的热电阻，称为铠装热电阻。其结构如图 3-12 所示。

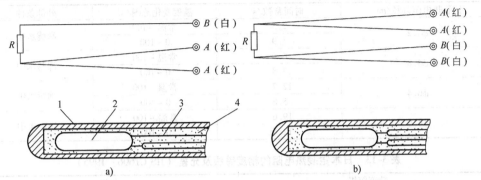

图 3-12　铠装热电阻的结构

a）三线制热电阻　b）四线制热电阻

1—不锈钢管　2—感温元件　3—内引线　4—氧化镁绝缘材料

目前国产铠装铂电阻可替代进口产品，主要用于要求反应速度快、微型化及抗振等特殊场合。铠装热电阻同带保护管的热电阻相比具有如下优点：

1）外径尺寸小，套管内为实体，响应速度快。

2）抗振，可挠，使用方便，适于安装在结构复杂的部位。

3）感温元件不接触有害介质，使用寿命长。

如将铠装热电阻端部安上弹簧，并压入保护管内，构成带保护管的铠装热电阻，则该种结构的导性能良好，便于维护及点检；在进行校验时，也不担心损坏感温元件。

铠装热电阻的外径尺寸一般为 $\phi2 \sim \phi8\text{mm}$，个别的可制成 $\phi1\text{mm}$。常用温度为 $-200 \sim 600℃$；时间常数、内引线直径及电阻值见表 3-11。铠装热电阻在不同外部条件下的响应时间见表 3-12。

表 3-11　时间常数、内引线直径及电阻值

外径/ mm	时间常数/s	金属套管壁厚/ mm	内引线直径/ mm	内引线电阻值/ （Ω/m）
$\phi3$	2	0.45	$\phi0.4$	0.75
$\phi4$	2.5	0.60	$\phi0.4$	0.75
$\phi5$	3	0.75	$\phi0.4$	0.75
$\phi6$	5	0.90	$\phi0.5$	0.50
$\phi8$	10	1.00	$\phi0.5$	0.50

日本铠装热电阻的精度等级及允差见表 3-13，其规格（JIS C1606：1995）如下：

1）标称电阻比：Pt100（$R_{100}/R_0 = 1.3851$）。

2）额定电流：1mA、2mA、5mA（不适用 A 级）。

3）使用温度范围：低温用（L）$-200 \sim 100℃$，中温用（M）$0 \sim 350℃$，高温用（H）$0 \sim 500℃$。

4）内引线形式：三线与四线制。

表 3-12 铠装热电阻在不同外部条件下的时间常数

铠装热电阻外径/mm	时间常数/s	温度变化范围/℃	外部条件
φ3.2	2.5	常温~100	沸腾水中
	1.9	0~100	
φ4.8	6.9	常温~100	沸腾水中
	3.8	0~100	
φ6.4	12.7	常温~100	沸腾水中
	5.8	0~100	
φ8.0	19.6	常温~100	沸腾水中
	12.6	0~100	

表 3-13 日本铠装热电阻的精度等级及允差 （JIS C1606：1995）

精度等级	允差
A 级	± （0.15 + 0.002 | t | ）
B 级	± （0.3 + 0.005 | t | ）

注：$|t|$ 为被测温度的绝对值。

3.3.4 薄膜铂电阻

有一种新的铂电阻生产技术，即用膜工艺改变原有的线绕工艺，制备薄膜铂电阻。它是由亚微米或微米厚的铂膜及其依附的基板组成。它的测温范围是 −50~600℃。国产元件精度可达到德国标准（DIN）中 B 级。由于薄膜热容量小，热导率大，而基板又是很好的绝热材料，因此，薄膜铂电阻能够准确地测出所在表面的真实温度。

1. 薄膜铂电阻的特点

1）可制成高阻值元件（如 1000Ω），适合配用显示仪表，使用方便，稳定可靠。

2）灵敏度高，响应快，在流速为 0.4m/s 的水中，响应时间（$\tau_{0.5}$）为 0.15s。

3）外形尺寸小（约 5mm×2mm×1.3mm），便于安装在狭小的场所。

4）可大批量自动化生产，成本低，约为同类绕线电阻价格的 1/3~1/2。

5）缺点是抗固体颗粒正面冲刷性能差。

2. 薄膜铂电阻的制备

制备的方法有真空沉积及阴极溅射法等。主要工艺流程如下：基板研磨抛光→清洗→铂蒸镀或真空沉积在氧化铝基板上→激光自动刻阻→截取单支元件→超声热压焊接引线→涂玻璃釉→通电检测与筛选。

3. 薄膜铂电阻的电阻与温度关系

铂电阻的电阻由两部分组成：随温度变化的电阻 R_T 及不随温度变化的剩余电阻 R_r。它们的电阻与温度的关系为

$$R(T) = R_T + R_r = 100(1 + \beta AT + \beta BT^2) \tag{3-13}$$

式中，$\beta = R_T/(R_T + R_r)$；A、B 为常数。

4. 应用

薄膜铂电阻的生产工艺成熟，产量高，适用于表面、狭小区域、快速测温及需要高阻值元件的场合。

最近薄膜铂电阻制作工艺又有所改进。把铂研制成粉浆，采用感光平版印刷技术，将

铂附着在陶瓷基片上形成铂膜。膜厚在 $2\mu m$ 以内加上引线，保护釉经激光刻阻制作而成。

这种薄膜铂电阻具有良好的长期稳定性。在 600℃ 温度下工作 1000h 后，其电阻的变化 $<0.02\%$。

薄膜铂电阻的引线随工作温度不同而异：

1) $-200\sim150$℃ 时，引线材质：钯银合金，$\phi0.25mm\times10mm$。
2) $-50\sim400$℃ 时，引线材质：钯银合金，$\phi0.25mm\times10mm$。
3) $-50\sim600$℃ 时，引线材质：铂镍合金，$\phi0.25mm\times10mm$。
4) $-60\sim850$℃ 时，引线材质：铂铑合金，$\phi0.25mm\times10mm$。

3.3.5　厚膜铂电阻

厚膜铂电阻是 20 世纪 70 年代发展起来的温度传感器，采用了厚膜印刷工艺取代线绕电阻体、手工调整电阻值的传统工艺。

1. 特性与技术指标

厚膜铂电阻主要特性与薄膜铂电阻基本相同，日本产厚膜铂电阻的结构如图 3-13 所示，其主要技术指标见表 3-14。

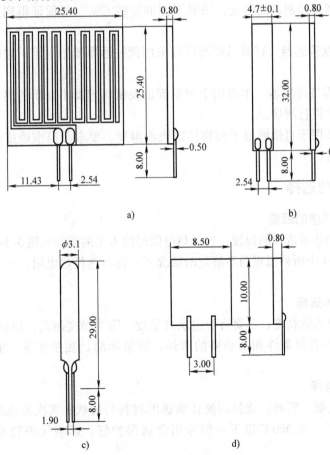

图 3-13　厚膜铂电阻的结构

a) 型号为 100S25　b) 型号为 100W47　c) 型号为 100P30　d) 型号为 50W85

表 3-14 主要技术指标

量程 /℃	电阻值/ Ω	电阻误差 （%）	自热系数/ （mW/℃）	电阻温度特性/Ω		绝缘电阻/ MΩ	响应时间/ s
				0℃	100℃		
-70 ~ 600	72.35 ~ 313.72	0.075 ~ 0.1	100 ~ 200	100	138.51	1 ~ 10	0.15 ~ 0.3

2. 电阻与温度关系及元件制备

厚膜铂电阻的电阻与温度的关系为 $R_T = R_0 + (1 + \alpha T)$，显然电阻温度系数 α 越大，电阻值的变化也越大，因而测温准确度越高。它的制备工艺是，高纯铂粉与玻璃粉混合，加有机载体调成糊状浆料，用丝网印刷在刚玉基片上，再烧结安装引线，调整阻值，最后涂玻璃釉作为电绝缘及保护层。阻值调整决定了产品精度等级，采用超声法调阻可达到 ±（0.10% ~ 0.20%）的水平。

3. 应用

厚膜铂电阻与线绕铂电阻的应用范围基本相同。但是，制成铠装形式，在表面温度测量及在恶劣机械振动环境下应用，却明显优于线绕式。

（1）表面温度传感器 当用于测量物体表面温度时，将厚膜铂电阻直接贴在被测表面上，也可以依据被测表面情况，采取不同的安装方法，能保证得到准确、可靠的测量结果。

（2）容器温度传感器 容器温度测量可采用圆柱形厚膜铂电阻。它的特点是强度高，耐蚀性强。

（3）插入式温度传感器 主要用于测量管道及密封容器中介质的温度，也可在高强度、高速流体中进行测量。

厚膜铂电阻多用于直接测量平面物体的表面温度、要求测温准确度高的医疗器械与显影液控制装置。

3.3.6 热电阻的选择

1. 选择时应考虑的因素

为了测量某物体或流体的温度，选择热电阻时应考虑的因素如图 3-14 所示。

如果在图 3-14 中所列因素尚不清楚的情况下，盲目选择热电阻，一定会得出错误结果。

2. 测量精度的选择

应明确测量要求的精度，不要盲目追求高精度，因为精度越高，价格越贵，而且，又给测量增加一些限制条件和不必要的麻烦。应选择满足测量要求，精度适宜的热电阻。

3. 保护管的选择

首先应依据文献、资料，选择耐流体腐蚀的材料与形状；其次是选择在实际应用中已见成效的材料。在 500℃ 以下一般采用金属保护管。影响保护管寿命的因素如图 3-15 所示。

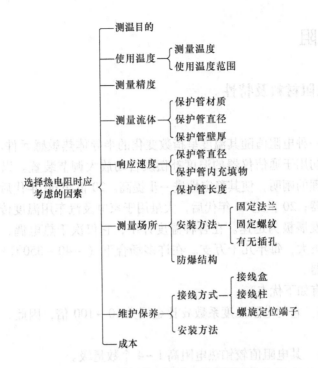

图 3-14　选择热电阻时应考虑的因素

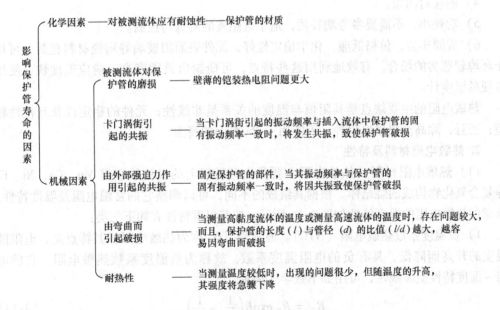

图 3-15　影响保护管寿命的因素

3.4　热敏电阻

3.4.1　热敏电阻材料及特性

1. 简介

热敏电阻是一种电阻值随其温度呈指数变化的半导体热敏感元件。它是在 1940 年研制出来的，最初用于通信仪器的温度补偿及自动放大调节装置。以后由于材料性能的改进及老化机理的阐明，使其稳定性进一步提高。20 世纪 60 年代后，热敏电阻成了工业用温度传感器；20 世纪 70 年代后，大量用于家电及汽车用温度传感器；目前已深入到各种领域，发展极为迅速。在各种温度计中，它仅次于热电偶、热电阻，而占第三位，但销售量极大，每年几千万支。在许多场合下（-40~350℃），它已经取代了传统的温度传感器。

热敏电阻具有如下优点：

1）灵敏度高。它的电阻温度系数 α 比金属大 10~100 倍，因此，可采用精度较低的显示仪表。

2）电阻值高。其电阻值较铂热电阻高 1~4 个数量级。

3）体积小，结构简单。根据需要可制成各种形状，目前最小珠状热敏电阻可达 ϕ0.2mm，常用来测量"点"温。

4）响应时间短。

5）功耗小，不需要参考端补偿，适于远距离的测量与控制。

6）资源丰富，价格低廉，化学稳定性好，元件表面用玻璃等陶瓷材料包封，可用于环境较恶劣的场合。有效地利用这些特点，可研制出灵敏度高、响应速度快、使用方便的温度计。

热敏电阻的主要缺点是其阻值与温度的关系呈非线性；元件的稳定性及互换性较差；而且，除高温热敏电阻外，不能用于 350℃ 上的高温。

2. 热敏电阻材料及特性

（1）热敏电阻材料　热敏电阻主要是由两种以上的过渡族金属 Mn、Co、Ni、Fe 等复合氧化物构成的烧结体，根据其组成的不同，可以调整它的常温电阻及温度特性。典型的热敏电阻的温度特性如图 3-16 所示。按其温度特性有如下三类：

1）负温度系数热敏电阻（NTC）。通常将 NTC 称为热敏电阻。其特点是，电阻随温度的升高而降低，具有负的电阻温度系数，故称为负温度系数热敏电阻。它的电阻-温度特性呈非线性，可用如下数学式表示：

$$R_T = R_{T_0}\exp B\left(\frac{1}{T} - \frac{1}{T_0}\right) \tag{3-14}$$

式中，R_T、R_{T_0} 为温度为 T、T_0 时热敏电阻的阻值；B 为热敏指数。

2）正温度系数热敏电阻（PTC）。它的特点与 NTC 相反，电阻随温度的升高而增加，并且，达到某一温度时，阻值突然变得很大，故称为正温度系数热敏电阻。它的电阻与温度的关系可近似地用如下经验公式表示：

$$R_T = R_{T_0} \exp B_p (T - T_0)$$

$$(3\text{-}15)$$

式中，R_T、R_{T_0} 为温度分别为 T、T_0 时的电阻值；B_p 为正温度系数热敏电阻的热敏指数。

3）临界温度热敏电阻（CTR）。它的特点是，在某一温度下电阻急骤降低，故称为临界温度热敏电阻。

（2）基本参数

1）标称电阻值 R_{25}。它是热敏电阻在 25℃ 时的阻值，通常是热敏电阻上标志的值，也称额定零功率电阻值。如果环境温度 t 不是（25±0.2）℃，而在 25～27℃ 之间，则可按下式换算成基准温度（25℃）的阻值 R_{25}：

$$R_{25} = \frac{R_t}{1 + \alpha_{25}(t - 25)} \quad (3\text{-}16)$$

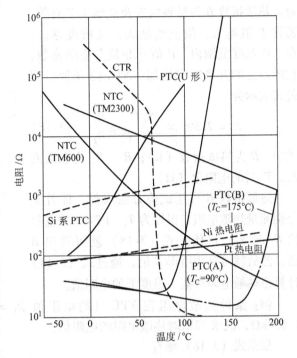

图 3-16　热敏电阻的温度特性
NTC—负温系数热敏电阻
PTC—正温系数热敏电阻
CTR—临界温度热敏电阻

式中，R_{25} 为标称电阻值；R_t 为温度为 t 时的实际电阻值；α_{25} 为被测热敏电阻在 25℃ 时的电阻温度系数。

2）零功率电阻值 R_T。在规定温度（T）下测量热敏电阻的电阻值时，由于电阻体内部发热引起的电阻值变化相对于总的测量误差而言，可以忽略不计，此时测得的电阻值称为零功率电阻值。

3）零功率电阻温度系数 α_T。在规定温度（T）下，热敏电阻零功率电阻值的相对变化与引起该变化的温度变化值之比，称为零功率电阻温度系数，NTC 的 α_T 用公式表示如下：

$$\alpha_T = \frac{1}{R_T} \frac{\mathrm{d}R_T}{\mathrm{d}T} = -\frac{B}{T^2} \tag{3-17}$$

式中，α_T 为图 3-17 中直线的斜率。由图 3-17 可以看出，B 值越大，α_T 也越大（线越陡）。同铂电阻温度系数相比，热敏电阻的 α_T 是相当大的，因此它的灵敏度很高。α_T 值并非常数，它是衡量热敏电阻变化灵敏度的主要标志。

4）热敏指数 B。它是描述热敏材料物理特性的一个常数。其大小取决于热敏材料

的激活能 ΔE，$B = \Delta E/2k$，k 为玻耳兹曼常数。热敏指数 B 与材料组成及烧结工艺有关。通常 B 值越大，阻值也越大，灵敏度越高。在工作温度范围内，B 值并非是严格的常数，它随温度的升高略有增加。NTC 的 B 值可用公式表示为

$$B = 2.303 \times \frac{T_1 T_2}{T_2 - T_1} \lg \frac{R_1}{R_2} \qquad (3-18)$$

式中，B 为热敏指数（K）；R_1、R_2 为在温度 T_1、T_2 时的电阻值（Ω）。

热敏指数 B 可用试验方法求得，即首先分别测量热敏电阻在温度为 T_1 与 T_2 时的电阻值 R_1 与 R_2，再代入式（3-18）就可算出 B 值。然后就可利用所得 B 值，通过式（3-14）计算出热敏电阻在某一温度下的电阻值。

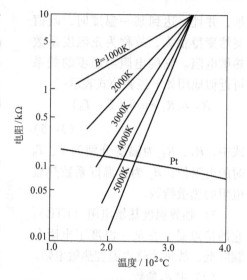

图 3-17　热敏电阻的电阻与温度关系

例：某种热敏电阻在 30℃ 时的电阻值 $R_1 = 1.812\text{k}\Omega$，35℃ 时的电阻值 $R_2 = 1.510\text{k}\Omega$，试求 32℃ 时热敏电阻的电阻值。

根据式（3-18）则有：

$$B = 2.303 \times \frac{(273.15 + 30) \times (273.15 + 35)}{(273.15 + 35) - (273.15 + 30)} \lg \frac{1.812}{1.510} \text{K} = 3406.36\text{K}$$

将求得的 B 值代入式（3-14）可得

$$R_{32} = 1.812 \exp 3406.36 \left(\frac{1}{273.15 + 32} - \frac{1}{273.15 + 30} \right) \text{k}\Omega = 1693\text{k}\Omega$$

即 32℃ 时的电阻值为 1693kΩ。

5）耗散系数 δ。它是指热敏电阻在静止空气中，温度变化 1℃ 时所耗散的功率，也称为耗散常数，单位为 mW/℃。它是衡量一个热敏电阻工作时，电阻体与外界环境进行热量交换的物理量。当热敏电阻处于热平衡状态时，耗散系数 δ 有如下关系：

$$\delta = \lambda st \qquad (3-19)$$

式中，λ 为热导率，它取决于介质的温度、性质、状态和密度等；s 为传导面积；t 为传导时间。

耗散系数 δ 的测量方法：带引线的热敏电阻用直径为 $\phi1.3\text{mm}$ 的磷青铜丝夹紧；不带引线的热敏电阻用压紧接触法支撑在直径为 $\phi1.3\text{mm}$ 的磷青铜丝的压力接触面之间（详见 GB/T 6663.1—2007《直热式负温度系数热敏电阻器　第 1 部分：总规范》）。

初始测量，应测量 $T_2 = (358.15 \pm 0.1)\text{K}$ 时的零功率电阻值，并做好记录。

将带有热敏电阻的磷青铜丝，密封在体积至少比被测热敏电阻大 1000 倍的试验箱内。磷青铜丝的安放，应使热敏电阻彼此间与试验箱壁间相距不小于 75mm，箱内空气不应流动，并保持在 $(298.15 \pm 0.5)\text{K}$。热敏电阻放入试验箱内前应按图 3-18 所示电路接线。

图 3-18 中所示测量仪表中，高
阻抗电压表和电流表的精度不应低于
1%。图中 R_S 的阻值与被测热敏电阻
的阻值 R_T 及 B 值有关，R_S 的选择规
律：当 $B \leqslant 1500K$ 时，$R_S = 0.1R_T$；当
$1500K < B \leqslant 2200K$ 时，$R_S = (0.2 \sim 0.3)R_T$；当 $2200K < B \leqslant 3300K$

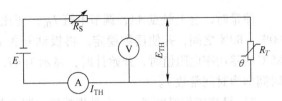

图 3-18　耗散系数 δ 测量电路
R_T—被测热敏电阻　E—可调直流稳压电源

时，$R_S = (0.3 \sim 0.5)R_T$；当 $B > 3300K$ 时，$R_S = (0.5 \sim 1.0)R_T$。

开始测量时，首先调整电流直到比值 E_{TH}/I_{TH} 等于 T_2 下所测得的零功率电阻值
（$\pm 5\%$），待读数稳定后记录下 E_{TH} 与 I_{TH} 的值，然后按下式计算耗散系数 δ：

$$\delta = \frac{E_{TH}I_{TH}}{T_2 - 298.15} \tag{3-20}$$

式中，E_{TH} 为测得的电压（V）；I_{TH} 为测得的电流（mA）；T_2 为温度（K）；δ 为耗散系
数（mW/K）。

耗散系数的大小与热敏电阻的结构、形状以及所处介质的种类、状态等有关。例
如，玻璃封装的元件在静止空气中 δ 一般为 $0.5 \sim 1.0$mW/℃，若将元件装入金属保护
管内，δ 值增大到 $3 \sim 4$mW/℃。使用者在选择时，要考虑到使用的介质、温度及在保
证测量精度下的最大负载功率。例如，在保证相同精度的条件下，片状与杆状热敏电
阻所承受的功率比珠状热敏电阻大。

6）时间常数（τ）。它是指在零功率条件下，当温度突变时，热敏电阻的温度变化
为其初始的和最终的温度差的 63.2% 所需要的时间。时间常数与热敏电阻的元件结构、
工艺条件有关。对于快速测温，应选择薄膜或厚膜型，它们的时间常数可达微秒级或
毫秒级；对一般的测量场合，秒级即可满足要求，很容易实现。

测量时间常数 τ，首先将热敏电阻固定在抗腐蚀夹具中，然后将其浸没在不引起变
质的绝缘介质中，并把介质温度保持在（47.1 ± 0.1）℃和（85 ± 0.1）℃温度下，测其
零功率电阻值 R_{47}、R_{85}，并做记录。

根据 τ 值大小的不同将采
取不同的装置与线路，这里仅
介绍 $\tau > 5s$ 的装置与测量电路
（见图 3-19）。将热敏电阻安
装在磷青铜丝上，并按图 3-19
所示的线路连接后，放入测量
耗散系数时所述的试验箱内，
并密封好。高阻抗电压表和电
流表的精度应不低于 1%。阻
值测量仪器的精度应不低于
0.1%。

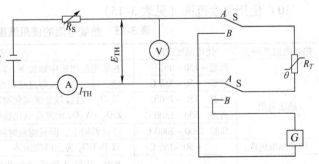

图 3-19　时间常数 τ 的测量电路
S—双向开关　R_T—被测热敏电阻　G—阻值
测量仪器　E—可调直流稳压电源

测量时，合上触点 AA，调节电流 I_{TH}，使比值 E_{TH}/I_{TH} 处在 85℃ 时零功率电阻值的 60% ~80% 之间，并使读数稳定。再扳动开关 K 闭合触点 BB，当阻值测量仪显示如 85℃ 的零功率电阻值时，开始计时，显示为 47.1℃ 的零功率电阻时停止计时，记下的时间即为时间常数 τ。

7）最高工作温度 T_{max}。它是指热敏电阻在规定的技术条件下，长期连续工作所允许的温度。

$$T_{max} = T_0 + P_E/\delta \tag{3-21}$$

式中，T_0 为环境温度（K）；P_E 为环境温度为 T_0 时的额定功率；δ 为耗散系数。

8）额定功率 P_E。它是指热敏电阻在规定的技术条件下，长期连续工作所允许的耗散功率，在此条件下热敏电阻自身温度不应超过 T_{max}。

9）测量功率 P_C。它是指热敏电阻在规定的环境温度下，电阻体因测量电流加热而引起的电阻变化不超过 0.1% 时所消耗的功率，即

$$P_C \leq \frac{\delta}{1000\alpha_T} \tag{3-22}$$

当测量电流通过热敏电阻时，由焦耳热致使其自身温度高于环境温度而引起误差。为了减少功耗，通常规定在 0.1mW 以下。当热敏电阻的功耗为 P（mW）时，如果温度上升为 Δt（℃），则

$$\Delta t = P/\delta \tag{3-23}$$

如果通过热敏电阻的电流为 I（mA），电阻为 R（kΩ），则

$$\Delta t = I^2 R/\delta \tag{3-24}$$

为了减少由自热效应引起的误差，必须使通过热敏电阻的电流尽可能减少。例如，测量时将其功耗设为标准的最大值 0.1mW 时，则在静止空气中耗散系数 $\delta = 4$mW/℃ 的热敏电阻，其温度上升根据式（3-23）为 $\Delta t = P/\delta = (0.1/4)$℃ $= 0.025$℃。

上述误差是在空气中，因热敏电阻的自热效应引起的误差。如在带有搅拌的水中，则其耗散系数比静止空气中大几倍，故在相同功耗的情况下，由自热效应引起的误差仅为空气条件下的几分之一。

10）使用温度范围（见表 3-15）

表 3-15　热敏电阻的使用温度范围

热敏电阻的种类	使用温度范围	基　本　原　料
NTC 热敏电阻	低温 -130 ~0℃	在常用的组成中添加铜，降低电阻
	常温 -50 ~350℃	锰、镍、钴、铁等过渡族金属氧化物的烧结体
	中温 150 ~750℃	Al_2O_3 + 过渡族金属氧化物的烧结体
	高温 500 ~1300℃	$ZrO_2 + Y_2O_3$ 的复合氧化物烧结体
	高温 1300 ~2000℃	原材料同上，但只能短时间测量
PTC 热敏电阻	-50 ~150℃	以 $BaTiO_3$ 为主的烧结体
CTR 热敏电阻	0 ~150℃	BaO，P 与 B 的酸性氧化物，硅的酸性氧化物，碱性氧化物 MgO、CaO、SrO 及 B、Pb、La 等氧化物。由上述二元或三元系构成的烧结体

11）允许误差。我国直热式负温度系数热敏电阻器总规范（GB/T 6663.1—2007）中，没有规定精度等级。日本标准中热敏电阻的允许误差见表 3-16。

12）稳定性。稳定性的检验方法：在比使用温度范围高 20～50℃ 的条件下，加热 5h 后，再与加热前对比，其变化不得超过表 3-17 规定。对国产珠状热敏电阻稳定性的研究结果表明，珠状热敏电阻的短期复现性较好，可达 mK 级的测量精度；它的长期老化特性有很大的随机性，大部分元件的阻值漂移是波浪式的波动幅度前期大、后期小，平均年漂移率在 0.1% 左右；稳定性与阻值的关系并不明显，但 10kΩ 以下的元件稳定性较好。

表 3-16　热敏电阻的允许误差（JIS C1611：1995）

测量温度	精度等级	允许误差	测量温度	精度等级	允许误差
-50～100℃	0.3	±0.3℃	100～350℃	0.3	±0.3%t
	0.5	±0.5℃		0.5	±0.5%t
	1.0	±1.0℃		1.0	±1.0%t
	1.5	±1.5℃		1.5	±1.5%t

注：t 为被测温度的绝对值。

表 3-17　热敏电阻的稳定性

精度等级	允许误差/℃	精度等级	允许误差/℃
0.3	0.05	1.0	0.2
0.5	0.1	1.5	0.3

中国科学院长春应用化学研究所对稀土热敏电阻的长期稳定性进行了研究。元件在最高使用温度 510℃ 下，经 1000h 以上静态稳定性考验，其稳定性见表 3-18。

表 3-18　元件在最高使用温度下的稳定性

元件编号	510℃平均阻值/Ω	阻值偏差（%）	温度偏差/℃
1	95.7	2.5 -2.3	3.4 -3.1
2	93.5	0.8 -1.4	1.1 -1.9
3	95.3	0.8 -1.2	1.1 -1.6

日本热敏电阻分度表见附录 A。

3.4.2　热敏电阻的结构与使用注意事项

1. 结构

热敏电阻是由热敏电阻感温元件、引线及壳体等构成的（见图 3-20）。通常将热敏电阻做成二端器件，但也有做成三端或四端器件的。二端或三端器件为直热式，即热敏电阻直接由连接的电路中获得功率，而四端器件则为旁热式。

根据不同的使用要求，热敏电阻可制成不同的结构形式（见图 3-21）。现将其特点介绍如下：

（1）珠形　在两根铂丝间滴上糊状热敏材料的小珠后烧结而成（见图 3-20a）。铂丝作为引线一般用玻璃壳密封。它的特点是热惰性小，稳定性好，但使用功率小。在工业测量中主要采用珠形。如果如图 3-20a 所示不加保护，则易受机械及热的作用而

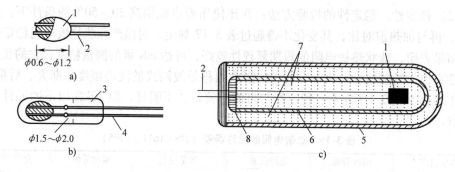

图 3-20　热敏电阻的结构

a）珠形热敏电阻　b）玻璃壳层热敏电阻　c）高温热敏电阻

1—感温元件（金属氧化物烧结体）　2—引线（铂丝）　3—玻璃壳层　4—杜美丝
5—耐热钢管　6—氧化铝保护管　7—耐热氧化铝粉末　8—玻璃黏结密封

使其性能不稳定。若在其表面涂如图 3-20b 所示玻璃层，则此玻璃层直到最高使用温度下，仍能防止热敏电阻感温元件同外界接触。在严格管理下制出的 NTC 温度传感器，将具有很高的稳定性。在 350℃ 下经 120 天，它的电阻变化小于 0.2%。

（2）片形　通过粉末压制、烧结成形，适于大批生产。由于体积大，所以功率大。在圆片形热敏电阻中心留一个圆孔，便成为垫圈形，便于用螺钉固定散热片，因此功率更大，也便于将多个元件进行串、并联。

（3）杆形　用挤压工艺可制成杆形或管形。杆形较片形容易制作成高阻值元件。管形内部加电极又易于得到低阻值，因此，它的阻值范围广，调整方便。

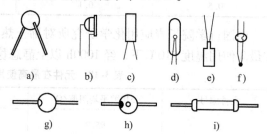

图 3-21　热敏电阻的结构形式

a）圆片形　b）薄膜形　c）杆形　d）管形
e）平板形　f）珠形　g）扁圆形　h）垫圈形
i）杆形（金属帽引出）

（4）薄膜形　用溅射法或真空蒸镀成形，其热容量及热时间常数很小，一般做成红外探测器。

2. 感温元件的互换性

所谓互换性是指批量供应的测温用热敏电阻，对已定型的仪器，可在某一测温精度内实现每支均能取代使用。对使用者来说，最关心的是感温元件的互换性。

由式（3-14）可以看出，影响 R_T 波动的主要因素有两点：①热敏电阻的材质及制造工艺，即 B 值与电阻率 ρ 值；②元件的结构，即"几何因素"。

因此，首先应从材质及制造工艺入手，保证元件的 B 值、ρ 值及几何形状的一致性；其次是在热敏电阻线路上进行补偿或组成网络形成新的测温传感器，保证互换精度；第三，采用多支热敏电阻的组合体，利用串、并联等形式组成新的测温元件，实现互换。具体形式有如下三种：

（1）元件互换式热敏电阻　在无外电阻的情况下，仅用热敏电阻串联或并联形式，使其具有互换性，如图 3-22 所示。

当采用上述方法无效时，可用串联或并联固定电阻法使它们具有互换性。

（2）合成电阻式热敏电阻　在热敏电阻中附加互换性电阻，使其合成电阻变成具有一定电阻温度特性的热敏电阻。其结构如图 3-23a、b 所示。

（3）比率式热敏电阻　由热敏电阻与附加电阻构成的三端子热敏电阻，与温度有一定比例关系。其结构如图 3-23c 所示。

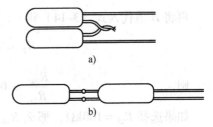

图 3-22　元件互换式热敏电阻
a）串联型　b）并联型

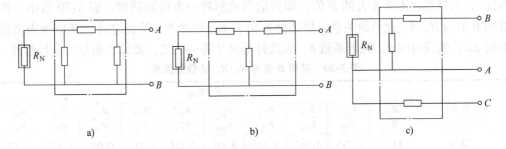

a)　　　　　　　　　b)　　　　　　　　　c)

图 3-23　热敏电阻的组合方式
a）、b）合成电阻式　c）比率式

3. 热敏电阻粮温计

热敏电阻粮温计由负温度系数热敏电阻感温器和显示仪表组成，利用热敏电阻阻值随温度而变化的特性和不平衡电桥工作原理测定粮食温度。它的感温器在不同温度下的额定电阻值及其以温度表示的允许误差要符合表 3-19 规定，而粮温计的允许误差不得超过 ±1℃，完全能满足粮食温度测量的需要。

表 3-19　感温器的误差

型　　号	电阻值/Ω				允许误差/℃
	−25℃	0℃	25℃	50℃	
MF53 − 1	27000	8200	2890	1160	
MF53 − 2	2590	850	345	160	±0.5
MF53 − 3	6375	2340	1000	474	

4. 热敏电阻的选择

下面以如何选择负温系数热敏电阻（NTC）为例介绍热敏电阻的选择。

例：一个用户要求使用温度为 0～300℃，仪器可供测量精度为 ±0.4%，要求在 150℃处的测温精度为 0.2%，如何选择 B 和 R_{25}（标称电阻）？

通过计算求得

$$B = 3579\text{K}$$

再将 B 值代入式（3-14）得

$$R_T = R_{25} \exp B\left(\frac{1}{T} - \frac{1}{298}\right)$$

则 $\qquad \dfrac{R_{300}}{R_{25}} = 0.003 \qquad \dfrac{R_0}{R_{25}} = 3.00$

如果选择 $R_{25} = 100\text{k}\Omega$，那么 $R_{300} = 300\Omega$，$R_0 = 300\text{k}\Omega$，这组数据在整个温区中是可行的。如果还是上述 B 值，但选择 $R_{25} = 100\Omega$，那么在300℃时，$R_{300} = 0.30\Omega$，这就有一个 $R_{300} = 0.30\Omega$ 的"可用性"问题。如果仍选上述 B 值，使用温度为 $-50 \sim 200$℃，而且取 $R_{25} = 300\text{k}\Omega$，那么 $R_{-50} = 170\text{M}\Omega$，同样有一个 $170\text{M}\Omega$ 的"可用性"问题。

从式（3-14）可以看出，如果使用温区较宽，为了满足高低温两端电阻值的"可用性"，只好选择不是太大的 B 值，即要适当地牺牲一点检测精度。表3-20 给出一些常用 B 值与 R_T/R_{298} 比值的关系，供选择 B 值和 R_{298} 时参考。除此之外，还应考虑高低温的 ΔR、响应时间 τ、耗散系数 δ，以及外形尺寸等。总之，要综合衡量后进行选择。

表3-20 常用 B 值与 R_T/R_{298} 比值的关系

B/K	R_T/R_{298}									
	$\dfrac{R_{223}}{R_{298}}$	$\dfrac{R_{253}}{R_{298}}$	$\dfrac{R_{273}}{R_{298}}$	$\dfrac{R_{323}}{R_{298}}$	$\dfrac{R_{348}}{R_{298}}$	$\dfrac{R_{373}}{R_{298}}$	$\dfrac{R_{423}}{R_{298}}$	$\dfrac{R_{473}}{R_{298}}$	$\dfrac{R_{523}}{R_{298}}$	$\dfrac{R_{573}}{R_{298}}$
2200	11.97	3.715	1.963	0.565	0.347	0.227	0.113	0.065	0.042	0.029
2600	18.81	4.720	2.221	0.509	0.286	0.173	0.076	0.040	0.023	0.015
2800	23.57	5.319	2.362	0.483	0.259	0.149	0.062	0.031	0.018	0.011
3000	29.54	5.993	2.512	0.458	0.236	0.132	0.051	0.024	0.013	0.008
3200	37.02	6.751	2.671	0.435	0.214	0.115	0.042	0.019	0.010	0.006
3400	46.40	7.609	2.840	0.413	0.194	0.101	0.034	0.015	0.007	0.004
3600	58.14	8.571	3.020	0.392	0.176	0.088	0.028	0.012	0.006	0.003
3800	72.87	9.660	3.211	0.372	0.160	0.077	0.023	0.011	0.004	0.003
4000	91.32	10.88	3.414	0.354	0.146	0.067	0.019	0.008	0.003	0.002
4500	160.76	14.67	3.986	0.310	0.114	0.048	0.012	0.004	0.002	0.001
5000	282.3	19.77	4.642	0.273	0.092	0.034	0.007	0.002	0.001	—

5. 热敏电阻的应用及注意事项

（1）应用 PTC 在家用电器中，作为定温发热体，其用途越来越广泛。NTC 作为检测元件，测温范围通常为 $-20 \sim 40$℃，也常用于电冰箱的温度控制，并广泛用作仪表及电路的温度补偿元件，也可用来测量表面温度。美国 YSI400 系列（探针型）测温范围为 $-40 \sim 150$℃，用在100℃时精度为 ± 0.21℃，可互换，并可与该厂生产的数字温度计配套使用。我国对热敏电阻尚缺乏足够的了解和认识，因此，热敏电阻在工业上应用还不够普遍。以下介绍几种热敏电阻的应用。

1）日本热敏电阻温度传感器系列见表3-21。

表 3-21　热敏电阻温度传感器系列

传感器名称	NTC 热敏电阻		PTC 热敏电阻			NTC（+PTC）热敏电阻	
	常温用	高温用	缓变 PTC	突变 PTC	线性 PTC	V 型	L 型
温度特性	R/Ω 10^8 10^6 10^4 10^2 0 200 400 温度/℃	新产品 R/Ω 10^8 10^6 10^4 10^2 0 200 400 温度/℃	R/Ω 10^8 10^6 10^4 10^2 0 200 400 温度/℃	新产品 R/Ω 10^8 10^6 10^4 10^2 0 200 400 温度/℃	新产品 R/Ω 10^8 10^6 10^4 10^2 0 200 400 温度/℃	新产品 R/Ω 10^8 10^6 10^4 10^2 0 200 400 温度/℃	R/Ω 10^8 10^6 10^4 10^2 0 200 400 温度/℃
组成	MnO – NiO – CoO 系	非氧化物系	（BaY）TiO_3 系			（PbSr）TiO_3 系	
特性	测温灵敏度高；容易电子化；使用温度范围宽（-20~500℃）；可大批量生产，价格便宜	可耐 500℃；时效变化小	接点工作；可宽范围设定居里点；电阻变化大	变化显著最大 55%/℃；变化宽度 4.5	0~50℃直线变化；二元件串联直线变化温度 0~150℃；一到过电压时自我保护	可改变 NTC 斜率（2%~8%)/℃；有线性变化；过电压时自我保护；居里点可移动	制造简单；用途广；居里点可移动
用途	温度传感器 温度补偿 限流开关	温度传感器	防止过热 限流开关 定温加热器	温度报警 防止过热	温度传感器 水位检测 温度补偿	温度传感器 水位检测 温度补偿	温度报警 水位检测 防止过热

　　2）SiC 热敏电阻。SiC 单晶热敏电阻具有耐腐蚀、耐辐射、耐高压等特点（见表 3-22），可用于测量与控制温度。SiC 薄膜热敏电阻特性见表 3-23。

表 3-22　SiC 单晶热敏电阻特性

阻值/kΩ	电阻温度系数/(0.01/℃)	时间常数/s	工作温度/℃	分辨率/℃	年稳定度/℃
1~10	-2.4	0.2	0~300	0.01	0.1

表 3-23　SiC 薄膜热敏电阻特性

项　目	高温用	低温用
温度范围/℃	-40~450	-40~300
电阻值/kΩ	100~10^6	50~300
电阻允许误差（%）	±3，±5	±3，±5
B/K	2150	2150
B 常数允许误差（%）	±2	±2
耐热性	400℃,2000h 下,$\Delta R < 3\%$	300℃,2000h 下,$\Delta R < 3\%$
耗散系数 δ/(mW/℃)	0.9	0.9
时间常数/s	2.5	2.5
重量/mg	10	10

3）负温度系数热敏电阻（NTC）。各种负温度系数热敏电阻的结构与特征见表 3-24，其性能见表 3-25。该种热敏电阻多用于测温与控温。

表 3-24 负温度系数热敏电阻的结构与特征

分　类		特　　征	缺　　点
玻璃密封型	珠型	1）气密性好，可靠性高 2）可用于高温 3）最适用于测温	1）感温元件，玻璃及引线等各种材料的膨胀系数要一致 2）成本高
	二极管型	1）气密性好，可靠性高 2）成本较低	装配时由树脂模产生的应力有时可使玻璃出现裂纹
树脂密封型	平板型	1）特性范围选择广泛 2）成本低	1）耐热性能低于玻璃封装 2）过分的反复热循环，将在树脂及基体中产生裂纹
	杆型	可制作高电阻低 B 的元件	外形尺寸大

表 3-25 负温度系数热敏电阻的性能

型　　号	标称电阻值 $R_{25}/\text{k}\Omega$	电阻温度系数 $\alpha_T/(0.01/℃)$	热敏指数 B/K	工作温度/℃
Si	1 ~ 30	− 6.8	6000	− 55 ~ 85
IG	0.1 ~ 5	− 4.8	4300	− 20 ~ 80
RC4	1 ~ 10	− (3.6 ~ 4.3)	3200 ~ 3900	− 55 ~ 70
MF57	0.2 ~ 10	− (3.9 ~ 5.0)	3450 ~ 4400	− 55 ~ 125
MF512	1.5 ~ 5	− (0.6 ~ 0.9)		− 20 ~ 100
MF	0.33 ~ 0.47	− (2.7 ~ 3.4)	2430 ~ 2970	—
MF52	0.1 ~ 1000	—	1500 ~ 5600	—
MF53	0.35 ~ 1	− (3.5 ~ 4.3)	2800 ~ 2970	—
MF54 − $\frac{2}{3}$	2 ~ 360		1700 ~ 4800	—
MF55 − $\frac{1}{2}$	5.1 ~ 82		2200 ~ 4800	125
MF91 ~ 96	1 ~ 10	− 2.4	—	> 300
RC3	100 ~ 2200	− (4.2 ~ 6.5)	3600 ~ 4100	> 200
MF54 − 1	0.82 ~ 82	—		> 250

4）MOI 型高频测温用负温度系数热敏电阻。这种热敏电阻（见表 3-26）适用于在高频下测量和控制温度，也可用于测量设备的表面和内部温度。

表 3-26 负温度系数热敏电阻

阻值/kΩ	常数 B/K	时间常数/s	耗散系数/(mW/℃)	工作温度/℃	工作频率/kHz
2.4	4300 ± 3%	≤120	≥8	< 125	< 450

5）高温热敏电阻。高温热敏电阻的种类见表 3-27。两种高温热敏电阻元件规格参数见表 3-28。用于测温与控温的高温热敏电阻见表 3-29。

由于稀土氧化物具有高温稳定性好，使用温区宽等优点，因此用稀土氧化物作为热敏电阻材料，已广泛引起人们重视。国产稀土热敏电阻的主要参数如下：

① 使用温度范围：50 ~ 500℃。

② 标称阻值：$R_{50} = 2 \times 10^5 \sim 6 \times 10^5 \Omega$；$R_{500} = 100 \sim 160 \Omega$。

表 3-27 高温热敏电阻的种类

种　　类	主要成分	晶　系
中温用热敏电阻 （≈500℃）	$Al_2O_3 - CoO - MnO - Cr_2O_3 - NiO$ 系 $ZnO - MgO - MnO - NiO$ 系	尖晶石型
高温用热敏电阻 （≈1000℃）	$ZrO_2 - Y_2O_3$ 系	萤石型
	$MgO - Al_2O_3 - NiO - Cr_2O_3 - Fe_2O_3$ 系 $CoO - MnO - NiO - Al_2O_3 - Cr_2O_3 - CaSiO_3$ 系	尖晶石型
	$NiO - TiO_2$ 系	钛铁矿型

表 3-28 两种高温热敏电阻元件规格参数（日本）

项　　目	CTS – M	CTS – H
元件尺寸/mm	$\phi 2.0 \times 2.2$	$\phi 2.0 \times 2.2$
测温范围/℃	$150 \sim 500$	$450 \sim 1000$
电阻值/Ω	6×10^3（150℃）	7×10^4（450℃）
B/K	4100	10500
最大额定功率/mW	10	10
热时间常数/s	25	9

表 3-29 高温热敏电阻

型　号	阻值/kΩ	工作温度/℃	电阻温度系数/(0.01/℃)	耗散系数/(mW/℃)	时间常数/s
MF92	$1 \sim 10$	$800 \sim 1000$	—	≥3	≤1.5
G1	1	$300 \sim 700$	-1.3	>3	<10
G2	1	$600 \sim 900$	-1.1		

③ B 常数：4400 ~ 4500K。

④ 电阻温度系数 α_T：$\alpha_{50} = -4.3\%/℃$；$\alpha_{500} = -0.74\%/℃$。

⑤ 测试电流：< 20μA。

⑥ 稳定性：在最高使用温度下经 1000h 以上考验，最大阻值偏差为 2.5%。在使用温区元件经冷热循环后，其阻值漂移均小于 3.0%。

6）MZ 型补偿用正温度系数热敏电阻。表 3-30 中列出的正温度系数热敏电阻，适用于直流和低频电路的温度补偿，也可用于测量和控制温度。

表 3-30 正温度系数热敏电阻

型　　号	阻值/kΩ	电阻温度系数 α_T/(0.01/K)	时间常数/s	耗散系数/(mW/℃)
MZ11	$0.51 \sim 100$	$+(2 \sim 8)$	≤50	≥10
MZ11	$0.1 \sim 100$	$+(2 \sim 4.5)$	≤40	≥5

7）BYE – 64 型热敏电阻。这种传感器（见表 3-31）用于测量物体的表面温度。

8）BXB-53 型热敏电阻。这种传感器（见表 3-32）用于测量液体温度和物体内部温度。

表 3-31 BYE-64 型热敏电阻

量程/℃	工作温度/℃	电阻值/kΩ	电阻差值/（%）	耗散系数/（mW/℃）	绝缘电阻/MΩ	功率/mW	耐电压/V	耐振动/（%）
50~200	-30~230	34.1	4	~2.5	>1000	0.5	500	<0.01

表 3-32 BXB-53 型热敏电阻

量程/℃	工作温度/℃	电阻值/kΩ	B/K	耗散系数/（mW/℃）	绝缘电阻/MΩ	功率/W	耐电压/V	耐湿性/（%）	耐冲击/（%）	耐振动/（%）
0~150	-50~250	10.67	3450(1±2%)	~3	>100	0.5	500	<0.01	<0.01	<0.01

（2）使用注意事项

1）为了减少热敏电阻的时效变化，应尽可能避免处于温度急骤变化的环境。

2）施加过电流时要注意，过电流将破坏热敏电阻。

3）开始测量的时间，应为经过热时间常数的 5~7 倍以后再开始测量。

4）当热敏电阻采用金属保护管时，为减少由热传导引起的误差，要保证有足够的插入深度。当介质为水和气体时，其插入深度应分别为管径的 15 倍与 25 倍以上。

5）如果引线间或者绝缘体表面上附着有水滴或尘埃时，将使测量结果不稳定并产生误差。因此，要注意使热敏电阻具有防水、耐湿、耐寒等性能。

6）由自身加热引起的误差。热敏电阻元件体积很小，电阻值却很高，由自身电流加热很容易产生误差。为减少此误差，将测量电流变小是很必要的。如上所述，热敏电阻的阻值随温度变化非常大，即使微小电流也将输出很大信号。因此，通过热敏电阻的电流所产生的能量，应为耗散常数 δ 的 1/1000~1/10。

7）导线电阻的影响。热敏电阻的标称电阻为 0.55~30kΩ，是相对较大的，虽然采用两根引线，但仍可忽略导线电阻的影响。

8）电磁感应的影响。因热敏电阻的阻值很大，故易受电磁感应的影响，自身电阻值越高，受影响越大。采用屏蔽线或将两根引线绞绕成一根可降低电磁感应的影响。

9）热敏电阻的互换性。虽然热敏电阻均满足式（3-14）的要求，但每支热敏电阻的阻值与温度关系同该式仍有差异，如按式（3-14）使用，必然要产生误差。实际上，各生产厂均以实验公式为基础，确定热敏电阻的阻值与温度关系。因此，取得生产厂的认可是必要的，而且还应从仪表自身输入阻抗匹配的观点加以考虑。

3.5 测量线路

用于测量热电阻值的仪器种类繁多，它们的准确度、测量速度、连接线路也不同。可依据测量对象的要求，选择适宜的仪器与线路。对于精密测量，常选用电桥或电位差计；对于工程测温，多用自动平衡电桥或数字仪表或不平衡电桥。

3.5.1 电阻法（电桥法）

用电桥测量电阻的方法，适用于实验室或精密测试。常用的电桥有史密斯电桥、米勒电桥、双臂电桥及直流比较仪式测温电桥等，均可用于热电阻的测量。

1. 单电桥法

（1）两线制热电阻的测量电路 两线制热电阻的基本测量电路如图 3-24 所示。调节可变电阻，当检流计中无电流通过时，电桥达到平衡，依据电桥平衡原理：

$$R_1 R_3 = R_2 (R_T + R_L)$$

因为
$$R_3 = R_2$$

所以
$$R_1 = R_T + R_L \tag{3-25}$$

因此，可直接由电桥刻度盘上读出 R_1 的数值，从而可确定 $R_T + R_L$ 的值。由此可见，对于两线制热电阻，只有当 R_L 很小或 R_T 很大时，R_T 才能近似等于 R_1。否则将会带来较大误差。而且，当增大 R_T 时，必然要使感温元件体积变大，致使它的惯性大而难以满足要求。另外，R_L 并非定值，它随环境温度而变化，使测量结果增加一变化误差。

为了消除连接导线 R_L 的影响，人们在测量线路上下功夫，即用三根铜导线与两线制热电阻的内引线相连接（见图 3-25）。调节 R_1 使电桥平衡，则

$$(R_W + R_1) R_3 = (R_T + R_L' + R_W) R_2$$

因为
$$R_2 = R_3$$

所以
$$R_T + R_L' = R_1 \tag{3-26}$$

由上述讨论可以看出，对两线制热电阻采用三根导线连接的电桥测量电路，当连接导线的电阻相等时，可以消除外连接导线的影响。但仍无法消除内引线电阻 R_L' 的影响。

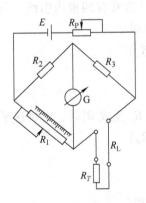

图 3-24　两线制热电阻的基本测量电路
R_1—可变电阻　R_T—热电阻的电阻　R_L—连接
导线电阻　G—检流计　E—电池　R_2、R_3—锰铜
电阻，$R_2 = R_3$　R_P—滑线电阻

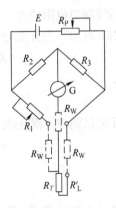

图 3-25　为消除外导线电阻影响的测量电路
E—电池　G—检流计　R_T—热电阻的电阻　R_L'—
内引线电阻　R_W—外连接导线电阻　R_1—可变电阻
R_2、R_3—锰铜电阻，$R_2 = R_3$　R_P—滑线电阻

（2）三线制热电阻的测量电路 具有三根内引线的热电阻称为三线制热电阻，其测量电路如图3-26a所示。当电桥平衡时：

$$R_3(R_1 + R_A) = R_2(R_T + R_B)$$

因为

$$R_2 = R_3$$

所以

$$R_1 + R_A = R_T + R_B$$

若

$$R_A = R_B$$

则

$$R_T = R_1$$

如果 $R_A \approx R_B$，则 $R_T \approx R_1$，将引入测量误差。因此，$R_A = R_B$ 是三线制热电阻消除内引线及连接导线电阻影响的前提条件。

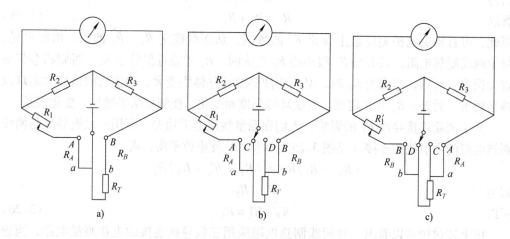

图3-26 电桥测量电阻的电路

a）三线制热电阻的测量电路 b）、c）四线制热电阻的测量电路

（3）四线制热电阻的测量电路 标准铂电阻温度计通常有四根内引线。其测量电路如图3-26b所示。当开关处于 C 位置、电桥达到平衡时：

$$R_2(R_T + R_B) = R_3(R_1 + R_A)$$

因为

$$R_2 = R_3$$

所以

$$R_T + R_B = R_1 + R_A \tag{3-27}$$

再将开关打到 D，则变成如图3-24c所示，当电阻 R_1 变成 R'_1 时，电桥达平衡：

$$R_2(R_A + R_T) = R_3(R'_1 + R_B)$$

因为

$$R_2 = R_3$$

所以

$$R_A + R_T = R'_1 + R_B \tag{3-28}$$

如将式（3-27）中 R_B 代入式（3-28）中，经整理得

$$R_T = (R_1 + R'_1)/2 \tag{3-29}$$

由式（3-29）可以看出，四线制热电阻可以完全消除内引线及连接导线电阻所引起的误差，而且，因开关由 C 倒向 D，改变电流方向，还可以消除测量过程中的寄生电动势。但这种四线制热电阻的测量方法很麻烦，一般用于准确度要求较高的场合。

用电桥测量电阻时，需要不断改变 R_1 的大小，以使通过检流计 G 的电流为零，测量工作靠手动而且是不连续的。因此，这种方法不适用于工业热电阻。

2. 双电桥法

史密斯Ⅲ型电桥与双臂电桥均为双电桥，主要区别是电源接线端与检流计接线端相互调换了位置。图 3-27 所示的国产 QJ18 测温电桥，与史密斯Ⅲ型电桥结构相似。

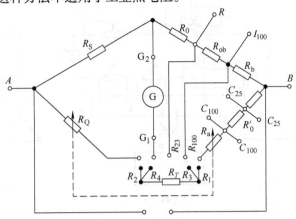

图 3-27 QJ18 测温电桥

电阻测量的计算式为

$$R_T \approx \frac{R_Q}{R_S}R_0 + \frac{R_0}{R_S}(R_2 - R_3)$$

式中 R_T——被测电阻值（Ω）；

R_S、R_0——桥臂固定电阻（Ω）；

R_Q——桥臂可调电阻（Ω）；

R_2、R_3——引线电阻（Ω）。

当测量时，R_3、R_2 引线可调换，二次测量平均值为

$$R_T = \frac{R_Q}{R_S}R_0 \qquad (3\text{-}30)$$

当 $|R_2 - R_3| = 0.01\Omega$ 时，对于 $R_T = 25\Omega$ 的铂电阻的相对误差为 4×10^{-6}，约等于 1mK 的温度误差。

3.5.2 电位法（电位差计法）

1. 三引线电阻

用电位法测量三线制热电阻，由于使用时不包括内引线电阻，因此，在测量电阻时，须采用两次测量法，以消除内引线电阻的影响，其测量电路如图 3-28 所示。

1）按图 3-28a 所示线路测量热电阻的电阻值 R_1。调好电位差计的工作电流后，将开关接向 R_X，测得 R_X 上的电压降 U_{X_1} 为

$$U_{X_1} = IR_1 \qquad I = \frac{U_N}{R_N}$$

$$R_1 = \frac{U_{X_1}}{U_N}R_N$$

由测量线路可以看出：

$$R_1 = R_X + r \qquad (3\text{-}31)$$

2）按图 3-28b 线路测量热电阻的电阻值 R_2。同理可得

$$R_2 = \frac{U_{X_2}}{U_N}R_N$$

$$R_2 = R_X + 2r \qquad (3\text{-}32)$$

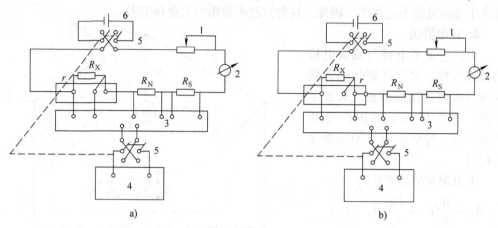

图 3-28　三线制热电阻电阻值的测量电路

a）测量电路 1　b）测量电路 2

1—滑线电阻　2—毫安表　3—油浸式双刀多点转换开关　4—电位差计　5—电流反向开关

6—直流稳压电源　R_N—标准电阻　R_S—标准电阻温度计电阻　R_X—被检热电阻　r—内引线电阻

将式（3-31）×2 减去式（3-32），经整理得

$$R_X = 2R_1 - R_2 \qquad (3\text{-}33)$$

由此可见，电位法测量可以消除内引线电阻的影响。此种方法的缺点是，需要经多次平衡才能得到测量结果，因此，不能用于温度变化快的场合，也不能自动记录，而且，对电流的稳定度要求也较高。

2. 四引线电阻

用电位差计测量四引线电阻可直接消除引线电阻的影响，这是因为电位差计用补偿法来测量，如图 3-29 所示。当调好电位差计后，其测得的电压 U_{X_1} 即为 R_T 两端的电压，不包括引线上的电压降，故 $R_T = \dfrac{U_{X_1}}{U_N} R_N$。

3. 恒流源法

如果用两个恒流源分别代替单臂电桥中的两个桥臂电阻，如图 3-30 所示，则可实现输出电压与电阻变化量 ΔR 呈线性关系。

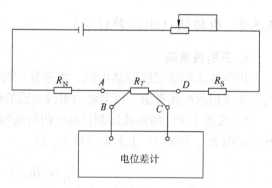

图 3-29　电位差计测量四引线电阻的电路

R_N—标准电阻　R_S—标准电阻温度计电阻

R_T—被检电阻温度计电阻

当 $I = I'$ 时，$R_1 = R_2 = R$ 电桥平衡、输出电压 $U = 0$。

当 R_1 因某种因素而变化时，此时电阻变成 $R_1 + \Delta R_1$。

则有

$$U = (R_1 + \Delta R_1)I - R_2 I'$$

$$U = \Delta RI$$

所以当电流恒定时，输出电压与 ΔR 实现了线性化。

以前由于恒流源不过关，很少采用这种方法。随着电子技术的发展，恒流源技术也在不断提高，这种方法应用前景越来越广。

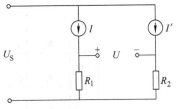

图 3-30　双恒流源法补偿电路

3.5.3　工程测温仪表

1. 不平衡电桥

在工业上多采用不平衡电桥、自动平衡电桥或数字显示仪表进行测量。它们可以自动测量与记录，在生产上应用很方便。以动圈表和数字显示仪表为例，它们主要是采用不平衡电桥作为测量电路，将电阻的变化转换成电压的变化，典型的测量电路如图 3-31 和图 3-32 所示。当 $R_{t_0}/R_4 = R_2/R_3$ 时，得 $U_{CD} = ER_4(R_t - R_{t_0})/(R_4 + R_t)(R_4 + R_{t_0})$

不平衡电压 U_{CD} 通过磁电式动圈表显示温度或经过放大器、线性化、A/D 转换，最后由显示单元显示出相应的温度。

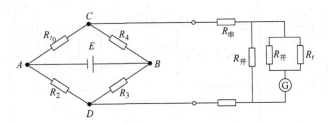

图 3-31　动圈表测量电路

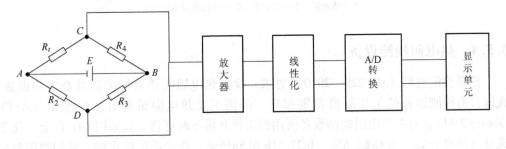

图 3-32　数字仪表测量原理

2. 自动平衡式电桥

工业上常用的记录仪表为 XQ 系列自动平衡电桥，用该种电桥测量温度的电路如图 3-33 所示。铂热电阻的 R_T 随温度而变化，该种变化是非线性的。为了使自动平衡电桥对温度的显示能按线性均匀刻度，通常采用函数电阻法。电桥中滑线电阻的电刷位置与电阻变化特性，同温度呈非线性关系，用相反的非线性进行修正。

带线性放大回路的自动平衡电桥测量电路如图 3-34 所示，采用直流放大回路的输入方式，预先将线性放大信号作为自动平衡电桥的输入信号。该种方式的特点是：通过交换输入回路的机构，可很方便地改变测量范围、输入量的种类，而且受电源波动影响小；但对不平衡电桥的测量影响较大，因此，在采用不平衡电桥测量时，必须注意电源电压的稳定性。

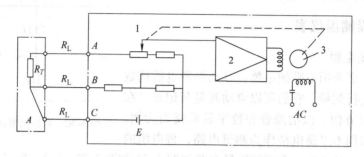

图 3-33 自动平衡式电桥测量电路

1—滑线电阻 2—伺服放大器 3—伺服电动机

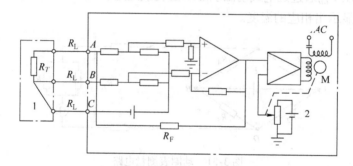

图 3-34 带线性放大回路的自动平衡电桥测量电路

1—热电阻 2—电位计 R_F—线性放大用电阻

3.5.4 热电阻检测设备

按照检定规程（JJG 229—2010）要求，检定热电阻需要有标准器及必要的设备。我国目前检测设备的工作温度范围很窄。美国工业热电阻试验方法标准中（ASTM E644—2011），有关热电阻检测设备所用的工作介质不断更新。如采用 GIT 合金［化学成分（质量分数）为 Ga62.5%、In21.5% 和 Sn16%］作介质的检定槽，使用温度范围可为 15~2000℃，值得我们借鉴与参考。其对热电阻检测参数评价见附录 A。

热电阻检测设备除传统的乙醇槽、水槽、油槽和盐槽外，热管恒温槽应用越来越多。

1. 热管恒温槽简介

热管是一种高效传热元件，能在小温差情况下传递大热量，人称超热导体。热管恒温槽的工作原理是将密封在金属空腔内的介质加热蒸发，蒸汽在流动中进行传热。由于传热速度快，因而其温度场均匀性好。自 20 世纪 60 年代以来，热管恒温槽主要用于宇航、核能等高科技领域。20 世纪 70 年代欧盟原子能中心最先用热管恒温槽来校准温度传感器，此后国内外开发出各种类型的热管恒温槽。

BRZ 型热管恒温槽可在 −5～500℃ 温度区间内，以 0.01～0.06℃ 的温度场均匀性长期有效地工作；插孔深度可达 450mm，可对二等标准水银温度计、热电阻、热电偶，以及双金属温度计等进行检测和校准。

该类恒温槽最大特点是没有异味，没有噪声，是污染严重、能耗高的油恒温槽的理想替代产品。

2. 热管恒温槽和水、油恒温槽比较（见表 3-33）

表 3-33 热管恒温槽与水、油恒温槽比较

项目	热管槽	水、油槽
温度范围/℃	−5～100～300～500	5～95～300
温度波动度/℃	±0.01	±0.01
温度场均匀性/℃	0.01～0.03（水平方向），0.01～0.06（垂直方向，500℃时）	0.005～0.03
工作介质	戊烷、乙醇、导热姆和汞化合物等，长期不更换（密封）	水、油（变压器油、气缸油、食用油、硅油）需经常更换
升温时间/min	30～60	60～120
对环境影响	无声、无味（属绿色产品）	声音嘈杂、油烟呛人（对人体有害）
使用寿命	10 年以上	3～5 年
性能价格比	优良	一般

3.6 使用注意事项及测量误差

用热电阻测温的注意事项，与热电偶相比，在许多方面是相同的，如图 3-35 所示。这里主要探讨接触式的共性问题。

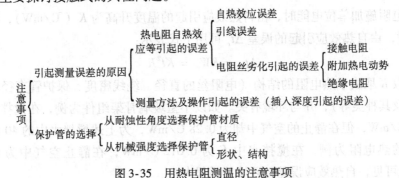

图 3-35 用热电阻测温的注意事项

3.6.1 灵敏度与自热效应

1. 灵敏度

用热电阻测温，当温度变化为 Δt 时，致使热电阻两端的电压变化为 ΔE，那么，它的电压灵敏度 S_e（V/℃）可用下式表示：

$$S_c = \frac{\Delta E}{\Delta t} \tag{3-34}$$

如果热电阻的电阻为 R，电阻温度系数为 α，通过的电流为 I 时，则其电压变化为

$$\Delta E = IR\alpha\Delta t \tag{3-35}$$

热电阻消耗的电能为

$$W_c = I^2 R \tag{3-36}$$

将式（3-35）代入式（3-34）得

$$S_c = IR\alpha \tag{3-37}$$

再将式（3-36）代入式（3-37），经整理可得

$$S_c = \alpha\sqrt{RW_c} \tag{3-38}$$

由上式看出，为了提高测量精度，选用电阻值大的热电阻，通过较大的电流为好。

2. 自热效应

通过热电阻的电流越大，其灵敏度及分辨率也越高，可是由自热效应引起的电能消耗 W_c 也越大，致使测温误差增大。例如：对于电阻为 100Ω 的元件，如果通过的电流分别为 10mA 与 2mA 时，消耗的电能则分别为 10mW 与 0.4mW。由此看出，通过的电流不同，引起的自热效应误差的大小也各异。测量电流与自热效应误差的关系如图 3-36 所示。因此，在进行高精度测量时，必须注意电流的大小及测量仪表的灵敏度。最近，由于仪表的改进，即使用很小的电流，也可以得到足够的灵敏度。

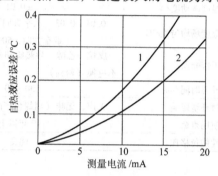

图 3-36 测量电流与自热效应误差的关系
（在 0℃ 的搅拌水中）
1—保护管（ϕ10mm），管内无充填物
2—保护管（ϕ4.8mm），管内充填氧化铝

对热电阻施加单位电能时，由自热效应引起的温度升高为 K（℃/mW），消耗的电能为 W_c 时，由自热效应引起的误差 Δt_c 可用下式表示：

$$\Delta t_c = KW_c = KI^2 R \tag{3-39}$$

式中，系数 K 取决于热电阻的结构（电阻丝的直径、绕线密度、保护管直径、内部有无充填物及其种类等），并与环境有关。如以小型玻璃骨架组件为例，在搅拌的水中 K 为 0.007℃/mW，但在静止的空气中却为 0.28℃/mW，为上述搅拌水中的 40 倍；如以带保护管的热电阻为例，在搅拌水中 K 为 0.012℃/mW，在静止空气中为 0.033℃/mW。由此可见，自热效应误差与环境关系很大。

对于系数 K 可通过如下方法求得。在同一环境条件下，通过电流 I_1 时的电阻值为 R_1，改变电流达 I_2 时，则其电阻值 $R_2 = R_1 + \Delta R$，如果电阻温度系数为 α，则 K 可用下式近似求得

$$K = \frac{\Delta R}{\alpha R_1^2 (I_2^2 - I_1^2)} \tag{3-40}$$

3.6.2　实际电阻值对 R_0 偏离的影响

1. 由 R_0 引入的误差

在制造热电阻的过程中，因受各种因素的影响，各厂生产的热电阻在 0℃ 时的实际电阻值 R_0，与分度表规定的标称值间有一定的偏差 ΔR_0。热电阻制成后，此种误差已基本固定，因而是一项系统误差。经检定确定后，可采用修正或补偿的方法加以消除或减小。

2. 同分度表偏差

有的热电阻虽能满足标称电阻值 R_0 的要求，但因电阻丝的材质、热电阻的结构及制造工艺的不同，使得同一分度号的热电阻的电阻 - 温度关系曲线，与分度表规定的曲线有一定的偏离。由此偏离引起的测量误差，在不同的温度区间有不同的误差值，所以，在通常情况下难以消除。当测量的准确度要求较高时，可采用单支分度和校检的方法减少此项误差。

3.6.3　连接导线与绝缘电阻的影响

1. 连接导线引起的误差

热电阻是通过测量电阻变化来确定温度的，但在测量回路中有许多接线端子，对于多点温度计还有转换开关。这些接触电阻及热电动势将直接引起误差，对此必须注意。以 100Ω 热电阻为例，如有 0.04Ω 的接触电阻将产生 0.1% 的误差。

采用电桥法测量电阻引起误差的主要原因：①由连接导线电阻与接触电阻产生的误差；②由附加热电动势引起的误差；③绝缘电阻误差。

采用直流电桥测量时，附加热电动势是产生误差的主要原因。在测量回路中总有几种不同金属的接点，如果各接点有温差，将产生热电动势而引起误差。对此，在选择测量仪表时应予以注意。此外，当由测量者本身连接测量电路时，还应注意改变电流方向，正反向均测量，取两方向的平均值作为测量结果，以消除附加热电动势的影响。

对于工业仪表的接线端子，通常镀镍或铬。当仪表很新时，可以充分夹紧使接触电阻很小。可是，当灰尘等夹杂在其间时，将增加电阻，因此应避免弄脏。在条件恶劣的环境下长期使用时，工业仪表的接线端子容易生锈或玷污，因此在检定后再次安装前必须处理干净。

2. 绝缘电阻引起的误差

热电阻精度下降的原因之一是绝缘电阻的劣化。所谓绝缘电阻，对于具有单支感温元件的热电阻来说，是指感温元件内引线组件与保护管间的电阻值。有多种因素可使绝缘电阻劣化。在高温下，电绝缘性能通常随温度的升高而显著降低。例如：氧化铝陶瓷在室温下的绝缘电阻为 $10^{11}\Omega$，但在 500℃ 下则为 $10^6 \sim 10^7\Omega$。如果保护管被污染，该值还要下降。假定绝缘电阻与热电阻呈并联形式，那么在 500℃ 下并联电阻约为 1MΩ，将产生 0.2℃ 误差。

如果在高湿度场合下使用时，往往因吸潮而使绝缘电阻下降，而且，在 0℃ 左右使用时，常因水分凝结而劣化。因此，在这种场合下使用时，应将端子密封，使保护管内部与外界气体隔绝。

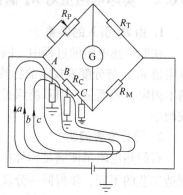

如果测量回路浮空，那就不存在绝缘电阻误差问题。但是，普通工业仪表的测量回路是接地的。如果热电阻的绝缘不好，既影响测量，又将产生很大的误差。

以图 3-37 为例说明热电阻的绝缘性能与测量回路的关系。图中的测量回路是电源负极接地，如果热电阻的绝缘性能不佳，则绝缘电阻低的 *A*、*B*、*C* 三处，将通过大地构成了 *a*、*b*、*c* 三个不同的测量回路。因有电流通过 *a*、*b*、*c*，必将引起测量误差，所

图 3-37　热电阻的绝缘性能
与测量回路

以在测量时不容忽视。若在实验室内使用，此种误差可通过检定来确定。但如果安装在现场，则很难发现。

3.6.4　连接导线温度变化的影响

对二线制热电阻，其导线电阻常因温度变化而产生误差。如果铜导线的电阻为 $2r$，铜的电阻温度系数为 α'，则导线的温度从 t_1 变到 t_2 时所产生的误差可用下式表示：

$$\Delta t = (t_2 - t_1) \frac{2r\alpha'}{R\alpha} \tag{3-41}$$

当 $R = 100\Omega$，$r = 1\Omega$，$\alpha' = \alpha$ 时，如果导线温度变化 10℃，则产生 0.2℃ 误差。

为了消除此项误差，可采用三线制热电阻。但是，请注意，三根导线的电阻值应相等，这是减少此项误差的必要条件。另外，还应尽量避免三根导线经不同的路径布线或处于不同的温度。

3.6.5　动态特性

因为热电阻有一定的惯性，所以用其测量瞬时变化的温场时，如不采用响应速度快、能够跟踪被测介质温度变化的热电阻，将会产生动态响应误差 σ，该误差可用下式表示：

$$\sigma = \tau \times \frac{\mathrm{d}T}{\mathrm{d}t} \tag{3-42}$$

式中，τ 为时间常数；$\dfrac{\mathrm{d}T}{\mathrm{d}t}$ 为指示温度随时间的变化率，在温度（T）与时间（t）关系图中，它是温度变化曲线的斜率。

时间常数是表征热电阻特性的重要参数。实际上 τ 并非是不变的常数，而是一个与工作状况有关的常数，还与被测介质有关，其差异甚大。其影响因素如下：

1）保护管与感温元件间的空隙越小，热接触越好，则时间常数越小。

2）在保护管与感温元件间充填传热性能较好的无机绝缘物质（氧化物等），则其时间常数变小。例如，用一热电阻感温元件，装入材质、外径相同，但壁厚、充填物不同的保护管中，从 0℃ 的水中取出，插入 100℃ 沸水时，热电阻的响应情况如图 3-38 所示。由图 3-38 看出，管内充油的热接触好的 4 号管响应最快。

3）保护管的直径越大其耐热耐蚀性越好，越小越易铠装化，则其时间常数越小。例如，在 100℃ 油槽中，铠装与带保护管热电阻的响应特性如图 3-39 所示，它们的时间常数分别为 2～5s 及 80s。由此可看出，热电阻结构的影响很大。

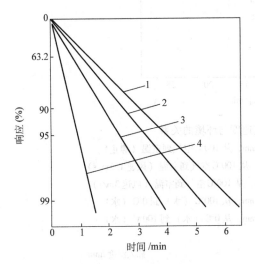

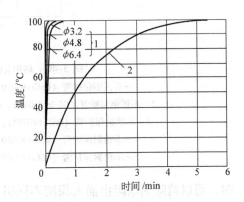

图 3-38　热电阻的响应情况

1、2、3—保护管尺寸分别为：$\phi 12\text{mm} \times 10\text{mm}$、

$\phi 12\text{mm} \times 8\text{mm}$、$\phi 12\text{mm} \times 6.25\text{mm}$

4—保护管尺寸为 $\phi 12\text{mm} \times 6.25\text{mm}$，管内充油

图 3-39　热电阻的响应特性

（由 0℃ 水槽插入 100℃ 油槽）

1—铠装热电阻（$\phi 3.2\text{mm}$、$\phi 4.8\text{mm}$、$\phi 6.4\text{mm}$）

2—带金属保护管的铂电阻（$\phi 13\text{mm}$）

4）介质的表面传热系数、比热容越大，动态误差越小。

对同一热电阻，其响应速度与环境的关系如图 3-40 所示。由图 3-40 可看出，静止空气的比热容、表面传热系数都小，故其动态误差很大。

3.6.6　安装方法

由安装方法引起的误差主要有：插入深度误差和高速气流引起的误差。

1. 插入深度误差

如果插入深度不够，将受安装部位温度影响产生误差。误差的大小取决于测温条件及热电阻的结构，但不能规定统一的插入深度。如测量高温气体，为了消除由插入深度引起的误差，热电阻的插入深度在减去感温元件的长度后，应为金属保护管直径的 15～20 倍，非金属保护管直径的 10～15 倍。对热电偶而言，因其测量端为一点，故不必减去感温元件的长度。可是，热电阻感温元件与保护管直径相比是较大的，故应减去这部分长度后再考虑插入深度。将直径 $d = \phi 4.8\text{mm}$ 的铠装热电阻，插入 100℃ 的水蒸气中，由插入深度引起的误差如图 3-41 所示。由图 3-41 可以看出，当 $l/d > 14$

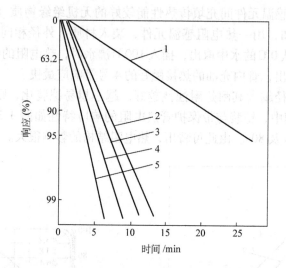

图3-40 热电阻的响应速度与环境的关系

1—不锈钢保护管（06Cr19Ni10），ϕ12mm，从100℃空气到室温（静止）

2—不锈钢保护管（06Cr19Ni10），ϕ12mm，从100℃空气到室温（风速1.5m/s）

3—不锈钢保护管（06Cr19Ni10），ϕ12mm，从100℃空气到室温（风速3m/s）

4—不锈钢保护管（06Cr19Ni10），ϕ12mm，从100℃（水）到0℃（水）

5—不锈钢保护管（06Cr19Ni10），ϕ12mm，从0℃（水）到100℃（水）

时，可以消除热电阻由插入深度不同引起的误差。

2. 高速气流引起的误差

当测量高速流动的气体温度时，由于气体的压缩、内摩擦生热，致使指示的温度值高于气体的真实温度而引起误差。

3.6.7 热电阻的劣化与使用寿命

热电阻的劣化与使用寿命主要取决于两方面：一是因热电阻丝材的劣化而引起的电阻温度特性的变化；二是由于机械作用或化学腐蚀，使保护管强度发生劣化而引起破损。

1. 热电阻丝的劣化

用于热电阻的丝材有铂、镍及铜等。为了谋求其特性稳定，不仅材质本身物理性能

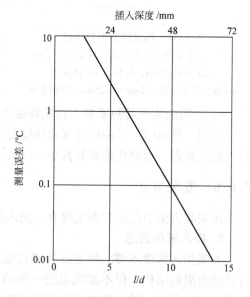

图3-41 铠装热电阻由插入深度引起的误差

应稳定，而且其化学组成也应是高纯的，通常的纯度为99.99%～99.999%或超高纯。如果纯度下降，则电阻温度系数将发生变化，致使偏差增大。一般情况下，丝材纯度

越低，电阻温度系数也越小。

用高纯铂丝制作的热电阻，由于使用气氛的影响，丝材发生劣化，使电阻温度系数下降。而且，此种劣化速度随温度升高呈指数增加，使用时要注意。

气氛的影响以氢气、碳氢化合物、金属蒸气等尤为严重。因此，用于高温的热电阻，其丝材、骨架及保护管等均要充分洗净，并经热处理后再使用。

2. 保护管的劣化

决定热电阻使用寿命的最主要因素是保护管的机械强度及耐化学腐蚀的能力。因此，必须依据被测介质、气氛等，认真选择保护管，否则不能实现连续测温。影响保护管使用寿命的主要因素见 3.3.6 节。

3.6.8 稳定性误差

在使用过程中，热电阻丝因受机械作用及化学腐蚀而劣化，使感温元件的电阻值随着时间的推移而发生变化。此种变化的程度称为热电阻稳定性误差。我国在检定规程（JJG160—2007）中规定，标准铂电阻温度计经退火后，在各个点的检定过程中多次测得的 R_{tp} 之间的最大差值换算为温度时，一等标准不应超过 2.5mK，二等标准不应超过 5mK。而且，温度计的检定结果与上一周期的检定结果之差，换算成温度后不应超过表 3-34 的要求。

表 3-34   稳定性误差（JJG 160—2007）   （单位：mK）

等级	R_{tp}	W_{100}	W_{Sn}	W_{Zn}
一等标准	6	—	9	12
二等标准	15	12	18	25

对于新制造或修理后的标准铂电阻温度计，在上限温度或450℃下，退火100h，在水三相点和锌点的变化，不应超过表 3-35 要求。

表 3-35   新制造、修理后铂电阻稳定性（JJG 160—2007）   （单位：mK）

等级	R_{tp}	W_{Zn}
一等标准	4	8
二等标准	10	17

3.6.9 校准与精度管理

1. 校准

为了使铂电阻温度计成为标准温度计，必须在国际温标规定的数个定义固定点上进行分度。在分度时为测其电阻，可采用电位差计及电桥两种方式。这两种方法的优点在于只测量感温元件的电阻，而与引线电阻变化无关。

2. 标准仪器管理与记录管理

标准铂电阻温度计是标准仪器，在使用时要尽可能细心，因其感温元件的电阻丝为无应力结构。该种电阻丝在微小振动及热冲击下，将产生局部变形，引起电阻值变化。因此，在操作时尤其要特别注意。

热电阻的保护管，应放在振动少的场所，并以直立放置最好。要很好地擦净保护管及接线盒表面上的油脂及灰尘，烘干后收藏。特别应指出的是，手上的油脂，在高温下可使保护管加速蚀损。

为了保持标准铂电阻的精度，加强管理是十分必要的。对热电阻的使用状况，必须详细记录。记录主要内容有：使用日期、温度、时间、使用情况及特殊事项。

3. 精度管理

热电阻的阻值即使无特大的振动及热冲击，只要是反复测量温度，也会引起微小的时效变化，因此建立经常性抽检的制度是很必要的。检测水三相点上电阻值的变化，是检验热电阻时效变化最简单易行而准确的方法。

3.6.10 热电阻型号

1. 行业标准

有关产品型号的组成详见2.4节。对于热敏电阻、热电阻及热电阻附属部件等，产品型号第一节的大写拼音字母、代号及其所表示的意义，见表3-36。产品型号举例如图3-42所示。

表3-36 产品型号第一节代号及意义 （JB/T 9236—2014）

代号	名称	备注	代号	名称	备注
WM	热敏电阻温度计		B	标准热电阻	
WMC	热敏电阻		S	室温热电阻	
WMX	便携式热敏电阻温度计		M	表面热电阻	
WMZ	热敏电阻温度指示仪		K	铠装热电阻	
WMK	热敏电阻温度控制仪		T	专用或特种热电阻	
WZ	热电阻		WPZ	热电阻附属部件	
WZP□	铂热电阻	产品需标注分度号	WPZK	转换开关	
WZC□	铜热电阻	产品需标注分度号	WPZX	接线盒	
WZN□	镍热电阻	产品需标注分度号			

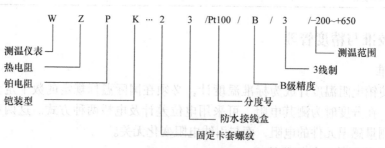

图3-42 产品型号举例

2. 作者建议

关于工业自动化仪表产品型号命名，我国有关部门十分重视。从 1988 年开始至 2014 年的 20 多年的期间内，共发布了 3 次行业标准。该标准的型号命名是以汉语拼音为基础，并未参照国际上通行的 RTD 及 TC 型号命名。因此，有关热电阻的型号（WZ）外国人看不懂，而且，国产数字显示仪表接线端标注的符号也是 RTD。致使仪表员接线时遇到困难。为此，20 世纪 90 年代初，温度仪表全国统一设计组建议采用 RT 系列热电阻及 TC 系列热电偶，遗憾是未能贯彻实施。而 2014 年修改的行业新标准仍未采纳。新标准中规定的热电阻型号国外人看不懂，而且型号三节加起来只有 9 位，不能满足要求。沈阳测温仪表厂采用 TC 系列热电偶型号表示已达 16 位。采用 TC 与 RTD 系列可放大很多位。因此，作者多次建议采用 TC 系列热电偶、RTD 系列热电阻与 PRTD 系列热敏电阻的型号表示方法。这样既实用又与国际接抛，有助于国际贸易与交流。

第4章 热电温度计（热电偶）

热电温度计是以热电偶作为测温元件，用热电偶测得与温度相应的电动势，由仪表显示出温度的一种温度计。它是由热电偶、补偿（或铜）导线及测量仪表构成的，广泛用来测量 $-200 \sim 1800℃$ 范围内的温度。在特殊情况下，可测至 $2800℃$ 的高温或 $1K$ 的低温。热电温度计的应用最普遍，用量也最大。

4.1 热电偶测温原理与特点

4.1.1 特点

1. 优点

1）热电偶可将温度量转换成电信号进行检测，对于温度的测量、控制，以及对温度信号的放大、变换等都很方便。

2）结构简单，制造容易，价格便宜。

3）惰性小，准确度较高，测温范围广。

4）能适应各种测量对象的要求（特定部位或狭小场所）。

5）适于远距离测量与自动控制。

2. 缺点

1）测量准确度难以超过 $±0.2℃$。

2）必须有参比端，并且温度要保持恒定。

3）在高温或长期使用时，因受被测介质影响或气氛腐蚀而发生劣化。

4.1.2 原理

热电偶是热电温度计的敏感元件，其原理是基于 1821 年塞贝克（Seebeck）发现的热电现象。在两种不同的导体 A 和 B 构成的闭合回路中，由于两个接点 1 与 2 的温度不同（见图 4-1），而产生电动势（EMF）的现象称为热电效应，即著名的"塞贝克效应"。产生的电动势，记为 E_{AB}。导体 A、B 称为热电极。接点 1 通常是焊接在一起的，测量时置于测温场所感受被测温度的端点，故称为测量端。接点 2 处于已知温度的端点，称为参比端。

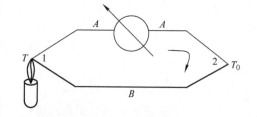

图 4-1 塞贝克效应示意图（$T > T_0$）

热电偶就是通过测量电动势来实现测温的，即热电偶测温是基于热电转化现象——热电现象。如果进一步分析，则可发现热电偶是一种换能器，它是将热能转化为电能，用所产生的电动势测量温度。该电动势实际上是由接触电动势（珀尔帖电势）与温差电动势（汤姆逊电势）所组成。

1. 接触电动势（珀尔帖电势）

导体内部的电子密度是不同的，当两种电子密度不同的导体 A 与 B 相互接触时，就会发生自由电子迁移现象，自由电子从电子密度高的导体流向电子密度低的导体。电子迁移的速率与自由电子的密度及所处的温度成正比。假如导体 A 与 B 的电子密度分别为 N_A、N_B，并且，$N_A >$ N_B，则在单位时间内，由导体 A 迁移到导体 B 的电子数

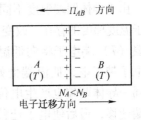

图 4-2　接触电动势

比从 B 迁移到 A 的电子数多，导体 A 因失去电子而带正电，B 因获得电子而带负电，因此，在 A 和 B 间形成了电位差（见图 4-2）。一旦电位差建立起来之后，将阻止电子继续由 A 向 B 迁移。在某一温度下，经过一定的时间，电子迁移能力与上述电场阻力平衡，即在 A 与 B 接触处的自由电子迁移达到了动平衡，那么，在其接触处形成的电动势，称为珀尔帖电动势或接触电动势，用符号 $\Pi_{AB}(T)$ 表示。由电子理论 Π_{AB} 可用下式表示：

$$\Pi_{AB}(T) = \frac{kT}{e}\ln\frac{N_A}{N_B} \tag{4-1}$$

式中，k 为玻耳兹曼常数，等于 1.380658×10^{-23} J/K；e 为元电荷，等于 $1.60217733 \times 10^{-19}$ C；N_A、N_B 为在温度为 T 时，导体 A 与 B 的电子密度；T 为接触处的温度（K）。

对于导体 A、B 组成的闭合回路（见图 4-3），两接点的温度分别为 T、T_0 时，则相应的珀尔帖电动势分别为

$$\Pi_{AB}(T) = \frac{kT}{e}\ln\frac{N_A}{N_B}$$

$$\Pi_{AB}(T_0) = \frac{kT_0}{e}\ln\frac{N_A}{N_B} \tag{4-2}$$

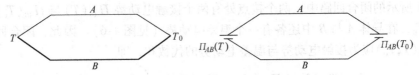

图 4-3　热电偶回路的珀尔帖电动势

而 $\Pi_{AB}(T)$ 与 $\Pi_{AB}(T_0)$ 的方向相反，故回路总的珀尔帖电动势为

$$\Pi_{AB}(T) - \Pi_{AB}(T_0) = \frac{k}{e}(T - T_0)\ln\frac{N_A}{N_B} \tag{4-3}$$

由式（4-3）看出：热电偶回路的珀尔帖电动势只与导体的性质和两接点的温度有关。温差越大，接触电动势越大，两种导体电子密度比值越大，接触电动势也越大。

如果 A、B 两种导体材质相同，即 $N_A = N_B$，则 $\Pi_{AB}(T) - \Pi_{AB}(T_0) = 0$。

如果 A、B 的材质不同，但两端温度相同，即 $T = T_0$，则 $\Pi_{AB}(T) - \Pi_{AB}(T_0) = 0$。

2. 温差电动势（汤姆逊电势）

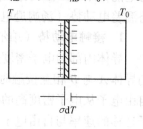

由于导体两端温度不同而产生的电势称为温差电动势。由于温度梯度的存在，改变了电子的能量分布（见图4-4），高温（T）端电子将向低温端（T_0）迁移，致使高温端因失电子带正电，低温端恰好相反，获电子带负电。因此，在同一导体两端也产生电位差，并阻止电子从高温端向低温端迁移，最后使电子迁移建立一个动平衡，此时所建立的电位差称为温差电动势或汤姆逊电动势。它与温差有关，可用下式表示：

图 4-4　汤姆逊电动势（$T > T_0$）

$$\int_{T_0}^{T} \sigma \mathrm{d}T \tag{4-4}$$

式中，σ 为汤姆逊系数，它表示温差为 1℃（或 1K）时所产生的电动势值，它的大小与材料性质及两端温度有关。

对于导体 A、B 组成的热电偶回路，当接点温度 $T > T_0$（见图4-5）时，回路中温差电动势则为导体 A、B 的温差电动势的代数和，即

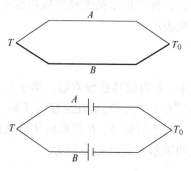

$$-\int_{T_0}^{T} (\sigma_A - \sigma_B) \mathrm{d}T \tag{4-5}$$

上式表明，温差电动势的大小，只与热电极材料及两端温度有关，而与热电极的几何尺寸和沿热电极的温度分布无关。显而易见，如果两接点温度相同，则温差电动势为零。

图 4-5　热电偶回路的温差电动势

3. 热电偶闭合回路的总电动势

接触电动势是由于两种不同材质的导体接触时产生的电动势，而温差电动势则是对同一导体当其两端温度不同时产生的电动势。在图4-1所示的闭合回路中，两个接点处有两个接触电动势 $\Pi_{AB}(T)$ 与 $\Pi_{AB}(T_0)$，又因为 $T > T_0$，在导体 A 与 B 中还各有一个温差电动势（见图4-6）。因此，闭合回路总电动势 $E_{AB}(T, T_0)$ 应为接触电动势与温差电动势的代数和，即

$$E_{AB}(T, T_0) = \Pi_{AB}(T) - \Pi_{AB}(T_0) - \int_{T_0}^{T} (\sigma_A - \sigma_B) \mathrm{d}T$$

所以

$$\begin{aligned} E_{AB}(T, T_0) = & \left[\Pi_{AB}(T) - \int_{0}^{T} (\sigma_A - \sigma_B) \mathrm{d}T \right] \\ & - \left[\Pi_{AB}(T_0) - \int_{0}^{T_0} (\sigma_A - \sigma_B) \mathrm{d}T \right] \end{aligned} \tag{4-6}$$

各接点的分电动势 e 等于相应的接触电动势与温差电势的代数和，即

$$e_{AB}(T) = \Pi_{AB}(T) - \int_0^T (\sigma_A - \sigma_B)\mathrm{d}T \qquad (4\text{-}7a)$$

$$e_{AB}(T_0) = \Pi_{AB}(T_0) - \int_0^{T_0} (\sigma_A - \sigma_B)\mathrm{d}T \qquad (4\text{-}7b)$$

在总电动势中，接触电动势较温差电动势大得多，因此，它的极性也就取决于接触电动势的极性。在两个热电极中，电子密度大的导体 A 为正极，而电子密度小的 B 则为负极。对分电动势，下标 A、B 均按正电极在前、负电极在后的顺序书写，当 $T > T_0$ 时，$e_{AB}(T)$ 与总电动势的方向一致，而 $e_{AB}(T_0)$ 与总电动势方向相反。

如将式（4-7a）与式（4-7b）代入式（4-6）中，则

$$E_{AB}(T, T_0) = e_{AB}(T) - e_{AB}(T_0) \qquad (4\text{-}8)$$

式（4-8）还可用如下形式表示：

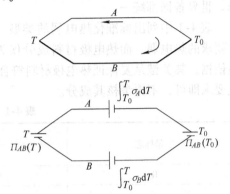

图 4-6　热电偶回路的总热电动势

$$E_{AB}(T, T_0) = \int_{T_0}^T S_{AB}\mathrm{d}T \qquad (4\text{-}9)$$

比例系数 S_{AB} 称为塞贝克系数或电动势率，其定义为单位温度变化引起的热电偶整体的电动势变化。它是一支热电偶最重要的特征量。其大小与符号取决于热电极材料的相对特性。

由式（4-8）看出，热电偶总电动势即为两个接点分电动势之差。它仅与热电偶的电极材料和两接点温度有关。因此，接点的分电动势下标的颠倒不会改变分电动势值的大小，而只改变其符号，即

$$e_{AB}(T_0) = -e_{BA}(T_0) \qquad (4\text{-}10)$$

将式（4-10）代入式（4-8）中，可得

$$E_{AB}(T, T_0) = e_{AB}(T) + e_{BA}(T_0) \qquad (4\text{-}11)$$

由此可见，热电偶回路的总电动势等于各接点分电动势的代数和，即

$$E = \Sigma e(T) \qquad (4\text{-}12)$$

对于已选定的热电偶，当参比端温度恒定时，$e_{AB}(T_0)$ 为常数 C，则总电动势就变成测量端温度 T 的单值函数，即

$$E_{AB}(T, T_0) = e_{AB}(T) - e_{AB}(T_0) = e_{AB}(T) - C = f(T) \qquad (4\text{-}13)$$

上式说明，当 T_0 恒定不变时，热电偶所产生的电动势只随测量端温度的变化而变化，即一定的电动势对应着一定的温度。在热电偶分度表中，参比端温度均为 0℃。因此，用测量电动势的方法能够测温，这就是热电偶测温的基本原理。

4.1.3　热电偶标志、分度号与分度函数

1. 标志与分度号

当用热电极材料表示热电偶时，应先列出正极，即"正极/负极"。当测量端温度

高于参比端时，正极是相对于另一极具有正电势的电极。

热电偶标志即为热电偶的表示符号，我国标准（GB/T 16839.1）中用字母标志，通常称为分度号。例如分度号 S 代表铂铑 10 – 铂热电偶，S 即为铂铑 10 – 铂的字母标志，世界各国都统一。

表 4-1 中列出标准化热电偶的类型。表中各分度号应符合对应函数关系并满足允差要求的热电偶。而热电极材料成分仅为名义成分，并非是热电极材料合格与否的检验依据，其关键是要保证热电极材料符合 EMF – t 的关系。只要热电偶产生的电动势满足要求即可，不再考核其成分。

表 4-1 热电偶类型

字母标志	名义化学成分（质量分数）	
	正极	负极
R	铂铑 13%	铂
S	铂铑 10%	铂
B	铂铑 30%	铂铑 6%
J	铁	铜镍
T	铜	铜镍
E	镍铬	铜镍
K	镍铬	镍铝
N	镍铬硅	镍硅
C	钨铼 5%	钨铼 26%
A	钨铼 5%	钨铼 20%

注：1. 对于除 N 型以外的基本金属热电偶合金，还未公布其标准合金成分，但相对于正负极之间的匹配，对成分并不那么严格，尤其对于 J 型、E 型和 T 型热电偶，其负极一般不能互换。同样 C 型和 A 型的正极不一定具有可互换性。

2. 对于 N 型热电偶，推荐用以下成分（质量分数）以获得所需的特性（如良好的稳定性和抗氧化性）：

正极（质量分数）：Cr13.7% ~ 14.7%，Si1.2% ~ 1.6%，Fe 低于 0.15%，C 低于 0.05%，Mg 低于 0.01%，余 Ni。

负极（质量分数）：Cr 低于 0.02%，Si4.2% ~ 4.6%，Fe 低于 0.15%，C 低于 0.05%，Mg 0.05% ~ 0.2%，余 Ni。

2. 分度函数

热电偶的温度与电动势的关系用分度函数（EMF – t）表示，即参比端温度为 0℃时的电动势（E，单位为 μV）表示为温度（t_{90}，单位为℃）的函数。

除温度范围为 0 ~ 1300℃的 K 型外，以多项式形式表示的热电偶分度函数为

$$E = \sum_{i=0}^{n} a_i (t_{90})^i \tag{4-14}$$

式中，E 为电动势（μV）；t_{90} 为 ITS – 90 温度（℃）；a_i 为多项式第 i 项的系数；n 为多项式阶数。

a_i 和 n 的值根据热电偶的类型和温度范围确定，见表 4-2 ~ 表 4-11。

对于温度范围为 0 ~ 1300℃的 K 型热电偶，分度函数为

$$E = \sum_{i=0}^{n} a_i (t_{90})^i + c_0 \exp[c_1 (t_{90} - 126.9686)^2] \qquad (4-15)$$

式中，E 为电动势（μV）；t_{90} 为 ITS – 90 温度（℃）；a_i 为多项式第 i 项的系数；n 为多项式阶数；c_0、c_1 为常数项，由表4-8 给出。

表4-2　R型分度函数

多项式系数	温度范围		
	$-50 \sim 1064.18$℃　（$n = 9$）	$1064.18 \sim 1664.5$℃　（$n = 5$）	$1664.5 \sim 1768.1$℃　（$n = 4$）
a_0	$0.000\ 000\ 000\ 00 \times 10^0$	$2.951\ 579\ 253\ 16 \times 10^3$	$1.522\ 321\ 182\ 09 \times 10^5$
a_1	$5.298\ 617\ 297\ 65 \times 10^0$	$-2.520\ 612\ 513\ 32 \times 10^0$	$-2.688\ 198\ 885\ 45 \times 10^2$
a_2	$1.391\ 665\ 897\ 82 \times 10^{-2}$	$1.595\ 645\ 018\ 65 \times 10^{-6}$	$1.712\ 802\ 804\ 74 \times 10^{-1}$
a_3	$-2.388\ 556\ 930\ 17 \times 10^{-5}$	$-7.640\ 859\ 475\ 76 \times 10^{-6}$	$-3.458\ 957\ 064\ 53 \times 10^{-5}$
a_4	$3.569\ 160\ 010\ 63 \times 10^{-8}$	$2.053\ 052\ 910\ 24 \times 10^{-9}$	$-9.346\ 339\ 710\ 46 \times 10^{-12}$
a_5	$-4.623\ 476\ 662\ 98 \times 10^{-11}$	$-2.933\ 596\ 681\ 73 \times 10^{-13}$	—
a_6	$5.007\ 774\ 410\ 34 \times 10^{-14}$	—	—
a_7	$-3.731\ 058\ 861\ 91 \times 10^{-17}$	—	—
a_8	$1.577\ 164\ 823\ 67 \times 10^{-20}$	—	—
a_9	$-2.810\ 386\ 252\ 51 \times 10^{-24}$	—	—

表4-3　S型分度函数

多项式系数	温度范围		
	$-50 \sim 1064.18$℃　（$n = 8$）	$1064.18 \sim 1664.5$℃　（$n = 4$）	$1664.5 \sim 1768.1$℃　（$n = 4$）
a_0	$0.000\ 000\ 000\ 00 \times 10^0$	$1.329\ 004\ 440\ 85 \times 10^3$	$1.466\ 282\ 326\ 36 \times 10^5$
a_1	$5.403\ 133\ 086\ 31 \times 10^0$	$3.345\ 093\ 113\ 44 \times 10^0$	$-2.584\ 305\ 167\ 52 \times 10^2$
a_2	$1.259\ 342\ 897\ 40 \times 10^{-2}$	$6.548\ 051\ 928\ 18 \times 10^{-3}$	$1.636\ 935\ 746\ 41 \times 10^{-1}$
a_3	$-2.324\ 779\ 686\ 89 \times 10^{-5}$	$-1.648\ 562\ 592\ 09 \times 10^{-6}$	$-3.304\ 390\ 469\ 87 \times 10^{-5}$
a_4	$3.220\ 288\ 230\ 36 \times 10^{-8}$	$1.299\ 896\ 051\ 74 \times 10^{-11}$	$-9.432\ 236\ 906\ 12 \times 10^{-12}$
a_5	$-3.314\ 651\ 963\ 89 \times 10^{-11}$	—	—
a_6	$2.557\ 442\ 517\ 86 \times 10^{-14}$	—	—
a_7	$-1.250\ 688\ 713\ 93 \times 10^{-17}$	—	—
a_8	$2.714\ 431\ 761\ 45 \times 10^{-21}$	—	—

表4-4　B型分度函数

多项式系数	温度范围	
	$0 \sim 630.615$℃　（$n = 6$）	$630.615 \sim 1820$℃　（$n = 8$）
a_0	$0.000\ 000\ 000\ 0 \times 10^0$	$-3.893\ 816\ 862\ 1 \times 10^3$
a_1	$-2.465\ 081\ 834\ 6 \times 10^{-1}$	$2.857\ 174\ 747\ 0 \times 10^1$
a_2	$5.904\ 042\ 117\ 1 \times 10^{-3}$	$-8.488\ 510\ 478\ 5 \times 10^{-2}$

（续）

多项式系数	温度范围	
	$0 \sim 630.615℃$ （$n=6$）	$630.615 \sim 1820℃$ （$n=8$）
a_3	$-1.325\ 793\ 163\ 6 \times 10^{-6}$	$1.578\ 528\ 016\ 4 \times 10^{-4}$
a_4	$1.566\ 829\ 190\ 1 \times 10^{-9}$	$-1.683\ 534\ 486\ 4 \times 10^{-7}$
a_5	$-1.694\ 452\ 924\ 0 \times 10^{-12}$	$1.110\ 979\ 401\ 3 \times 10^{-10}$
a_6	$6.299\ 034\ 709\ 4 \times 10^{-16}$	$-4.451\ 543\ 103\ 3 \times 10^{-14}$
a_7	—	$9.897\ 564\ 082\ 1 \times 10^{-18}$
a_8	—	$-9.379\ 133\ 028\ 9 \times 10^{-22}$

表 4-5　J 型分度函数

多项式系数	温度范围	
	$-210 \sim 760℃$ （$n=8$）	$760 \sim 1200℃$ （$n=5$）
a_0	$0.000\ 000\ 000\ 0 \times 10^{0}$	$2.964\ 562\ 568\ 1 \times 10^{5}$
a_1	$5.038\ 118\ 781\ 5 \times 10^{1}$	$-1.497\ 612\ 778\ 6 \times 10^{3}$
a_2	$3.047\ 583\ 693\ 0 \times 10^{-2}$	$3.178\ 710\ 392\ 4 \times 10^{0}$
a_3	$-8.568\ 106\ 572\ 0 \times 10^{-5}$	$-3.184\ 768\ 670\ 1 \times 10^{-3}$
a_4	$1.322\ 819\ 529\ 5 \times 10^{-7}$	$1.572\ 081\ 900\ 4 \times 10^{-6}$
a_5	$-1.705\ 295\ 833\ 7 \times 10^{-10}$	$-3.069\ 136\ 905\ 6 \times 10^{-10}$
a_6	$2.094\ 809\ 069\ 7 \times 10^{-13}$	—
a_7	$-1.253\ 839\ 533\ 6 \times 10^{-16}$	—
a_8	$1.563\ 172\ 569\ 7 \times 10^{-20}$	—

注：J 型热电偶的分度函数扩展到了 1200℃，但应注意，当 J 型热电偶用于测量 760℃ 以上的温度后，其 760℃ 以下的测温性能可能不再符合低温段的分度函数，将超过规定的允差范围。

表 4-6　T 型分度函数

多项式系数	温度范围	
	$-270 \sim 0℃$ （$n=14$）	$0 \sim 400℃$ （$n=8$）
a_0	$0.000\ 000\ 000\ 0 \times 10^{0}$	$0.000\ 000\ 000\ 0 \times 10^{0}$
a_1	$3.874\ 810\ 636\ 4 \times 10^{1}$	$3.874\ 810\ 636\ 4 \times 10^{1}$
a_2	$4.419\ 443\ 434\ 7 \times 10^{-2}$	$3.329\ 222\ 788\ 0 \times 10^{-2}$
a_3	$1.184\ 432\ 310\ 5 \times 10^{-4}$	$2.061\ 824\ 340\ 4 \times 10^{-4}$
a_4	$2.003\ 297\ 355\ 4 \times 10^{-5}$	$-2.188\ 225\ 684\ 6 \times 10^{-6}$
a_5	$9.013\ 801\ 955\ 9 \times 10^{-7}$	$1.099\ 688\ 092\ 8 \times 10^{-8}$
a_6	$2.265\ 115\ 659\ 3 \times 10^{-8}$	$-3.081\ 575\ 877\ 2 \times 10^{-11}$
a_7	$3.607\ 115\ 420\ 5 \times 10^{-10}$	$4.547\ 913\ 529\ 0 \times 10^{-14}$
a_8	$3.849\ 393\ 988\ 3 \times 10^{-12}$	$-2.751\ 290\ 167\ 3 \times 10^{-17}$
a_9	$2.821\ 352\ 192\ 5 \times 10^{-14}$	—

（续）

多项式系数	温度范围	
	$-270 \sim 0℃$ $(n=14)$	$0 \sim 400℃$ $(n=8)$
a_{10}	$1.425\ 159\ 477\ 9 \times 10^{-16}$	—
a_{11}	$4.876\ 866\ 228\ 6 \times 10^{-19}$	—
a_{12}	$1.079\ 553\ 927\ 0 \times 10^{-21}$	—
a_{13}	$1.394\ 502\ 706\ 2 \times 10^{-24}$	—
a_{14}	$7.979\ 515\ 392\ 7 \times 10^{-28}$	—

表 4-7　E 型分度函数

多项式系数	温度范围	
	$-270 \sim 0℃$ $(n=13)$	$0 \sim 1000℃$ $(n=10)$
a_0	$0.000\ 000\ 000\ 0 \times 10^{0}$	$0.000\ 000\ 000\ 0 \times 10^{0}$
a_1	$5.866\ 550\ 870\ 8 \times 10^{1}$	$5.866\ 550\ 871\ 0 \times 10^{1}$
a_2	$4.541\ 097\ 712\ 4 \times 10^{-2}$	$4.503\ 227\ 558\ 2 \times 10^{-2}$
a_3	$-7.799\ 804\ 868\ 6 \times 10^{-4}$	$2.890\ 840\ 721\ 2 \times 10^{-5}$
a_4	$-2.580\ 016\ 084\ 3 \times 10^{-5}$	$-3.305\ 689\ 665\ 2 \times 10^{-7}$
a_5	$-5.945\ 258\ 305\ 7 \times 10^{-7}$	$6.502\ 440\ 327\ 0 \times 10^{-10}$
a_6	$-9.321\ 405\ 866\ 7 \times 10^{-9}$	$-1.919\ 749\ 550\ 4 \times 10^{-13}$
a_7	$-1.028\ 760\ 553\ 4 \times 10^{-10}$	$-1.253\ 660\ 049\ 7 \times 10^{-15}$
a_8	$-8.037\ 012\ 362\ 1 \times 10^{-13}$	$2.148\ 921\ 756\ 9 \times 10^{-18}$
a_9	$-4.397\ 949\ 739\ 1 \times 10^{-15}$	$-1.438\ 804\ 178\ 2 \times 10^{-21}$
a_{10}	$-1.641\ 477\ 635\ 5 \times 10^{-17}$	$3.596\ 089\ 948\ 1 \times 10^{-25}$
a_{11}	$-3.967\ 361\ 951\ 6 \times 10^{-20}$	—
a_{12}	$-5.582\ 732\ 872\ 1 \times 10^{-23}$	—
a_{13}	$-3.465\ 784\ 201\ 3 \times 10^{-26}$	—

表 4-8　K 型分度函数

多项式系数	温度范围	
	$-270 \sim 0℃$ $(n=10)$	$0 \sim 1300℃$ $(n=9)$
a_0	$0.000\ 000\ 000\ 0 \times 10^{0}$	$-1.760\ 041\ 368\ 6 \times 10^{1}$
a_1	$3.945\ 012\ 802\ 5 \times 10^{1}$	$3.892\ 120\ 497\ 5 \times 10^{1}$
a_2	$2.362\ 237\ 359\ 8 \times 10^{-2}$	$1.855\ 877\ 003\ 2 \times 10^{-2}$
a_3	$-3.285\ 890\ 678\ 4 \times 10^{-4}$	$-9.945\ 759\ 287\ 4 \times 10^{-5}$
a_4	$-4.990\ 482\ 877\ 7 \times 10^{-6}$	$3.184\ 094\ 571\ 9 \times 10^{-7}$
a_5	$-6.750\ 905\ 917\ 3 \times 10^{-8}$	$-5.607\ 284\ 488\ 9 \times 10^{-10}$
a_6	$-5.741\ 032\ 742\ 8 \times 10^{-10}$	$5.607\ 505\ 905\ 9 \times 10^{-13}$

（续）

多项式系数	温度范围	
	$-270 \sim 0℃$（$n=10$）	$0 \sim 1300℃$（$n=9$）
a_7	$-3.108\ 887\ 289\ 4 \times 10^{-12}$	$-3.202\ 072\ 000\ 3 \times 10^{-16}$
a_8	$-1.045\ 160\ 936\ 5 \times 10^{-14}$	$9.715\ 114\ 715\ 2 \times 10^{-20}$
a_9	$-1.988\ 926\ 687\ 8 \times 10^{-17}$	$-1.210\ 472\ 127\ 5 \times 10^{-23}$
a_{10}	$1.632\ 269\ 748\ 6 \times 10^{-20}$	—
c_0	—	$1.185\ 976 \times 10^2$
c_1	—	$-1.183\ 432 \times 10^{-4}$

注：对于温度范围为 $0 \sim 1300℃$ 的 K 型热电偶（表4-8），使用式（4-15）以及表中给出的常数 c_0、c_1 值进行计算。

表4-9 N型分度函数

多项式系数	温度范围	
	$-270 \sim 0℃$（$n=8$）	$0 \sim 1300℃$（$n=10$）
a_0	$0.000\ 000\ 000\ 0 \times 10^0$	$0.000\ 000\ 000\ 0 \times 10^0$
a_1	$2.615\ 910\ 596\ 2 \times 10^1$	$2.592\ 939\ 460\ 1 \times 10^1$
a_2	$1.095\ 748\ 422\ 8 \times 10^{-2}$	$1.571\ 014\ 188\ 0 \times 10^{-2}$
a_3	$-9.384\ 111\ 155\ 4 \times 10^{-5}$	$4.382\ 562\ 723\ 7 \times 10^{-5}$
a_4	$-4.641\ 203\ 975\ 9 \times 10^{-8}$	$-2.526\ 116\ 979\ 4 \times 10^{-7}$
a_5	$-2.630\ 335\ 771\ 6 \times 10^{-9}$	$6.431\ 181\ 933\ 9 \times 10^{-10}$
a_6	$-2.265\ 343\ 800\ 3 \times 10^{-11}$	$-1.006\ 347\ 151\ 9 \times 10^{-12}$
a_7	$-7.608\ 930\ 079\ 1 \times 10^{-14}$	$9.974\ 533\ 899\ 2 \times 10^{-16}$
a_8	$-9.341\ 966\ 783\ 5 \times 10^{-17}$	$-6.086\ 324\ 560\ 7 \times 10^{-19}$
a_9	—	$2.084\ 922\ 933\ 9 \times 10^{-22}$
a_{10}	—	$-3.068\ 219\ 615\ 1 \times 10^{-26}$

表4-10 C型分度函数

多项式系数	温度范围	
	$0 \sim 630℃$，$615℃$（$n=6$）	$630 \sim 615℃$ 到 $2315℃$（$n=6$）
a_0	$0.000\ 000\ 0 \times 10^0$	$4.052\ 882\ 3 \times 10^2$
a_1	$1.340\ 603\ 2 \times 10^1$	$1.150\ 935\ 5 \times 10^1$
a_2	$1.192\ 499\ 2 \times 10^{-2}$	$1.569\ 645\ 3 \times 10^{-2}$
a_3	$-7.980\ 635\ 4 \times 10^{-6}$	$-1.370\ 441\ 2 \times 10^{-5}$
a_4	$-5.078\ 751\ 5 \times 10^{-9}$	$5.229\ 087\ 3 \times 10^{-9}$
a_5	$1.316\ 419\ 7 \times 10^{-11}$	$-9.208\ 275\ 8 \times 10^{-13}$
a_6	$-7.919\ 733\ 2 \times 10^{-15}$	$4.524\ 511\ 2 \times 10^{-17}$

表 4-11　A 型分度函数

多项式系数	温度范围
	$0 \sim 2500℃$（$n=8$）
a_0	$0.000\,000\,0 \times 10^{0}$
a_1	$1.195\,190\,5 \times 10^{1}$
a_2	$1.667\,262\,5 \times 10^{-2}$
a_3	$-2.828\,780\,7 \times 10^{-5}$
a_4	$2.839\,783\,9 \times 10^{-8}$
a_5	$-1.850\,500\,7 \times 10^{-11}$
a_6	$7.363\,212\,3 \times 10^{-15}$
a_7	$-1.614\,887\,8 \times 10^{-18}$
a_8	$1.490\,167\,9 \times 10^{-22}$

4.1.4　基本定律

在实际测温时，必须在热电偶测温回路内引入连接导线与显示仪表。因此，要想用热电偶准确地测量温度，不仅需要了解热电偶工作原理，还应掌握由经验得到的热电偶测温的基本定律。

1. 均质导体定律

由一种均质导体组成的闭合回路，不论导体的截面、长度以及各处的温度分布如何（见图 4-7），均不产生电动势。

由热电偶工作原理可知：

1）热电偶为同一均质导体（A），不可能产生接触电势，即

$$\Pi_{AA}(T) = \frac{kT}{e}\ln\frac{N_A}{N_A} = 0$$

图 4-7　均质导体定律（T_2、T_3 的温度对电动势无影响）

$$\Pi_{AA}(T_0) = \frac{kT_0}{e}\ln\frac{N_A}{N_A} = 0$$

2）导体 A 因处于有温度梯度的温场中，所以温差电动势为

$$\int_{T_0}^{T} \sigma_A \mathrm{d}T$$

但回路上下两半部温差电动势，大小相等、方向相反，因此，式（4-5）回路总的温差电动势为零，即

$$\int_{T_0}^{T} (\sigma_A - \sigma_A)\mathrm{d}T = 0$$

该定律说明，如果热电偶的两根热电极是由两种均质导体组成，那么热电偶的电动势仅与两接点温度有关，与沿热电极的温度 T_2、T_3 分布无关。如果热电极为非均质导体，它又处于具有温度梯度的温场时，将产生附加电动势。如果此时仅从热电偶的

电动势大小来判断温度的高低，就会引起误差。因此，热电极材料的均匀性是衡量热电偶质量的主要指标之一。同时，也可以依此定律检验两根热电极的成分和应力分布情况是否相同。如果不同，则有电动势产生。该定律是同名极法检定热电偶的理论依据。

2. 中间导体定律

在热电偶测温回路内，串接第三种导体，只要其两端温度相同，则热电偶回路总电动势与串接的中间导体无关。用中间导体 C 接入热电偶回路有如图4-8所示两种形式。由式（4-12）可知，图4-8a回路中的电动势等于各接点的分电动势的代数和，即

$$E_{ABC}(T, T_0) = e_{AB}(T) + e_{BC}(T_0) + e_{CA}(T_0) \tag{4-16}$$

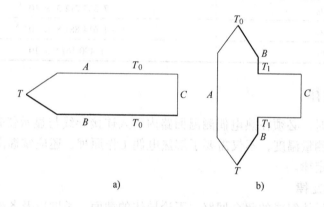

图4-8 有中间导体的热电偶回路

如果回路中各接点温度均为 T_0，那么它的电动势应等于零，即

$$e_{AB}(T_0) + e_{BC}(T_0) + e_{CA}(T_0) = 0$$
$$e_{BC}(T_0) + e_{CA}(T_0) = -e_{AB}(T_0) \tag{4-17}$$

将式（4-17）代入式（4-16）中，得

$$E_{ABC}(T, T_0) = e_{AB}(T) - e_{AB}(T_0) = e_{AB}(T) + e_{BA}(T_0) \tag{4-18}$$
$$= E_{AB}(T, T_0)$$

由此可见，式（4-18）与式（4-11）完全相同。这说明只要接入的中间导体的两端温度相同，就不影响总电动势。对图4-8b也可以用上述方法证明，不论是接入一种或多种导体，只要每一种导体的两端温度相同，均不会影响回路的总电动势。

在热电偶实际测温线路中，必须有连接导线和显示仪表（见图4-9a）。若把连接导线和显示仪表看作是串接的第三种导体，只要它们的两端温度相同，则不影响总电动势。因此，在测量液态金属或固态金属表面温度时，常常不是把热电偶先焊接好再去测温，而是把热电偶丝的端头直接插入或焊在被测金属表面上，把液态金属或固态金属表面看作是串接的第三种导体（见图4-9b、c）。只要保证电极丝 A、B 插入处的温度相同，对总电动势就不产生任何影响。假如插入处的温度不同，就会产生附加电动势。附加电动势的大小，取决于串接导体的性质与接点温度。

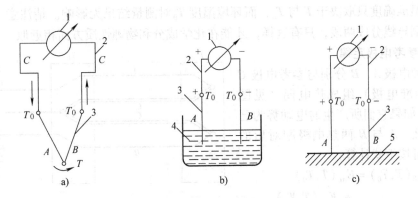

图 4-9 热电偶测温回路（带有中间导体）

a）热电偶测温回路（带有中间导体） b）利用中间导体测量液态金属温度

c）利用第三种金属测量表面温度

1—显示仪表 2—连接导线 3—热电偶 4—液态金属 5—固态金属或合金

3. 中间温度定律

在热电偶测温回路中，测量端的温度为 T，连接导线各端点温度分别为 T_n、T_0（见图 4-10），则总电动势等于热电偶的电动势 $E_{AB}(T, T_n)$ 与连接导线的电动势 $E_{A'B'}(T_n, T_0)$ 的代数和。即

$$E_{ABB'A'}(T, T_n, T_0) = E_{AB}(T, T_n) + E_{A'B'}(T_n, T_0)$$

(4-19)

该定律也称连接导体定律，证明如下：在图 4-10 所示的回路中，总电动势为

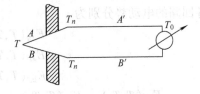

图 4-10 用导线连接的测温回路

A、B—热电偶的电极

A'、B'—连接导线

$$E_{ABB'A'}(T, T_n, T_0) = e_{AB}(T) + e_{BB'}(T_n) + e_{B'A'}(T_0) + e_{A'A}(T_n)$$

(4-20)

如果各接点温度相同，则回路总电动势为零，即

$$e_{AB}(T_n) + e_{BB'}(T_n) + e_{B'A'}(T_n) + e_{A'A}(T_n) = 0$$

所以

$$e_{BB'}(T_n) + e_{A'A}(T_n) = -e_{AB}(T_n) - e_{B'A'}(T_n)$$

(4-21)

将式（4-21）代入式（4-20）得

$$
\begin{aligned}
E_{ABB'A'}(T, T_n, T_0) &= e_{AB}(T) - e_{AB}(T_n) + e_{B'A'}(T_0) - e_{B'A'}(T_n) \\
&= e_{AB}(T) - e_{AB}(T_n) + e_{A'B'}(T_n) - e_{A'B'}(T_0) \\
&= e_{AB}(T, T_n) + e_{A'B'}(T_n, T_0)
\end{aligned}
$$

在实际测温线路中，该定律是应用补偿导线的理论基础。因为只要能选配出与热电偶的热电性能相同的补偿导线，便可使热电偶的参比端远离热源而不影响热电偶测温的准确性。

如果连接导线 A' 与 B' 具有相同的热电性质，则依据中间导体定律，只要中间导体两端温度相同，对热电偶回路的总电动势无影响。在实验室测温时，常用纯铜线连接热电偶参比端和电位差计。在此种情况下，多使参比端温度 T_n 恒定（冰点温度），因此，测温准确度只取决于 T 与 T_n，而环境温度 T_0 对测量结果无影响。请注意，最好将同一根铜导线分成两段，只有这样，才能在化学成分和物理性质方面相近似。

4. 参考电极定律

两种电极 A、B 分别与参考电极 C（或称标准电极）组成热电偶（见图 4-11），如果它们所产生的电动势为已知，那么，A 与 B 两热电极配对后的电动势可按下式计算：

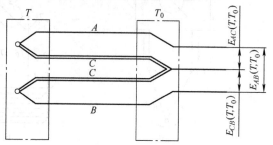

图 4-11 参考电极回路

$$E_{AB}(T,T_0) = E_{AC}(T,T_0) + E_{CB}(T,T_0) \tag{4-22}$$

式中，$E_{AB}(T, T_0)$ 为由热电极 A、B 组成的热电偶，在接点温度为 T、T_0 时的电动势；$E_{AC}(T, T_0)$、$E_{CB}(T, T_0)$ 为热电极 A、B 分别与参考电极 C 组成热电偶，在接点温度为 T、T_0 时的电动势。

该定律证明如下：如图 4-11 所示，由热电极 A、B、C 分别组成三个热电偶回路，各回路的电动势分别为

$$E_{AB}(T,T_0) = e_{AB}(T) - e_{AB}(T_0)$$
$$E_{AC}(T,T_0) = e_{AC}(T) - e_{AC}(T_0)$$
$$E_{BC}(T,T_0) = e_{BC}(T) - e_{BC}(T_0)$$
$$E_{AC}(T,T_0) - E_{BC}(T,T_0) = [e_{AC}(T) - e_{AC}(T_0)] - [e_{BC}(T) - e_{BC}(T_0)] \tag{4-23}$$
$$= -e_{BC}(T) - e_{CA}(T) + e_{BC}(T_0) + e_{CA}(T_0)$$

因为 $\qquad\qquad e_{AB}(T_0) + e_{BC}(T_0) + e_{CA}(T_0) = 0$

所以 $\qquad\qquad e_{AB}(T_0) = -e_{BC}(T_0) - e_{CA}(T_0) \tag{4-24}$

同理 $\qquad\qquad e_{AB}(T) = -e_{BC}(T) - e_{CA}(T) \tag{4-25}$

将式（4-24）、式（4-25）代入式（4-23）得

$$E_{AC}(T,T_0) - E_{BC}(T,T_0) = e_{AB}(T) - e_{AB}(T_0) = E_{AB}(T,T_0)$$

由此可见，只要知道两种导体分别与参考电极组成热电偶时的电动势，就可依据参考电极定律，计算出由这两种导体组成热电偶时的电动势，从而简化了热电偶的选配工作。由于铂的物理、化学性质稳定，熔点高，易提纯，所以人们多采用高纯铂丝作为参考电极（见表 4-12）。

表 4-12 各种测温材料与铂配对的电动势

材料名称	化学成分（质量分数）	与铂配对的电动势（100℃）/mV	使用温度/℃		熔点/℃	密度/(g/cm³)
			长期	短期		
铝	Al	+0.40	—	—	660.323	2.7
镍铝	Ni95% +（Al、Si、Mg）5%	-1.02 ~ -1.38	1000	1250	1450	8.5
镍铝	Ni97.5% + Al2.5%	-1.02	1000	1200	1341	8.6

（续）

材料名称	化学成分 （质量分数）	与铂配对的电动势（100℃） /mV	使用温度/℃		熔点 /℃	密度 /(g/cm³)
			长期	短期		
钨	W	+0.79	2000	2500	3442	19.1
化学纯铁	Fe	+1.8	600	800	1539	7.86
金	Au	+0.75	—	—	1064.18	19.25
康铜	Cu60% + Ni40%	−0.35	600	800	1220	8.9
铜镍	Cu55% + Ni45%	−0.35	600	800	1222	8.9
考铜	Cu56% + Ni44%	−4.0	600	800	1250	9.0
钴	Co	−1.68 ~ −1.76		—	1495	8.8
钼	Mo	+1.31	2000	2500	2623	9.0
化学纯铜	Cu	+0.76	350	500	1084.62	8.95
电线铜	Cu	+0.75	350	500	—	8.9
锰铜	Cu84% + Mn13% + Ni2% + Fe1%	+0.80		—	910	8.4
镍铬合金	Ni80% + Cr20% Ni90.5% + Cr9.5%	+1.5 ~ +2.5 +2.71 ~ +3.13	1000 1000	1100 1250	1500 1429	8.2 8.7
镍	Ni	−1.49 ~ −1.54	1000	1100	1455	8.75
铂	Pt	0.00			1769	21.32
铂铑合金	Pt90% + Rh10%	+0.64	1300	1600	1853	20.0
铂铱合金	Pt90% + Ir10%	+0.13	1000	1200	2454	—
汞	Hg	+0.04	—	—	−38.8344	13.6
锑	Sb	+4.7			630.76	
铅	Pb	+0.44			327.502	11.3
银	Ag	+0.72	600	700	961.78	10.5
锌	Zn	+0.7			419.527	6.86

4.2 热电偶的分类与特性

为了制成实用的热电偶，其热电极材料必须具备如下条件：

1）良好的热电特性。电动势及电动势率（灵敏度）要足够大，并且电动势与温度的关系呈线性。热电特性稳定，即使在高温或低温下使用，电动势仍很稳定；而且，沿热电极长度方向其电动势的均匀程度高，同类热电偶互换性好，易于复现，便于制成统一的分度表。

2）良好的物理性能。如高的电导率，小的比热容与电阻温度系数，无相变，不发生再结晶等。

3）稳定的化学性能。抗氧化、还原性气氛或其他强腐蚀性介质，使用寿命长。

4）良好的耐热性。用于高温的测试材料，具有良好的耐热性及高温机械强度。

5）耐低温性能好。用于低温的测试材料，具有足够大的电动势与电动势率，不易脆断，在磁场中工作时磁致电动势小。

6）耐核辐照性能强。用于核场中的测试材料，中子俘获截面要尽可能小，以减少俘获中子的概率。

7）具有良好的力学与加工性能。

自 1821 年塞贝克发现热电效应以来，已有 300 多种热电极材料构成不同的热电偶，其中广泛使用的有 40 ~ 50 种热电偶。

4.2.1 贵金属热电偶、廉金属热电偶与难熔金属热电偶

热电偶可分为 3 类：贵金属热电偶、廉金属热电偶与难熔金属热电偶。

（1）贵金属热电偶 金、银及铂族金属共 8 种元素称为贵金属。由这些元素及其合金构成的热电偶称贵金属热电偶，有 S 型、R 型及 B 型等。

（2）廉金属热电偶 由廉金属及其合金构成的热电偶称为廉金属热电偶，有 N 型、K 型、E 型、J 型及 T 型等。

（3）难熔金属热电偶 由熔点超过 1935℃ 的难熔金属或合金构成的热电偶称为难熔金属热电偶，有 A 型、C 型等钨铼系热电偶。

3 类热电偶各有特性，优势互补。贵金属热电偶虽然价格昂贵，但其性能稳定，准确度高，且可回收、重新分离、提取再利用。而难熔金属热电偶精度虽低，但其使用温度可超过 1800℃，前 2 类热电偶望尘莫及。3 类热电偶的特性见表 4-13。

表 4-13 贵金属、廉金属与难熔金属热电偶的特性

种类	优点	缺点
贵金属热电偶	1）贵金属热电偶的均匀性好，可制作标准热电偶 2）稳定性好 3）可在 1000℃ 以上使用 4）抗氧化性、耐蚀性好 5）电阻小	1）电动势小，灵敏度低 2）电动势与温度呈非线性关系 3）不适于在还原性气氛中应用 4）因无高精度补偿导线，补偿接点的误差大 5）不适宜测量 0℃ 以下的温域 6）价格昂贵
廉金属热电偶	1）灵敏度高 2）电动势与温度关系近似直线 3）有高精度补偿导线 4）可在还原性气氛中使用 5）可测量 0℃ 以下的低温 6）价格便宜，容易制作各种规格的热电偶	1）抗氧化性、耐蚀性欠佳 2）热电极的均匀性差 3）在高温下稳定性较差，寿命短 4）不适宜测量 1300℃ 以上的高温
难熔金属热电偶	1）热电极丝熔点高，使用温度可达 2000℃ 以上 2）电动势率大，为 S 型的 2 倍，B 型 3 倍 3）热电偶丝价格便宜，仅为 S 型热电偶 1/10	1）在空气中极易氧化 2）高温下晶粒长大而变脆 3）精度较低（ ±1%t ）

4.2.2　标准化热电偶

标准化热电偶是指生产工艺成熟、成批生产、性能优良，并已列入国家标准文件中的热电偶。这类热电偶发展早、性能稳定、应用广泛，具有统一的分度表，可以互换，并有与其配套的显示仪表可供使用，十分方便。非标准化热电偶，未列入国家标准，它的应用范围及生产规模也不如标准化热电偶。但在某些场合，如在超高温、低温或核辐照条件下，要求热电偶具有特殊性能。在这方面，标准化热电偶往往难以胜任。随着科学技术的发展，标准化与非标准化可以转化。例如，我国的标准化热电偶中曾包括镍铬–考铜热电偶，现已被取消，目的是便于同国际标准统一。

1. 标准化热电偶的性能及允差

为了促进国际科学技术交流，国际电工委员会（IEC）在1975年向世界各国推荐7种标准化热电偶，并以IEC出版物（584–1和584–2）公布于世。1986年IEC又推荐镍铬硅–镍硅（N型）热电偶作为标准化热电偶。最近，IEC又将钨铼热电偶列入标准化热电偶。热电极材料采用英文字母符号命名，符号的第一个字母表示热电偶的类型，第二个字母P或N分别表示热电偶的正极或负极。热电极对铂的电动势如图4-12所示。我国标准化热电偶有10种，分度号及允差与IEC等同（见表4-14），其主要性能见表4-15。各国标准化热电偶的允差比较见表4-16。

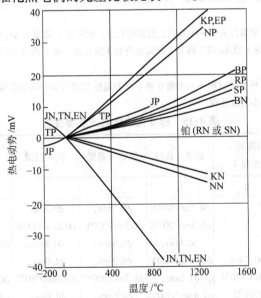

图4-12　热电极对铂的电动势（参考端为0℃）

KP、EP—镍铬合金　NP—镍铬硅合金　JP—铁　TP—铜　BP—含铑30%（质量分数）的铂铑合金　RP—含铑13%（质量分数）的铂铑合金　SP—含铑10%（质量分数）的铂铑合金　BN—含铑6%（质量分数）的铂铑合金　RN、SN—铂　KN—镍硅（铝）合金　NN—镍硅合金　JN、TN、EN—铜镍合金

表 4-14　标准化热电偶的允差（GB/T 16839.1/IEC 60584 – 1：2013）

热电偶类型	允差值[1]（±℃）和有效温度范围		
	1 级	2 级	3 级[2]
	0.5 或 0.004|t|	1℃ 或 0.0075|t|	1℃ 或 0.015|t|
T 型[3]	−40 ~ 350℃	−40 ~ 350℃	−200 ~ 40℃
	1.5 或 0.004|t|	2.5 或 0.0075|t|	2.5 或 0.015|t|
E 型	−40 ~ 800℃	−40 ~ 900℃	−200 ~ 40℃
J 型	−40 ~ 750℃	−40 ~ 750℃	
K 型	−40 ~ 1000℃	−40 ~ 1200℃	−200 ~ 40℃
N 型	−40 ~ 1000℃	−40 ~ 1200℃	−200 ~ 40℃
	$t < 1100℃$ 为 1 $t > 1100℃$ 为 $[1 + 0.003 (t - 1100)]$	1.5 或 0.0025|t|	4 或 0.005|t|
R 型或 S 型	0 ~ 1600℃	0 ~ 1600℃	—
B 型	—	600 ~ 1700℃	600 ~ 1700℃
		0.01|t|	
C 型	—	426 ~ 2315℃	—
		0.01|t|	
A 型	—	1000 ~ 2500℃	—

① 除 C 型和 A 型外，允差值可用摄氏温度偏差值表示，或用表中温度 t（ITS – 90 摄氏温度）的函数表示。取两者中的较大值。

② 廉金属热电偶材料通常满足表中 −40℃以上的制造允差，但可能不满足 E 型、K 型和 N 型热电偶低温段的 3 级制造允差。如果除 1 级和/或 2 级外，还要求符合 3 级允差，由于涉及对材料的选取，订购方应明确说明该要求。

③ 对于 T 型热电偶，一种特定材料不大可能在整个允差温度范围内同时满足 2 级和 3 级允差要求。对于这种情况，可能有必要缩小有效范围。

表 4-15　标准化热电偶的主要性能

名称	铂铑 10 – 铂 铂铑 13 – 铂	铂铑 30 – 铂铑 6	镍铬 – 镍硅	镍铬 – 铜镍	铁 – 铜镍	铜 – 铜镍	镍铬硅 – 镍硅
分度号	S、R	B	K	E	J	T	N
稳定性	ϕ0.5mm 1400℃/200h 1084.62℃ 变化≤ ±12μV, 14μV （约1℃）	ϕ0.5mm 1500℃/200h 1500℃ 变化≤ ±46μV （约4℃）	ϕ0.3mm/800℃ ϕ0.5mm/900℃ ϕ0.8mm、 ϕ1.0mm/1000℃ ϕ1.2mm、 ϕ1.6mm/1100℃ ϕ2.0mm、 ϕ2.5mm/1200℃ ϕ3.2mm/1300℃ 200h 变化≤ ±0.75%t	ϕ0.3mm、 ϕ0.5mm/450℃ ϕ0.8mm、 ϕ1.0mm、 ϕ1.2mm/550℃ ϕ1.6mm、 ϕ2.0mm/650℃ ϕ2.5mm/750℃ ϕ3.2mm/850℃ 200h 变化≤ ±0.75%t	ϕ0.3mm、 ϕ0.5mm/400℃ ϕ0.8mm、 ϕ1.0mm、 ϕ1.2mm/500℃ ϕ1.6mm、 ϕ2.0mm/600℃ ϕ2.5mm、 ϕ3.2mm/750℃ 200h 变化≤ ±0.75%t	ϕ0.2mm/200℃ ϕ0.3mm、 ϕ0.5mm/250℃ ϕ1.0mm/300℃ ϕ1.6mm/400℃ 200h 变化≤ ±0.4%t	ϕ0.3mm/800℃ ϕ0.5mm/900℃ ϕ0.8mm、 ϕ1.0mm/1000℃ ϕ1.2mm、 ϕ1.5mm/1100℃ ϕ2.0mm、 ϕ2.5mm/1200℃ ϕ3.2mm/1300℃ 250h 变化≤ ±0.75%t

（续）

名称		铂铑10-铂 铂铑13-铂	铂铑30- 铂铑6	镍铬-镍硅	镍铬-铜镍	铁-铜镍	铜-铜镍	镍铬硅-镍硅
允 差	Ⅰ	0~1100℃ ±1℃ 1100~1600℃ ±[1+(t-1100)×0.3%]℃	—	-40~1000℃ ±1.5℃ 或 ±0.4%t	-40~800℃ ±1.5℃ 或 ±0.4%t	-40~750℃ ±1.5℃ 或 ±0.4%t	-40~350℃ ±0.5℃ 或 ±0.4%t	-40~1000℃ ±1.5℃ 或 ±0.4%t
	Ⅱ	0~600℃ ±1.5℃ 600~1600℃ ±0.25%t	600~1700℃ ±0.25%t	-40~1200℃ ±2.5℃ 或 ±0.75%t	-40~900℃ ±2.5℃ 或 ±0.75%t	-40~750℃ ±2.5℃ 或 ±0.75%t	-40~350℃ ±1℃ 或 ±0.75%t	-40~1200℃ ±2.5℃ 或 ±0.75%t
	Ⅲ	—	600~800℃ ±4℃ 800~1700℃ ±0.5%t	-200~40℃ ±2.5℃ 或 ±1.5%t		—	-200~40℃ ±1℃ 或 ±1.5%t	-200~40℃ ±2.5℃ 或 ±1.5%t
最高使用温度 /℃ （长期→ 短期）		φ0.5mm 1400~1600	φ0.5mm 1600~1700	φ0.3mm 700~800 φ0.5mm 800~900 φ0.8mm、 φ1.0mm 900~1000 φ1.2mm、 φ1.6mm 1000~1100 φ2.0mm、 φ2.5mm 1100~1200 φ3.2mm 1200~1300	φ0.3mm φ0.5mm 350~450 φ0.8mm 450~550 φ1.0mm φ1.2mm 450~550 φ1.6mm、 φ2.0mm 550~650 φ2.5mm 650~750℃ φ3.2mm 750~900	φ0.3mm、 φ0.5mm 300~400 φ0.8mm、 φ1.0mm 400~500 φ1.2mm、 φ1.6mm 500~600 φ2.0mm、 φ2.5mm、 φ3.2mm 600~750	φ0.2mm 150~200 φ0.3mm、 φ0.5mm 200~250 φ1.0mm 250~300 φ1.6mm 350~400	φ0.3mm 700~800 φ0.5mm 800~900 φ0.8mm、 φ1.0mm 900~1000 φ1.2mm、 φ1.6mm 1000~1100 φ2.0mm、 φ2.5mm 1100~1200 φ3.2mm 1200~1300

表4-16　各国标准化热电偶的允差比较

标准		铂铑10-铂 温度范围/℃	允差/±℃	镍铬-镍硅 温度范围/℃	允差/±℃	铜-铜镍 温度范围/℃	允差/±℃	铁-铜镍 温度范围/℃	允差/±℃
我国标准（与IEC标准584-2相同）国际电工委员会	I等	0~1100 1100~1600	1 $1+(t-1100)\times0.003$ ①	0~400 400~1100	1.5 0.4%t	-40~350	0.5或0.4%	-40~750	1.5或0.4%
	II等	0~600 600~1600	1.5 0.25%t	0~400 400~1300	2.5 0.75%t	-40~350	0.75或0.75%t	-40~750	2.5或0.75%t
	III等	<0	未规定	0~277 277~1260 <0	2 0.75%t 未规定	-200~400	1或1.5%t	<0	未规定
美国标准 ASTM ISA NBS	一般	0~538 538~1482 <0	1.4 0.25%t 未规定	0~277 277~1260 <0	1.1 0.375%t 未规定	-101~-59 -59~93 93~371	2%t 0.8 0.75%t	0~277 277~760 <0	2.2 0.75%t 未规定
	专用	—	—			-84~-59 -59~93 93~371	1%t 0.4 0.375%t	0~277 277~760 <0	1.1 0.4%t 未规定
英国标准 BS		—	—			②			
苏联标准 ГОСТ 3044—1974		0~300 300~1600	$\Delta E=0.01\text{mV}$ $\Delta E=0.01+2.5\times(t-300)\times10^{-5}\text{mV}$	-50~300 300~1300	$\Delta E=0.16\text{mV}$ $\Delta E=0.16+2\times(t-300)\times10^{-4}\text{mV}$		0.1~0.2 ④		—⑤
德国 DIN 43710		0~600 >600	3 0.5%t	0~400 >400	3 0.75%t	0~400 >400	3 0.75%t	0~400 >400	3 0.75%t
日本标准 JIS C1602: 1995		<600 >600	1.5　0.25级 0.25%t	0~1000 0~1200	0.4级　0.4%t 0.75级　0.75%	0~350	0.75级　0.75%t 0.4级　0.4%	0~750	0.75级　2.5　0.4级　1.5 0.75级　0.7　0.4级　0.4

① t为被测温度值。

② 英国标准中铜-铜镍的允差：0~100℃为±1.25℃，100~200℃为±1.75℃，≥300℃为±0.75%t₀。

③ 苏联标准中除铁-铜镍均以电动势的误差 ΔE 来表示。

④ 标准型按±2σ计。

⑤ 苏联无铁-铜镍热电偶，但广泛使用镍铬-考铜热电偶，其允差：-50~300℃时，$\Delta E=0.2\text{mV}$，300~800℃时，$\Delta E=0.2+6(t-300)\times10^{-4}\text{mV}$。

2. 常用的标准化热电偶

（1）铂铑 10 – 铂热电偶（分度号为 S）　自 1885 年 Le – chatelier 发明铂铑 10 – 铂热电偶以来，已有 130 多年的历史，对其性能及制造工艺曾做过详细研究。该种热电偶正极的名义成分为铑的质量分数为 10% 的铂铑合金（代号为 SP），负极为纯铂（代号为 SN），其主要化学成分与性能见表 4-17。它的特点是热电性能稳定，抗氧化性强，宜在氧化性、惰性气氛中连续使用。长期使用温度为 1400℃，超过此温度时，即使在空气中，纯铂丝也将因再结晶使晶粒粗大。因此，长期使用温度限定在 1400℃ 以下，短期使用温度为 1600℃。在所有的热电偶中，它的准确度等级最高，通常用作标准或作为测量高温的热电偶；它的使用温度范围广，均质性及互换性好。它的缺点是价格昂贵，电极丝直径通常很细（ϕ0.5mm），机械强度较低；与其他热电偶相比，它的电动势比较小，电动势率平均为 9μV/℃，故需配用灵敏度高的测量仪表；该种热电偶不适于在还原性气氛或含金属蒸气的条件下使用，尤其应避免接触有机物、铁、硅、H_2 及 CO 等；在真空下只能短期使用。铂在高温下易发生再结晶及晶粒长大，使高温强度降低，热电性能不稳定。

（2）铂铑 13 – 铂热电偶（分度号为 R）　该种热电偶的正极为铑的质量分数为 13% 的铂铑合金（RP），负极为纯铂（RN）。同 S 型热电偶相比，它的电动势率大 15% 左右，其他性能几乎完全相同（见表 4-17）。该种热电偶在日本产业界，作为高温热电偶用得最多。但 1981 年以前的日本工业技术标准（JIS）中，铂铑合金中铑的质量分数为 12.8%。同现行的 R 型热电偶相比，在 1550℃ 下，其电动势约低 100μV，这点请注意。在真空、还原或含金属蒸气的条件下使用时，均要受到沾污。长期使用温度不应超过 1400℃。

（3）铂铑 30 – 铂铑 6 热电偶（分度号为 B）　该种热电偶是 20 世纪 60 年代发展起来的一种典型的高温热电偶。它的正极为铑的质量分数为 30% 的铂铑合金（BP），负极为铑的质量分数为 6% 的铂铑合金（BN）。因两极均为铂铑合金，故简称为双铂铑热电偶。

该种热电偶的特点是，在室温下电动势极小（25℃ 时为 – 2μV，50℃ 时为 3μV），故在测量时一般不用补偿导线，可忽略参比端温度变化的影响。它的长期使用温度为 1600℃，短期使用温度为 1700℃。铂铑 6 合金的熔点为 1820℃，限制其使用温度上限，其主要化学成分与性能见表 4-17。双铂铑热电偶的电动势率较小，因此，需配用灵敏度较高的测量仪表。

B 型热电偶适宜在氧化性或中性气氛中使用，也可以在真空条件下短期使用。即使在还原性气氛下使用，其寿命也是 R 型或 S 型热电偶的 10 ~ 20 倍。因为 R 及 S 型热电偶在高温下，将发生铑由正极向负极扩散的现象，引起热电偶劣化，所以为了防止上述现象发生，在铂中添加铑制成铂铑合金。这样不仅可以改善耐热性能，而且还可以提高合金对铂的电动势率。当铑的质量分数在 20% 以下时，铂铑合金对铂的电动势激增；但超过此值，随铑含量的增加，变化不大，且显著硬化，加工困难。因此，此类合金中铑的质量分数不超过 40%。铂铑合金比纯铂的晶粒长大倾向小，而且，随铑

表 4-17 热电偶的主要化学成分与性能

项目	铜 Cu	铜镍 CuNi	铂铑13 PtRh13	铁 Fe	镍铬 NiCr	镍硅（铝）NiSi（Al）	铂铑10 PtRh10	铂 Pt	铂铑30 PtRh30	铂铑6 PtRh6	镍铬硅 NiCrSi	镍硅 NiSi
化学成分（质量分数）	电解纯铜	Ni≈45% Cu≈55%	Pt87% Rh13%	工业纯铁	Ni90% Cr10%	Ni97.5% Si（Al）2.5%	Pt90% Rh10%	物理纯铂	Pt70% Rh30%	Pt94% Rh6%	Ni84.4% Cr14.2% Si1.4%	Ni95.5% Si4.4% Mg0.1%
密度/(kg/cm³)	8.9	8.8~8.9	19.6	7.8~7.9	8.7~8.8	8.5~8.7	20.0	21.4	17.60	20.60	8.5	8.6
电阻率(20℃)/(Ω·mm²/m)	0.017	≈0.49	0.196	≈0.12	≈0.72	≈0.23	0.193	0.107	0.20	0.17	1.00	0.33
平均电阻温度系数/(1/K)	20~600℃: 4.3×10⁻³	200~1000℃: 0.05×10⁻³	0~1600℃: 1.33×10⁻³	20~760℃: ≈9.5×10⁻³	20~1000℃: ≈0.27×10⁻³	20~1000℃: ≈1.2×10⁻³	20~1600℃: 1.4×10⁻³	20~1600℃: 3.1×10⁻³			0~1200℃: 0.78×10⁻⁴	0~1200℃: 14.9×10⁻⁴
热导率[W/(m·K)]	20℃: ≈390 500℃: 360	0~300℃: ≈40		20℃: ≈75 800℃: ≈35	0~300℃: ≈15	20~700℃: ≈60	20℃: ≈30	20℃: ≈70				
比热容[J/(kg·K)]	20℃: ≈380 500℃: ≈440	0~300℃: ≈420		20℃: ≈460 800℃: ≈710	0~300℃: ≈420	20~400℃: ≈550	20℃: ≈145	0℃: ≈135				
熔点/℃	1084.5	1222	1865	1402	1427	1399	1853	1768	1925	1826	1410	1430
抗拉强度（软态）/MPa	196	390	344	240	660	590	310	140	483	276	710	580
磁性	无	无	无	强	无	中	无	无	无	无	无	无
颜色	褐红	亮黄	亮白	蓝黑	暗绿	深灰	亮白	亮白	亮白	亮白		

含量的增多而减小，并可使热电性能更稳定，机械强度更高。因此，双铂铑热电偶在高温测量中得到广泛应用。

（4）镍铬-镍硅（镍铝）热电偶（分度号为 K）　该种热电偶的正极为铬的质量分数为 10% 的镍铬合金（KP），负极为硅的质量分数为 3% 的镍硅合金（KN）。它的负极亲磁，依据此特性，用磁铁可以很方便地鉴别出热电偶的正负极。它的特点是，使用温度范围宽，高温下性能较稳定，电动势与温度的关系近似线性，价格便宜。因此，它是目前用量最大的一种热电偶。其主要化学成分与性能见表 4-17。

它适于在氧化性及惰性气氛中连续使用。短期使用温度为 1200℃，长期使用温度为 1000℃。从前经过筛选出优质 K 型热电偶作为工作标准，用于同名极法分度工作用镍铬-镍硅热电偶，在这种热电偶的两极中添加金属钇及镁等合金元素，抗氧化性能可进一步提高。为了充分发挥廉金属价格便宜的优点，在同一测温场所中，可多安装几支热电偶，利用其灵敏度高和热电特性近似线性的特点，达到准确测量的目的。

我国虽然已基本上用镍铬-镍硅热电偶取代了镍铬-镍铝热电偶，但在高温下有可能脆断，故国外仍使用镍铬-镍铝热电偶。两种热电偶的化学成分虽不同，但其热电特性相同，使用同一分度表。

K 型热电偶是抗氧化的廉金属热电偶，不适宜在真空，含碳、含硫气氛及氧化与还原交替的气氛下裸丝使用。当氧分压较低时，镍铬极中的铬将择优氧化（也称绿蚀），使电动势发生很大变化。金属管对其影响小，因此多采用金属或合金保护管。

K 型热电偶有如下缺点：

1）电动势的高温稳定性较 N 型热电偶及贵金属热电偶差。在高温下，往往因氧化而损坏。在氧化性气氛中，直径 $\phi3.2mm$ 的 K 型热电偶，在 1200℃ 下经 650h 左右，将超过 0.75 级允差；但 N 型热电偶在相同条件下，经 1000h，其电动势的最大变化为 96.6μV（2.6℃）。在 1250℃ 下经 1000h 后仍未超差。

2）在 250～550℃ 范围内，短期热循环稳定性不好。即使在同一温度点上，在升降温过程中其电动势示值也不一样，其差值可达 2～5℃。

3）K 型热电偶的负极在 150～200℃ 范围内要发生磁性转变，致使在室温至 230℃ 范围内，分度值往往偏离分度表，尤其在磁场中使用时，常出现与温度无关的电动势干扰。

4）长期处于高通量中子流辐照的环境下，由于负极中 Mn、Co 等元素发生变化，使其稳定性欠佳，导致电动势发生较大变化。

（5）镍铬硅-镍硅热电偶（分度号为 N）　镍铬硅-镍硅热电偶是 20 世纪 70 年代由澳大利亚的 Burley 等人首先研制出来的。它是一种新型镍基合金测温材料，也是国际上近 40 年来在廉金属热电偶合金材料研究方面取得的唯一的重大成果。它的主要特点是，在 1300℃ 以下，高温抗氧化能力强，电动势的长期稳定性及短期热循环的复现性好，耐核辐照及耐低温性能也好。在 -200～1300℃ 范围内，有全面取代廉金属热电偶与部分代替 S 型热电偶的趋势。因此，对于热电偶测温材料及测温仪表的生产、管理和使用，将带来更多的方便及明显的经济效益。

1986 年国际电工委员会（IEC）发布文件，推荐 N 型为标准化热电偶。我国也在 1988 年制定了相应的国家专业技术标准，并已批量生产。

N 型热电偶的正极为含铬与硅的镍铬硅合金（NP），负极为含硅、镁的镍基合金（NN）。

1）N 型热电偶的主要性能如下：

① 使用温度范围及允许误差。N 型热电偶的使用温度范围为 −200～1300℃，长期使用温度为 1200℃，短期为 1300℃。热电偶的允许误差分三级（见表 4-15）。

② 热膨胀系数。在 100K < T < 1100K 范围内，N 型热电偶的线胀系数 $\alpha/(1/K)$ 如下：

正热电极丝
$$\alpha = \left(9.44 + 0.00633T + \frac{815}{T}\right)10^{-6}/K \tag{4-26}$$

负热电极丝
$$\alpha = (12.2 + 0.0034T)10^{-6}/K \tag{4-27}$$

由于 N 型热电偶的热膨胀系数通常要比不锈钢低 15%，所以 N 型铠装热电偶的外套管材料应以镍铬硅或镍硅合金为宜。

③ 电阻温度系数见表 4-17。

④ 电动势。N 型热电偶在 100℃ 和 1300℃ 时的电动势分别为 2.774mV 和 47.502mV，比 K 型热电偶的 4.095mV 和 52.398mV 值小。

2）N 型热电偶的主要特性如下：

① 高温抗氧化能力强，长期稳定性好。针对 K 型热电偶镍铬极中 Cr、Si 元素择优氧化引起合金成分不均匀、电动势漂移等问题，在 N 型热电偶的正极中增加了 Cr、Si 含量，以阻止镍铬合金的氧化向合金内部发展，使氧化反应仅在表面进行；又在负极中增添 Mg 与 Si，虽然 Si 含量增大要降低电动势，但可使金属与氧化物间的钝化膜更加致密，并因 Mg 与 Si 择优氧化形成扩散势垒，阻止"绿蚀"现象向内部扩散，抑制进一步氧化发生。对在 1200℃ 下经 1000h 的 K、N 型热电偶的正极进行显微结构观察表明，K 型热电偶的氧化层很厚，约 1mm，而 N 型热电偶却几乎看不到氧化膜的成长。又因 K 型热电偶负极中含有 Mn，虽有调整电动势的作用，但却极大地影响了它的高温稳定性。为此，N 型热电偶中不再添加 Mn。因此，它的高温稳定性与使用寿命比 K 型热电偶明显提高。

② 在 250～550℃ 范围内的短期热循环稳定性好。K 型热电偶在上述温度范围内循环使用时，因其显微结构发生变化，形成短程有序结构（即所谓的 K 状态），致使其电动势不稳定，而 N 型热电偶受其影响很小。在 Ni−Cr 二元合金中，Cr 的质量分数在 5%～30% 的范围内，存在着原子晶格结构的有序→无序转变；但在此成分范围内，有一个很小的区域，即 Cr 的质量分数为 14%～16% 时，例如，Cr 的质量分数为 14.2% 的镍铬硅合金，将不因结构上有序→无序的转变而引起电动势值有较大变化。试验结果也证明，无论是经退火或时效的 N 型热电偶样品，在 250～550℃ 范围内的升降温过程中，其电动势的变化不超过 10μV。

③ 在 250～550℃ 范围内抑制了磁性转变，不再出现电动势明显的不规则变化。K

型热电偶负极约在 170℃发生磁性转变。为此，对 N 型热电偶的负极合金成分做了较大调整，基本上不含 Mn、Al、Co 元素，Si 含量也有较大提高，从而抑制了新型合金的磁性转变，使其转变温度降到室温以下。因此，N 型热电偶不会因磁性变化造成电动势值偏离分度表。

④ 在中子辐照环境下具有良好的稳定性。在中子积分通量小于 $10^{20}/cm^2$ 的条件下，K 型热电偶具有良好的耐辐照能力，而 N 型热电偶在 K 型的基础上，又取消了易蜕变元素 Mn 等，因此，N 型热电偶比 K 型热电偶具有更好的耐核辐照的能力。

⑤ 在 400 ~ 1300℃范围内，N 型热电偶的热电特性的线性比 K 型好。在 400 ~ 1300℃范围内，N 型热电偶非线性误差仅占电动势的 0.4%，而 K 型热电偶在相同范围内的非线性误差在 1300℃时达 1.75%，比 N 型热电偶大得多。当然，N 型热电偶与 K 型热电偶相比，在低温范围内（ - 200 ~ 400℃）的非线性误差较大，同时材料较硬，难于加工。

3）N 型热电偶的应用情况：沈阳重型机械厂、上海工具厂等，曾分别在加热炉等设备中，对 K 及 N 型热电偶进行对比试验。结果表明，在相同条件下，尤其在 1100 ~ 1300℃的高温条件下，N 型热电偶的高温稳定性及使用寿命皆优于 K 型，与 S 型热电偶接近，其价格仅为 S 型的 1/10。这为在 1300℃以下部分取代 S 型热电偶提供了依据。

（6）铜 - 铜镍热电偶（分度号为 T 型）　该种热电偶的正极为纯铜（TP），负极为铜镍合金（TN，康铜）。其主要特点是，在廉金属热电偶中，它的准确度最高，热电极丝的均匀性好。它的使用温度范围是 - 200 ~ 350℃，其主要化学成分与性能见表 4-17。因铜极易氧化，并且氧化膜易脱落，故在氧化性气氛中使用时，一般不能超过 300℃。在低于 - 200℃以下使用时，电动势随温度降低而迅速下降，而且铜极的热导率高，在低温下易引入误差。铜 - 铜镍热电偶通常用来测量 300℃以下的温度。

（7）镍铬 - 铜镍热电偶（分度号为 E）　该种热电偶的正极为镍铬合金（EP），负极为铜镍合金（EN）。它的最大特点是，在常用热电偶中其电动势率最大，即灵敏度最高。常用热电偶的电动势与温度关系如图 4-13 所示。在 - 200℃时其电动势率为 25μV/℃，至 700℃时为 80μV/℃，比 K 型热电偶高一倍，较 J 型热电偶高 20% 左右。该种热电偶的应用范围虽然不如 K 型广泛，但在要求灵敏度高时应优先选用，使用中的限制条件与 K 型热电偶相同。它适宜在 - 250 ~ 870℃范围内的氧化或惰性气氛中使用，尤其适宜在 0℃以下使用。而且在湿度大的情况下，比其他热电偶耐腐蚀。

（8）铁 - 铜镍热电偶（分度号为 J）　该种热电偶的正极为纯铁（JP），负极为铜镍合金 - 康铜（JN）。它的特点是价格便宜。J 型热电偶既可用于氧化性气氛（使用温度上限为 750℃），也可用于还原性气氛（使用温度上限为 950℃），并且耐 H_2 及 CO 气体腐蚀，在含碳或铁的条件下使用也很稳定，多用于化工行业。

该种热电偶的主要化学成分与性能见表 4-17。它不能在高温（540℃）含硫的气氛中使用，而且铁电极易生锈。因此，对电极进行防锈处理是很必要的。如果使用温度超过 538℃，那么正极氧化速度很快。因此，在高温下连续使用时，最好选用粗的热电极丝。

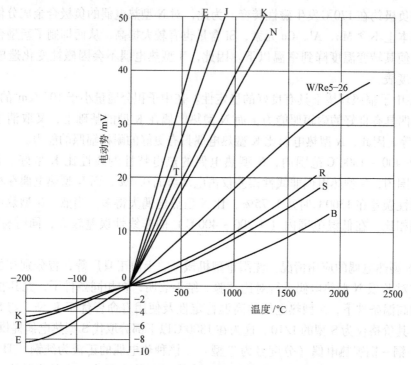

图 4-13 常用热电偶的电动势与温度关系

（9）铂铑 40 - 铂铑 20 热电偶 B 型热电偶的短期使用温度为 1700℃，当使用温度超过 1750℃时，其寿命很短。近期开发出铂铑 40 - 铂铑 20 热电偶，该种热电偶在高温下抗氧化能力强，机械强度高，化学稳定性好，短期使用可达 1800℃，在 50℃以下电动势很小，可以忽略参比端温度变化的影响。在 1800℃的氧化性气氛中，铂铑 40 - 铂铑 20 热电偶的使用寿命远超过 B 型，但其热电偶丝较 B 型更易脆断。

1）分度函数。铂铑 40 - 铂铑 20 热电偶的分度函数见式 4-28 及表 4-18。

$$E(t) = \sum_{i=0}^{n} c_i t^i \tag{4-28}$$

表 4-18 铂铑 40 - 铂铑 20 热电偶分度函数

多项式系数	温度范围	
	0 ~ 951.7℃	951.7 ~ 1888℃
c_0	0.0000000	$- 9.120\ 187\ 7 \times 10^2$
c_1	$3.624\ 628\ 9 \times 10^{-1}$	$3.524\ 693\ 1 \times 10^0$
c_2	$3.936\ 032\ 0 \times 10^{-4}$	$- 3.907\ 744\ 2 \times 10^{-3}$
c_3	$4.259\ 413\ 7 \times 10^{-7}$	$3.672\ 869\ 7 \times 10^{-6}$
c_4	$1.038\ 298\ 5 \times 10^{-9}$	$- 1.082\ 471\ 0 \times 10^{-9}$
c_5	$- 1.540\ 693\ 9 \times 10^{-12}$	$1.151\ 628\ 0 \times 10^{-13}$
c_6	$1.003\ 397\ 4 \times 10^{-15}$	$- 1.261\ 964\ 0 \times 10^{-17}$
c_7	$- 2.849\ 716\ 0 \times 10^{-19}$	

2）电动势率。铂铑 40 – 铂铑 20 热电偶的电动势率（塞贝克系数 S）见表 4-19。

表 4-19　铂铑 40 – 铂铑 20 热电偶的电动势率

温度/℃	$S/(\mu V/℃)$	温度/℃	$S/(\mu V/℃)$	温度/℃	$S/(\mu V/℃)$
600	1. 57	1 084. 62	3. 17	1 554. 8	4. 41
700	1. 89	1 100	3. 22	1 600	4. 47
800	2. 23	1 200	3. 54	1 700	4. 54
900	2. 58	1 300	3. 84	1 768. 1	4. 54
1 000	2. 90	1 400	4. 11	1 800	4. 52
1 064. 18	3. 10	1 500	4. 32	1 850	4. 40

注：参比端温度为 0℃

3）性能。热电偶合金丝的性能见表 4-20。

表 4-20　热电偶合金丝的性能

名　　称	铂铑 40 合金丝	铂铑 20 合金丝
熔点/℃	1 945	1 900
密度/(g/cm^3)	16. 63	18. 75
每米偶丝质量（$\phi0. 5mm$）/g	3. 26	3. 68
在 20℃ 时的电阻率/$\mu\Omega \cdot cm$	17. 5	20. 8
在 0 ~ 1200℃ 范围内平均电阻温度系数/$(10^{-4}/℃)$	14. 0	14. 0
室温抗拉强度/MPa	580	490
断后伸长率（$L_0 = 100mm$）（%）	20	20

（10）钨铼系热电偶　标准化钨铼热电偶的标志、分度号等详见 4.3 节。

3. 标准化热电偶的基本参数

（1）分度号　分度号是热电偶或分度表的代号。它是热电偶在参比端为 0℃ 的条件下，以列表的形式表示电动势与测量端温度的关系。分度号相同的热电偶可以共用同一分度表。热电偶与测量仪表配套使用时，也必须注意两者的分度号是否一致，否则不能配套使用。国外标准化热电偶的名称、分度号及材料成分见表 4-21。

表 4-21　国外标准化热电偶的名称、分度号及材料成分

名称	美国和英国		苏联		日本分度号		德国分度号
	分度号	材料成分（质量分数）	分度号	材料成分（质量分数）	新	旧	
铂铑 10 – 铂	S	+90%Pt, 10%Rh – 100%Pt	ПШ	+90%Pt, 10%Rh – 100%Pt	S		PtRh – Pt
铂铑 13 – 铂	R	+87%Pt, 13%Rh – 100%Pt			R	PR	
铂铑 30 – 铂铑 6	B	+70%Pt, 30%Rh – 94%Pt, 6%Rh	ПР 30/6	+70%Pt, 30%Rh – 94%Pt, 6%Rh	B		

（续）

名称	美国和英国		苏联		日本分度号		德国
	分度号	材料成分（质量分数）	分度号	材料成分（质量分数）	新	旧	分度号
镍铬－镍硅 （镍铝）	K	＋89%～90%Ni, 9%～ 9.5%Cr, ～0.5%Si, Fe －95%～96%Ni, 1%～ 1.5%Si, 1.6%～3.2%Mn	XA	X：89%Ni, 9.8%Cr 1%Fe, 0.2%Mn A：94%Ni, 2%Al, 2.5%Mn, 1%Si	K	CA	NiCr－Ni
镍铬硅－镍硅	N	＋84.5%Ni, 14%Cr, 1.5%Si －95.4%Ni, 4.5%Si, 0.1%Mg	N		N		N
铁－铜镍	J	＋100%Fe －55%Cu, 45%Ni			J	IC	Fe－Konst
铜－铜镍	T	＋99.95%Cu －55%Cu, 45%Ni			T	CC	Cu－Konst
镍铬－铜镍	E	＋89%～90%Ni, 9%～ 9.5%Cr, ≈0.5%Si、Fe －55%Cu, 45%Ni			E	CRC	
钨铼系	A	＋95%W, 5%Re －80%W, 20%Re	BP	＋95%W, 5%Re －80%W, 20%Re			
	C	＋95%W, 5%Re －74%W, 26%Re	5/20				

（2）分度表的计算　分度表是通过对各种热电偶的电动势与温度关系式计算而列成的表。例如，S型热电偶的分度表按式（4-14），通过计算机算出来的。以上标准化热电偶分度表见附录B。

（3）S型热电偶分度号的演变过程　在20世纪50年代初，我国采用苏联标准中规定的铂铑10－铂热电偶的分度表，其分度号也与苏联一致，用"ПП"表示。后来改用我国自己的分度号"LB"，但分度表仍然未变。20世纪60年代又改用美国标准分度表（NBS－561），其分度号也随之改为LB－2。该分度表与法国、德国等国家的标准相同，使用范围很广。1973年我国开始采用国际实用温标（IPTS－68）。因LB－2是1948年温标，要改换成1968年国际实用温标的数值，更换成新分度表及分度号LB－3。但是，世界各国仍不统一，为解决此问题，美国、英国及加拿大三国商定联合制作铂铑10－铂热电偶分度表。新分度表在1971年发表后，国际电工委员会向各国推荐该分度表，世界上大多数国家都采用了该分度表。我国也采用这个新分度表，其分度号与IEC相同，为"S"。该分度表与原LB－3有较大差别。由S型热电偶分度号的演变过程看出，尽管世界各国的名义成分皆为铂铑10－铂热电偶，但是每种分度表都有自己相应的分度号。热电偶的新旧分度号对照见表4-22所示。热电偶的名称相同，分度号不同，不能用相同的分度表。既不能用分度号为S的铂铑10－铂热电偶去查分度号为 LB - 3 的分度表，也不能查阅 LB - 2，更不能查阅 LB 及 ΠΠ 分度表。这点必须予以注意。热电偶新旧标准分度特性差异见表 4-23。

表 4-22　热电偶的新旧分度号对照

名称	IEC 美国 英国	日本 新	日本 旧	苏联	德国	中 国 新	中 国 旧	现行国标编号
铂铑 10 - 铂	S	S		ΠΠ	PtRh - Pt	S	LB - 3	GB/T 16839.1—2018
铂铑 13 - 铂	R	R	PR			R		GB/T 16839.1—2018
铂铑 30 - 铂铑 6	B	B		ΠΡ		B	LL - 2	GB/T 16839.1—2018
镍铬 - 镍硅	K	K	CA	XA	NiCr - Ni	K	EU - 2	GB/T 16839.1—2018
镍铬硅 - 镍硅	N	N				N		GB/T 16839.1—2018
铜 - 铜镍	T	T	CC		Cu - Konst	T	CK	GB/T 16839.1—2018
镍铬 - 铜镍	E	E	CRC	XK[1]		E		GB/T 16839.1—2018
铁 - 铜镍	J	J	IC		Fe - Konst	J		GB/T 16839.1—2018
镍铬 - 金铁	NiCr - AuFe0.07							GB/T 2904—2010
铜 - 金铁	Cu - AuFe0.07							GB/T 2904—2010

① XK 为苏联镍铬 - 考铜热电偶。

表 4-23　热电偶新旧标准分度特性差异

温度 /℃	铂铑 10 - 铂 S 型 (GB/T 16839.1 —2018) 电动势值 /μV	铂铑 10 - 铂 S 型 (IEC— 1977) 电动势值 /mV	铂铑 10 - 铂 LB - 3 电动势值 /mV	铂铑 10 - 铂 IEC— 1977 与 LB3 差值 /μV	铂铑 30 - 铂铑 6 B 型 (GB/T 16839.1 —2018) 电动势值 /μV	铂铑 30 - 铂铑 6 B 型 (IEC— 1977) 电动势值 /mV	铂铑 30 - 铂铑 6 LL2 /mV	铂铑 30 - 铂铑 6 IEC— 1977 与 LL2 差值 /μV	镍铬 - 镍硅 K 型 (GB/T 16839.1 —2018) 电动势值 /μV	镍铬 - 镍硅 K 型 (IEC —1977) 电动势值 /mV	镍铬 - 镍硅 EU2 电动势值 /mV	镍铬 - 镍硅 IEC— 1977 与 EU2 差值 /μV
0	0	0	0	0	0	0	0	0	0	0	0	0
100	646	0.645	0.643	+2	33	0.033	0.034	-1	4096	4.095	4.10	-5
200	1441	1.440	1.436	+4	178	0.178	0.178	0	8138	8.137	8.13	+7
300	2323	2.323	2.315	+8	431	0.431	0.431	0	12209	12.207	12.21	-3
400	3259	4.260	4.250	+10	787	0.780	0.787	-1	16397	16.395	16.40	-5
500	4233	4.234	4.220	+14	1242	1.241	1.242	-1	20644	20.640	20.65	-10
600	5239	5.237	5.222	+15	1792	1.791	1.791	0	24905	24.902	24.90	+2
700	6275	6.274	6.256	+18	2431	2.420	2.420	+1	29129	20.128	29.13	-2
800	7345	7.345	7.322	+23	3154	3.154	3.152	+2	33275	33.277	33.29	-13
900	8449	8.448	8.421	+27	3957	3.957	3.955	+2	37326	37.325	37.33	-5
1000	9587	9.585	9.556	+29	4834	4.833	4.832	+1	41276	41.269	41.27	-1
1100	10757	10.754	10.723	+31	5780	5.777	5.780	-3	45119	45.108	45.10	+8
1200	11951	11.947	11.915	+32	6786	6.783	6.792	-9	48838	48.828	43.81	+18
1300	13159	13.155	13.110	+39	7841	7.845	7.858	-13	52410	52.398	52.37	+28
1400	14373	14.368	14.313	+55	8956	8.952	8.967	-15				
1500	15582	15.576	15.504	+72	10099	10.094	10.108	-14				
1600	16777	16.771	16.688	+83	11263	11.257	11.268	-11				
1700	17947	17.942			12433	12.462	12.431	-5				
1800					13591	13.585	13.582	+3				

由于实施 ITS-90，基于 IPTS-68 的所有热电偶分度表均发生了变化。国际电工委员会在 1995 年才公布了 IEC584-1—1977 的修订版。我国随之制定了等同采用 IEC584-1—1995 的热电偶分度表国家标准 GB/T 16839.1—2018。本书八种热电偶分度表计算用的多项式完全符合 GB/T 16839.1—2018。

从表 4-23 看出，对 S 型热电偶而言，IEC1977 年公布的 S 型热电偶电动势与我国过去使用的 LB-3 热电偶分度表相差较大，在 1600℃时相差 83μV；而采用 ITS-90 的 GB/T 16839.1—1997 的 S 型热电偶分度表，在 1600℃与 IEC1977 年公布的分度表只差 6μV，使用时必须注意，不要混淆。

（4）使用温度范围及允许误差 标准化热电偶的使用温度范围及允许误差见表 4-15。所谓允许误差，是指热电偶的电动势—温度关系对分度表的最大偏差。不同国家对同一种热电偶的允差要求也不相同（见表 4-16）。

目前热电偶等计量器具的示值检测已从过去单一的检定向校准方向发展，而且除工作用热电偶仍用允差表示精度外，在校准工作用热电偶时，通常都用扩展不确定度（$K=2$）表示其精度（详见第 9 章）。美国 ASTM E 220—2002 规定了各种热电偶在不同温度下校准的扩展不确定度，见表 4-24。在规定校准点检测后，其他温度点内插的扩展不确定度（$K=2$）见表 4-25。

表 4-24 比较法校准热电偶的扩展不确定度

类 别	温度/℃	扩展不确定度 ($K=2$)/℃	类 别	温度/℃	扩展不确定度 ($K=2$)/℃
廉金属热电偶（在管式炉内用 S 型热电偶校准）	200	0.2	R 和 S 型热电偶（在管式炉中用 S 型热电偶校准）	200	0.2
	400	0.4		400	0.2
	600	0.6		600	0.3
	800	0.7		800	0.3
	1000	0.9		1000	0.3
	1200	1.0		1100	0.2
廉金属热电偶（在搅拌液体槽内用标准铂电阻温度计校准）	-196（E 型）	0.2	B 型热电偶（在管式炉中用 S 型或 R 型热电偶校准）	200	0.8
	-100（E 型）	0.1		400	0.6
	0	0.02		600	0.5
	200	0.2		800	0.4
	400	0.4		1100	0.3
	500	0.5		1450	1.6

（5）长期稳定性 热电偶不同，对长期稳定性的要求也不相同，见表 4-15。

（6）电动势率 标准化热电偶的电动势率见表 4-26。

（7）热电偶的电阻 R_0 标准化热电偶在 0℃时的电阻（R_0）见表 4-27。R_0 为正、负热电极间的往复电阻值。

（8）热电偶丝材的直径 我国使用米制，但英美仍普遍使用线规，如美国 Brown

and Sarp 线规，美国标准线规 AWG，英国标准线规 SWG、BSG。其相互关系见附录 B。

表 4-25　内插附加的不确定度（$K=2$）　（单位：℃）

热电偶分度号	温度范围	校准点	其他温度校准点内插时 扩展不确定度（$K=2$）
B	0~1700	每 100	0.2
	0~1700	600 和 1200	0.7 在 1100 和 5 在 1700
E	0~870	每 100	0.5
	0~870	300，600 和 870	1.5
	-195~0	每 50	0.4
J	0~760	100、300、500 和 750	0.5
	0~350	每 100	0.4
K	0~1250	每 100	0.5
	0~1250	300、600、900 和 1200	1.5
	-195~0	每 50	0.4
R 和 S	0~1450	每 100	0.2
	0~1450	600 和 1200	0.7 在 1100 和 3 在 1450
T	0~370	每 100	0.1
	0~100	50 和 100	0.05
	-195~0	每 60	0.1

表 4-26　标准化热电偶的电动势率　（单位：μV/℃）

温度 /℃	热电偶类型							
	B	R	S	K	E	J	T	N
-200	—	—	—	—	25.132	—	16.328[①]	9.934
0	—	—	—	39.48	58.696	50.373	38.741	26.154
200	1.99	8.841	8.46	39.95	74.021	55.502	53.146	32.988
400	4.06	10.373	9.57	42.22	80.043	55.241	61.793	37.110
600	5.95	11.346	10.19	42.53	80.676	58.496	—	38.973
800	7.64	12.314	10.87	41.00	78.432	—	—	39.263
1000	9.11	13.219	11.53	38.93	—	—	—	38.554
1200	10.35	13.907	12.02	36.50	—	—	—	37.166
1400	11.27	14.124	12.12	—	—	—	—	—
1600	11.69	13.876	11.85	—	—	—	—	—

① 为 -195.802℃下的电动势率。

表4-27 标准化热电偶在0℃时的电阻 R_0（JIS C1602） （单位：Ω/m）

线径/mm	B	R	S	N	K	E	J	T
0.32	—	—	—	—	—	—	—	6.17
0.50	1.75	1.47	1.43	—	—	—	—	—
0.65	—	—	—	3.94	2.95	3.56	1.170	1.50
1.00	—	—	—	1.66	1.25	1.50	0.72	0.63
1.60	—	—	—	0.65	0.49	0.59	0.28	0.25
2.30	—	—	—	0.31	0.24	0.28	0.14	—
3.20	—	—	—	0.16	0.12	0.15	0.07	—

4.2.3 非标准化热电偶

1. 非标准化热电偶的性能

非标准化热电偶包括铂（铑）系、铱铑系热电偶等，其主要性能见表4-28。在这类热电偶中，使用较为普遍的是铂铑热电偶。

表4-28 非标准化热电偶的主要性能

名称		材料		温度测量上限/℃		允许误差/℃	特　点	用　途
		正极(+)	负极(−)	长期使用	短期使用			
贵金属	铂（铑）系	金	铂	1000			稳定性好	适于作为标准用
		铂	钯	1400				
		铂钼5	铂钼0.1	1500			不易嬗变	用于核辐射场1500℃测温
		铂铑13	铂铑1	1450	1600	≤600为±3.0 >600为±0.5%t	在高温下铂铑13–铂铑1抗玷污性能和力学性能好	测量钴合金液温度（1501℃），寿命长
		铂铑20	铂铑5	1500	1700		在高温下抗氧化性强，机械强度高，化学稳定性好，50℃以下电动势小，参比端可以不用温度补偿	各种高温测量
	Platinel-Ⅱ	钯55 铂31 金14	金65 钯35	1260			抗氧化性能好，电动势与K型热电偶相近	用于1300℃以下高温测量
	铱铑系	铱铑40	铱	1900	2000	≤1000为±10 >1000为±1.0%t	电动势与温度关系线性好，适用真空、惰性气氛与弱氧化气氛。Ir易蒸发及污染偶丝，使偶丝变脆	1）航空和宇航的温度测量 2）实验室内高温测量
		铱铑60	铱	2000	2100			

（续）

名称	材料		温度测量上限/℃		允许误差/℃	特 点	用 途
	正极（+）	负极（-）	长期使用	短期使用			
镍铬-金铁	镍铬	金铁(Fe0.03)	-270~0		-270~0 为±1	在低温下，电动势极其稳定，电动势率较大	深低温测量
	镍铬	金铁(Fe0.07)	-270~0		-270~-250 为±0.5	-250℃以下电动势率大	深低温测量
廉金属	铁 铁	考铜 康铜	600 600	700 700	≤400 为±4 >400 为±1.0%t	电动势大，灵敏度高，价格低廉，但铁容易氧化且不易提纯	石油、化工部门的温度测量
	镍钴	镍铝	800	1000	≤400 为±4 >400 为±1.0%t	在300℃时热电势小，参比端可以不用温度补偿	航空发动机排气温度测量
廉金属	镍铁	硅考铜	600	900		在100℃以下电动势小，参比端可以不用温度补偿	飞机火警信号系统
	镍钼18	镍钴0.8	1400		±1.1℃ 或0.4%t	$t>350℃$时，不能用于氧化性气氛	氢气或其他还原气氛中测温

注：t 为温度数值。

2. 铂铑系热电偶

为了避免高温下铑蒸发的影响，梅特卡夫研制了铂铑13-铂铑1热电偶，在真空中使用时比 R 型热电偶稳定，寿命更长。以后有人又研制出多种双铂铑热电偶。例如：铂铑20-铂铑5热电偶在1700℃的空气中，经200h后，1550℃下检验，分度值变化<5℃；铂铑40-铂铑20热电偶在1700℃空气中经500h后，在1550℃下检测，分度值变化<4℃。研究结果表明：在铂铑系热电偶中，铂铑40-铂铑20热电偶稳定性最高，并因参比端温度变化对其电动势影响很小，在一般情况下，可以忽略参比端温度的影响。

3. 铱铑系热电偶

铱铑40-铱热电偶常用温度为1800~2200℃，适用于真空及惰性气氛，也可用于氧化环境，但是不能用于还原气氛。其主要缺点是使用寿命不长，在2000℃空气中使用寿命只有20h左右。铱铑系热电偶多用于喷气发动机燃烧区测温。

4. 铂钼系热电偶

常用的有铂钼5-铂钼0.1热电偶。它的特点是，具有较低的中子俘获截面，适用于核场中的高温测量。在真空及惰性气氛中，铂钼系热电偶长期使用温度为1600℃，短期为1700℃。

5. 美国 ASTM 非标体系热电偶

美国 ASTM 研究的热电偶材料中，有一类尚无正式文件管理的热电偶，统称为非标体系热电偶。

自 1992 年国际温度学术会议（ITS）以来，人们对新型标准热电偶（如 Au – Pt、Pt – Pd）的研究十分活跃。关于 Au – Pt 热电偶的开发已经完成，在欧美国家中已形成商品销售。我国 419.527 ~ 1084.62℃ 温度计量器具检定系统框图（见图 9-3）已将 Au – Pt 热电偶作为量值传递系统内一种标准予以承认。Au – Pt 热电偶在 – 40 ~ 1000℃ 范围内，用一等标准铂电阻温度计分度，误差为 ± 0.32℃ 或 ± 0.60℃，相当于一等标准 S 型热电偶水平。与 Au – Pt 热电偶最高使用温度 1000℃ 相比，Pt – Pd 热电偶使用温度为 1400℃ 或更高。这样 Pt – Pd 热电偶比 Au – Pt 热电偶更令人关注。

美国 ASTM 已公布了 Au – Pt 和 Pt – Pd 热电偶的电动势和温度关系式及分度表。

金 – 铂热电偶的电动势在 0 ~ 1000℃ 温度范围的分度函数式如下：

$$E = C_0 + C_1 T + C_2 T^2 + \cdots + C_9 T^9 \tag{4-29}$$

式中系数的数值见表 4-29。

表 4-29 金 – 铂热电偶电动势与温度函数式的系数数值（ASTM E1751）

系　数	数　　值	系　数	数　　值
C_0	0.00000000	C_5	$-4.24206193 \times 10^{-11}$
C_1	6.03619861	C_6	$4.56927038 \times 10^{-14}$
C_2	$1.93672974 \times 10^{-02}$	C_7	$-3.39430259 \times 10^{-17}$
C_3	$-2.22998614 \times 10^{-05}$	C_8	$1.42981590 \times 10^{-20}$
C_4	$3.28711859 \times 10^{-08}$	C_9	$-2.51672787 \times 10^{-24}$

铂 – 钯热电偶的电动势在 0 ~ 1500℃ 温度范围内的分度函数式如下：

$$E = C_0 + C_1 T + C_2 T + \cdots + C_n T^n \tag{4-30}$$

式中系数的数值见表 4-30。

表 4-30 铂 – 钯热电偶的电动势与温度函数式的系数数值

系数	数　　值	系数	数　　值
0 ~ 660.323℃		660.323 ~ 1500℃	
C_0	0.000000	C_0	-4.9771370×10^2
C_1	5.296958	C_1	1.0182545×10^1
C_2	4.610494×10^{-3}	C_2	$-1.5793515 \times 10^{-2}$
C_3	-9.602271×10^{-6}	C_3	3.6361700×10^{-5}
C_4	2.992243×10^{-8}	C_4	$-2.6901509 \times 10^{-8}$
C_5	$-2.012523 \times 10^{-11}$	C_5	$9.5627366 \times 10^{-12}$
C_6	$-1.268514 \times 10^{-14}$	C_6	$-1.3570737 \times 10^{-15}$
C_7	2.257823×10^{-17}		
C_8	$-8.510068 \times 10^{-21}$		

现在国际计量局温度咨询委员会（CCT）准备将 Au – Pt 和 Pt – Pd 两种热电偶作为国际认可的标准，这将推进这两种热电偶的实用化。

除 Au – Pt 和 Pt – Pd 热电偶之外，该非标体系还有以下多种热电偶：

1）钨 – 钨铼 26 热电偶。

2）钯 55 铂 31 金 14 – 金 65 钯 35（Platinel – Ⅱ）热电偶（Platinel 是恩格尔哈德工业公司登记的商标）。

3）镍铬 – 金铁 0.07 热电偶。

4）铂钼 5 – 铂钼 0.1 热电偶。

5）镍钼 18 – 镍钴 0.8 热电偶。

6）铱铑 40 – 铱热电偶。

以上各种热电偶分度表见附录 B。

6. S 型热电偶丝强化研究与应用

（1）弥散强化 S 型热电偶丝的高温性能　无锡英特派公司采用添加纳米级 ZrO_2 的特殊工艺，研制出弥散强化的 S 型热电偶丝。为探讨其高温性能，在 1650℃下，分别对不同贵金属材料进行拉伸试验，其结果显示弥散强化 S 型热电偶丝的抗拉强度大幅度提高。

（2）弥散强化 S 型热电偶的准确度　为了探讨弥散强化热电偶的准确度，将 5 支弥散强化 S 型热电偶经北京长城计量所检定，结果见表 4-31：有 2 支允差满足美国 AMS 2750E 中有关系统准确度传感器允差≤ ±0.6℃或 ±0.1%t 的要求，有 3 支满足美国 AMS 标准中有关温度均匀性测试传感器允差≤ ±2.2℃或 ±0.75%t 的要求。

表 4-31　弥散强化 S 型热电偶校准结果

序号	型号及规格	检定温度点及其对应的温度误差值/℃			
		600	1000	1300	1325
1	ϕ0.5mm × 1230mm（无补偿导线）	− 0.3	0.2	0.8	0.9
2	ϕ0.5mm × 1230mm（无补偿导线）	− 0.6	0.0	1.1	1.2
3	ϕ0.5mm × 1230mm（无补偿导线）	− 0.9	− 0.2	1.2	1.3
4	ϕ0.5mm × 1230mm（无补偿导线）	− 0.3	0.5	1.8	1.9
5	ϕ0.5mm × 1230mm（无补偿导线）	0.1	0.7	2.0	2.1
	误差平均值	0.44	0.32	1.38	1.48
	误差标准差	0.28	0.25	0.45	0.45

（3）应用 当真空热处理炉需要进行温度均匀性测量时，如果温度大于 1300℃时，只能选用贵金属 S 型或 R 型热电偶进行测量。作者与北京航空材料研究院合作试用经弥散强化的 S 型热电偶，在真空热处理炉中进行测试，可使用 5 个批次，延长了热电偶的使用寿命。

7. 非金属热电偶材料

传统的热电偶材料是由金属或合金制成的。但在某些特殊场合下，金属材料有一定的局限性：

1）金属中钨的熔点最高，也只有 3422℃，而且 3000℃的绝缘材料也不易解决。

2）热电偶在 1500℃以上都与碳起反应，因而，难以解决高温含碳气氛下的测温问题。

3）铂族金属价格昂贵，资源稀少，在使用上受到一定的限制。

为了克服金属热电偶的缺点，人们普遍重视非金属热电偶材料的研究。非金属热电偶材料有如下特点：

1）电动势和电动势率远超过金属热电偶。

2）熔点高，在熔点温度以下都很稳定，有可能研制出超过金属热电偶测温范围的热电偶。

3）用碳化硅（P 型）、碳化硅（N 型）以及 $MoSi_2$ 等耐热材料构成的热电偶，可在氧化性气氛中使用到 1700～1850℃的高温，有可能在某范围内代替贵金属热电偶。

4）在石墨、碳化物及含碳气氛中也很稳定，故可在极恶劣的条件下工作。

5）它的主要缺点是复现性很差，尚无统一分度表，另外，机械强度较低，在使用中受到很大限制。

近几年非金属热电偶材料的研究工作已有新的进展，国外已定型并投入生产的有：石墨－碳化钛热电偶等多种产品（见表 4-32），精度达 ±（0.1%～1.5%）t。WSi_2－MoS_2 热电偶在含碳气氛、中性和还原性气氛中，可用到 2500℃；石墨－碳化钛热电偶在含碳和中性气氛中可测至 2000℃的高温，从而开辟了含碳气氛中测温的新途径。

德国新开发一种碳化硼－石墨热电偶（$B_4C－C$），引起人们的关注。它的正极为碳化硼（B_4C），负极为石墨，绝缘物为氮化硼（BN）。其测量端是用机械方法形成的，热电偶的长度为 500mm，如用石墨连接最长可达 2000mm。

$B_4C－C$ 热电偶的特性：在氧化性气氛中，只能用到 500℃（温度再高石墨将氧化）。其适用气氛与最高使用温度见表 4-33。$B_4C－C$ 热电偶的电动势与温度的关系，在 600～2000℃范围内线性好，电动势率大，为 WRe 热电偶的 19 倍，最适宜控制信号。而且，WRe 及铂铑系热电偶在高温下无法避免碳化、蒸发、选择性氧化，使组成变化，以至发生电动势逐渐降低的漂移等问题，利用 $B_4C－C$ 热电偶就能得到解决。但气氛中残留氧的存在将使 BN 绝缘性能下降，这是引起 $B_4C－C$ 电动势变化的主要原因。

表 4-32　非金属热电偶材料

类别	热电偶材料 正极	热电偶材料 负极	主要性能	最高工作温度 /℃	长期工作温度 /℃	允差
非金属热电偶材料	石墨 C	碳化钛 TiC	电动势大，在 500℃ 以上与温度关系呈直线；在 800℃，1200℃ 和 1600℃ 下的电动势率分别为 93μV/℃、106μV/℃、110μV/℃ 适用于还原性、中性或惰性气体	2500	≈2000	±(1.5%~2.0%)t
	石墨 C	二硼化锆 ZrB₂	电动势—温度曲线，类似于 C–TiC 的特性曲线，在 600℃ 以上的电动势率为 65μV/℃。可在含碳气氛中使用，各批材料的一致性可保持在 ±2% 之内。对热冲击敏感	1800	≈1600	±(1.5%~2.0%)t
	石墨 C	碳化铌 NbC	电动势—温度曲线在高温区呈直线，电动势率为 26μV/℃，在含碳气氛、还原气氛或中性气氛中可工作到 2500℃	2500	≈1700	±(1.5%~2.0%)t
	石墨 C	碳化硅 SiC	灵敏度高，电动势—温度曲线在大部分温度范围内的电动势率为 300μV/℃，分度变化不大于 2.8℃，适用于含碳气氛，在氧化气氛中使用受限制，可在钢铁工业中使用	1800	1600	<3%t
	碳化硅 SiC（P）	碳化硅 SiC（N）	灵敏度高，电动势率 ≥500μV/℃ 在氧化气氛中可用到 1750℃，在其他气体中可用到更高的温度	1750	1600	—
	二硼化锆 ZrB₂	碳化锆 ZrC	高于 600℃ 时，分度曲线呈直线，其电动势率为 9μV/℃，适用于氮、一氧化碳等非氧化介质	2000	1800	±(1.5%~2.0%)t
	碳化铌 NbC	碳化锆 ZrC	高于 1100℃ 时，分度曲线呈直线，其电动势率约为 13μV/℃，在非氧化性气氛或真空中可用到 2600℃ 甚至 3000℃	2600	2500	±1.5%t
	二硅化钼 MoSi₂	二硅化钨 WSi₂	这类硅化物在氧化气氛中表面生成一氧化硅薄膜，可对热电极表面起保护作用，以防止进一步氧化，可用于氧化性气氛，含碳气氛、中性气氛、还原气氛及金属蒸气等介质中及熔盐或玻璃。该材料对热冲击敏感	1800	≈2500（中性还原及含碳气氛中）≈1700（氧化气氛中）	1600℃ 以下 ±(1.5%~2.0%)t
金属陶瓷热电偶材料	钨 +2% 氧化钍 W–2（ThO₂）	碳化硅 SiC	W–2（ThO₂）系金属陶瓷材料，具有高强度，可供热动机排气管内测温之用，使用时对铂钨要采取保护措施，在静止空气中测温范围为 20~2200℃	2200	2000	±0.5%t 复制性 ±1%

表 4-33 B₄C – C 热电偶的使用气氛与温度

使用气氛	最高使用温度/℃
Ar、He 等惰性气体	2200
真空	2200
CO 气体	2200
N₂ 或含 N₂ 气体	2200 （连续使用温度为 1600）

4.2.4 热电偶的选择与使用寿命

1. 热电偶的选择

实际测温的对象是很复杂的。应在掌握各种热电偶特性的基础上，根据使用气氛、温度的高低，正确地选择热电偶。

（1）使用温度（t）。当 t = -200 ~ 300℃时，最好选用 T 型热电偶，它是廉金属热电偶中准确度最高的热电偶；也可选择 E 型热电偶，它是廉金属热电偶中电动势率最大、灵敏度最高的热电偶。当 t < 1000℃时，多选用廉金属热电偶，如 K 或 N 型热电偶，它的特点是，使用温度范围宽，高温下性能较稳定。当 t < 1300℃时，可选用 N 或 K 型热电偶。当 t > 1300℃时，多选用 R、S 型热电偶。当 t > 1400℃时，多选用 B 型热电偶。t < 1600℃时，短期可用 S 或 R 型热电偶。当 t > 1800℃时，常选用钨铼热电偶。

（2）使用气氛 使用气氛可分为氧化性气氛与真空、还原性气氛。

1）氧化性气氛。当 t < 1300℃时，多选用 N 或 K 型，它是廉金属热电偶中抗氧化性最强的热电偶。当 t > 1300℃时，选用铂铑系热电偶。

2）真空、还原性气氛。当 t < 950℃时，可选用 J 型热电偶，它既可以在氧化性气氛下工作，又可以在还原性气氛中使用。当 t > 1600℃时，选用钨铼热电偶。

（3）减少或消除参比端温度的影响 当 t < 1000℃时，可选用镍钴 – 镍铝热电偶。参比端温度为 0 ~ 300℃时，可忽略其影响，常用于飞机尾喷口排气温度的测量。当 t > 1000℃时，常选用 B 型热电偶。一般可以忽略参比端温度的影响。

（4）热电偶丝的直径与长度 热电极直径和长度的选择是由热电极材料的价格、比电阻、测温范围及机械强度决定的。实践证明，热电偶的使用温度与直径有关，我国及日本生产的热电偶其使用温度见表 4-15 及表 4-34。选择大直径的热电极丝，虽然可以提高热电偶的使用温度和寿命，但要延长响应时间。因此，对于快速反应，必须选用小直径的热电极丝，测量端越小、越灵敏，但电阻也越大。如果热电极直径选择过小，会使测量线路的电阻值增大。热电极丝长度的选择是由使用条件，即由插入深度决定的。热电偶丝的直径与长度，虽不影响电动势的大小，但是它却直接与热电偶使用寿命、动态响应特性及线路电阻有关。因此，它的正确选择也是很重要的。

（5）测量对象 在一些特殊场合下，应依据测量对象的要求选择。例如，核反应堆测温，应选低中子俘获截面的双铂钼热电偶等。

表 4-34 热电偶使用温度限（JIS C1602：1995）

热电偶分度号	热电偶的旧分度号	热电极直径/mm	常用温度限/℃	过热使用温度限/℃
B	—	0.50	1500	1700
R S	—	0.50	1400	1600
K	CA	0.65	650	850
		1.00	750	950
		1.60	850	1050
		2.30	900	1100
		3.20	1000	1200
N	—	0.65	850	900
		1.00	950	1000
		1.60	1050	1100
		2.30	1100	1150
		3.20	1200	1250
E	CRC	0.65	450	500
		1.00	500	550
		1.60	550	650
		2.30	600	750
		3.20	700	800
J	IC	0.65	400	500
		1.00	450	550
		1.60	500	650
		2.30	550	750
		3.20	600	750
T	CC	0.32	200	250
		0.65	200	250
		1.00	250	300
		1.60	300	350

注：常用温度限为在空气中能连续使用的温度上限；过热使用温度限为在不得已而使用的情况下，可短期使用的温度上限。

2. 高温下热电偶的适应性

为了使热电偶在高温下有较长的使用寿命，必须避免热电极丝与气氛或绝缘管及保护管间反应。这些将影响热电极丝的强度、耐蚀性及陶瓷材料的绝缘性能。在高温下，几乎任何两种金属材料都能发生合金化，甚至形成低共熔合金。表 4-35 中列举了二元系低共熔合金的熔点温度。

表4-35　二元系低共熔合金的熔点温度

（单位：℃）

元素	W (3410)	Re (3162)	Os (3000)	Ta (2995)	Mo (2610)	Ir (2442)	Nb (2441)	Ru (2250)	Hf (2221)	Rh (1960)	V (1900)	Cr (1875)	Zr (1845)	Pt (1773)	Ti (1668)	Fe (1539)	Co (1495)	Ni (1455)
Si	1399	≈1125		1385	≈1410	1420	1300				≈1399	≈1320	≈1360	830	1330	1200	1195	966
Ni	≈1455	1455		1360				1455	1150		1203	1340	≈962	≈1455	942	1420	≈1452	
Co	≈1480	≈1495	≈1495	1277	≈1314	≈1340	1174	≈1399	1212	≈1399	1240	1400	976	≈1421	1016	≈1480		
Fe	1524	≈1539		≈1350	1340		1235	1539	1300	≈1510	1466	1506	929	≈1499	1085			
Tl	≈1668	≈1668		≈1668	1440	1475	1360		1641		≈1525	1385	≈1580	1310				
Pt	≈1773	≈1773			≈1668	≈1773	1668			≈1773		1400	1185					
Zr	≈1660	1600		1820	1773		≈1700		1845		1230	≈1300						
Cr	1670	1875		1700	1504		1740	1345			1750							
V	1134	1900		1820	1860		1660											
Rh					1900		1760											
Hf	1920	≈1880			1940													
Ru	2205			1970	1930		1680											
Nb	≈2441	2435		≈2441	1945													
Ir					≈2343													
Mo	≈2610	2440	≈2430	≈2610														
Ta	2995	2690	≈2420															
Os	2725																	
Re	≈2799																	

注：括号内数字为单元元素熔点温度。

3. 使用寿命

热电偶的使用寿命与其劣化有关。所谓热电偶的劣化，是指热电偶经使用后，出现老化变质的现象。由金属或合金构成的热电偶，在高温下晶粒要逐渐长大，部分元素向晶界扩散，并同环境中的气体发生反应。热电偶的电动势随之发生变化。因此，热电偶的劣化是不可避免的。热电偶的劣化是一种由量变到质变的过程，对其定量很困难，劣化随热电偶的种类、直径、使用温度、气氛、时间的不同而变化。热电偶的使用寿命是指热电偶劣化发展到超过允差，甚至到断丝不能使用的时间或次数。有关热电偶使用寿命的判断，可参照日本标准编制说明中规定的热电偶连续使用时间。编制说明给出了各种热电偶在特定条件下的寿命，该条件接近于理想状态，即在清洁空气中连续使用的时间（见表 4-36）可供参考。我国标准中仅对热电偶稳定性有要求，规定了在某温度下，经 200h 或 250h 使用前后电动势变化范围。对于装配式热电偶的使用寿命尚无明确具体要求。实际上在使用时，装配式热电偶通常有保护管。因此，保护管的寿命往往决定了热电偶的寿命。影响热电偶使用寿命的因素很多，如热电偶的材质、丝径、结构、使用温度与方式（连续或间歇）及被测介质的性质和条件，保护管的材质、结构及安装、连接方式，操作者的素质等，皆影响使用寿命。因此，对于热电偶使用寿命的判断，必须通过长期收集、积累实际使用状态下的真实数据，才有可能得到较准确的结果。

表 4-36 热电偶连续使用时间（JIS C1602：1995 编制说明）

分度号	使用时间/h		在各温度点的热电势允差（%）
	常用温度限	过热使用温度限	
B、R、S	2000	50	±0.5
N、K、E、J、T	10000	250	±0.75

4.3 钨铼热电偶的特点与防氧化技术

4.3.1 钨铼热电偶的特点与分类

1. 钨铼热电偶发展

钨铼热电偶是在 1931 年由 Goedecke（戈德克）首先研制成功的。在 20 世纪六七十年代发展成为商品化的难熔金属热电偶。但当时钨铼热电偶丝的均匀性很差，无互换性。每批钨铼热电偶丝的分度表皆不相同，无相应的仪表配套，应用很不方便。为此，各国在努力改进钨铼热电偶丝的生产工艺或开发新的工艺。直到 1984 年，美国率先实现钨铼热电偶的统一分度。继美国之后，我国在 1986 年也实现了钨铼热电偶的统一分度，并建立了有关钨铼热电偶丝的国家标准与校准规范，为其推广应用奠定了基础，并促进了钨铼热电偶的开发与应用。

在 20 世纪 90 年代初，铂铑热电偶价格飞涨，而钨铼热电偶价格便宜，人们试图用钨铼热电偶替代贵金属铂铑热电偶。因此，国内最初生产工业钨铼热电偶的单位近百家。钨铼热电偶的开发与应用的时间较短，对其性能又不甚了解，尤其是对其防氧化技术更难以掌握，致使工业钨铼热电偶的生产厂纷纷下马。最后，仅有几家继续坚持开发研究。

最近，随着高温、超高温、宇航及尖端测温技术的刚性需求，工业钨铼热电偶的生产厂家不仅有所增加，而且，我国有关钨铼热电偶防氧化的理论研究与生产制造技术也达到世界先进水平。然而国内外尚无工业钨铼热电偶的技术规范与标准，阻碍了其进一步发展。为了促进国内钨铼热电偶的快速发展，工信部适时顺应时代的发展，及时批复沈阳东大传感技术有限公司的申请，同意由该公司负责起草相关标准。经过起草小组成员共同努力，完成了 JB/T 12529—2015《工业钨铼热电偶技术条件》的制定，并于 2015 年发布实施。

2. 钨铼热电偶的特点

1）热电极熔点高（3300℃），强度大。

2）电动势大，灵敏度高，电动势率为 S 型热电偶的 2 倍，为 B 型 3 倍。

3）在空气中极易氧化。

4）价格便宜，仅为 S 型热电偶的 1/10。

5）高温下晶粒长大而变脆。

3. 钨铼热电偶的品种规格与基本参数

（1）标准化钨铼热电偶　我国列入标准的钨铼热电偶有如下 3 种：

1）钨铼 5 – 钨铼 20 热电偶。正极名义成分（质量分数）为钨 95%、铼 5% 的合金，负极是名义成分（质量分数）为钨 80%，铼 20% 的合金。分度号为 A。

2）钨铼 5 – 钨铼 26 热电偶。正极是名义成分（质量分数）为钨 95%、铼 5% 的合金，负极是名义成分（质量分数）为钨 74%，铼 26% 的合金。分度号为 C。

3）钨铼 3 – 钨铼 25 热电偶。正极是名义成分（质量分数）为钨 97%、铼 3% 的合金，负极是名义成分（质量分数）为钨 75%，铼 25% 的合金。分度号为 D。

（2）标准化钨铼热电偶丝的名称、代号及名义化学成分（表 4-37）

表 4-37　偶丝的名称、代号及名义化学成分

偶丝名称	极性	代号	名义化学成分（质量分数,%）	
			W	Re
钨铼 3 合金丝	正极	WRe3	97	3
钨铼 25 合金丝	负极	WRe25	75	25
钨铼 5 合金丝	正极	WRe5	95	5
钨铼 26 合金丝	负极	WRe26	74	26
钨铼 20 合金丝	负极	WRe20	80	20

（3）标准化钨铼热电偶的分度号（表 4-38）

表 4-38　热电偶分度号

热电偶类型	分度号	型号
钨铼 3 – 钨铼 25	D 型	WRe3 – WRe25
钨铼 5 – 钨铼 26	C 型	WRe5 – WRe26
钨铼 5 – 钨铼 20	A 型	WRe5 – WRe20

4. 钨铼热电偶的电动势与性能

（1）钨铼热电偶的电动势、允差与电动势率　钨铼热电偶在 800℃下，电动势率随温度的升高而降低。但是，在 1500℃时，所有钨铼热电偶的电动势率均比 S 型热电偶高，直至 2300℃ 时，其电动势率达 9.7μV/℃。工业用钨铼热电偶丝直径通常为 ϕ0.5mm，允差为 ±0.01mm。经供需方协议，允许供应 ϕ0.1 ~ ϕ0.5mm 之间的其他规格，但允差不变。钨铼热电偶的电动势允差见表 4-39。其数值与 ASTM E988—1996 规定 0 ~ 426℃允差 ±4.4℃，426 ~ 2315℃允差 ±1% t 相当；而 I 级精度还优于美国丝材。这说明我国钨铼热电偶的材料和应用水平在国际上已达到领先水平。钨铼热电偶的电动势率见表 4-40。

表 4-39　钨铼热电偶的电动势允差（GB/T 29822—2013）

热电偶类型	温度范围/℃	允差/℃	
		I 级	II 级
钨铼 3 – 钨铼 25	0 ~ 400	±4.0	±4.0
钨铼 5 – 钨铼 26	400 ~ 2315	±4.0 或 ±0.5% t	±4.0 或 ±1% t
钨铼 5 – 钨铼 20	0 ~ 400	±4.0	±4.0
	400 ~ 2500	±4.0 或 ±0.5% t	±4.0 或 ±1% t

注：t 为实际检测温度，单位为℃。

表 4-40　钨铼热电偶的电动势率（塞贝克系数 S）

温度/℃	$S/(\mu V/℃)$			温度/℃	$S/(\mu V/℃)$		
	WRe3 – WRe25	WRe5 – WRe26	WRe5 – WRe20		WRe3 – WRe25	WRe5 – WRe26	WRe5 – WRe20
0	9.59	13.41	12.0	1300	18.67	16.65	14.1
100	13.16	15.54	14.5	1400	18.17	16.04	13.6
200	15.84	17.15	16.0	1500	17.65	15.44	13.1
300	17.74	18.28	16.7	1600	17.11	14.83	12.6
400	19.03	19.01	17.0	1700	16.51	14.22	12.0
500	19.86	19.44	17.0	1800	15.84	13.59	11.5
600	20.28	19.54	16.9	1900	15.05	12.92	10.9
700	20.42	19.45	16.7	2000	14.11	12.19	10.4
800	20.49	19.22	16.3	2100	12.96	11.38	9.8
900	20.32	18.85	16.0	2200	11.52	10.44	9.2
1000	20.01	18.37	15.6	2300	9.72	9.34	8.6
1100	19.60	17.83	15.1	2400	—	—	8.0
1200	19.15	17.25	14.6	2500	—	—	7.7

（2）不均匀电动势 标准规定各种规格的偶丝，在 1200℃ 时，整卷（盘）偶丝的不均匀电动势不得超过 80μV。作者曾对同一批钨铼热电偶丝 WRe5 – WRe26 头、中、尾部分别取样，然后在 Zn、Al、Ag、Cu 点校准，其偏差见表 4-41。由表 4-41 看出，同一批钨铼热电偶丝的不均匀电动势随温度的增高而增大，即低温偏差小，高温偏差大，但皆小于我国钨铼热电偶标准中不均匀电动势（<80μV）的有关规定。

表 4-41 钨铼热电偶 WRe5 – WRe26 的不均匀性电动势引起的偏差 （单位：℃）

标准温度	头部	中间	尾部	偏差	
				中间 – 头部	中间 – 尾部
419.527	428.141	427.651	427.643	0.49	0.008
660.323	671.198	670.316	670.634	0.882	0.318
961.78	972.758	970.966	972.129	1.792	1.163
1084.62	1096.20	1095.075	1096.397	1.125	1.322

（3）钨铼热电偶的性能

1）钨铼热电偶的主要性能见表 4-42。

表 4-42 钨铼热电偶的主要性能

项目		G	D	C
使用温度范围 /℃	还原气氛（无氢气）	NR	NR	NR
	湿氢气	NR	NR	NR
	干燥氢气	2760	2760	2760
	惰性气氛	2760	2760	2760
	氧化性气氛	NR	NR	NR
	真空	2760	2760	2760
	短期最高使用温度	3000	3000	3000
电动势率 /（1/℃）	使用温度范围 0 ~ 2316℃ 的平均值	16.7	17.1	16.0
	使用温度上限 2316℃	12.1	9.9	8.8
熔点温度 /℃	正热电极	3410	3360	3350
	负热电极	3120	3120	3120
热循环稳定性		优	优	优
高温拉伸性能		优	优	优
机加工稳定性		良	良	良
抗污染能力		优	优	优
补偿导线		有供应	有供应	有供应

注：1. NR 表示不推荐。

2. 当用裸偶在高温和高真空中使用时，可能发生铼的择优蒸发。

2）钨铼偶丝的韧性。国产钨铼热电偶的热电性能与国际接轨，但是，其物理性能，尤其是韧性欠佳，正极很脆，稍不留心就会折断，国产偶丝的韧性有待进一步提高。

为了防止偶丝变脆，在钨铼热电偶的两极增加 Re 的含量，可使其机械强度大幅度提高，加热至 1650℃仍不变脆。而且，钨铼热电偶丝经退火处理，可消除初期电动势漂移问题，并可防止发生热电偶脆化断丝。因为具有上述优点，所以在国外用 C（WRe5 – WRe26）逐步取代 D（WRe3 – WRe25）、G（WRe0 – WRe26）成为钨铼热电偶的主导产品。国内 WRe5 – WRe26 热电偶的用户也在逐年增加。由于历史原因，所以国内消耗式热电偶仍以 WRe3 – WRe25（D）为主。

3）钨铼热电偶丝的性能见表 4-43。

表 4-43　钨铼热电偶丝的性能（GB/T 29822—2013）

偶丝代号	WRe3	WRe25	WRe5	WRe26	WRe20
密度/（g/cm^3）	19.16	19.58	19.20	19.60	19.50
电阻率/μΩ·cm	0.092 9	0.266 7	0.120 6	0.301 2	0.241 0
抗拉强度/MPa	≥1.2×10^3	≥1.2×10^3	≥1.2×10^3	≥1.2×10^3	≥1.2×10^3
伸长率（L_0 = 50mm）（%）	≥12	≥12	≥12	≥12	≥12

4）在高温下钨铼热电偶丝的晶粒长大而变脆。钨丝开始再结晶温度为 1550℃，终止再结晶温度为 1810℃，而且，钨丝的再结晶温度随杂质的增加及加工变形率增大而降低，可降到 1000℃。当高于再结晶温度时，会引起晶粒长大而变脆。为此，如在钨中添加适当的铼，则可提高再结晶温度，增加塑性，且提高抗污染能力，使热稳定性更好。如果铼含量过高，会生成脆性 σ 相，致使材料发脆，组织不均匀，电动势率降低，故铼的质量分数限制在 26% 以下。

5. 钨铼热电偶的使用

目前测量 2000℃以上的高温，多采用非接触法。但是，该种方法误差大，如用接触法则能准确地测出真实温度。在高温热电偶中，贵金属热电偶价格昂贵，非金属热电偶测温上限虽高，但技术尚未成熟。钨铼热电偶不仅测温上限高，而且稳定性好，因此，钨铼热电偶在冶金、建材、航天、航空及核能等行业都得到了应用。我国钨资源丰富，钨铼热电偶价格便宜，可部分取代贵金属热电偶，它是高温测试领域中很有前途的测温材料。

（1）使用温度　它的最高使用温度达 2800℃，但是，高温下铼的挥发极其严重，致使电动势不稳定，在高于 2300℃分度时，数据分散。因此，使用温度最好在 2000℃以下。

（2）使用气氛

1）ASTM 推荐使用气氛为真空、干燥 H_2 及惰性气氛。

2）WRe 合金极易氧化，在氧化性气氛中只能在 300℃以下应用。

3）在与碳接触的条件下，只能在短时间或在 1800℃以下使用。

4）在惰性气氛中，如果使用温度超过 2000℃，为防止铼挥发，应在加压条件下测温。

（3）绝缘管与保护管 为了避免高温下因化学反应引起电动势变化，可采用 Y_2O_3、HfO_2 或 BN 作为绝缘材料。保护管采用氧化钇管、钨管、钼管、钽管或铌管为好。

（4）钨铼热电偶的焊接 钨铼热电偶测量端因采用一般焊接比较困难，通常是采用绞接，即将负极在正极上绕 5 圈左右。绞接的长度一般不超过直径的 7 倍。钨铼热电偶也可用氩弧焊，但应注意避免钨铼热电偶因高温晶粒长大而自行脆断。在氩弧焊（见图 4-14）时，必须注意以下要点：

1）热电偶丝的散热要好。

2）选用的焊接电流要适当。

3）起弧要对准焊点，距离要小。

4）焊接时间要短，焊后不要立即移枪，要继续通氩气，防止偶丝氧化。这样焊成的

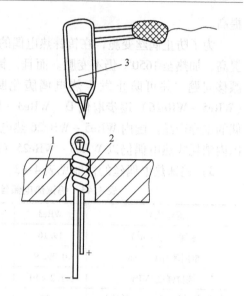

图 4-14 钨铼热电偶的氩弧焊
1—铜板 2—钨铼热电偶 3—氩弧焊枪

测量端，即使在水泥台上摔打也不坏，比绞接更可靠，更稳定。

4.3.2 钨铼热电偶在氧化气氛中的稳定性

钨铼热电偶是 20 世纪 60 年代发展起来的难熔金属热电偶，它是目前可测到 1800℃ 以上最实用的工业热电偶。为了解决钨铼热电偶在实际使用中出现的问题，人们曾探讨过其在非氧化性气氛中的稳定性，但在氧化性气氛中钨铼热电偶稳定性研究尚未见报道。作者曾对钨铼热电偶在空气中的电动势稳定性及其特性进行了研究。

1. 实验方法

为了与实际应用相一致，采用国内外主要 WRe 偶丝生产厂提供的钨铼热电偶作为研究对象，其成分和规格见表 4-44 所示。

表 4-44 实验样品的成分和规格

热电极	铼的名义质量分数（%）	直径/mm	备 注
W–3% Re 正极	3	0.490	国产
W–25% Re 负极	25	0.504	国产
W–5% Re 正极	5	0.512	美国 Hoskins 公司
W–26% Re 负极	26	0.520	美国 Hoskins 公司

将长 45cm 的钨铼热电偶的两极间用高纯 Al_2O_3 管绝缘，测量端裸露在空气中。实验时将钨铼热电偶的测量端置于加热炉的恒温带中，参比端处于室温，其波动在 ±5℃ 以内。用高精度数字电压表对热电偶的电动势和体电阻进行实时检测，考察热电偶在不同温度下稳定性的变化规律；并用高纯铂丝作为参比电极，比较钨铼热电偶正、负

极的相对稳定性；同时利用电子探针和金相显微分析研究热电偶电动势变化的内在原因。

2. 实验结果

钨铼热电偶的电动势（*EMF*）和体电阻 *R* 在氧化过程中随时间 *t* 的变化特点，具有明显的突变性。在突变发生前非常稳定，电动势和体电阻在相同的温度下发生突变。其方向随温度的不同各异，800℃和900℃时电动势发生正漂移，1000℃时发生负漂移。

图 4-15 所示为 1000℃时国产钨铼热电偶（WRe3－WRe25）正负极电动势随时间的变化。电动势的突变性再次表现出来，且均发生负漂移，但两极发生电动势突变的时间是不同的，正极电动势首先发生变化，然后是负极。美国 Hoskins 公司钨铼热电偶（WRe5－WRe26）正负极电动势随时间的变化如图 4-16 所示。由此可以看出，在相同条件下，其稳定性变化规律与国产丝材相同，并无明显的优势。这说明我国 WRe 偶丝的稳定性已经达到国际同类产品的先进水平。

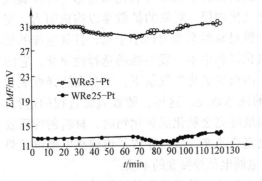

图 4-15 国产钨铼热电偶正负极
电动势随时间的变化

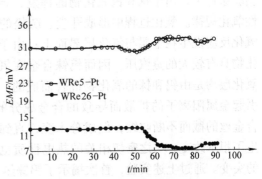

图 4-16 美国产钨铼热电偶正负极
电动势随时间的变化

（1）钨铼热电偶正负极稳定性比较 钨铼热电偶在空气中氧化一定的时间后会发生电动势突变，而构成正负极的 W－3% Re 和 W－25% Re 合金的氧化速度是不同的。因而可以预见，它们对热电偶的稳定性将产生不同的影响。从图 4-15 可以看出，钨铼热电偶正负极具有不同的稳定性。1000℃时，WRe3 极稳定性差，首先发生电动势的突变，而 WRe25 极稳定性较好，稍后才发生突变。

正负极稳定性的差异是与两种钨铼合金氧化行为相吻合的。800℃、900℃时，随着铼含量的减少，钨铼合金的抗氧化能力增强。W－3% Re 因形成附着性相对较好的层状结构氧化膜而具有低于 W－5% Re 的腐蚀速率；1000℃时，铼含量越高，合金的抗氧化性越强。W－25% Re 由于发生氧化层的烧结反应形成双层结构的氧化膜。外层是富钨少铼的氧化物薄层，内层是较致密的钨、铼氧化物混合层，与基体相比，铼有所富集。烧结反应使氧化膜变得较致密，提高了 W－25% Re 在 1000℃的抗氧化能力，腐蚀速率低于 W－3% Re。因此，WRe3 极在 1000℃的稳定性较差，最先发生电动势的突变；正负极稳定性变化的先后正是氧化速度高低的直接反映。

（2）引起钨铼热电偶电动势突变的原因 在进行 WRe 丝正负极相对稳定性实验的同时，采用两根 $\phi0.8mm$ 的 NiCr 丝分别悬吊长 2cm 的 W-3%Re 和 W-25%Re 合金丝各一组，与热电偶的测量端同置于 1000℃ 的恒温区中，当发生第一次电动势突变时取一组样品，第二次突变时再取出另一组样品，分别进行电子探针分析。结果表明，第一次热电势突变时刻，正极 W-3%Re 已经完全氧化，而负极 W-25%Re 合金丝心部仍有合金相；第二次热电势发生突变时负极的合金相则也已全部氧化。由此可见，钨铼热电偶的电动势突变是由正负极的氧化所致的。

为了进一步确认上述现象，在进行整体热电偶稳定性实验时，取出突变时刻的热电偶，将其测量端制成金相试样。对 1000℃ 下刚刚发生电动势突变时的钨铼热电偶测量端的金相形貌分析表明，热电偶电动势突变不是合金元素选择性氧化导致成分变化引起的，而是热电偶的某一极因氧化致使钨铼合金完全变成了氧化物。这是一种成分的质变，即由合金变成了氧化物，这种现象是与钨铼合金的高温氧化行为一致的。在实验条件下，由于铼和钨氧化物的挥发，导致钨铼合金破坏性氧化而遵循一种开裂线性氧化规律。氧化过程中形成开裂、疏松的氧化物层，对氧的扩散难以构成阻力，使氧化反应发生在金属与氧化层界面上；由于铼对氧的亲和力远小于钨，且其生成的氧化物具有较大的蒸汽压，因而钨铼合金在氧化过程中不会发生铼的选择性氧化，它的氧化层均是由钨和铼的氧化物混合而成的。因而在氧化性气氛下，不存在选择性氧化引起金属阳离子的扩散而导致的合金成分的逐渐改变。这样，随着氧化过程的进行，合金丝的截面不断收缩，但成分未变，直到最终完全氧化成氧化物时，材料的性质发生了根本改变，与之密切相关的热电性质也完全改变，从而导致了钨铼热电偶电动势的突变。通过上述实验，首次揭示了钨铼热电偶电动势突变的本质。

钨铼合金氧化后生成的 ReO_3 具有很高的电导率，使已经失效的钨铼热电偶回路中仍然出现电动势的假象。这就解决了长期以来悬而未决的难题，阐明了失效的钨铼热电偶因 ReO_3 导电，致使热电偶回路仍有电动势。

（3）氧化行为 采用热重分析技术，研究了钨铼合金丝在 800℃、900℃、1000℃ 的空气中及 1000℃ 低氧分压下的氧化行为。结果发现，钨铼合金在不同的氧分压下均表现出线性氧化规律。

在空气中，由于氧化产物的激烈挥发导致氧化初期形成的保护性氧化层迅速破裂，使氧化过程的速率控制步骤由氧穿过氧化膜的扩散转变为金属与氧化层界面的化学反应，从而表现出破坏性的开裂线性氧化规律。在 800℃ 和 900℃ 时，随着铼含量的降低，合金的腐蚀速率减小；而 1000℃ 时则相反，随着铼含量的增加，腐蚀速率降低。

在低氧分压下，线性氧化规律的形成是由于气相扩散成为反应过程的速率控制步骤，合金表现出较低的腐蚀速度。通过金相显微镜、X 射线衍射及电子探针分析，研究了 WRe 合金的氧化膜的形貌、结构、合金元素分布及氧化产物的相组成。结果发现，W-25%Re 合金的氧化膜发生了烧结反应，形成了较致密的双层结构的氧化膜，因而在 1000℃ 时的腐蚀速率低于 W-3%Re；W-3%Re 在低温时形成黏附性较好的层状结构的单层氧化膜，故其氧化速率低于 W-25%Re。钨铼热电偶在实验温度下生成的氧化物为：ReO_3、Re_2O_7、WO_3、$W_{24}O_{68}$ 及 WO_{29}。

4.3.3　钨铼热电偶在非氧化气氛中的稳定性

钨铼热电偶在惰性气氛和干燥氢气中的热电性能非常稳定。在 $1100 \sim 1370℃$ 的 Ar 气中，对 WRe5 – WRe26 进行的长达 $1000 \sim 4000h$ 的老化实验测得，电动势变化值平均为 $-1℃/1000h$，并且其变化主要来自 WRe26 极，而正极基本不变。

在 $1540 \sim 1760℃$ 的氢气中，8000h 后电动势变化小于分度值的 1%。

经过稳定退火的 WRe3 – WR25，在 2400K 的 Ar 气和 N_2 气中老化 1000h 后，其电动势与温度的关系无显著变化。WRe5 – WRe26 具有类似的特性。

钨铼热电偶也适用于高真空中，但使用温度不能长期超过 1950℃，否则会由于铼的择优挥发导致电动势的变化。电子探针的分析结果表明，在 2400K 时，500h 后两极中的铼总损失率达到 20%。

WRe5 – WRe26 与贵金属热电偶在 Ar 气和真空中的稳定性比较表明，WRe5 – WRe26 和 Pt13%Rh – Pt 热电偶在 Ar 气中 10000h 的平均电动势漂移值相当。贵金属热电偶在最初的几千小时内，电动势漂移很小，但随时间的延长，漂移速率不断增加；而钨铼热电偶则正相反，其初始漂移更快些。在真空中，WRe5 – WRe26 的稳定性和寿命优于 Pt13%Rh – Pt 热电偶。

在高温含碳气氛下，钨铼热电偶丝及其绝缘材料会与碳作用，生成成分复杂的化合物和共晶体，使偶丝变脆，熔点降低，造成电极短路，引起电势漂移。在 900℃ 以上的惰性气体中，当 WRe5 – WRe26 与碳直接接触时，电动势逐渐负漂移，几天后发生脆断。

在 He 气中存在体积分数为 10^{-2}% 的 CO 时，便会使 WRe5 – WRe26 产生相当大的电动势漂移。实验温度为 1750℃，时间为 $50 \sim 75h$，相似的情况在 1370℃ 经过 216h 后也可观察到。当有碳氢气氛存在时，这种漂移变得更显著。

金属硫化物产生的含硫气氛不影响 W – 25%Re 的稳定性。碲蒸气的腐蚀，将彻底破坏裸露的 W 极。

钨铼偶丝极易氧化，其热电性能对氧含量十分敏感。实验中可观察到，当 Ar 气中氧的体积分数达 $(1 \sim 2) \times 10^{-4}$% 时，在 2300℃ 经过 1100h 后，WRe3 – WR25 产生 50℃ 的负漂移。

4.3.4　钨铼热电偶的劣化及使用后折损分析

1. 钨铼热电偶的劣化

钨铼热电偶丝在高温下会出现再结晶和晶粒长大的现象，使偶丝变脆，但通常对热电动势无明显影响。钨铼热电偶可以在 H_2、惰性气体及真空中使用，但在氧化性气氛中极易氧化，即使在氧含量很低的情况下仍是敏感的。例如，净化后的氢气中氧的体积分数低于 10^4%，但是，仍能使钨铼热电偶发生氧化。

在高真空中热电动势有明显的漂移现象，这是由于铼在合金中优先蒸发造成的，漂移量的大小关键取决于温度。从1900℃起铼将优先蒸发，在2337℃下经过50h后，其热电动势的漂移量换算成温度有时高达-200℃。还发现，WRe26极与W极或者与铼含量少的WRe合金配成热电偶时，对漂移量影响起主导作用的是WRe26极。

在含碳介质中使用的钨铼热电偶，其化学成分的变化是无规律的，但使用后要变脆，其原因是生成了三元化合物W_3ReC（π相）。在氢气中碳化速度更快。在该介质中使用时，最好用氧化钇或氧化铍保护管。另外，CO、碳氢化合物有可能在热电偶丝上析出碳，造成热电偶丝局部短路。

对热电偶丝预先进行适当的退火处理，可以消除热电偶初期的不稳定性。适当的短期高温热处理不使热电偶丝变脆的关键是，控制好热处理的温度与时间。当温度大于1700℃时，在保护气氛下短时间内不会造成钨铼热电偶丝脆化；当温度大于2300℃时，钨铼热电偶丝便会出现脆化现象。

2. WRe 热电偶的折损分析

（1）试验条件　线径为φ0.5mm的WRe5-WRe26热电偶，前端用BeO绝缘管，其后为刚玉绝缘管，用于测量石墨发热体内温度（1700~2000℃），炉内充N_2保护。使用后发现，BeO保护的长约50mm内的钨铼热电偶出现折损。日本山里公司为探讨WRe5-WRe26折损原因进行了如下分析检验。

（2）热电偶分析检验结果

1）热电偶丝截面显微组织观察如下：

正极：

① 新制的热电偶丝截面显微组织呈均匀分布，但发现有长约140μm裂纹。

② 用后热电偶丝截面内部的显微组织呈均匀分布，但表面由表及里在60~140μm范围内晶粒粗大，且发现约有180μm开口裂纹。

负极：

① 新制热电偶丝截面，呈均匀显微组织，并发现有长约220μm裂纹。

② 用后热电偶丝截面同新偶丝相比，整个截面呈晶粒粗大组织。

2）硬度测量结果见表4-45。

表4-45　WRe5-WRe26偶丝显微维氏硬度值

试验编号	正极显微维氏硬度 HV0.5			负极显微维氏硬度 HV0.5	
	新热电偶	用后热电偶		新热电偶	用后热电偶
		表层	内部		
1	438	1589	368	605	443
2	453	1596	374	594	449

由表4-45可知，用后热电偶正极的表层硬度高于内部及新热电偶，内部硬度比新热电偶低；用后热电偶负极的硬度比新热电偶低。

3）电子探针微区分析结果如下：

正极：用后热电偶由表及里约 $120\mu m$ 范围内的碳含量高，由此可以认定，该部位的硬度比内部及新热电偶硬度高的原因是生成碳化物。

负极：用后热电偶同新热电偶相比，其晶粒长大。因此，其硬度低于新热电偶的原因是其再结晶所致。

4）热电偶折损原因为：正极因生成碳化物及晶粒粗大而变脆，负极则因晶粒粗大而变脆。

3. 绝缘管检测分析

（1）截面尺寸检查　BeO 绝缘管截面尺寸测量结果见表 4-46。

表 4-46　BeO 绝缘管截面尺寸测量结果　　　　（单位：mm）

项目	绝缘管外径	绝缘管内孔
新管	3.9	0.9
使用后管	3.1	1.0
缩径	0.8	−0.1

（2）电子探针微区分析

1）新管：检出元素为 O。

2）使用后绝缘管：在表层变质层，检测出 O、N、Si、Al；在内部，检测出 O、Na、Al、Cl、Fe。

由上述分析结果看出，由表及里约 $180\mu m$ 范围内 Si、N 的含量比内部高，这说明有氮化物生成。

4.3.5　工业钨铼热电偶技术条件

2015 年我国工业和信息化部颁布 JB/T 12529—2015《工业钨铼热电偶技术条件》。这是一项具有开创性的新标准，在国内外尚无先例，从此告别了工业钨铼热电偶无技术标准的时代。

1. 工业钨铼热电偶分类

工业钨铼热电偶的热电偶组件不能从保护管中取出，皆为不可拆卸的工业热电偶。

1）工业钨铼热电偶按保护管材质分为两类：氧化物保护管工业钨铼热电偶、钼等难熔金属保护管工业钨铼热电偶。

2）按使用气氛或环境分为两类：用于氧化性气氛的工业钨铼热电偶、用于真空或惰性气氛的工业钨铼热电偶。

2. 工业钨铼热电偶的适用范围

JB/T 12529—2015 适用于温度范围不高于 1500℃、分度表符合 GB/T 29822—2013《钨铼热电偶丝及分度表》中带有保护管且不可拆卸的工业钨铼热电偶。对于其他类型或温度范围高于 1500℃ 的工业钨铼热电偶，可参照该标准的全部或部分条文。

（1）温度范围　钨铼热电偶的理论工作温度上限为 2500℃，但这是在理想条件下的使用上限，实际的工业钨铼热电偶必须有绝缘物，绝缘材料暂不能达到高温上限，热电偶也不可能只在真空、惰性气氛中使用。因此，使用温度必然低于理论使用温度上限。国内外虽然有上限温度达2000℃的产品，但大部分只限于真空、惰性气氛。温度高于1500℃时，目前国内外还没有公认的、能确保试验准确度的试验装置。JJF 1176—2007《（0~1500）℃钨铼热电偶校准规范》所覆盖的温度范围是0~1500℃。因此，JB/T 12529—2015的温度适用范围只能是0~1500℃。

（2）允差　工业钨铼热电偶的允差见表4-47。

表4-47　工业钨铼热电偶的允差

热电偶类型	分度号	温度范围/℃	允差
WRe5 – WRe20	A	0 ~ 400	±4℃
		400 ~ 2500	±1%t
WRe5 – WRe26	C	0 ~ 400	±4℃
		400 ~ 2315	±1%t
WRe3 – WRe25	D	0 ~ 400	±4℃
		400 ~ 2315	±1%t

注：表中t为检验点温度，单位为℃。

GB/T 29823—2013中，其允差分为0.5%与1%两种，但JB/T 12529—2015中仅保留1%一种精度等级（见表4-47），原因如下：

1）工业钨铼热电偶由热电偶丝及保护管等组成。热电偶的精度主要受其热电偶丝精度的影响。由0.5%级钨铼热电偶丝制成的工业钨铼热电偶，受偶丝均匀性及绝缘材料等因素影响，不一定全部能达到0.5%级。钨铼热电偶的生产厂需要经过筛选，才有可能达到0.5%级。

2）该标准严格建立在大量试验的基础上，可是钨铼热电偶的生产厂及编制小组尚未全面探讨生产0.5%级工业钨铼热电偶的可行性、合格率及稳定性。因为钨铼热电偶丝检定不符合0.5%，可剪掉前端部分，其后部仍可使用。但工业钨铼热电偶剪掉后就不能再用了。因此，将0.5%级列入工业钨铼热电偶技术条件尚不成熟。

3）ASTM中有关钨铼热电偶丝的精度等级也只有1%一种。

在目前条件下，该标准的允差定为1%是稳妥的。将来钨铼热电偶生产厂可大量生产0.5%级工业钨铼热电偶，或者通过大量试验证明0.5%级工业钨铼热电偶稳定可靠时，建议再修订增加0.5%级。

（3）工业钨铼热电偶的使用气氛

1）氧化性气氛：带有Al_2O_3等陶瓷保护管的工业钨铼热电偶。

2）真空或保护气氛：带有钼等难熔金属保护管的工业钨铼热电偶。

（4）绝缘电阻　工业钨铼热电偶的绝缘电阻值，对高温稳定性及其使用寿命影响很大，有的钨铼热电偶性能欠佳，原因之一是其绝缘电阻太小，应引起钨铼热电偶生产厂及用户高度重视。高温绝缘电阻是随时间变化的，变大、变小、几乎不变各占1/3。由于填充材料或绝缘物尚存在少量水分，因烘干的作用，将使高温绝缘电阻变大；如果绝缘物与填充材料中杂质发生作用，则可能变小。为了探讨合理的高温绝缘电阻值，沈阳东大传感技术有限公司及其合作单位，分别在 1100℃、1300℃ 和 1500℃ 下，测量钨铼热电偶的高温绝缘电阻值。试验结果表明，在 1300℃、1500℃ 测量其高温绝缘电阻值很小，尤其是 1500℃ 下更小，难以确定合理的数值，而 1100℃ 的高温绝缘电阻值相对较大，故将高温绝缘电阻的检验温度定为 1100℃。高温绝缘电阻值应不小于表 4-48 规定。

表 4-48　工业钨铼热电偶的高温绝缘电阻

检验温度 t/℃	电阻值/MΩ
1100	0.02

4.3.6　钨铼热电偶防氧化技术与应用

1. 钨铼热电偶防氧化技术

钨铼热电偶的特点是使用温度高，价格便宜。铂铑热电偶的价格虽然昂贵，但是抗氧化能力强，适用于氧化性气氛，为了替代昂贵的铂铑热电偶，必须探讨其防氧化技术。若使钨铼热电偶能在氧化性气氛中工作，必须采取表面改性或在热电偶保护管内人为地制造出非氧化性气氛。

（1）涂层保护法　人们曾采用多种方法在钨铼热电极丝的表面实施涂层，用于隔绝空气防止氧化。但问题是，难以找到与基体热膨胀系数一致的涂层材料，因此，在较短时间内，涂层从基体脱落，从而丧失了保护作用。各国专家都在寻找最佳的过渡层，实现平滑过渡，以解决两者热膨胀系数不一致的矛盾，增强涂层的稳定性。目前，涂层保护法只在超高温环境下（2000～2500℃），短时间测量温度，获得了商业应用。

（2）物理法　国际上一般用经典的抽空、充气密封保护法。采用电真空技术将带有钨铼热电极丝的钼及刚玉管等抽空，再充 Ar 等惰性气体后密封，形成不可拆卸的热电偶。

（3）化学法　将钨铼热电偶电极丝装入刚玉或钼管内，用惰性物质填充保护管内空隙，再脱氧、添加功能材料后密封，形成实体化不可拆卸的钨铼热电偶（专利）。物理与化学方法的原理相似，作用与效果相近，但化学法具有设备投资少、成本低、响应速度快、抗热冲击与振动较强、安全可靠等特点。因此，多采用化学法生产钨铼热电偶。

2. 新型钨铼热电偶的开发与应用

（1）实体型防氧化钨铼热电偶（第一代产品）　作者采用实体化技术，应用物理与化学原理，通过科学地选择热电偶保护管、填充剂、还原剂、吸气剂、高温密封剂等形成实体化结构，可用于氧化、还原或两者交替气氛，真空及高温熔体的连续测温，巧妙地解决了钨铼热电偶防氧化的技术难题。1997 年经原机械部组织鉴定（鉴字 [JC] 第 9708003）认为，实体型防氧化钨铼热电偶在国内处于领先地位，达到美国同类产品水平。由于生产工艺成熟，应用越来越广泛。

（2）美式实体型防氧化钨铼热电偶 美式实体型防氧化钨铼热电偶是美国 ARi 公司专利产品，其主要性能如下：

1）热电偶：WRe5 – WRe26，分度号 C。

2）保护管：外保护管为金属陶瓷（MCPT）。

3）使用温度：1600℃。

该热电偶主要用于煤气化炉、硫化炉等恶劣环境，还用于 S 型或其他廉金属热电偶不适宜使用的含 H_2S 或 SO_2 的场合。

3. 特种钨铼温度传感器（第二代产品）**的开发与应用**

在用防氧化钨铼热电偶部分取代铂铑系热电偶的过程中逐步认识到，应在第一代防氧化的基础上，针对复合参数工业环境的要求，设计开发第二代特种钨铼温度传感器，即以防氧化钨铼热电偶为敏感元件，针对不同工业环境采用不同的保护管、不同的结构和工艺制作成的测温器件。

（1）钨铼热电偶的焊接

钨铼热电偶在焊接时极易氧化，必须在保护气氛下进行，而且，为了防止偶丝晶粒长大，必须在极短时间内用特殊专用工具焊接。

（2）绝缘物

1）绝缘材料。钨铼热电偶用绝缘材料有 Al_2O_3、MgO、BeO、BN 及 HfO_2，国内常用的只有 Al_2O_3 及 BN。国外学者不推荐在 1600℃ 以上采用 Al_2O_3。MgO 的使用温度可比 Al_2O_3 高 100℃。但因吸潮，难以保存，实践表明，在含碳的还原性气氛中，Al_2O_3 的绝缘强度将逐渐降低。然而在含氢气氛中，即使温度高于 1800℃，其高温绝缘强度仍很高，钨铼热电偶的寿命高达 27 个月。

2）绝缘物的结构。为了缓冲或消除钨铼热电极丝在热疲劳过程中，或在使用运输过程中的振动等冲击力，将其绝缘物端头制成特殊形式，既增大了两电极丝间绝缘层的厚度，又提高了绝缘强度。

（3）保护管 为了提高钨铼热电偶的稳定性、可靠性，开展了如下工作：

1）保护管几何量检验。过去没有石墨管商品，只能利用特种石墨棒打不通孔。由于石墨的强度低，弹性好，所以对于 $\phi20 \sim \phi25mm$ 的细棒，再钻 $\phi10mm$ 左右的不通孔，难度极大，开始合格率不到 50%。保护管偏心，致使壁厚不均，将严重影响使用寿命。为此，研制出保护管几何量检测装置，使石墨管内孔与外圆的同轴度误差大大降低，合格率超过 95%。

2）保护管气孔率及高温热物性检验。自制保护管气密性及高温热物性检测设备，经检验发现，无论是进口还是国产的石墨管、刚玉管、烧结钼管、拉拔钼管均存在漏气现象。石墨管也有耐高温性不能满足要求的，通过检验提高了特种钨铼热电偶的稳定性、可靠性。

（4）脱氧剂、吸气剂及新型功能材料 耐火材料行业的炉窑温度高（1800℃），是典型的强氧化环境，在此条件下即使用双铂铑热电偶，寿命也只有几个窑次。钨铼热电偶防氧化技术的关键是脱氧。特种钨铼温度传感器，在原有实体化技术的基础上，采用新型功能材料，可在高温释放氢气，使钨铼热电偶处于适宜的环境中工作；同时利用储氢合金性能测试仪（PCT），探讨储氢合金吸放氢气过程中的温度、压力关系，准确掌握吸放氢气温度及压力。这为研制第二代特种钨铼温度传感器奠定了可靠基础。

（5）特种钨铼温度传感器的密封　为了保证钨铼热电偶保护管内的脱氧、吸气及储氢材料充分发挥作用，必须对保护管开口端进行可靠而有效的密封。第一代产品采用树脂等有机物密封是有效的。但是参比端温度超过 200℃时，树脂将逐步炭化而失效，致使钨铼热电偶丝氧化。因此，第二代产品中对于参比端温度高的环境，采用有机、无机双重密封措施，以保证钨铼热电偶不再氧化。

（6）特种钨铼温度传感器的结构　针对不同的使用环境，设计出多种结构，以适应氧化、还原、真空等各种环境的需求。为降低钨铼热电偶参比端温度，改用通风良好的接线架（专利），替代通用的接线盒，也具有一定的效果。

（7）特种钨铼温度传感器的生产　自 1992 年第一代实体型防氧化钨铼热电偶投产以来，不断完善和改进生产工艺，使其防氧化技术更加成熟，生产工艺更加稳定。其销量也从开始的几十支，逐年增加，至 2008 年销量每年超千支，目前每年可生产特种钨铼温度传感器达 5000～6000 支。

（8）国产与进口工业钨铼热电偶性能对比　我国有关钨铼热电偶防氧化的理论研究与生产制造技术已达到世界先进水平。由表 4-49 可以看出，我国开发的工业钨铼热电偶，不仅价格便宜，而且有的性能居国际领先地位。

表 4-49　工业钨铼热电偶性能对比

项目	美国 OMEGA	美国 Ari	美国 Nanmac	中国 东大传感
分度号	C、D	C、D	C、D	A、C、D
保护管	Ta、Mo、Al_2O_3	MCPT	Mo、Ta 管，Mo + W 涂层，Al_2O_3，ZrO_2	Ta、W、Mo SiC、NSiC、石墨、Al_2O_3、 MCPT
绝缘材料	HfO_2、MgO、Al_2O_3	Al_2O_3	Al_2O_3	MgO、BN、Al_2O_3
使用温度范围/℃	0～2315	0～1600	0～2000	0～2000
精度	±1%t	±1%t	±1%t	±1%t
应用范围	真空、还原	燃气化炉、硫化炉	真空、抗渗碳	真空（10^{-1}～10^{-5}Pa）、氧化、还原或两者交替、强腐蚀、抗热冲击
价格	贵	贵	贵	进口传感器的 1/10～1/5

4. 应用

综合考虑各种工业环境，有针对性地设计、开发出了多种新型钨铼热电偶。新型钨铼热电偶的应用及使用寿命见表 4-50。

表 4-50 新型钨铼热电偶的应用及使用寿命

炉型	环境	温度/℃	压力/Pa	保护管材质	使用寿命/月	防氧化技术
Al_2O_3 素烧炉	空气	1350		Al_2O_3	30 ~ 40	① + ② + ③
Cr_2O_3 – Al_2O_3 烧成窑	空气	1450	10^5	Al_2O_3	6 ~ 12	① + ② + ③
微波加热炉	空气	1650		Al_2O_3、Mo	1 ~ 2	① + ② + ③
Al_2O_3 烧成炉	空气	1800	10^5	Al_2O_3	0.1 ~ 0.3	① + ② + ③
TBY 炉	N_2 + CO	1600		Al_2O_3、石墨	2 ~ 6	① + ②
氮化合成炉	N_2	1400		Al_2O_3、NSiC	3 ~ 6	① + ②
真空炉		1500	10^{-5}	Al_2O_3、Mo	6 ~ 36	① + ②
高压烧结炉	H_2	1600	6×10^6	盲钻钼管	2 ~ 3	① + ②
连续开放式平推炉	H_2	1800		Mo	24 ~ 27	① + ②

注：①表示惰性氧化物；②表示脱氧剂；③表示功能材料。

（1）强氧化环境　最典型的强氧化环境是耐火材料行业的炉窑。在高温强氧化气氛中，多采用昂贵的铂铑热电偶。锦州铁合金实业公司的铬刚玉生产线，其烧成工艺温度为 1500℃。2008 年双铂铑价格飞涨，企业难以承受，改用作者开发的新型防氧化钨铼热电偶（见图 4-17）替代双铂铑热电偶。10 多年来用量达 800 多支，经济效益极其显著。但是，新型防氧化钨铼热电偶在 1800℃ 以上的高温氧化性炉窑中的应用尚不成熟。

图 4-17　新型防氧化钨铼热电偶

（2）强还原性气氛　钒氮合金是提高钢材强度等性能的重要合金元素，生产该合金的工艺温度为 1550℃，使用环境为以 CO、N_2 为主的还原性气氛，并有强碱熔体腐蚀的工业环境。开始试验时采用双铂铑热电偶，不仅价格昂贵而且寿命短。后改用"三高"石墨与刚玉管复合结构的钨铼热电偶（见图 4-18），其寿命显著提高，自 2004 年起累积用量超万支。由于生产工艺变化，目前钒氮合金生产改用刚玉管保护的钨铼热电偶（见图 4-18）。

（3）高温、真空与高压环境　钨铼热电偶

图 4-18　具有复合管结构的钨铼热电偶

在高温、真空与高压环境下的应用见 10 章。

（4）发展前景　我国是钨资源大国。经过 50 多年的艰苦奋斗，我国有关钨铼热电偶的开发与防氧化技术的研究已达世界先进水平，某些性能居国际领先地位。钨铼热电偶应用已呈现逐年增加的趋势。目前，国产工业钨铼热电偶替代贵金属铂铑热电偶已为用户带来了可观的经济效益，并为国家节省了大量外汇。但钨铼热电偶的应用需要精细化设计与专业应用相结合。因此，要大力推广钨铼热电偶，需要用户、设计院和制造厂对工业钨铼热电偶有更深的认识并共同努力，才能取得更好效果。

4.4　热电偶的结构与分类

4.4.1　工业热电偶简介

1. 工业热电偶的结构

工业热电偶的种类很多，结构和外形也不尽相同。热电偶通常由 4 部分组成（见图 4-19）：热电极、绝缘管、保护管和接线盒或接插件。为了保证热电偶正常工作，对其结构提出如下要求：

1）测量端的焊接要牢固。

2）热电极间必须有良好的绝缘。

3）参比端与导线的连接要方便、可靠。

4）当用于对热电极有害的介质时，必须采用保护管，将有害介质隔开。

5）响应速度快。

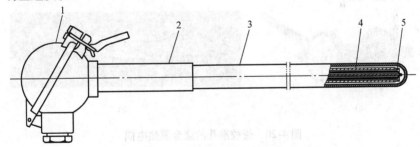

图 4-19　通用热电偶基型结构

1—接线盒　2—夹持管　3—陶瓷保护管　4—陶瓷绝缘管　5—偶丝

2. 工业热电偶的分类

（1）按用途分类　工业热电偶按用途可分为：通用工业热电偶、舰船用工业热电偶、防爆型工业热电偶和特种专用工业热电偶等。

（2）按结构分类　工业热电偶按结构可分为：可拆卸工业热电偶、不可拆卸工业热电偶和柔性电缆热电偶等。

1）可拆卸工业热电偶。由一对或多对热电极与绝缘管构成的组件称为热电偶组件。热电偶组件可以从保护管中取出的工业热电偶称为可拆卸工业热电偶。

2）不可拆卸工业热电偶。热电偶组件与保护管形成一体，难以从中取出的工业热电偶称为不可拆卸工业热电偶。它又分为：实体工业热电偶和铠装热电偶等。

实体型钨铼热电偶，名副其实为实体工业热电偶。采用抽空、充气法制成的钨铼热电偶，并非实体，但也不可拆卸，仍属于不可拆卸工业热电偶。

铠装热电偶是指由热电偶丝和绝缘材料同时在金属保护管中拉制而成的热电偶。

3）柔性电缆热电偶。用有机或无机纤维材料绝缘的热电偶，在测量端附近有一节金属材料保护的工作段，这种热电偶称为柔性电缆热电偶。

4.4.2 带有校准孔的新型热电偶

美国 AMS 2750E 标准要求系统准确度校准时，标准与被校热电偶的测量端间的距离必须小于 76mm，有的炉窑在设计校温孔时，若大于此距离要求，预留校温孔只能作废。还有的炉子根本未预留校温孔，难以实现在线原位系统准确度校准。进口带有校准孔的温度传感器（见图 4-20b），其优点是热响应时间短，缺点是无装配式保护管外套，制作工艺繁杂，易漏气，使用寿命将受影响。在进口传感器的的基础上，作者在国内率先开发出两类带有校准孔的热电偶（专利）。

1. 带有校准孔的廉金属热电偶

带有校准孔的热电偶（见图 4-20a）的设计与研制的基本理念是在原热电偶保护管内，为插入标准偶预留空间。该种热电偶既可用于炉温控制，也可在需要进行系统准确度校准时提供校温孔；而且，标准与被校热电偶的测量端间距离小于 5mm，用于在线原位校准方便实用。

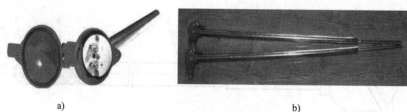

a)   b)

图 4-20 带校准孔的廉金属热电偶

a）国产带校准孔的热电偶   b）进口带校准孔的热电偶

2. 带有校准孔的贵金属热电偶

（1）不可拆卸的真空炉专用带校准孔的热电偶 该种热电偶的特点是即使保护管破损，也不破坏体系真空度（见图 4-21）；缺点是热电偶组件不能从保护管内抽出，复校不方便。

（2）可拆卸的真空炉专用带校准孔的热电偶 该种热电偶的特点是当需要对热电偶单独进行离线校准时，可以将热电偶组件从保护管抽出，送计量室检测十分方便，但是当保护管破损时，有可能其体系与外界相通，致使发热体及工件氧化。

图 4-21 带有校准孔的不可拆卸的真空炉专用热电偶

4.4.3 铠装热电偶与高性能实体热电偶

铠装热电偶电缆是将热电偶丝用无机物绝缘及金属套管封装，压实成可挠的坚实组合体。用铠装热电偶电缆制成的热电偶称为铠装热电偶。

铠装热电偶是 20 世纪 60 年代发展起来的测温元件，颇受用户欢迎。

1. 铠装热电偶的特点

铠装热电偶规格多，品种全，适合于各种场合。

1）测量范围宽。-200～1250℃温度范围内均能使用。

2）响应速度快。因为外径细，热容量小，故微小的温度变化也能迅速响应，尤其是微细铠装热电偶更为明显，其时间常数可达 0.01s。

3）挠性好，安装使用方便。铠装热电偶材料可在其外径 10 倍的圆柱体上绕 5 圈，并可在多处位置弯曲。

4）使用寿命长。铠装热电偶气密性好，致密度高，寿命长。

5）机械强度、耐压性能好。铠装热电偶在有强烈振动、低温、高温、腐蚀性强等恶劣条件下均能安全使用，并可承受高压。

6）铠装热电偶外径尺寸范围宽：$\phi0.15～\phi8mm$，特殊要求时可提供直径达 $\phi12mm$ 的产品。

7）铠装热电偶的长度可以做得很长，最大长度达 1500m。

8）品种多。可制成单支式（2 芯）、双支式（4 芯）和三支式（6 芯）等各类铠装热电偶，用于多层次温度梯度的测量。

作者曾将各种国产的铠装热电偶样品提供给国外同行，经检验产品性能达到国外同类产品水平。国产铠装热电偶现已大量出口。

2. 结构与性能

铠装热电偶电缆的产品名称、代号及分度号见表 4-51，其结构尺寸如图 4-22 所示。套管直径和壁厚、热电极直径和绝缘层厚度应符合表 4-52 规定。

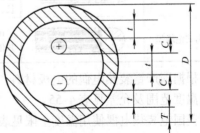

图 4-22 铠装热电偶的结构尺寸

表 4-51　铠装热电偶电缆的产品名称、代号及分度号（JB/T 8205—1999）

产　品　名　称	代　号	热电偶分度号
铠装镍铬 – 镍硅热电偶电缆	KK	K
铠装镍铬硅 – 镍硅热电偶电缆	KN	N
铠装镍铬 – 铜镍热电偶电缆	KE	E
铠装铁 – 铜镍热电偶电缆	KJ	J
铠装铜 – 铜镍热电偶电缆	KT	T

表 4-52　铠装热电偶的套管直径和壁厚、热电极直径和绝缘层厚度（GB/T 18404—2001）

（单位：mm）

套管直径 d	套管壁厚度 $T^{①}$	热电极直径 C	绝缘层厚度 I
	⩾	⩾	⩾
0.5 ± 0.025	0.05	0.08	0.04
1.0 ± 0.025	0.10	0.15	0.08
1.5 ± 0.025	0.15	0.23	0.12
2.0 ± 0.025	0.20	0.30	0.16
3.0 ± 0.030	0.30	0.45	0.24
4.5 ± 0.045	0.45	0.68	0.36
6.0 ± 0.060	0.60	0.90	0.48
8.0 ± 0.080	0.80	1.20	0.64

① 具有两对以上（含两对）热电极的热电偶，其套管壁厚度 T 最小值应符合本表的规定。

铠装热电偶的测量端有露端型、接壳型、绝缘型及分离式绝缘型四种，它们的特点见表 4-53。另外，为满足特殊场合的需要，还有扁变截面型、圆变截面型（见图 4-23）。在通常情况下多采用绝缘型，只有在要求高速响应或处于非腐蚀性气体中才用露端型。铠装热电偶还有多点式结构，如图 4-24 所示。

表 4-53　铠装热电偶测量端形式

形　式	结　构	特　点	适用套管的外径/mm 单支式	双支式
露端型		反应速度快；适于测量发动机排气等气体温度；同其他形式相比机械强度低	$\phi1.0 \sim \phi8.0$	$\phi3.0 \sim \phi8.0$
接壳型		反应速度较快；耐压可达 3.43×10^2 MPa；不适用于有电磁干扰的场合	$\phi0.25 \sim \phi8.0$	$\phi3.0 \sim \phi8.0$
绝缘型		反应速度较接壳型慢，对于无特别要求快速反应的场合，多采用此种形式；使用寿命长；防电磁干扰	$\phi0.5 \sim \phi8.0$	$\phi3.0 \sim \phi8.0$
分离式绝缘型		可避免双支之间信号干扰；其他特点同绝缘型		$\phi5.0 \sim \phi8.0$

根据国产铠装热电偶的电极材料，推荐套管材料与外径、使用温度上限见表 4-54，使用温度范围及允差见表 4-55。

美国铠装热电偶使用温度上限见表 4-56，测温范围及允差见表 4-57，室温下绝缘电阻见表 4-58。

日本铠装热电偶套管用材料见表 4-59，常用温度限见表 4-60。

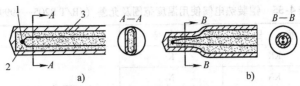

图 4-23　变截面型铠装热电偶结构

a) 扁变截面型　b) 圆变截面型

1—热电偶测量端　2—MgO 绝缘材料　3—不锈钢外套管

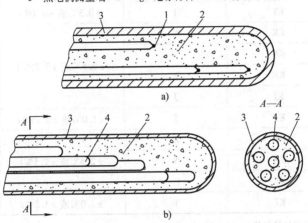

图 4-24　多点式铠装热电偶结构

a) 单层管　b) 双层管

1—测量端　2—MgO 绝缘材料　3—不锈钢外套管　4—铠装热电偶

表 4-54　铠装热电偶推荐套管材料与外径、使用温度上限（JB/T 8205—1999）

产品名称	型号	推荐套管材料	外径/mm	推荐使用温度上限/℃
铠装镍铬 – 镍硅热电偶电缆 铠装镍铬硅 – 镍硅热电偶电缆	KK KN	GH3030	$\phi0.5,\phi1.0$	500
			$\phi1.5,\phi2.0$	800
			$\phi3.0,\phi4.0,\phi4.5,\phi5.0$	900
			$\phi6.0,\phi8.0$	1100
铠装镍铬 – 镍硅热电偶电缆 铠装镍铬硅 – 镍硅热电偶电缆	KK KN	06Cr18Ni11Ti	$\phi0.5,\phi1.0$	400
			$\phi1.5,\phi2.0$	600
			$\phi3.0,\phi4.0,\phi4.5,\phi5.0,\phi6.0,\phi8.0$	800
铠装镍铬 – 铜镍（康铜）热电偶电缆	KE	06Cr18Ni11Ti	$\phi0.5,\phi1.0$	400
			$\phi1.5,\phi2.0$	500
			$\phi3.0,\phi4.0,\phi4.5,\phi5.0$	600
			$\phi6.0,\phi8.0$	800
铠装铁 – 铜镍（康铜）热电偶电缆	KJ	06Cr18Ni11Ti	$\phi0.5,\phi1.0$	300
			$\phi1.5,\phi2.0$	400
			$\phi3.0,\phi4.0,\phi4.5,\phi5.0$	500
			$\phi6.0,\phi8.0$	750
铠装铜 – 铜镍（康铜）热电偶电缆	KT	06Cr18Ni11Ti	$\phi0.5,\phi1.0$	200
			$\phi1.5,\phi2.0,\phi3.0,\phi4.0,\phi4.5,\phi5.0$	300
			$\phi6.0,\phi8.0$	400

表 4-55　铠装热电偶使用温度范围及允差（JB/T 8205—1999）

允差等级	型　号	分度号	允　差	温度范围/℃
I	KK	K	±1.50℃或±0.4%t	−40～1100
	KN	N		−40～1100
	KE	E		−40～800
	KJ	J		−40～750
	KT	T	±0.5℃或±0.4%t	−40～350
II	KK	K	±2.5℃或±0.75%t	−40～1100
	KN	N		−40～1100
	KE	E		−40～800
	KJ	J		−40～750
	KT	T	±1.0℃或±0.75%t	−40～400
III	KK	K	±2.5℃或±1.5%t	−200～40
	KN	N		−200～40
	KE	E		−200～40
	KT	T	±1.0℃或±1.5%t	−200～40

注：表中 t 为被测温度的绝对值。

表 4-56　美国铠装热电偶使用温度上限［ASTM E608/E608M（2001）］

（单位:℃）

铠缆外径/mm	热电偶型号			
	T	J	E	K, N
φ0.5	260	260	300	700
φ1.0	260	260	300	700
φ1.5	260	440	510	920
φ2.0	260	440	510	920
φ3.0	315	480	580	1070
φ4.5	370	620	730	1150
φ6.0	370	720	820	1150
φ8.0	370	720	820	1150

表 4-57　美国铠装热电偶测温范围及允差［ASTM E608/E608M（2001）］

型　号	测温范围/℃	允差（参比端温度0℃）	
		标准级	精密级
T	0～350	±1℃或0.75%t	±0.5℃或0.4%t
J	0～750	±2.2℃或0.75%t	±1.1℃或0.4%t
E	0～900	±1.7℃或0.5%t	±1℃或0.4%t
K	0～1250	±2.2℃或0.75%t	±1.1℃或0.4%t
T	−200～0	±1℃或1.5%t	
E	−200～0	±1.7℃或1%t	
K, N	−200～0	±2.2℃或2%t	

表 4-58　美国铠装热电偶电缆与铠装热电偶室温下绝缘电阻（ASTM E585/E585M、ASTM E608）

铠缆外径/mm	电压最小值/V	铠装热电偶电缆 电阻最小值/MΩ	铠装热电偶 电阻最小值/MΩ
<0.80	50	1000	100
0.80～1.45	50	5000	500
>1.45	500	10000	1000

表 4-59　日本铠装热电偶套管用材料

JIS 标准钢号	化学成分（质量分数,%）	常用温度 /℃	特点（耐热、耐蚀）
SUS316	18Cr–12Ni–2.5Mo	900	耐海水腐蚀，较 SUS304 优越
SUS304	18Cr–8Ni	900	在不锈钢中，作为耐腐蚀钢种，它的应用最广
SUS310S	25Cr–20Ni	1000	作为耐热钢，抗氧化性强，抗硫化物腐蚀弱
SUS347	18Cr–9Ni–Nb	900	含 Nb 耐晶界腐蚀强
NCF600	15Cr–72Ni–7Fe	1050	耐高温抗氧化、还原性及抗渗碳性及渗氮性强
NCu	28～34Cu–63Ni–2.5Fe	500	耐碱、非氧化性酸及海水腐蚀
—	22Cr–52Ni–9Mo–18Fe	1100	哈氏合金 X，耐氧化、还原性气氛及混合酸腐蚀

表 4-60　日本铠装热电偶常用温度限　　　　　　（单位:℃）

热电偶 铠装热电偶外径 /mm	ϕ0.5	ϕ1.0、ϕ1.6、ϕ2.0	ϕ3.0,ϕ3.2	ϕ4.5, ϕ4.8		ϕ6.0, ϕ6.4		ϕ8.0	
材质	AB	AB	AB	A	B	A	B	A	B
N, K	600	650	750	800	900	800	1000	900	1050
E	600	650	750	800	900	800	900	800	900
J	400	450	650	750		750		750	
T	300	300	350	350		350		350	

注：1. 常用温度限为在空气中可以连续使用的温度。

　　2. 铠装热电偶材质：A 为奥氏体不锈钢；B 为耐热耐蚀高温合金。

3. 使用注意事项

1）铠装热电偶材料的选择，应依据使用温度范围、允差要求及所处环境，正确选择铠装热电偶的直径和套管材料，这是提高使用寿命和测温精度的重要前提。在中温范围通常选择不同牌号的不锈钢，在高温范围可选择镍基高温合金。

2）氧化镁绝缘材料易吸水，致使其绝缘性能下降，必须注意密封与防潮。按照 GB/T 18404—2001 要求，MgO 的纯度要高于 96%（质量分数）。

美国标准对氧化铝、氧化镁纯度要求很高，Al_2O_3 的质量分数为 99.65%，MgO 的质量分数为 99.40%，而且廉金属热电偶中 MgO 的纯度仍为 97.00%（质量分数）。具体要求见 4–61 与表 4-62。

表 4-61 对铠装热电偶（阻）中 **MgO** 及 **Al₂O₃** 的纯度要求（ASTM E1652—2003）

Al₂O₃ 的质量分数不小于 99.65%		MgO 的质量分数不小于 99.40%	
杂质	质量分数（%）<	杂质	质量分数（%）<
Fe_2O_3	0.04	CaO	0.35
SiO_2	0.08	Al_2O_3	0.15
CaO	0.08	Fe_2O_3	0.04
MgO	0.08	SiO_2	0.13
ZrO_2	0.08	C	0.02
Na_2O	0.06	S	0.005
C	0.01	B	0.0035
S	0.005	Cd	0.001
Cd	0.001	B + Cd	0.004
B	0.001		

表 4-62 对廉金属铠装热电偶中 **MgO** 的纯度要求（ASTM E1652—2003）

MgO 的质量分数大于 97%			
杂　质	质量分数（%）<	杂　质	质量分数（%）<
CaO	0.80	S	0.005
Al_2O_3	1.00	B	0.0025
Fe_2O_3	0.08	Cd	0.001
SiO_2	1.20	B + Cd	0.003
Fe	0.02	$MgO + CaO + Al_2O_3 + SiO_2$	> 99.50
C	0.02		

值得注意的问题是，当采用 MgO 或 Al₂O₃ 粉做绝缘材料，其绝缘强度在 800℃ 以上随温度上升呈指数下降，尤其是在 1200℃ 下，绝缘电阻急剧下降。而烧成后的绝缘材料的绝缘性能将比相同粉体材质提高 10 倍。

3）铠装热电偶要充分退火，否则热电性能往往不稳定，测量精度低，挠性也不好。

4）细直径铠装热电偶电阻大，当长度大于 1500m 时，现有仪表将产生较大测量误差，必须选用内阻极大的特殊仪表。

5）因金属套管壁薄，热电偶丝细，因而使用温度较低。

6）挠性虽好，但过度地反复弯曲，将产生附加电动势，引起测量误差。

7）各国虽已制定了有关铠装热电偶的标准，但目前不同厂家生产的铠装热电偶所用的套管材质、壁厚及偶丝的直径往往不同，即使外径相同，但偶丝直径及壁厚却不同，因而其性能各异，在选择时应予注意。

8）绝缘型热电偶的结构对响应时间的影响。由于测量端与套管之间的 MgO 的致密程度是热电偶制作时难以控制的因素，可采用滚压法将靠近测量端的套管外径缩小约 8%，但不让套管伸长，致使测量端周围的 MgO 变得致密（见图 4-25）。端部滚压的好处：① 缩短响应时间；② 响应时间与温度关系变为线性（见图 4-26）。铠装热电偶若安装在套管内，则其响应时间取决于套管的外径。另外，热电偶与套管间形成一个环状空间，该空间内充灌的物质对响应时间有极大影响。在 250℃ 时如果充灌的是氩，则响应时间为充氦的 3 倍，是充灌金属的 9 倍（见图 4-27）。由图 4-27 看出，环状空间内若充灌热导率低的物质，则温度对响应时间的影响比充灌热导率高的物质要大。例如，从 250～650℃，充氩的响应时间缩短 30%，充氦的缩短 14%，而充液态金属的却几乎无变化。

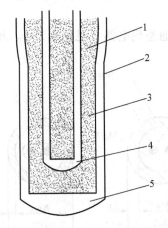

图 4-25　经滚压后铠装热电偶剖视图

1—原结构设计的 MgO　2—不锈钢外套　3—经压后的致密 MgO　4—热电偶测量端　5—封底焊接

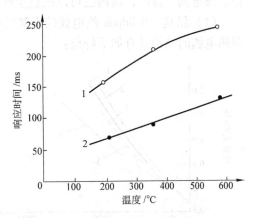

图 4-26　K 型铠装热电偶在端部滚压前后的响应时间与温度的关系

1—标准结构　2—头部经滚压后的结构

9）引起铠装热电偶故障的因素如下：

① 热膨胀系数的差异。热电极材料与保护管间热膨胀系数不同，是造成细铠装热电偶故障因素之一。图 4-28 中比较了几种材料的热膨胀情况。热膨胀差异将产生应变，当该种应变产生的应力超过镍铝合金丝屈服强度时，致使热电极在薄弱点或应力集中处发生断裂。

② 偶丝尺寸的影响。经验表明，小直径铠装热电偶（$\phi0.5mm$）的故障率比大直径热电偶高。因此，存在与偶丝尺寸（直径大小）有关的影响因素。其中晶粒长大是引起故障的重要因素。在铠装热电偶加工过程中，要经过反复的拉拔和退火，促使晶粒生长越来越快，致使晶粒尺寸有可能变得与偶丝直径相仿，使用的部位晶界就横贯了偶丝直径，在高温下，晶界本来就比晶粒内部脆弱，一旦有应力产生，偶丝将沿晶界断裂。

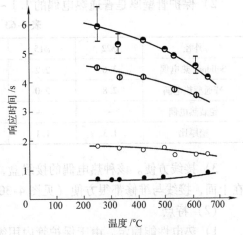

图 4-27　响应时间与环状空间充灌物质和温度的关系

充灌物质：⊖—氩　⊕—氮　○—氦　●—镓钢锡合金

③ 晶粒尺寸。热电偶的制造过程及测量端形式对晶粒尺寸均有影响。

4. 高性能实体热电偶

20 世纪 80 年代，日本千野公司研制出一种新型的 Solidpak 热电偶。它的特点是：耐高温，寿命长，响应速度快。这种温度传感器的制作过程是，把热电偶装入高温合金钢或不锈钢等耐热耐蚀厚壁保护管内，用高纯氧化镁作为绝缘材料，经旋锻加工成厚壁粗偶丝的坚实组合体，因而也称为高性能实体热电偶，实际即为厚壁粗偶丝的大铠装热电偶。目前，国内已可以批量生产。

（1）结构　Solidpak 热电偶的内部结构不同于普通型热电偶（见图 4-29）。此种新型热电偶的结构具有如下特点：

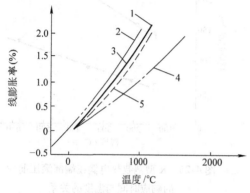

图 4-28　热电极丝与保护管的热膨胀情况

1—600 型因科内尔合金　2—300 型不锈钢　3—镍铬合金
4—铂及铂铑 10 合金　5—镍铝合金

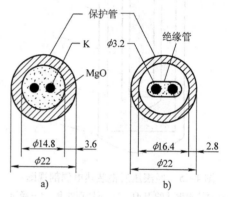

图 4-29　热电偶结构

a) Solidpak 热电偶　b) 普通热电偶

1）热电极丝的直径与装配偶相同。

2）保护管壁厚是普通热电偶的 1.1 ~ 1.3 倍（见表 4-63）。

表 4-63　保护管壁厚　　　　　　　　（单位：mm）

外径	φ22	φ15	φ12	φ10	φ8	φ6.4
Solidpak 热电偶	3.6	2.2	1.25	1.13	1.19	1.17
普通型热电偶	2.8	2.0	1.0	1.0	—	—
铠装热电偶	—	—	—	—	0.7	0.6
壁厚比	1.3	1.1	1.25	1.13	1.7	2.0

3）接线方便。该种热电偶的接线盒，上盖可以打开 180°角，使较大的接线端子露在上面，接线与维修都很方便（见图 4-30）。

（2）特点

1）热电性能稳定。由于保护管内用氧化镁紧密填充，所以在高温下热电偶丝难以发生氧化。

2）响应快，灵敏度高。当被测介质温度发生变化时，由于装配式热电偶保护管内是空气，它的热传导性能差，惰性大，而 Solidpak 是用 MgO 填充的实体，其导热性能

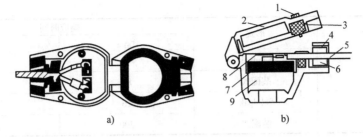

图 4-30　Solidpak 热电偶接线盒

a）接线盒打开后的俯视图　b）剖面图

1—固定螺钉　2—接线盒盖　3—衬垫　4—螺钉　5—补偿导线

6—补偿导线入口　7—端子板　8—接线端子　9—接线盒

比空气高三个数量级，所以它的响应速度同装配式相比，要快 6 ~ 10 倍（见图 4-31）。不同外径的高性能实体热电偶的响应时间见表 4-64。

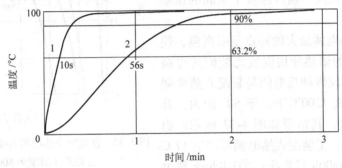

图 4-31　热电偶的响应曲线

1—Solidpak 热电偶（保护管直径为 12mm）　2—普通型热电偶

表 4-64　不同热电偶的响应时间　　　　（单位：s）

外径/mm	形式	响应时间	
		$\tau_{63.2}$	τ_{90}
$\phi 4.8$	Solidpak	1.3	2.8
	铠装式	1.6	3.4
	装配式	12.8	30.3
$\phi 6.4$	Solidpak	1.9	4.3
	铠装式	3.6	7.2
	装配式	17.3	43.0
$\phi 8$	Solidpak	3.4	7.8
	铠装式	4.6	9.2
	装配式	24.9	57.3
$\phi 12$	Solidpak	10	20
	装配式	56	151

（续）

外径/mm	形式	响应时间	
		$\tau_{63.2}$	τ_{90}
$\phi 15$	Solidpak	11	21
	装配式	88	195
$\phi 22$	Solidpak	16	32
	装配式	200	600

3）插入深度对测量误差影响小。在测温时，如果保护管的插入深度不够，很容易引起误差。为此，在测量高温气体温度时，要求金属保护管的插入深度为管径的 15 ~ 20 倍，而 Solidpak 热电偶的插入深度要小得多（见图 4-32），在同一插入深度下引起的误差也小。

4）该种热电偶最大的特点是耐高温，使用寿命长。它的耐热使用温度比装配式提高 100℃。为了比较该种热电偶与装配式热电偶的使用寿命，在 1200℃ 下，于 SiC 炉内，升降温循环 30 次，其结果如图 4-33 所示。由图 4-33 可看出：①装配式热电偶可产生 17℃ 的偏差，并在 1800h 后断线；②Solidpak 热电偶，其线径为 $\phi 2.3$mm 和 $\phi 3.2$mm 的热电偶，经 2500h 后，其最大偏差仍在 -7℃ 以内。

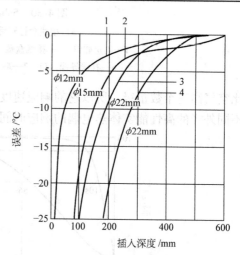

图 4-32 在电炉中热电偶的插入深度与误差的关系（温度为 800℃）

1（$\phi 12$mm）、2（$\phi 15$mm）、3（$\phi 22$mm）—Solidpak 热电偶 4（$\phi 22$mm）—（装配式）热电偶

（3）规格

1）热电偶：K、J、E 及 T 型。

2）芯数：双芯、四芯。

3）精度等级：0.75 级、0.4 级。

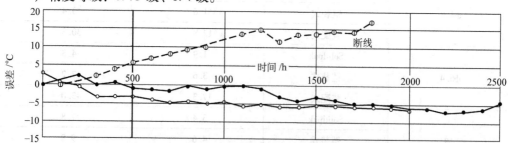

图 4-33 热电偶的使用寿命

①—装配式热电偶 ●、○—高性能热电偶

4）保护管材质：K 型为 SUS304、SUS316、SUS310S、桑德维克镍铬钢 P4 及 253MA 五种，J、E 和 T 型为 SUS316。

5）保护管直径（mm）：φ10、φ12、φ15、φ22。

6）热电偶丝直径（mm）：φ1.0、φ1.6、φ2.3、φ3.2。

7）测量端型式：绝缘型。

8）绝缘材料：高纯 MgO。

总之，Solidpak 热电偶兼有铠装与装配式热电偶的优点，是继铠装热电偶之后又一种新型热电偶。

（4）应用　高性能实体热电偶虽有诸多优点，但终因价格等因素未能推广应用。最近，由于高技术与新工艺的需求，在原高性能实体热电偶的基础上，作者又开发出多点高性能实体热电偶（专利），用于加氢反应器。

1）加氢反应器的特点是高温高压，尤其是渣油加氢反应器压力高达 18MPa，工艺温度≥400℃。

2）对温度传感器的要求：耐压≥18MPa；耐温≥400℃；多点测量≥8 点；使用寿命为 15 年。

3）应用。采用耐高温、防腐蚀的因科内尔合金，制成耐高温、高压、高可靠性、可弯曲的高性能实体热电偶。其规格为 φ12.7mm，内置多点，可满足多点的测温需要；同时设有全不锈钢密封腔和高精度检漏装置（见图 4-34），确保生产安全。该种热电偶用于航煤、渣油、蜡油及柴油加氢反应器，取得了满意效果。

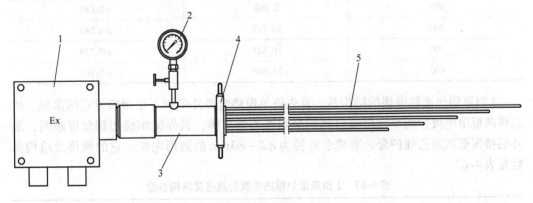

图 4-34　多点高性能实体热电偶

1—接线箱　2—压力表　3—密封腔体　4—固定法兰　5—多点芯体

5. 复合管型铠装热电偶

在高性能实体热电偶的基础上，作者又与华东仪表合作开发出双层外套管的厚壁、粗丝、大直径复合管型铠装热电偶。该专利产品具有优异的耐高温、抗氧化性能，与美国专利产品 Hoskins2300 性质相似，但规格比美国产品全，在某些特殊场合下，可替代昂贵的铂铑热电偶。复合管型铠装热电偶套管材料通常选用 GH3030 或 GH3039 等。该种热电偶的主要技术指标见表 4-65。

表 4-65 复合管型铠装热电偶的主要技术指标

型号 (沈阳东大)	分度号	允差值	测量范围/ ℃	外套管长度/ mm	响应时间	
					外套管直径/mm	$\tau_{0.5}$/s
WRNFK – 133	N	±0.4%t 或 ±0.75%t	0~1280	300~1000	φ8	<10
				300~1500	φ10	<15
WRKFK – 133	K		0~1200	300~2000	φ12	<25
				300~2500	φ16	<50
				300~2500	φ20	<60

4.4.4 柔性电缆热电偶

1. 包覆热电偶

包覆热电偶在国外应用十分广泛,我国已批量生产。该种热电偶的主要特点是,热电偶材料直接用于测温,而不需要连接补偿导线,结构坚实,柔软,使用方便,对环境适应性强(耐腐蚀、抗压等)。它的长期使用温度(取决于包覆材料的种类)分为250℃与400℃。J 型包覆热电偶的热电特性见表 4-66。

表 4-66 J 型包覆热电偶的热电特性

温度/℃	电动势/mV	允差/mV
-40	-1.960	±0.071
100	5.268	±0.082
200	10.777	±0.083
300	16.325	±0.138
400	21.846	±0.165

J 型氟塑包覆热电偶的结构是,首先将单根热电极外单包 3 层聚四氟乙烯薄膜,然后将两根单电极并列平行再双包两层聚四氟乙烯薄膜,其外编织镀银铜丝屏蔽网,最外层挤压聚四氟乙烯护套,形成总外径为 φ2~φ3mm 的圆形电缆。它的规格及结构参数见表 4-67。

表 4-67 J 型氟塑包覆热电偶的规格及结构参数

线芯标称截面面积/ mm²	线芯结构根数/ (单线直径/mm)	绝缘标称厚度/ mm	屏蔽层厚度/ mm	外形尺寸: (厚度/mm) × (宽度/mm)
0.2	1/0.50	0.5	0.6	3.3×5.0
0.2	7/0.20	0.5	0.6	3.5×5.2
0.3	1/0.60	0.5	0.6	3.5×5.2
0.3	16/0.15	0.5	0.6	3.6×5.5
0.5	1/0.80	0.5	0.6	3.7×5.7
0.5	7/0.30	0.5	0.6	3.8×5.9

2. 高温包覆热电偶

高温包覆热电偶因其使用温度高、韧性好可部分取代铠装热电偶而深受用户欢迎。其品种规格很多，高温包覆热电偶的绝缘材料有陶瓷、SiO_2、玻璃丝编织、Teflon - 玻璃丝编织、Teflon、Neflon、PFA、Polyviny 等，使用温度最高可达 1250℃。国外高温包覆热电偶的规格见表4-68。美国玻璃纤维、硅纤维绝缘包覆热电偶的推荐连续使用温度见表4-69，着色标记见表4-70。我国现已批量生产高温包覆热电偶。

表4-68 国外高温包覆热电偶规格

绝缘物	热电偶丝直径/mm	产品编号	绝缘物	最高使用温度/℃
陶瓷	1.6	XC - K - 14	陶瓷	1090
	0.8	XC - K - 20		980
	0.5	XC - K - 24		870
透明石英	0.8	XR - K - 20	浸酚醛树脂玻璃布	870
SiO_2	1.6	XS - K - 14	SiO_2 高温玻璃	1090
	0.8	XS - K - 20		980
	0.5	XS - K - 24		870
高温玻璃	0.8	HH - K - 20		704
	0.5	HH - K - 24		704

注：热电偶线芯为实体型。

表4-69 美国玻璃纤维、硅纤维绝缘包覆热电偶的推荐连续使用温度

材　料	温度/℃	说　明
瓷釉和浸渍剂	200	在热区有分解和变色时，可用至500℃
E - 玻璃纤维（未浸渍）	340	降低75%抗拉强度，在730℃软化
S - 玻璃纤维（未浸渍）	395	降低80%抗拉强度，在850℃软化
非晶硅纤维（未浸渍）	980	
多晶硅纤维（未浸渍）	1250	

表4-70 美国包覆热电偶的着色标记

热电偶型号	热电元件标志	单独导线色	整个外套色
T	TP（+）	蓝	褐
	TN（-）	红	
J	JP（+）	白	褐
	JN（-）	红	
E	EP（+）	紫	褐
	EN（-）	红	
K	KP（+）	黄	褐
	KN（-）	红	
N	NP（+）	橙	褐
	NN（-）	红	

3. 柔性电缆热电偶

用有机或无机纤维材料绝缘的热电偶，在测量端附近可有一节金属材料保护的工作段，称为柔性电缆热电偶。

GB/T 30429—2013 将工业热电偶分为三类，很科学、准确。依据柔性电缆热电偶的定义，上述包覆热电偶及高温包覆热电偶，实质就是柔性电缆热电偶。今后，应将包覆热电偶或高温包覆热电偶统称为柔性电缆热电偶。柔性电缆热电偶规格及结构如表 4-71 与图 4-35 所示。

表 4-71　柔性电缆热电偶规格及结构

热电偶丝直径/mm	绝缘厚度/mm	护套/mm	外径/mm
0.3	0.5	0.8	2.0 ~ 3.0
0.5	0.5	0.8	3.0 ~ 4.0

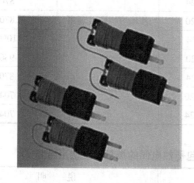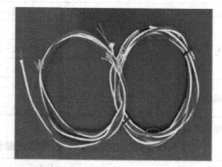

图 4-35　柔性电缆热电偶

4.4.5　特种热电偶

1. 箔片型热电偶

在绝缘纸上制成铁－康铜（J）、铜－康铜（T）、镍铬－镍硅（K）等箔片型热电偶，直接贴附或压在被测物体表面上测其表面温度。使用温度范围为 −200 ~ 300℃。其结构如图 4-36 所示。该种热电偶的主要特点如下：

1）响应快。厚度薄，热电极仅有 0.07mm。

2）热容量小，即使微小物体也可以测其温度。

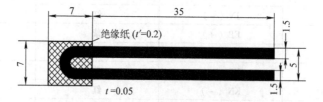

图 4-36　箔片型热电偶结构

3）粘接、贴附操作简单、方便。日本 C060 型箔片热电偶规格见表4-72。

表 4-72　日本 C060 型箔片热电偶规格

热电偶	K，T 型
精度等级	JIS 0.75 级
连接导线	ϕ0.32mm K，T 型热电极丝
连接方式	点焊
安装方法	用黏结剂贴附或压力贴附
响应时间 $\tau_{0.90}$	当有绝缘纸时：25℃→100℃水中，约 0.1s 以下 25℃→100℃空气中，约 14s 当无绝缘纸时：25℃→100℃水中，约 0.1s 以下 25℃→100℃空气中，约 8s
外形尺寸	热电极线：1.5mm×0.07mm×35mm 绝缘纸：7mm×7mm×0.2mm

2. 吹气热电偶

（1）用途　主要用于在高温高压条件下，对体积分数高于30%的氢气、甲烷等介质的温度测量，可用于30万t合成氨装置等。

（2）结构　在热电偶和外保护管之间构成一定的气路。在气路中，通入一定压力的惰性气体，以排除或减少热电偶在高温、高压条件下，还原气体的渗入。微量钽元素的加入，增加了吹气偶的吸气特性，从而延长了吹气偶的使用寿命。其结构如图4-37所示。

（3）主要技术参数　吹气热电偶为 K 型铠装热电偶；测温范围为 800～1100℃；精度为 0.75% t；保护管材质为 GH3030；吹气介质为 N_2 或 Ar；压力 >0.1MPa。

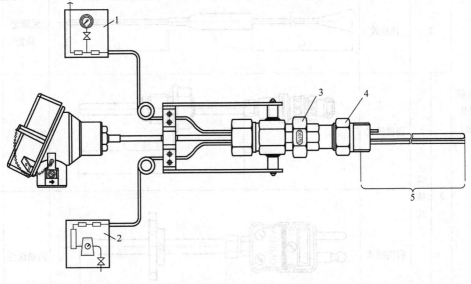

图 4-37　吹气热电偶的结构

1—进出气装置-出气口　2—进出气装置-进气口　3—由任接头　4—螺纹　5—插入深度

氢气的体积分数超过30%的气氛对 K 型、S 型热电偶皆有很强的腐蚀作用。如改用适合于含氢环境的钨铼热电偶，既不用吹气，又能延长使用寿命。美国已在煤化工行业采用工业钨铼热电偶，将有广阔的应用前景。

3. 薄膜热电偶

测温元件正向薄膜化方向发展。用溅射技术等制作的铂铑热电偶（S 型或 R 型），具有体积小、重量轻、牢固等特点，适于温度变化迅速场合的温度测量。

现有薄膜热电偶的使用温度高达 1100℃，用于喷气发动机叶片及汽轮机叶轮的表面测温。新型薄膜热电偶（R 型）的使用温度高达 1500℃，使用寿命为 50h，可用于升温速率极高的场合（2500℃/s）。

4.4.6 接线端结构

1. 热电偶接线端结构

热电偶接线端的外形结构见表 4-73。用户可根据使用环境、接线方式及成本等要素进行选择。

表 4-73 热电偶接线端的外形结构

适用类型	接线端结构		示意图	固定装置形式	
	代号	名称		名称	代号
热电偶（或热电阻）	1	简易式	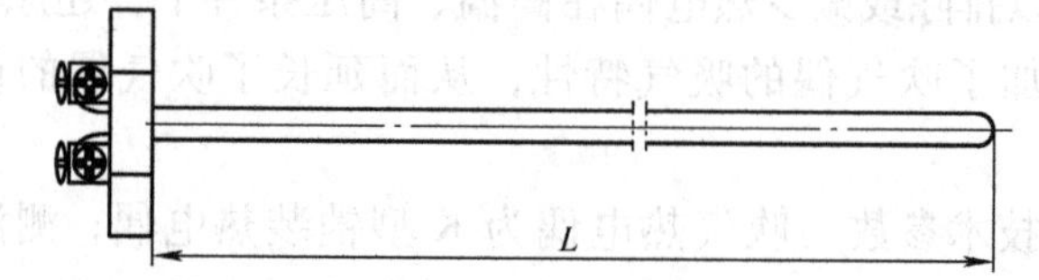	无固定装置	1
	2	接线式	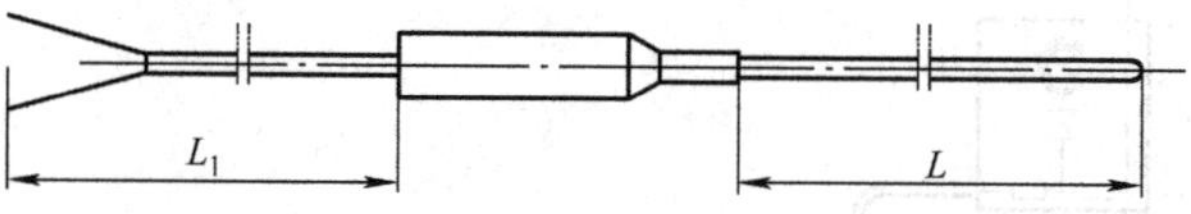	无固定装置	1
	3 接插式	圆接插式	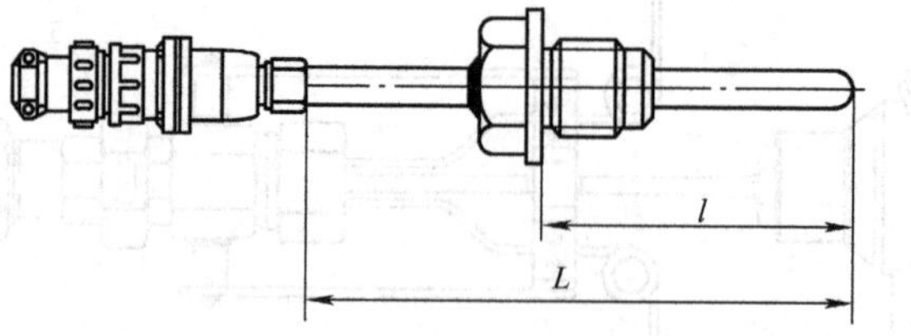	固定螺纹	2
		扁接插式	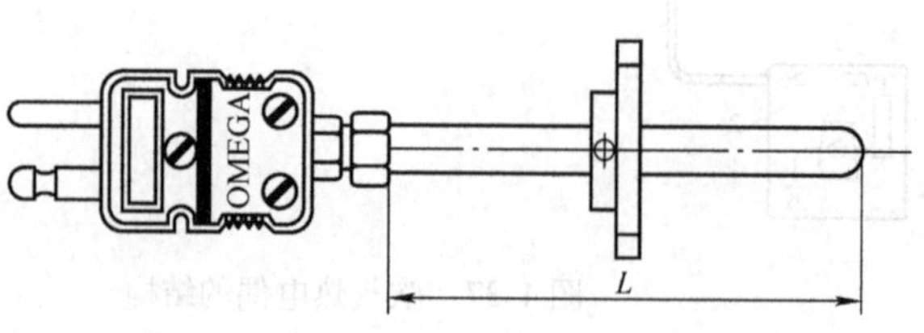	活动法兰	3

（续）

适用类型	接线端结构		示　意　图	固定装置形式	
	代号	名称		名称	代号
热电偶（或热电阻）	4	接线盒	防水接线盒	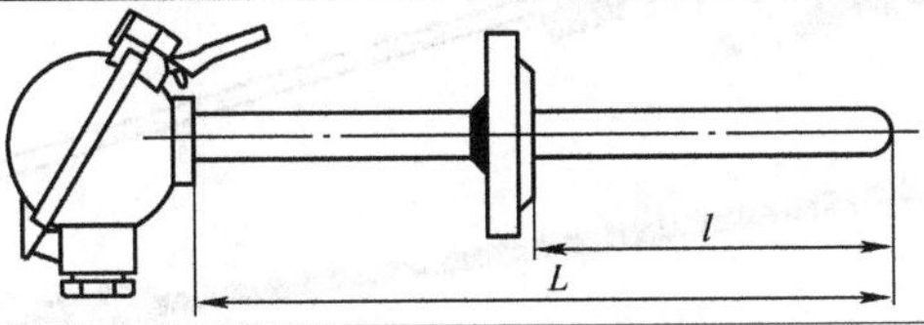 固定法兰	4
			接插式接线盒	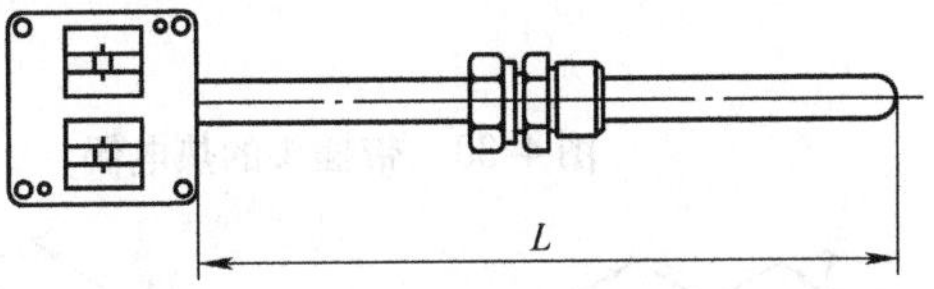 活动卡套螺纹	7

（1）简易式　简易式热电偶，其接线装置应牢固可靠，不能有松动现象。

（2）接线式　带有补偿导线的接线式热电偶，其补偿导线应符合 GB/T 4989 的规定。

（3）接插式　接插式金属件的热电特性，应在接线端使用环境温度范围内与热电偶的热电特性一致。

（4）接线盒　热电偶的接线盒，应具有与其用途相适应的防护功能。

2. 扁接插式结构的优点

当前，我国可拆卸热电偶多采用接线盒式接线端结构，而不可拆卸热电偶如铠装热电偶，多采用圆接插式接线端结构，但作者推荐采用扁接插式接线端结构，该结构具有如下优点：

1）接线方便，操作简单。

2）正负极定位，确保补偿导线极性不能接反。

3）扁接插件带有与热电偶分度号相应的固定颜色，有助于识别热电偶。

4）陶瓷接插式的使用温度高达 650℃。

目前，我国铠装热电偶多采用航空插头接线方式，它的缺点很多：

1）夏天或雨季，接插件自身的绝缘电阻往往不能满足要求。

2）热电偶与补偿导线间连接，多采用锡焊方式，可靠性很差。

3）在安装固定热电偶时，常因接插件翻转而发生短路。

因此，不建议采用航空插头接线端结构，而推荐采用扁接插式接线结构。而且，国产扁插件质量已过关，应用越来越广。

3. 热电偶接插件的国际标准

（1）接插件插头与插座外形、结构及性能　热电偶连接最简便的方式为接插件，带有插头的热电偶（见图 4-38）可方便地通过插座连接。ASTM 对此已有规定。接插件插头与插座外形及结构如图 4-39、表 4-74 所示。作为接插件，除使用方便外，性能必须可靠（见表 4-75）。

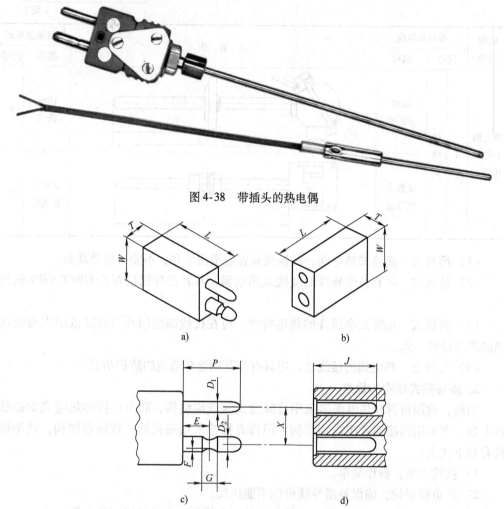

图 4-38 带插头的热电偶

图 4-39 插头与插座外形与结构

a) 插头 b) 插座 c) 插头芯杆 d) 插座剖面

表 4-74 接插件尺寸

名称	符号	最小尺寸/mm	最大尺寸/mm
长度	L	—	38.23
宽度	W	—	27.64
厚度	T	—	13.08
插头芯长	P	13.59	16.51
插座孔长	J	16.51	—
芯间距	X	10.97	11.23
正极芯径	D_1	3.86	4.02
负极芯径	D_2	4.62	4.83
沟距	E	4.57	5.08
沟宽	G	1.02	—
沟深	F	0.25	0.64

表 4-75　接插件性能

特性	最小值	最大值
使用温度/℃	−18	150
插入力/N	27	80
拔出力/N	27	80
接触电阻（单极）/Ω	—	0.04
绝缘电阻/Ω	10^7	—
试验偏差/℃	—	±1.1
重复循环	25	—
使用寿命/h	5000	—

美国还有一种陶瓷接插件（NHX 型），其使用温度达 650℃，用于铝钎焊行业很理想。国产陶瓷接插件虽已问世，但耐热冲击性能较差，有待改进。

（2）接插件着色标志　美国对不同分度号热电偶接插件的着色标志见表 4-76。

表 4-76　着色标志

分　度　号	颜　　色
T	蓝
J	黑
E	紫
K	黄
N	橙
R 或 S	绿
B	白

（3）小型接插件结构尺寸与着色　ASTM 还提供了小型接插件，如图 4-40 所示。

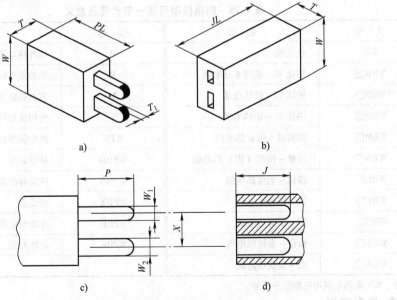

图 4-40　热电偶用小型接插件
a）插头　b）插座　c）插头视图　d）插座剖面图

小型接插件的着色标志见表4-76。性能要求只增加了在150℃时绝缘电阻为$10^6\Omega$，其他同表4-75。具体尺寸见表4-77（对照图4-40）。

表4-77　热电偶用小型接插件尺寸（ASTM E1684—2000）

尺寸名称	符号	最小尺寸/mm	最大尺寸/mm
插头长度	PL	—	20.00
插座长度	JL	—	27.00
高度	W	—	16.10
厚度	T	—	9.73
插片长度	P	10.31	—
插孔深度	J	13.10	—
插片间距	X	7.80	8.05
正极插片宽	W_1	2.28	2.49
负极插片宽	W_2	3.07	3.27
插片厚度	T_1	0.73	0.86

4.4.7　热电偶型号

1. 行业标准

根据 JB/T 9236—2014《工业自动化仪表产品型号编制原则》规定，产品型号组成详见2.4节。对于热电偶及其附属部件等，产品型号第一节的大写拼音字母代号及其表示的意义见表4-78。当初热电偶型号的编制促进了我国热电偶型号的统一。随着时间的推移，因有诸多弊端采用该表的企业越来越少。

表4-78　热电偶型号第一节代号及意义

代 号	名 称	代 号	名 称
WR	热电偶	B	标准热电偶
WRR□	铂铑30－铂铑6热电偶	K	铠装热电偶
WRP□	铂铑10－铂热电偶	M	表面热电偶
WRQ□	铂铑13－铂热电偶	T	专用或特种热电偶
WRM□	镍铬硅－镍硅热电偶	WPR	热电偶附属部件
WRN□	镍铬－镍硅（铝）热电偶	WPRD	补偿导线
WRE□	镍铬－铜镍热电偶	WPRB	冷端补偿器
WRF□	铁－铜镍热电偶	WPRX	接线盒
WRC□	铜－铜镍热电偶	WPRH	冷端恒温器
WRA□	镍铬－金铁热电偶	WPRK	转换开关
WRA□	铜－金铁热电偶		

注：WR系热电偶均应标注分度号。

2. 作者建议

（1）对现行标准的改良方案　采用中西合璧的方式。第一节的前两位仍然沿用行业标准的 WR，但第三位热电偶的标志不用汉语拼音，而用热电偶的分度号，如铂铑 10 – 铂热电偶，不用 WRP 而改用 WRS。这也符合国家标准对热电偶的正负极的规定：SP 与 SN，而不用 PP 与 PN。另外，补偿导线的国家标准，同样不用 PC 而用 SC。用分度号 S 代替汉语拼音的 P，也有助于国际交流。分度号是全世界公认的，用 WRS 代替 WRP 表示铂铑 10 – 铂热电偶，外国人也能看得懂。作者自 2003 年起，在国内率先用此种改良方案提供产品信息至今（见图 4-41 与图 4-42）有一定效果。目前，国内仪表厂也相继采用此种改良方案。

（2）采用 TC 系列代替 WR 系列　直接采用 TC 系列代替 WR 系列，可同国际接轨。

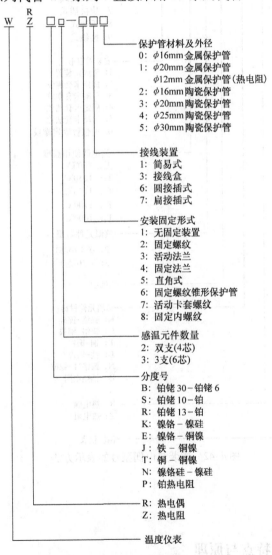

图 4-41　可拆卸热电偶型号的表示方法

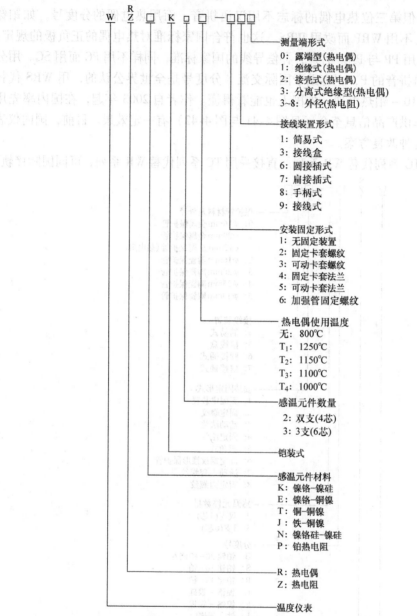

图 4-42 铠装热电偶型号的表示方法

4.5 补偿导线

4.5.1 补偿导线的特点与原理

1. 特点

在一定温度范围内（包括常温），具有与所匹配的热电偶电动势标称值相同的一对带有绝缘层的导线称为补偿导线。其作用是将热电偶的参比端延长到远离热源或环境温度较恒定的地方，以补偿它们与热电偶连接处的温度变化所产生的误差。补偿导线的特点如下：

1）改善热电偶测温线路的力学与物理性能。采用多股或小直径补偿导线可提高线路的挠性，使接线方便，也可以遮蔽外界干扰。

2）降低测量线路的成本。当热电偶与仪表的距离较远时，可用补偿导线代替贵金属热电偶。

3）补偿导线质量的优劣，将直接影响温度测量与控制的准确度。

2. 原理

由热电偶测温原理可知，图 4-43a 所示的回路的总电动势为

$$E_{ABBA}(T, T_n, T_0) = E_{AB}(T, T_n) + E_{AB}(T_n, T_0)$$

而图 4-43b 所示回路的总电动势为

$$E_{ABB'A'}(T, T_n, T_0) = E_{AB}(T, T_n) + E_{A'B'}(T_n, T_0)$$

如果 A' 与 B' 能起到补偿电动势的作用，即

$$E_{ABBA}(T, T_n, T_0) = E_{ABB'A'}(T, T_n, T_0)$$

即
$$E_{AB}(T_n, T_0) = E_{A'B'}(T_n, T_0) \tag{4-31}$$

因此，能满足式（4-31）要求的连接导线，就能起到补偿导线的作用。

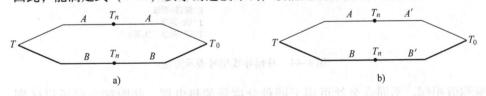

图 4-43　补偿导线的原理

4.5.2　补偿导线的型号、规格与标志

1. 型号

根据热电偶补偿导线标准（GB/T 4989—2013、GB/T 4990—2010），其型号可分为：SC、RC、NC、KCA、KCB、KX、EX、JX、TX、NX、NC。其中，型号头一个字母与配用热电偶的分度号相对应。字母"X"表示延长型补偿导线。字母"C"表示补偿型补偿导线。补偿导线型号表示方法如图 4-44 所示。

2. 分类

（1）延长型补偿导线　延长型补偿导线又称延长型导线，其合金丝的名义化学成分及电动势的标准值与所配用热电偶丝相同。

延长型导线，既能满足式（4-31），又能使下式成立：

$$A = A', \quad B = B'$$

（2）补偿型补偿导线　补偿型补偿导线又称补偿型导线，其合金丝的名义化学成分与所配用热电偶丝不同，但其电动势值在一定的温度范围内，与所配用热电偶电动

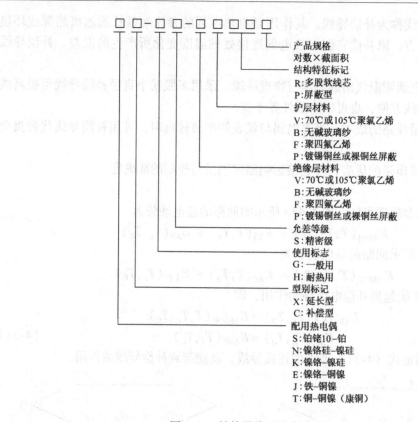

图 4-44 补偿导线型号表示方法

势标称值相同。不同合金丝可用于同种分度号的热电偶，并附加字母予以区别。如 KCA、KCB 等。

补偿性导线，只能满足式（4-31），但 $A \neq A'$，$B \neq B'$。

在使用补偿导线时，出现问题少的是延长型补偿导线，为此，美国已取消了廉金属热电偶补偿型补偿导线标准。两种补偿导线的特点见表 4-79。在使用时，要综合考虑测量的准确度与价格，酌情选择。补偿导线的分类方法有：

表 4-79 延长型与补偿型补偿导线的特点

分　类	特　点	缺　点
延长型［镍铬-铜镍，铁-铜镍，铜-铜镍，镍铬-镍硅（铝），镍铬硅-镍硅］	1）由于采用与热电偶相同的材料，可在很宽的温度范围内保持高精度 2）误差曲线符合线性 3）如果选择适宜的绝缘材料就可依需要扩大使用温度范围 4）无补偿接点的干扰	价格高

（续）

分　类	特　点	缺　点
补偿型［铂铑 10 - 铂，镍铬 - 镍硅（铝）镍铬硅 - 镍硅］	1）价格便宜 2）只能在规定温度范围内使用，选择适宜的材质可以得到与延长型相同的准确度	1）因与热电偶的材质不同，在较宽的温度范围内，不能保持高精度 2）误差曲线的曲率大，并随温度而变化 3）使用温度范围受到限制 4）因为补偿接点是两种不同的金属相接触，有可能产生干扰

1）按照补偿原理分为补偿型（C）和延长型（X）。

2）按精度等级分为精密级（S）和普通级。

3）按使用温度分为一般用（G）和耐热用（H）。

3. 等级

补偿导线的等级与使用温度范围见表 4-80。

表 4-80　补偿导线的等级与使用温度范围（GB/T 4989—2013）

热电偶分度号	补偿导线型号	代号	等级	绝缘层材料及护套材料	使用温度范围/℃
S 或 R	SC 或 RC	SC - G	一般用普通级	V、V	0 ~ 70 0 ~ 100
		SC - H	耐热用普通级	F、B	0 ~ 200
		SC - GS	一般用精密级	V、V	0 ~ 70 0 ~ 100
K	KCA	KCA - G	一般用普通级	V、V	0 ~ 70 0 ~ 100
		KCA - H	耐热用普通级	F、B	0 ~ 200
		KCA - GS	一般用精密级	V、V	0 ~ 70 0 ~ 100
		KCA - HS	耐热用精密级	F、B	0 ~ 200
	KCB	KCB - G	一般用普通级	V、V	0 ~ 70 0 ~ 100
		KCB - GSS	一般用精密级	V、V	0 ~ 70 0 ~ 100
	KX	KX - G	一般用普通级	V、V	- 20 ~ 70 - 20 ~ 100
		KX - H	耐热用普通级	F、B	- 25 ~ 200
		KX - GS	一般用精密级	V、V	- 20 ~ 70 - 20 ~ 100
		KX - HS	耐热用精密级	F、B	- 25 ~ 200

（续）

热电偶分度号	补偿导线型号	代号	等级	绝缘层材料及护套材料	使用温度范围/℃
N	NC	NC – G	一般用普通级	V、V	0 ~ 70 0 ~ 100
		NC – H	耐热用普通级	F、B	0 ~ 200
		NC – GS	一般用精密级	V、V	0 ~ 70 0 ~ 100
		NC – HS	耐热用精密级	F、B	0 ~ 200
	NX	NX – G	一般用普通级	V、V	– 20 ~ 70 – 20 ~ 100
		NX – H	耐热用普通级	F、B	– 25 ~ 200
		NX – GS	一般用精密级	V、V	– 20 ~ 70 – 20 ~ 100
		NX – GH	耐热用精密级	F、B	– 25 ~ 200
E	EX	EX – G	一般用普通级	V、V	– 20 ~ 70 – 20 ~ 100
		EX – H	耐热用普通级	F、B	– 25 ~ 200
		EX – GS	一般用精密级	V、V	– 20 ~ 70 – 20 ~ 100
		EX – HS	耐热用精密级	F、B	– 25 ~ 200
J	JX	JX – G	一般用普通级	V、V	– 20 ~ 70 – 20 ~ 100
		JX – H	耐热用普通级	F、B	– 25 ~ 200
		JX – GS	一般用精密级	V、V	– 20 ~ 70 – 20 ~ 100
		JX – HS	耐热用精密级	F、B	– 25 ~ 200
T	TX	TX – G	一般用普通级	V、V	– 20 ~ 70 – 20 ~ 100
		TX – H	耐热用普通级	F、B	– 25 ~ 200
		TX – GS	一般用精密级	V、V	– 20 ~ 70 – 20 ~ 100
		TX – HS	耐热用精密级	F、B	– 25 ~ 200

4. 结构

补偿导线通常由补偿导线线芯、绝缘层及护套组成，如图 4-45 所示。

补偿导线绝缘层与护套着色应符合表 4-81 规定。由表 4-84 可看出，各种补偿导线的正极均为红色，只要记住负极的颜色，就可按绝缘着色区别各种补偿导线。补偿导线的线芯形式有单股线芯及多股软线芯（用 R 表示）两种。

补偿导线着色标志，目前世界各国并不统一。我国标准规定，允许根据用户要求，按 IEC 补偿导线着色标识规定供货。有关 IEC 补偿导线着色规定见表 4-82。

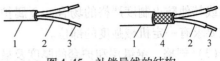

图 4-45　补偿导线的结构
1—护套　2—绝缘层　3—合金丝　4—屏蔽层

表 4-81　补偿导线绝缘层与护套着色（GB/T 4989—2013）

补偿导线型号	绝缘层着色		护 套 着 色			
	正极	负极	一般用		耐热用	
			普通级	精密级	普通级	精密级
SC 或 RC	红	绿	黑	灰	黑	黄
KCA		蓝				
KCB		蓝				
KX		黑				
NC		灰				
NX		灰				
EX		棕				
JX		紫				
TX		白				

IEC 60584-3:2007 规定（不包括无机物绝缘导线），所有型号的热电偶用补偿导线，负极的绝缘层都是白色。正极绝缘层着色见表 4-82。热电偶用补偿导线如有护套，颜色应符合表 4-85 的规定进行标识。如果安全电路用补偿导线的护套已标识为蓝色，则应以其他方式标识热电偶型号，如印刷或彩色标签（颜色见表 4-82）。

表 4-82　正极绝缘层着色

热电偶分度号	补偿导线型号	正极绝缘层或护套着色
S	SC	橙
R	RC	橙
K	KX 或 KC	绿
N	NX 或 NC	粉红
E	EX	紫
J	JX	黑
T	TX	棕

5. 补偿导线护套

一般用补偿导线以聚氯乙烯做护套。耐热补偿导线以聚四氟乙烯或玻璃丝编织做护套，并涂有机硅漆。

（1）着色　一般用精密级护套为灰色，一般用普通级为黑色；耐热用精密级护套为黄色，耐热用普通级为黑色，而且表面应打好标志。

（2）分类与用途　塑料与橡胶护层用于电绝缘；难燃性乙烯树脂护层用于原子反

应堆或其他防火制度严格的场合；金属护层用于防水、防蚁、防鼠，或用在有化学腐蚀或要求有一定机械强度的部位。

（3）规格 绝缘层和护套的厚度及最大外径见表4-83。

表4-83 补偿导线绝缘层和护套厚度及最大外径（GB/T 4989—2013）

使用分类	线芯标称截面面积/mm²	绝缘层标称厚度/mm	护套标称厚度/mm	补偿导线的尺寸：(厚度/mm)×(宽度/mm)	
				单股线芯	多股软线芯
一般用	0.2	0.4	0.7	3.0×4.6	3.1×4.8
	0.5	0.5	0.8	3.7×6.4	3.9×6.6
	1.0	0.7	1.0	5.0×7.7	5.1×8.0
	1.5	0.7	1.0	5.2×8.3	5.5×8.7
	2.5	0.7	1.0	5.7×9.3	5.9×9.8
耐热用	0.2	0.4	0.3	2.3×4.0	2.4×4.2
	0.5	0.4	0.3	2.6×4.6	2.8×4.8
	1.0	0.4	0.3	3.0×5.3	3.1×5.6
	1.5	0.4	0.3	3.2×5.8	3.4×6.2
	2.5	0.4	0.3	3.6×6.7	4.0×7.3

注：1. 一般用补偿导线的绝缘层厚度允许为正偏差，但补偿导线最大外径不得超过本表规定。

2. 若加屏蔽层，则导线最大外径的增大值不得大于1.8mm。

4.5.3 补偿导线的基本参数

1. 电动势及允许误差

用补偿导线的正、负极配对焊接成热电偶，当测量端温度分别为100℃、200℃，参比端温度为0℃时的电动势应分别符合相应热电偶的分度表，其允许误差符合表4-84规定。

表4-84 补偿导线允许误差（GB/T 4989—2013）

型号	补偿导线温度范围/℃	使用分类	允许误差/μV 精密级	普通级	热电偶测量端温度/℃
SC 或 RC	0~100	G	±30（±2.5℃）	±60（±5.0℃）	1000
SC 或 RC	0~200	H	—	±60（±5.0℃）	1000
KCA	0~100	G	±44（±1.1℃）	±88（±2.2℃）	900
KCA	0~200	H	±44（±1.1℃）	±88（±2.2℃）	900
KCB	0~100	G	±44（±1.1℃）	±88（±2.2℃）	900
KX	−20~100	G	±44（±1.1℃）	±88（±2.2℃）	900
KX	−25~200	H	±44（±1.1℃）	±88（±2.2℃）	900
NC	0~100	G	±43（±1.1℃）	±86（±2.2℃）	900
NC	0~200	H	±43（±1.1℃）	±86（±2.2℃）	900
NX	−20~100	G	±43（±1.1℃）	±86（±2.2℃）	900
NX	−25~200	H	±43（±1.1℃）	±85（±2.2℃）	900
EX	−20~100	G	±81（±1.0℃）	±138（±1.7℃）	500
EX	−25~200	H	±81（±1.0℃）	±138（±1.7℃）	500

（续）

型号	补偿导线温度范围/℃	使用分类	允许误差/μV		热电偶测量端温度/℃
			精密级	普通级	
JX	−20~100	G	±62（±1.1℃）	±123（±2.2℃）	500
JX	−25~200	H	±62（±1.1℃）	±123（±2.2℃）	500
TX	−20~100	G	±30（±0.5℃）	±60（±1.0℃）	300
TX	−25~200	H	±30（±0.5℃）	±60（±1.0℃）	300

注：本表所列允许误差用微伏表示，用摄氏度表示的允许误差与热电偶测量端的温度有关，括号中的温度值按表列热电偶测量端温度换算而成。

2. 往复电阻

在 20℃时，1m 长截面面积为 $1mm^2$ 的正极和负极电阻值之和，应符合表 4-85 规定。

表 4-85　往复电阻（GB/T 4989—2013）

补偿导线型号	在20℃时往复电阻值/（Ω/m）				
	$0.2mm^2$	$0.5mm^2$	$1.0mm^2$	$1.5mm^2$	$2.5mm^2$
SC 或 RC	0.25	0.10	0.05	0.03	0.02
KCA	3.50	1.40	0.70	0.47	0.28
KCB	2.60	1.04	0.52	0.35	0.21
KX	5.50	2.20	1.10	0.73	0.44
EX	6.25	2.50	1.25	0.83	0.50
JX	3.25	1.30	0.65	0.43	0.26
TX	2.60	1.04	0.52	0.35	0.21
NC	3.75	1.50	0.75	0.50	0.30
NX	7.15	2.86	1.43	0.95	0.57

3. 耐压性能

补偿导线应经受交流 50Hz、电压 4000V 的火花试验不击穿。

4. 绝缘电阻

补偿导线的线芯间和芯与屏蔽间的绝缘电阻，在温度为 15~35℃、相对湿度为 80% 时，每 10m 不少于 5MΩ。

5. 力学性能和老化性能

一般用补偿导线的绝缘层和护套的力学性能和老化性能应符合表 4-86 规定。

表 4-86　力学性能和老化性能（GB/T 4989—2013）

等　级		力学性能		老化性能		
		抗拉强度/MPa	伸长率/（%）	温度/℃	时间/h	强度变化率/（%）
一般用	−20~70℃	>12.5	>125	80±2	168	±20
	−20~100℃	>12.5	>125	135±2	168	±25

4.5.4 补偿导线的使用

补偿导线的选择及使用方法，对热电偶测温的准确度影响很大。

1. R 与 S 型热电偶补偿导线

RC、SC 均属于补偿型补偿导线，在各类补偿导线中准确度最低，其误差与温度的关系曲线如图 4-46 所示。由图 4-46 可看出，在 0~60℃ 范围内误差很小，但在 100~150℃ 范围内，有较大的负误差。如果测量准确度要求高，必须将补偿接点的温度保持在 100℃ 以下，在此温度范围内，实际误差一般在 3℃ 以内。

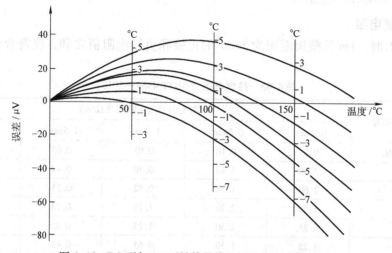

图 4-46 RC 型与 SC 型补偿导线的误差与温度的关系

2. K 型热电偶补偿导线

K 型热电偶补偿导线，除了延长型 KX 外，还有补偿型补偿导线 KC。由于线芯材质不同，两者的热电特性差别也很大，如图 4-47 所示。由图 4-47 可清楚看出，在很宽的温度范围内，延长型补偿导线 KX 的特性曲线是线性的，误差很小。但是 KX 与 KC

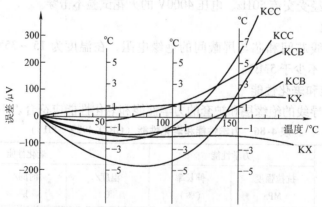

图 4-47 KC 型与 KX 型补偿导线的误差与温度关系

相比，成本较高，电阻也较大，所以在使用温度不高、测温准确度要求不严的场合下，可采用廉价的补偿型补偿导线 KC。

3. 补偿导线线芯标称截面的选取

工程上选用补偿导线时，习惯上多选择电阻小的粗线芯，如 $2 \times 1.5 \text{mm}^2$。以前现场常用动圈式仪表，其内阻很小，仅 200Ω 左右，因此补偿导线的电阻值对其测量精度影响很大。现在已用电子仪表取代动圈仪表，而电子仪表的内阻极大，完全可以忽略补偿导线长度及截面的影响。作者曾分别用 200m 与 1m 的补偿导线连接数显表，测量结果是一致的。因此，在强度允许的情况下，应尽量选择细线芯补偿导线，这样既经济又便于操作与接线。

4. 举例说明补偿导线的作用

采用 K 型热电偶测温时，电炉的实际温度 $t_1 = 1000℃$，仪表的环境温度 $t_3 = 20℃$，热电偶参比端温度 $t_2 = 50℃$，如果电位差计与仪表分别采用补偿导线和铜线连接，其计算结果如下：

先由 K 型分度表查得 $E_{1000} = 41.276\text{mV}$，$E_{50} = 2.023\text{mV}$，$E_{20} = 0.798\text{mV}$。当采用补偿导线连接时，根据中间温度定则，其显示仪表所指示的电动势应为测量端与补偿导线参比端电动势之差：

$$E(t_1, t_2) = 41.276\text{mV} - 0.798\text{mV} = 40.478\text{mV}（相当于 980℃）$$

当采用铜线连接时，根据中间金属定则，实际测出的电动势应为：

$$E(t_1, t_2) = 41.276\text{mV} - 2.023\text{mV} = 39.253\text{mV}（相当于 948℃）$$

它们与真实炉温之差分别为

$$980℃ - 1000℃ = -20℃$$

$$948℃ - 1000℃ = -52℃$$

两者相差：

$$980℃ - 948℃ = 32℃$$

两者之差相当可观。在现场测温中，补偿导线除了可以延长热电偶参比端节省贵金属材料外，若采用多股补偿导线，又便于安装与敷设；采用补偿导线虽有许多优点，但必须掌握它的特点，否则，不仅不能补偿参比端温度的影响，反而会增加测温误差。

5. 注意事项

1）各种补偿导线只能与相应型号的热电偶匹配使用。

2）补偿导线与热电偶连接点的温度，不得超过规定的使用温度范围，通常接点温度在 100℃ 以下，耐热用补偿导线可达 200℃（对延长型补偿导线，不应严格限制）。

3）由于补偿导线与电极材料并不完全相同（延长型除外），所以连接点处两接点温度必须相同，否则会引入误差。

4）在精密测量中采用补偿导线时，其测量结果还须加上补偿导线的修正值。

5）在使用补偿导线时，切勿将极性接反，上例中如将补偿导线极性接反，则引入

误差为

$$\Delta E = 2E_{AB}(t_2, t_3) = 2[E_{AB}(50.0) - E_{AB}(20.0)]$$

$$= 2(2.023 - 0.798)\,\text{mV} = 2.450\,\text{mV}\,(\text{在}1000℃附近相当于62.8℃)$$

计算结果表明：由于补偿导线极性接反，仅参比端一项就引入63℃误差，所以必须特别注意。

补偿导线的特点是：在一定温度范围内，其热电性能与热电偶基本一致。它的作用只是把热电偶的参比端移至离热源较远或环境温度恒定的地方，但不能消除参比端不为0℃的影响，所以仍须将参比端温度修正到0℃。

4.5.5 特种补偿导线

1. 高精度补偿导线

随着航空航天等高技术的发展，对温度传感器及其测温系统的精度要求也相应提高。JIF 1637—2017《廉金属热电偶校准规范》中，对补偿导线的要求更高。在室温~70℃范围内，允许偏差仅为±0.2℃。现有补偿导线即使是精密级仍无法满足要求。因此为满足市场需求，应积极开发高精度补偿导线。

（1）高精度补偿导线的定义 具有准确度优于国家标准，并满足高端温度传感器系统精度要求的特种补偿导线称为高精度补偿导线。

（2）高精度补偿导线的制作

1）选取优质合金丝进行配对测试，将满足要求的作为补偿导线线芯。

2）采用耐高温、绝缘性能好、柔软的聚四氟乙烯薄膜。

3）将符合标准颜色要求的薄膜，分别绕制热电偶正、负极，再经烧结处理，致使薄膜与偶丝黏结成整体。

（3）高精度补偿导线的偏差 随机选取高精度补偿导线，实测其偏差，见表4-87。

表4-87 高精度补偿导线偏差　　　　（单位：℃）

类型		补偿型			延长型		
		国家标准	高精度 SCST		国家标准	高精度 NXST	
		SC	1	2	KX、NX	1	2
精密级	50℃	±2.5	-0.44	-0.54	±1.5	-0.06	-0.20
	100℃		-1.25	-1.36		0.30	0.11

由表4-87可看出，在50℃时高精度补偿导线的偏差远小于国家标准，可满足高端温度传感器组成系统准确度测试传感器的要求，并可替代进口。

2. 钨铼热电偶用补偿导线

（1）型号、名称及配用热电偶（见表4-88）

表 4-88　钨铼热电偶用补偿导线的型号、名称及配用热电偶（JB/T 9496—2014）

型号	名称	配用热电偶
DC	钨铼 3 – 钨铼 25 热电偶用补偿导线	钨铼 3 – 钨铼 25
CC	钨铼 5 – 钨铼 26 热电偶用补偿导线	钨铼 5 – 钨铼 26
AC	钨铼 5 – 钨铼 20 热电偶用补偿导线	钨铼 5 – 钨铼 20

（2）分类　钨铼热电偶用补偿导线按使用温度范围不同，分为一般用补偿导线和耐热用补偿导线两类，其标志见表 4-89。

表 4-89　钨铼热电偶用补偿导线的分类与标志

补偿导线使用分类	标志
一般用补偿导线	G
耐热用补偿导线	H

（3）规格　钨铼热电偶用补偿导线的规格见表 4-90。

表 4-90　钨铼热电偶用补偿导线的规格

分类	线芯标称截面面积/ mm²	（线芯结构股数/mm）/ （单线标称直径/mm）	绝缘层标称厚度/ mm	护层标称厚度/ mm	补偿导线最大外径/ mm
一般用	0.5	1/0.8	0.5	0.8	3.7×6.4
	0.5	7/0.3	0.5	0.8	3.9×6.6
	1.0	1/1.31	0.7	1.0	5.0×7.7
	1.0	7/0.43	0.7	1.0	5.1×8.0
	1.5	1/1.37	0.7	1.0	5.2×8.3
	1.5	7/0.52	0.7	1.0	5.5×8.7
	2.5	1/1.76	0.7	1.0	5.7×9.3
	2.5	19/0.41	0.7	1.0	5.9×9.8
耐热用	0.5	1/0.8	0.5	0.3	2.6×4.6
	0.5	7/0.3	0.5	0.3	2.8×4.8
	1.0	1/1.13	0.5	0.3	3.0×5.3
	1.0	7/0.43	0.5	0.3	3.1×5.6
	1.5	1/1.37	0.5	0.3	3.2×5.8
	1.5	7/0.52	0.5	0.3	3.4×6.2
	2.5	1/1.76	0.5	0.3	3.6×6.7
	2.5	19/0.41	0.5	0.3	4.0×7.3

注：1. 若要加屏蔽层，则层厚不得大于 0.8mm。

　　2. 经供需双方协议，允许供应其他规格的补偿导线。

（4）结构型式

1）线芯结构型式。钨铼热电偶用补偿导线的线芯结构型式见表 4-90。多股软线芯以 R 表示。

2）绝缘层与护层结构型式。钨铼热电偶用补偿导线的绝缘层与护层材料见表 4-91。

表 4-91　钨铼热电偶用补偿导线的绝缘层与护层材料（JB/T 9496—2014）

分类	补偿导线代号	绝缘层和护层材料	使用温度范围/℃
一般用补偿导线	DC - G CC - G	PVC、PVC	0 ~ 70
	AC - G	PVC、PVC	0 ~ 100
耐热用补偿导线	DC - H CC - H	B、B	0 ~ 180
	AC - H	F、B	0 ~ 200

3）屏蔽层结构型式。屏蔽层采用镀锡铜丝、不锈钢丝、镀锌钢丝编织或复合铝（或铜）带绕包。具有屏蔽层的补偿导线以 P 表示。

（5）使用温度范围　不同分类补偿导线的使用温度范围见表 4-91。

（6）绝缘层与护套着色

1）补偿导线绝缘线芯的着色如下：

DC——正极为红色，负极为黄色。

CC——正极为红色，负极为橙色。

AC——正极为红色，负极为粉红色。

2）补偿导线护层的着色为黑色。

（7）标记　钨铼5 - 钨铼26 热电偶一般用补偿导线，绝缘层与护层均为聚氯乙烯，使用温度为 0 ~ 70℃，特征为多股软线芯和屏蔽层，单对线芯标称截面面积为 1.0mm²，其标记如下：

钨铼补偿导线 JB/T 9496 - CC - G - VV70RP 2 × 1.0

标记中各要素的含义：CC 表示补偿导线型号（DC、CC、AC）；G 表示一般用补偿导线；V 表示绝缘层材料（绝缘层为聚氯乙烯材料）；V70 表示护层材料（耐热等级为 70 级的聚氯乙烯材料）；R 表示多股补偿导线；P 表示有屏蔽层的补偿导线（无屏蔽层不标）；2 表示线芯股数；1.0 表示单芯截面面积（单芯截面面积为 1.0mm²）。

（8）电动势值及允差　当参比端温度为 0℃时，补偿导线的电动势与温度的关系应符合 JB/T 9497 的规定。补偿导线在使用温度范围内的电动势值及允差应符合表 4-92 的规定。

（9）力学性能　一般用补偿导线的绝缘层与护层的力学性能应符合表 4-93 的规定。

表 4-92　电动势值与允差

补偿导线型号	分类	电动势及允差/μV			
		100℃标称值	0~100℃允差	200℃标称值	0~200℃允差
DC	G	1145	±48	—	—
	H	1145	—	2603	±80
CC	G	1451	±51	—	—
	H	1451	—	3090	±85
AC	G	1336	±50	—	—
	H	1336	—	2871	±80

表 4-93　一般用补偿导线的绝缘层与护层的力学性能

分类		力学性能				
		抗拉强度/MPa	断后伸长率（%）	老化温度/℃	老化时间/h	老化系数 K_1、K_2
一般用	0~70℃	≥12.5	≥125	80±2	7×24	0.8~1.2
	0~100℃	≥12.5	≥125	135±2	7×24	0.75~1.25

3. 铠装补偿导线

铠装补偿导线的结构与铠装热电偶相同，具有较好的耐热性、耐蚀性，并有较高的机械强度。

4. 钢液测温定氧用补偿导线

用于测量钢液中氧含量及温度的复合探头，是实现炼钢过程自动化、节能降耗不可缺少的传感器。它需要匹配的专用补偿导线，以前靠进口，我国现已批量生产。该种补偿导线是由铠装导线与丁腈聚氯乙烯复合物绝缘和护套软导线组成。补偿导线的型号见表 4-94，规格见表 4-95，使用温度范围见表 4-96，其电动势及允许误差应符合表 4-97 的规定。

表 4-94　补偿导线的型号

名称	型号	连接部位
钢液氧传感器用铠装导线	KSC – 4 – φ7.5	置于测温枪内连接传感器
钢液氧传感器用软导线	SC – PVX	测温枪拖线连接二次仪表

表 4-95　补偿导线的规格

型号	芯数×（线芯标称截面/mm²）	绝缘层标称厚度/mm	护层标称厚度/mm	外径/mm
KSC – 4 – φ7.5	4×1.0	0.8	0.9	φ7.5
SC – PVX	4×1.0	0.7	1.0	φ8.0

注：软导线如要加屏蔽层，则层厚不大于 0.8mm。

表4-96 补偿导线的使用温度范围

型号	线芯材料	绝缘层材料	护层材料	使用温度范围/℃
KSC – 4 – φ7.5	铜 – 铜镍合金	氧化镁粉	金属套管	0 ~ 200
SC – PVX		丁腈聚氯乙烯	丁腈聚氯乙烯	0 ~ 100

注：具有屏蔽层的软导线以 SC – PVXP 表示，屏蔽层采用镀锡铜丝编织。

表4-97 电动势及允许误差

名 称	电动势及允差/mV			
	100℃	0 ~ 100℃	200℃	0 ~ 200℃
钢液氧传感器用导线	0.645	± 0.023	1.440	± 0.057

5. 核电站用1E级K3类低烟无卤阻燃型热电偶用补偿电缆

（1）适用范围 适用于核电站核岛反应堆外部控制系统中热电偶与记录仪、计算机以及数据处理系统的连接。

（2）型号、名称及配套用热电偶（见表4-98）

表4-98 型号、名称及配套用热电偶

型号	名称	配套用热电偶	分度号
SC 或 RC	铜 – 铜镍0.6 补偿型电缆	铂铑 10 – 铂 铂铑 13 – 铂	S 或 R
KCA	铁 – 铜镍 22 补偿型电缆	镍铬 – 镍铝	K
KCB	铜 – 铜镍 40 补偿型电缆		
KX	镍铬 10 – 镍硅 3 延长型电缆		
KX（Al）	镍铬 – 镍铝延长型电缆		
NC	铁 – 铜镍 18 补偿型电缆	镍铬硅 – 镍硅	N
NX	镍铬 14 硅 – 镍硅延长型电缆		
EX	镍铬 10 – 铜镍 45 延长型电缆	镍铬 – 铜镍	E
JX	铁 – 铜镍 45 延长型电缆	铁 – 铜镍	J
TX	铜 – 铜镍 45 延长型电缆	铜 – 康铜	T

（3）型号说明（见图4-48）

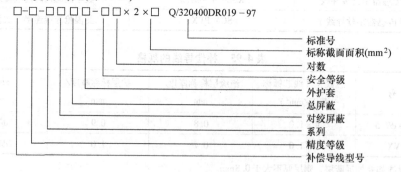

图4-48 核电站用补偿电缆型号

（4）型号中各代号说明（见表4-99）

表4-99　型号中各代号说明

项目	代号	说明
补偿导线型号	见表4-98	见表4-98
精度等级	S	精密级
对绞屏蔽	P	镀锡铜丝编织
	P_2	铜塑复合带绕包
	P_3	铝塑复合带绕包
总屏蔽	C	镀锡铜丝编织
	C_2	铜塑复合带绕包
	C_3	铝塑复合带绕包
外护套	S	低烟无卤热塑性聚烯烃
	G	低烟无卤热固性聚烯烃
安全等级	K3	1E 级 K3 类
规格	对数 $\times 2 \times$ 标称截面面积（mm^2）	$(1 \sim 12) \times 2 \times (0.5 \sim 2.5)$

（5）标记举例　核电站用1E 级 K3 类低烟无卤阻燃型热电偶用补偿电缆用型号、安全等级、规格及标准编号表示，举例如下：

核电站用1E 级 K3 类低烟无卤阻燃型聚烯烃绝缘、铜丝编织总屏蔽、聚烯烃护套镍铬－镍硅热电偶用补偿电缆，精密级，1 对，导体标称截面面积为 $1.0mm^2$，其标记如下：

$$KX - S - HBSCS - K3 \quad 1 \times 2 \times 1.0 \quad Q/320400DR019 - 97$$

（6）产品特性

1）导体特性。电动势、允差及20℃时往复电阻见表4-100。

表4-100　电动势、允差及20℃时往复电阻

型号	电动势/μV	允差/μV		20℃时往复电阻/(Ω/m)
		精密级	普通级	$\leqslant$
SC 或 RC	645	±30	±60	0.05
KCA				0.70
KCB				0.52
KX	4095	±60	±100	1.10
KX（Al）				—
NC				0.75
NX	2774	±60	±100	1.43
EX	6317	±120	±200	1.25
JX	5268	±85	±140	0.65
TX	4277	±30	±60	0.52

2）长期允许工作温度：90℃。

3）最低使用环境温度：-15℃。

4）最低敷设温度：0℃。低于最低敷设温度时应预先加热。

6. 本质安全电路用热电偶补偿导线、电缆

（1）适用范围 适用于有爆炸危险的环境及防爆安全性要求较高场合。冷端用于连接防爆测温仪表，构成本质安全（简称本安）热电偶测温系统。

（2）型号、名称及配套用热电偶（见表4-98）

（3）型号表示方法（见图4-49）

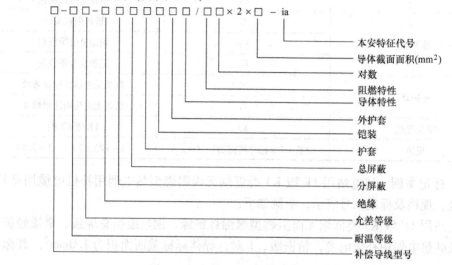

图4-49 本安电路用补偿导线的型号

（4）型号中各代号说明（见表4-101）

表4-101 型号中各代号说明

项目	代号	说明
耐温等级	G（常省略）	普通型
	H	耐高温型
允差等级	（省略）	普通级
	S	精密级
绝缘	Y	聚乙烯
	V	聚氯乙烯
	YJ	交联聚乙烯
	E	低烟无卤阻燃聚烯烃
	F	氟塑料
线组屏蔽	P	铜丝编织
	P_1	镀锡铜丝编织
	P_2	铜塑复合带绕包
	P_3	铝塑复合带绕包

（续）

项目	代号	说明
总屏蔽	C	铜丝编织
	C_1	镀锡铜丝编织
	C_2	铜塑复合带绕包
	C_3	铝塑复合带绕包
护套	Y	聚乙烯
	E	低烟无卤阻燃聚烯烃
	F	氟塑料
铠装	2	双钢带铠装
外护套	2	聚氯乙烯
	E	低烟无卤阻燃聚烯烃
阻燃特性	/SA	成速阻燃
	/SB	低烟低卤成速阻燃
	/SC	低烟无卤成速阻燃
规格	线对数×2×（导体标称截面面积/mm²）	(1～12)×2×(0.5、1.0/1.5、2.5)

（5）标记举例 本安电路用热电偶补偿导线、电缆由型号、线组数、线组芯数及导体的标称截面表示，举例如下：

KCA 型耐热用精密级补偿电缆，氟塑料绝缘，镀锡铜丝编织对绞屏蔽，镀锡铜丝编织总屏蔽，聚氯乙烯护套屏蔽软电缆，12 对，导体截面面积为 1.5mm²，其标记如下：

$$KCA - HS - FP1C1VR - ia \quad 12 \times 2 \times 1.5$$

（6）产品特性

1）本安电路用补偿导线（电缆）的电动势、允差及热电偶测量温度见表 4-102。

表 4-102 电动势、允差及热电偶测量温度

补偿导线型号	100℃时电动势/μV			200℃时电动势/μV			热电偶测量端温度/℃
	标称值	允差		标称值	允差		
		普通级	精密级		普通级	精密级	
SC 或 RC	645	±60	±30	1440	±60	—	1000
KCA 或 KX	4095	±100	±60	8137	±100	±60	1000
NX 或 NC	2774	±100	±60	5912	±100	±60	900
EX	6317	±200	±120	13419	±200	±120	500
JX	5268	±140	±85	10777	±140	±85	500
TX	4277	±60	±30	9285	±90	±48	300

2）本安电路用补偿导线（电缆）的往复电阻见表 4-103。

表4-103　往复电阻

型号	20℃往复电阻/(Ω/m)　≤				
	0.5mm²	0.75mm²	1.0mm²	1.5mm²	2.5mm²
SC 或 RC	0.10	0.06	0.05	0.03	0.02
KCA	1.40	0.94	0.70	0.47	0.28
KX	2.20	1.46	1.10	0.73	0.44
NC	1.50	1.00	0.75	0.50	0.30
NX	2.86	1.90	1.43	0.95	0.57
EX	2.50	1.66	1.25	0.83	0.50
JX	1.30	0.86	0.65	0.43	0.26
TX	1.04	0.70	0.52	0.35	0.21

3）本安补偿导线、电缆除具有上述性能指标外，还具有表4-104所列的本安性能指标。

表4-104　本安性能指标

性能项目	指标
工作电容/(pF/m)	≤80
电容不平衡/(pF/m)	≤1
分布电感/(μH/m)	≤0.6
静电感应电压（静电电压20kV）/V	≤1
电磁干扰感应电压（干扰磁场400A/m）/mV	≤5

（7）使用特性

1）使用温度：对于耐热级，最高使用温度有200℃和260℃两种；对于普通级，最高使用温度有70℃、90℃和105℃三种。

2）最低环境温度：对于聚氯乙烯绝缘和护套导线、电缆，固定敷设的最低环境温度为-40℃，非固定敷设的最低环境温度为-15℃；对于氟塑料绝缘和护套导线、电缆，固定敷设的最低环境温度为-60℃，非固定敷设的最低环境温度为-20℃。

7. 500℃高温补偿导线

（1）适用范围　适用于500℃及以下高温工作环境中额定电压为300V/500V及以下的冶金、石油化工等企业及科研部门中的温度测量和控制系统。

（2）型号、名称及配套用热电偶（见表4-98）

（3）表示方法（见图4-50）

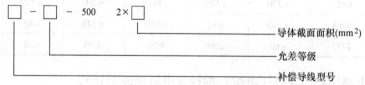

图4-50　500℃高温补偿导线型号表示方法

（4）标记举例　500℃高温补偿导线由型号、芯数及导体的标称截面面积表示，举例如下：

KCA 型 500℃高温精密级补偿导线，2 芯，导线截面面积为 $1.5mm^2$，其标记如下：

$$KCA - S - 500 \quad 2 \times 1.5$$

（5）产品特性　500℃高温补偿导线的电动势及允差见表4-105。

表 4-105　电动势及允差

补偿导线型号	500℃时电动势/μV		
	标称值	允差	
		普通级	精密级
KCA 或 KX	20644	±160	±85
NC 或 NX	16748	±143	±76
EX	37005	±303	±162
JX	27393	±210	±112

4.6　测温线路

4.6.1　参比端

1. 热电偶参比端温度的影响

由热电偶测温原理可知：

$$E_{AB}(T, T_0) = e_{AB}(T) - e_{AB}(T_0)$$

即热电偶因温度变化产生的电动势，是测量端温度与参比端温度的函数差，而不是温度差的函数。如果参比端温度保持恒定，那么电动势就变成测量端温度的单值函数。我们经常使用的分度表及显示仪表，都是以热电偶参比端为 0℃ 作先决条件的。因此，在使用时必须保证这一条件，否则就不能直接应用分度表。如果参比端温度是变化的，引入的测量误差也是变量。由此可见，参比端温度的变化将直接影响测量的准确度。但在实际测温时，因热电偶长度受到一定限制，参比端温度直接受到被测介质与环境温度的影响，不仅难以保持 0℃，而且往往是波动的，无法进行参比端温度修正。因此，要把变化很大的参比端温度恒定下来，通常采用补偿导线法及参比端温度恒定法（参比端的类型与用途见表4-106）。

表 4-106　参比端的类型与用途

类型	用　　途
冰点式参比端	校正标准热电偶等高精度温度测量
电子式参比端	
恒温槽式参比端	热电温度计的温度测量
补偿式参比端	
室温式参比端	精度不太高的温度测量

2. 参比端形式

（1）冰点式参比端 常用的冰点器（见图4-51）是在保温瓶内盛满冰水混合物。为了保持参比端温度为0℃，插入的试管要有足够的深度；并且，保温瓶内要有足够数量的冰屑，才能保证参比端为0℃。值得注意的是，冰水混合物并不一定就是0℃，只有在冰水两相界面处才是0℃。用冰屑代替冰块，效果更好。为了防止短路，两电极丝要分别插入各自的试管中。长时间使用时，接点周围的冰将融化，如果水多了，冰要浮在上面，接点处于水中，因而不是冰点；相反，冰多水少，在冰中将有空穴，将有空气包围接点，这也不是冰点。因此，要经常检查，并补充适量的冰。只要注意经常检查，接点周围的温度变化就不会超过±0.02℃。

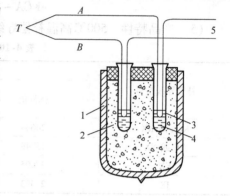

图4-51 冰点器
1—保温瓶 2—冰水混合物 3—试管
4—变压器油 5—连接仪表的铜导线

（2）电子式参比端 利用半导体制冷的原理，冷却密闭的水槽，从而把参比端温度保持在0℃。电子式冰点装置的优点是体积小，操作简单。一般的热电温度计均可使用。槽内温度的稳定性取决于控温系统，一般在±0.05℃以内。槽内温度的准确度是由生产厂的温度标准仪器的准确度决定的，一般在±0.1℃以内。

（3）恒温槽式参比端 利用温度调节器将参比端温度保持恒定。采用恒温槽式参比端时，如果它的温度不为0℃，则要用其他温度计测出其温度并进行修正。

（4）补偿式参比端 当热电偶的两接点温度分别为t、t_n时，则电动势为

$$E_{AB}(t,t_n) = E_{AB}(t,t_0) - E_{AB}(t_n,t_0) \tag{4-32}$$

如果在线路中串接一个电势$V = E_{AB}(t_n, t_0)$，则显示仪表总的输入电动势为

$$E_{AB}(t,t_n) + V = E_{AB}(t,t_0) \tag{4-33}$$

这样就可以得到准确的测量结果。所谓补偿式参比端，实质就是一个可产生直流信号为$E_{AB}(t_n, t_0)$的毫伏发生器，也称参比端（冷端）温度补偿器。它内部结构通常是一个不平衡电桥，因此，也称补偿电桥法。把它串接在热电偶测温回路中，就可以自动补偿热电偶参比端温度变化的影响，十分方便，广泛用于工业仪表。

参比端温度补偿器是一个不平衡电桥，如图4-52所示。它的输出端与热电偶串接，电桥的三个桥臂R_1、R_2、R_3是由电阻温度系数很小的锰铜丝绕制的，使其电阻值不随温度变化。另一个桥臂则是一个用铜线绕制的电阻温度系数很大的参比端补偿电阻R_x，在20℃时$R_x = R_1 = R_2 = R_3 = 1\Omega$。这时电桥平衡，无电压输出。当参比端温度变化时，$R_x$的电阻值也随参比端温度变化而改变，于是电桥就有不平衡电压输出。如选择适当的R_s，可使电桥的电压输出特性与配用热电偶的热电特性相似。同时，电位差方向在参比端温度$t_n > 20$℃时与热电偶的电动势方向相同；若$t_n < 20$℃则电位差方向与热电偶的电动势方向相反，从而起到参比端温度自动补偿的作用。当$t_n = 20$℃时，

直流电压信号 $V=0$。即当热电偶参比端温度 $t_n=20℃$ 时不需要补偿。因此，在使用此种补偿器时，必须把显示仪表的起始点调到20℃的位置。

采用参比端温度补偿器比冰点器或采用计算修正法方便，但必须注意如下事项，否则就不能收到预期的效果。

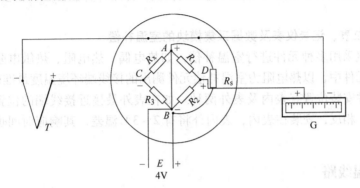

图 4-52　参比端温度补偿器

R_x—参比端补偿电阻　R_1，R_2，R_3—锰铜电阻　G—显示仪表　R_s—特性电阻　E—直流电源　T—热电偶

1）各种参比端温度补偿器只能与相应型号热电偶在规定的温度范围内配套使用。

2）热电偶与补偿器连接时，极性切勿接反，否则将使误差增大。

3）补偿器必须定期检查与校验。

（5）室温式参比端　它的显著特点是无参比端温度恒定装置。这种方式往往在测温精度要求不太高的情况下使用。它是将仪表的输入端子作为参比端，并用其他温度计准确测量端子温度，再加以修正，求得实际的电动势。另外，也可将参比端插入盛有变压器油的容器中，利用油的热惰性来使参比端温度稳定，其效果更好。

3. 参比端温度修正法

以上介绍的是当参比端不为0℃时，如何使之恒定的方法。当参比端温度恒定不变或变化很小又不为0℃时，可采用计算法（或称电动势修正法）进行修正。由热电偶测温原理可知，热电偶实际的电动势应为测量值与修正值之和：

$$E_{AB}(t,t_0)=E_{AB}(t,t_1)+E_{AB}(t_1,t_0)$$

式中，$E_{AB}(t,t_1)$ 是当参比端温度为 t_1 时仪表显示的数值；$E_{AB}(t_1,t_0)$ 是参比端温度为 t_1 时电动势值的修正值。

因为 t_1 恒定，可由相应的分度表查得 $E_{AB}(t_1,t_0)$ 值，用上式求得修正后的读数，即可由相应的分度表查得热电偶所测的真实温度。

例：用S型热电偶测炉温时，参比端温度 $t_1=30℃$，在直流电位差计上测得的热电动势 $E(t,30)=13.542mV$，试求炉温。

由S型分度表查得 $E(30.0)=0.173mV$，则有：

$$E(t,0)=E(t,t_1)+E(t_1,0)$$
$$=13.542mV+0.173mV=13.715mV$$

再由 S 型分度表查得 13.715mV 相当于 1346℃。若参比端不做修正，则所测 13.542mV 对应的温度为 1332℃，与真实炉温 1346℃相差 14℃。在实验室内，用电位差计测温时，多采用计算方法修正参比端温度的影响。结果的准确度取决于参比端温度测量的准确度。对于以温度刻度的直读式仪表，如用计算法修正，需多次计算查表，很不方便。

4. 测温仪表、记录仪表及数据采集模块的室温补偿

测温仪表采用多种元件进行室温补偿，如热电偶、热电阻、热敏电阻及半导体元件等。上述元件中，以热电阻为室温补偿元件测出的接线端环境温度最准确。

补偿元件安装位置有表内及表外两种。如在表外最接近接线端的位置安装，补偿的效果最好。相反，安装在表内，表内外将有 2~3℃温差，其响应时间也很慢，必须引起重视。

4.6.2 测温线路

1. 测温线路的连接方式

热电偶测温线路由热电偶组件、测量仪表及中间连接部分（温度变送器、补偿导线等）组成。根据不同的要求，其连接方式有 A、B、C、D、E 及 F 六种，如图 4-53 所示。该图表示了热电偶、测量仪表、温度变送器、补偿接点和参比端的关系。如用一台测量仪表显示多点温度时，可按图 4-54 连接，这样可节约补偿导线。在连接时，除了同种导线的接点外，还必须注意参比端和补偿接点的两个端子应分别保持在同一温度，否则将引起误差。

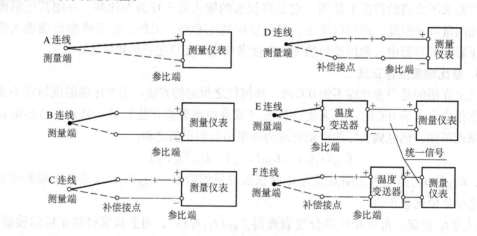

图 4-53 测量线路的连接

——热电偶正极 ----热电偶负极 —+补偿导线正极 ———补偿导线负极 ——铜导线

2. 测温线路

在实际测温时，应根据不同的要求选择准确、方便的测量线路。

（1）串联线路 将 n 支同型号热电偶依次按正负极相连接的线路称为串联线路。

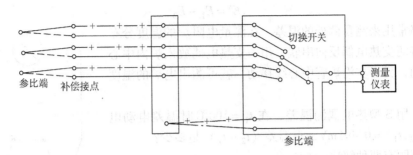

图 4-54　多支热电偶共用一台测量仪表的测温线路

其连接方式如图 4-55 所示。串联线路总电动势 E' 为

$$E' = E_1 + E_2 + \cdots + E_n = nE \tag{4-34}$$

式中，E_1，E_2，$\cdots$，E_n 是单支热电偶的电动势；E 是 n 支热电偶的平均电动势。

串联线路的主要优点是电动势大，测温的灵敏度比单支热电偶高。因此，依据热电偶串联原理制成热电堆，可感受微弱信号，或者在相同条件下，可配用灵敏度较低的测量仪表。此种线路的主要缺点是：①只要有一支热电偶断路，整个测量系统就不能工作；②测量误差是多支热电偶的误差的代数和。

（2）并联线路　将 n 支同型号热电偶的正极和负极分别连接在一起的线路称为并联线路。其线路如图 4-56 所示。如果 n 支热电偶的电阻值均相等，则并联测量线路的总电动势等于 n 支热电偶电动势的平均值，即

$$E'' = \frac{E_1 + E_2 + \cdots + E_n}{n} \tag{4-35}$$

并联线路常用来测量温场的平均温度。同串联线路相比，并联线路的电动势虽小，但其相对误差仅为单支热电偶的 $1/\sqrt{n}$，而且，当某支热电偶断路时，测温系统照常工作。但是，此时热电偶的数量为 $n-1$。

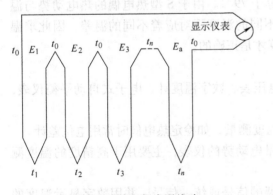

图 4-55　热电偶串联线路

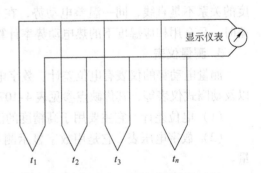

图 4-56　热电偶并联线路

（3）反向串联线路　将两支同型号热电偶反向连接（见图 4-57）测量温差电动势的线路，称为反向串联线路。

$$E'' = E_1 - E_2 \tag{4-36}$$

此种线路常用来测量两处的温差。在测量电阻炉的温度分布时，可将两支热电偶反向串联，用一支热电偶放入炉内中心位置不动，另一支沿炉管中心线移动，就可测出电炉的温度分布。

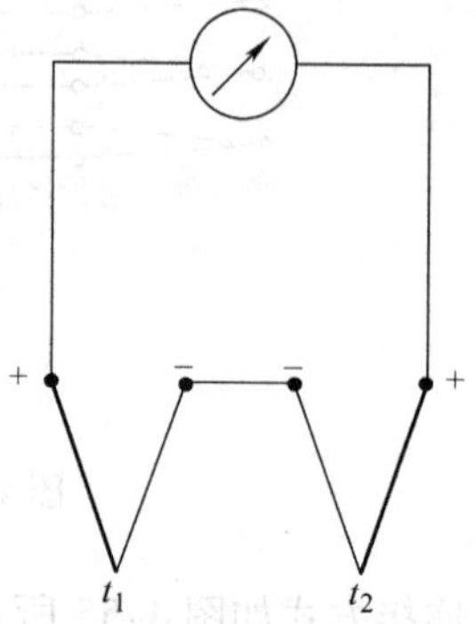

例：用 S 型热电偶测温差，在 $t_1 = 500℃$ 时温差电动电势 $E_{AB}(t_2, t_1) = 0.495\text{mV}$，求温差 $(t_2 - t_1)$ 是多少？

本例题有两种解法：

其一，用热电势率的方法，即先查表 4-26 或计算 500℃下 S 型热电偶的热电动势率。因表中无此数据，只好计算，方法如下：

图 4-57 热电偶反向串联线路

$$[E_{AB}(510,0) - E_{AB}(490,0)]/20 \tag{4-37}$$

再由 S 型分度表分别查出相应的热电动势 E 代入上式，则为

$$[(4.332 - 4.134)/20]\text{mV}/℃ = 0.0099\text{mV}/℃$$

所以，温差为

$$(t_2 - t_1) = 0.495\text{mV} \div (0.0099\text{mV}/℃)$$
$$= 50℃$$

其二，补偿法。先由 S 型分度表查得 $t_1 = 500℃$ 的热电势 $E_{AB}(500,0) = 4.233\text{mV}$。由热电偶测温原理可知

$$E_{AB}(t_2, t_0) = E_{AB}(t_2, t_1) + E_{AB}(t_1, t_0)$$
$$= 0.495\text{mV} + 4.233\text{mV}$$
$$= 4.728\text{mV}$$

再由 S 型分度表查得 4.728mV 相应的温度 $t_2 = 550℃$。

所以温差为

$$\Delta t = t_2 - t_1 = 550℃ - 500℃ = 50℃$$

这两种方法所得结果是一致的。值得注意的是，不能直接用温差电动势 0.495mV 去查 S 型分度表，否则结果将误认为温差等于 79℃。由于 S 型热电偶的热电动势与温度的关系不是直线，同一温差电动势，在不同的温度下对应着不同的温差。因此求温差时，只有用相应温度下的热电动势率计算才是正确的。

3. 测量仪表

测量电动势的仪表有电位差计、数字电压表、数字温度计、电子式自动平衡仪表，以及动圈式仪表等，其优缺点参见表 4-107。

（1）电位差计　它主要用于高精度的温度测量，如检定热电偶时常用电位差计。

（2）数字电压表　它是用数字显示测量电动势的仪表，主要用于高精度的温度测量。

（3）数字温度计　它是接受来自热电偶的信号或统一信号，并用数字显示温度的仪表，可用于普通温度测量。它的特点是显示清晰，读数准确，尤其是测量速度快，分辨率高，还能将输出数字量信号与计算机联系，或输出直流模拟量信号与相应的调节器相匹配，构成生产过程的最佳控制系统。

　　1）分类。数字温度计可分为普通型与智能型数字温度计。前者线路简单，维修方便，成本低廉；后者线路复杂，维修麻烦，但精度高，功能全。

表 4-107　测量仪表的优缺点

测量仪表	优点	缺点
电位差计、电桥	精度高，可作为标准仪器	1）要求技术熟练 2）要进行操作
数字电压表	1）精度高，可作为标准仪器 2）不需要熟练的技术 3）操作方便	1）要维持高精度，必须定期进行校验 2）通电以后到稳定需要时间
电子式自动平衡仪表	1）显示机构的转矩大 2）采用零位法精度较高 3）能制作温度刻度范围小的仪表（小量度仪表）	结构复杂
数字温度计	1）可直接显示温度 2）不要熟练的技术	要保护精度，必须注意检查周期和使用环境

　　① 普通型数字温度计。热电偶用数字温度计是出现最早的一种数字温度计，实质上它是由数字式毫伏计、线性化器和热电偶组成。线性化器的作用在于将热电偶的非线性热电关系修正为线性关系。热电偶的电动势经放大后，由线性化器作线性处理，线性化后的输出电压与被测温度成正比。该电动势由数字毫伏计测量，并由数码管直接显示出被测温度数值。因此，线性化器的结构与准确度是仪表的关键。普通型数字温度计的原理如图

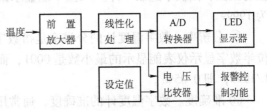

图 4-58　普通型数字温度计的原理

4-58 所示。传感器或变送器将被测量的模拟量，通过转换成为所需要的电平信号，再经前置放大器放大和线性化处理，送至模数转换器（A/D 转换器）。A/D 转换器的作用是将模拟量转换成数字量。对热电偶而言，由于测量电路的输出都是电压，所以，模数转换器主要是进行电压 – 数字转换。通常用的转换器采用双积分原理实现 A/D 转换，线性度可达 0.05%。转换器内有译码驱动、自动调零、极性显示、溢出显示等电路，可直接驱动 LED 显示器，显示出被测温度数值。

　　② 智能型数字温度计。智能型数字温度计的原理如图 4-59 所示。传感器将被测量的模拟量，通过转换成为所需要的电平信号，经自动校零后，进入高精度线性放大器。放大后的直流信号再经过 A/D 转换，在微机和逻辑控制器作用下以扫描的方式送入微机。微机内存储器中可存储各种传感器的分度表。进入微机的电平信号，经查表逐一转换成相应模拟量的数字信号。然后分三路输出：一路经微机内七段译码器译成四位扫描七段码供 LED 显示器显示；另一路译成四线并行的 BCD 码由输出接口输出，供打

印和联机对话；还有一路进入微机内部的比较器与来自数码设定器设定的电平信号比较，输出报警和控制信号。由于智能型数字温度计采用了微机，实现了函数间逐点转换，彻底地解决了传感器的非线性问题，使整个测量过程均不存在非线性误差，同时还能自动校零，彻底解决了显示仪表中零点漂移问题。

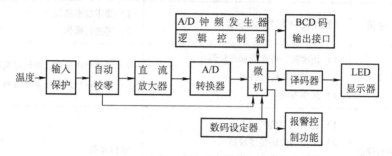

图 4-59　智能型数字温度计的原理

2）技术指标。数字温度计的技术指标有：显示位数、分辨率、准确度、输入阻抗、采样超载能力等。

① 显示位数。数字温度计以十进制显示位数。工业中常用的有三位、三位半、四位、四位半。所谓的半位，其含义是最高位只能显示"1"或不显示。其他的三位、四位与三位、四位十进制一样。三位半能显示最大的数为 1999，四位半能显示最大的数为 19999。

② 分辨率。数字温度计的分辨率是指数字显示仪表的最小数和最大数的比值。三位半数字显示仪表能显示的最小数是 0001，而显示的最大数是 1999，它的分辨率就是 1/1999，即 0.05%。

③ 准确度。数字温度计的准确度，通常用相对误差与绝对误差联合表示。

$$\Delta = \pm [a\%（量程）+ 几个字] \tag{4-38}$$

式中，a 是相对误差。

对三位半的数字温度计而言，它的显示仪表误差为

$$\Delta = \pm [0.5\%（量程）+ 1 个字] \tag{4-39}$$

如果它的测量范围为 0 ~ 1600℃，显示位数为 4 位。那么读数最小一个字相当于 1℃，该仪表测量温度的允许误差应为

$$\Delta = \pm (0.5\% \times 1600℃ + 1℃) = \pm 9℃$$

3）测量线路。当采用热电偶作为感温元件时，其测量线路中应有参比端补偿电路。参比端补偿电路和前述的参比端补偿器一样，都是由电桥的不平衡电压来补偿参比端温度的影响。

当采用热电阻作感温元件时，其测量回路有两种：将热电阻作为电桥的一个臂，电桥由稳压电源供电，电桥的输出作为测量电路的输出；由恒流源向热电阻供给稳定的电流，热电阻上的电压降为测量电路的输出。国外多采用后一种测量电路。

随着电子计算机及微机的广泛应用，以电子计算机或微机为核心的现代测量系统

也相应出现。它可以对多种参数进行测试、计算、处理、记录储存，还具有分析、诊断等多种功能。

（4）电子式自动平衡仪表 它是将电子式自动平衡机构接入电桥回路中，通过零位法显示温度的仪表。现在工程测温中经常使用该仪表。

（5）动圈式仪表 这种仪表常用于精度要求不高的场合。当用动圈式仪表测温时，在线路中一定有电流通过，所以热电偶及连接导线的电阻将影响测量的准确度。下面从一个测温的基本线路（见图 4-60）分析其影响。

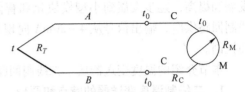

图 4-60 热电偶测温的基本线路

AB—热电偶 C—连接导线 M—动圈式毫伏计

t，t_0—热电偶测量端与参比端的温度

R_T，R_C—热电偶与导线的电阻 R_M—毫伏计的内阻

在上述测温回路的总电阻 R 和通过电流 I 分别为

$$R = R_T + R_C + R_M$$

$$I = \frac{E_{AB}(t,t_0)}{R_T + R_C + R_M}$$

即
$$E_{AB}(t,t_0) = I(R_T + R_C) + IR_M \tag{4-40}$$

式中，$E_{AB}(t,t_0)$ 是热电偶实际电动势；R_M 是毫伏计的内阻；$R_T + R_C$ 是仪表的外接电阻（R_y）。

假定：
$$E_M = IR_M，\quad 即 \ I = \frac{E_M}{R_M} \tag{4-41}$$

由式（4-40）看出，毫伏计的示值 E_M 与热电偶实际电动势 $E_{AB}(t,t_0)$ 之差为

$$E_{AB}(t,t_0) - E_M = I(R_T + R_C) \tag{4-42}$$

将式（4-41）代入式（4-42）即可得到

$$E_{AB}(t,t_0) - E_M = E_M \times \frac{R_C + R_T}{R_M} \tag{4-43}$$

由此可以看出，欲使毫伏计指示电动势为真实值，则（$R_T + R_C$）就应为零，实际上是不可能的，而且 R_T 在工作状态下又是变化的。只能用增大仪表内阻 R_M 的办法，使（$R_T + R_C$）/R_M 小到可以忽略不计的程度。

动圈仪表在使用中还容易出现下列问题：

1）如果不接配线电阻，则 $R_y < R_g$（公称电阻值）。

2）如果只将配线电阻的阻值调到公称值，而忽略了补偿导线、热电偶的电阻，则使 $R_y > R_g$。

3）如果只注意在室温下使 $R_y = R_g$，那么在高温下，$R_y \neq R_g$。对于贵金属热电偶而言，温度对电阻值的影响尤为显著，决不能忽略。

4.6.3 温度变送器

温度变送器是一种信号转换器，是将温度物理量转换成标准化信号输出的仪表，

采用 4 ~ 20mA 作为标准电流输出。它主要用于工业自动化过程的温度测量和控制。

由于集成电路以及电子测量技术和控制技术的迅速发展，温度变送器也同步得到发展和提高，逐步发展到小型模块化和智能化，并带有数字显示。变送器通常采用二线制回路供电，输出信号从 4 ~ 20mA 向现场总线信号方向发展，以适应数字化的接收和控制。

本节介绍的温度变送器属于二线制回路供电变送器。

1. 二线制温度变送器的特点和原理

（1）特点

1）仪表的功耗低，二线制温度变送器通常工作电压为 24V，回路工作电流为 4 ~ 20mA。

2）由于是电流信号传输，电流信号的强度不随传输距离增加而降低，所以可以长距离传输信号，而不影响变送器输出精度。

3）由于仪表功耗小，电路的发热也低，所以仪表内部温升小。温升小使得仪表输出信号的温度飘移也小，从而提高了测量精度。

4）由于采用二线制，现场变送器与控制室仪表连接使用两根导线，这两根线既是电源线又是信号线，所以布线、安装和维护成本大幅度下降。

5）采用 4 ~ 20mA 电流传送信号，变送器输出的电流源的内阻足够大，磁场感应到导线环路内的干扰电压不会产生显著影响。干扰源引起的电流极小，一般利用双绞线就能降低干扰，故抗干扰性能好。

6）可以在输出 4 ~ 20mA 回路中任何点串级各种采集仪表，实现采集分散，集中控制。

7）由于将 4mA 作为零电平，使正确判断开路与短路或传感器损坏（0mA 状态）变得十分方便，因而可及时排除故障。

8）很多电子仪表的外壳要考虑散热设计，往往需要开出气孔。由于二线制仪表功耗低，所以使用铝合金壳体对发热的影响可以忽略不计。因此很容易设计各种高防护等级的密封外壳。采用 -40 ~ +85℃ 工业级电子元器件设计的现场仪表就很适合野外安装。

（2）工作原理 温度变送器通常由温度传感器和信号转换器两部分组成。温度传感器主要是热电偶或热电阻；信号转换器的输出信号必须是国际标准信号时，它才能称为温度变送器。在工业实际应用中，温度传感器与信号转换器大部分是分开安装的（见图 4-61）。这些信号转换器国内外厂商都称为温度变送器，而把变送器与传感器安装在一起的称为一体化温度变送器（见图

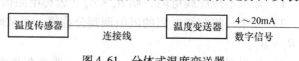

图 4-61 分体式温度变送器

4-62）或称带转换器热电偶（热电阻），也有称带传感器的变送器。

温度变送器（信号转换器）主要由测量单元、信号放大单元和 V/I 转换器组成（见图 4-63），前面二个单元与常用的温度测量控制仪表是完全相同的。不同的是 V/I

转换器，即将温度传感器的电阻或电势处理后的
电压信号变成标准电流信号。几种典型温度变送
器工作原理介绍如下：

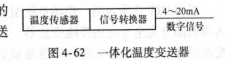

图 4-62　一体化温度变送器

1）模拟型温度变送器的工作原理。模拟型温
度变送器的工作原理如图 4-63 所示。如果输入传感器是热电偶，那么测量单元在输入
电路中需增加冷端补偿电路。信号处理单元由滤波放大电路和线性化电路组成。

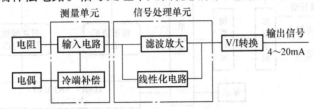

图 4-63　模拟型温度变送器的工作原理

2）智能型温度变送器的工作原理。智能型温度变送器的工作原理如图 4-64 所示。
输入采用多路采集电路，通过单片机控制输入通道的通断，各信号被分时选通后进入
模数转换单元，然后模数转换单元将输入的模拟信号放大后转换成数字信号。单片机
以查询方式采集模数转换器输出信号，然后进行数据处理。数据处理包括热电偶冷端
温度补偿、热电阻的连接线补偿、线性化处理和故障自诊断等，然后通过数模转换单
元将数据转换成 4～20mA 电流信号，成为变送器的输出信号。

图 4-64　智能型温度变送器的工作原理

工业现场使用的智能温度变送器大部分是隔离型的，仅热电阻有非隔离的。因为
测热电偶的输入电路阻抗很大，很小的干扰信号引入都无法使变送器正常工作，所以
输入和输出之间需要隔离。

智能温度变送器有的直接带温度测量值显示。由于整个变送器的最大静态功耗为
4mA，电流很小，所以只能使用低功耗液晶显示屏，而且单片机也必须使用微功耗，并
内含液晶显示屏驱动电路。

3）现场总线型温度变送器的工作原理。过程自动化所使用的二线制现场总线型温
度变送器主要有 HART、PROFIBUS‐PA 和 FF 三种总线。HART 协议只是一种由模拟
系统向数字系统转变过程中的过渡协议，但是由于协议是唯一向后兼容的智能仪表解
决方案，即它可以在提供现场总线的优越性的同时，保留对现有 4～20mA 系统的兼容
性。与模拟仪表相比，HART 智能变送器在成本不增加太大的前提下，具有易于调试维
护和更高精度的优点，因而在当前具有较强市场占有力。

以 HART 总线为例，现场总线型温度变送器的工作原理如图 4-65 所示。单片机输入以前部分完全与前述智能变送器一致，不同部分是单片机的右边那部分，它由 D/A 变换电路、波型整形电路、带通滤波放大电路和 HART MODEM 组成。其中 D/A 变换器（AD421）是直接将数字信号转换成 4~20mA 电流输出，以输出主要的变量。

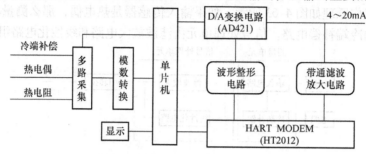

图 4-65　现场总线型温度变送器的工作原理

HART 通信协议采用 FSK 频移键控技术，即在 4~20mA 模拟信号上叠加一个频率信号。频率信号采用 Bell202 国际标准，数字信号的传送波特率设定为 1200bps，1200Hz 代表逻辑"1"，2200Hz 代表逻辑"0"，信号幅值为 0.5mA。Bell202 MODEM 及其附属电路的作用是对叠加在 4~20mA 输出电流环路上的信号进行带通滤波放大后，如果检测到 FSK 频移键控信号，则由 Bell202 MODEM 将 1200Hz 的信号解调为"1"，2200Hz 信号解调为"0"的数字信号送单片机，单片机接收命令帧，做相应的数据处理。然后，单片机产生要发回的应答帧的数字信号由 MODEM 调制成相应的 1200Hz 和 2200Hz 的 FSK 频移键控信号，波形整形后，经 D/A 叠加在 4~20mA 环路上发出。

4）专用温度变送器集成电路。温度变送器芯片采用大规模 SOC（System On Chip）集成技术，能将模拟电路、数字电路、CPU，存储器、输入输出外围电路等都集中在一个芯片内。2016 年我国推出了具有国际先进水平的 NSA2860 变送器电路芯片。它是一颗高度集成的、用于电压型传感器，并能用于例如热电偶、RTD 等传感器信号调理和变送输出的专用芯片。NSA2860 由五部分构成，分别为模拟前端模块、内置 MCU 及数字控制逻辑、模拟输出模块、电源及驱动模块以及串行接口电路，其框架图如图 4-66 所示。

2. 常用温度变送器

（1）温度变送器模块　温度变送器模块（见图 4-67）是指温度变送的外形是模块方式的结构，这种结构用户购买后能直接安装在温度传感器的接线盒内，通常安装孔尺寸是标准的。国外模块两孔的距离为 33mm，国内模块为 36mm。有些厂家的变送器也能与国外的传感器通用，采用椭圆形安装孔。另有一种小型温度变送器，适应小型一体化温度变送器配套产品，其中心距为 19~21mm。有些模块是为了满足仪表外壳厂商生产的外壳配套而生产的，安装尺寸未统一标准。有的温度变送器模块是安装在控制室的机柜内。

1）普通型模块。普通型模块是 20 世纪 90 年代以前大量采用的温度变送器，它内

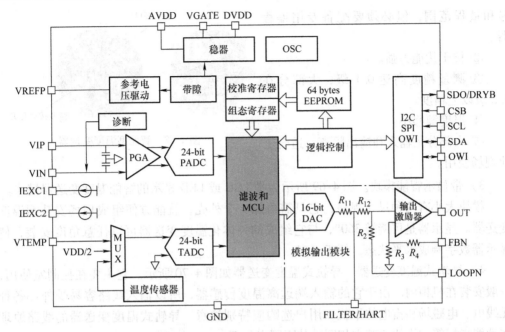

图 4-66　NSA2860 芯片框架图

部采用大量分列元件，放大电路采用模拟运算放大器。对于热电偶温度变送器，普通型模块无法实现宽量程的线性化补偿，并且很难做到输入与输出隔离。由于尺寸空间很小，不可能安放一些器件来实现电磁兼容（EMC），所以抗干扰能力也很差。测量精度也很难达到 0.5 级。

图 4-67　温度变送器模块

2）智能型模块。智能型模块的温度变送器得益于集成电路的飞速发展，特别是当今超大规模集成电路的发展。目前，集成电路已经从单片 CPU 发展到单片 SOC 芯片，即片上系统芯片，它是一个微小系统，由控制逻辑模块、微处理器 CPU 内核模块、数字信号处理器 DSP 模块、嵌入的存储器模块、和外部进行通信的接口模块、含有 A/D 和 D/A 等模块。另外，更重要的是内嵌有基本软件模块。因此，含 SOC 电路的智能型模块使变送器的性能非常优良。

智能模块的主要特点如下：

① 各种分度号和量程可以编程设定，设定方式有两种：一种是通过通信接口，使用专用编程器进行设定；另一种通过微型拨码开关进行设定。图 4-68 是将两种方法放在同一个变送器的外壳内，图中四位拨码开关共有 16 种状态，其中开关位置在 1111 状态时，可对温度变送器进行编程，用户根据自身需要，通过通信接口进行分度号和量程范围的设置。而其余 15 种状态可选择各种固定量程，方便用户在现场只需拨动开关位置就能获得合适的量程。通过通信接口设置分度号的优点是用户可以任意更改分度

号和量程范围，但必须要配备专用编程
器。

②抗干扰能力强。

③测量精度高达0.1级，大部分在
0.2级以上精度。

④温度漂移小。

⑤大部分是输入和输出隔离，适合工
业现场使用。

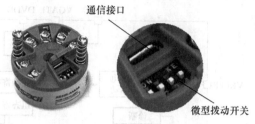

图4-68 智能型温度变送器

3）带显示智能模块。图4-69所示为带LCD或LED显示的智能温度变送器模块。

模块大小有两种尺寸规格，它只需再加一个外壳，就能方便组成现场安装型温度
变送器。显示器是可旋转360°，与它组成的一体化温度变送器可以任意角度安装，使
显示器数字调成水平状态，便于观察。

4）导轨式温度变送器。导轨式温度变送器如图4-70所示。它主要在控制室使用，
一般安装在机柜内。由于它的输入端远离温度传感器，所以输入线路容易受外部各种
无线电、电磁场和雷电的干扰。用户选购应特别注意。导轨式温度变送器的线路原理
和性能指标等与模块式基本相同，其不同点如下：

图4-69 带显示的智能温度变送器模块　　　　　图4-70 导轨式温度变送器

①供电方式主要有独立供电和回路供电两种。对于独立供电，输出4~20mA信号
电流是流向外部，而回路供电则信号电流流向变送器内部的，与上述二线制温度变送
器一样。

②能在导轨上并排密集安装，组装密度高。

③输出信号品种多，除4~20mA基本信号外，有外加0~5V、1~5V等，也有2
组4~20mA相同输出的。

④现场总线品种有MODBUS、RS485和HART总线等。

⑤输入、输出和电源之间的隔离大部分是采用三隔离，即相互之间都隔离。有的
仅输入隔离，电源和输出共地。

⑥结构有单一外壳的，以及壳体与底座插拔组合的。后者布线在底座上，便于紧
急维修。

（2）现场安装式温度变送器 由于温度测量范围很宽，使用环境场合也不同，有

些地方不宜使用一体化温度变送器，只能将温度传感器与温度变送器分开安装，如大型电机绕组的测温，热电阻就埋在电机内部。现场安装式温度变送器的外壳大多数是密封的铝合金外壳，防护等级在 IP65 以上，也有少量塑料外壳。安装方式大部分是管装式，通常是安装在 50mm 钢管上，如图 4-71 所示；也有少量采用墙挂式，如图 4-72 所示。

图 4-71　管装式温度变送器　　　　图 4-72　墙挂式温度变送器

（3）一体化温度变送器　一体化温度变送器市场上的品种越来越多，目前大致有如下几种：

1）紧凑型。紧凑型温度变送器如图 4-73 所示。它外形小巧，可在各种狭小的空间安装；传感器与变送器之间采用激光整体焊接，无任何死角；设计和加工需符合卫生标准的要求，特别适合食品饮料、制药、消毒、楼宇自控、制冷、机械设备等行业配套使用。传感器基本上采用 Pt100、Pt1000 和 Cu50，电气连接采用赫斯曼接头或 M12×1 连接螺母。

图 4-73　紧凑型一体化温度变送器

2）普通型。普通型一体化温度变送器是在测温热电阻或热电偶传感器的接线盒内安装温度变送器模块。用户自己也能很方便将温度传感器改装成一体化温度变送器，只要将接线盒内的原来接线连接拆除，取下陶瓷接线板，把温度变送器模块放入原接线板的位置，并接上传感器引线即可。普通型共有两种尺寸接线盒，如图 4-74 所示，分别安装如图 4-67 所示的两种大小不

图 4-74　普通型一体化温度变送器

同的模块。

3）现场显示型。现场显示一体化温度变送器如图4-75所示，变送器中显示的构成通常有如下两种：

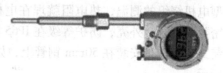

① 自带显示电路的方式（见图4-76a）。该方式的显示电路是包含在变送器电路内，对所用集成电路的功耗要求特别高，集成电路都采

图4-75 现场显示一体化温度变送器

用微功耗元件。LED数码显示器件必须采用超低功耗高亮度规格。

② 叠加显示器方式（见图4-76b）。这种方式是在模块式变送器上部再安装一个4～20mA回路供电显示器。该方式技术难度低，显示器是串接在变送器输出回路中，作为变送器负载的一部分。因此，这种一体化温度变送器的负载能力相对小一些。特别是带LED显示器比带LCD显示器更要差一些，因4～20mA LED回路供电显示器的工作电压跌落大于LCD显示器，通常压降都大于3V。另一个缺点是当变送器修改量程时，显示器也必须分别修改量程，因都是相互独立的产品。

图4-76 变送器带显示的两种方法

a）自带显示电路方式　b）叠加显示器方式

（4）一体化双支温度变送器　一体化双支温度变送器是在双支热电阻或热电偶传感器的接线盒内安装双输入智能温度变送器模块。智能变送器能实现多种输出，它的输出信号有如下特点：

1）两选一输出，另一个作为备用。

2）平均值输出，提高测量精度。

3）比较两个温度的测量值，用来判定测量是否准确。

4）轮流输出，统计输出变化，及时对比检测数据，工控机可自动判断传感器的工作状态。

（5）多输入高选温度变送器　多输入高选温度变送器采用全模拟电路，多路输入信号不是依靠分时采样获得，而是放大比较以后，才输出最高的一路，所以信号输出信号响应速度快。

多输入高选温度变送器如图4-77所示。它有横式和竖式两种结构，横式为管装安装方式，竖式为墙挂式。国内最早将它用于水泥厂，20世纪90年代前后在国外引进的水泥生产线中大量使用，该仪表也从国外配套引进。该仪表在现场安装，采用模拟指针式显示。在20世纪90年代末，国内推出XTRM温度远传监测仪替代产品，多年后进行了改进和提高，除抗干扰性能提高外，还用LED显示代替了模拟指针式显示。

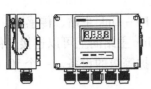

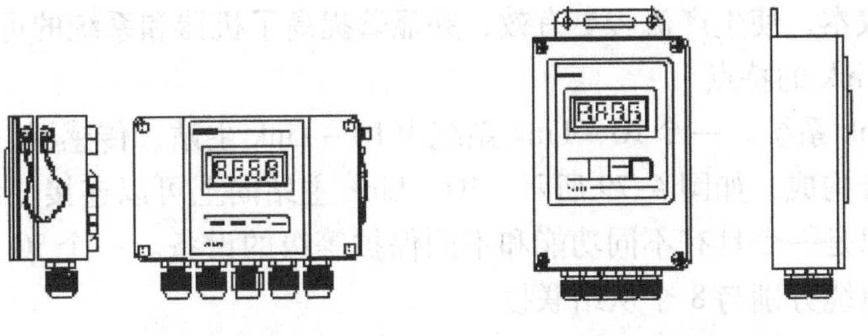

A型 铝合金横式结构　　　　　　B型 铝合金竖式结构

图 4-77　多输入高选温度变送器（XTRM 系列）

（6）多路温度变送器　多路温度变送器国内产品品种有双路、四路等，其中四路现场安装型在大型水泥生产厂使用较多，很多设备有多个测温点，使用相同的传感器，相同的量程。图 4-78 所示为现场安装型的四路温度变送器，输入输出隔离，具有较强抗干扰能力。

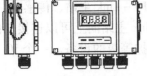

（7）多路现场总线温度变送器　多路现场总线温度变送器基本上用于工业现场，作为多点温度监测，输入点通常为 4 个或 8 个。这些变送器输出都采用二线制回路供电，

图 4-78　四路温度变送器

其原理与单回路变送器一样，仅在输入端选用循环采样。这种变送器的主要优点是：可以节省现场安装位置，大量减少现场到控制室的布线成本。HART 总线在点对点工作方式时，才有 4～20mA 输出和双向数字通信功能；在全数字通信工作时，仪表的静态电流会自动固定在 4mA 工作状态。

（8）无线 HART 温度变送器　无线 HART 温度变送器的安装由于不需要铺设电缆，所以安装时间短，可节省工程费用。另外，它适合安装在移动设备等特殊环境中，也方便在原来开工的项目中增加测量点时采用。2010 年 4 月 12 日，国际电工委员会（IEC）全票表决通过无线 HART 技术（Wireless HART）成为工业过程测量和控制领域的无线国际标准（IEC 62591）。这一新标准是由非营利机构 HART 通信基金会开发完成的。我国在 2013 年发布了 GB/T 29910.5—2013《工业通信网络 现场总线规范 类型 20：HART 规范 第 5 部分：WirelessHART 无线通信网络及通信行规》标准。

无线 HART 温度变送器的应用必须与相应的无线网关配合使用，变送器发出的信息通过无线网关才能接入数据采集系统或控制系统。

3. IO - Link 技术与温度变送器

（1）IO - Link 简介　IO - Link 是一种点对点的通信协议，IEC 组织在 2008 年颁发的 IEC 61131 - 9 标准。该标准首先是西门子提出的。它对德国工业 4.0 起到了推进作用。该标准作为开放标准，目前全世界已有 100 多家公司参加了该用户组织。目前估计世界上已经有上千万个节点在运作，仅德国 ifm 一家公司，至今已生产了 200 万个节点产品。

IO - Link 通信标准使得从控制器到传感器的传输过程变得更加透明，最重要的是降低了机器的成本，使生产流程更有效，并显著提高了机器和系统的可用性。

（2）IO – Link 的特点

1）IO – Link 系统。一个 IO – Link 系统由 IO – Link 主站、传感器、执行器（从站）或者它们的组合构成，如图 4-79 所示。IO – Link 主站向上可以连接任何现场总线或以太网。主站可以是一个具有不同功能和不同保护等级的设备。一个 IO – Link 主站可通过标准的 3 线电缆分别与 8 个从站联接。

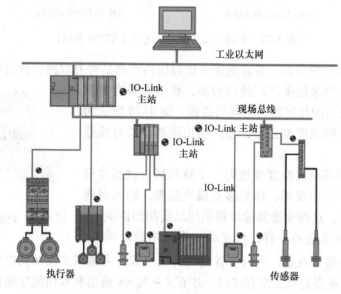

图 4-79　IO – Link 系统结构

2）IO – Link 的主要优点如下：

① 标准化和减少接线。IO – Link 对许多行业的关键优势是 IO – Link 不需要任何特殊或复杂的接线。相反，IO – Link 设备可以使用相同的具有成本效益的标准非屏蔽 3 线电缆连接，这有助于保持布线简单。

② 增加数据可用性。数据可用性是 IO – Link 的强大优势，具有深远的影响。访问传感器数据有助于确保系统组件的顺利运行，简化设备更换，并实现优化的机器维护计划，所有这些都可以节省成本并降低机器停机的风险。

③ 远程配置和监控。使用 IO – Link，用户可以通过控制系统软件读取和更改设备参数，实现快速组态和调试，从而节省时间和资源。此外，IO – Link 允许操作员根据需要从控制系统动态地更改传感器参数。在产品更换时，可以减少停机时间，并允许机器适应更大的产品多样性。此外，监控传感器输出的能力，接收实时状态警报，并且从几乎任何地方调整设置，允许用户及时识别和解决传感器级别出现的问题。这也意味着用户可以根据机器组件本身的实时数据进行决策，可以减少停机时间并提高整体效率。

④ 简化设备更换。除了能够远程调整传感器设置外，IO – Link 的数据存储功能还允许在更换设备的情况下进行自动参数重新分配（此功能也称为自动设备更换或

ADR）。用户可以将现有的传感器参数值导入替代传感器，以便无缝更换，使新设备尽快启动并运行。

⑤ 扩展诊断。IO – Link 为用户提供每个设备的运行状况。这意味着用户不仅可以看到传感器正在做什么，还可以看到它的性能如何。此外，扩展诊断允许用户轻松识别传感器发生的故障并诊断问题，而不会关闭生产线或机器。

（3）IO – Link 接口 IO – Link 是一种串行、双向的点对点连接，如图 4-80 所示，可在任何网络、现场总线或背板总线上进行信号传输和电能供应。连接器采用 M12 密封插头，具有 IP65 或 67 标准等级保护。其中传感器通常采用 4 芯插头，而执行器采用 5 芯插头。IO – Link 主站通常用 5 芯插座。图 4-81 所示为接口电气图。

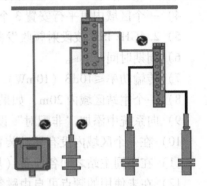

图 4-80 IO – Link 点对点连接

（4）IO – Link 温度变送器 目前，国外带通信的 IO – Link 温度传感器的名称基本没有变，称为智能温度传感器，有的厂家称为温度变送器。这些传感器主要用于工厂自动化，测量高温的比较少，所以温度传感器大部分是 Pt100 和 Pt1000。本书称其为温度变送器。

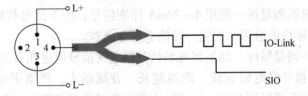

图 4-81 接口电气图

注：1 脚为电源正极，3 脚为电源负极，4 脚为双向通信口。

（5）无线 IO – Link 系统 图 4-82 所示为 IO – Link 系统图。其中，无线系统有很大的发展空间。

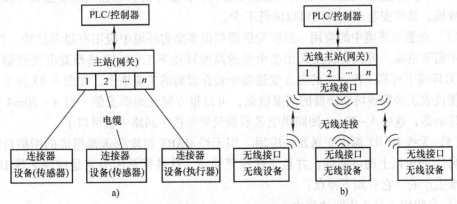

图 4-82 IO – Link 系统图

a）有线系统 b）无线系统

无线 IO – Link 系统有如下特性：

1）可获得循环数据（过程数据）和非循环数据（按请求数据）。

2）与现有的 IO – Link 规范兼容。

3）每个主站可连接 5 个无线通道，每通道多达 8 台设备即每个主站可连接 40 台无线设备（从站）。

4）一个区域内可平行安置 3 个主站，一个区域内多达 120 个设备。

5）2.4GHz ISM 波段射频收发器。

6）周期时间 <5ms。

7）传输功率 ≤10dB（10mW）EIRP。

8）一个主站区域内 20m，如果使用多个区域，则为 10m。

9）向系统中添加"非配对"设备。

10）在一个区域内没有移动装置的速度限制。

11）在不同主站之间各设备（从站）可实现漫游。

12）在未使用的频点可自由跳频切换。

13）位错误概率为 10^{-9}。

4. 温度变送器的应用

（1）在工业过程控制中的应用

1）各种物理量的测量统一使用 4～20mA 标准信号，便于信号传输、收集和处理，特别是工控机采集模块的通用标准化，降低了设备成本。

2）提高远距离测量精度。如果将现场热电偶毫伏信号通过几百米距离，传输到控制室时，其信号将被导线电阻衰减，距离越长，衰减越大，严重影响测量精度。4～20mA 信号不会因距离长短而改变。4～20mA 信号流经测量仪表输入电阻（通常 250Ω）后转成 1～5V 被测电压被采集。

3）将被测信号转变为 4～20mA 电流信号后，抗干扰性能提高明显，特别对热电偶信号效果特别好。

4）对于热电偶变送器可以用普通铜导线代替补偿导线，而热电阻变送器可以减少一根导线，这样安装布线费用可以降低不少。

（2）在恶劣环境中的应用　温度变送器在很多恶劣环境中应用有很多优势。首先，现场不需要电源，可以安装在人无法承受的高温环境下工作，现场型温度变送器可以在 80℃ 环境下可靠工作。有的温度变送器安装在很高的工业塔上，如图 4-83 所示，为了方便仪表工采集现场变送器的测温数据，可以很方便在地面安装一台 4～20mA 回路供电显示器，这种 4～20mA 回路供电显示器只要串接在回路中就可以了。

（3）无线 HART 温度变送器的应用　用无线 HART 温度变送器组成的网络目前可提供高达 99% 以上的可靠性，并且工作极其稳定。这些都是因为它是按照无线 HART 的标准生产的。它有如下特点：

1）自组织、自适应网状路由。

2）具有自修复功能。

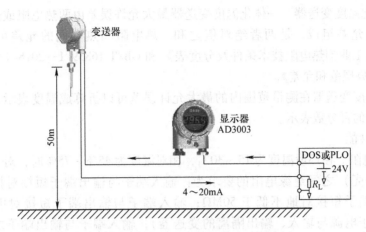

图 4-83　串接显示器的温度变送器应用

3）符合工业标准，带信道跳频。

4）与现有主机系统实现无缝连接。

5. 温度变送器的校准

从 2008 年 5 月起，温度变送器量值溯源的方法由检定改为校准，采用 JJF 1183—2007《温度变送器校准规范》替代 JJG 829—1993《电动温度变送器检定规程》实施温度变送器的量值溯源。

（1）计量特性

1）测量误差。变送器的测量误差是将温度转换成标准化输出信号时产生的误差，反映了变送器的计量性能。温度变送器和一体化温度变送器的最大允许误差有不同的要求。

① 温度变送器。最大允许误差按准确度等级予以划分。在标准条件下，温度变送器的准确度等级及最大允许误差见表 4-108 和表 4-109。

表 4-108　热电偶温度变送器的准确度等级及最大允许误差

量程 ΔV/mV	准确度等级	最大允许误差/FS
$\Delta V \geqslant 28$	0.1	±0.1%
$28 > \Delta V \geqslant 5$	0.2	±0.2%
$5 > \Delta V \geqslant 3$	0.5	±0.5%
$3 > \Delta V \geqslant 2$	1.0	±1.0%

注：ΔV 是指变送器对应温度测量范围的电输入毫伏数；FS 表示满量程。

表 4-109　热电偶温度变送器的准确度等级及最大允许误差

Cu50 热电阻量程 ΔR/Ω	Cu100 与 Pt100 热电阻量程 ΔR/Ω	准确度等级	最大允许误差/FS
$\Delta R \geqslant 20$	$\Delta R \geqslant 40$	0.1	±0.1%
$20 > \Delta R \geqslant 10$	$40 > \Delta R \geqslant 20$	0.2	±0.2%
$10 > \Delta R \geqslant 2$	$20 > \Delta R \geqslant 4$	0.5	±0.5%
$2 > \Delta R \geqslant 1$	$4 > \Delta R \geqslant 2$	1.0	±1.0%

注：ΔR 是指变送器对应温度测量范围的电输入电阻变化量；FS 表示满量程。

② 一体化温度变送器。一体化温度变送器最大允许误差由两热电阻或热电偶允差和温度变送器允差组成，是两者绝对值之和。热电阻和热电偶的允差可参考 JB/T 8623—2015《工业铜热电阻技术条件及分度表》和 GB/T 16839.1—2018《热电偶 第 1 部分：电动势规范和允差》。

一体化温度变送器在测量范围内的最大允许误差可以折算成温度表示，也可以折算成输入量程的百分数表示。

2）安全性能

① 绝缘电阻。在环境温度为 15～30℃，相对湿度为 45%～75% 时，对变送器各组端子（包括外壳）之间绝缘电阻的要求为：输入端子与输出端子短接对接地不低于 20MΩ；电源端子短接对地不低于 50MΩ；输入端子与输出端子短接对电源不低于 50MΩ（适用于电源与输入、输出隔离的变送器）；输入端子与输出端子之间不低于 20MΩ（适用于输入、输出隔离的变送器）。

② 绝缘强度。在环境温度为 15～30℃，相对湿度为 45%～75% 时，在漏电流设置为 2mA 的条件下，应经受历时 1min 的电源端子与机壳间试验电压不小于 1500V AC，输入输出端子与机壳间试验电压不小于 500V AC 的绝缘强度试验，试验中不应出现击穿与飞弧。

（2）校准条件

1）测量用标准仪器及设备。测量时所需的标准仪器及设备可在表 4-110 中选取。选用的标准仪器，包括整个测量设备引入的扩展不确定度 U（$k=2$）至少应不大于被校变送器最大允许误差绝对值的 1/3。

表 4-110 标准仪器及配套设备

序号	仪器设备名称	技术要求	用途
1	直流低电势电位差计或标准直流电压源	0.02 级，0.05 级	校准热电偶输入的变送器
2	直流电阻箱	0.01 级，0.02 级	校准热电阻输入的变送器
3	补偿导线和 0℃恒温器	补偿导线应与输入热电偶分度号相配，经检定具有 10～30℃ 的修正值。0℃恒温器的温度偏差不超过 ±0.1℃	
4	专用连接导线	其阻值应符合制造厂说明书的要求。三线制连接时，线间电阻值之差应尽可能小，在阻值无明确规定时，可在同一根铜导线上等长度（不超过 1m）截取三段导组成	直流电阻箱与变送器输入端之间的连接导线
5	直流电流表	0～30mA，0.01～0.05 级	变送器输出信号的测量标准
6	直流电压表	0～5V，0～50V，0.01～0.05 级	直流电压表单独可以作为变送器电压输出信号的测量标准；与标准电阻组合取代直流电流表作为变送器电流输出信号的测量标准
7	标准电阻	100Ω（250Ω），不低于 0.05 级	

（续）

序号	仪器设备名称	技术要求	用途
8	直流稳压源	12~48V，允差±1%	变送器的直流供电电源
9	绝缘电阻表	直流电压100V，500V，1.0级	测量变送器的绝缘电阻
10	耐电压试验仪	输出电压：交流0~1500V，输出功率：不低于0.25kW	测量变送器的绝缘强度

2）测量环境条件和工作电源

① 环境条件。为保障校准具有尽可能小的不确定度，推荐校准的环境条件为：环境温度20℃±2℃（0.1~0.2级变送器），20℃±5℃（0.5级变送器）；相对湿度为45%~75%；变送器周围除地磁场外，应无影响工作的外磁场。

② 工作电源。变送器的供电电压不超过额定值的±1%。

（3）校正项目及校正方法

1）校正项目。变送器的校正项目为：测量误差和绝缘电阻的测量。新制造的变送器还应进行绝缘强度的测量。对于各种现场变送器和模块式变送器，在委托者的要求下还可以按变送器的技术要求进行负载特性、电源影响和输出交流分量的测量。

一体化温度变送器在测量范围内的最大允许误差可以换算成温度表示，也可以换算成输入量程的百分数表示。

2）测量误差的校正

① 准备工作。将传感器插入温度源（恒温槽或热电偶检定炉）中，如图4-84所示，并尽可能靠近标准温度计。

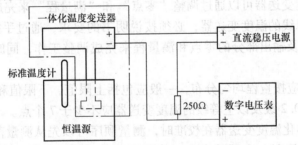

图4-84 一体化温度变送器校正连线

热电阻温度变送器应采用三线制连接，如图4-85所示。

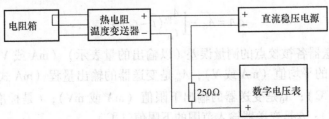

图4-85 热电阻温度变送器校正接线

热电偶温度变送器具有冷端温度自动补偿时，应采用补偿导线法进行接线，如图 4-86 所示。

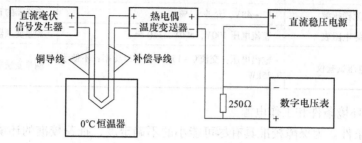

图 4-86 热电偶温度变送器校正接线

预热时间按制造厂说明书中的规定进行，一般为 15min；具有冷端温度自动补偿的变送器，预热时间为 30min。

校准前的调整（调整须在委托方同意的情况下进行）如下：

* 温度变送器可以用改变输入信号的办法对相应的输出下限值和上限值进行调整，使其与理论的下限值和上限值相一致。

* 对于输入量程可调的变送器（如可编程温度变送器），应在校正前根据委托者的要求将输入规格及量程调到规定值再进行上述调整。

* 一体化温度变送器可以在断开传感器的情况下对温度变送器单独进行上述调整，如测量结果仍不能满足委托者的要求时，还可以在恒温槽或热电偶检定炉中重新调整。

* 在测量过程中不允许调整零点和量程。

* 一般的温度变送器可以通过调整"零点"和"满量程"来完成调整。

* 具有现场总线的温度变送器，必须按说明书的要求，通过手操器（或适配器）分别调整输入部分及输出部分的零点和满量程来完成调整工作，同时应将变送器的阻尼值调整至最小。

校准点的选择应按量程均匀分布，一般应包括上限值、下限值和量程 50% 附近在内不少于 5 个点。0.2 级及以上等级的温度变送器应不少于 7 个点。

② 校正。一体化温度变送器在校准时，测量顺序可以先从测量范围的下限温度开始，然后自下而上测量。在试验点上，待温度源内的温度足够稳定后方可进行测量（一般不少于 30min）。应轮流对标准温度计的示值和变送器的输出进行反复 6 次读数，按下式计算测量误差：

$$\Delta A = \overline{A_6} - \left[\frac{A_m}{t_m}(\bar{t} - t_0) + A_0 \right] \tag{4-44}$$

式中，ΔA 是变送器各被校点的测量误差（以输出的量表示）（mA 或 V）；$\overline{A_6}$ 是变送器被校点实际输出的平均值（mA 或 V）；A_m 是变送器的输出量程（mA 式 V）；t_m 是变送器的输入量程（℃）；A_0 是变送器的输出下限值（mA 或 mV）；$\bar{t}$ 是标准温度计测得的平均温度值（℃）；t_0 是变送器输入范围的下限值（℃）。

温度变送器在校准时，应从下限开始平稳地输入各被校点对应的信号值，读取并记录输出值直至上限；然后反方向平稳改变输入信号依次到各个被校点，读取并记录输出值直至下限。如此为一次循环，须进行 3 个循环的测量。在接近被校点时，输入信号应足够慢，以避免过冲。

测量误差仍按式（4-44）计算。只是公式中的 t 为模拟热电阻（或热电偶）输入信号对应的温度值。

③ 测量结果的处理。测量误差可以用输出的单位表示，也可以用温度单位表示，或者以输入（或输出）的百分数表示。

由于变送器的输出通常都是温度的线性函数，它们之间的换算可以按下式进行：

$$\Delta A = \frac{A_m}{t_m} \Delta t \tag{4-45}$$

式中，ΔA 是输出单位表示的误差（mA 或 V）；Δt 是以输入的温度所表示的误差（℃）。

④ 数据处理原则。小数点后保留的位数应以舍入误差小于变送器最大允许误差的 $1/20 \sim 1/10$ 为限（相当于最大允许误差多取一位小数）。

在不确定度的计算过程中，为了避免修约误差，可以保留 $2 \sim 3$ 位有效位数。但最终的扩展不确定度只能保留 $1 \sim 2$ 位有效数字。测量结果是由多次测量的算术平均值给出的，其末位应与扩展不确定度的有效位数对齐。

（4）模块化热电偶温度变送器精度测试和应用时需注意的问题

1）热电偶温度变送器的电路结构比热电阻温度变送器增加了冷端补偿功能，冷端补偿的基准点应该在模块的热电偶接线端子上，应正确测定该点的温度。事实上，在实际模块式变送器设计中，大多数是采用二极管或 Pt100 作为温度补偿测温传感器，为了大批生产方便，都将它放在印制电路板上。这样，测得的温度是通过热传导获得的。因为模块中灌注了密封胶，各种胶的热导率不一致，所以热稳定时间也不一样。另外，不同厂家产品测试通电的预热时间都不一样。热电偶温度变送器预热时间远大于热电阻温度变送器。

2）对于生产厂商提供的模块式热电偶温度变送器的冷端补偿精度，用户实际使用时很可能达不到这个指标。这是因为模块式温度变送器的冷端与内部测温传感器之间是有距离的，两者温度不相同，冷端温度按产品试制时实验数据推算出来的。生产厂在出厂调试时不可能预热很长时间再进行调试；而是在短时间内，根据经验来进行调试，在标准测试条件下保证出厂精度指标。

当用户进行测试时，环境条件不可能一样。另外，在测试整个过程的长短，在测试上限温度和下限温度时的停等和循环测量时间长短不一致都会得到不同结果。这是因为在不同测试点，输出电流都不一样，其变化范围为 $4 \sim 20mA$。如果以 24V 供电，250Ω 负载，那么模块在 4mA 时的功耗为 $23V \times 0.004A = 0.092W$，在 20mA 时的功耗为 $19V \times 0.02A = 0.38W$。由于测试时，内部功耗的变化，造成变送器内部发热程度不同的变化，这就引起冷端与内部测温传感器之间温差的变化。这个变化量是不可预知的。

3）对于高精度的温度测量，最好不要选用模块式的热电偶温度变送器。这是因为模块式温度变送器的精度要增加冷端补偿精度，冷端精度已经接近或超过仪表的精度。

6. 温度变送器的型号

（1）温度变送器和一体化温度变送器的型号表示方法　对于温度变送器的型号表示方法，目前国内没有一个统一的标准。现将国内某公司的型号表示方法作为参考，它能反映国内温度变送器近期发展水平，如图4-87和图4-88所示。

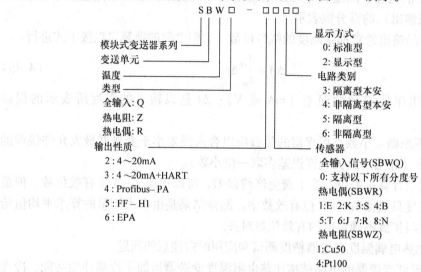

图4-87　某公司SBW系列温度变送器的型号表示方法

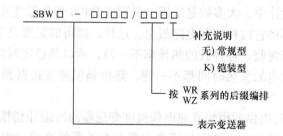

图4-88　某公司SBW系列一体化温度变送器的型号表示方法

（2）多输入高选温度变送器的型号表示方法　多输入高选温度变送器主要应用于现场大型设备主要环节的温度测量，用于超温报警。其型号表示方法如图4-89所示。

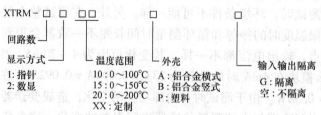

图4-89　多输入高选温度变送器的型号表示方法

4.7　热电偶安装用螺纹与法兰

　　螺纹与法兰将温度传感器与被测设备的机械紧固连接起来，同时起到承压和密封的作用，以防止被测介质沿保护管外漏。

4.7.1　螺纹

1. 常用螺纹的种类、功能及应用

（1）种类　温度传感器连接安装用螺纹见表 4-111。

表 4-111　温度传感器连接安装用螺纹

螺纹体系	螺纹名称	代号	常用规格	应用举例	特　　征
米制螺纹	米制普通螺纹	M	16×1.5；20×1.5；27×2；33×2	$M27 \times 2$	牙型角 60°，锥度为 0
英制（惠氏）螺纹	非密封管螺纹	G	3/4；1	G3/4	牙型角 55°，锥度为 0
	一般密封管螺纹	R	1/2；3/4；1	R1/2	牙型角 55°，锥度为 1:16
美制螺纹	一般密封管螺纹	NPT	1/2；3/4；1	NPT3/4	牙型角 60°，锥度为 1:16

　　从表 4-111 可以看出，虽然温度传感器连接用螺纹的品种规格很少，但却涵盖了目前世界上通用的三大螺纹体系。值得注意的是，多年来，在世界经济贸易中，美英在螺纹体系上一直实行对抗政策。美制螺纹不能进入欧洲市场，而英制螺纹在北美也无立足之地。因此，在进出口贸易中要注意。

　　（2）功能　螺纹的功能是紧固连接和密封。米制螺纹（M）和英制管螺纹（G）通常用来做紧固连接用。由于习惯上的原因，国内的米制螺纹（M）有时也兼顾密封，但不是靠螺纹，而是靠螺纹端部和根部的密封垫圈。美制管螺纹（NPT）和英制密封圆锥管螺纹（R）是国外多年来大量使用的具有紧固连接和密封双重作用的螺纹，但是两者是有区别的，见表 4-112。

表 4-112　R 型和 NPT 型螺纹区别

螺纹代号	公称尺寸 1~2in 时螺距	牙型角	牙尖和牙底形状
R	11 牙/in	55°	圆弧状
NPT	11.5 牙/in	60°	平顶、平底

　　（3）R 型和 NPT 型螺纹的应用及注意事项　一般密封管螺纹在温度仪表行业应用的时间很短。因此，对其经验积累和认知程度均有不足之处，有些问题应当引起注意。

　　1）R 螺纹及 NPT 螺纹均为一般密封管螺纹。在使用中应根据压力、温度的不同，在螺纹副中加入适当的填料，才能保证密封性能。仅靠螺纹本身是不能密封的。在世

界三大螺纹体系中，只有美制螺纹中的干密封管螺纹（NPTF、MPSF、NPSI 等）可以实现不依靠填料密封要求。由于此螺纹对单项螺纹参数（牙高、螺距、牙侧角、锥度）的精度要求高，制造成本也高。因此，在美国主要用于对密封有严格要求的毒气弹、飞机、航天器等特殊场合。目前在国内温度仪表行业尚未见到应用先例。

2）当 NPT 螺纹中的公称尺寸为 1～2in 时，其螺距为 11.5 牙/in。由于我国老式车床无此挂轮组，个别制造厂应用 11 牙/in 的 R 螺纹挂轮组车制 NPT 螺纹。这是不允许的，这样做会影响螺纹的密封性和机械连接性能。

3）R 螺纹或者 NPT 螺纹不一定都是锥螺纹，这一点主要取决于配合的需要。实际上这两种螺纹在配合上都有两种方式：圆柱内螺纹与圆锥外螺纹组成柱 - 锥配合；圆锥内螺纹与圆锥外螺纹组成锥 - 锥配合。这里强调，柱 - 锥配合的圆柱内螺纹不能用非密封圆柱内螺纹代替，因为二者之间的精度要求不同，否则会影响密封性。

目前，R 螺纹的应用比较复杂，这是因为欧洲国家主要采用柱 - 锥配合方式，而欧洲以外国家则主要采用锥 - 锥配合方式。两种配合方式的螺纹使用不同的螺纹环规（圆柱螺纹环规和圆锥螺纹环规）和螺纹塞规（基准平面位置不同，两者基准平面相距半牙）检验，即同一个 R 螺纹件，欧洲国家检验合格，欧洲以外国家检验可能不合格。

1994 年以前，我国 R 螺纹标准与 ISO 相同，是按锥 - 锥配合方式设计的。2000 年以后，ISO 按柱 - 锥配合方式重新修订了标准，为此，我国于 2000 年也修订了英制密封管螺纹标准。将原来的一个螺纹标准变成柱 - 锥和锥 - 锥配合方式的两个标准（GB/T 7306.1 和 GB/T 7306.2），因此提示设计和使用者，一定要注意这些差异，据此正确选用，以免造成损失。

NPT 螺纹也有两种配合方式：锥 - 锥和柱 - 锥。但美国人很好地处理了两种配合方式的量规相互兼容问题，使用一种量规可以检验两种配合方式的螺纹。

（4）密封管螺纹的密封性 由于密封管螺纹使用场合（配合方式、材料、尺寸大小、填料、温度、压力）、加工精度、装配和检测技术等因素的不同，目前的管螺纹标准无法保证所有的螺纹件都能密封。在美制密封管螺纹标准内，虽然提出了统一的单项螺纹参数（牙高、螺距、牙侧角、锥度）的精度要求，但某些参数的精度要求过低，使人难以相信它是美国公司内部真正执行的内控指标。国内有关专家认为，美国标准所列出的精度指标仅仅是所有场合每个参数可能选取的最低限度。对某一特定场合，不可能将所有的单项参数都按此最低限度选取。单项参数对密封性能有直接影响，针对自己的特定产品，估计美国各个行业和公司皆有自己的内控措施，而这些内控措施和指标对外是保密的。因此，国内生产厂家对此要有清醒的认识：密封管螺纹标准不是万能的，密封问题还需厂家针对具体情况自行设计。

针对上述情况，1991 年版的中国美制一般密封管螺纹标准（GB/T 12716—1991），对某些螺纹单项参数进行了调整（提高了精度要求）。2002 年、2011 年修订后的标准（GB/T 12716—2002、GB/T 12716—2011）则完全采用了相应的美制一般密封性管螺纹标准规定的单项参数精度（放松了精度要求），主要是考虑与美国标准保持采标关系，方便国际贸易。

2. 常用管螺纹的代号

1987 年以前，我国没有美制和英制管螺纹国家标准，可是生产中又无法回避这两种国际普遍使用的管螺纹。为此，旧机械制图标准曾经自行规定过美制和英制管螺纹标记代号。这些代号来源于螺纹的汉语拼音字母，根本没有考虑与国外标准管螺纹代号是否一致。由于此标准只规定了螺纹代号而没有规定螺纹参数，同一个螺纹代号在不同行业或企业所表示的螺纹参数可能也有差异。1987—1991 年，我国公布了英制和美制管螺纹标准，从此，管螺纹代号和标记应服从管螺纹标准的规定。新、旧标准管螺纹代号对照见表 4-113。

表 4-113 新、旧标准管螺纹代号对照

标准	英制管螺纹（55°）					美制管螺纹（60°）		
	非密封圆柱管螺纹		一般密封圆锥管螺纹			一般密封圆锥管螺纹		
	外螺纹	内螺纹	外螺纹	圆锥内螺纹	圆柱内螺纹	外螺纹	圆锥内螺纹	圆柱内螺纹
管螺纹标准	G		R（1987~1999 年）	Rc		NPT		NPSC
			R₁ 或 R₂（2000 年以后）	Rc	Rp			
机械制图标准	G		ZG			Z		

注：在英制密封管螺纹中，当与 Rp 配合使用时，圆锥外螺纹的代号为 R₁；当与 Rc 配合使用时，圆锥外螺纹的代号为 R₂。

英制 G 型与 R 型螺纹、美制 NPT 螺纹基本尺寸见附录 B。

4.7.2 法兰

1. 法兰标准体系

国际上管法兰标准主要有 2 个体系：即以德国（包括苏联标准）为代表的欧洲体系和以美国为代表的美洲体系。

（1）欧洲体系 欧洲体系以德国法兰标准为代表，其公称压力（MPa）有 0.1、0.25、0.6、1.0、1.6、2.5、4.0、6.3、10.0、16.0、25.0、32.0、40.0 共 13 档，公称通径为 6~4000mm。法兰的结构形式有板式平焊、带颈对焊、整体、螺纹连接、翻边松套、对焊环松套、平焊环松套、法兰盖 8 种。密封面形式有凸面、全平面、凹凸面、榫槽面、橡胶环连接、透镜面、焊唇密封 7 种。

苏联于 1980 年颁布了 ΓOCT 管法兰标准，该标准虽然在公称通径、公称压力、法兰结构形式及密封面形式等方面与德国 DIN 标准略有差异，但绝大部分内容是一致的。特别是 16MPa 以下的各级法兰，其连接尺寸与德国法兰可以互换。因此，以德国 DIN 标准为代表形成了国际上较常用的欧洲体系法兰。值得注意的是：在欧洲体系中，德国和苏联标准中法兰配管体系不同，德国标准中法兰配管为国际通用系列（俗称英制管），而苏联标准中法兰配管为我国沿用系列（俗称米制管）。

（2）美洲体系 美洲体系是以美国国家标准协会 ANST 法兰标准为代表，其公称压力（MPa）等级有 2.0、5.0、6.8、11.0、15.0、26.0、42.0 等 7 档，公称通径为 5 ~ 600mm。法兰结构形式有：带颈平焊、带颈对焊、承插焊、螺纹连接、对焊环松套及平焊环松套、法兰盖等 7 种。密封面形式有凸面、全平面、凹凸面、榫槽面及金属环连接等 7 种。

除 ANST B16.5 外，美国于 1990 年将美国阀门及配件工业制造商标准化协会 MSSSP – 44 和美国石油学会 API 605 两套以大直径为主（DN > 600mm）的管法兰标准合并，建立了 ANST B16.47 大直径法兰标准，从而形成了 ANST B16.5 和 ANST B16.47 为代表的美洲管法兰体系。美洲管法兰体系的配管系列为英制管。

（3）其他国家和地区的法兰标准 目前，世界上大多数工业发达国家都有两套管法兰标准，一套标准属欧洲体系，以德国标准为蓝本，公称压力及连接尺寸与德国标准相同；另一套标准属美洲体系，以美国 ANSI 标准为蓝本，公称压力及连接尺寸与美国标准相同。

国际标准化组织（ISO）于 1992 年也颁布了一套管法兰标准（ISO 7005 – 1），其公称压力（MPa）分为两个系列：第一系列为 1.0、1.6、2.0、5.0、11.0、15.0、26.0、42.0；第二系列为 0.25、0.6、2.5、4.0。在两个系列中，公称压力为 MPa 的法兰尺寸是按欧洲体系编制的，而公称压力（MPa）为 2.0、5.0、11.0、15.0、26.0、42.0 的法兰尺寸是按美洲体系编制的。因此可以认为，该标准是将德国和美国标准合并而成的。

（4）我国管法兰标准的现状 目前，国内使用的法兰标准比较多，除国家标准外，其他各部、委和行业也曾制定各自的法兰标准，体系比较混乱。但在我国应用较广，市场占有率高的管法兰标准有 3 个，即化工行业标准（HG）、国家标准（GB）和机械行业标准（JB）。在 3 个法兰标准中，化工行业标准（HG）在国内应用范围最广，而国家标准（GB）和机械行业标准（JB）在应用中则受到了诸多因素的限制。

2. 法兰分类、代号及常用类别

（1）法兰分类及代号

1）法兰分类。管法兰的分类方法很多，在温度仪表行业，习惯按管法兰与管路连接的方式分类，如图 4-90 所示。

2）密封面类型。管法兰密封面类型分为：全平面、凸面、凹凸面、榫槽面、环连接等 5 种。

3）代号。法兰类别、密封面代号与适用压力见表 4-114。

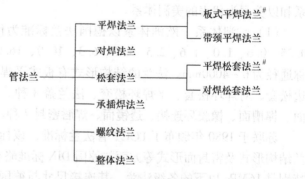

图 4-90 管法兰的分类

注：图中所列法兰仅限于 HG/T 20592 ~ HG/T 20635；带#号者仅限于欧洲体系。

表 4-114　法兰类别、密封面代号与适用压力

法　兰		密封面		适用压力等级 *PN*/MPa	
类　别	代号	型　式	代号	欧洲体系	美洲体系
板式平焊法兰	PL	凸　面	RF	0.25～2.5	—
		全平面	FF	0.25～1.6	
带颈平焊法兰	SO	凸　面	RF	0.6～4.0	2.0～26.0
		凹凸面	MFM	1.0～4.0	5.0～26.0
		榫槽面	TG	1.0～4.0	5.0～26.0
		全平面	FF	0.6～1.6	2.0
带颈对焊法兰	WN	凸　面	RF	1.0～25.0	2.0～42.0
		凹凸面	MFM	1.0～16.0	5.0～42.0
		榫槽面	TG	1.0～16.0	5.0～42.0
		环连接面	RJ	6.3～25.0	2.0～42.0
		全平面	FF	1.0～1.6	2.0
整体法兰	IF	凸　面	RF	0.6～25.0	2.0～42.0
		凹凸面	MFM	1.0～16.0	5.0～42.0
		榫槽面	TG	1.0～16.0	5.0～42.0
		环连接面	RJ	6.3～25.0	2.0～42.0
		全平面	FF	0.6～1.6	2.0
承插焊法兰	SW	凸　面	RF	1.0～10.0	2.0～26.0
		凹凸面	MFM	1.0～10.0	2.0～26.0
		榫槽面	TG	1.0～10.0	2.0～26.0
		环连接面	RJ	—	2.0～26.0
螺纹法兰	Th	凸　面	RF	0.6～4.0	2.0～5.0
		全平面	FF	0.6～1.6	2.0
对焊环松套法兰	PJ/SE	凸　面	RF	0.6～4.0	2.0～11.0
平焊环松套法兰	PJ/PR	凸　面	RF	0.6～1.6	—
		凹凸面	MFM	1.0～1.6	
		榫槽面	TG	1.0～1.6	

注：1. *PN*≤4.0MPa 的突面法兰采用非金属平垫片，如聚四氟乙烯包覆垫和柔性石墨复合垫时，密封面可车制密纹水线，此时密封面代号为 RF（A）。

　　2. 凹凸面和榫槽面法兰为成对配套使用的法兰副，当单独使用时，其代号为：凹面（FM）；凸面（M）；榫面（T）；槽面（G）。

　　3. 松套法兰代号表示意义为：法兰（PJ）；对焊环（SE）；平焊环（PR）。

（2）常用法兰类别　温度仪表行业对表 4-114 所列法兰的应用，可分为三种情况：

1）尚未应用的法兰。这类法兰主要包括：整体法兰（IF，这是一种仅用于阀门和泵体的法兰）；承插焊法兰（SW，这是一种带有阶梯内孔的法兰，保护管无法穿过）。

2）相似的法兰。这类法兰包括：螺纹法兰（Th）和松套法兰。铠装热电偶（阻）使用的卡套法兰，是依靠内孔螺纹与卡套、卡套螺母和铠装热电偶（阻）外径锁紧连接的。按分类原则，它应该属螺纹法兰；但由于与保护管连接方式与标准螺纹法兰不同，因此只能认为该法兰与螺纹法兰相似。松套法兰的特点是焊环与法兰盘材质不同，法兰盘的材料档次往往低于焊环，而焊环与配管同材质并焊接，法兰盘则套压在焊环上应用。其目的主要是为了节约高档次金属材料，降低成本。在热电偶（阻）统设产品中的固定法兰就是按此原则设计的。不同的是，该法兰的焊环（密封接头）采用了松套法兰中对焊环的型式，但在与保护管焊接时却采用平焊环的焊接方法，而且是单圈焊缝，因此其承压能力可能低于同规格的松套法兰。

3）常用法兰。这类法兰包括：板式平焊法兰（PL）、带颈平焊法兰（SO）、带颈对焊法兰（WN）。

4.7.3　安装固定装置的承压能力

1. 安装固定装置的额定承压能力

原机械行业标准 JB/T 5219—1991《工业热电偶　型式、基本参数及尺寸》给出了热电偶（阻）安装固定装置型式与承压能力，见表 4-115。

表 4-115 所列公称压力，系指常温下介质无流速的额定承压值，这一点请在选型时注意；而且由于受标准起草年代的限制，JB/T 5219—1991 没有将管螺纹列入标准。

表 4-115　热电偶安装固定装置型式与承压能力

安装固定装置型式	保护管/mm		公称压力/MPa	备　注
	直径	固定装置规格		
直形保护管固定螺纹	8	M16×1.5	10	用于装配式热电偶、热电阻
	10、12、16	M27×2		
	20	M33×2		
锥形保护管固定螺纹	—	M33×2	30	
活动法兰	8~25	φ70	常压	
固定法兰	8~20	φ95、φ105、φ115	2.5	
活动卡套螺纹	1.0~4.0	M12×1.5	常压	用于铠装热电偶、热电阻
	4.5~8.0	M16×1.5		
固定卡套螺纹	1.0~4.0	M12×1.5	2.5	
	4.5~8.0	M16×1.5		
活动卡套法兰	1.0~8.0	φ95	常压	
固定卡套法兰			2.5	

2. 影响安装固定装置承压能力的因素

除材料外，下列因素可影响安装固定装置的承压能力及密封性。

（1）保护管结构　由于安装固定装置是与保护管焊接在一起后形成的组件，所以其承压能力与保护管密切相关。

目前我国温度仪表行业广泛使用的具有承压密封作用的保护管，按结构可分为以下两类。

1）套管。它是用金属棒整体钻孔加工的保护管。套管上的螺纹一般是与套管整体加工出来的，而法兰则是分别加工后焊接在一起的。在 20 世纪 90 年代中期热电偶（阻）的联合设计中，曾推出了经强度校核的套管（当时称热安装套管）系列，该套管不仅具有抗介质流速冲击能力，而且具有高温承压能力。这是目前安全性和可靠性最高的保护管，主要用于高温、高压、高流速介质的场合。

2）普通直形保护管。此类保护管应用最普遍。其结构特点是使用普通无缝钢管测量端焊接封口，固定装置与保护管焊接连接。其承压能力参见表 4-115。

（2）温度　安装用固定装置在使用时往往伴有温度的变化。当温度升高时，材料的力学性能会下降，因此会影响安装用固定装置的承压能力。表 4-116 给出了常用法兰在升高温度下承压能力变化情况，供使用者在设计选型时参考。

表 4-116 所列数据是以温度仪表行业法兰常用材料 304 不锈钢（06Cr19Ni10）为依据给出的。如需其他材质数据，请查阅相关标准资料中有关最高无冲击工作压力的内容。

此外，温度的变化还有下列问题：温度的循环变化会使金属材料产生膨胀或收缩，如果法兰副预紧力选择不当，可能出现法兰载荷加大或应力松弛的现象，影响密封性。

表 4-116　温度对法兰承压的影响　　　　　　　　　　（单位：MPa）

法兰体系	公称压力	工 作 温 度 /℃												
		常温	100	150	200	250	300	350	400	450	500	600	700	800
欧洲体系	0.25	0.234	0.212	0.191	0.174	0.161	0.15	0.143	0.139	0.136	0.133			
	0.6	0.56	0.51	0.46	0.42	0.39	0.36	0.34	0.33	0.33	0.32			
	1.0	0.94	0.85	0.76	0.7	0.64	0.6	0.57	0.56	0.54	0.53			
	1.6	1.5	1.36	1.22	1.12	1.03	0.96	0.92	0.89	0.87	0.85			
	2.5	2.34	2.12	1.91	1.74	1.61	1.5	1.43	1.39	1.36	1.33			
	4.0	3.75	3.4	3.06	2.79	2.58	2.4	2.29	2.22	2.17	2.13			
	6.3	5.92	5.63	4.79	4.41	4.03	3.78	3.59	3.53	3.4	3.34			
	10.0	9.4	8.5	7.6	7.0	6.4	6.0	5.7	5.6	5.4	5.3			
	16.0	15.0	13.6	12.2	11.2	10.3	9.6	9.2	8.9	8.7	8.5			
	25.0	23.4	21.2	19.1	17.4	16.1	15.0	14.3	13.9	13.6	13.3			
美洲体系	2.0	1.9	1.57	1.39	1.26	1.17	1.02	0.85	0.65	0.47	0.28			
	5.0	4.96	4.09	3.63	3.28	3.05	2.91	2.81	2.75	2.69	2.61	1.67	0.6	0.21
	11.0	9.93	8.18	7.27	6.55	6.11	5.81	5.61	5.49	5.37	5.21	3.34	1.2	0.41
	15.0	14.89	12.26	10.9	9.83	9.16	8.72	8.42	8.24	8.06	7.82	5.01	1.79	0.62
	26.0	24.82	20.44	18.17	16.38	15.27	14.53	14.03	13.73	13.43	13.03	8.36	2.99	1.03
	42.0	41.36	34.07	30.28	27.3	24.45	24.21	23.38	22.89	22.39	27.72	13.93	4.98	1.17

注：欧洲体系中常温是指≤20℃，美洲体系中常温是指≤38℃。

（3）焊接 安装固定装置是使用焊接方法与保护管连接的，因此焊接质量将直接影响到承压能力和密封性。

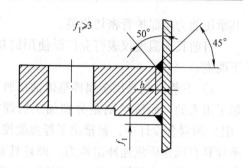

图 4-91 板式平焊法兰焊接

1）固定螺纹的焊接。目前，温度仪表行业对固定螺纹的焊接普遍采用钨极氩弧焊，将固定螺纹下部预留的工艺止口台熔化，形成焊缝金属。这种方法由于熔深不够，而且是单圈焊缝，因此承压能力有限。如果介质无腐蚀，且为静态压力时，可使用在 10MPa 以内。如果介质腐蚀性较强、温度较高，且伴有脉动压力时，应该在螺纹上部增加一道焊缝。此焊缝最好开坡口，并使用熔化极氩弧焊或其他填料焊方法焊接，以增加强度，提高安全性与可靠性。

2）固定法兰的焊接。板式平焊法兰与保护管的焊接接头（见表 4-117）应符合图 4-91 的要求。图 4-91 中坡口宽度尺寸 b 见表 4-118。

表 4-117 板式平焊法兰要求

法兰类型	公称压力 PN/MPa	公称通径 DN/mm
板式平焊法兰	0.25	10 ~ 2000
	0.6	10 ~ 1600
	1.6	10 ~ 600

表 4-118 坡口宽度尺寸 （单位：mm）

公称通径 DN	10	15	20	25	32	40	50	65	80	100	125	150	200
坡口宽度 b	4	4	4	5	5	5	5	6	6	6	6	6	8

带颈平焊法兰与保护管的焊接接头应符合表 4-119 和图 4-92 的要求。图中坡口尺寸 b 见表 4-120。

表 4-119 带颈平焊法兰焊接要求

法兰类型	公称压力 PN/MPa	公称通径 DN/mm
带颈平焊法兰	0.6	10 ~ 300
	1.0	10 ~ 400

表 4-120 带颈平焊法兰坡口尺寸 （单位：mm）

公称通径 DN	10	15	20	25	30	40	50	65	80	100	125	150	200
坡口尺寸 b	4	4	4	5	5	5	5	6	6	6	7	8	10

欧洲体系的带颈平焊法兰的焊接规范严于美洲体系，因此这里推荐的是欧洲体系。

由于保护管与法兰焊接装配的特殊性（保护管必须穿过法兰内孔），带颈对焊法兰的对焊接头无法在保护管上实现，只能采用平焊接头。考虑到对焊法兰承压能力高于平焊法兰，推荐采用图 4-93 所示的接头。

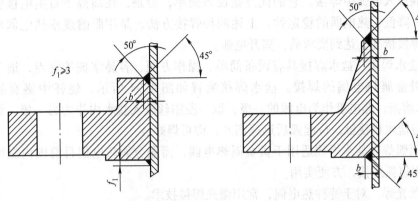

图 4-92　带颈平焊法兰接头　　　　　　图 4-93　带颈对焊法兰接头

按图 4-93 的方式焊接，下部焊缝在施焊时可能会破坏密封面。因此，在法兰车加工时应预先留余量，待焊缝完成后，重新车制密封面。图 4-93 中 b 的尺寸可参考表 4-120 选用。在上述所有焊接接头中，凡是开有坡口的焊接接头，仅允许采用钨极氩弧焊或其他填料焊的方式进行。考虑到温度仪表行业的实际应用，$DN > 200mm$ 的法兰坡口宽度没有列入表 4-118 和表 4-120 中。如有需要，可查阅相关标准。

3）检验。焊接质量的优劣，将直接影响温度仪表的安全性和可靠性，因此必须检验焊接质量。若生产厂不具备焊缝无损检测的能力，则可采用水外压检验。水外压检验应在专用水外压检验装置上进行，试验压力不小于安装固定装置公称压力的 1.5 倍，试压时间 ≥1min。

密封添料和垫圈、被测介质的属性也可影响到安装固定装置的承压能力和密封性。现场条件可能是错综复杂、千变万化的。设计者应根据不同的对象采取相应对策。

4.8　热电偶的使用与测量误差

4.8.1　热电偶的焊接、清洗与退火

1. 热电偶的焊接

热电偶的测量端通常是用焊接方法形成的，焊接的质量将直接影响热电偶测温的可靠性。为了减少导热误差及动态响应误差，焊点尺寸应尽量小。根据热电偶的种类及尺寸，可采用不同的焊接方法。

（1）直流电弧焊　这种方法将待焊偶丝作为一极，另一极为高纯石墨棒，由石墨电极产生电弧焊接偶丝。为了避免偶丝渗碳减少玷污，最好将待焊的热电偶与直流电源的正极相连。这种焊接方法的优点是：操作简单、方便，测量端的焊接质量高；但需要直流电源，因此不具备直流电源的单位将受到限制。

（2）交流电弧焊　该种方法是以高纯石墨棒为两个电极，通电使之产生电弧，将

待焊热电偶放入电弧中焊接。它的优点是设备简单；但是，在高温下石墨电极要玷污热电偶丝，降低了热电偶的稳定性。上述两种焊接方法，是用眼睛观察热电偶丝端部的熔化与焊接情况，达到要求后，离开电弧。

（3）盐水焊接 盐水焊接具有设备简单、操作方便、容易掌握等优点，适于标准及工业用贵金属热电偶的焊接。盐水焊接装置如图4-94所示。烧杯中盛有氯化钠（NaCl）水溶液，热电极作为电源的一极，取一段铂丝放入盐水内作为另一极。焊接时将热电极与盐水稍接触，待起弧后迅速离开，即可焊好。

（4）氩弧焊 盐水焊接适用于贵金属热电偶，而廉金属热电偶目前国内温度仪表厂，多采用氩弧焊接，方便实用。

（5）激光焊 对于特种热电偶，常用激光焊接技术。

热电偶测量端的类型如图4-95所示。日本推荐的热电偶种类、尺寸及测量端焊接方法，如表4-121所示。该种焊接方法与美国 ANSI MC96.1 标准一致，可供参考。

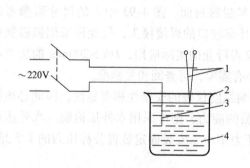

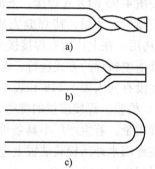

图4-94 盐水焊接装置　　　　　　　　图4-95 热电偶测量端的类型
1—热电极　2—烧杯　3—辅助铂丝
4—氯化钠水溶液

表4-121 热电偶种类、尺寸及测量端焊接方法

热电偶	尺　寸	气　焊	氩弧焊	电阻焊
T	ϕ1.6mm 以上	适合图4-95a	适合图4-95a	不适
	ϕ1.6mm 以下			
J	ϕ1.6mm 以上	适合图4-95a	适合图4-95a	适合图4-95b、c 困难
	ϕ1.6mm 以下			
E	ϕ1.6mm 以上	适合图4-95a	适合图4-95a	适合图4-95b
	ϕ1.6mm 以下			适合图4-95c
K	ϕ1.6mm 以上	适合图4-95a	适合图4-95a	适合图4-95b
	ϕ1.6mm 以下			适合图4-95c
R、S、B	ϕ1.6mm 以下	不适合	适合图4-95c	适合图4-95c

2. 盐水焊接热电偶

（1）盐水浓度 用盐水焊接热电偶时，对于直径为 ϕ0.5mm 的 R 或 S 型热电偶丝，

NaCl 的最佳质量分数范围是 3%～4%。如果 NaCl 的质量分数低于 3%，虽然可以起弧，但因溶液浓度低，电阻过大，耗能多，使热电偶丝熔化困难；如果焊接直径为 $\phi 0.8mm$ 的偶丝，则应适当提高 NaCl 的质量分数，降低溶液的电阻，在此种条件下，即使是双铂铑偶丝，照样可以焊接。

（2）辅助铂丝与待焊偶丝的插入深度　辅助铂丝的插入深度，是热电偶能否焊成的主要影响因素之一。如果辅助铂丝插入溶液过浅，那么辅助铂丝与待焊偶丝均起弧，则测量端焊不成。因此，辅助铂丝要有足够的插入深度，并与待焊偶丝保持适当的距离。为了避免污染盐水，最好也用铂丝作为辅助电极插入盐水中。待焊偶丝的插入深度也很重要。如果不插入，就不起弧；如果插入过深，则难以起弧；如果插入过浅，则使偶丝未焊好就自动断电。待焊偶丝的正常插入深度为 1.2～1.5mm，按图 4-94 所示合闸后通电产生电弧，使偶丝熔化形成球状。偶丝端部在熔化及成球过程中，逐渐收缩而断电，每支热电偶通常一次即可焊成。

（3）廉金属热电偶焊接的可能性　廉金属热电偶高温下易氧化，故 K 型热电偶的焊接须在氩气保护下进行，但是，铜－铜镍热电偶即使在氩气氛下也难以焊成。

（4）盐水焊接的可靠性　用盐水焊接的热电偶，经金相观察，热电偶的测量端无气孔，经电子探针微区分析，也未发现有夹杂物。但用交流电弧焊成的测量端内有气孔存在。用盐水焊接的热电偶，其热电动势具有良好的稳定性。辽宁省计量测试院曾采用相同材质的铂与铂铑丝，用不同的焊接方法制成新的标准热电偶，经退火、清洗处理后分度，然后在相同的时间内和相近的条件下使用后再分度。结果表明，用盐水焊接的热电偶，其热电动势的稳定性皆符合标准热电偶检定规程的要求，并优于直流电弧焊接方式。

总之，廉金属热电偶的焊接经常采用氩弧焊、气焊及盐浴焊，贵金属热电偶多用直流电弧焊及盐水焊接。用后者焊接铂铑热电偶的方法值得推广。

3. 清洗与退火

为了清除热电极丝表面沾污的杂质，并消除热电极丝内的残余应力，以确保热电偶的稳定性与准确性，必须对热电偶进行清洗和退火，铂铑 10－铂热电偶的清洗分两步进行：

（1）酸洗　采用质量分数为 30%～50% 的分析纯或化学纯 HNO_3 浸泡 1h 或煮沸 15min，利用 HNO_3 的氧化能力，除掉热电极表面的有机物质。

（2）硼砂洗　将热电极丝放在固定的清洗架上，调整热电极丝的加热电流至 10.5 左右（热电极丝为直径 $\phi 0.5mm$），温度为 1100～1150℃；然后用硼砂块分别接触两个电极丝的上端，使硼砂熔化成滴，沿电极流向测量端，反复几次直至电极发亮为止，再缓慢冷却至室温。

最重要的含硼化合物为四硼酸盐 $Na_2B_4O_5(OH)_4 \cdot 8H_2O$，俗称硼砂，习惯上将其化学式写成 $Na_2B_4O_7 \cdot 10H_2O$。它是无色晶体，在空气中容易脱水而风化，加热至 380～400℃，将脱水变成无水盐 $Na_2B_4O_7$。四硼酸钠的熔点低，在 878℃ 就熔化成玻璃状。熔化后的硼砂具有溶解各种金属氧化物的能力，甚至与金属氧化物形成稳定的化合物，可以清除热电极丝表面上几乎所有的氧化物。因此，硼砂是很好的净化剂。由于它有溶解金属氧化物的能力，所以在热电偶焊接时用硼砂作助熔剂的效果也很好。

（3）热电偶的退火　热电偶退火分两步进行：首先经通电退火，其目的是消除在制造和使用过程中产生的应力；然后再经退火炉退火。热电偶丝通电退火后，仍残存少量应力，而且，热电偶丝穿绝缘管时，有可能产生应力。用退火炉退火就可以去除其应力。热电偶经充分退火后，才能有良好的稳定性。

4.8.2　热电偶及补偿导线的劣化

热电偶经使用后出现老化变质的现象称为劣化。劣化将使热电偶改变热电性能，有时还会使热电偶超过允差，甚至脆化断线。

采用热电偶测温，同其他传感器相比，应充分了解热电偶产生劣化的原因，并采取适当的措施，这是最重要的。为了准确地测量温度，首先需要确定不影响测量准确度的使用时间，在此期间内，由热电偶劣化引起的误差是不大的；其次，劣化的程度取决于使用条件，必须选择引起劣化最小的使用条件和适宜的热电偶材质，并能准确地推断劣化进展的情况，必要时对测定值进行修正；最后，及时抓住劣化变得严重而无法使用的时机，当机立断，及时更换新的元件。下面具体介绍一下导致热电偶劣化的原因及其对策。

1. 铂铑10 - 铂热电偶的劣化

依据使用条件的不同，S型（R型、B型）热电偶经时效变化，误差通常不超过0.1℃，只有在极端恶劣的条件下，时效变化的影响才是很大的。

（1）由温度引起的劣化　由温度引起的劣化可称为正常劣化。在高温下使用时，铂晶粒将发生再结晶，其结果不仅使偶丝的抗拉强度下降，而且因晶界氧化使其电阻增大，尤其是测量端附近组成的变化导致电动势降低，引起测量误差。因此，S型热电偶的长期使用温度一般不应超过1400℃。

（2）使用气氛引起的劣化

1）真空或氧化性气氛。在空气中，铂于520℃生成氧化膜，超过520℃氧化膜开始脱落。铑在400~850℃的空气中生成黑色的Rh_2O_3。Brenner等人将R型热电偶在1290℃的空气下加热三年，电动势的变化（降低）换算成温度，只有8℃左右，其中氧化的影响仅为3℃。Darling等人将R型热电偶在625℃空气下使用40000h，由氧化引起的误差只有$-20\mu V$。由此可以看出，在高温、氧化性气氛中，铂铑系热电偶的氧化过程十分缓慢，它的时效变化很小。因此，铂铑系统热电偶可以在高温、氧化性气氛中长期使用。在真空中使用的主要问题是，铂电极丝受铑蒸气污染引起电动势降低。沈阳真空研究所在高温、真空下使用的铂铑10 - 铂热电偶，曾几次出现电动势偏低的现象。因此不宜在高温、高真空下长期裸丝使用。若采用刚玉保护管，也可在真空条件下使用。

2）在N_2及CO_2场合，铂铑热电偶可长期使用。

3）还原性气氛。在绝缘材料或耐火材料中常常含有二氧化硅。在1500℃以上的高温下，当有还原性气体 CO、H_2 存在时，SiO_2 将被还原：

$$SiO_2 + H_2 = SiO + H_2O$$

在高温下，SiO 为气态，通过自身的气相迁移附着在较冷的铂丝上，发生如下反应：

$$2SiO = SiO_2 + Si$$

被还原出来的硅可与铂形成多种低熔点金属间化合物：Pt_5Si_2、Pt_2Si、$PtSi$，其中 Pt_5Si_2 的熔点仅为 830℃。热电极丝常在绝缘管接头处断线，除了机械折损外，往往是由于 SiO 在此沉积造成的。

耐火材料中的磷、砷等元素的氧化物被还原后，也可与铂形成化合物或低熔点合金，使偶丝变脆而断丝，能引起铂污染的金属元素还有 Ni、Co、Cr 及 Mn 等，这些元素虽然对热电偶的污染并未使偶丝断线，但将影响电动势。

4）氢气氛。氢原子半径小，渗透力强，在高温下几乎可渗透所有的保护管。当温度高于 1100℃时，铂将同氢反应，引起电动势变化及氢脆。

5）卤素气体。Cl_2、F_2、Br_2 都与铂作用，生成 $PtCl_2$、PtF_4 等。当有碱金属氯化物存在时，这些反应将变得非常激烈，故在卤素气氛中使用铂铑热电偶应特别注意。

6）含硫、磷的气体。铂在含有磷的蒸气中达 500℃时，将生成极脆的化合物。含磷为 10×10^{-4}%（质量分数）时，铂的伸长率下降；含 3.8%（质量分数）磷时，铂丝在 588℃即熔断。硫的作用与磷相似，即有 60×10^{-4}%（质量分数）混入，就使铂的伸长率显著下降，并变脆。重油中约含 0.5%（质量分数）硫，故热电偶在燃油气氛中应用时要注意。

7）液化石油气体。液化石油气的主要成分是丙烷、丙烯、丁烯。这些气体在高温下将于铂表面分解，引起渗碳，并形成羟基化合物，使铂丝变脆。

为了减少有害气体的影响，可采用惰性气体保护法，防止有害气体进入保护管内。

（3）由各种反应引起的劣化

1）合金元素在热电偶测量端界面的扩散。在测量端界面处，经常发生热电偶中合金元素从一极向另一极扩散的现象，从而引起劣化，并使成分缓慢地改变，造成测温误差。这种误差的大小，取决于原来的组成、测量端的温度、沿偶丝长度方向的温度梯度，以及在高温下使用的累积时间。同时，铂铑热电偶还易受与之接触的金属污染。例如，当铂铑热电偶用于检定廉金属热电偶时，如果不加保护管，则使这些金属原子扩散到铂铑热电偶内，引起测量误差。人们曾分别把铂铑热电偶点焊在镍和铂片上，然后放入 950℃的真空炉中试验。结果发现，焊在镍片上的热电偶电动势下降 18% ~ 30%，而焊在铂片上的热电偶，其特性几乎不变。由此可见，是镍的扩散造成热电偶劣化。

2）碳的影响。铂同焦炭一起加热或在碳管炉中使用时，铂将变脆易折。这是由于溶解在铂中的碳冷却时，呈石墨状态析出所致。另外，在使用时还要防止热电偶受油质的沾污。因为油质在高温下分解产生碳，而且还有硫，所以在使用前建议先用 HNO_3 清洗热电偶丝，去油处理后的偶丝不要用手摸。需要接触偶丝的话，最好戴手套。

3）砷以及锡、硒、碲的影响。砷对热电偶劣化的影响很大。含有少量的砷，就会引起铂的晶间腐蚀，一加热铂丝就熔断。锡、硒、碲及锌等在赤热状态下，都要侵蚀铂，使之变脆。沈阳冶炼厂铅反射炉测温用铂铑热电偶，使用一段时间后，在清洗退火时，偶丝熔成数段。经检验分析证明，这是硒富集的结果。

4）锌、镉与铂生成低熔点合金而断丝，并且渗透性极强，即使采用双层保护管也可渗透。

5）铜的影响。铂与铜合金化引起熔点降低，并使电动势大幅度降低。

6）铅的影响。铅能迅速引起熔点下降致使偶丝熔断，或生成金属间化合物 Pt_3Pb 而脆断。

7）铁的影响。将含铁 0.34%（质量分数）和不含铁的铂铑热电偶，在 1250℃ 下进行对比实验。结果表明，含铁的热电偶引起 9℃ 的偏差，而不含铁的偏差仅为 2℃。杂质铁主要来源于制造铂铑合金丝的原料铑。在氧化、惰性气体及真空中，对铂铑热电偶更有害的杂质是铁而不是硅。因此，氧化铝绝缘管的原料应预先做除铁处理。

2. 镍铬 – 镍硅热电偶的劣化

K 型热电偶的劣化与镍铬极的表面状态关系极大。因此，根据表面状况的不同，可分为正常劣化与异常劣化两种。异常劣化是因热电偶丝生产工艺不佳及使用条件不适当而引起的劣化。由正常劣化与异常劣化所引起的电动势变化的方向恰好相反：正常劣化向正方向变化，异常劣化向负方向变化。

（1）正常劣化 镍铬合金丝在其表面形成致密的 Cr_2O_3 保护膜，并同镍铬合金牢固地结合，对其内部金属具有保护作用。开始形成的氧化膜很致密，铬的氧化很缓慢，即使经过很长时间，其电动势的变化仍很小。

（2）异常劣化 镍铬丝在生产过程中，没能在其表面全部生成 Cr_2O_3 氧化膜，而其中部分生成具有尖晶石结构的复合氧化物 $NiCr_2O_4$。同 Cr_2O_3 相比，$NiCr_2O_4$ 较疏松，与合金的结合也欠牢固。因此，在高温下使用时氧化速度快，而且在升降温过程中，因膨胀收缩易使氧化膜产生龟裂或剥离，进一步促进氧化。结果在极短的时间内通过最高点而向负方向变化，即向温度示值偏低方向变化。

使用条件不适宜引起的劣化如下：

1）铬的选择性氧化。在氧分压较低的情况下，镍铬极中的铬将发生选择性氧化，氧化产物 Cr_2O_3 为绿色，使合金表面呈现绿色的氧化层，通常称为"绿蚀"。在高温下，铬从正极优先挥发。这种随铬含量的降低而引起的电动势偏差，已成为它长期使用的限制因素。因此，在氧分压很低的情况下，不宜长期使用。

2）如果采用的气体很纯，由于系统中不含氧，可以延长热电偶的使用寿命。但是，如果热电偶丝的表面上已有氧化层，仍会为铬的择优氧化提供足够的氧。因此，在非氧化性气氛中应用时，要采用干净、抛光的偶丝。同时，应尽力避免在带有微量氧的惰性气氛中或氧分压很低的空气中使用。当保护管的长度与管径之比较大时，由于空气循环不良会造成缺氧状态，其残存的氧仍可为铬的选择性氧化提供条件。为此，可采用增大保护管直径或以金属钽吸收保护管内气体等方法，延长热电偶的使用寿命。

3）在还原性气氛下使用时，镍铬极表面的氧化膜被还原、裸露出金属，致使镍铬极表面的铬被微量的氧迅速氧化，在一个月左右，其温度示值有时可偏低 100℃ 以上。在保护管内装入钛丝，并密封参比端，这是防止热电偶劣化的有效措施。如果在合金中加入质量分数为 1% 的铌，则可在还原性气氛中应用。

（3）选择性氧化的判断方法　K 型热电偶发生选择性氧化可通过如下现象判断：

1）正常的 K 型热电偶丝应为银灰色，并带有金属光泽。如发生选择性氧化，则在偶丝表面或表层下将有绿色脆性鳞状物生成。

2）如将偶丝弯曲，选择性氧化部分将因其脆化使偶丝表面有裂纹产生。

3）K 型热电偶正极通常不亲磁，但氧化后有磁性。

4）在较短时间内，电动势将产生 10 ~ 100℃ 的负偏差。

（4）短程有序结构变化（K 状态）的影响　K 型热电偶在 250 ~ 600℃ 范围内使用时，由于其显微结构发生变化，形成短程有序结构，将影响电动势值而产生误差，这就是所谓的 K 状态。这是 Ni - Cr 合金特有的晶格变化。当 Cr 的质量分数为 5% ~ 30% 时，存在着原子晶格从有序→无序的转变。由此引起的误差，因 Cr 含量及温度的不同而变化，该现象如图 4-96 所示。图中数据是通过如下试验获得的：将 K 型热电偶从 300℃ 加热至 800℃，每 50℃ 取一点，测量该点电动势。由该图可看出，在 450℃ 时偏差最大，在 350 ~ 600℃ 范围内，均为正偏差。发生上述异常现象的热电偶在 800℃ 以上经短时间热处理，其

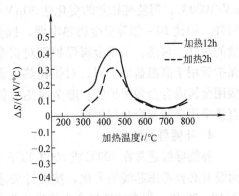

图 4-96　K 型热电偶短程有序结构变化影响的试验结果

热电特性即可恢复。由于 K 状态的存在，使 K 型热电偶在升温或降温检定结果不一致，所以在廉金属热电偶检定规程中明文规定检定顺序：由低温向高温逐点升温检定。在 400℃ 检定点，不仅传热效果不佳，难以达到热平衡，而且，又恰好处在 K 状态误差最大范围。因此，对该点判定合格与否时应很慎重。

Ni - Cr 合金短程有序结构变化，不仅局限在于 K 型热电偶，而且在 E 型热电偶正极中也有此现象。但由于 E 型热电偶电动势率为 K 型的 1.5 倍，因此其变化量仅为 K 型的 2/3。总之，K 状态与温度、时间有关。当温度分布或热电偶位置变化时，其偏差也会发生很大变化，故难以对偏差大小做出准确评价。

（5）还原性气氛的影响　在含有 H_2、CO 的还原性气氛中，于 900℃ 下进行试验。其结果表明，在高温下渗碳和镍铬极选择性氧化是劣化的主要原因。在此还原性气氛中，镍铬极表面由于游离碳析出，引起龟裂和表层脱落，致使内部氧化也随着迅速进行，铬的浓度将明显降低。浓度低的部位偶丝很脆，只经 500h 就会断丝。若在偶丝表面涂以氮化硼，可在一定程度上抑制游离碳的析出，延长热电偶的使用寿命。

（6）硫、硫化物的影响　由于 K 型热电偶是镍基合金，在含硫和硫化物的气氛下，尤其是在二氧化硫的气氛中，可发生反应生成硫化镍，它与镍形成低共熔混合物（熔

点为 645℃）。因此，在含二氧化硫或重油加热的气氛下应用时，热电偶也将发生劣化。

3. 保护管、绝缘管对热电偶劣化的影响

在高温下，保护管、绝缘管污染热电偶丝是产生测量误差的原因之一。如果保护管选择不当，产生有害气体或者气密性不好，使热电偶丝暴露在被测介质中，将会造成热电偶早期劣化或电动势不稳。

为了选择适宜的绝缘物，人们曾在氧化性气氛下，于 1300℃把热电偶放入多种氧化物粉末中进行实验。结果表明，氧化钍粉末对热电偶的影响最小，偏差仅 -3.5℃。但氧化钍具有放射性，限制了它的应用。因此，有人建议采用氧化镁做绝缘管，尤其是在氧含量较低的情况下，其他绝缘物都与铂反应，采用氧化镁、氧化铝比较合适。用高纯氧化铝做绝缘管，在 1560℃的空气中加热 42h，对铂铑 6 合金丝产生的误差为数 $\mu V/1000℃$，但使纯铂丝的变化达 $30\mu V/1000℃$ 以上，可见铂丝受绝缘管的影响更大。另外，铂铑 10 – 铂等贵金属热电偶，抗金属蒸气性能差，而金属在高温下都产生一定量的蒸气。显然，采用金属保护管对贵金属热电偶是有害的。尤其是采用镍基合金做保护管用于高温盐浴炉时，对铂铑热电偶的影响更为严重。因此，铂铑热电偶不能直接用金属或合金做保护管。廉金属热电偶较贵金属热电偶抗金属蒸气的能力强，故可直接采用金属或合金保护管。

4. 补偿导线的劣化

补偿导线通常在 200℃或 100℃以下的低温使用，而且还有绝缘层与护套保护，因而没有必要考虑芯线的劣化。按设计要求，在一般的使用条件下，护套材料的寿命应为 10 ~ 20 年。但在特殊场合下将发生劣化。补偿导线的护套大部分是塑料制成的，通常具有防水性。但在某种条件下有可能吸水或渗水，如果采用含铁的线芯材料，这时很易与铁接触而生锈，致使补偿导线绝缘不良。因此最好采用铠装补偿导线。

4.8.3 铠装热电偶的分流误差、劣化与高温漂移

1. 铠装热电偶的分流误差

铠装热电偶的结构紧凑，直径较细，绝缘层很薄，厚度仅为直径的 0.08，即直径为 $\phi 2mm$ 的铠装热电偶，MgO 的厚度仅为 0.16mm。在高温下 MgO 的绝缘电阻降低，必定有漏电电流产生从而引发出铠装热电偶的分流误差。

工业炉窑测温时，采用的铠装热电偶有时长达数十米，敷设在炉内。如果热电偶中间部位温度超过 800℃，并有温度梯度存在，那么铠装热电偶的示值将可能出现异常。通常将这种异常现象称为铠装热电偶的分流误差。

分流误差的大小并非定值，与铠装热电偶的种类、直径、使用情况、温度分布、绝缘物的品种和状态有关。

（1）分流误差的产生条件 将铠装热电偶水平插入炉内，如图 4-97 所示。其规格及实验条件：直径为 $\phi 4.8mm$，长度为 25m，中间部位加热带的长度为 20m，温度为 1000℃。该实验中热电偶的测量端与中间部位的温差为 200℃。如果测量端温度高于中间部位，产生负误差；相反，则产生正误差。当两者温差为 200℃时，分流误差约为

100℃。这是绝对不可忽视的。铠装热电偶产生的分流误差条件见表4-122。

（2）分流误差产生机理　当热电偶处于温差为 Δt 的场合下，将产生电动势 ΔE，则有：

$$\Delta E = S\Delta t$$

式中，S 是热电偶的电动势率。

当热电偶两端温度分别为 t_1、t_2 时，见图4-98。热电偶的电动势为

$$E = \int_{t_1}^{t_2} S_A \mathrm{d}t + \int_{t_1}^{t_2} S_B \mathrm{d}t = \int_{t_1}^{t_2} (S_A - S_B) \mathrm{d}t$$

$$(4\text{-}46)$$

假设 K 型铠装热电偶，沿偶丝长度方向有电位时，如图4-99所示，对

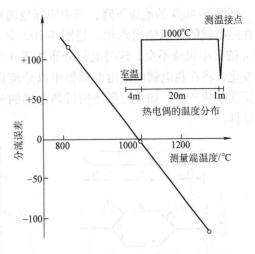

图 4-97　典型的分流误差举例（实验值）

处于温度均匀部位，其电动势不变，但对有温度梯度存在的部位，其电势将发生变化。

表 4-122　铠装热电偶产生分流误差的条件

序号	影响因素	条件
1	铠装热电偶的直径	直径越细，越容易产生分流误差
2	中间部位温度	中间部位超过800℃时，容易产生分流误差
3	中间部位加热带长度	中间部位加热带越长，越容易产生分流误差
4	中间部位加热带位置	中间部位加热带的位置距测量端越远，分流误差越大
5	绝缘电阻	绝缘电阻越低，越容易产生分流误差
6	热电偶的回路电阻	1）K 型热电偶回路电阻比 S 型大，更容易产生分流误差 2）外径相同的铠装热电偶，热电偶丝越细，越容易产生分流误差

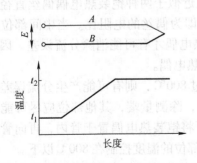

图 4-98　温度分布

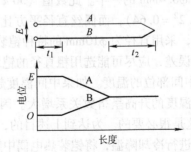

图 4-99　电位分布与温度分布关系

同理，当中间部位温度较高时，在热电偶偶丝之间保持绝缘的条件下，其电位分布如图4-100所示。在这种场合下，由于中间部位温度高，且有温差存在，热电偶偶丝之间必将产生电位差。

高温下 MgO 的绝缘下降，当中间部位温度高时，必定有漏电电流产生，该漏电电流在热电偶闭合回路内流动。当图 4-100 中 D_1 部位的电位梯度很小时，而电位梯度 ΔU_{D_2} 的大小保持不变，这时电位分布如图 4-101 所示。因此，由绝缘电阻下降所引起的变化，将在热电偶的输出电动势中以分流误差的形式体现出来。以上定性地探讨了分流误差的产生，如果定量地探讨热电偶的分流误差，可以通过热电偶的等效电路进行计算。

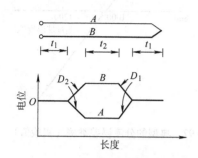

图 4-100　中间部位温度高、并保
持绝缘情况下的电位分布

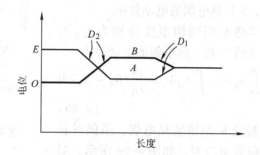

图 4-101　高温下，中间部位的绝
缘电阻变小时的电位分布

（3）分流误差的影响因素及对策

1）铠装热电偶的直径。对长度为 9m 的 K 型铠装热电偶（MgO 绝缘），只对热电偶中间部位加热。实验结果表明：分流误差的大小与其直径的平方根成反比，即直径越细，分流误差越大，但直径过细时则不遵守此规律。

当中间部分温度高于 800℃时，对于 $\phi3.2mm$ 铠装热电偶将产生分流误差。但对于 $\phi6.4mm$ 及 $\phi8mm$ 的铠装热电偶，当中间部位的温度为 900℃时，仍未发现分流误差。对于 $\phi6.4mm$（热电偶丝直径为 $\phi0.96mm$）与 $\phi8mm$（热电偶偶丝直径为 $\phi1.2mm$）的铠装热电偶，当中间部位温度为 1100℃时，直径为 $\phi8mm$ 的铠装热电偶产生的分流误差仅为 $\phi6.4mm$ 的一半。此数值（50%）近似于两种铠装热电偶偶丝直径的平方比（$0.96^2/1.2^2 = 0.64$），而偶丝直径平方比，即为偶丝的电阻比。当中间部位的温度为 1150℃时，采用直径为 $\phi10mm$ 的特种铠装热电偶才有可能消除分流误差。因此，为了减少分流误差，应尽可能选用粗直径的铠装热电偶。

2）中间部位的温度。如果中间温度超过 800℃，则有可能产生分流误差，其大小将随加热温度的升高呈指数关系增大。因此，除测量端，其他部位应尽可能避免超过 800℃，这是很必要的。为达到上述目的，可将铠装热电偶置于管内，再向管内通入空气或氮气进行冷却降温，将铠装热电偶中间部位的温度控制在 800℃以下。

3）中间部位加热带长度及位置。当中间部位的温度高于 800℃时，中间部位加热带的长度越长，距离测量端越远，分流误差越大。因此，遵照上述原则，应尽可能缩短加热带长度，并且不要在远离测量端处加热，以减少分流误差。

4）热电偶的回路电阻。当铠装热电偶的直径相同时，分流误差将随热电偶的回路电阻增加而增大。因此，采用回路电阻小的热电偶较好。例如，直径相同的 S 型铠装热电偶同 K 型铠装热电偶相比，其分流误差减少 40%。

5）绝缘电阻。高温下，氧化物的电阻将随温度的升高呈指数降低，分流误差的大小主要取决于高温部分的绝缘性能，绝缘电阻越低越容易产生分流误差。当绝缘电阻增加 10 倍或减少至 1/10 时，其分流误差也随之减少至 1/10 或增大 10 倍。

为了减少分流误差，应尽可能采用粗直径的铠装热电偶，增加绝缘层厚度。如果测量条件恶劣，上述措施无效时，只好采用装配式热电偶。

美国贵金属铠装热电偶和铠缆标准，除对铠装热电偶室温下绝缘电阻有要求外（见表 4-123），还对其高温（1000℃）下绝缘电阻有要求（见表 4-124）。

表 4-123　室温绝缘电阻要求（ASTM E2181/E2181M—2001）

铠缆外径/mm	最小电压(DC)/V	最小绝缘电阻/MΩ	
		铠装热电偶电缆	铠装热电偶
<0.80	50	1000	100
0.8~1.45	50	5000	500
>1.45	500	10000	1000

表 4-124　高温（1000℃）下绝缘电阻要求（ASTM E2181/E2181M—2001）

铠缆外径/mm	最小电压（DC）/V	1000℃下每300mm 长度最小绝缘电阻/Ω
0.5~1.45	50	5000
>1.45	100	100000

从上两表要求可知，由于高温绝缘强度降低引起的分流误差，已经逐步地被人们所认识。

2. 铠装热电偶的劣化

1）因铠装热电偶的加工工艺，对于热电偶丝而言并非是最佳条件，所以在热电偶丝中往往有残余应力存在，容易引起热电特性的波动或变化。

2）铠装热电偶的两端封接不严，则有潮湿气体从微裂纹侵入，引起绝缘性能下降。

3）由于镍铬极表面无氧化膜，所以镍铬极中的铬将与套管内残留的氧或从微裂纹中侵入的氧反应而出现"绿蚀"现象，使 K 型铠装热电偶的电动势发生变化。

4）反复弯折铠装热电偶，将会产生附加电动势。

5）铠装热电偶的寿命。由于铠装热电偶有套管保护而与外界环境隔绝，因此套管材质对铠装热电偶的寿命影响很大，必须根据用途选择热电偶丝及金属套管。当材质选定后，其寿命将随着铠装热电偶直径的增大而增加。铠装热电偶同装配式热电偶相比，更容易发生劣化。

3. 铠装热电偶的高温漂移

为探讨高温下铠装热电偶的漂移特性，实验研究了铠装热电偶套管材质、规格及使用温度对漂移的影响。

（1）实验条件 铠装热电偶套管材质：不锈钢（12Cr17Ni7）、Inconel 600 合金与 Ni – Cr 合金。

实验温度：1000~1200℃。

规格：直径为 $\phi1.6 \sim \phi22mm$ 的 K、N 型铠装热电偶。

（2）实验结果 当热电偶种类及外径相同时，漂移的速度受套管材质影响很大。漂移顺序自左向右逐渐增大：Ni – Cr < Inconel 600 < 12Cr17Ni7，其比例约为：0.75:1:5。

在高温下，N 型与 K 型相比，无论采用何种套管材料、外径及加热温度，N 型铠装热电偶更稳定，其漂移速度均小于 K 型。当热电偶种类与套管材料相同时，其漂移速度与直径成反比。同一规格、型号的铠装热电偶，其漂移随温度的升高而增大，1200℃的漂移速度约为1100℃的两倍。

如果采用 Inconel 600 管，要求在空气中使用寿命为4000h，漂移量为 $\pm 0.75\% t$ 时，那么铠装热电偶的规格应按测温范围做如下选择：1000℃时，外径 $> \phi1.6mm$；1100℃时，外径 $> \phi3.2mm$；1200℃时，外径 $> \phi6.4mm$。

4.8.4 热电偶的使用注意事项与测量误差

采用热电偶测温，即使经过校准的热电偶，仍可能产生测量误差。为了精准测量温度，必须探讨热电偶使用注意事项与测量误差。

1. 热电偶的使用注意事项

1）为减小测量误差，热电偶应与被测对象充分接触，使两者处于相同温度。

2）保护管应有足够的机械强度，并可耐被测介质腐蚀，保护管的外径越粗，耐热性、耐蚀性越好，但热惰性也越大。

3）测量线路绝缘电阻下降将引起误差。在低温下使用的热电偶，其绝缘性能的下降主要是由于空气中水汽凝结造成的。因此，将保护管内充入干燥空气后加以密封，切断同外界气体联系的措施也是有效的。

2. 热电偶固有特性引起的误差

（1）热电特性引起的误差 热电偶的热电特性将随其成分、微观结构及残余应力大小而变化。即使同一型号的热电偶，它们的 $E - t$ 关系也不一致。各种热电偶都是在一定的误差范围内与相应的分度表符合。此种误差虽然可以通过检定的方法加以修正，但应该指出，修正只是修正分度表与实际 $E - t$ 间的偏差，它不意味着完全消除了热电偶的误差，至少还具有上一级标准热电偶的传递误差。

（2）热电偶不均质引起的误差 均质的热电偶产生的电动势，只与测量端与参比端温度有关。如果热电偶丝不均质，并且沿偶丝长度方向存在温度梯度，将引起电动势变化。即使是新制的热电偶，实际上仍有不均质问题存在，而且在装配时还将产生应力。有可能因加热或冷却速度在某局部不相同或者因化学反应产生的斑点等所引起的不均质，是不可避免的。为了探讨不均质引起的误差，首先要阐明局部的温差电动势与温度梯度对总电动势的影响（见图 4-102）。

$$E = \sum_{B}^{A} S\Delta t = \sum_{t_0}^{t_m} S_A \Delta t + \sum_{t_m}^{t_0} S_B \Delta t$$

$$= \sum_{t_0}^{t_m} (S_A - S_B)\Delta t = \sum_{t_0}^{t_m} S_{AB}\Delta t$$

$$= \int_{t_0}^{t_m} S_{AB}\mathrm{d}t = \int_0^l S_{AB} \frac{\mathrm{d}t}{\mathrm{d}x}\mathrm{d}x \qquad (4\text{-}47)$$

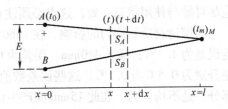

图 4-102　热电偶的电动势率与电动势

式中，E 是由正极 A 与负极 B 产生的电动势
（μV）；S_A、S_B 是电极丝 A、B 的绝对电动势率（$\mu V/℃$）；X 是由参比端 A、B 至所测热电极丝的距离（mm）；t 是在 X 处热电极丝的温度（℃）。

　　热电偶 A、B 的相对电动势率可以认为 $S_{AB} = (S_A - S_B)$，通常它是 x 与 t 的函数。可是为了简化，常将 S_{AB} 近似地看成只是 x 的函数。

　　首先，假定它是理想的均质热电偶，那么 S_{AB} 将是与 x 无关的常数；根据式（4-47），S_{ABO} 可用下式表示：

$$E_0 = S_{ABO}(t_m - t_0) \qquad (4\text{-}48)$$

由上式看出，E_0 与沿电极丝的温度分布无关。如果热电极不均质，那么 S_{AB} 将随 x 的位置不同而改变，将 S_{AB} 随 x 而变化的部分用 $h_{AB}(x)$ 表示，则

$$S_{AB} = S_{ABO} + h_{AB}(x) \qquad (4\text{-}49)$$

式中，$h_{AB}(x)$ 是不均质度。

式（4-47）、式（4-48）和式（4-49）经整理可得

$$E = E_0 + \Delta E$$

$$\Delta E = \int_{t_0}^{t_m} h_{AB}(x)\mathrm{d}t = \int_l^0 h_{AB}(x) \frac{\mathrm{d}t}{\mathrm{d}x}\mathrm{d}x$$

$$(4\text{-}50)$$

式中，ΔE 是不均质误差。

　　不均质误差如图 4-103 所示。由图可以看出，ΔE 不仅与两端温度有关，而且还随热电极丝所处的温度梯度而改变；并且，在温度梯度 $\frac{\mathrm{d}t}{\mathrm{d}x} = 0$ 的范围内，不均质将不产生误差。因此，即使是测量端附近的电极丝发生劣化，只要是温度相同，则不产生误差。不均质误差是由于在使用时不均质部分处于有温度梯度的场合所产生的误差，即不均质误差与测温时沿热电偶长度方向的温度梯度有关。温度梯度越大，材质的

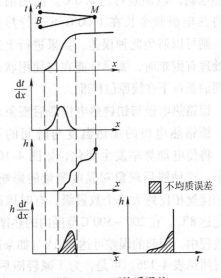

图 4-103　不均质误差

不均匀性影响就越大。例如，有的热电偶在检定炉内检定合格，但使用时未必合格，其中主要原因之一就是材质不均匀产生附加电动势造成的。因此，热电偶的检定状态

应尽可能与使用状态一致，这点必须注意。

为探讨材质不均匀的影响，在 1560℃ 下将 S 型热电偶插入炉内深度为 360mm，产生误差为 1.3℃；插入 440mm，误差为 0.4℃。对 B 型热电偶而言，在相同条件下其误差分别为 0.5℃ 与 0.1℃。这些误差数值表明，由上述热电偶的测量端起至 15mm 的这部分，是不均匀的，在此 15mm 间产生误差的平均值见表 4-125。因此，在测温点附近即使有极小的温度梯度，也会引起 0.1℃ 左右的误差，使用时要注意。不均质的测量方法很多，但作为实用方法，以同时比较同种热电极丝为好。

表 4-125 不均质度误差

热电偶的热电极丝	铂铑 10	铂铑 6	铂铑 30	铂
误差/(mV/1000℃)	0.1	0.83	0.22	2.4

（3）由滞后现象引起的误差　热电极材料的显微结构在某温度下达到平衡状态所需的时间，随温度的降低而增大的现象称为滞后现象。由于冷却速度的不同，在低温下存在各种准平衡状态是引起滞后现象的原因。当使用温度变化时，如有滞后现象发生，将引起滞后误差。对于 S 或 R 型热电偶，该误差可达 0.6℃。使用前预先将热电极丝全长在 1100℃ 下进行热处理，则可以避免此种误差。如果进行上述热处理有困难时，要尽可能在与使用状态相同的条件下在线原位校准。

镍铬热电极与铂铑热电极滞后现象相似。镍铬热电极的加热温度与时间的不同，将使电动势率发生变化，如图 4-104 所示。这种滞后现象对温度测量的影响，同铂铑丝相比约大一个数量级，有时该误差竟达 8℃。在 200～500℃ 范围内的热循环过程中，引起的误差可达 80μV。如果通过短程有序晶格使电动势稳定，需要热处理的时间见表 4-126。可是，为了减轻滞后作用，Kollie 推荐在 450℃ 下，对热电极丝全长进行预处理的时间却需 80min。如是纯金属金－铂、银－钯制成的热电偶，则无上述滞后现象。

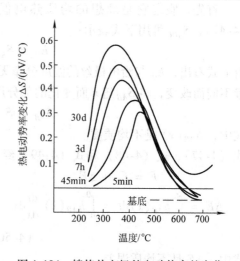

图 4-104　镍铬热电极的电动势率的变化

表 4-126　热处理温度与时间

温　度/℃	时　间
300	40 周
350	4d
400	1.25h
450	1min

（4）寄生电动势引起的误差　从热电偶参比端到测量回路中，只要有很小的温度梯度，那么在不同金属接触处将产生寄生电动势。如果有水，可能还将产生化学寄生

电动势。为了消除化学寄生电动势，应避免黏着水分。为保证导线的物理化学性能相同，应从同一卷导线上截取，最好在冰点装置内将两根线短路，测量其寄生电动势，找出不产生寄生电动势的导线。整套测量装置要尽可能避免放在有日光直接照射或者辐射，以及容易引起温度梯度的场所，并采取必要的遮蔽或保温措施，可使寄生电动势降至 $1\mu V$ 以下。对于高精度测量，要选用电动势小的切换开关与极性转换开关，不但要将其放入无温度梯度场所，而且在开关中要放置一短路装置，通过测量零电压来补偿回路的寄生电动势更好。采用此种方法，可将寄生电动势的影响减小到 $0.02\mu V$ 左右。

3. 热电偶使用不当引起的测量误差

（1）热传导误差与插入深度的影响

1）热传导误差。为了消除热电极丝的热传导误差，必须考虑热电偶的插入深度以及温度分布等。热传导误差将随热电极的材质、尺寸，绝缘物、保护管的材质、尺寸，周围流体的特性、流速及表面状态的不同而变化，并随环境温度与温度分布情况而改变。将带有绝缘物的热电偶插入管状炉内，其热传导误差可近似用下式表示：

$$\Delta\theta = \frac{1}{(1+\beta)L}\int_0^\infty \theta_x \exp(-X/L)\,dx \tag{4-51}$$

式中，$\Delta\theta$ 是热传导误差，即由测量端的温度减去 $x=0$ 处环境温度所得值（℃）；θ_x 是将测量端位置作为基准（$\theta_0=0$）时，热电极方向的环境温度分布（℃）；L 是由热电极材质、尺寸及热电极丝至环境的热阻决定的常数（mm）；β 是由热电极材质、尺寸、热电极丝及测量端至环境的热阻决定的无量纲常数。

当沿热电极丝的温度分布如图 4-104a 所示的斜线时，式（4-51）将变成如下形式：

$$\Delta\theta = L\theta_m[\exp(-x_1/L) - \exp(-x_2/L)]/[(1+\beta)(x_2-x_1)] \tag{4-52}$$

当温度分布如图 4-104b 所示的二次曲线时，其热传导误差 $\Delta\theta$ 为

$$\Delta\theta = \theta_{2L}/[2(1+\beta)] \tag{4-53}$$

热电偶的热传导误差常数见表 4-127。例如，对 K 型热电偶，$\phi3.2mm$ 电极丝的 $L=25mm$，$\beta=0.37$，图 4-105a 中 $x_1=150mm$，$x_2=300mm$，由式（4-52）可求得

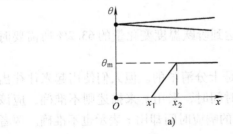
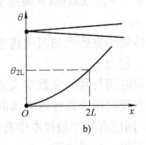

图 4-105　沿热电极丝周围的温度分布

a）斜线分布　b）二次曲线分布

$0.3℃\Delta\theta\approx$。

在用比较法检定热电偶时，为了获得0.1℃的检定精度，其检定炉的恒温带长最好为150~200mm，均匀性应在±1℃以内。

表4-127 热电偶的热传导误差常数

热电偶		绝缘管	瓷保护管 （直径/mm）×（长度/mm）	L/mm	β
规格尺寸/mm	类型				
$\phi0.5$	R、S 或 B 型	双孔圆形	$\phi17\times22$	7	0.28
$\phi0.5$	T 型	双孔圆形	$\phi17\times22$	25	0.7
$\phi1.0$	K 型	单孔	$\phi17\times22$	14	0.22
$\phi1.6$	K 型	双孔椭圆形	$\phi17\times22$	18	0.23
$\phi2.3$	K 型	双孔椭圆形	$\phi17\times22$	22	0.26
$\phi3.2$	K 型	双孔椭圆形	$\phi17\times22$	25	0.37

2）插入深度的影响。热电偶插入被测场所时，沿其长度方向将产生热流。由热传导而引起的误差与插入深度有关，而插入深度又与保护管材质有关。金属保护管的导热性好，其插入深度应该深一些（约为保护管外径的15~20倍）；陶瓷材料绝热性能好，可插入浅一些（约为保护管外径的10~15倍）。上述经验数据，只适用于静止的被测介质。对于工程测温，其插入深度还与测量对象是静止或流动等状态有关，如流动的液体或高速气流温度的测量，将不受上述限制，插入深度可以浅一些。具体数据应由实验确定。

（2）响应时间的影响

1）响应时间与时间常数。当环境温度出现阶跃变化时，热电偶的输出温度变化至相当于该环境温度阶跃变化量的某个规定百分数（10%、50%、90%）所需要的时间，称为响应时间，记为τ_X。达到阶跃温度变化量的10%、50%、90%所需要的时间分别记为$\tau_{0.1}$、$\tau_{0.5}$、$\tau_{0.9}$。

对于按一阶传递函数处理的温度传感器，达到阶跃温度变化量的63.2%所需要时间称为时间常数，记为τ。

热电偶的响应时间与时间常数定义或概念是十分清晰的。但人们使用起来往往出现问题。例如，当我们评价某种热电偶的响应时间时，采用τ来描述则不准确，应该用$\tau_{0.5}$或$\tau_{0.9}$等。同理有的产品样本中有热电偶的响应时间却用τ表示也不准确。两者定义与表述皆存不同，必须注意。

热电偶的响应时间或时间常数不仅与其材质、结构有关，而且还与被测流体及校准工况有关。

2）测温元件热响应误差的确定。对于温度不断变化的被测场所，尤其是瞬间变化过程，全过程仅 1s，则要求传感器响应时间在毫秒级。因此，普通的温度传感器不仅跟不上被测对象的温度变化速度出现滞后，而且也会因达不到热平衡而产生测量误差。最好选择响应快的传感器。对热电偶而言，除受保护管影响外，热电偶的测量端直径也是其主要因素，即偶丝越细，测量端直径越小，其热响应时间越短。测量元件热响应误差可通过下式确定：

$$\Delta\theta = \Delta\theta_0 e^{(-t/\tau)} \tag{4-54}$$

式中，t 是测量时间（s）；$\Delta\theta$ 是在 t 时刻，测温元件引起的误差（K 或℃）；$\Delta\theta_0$ 是在 $t=0$ 时刻，测温元件引起的误差（K 或者℃）；τ 是时间常数（s）；e 是自然对数的底（取 2.718）。

因此，当 $t=\tau$ 时，则 $\Delta\theta = \Delta\theta_0/e$，即为 $0.368\Delta\theta_0$；如果当 $t=2\tau$ 时，则 $\Delta\theta = \Delta\theta_0/e^2$，即为 $0.135\Delta\theta_0$。

当被测对象的温度，以一定的速度 a（K/s 或℃/s）上升或下降时，经过足够的时间后，所产生的响应误差可用下式表示：

$$\Delta\theta_\infty = -a\tau$$

式中，$\Delta\theta_\infty$ 是经过足够长的时间后，测温元件引起的误差（K 或者℃）。

由上式可以看出，响应误差与响应时间成正比，表 4-128 和表 4-129 给出了装配式与铠装热电偶时间常数实例，可供参考。

表 4-128　装配式热电偶（K 型）时间常数实例

热电偶丝直径/mm	保护管		时间常数 τ	温度变化范围/℃	外部条件
	材质	规格尺寸/mm			
3.2	06Cr19Ni10	外径 22	6min55s	常温→600	燃气炉中
		内径 16	2min52s	600→常温	静止冷水
1.6	06Cr19Ni10	外径 15	3min32s	常温→600	燃气炉中
		内径 11	40s	1000→常温	静止冷水
1.0	06Cr19Ni10	外径 12	1min14s	常温→950	燃气炉中
		内径 8	2min28s	950→常温	自然空冷
3.2	只带绝缘管无外保护管		49s	常温→950	燃气炉中
			1min32s	900→常温	自然空冷
1.6	只带绝缘管无外保护管		27s	常温→900	燃气炉中
			52s	900→常温	自然空冷

表 4-129 铠装热电偶时间常数实例

铠装热电偶外径/ mm	时间常数 τ/s		温度变化范围/ ℃	外部条件
	接壳型	绝缘型		
0.25	0.007	0.012	常温→100	沸腾水中
0.5	0.03	0.05	常温→100	沸腾水中
1.0	0.07	0.12	常温→100	沸腾水中
1.6	0.15	0.2	0→100	沸腾水中
	0.18	0.26	常温→100	沸腾水中
2.3	0.26	0.41	常温→100	沸腾水中
3.2	0.4	0.5	0→100	沸腾水中
	0.46	0.9	常温→100	沸腾水中
4.8	0.73	1.2	0→100	沸腾水中
	1.6	2.4	常温→100	沸腾水中
6.4	1.2	2.4	0→100	沸腾水中
	2.2	3.7	常温→100	沸腾水中
8.0	2.1	3.9	0→100	沸腾水中
	4.0	5.8	常温→100	沸腾水中

为了提高热电偶检定效率，许多企业采用热电偶自动检定装置，但是自动检定装置的分度结果并非一定准确。如果忽视了响应时间的影响，就容易发生误判。我国东风汽车变速箱公司热处理分厂，在检定作者研制的实体热电偶时，初期总在 400℃ 点超差，而在 1000℃ 时偏差很小，仅 1~2℃。通过对检定数据的分析发现，在 400℃ 恒温过程的细微变化中，被检热电偶的电动势变化滞后于标准热电偶电动势变化，这是因为实体热电偶内有填充物，热容量比标准热电偶大，故要滞后。于是调整自动检定装置的恒温时间。扫描前要进行大于 1min 的恒温考核，在精密控温时，恒温考核为 4min，恒温考核时间内允许温度波动为 0.4℃，并进行每分钟温度波动检查。采取上述措施后，基本上解决了初期出现的由于响应滞后而引起的误判。

（3）热辐射的影响 插入炉内用于测温的热电偶，将被高温物体发出的热辐射加热。假定炉内气体是透明的，而且热电偶与炉壁的温差较大时，将因能量交换而产生测温误差。

在单位时间内，两者交换的辐射能为 P，可用下式表示：

$$P = \sigma\varepsilon(T_w^{\ 4} - T_t^{\ 4}) \tag{4-55}$$

式中，σ 是斯忒藩 - 波尔斯曼常数；ε 是发射率；T_w 是热电偶的温度（K）；T_t 是炉壁的温度（K）。

在单位时间内，热电偶同周围的气体（温度为 T）通过对流及热传导产生热交换的能量为 P'，可用下式表示：

$$P' = \alpha A(T - T_t)$$

式中，α 是热导率；A 是热电偶的表面积。

在正常状态下，$P = P'$，其误差为

$$T_t - T = \sigma\varepsilon(T_w^4 - T_t^4)/\alpha A$$

对于单位面积而言其误差为

$$T_t - T = \sigma\varepsilon(T_w^4 - T_t^4)/\alpha$$

因此，为了减少热辐射误差，应增大热传导，并使炉壁温度 T_t 尽可能接近热电偶的温度 T_w。另外，在安装时还应注意，热电偶安装位置应尽可能避开从固体发出的热辐射，使其不能辐射到热电偶表面；热电偶最好带有热辐射遮蔽套。

（4）热阻抗增加的影响　在高温下使用的热电偶，如果被测介质为气态，那么保护管表面沉积的灰尘等被烧熔在表面上，使保护管的热阻抗增大；如果被测介质是熔体，在使用过程中将有炉渣沉积，不仅增加了热电偶的响应时间，而且还使指示温度偏低。因此，除了定期校准外，为了减少误差经常抽检也是必要的。例如，进口铜熔炼炉不仅安装有连续测温热电偶，还配备消耗型热电偶，用于及时校准连续测温用热电偶的准确度。

（5）热电偶的安装与测量误差

热电偶安装的注意事项如下：

1）细管道内流体温度的测量。在细管道内测温，往往因插入深度不够而引起测量误差。因此，最好按图 4-106 所示的方法，选择适宜部位，才能减小或消除此项误差。

2）含大量粉尘气体的温度测量。由于在气体内含大量粉尘，对保护管的磨损严重，所以按图 4-107 所示，采用端部切开的保护筒为好。如采用铠装热电偶，不仅响应快，而且寿命长。

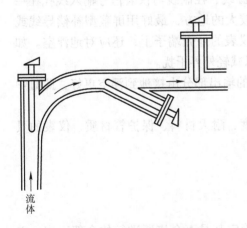
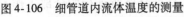
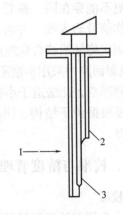

图 4-106　细管道内流体温度的测量　　　图 4-107　含大量粉尘气体温度测量

1—流体流动方向　2—端部切开的保护筒　3—铠装热电偶

3）高速气流引起的误差。当测量高速流动的气体温度时，因气体的压缩与内摩擦发热，使显示温度高于真实温度。

4）如果被测物体很小，在安装时应注意不要改变原来的热传导及对流条件。

4.8.5 在感应条件下测温的干扰与抗干扰

在用热电偶测量电加热炉（尤其是感应加热设备）温度时，除被测的直流信号输入外，还要感生附加的交流信号，使电子电位差计灵敏度下降，并产生示值误差。为了提高仪表的抗干扰能力，消除干扰的影响，首先探讨一下干扰信号的来源。

1. 干扰信号的产生

当仪表或热电偶测量线路附近有大功率电动机、变压器等电器设备时，就会通过电磁感应在测量线路中感生出交变电动势，成为被测电动势的干扰信号。它的特点是与有用信号串接在一起，通常称为横向干扰或线间干扰。

仪表附近有高压设备，则高电压可以通过设备与仪表间的分布电容和仪表对地的分布电容，使仪表对地产生一个电位，造成对仪表的干扰信号，通常称为纵向干扰或对地干扰。

这些感应干扰，虽然在电子电位差计的内部已采取一些抗干扰措施，但必须在热电偶测量线路中也采取相应措施，才能达到预期效果。

2. 抗干扰的措施

1）仪表的电源最好独立，应与车间电器设备的电源分开。

2）测量线路和仪表不应放在有负载回路、变压器、开闭器附近。

3）仪表应有专用地线。可用铜棒或铁管打入地下 2~3m，在其上端焊接地线。

4）温度传感器应接地。最好用三线式热电偶，将其中一根接地。对于金属保护管，要把热电偶和保护管完全绝缘，并把保护管接地。如用 Al_2O_3 保护管，在其外部最好涂 SiC 并接地，在高温下，漏电流通过 SiC 接地，而热电偶中几乎无漏电流通过。

5）导线的铺设。在铺设线路时，不能将电源线、控制线与仪表信号输入线扎在一起平行铺设，更不能穿在同一根管内。在干扰较大的地方，最好用屏蔽型补偿导线或铠装补偿导线作信号输入线，并将屏蔽层接到仪表的外壳端子上，还应对地浮空。如用普通导线，则应将导线绞合成绳形，这样可以减轻外界干扰。

6）负载电源回路中采用多绕阻变压器，它的输出部分由接地到浮空更好，此时炉子也须由接地到浮空，此法适于小容量电炉。

上述对策要根据炉子结构、测量位置、温度、耐火材料、保护管材质、仪表的灵敏度等进行选择。

4.8.6 检定、校准与精度管理

1. 检定与校准

（1）检定　为评定计量器具的计量性能，确定其是否合格所进行的全部工作。它是进行量值传递的重要形式，是保证量值准确一致的重要措施。

（2）校准　在规定条件下，为确定计量检测仪器或系统的示值或实物量具，标准物质所代表的量值与相对应的由参考标准获得的量值之间关系的一组操作。

新制或使用中的热电偶，应按检定规程或校准规范要求定期进行检定或校准。

2. 标准仪器管理与记录管理

对于标准仪器管理要明确责任者，并做好登记、检查、故障修理、保管、报废及更新等，记录的项目有：

（1）仪器验收　操作者、时间、仪器的种类名称、制造号、生产厂、特性（规格、保证度等）等初始条件。

（2）故障、修理、报废及更新　有关事件的详细情况、操作者、时间、修理者、检查结果等。

（3）校准　测量者、时间、校准方法（检定、校准）结果及使用的设备等。

（4）使用　使用地点、操作者、时间、使用条件（温度、时间）等。

3. 精度管理

对于国家基准热电偶，原则上每年进行一次定点检定，但使用 20 次以上要进行监督性校验，或对银点测量误差超过 0.2℃ 以上时，应再检定。当使用 30 次以上或发现异常时，应进行监督性校验，在银点同基准热电偶比较，如果误差超过 0.3℃ 以上时，应再检定。为了监测定点变化，可另设监督精度用热电偶更好。对于工作用热电偶的标准管理，最简单的办法是将热电偶送交技术监督部门，定期进行检定。

4. 检定或校准过程中引起的误差

（1）在检定过程中可能引起的误差

1）标准热电偶的传递误差。在分度热电偶时，由标准热电偶自身的准确度所引起的误差。

2）测量仪器的基本误差。由电位差计、测量仪表的精度等级决定。

3）视差。仪表的刻度很窄，有的一小格相当于 20℃，读数时对指针位置判断不准确也会引起误差，即所谓视差。

热电偶经过检定后，也不是绝对准确的，即使是引入修正值，仍然无法消除标准热电偶的传递误差。总之，用热电偶测温时，可能出现的误差很多，但就其性质来说，大体上可分为两类：系统误差与偶然误差。由于系统误差是恒定的或按一定规律变化的误差，因而可以设法排除或用校验、修正的方法来克服。偶然误差既不能排除也不能克服，只能从多次测量中，按其统计规律进行计算与分析。在实际测温过程中，究竟需要考虑哪些误差，应根据具体情况具体分析。

（2）当前检定规程存在的问题　我国计量器具检定规程在保证温度量值准确统一方面起了很大作用，但远不能适应测温技术和新型温度传感器的发展要求。

1）短型热电偶的检定。按照 JJG 668—1997 规定，对于新制或使用中的测温范围在 300~1300℃，长度在 200~700mm 的工作用 S 型与 R 型热电偶的检定，由于偶丝短，不能直接置于参比端恒温器内，要求采用达到一等标准热电偶准确度水平的同极性热电偶丝（允差 ±1℃）延伸到参比端恒温器内进行检定。

作者将同一根 S 型丝材截下 1m、0.5m 各一支，经检定 1m 的 S 型热电偶合格，但 0.5m 的 S 型热电偶不合格。寻其原因皆为参比端接线所致，此种例子屡见不鲜。在供需双方因短偶质量的纠纷中，不少是检定方法未严格执行检定规程所引起的。

2) 不可拆卸热电偶的检定。作者开发的专利产品：实体化热电偶、防氧化钨铼热电偶及真空炉专用密封式热电偶均为不可拆卸热电偶。

由于热电偶的不可拆卸性给检定带来如下问题：

① 测量端位置只能凭检定人员估计。

② 带保护管的不可拆卸工业热电偶，同仅有绝缘管的标准热电偶的响应时间不一致，不能同时达到热平衡。

③ 对检定炉的轴向、径向温场要求严格，否则温场的不均匀性将引入测量结果。

总之，由于不可拆卸热电偶的校准目前尚无相关校准，所以当需方发生争议时，缺乏依据，给应用带来诸多不便。

4.8.7 工业钨铼热电偶的校准装置与校准

1. 工业钨铼热电偶的校准装置

1) 0~1500℃氧化气氛高温校准炉，用于校准 Al_2O_3 等陶瓷保护管钨铼热电偶。

2) 0~1500℃具有真空或保护气氛的高温校准炉用于校准钼等难熔金属保护管钨铼热电偶。

3) 0~2500℃工业钨铼热电偶丝的校准装置，钨铼热电偶丝的校准装置，通常用钨管炉或碳管炉，其主要性能见表4-130。

表4-130 钨管炉的主要性能

项 目		（美国）ASTM E452—2002	304 所（碳管炉）	冶金部自动化研究院	重庆仪表材料研究院
高温钨管炉性能指标	最高温度/℃	2800	2800	2800	2500
	真空度/Pa	0.01		冷态 2.3×10^{-4} 热态 1.3×10^{-3}	冷态 $10^{-3} \sim 10^{-4}$ 热态 $10^{-2} \sim 10^{-3}$
	炉温稳定度	1min 炉温变化不超过1℃	±4℃/10min	2100℃ 为 ± 0.5 ~ ±1.0℃	5min 内总变化 ±0.5 ~ ±2.0℃
	腔内温场	平均温度的0.2%	管内 20mm 轴向温差 <5℃	管内 60mm 内1℃	0.12% ~ 0.16%
	黑度系数		> 0.98	0.9842	0.99
分度的总不确定度	800~1400℃ 校准点（内插）	±3.0℃ (3.5℃)			±4.0℃, 0.31%
	1400~2000℃	±4.0℃ (4.5℃)	≤2.1℃	2000℃ 时，二等光高，± 9℃，0.45%；精密光高，±13.6℃，0.68%	±8.1℃, 0.41%
	2000~2800℃	±7.0℃ (8.0℃)	2300℃时，≤2.1℃		2300℃时，±11.0℃，0.49%

2. 工业钨铼热电偶的校准

为了确保温度量值的准确可靠，对新制或使用中热电偶进行定期或不定期校准是必要的。但值得注意的是，钨铼热电偶高温下因晶粒长大而变脆。经过高温校准过的钨铼热电偶在运输或安装过程中，有可能脆断，或者在间歇式操作过程中，在热应力作用下而断裂。因此，在校准时应注意以下几点。

1）工业钨铼热电偶不可拆卸，在校准时，热电偶组件不能从保护管取出，又加上难以准确判断测量端位置而产生误差。

2）为了同标准热电偶的状态保持一致，有的检定人员将热电偶组件从保护管中取出，结果有的将热电偶丝折断了，无法检定。即使可以检定，也破坏了原来的密封结构，热电偶也不能用了。因此，不可拆卸工业钨铼热电偶的检定，是当前急需解决的问题。进口的真空炉专用热电偶，因看不到测量端有可能被误判为不合格。作者建议，对不可拆卸热电偶应事先对钨铼丝进行检定，并获得相应的校准证书，再组装成不可拆卸热电偶应认定合格。对特殊部门也可采用在线校准方式。

3）钼等难熔金属保护管易氧化，不能在普通的检定炉内校准，必须在真空或者惰性气体保护的专用检定炉中校准；否则，钨铼热电偶的钼管氧化，不仅污染检定炉，而且钨铼热电偶丝也因外管损坏而氧化，不能使用。

4）钨铼热电偶校准的不确定度。美国标准给出了难熔金属热电偶在校准点与内插时扩展不确定度（$K=2$），见表 4-131。

表 4-131　钨铼热电偶在校准点与内插区间的扩展不确定度（$K=2$）（ASTM E 452—2002）　（单位：℃）

校准温度范围	隐丝式光高计		自动辐射温度计	
	校准点	内插	校准点	内插
800 ~ 1400	±4.0	±4.5	±3.0	±3.5
>1400 ~ 2000	±6.0	±6.5	±4.0	±4.5
>2000 ~ 2800	±10.0	±11.0	±7.0	±8.0

5）钨铼热电偶校准的受理单位。由于工业钨铼热电偶校准装置维护量大，费用高。目前尚处于无正式受理钼等难熔金属保护管钨铼热电偶的校准单位。只能采用分度钨铼热电偶丝的方法，即采用钯熔丝定点法分度钨铼热电偶丝，用偶丝的分度结果作为工业钨铼热电偶的分度结果。如需在更高温下校准，可采用金属 – 碳共晶点校准。

4.8.8　表面温度计检定装置

1. 概况

用接触式表面温度计测量固体表面温度，测量结果是传感器与被测表面的热平衡温度。由于传感器与被测表面接触，而且暴露在周围空间，所以测量结果受被测表面状况、材质、环境、热流大小及接触热阻等多种因素影响。为了准确地测出表面的温度，对传感器进行检定是很必要的。

由于缺乏检定装置，我国通常采用"分立元件检定法"检定接触式表面温度计，即分别对热电偶与显示仪表进行检定。此种检定方法与实际使用条件相差太远，检定值与实际测量值的偏差很大，因而，用户心中无数。只有在模拟现场的条件下，对整机进行检定，才能给出表面温度计的测量误差。

为了检定表面温度计，各国曾研制出各种表面温度计检定装置。生产厂通常利用自制的热板式检定装置，对表面温度计进行检定。日本安立公司检定表面温度计的简易装置如图 4-108 所示。为了解决我国表面温度计的检定问题，作者与沈阳市技术监督局合作研制出适于弓型表面温度计的检定装置（见图 4-109）。

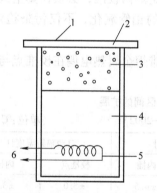

图 4-108 检定表面温度计的简易装置
1—测量点 2—铜板 3—蒸汽
4—沸水 5—加热器 6—电源

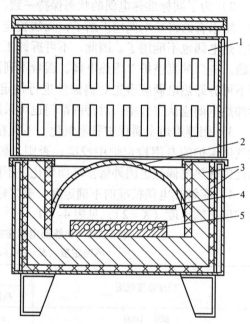

图 4-109 表面温度计检定装置
1—百叶窗 2—热板 3—耐火材料与保温材料
4—均热板 5—加热器

2. 检定装置

（1）**热板的选择** 通常采用板状热源检定表面温度计，即发热元件以辐射或接触方式加热金属板并控制其温度，该金属板为表面温度计的检定提供一个标准的表面热源。表面温度分布不均匀是该装置的主要误差来源，因此，如何提高表面温度分布的均匀性，是减少整个装置系统误差的关键。理想的表面热源应符合如下要求：①形成一维热流，即表面各点间不存在横向热流，表面温度分布均匀；②表面温度稳定，并在某种不确定度范围内准确已知；③表面热板可更换，测量何种金属表面就在该种材料的表面热板上标定。

实际上很难选出完全满足上述要求的热板，在研制过程中曾试用过纯铜与不锈钢做热板。结果表明，纯铜的导热性能好，温场均匀，但温度高，易氧化。不锈钢表面只有轻微氧化，性能稳定，故选不锈钢做热板。

（2）标准热电偶的选择与安装　国外表面温度计检定装置（0～300℃）均采用 K 型热电偶作为标准。根据我国表面温度计检定规程的规定，选用 S 型热电偶作为标准。标准热电偶的敷设方法有许多种，如图 4-110 所示。其中，图 4-110a 铆接法最好，误差小；图 4-110b、c 所示两种铆接法，测量结果偏差较大，图 4-110b 所示铆接法将热电偶铆在内表面要高于表面温度，图 4-110c 所示铆接法恰好相反。本装置采用接近图 4-110a 的方法敷设热电偶。此种方法安装方便。

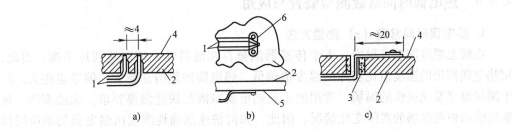

图 4-110　热电偶敷设方法
1—热电偶　2—热板　3—绝缘管　4—表面　5—内表面　6—不锈钢板

（3）防风罩的设计　为了使表面温度计的检定能在接近使用条件下进行，热板表面应暴露在空气中。检定时发现，周围空气流动将影响示值的稳定性。为减少气流的影响，在检定炉的上方设计了百叶式防风罩，效果良好。

该装置的最高使用温度为 300℃，在 20mm×20mm 范围内，表面温场的温差为 ±2℃，稳定度为 <0.5℃/min。

（4）平面热管式表面温度计检定装置　图 4-109 所示检定装置的优点是结构简单，价格便宜；但其表面温场的均匀性欠佳。为此，上海工业自动化仪表研究所试制出 WJM-I 型平面热管式表面温度计检定装置。其优点是导热性能好，温场均匀，易控制，惰性小等。因此，采用平面型热管可使实际的表面热源在很大程度上满足或接近上述理想表面热源的要求。因为热管的蒸汽温度与表面温度十分接近或存在一定关系，所以可通过测量热管的蒸汽温度来确定其表面温度，用深埋在蒸汽测温管内的小型铂热电阻测量蒸汽温度，准确度很高。它的最高使用温度为 300℃。在中央直径 $\phi50mm$ 的圆周范围内，表面温差 ≤0.5℃；在室温～180℃ 范围内，其表面温差在中央直径 $\phi90mm$ 范围内仅为 0.2℃。控温稳定性优于或等于 ±0.1% 温度上限/10min。该装置由各种平面型热管表面源（见表 4-132）及其控温仪组成。表中四种平面型热管表面为统一规格的平面，其直径为 $\phi100mm$。

表 4-132　热管表面源材质与工作温度范围

表 面 源 材 质			
A 型铜板	B 型铜板	铝　板	A 型不锈钢板
室温～180℃	室温～300℃	室温～80℃	室温～130℃

3. 表面温度计检定装置存在的问题

平面热管式表面温度计检定装置，在很大程度上满足或接近了理想表面热源的要求；但到目前为止，国内外尚无公认的标准表面热源。当各级计量部门选用不同国家或厂家的表面温度计检定装置时，即使同一支表面热电偶在北京计量院检定合格，在辽宁计量院检定结果可能相差很大。其根源在于两单位的表面热源不同。开发标准表面热源将是计量工作者长期而艰巨的任务。

4.8.9 热电偶时间常数测量装置与应用

1. 热电偶时间常数（τ）测量方法

在瞬态温度测量过程中，由于传感器测量存在滞后性，难以达到热平衡。因此，用热电偶测出的温度值比实际的温度值偏低，热电偶的热惰性越大，偏差也越大。对于瞬间温度变化极快的温场，常用的工业热电偶难满足快速测温要求。无法准确、快速反映出被测温场的实际变化情况。因此，如何快速准确地测量出热电偶的响应时间已成为重要的研究课题。

（1）热电偶时间常数的测量方法

1）用记忆示波器记录热电偶的温度阶跃响应曲线，通过观测曲线求得时间常数。

2）用激光作为信号源，通过热电偶的升温过程测其时间常数。

3）通过测量温度阶跃响应曲线中任意点的斜率，经理论推导出热电偶的时间常数。

（2）发展趋势　现有的测试方法，皆为通过软件的编写得到较为准确的测试结果，这些方法都是基于单指数曲线描述过渡过程的数学模型进行测量的。为了使测量结果更准确，可以构造一个双指数曲线数学模型来进行热电偶时间常数的拟合。

（3）热电偶时间常数的影响因素

1）不同分度号的热电偶时间常数不同，因为不同分度号的热电偶材质不同，其热导率不同，对温度的反映快慢也不同。

2）不同结构的热电偶时间常数不同。金属保护管的热电偶比陶瓷保护管热电偶的时间常数小，裸丝比带保护管的热电偶时间常数小。

3）热电偶采用的绝缘材料及其填充厚度和密度不同，时间常数不同。

4）热电偶的时间常数 τ，不但与热电偶本身的材料、构造有关，而且与被测流体、使用和校准工况都有关系。

（4）测量环境　环境主要指具有稳定的流场、温场的水流或气流环境。

1）阶跃温度：$40 \sim 50 ℃$。

2）水流速：$0.4 m/s \pm 0.05 m/s$。

3）温度控制精度：30min内水流温度的稳定度优于温度阶跃量的 $\pm 1.0\%$。

4）水流宽度：不小于被测传感器直径的10倍。

（5）热电偶响应时间的测量过程

1）稳定的测量工况（稳定的速度场，温场）。

2）热电偶接受温度阶跃激励。

3）采集被测热电偶对阶跃的响应信号。

4）计算出响应时间或时间常数。

（6）热电偶时间常数的数学模型　作为一阶线性系统，热电偶对阶跃温度的响应为

$$T - T_0 = (T_e - T_0)(1 - e^{-\frac{t}{\tau}}) \qquad\qquad (4-56)$$

式中，T 是热电偶指示温度；T_0 是测量端初温；T_e 是阶跃温度；t 是时间；τ 是热电偶时间常数。

当 $t = \tau$ 时，则有：

$$T - T_0 = (T_e - T_0)(1 - e^{-1}) = 0.632(T_e - T_0) \qquad\qquad (4-57)$$

即时间常数是热电偶指示温度 T 与初始温度 T_0 之差达到温度阶跃（$T_e - T_0$）的 63.2% 所需的时间，同时也给出了测量 τ 的方法，如图 4-111 所示。

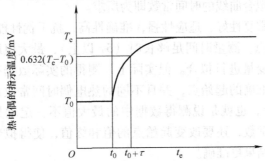

图 4-111　热电偶的温度阶跃响应曲线

从实测曲线中很容易获得起始值，测量时间足够长时也容易获得终值，那么 63.2% 值对应的位置也就得到了。但是实测曲线的起始时刻在哪一点不像理论曲线那样有一个明显的转折点，而是圆滑过渡的，实际的过渡过程导数是连续的。考虑到热电偶插入热水速度的有限性、插入瞬间局部水温度的下降、热电偶的多层介质等因素，准确的热传导数学模型远比单指数数学模型复杂。

（7）热电偶时间常数的计算方法（坐标轮换法）　坐标轮换法的基本构思是将一个 n 维优化问题转化为依次沿 n 个坐标方向反复进行一维搜索的问题。这种方法的实质是把 n 维问题的求优过程转化为对每个变量逐次进行一维求优的循环过程。每次一维搜索时，只允许 n 个变量的一次改动，其余（$n-1$）个变量固定不变。因此坐标轮换法也常称单变量法或变量交错法。

目标函数的有效时间段是从假定的起始时刻到测量的终结时刻。在有效时间段内，将曲线通过插补的方法平均分为 100 点，以各点模拟曲线与实测曲线的差值平方和作为目标函数。

搜索出实测曲线的最小值和最大值，以最大值和最小值差值的 10% 位置为起始时刻，60% 那一点时刻与起始时刻的差值为起始时间常数，最大值为终值。

2. 热电偶时间常数测量装置

（1）第一代人工型测量装置 美国铝业公司对多参数传感器（STAR）中热电偶时间常数的要求小于0.3s。为了满足对出口产品的需要。作者在2008年首先研制成功人工测量时间常数装置。经过十多年的测量结果表明，该装置性能稳定可靠，完全满足测量要求。

1）测量原理与数学模型。作者采用的是单指数曲线描述过渡过程的数学模型。首先将采集到的数据通过描点法显示在界面上，即为实际曲线。通过对这些数据的比较，找出最小值和最大值，以最大值与最小值差的10%作为起始点的值，60%对应的时刻与起始时刻的差值作为时间常数的起始值，最大值作为终值。将这三个值代入数学模型中，求出一些时刻的热电势值，将这些值与测得的对应时刻热电势值做方差。通过坐标轮换法，即分别改变时间常数、起始点的值和终值，使方差值逐渐减小，直到不能再减小为止。此时得到的拟合曲线和实际曲线同时显示在界面上，观察到这两条曲线基本重合，可认为拟合曲线的时间常数即为所求。

该方法的优点是重复性好，适应性强，准确性高，抗干扰性能强。在理想情况下，能够准确地找到起始点，测量时间足够长时（5τ以上），最大值即为终值，此时只需改变时间常数这一个变量进行拟合。但实际上，测得的实际数据有波动，起始点处为双指数函数，找不到准确的起始点，并且不同的热电偶时间常数也不同，不一定每个测量时间都在5τ以上，也就是说测得数据中的最大值不一定就是终值。因此在拟合时，不仅要改变时间常数，还要改变起始点的值和终值，使得拟合曲线更接近实际曲线，适应范围更广，结果更准确。

但是，当测量时间在5τ以上时，实际的有效数据，即上升时间一般在3τ处截止，也就是说3τ之后的数据基本上是保持不变的，对拟合结果的影响基本很小。因此为了提高拟合的精度，将原来用来计算方差的5τ以内的热电势值全部用3τ以内的热电势值替换，也可增加3τ以内的热电势值的权重。对同一热电偶进行以上两种拟合的结果如下：$\tau_1 = 214.5\text{ms}$，$\tau_2 = 215.5\text{ms}$，后者的结果更接近真实值，即有效数据到3τ处截止。

传统的方法有用记忆示波器记录曲线，然后在示波器上观测时间常数。该方法对快速热电偶不适用，而且测量效率低，准确度差。

还有的方法是在沸水槽口置一光电开关，记录起始时刻，将起始时刻到63.2%时刻的时间作为时间常数。该方法的测量结果中包括热电偶从光电开关到水中的运动时间，该时间的重复性受机械结构的影响；另外，对于含明显噪声的记录曲线确定准确的63.2%的位置也比较困难。

利用数据采集设备来提取测试数据方法的缺点是，如果热电偶的时间常数非常大，并且根据大量实践表明，在5τ以后阶跃温度趋于平衡，就需要很大的内存，使得此方法存在一定的局限性。

也有通过测量曲线63.2%位置的曲线斜率来确定时间常数的。实验表明，这种方法理论上可行，而对于实测曲线，由于数据中的噪声波动导致测量结果的重复性很差，尤其是当测量信号微弱的 S 型电偶时，测量曲线中有明显的工频干扰。

　　2）测量装置。由计算机软件、数据采集卡、热电偶夹持装置与恒温水浴构成测量装置与分选装置，如图 4-112、图 4-113 所示。由人工操作实现热电偶时间常数的测量和分选。

图 4-112　人工型时间常数测量装置

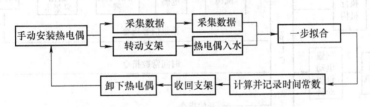

图 4-113　人工型时间常数测量装置的检测流程

　　（2）第二代智能型全自动时间常数测量与分选装置

　　1）测量与分选装置的构成。多参数传感器（STAR）的应用不断扩大，每年出口已达 4 万多支，由人工测其时间常数已无法满足日益增长的需求。因此，在 2018 年研制出了智能型全自动时间常数测量与分选装置（见图 4-114），从而摆脱了人工测量时代。

　　该装置由上位机、执行机构、下位机组成。上位机包括工控机及测试软件、信号放大器、16 位数据采集卡，负责采集数据并计算时间常数，实现测试数据的管理。执行机构包括上料装置（负责传感器存放、送料和送料控制）、拾取机构（负责传感器的抓取、测试和摆放）、分选存放装置（包括存放转盘、伺服电动机）。下位机包括 PLC 及控制系统，控制执行机构。上、下位机通过自定义通信协议实现协调运行。

　　2）测量与分选装置的控制原理与检测流程如图 4-115、图 4-116 所示。

　　3）测量与分选装置的特点如下：

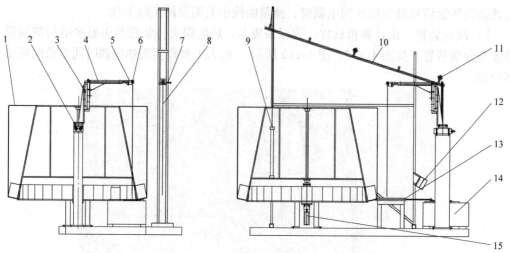

图 4-114 智能型全自动时间常数测量与分选装置

1—分选后存放转盘 2—转动气缸 3—上下气缸 4—手臂气缸 5—手指气缸 6—夹紧装置

7—推料气缸 8—被检热电偶 9—上料气缸 10—滑轨 11—振动电动机 12—冷却风扇 13—盖板气缸

14—恒温水浴 15—伺服电动机

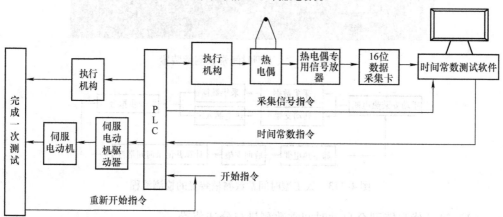

图 4-115 智能型全自动时间常数测量与分选装置的控制原理

① 多功能，可完成单只热电偶的测量、批量热电偶的分选配对、不良品的判定和筛选等。

② 适用范围广，可以用于多种型号和结构的热电偶。

③ 智能化，根据设定程序全自动测量，真正实现无人值守。

④ 效率高，比人工测量提高效率 8~10 倍。

⑤ 可靠性高，避免人工操作的失误。

3. 热电阻温度计响应时间的原位测量方法

原位测量就是在没有离开正常安装位置时进行的测量。目前广泛应用的热电阻温度计响应时间的原位测量方法有三种：回路电流阶跃响应法、噪声分析法和自热法。热电偶温度计响应时间的原位测量方法有两种：回路电流阶跃响应法和噪声分析法。

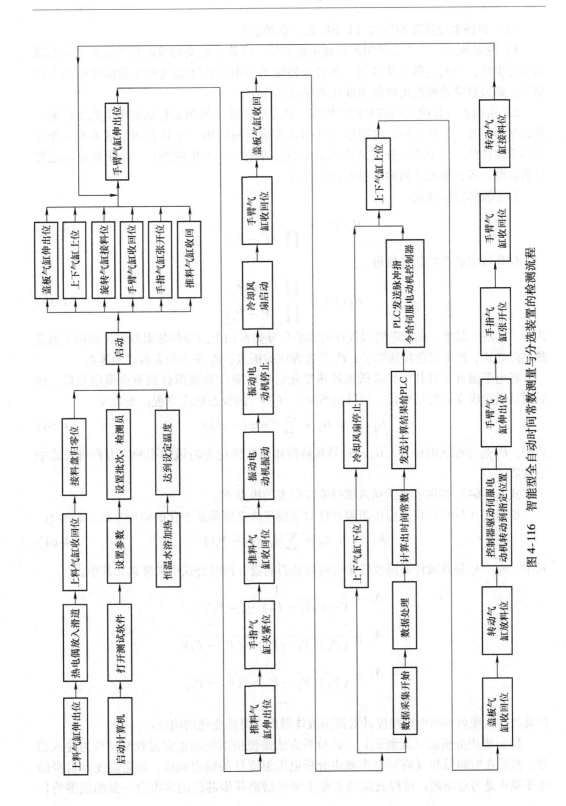

图 4-116　智能型全自动时间常数测量与分选装置的检测流程

（1）回路电流阶跃响应法（LCSR 法，激励法）

1）测量原理。该方法采用惠氏通单臂电桥，将若干毫安的阶跃直流电流加至电阻温度计引线，引起电阻元件自热，单臂电桥输出由电流阶跃变化产生的温度瞬态变化信号，通过数学模型给出电阻温度计响应时间特性。

2）由瞬态变化确定响应时间的模型。该方法是通过解热方程确定电阻温度计的一阶数学热模型。分析表明，电阻温度计的动态响应特性由一个具有两个输入与一个输出的系统特征。两个输入分别是流体温度与焦耳效应所产生的热量。输出是电阻温度计的温度。各自输入之间的传递函数表示为

对于流体温度变化：

$$H_1(P) = \frac{K}{\prod_i (P - P_i)} \tag{4-58}$$

焦耳效应所产生的自热量：

$$H_2(P) = \frac{\prod_j (P - Z_j)}{\prod_i (P - P_i)} \tag{4-59}$$

式中，K 是毕渥数，表征电阻温度计内部单位导热面积上的导热热阻与单位面积上的换热热阻之比；P 是拉普拉斯算子；P_i 是方程式的极点；Z_j 是表征方程式的零点。

将电阻温度计对其中的阶跃焦耳热变化的温度响应数据拟合到节点模型方程，然后对其做拉氏变换的反变化，可得出所对应 $H_2(P)$ 的模态响应方程，表示为

$$R_2(t) = B_0 + \sum_i B_i \exp(-P_i t) \tag{4-60}$$

式中，P_i 是方程式的极点；B_0、B_i 是频域传递函数转化为时域动态响应方程时公式中的常数。

式（4-64）提供了预示插入试验响应所需的极点 P_i。

根据式（4-63）可得出电阻温度计对周围流体温度阶跃变化的响应方程，表示为

$$R_1(t) = A_0 + \sum_i A_i \exp(-P_i t) \tag{4-61}$$

式中，A_0、A_i 是频域传递函数转化为时域动态响应方程时公式中的常数，其中：

$$A_0 = \frac{1}{(-P_1)(-P_2)\cdots(-P_i)}$$

$$A_1 = \frac{1}{(P_1)(P_1 - P_2)\cdots(P_1 - P_i)}$$

$$A_2 = \frac{1}{(P_2)(P_2 - P_1)\cdots(P_2 - P_i)}$$

$$\cdots$$

如此类推，便可得出电阻温度计对周围液体温度中突然变化的响应。

（2）噪声分析法（无源法） 该分析方法是使用系统的正常过程波动作为输入信号，然后在时间域和（或）频率域中分析电阻温度计的输出响应。电阻温度计自身的电子噪声是可忽略的。过程波动的来源主要包括离开堆芯后的水混合、泵的搅混特性

以及紊流等。使用频域分析或通过使用自回归模型的时域分析方法不能直接测定电阻温度计的响应时间，但均可拟合被测数据，从而评估电阻温度计响应时间的降级。通常同时采用上述两种方法分析数据，并对剔除异常电阻温度计的结果取平均值更为有效。

在频域分析中，如果输入波动为平稳的白噪声（功率谱密度在电阻温度计额定带宽上的整个频域内均匀分布的噪声），则电阻温度计输出信号的功率谱密度与电阻温度计频率响应增益的平方成正比，即能用传递函数拟合测得的输出信号的功率谱密度来估计电阻温度计的响应特性。一般采用快速傅里叶变换（FFT）等频谱计算法首先产生噪声信号的功率谱，然后将适用于试验中电阻温度计的数学函数（模型）与频谱密度进行匹配生成模型参数，这些参数用来估算电阻温度计的响应时间。如果输入波动不是白噪声，但只要是在电厂中类似的噪声特性下进行分析，通过检测频率成分的变化，依据系统的输出值，可推出系统响应时间的变化。

对于噪声数据的时域分析，可采用自回归（AR）模型分析方法。每个电阻温度计的噪声数据记录匹配阶数为 n 的常规自回归模型。噪声数据记录的匹配将确定模型的系数。这些系数用来获得电阻温度计的动态描述，包括推导出响应时间的脉冲响应、阶跃响应等，进而估算出电阻温度计的响应时间。

（3）自热法（激励法）

1）测量原理。自热法是一种基于在系统稳态工况下，不同的内热产生率引起的电阻温度计温升反比于总的传热系数的物理基础来测定电阻温度计响应时间降级的方法。

该方法采用惠斯通电桥，将若干毫安的直流电流加至电阻温度计引线，稳定后再逐步提高直流电流，通过不同电流时热电阻温度计电阻的变化值与输入电流产生电功率的比值（即自热系数），即可表征温度计响应时间的降级。

2）由自热系数确定电阻温度计响应时间。在稳态时，电阻温度计内输入电流产生的电功率等于单位时间内从电阻温度计向被测对象转移的热量，表示为

$$Q = UA(t - T) \tag{4-62}$$

式中，Q 是输入电流产生的电功率；U 是总的传热系数；A 是传热面积；t 是温度计温度；T 是介质温度。

对于恒定的介质温度：

$$\Delta Q = UA\Delta t \tag{4-63}$$

由于温度计电阻正比于其温度：

$$\Delta R = C\Delta t \tag{4-64}$$

则

$$\frac{\Delta R}{\Delta Q} = \frac{C}{UA} \tag{4-65}$$

式中，C 是常数。

电阻温度计的响应时间 τ 近似地为

$$\tau = \frac{Mc}{UA} \tag{4-66}$$

式中，M 是电阻温度计的质量；c 是比热容。

若比热容 c 维持恒定，比较上式，得出 τ 正比于 $\dfrac{\Delta R}{\Delta Q}$。即电阻温度计的响应时间能用自热系统表征。

4. 应用

沈阳东大传感技术有限公司与沈阳工业大学胡俊宏教授合作，共同研制成功了国际上首台自动智能型热电偶时间常数测量与分选装置。该装置采用了单指数曲线拟合热电偶的温度阶跃响应曲线求得时间常数的新方法。该装置适用于航空、航天及核工业等高技术领域所需的快速响应的温度传感器，具有机械结构简单、不用光电开关、抗噪声能力强、测量准确度高、重复性好等特点。自 2008 年开始用于对美国出口热电偶时间常数的测量，十多年来共测得 30 多万支 φ1.6mm K 型铠装热电偶时间常数，保证了产品质量，为连续出口美国多参数传感器做出重大贡献；并且，还测量 S、C、D、N 型等多种热电偶及 RTD 热电阻时间常数测量；探讨热电偶种类与直径、保护管材质与直径对热响应时间的影响，为科研单位及新型热电偶的研发，提供有力依据。

第5章 辐射温度计

在工业生产中，经常采用热电偶或热电阻等接触式温度传感器。接触式测温方法虽有结构简单、可靠、准确度高等优点，但在某些场合下，必须采用非接触式测温。例如，在等离子加热及受控热核反应等现代科学技术领域中，往往要求测量10000℃乃至千万摄氏度的超高温，一切接触式测温都无能为力，这时可采用非接触式测温方法。

辐射具有广泛的内涵，使我们感兴趣的，只是其中能够传播热能的部分，即热辐射。凡是由测量热辐射体的辐射通量，而给出按温度单位分度的输出信号的仪表，皆称为辐射温度计，如光学高温计、红外温度计及比色温度计等。在过去相当长的时间里，辐射温度计的可靠性、准确度和抗干扰能力都不太高，而且还只局限于高温领域的测量。从20世纪60年代起，由于电子技术的发展和半导体材料的进步，不仅测温领域扩大了，而且又相继出现了许多高性能辐射温度计（见表5-1），所以辐射温度计得到了广泛应用。其中，红外热成像技术在军事与工业生产中的应用发展更快。例如，炼铁高炉的料面温度分布、热风炉炉顶温度场等用红外热像仪监测，均取得了良好效果。

表 5-1　辐射温度计的类型

类　型	原　理	检测原件
辐射高温计 （宽波段辐射温度计）	热电型	热电堆（TE）、热敏电阻热辐射元件（TC）、热释电元件
单色辐射温度计 （窄波段辐射温度计）	光电型 光学高温计型	光电管、光电倍增管（PE），PbS、Ge（Au）、InSb（PC），硅光电池 InAs、HgCdTe（PV），目测、光电倍增管
比色温度计	可见光比色 红外比色	硅光电池、光电倍增管 PbS
热像仪 （一维、二维）	机械扫描 电子扫描	热敏电阻、InSb、Ge（Au）、HgCdTe 红外光导摄像管、电耦合器件（CCD）
前置反射器辐射温度计		热电堆、硅光电池

注：TE为热电势型；TC为热敏电阻型；PV为光生伏特型；PC为光电导型；PE为光电效应型。

辐射温度计的优点是，能够测量运动物体的温度并且不破坏被测温度场，又可以在中温或低温领域进行测量。根据1990年国际温标的规定，银点以上的标准仪器是基准光学（或光电）高温计，它是依据普朗克公式分度的，没有规定上限，但实际上一般只用到3000℃。在高温领域中，以前我国使用较多的是光学高温计。最近，红外辐射温度计、比色温度计的应用范围正在逐渐扩大。

5.1 辐射测温原理

5.1.1 热辐射

任何物体都能以电磁波的形式向周围辐射能量，这种电磁波是由物体内部的带电粒子在原子和分子内振动产生的。热辐射是整个电磁辐射谱（见表5-2）的一个组成部分，它是由波长相差很大的红外线、可见光及紫外线等组成。常用于检测温度的热辐射波长范围为 $0.4 \sim 40\mu m$。对于辐射的度量，不仅要考虑空间与时间因素，而且应考虑波长及辐射能的发射方向。这里首先介绍与热辐射有关的物理量（见表5-3）。

表 5-2　电磁辐射谱

名　　称	波长 $\lambda / \mu m$	频率 f/Hz
γ 射线	$\leqslant 10^{-5}$	$\geqslant 3 \times 10^{19}$
X 射线	$10^{-5} \sim 10^{-2}$	$3 \times 10^{19} \sim 3 \times 10^{16}$
紫外线	$10^{-2} \sim 4 \times 10^{-1}$	$3 \times 10^{16} \sim 7.5 \times 10^{14}$
可见光	$0.4 \sim 0.76$	$(7.5 \sim 3.95) \times 10^{14}$
近红外辐射	$0.76 \sim 1.5$	$(3.95 \sim 2) \times 10^{14}$
中红外辐射	$1.5 \sim 10$	$(2 \sim 0.3) \times 10^{14}$
远红外辐射	$10 \sim 1000$	$3 \times 10^{13} \sim 3 \times 10^{11}$
无线电波	$10^{-3} \sim 10^{5} m$	$3 \times 10^{11} \sim 3 \times 10^{3}$

表 5-3　有关辐射测量的物理量

物理量的名称	符号 IEC	符号 USA	定　义	单　位
辐射能 Q	Q	U	$Q = \phi t$	J
辐射通量 ϕ	ϕ	P	$\phi = dQ/dt$	W
辐射出射度 M	M	W	$M = d\phi/dS$	W/m^2
辐射强度 I	I	J	$I = d\phi/d\omega$	W/sr
辐射亮度 L	L	N	$L = dI/(dS\cos\theta)$	$W/(sr \cdot m^2)$
单色辐射亮度 L_λ	L_λ	N_λ	$L_\lambda = dL/d\lambda$	$W/(sr \cdot m^3)$
辐射照度 E	E	H	$E = d\phi/dA$	W/m^2
单色辐射出射度 M_λ	M_λ	W_λ	$M_\lambda = dM/d\lambda$	W/m^3

注：t 为时间（s）；S 为发射面面积（m^2）；ω 为立体角（Sr）；θ 为发射角（rad）；λ 为波长（m）；A 为照射面面积（m^2）。

（1）辐射能 Q　以辐射形式发射、传播或吸收的能量称为辐射能，符号为 Q，单位为 J。辐射能不受时间、空间（或方向）、辐射源表面积及波长间隔的限制。对黑体而言，它只与本身的温度有关。

（2）辐射通量（辐射功率）ϕ　以辐射的形式发射、传播或接收的功率称为辐射通量或辐射功率，符号为 ϕ，单位为 W。辐射通量就是辐射能随时间的变化率，即

$$\phi = dQ/dt \tag{5-1}$$

（3）辐射强度 I　辐射源在某一特定方向上的辐射强度，是指在给定方向上的立体角元内，离开辐射源（或辐射源面元）的辐射通量除以该立体角元。辐射强度的符号为 I，单位为 W/sr。如果点辐射源在无限小立体角 $\mathrm{d}\omega$ 内的辐射通量是 $\mathrm{d}\phi$，则该点辐射源在此方向上的辐射强度为

$$I = \mathrm{d}\phi/\mathrm{d}\omega \tag{5-2}$$

由上式看出，辐射强度在数值上等于单位立体角内的辐射通量。

（4）辐射出射度 M 与光谱（单色）辐射出射度 M_λ　从辐射源单位面积上向半球面方向发射的各种波长的辐射通量，即离开表面一点处的面元的辐射通量除以该面元的面积，称为辐射出射度（简称辐出度）。辐出度通常用符号 M 或 $M(T)$，单位是 W/m^2。数学表达式为

$$M = \mathrm{d}\phi/\mathrm{d}S \tag{5-3}$$

辐出度 M 只是温度的函数。

如果从物体表面单位面积上发射的，波长在 λ 和 $\lambda + \mathrm{d}\lambda$ 范围内的辐射出射度为 $\mathrm{d}M$，那么 $\mathrm{d}M$ 与波长间隔 $\mathrm{d}\lambda$ 的比值称为光谱（单色）辐出度，它的符号为 M_λ，单位为 W/m^3。数学表达式为

$$M_\lambda = \mathrm{d}M/\mathrm{d}\lambda \tag{5-4}$$

由实验可知，单色辐出度是物体温度 T 与选定波长 λ 的函数。它反映出在不同温度下，辐射能按波长分布的情况。

（5）辐射照度 E　由周围其他辐射源入射到物体单位面积上的辐射通量称为辐射照度（简称辐照度）。它的符号为 E，单位为 W/m^2。数学表达式为

$$E = \mathrm{d}\phi/\mathrm{d}A \tag{5-5}$$

式中，A 是照射面面积。

辐照度为入射到表面的辐射能，而辐出度与此相反，是指离开表面的辐射能，二者恰好相对应，其单位也完全相同。

（6）辐射亮度 L 与光谱（单色）辐射亮度 L_λ
辐射源的表面元 $\mathrm{d}S$（见图 5-1）在给定方向上的辐射亮度 $L(\phi, \theta)$，是指该面元在此方向上的单位投影面积和单位立体角内的辐射通量。即表面一点处的面元在给定方向上的辐射强度，除以面元在垂直于给定方向的平面上的正投影面积，称辐射亮度。辐射亮度的符号为 L，单位为 W/(sr·m^2)。数学表达式为

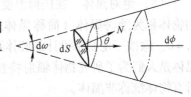

图 5-1　辐射亮度的确定

$$L(\phi, \theta) = \frac{\mathrm{d}\phi(\phi, \theta)}{\mathrm{d}S\cos\theta\,\mathrm{d}\omega} \tag{5-6}$$

或

$$L(\phi, \theta) = \mathrm{d}I(\phi, \theta)/(\mathrm{d}S\cos\theta) \tag{5-7}$$

如果辐射亮度不随方向变化而保持恒定，则辐射亮度 L 等于：

$$L = \frac{\mathrm{d}I}{\mathrm{d}S\cos\theta} \tag{5-8}$$

辐射亮度实际上是包括所有波长在内的辐射能。为了探讨单一波长下的辐射亮度，须引入光谱（单色）辐射亮度的概念。在某一波长 λ 附近的单位波长间隔内存在的辐射亮度称为在该波长下的光谱（单色）辐射亮度。它的符号为 L_λ，单位是 $W/(sr \cdot m^3)$。数学表达式为

$$L_\lambda = dL/d\lambda \tag{5-9}$$

光谱辐射亮度表示辐射物体在某一特定方向上、单位时间、单位波长间隔、单位投影面积及单位立体角内所发出的辐射能。

在整个波长范围内的辐射亮度为

$$L = \int_0^\infty L_\lambda d\lambda \tag{5-10}$$

因此，辐射亮度 L 是单色辐射亮度 L_λ 在整个波长范围内的积分。

（7）吸收系数 当辐射能入射到某一不透明的物体表面时，一部分能量被吸收，另一部分能量则从表面反射（对于透明物体，将有一部分能量透过）。吸收的和入射的辐射通量之比，称为此物体的吸收系数。反射的与入射的辐射通量之比，称为此物体的反射系数。物体的吸收系数和反射系数，将随物体的温度和入射的波长而变化。因此，常用 $\alpha(\lambda, T)$ 和 $\rho(\lambda, T)$ 分别表示某一物体在温度 T 时，对于波长在 λ 和 $\lambda + d\lambda$ 范围内的辐射能的单色吸收系数和单色反射系数。对于各种不同的物体，单色吸收系数与单色反射系数的量值不同，即使是同一物体，如果表面状态不同，单色吸收系数与单色反射系数也不同。由定义可知，这两个比都是纯数，对于不透明的物体来说，两者总和为 1，即

$$\alpha(\lambda, T) + \rho(\lambda, T) = 1 \tag{5-11}$$

（8）绝对黑体 在任何温度下，能全部吸收投射到其表面上的任意波长的辐射能的物体称为绝对黑体（简称黑体）。显然，绝对黑体的吸收系数 $\alpha_0 = 1$，而反射系数 $\rho_0 = 0$。除按一定要求设计的腔体近似为黑体外，绝对黑体在自然界是不存在的。因此，黑体是人们为了研究物体辐射特性，人为定义的理想物体。凡是不能满足黑体条件的所有物体统称非黑体。

5.1.2 黑体辐射与发射率

由上述讨论可知，黑体在任何温度下都能全部吸收投射到表面上的辐射能。在相同温度下，它的辐出度最大，实际物体的辐出度总是低于黑体。如果用 $M(T)$ 表示实际物体在某一温度 T 下全波长范围的积分辐射出射度，用 $M_0(T)$ 表示黑体在相同温度下的全波长范围的积分辐射出射度，两者之比即为实际物体的全发射率 $\varepsilon(T)$，可用下式表示：

$$\varepsilon(T) = M(T)/M_0(T) \tag{5-12}$$

$\varepsilon(T)$ 的数值介于 0 与 1 之间，其具体数值取决于实际物体的性质、温度及表面状态。通常由实验确定热辐射体的光谱辐射出射度与黑体在相同温度及波长下的光谱辐出度之比值，称为光谱（单色）发射率，用 $\varepsilon(\lambda, T)$ 表示，简写成 ε_λ，可用下式表

示：

$$\varepsilon(\lambda,T) = M(\lambda,T)/M_0(\lambda,T) \tag{5-13}$$

式中，$M(\lambda,T)$是实际物体的光谱辐出度（W/m^3）；$M_0(\lambda,T)$是黑体的光谱辐出度（W/m^3）。

$\varepsilon(\lambda,T)$ 值与物体的物理特性及波长有关。光谱发射率小于 1 且不随波长而改变的物体称为灰体。即发射率是一个与波长无关的常数，这是灰体的重要特性。

影响物体光谱发射率的因素很多，也相当复杂，ε_λ 不仅与温度、波长有关，而且还与物体的材质及表面状态有关。在波长与温度相同的条件下，即使用同一种材质制成的具有不同表面状态的物体，它们的光谱发射率也可能相差甚远。不同表面状态的常用材料在 0.66μm 波长下的光谱发射率值见表 5-4。本书附录 C 中还提供了金属、合金及非金属材料在各波段下的发射率。综上所述，光谱发射率 ε_λ 是表征黑体与非黑体内在特性与表面状态的一个量纲为一的数，其数值介于 0 与 1 之间。

表 5-4　常用材料在 0.66μm 波长下的光谱发射率值

材料（质量分数,%）	表面无氧化层		有氧化层光洁表面
	固态	液态	
铝	—	—	0.22 ~ 0.4
银	0.07	0.07	
铂	0.3	0.38	
金	0.14	0.22	
铜	0.1	0.15	0.60 ~ 0.8
铁	0.35	0.37	0.63 ~ 0.98
铸铁	0.37	0.4	0.7
钢	0.35	0.4 ~ 0.68	0.68 ~ 1.0
康铜（Cu55，Ni45）	0.35	—	0.84
钨	0.43	0.43	
碳	0.93	—	
镍	0.36	0.37	0.85 ~ 0.96
镍铬合金（Ni90，Cr10）	0.35	—	0.87
镍铬合金（Ni80，Cr20）	0.35	—	0.90
铬	0.34	0.39	—
钴	—	—	0.75
铍	0.61	0.61	0.07 ~ 0.37
锡	—	—	0.32 ~ 0.6
镁	—	—	0.2
锰	0.59	0.59	—
铅	—	—	0.32 ~ 0.6
陶瓷	0.25 ~ 0.5		
粉末石墨	0.95		
铂铑合金（Pt90，Rh10）	0.27		
水泥	0.6		

5.1.3 黑体辐射定律

1. 普朗克定律

（1）普朗克（Planck）公式　对于绝对黑体，它的光谱辐射亮度 $L(\lambda, T)$ 与热力学温度 T 和波长 λ 的关系，可由普朗克定律确定：

$$L(\lambda, T) = \frac{C_1 \lambda^{-5}}{\pi} \times \frac{1}{\exp\left(\dfrac{C_2}{\lambda T}\right) - 1} \tag{5-14}$$

式中，C_1 是第一辐射常数；C_2 是第二辐射常数；λ 是由物体发出的辐射波长。

$$\left. \begin{aligned} C_1 &= 2\pi hc^2 = 3.7417749 \times 10^{-16}\,\mathrm{W \cdot m^2} \\ C_2 &= \frac{hc}{k} = 1.438769 \times 10^{-2}\,\mathrm{m \cdot K} \end{aligned} \right\} \tag{5-15}$$

式中，c 是电磁波在真空中的传播速度，可取 299792458m/s；h 是普朗克常数，$h = 6.6260755 \times 10^{-34}$J·s；$k$ 是玻耳兹曼常数，$k = 1.380658 \times 10^{-23}$J/K。

从理论上看，普朗克公式对任何温度都是适用的，但实际应用很不方便。因此在低温与短波下通常采用维恩公式。

（2）维恩（Wien）公式　依据式（5-14）绘出光谱辐射亮度与波长及温度的关系，如图5-2所示。

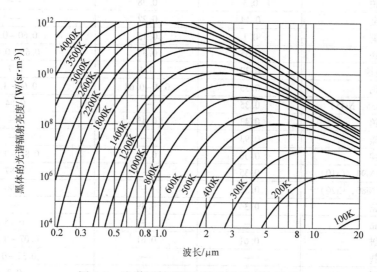

图5-2　光谱辐射亮度与波长及温度的关系

在低温下，即 $C_2/(\lambda T) \gg 1$ 或者 $hc/k \gg \lambda T$ 时，普朗克公式便可简化为维恩公式：

$$L_0(\lambda, T) = \frac{C_1}{\pi} \lambda^{-5} e^{-\frac{C_2}{\lambda T}} \tag{5-16}$$

在温度 $T < 3000$K 和波长 $\lambda < 0.8\mu$m 范围内，能很好地满足 $C_2/(\lambda T) \gg 1$ 的条件，因此，完全可以用计算方便的维恩公式代替普朗克公式。

（3）瑞利 – 琼斯（Rayleigh – Jeans）公式　在高温 $\lambda T \gg hc/k$ 的情况下，普朗克公式可用瑞利 – 琼斯公式代替：

$$L_0(\lambda, T) = 2ckT\lambda^{-1} \tag{5-17}$$

由此可见，在高温的情况下，瑞利 – 琼斯公式与普朗克公式近似；在低温的情况下，维恩公式与普朗克公式近似。

2. 维恩位移定律

由图 5-2 黑体的光谱辐射亮度与波长、温度的关系曲线看出，在任意给定的温度下，曲线均有最大值。它所对应的波长称为峰值波长 λ_m。当黑体温度升高时，峰值波长向短波方向移动，反之，则向长波方向移动。黑体光谱辐射亮度曲线峰值波长 λ_m 和温度 T 间的关系，可用维恩位移定律的数学表达式描述：

$$\lambda_m T = 2898 \mu m \cdot K \tag{5-18}$$

由式（5-18）可知：当 $T = 3000K$ 时，$\lambda_m = 0.97 \mu m$，峰值波长 λ_m 在红外区；$T = 5000K$ 时，$\lambda_m = 0.60 \mu m$，处在黄光区；$T = 7200K$ 时，$\lambda_m = 0.40 \mu m$，处在紫光区。

上述计算结果与人们的经验是一致的。当炉温较低时，发射出的是波长较长的红光，而高温炼钢炉发出的则是耀眼的白光。

如果能测出黑体光谱辐射亮度的最大值对应的波长 λ_m，就可根据维恩位移定律算出这一黑体的温度。太阳表面的温度就可用这种方法测得。亮度测温技术（如比色温度计）就是依据这一原理，通过对黑体光谱辐射亮度的测量，准确地确定其温度。

3. 斯忒藩 – 玻耳兹曼（Stefan – Boltzmann）**定律**

在图 5-2 中，每一条曲线均反映出在一定温度下，黑体的光谱辐射亮度按波长分布的情况。每条曲线下的面积等于黑体在一定温度下的辐射出射度 $M_0(T)$，即

$$M_0(T) = \int_0^\infty M_0\lambda(T)\,\mathrm{d}\lambda \tag{5-19}$$

由图 5-2 可见，$M_0(T)$ 随温度迅速增加，由热力学理论可导出黑体的 $M_0(T)$ 与温度 T 的关系：

$$M_0(T) = \sigma T^4 \tag{5-20}$$

$$\sigma = \frac{2\pi^5 k^4}{15h^3 c^2} = 5.67051 \times 10^{-8} W/(m^2 \cdot K^4)$$

式中，σ 是斯忒藩 – 玻耳兹曼常数；k 是玻耳兹曼常数；h 是普朗克常数；c 是光速，可取 299792458m/s。

式（5-20）为斯忒藩 – 玻耳兹曼定律的数学表达式。该定律建立了黑体总的辐射出射度与其热力学温度间的定量关系。

如果将式（5-20）用辐射亮度表示，则为

$$L_0 = \frac{\sigma}{\pi} T^4 \tag{5-21}$$

该定律指出，黑体总的辐出度或亮度与其热力学温度的四次方成正比。这一结论不仅对黑体是正确的，而且对任何实际物体也是成立的。所不同的是，实际物体的辐射亮

度要低于相同温度下黑体的辐射亮度。实际物体的辐射亮度为

$$L = \varepsilon(T)\frac{\sigma}{\pi}T^4 \tag{5-22}$$

式中，$\varepsilon(T)$ 是实际物体的全发射率。

总之，任何辐射物体的总的辐射亮度与温度的四次方成正比。依据该特性，通过测量物体的辐射亮度就可较准确地确定其温度，这就是辐射高温计测温的基本原理。

5.2 光谱辐射温度计

由黑体辐射定律可知，物体在某温度下的光谱辐出度是温度的单值函数，而且光谱辐出度的增长速度较温度升高速度快得多。例如，物体表面温度升高 10 倍，则它的辐射亮度将增加 10^4 倍。根据这一原理制成的温度计称为光谱辐射温度计。我国生产的光谱辐射温度计有光学高温计、光电高温计及硅辐射温度计等。

5.2.1 光学高温计的原理与结构

光学高温计是发展最早、应用最广的非接触式温度计。它的结构简单，使用方便，测温范围广（700～3200℃）。在一般情况下，光学高温计可满足工业测温的准确度要求，常用来测量 1600℃ 以上高温炉窑的温度。

1. 光学高温计的原理

由维恩公式可知，物体的光谱辐射亮度与温度、波长有关，只要我们选取一定的波长（通常选 $\lambda = 0.66\mu m$），那么，辐射亮度就只是温度的单值函数了。众所周知，一个物体被加热到高温时，由于热辐射而表现出一定的亮度。温度越高，物体越亮。物体的亮度 L_λ 与它的光谱辐出度成正比，即

$$L_\lambda = CM(\lambda, T) \tag{5-23}$$

式中，C 是比例常数。

由于 $M(\lambda, T)$ 与温度有关，故受热物体的亮度也可以反映出物体温度的高低。因各物体的发射率不同，即使它们的亮度相同，但实际温度并不同，因此按某物体温度刻度的光学高温计不能用来测量发射率不同的其他物体的温度。为了解决上述问题，仪表将按黑体的温度刻度。这里需要引用亮度温度的概念。

热辐射体与黑体在同一波长的光谱辐射亮度相等时，称黑体的温度 T_L 为热辐射体的亮度温度。它的数学表达式为

$$L(\lambda, T) = \varepsilon(\lambda, T)L_0(\lambda, T) = L_0(\lambda, T_L) \tag{5-24}$$

式中，$\varepsilon(\lambda, T)$ 是实际物体在温度为 T、波长为 λ 时的光谱发射率；T 是实际物体的真实温度（K）；T_L 是黑体温度，即实际物体的亮度温度（K）。

在常用温度与波长范围内，光谱辐射亮度用维恩公式表示，则式（5-24）变为

$$\varepsilon(\lambda, T)\frac{C_1}{\pi}\lambda^{-5}e^{-\frac{C_2}{\lambda T}} = \frac{C_1}{\pi}\lambda^{-5}e^{-\frac{C_2}{\lambda T_L}}$$

两边取对数后，经整理得

$$\frac{1}{T_L} - \frac{1}{T} = \frac{\lambda}{C_2} \ln \frac{1}{\varepsilon_\lambda} \tag{5-25}$$

由亮度温度定义看出，光学高温计的亮度平衡是在单色波长下进行的，实际上入射到光学高温计的辐射光束，经红玻璃滤光后，它的可见光部分是被测对象发射的连续光谱中具有一定宽度的波段 $\Delta\lambda$。为了使用单一波长的计算公式，须引入有效波长的概念，将它表示如下：

$$\lambda_e = \frac{C_2\left(\dfrac{1}{T_1} - \dfrac{1}{T_2}\right)}{\ln L_{02}(\Delta\lambda, T_2) - \ln L_{01}(\Delta\lambda, T_1)} \tag{5-26}$$

式中，λ_e 是在温度为 T_1 与 T_2 之间的有效波长（或称平均有效波长）；$L_{01}(\Delta\lambda, T_1)$、$L_{02}(\Delta\lambda, T_2)$ 分别是通过光学系统观察到温度为 T_1、T_2 两个黑体的辐射亮度。

我国温度量值传递系统规定：基准光电高温计的有效波长为 661nm，不确定度为 0.2nm。基准光电高温计是国际温标（ITS-90）规定的在银点以上的标准仪器。

由式（5-25）看出，当物体的光谱发射率 ε_λ 已知时，如能用高温计测得亮度温度 T_L，就可按式（5-25）计算出物体的真实温度 T。由式（5-25）还可看出，$\varepsilon(\lambda, T)$ 越小，则亮度温度与真实温度间的差异越大。因 $0 < \varepsilon(\lambda, T) < 1$，所以测得的亮度温度总是低于真实温度。

2. 光学高温计的结构

光学高温计采用单一波长进行亮度比较，也称单色辐射温度计。它有三种形式：灯丝隐灭式光学高温计、恒定亮度式光学高温计和光电亮度式光学高温计。通过人眼，对热辐射体和高温计灯泡在某一波长（一般为 0.66μm）附近一定光谱范围的辐射亮度进行亮度平衡，改变灯泡的亮度，使其在背景中隐灭或消失而实现温度测量的高温计称隐丝式光学高温计，简称光学高温计。它的主要优点是使用方便，灵敏度高，测量范围广；缺点是主观误差大，不能实现自动测量。以国产 WGG2-202 型隐丝式光学高温计为例，说明其结构。它是望远镜与测量仪表连在一起的整体型光学高温计，主要由以下两部分构成。

（1）光学系统 光学高温计的结构如图 5-3a 所示。在光学系统中，由物镜 3 和目镜 10 组成望远系统，光学高温计灯泡 12 的灯丝置于光学系统中物镜成像的部位。被测物体所发出的热辐射（表现为一定的亮度）经物镜 3，聚焦在灯丝平面上。调节目镜的位置，可使视力不同的观察者都能清晰地看到灯丝。调节物镜的位置，可使被测物体清晰地成像在灯丝平面上。在目镜与观测孔之间，装有红色滤光片 11，它仅允许 $\lambda = 0.66\mu m$ 的红光通过，这样就可以得到一种波长的亮度，达到单色辐射的目的。物镜与灯泡之间有吸收玻璃 2，用以减弱被测物体的亮度。当使用光学高温计第二量程时，转动物镜筒侧之旋钮，即可将吸收玻璃引入现场。

下面再详细地探讨红色滤光片及吸收玻璃的作用。

1) 红色滤光片。在比较亮度时，为了造成窄的光谱段，应采用红色滤光片。它的

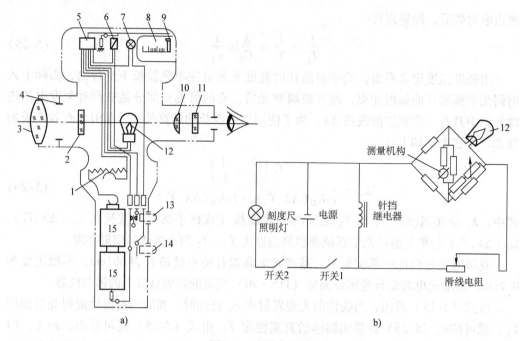

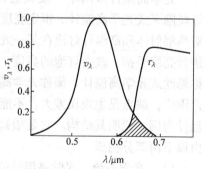

图 5-3 光学高温计

a）光学高温计的结构 b）光学高温计的电学系统

1—滑线电阻 2—吸收玻璃 3—物镜 4—光阑 5—测量机构 6—针挡继电器 7—刻度尺照明灯
8—刻度尺 9—指针 10—目镜 11—红色滤光片 12—灯泡 13—开关1 14—开关2 15—干电池

光谱透过系数 τ_λ 曲线与人眼的相对光谱敏感度 v_λ 曲线，如图 5-4 所示。图中 v_λ 曲线是人眼能够感觉到的光谱范围；右侧 τ_λ 为滤光片能透过的光谱段。这样一来，透过滤光片后人眼所能感觉到的光谱段就仅剩画斜线的小部分了。该波段的 $\lambda = 0.62 \sim 0.7\mu m$，称作光学高温计的工作光谱段。工作光谱段重心位置的波长 $\lambda = 0.66\mu m$，称为光学高温计的有效波长。这是光学高温在计算时用的波长。从图 5-4 还可看出，这个工作光谱段不是很窄的，当被测温度变化时，有效波长是变化的。但其变化不大，对于工业用光学高温计，此种影响可忽略。

图 5-4 人眼光谱敏感度 v_λ 和红色滤光片光谱透过系数 τ_λ 曲线

2）灰色吸收玻璃。灰色吸收玻璃既保证灯丝不致过热，又能延伸其测量范围。光学高温计中的灯丝温度不能过高，如果超过 1400℃，将由于灯丝过热氧化而损坏或改变灯丝的电阻值，致使电流与温度关系发生变化。而且，当灯丝温度超过 1400℃时，钨丝要升华，并沉积在玻璃泡上，形成灰暗的薄膜，改变原亮度特性而造成测量误差。因此，当被测物体温度超过 1400℃时，为保证温度灯长期工作的稳定性，不宜继续增大灯丝电流，而是在物镜与温度灯之间安装灰色吸收玻璃，以减弱被测热源的辐射亮度。在测量时，用已经减弱了的热源亮度和灯丝亮度进行比较，这时光学高温计的亮度平衡是基于灯泡电流和吸收玻璃的综合结果。因此，可用最高使用温度为 1400℃ 的钨丝灯，去测量较 1400℃ 高得多的物体温度。

一般的光学高温计有两个刻度，一个是 800～1400℃，这是不加灰色吸收玻璃的刻度；另一个为 1400～2000℃，则是插入灰色吸收玻璃的刻度。在测量高温（1200～3200℃）时，有的仪表在物镜前再加一块吸收玻璃，进一步减弱被测对象的亮度。当测量高温（1800～3200℃）时，除在物镜前加一块吸收玻璃外，原测温范围（800～2000℃）用的吸收玻璃仍需移入视场。总之，无论用哪个刻度，都要保证钨丝灯的最高温度不超过 1400℃。

吸收玻璃的特性通常用光谱透射系数 τ_λ 表示。透射的与入射的光谱辐射亮度之比称为光谱透射系数。其数值为

$$\tau_\lambda = \frac{L(\lambda, T_0)}{L(\lambda, T)} \tag{5-27}$$

式中，$L(\lambda, T_0)$ 是通过吸收玻璃后，观察者感觉到的光谱辐射亮度 $[W/(sr \cdot m^3)]$；$L(\lambda, T)$ 是被测物体在温度为 T 时实际的光谱辐射亮度 $[W/(sr \cdot m^3)]$。

由于 $L(\lambda, T_0) < L(\lambda, T)$，所以通过吸收玻璃后的亮度 $L(\lambda, T_0)$ 所对应的温度 T_0，将低于被测物体的实际温度 T。

由式（5-27）可知：

$$L(\lambda, T_0) = \tau_\lambda L(\lambda, T) = \tau_\lambda CM(\lambda, T) = \tau_\lambda CC_1\lambda^{-5}e^{-\frac{C_2}{\lambda T}}$$

而

$$L(\lambda, T_0) = CC_1\lambda^{-5}e^{-\frac{C_2}{\lambda T_0}}$$

所以

$$\tau_\lambda e^{-\frac{C_2}{\lambda T}} = e^{-\frac{C_2}{\lambda T_0}}$$

两边取对数并加以归纳得

$$\frac{1}{T_0} - \frac{1}{T} = \frac{\lambda}{C_2}\ln\frac{1}{\tau_\lambda} \tag{5-28}$$

只要知道 T_0 和 τ_λ，就可以计算求得被测物体的实际温度 T。

设

$$A = \frac{1}{T_0} - \frac{1}{T} \tag{5-29}$$

A 称为光学高温计的减弱度，用它表示吸收玻璃的减弱作用。如将式（5-29）代入式（5-28）则得

$$A = \frac{1}{T_0} - \frac{1}{T} = \frac{\lambda}{C_2}\ln\frac{1}{\tau_\lambda} \tag{5-30}$$

$$\frac{1}{T} = \frac{1}{T_0} - \frac{\lambda}{C_2}\ln\frac{1}{\tau_\lambda} \tag{5-31}$$

式中，A 就是光学高温计吸收玻璃的 A 值。同时插入两片或多片吸收玻璃时，它们的 A

值将是各片吸收玻璃 A 值之和。因此，只要增大 A 值，就可以利用式（5-30）将光学高温计的上限提高。还可以用加吸收玻璃的方法外推温标，即已知银凝固点的温度值，就可以利用一套已知 A 值的吸收玻璃，确定银点以上的温标。由此可见，吸收玻璃的作用是很大的。

3）钨丝灯的特性。由图5-3看出，钨丝灯是通过滑线电阻来调节灯丝电流的，而灯丝电流是其亮度温度的单值函数。两者的关系为

$$i = a + bt + ct^2 + dt^3 + \cdots \tag{5-32}$$

式中，i 是光学高温计灯泡中灯丝电流（A）；t 是 i 所对应的灯泡中灯丝亮度温度（℃）；a、b、c、d 是钨丝灯的特性常数。

由于灯丝从600℃才开始发亮，所以光学高温计的测温下限不能低于600℃。当灯丝温度从600℃升到1400℃时，其电流则从0.16A升至0.4A。采用电流变化测量温度有如下缺点：电流从0.16A才开始变化，使仪表的全量程（0.4A）中有2/5没用上；电流与温度的关系呈抛物线，如式（5-32）所示，因而仪表的刻度不均匀。

由于上述原因，目前光学高温计采用电压刻度。因为 $V = IR$，在灯丝上通过电流以后，灯丝要发热，电阻要增大。因电流、电阻皆增加，所以电压的变化较电流的变化大，而且刻度更均匀。

国产光学高温计的主要性能见表5-5，日本光学高温计的规格如下：

表 5-5 国产光学高温计的主要性能

名　　称	主要性能指标							应用范围
	测温范围/℃			基本误差/℃			测量距离/mm	电源要求	
精密光学高温计（WGJ-01型）	900 ~ 3200			Ⅰ	Ⅱ	Ⅲ	700 ~ ∞，一般工作距离：1000	交流：220V，直流：3V（灯泡电源）	广泛用于实验热工学的温度测量和研究，为一般工业用辐射温度计分度、校验的标准 变型品种可用于测量微小目标，最小被测目标直径为 $\phi0.2mm$
	Ⅰ	Ⅱ	Ⅲ	±8	±13	±40			
	900 ~ 1400	1200 ~ 2000	1800 ~ 3200						
工业隐丝式光学高温计（WGG₂-201、-323型）	700 ~ 3200			700 ~ 2000（201型）		1200 ~ 3200（323型）			
	700 ~ 2000		1200 ~ 3200	Ⅰ	Ⅱ	Ⅰ	Ⅱ		广泛用于铸造、轧钢、玻璃熔体、锻压、热处理等工艺过程中测量温度
	Ⅰ	Ⅱ	Ⅰ	Ⅱ				≥700	直流：2×1.5V	
	700 ~ 800 800 ~ 1500	1200 ~ 2000	1200 ~ 2000	1800 ~ 3200	±33 ±22	±30	±30	±80		

注：两种光学高温计的共同特点：结构简单，使用方便，测温范围宽，精度较高，刻度非线性。

测量方式：灯丝隐灭式。

测量波长：$\lambda_e = 0.65\mu m$。

测量距离：0.3m 以上（测量视野：正像）。

测量温度范围：3 排刻度，3 个量程转换：700～1300℃、1000～2000℃、1400～3500℃。

刻度长度：151mm、143mm、115mm。

测量精度：$t < 2000$℃时最大值的 ±0.6%，$t > 2000$℃时最大值的 ±1.2%。

环境温度：(25 ± 20)℃。

电源：干电池 2 节（连续使用时间约 7h）。

外形尺寸：≈260mm×81mm×216mm。

质量：≈1.2kg。

这种电子式光学高温计，一台就能测量 700～3500℃的广阔温度范围，它与普通的光学高温计不同，可动部分甚少，能经受振动与冲击，操作简便。由于铝压铸件的本体结构结实，气密性好，所以在较恶劣的现场下也可使用。

（2）电学系统　它是由灯泡、桥路电阻、测量机构、滑线电阻、针挡继电器、电源、刻度尺照明灯所组成的（见图 5-3b）。

当把开关 1 合上时，继电器和桥路内有电流通过，使继电器动作，释放指针。这时调节滑线电阻，改变通过灯泡的电流。由于灯丝受热而使其电阻发生变化，导致桥路不平衡，于是在桥路对角线中，就有电流流过测量机构，使指针移动，指示出被测物体的亮度温度。如果这时切断开关 1，则回路没有电流通过，针挡继电器动作，指针挡跳起，使指针停留在所指示的温度处，便于读数。因此，测量完毕时，要将滑线电阻调至最大，使指针回零，否则，指针将停留在原示值处。当开关 2 合上时，刻度尺照明灯照亮了刻度标尺，以便在照明条件不好时仍可读数。

实际测量时，在辐射热源的发光背景上，有弧形灯丝（见图 5-5）。当灯丝的亮度较被测物体低时，灯丝发黑如图 5-5a 所示；当灯丝亮度高于被测物体时，灯丝就发白如图 5-5c 所示；当灯丝的亮度恰好与被测物体相同时，灯丝就隐灭在被测物体的背景中，如图 5-5b 所示。由于它是以灯丝隐灭方式进行亮度比较来测量温度的，因此称为灯丝隐灭式光学高温计。在测量时为了读数准确，应逐渐调节灯丝的电流，先自低而高，再自高而低，每次均调整到灯丝隐灭时为止，再读取温度数值，然后取两次读数的算术平均值作为最终的读数。

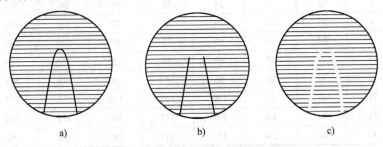

图 5-5　光学高温计灯泡灯丝亮度调整图

5.2.2 光学高温计的使用及测量误差

实际使用时影响光学高温计测量准确度的因素很多。了解这些因素的来源与性质，使用时注意避免或减少它们的影响，或采用相应的修正办法来减少误差，对提高光学高温计测量准确度有着十分重要的意义。

1. 发射率 $\varepsilon(\lambda, T)$ 的影响

光学高温计是按照黑体辐射进行刻度的，但大多数被测物体（固体、液体）不具备黑体辐射条件。因此，在实际测温时，要得到真实温度，必须进行修正。

（1）已知 $\varepsilon(\lambda, T)$ 时求真实温度的方法

1）计算法。将 λ、C_2 的数值代入式（5-25）中可得

$$\frac{1}{T} = \frac{1}{T_L} + 1.0562 \times 10^{-4} \lg\varepsilon(\lambda, T) \tag{5-33}$$

将物体的光谱发射率 $\varepsilon(\lambda, T)$、亮度温度 T_L 代入上式，即可求得物体的真实温度。

例：用光学高温计测得物体的亮度温度 T_L 为1200℃，被测物体的 $\varepsilon(\lambda, T)$ = 0.9，求物体的真实温度？

将已知数值代入式（5-33）则：

$$\frac{1}{t + 273} = \frac{1}{1200 + 273} + 1.0562 \times 10^{-4} \lg 0.9$$

计算结果： $t = 1211℃$

由于光谱发射率 $\varepsilon(\lambda, T)$ 的修正值是辐射测温的重要影响因素，所以在国外的仪表上，几乎都装有发射率 $\varepsilon(\lambda, T)$ 的修正旋钮，使用很方便。

2）做图法。实际应用时，计算法很不方便，制造厂提供了 $\varepsilon(\lambda, T)$ = 0.4 ~ 0.95 的修正曲线，只要测得被测物体的亮度温度 T_L 及 $\varepsilon(\lambda, T)$ 值，就可以由曲线查得被测物体的真实温度。

3）列表法。在 0.66μm 下，已知物体的光谱发射率时，可按表5-6由其亮度温度找到修正值，进而求得真实温度。

表5-6 由亮温到真温的修正值（$\lambda = 0.66$μm）

亮度温度 /℃	在各种 $\varepsilon(\lambda, T)$ 下的修正值/℃								
	0.90	0.80	0.70	0.60	0.50	0.40	0.30	0.20	0.10
800	6	12	19	28	38	51	68	92	137
1000	8	17	27	39	54	72	96	132	198
1200	11	23	36	53	72	97	130	180	271
1400	14	29	47	68	94	127	170	236	359
1600	17	37	59	86	119	160	216	301	462
1800	21	45	73	106	146	198	268	375	581
2000	25	54	88	128	177	240	326	458	718
2200	30	64	104	152	211	287	391	552	874

（2）不知道 $\varepsilon(\lambda, T)$ 值时求真实温度的方法 在表5-4中虽列出了一些物质的

$\varepsilon(\lambda, T)$ 值，但是从不同资料来源的 $\varepsilon(\lambda, T)$ 值相差很大。因为 $\varepsilon(\lambda, T)$ 值受很多因素影响，同一物体随辐射波长、温度而改变，并与物体表面状态有关。表面粗糙的 $\varepsilon(\lambda, T)$ 值大。金属表面的氧化程度不同，也使 $\varepsilon(\lambda, T)$ 值发生变化。为此，要探讨在不知道准确的 $\varepsilon(\lambda, T)$ 值时，求出物体真实温度的方法。

首先，可以人为地创造黑体辐射条件，即找一根一端封闭的耐高温的管子，如 SiC 管或石墨管，插入被测介质中。充分受热后，这个管子的底部辐射就近似于黑体辐射。用光学高温计瞄准管子的底部所测得的温度，将接近真实温度。要得到足够的黑度，管长与内径比不得小于 10。

其次，也可用热电偶校对，即在被测温度低于 1800℃ 时，将热电偶插入被测介质中，测得真实温度，同时用光学高温计测其亮度温度，从而求得光学高温计的修正值。

2. 中间吸收介质的影响

光学高温计与被测物体之间如存在吸收介质（如烟雾、灰尘、CO_2、水蒸气），将影响测量结果，使读数偏低，且难修正，故应尽量避免。如果不可避免地存在吸收介质时，可用上述方法，人为地创造黑体条件进行测温。倘若在特殊情况下必须通过玻璃窗口观察温度时，比如真空炉温度的测量，应先求出玻璃的吸收系数，再加以适当修正后，测得的温度才是准确的。

3. 测量距离的影响

从理论上看，测量距离不影响测量结果。但在实际测量中，往往受到中间吸收介质的影响，例如，在观察通道有火焰时，将使示值偏高。因此，光学高温计的测量距离应为 1～2m，最好不超过 3m。

4. 环境温度的影响

仪表周围环境温度变化能引起仪表内部可动线圈的阻值发生改变，因而产生一定的测量误差。因此，光学高温计一般在 10～15℃ 范围内使用。

5. 光学高温计的检定

光学高温计经使用后，由于仪表内部各种零件的变形、灯丝老化、光学系统变位等缘故，使光学高温计的测量结果发生变化，所以要定期进行检定，以确定光学高温计的误差。光学高温计的误差见表 5-7。

表 5-7　工业用隐丝式光学高温计的允许基本误差及变差

精度等级	测量范围/℃	量程	测量范围/℃	允许基本误差/℃	允许变差/℃
1.5	800～2000	1	800～1500	±22	11
		2	1200～2000	±30	15
	1200～3200	1	1200～2000	±30	15
		2	1800～3200	±80	60
1.0	800～2000	1	800～1400	±14	9
		2	1200～2000	±20	12
	1200～3200	1	1200～2000	±20	12
		2	1800～3200	±50	30

注：1. 精度等级按 800～2000℃ 测量范围的量程确定。

2. 800℃ 的允许基本误差及允许变差，为上表规定数值的 150%。

5.2.3 光电高温计的原理、结构及使用

用光学高温计测温时要靠手动平衡亮度，以人的眼睛作为接收器。用红色滤光片作为单色器，其误差来源于判断灯丝"隐灭"的准确程度。因此，主观误差较大。最近，由于光电探测器、干涉滤光片及单色器的发展，使光学高温计在工业测量中的地位逐渐下降，正在被较灵敏、准确的光电高温计代替。

光电高温计与光学高温计相比，主要优点如下：

1）灵敏度高。光学高温计在金点的灵敏度最佳值为0.5℃，而光电高温计却能达到0.005℃，较光学高温计提高两个数量级。

2）准确度高。采用干涉滤光片或单色仪后，使仪器的单色性能更好。因此，延伸点的不确定度明显降低，在2000K为0.25℃，至少比光学高温计提高一个数量级。

3）使用波长范围不受限制。使用波长范围不受人眼睛光谱敏感度的限制，可见光与红外范围均可应用，其测温下限可向低温扩展。

4）光电探测器的响应时间短。光电倍增管可在10^{-6}s内响应，响应时间很短。

5）便于自动测量与控制，能自动记录或远距离传送。

1. 光电高温计的原理与结构

（1）光电高温计的原理　光电高温计是在光学高温计的基础上发展起来的能自动连续测温的仪表。它可以自动平衡亮度。采用硅光电池作为仪表的光敏元件，代替人的眼睛感受辐射源的亮度变化，并将此亮度信息转换成与亮度成比例的电信号，此信号经放大后送往检测系统进行测量，它的大小则对应于被测物体的温度。为了减少硅光电池性能参数的变化及电源电压波动对测量结果的影响，光电高温计采用负反馈原理进行工作。WDL型光电高温计的工作原理与光调制器如图5-6所示。

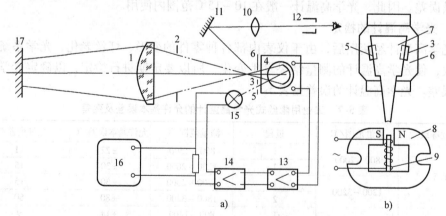

图5-6　WDL型光电高温计的工作原理与光调制器

a）工作原理　b）光调制器

1—物镜　2—孔径光阑　3、5—孔　4—硅光电池　6—遮光板　7—调制片
8—永久磁钢　9—励磁绕组　10—透镜　11—反射镜　12—观察孔　13—前置
放大器　14—主放大器　15—反馈灯　16—电位差计　17—被测物体

（2）光电高温计的结构　在图5-6中，从被测物体17的表面发出的辐射能由物镜1聚焦，通过孔径光阑2和遮光板6上的孔3，透过装于遮光板6内的红色滤光片，入射到硅光电池4上，被测物体表面发出的光束必须盖满孔3。这点可用瞄准系统观察、调节。瞄准系统是由透镜10、反射镜11和观察孔12组成。从反馈灯15发出的辐射能通过遮光板6上的孔5，透过同一块红色滤光片也投射到同一个硅光电池4上。在遮光板6的前面装有每秒振动50次的光调制器。它的原理如图5-6b所示，励磁绕组通以50Hz的变流电，由此产生的交变磁场与永久磁钢8相互作用，使调制片7产生每秒50次的机械振动，交替打开和遮住孔3与孔5，使被测物体17和反馈灯15发出的辐射能交替地投射到硅光电池4上。当反馈灯与被测表面的辐射亮度不相同时，硅光电池将产生一个脉冲光电流 I，它与这两个单色辐射亮度之差成正比。此脉冲光电流经前置放大器13放大后，再送到主放大器14进一步放大。主放大器由倒相器、差动相敏放大器和功率放大器组成，功率放大器输出的直流电流通过反馈灯15，该灯的亮度与流经的电流有一定关系。当流经的电流变化到使其单色辐射亮度与被测物体的单色辐射亮度相同时，则脉冲光电流接近于零，这时通过反馈灯的电流大小就代表被测物体的辐射亮度，也就代表了被测物体的温度。选取用温度刻度的电子电位差计16自动指示与记录通过反馈灯的电流大小。由上述讨论可知，稳态时反馈灯的亮度接近于被测物体的亮度。

国产工业用光电高温计主要有两种型号：WDH – 2E 型和 WDL – 31 型。WDL – 31 型工业用光电高温计的技术指标见表5-8。

表 5-8　WDL –31 型工业用光电高温计的技术指标

型　　号	测量范围 /℃	允许基本误差 /℃	光电元件	光谱区域 /μm	响应时间 /s
WDL – 31	150 ~ 300	±3	硫化铅（PbS）	1.8 ~ 2.7	1
	200 ~ 400	±4	硫化铅（PbS）	1.8 ~ 2.7	1
	300 ~ 600	±6	硫化铅（PbS）	1.8 ~ 2.7	1
	400 ~ 800	±8	硫化铅（PbS）	1.8 ~ 2.7	1
	600 ~ 1000	±10	硅光电池（Si）	0.85 ~ 1.1	1
	800 ~ 1200	±12	硅光电池（Si）	0.85 ~ 1.1	1
	900 ~ 1400	±14	硅光电池（Si）	0.85 ~ 1.1	1
	1100 ~ 1600	±16	硅光电池（Si）	0.85 ~ 1.1	1

2. 光电高温计的使用

光电高温计在使用中的注意事项与光学高温计基本相同。但是，由于反馈灯与硅光电池等光电器件的特性分散性大，元件的互换性较差，在更换反馈灯或光电器件时，必须对整个仪表重新进行调整和刻度。这是使用光电高温计时应特别注意的问题。

在 400 ~ 1100℃ 范围内使用的光电高温计，通常用黑体炉分度。例如，用定点黑体炉校准 0.9μm 硅辐射温度计，在 630 ~ 1085℃ 范围内，分度精度可达 ±0.5K。

5.3 辐射高温计

辐射高温计是专指以热电堆为热接受元件的辐射感温器与电压指示或记录仪表构成的温度测量仪表。辐射高温计在非接触式测温仪表中，它是最简单、最常用的高温计。

辐射高温计是基于被测物体的辐射热效应进行工作的，因而，此种高温计有聚集被测物体辐射能于敏感元件的光学系统，通常采用反射镜或透镜增加射在敏感元件上的光能，以提高仪表的灵敏度。辐射高温计的优点是灵敏度高，坚固耐用，可测较低温度并能自动显示或记录；缺点是对 CO_2、水蒸气很敏感，其示值受环境中存在的介质影响很大。

5.3.1 辐射高温计的原理与分类

1. 辐射温度

根据斯忒藩 – 玻耳兹曼定律可知，黑体的辐出度与温度的关系为式（5-20）。辐射高温计与光学高温计一样，它也是按黑体温度分度的，因此用辐射高温计测量实际物体温度时，必然要产生误差。为了求出非黑体的真实温度，还需要引入辐射温度的概念。热辐射体与黑体在全波长范围的积分辐射出射度相等时，黑体的温度 T_T 称为热辐射体的辐射温度。

2. 原理

辐射温度定义的数学表达式为

$$\varepsilon(T) \frac{\sigma}{\pi} T^4 = \frac{\sigma}{\pi} T_T^4 \tag{5-34}$$

$$T = T_T \sqrt[4]{\frac{1}{\varepsilon(T)}} \tag{5-35}$$

式中，$\varepsilon(T)$ 是被测物体的全发射率。

由上式看出，如果已知 $\varepsilon(T)$ 和辐射高温计测得的辐射温度 T_T，则可利用上式计算出非黑体的实际温度。因 $\varepsilon(T) < 1$，所以辐射温度 T_T 要低于物体的真实温度。

用辐射高温计测温，是将被测对象的热辐射，经感温器的光学系统聚焦在热电堆上，因此，热电堆的电动势将与测量端（受热片）和参比端的温差成正比。只要参比端温度保持一定，则电动势的大小将与被测对象的辐射能成正比，这就是辐射高温计的工作原理。

由于光学元件的吸收、受热片的反射等原因，使入射的辐射能不能全部用于受热片升温，而且每个热电堆的性能又不完全一致，辐射感温器难以统一分度。为了使所有的辐射感温器都适用同一个分度表，在感温器内设有校正器，用来调节入射到受热片上的辐射能，使其感温器的分度值统一。

3. 分类

辐射感温器按其光学系统的结构分为透镜式与反射镜式两种，主要技术指标见表

5-9。F1 和 F2 分度表数值见附录 C。

表5-9 我国辐射感温器的主要技术指标

名称	型号	测温范围/℃			基本误差/℃		测温距离 L/mm	距离系数 L/D	稳定时间 /s≤
透镜式辐射感温器	WFT－202	石英透镜	K，玻璃透镜		$t \leqslant 1000$, $\Delta t = \pm 16$ $1000 < t \leqslant 2000$, $\Delta t = \pm 20$		500~2000	20	4 8 20
		400~1200	700~2000						
		分度号 F1	分度号 F2						
		400~1000	900~1400	700~1400					
		600~1200	1200~1800	900~1800					
				1100~2000					
反射镜式辐射感温器	WFT－101	100~800			I	II	500~1500	8	4~5
		I	II		±8	±12			
		100~400	400~800						

5.3.2 辐射感温器的结构

目前工业上使用较多的是 WFT－202 型辐射感温器，其结构如图 5-7 所示。

1. 辐射感温器

辐射感温器的作用是将热辐射体的辐射能聚焦在热电堆上，并将产生的电动势输入显示仪表。辐射感温器主要由以下 4 部分组成。

（1）光学系统 它的作用是聚焦被测物体的辐射能。通过物镜 1 将被测物体的辐射能聚焦在热电堆 3 上，聚焦情况如何可由目镜 6 观察，并从校正器 4 的孔中，用螺钉旋具旋动小齿轴，调节投射到热电堆上的辐射能。物镜 1 为平凸形透镜，通光口直径为 $\phi 35\text{mm}$。根据式（5-20）计算温

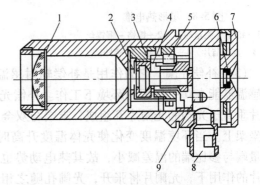

图 5-7 WFT－202 型辐射感温器的结构
1—物镜 2—补偿光阑 3—热电堆
4—校正器 5—小齿轴 6—目镜
7—后盖 8—穿线套 9—接线柱

度为 400℃的物体的热辐射峰值应在 4.3μm 处。因此，当辐射感温器的测量下限为 400℃时，其透镜材料应选用石英玻璃（透过光谱段为 0.3~0.4μm）。当测量下限为 700℃时，透镜材料应选用 K_9 光学玻璃（透过光谱段为 0.3~2.7μm）。因此，测量下限不同的辐射感温器，其物镜不能互换。

（2）检测元件 辐射感温器的检测元件分光电型与热敏型两大类。

1）光电型检测元件的工作原理：当光照射到元件上、敏感材料中的电子因吸收辐射能而改变其运动状态，表现出光电效应。这类检测元件的特点是响应速度极快。常

用的检测元件有光电倍增管、硅光电池、锗光电二极管等。

2）热敏型检测元件的工作原理：元件受热后因温度升高而改变其热电特性，表现出塞贝克效应。这类元件有热敏电阻、热电堆及热释电三种。它们的共同特点是，对响应波长无选择性，尤其适于辐射感温器。目前常用的是热电堆。当感温器的测量下限为 100℃ 时，热电堆由 16 对热电偶串联而成；当测量下限为 400℃ 或 700℃ 时，由 8 对热电偶串联而成。采用直径为 $\phi0.07\text{mm}$ 的镍铬 – 铜镍热电偶，其测量端通过点焊牢固地焊接在镍箔上（受热片），为了提高镍箔吸收热辐射的能力，在其表面涂铂黑。参比端要焊在金属箔片上，并用铆钉把箔片固定在两个云母环中间，构成了图 5-8 所示的星形热电堆。它的结构紧凑，辐射能损失少，热惯性小，灵敏度高。用真空蒸镀法制备的 V 形热电堆如图 5-9 所示。其主要技术指标：灵敏度为 $1 \sim 10\text{V/W}$，时间常数为 $0.01 \sim 1\text{s}$，输出热电动势为 $1 \sim 100\text{mV}$。

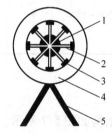

图 5-8　星形热电堆

1—铂片（测量端）　2—镍铬 – 铜镍丝
3—金属箔片　4—云母环　5—引出线

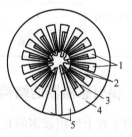

图 5-9　V 形热电堆（15 对热电偶）

1—参比端　2—测量端　3—受热片
4—基板　5—输出端

（3）补偿光阑　它的作用是补偿辐射感温器因环境温度变化而产生的附加误差，使感温器能在 $0 \sim 100℃$ 的环境下工作。补偿光阑是由双金属片控制的挡光片，它是由四片垂直于光轴的光阑片 B 组成，末端与双金属片 A 焊接。双金属片 A 的另一端固定在坐架上。当环境温度变化使壳体温度升高时，热电堆参比端的温度也增高。因此，测量端与参比端的温差减小，故其热电动势也随之减少，产生了附加误差。但在双金属片的作用下，光阑片将张开，光阑孔随之相应扩大，使投射到热电堆测量端上的辐射能增加，自动补偿热电堆输出热电动势因环境温度升高而减少的部分。图 5-10 所示为补偿光阑的结构。

（4）校正器　校正器的作用是使辐射感温器在一定温度范围内，具有统一的分度值。透射式感温器的校正器紧靠热电堆的视场光阑，它由小齿轮、偏心齿圈和挡板构成（见图 5-11）。旋动小齿轴时，固定在偏心圈上的挡板随之转动，挡板与视场光阑组合成可调光阑，使入射到热电堆上的辐射能随挡板位置而改变。在使用时从标志着校正器的孔中，插入螺钉旋具可旋动小齿轴，调节入射到热电堆上的辐射能，从而使辐射感温器具有统一的分度值。

2. 辅助装置

为了防止感温器的工作温度过高，并使测量光路清晰，而设有辅助装置。该装置分为轻型与重型两种，它们均装有水冷保护套和通风罩。采用轻型辅助装置可避开火焰及高温等恶劣环境的影响,重型辅助装置则适用于人们难以接近或气氛极其恶劣的场所。

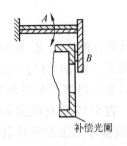

图 5-10 补偿光阑的结构

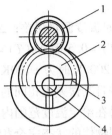

图 5-11 透射式辐射感温器的校正器

1—小齿轴 2—偏心齿圈 3—挡板 4—视场光阑

3. 显示仪表

(1) 显示仪表 用热电堆作为敏感元件,其响应速度快,示值稳定时间短(4 ~ 20s)。所谓稳定时间,是指从接受热辐射至感温器输出值达到终值99%时所需的时间。稳定时间可反映出热电堆的热惯性。由于热电堆的内阻小(3Ω),用于高温测量时输出信号大,不经放大处理可直接输入显示仪表。辐射温度计的显示仪表有自动平衡式、动圈式和数字式三种。

(2) 辐射感温器的外接电阻 为了获得正确的示值以及在更换配套仪表时保持分度值不变,辐射感温器要有规定的外接电阻。

WFT – 202 型辐射感温器的外接电阻规定为 245Ω,若配用动圈式显示仪表,内阻为200Ω,导线电阻 R_H 各为 5Ω,可变电阻为 35Ω,如图 5-12 所示。当用自动平衡式显示仪表时,可将等值电阻 R_D ($R_D = 205\Omega$)接入电路中,代替内阻和导线电阻,使外接电阻保持不变。

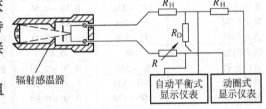

图 5-12 辐射感温器外接电阻

5.3.3 辐射高温计的使用及测量误差

辐射高温计的使用应注意下列事项。

1. 全发射率 $\varepsilon(T)$ 的影响

(1) $\varepsilon(T)$ 影响的大小 辐射高温计测得的是物体的辐射温度,欲知被测物体的真实温度,可用式(5-35)计算。显然,已知物体的全发射率是很必要的,但它与光谱发射率一样,也是很难确定的,$\varepsilon(T)$ 随物体的化学成分、表面状态、温度及辐射条件的不同而改变。例如金属镍,在 1000 ~ 1400℃ 范围内,$\varepsilon(T) = 0.056 ~ 0.069$,但是,在大体相同的温度范围内,氧化镍的 $\varepsilon(T)$ 却为 0.54 ~ 0.87,相差一个数量级。又如磨光的铂在 260 ~ 538℃ 范围内,$\varepsilon(T) = 0.06 ~ 0.10$,而在完全相同的温度范围内,铂黑

的 $\varepsilon(T) = 0.96 \sim 0.97$。$\varepsilon(T)$ 的变化是很大的。由 $\varepsilon(T)$ 引起的相对误差为

$$\frac{\Delta T}{T} = -\frac{1}{4} \times \frac{\Delta\varepsilon(T)}{\varepsilon(T)} \tag{5-36}$$

式中，ΔT 是温度测量误差；$\Delta\varepsilon(T)$ 是全发射率误差。

如 $\varepsilon(T) = 0.5$ 而 $\Delta\varepsilon(T) = \pm 0.1$，则按式（5-36）计算得到的 ΔT，在 1000K 时为 ± 50K；在 2000K 时为 ± 100K；3000K 时为 ± 150K。由此可见，在 $\varepsilon(T)$ 与 $\varepsilon(\lambda、T)$ 取相同数值并且其误差也相同的情况下，前者引起的误差比后者大得多。在表 5-10 中列举一些材料在给定温度范围内的全发射率可供参考。但是，表 5-10 中提供的 $\varepsilon(T)$ 值，未必与被测物体的状态完全相同。因此，在准确测温时，应实际测量被测对象的发射率。如在被测物体上焊接热电偶（测量结果作为真实温度），同时用辐射高温计瞄准其测量端进行示值比较，求出该条件下的全发射率，再进行修正。在各种温度下，由辐射温度到真实温度的修正值列于表 5-11 中（修正值均为正值）。

表 5-10 物质的全发射率值 $\varepsilon(T)$

材 料	温度/℃	全发射率	材 料	温度/℃	全发射率
磨光的纯铁	260 ~ 538	0.08 ~ 0.13	镍铬合金	125 ~ 1034	0.64 ~ 0.76
磨光的熟铁	260	0.27	铂丝	225 ~ 1375	0.073 ~ 0.182
氧化铸铁	260 ~ 538	0.66 ~ 0.75	铬	100 ~ 1000	0.08 ~ 0.26
氧化的熟铁	260	0.95	硅砖	1000	0.80
磨光的钢	260 ~ 538	0.10 ~ 0.14	氧化的铂	200 ~ 600	0.06 ~ 0.11
碳化的钢	260 ~ 538	0.53 ~ 0.56	铂黑	260 ~ 538	0.96 ~ 0.97
氧化的钢	93 ~ 538	0.88 ~ 0.96	未加工的铸铁	925 ~ 1115	0.8 ~ 0.95
磨光的铝	93 ~ 538	0.05 ~ 0.11	抛光的铁	425 ~ 1020	0.144 ~ 0.377
明亮的铝	148	0.49	铁	1000 ~ 1400	0.08 ~ 0.13
氧化的铝	93 ~ 538	0.20 ~ 0.33	银	1000	0.035
磨光的铜	260 ~ 538	0.05 ~ 0.18	抛光的钢铸件	370 ~ 1040	0.52 ~ 0.56
氧化的铜	100 ~ 538	0.56 ~ 0.88	磨光的钢板	940 ~ 1100	0.55 ~ 0.61
磨光的镍	260 ~ 538	0.07 ~ 0.10	氧化铁	500 ~ 1200	0.85 ~ 0.95
未氧化的镍	100 ~ 500	0.06 ~ 0.12	熔化的铜	1100 ~ 1300	0.13 ~ 0.15
氧化的镍	260 ~ 538	0.46 ~ 0.67	氧化铜	800 ~ 1100	0.66 ~ 0.54
磨光的铂	260 ~ 538	0.05 ~ 0.10	镍	1000 ~ 1400	0.056 ~ 0.069
未氧化的铂	100 ~ 500	0.047 ~ 0.096	氧化镍	600 ~ 1300	0.54 ~ 0.87
未氧化的钨	100 ~ 500	0.032 ~ 0.071	硅砖	1100	0.85
磨光的纯锌	260	0.03	耐火黏土砖	1000 ~ 1100	0.75
氧化的锌	260	0.11	煤	1100 ~ 1500	0.52
磨光的银	260 ~ 538	0.02 ~ 0.03	钽	1300 ~ 2500	0.19 ~ 0.30
未氧化的银	100 ~ 500	0.02 ~ 0.035	钨	1000 ~ 3000	0.15 ~ 0.34
氧化的银	200 ~ 600	0.02 ~ 0.038	生铁	1300	0.29
大理石	260	0.58	铝	200 ~ 600	0.11 ~ 0.19
石灰石	260	0.08	铬	260 ~ 538	0.17 ~ 0.26
石灰泥	260	0.92	镍铬合金 KA – 25	260 ~ 538	0.38 ~ 0.44
石英	538	0.58	镍铬合金 NCT – 3	260 ~ 538	0.38 ~ 0.44
白色耐火砖	260 ~ 538	0.68 ~ 0.89	镍铬合金 NCT – 6	260 ~ 538	0.89
石墨碳	100 ~ 500	0.71 ~ 0.76	氧化的锡	100	0.05
石墨	200 ~ 538	0.49 ~ 0.54	氧化锡		0.32 ~ 0.60

表 5-11　由辐射温度到真实温度的修正值

辐射温度 /℃	在各种 $\varepsilon(T)$ 下的修正值/℃								
	0.90	0.80	0.70	0.60	0.50	0.40	0.30	0.20	0.10
400	18	39	63	92	127	173	236	333	524
600	23	50	81	119	165	224	307	432	679
800	28	62	100	146	203	276	377	532	835
1000	34	73	119	173	241	328	447	631	991
1200	39	85	133	201	279	379	517	730	1146
1400	45	96	156	228	317	431	588	829	1302
1600	50	108	175	255	354	482	657	928	1458
1800	55	119	194	282	392	534	728	1027	1613
2000	61	131	212	310	430	585	793	1126	1769

在工程测温中，为了得到较高且稳定的发射率，常采用所谓窥视管法（见图 5-13）。该种方法除了保证发射率数值稳定外，还可使测量结果接近真实温度。

（2）消除发射率影响的新方法——激光吸收辐射测温法　20 世纪 90 年代初，由于硅列阵元件的成熟和计算机技术的进步，我国哈尔滨工业大学与意大利罗马大学合作开发出多波长辐射温度计，测量多个波长的辐射信号并计算其比值，辅以对象发射率的背景知识，可较大地减少发射率的影响；但理论上仍不能消除这个影响，实际上在一些情况下还会产生较大的误差。

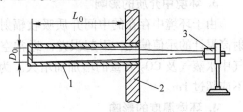

图 5-13　窥视管法
1—窥视管　2—炉壁　3—辐射感温器

激光吸收辐射测温法（LART）理论上可以完全消除发射率的影响。它利用两束不同波长的大功率激光，投射到被测对象表面的两个点，使之吸收能量而产生温升。调节激光的能量，使两个点的温升相同，测量两束激光的能量之比，再测量不投射激光时对象在该两个波长的辐射能量比，就可以计算出被测表面的真实温度。

该方法在英国得到发展，以后又作为欧洲合作项目进一步研究，其目的是在工程上解决材料真实温度测量问题。LART 方法在实验室测量结果令人满意，证实了这种方法与对象的发射率无关。在 847～1033℃范围内，对处于同一温度而发挥率相差很大的两种材料 Pt 和 Inconel 耐热合金测量的结果相差在 ±3℃以内。

2. 距离系数

辐射高温计是通过测定辐射能求得被测对象温度的。如果被测对象太小或太远，则被测物体的像不能完全遮盖受热片，使测得的温度低于被测物体的真实温度。为了准确测出物体的温度，必须保证被测物体的像盖满整个受热片，并使目标大小及距离符合距离系数的要求。根据感温器与被测物体间的距离不同，对被测对象的大小（指直径 D）应有一定的限制。就是说目标的大小与感温器间的距离 L 受距离系数 L/D 的约束。透射式感温器的名义距离系数，在测量距离为 1000mm 时规定为 20。如图 5-14 所示，在距离为 L 处的被测对象（直径 D）与热电堆接收面共轭。如果被测对象与透镜间距离大于 L 而为 L' 时，那么被测物体的直径至少应等于或大于 D'，才能使被测物体的像完全覆盖热电堆的整个受热片；否则将引起误差。

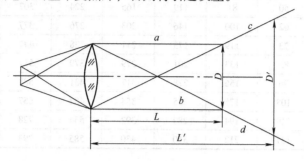

图 5-14 距离系数

3. 环境中介质的影响

由于环境中存在的中间介质吸收辐射能，使感温器接受的辐射能减少了，致使辐射高温计的示值偏低，引起误差。通常空气对辐射能的吸收是很小的，但该值将随空气中水蒸气及 CO_2 含量的增加而增大。为了减少此项误差，被测对象与物镜间的距离不应超过 1m。

4. 环境温度的影响

为了减少中间介质的影响，辐射感温器往往安装在被测对象的附近。因此，使用环境的温度很高，必须采用参比端自动补偿装置。如果环境温度超过 100℃，则应采用水冷装置。

5. 辐射感温器的检定

对于新制的、使用中或修理后的以热电堆为敏感元件、距离系数为 20、测量范围为 400~2000℃ 的辐射感温器，通常采用中、高温黑体炉进行检定。如果整体炉带有石英窗口，应对感温器读数进行修正。也可以采用标准辐射感温器进行比较检定，当用同类型辐射感温器作标准时，其读数不必修正。

在环境温度为（20±10）℃ 的条件下，感温器测量范围和允许基本误差应符合表 5-9 规定。

对工作用辐射温度计的技术条件、校准与性能测试方法，国际上过去没有权威性、规范性文件。国际法制计量组织（OIML）在 1996 年发布了《全辐射高温计》的国际文件（D.I），近来 IEC 也在起草《辐射温度计规范》（IEC 62322 TdED.1.0）的国际标准，从而开始了国际规范化的工作。但值得注意的是 OIML 与 IEC 中校准方法与我国相关标准和检定规程有明显的不一致之处。国际文件规定辐射温度计校准时应瞄准的目标是黑体腔腔口，这样定义理论上严格而明确，但对工业辐射温度计很难实施；而我国相关标准与检定规程均规定瞄准黑体腔腔底（见图 5-13），定义不如前者严格，但方便实施。

5.3.4 前置反射器辐射高温计

辐射高温计在工程测温中占有很重要的地位,但用辐射高温计测得的是物体的辐射温度。欲求物体的真实温度,还必须已知被测对象的发射率。为了消除发射率对辐射测温的影响,国内外已有人做了大量工作。例如,将内表面镀金的具有高反射率的半球反射器扣在被测对象的表面上,以提高被测表面的有效发射率,使设置在半球反射器上方的检测元件接受近黑体辐射(其结构见图 5-15);并且,由于该种温度计是在黑体条件下分度的,因此,用它可以测得物体的真实温度,而无须进行发射率修正。

用前置反射器辐射高温计测量物体表面温度时,因半球反射器扣在被测表面上,在被测表面与半球面封闭空腔内产生多重反射,从而提高了被测表面的有效发射率,故可测出被测表面的真实温度。但是,当反射器与被测表面之间存在缝隙时,将产生测量误差,间隙越大,误差也越大。另外,该种高温计只能进行间断测量,不能连续测温,否则有可能因测头过热而损坏某些元件。

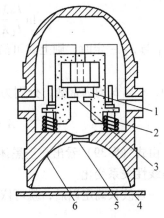

图 5-15 前置反射器辐射
高温计的结构
1—热电堆 2—调零 3—孔径 4—被
测钢板 5—透镜 6—内面镀金半球

5.4 比色温度计

通过测量热辐射体在两个或两个以上波长下的单色光谱辐射亮度之比来测量温度的仪表,称比色(或颜色)温度计。它的特点是测温准确度高,响应快,可观测小目标。因为实际物体的 $\varepsilon(\lambda,T)$ 与 $\varepsilon(T)$ 的数值变化很大,但对同一物体的 $\varepsilon(\lambda_1,T)$ 与 $\varepsilon(\lambda_2,T)$ 比值的变化却很小,所以用比色温度计测得的温度比辐射温度计、光学高温计更接近于真实温度。比色温度计适用于冶金、水泥、玻璃等工业部门,用来测量铁液、钢液、熔渣及回转窑中水泥烧成带物料的温度等。

5.4.1 比色温度计的原理与分类

1. 原理

由维恩位移定律可知,当黑体温度变化时,辐射出射度的最大值将向波长增加或减少的方向移动,致使在波长 λ_1 与 λ_2 下的亮度比发生变化,测其亮度比的变化即可求得相应的温度。比色温度计是通过测量物体的两个不同波长(或波段)的辐射亮度之比来测量物体温度的,也称双色温度计。

对于温度为 T 的黑体,对应于波长 λ_1 与 λ_2 的光谱辐射亮度之比 R,可用下式表示:

$$\frac{L_0\lambda_1}{L_0\lambda_2} = R = \left(\frac{\lambda_2}{\lambda_1}\right)^5 e^{\frac{C_2}{T}\left(\frac{1}{\lambda_2}-\frac{1}{\lambda_1}\right)} \tag{5-37}$$

两边取对数，则

$$\ln\frac{L_0\lambda_1}{L_0\lambda_2} = \ln R = 5\ln\frac{\lambda_2}{\lambda_1} + \frac{C_2}{T}\left(\frac{1}{\lambda_2}-\frac{1}{\lambda_1}\right) \tag{5-38}$$

当 λ_1 与 λ_2 一定时，则上式可简化为

$$\ln R = A + BT^{-1} \tag{5-39}$$

式中，A 与 B 均为常数，分别为

$$A = 5\ln\frac{\lambda_2}{\lambda_1} \quad B = C_2\left(\frac{1}{\lambda_2}-\frac{1}{\lambda_1}\right) \tag{5-40}$$

由式（5-39）看出，当黑体温度不同时，两个波长的光谱辐射亮度比 R 也不同，并呈线性关系变化。

一旦波长确定以后，就可依据式（5-38）求出黑体的温度。

$$\frac{1}{T} = \frac{\ln R - 5\ln\left(\frac{\lambda_2}{\lambda_1}\right)}{C_2\left(\frac{1}{\lambda_2}-\frac{1}{\lambda_1}\right)} \quad T = \frac{C_2\left(\frac{1}{\lambda_2}-\frac{1}{\lambda_1}\right)}{\ln R - 5\ln\frac{\lambda_2}{\lambda_1}} \tag{5-41}$$

式中，λ_2，λ_1 为预先规定的值，只要测得此两波长下的亮度比 R，就可求出黑体温度。对于实际物体必须引入比色温度的概念。所谓比色温度，是指热辐射体与黑体在两个波长的光谱辐射亮度之比相等时，称黑体的温度 T_R 为热辐射体的比色（颜色）温度。

根据比色温度的定义，应用维恩公式，可导出物体的实际温度与比色温度的关系：

$$\frac{1}{T} - \frac{1}{T_R} = \frac{\ln\dfrac{\varepsilon(\lambda_1,T)}{\varepsilon(\lambda_2,T)}}{C_2\left(\dfrac{1}{\lambda_1}-\dfrac{1}{\lambda_2}\right)} \tag{5-42}$$

式中，$\varepsilon(\lambda_1, T)$、$\varepsilon(\lambda_2, T)$ 分别为物体在 λ_1 和 λ_2 时的光谱发射率。已知 λ_1、λ_2、$\varepsilon(\lambda_1, T)$、$\varepsilon(\lambda_2, T)$，并测得 T_R，就可由式（5-42）求得物体的真实温度 T。上述即为比色温度计测温的基本原理。

根据热辐射体的光谱发射率与波长的关系特性，比色温度可以小于、等于或大于真实温度。对于灰体，由于 $\varepsilon_{\lambda 1} = \varepsilon_{\lambda 2}$，所以 $T = T_R$，这是比色温度计最大的优点。由此可以看出，波长的选择是决定该仪表准确度的重要因素。如果被测物体对应仪表所选的两波长，其光谱发射率在数值上非常接近，则发射率的变化对仪表示值的影响很小，因此，测量的准确度高。相反，若其中一个波长与周围介质的吸收峰相对应，或受反射光的干扰，则用比色温度计测量时，其准确度甚至低于辐射温度计。

2. 分类

比色温度计按照它的分光形式和信号的检测方法，可分为单通道型与双通道型两类。被测对象的辐射束经分光后，分别通过各自的滤光片射到两个检测元件上，依据两个元件转换的电信号比来确定温度的仪表，称为双通道型。采用一个检测元件的仪

表称为单通道型。单通道比色温度计又分为单光路式与双光路式。双通道比色温度计又分为调制式与非调制式。

5.4.2　比色温度计的结构

比色温度计的基本结构与工作原理见表 5-12。现以国产 WDS – Ⅱ 型光电比色温度计为例，介绍一下比色温度计的结构与工作原理。这是一种双通道式比色温度计，即选用两个光电元件分别接受两种不同波长的单色辐射能，其光路系统如图 5-16 所示。

表 5-12　比色温度计的基本结构与工作原理

分类		基 本 结 构	工 作 原 理	优 缺 点
单通道比色温度计	单光路	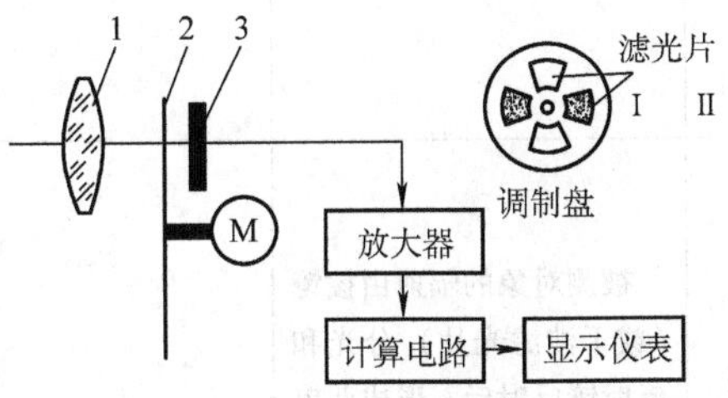 　1—物镜　2—调制盘　3—检测元件　M—电动机	被测对象的辐射，由调制盘进行光调制。由于调制盘上镶嵌着两种不同的滤光片，旋转时形成两个不同波长的辐射束，交替投射到同一个检测元件上，转换成电信号，经过处理后实现比值测定	由于采用一个元件检测，仪表稳定性较高 结构中带有调制盘调制，使仪表动态品质有所降低 相同牌号滤光片之间透过率（或厚度）的差异影响测量精度
	双光路	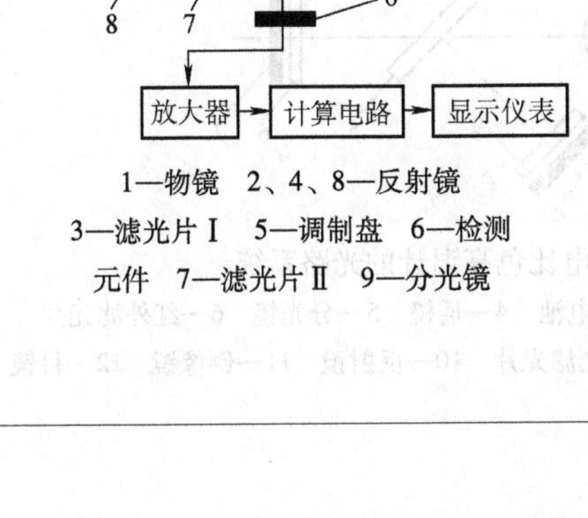 　1—物镜　2、4、8—反射镜　3—滤光片Ⅰ　5—调制盘　6—检测元件　7—滤光片Ⅱ　9—分光镜	被测对象的辐射，由分光镜（干涉滤光片）分成 A、B 两个不同波长的辐射束，再经滤光片滤光后，分别通过调制盘的通孔和反射镜，交替投射到同一个检测元件上，转换成信号，经过处理后实现比值测定	具有单光路同样的优点（稳定）和缺点（动态品质差），但由于两束辐射各自通过同一个滤光片，而克服了各片特性差异的影响，提高了测量精度 光路调整困难

（续）

分类	基 本 结 构	工作原理	优缺点
双通道比色温度计	不带光调制	利用分光镜（干涉滤光片，或者棱镜），将被测对象辐射分成两束不同波长的辐射，投射到两个检测元件上。根据两个元件转换的电信号之比值，确定对象温度	结构简单 动态品质高 由于双元件性能不可能完全对称，故测量精度及稳定性较差

1—物镜　2—光导棒　3—检测元件Ⅰ　4—分光镜　5—检测元件Ⅱ

| | 带光调制 | 被测对象的辐射由棱镜（或干涉滤光片）分光和反射镜反射后，形成两束辐射，通过带通孔的调制盘旋转调制（两束辐射同步调制），然后投射到两个带不同滤光片的检测元件上。根据两个元件转换的电信号之比值，确定对象温度 | 结构简单

动态品质比不带光调制的低

测量精度及稳定性较差 |

1—物镜　2、8—反射镜　3—调制盘　4—滤光片Ⅰ　5—检测元件Ⅰ　6—检测元件Ⅱ　7—滤光片Ⅱ　9—分光棱镜

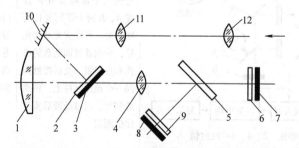

图 5-16　WDS－Ⅱ型光电比色高温计的光路系统

1—物镜　2—平行平面玻璃　3—回零硅光电池　4—透镜　5—分光镜　6—红外滤光片

7—硅光电池 E_2　8—硅光电池 E_1　9—可见光滤光片　10—反射镜　11—倒像镜　12—目镜

由图 5-16 可知，被测物体的辐射能经物镜 1 聚焦后，经平行平面玻璃 2、中间有通孔的回零硅光电池 3，再经透镜 4 到分光镜 5。分光镜的作用是反射 λ_1 面让 λ_2 通过，将可见光分成 λ_1（$\approx 0.8\mu m$）、λ_2（$\approx 1\mu m$）两部分。可见光（λ_1）部分的能量经可见光滤光片 9，将少量长波辐射能滤除，使可见光被硅光电池 E_1 8 接受，并转换成电信号 U_1，输入显示仪表；红外线（λ_2）部分的能量则通过分光镜 5，经红外滤光片 6 将少量可见光滤掉，使红外光被硅光电池 E_2 7 接收，并转换成电信号 U_2 送入显示仪表。

由两个硅光电池输出的信号电压，经显示仪表的平衡桥路测量得出其比值 $B = U_1/U_2$，比值的温度数值是用黑体进行分度的。显示仪表由电子电位差计改装而成，其测量电路如图 5-17 所示。当继电器 K 处于 2 位置时，两个硅光电池 E_1、E_2 输出的电势在其负载电阻上产生电压，这两个电压的差值送入放大器推动可逆电动机 M 转动。电动机将带动滑线电阻 R_6 上的滑动触点移动，直到放大器的电压是零为止。此时滑动触点的位置则代表被测物体的温度。继电器 K 处于 1 位置时，仪表指针回零。

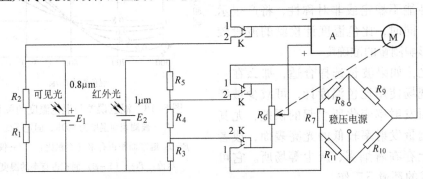

图 5-17　测量电路

E_1、E_2—硅光电池　R_1、R_2—E_1 的负载　R_3、R_5—测量上、下限调整电阻
R_4—并联电阻　R_6—滑线电阻　A—放大器　M—电动机　K—继电器　1—回零　2—测量

在 WDS－Ⅱ型光电比色高温计中选用的两波长分别为可见光与红外光。如果两个波长均选在红外光波段，则该仪表称为红外比色温度计，可用来测量较低温度。

5.4.3　比色温度计的使用及测量误差

用比色温度计测温时，有如下几个问题值得注意：

（1）发射率的修正　发射率的影响是指两个测量波长的发射率比的作用。对于黑体，因为 $\varepsilon_{\lambda 1} = \varepsilon_{\lambda 2} = 1$，所以 $T = T_R$；对于灰体，由于 $\varepsilon_{\lambda 1} = \varepsilon_{\lambda 2}$，同理 $T = T_R$；但对于一般的物体，$\varepsilon_1 \approx \varepsilon_2$，所以 $T \approx T_R$。两者的关系取决于 $\varepsilon_{\lambda 1}$ 与 $\varepsilon_{\lambda 2}$。对于金属，其发射率随波长的增加而减少，即 ε_λ 在短波时比长波时大（$\varepsilon_{\lambda 1} > \varepsilon_{\lambda 2}$）。因此，$\ln(\varepsilon_{\lambda 1}/\varepsilon_{\lambda 2}) > 0$，故在测量金属表面时比色温度可能会高于实际温度。它与单色辐射温度计不同，可产生高于真实温度的示值误差。

（2）视野缺欠　被测面积不够大或目标不能完全充满视野的状态称为视野缺欠。因视野缺欠具有灰色减光作用，致使单色辐射温度计产生示值误差，但对比色温度计的影响很小，不易产生此种示值误差。

（3）混色误差 在被测表面内，由于温场不均匀或散射光引起的示值误差称为比色温度计的混色误差。此种混色误差是由于它的结构形式与单色辐射温计不同而引起的，其表现往往很灵敏。例如，在被测表面上温度不均匀可分为 T_1 与 T_2，当各自的面积占有率为 β 及（$1-\beta$）时，仪表的示值为 S，其输出可用下式表示：

$$R_S = \frac{\varepsilon_{\lambda 1}\beta L(\lambda_1, T_1) + \varepsilon_{\lambda 1}(1-\beta)L(\lambda_1, T_2)}{\varepsilon_{\lambda 2}\beta L(\lambda_2, T_1) + \varepsilon_{\lambda 2}(1-\beta)L(\lambda_2, T_2)} \tag{5-43}$$

当 λ_1 与 λ_2 波长分别为 $2.15\mu m$ 与 $2.30\mu m$ 时，在不同的面积占有率 β 时，用式（5-43）计算的结果得到的混色误差 $S-T_1$ 与混色温度的关系如图 5-18 所示。从该图可知，混色误差在不同 β 下并非单调增加。

（4）检测元件的稳定性与非对称性引起的误差 由于比色温度计采用两个检测元件，因此，由环境温度变化或疲劳引起的元件性能不稳定或非对称性，将产生示值误差。同时，比色温度计检测的波段较宽，也影响测量的准确度。

总之，如果波长选择合适，那么在一般工业现场使用比色温度计，可减少被测物体表面发射率变化所引起的误差，尤其适用于测量发射率较低的光亮表面，或者在光路上存在着烟雾、灰尘等场所。它可在较恶劣的环境下工作。

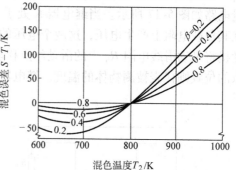

图 5-18 混色误差与混色温度的关系
T_1—被测表面温度为 800K，固定不变
β—T_1 温区面积占有率（面积比） S—仪表示值 T_2—（$1-\beta$）面积占有率的温度

5.5 辐射温度计的选择与型号

5.5.1 辐射温度计的选择

对于各种辐射温度计的优劣，应依据被测对象、条件及要求进行评价与选择，下面从理论上比较它们的性能。

（1）相对灵敏度 热辐射体温度的相对变化与理论上照射到检测元件上的相对辐射能的变化之比称为相对灵敏度。

首先比较光学高温计与辐射高温计。对于光学高温计，由式（5-14）可知，温度升高，物体的亮度增强。辐射高温计也是如此，但它们增长的程度是不同的。

对式（5-14）微分整理可得光学高温计的相对灵敏度 S_L 为

$$S_L = \frac{\dfrac{\mathrm{d}L(\lambda_1, T)}{L(\lambda_1, T)}}{\dfrac{\mathrm{d}T}{T}} = \frac{C_2}{\lambda} \times \frac{1}{T} \tag{5-44}$$

上式说明光学高温计的灵敏度随波长的增加，温度的升高而降低。如用红色玻璃作为滤光片，$\lambda = 0.65 \times 10^{-6}$m，而 $C_2 = 0.014388$m·K，代入式（5-44）则

$$S_L = \frac{C_2}{\lambda T} = \frac{22120}{T} \qquad (5-45)$$

同理由式（5-20）可求得辐射高温计的相对灵敏度 S_T 为

$$S_T = \frac{\dfrac{dL_0}{L_0}}{\dfrac{dT}{T}} = 4 \qquad (5-46)$$

计算结果表明辐射高温计的灵敏度为常数。同式（5-44）比较看出，在 5500K 以下，光学高温计的灵敏度远远高于辐射高温计。

关于比色温度计的相对灵敏度 S_R，可用下式表示：

$$S_R = \frac{\dfrac{dW}{W}}{\dfrac{dT}{T}} = \frac{C_2}{T}\left(\frac{1}{\lambda_2} - \frac{1}{\lambda_1}\right)$$

其中

$$W = \frac{L_0(\lambda_1, T)}{L_0(\lambda_2, T)}$$

式中，λ 为通过红色滤光片后的波长，因光学高温计也采用红色滤光片，故式（5-45）变为

$$S_L = \frac{C_2}{\lambda_1 T}$$

再与 S_R 对比：

$$\frac{S_R}{S_L} = \frac{\dfrac{C_2}{T}\left(\dfrac{1}{\lambda_2} - \dfrac{1}{\lambda_1}\right)}{C_2/(\lambda_1 T)} = \frac{\dfrac{1}{\lambda_2} - \dfrac{1}{\lambda_1}}{\dfrac{1}{\lambda_1}} = \frac{\lambda_1 - \lambda_2}{\lambda_2} \qquad (5-47)$$

当 $\lambda_1 = 0.66 \times 10^{-6}$m；$\lambda_2 = 0.45 \times 10^{-6}$m 时，则有：

$$S_R/S_L = 0.44 \quad \text{或} \quad S_R \approx S_L \qquad (5-48)$$

由此可见，在同一温度下比色温度计的灵敏度约为光学高温计的 0.44 倍。总之，光学高温计的灵敏度从原理上讲最高，比色温度次之，辐射高温计差一些，故国际温标以基准光学（光电）高温计作为标准温度计。

（2）表观温度与测量误差　表观温度是指辐射温度计测量热辐射体（非黑体）时，仪表的温度示值，也称视在温度，如亮度温度、辐射温度、比色（颜色）温度等。当测量非黑体时，三种温度计的表观温度与真实温度之差是不同的。用光学高温计测得亮度温度为

$$T_L = \left(\frac{1}{T} + \frac{\lambda}{C_2}\ln\frac{1}{\varepsilon_\lambda}\right)^{-1} \qquad (5-49)$$

用辐射高温计测得的辐射温度为

$$T_T = T \sqrt[4]{\varepsilon_T} \tag{5-50}$$

用比色温度计测得的比色温度为

$$T_R = \left(\frac{1}{T} + \frac{\ln\varepsilon_{\lambda 1} - \ln\varepsilon_{\lambda 2}}{C_2 \left(\frac{1}{\lambda_1} - \frac{1}{\lambda_2} \right)} \right)^{-1} \tag{5-51}$$

用表观温度表示时引起的相对误差分别为

$$\frac{\Delta T_L}{T} = \frac{\lambda T_L}{C_2} \ln \frac{1}{\varepsilon_\lambda} \tag{5-52}$$

$$\frac{\Delta T_T}{T} = 1 - \sqrt[4]{\varepsilon_T} \tag{5-53}$$

$$\frac{\Delta T_R}{T} = \frac{T_R}{C_2 \left(\frac{1}{\lambda_1} - \frac{1}{\lambda_2} \right)} \ln \frac{\varepsilon_{\lambda 1}}{\varepsilon_{\lambda 2}} \tag{5-54}$$

由式（5-49）～式（5-51）可以看出，发射率的影响最大。表 5-13 列出了几种不同物体的表观温度对真实温度的偏差。由该表看出，T_R 比 T_L、T_T 更接近于真实温度，T_L 与 T_T 皆低于真实温度，而 T_R 有时可高于真实温度。

表 5-13　几种不同物体的表观温度对真实温度的偏差

物体	真实温度 /K	比色温度/K		亮度温度/K		辐射温度/K	
		T_R	ΔT_R	T_L	ΔT_L	T_T	ΔT_T
钨	2000	2033	+33	1857	-143	1428	-572
钼	2000	2032	+32	1824	-176	1354	-646
钽	2000	2015	+15	1851	-149	1390	-610
标准烛焰	1875	1840	-35	1490	-385	860	-1015
石墨	1800	1800	0	1780	-20	1520	-280
铁	1800	1850	+50	1560	-240	950	-850

由式（5-52）～式（5-54）可以看出：①当温度升高时，T_R、T_L 的相对误差也逐渐增大，而 T_T 的相对误差则维持不变。②发射率低的物体，其 T_T 与真实温度相差较大，而比色温度 T_R 的差别最小。

（3）环境的影响　被测物体周围空气中含有的 CO、CO_2、水蒸气及灰尘等，对辐射高温计的测量结果影响最大，光学高温计次之，比色温度计最小。尽管中间介质对波长 λ_1 与 λ_2 的辐射均有影响，但只要选择适当的波长，使其对光谱辐射亮度的比值影响很小，那么将不影响测量结果。因此比色温度计可在较恶劣的环境下使用。

5.5.2　辐射温度计的型号

根据 JB/T 9236—2014 规定，对光学高温计、辐射感温器、光电温度计等，产品型号第一节代号及意义见表 5-14。

表 5-14 产品型号第一节代号及意义 (JB/T 9236—2014)

代号	名称	代号	名称
WG	隐丝式光学高温计	WD	光电温度计
WGB	标准光学高温计	WDL	光反馈式光电温度计
WGJ	精密光学高温计	WDH	零平衡式光电温度计
WGG	工业光学高温计	WDV	恒亮快速式光电温度计
WF	辐射感温器	WDK	光电温度控制器
WFF	反射镜式辐射感温器	WB	光电比色温度计
WFT	透镜式辐射感温器	WHR	红外人体表面温度快速筛检仪
WFD	硅光电池辐射感温器	WHX	工业检测型红外热像仪

5.6 部分辐射温度计

5.6.1 部分辐射温度计的原理与分类

部分辐射温度计是指利用光电管、光电池、光敏电阻、热释电元件、热敏电阻等作为光敏元件的温度计。这些元件对光谱往往具有选择性，不能在全光谱范围内工作，只能对部分光谱能量进行测量。这些在部分光谱范围内进行工作的辐射温度计称为部分辐射温度计。它的特点是灵敏度高，测温下限低，响应速度快。

部分辐射温度计的光学系统可以是透射的，也可以是反射的。而检测信号的处理一般采用如下四种基本结构形式。

(1) 直接式（简易式） 它是用物镜将被测物体的辐射能聚焦于检测元件的表面，经过转换后的电信号直接送仪表显示。

(2) 调制放大式 它是在直接式中增加一个放大环节。为了避免直流放大器的零漂影响仪表示值的稳定性，通常用机械调制器将辐射束转变成具有一定频率的调制辐射。

(3) 偏差式 它是用机械调制器将来自被测对象和参比辐射源的两条辐射束，交替地投到检测元件上。该元件则输出一个与两信号差成比例的偏差信号，经放大、同步整流后，送仪表显示。偏差式最大优点是，环境温度对示值影响小。

(4) 零平衡式 将偏差式输出的偏差信号反馈回来，调节与控制参比辐射源的辐射能。当检测元件与放大器构成的闭合回路的反馈量足够大时，可以使被测对象与参比辐射源交替投射在检测元件上所形成的差值信号近似为零，即整个系统处于零平衡状态。该种形式较偏差式性能更为稳定。

除按基本结构形式划分外，也可按工作波段分为紫外、可见光、红外等类型，或者按其工作波段的宽窄进行分类。本节将着重介绍红外部分辐射温度计（简称红外温度计）。

5.6.2 红外温度计的特点与性能

红外温度计开始采用热电堆作为检测元件，以后由于红外探测器、干涉膜滤光片及半导体器件的发展，加速了红外温度计的成熟。在 20 世纪 70 年代，因节能、质量控制、故障预测及尖端技术对非接触式测温仪的迫切需要，以及新型红外探测器、光纤及微处理机的发展，进一步促使红外温度计有了新的飞跃。

我国在 20 世纪 40 年代末期出现了全辐射红外温度计，开始是以故障预测为中心，在铁路与电力系统进行了大量应用试验。早期产品结构原理多与苏联、德国的接近，最近与英国、美国、日本类似的产品在大量增加。

红外温度计同热电偶、热电阻等接触式温度计相比，具有使用寿命长、性能可靠、反应快、不与被测物体接触等优点，适于移动物体、带有腐蚀性的介质以及难以接触等场合。目前国外应用红外温度计非常广泛，但国内尚不够普遍。随着工业生产的发展，推广使用红外温度计势在必行。国产及国外红外温度计的性能见表 5-15 ~ 表 5-17。

表 5-15　国产红外温度计的性能

项目	WFH – 65 型光纤红外温度计	WFHX – 63 型便携式红外温度计
测温范围 /℃	600 ~ 2000 分两段：600 ~ 1000、1000 ~ 2000	0 ~ 1000
	800 ~ 3000 分两段：800 ~ 1400、1400 ~ 3000	800 ~ 2000
精度	模拟输出，量程上限的 ±1% 数字显示，±（量程上限的 1% +1）	示值的 1% +1
响应时间（$\tau_{0.95}$）/ms	<100	500
探测器测量波段/μm	0.8 ~ 1.1	薄膜热电堆，硅光电池 8 ~ 14，0.8 ~ 1.1
发射率修正	1.00 ~ 0.10（或比例衰减）	在 0.10 ~ 1.00 范围以内，步长为 ±0.02 任意设定
显示功能		瞬时值、峰值、平均值、环境温度，并有电源能量不足报警
环境温度/℃	0 ~ 45	0 ~ 40
测量距离/m	与目标直径有关	≥0.5
显示频率/Hz	2 ~ 3	
显示位数	3 位或 3$\frac{1}{2}$位	

表 5-16 国外红外温度计的性能

规格	LT	LR	1M	2M	P7 塑料专用	G5 玻璃专用
瞄准器	双/交叉激光/望远镜	单激光/望远镜/双功能	单激光/望远镜	单激光/望远镜	双激光	望远镜
测量精度（环温 23℃ ±5℃时）	测量值的 ±1% 或 ±1℃，取大值		测量值的 ±0.5% 或 ±1℃	测量值的 ±1% 或 ±1℃，取大值		
测量范围/℃	−30 ~ 1200		600 ~ 3000	200 ~ 1800	10 ~ 800	150 ~ 1800
距离系数	75:1	120:1/105:1	180:1	90:1	25:1	50:1
响应波长/μm	8 ~ 14		1.0	1.6	7.9	5.0
响应时间（$\tau_{0.95}$）/ms	700		550		700	
探测器	热电堆		硅	砷镓铟	热电堆	
测量功能	实时值、最小值、最大值、平均值、差值、数据重调、高/低温报警、数据记录、内存 100 点、环境温度补偿					
重复精度	测量值的 0.5% 或 ±1℃，取大值					
液晶显示	4 位带背景光的液晶数字显示					
发射率	0.1 ~ 1.0，步长 0.01 可调					
模拟输出	1mV/℃					
数字输出	RS2329600 比特，输出间隔 1 ~ 9999s 可调					
电源	四节 5 号碱性电池或者 6 ~ 9VDC、200mA					
反射能量补偿	√	√	√	√	√	√
最大值、最小值	√	√	√	√	√	√
差值、平均值	√	√	√	√	√	√
100 个数据存储	√	√	√	√	√	√
可视/可听报警	√	√	√	√	√	√
显示保持/s	7					
工作温度/℃	0 ~ 50					

表 5-17 国外带数码图像红外温度计的性能

技术要求	性 能
温度范围/℃	−30 ~ 900，低温型：−50 ~ 500
精度（操作环境温度为 23℃）	读数的 ±0.75% 或 ±1℃，取大值
重复性	≤读数的 ±0.5% 或 ≤ ±1℃，取大值
响应时间（$\tau_{0.95}$）/ms	250
响应波长/ms	8 ~ 14，热电堆
距离系数	60:1（近焦型 50:1）
测量最小直径/mm	19（近焦型 6）

（续）

技术要求	性 能
显示分辨率/℃	0.1
温度显示	℃或°F,可选
环境温度范围/℃	0~50
最大值、最小值显示	√
可视/可听高限报警	√
差值、平均值	√
条形图形显示	√
发射率可调(0.1~1.0 步长 0.01)	√
100 点数据记录	√
显示保持	√
LCD 背景光	√

5.6.3　红外温度计的原理与结构

1. 原理

由热辐射体在红外波段的辐射通量来测量温度的仪表称为红外温度计。由传热学原理可知,具有一定温度的物体就要向外辐射能量。从图 5-2 看出,在 2000K 以下的曲线,其最高点所对应的波长已不是可见光而是红外光了。因此,人们的眼睛看不见,只能用红外探测器。

2. 分类

红外温度计的分类方法很多,按测量波长分类见表 5-18。按测量方式可分成固定式与扫描式;依据光学系统的不同,分成可变焦点式与固定焦点式等。

表 5-18　按测量波长分类

色型	波段	名称	测量波长/μm	测量温度下限/℃
单色型	宽波段		8~13	-50
	窄波段	硅辐射温度计	0.9	400
		锗辐射温度计	1.6	250
		PbS 辐射温度计	2	150
		PbSe 辐射温度计	4	100
		光学温度计	0.65 (0.66)	800
双色型	窄波段	硅辐射温度计	0.80, 0.97	600
		锗辐射温度计	1.50, 1.65	400
		PbS 辐射温度计	2.05, 2.35	300

3. 结构

红外温度计是一个包括光、机、电的红外测温系统,它的结构与比色温度计基本相同，其结构如图 5-19 所示。

光学系统采用透射式或是反射式。透射式光学系统的透镜应采用能透过相应波段辐射的材料。测量 700℃ 以上的波段主要在 $0.76 \sim 3\mu m$ 范围的近红外区，可采用一般光学玻璃或石英透镜；测量中温时的波段主要在 $3 \sim 5\mu m$ 的中红外区，多采用氟化镁、氧化镁等热压光学透镜；测低温时主要是 $5 \sim 14\mu m$ 的中、远红外波段，多采用锗、硅、热压硫化锌等材料制成的透镜。

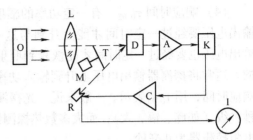

图 5-19 红外温度计的结构
O—目标 L—光学系统 D—红外探测器
A—放大器 K—相敏整流 C—控制放大器
R—参考源 M—电动机 I—指示器 T—调制盘

反射式光学系统多采用凹面玻璃反射镜，并在镜的表面镀金、铝、镍或铬等对红外辐射反射率很高的金属材料。

5.6.4 红外探测器

1. 红外探测器的特性参数

为了能准确地比较各种探测器的性能，应掌握描述红外探测器的主要特性参数。

（1）光谱响应 它是探测器的最基本的特性参数，即用相对概念描述探测器输出信号与入射辐射波长的关系。在理想情况下，光探测器在单位波长间隔和单位辐射通量下的相对响应，随波长增加而线性上升，在截止波长 λ_1 达到峰值后急剧下降至零。相反，热探测器仅对辐射通量响应，其相对响应与波长无关。图 5-20 所示为光探测器和热探测器的光谱响应曲线。

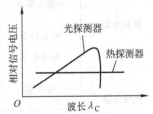

图 5-20 光探测器和热探测器的光谱响应曲线

（2）响应率 R R 等于单位辐射通量投射到探测器上所产生的信号电压的大小，即

$$R = \frac{V_S}{HA} = \frac{V_S}{\phi} \tag{5-55}$$

式中，R 是响应率（V/W）；H 是入射辐射在探测器上辐射照度的均方根值（W/cm²）；A 是探测器的有效元面积（cm²）；ϕ 是入射到探测器上辐射通量的均方根值（W）；V_S 是探测器输出信号电压的均方根值（V）。

（3）探测率 D 它是描述探测器探测性能的参数。显然，D 越大，探测性能越好。D 可用下式表示：

$$D = \frac{V_S / V_n}{\phi} \sqrt{A_d \Delta f} \tag{5-56}$$

式中，D 是探测率（$cm \cdot Hz^{\frac{1}{2}}/W$）；$V_n$ 是探测器噪声电压的均方根值（V）；V_S 是探测器输出信号电压的均方根值（V）；Δf 是系统噪声带宽（Hz）；A_d 是探测器灵敏元面积。

（4）响应时间 $\tau_{0.95}$　有一定功率的辐射突然照射到探测器的敏感面上，探测器的输出电压要经过一定时间才能上升到与这一功率对应的稳定值，当辐射突然消失后，输出电压也要经过一定时间才能恢复到照射前的数值，一般上升与下降的时间是相等的。通常将探测器输出电压上升到输入功率对应的稳定值的 95% 的时间称为探测器的响应时间，用 $\tau_{0.95}$ 表示。一般来说，光探测器的响应时间很短，可达毫微级，甚至微秒秒级（如碲、镉、汞）；而大多数热探测器的响应时间较长，通常为毫秒级，如热敏电阻探测器为几毫秒。

2. 红外探测器的分类

红外探测器是红外测温系统的关键元件。目前已研制出几十种性能良好的探测器。这些探测器大体可分为以下两大类。

（1）热探测器　它是基于入射辐射与探测器相互作用时引起探测元件的温度变化，进而引起探测器中与温度有关的电学性质变化的热电效应。其种类与特征见表 5-19。常用的热探测器有热电堆型、热释电型及热敏电阻型等，其性能见表 5-20。

表 5-19　红外探测器的种类与特征

种类	类型	名称	特征
热探测器	热敏电阻型	热敏电阻	可在室温下工作；灵敏度与波长无关
	电动势型	热电堆	灵敏度低，响应慢
	热释电型	TGS、$PbTiO_3$、$LiTaO_3$	价格便宜
光探测器	光导型	HgCdTe、InSb、PbSe、PbS	必须冷却；灵敏度与波长无关；灵敏度高，响应快
	光生伏特型	InAs、InSb、HgCdTe	价格贵

表 5-20　红外探测器的性能

探测器	响应率 R /（V/W）	探测率 D /（$cm \cdot Hz^{\frac{1}{2}}$/W）	响应时间 /ms	光谱范围 /μm	典型面积 /mm^2	阻抗 /Ω
薄膜热电堆	100	3×10^8	10	0.38 ~ 30	10^{-2} ~ 1.0	
钽酸锂	1500	$(2 \sim 8) \times 10^8$	<1	0.5 ~ 40 （KRS – 5）	$\phi 1mm$	10^{11} ~ 10^{13}
浸没热敏电阻 硫化铅	10^4	$(2 \sim 5) \times 10^8$ $(5 \sim 7) \times 10^{10}$	2 0.1 ~ 1.0	2 ~ 25 1 ~ 3	0.12 × 0.12 1.0 ~ 10	25×10^4 $10^2 \times 5 \times 10^5$

1）热电堆。它是一种古老的红外探测器，利用塞贝克效应制成。通常选用电动势率大的热电偶制成热电堆型探测器，该种探测器被红外线照射时，因受热而产生电动势，它的探测率为 $1.4 \times 10^9 cm \cdot Hz^{\frac{1}{2}}$/W，响应时间较长（30 ~ 50ms）。薄膜技术的发展使人们可获得廉价的热电堆探测器。它不需偏置，不需调制，直流响应率在较宽的环境温度范围内不变，寿命长，广泛用于红外温度计。

2）热释电探测器。它是利用热释电晶体的自发极化随温度变化的特性制成的。多采用硫酸乙氨酸（TGS）及钛酸铅（$PbTiO_3$）等强电介质晶体。若将这些强电介质表面加热，因自发极化的作用，在晶体表面将感应产生与温度变化成比例的电荷。因此，温度变化将引起晶体表面电荷变化，致使有信号输出。当然，如果温度不变则无输出信号。此种电荷变化信号可选用具有高阻抗的仪器（EFT）测量。该种探测器可在室温下工作，不需偏置，其性能优于热敏电阻型。该探测器有宽的光谱响应，有较高的探测率 D，在低频（约 10Hz）下 $D = 1.8 \times 10^9 cm \cdot Hz^{\frac{1}{2}}/W$；在高频（$10^4$Hz），$D = 1 \times 10^8 cm \cdot Hz^{\frac{1}{2}}/W$，其工作频率可达几百千赫，远超过其他种探测器。采用居里温度高的材料（见表 5-21）制作的热释电探测器，响应率受环境温度变化的影响较小，这点在使用红外温度计时应特别注意。虽然它的直流阻抗高达 $10^{11} \sim 10^{13} \Omega$，给前置放大器的制作带来了困难，但高性能的结型场效应晶体管（JFET）的商品化又使前置级制作变得方便，从而促进了热释电探测器在红外温度计中的应用。

表 5-21　热释电探测器的性能

热释电材料	居里温度/℃	介电常数 ε	热电系数 /$[10^{-8}C/(cm^2 \cdot K)]$	体积热容 /$[J/(cm^3 \cdot K)]$
TGS	49	35	4.0	2.5
$LiTaO_3$	618	43 ~ 54	1.8 ~ 2.3	3.2
PZT	200 ~ 270	380 ~ 1800	1.8 ~ 2.0	3.0
应变 PZT	220	380	17.9	3.1
$PbTiO_3$	470	200	6.0	3.2
$Pb_5Ge_3O_{11}$	178	41	2.0	2.2
PVDF	120	11	0.24 ~ 0.4	0.33

热释电探测器的缺点是，有的器件受微振动影响，不像热电堆那样能直流接收，它只能作为交流器件应用，因而必须调制。

3）热敏电阻探测器。它是利用锰、镍及钴等金属化合物的电阻随温度变化的特性制成的。它是一种发展较早、应用广泛的探测器。在 10Hz 调制频率下，它的探测率 D 一般为 $2 \times 10^8 cm \cdot Hz^{\frac{1}{2}}/W$，响应时间为 $1 \sim 10 \mu s$，其响应率 R 受环境温度变化的影响比热释电探测器大。该种探测器可制成薄膜或厚膜型，其受光面积为 $0.1 \sim 1 mm^2$，无照电阻为 $1 \sim 5 M\Omega$，在 $\pm (60 \sim 200)$V 驱动电压下，于室温即可工作，响应波长宽，使用电路简单，制作工艺成熟、稳定性及可靠性好，使它在火车热轴及其他红外温度计中获得广泛应用。

（2）光探测器（量子型）　它的工作原理是基于入射辐射与探测器相互作用时，激发电子跃迁而产生的光电效应。光探测器的响应时间比热探测器短得多。它的探测频率有一长波限 λ_C，当辐射波长大于 λ_C 时，则响应率大为下降。常用的光探测器有光导型及光生伏特型。

1）光导型探测器。光导型即为光敏电阻型，常用的光敏电阻有 PbS、PbTe 及

HgCdTe 等。当红外辐射照射到光敏电阻上时，使其电阻率增加，随着入射的辐射能量的不同，电导率也不同。光导型探测器就是依据光敏电阻的这种性质来测量红外辐射的。各种半导体材料制成的光敏电阻只能对某一波段的辐射有影响，在选用时应予注意。光导型探测器的探测率 D 比热敏型高，有的可高出 $2 \sim 3$ 个数量级，它的响应时间也短，是微秒级。

2）光生伏特探测器（即光电池）。当它被红外辐射照射后，就有电压输出，它的大小与入射的辐射能有关。常用的光电池材料有 InAs、InSb、HgCdSb、Si 及 Ge 等。光生伏特探测器的性能与由同种材料制成的光导型相似，但其响应时间比光导型短。

5.6.5　红外热像仪

1. 红外热像仪的特点

1800 年 F. W. Herschel 首先发现了热效应很强的辐射线，1840 年他的儿子获得了第一个热像。第二次世界大战期间，红外热像技术在军事上获得了广泛应用。自 20 世纪 50 年代起开始转向民用，到了 20 世纪 60 年代第一台商品化热像仪问世，至今已有许多国家能生产红外热像仪（以下称热像仪）。最近热像仪的发展很快，应用范围也越来越广。热像仪的应用之所以如此广泛，是因为它有如下特点：①测量范围广：通常为 $-170 \sim 2000℃$（加滤光片）；②准确度高：能分辨 $0.1℃$ 的温度；③响应快：可在几毫秒内测出物体的温度场；④可用于测量小目标物体；⑤不破坏被测温场：测温距离可近可远，从几厘米到天文距离。

热像仪是利用红外探测器和光学成像物镜接受被测目标的红外辐射能量分布图形，并反映到红外探测器的光敏元件上，从而获得红外热像图，这种热像图与物体表面的热分布场相对应。热像仪就是将物体发出的不可见红外能量转变为可见的热图像。热图像上面的不同颜色代表被测物体的不同温度。

热像仪为实时表面温度测量提供了有效、快速的方法。与其他测温方法相比，热像仪在以下两种情况下具有明显优势：

1）温度分布不均匀的大面积目标表面温度场的测量。

2）在有限的区域内快速确定过热点或过热区域的测量。

2. 红外热像仪的原理与结构

物体具有向四周发射、传播电磁波的本领。在电磁波中只有一小部分能为人眼察觉，这就是光波。除此之外，还有宇宙射线、紫外线和红外线等电磁波，其中红外线的波长 $\lambda = 0.75 \sim 40\mu m$。热像仪就是利用 $3 \sim 5.6\mu m$（短波）或 $8 \sim 14\mu m$（长波）的红外线束工作的。通过热图像技术，能给出热辐射体的温度、温度分布的数值，并转换成可见的热图像的仪器，称为热像仪。

实际使用热像仪时，只要将热范围、热水平、大气温度、环境温度、被测物体发射率、滤光片种类、镜头度数、光圈、测量距离等输入计算机，就可以自动得出温度分布等结果。

热像仪通常由扫描系统及显示单元等组成。红外热像仪的原理如图 5-21 所示。

（1）红外扫描器　它是重要的基本单元，这个光子检测器吸收物体发出的辐射光子，并在极短的时间内将它转换成电子视频信号。扫描系统是将被测对象的辐射由扫描镜扫描并反射到反射聚光镜，再通过衰减器、硅透镜和反射镜投射到致冷的锑化铟红外检测元件的表面上。由于扫描镜既围绕垂直轴做水平摆动，又在完成一

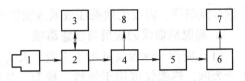

图 5-21　红外热像仪的原理
1—红外扫描器　2—显示单元　3—录像机
4—数字式红外转换系统　5—红外连接组件
6—计算机　7—彩色打印机　8—彩色监视器

"行"扫描后，围绕水平轴做一次倾动，逐渐移动在被测对象上的测量点，并实现对被测对象的面扫描。锑化铟检测元件被固定在杜瓦瓶的外壁。用液氮致冷使检测元件维持在 -196℃ 的低温。锑化铟元件产生一个正比于来自被测对象辐射的电信号。该信号经前置放大器放大后，送至显示单元。

（2）显示单元　显示单元主要包括输出信号放大、扫描控制系统和阴极射线管。放大部分的输出信号经发射率修正及环境温度补偿后，依据使用要求，将温度分布等各种信号变成阴极射线管荧光屏上的亮度信号。如果电子束的扫描与光学系统的扫描同步，就可以在荧屏上成像，即显示的温度图像与被测物体的温度分布相对应，观测者可从图中获得带有位置坐标的温度值。同时，也可将信号送去储存，供数据处理之用。

在扫描的瞬间，扫描器只能接受被测对象在每个瞬间视场的红外辐射，其辐射能大小与物体的发射率及热力学温度的四次方成正比。因此检测的结果反映在图像上，则是温度高处发亮、温度低处发暗。用黑体炉分度后，就可定量地测量温度场。

测量结果经过计算机处理后，可同时给出温度的最高值、最低值、平均值、变化范围、方差等，在荧光屏上也可相应地显示 x 方向或 y 方向的轴向温度分布等。

3. 测温热像仪的选择

（1）类型选择　测温热像仪分为三类：测温型热像仪、不测温型热像仪和监视型热像仪。三者之间价格相差很大。在测量温度时，一定要选择测温型热像仪。

（2）像素的选择　首先要确定购买热像仪的像素级别，热像仪的级别和像素有关。高端热像仪的像素为 $640 \times 480 = 307200$，拍摄的图片清晰细腻，在 12m 处拍摄的最小尺寸是 $0.5cm \times 0.5cm$；中端热像仪的像素为 $320 \times 240 = 76800$，在 12m 处拍摄的最小尺寸是 $1cm \times 1cm$；低端热像仪的像素为 $160 \times 120 = 19200$，在 12m 处拍摄的最小尺寸是 $2cm \times 2cm$。由此可见，像素越高，所能拍摄目标的最小尺寸越小。

（3）工作波段　工作波段决定了工作场合、测量速度及测量的分辨率和精度。通常中波热像仪的综合指标明显高于长波热像仪，当然价格也贵。

（4）测温范围　根据被测物体的温度范围选择合适温度段的热像仪。热像仪分几个温度档，如 -40 ~ 120℃、0 ~ 500℃ 等。温度档的跨度越小，测温越准确。当热像仪测量 500℃ 以上的物体时，需要配备高温镜头。

（5）工作温度　根据工作温度，热像仪可分为制冷型和非制冷型。如果是液氮制

冷或节流制冷，需要定期灌注液氮或提供气源，运行费用较大，使用较麻烦。

4. 测温热像仪的应用与注意事项

（1）应用 热像仪可用于工业、天文、气象、资源探测、公安及医疗等部门。以工业为例，热像仪可用于钢铁、橡胶、造纸等行业的生产过程检测与管理；工业炉、铸造、焊接等行业的无损检测；电力、变压器等电器设备的维修检查；轧辊的发热情况及分布的监测等。

1）在电力部门，热像仪用于发现设备的温度异常并自动报警，提示人员具体位置信息，提高排除故障的效率；对变电站内场景进行红外视频监视；对变电站内变压器断路器等重要运行设备的外观状态、工作状态、温度分布进行监测等。

2）在石油化工企业，大型设备的安全是责任重大的关键问题。由于生产工艺的复杂性，不可能经常停机检查，红外热图可以反映设备的安全状况，尽早排除安全隐患。通过定期的多次测量，比较热像的变化，可以为设备的使用状况提供科学的评价，以保证设备的安全运行。

3）在钢铁工业中，热像仪可用于钢板表面温度测量（见10.2.3节移动表面温度测量）。

4）在航天方面，热像仪用于测量液体火箭发动机喷口的温度分布，高温热像仪用于测量固体火箭发动机喷焰温度场等。

（2）注意事项

1）测量值不是被测物体真温。热像仪是基于接收被测物体表面发出的热辐射来确定其温度的。其中一个像元，相当于一个单元目标的辐射测温仪。被测表面的发射率、反射率、环境温度、大气温度、测量距离和大气衰减等因素，直接影响热像仪测温的准确性。因此，为了提高热像仪的测温精度，必须对被测物体的发射率进行修正。有学者的研究结果表明：当发射率为0.7，真实温度为50℃，发射率偏离0.1时，对于$3 \sim 5\mu m$热像仪，偏离真实温度$0.76 \sim 0.89$℃；对于$8 \sim 14\mu m$热像仪，则偏离真值温度$1.56 \sim 1.87$℃。

2）不能测强光目标。如果类似激光的光源照射热像仪，会损伤焦平面探测器。

3）测温前校正。热像仪内部的背景噪声很大，因此测量前要进行零点校正或固定温度点的校正。

4）测量瞬态目标时，应考虑热像仪帧频和曝光时间以及衰减片切换时间，不然无法测量真实温度。

5.6.6 红外温度计的选择

红外测温技术在产品质量控制、设备在线故障诊断、安全防护及节能等方面正在发挥重要作用。红外测温仪有便携式、在线式及扫描式三大系列，每一系列中又有各种型号及规格。因此，正确选择红外测温仪，对用户而言是至关重要的。红外测温仪型号和规格在选择原则上并非越贵越好，而是要选择针对性强、量程适宜的测温仪。

例如：铝电解行业对阴极母线温度测量，母线温度一般在200℃以下，可选择量程

为 $-18 \sim 260℃$ 范围的红外测温仪，使用快速轻便，价格又便宜；可有的用户选择量程为 $-30 \sim 3000℃$，具有单、双交叉激光和望远镜瞄准功能的红外测温仪，既费钱，又笨重不适用。

又如：连铸二冷区钢坯表面温度在线监测，通常选用比色温度计，但仪表厂却建议选用单色温度计好。作者在实验室对单色与比色两种温度计进行实验证明，在抗水蒸气及水滴干扰等方面，确实单色较比色温度计更好，更准确。其原因在于，单色温度计选择的波长对水及水蒸气是透明的，不受干扰。而比色温度计的两个波长中，有一个波长（$\lambda_1 = 0.7\mu m$）对水及水蒸气是透明的，而另一个波长（$\lambda_2 = 1.08\mu m$）是受水及水蒸气干扰的。因此，两个波长受干扰影响不同，致使测量结果偏差更大。

辐射测温在红外测温领域得到飞速发展。国外的比色温度计，可实现目标仅在视场5%条件下的精确测量，已在热处理过程广泛应用。而以点测温方式为基础而发展的线扫描红外温度计，由于增加了具有行扫描功能的光学旋转系统，可快速实现从边缘到边缘的多点（线）测温。

早期的热像仪造价昂贵，技术复杂而限制了它的使用。随着通用组件化，热像仪已批量生产，大大降低了成本。在红外测温技术方面，红外焦平面列阵技术是红外热像仪的一个研究热点，焦平面列阵探测器的使用可使系统灵敏度再提高一个数量级。我国武钢5#高炉、宝钢1#高炉用热像仪保证料面温度对炉料定量投放，在提高生铁产量和质量、延长炉龄、节能等方面起到了重要作用。红外温度计的性能与特点见表5-22。

表 5-22　红外温度计的性能与特点

方式	厂商	典型产品		测温范围/℃	精度	适用对象	特　点
点测温	美国	Marathon 系列		$250 \sim 3000$	0.3%以上	玻璃行业、感应加热、钢铁等	适用于恶劣环境下工作，具有先进的光电系统、智能数字电路、内置用户界面及坚固耐用的外壳
		3i 系列		$-30 \sim 3000$	$+0.5\%$	电力、冶金、塑料、陶瓷等	具有单、双、交叉激光和望远镜瞄准方式，特别适用远距离物体温度测量
		MT 系列		$-30 \sim 275$	$\pm 1℃$	铁路、暖通、电子、食品等	超小尺寸、超低价格的红外测温仪
	德国	在线式低端	Optris CT	$-40 \sim 900$	$\pm 1\%$	常规测量	一种很小的红外探头
			IRtec10	$0 \sim 1600$	$\pm 1℃$	玻璃、金属、半导体测量	配有专门的 LogMan 软件，一种很小的可编程红外测温仪
			IRtec6	$0 \sim 500$	$\pm 2℃$	一般性测量	低价位满足小空间要求红外测温仪

(续)

方式	厂商	典型产品	测温范围/℃	精度	适用对象	特 点
点测温	德国	在线式高端 IRtec20	-25 ~ 1600	±1℃	金属、半导体温度测量	带激光瞄准的在线式红外测温仪
		在线式高端 IRtec40	-25 ~ 2000	±1℃	玻璃、金属、火焰等测量	配有专门的 LogMan 软件,带数字界面和激光瞄准的在线式红外测温仪
		在线式高端 IRtec100	600 ~ 2700	±0.75%	金属、半导体温度测量	带小型探头的高精度光纤双色测温仪,配有专门的 LogMan 软件
		便携式低端 IRtec Pro	-32 ~ 700	±1℃	金属、半导体温度测量	配有专门的 LogMan 软件,高性能,可与热电偶同时使用
		便携式高端 IRtec Plus	-30 ~ 2000	±1℃	一般性测量	高精度、多用途便携式红外测温仪
	中国	LBW 系列棱镜分光比红外测温仪	600 ~ 3000（分段）	±1%	玻璃、塑料、金属、半导体等测量	用棱镜分光取代干涉滤光片,光路稳定;用棱镜分光代替调制电动机
线测温	美国	Thermalert CS100 系统	100 ~ 650	±1℃	水泥回转窑监控	带环境保护箱的红外行扫仪和功能强大的工业软件包
		Thermalert MP50 红外扫描测温仪	20 ~ 1200	±1℃	塑料、玻璃、冶金等行业	配用 DataTemp MP 软件,快速扫描,48 线/s,提供精确、边缘到边缘连续和离散过程温度监视
	日本	IR - ESC	100 ~ 600	±4℃	回转窑测温等	对移动物体和运转物体的幅方向低温用扫描辐射温度计
	德国	LS12 系列	-50 ~ 3000	±1℃	回转窑、塑料、玻璃、冶金等行业	可编程,独立使用远端软件遥控,19 种光谱范围
面测温	加拿大	IR860 型红外热像仪	-10 ~ 400 可扩展至1000	±1℃	电力、冶金等工业及消防领域	焦平面高分辨率探测器,稳定性好,灵敏度高,性能价格比高,操作方便,使用寿命长
	英国	T135 + 红外热像仪	-20 ~ 1500	0.1℃	电力、电子、冶金、化工等行业	便携式,同时任意 10 点温度测量,同时任意 10 个面元的高、低、平均温度值测量,温差测量

（续）

方式	厂商	典型产品	测温范围/℃	精度	适用对象	特　点
面测温	瑞典	红外热像仪 THERMO - VISION 550	-20～250 可扩展到 2000	±2℃	恶劣工业环境及户外测量	采用 320×240 点像素的焦平面陈列探测器
	美国	ThermoView Ti30 热像仪	0～250	±2℃	预防性维护和诊断	InsideIR 软件进行热图分析和报告，快速、光滑的扫描
		IP SnapShot 远红外热成像仪	-30～1700	±2℃	电力、电子、冶金、化工等行业	采用美国专利测温技术（热电阵），可 24h 在线监控

5.6.7　红外温度计的使用

在使用红外温度计时，应注意下列事项：

1. 发射率的影响

（1）观测角度　红外温度计是通过一个小的立体角来测量表面温度，而表面的发射率一般是垂直表面的法线与观测方向夹角的函数。对金属而言，由于偏振效应的影响，法向发射率最小，若观测角大于 60°，则偏振效应的影响就显著了；而绝缘体相反，法向的发射率最大。因此，测量表面温度时，观测角不宜大于 45°。

（2）波长　几乎所有金属的光谱发射率都随波长的增加而减少，而非金属则相反，随波长的增加而增大。特别值得注意的是，有些半导体材料（包括某些在高温下的纯氧化物）及有机高分子材料，对部分波长是透明的，各个波长的光谱发射率不同。因此，要针对不同的材料选择适宜波长的红外温度计。宽波段红外温度计，如 WFHX - 63 型便携式红外辐射温度计（见表 5-15），它的测量波段为 8～14μm；窄波段红外温度计，如 WFH - 65 型光纤红外温度计（见表 5-15），它的测量波段为 0.8～1.1μm，有效波长为 0.9μm。

（3）温度　发射率与波长和温度有关，但温度变化对其影响较小。

（4）表面状态　增大表面粗糙程度和氧化层厚度，通常会增大表面的发射率。对光滑清洁（未氧化）的金属表面，发射率一般为 0.05～0.50。表面氧化层厚度增大，发射率逐渐增大，达到 10μm 厚时，发射率趋于稳定。

2. 发射率的确定

物体的发射率是由物质的性质、表面状态、温度及波长决定的。在用红外温度计测温时，如果不知道被测物体的发射率，那么要通过有关书籍、资料查找发射率，或通过实际测试确定发射率，用以修正实际物体非黑体的影响。在使用红外温度计时，必须注意中间介质的影响。中间介质中含有烟雾、水汽、CO_2 和粉尘，会吸收红外辐射，造成测量误差。

3. 为消除烟雾、水汽等影响，应注意的事项

（1）选择适宜的温度计 水汽与 CO_2 对波长为 $2.7\mu m$ 与 $4.3\mu m$ 的红外线吸收十分明显，因此要选择测量波段远离吸收波段的红外温度计，以避免受水汽与 CO_2 的影响。

（2）选择合理的瞄准部位 在选择测温方案时，应选择有利的瞄准部位。例如，欲测轧制前钢锭的温度，要尽量避开水汽、烟雾等不利因素，可将红外温度计安装在加热炉上瞄准钢锭，也可在出炉瞬间对准钢锭，都可达到同一目的。

（3）选择合适的安装位置 红外温度计应安装在振动小、不妨碍工作，烟雾、水汽和粉尘少的地方。安装位置距被测表面越近，光路吸收误差越小。大多数温度计是在距目标1m左右的情况下分度的，使用时安装位置距目标 $0.5 \sim 3m$ 为宜。一定要保证被测目标大于温度计在该距离上所要求的最小目标尺寸。应根据被测目标大小、环境温度、周围条件、温度计的型号确定安装位置。例如，在轧钢过程中，火红的钢板上方笼罩着大量的烟雾、水汽流，温度计切不可垂直朝下瞄测，应安装在斜上方，以减少气流吸收的影响；又如有些测温部位火焰大，温度计瞄准也应避开火焰，或在火焰换向或停止喷射时测量。

（4）吹除瞄测光路上的粉尘、烟雾及水汽 在测量时吹气有两个作用：其一是保护温度计的透镜免受污染；其二是吹掉瞄测光路上的水汽、水滴、烟雾，便于准确测量。在有些恶劣的场合，还得在壳套上安装测管，加大吹气量，确保管内清洁，并可防止外界火焰对测温的干扰。这是一种广泛采用而又行之有效的方法。

4. 应用实例

采用双温度计系统测量钢坯表面温度，可节能约10%。双温度计的安装方式如图5-22所示。其中一个温度计是工作在波长为 $3.9\mu m$ 的红外温度计，因为以 $3.9\mu m$ 为中心的窄波段是炉内气氛透过红外辐射的窗口。这样可避免炉内气体吸收所引起的温度误差。另一个温度计是与上述温度计相同（也可用热电偶代替）。用它测量炉壁温度，以消除炉壁辐射对测温的影响。然后将这两个温度计的输出信号同时输送到一个电子信号处理器，并用电子处理器的输出信号控制加热过程。

5.6.8 红外"热电偶"

1. 红外"热电偶"

红外"热电偶"是符合热电偶关系的红外测温探头，它的学名为黑体空腔测温传感器或光通道热转换器，有人称之为光偶或代替热电偶的辐射测温探头，作者建议称红外"热电偶"。

红外"热电偶"是一种全新理念的温度传感器，是将红外技术与热电偶测温一体化，将红外探头与处理电路集成在一起，具有基本的测温功能，并按热电偶信号可直接输入给温度调节器、显示及记录仪表而设计的。其他热辐射能量的测温方式，无论具有何种优点，其测量结果皆不能直接输入到上述仪表。红外"热电偶"即为解决该问题的传感器。它是测量被测物体的辐射能，并将其转换成标准化的 K、J、E 型热电偶的热电动势输出，因此可方便地与上述常用温度仪表直接连接。

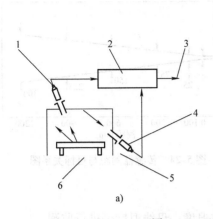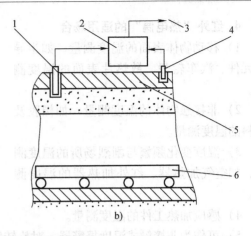

图 5-22 双温度计法测钢坯表面温度

a) 两个温度计相对安装 b) 两个温度计在同侧安装

1—红外温度计 2—信号处理器 3—正确温度输出

4—红外温度计（或热电偶） 5—炉壁 6—工件

2. IR – TC 型红外"热电偶"

美国推出的 IR – TC 型红外"热电偶"（见图 5-23），就是利用热电偶的显示与控制仪表。其优点如下：

1）输出信号符合热电偶分度表。

2）响应时间快，小于 0.2s。

3）精度高，重复性为 ±1%。

4）具备各种温度范围（ –45 ~ 2000℃）。

5）体积小，不用电源。

3. CI 型红外"热电偶"

CI 型红外"热电偶"专门为 0 ~ 500℃ 温度范围的用户而设计的，并有 J 型或 K 型热电偶输出或 0 ~ 5V 输出。其技术条件见表 5-23。传感器测距与目标关系如图 5-24 所示。

图 5-23 红外"热电偶"

表 5-23 CI 型红外"热电偶"的技术条件

型号—输出	测温范围/℃	精　　度
CI1A—J 型"热电偶"		0 ~ 115℃：±2% 或 ±3℃，取大值
CI2A—K 型"热电偶"	0 ~ 350	116 ~ 225℃：±5% 或 ±6℃，取大值
CI3A—10mV/℃		226 ~ 350℃：> ±5%
CI1B—J 型"热电偶"		100 ~ 500℃：±2% 或 ±3℃，取大值
CI2B—K 型"热电偶"	30 ~ 500	30 ~ 99℃：±5% 或 ±6℃，取大值
CI3B—10mV/℃		

4. 红外"热电偶"的适用场合

1）移动物体表面的温度测量，如半导体元件、汽车轮毂、散热片表面的温度测量。

2）非接触物体的温度测量，如橡胶及塑料的温度测量。

3）温度变化频繁与剧烈场所的温度测量，如空气加热器、红外加热器的温度测量。

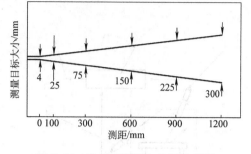

图 5-24　传感器测距与目标关系图

4）感应加热工件的温度测量。

5）可作为非接触式温度报警器，对旋转物体温度、母线温度等进行监测。

5. 应用实例

氧化物陶瓷材料的烧制多在高温氧化性气氛中进行，尤其是高纯刚玉的烧制温度在 1800℃左右。其烧制温度控制通常采用 B 型热电偶，但当温度大于 1760℃时，热电偶寿命很短。作者曾试用防氧化钨铼热电偶，未能满足要求，最后改用红外"热电偶"取得了一定效果。

5.7　多光谱辐射温度计

5.7.1　多光谱辐射温度计的原理与结构

通过测量物体在多个波长（波长数量 $n \geqslant 3$）的光谱辐射亮度，获得物体温度的仪表称为多光谱辐射温度计。物体发射率与温度、波长、方向和表面条件等相关，物体发射率的未知性与复杂性是辐射温度准确测量所面临的关键问题。在解决发射率影响方面，多光谱辐射温度计体现了显著的技术优势。多光谱辐射温度计一般采用可见光或近红外或中波红外范围内的多个波长（或光谱）辐射通道，通过测量物体的多波长下的光谱发射辐射信息，形成多光谱辐射测量方程，结合光谱发射率模型，实现了物体温度的测量。

从技术原理来看，单色温度计、比色温度计可认为是多光谱辐射温度计的简化形式。多光谱辐射温度计具有很好的测温精度，适用于物体目标发射率未知或变化情形，以及存在环境辐射干扰的测量情形。多光谱辐射温度计通过多波长的优化选择，能够避开辐射测量中存在的干扰谱线的影响，而且多光谱测量模式可以显著拓宽辐射温度测量范围。多光谱辐射温度计主要应用于燃烧诊断、高温/超高温测量等动力工程科研与实验研究领域。

1. 多光谱辐射温度计原理

通过测量物体在 n 个波长下的光谱辐射亮度，形成了多光谱辐射测量的通用方程组：

$$L_i = \varepsilon(\lambda_i, T) L_{\lambda b}(\lambda_i, T), i = 1, 2, \cdots, n \tag{5-57}$$

其中，T 是物体温度，为未知量；i 是测量光谱通道的序号；λ_i 是光谱通道 i 所代表的测量波长；$\varepsilon(\lambda_i, T)$ 是物体的光谱发射率，与温度、波长、测量方向、材料和表面状态等相关，物体的光谱发射率通常表示为温度及波长的函数，为未知量；L_i 是在光谱通道 i 的物体光谱辐射亮度，为测量已知量；$L_{\lambda b}$ 在与物体相同的温度及波长下的黑体光谱辐射亮度函数，与物体温度与波长相关。

多光谱测量方程组（5-57）中含有 n 个方程，对应于 n 个未知光谱发射率以及 1 个未知温度，未知量的数量大于方程的数量，不满足数学封闭的求解条件。因此，在多光谱辐射测温原理中，引入光谱发射率模型，构建含有 m 个待定参数的光谱发射率模型，当 $m \leqslant n+1$ 时，即可以满足温度的封闭求解条件。

在光谱发射率模型的处理中，一般假设光谱发射率与波长的函数形式，常用的模型函数包括线性函数、多项式函数、指数多项式等，如下所示：

$$\varepsilon = a_0 + a_1 \lambda \tag{5-58a}$$

$$\varepsilon = \exp(a_0 + a_1 \lambda) \tag{5-58b}$$

$$\varepsilon = \frac{1}{1 + a_0 \lambda^2} \tag{5-58c}$$

$$\varepsilon = \exp\left(\sum_{i=0}^{m} a_i \lambda^i\right) \tag{5-58d}$$

$$\varepsilon = \frac{1}{2}\left[1 + \sin(a_0 + a_1 \lambda)\right] \tag{5-58e}$$

$$\varepsilon = \exp\left[-(a_0 + a_1 \lambda)^2\right] \tag{5-58f}$$

$$\varepsilon(\lambda) = \sum_{i=1}^{m-1} a_i \lambda^i \tag{5-58g}$$

式中，$(a_0, a_1, \cdots)$ 为发射率函数中的未知待定参数。发射率函数与物体的实际发射率吻合度越高，辐射温度求解的精度也就越高。理论与实验研究也表明，选择具有更多待定参数的发射率函数，往往会使应用中的温度反问题计算呈现一定的病态性，严重影响温度求解精度，甚至产生荒谬的结果。为提高温度求解的稳定性，通常采用具有较少待定参数的简单函数（如线性函数、双参数幂指数函数等）来表征实际物体的光谱发射率，这也与窄波段范围内物体光谱发射率呈现简单分布的物理特征相吻合。

为同时考虑波长和温度对发射率的影响，光谱发射率模型中也可以引入参考温度或亮度温度作为函数变量，如下所示：

$$\varepsilon(\lambda) = a_0 \left(\frac{T}{\lambda}\right)^{0.5} \tag{5-59a}$$

$$\varepsilon(\lambda) = \exp\left(\frac{a_0}{T_\lambda}\right)^{0.5} \tag{5-59b}$$

$$\varepsilon(\lambda) = \exp\left(\frac{a_0 T}{\lambda}\right)^{0.5} \tag{5-59c}$$

$$\varepsilon(\lambda) = \exp\left(a_0 \lambda + \frac{a_1}{T_\lambda} \right) \tag{5-59d}$$

基于式（5-57）~式（5-59），采用多变量反问题数学算法，如最小二乘法等，计算获得物体的温度，这就是多光谱辐射温度计的基本原理。当光谱发射率中的待定参数仅为1个时，多光谱辐射测温则简化为比色测温（见5.4.1节）。此外，在实际应用中，不同的光谱发射率模型均有一定适应性。因此，为提高多光谱辐射温度计的测量精度，开展物体光谱发射率的理论建模与实验测量研究，已成为辐射测温领域的重要研究方向。

2. 多光谱辐射温度计的结构

相比于单色或比色温度计，多光谱辐射温度计的技术实现较为复杂。多光谱辐射温度计的研制与应用主要面向于科研与工程技术领域。多光谱辐射温度计的结构设计并无商品可参考，但其基本原理结构与比色测温计相近，读者可参见5.4.2节的相关介绍。基于多光谱辐射温度计的研究进展，本节将对典型的多光谱辐射温度计的基本原理结构做介绍，重点强调与比色测温计的差异性部分。

多光谱辐射温度计的结构主要包括光学镜头、分光系统、光电探测器、电路单元和计算分析单元等。目标的热辐射光线先后经光学镜头与分光系统，热辐射光线被分光为多个波长的光谱辐射光线；多波长的光谱辐射光线分别成像于光电探测器上，将辐射光线的光信号转化为模拟电信号；电信号经过电路单元转化为数字信号，传输至计算分析单元，计算获得目标温度。

（1）光学镜头 基于几何光学成像设计，光学镜头使测量目标的热辐射成像于探测器上。为适应不同距离的目标测量，光学镜头一般可具有物距/像距微调功能。针对多光谱测量需求，光学镜头的成像性能应满足工作光谱范围的成像性能需求。一般而言，多光谱辐射温度计的光学镜头应根据测量波长、成像距离、探测器像元尺寸、放大倍率等技术参数进行设计与研制。

（2）分光系统 分光系统是多光谱辐射温度计的关键元件，是与比色测温计的主要技术区别。分光系统的功能是将同一目标的热辐射光线分光为多个波长的光谱辐射光线。多光谱辐射温度计通常采用的分光技术主要包括棱镜分光、光栅分光、干涉分光等。

棱镜和光栅均属于色散型分光元件。棱镜分光是基于不同波长光的折射原理实现分光的，光谱分辨率较低，谱线强度较高。当多光谱辐射温度计的光谱通道较少时，如光谱数量 $n < 6$ 个，一般多采用棱镜分光技术。

光栅分光是通过不同波长的光的衍射原理使光发生色散的。相比于棱镜分光，其谱线宽度更细，具有很高的光谱分辨率，谱线强度相应地会下降。多光谱辐射温度计的光谱数量 $n \geq 6$ 个，一般多采用光栅分光技术。

干涉分光是通过谱线的干涉光谱与逆傅里叶变换获得目标不同光谱信息的。与色散型分光相比，干涉分光具有高能量通量、高光谱分辨率等优点；但干涉分光技术无法实现多光谱同步高速测量，且干涉分光技术较为复杂，限制了该技术在高瞬态温度测量领域的应用。

(3) 光电探测器　多光谱辐射温度计通常采用光电探测器作为其传感器元件，光电探测器将通过分光系统分光的多光谱辐射光信号转化为模拟电信号。在多光谱辐射温度计设计中，根据光谱范围、光谱通道数量、光谱分辨率、采集速度等技术指标要求，可以选择不同材料、单元数的光电探测器。常用的光电探测器类型主要有硅光电探测器、铟砷化镓光电探测器、锗光电探测器等。

光电探测器的单元数可分为单点、线阵、面阵等。棱镜分光系统通常与多个点单元光电探测器集成使用，系统结构原理简单，集成结构的尺寸较大；光栅分光系统通常与线阵或面阵光电探测器集成使用，系统结构尺寸较小，具有高集成度。

(4) 电路单元　对于目标热辐射测量，多光谱辐射温度计的光电探测器输出信号为微弱的模拟电信号，极易受噪声干扰。电路单元的功能是将光电探测器输出的微弱电信号，进行信号放大、滤波、模数转换、零点校准等处理，使模拟电信号转化为数字信号，可以实现远距离、抗干扰的无损传输。相比于比色温度计，多光谱辐射温度计的电路单元需要实现多通道电信号的同步处理转换，电路单元芯片具有更高的数据处理能力。多通道数字信号与多光谱辐射强度的转化对应关系在辐射温度计检定过程中予以分度或校准。

(5) 计算分析单元　多光谱辐射温度计输出的多通道数字信号传输至计算分析单元，基于光谱发射率模型，通过温度反演优化算法（如最小二乘法等），获得测量目标的温度。由于多光谱辐射温度计的光谱通道数量，以及光谱发射率模型选择的差异，导致在应用中采用的温度反演优化算法存在显著不同。此外，多通道数据的处理模式也会导致温度计算结果的差异。

多光谱辐射温度计不仅在结构上比单色温度计、比色温度计复杂，而且其采用的计算分析方法也更为复杂，不同的辐射温度计内嵌的计算算法都不相同，一般不具有通用性。多光谱辐射温度计是辐射测温发展的先进技术方向，针对于实际目标的温度反演优化算法的深入研究与完善，将推动高精度多光谱辐射温度计的推广应用。

5.7.2　多光谱辐射温度计的使用及测量误差

多光谱辐射温度计在测温应用时，需要考虑影响精度的相关因素。辐射测温常规影响因素和使用注意事项可参见比色温度计的相关章节，本节将重点介绍多光谱辐射温度计使用所涉及的几个特定问题。

1. 多光谱辐射温度计的分度

温度标定是辐射温度计应用的重要环节，辐射温度计需要定期分度，以维持测量精度。辐射温度计的温度分度通常是基于黑体标准源，将黑体辐射源的温度基准传递给待分度的辐射温度计。在辐射温度计待分度的温度范围，以一定的温度间隔，将黑体设置为不同的温度，测量辐射温度计的输出信号，建立温度与输出信号的对应关系，通过在温度范围内的不同温度下的逐一测量实现温度分度。这是单色温度计、比色温度计等商用温度计所采用的常规分度方法。

多通道测量的特点使多光谱辐射温度计的分度工作有其特殊性。在多光谱辐射温度计分度中，一个黑体温度对应于多通道的输出信号，多个黑体温度下的测量将对应于二维的输出信号矩阵，温度分度与计算过程变得十分烦琐复杂。针对于多光谱辐射温度计，近些年来研究者提出了一种新的实验分度方法——将基于标准源的定标模式转换为基于传感器的分度模式，利用标准辐射源测量辐射温度计在不同通道（或光谱）下的仪器响应曲线，通过不同光谱下的仪器响应曲线，可以获得温度与多通道输出信号的对应关系。基于传感器的分度模式通过一个温度条件下的测量就实现了仪器响应曲线的分度，这不仅简化了传统辐射温度计采用多个温度条件下的分度流程，而且也提高了辐射温度分度与计算精度，推动了多光谱辐射温度计的标准化开发。

2. 发射率模型

发射率是辐射温度准确测量的重要影响因素，对于单色温度计、比色温度计、多光谱辐射温度计的使用，均需要考虑发射率模型修正问题。多光谱辐射温度计对发射率模型使用的宽泛性与依赖性更小。当被测目标发射率未知时，由于多光谱辐射温度计的多个测量波长所在的光谱范围较窄，光谱发射率模型采用线性函数、双参数函数等简单函数描述符合物理现象，具有较好的通用性。因此，简单函数是多光谱辐射温度计发射率模型的首选函数。

尽管简单函数形式的光谱发射率模型提高了未知发射率环境下的多光谱辐射温度计的测温精度，但是光谱发射率模型与温度测量误差之间的关系仍然难以定量评估，原因在于：①对于多光谱测量而言，光谱发射率与温度之间非线性耦合，不存在显式的温度计算表达式，温度计算结果不仅与光谱发射率模型有关，而且也将强烈依赖于数值求解算法；②光谱发射率模型与物体的真实发射率之间存在偏差，光谱发射率模型误差难以定量化，这将导致温度测量误差难以定量化。在应用中，一般采用理论不确定度与数值不确定度相结合的方法，对温度结果的不确定度进行评估。

3. 多光谱测量波长

多光谱辐射温度计适用于具有热辐射干扰环境下的温度测量，但在使用中，需要明确热辐射干扰类型。测量环境中存在具有连续辐射特征的强干扰辐射，如来自于高温热源的自发辐射及高温热源所形成的反射辐射等，会造成极大的温度测量误差，且误差不易校准，一般不推荐使用多光谱辐射温度计。测量环境的干扰辐射表现为线状或带状干扰谱线，如高温气体辐射、等离子体辐射，多光谱辐射温度计测量波长的选择需要避开干扰谱线，干扰谱线所在的光谱通道数据不应列入辐射温度计算中。避开干扰谱线的方法可以有效减小由于环境干扰所带来的测量误差。

在多光谱测量波长选择的光谱范围内，物体光谱发射率不应随波长剧烈变化。这种情形对于窄光谱范围内的测量通常是成立的，然而对于未知的测量目标，需要对此加以验证，以确保选择的波长范围满足该条件，保障辐射温度的测量精度。

4. 光谱杂散光

多光谱辐射温度计通过分光系统实现多光谱辐射测量，分光系统将产生光谱杂散光，更多的光谱通道、更细的分光谱线宽度都会导致系统具有较大的光谱杂散光，造成多光谱辐射亮度测量误差增大，进而影响辐射测温精度。一般建议多光谱辐射温度计在设计及出厂前应对光谱杂散光进行校准修正。

5.8 亚历山大效应光谱高温仪

1. 光谱高温仪的特点

亚历山大效应光谱高温仪不仅可以测量温度，更重要的是还可以同时测量热源的光谱，从而对热源直接进行光谱学研究，并利用光谱进行温度、燃烧剂和材料成分的最佳控制。美国刘严实验室（Liu Research Laboratories, LLC）发明了亚历山大效应（Alexandrite Effect）紫外－可见－红外波段光谱高温仪（以下简称光谱高温仪），并获得了美国专利。该光谱高温仪可测量高温热源的光谱辐射分布，再利用其温度测量方法在整个光谱范围精确计算出被测物体的真正温度。该光谱高温仪不仅可以测量黑体和灰体的温度，还可以精确测量等离子体、电弧、火焰等非灰体的温度。该光谱高温仪已经广泛应用于科学研究、冶金、高能物理、燃烧、等离子体等领域的温度测量和控制。

2. LASP 系列光谱高温仪（见图 5-25）的技术指标

1）温度测量范围：800 ~ 100000K。

2）光谱测量范围：380 ~ 760nm。

3）测量精度：对于黑体和灰体，<0.5%；对于非灰体（光谱修正后），<1.0%。

4）温度分辨率：1K。

5）光谱分辨率：1nm。

6）温度测量软件：LASP V. 6. 8。

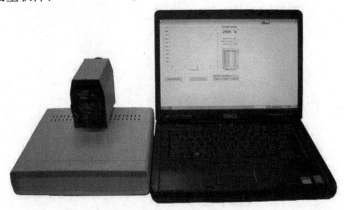

图 5-25　LASP 系列光谱高温仪

该光谱高温仪由美国国家标准技术院（NIST）校准，温度测量结果可溯源到美国国家标准技术院的光谱辐射标准和温度标准。

3. 光谱高温仪的性能与应用

光谱高温仪具有光谱辐射测量仪的功能，可以测量高温辐射体的相对光谱功率分布，并直接显示在荧屏上。根据光谱的分布可以直接研究、观察和控制燃烧剂的成分变化、燃烧器的最佳温度、等离子体的状态及温度分布等。

LASP 系列光谱高温仪工作在可见光谱（380~760nm）范围，其稳定性远远高于红外光谱高温仪，这是因为红外元件的稳定性要远低于可见光元件。LASP 系列光谱高温仪的另外一个优点是，可以直接测量温度而不需考虑热源的光谱发射率。例如，测量多晶硅炉的温度时其准确度不受碳污染的影响，而红外高温仪所测温度因碳污染而产生很大偏差。

光谱高温仪的一个重要功能是对具有吸收或叠加的测量光谱进行在线校正，消除光谱吸收或光谱叠加对温度测量的影响，以获得准确的温度值。光谱高温仪也可以将热源物质的光谱发射率的倒数作为光谱校正系数输入，直接测量热源的真实温度。

LASP 系列光谱高温仪的性能和价格皆优于双波长或多波长光谱高温仪。LASP 系列光谱高温仪是目前世界上唯一可以直接测量非灰体温度的光谱高温仪。LASP 系列光谱高温仪可以测量超高温（>4000K），以及其他光谱高温仪不可以测量超高温。LASP 系列光谱高温仪使用积分计算温度，从而大大地减小了环境干扰和噪声信号造成的温度测量误差；其他光谱高温仪仅使用两波长或多波长强度比对计算温度，但噪声仍直接影响温度测量准确度。对于测量等离子体温度，LASP 系列光谱高温仪的价格仅为瑞利散射高温仪的 1/10，但测量精度远高于瑞利散射高温仪和其他超高温测量仪的测量精度。

第6章　新型温度传感器

传感器是检测仪表的输入环节，是准确地获取、转换与传输表征被测对象特征的定量信息的关键环节。因此，传感器质量的好坏直接影响仪表性能的优劣。

在技术革命的推动下，人类社会正向信息社会过渡。按照信息的观点，传感器与仪表是获取、转换、传输、存储、控制和处理各种信息的主要技术环节之一。因此，在当今的信息社会里，如果没有传感器是不可想象的。许多发达国家将传感器技术与计算机、通信、激光、半导体及超导等并列为六大核心技术，这是目前国内外出现"传感器热"的根本原因。

随着微电子及计算机技术的发展，检测仪表的转换器与显示器已经得到迅速发展。但是相比之下，传感器的发展却是缓慢的，有许多问题需要研究与解决，远落后于实际需要。因此，传感器应是当前测量仪表发展中的重点与难点所在，应当予以足够的重视，努力开发新型传感器以满足日益增长的需要。本章主要介绍新型温度传感器的工作原理及应用。

6.1　光纤温度传感器

光导纤维（简称光纤）自20世纪70年代问世以来，随着激光技术的发展，从理论和实践上都已证明它具有一系列优越性。作为信息传输媒介的光纤通信，得到迅速发展和广泛应用。最近，光纤在传感技术领域中的应用也受到广泛重视，发展迅速，而且比较成熟，获得了不小的进展，形成了一个新的技术领域，吸引了大量的科学工作者。光纤传感器是一种将被测量的状态转变为可测的光信号的装置。它是由光耦合器、传输光纤及光电转换器等三部分组成。目前已有用来测量压力、位移、应变、液面、角速度、线速度、温度、磁场、电流、电压等物理量的光纤传感器问世，解决了用传统方式难以解决的测量技术问题。据统计，目前约有百余种不同形式的光纤传感器，用于不同领域进行检测。可以预料，在新技术革命的浪潮中，光纤传感器必将得到越来越广泛的应用，发挥出越来越大的作用。

6.1.1　光纤温度传感器的原理与特性

1. 光纤温度传感器的原理

（1）光纤的结构　光纤是一种由透明度很高的材料制成的传输光信息的导光纤维，用于沿复杂通道传输光能与信息。光纤的外观像一根塑料导线，其实际结构如图6-1a所示，共分为三层：最里层是透明度很高的芯线，通常由石英制成；中间层为折射率较低的包层，其材料有石英、玻璃或硅橡胶等，视不同用途与型号而异；最外层为保

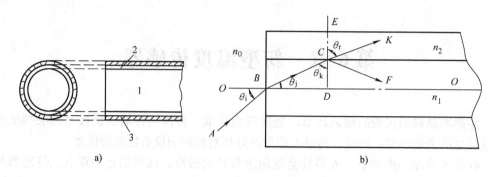

图 6-1 光纤结构与工作原理

a）结构 b）工作原理

1—芯线 2—包层 3—保护层

护层，它与光纤特性无关，通常为高分子材料。

在光纤结构中，最主要的是芯线与包层。除特殊光纤外，芯线与包层是两个同心的圆柱体，芯线居中，包层在外。两层之间无间隙，在结构上是连续的。但两者所采用的材料特性相异，主要在于材料的折射率。为了使光纤具有传输光的性能，要求 $n_1 > n_2$。这样在芯线与包层的边界处，由于折射率的变化，产生全反射，构成光壁，进入芯线内的光线只能沿光纤轴向传输，因此光纤可以导光。

（2）光纤的工作原理 光纤的主要功能是传输光线（包括紫外线至红外线）。光纤的工作原理是光的全反射。如图 6-1b 所示，当光线 AB 由光纤端面入射时，与芯线轴线 OO 的交角为 θ_i，入射后折射（折射角为 θ_j）至芯线与包层界面 C 点，与 C 点界面法线成 θ_k 角，并由界面折射至包层，CK 与 DE 夹角为 θ_r。由斯乃尔定律（Snells law）可知：

$$n_0 \sin\theta_i = n_1 \sin\theta_j \tag{6-1}$$

$$n_1 \sin\theta_k = n_2 \sin\theta_r \tag{6-2}$$

由式（6-1）可以导出 $\quad \sin\theta_i = (n_1/n_0)\sin\theta_j$

因为 $\quad\quad\quad\quad\quad\quad \theta_j = 90° - \theta_k$

所以 $\quad \sin\theta_j = (n_1/n_0)\sin(90° - \theta_k) = \dfrac{n_1}{n_0}\cos\theta_k = \dfrac{n_1}{n_0}\sqrt{1 - \sin^2\theta_k} \tag{6-3}$

由式（6-2）可以导出 $\quad \sin\theta_k = (n_2/n_1)\sin\theta_r$

将上式代入式（6-3）得

$$\sin\theta_i = \frac{n_1}{n_0}\sqrt{1 - \left(\frac{n_2}{n_1}\sin\theta_r\right)^2} = \frac{1}{n_0}\sqrt{n_1^2 - n_2^2\sin^2\theta_r} \tag{6-4}$$

式中，n_0 是入射光线 AB 所在空间的折射率，通常为空气，故 $n_0 = 1$。

当 $n_0 = 1$ 时，则式（6-4）变为

$$\sin\theta_i = \sqrt{n_1^2 - n_2^2\sin^2\theta_r} \tag{6-5}$$

当 $\theta_r = 90°$ 的临界状态时，$\theta_i = \theta_0$，则

$$\sin\theta_0 = \sqrt{n_1^2 - n_2^2} = NA \tag{6-6}$$

在光学中将式（6-6）的 $\sin\theta_0$ 定义为数值孔径，用 NA（numerical aperture）表示。它是光纤的重要参数之一，其数值是由 n_1 及 n_2 的大小所决定。由于 n_1 与 n_2 相差很小，即

$$n_1 + n_2 \approx 2n_1 \tag{6-7}$$

故式（6-6）又可因式分解为

$$\sin\theta_0 = \sqrt{(n_1 + n_2)(n_1 - n_2)} \approx n_1\sqrt{2\Delta} \tag{6-8}$$

式中，Δ 是相对折射率差，即　　$\Delta = (n_1 - n_2)/n_1$

由图 6-1 及式（6-6）可以看出

$$\theta_r = 90°时，\quad \sin\theta_0 = NA$$
$$\theta_0 = \arcsin NA \tag{6-9}$$

当 $\theta_r > 90°$ 时，光线发生全反射，由图 6-1b 夹角关系可以导出

$$\theta_i < \theta_0 = \arcsin NA$$

当 $\theta_r < 90°$ 时，式（6-5）成立，可以看出，$\sin\theta_i > NA$，$\theta_i > \arcsin NA$ 光线散失。说明 θ_0 是一个临界角，凡是入射角 $\theta_i > \theta_0$ 的光线，进入光纤后都在包层中散失；相反，只有入射角 $\theta_i < \theta_0$ 的光线，在芯线与包层的分界面上产生全反射，反射在芯线与包层的分界面上周期出现，因而这部分光线将沿光纤轴向传输而不会泄漏出去。

数值孔径 NA 越大，临界角 θ_0 越大，光纤可以接受的入射光辐射范围也越大，接受来自物体表面的辐射能量的范围也越大，耦合效率越高。当然，NA 的数值不能无限增大，一是受到全反射条件的限制，再者，NA 值增大将使光能在光纤中传输的衰减增大。

对石英光纤来说，$NA = 0.25$，由式（6-9）计算得 $\theta_0 = 15°$，$2\theta_0 = 30°$，称为光纤的接受角。说明在 30° 范围内入射的光线将沿光纤传输，大于这一角度的光线将穿越包层而不能传输至远端。

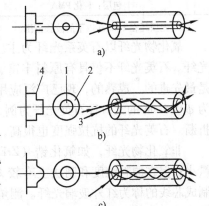

图 6-2　光导纤维的结构
a）单模光纤　b）跃变型多模光纤
c）渐变型多模光纤
1—芯线　2—包层　3—光线
4—折射率变化

2. 光纤的材料与结构

（1）光纤的分类　根据光纤传输光的模式不同，光纤分为单模光纤（见图 6-2a）与多模光纤（见图 6-2b、c）。用于温度传感器的光纤，大多数为多模光纤。其特点是芯线较粗，传输的能量也大，一般其直径在几百微米之内，包层厚度约为芯线径的 1/10。根据折射率在芯线与包层间变化形式光纤分成：①跃变型多模光纤，折射率在芯线与包层间发生阶跃变化的结构；②渐变型多模光纤，折射率从中心开始沿径向逐步降低的结构，如图 6-2 所示。

（2）光纤材料的选择　作为光纤材料的基本条件是：①可加工成均匀而细长的丝；

②光透过率高（损耗低）。另外，光纤材料还应具有长期稳定性、资源丰富、价格便宜等特点。由不同材料构成的各种光纤，见表6-1。

表6-1 由不同材料构成的各种光纤

种类		组成材料（举例）	原料	低损耗波长范围[①]/μm
氧化物光纤	石英系	芯线：$SiO_2 + GeO_2 + P_2O_5$	$SiCl_4$、$GeCl_4$、$POCl_3$	0.37 ~ 2.4
		包层：SiO_2、$SiO_2 + F$、$SiO_2 + B_2O_3$	$SiCl_4$、SF_6、熔融石英	
	多元系	芯线：$SiO_2 + CaO + Na_2O + GeO_2$	$SiCl_4$、$NaNO_3$、$Ge(C_4H_9O)_4$	0.45 ~ 1.8
		包层：$SiO_2 + CaO + Na_2O + GeO_2$	$Ca(NO_3)_2$、H_3BO_3	
非氧化物光纤	氟化物	芯线：$ZrF_4 + BaF_2 + CdF_3$	ZrF_4、BaF_2、CdF_3	0.40 ~ 4.3
		包层：$ZrF_4 + BaF_2 + CdF_3 + AlF_3$	ZrF_4、BaF_2、CdF_3、$NH_4 \cdot HF$	
	硫化物	芯线：$As_{42}S_{58}$、$As_{38}S_5Se_{57}$	As	0.92 ~ 6.6（As·S）
		包层：$As_{40}S_{60}$	S、Se	1.4 ~ 9.5（As·Se）
	卤化物单晶	芯线：CsBr、CsI	CsBr、CsI	—
		包层：—	—	
	卤化物多晶	芯线：TiBrI	TiBrJ	—
		包层：—	—	
	塑料	芯线：D化PMMA	D化MMA	0.42 ~ 0.94
		包层：F化PMA	F化MA	

① 光损耗在1dB/m以下的波长范围。

氧化物光纤以石英系光纤为主。用石英制成的芯线称为石英光纤，这是最常用的光纤。石英光纤不仅具有原料丰富、化学性能稳定等特点，而且在生产技术方面的也是最先进的、成熟的，现已广泛应用。石英光纤在结构上可保证具有可挠性。以芯径为$\phi 0.5mm$的大口径石英光纤为例，可弯曲成直径为$\phi 5cm$的圆，实际上再小也不会折断。石英光纤的抗拉强度也很高，如$\phi 125\mu m$芯径的光纤可经受$50 \sim 60N$的拉力。

非氧化物光纤，如氟化锆（ZrF_4）光纤的特点是透过率高，频带宽，容量大，质量小；但在原料纯度和制法上有较大困难，当前尚处于开发阶段。用透红外光的玻璃制成芯线的称为红外玻璃光纤。测量低于300℃以下的温度，要采用红外玻璃光纤。这种玻璃是特制的，可以有效地通过红外波段的辐射光。此外，还有塑料光纤，因其衰减大，一般不用于传感器。

3. 光纤温度传感器的分类

光纤温度传感器的主要特征是有一个带光纤的测温探头，光纤长度从几米到几百米不等。根据光纤在传感器中作用，传感器分为功能型、非功能型及拾光型三大类。

（1）功能型（全光纤型）或传感型光纤传感器（FF） 光纤不仅作为导光物质，而且还是敏感元件，光在光纤内受被测量的调制。这类传感器的特点是，光纤既为感温元件，又通过光纤自身将温度信号（以光的形式）传输到仪表，转化为电信号，最后实现温度测量。

（2）非功能型（传光型）传感器（NFF） 在这类传感器中，感温功能由非光纤型敏感元件完成，光纤仅起导光作用，将光信号传输到仪表，实现温度测量。目前实用化的光纤传感器大都属于非功能型。采用的光纤多为多模石英光纤。

（3）拾光型传感器　用光纤作为探头，接收由被测对象辐射的光或被其反射、散射的光。辐射式光纤温度传感器即属于拾光型传感器。根据光受被测对象调制的方法，传感器又分为强度调制、偏振调制、波长调制、相位调制等类型。

根据使用方法分类有：①接触式光纤温度传感器，如荧光光纤温度传感器、半导体吸收光纤温度传感器等；②非接触式光纤温度传感器，这类传感器通过热辐射感温，即由光纤接收并传输被测物体表面的辐射能量。

目前光纤温度传感器的种类有：晶体光纤温度传感器、半导体吸收光纤温度传感器、双折射光纤温度传感器、光路遮断式光纤温度传感器、荧光光纤温度传感器、Fabry – Perot 标准器光纤温度传感器、辐射式光纤温度传感器、分布参数式光纤温度传感器等。

4. 光纤温度传感器的特点

光纤温度传感器的特点如下：

1）电、磁绝缘性好。这是光纤传感器的独特性能，因光纤中传输的是光信号，即使用于高电压、强磁场、强电磁辐射等恶劣环境也不受干扰，又不产生火花，引发爆炸或燃烧，安全可靠，能解决其他种传感器无法解决的难题。

2）高灵敏度。高灵敏度是光学测量优点之一。光纤作为信息载体还有传送信息容量大的优点。

3）对被测场的影响极小。由于石英的电绝缘及非良导热性质，加上探头体积又很小，对被测电场及温度场的干扰极小。

4）石英光纤具有耐高温、耐腐蚀，物理、化学性能稳定等优点。

5）光纤体积小，质量小，强度高又可弯曲，便于在各种特殊场合下安装。

6）石英光纤的传输损耗低，容易实现对被测信号的远距离监测。光纤构形灵活，可制成单根、成束、Y 形、阵列等，便于实现各种测量方案，满足现场各种使用要求。

表 6-2 对上述特点做了定量描述，便于选择比较。由此可见，一些常规测温方法无能为力的场合，采用光纤温度传感器却有可能解决。据相关文献介绍，利用 GaP 半导体作为敏感元件的光纤温度计，最低测量温度为 – 200℃，温度分辨率为 ±3℃；利用蓝宝石单晶在高温下的黑体辐射为敏感元件的光纤温度计，最高测量温度为 2000℃，分辨率在 1200℃ 时可达 2×10^{-5}℃。总之，在高电压、易燃、易爆等危险场所，采用光纤传感器都能得到妥善解决。光纤测温技术方兴未艾，前途无可限量。

表 6-2　光导纤维的特点

特　点	技　术　数　据
传输频带宽	30MHz·km ~ 10GHz·km 或更大
低损耗	3 ~ 10dB（最低已达 0.2dB/km）
可挠曲	可以承受半径 20mm，±90°，53 次以上折曲而不折断

（续）

特　点	技 术 数 据
直径细	芯线（芯子、包层、保护层在内）直径也只有 $\phi 1mm$ 左右
质量小	每千米质量才数百克（不含保护层质量）
不受电磁干扰	承受 $19kA \cdot T/m$、$1500kV/m$ 的冲击性电磁波干扰，仍不呈现出任何影响
绝缘好	光纤表面能耐受 $80kV/20cm$
耐水性强	尤以石英光纤为佳
耐高温	石英光纤熔点高达 $1700℃$ 以上

6.1.2　接触式光纤温度传感器

接触式光纤温度传感器是通过探头与被测物体直接接触，使探头中的敏感元件产生温升，进而激发传输光的某一参量产生变化来传感被测温度，实现温度测量的。下面分别介绍几种典型的光纤温度传感器的工作原理及特点。

1. 荧光光纤温度传感器

这是目前制造工艺比较成熟、应用较广泛的一种光纤温度传感器。

（1）工作原理　温度传感器的敏感元件常采用稀土荧光物质制作。已知稀土荧光物质，如硫氧化物 $[(Gd_{0.99}E_{0.1})_2O_2S]$ 受紫外线照射并激活后，在可见光谱中发射线状光谱（见图6-3），紫外连续部分为激励光谱，线状部分为荧光光谱，而线状光谱（如图6-3中 A 或 C）强度与激励光源强度及荧光材料的温度有关。若光源恒定，线状光谱强度则只是温度的单值函数。由图6-4可见，谱线 A 强烈地依赖于温度的变化，故可用作敏感温度的参量。用光学黏结剂把这样的荧光材料黏结在光纤头部端面上，如图6-5所示，即可构成一个光纤温度传感器。在测量时，将荧光探头接触被测表面使其升温，达到热平衡，然后由光纤的另一端输入紫外线脉冲，经光纤传输至头部激活荧光层。激励光脉冲过后，荧光材料的余辉由原光纤导出，滤出线状光谱 A 并测量其强度，再换算出荧光材料的温度。这就是其基本工作原理。

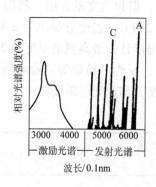

图6-3　硫氧化物中的激励光谱和发射光谱

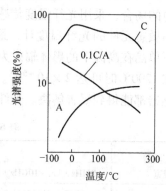

图6-4　光谱强度和温度关系曲线

实际应用时，通常不是直接由余辉强度确定被测温度。因为在这种条件下，对光源的强度及光路衰减的稳定性要求很严格，否则，其中任何一项的变动均会影响温度测量的准确性。为此采用测量两个荧光余辉光谱线比值的办法，激励光强的影响在求比值时，就被自动消除了。图 6-4 中的曲线 0.1C/A 显示出了比值与温度的关系。

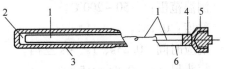

图 6-5 光纤探头及连接器

1—石英光纤 2—硅橡胶包层 3—PFA 树脂

4—固定接头 5—螺母 6—套管

另一类荧光光纤温度传感器则根据余辉时间对温度的依赖关系来测量温度。已知荧光余辉强度 $I(t)$ 可用下式表示：

$$I(t) = I_0 e^{-t/\tau} \tag{6-10}$$

式中，τ 为时间常数，与温度有关。温度越高，时间常数 τ 越小，如图 6-6 所示。只要测得 τ 的大小，即可得知温度。

若 t_1 时刻的强度为 I_1，由式（6-10）可得

$$I_1 = I_0 e^{-t_1/\tau}$$

或

$$\tau = \frac{t_1}{\ln(I_0/I_1)} \tag{6-11}$$

对于指数函数而言，任意两个时刻之余辉强度比都存在上述关系，即

$$\tau = \frac{t_2 - t_1}{\ln(I_1/I_2)} \tag{6-12}$$

因此，时间起点并不重要，只要知道任意两强度值的时间间隔就可以。

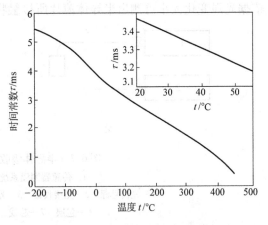

图 6-6 时间常数 τ 与温度 t 的关系

若事先确定 $I_0/I = e$，代入式（6-11）则有：

$$\tau = t_1 \tag{6-13}$$

利用现代电子技术很容易实现上述测量，从而测出温度。这种温度传感器也可以利用比值法消除光源强度变化的影响提高测量精度。这种光纤探头由于只是在光纤头部黏结上一层荧光材料，因此结构简单，使用方便，特别适用于电磁干扰强或空间狭小的场所。例如，用来测量高压开关触头、高压变压器绕组温度，防止因过热烧毁，或者测量微波炉中加热物体的温度等。

（2）技术指标 目前国内外已有多种型号可供选用。

1）国产荧光光纤温度计的技术指标如下：

测温范围：20 ~ 300℃。

温度分辨率：±1.0℃。

精度：±2.0℃。

光纤长度：2 ~ 20m。

2）美国 1000A 型荧光光纤温度计的技术指标如下：

测温范围：−50 ~ 200℃。

精度：0.1℃。

响应时间：0.25s、1s、4s 三档。

探头尺寸：$\phi 0.8 cm \times 5cm$。

光纤长度：2 ~ 100m。

2. 半导体吸收光纤温度传感器

许多半导体材料对透过光的吸收随温度的升高而明显增大，利用这一现象构成的传感器称为半导体吸收光纤温度传感器。

（1）工作原理 在两根光纤端面间夹一薄片半导体感温材料（见图 6-7），光源从光纤一端输入一恒定光强的光，通过这一薄片半导体后被接收。温度越高，半导体薄片透过光越弱，这样通过半导体薄片的光受到强度调制，因而接收端光强产生变化，依据光强变化大小可测出半导体薄片所接触物体的温度。

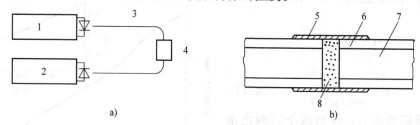

图 6-7 半导体吸收光纤温度传感器

a）传感器测温系统 b）探头结构

1—光信号源 2—光接收器 3—光纤 4—传感器 5—不锈钢管

6—包层 7—芯线 8—半导体 GaAs

半导体吸收关系如下式所示：

$$P_T = P_0(1 - R)^2 e^{-\alpha l} \tag{6-14}$$

式中，P_0 是入射光通量（W）；P_T 是透过光通量（W）；R 是反射系数；α 是吸收系数；l 是半导体材料厚度。

式（6-14）透过光通量的变化，可用曲线（见图 6-8）来说明。图 6-8 中绘出了 T_1、T_2 和 T_3 三种温度下的半导体透过率曲线。由曲线可知，透过率可分为三个区域：短波部分全吸收，长波部分全通过与中间部分过渡带，也称吸收边沿。吸收边沿随温度升高向长波方向移动（$T_1 < T_2 < T_3$）。这样可选择发光光源（LED$_1$）的光谱峰值落在吸收边沿上。如图 6-8 所示，当温度升高时，透过半导体的积分光通量（曲线 1 与 2 的共同面

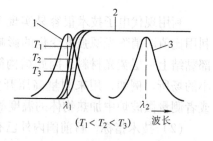

图 6-8 半导体吸收光纤温度传感器原理

1—光源（LED$_1$）的光谱分布

2—半导体吸收波长 $\lambda_g(T)$

3—参考光源（LED$_2$）的光谱分布

积）将明显减少。光源的光谱越宽，允许透过率曲线移动的范围也就越大。这意味着传感器的测温范围也越大，但是灵敏度将降低。

据相关文献介绍，采用 0.2mm 厚的砷化镓半导体薄片作感温元件，用 AlGaAs（LED）作光源，在 -10~300℃范围内，测温误差为 ±3℃，时间常数为 2s。

（2）双波长半导体吸收光纤温度传感器 上述例子是按光通量绝对值确定温度的，因而光强度、耦合效率、光纤衰减等因素都会影响测量结果。因此，又提出了双光源法。即在上述基础上再增加一个光源，它的波长选择在长波波段上，使其不受半导体薄片温升的影响，称为参考光源。很显然，参考光源除与温升无关外，其余的影响因素都存在。因此，如果用接收端的参考光通量与信号光通量之比值确定温度，就可以消除部分公共干扰因素的影响，提高测量精度。

双波长半导体吸收光纤温度传感器的结构如图 6-9 所示。采用 GaAs 薄片作为感温元件，测量用信号光源为 0.88μm 的 LED 光源，参考光源为 1.27μmLED 光源。通过频率分割法实现两路传输，信号源调制频率为 100Hz，参考光源调制频率为 3kHz。在 -30~300℃温度范围内，测温精度为 ±0.5℃。

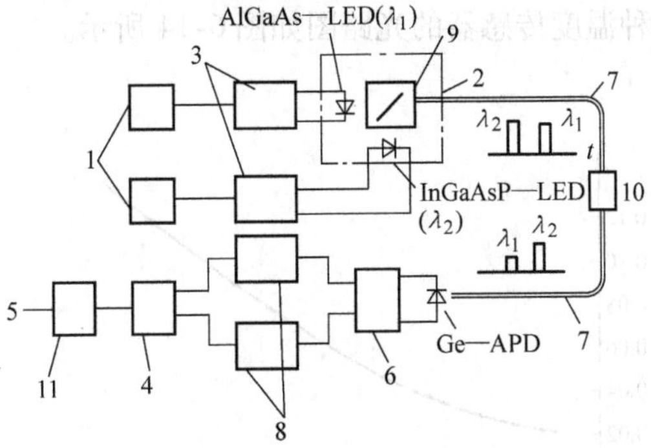

图 6-9 双波长半导体吸收光纤温度传感器的结构
1—脉冲发生器 2—温控仪 3—LED 驱动回路
4—除法器 5—输出信号 6—前置放大器 7—光纤
8—采样保持器 9—光耦合器 10—感温元件
11—数字式线性化器

3. 液体光纤温度传感器

（1）工作原理 利用某些液体折射率对温度变化敏感的特性，将此种液体作为一段光纤的包层，则此光纤的临界角将随温度的改变而变化，使传输衰减成为温度的函数。利用这一原理制成温度传感器，称为液体光纤温度传感器，其结构如图 6-10 所示。

（2）结构 在剥去一段包层的光纤上，套上一段玻璃毛细管，两端用树脂封死，中间注入煤油，光线由此段光纤通过时，受到折射率改变引起的衰减。设传感器入射光为 P_r，通过传感器后为 P_s，测量结果如图 6-11 所示。由图 6-11 中曲线可见，在 30~70℃范围内，液体光纤传感器能够有效地敏感温度变化。

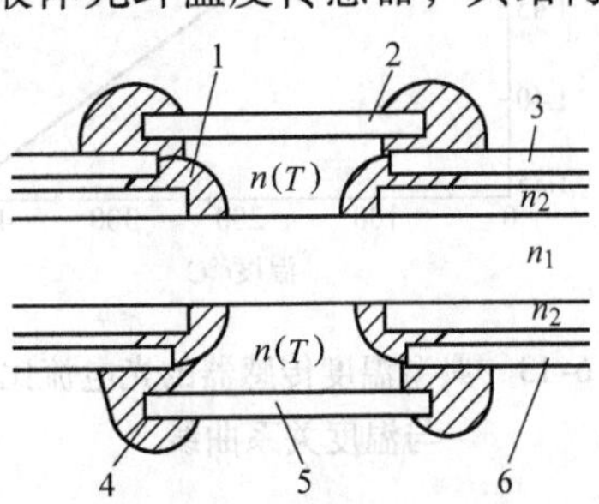

图 6-10 液体光纤温度传感器的结构
1—硅橡胶 2—玻璃管 3—塑料
4—环氧胶 5—玻璃毛细管
6—塑料保护套

4. Fabry-Perot 标准器光纤温度传感器

Fabry-Perot 标准器是一种传统的光学器件，把它用于光纤传感器上可构成一种光纤温度传感器。这种传感器除能测量温度外，尚可测量压力、液体的折射率，甚至某些化学量。

在测量温度时，由于选用材料的特点，可测量比上述几种接触式温度计测量温度更高的温度。

在一根光纤的端面，贴上一层薄膜，厚度为微米数量级。当白光从光纤的另一端入射时，会与由薄膜引起的反射光产生干涉，称为 Fabry - Perot 干涉。入射的光谱特性，因受调制而产生变化，致使反射光的光谱特性不同于入射光。LED 光源受到调制后的光谱特性如图 6-12 所示。本例中以空腔代替薄膜，空腔深度为 1.5μm。用光刻法在光学玻璃上腐刻，然后用光学胶粘贴在光纤端面。作为温度传感器，薄膜的折射率必须是温度的函数。当温度变化时，反射光谱特性也随之发生变化，同入射光相比就可确定其温度。采用比值法确定温度时，光电流比值与温度关系曲线如图 6-13 所示。该种温度传感器的光路图如图 6-14 所示。

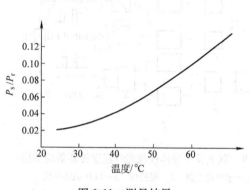

图 6-11 测量结果

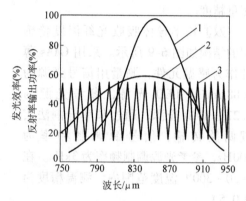

图 6-12 调制后的光谱特性
1—LED1.5μm 2—Fabry - Perot30μm 3—Fabry - Perot

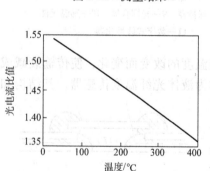

图 6-13 典型温度传感器的光电流比值
与温度关系曲线

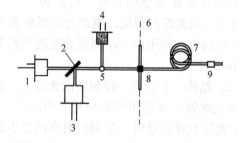

图 6-14 Fabry - Perot 标准器光纤温度传感器的光路图
1、3—光电二极管 2—滤光器分光镜 4—发光二
极管 LED 5—耦合器 6—测量仪表盘 7—光纤
8—测量仪表隔离插座 9—传感器探头

6.1.3 非接触式光纤温度传感器

非接触式光纤温度传感器是指光纤探头通过非接触的方法接受被测体辐射能量，进而确定温度的传感器。由于没有接触，给光纤传感器带来很多好处。

1. 辐射光纤温度传感器

（1）工作原理　它的工作原理如图 6-15 所示。经探头收集的光能，由光纤传输给仪表，经转换、处理后显示出被测温度。由此可见，光纤温度传感器与辐射温度传感器的区别仅是用探头与光纤代替一般的透镜光路。辐射温度传感器由于体积较大，在空间狭小或高温环境下便显得无能为力。但用直径小并可弯曲的光纤靠近被测工件，将其辐射能导出，便能解决其特殊场合的温度测量问题。

图 6-15　辐射光纤温度传感器的工作原理
1—被测体　2—光学系统　3—光纤　4—感温元件
5—处理回路　6—显示仪表

辐射光纤温度传感器主要用于高温场合，只有在高温下，物体才辐射出足够的能量。维恩位移定律表明，温度越低，峰值波长越长，所需光纤的传输下限波长也越长。上面已经介绍，石英光纤的传输波长下限约为 $2\mu m$。因此，石英光纤温度传感器的下限温度约为 100℃ 左右。如要扩展下限，就必须使用红外光纤，如氟化物或硫化物光纤。

（2）结构　辐射光纤温度传感器由光耦合器、传输光纤及光电转换器等三部分组成。

1）光耦合器。光耦合器装于光纤探头头部，测温时光纤探头对准被测对象，光耦合器便决定了传感器拾光面积大小和光耦合效率。

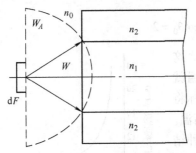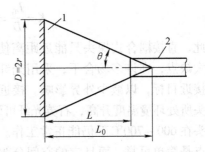

图 6-16　耦合效率与距离系数
1—被测表面　2—光导棒

对于辐射面元 dF 入射到具有平端面的光纤时（见图 6-16），其光耦合效率 η 为

$$\eta = W/W_A = \frac{1}{n_0^2}(NA)^2 \tag{6-15}$$

式中，W_A 是辐射面元 dF 沿半球空间的辐射能量；W 是经耦合进入光纤被传播的辐射能量；n_0 是辐射面元 dF 所在介质的折射率。

由上式看出，耦合效率的大小直接与数值孔径有关，当辐射源处在空气介质时，$n_0 = 1$，则

$$\eta = (NA)^2 \tag{6-16}$$

为提高传感器的灵敏度，必须采用较大数值孔径的光纤。但是，NA 数值的大小又直接影响到距离系数，需要综合考虑。如图 6-16 所示，K 可用下式表示：

$$K = \frac{L_0}{D} = \frac{L_0}{2r} = \frac{1}{2}\cot\theta_0 = \frac{1}{2}\cot(\arcsin NA) \tag{6-17}$$

由上式看出，距离系数 K 取决于光纤的数值孔径，增大 NA 可以提高耦合效率 η 及传感器的灵敏度，但会使 K 减小，即在保持测量距离不变的情况下，要求有更大的被测靶面，这样便不能用于小目标测量。因此，辐射光纤温度计探头的结构又分为两大类：直接耦合式与透镜耦合式，其结构如图 6-17 所示。

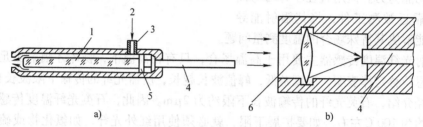

图 6-17　光耦合器的结构

a) 直接耦合式　b) 透镜耦合式

1—光导棒　2—风　3—吹风口　4—光纤　5—光导棒与光纤连接器　6—透镜

直接耦合式探头的距离系数很小。以石英光纤为例，它的临界角为 15°，按照距离系数的定义有：

$$K = \frac{L_0}{D} = \frac{1}{2}\cot\theta_0 = 2$$

因此，直接耦合式探头只能近距离使用。这并非是大缺点，在许多场合下，采用光纤测温就是为了接近目标，以减少外界影响。接近目标将导致探头所处环境温度升高，石英光纤可耐高温。有的探头在 600~700℃ 下仍能正常工作。该种结构的优点是简单可靠，而且它的空间分辨率与温度分辨率均很高。直接耦合式的分辨率曲线如图 6-18 所示。由图 6-18 看出，距离越近，分辨率越高，接收到的功率也越多。因此，这是一种值得推广的结构形式。

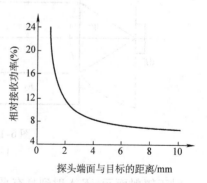

图 6-18　直接耦合式的分辨率曲线

为了解决直接耦合式不能测小目标的矛盾，可以采用透镜耦合方式，如图 6-19 所示，距离系数 K 可用下式表示：

$$K = \frac{L}{D} = \frac{L'}{d} \tag{6-18}$$

式中，D 是被测对象直径；L 是透镜物距；L′ 是透镜像距；d 是光纤接受端面直径。

由上式可见，距离系数大小与 NA 无关，只取决于光纤传感器的结构参数。如果设计透镜成像于光纤接受端面，像距 $L' = 50\text{mm}$，光纤端面直径 $d = \phi2.5\text{mm}$，则距离系数 $K = 20$；如果 $L = 500\text{mm}$，在 K 不变的条件下，则被测对象直径 $D = \phi25\text{mm}$，比直接耦合要小得多。

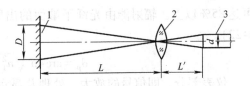

图 6-19　透镜耦合
1—对象　2—透镜　3—光纤

透镜耦合式探头的光路原理与一般辐射式温度计相同，只是以光纤端面代替原来光电元件的光敏面。因此，由透镜汇聚的辐射能量不是被敏感元件接收，而是射入光纤内部，再经光纤传送至仪表部分，靠敏感元件接收。采用不同焦距的透镜，可设计出不同距离系数与空间分辨率的温度传感器，以适应不同测温场合的需要。不过焦距通常是固定的，这样可以简化探头结构，使整个传感器比较轻便。

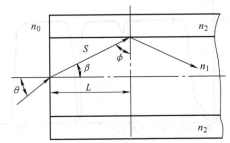

图 6-20　光轨迹图

2）传输光纤。它的作用是将耦合进入光纤端面的辐射能传输至光纤远端的光电转换元件。光纤的输出端（即远端），同样有直接耦合与透镜耦合两种形式，但从使用角度，两者的效果是一样的，只是结构参数变化。

透过率是光纤传输的主要参数。由图 6-20 可以看出，光在光纤内传输时的轨迹长度 S 与光纤长度 L 的关系为

$$S = \frac{L}{\cos\beta} = \frac{L}{\sqrt{1 - \left[(n_0/n_1)\sin\theta\right]^2}} \tag{6-19}$$

入射光线在光纤内部传播时，因被材料吸收而产生衰减，其透过率 τ 与光轨迹 S 的关系为

$$\tau = e^{-\alpha s} \tag{6-20}$$

式中，α 是材料吸收系数。

当 $n_0 = 1$ 时

$$\tau = e^{-(\alpha L)/\sqrt{1-(\sin\theta/n_1)^2}} \tag{6-21}$$

式中，θ 是端面入射角；L 是光纤长度。

除上述影响透过率的因素外，还与入射、出射端面损耗，以及芯线与包层之间反射率有关。当材料一定时，欲提高传输功率，可加大光纤直径及缩短光纤长度等。光线沿光纤传输时，光纤对于不同波长的光具有不同的衰减值，可用光谱透过率表示。国产的石英光纤，其光谱透过特性如图 6-21 所示。由图 6-21 可见，石英光纤的传输通常落在紫外区近红外范围。红外玻璃光纤具有更宽的通带。

3）光电转换、信息处理及显示。这部分的功能是将光信息转换为电量输出并加以处理、显示。通常 Si、PbS 等光电转换元件与光纤采用直接耦合，这样耦合效率较高，

可达85%以上。辐射能由光纤平端面的出射角 θ_p 决定，也可由数值孔径决定（见图6-22）。

$$\theta_p = \arcsin\sqrt{n_1^2 - n_2^2} = \arcsin NA \qquad (6-22)$$

仪表部分，即信号的放大、处理及显示部分与一般的辐射温度传感器相似，也有单波段及多波段等各种形式。只是波段的选择受光纤的光谱透过特性的限制，变动范围有限。因此，有的产品，只有光纤探头是可选择的附件，其余部分完全是通用件，不必区分有无光纤，这样用户方便，厂家也可降低生产成本。当然，这样有可能限制光纤优点的充分发挥。因此也有采用单独设计的产品。

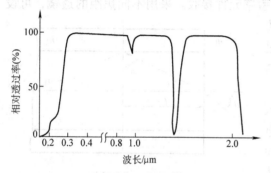

图6-21　石英光纤的光谱透过特性

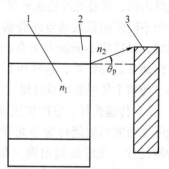

图6-22　光纤光电直接耦合
1—折射率为 n_1 的芯线　2—折射率为 n_2 的包层　3—探测器

（3）高温与低温量限的扩展　蓝宝石光纤高温传感器是高温扩展的突出例子。这种传感器采用直接耦合式探头，其结构如图6-23所示。在一根蓝宝石裸光纤（无固体包层，周围空气即相当于包层）的头部镀上一层耐高温的金属铂薄膜，外面包上一层 Al_2O_3 保护层。该种结构形成一个小的黑体空腔，测量时空腔与被测物体接触，形成黑体辐射，由蓝宝石光纤接收并传输。该光纤难加工，价格高，因此在离开高温区后，再用普通石英光纤连接至仪表部分。工作波长为 $0.5 \sim 0.7\mu m$，空腔为 $L/D = 2$，有效黑度为 $0.99'$，不确定度为 $\pm 0.05\%$，耦合衰减与光纤衰减为固定值，可以进行修正。采用直径 $\phi 1.25mm$，长50mm的单晶制成蓝宝石光纤，为了减少光纤内部与表面缺陷所带来的散射吸收等不确定因素的影响，要采用高质量单晶，并进行表面抛光。但即使采用质量不好的光纤（长度为30cm），其衰减也只有1%。在更高的温度下（如

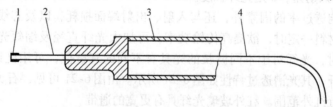

图6-23　蓝宝石光纤温度传感器探头的结构
1—铂薄膜　2—蓝宝石　3—水冷外套　4—塑料包层石英光纤

1100～1700℃），这一数值会有所增加，不过仍能满足工程要求。这种传感器可测至2000℃，在 1000℃ 时分辨率为 1mK。由于黑体空腔为薄膜型，热容小，响应快，用于高温气流测量时，响应频率高达 100kHz，为高速热电偶的 100 倍。若黑体空腔增至 $L/D=20$ 时，由发射率不确定度引起的误差可降至 0.01%。

由于辐射光纤温度计可以不接触测量，在有些情况下是不能代替的。根据维恩位移定律可知，若下限温度降至室温附近，其工作波长必须扩展至 4～16μm 范围。图 6-24 所示为红外光纤材料的理论透过衰减曲线。

由图 6-24 可以看出，红外光纤透过衰减的最低值均比石英光纤小。但是，这些是在无夹杂物与结构缺陷的前提下的数值，属于理想材料的计算值，现有材料的实测值见

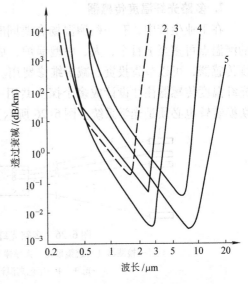

图 6-24　红外光纤材料的理论透过衰减曲线
1—石英光纤　2—氧化锗光纤　3—氟化物光纤
4—硫化物光纤　5—卤化物光纤

表 6-3，比理论值大很多。在红外光纤中，氟化物及硫化物光纤发展较快，已有实用化产品。图 6-25 所示为氟化锆红外光纤温度传感器的原理。它采用 $\phi450\mu m \times 1.5m$ 光纤，在 1～4μm 光谱范围内衰减不大于 1dB/km，敏感元件为 PbSe。用黑体炉校准。最低温度为 30℃ 时，分辨率为 0.39℃，时间常数为 0.3s，若提高响应速度至 0.1s，则分辨率降至 0.8℃。从性能上看，卤化物晶体更为优越，国内可以拉制氟化物及硫化物光纤，但其衰减与机械强度仍未能满足实用化要求。如果有保护套管，且不要求频繁弯曲，则在短距离内可以应用。

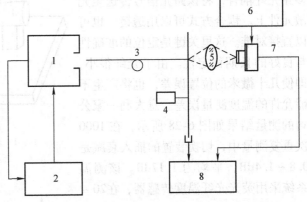

图 6-25　氟化锆红外光纤温度传感器的原理
1—黑体　2—黑体控制器　3—红外光纤　4—调制系统
5—CaF₂ 透镜　6—敏感元件温度控制器
7—PbSe 敏感元件　8—同步放大器

表 6-3　红外光纤透过衰减的实测值

种类	组成	损失/（dB/km）	波长/μm
重金属氧化物光纤	$GeO_2 - Sb_2O_3$	4	2.0
氟化物光纤	$ZrF_4 - BaF_2 - GdF_3 - AlF_3$	6.3	2.1
硫化物光纤	As－S	35	24
多晶光纤	TiBr－TiI	90	10.6

2. 多路光纤温度传感器

在工业生产中，有一些测温场合要同时监测多个温度点，如变电站各种高压电器的测温点可多至上百个，大、中型锅炉、加热炉都有十多个测温点。采用多路光纤温度传感器，可以节省投资、减少维修费用。为了最大限度地减少重复机构，早期多路光纤温度传感器往往设计成多个探头共用一台仪表。由于探头传输的是光信号，所示切换装置也必须是光学系统。图 6-26 所示为多路光纤温度传感器的原理。光学切换装

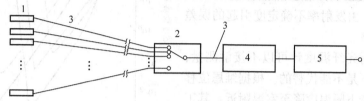

图 6-26　多路光纤温度传感器的原理

1—检测器（有透镜聚光、光导棒及光纤方式等）　2—光学切换装置

3—光纤　4—比色高温计的感温器　5—显示仪表

置如图 6-27 所示。它是由两个圆盘组成的装置，其中一个为静止的，多路光纤固定于盘的圆周上；另一个由步进电动机带动是可动的，使连接光纤依次与多路光纤耦合，将该路光信号传送至光敏元件上。耦合方式可以用透镜，也可以直接对准。这里关键是定位的准确性与良好的长期稳定性。由于光纤很小，即使几十微米的位置误差，也将产生不能允许的温度测量误差。意大利一家公司的测量结果如图 6-28 所示，在 1000 次重复测量中，切换装置的插入衰减是 0.8 ~ 1.4dB，平均为 1.17dB。该测温系统采用荧光光纤温度传感器，在 20 ~ 55℃范围内，路间误差为 5℃。国内开发的多路光纤温度计已用于变电站，其原理如图 6-29 所示。

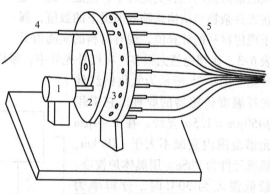

图 6-27　光学切换装置

1—步进电动机　2—动盘　3—定盘

4—输入光纤　5—输出光纤

6.1.4　分布参数式光纤传感器

分布参数式光纤传感器属于功能型传感器。光纤本身受热后，引起传输光的变化，并以此确定温度高低与发生变化的位置。

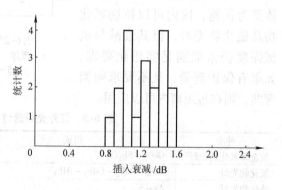

图 6-28　测量结果

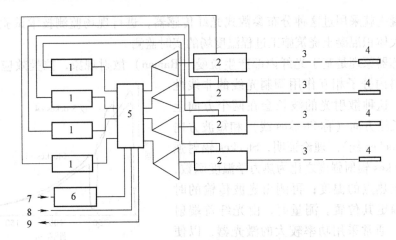

图 6-29　多路光纤温度计的原理
1—脉冲电源　2—光电系统　3—光纤　4—探头　5—多路分配器
6—整形激励　7—同步脉冲　8—控制脉冲　9—余辉信号

1. 黑体辐射型

这是早期出现的方案，其工作原理是基于光纤芯线受热产生黑体辐射现象来测量被测物体内热点温度，此时，光纤本身成为一个待测温度的黑体腔。它与辐射光纤传感器的区别在于辐射不是固定在头部，而是光纤整体。在光纤长度方向上的任何一段，因受热而产生的辐射都在端部收集起来，并用来确定高温段的位置与温度。因此，其属于接触式温度传感器。这种传感器是靠被测物体加热光纤，使其热点产生热辐射。因此，它不需要任何外加敏感元件，可以测量物体内部任何位置的温度。而且，传感器对光纤要求较低，只要能承受被测温度就可以。

该光纤传感器的热辐射能量取决于光纤温度、发射率与光谱范围。当一定长度的光纤受热时，光纤的所有部分都将产生热辐射，但光纤各部分的温度可能相差很大，所辐射的光谱成分也不同。由于热辐射随物体温度增加而显著增加，所以在光纤终端探测到的光谱成分将主要取决于光纤上最高温度，即光纤中的热点，而与其长度无关。

当热辐射能量沿光纤两个方向传输时，会受到不同程度的衰减。设在光纤两个端部测得的光强度信号分别为 S_1 和 S_2，光纤的全长为 L，热点至一端的距离为 L_1，至另一端的距离为 L_2，经推导可得出两端输出信号比为

$$S_1/S_2 = \exp[-\alpha(L_1 - L_2)] \tag{6-23}$$

和

$$L_1 = \frac{1}{2}L - \frac{1}{2\alpha}\ln\left(\frac{S_1}{S_2}\right) \tag{6-24}$$

由上式便可得到热点的确切位置。采用硫化铅、硒化铅做探测器时，测温下限可达室温。对于一般的光纤温度传感器，测温范围为 $135 \sim 725\,℃$。这种温度传感器用来监测电动机、变压器等电器设备的热点是较适宜的。

2. 拉曼效应型

这是比较成熟的方案，目前已应用在大型工程安全检测中。例如，在三峡工程中，

对坝体混凝土就采用过这种分布参数式光纤传感器，进行现场监测技术试验研究，实现了常态大体积混凝土浇筑施工过程温度场的实时监测。

该传感器原理是基于光纤内部产生拉曼（Raman）散射现象，拉曼效应是一种利用光纤材料内分子相互作用调制光线的非线性散射效应。这种散射光的波长会在两个方向上变化，即长波方向（称 Stockes 线）和短波方向（称为反 Stockes 线）。理论证明，Stockes 辐射强度与反 Stockes 辐射强度之比为热力学温度函数，可用来测定热点的温度；再测出光波传输的时间，就能确定其位置。测量时，由光纤首端射入光脉冲，通常采用功率较大的激光器，以便得到较强的散射光，以增加检测的灵敏度。氩离子激光器的 Stockes 和反 Stockes 的信号强度如图 6-30 所示。由于它们的波长不同，可用滤光片分离，然后分别测量其强度，再由比值确定其温度，由回波时间间隔确定其位置。

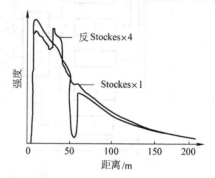

图 6-30 氩离子激光器的
Stockes 与反 Stockes 信号强度

注：波数位移 = 400cm^{-1}；激励波长 = 514nm。

6.1.5 光纤光栅温度传感器

光纤光栅（fiber bragg grating，FBG）温度传感器是 20 世纪 90 年代迅速发展起来的一种功能型光纤传感器。该传感器是通过温度的变化引起光纤光栅的布拉格波长变化，解调出波长的变化值，即可得出被测温度。光纤光栅温度传感器具有非常明显的技术优势：

1）一条光纤上可以制作多个光栅，进行准分布式的多点温度测量。

2）光纤光栅直接写入光纤内部，光纤外部尺寸无任何变化，结构简单，尺寸小，可以埋入材料内部，测出内部温度分布，这是它的突出优点。

3）可以同时测量几种参量，如温度、应变等。

4）可靠性好，抗干扰能力强。由于光纤光栅是波长调制型器件，它不受光源功率波动及光纤弯曲等因素引起的系统损耗的影响，因而光纤光栅传感器具有非常好的可靠性和稳定性，具有自标定性能。

5）测量精度高，具备自校准能力。

6）抗电磁干扰，耐腐蚀。

1. 光纤光栅的结构及原理

光纤光栅利用了光纤材料的光敏特性，即用紫外激光照射单模光纤时，使纤芯折射率沿轴向产生周期变化的特点。它使这段光纤变成一个选择性反射镜（即是一个窄带的光滤波器），称为布拉格（Bragg）光纤光栅。布拉格光纤光栅属于反射型器件，如图 6-31 所示，当光源发出的连续宽带光 I_i 通过布拉格光纤光栅时，由于折射率的周期突变，产生干涉，使该宽带光有选择地反射回一个窄带光 I_r，沿原光纤返回，其余

宽带光 I_t 则直接透射过去。反射光的中心波长 λ_B 称为布拉格波长。根据耦合模理论可推导出 λ_B 满足如下方程：

$$\lambda_B = 2nt \tag{6-25}$$

式中，n 是纤芯有效折射率；t 是纤芯折射率的变化周期，也称为栅距。

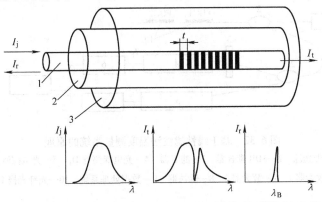

图 6-31　光纤光栅的结构
1—芯线　2—包层　3—保护层

当温度不变时，布拉格波长为某一固定值；若光纤光栅置于被测温度环境中，由于温度发生变化，光栅栅距因热膨胀而产生变化，折射率也发生变化，因而反射的布拉格波长将随之发生变化。通过检测布拉格波长的变化值，就可以推出光纤光栅接触处的温度。理论推导可得光纤光栅的温度灵敏度如下式：

$$\frac{\Delta\lambda_B}{\lambda_B} = \gamma\Delta T \tag{6-26}$$

式中，ΔT 是温度变化量；γ 是热光系数，即布拉格波长随温度的变化率。

石英光纤的 γ 值约为：$(7.1 \sim 7.3)\ 10^{-6}/℃$（$20 \sim 150℃$），$10 \times 10^{-6}/℃$（$400℃$）。布拉格波长的变化与温度的变化呈线性关系。

2. 光纤光栅温度传感器的测温原理

光纤光栅温度传感器的测温原理虽然很简单，但解调出布拉格波长的变化却是个难点。解调方法的不同，导致温度测量系统也不同。下面介绍一种基于线性滤波法温度测量系统的原理（见图 6-32）。图 6-32 中的光源为宽谱带的光源，有足够的功率，以保证光栅反射信号有良好的信噪比，一般可选用侧面发光的激光二极管，通常称为宽带光源。被测温度施加于光纤光栅上。宽带光源发出的光通过 3DB 耦合器到达光纤光栅后，从光纤光栅反射回来的光波再次被均分为两束：一束通过线性光滤波器作为信号 I_R 送入光电探测器 D_1，另一束作为参考信号 I_F 直接送入光电探测器 D_2。两信号经过放大后相除，输出为

$$I = I_F/I_R = A\left(\lambda_B - \lambda_0 + \frac{\Delta\lambda}{\sqrt{\pi}}\right) \tag{6-27}$$

式中，A 是线性滤波器的斜率；λ_0 是线性滤波器零输出波长；$\Delta\lambda$ 是光纤光栅中心波长

的偏移；λ_B 是布拉格波长。

由于经过光滤波器后的信号 I_R 的强度与波长的位移呈线性关系，而参考光强度 I_F 保持不变，由式（6-27）可以看出：比值 I 是 λ_B 的函数，经过数据处理，可得出被测温度的大小。该系统与其他方法相比具有成本低、响应速度快、使用方便等优点。

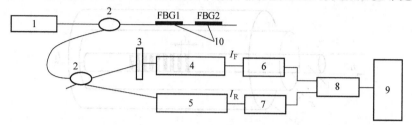

图 6-32 基于线性滤波法温度测量系统的原理

1—宽带光源 2—3DB 耦合器 3—滤光器 4—光电探测器 D_1 5—光电探测器 D_2
6—放大器 1 7—放大器 2 8—除法器 9—数据处理系统 10—光纤光栅 1、2

3. 光纤光栅温度传感器的应用

光纤光栅温度传感器从应用上分为表面式及埋入式两种。表面式温度传感器是专门用于测物体表面温度的，它的光纤光栅采用金属封装，可紧贴在被测物表面上，用于桥梁、大坝、海洋石油平台、输油输气管道等的温度测量。其主要技术指标：中心波长为 1300 ~ 1650nm；光栅反射率为 10% ~ 90%；分辨率为 0.1℃；测量精度为 ±0.5℃；量程为 -60 ~ 120℃。

表面式温度传感器在封装上采取防腐、防潮设计，也可作为埋入式温度传感器使用。

6.1.6 光纤测温技术的应用

光纤测温技术是一项比较新的技术，并已逐渐显露出某些优异特性。可是，正像其他新技术一样，光纤测温技术并不是万能的，它不是用来代替传统方法，而是对传统测温方法的补充与提高。充分发挥它的特长，就能创造出新的测温方案与技术。该技术应用的场合如下所述：

（1）强电磁场下的温度测量 高频感应加热与微波加热方法受到人们重视，正在向如下领域逐渐扩展：金属的高频感应熔炼、焊接与淬火、橡胶的硫化、木材与织物的烘干及制药、化工，甚至家庭烹调等。光纤测温技术在这些领域中有着绝对优势，因为它既无导电部分引起的附加升温，又不受电磁场的干扰。

（2）高压电器的温度测量 最典型的应用是高压变压器绕组热点的温度测量。英国电能研究中心从 20 世纪 70 年代中期就开始潜心研究这一课题，起初是为了故障诊断与预报，后来又用于计算机电能管理的应用，转入了安全过载运行，使系统处于最佳功率分配状态。另一类应用的场合是各种高压装置，如发电机、高压开关、过载保护装置，以及架空电力线和地下电缆等。

（3）易燃易爆物的生产过程与设备的温度测量 光纤传感器在本质上是防火防爆

器件，它不需要采用隔爆措施，十分安全可靠。与电学传感器相比，既能降低成本又能提高灵敏度。例如，大型化工厂的反应罐工作在高温高压状态，反应罐表面温度特性的实时监测可确保其正常工作，将光纤沿反应罐表面铺设成感温网格，这样任何热点都能被监控，可有效地预防事故发生。

（4）高温介质的温度测量　在冶金工业中，当温度高于 1300℃ 或 1700℃ 时，或者温度虽不高但使用条件恶劣时，尚存在许多测温难题。充分发挥光纤测温技术的优势，其中有些难题可望得到解决。例如，钢液、铁液及相关设备的连续测温问题，高炉炉体的温度分布等，有关这类研究国内外都正在进行之中。

（5）桥梁安全检测　国内在大桥安全检测项目中，采用了光纤光栅传感器，以检测大桥在各种情况下的应力应变和温度变化情况。在大桥选定的端面上布设了 8 个光纤光栅应变传感器和 4 个光纤光栅温度传感器，其中 8 个光纤光栅应变传感器串接为 1 路，4 个温度传感器串接为 1 路，然后由光纤传输到桥管所，实现大桥的集中管理。从测试结果来看，光纤光栅传感器所取得的测试数据与预期结果一致。

（6）钢液浇注检测　连铸机在浇注时，为防止钢液氧化、提高质量，希望钢液在与空气完全隔绝的状态下，从大包流到中间包。但实际上，在大包浇注完时，是由操作员目视判断渣是否流出，因而在大包浇注结束前 5～10min 间，密闭状态已被破坏。为了防止铸坯质量劣化及错误判断漏渣，研制出光纤漏渣检测装置。

1）检测原理。根据钢液及渣的发射率及流径的不同（见表 6-4），直接测量钢液流的红外辐射能量，从而可高灵敏度地检测出渣的流出。因为钢液与渣的发射率 ε、流的面积不同，其感光强度也不同，因此可用光强度计测定其差值而判断渣的流出。

表 6-4　钢液、渣对比表

项目	钢液	渣
辐射率	小	大
流径	小	大

2）装置结构。整体结构如图 6-33 所示，在大包下密封处插入光纤探头直接监视钢液流。探头结构如图 6-34 所示。通过光导棒、光纤传输钢液流的光，经光敏元件（其规格见表 6-5）及光强度计转换成电信号，输入计算机。由光强度计测得的钢液强度，输入计算机内判断是否漏渣。

光纤测温技术不限于上述范围，在微电子学、医疗诊断、智能材料的研究，以至军事领域，都有其应用，这里不再赘述。

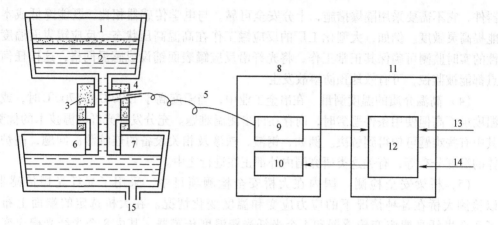

图 6-33   整体结构

1—大包 2—钢液 3—密封材料 4—探头 5—光纤 6—中间包 7—水口
8—大包操作室 9—光强度计 10—报警盘 11—计算机室 12—计算机
13—大包残留钢液信号 14—大包水口开闭信号 15—至结晶器

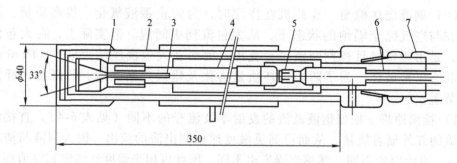

图 6-34   探头结构

1—前端保护管 2—测定管 3—光导棒 4—光导棒保护管
5—接头 6—49 芯光纤 7—冷却软管

表 6-5   光敏元件规格

波长范围	光电转换元件	感光直径	输入形式
$0.4 \sim 1.0\mu m$	Si 光电二极管	$D = 10mm$	直接由光电二极管输入

6.2 连续热电偶

6.2.1 连续热电偶的工作原理

热电偶是传统的温度传感器，用途非常广泛。近年来，在热电偶的基础上又发展出一种新型测温技术，在火灾事故预警中有独特的应用。这种新型温度传感器称为连续热电偶（或寻热式热电偶）。

连续热电偶的外形如图 6-35 所示。它也是利用热电偶的热电效应，但测量的不是热电偶的端部温度，而是沿热电极长度上最高温度点处的温度。由于它这种独特功能，最初被发达国家作为高精技术设备铺设在航空母舰、驱逐舰的舰舱及军用飞机等军事设备中，目前，已被广泛应用到各个领域，以预防、减少因"过热"引起的事故和损失。

图 6-35 连续热电偶的外形

用热敏材料将热电偶丝隔离置于保护管内，经压实制成的可挠性坚实组合体，称为铠装连续热电偶电缆。由铠装连续热电偶电缆制成的连续热电偶称为铠装连续热电偶。铠装连续热电偶能够长期稳定地输出一个与其沿线上最高温度相对应的电动势信号。

连续热电偶是一种用于测量沿热电偶纵向空间最高温度点温度的新型温度传感器，它的测温原理与热电偶相同。它的一对热电极就是一对热电偶丝，当连续热电偶长度上任何一点的温度（T_1）高于其他部分的温度时，该处的热电极之间的绝缘电阻就降低，形成"临时"热电偶测量端。这时它就构成一支常规热电偶，只要在热电极参比端测量出电动势，就能确定接点处（"临时"热接点）温度（T_1）。如果连续热电偶上另外一处出现 T_2 高于 T_1 的情况，该处热电极之间的绝缘电阻会变得低于 T_1 点的电阻，导致出现新的"临时"热电偶测量端，那么热电极参比端测量出的电动势，对应于热电偶上新出现的 T_2 点处的温度。这就是"临时"热电偶热接点之所以能跟踪连续热电偶上的最高温度点的原理，如图 6-36 所示。

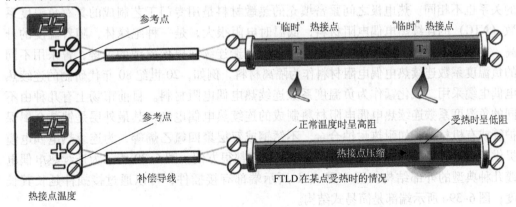

图 6-36 连续热电偶的工作原理

由上述工作原理可知，由于两电极间并非完全接触，它们之间被一个低阻值热敏电阻分隔，因此在测量端测得的电动势将稍有降低，出现一定的测温误差。一般来说，温度越高，高温范围越广，则误差越小。为减少这种误差，有的厂家，又增加一对热电偶芯线，同样采用负温度系数热敏电阻作为隔离材料，利用这对芯线作辅助测量，可以在一定程度上修正误差。如果需要确定高温点的位置，则要增加一根测距电缆。该电缆有三根芯线，一根为低阻线，两根为高阻线，电阻率分别为 ρ_1、ρ_2，它们之间也采用负温度系数的热敏电阻所隔离，一旦出现高温点，三线之间相当于用两个低值电阻 r 相连，如图 6-37 所示。测量低阻线和高阻线 1 间的电阻 R_{AC}，低阻线和高阻线 2 的电阻 R_{BC}，并取其差值，即可求得

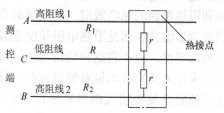

图 6-37　测距原理

$$R_{AC} - R_{BC} = R_1 + R + r - (R_2 + R + r) = R_1 - R_2 \qquad (6\text{-}28)$$

式中，R_1 是测控端到热接点处高阻线 1 的阻值；R_2 是测控端到热接点处高阻线 2 的阻值；R 是测控端到热接点处低阻线的阻值。

由式（6-28）可见，上述运算结果已消去接触电阻 r，再根据式（6-29），就可求得测控端与热接点的距离 L：

$$L = K(R_1 - R_2)/(\rho_1 - \rho_2) \qquad (6\text{-}29)$$

式中，K 是常量。

6.2.2　连续热电偶的结构与性能

1. 连续热电偶电缆的结构

连续热电偶电缆的结构如图 6-38 所示，主要由热电极、热敏材料、保护管三部分构成。热电极是一对平行的彼此隔开一定距离的导线，电极的分度号、材质与标准化热电偶相似，可由 T、J、E、K、S 中任意选取一种，材料不同，电缆的电动势与温度的关系也不相同。热电极之间紧密填充的热敏材料是用专门工艺制成的具有负温度系数（NTC）的连续热电偶电阻材料，低温时电阻很大，是一种绝缘体，随着温度的升高，电阻急剧降低。连续热电偶电阻材料是制造连续热电偶电缆的关键，曾采用不同的负温度系数连续热电偶电阻材料作为隔离材料，例如，20 世纪 80 年代研制的连续热电偶电缆采用二氧化锰作为负温度系数连续热电偶电阻材料。目前市场上有几种由不同的负温度系数连续热电偶电阻材料制成的连续热电偶电缆，其最外层是铠装金属保护管或有机材料，如耐热耐蚀合金、不锈钢或双层聚四氟乙烯等，为连续热电偶电缆提供了良好的机械强度和柔韧性，安装和使用都很方便。图 6-39 所示为连续热电偶电缆几种典型的外部结构。图 6-39a、b 所示端部有接插件，可以通过接插件延长其长度；图 6-39c 所示端部是简易式结构。

2. 连续热电偶的特点

1）结构简单，不需要外接电源。

2）坚固耐用。铠装结构，既有较好的韧性，又有足够的强度，安装时可弯曲，又易于夹紧、固定，几乎不需要日常维护保养，防潮防湿。

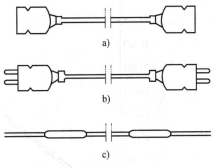

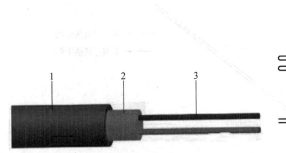

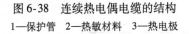

图 6-38　连续热电偶电缆的结构
1—保护管　2—热敏材料　3—热电极

图 6-39　几种典型的外部结构
a）、b）接插件结构　c）简易式结构

3）可分度。连续热电偶电缆的电动势与温度的关系可参照相应的分度表，无须现场标定。

4）兼容性强。可与大多数现行的模拟仪表、数字温度计兼容；也可将连续热电偶电缆信号用温度变送器转换成标准信号。

3. 连续热电偶电缆的主要性能

目前，连续热电偶电缆主要有两种产品类型，即 FTLD 型和 CTTC 型。它们测温原理相同，只是技术参数不同。

（1）连续热电偶电缆的技术参数

1）材料构成。外层保护管：FTLD 型采用双层聚四氟乙烯，CTTC 型采用铬镍铁合金。为有效避免测量环境中粉尘、油脂及水分等介质的浸入，温度范围不同而引起的误报，故采用不同材料。测温元件为 K 型热电偶。

2）外形尺寸。目前现有产品长度为 6 ~ 15m。若所需长度大于 15m，可以将几根连续热电偶电缆按图 6-39a、b 所示的方式连接起来。FTLD 型的外径尺寸为 $\phi 3.5mm$，CTTC 型的外径尺寸为 $\phi 2 ~ \phi 6.35mm$，可以安装在传统探头无法铺设到的恶劣环境中。

3）工作温度。FTLD 型的工作温度为 −40 ~ 200℃（低温型），CTTC 型的工作温度为 −40 ~ 899℃（高温型）。铠装连续热电偶的工作温度为 80 ~ 800℃（GB/T 36016—2018）。

4）分度与灵敏度。连续热电偶电缆的分度与普通热电偶相近。但是，由于连续热电偶的"临时"热接点不是紧密连接，热接点之外两电极间也并非完全绝缘，所以连续热电偶电缆的输出电动势与同种热电偶相比稍有降低，换算成温度大约相差十几摄氏度。这对于火警预报来说是可以接受的。

图 6-40 中的曲线是根据国家校准规范给定分度表绘制的。由图 6-40 可见，连续热电偶电缆的热电特性曲线几乎平行于同型号铠装热电偶的热电特性曲线。这说明两者的电动势率近似相等。

5）响应时间。响应时间取决于单位长度连续热电偶电缆的热容量，而热容量又是由材质与质量决定的，因此减小连续热电偶横截面的尺寸，能有效地缩短响应时间。

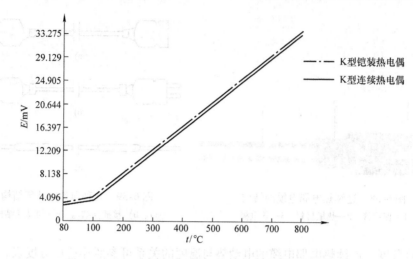

图 6-40 K 型铠装热电偶和连续热电偶热电特性曲线比较

6）弯曲半径。弯曲半径除和连续热电偶电缆组成材料的性能和质量有关外，还与隔离材料的密实程度有关。过小的弯曲半径可能会使热电极产生应力，保护管出现裂纹或隔离材料松散后热电极相碰，使连续热电偶电缆失效。一般弯曲半径为连续热电偶电缆外径的 10 ~ 20 倍。

（2）美国连续热电偶电缆 铠套为 Inconel600 合金，外径为 $\phi2 ~ \phi6.35mm$，测温范围为 $-29 ~ 900℃$。我国已有 K 型连续热电偶电缆，外径为 $\phi2 ~ \phi4mm$，测温范围为 $150 ~ 600℃$。

（3）电阻型热敏电缆 电阻型热敏电缆采用两根导电芯线来感知沿芯线长度上出现的高温点。由于它不必采用热电偶线，所以价格要便宜很多，同时还可制作得很长而无须转接；缺点是不能对高温点的温度进行测量。近来又出现了一种三芯的电阻型热敏电缆，它不但能测温，而且能测距。

（4）融盐型热敏电缆 融盐型热敏电缆可以对一条连续路线上任何一点的温度超过某预定值进行报警。其内部的填充物具有在某固定温度下电性能发生突变的特性——电导率突然增加。填充物一般为绝缘材料和无机盐的混合物。绝缘材料如玻璃，其电导率极小；无机盐在低温下也是一种绝缘物，但当达到无机盐的转变温度时，发生相变，电导率将骤然增加。由于无机盐的转变点是固定不变的，如 $CaSO_4$ 近似转变点为 $1193℃$，$MnSO_4$ 为 $800℃$，Na_2CO_3 为 $450℃$，AgI 为 $145℃$，$AlBr_3$ 为 $70℃$ 等，所以融盐型热敏电缆用作超温报警很准确，且与受热长度无关。美国 9090 系列融盐型热敏电缆长 9.15m，使用温度范围为 $221.1 ~ 371.1℃$，测温误差为 $±10℃$；704001 ~ 704204 系列使用温度范围是 $150 ~ 350℃$，测量误差为 $±14℃$。我国研制的 WMLD – 2.3 型融盐型热敏电缆的性能与其相近。

4. 主要技术指标（GB/T 36016—2018）

（1）尺寸与极限偏差

1）长度与极限偏差。连续热电偶的长度可在 2 ~ 40m 范围内，由客户需求确定。

长度极限偏差为 0 ~ +0.1m。

2）外径与极限偏差。连续热电偶电缆及连续热电偶的外径，由用户需求确定。外径极限偏差应不超过外径的 ±5% 。

（2）芯线连续性　连续热电偶电缆及连续热电偶的芯线应连续无断点。每米长度正极芯线电阻不大于10Ω，负极芯线电阻不大于5Ω。

（3）热电偶性能及允差　连续热电偶没有传统的焊接在一起的测量端，它的测量端分布在电缆长度方向上的任意位置，具体位置取决于连续热电偶电缆所处温场的最高温度处。因为连续电缆的填充材料为负温系数的热敏材料，所以其电阻值随温度的升高而降低，即在最高温度点处电阻值最低（相当于两根热电极丝短路）。同时，热电极丝也要与连续热电偶电缆保护管接近短路，形成分流。因此，与用相同分度号的铠装热电偶测量同一温度时，用铠装连续热电偶测温将比铠装热电偶低一定的数值，故需特定的分度表。新标准中 K 型连续热电偶的分度表，比 K 型热电偶的分度表偏低10℃左右。

连续热电偶允差应符合表 6-6 的规定。

表 6-6　连续热电偶的允差

等级	允差/℃
I	±6 或 ±3%t（取较大者）
II	±10 或 ±5%t（取较大者）

（4）均匀性　当参比端为0℃，测量端温度为300℃时，连续热电偶电缆的均匀性应不大于15℃。

（5）校准方法与温度点

1）铠装连续热电偶的校准温度点为80℃、200℃、300℃。

2）测量用标准器及配套设备见表 6-7。

表 6-7　测量用标准器及配套设备

序号	设备名称	技术要求	用途
1	标准铂电阻温度计	二等标准，测量范围：0 ~ 419.527℃ 或 0 ~ 660.323℃	标准器
	标准铂铑10 – 铂热电偶	二等标准，测量范围：300 ~ 1300℃	
2	数字多用表	准确度等级为 0.05 级，显示分辨力为 1μV	电测设备
3	恒温设备	80 ~ 300℃ 范围，在不小于 400mm × 400mm × 300mm 区域内的温度均匀性不大于2℃，波动性不超过 1℃/min	示值误差校准用温度源
		>300 ~ 800℃ 范围，在不小于 300mm × 300mm × 200mm 区域内的温度均匀性不大于5℃，波动性不超过 1℃/min	
	热电偶检定炉	300℃时，最高均匀温场中心与炉管几何中心沿轴线上偏离不大于 20mm，在均匀温场长度不小于 60mm，半径为 14mm 范围内，任意两点间温差不大于2℃，波动性不超过 1℃/min	均匀性校准用温度源
4	冰点恒温器	(0 ± 0.1)℃	冷端补偿
5	转换开关	寄生电势 < 1μV	配套设备

连续热电偶校准炉及设备连接如图 6-41 所示。

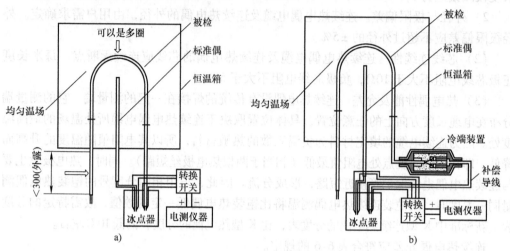

图 6-41 连续热电偶校准炉及设备连接
a) 铠装连续热电偶电缆校准 b) 铠装连续热电偶校准

铠装连续热电偶电缆和铠装连续热电偶的校准除了装炉、接线多了冷端装置和补偿导线外，同铠装热电偶校准方法完全一样。具体操作和数据处理按照国家校准规范 JJF1631—2017 进行。此时，同批号的电缆做成产品后，增加了补偿导线这个误差单元，因此校准铠装连续热电偶精度和铠装连续热电偶电缆本身精度不可能完全一样。误差可能增大，也可能减少。

6.2.3 连续热电偶的应用

1. 汽化炉表面测温

水煤浆汽化炉属高温（1500℃）高压（8.7MPa）设备。炉内衬砖在高温下会溶蚀，受热气体和融渣的冲刷，耐火砖不断变薄，高温气体通过砖缝侵入，会使汽化炉炉壁表面温度升高。这将导致汽化炉金属外壳强度降低，造成设备不安全，导致事故发生。因此要求实时测量汽化炉表面温度。

根据炉型和尺寸，合理布置连续热电偶电缆成水平或垂直分布。一般电缆与电缆的间距为 150～200mm，确保每块炉砖都会有电缆分布。电缆外径 ϕ3mm。电缆在汽化炉表面固定方式为压板压在电缆表面固定。汽化炉表面连续热电偶的安装如图 6-42 所示。

2. 煤仓的温度监控

现有煤仓呈漏斗状，内装有几百吨煤炭。当煤仓底部放煤时，顶部的煤炭会往下挤压，而煤炭跌落、摩擦和挤压，引起温度升高，可能产生自燃，造成安全隐患。因此需要及时监控煤仓的内部温度，防止局部温度过高而造成火灾。

测温电缆从煤仓顶部水平方向不同方位布置多根电缆，电缆垂直煤仓筒体由上往下延伸，一个煤仓需要 4 ~ 8 根电缆。

3. 储罐的温度监控

化工厂、仓储基地、港口等各种储罐，储存着汽油、煤油、乙烯等易燃易爆的气体液体，表面温度过高，储罐及其附件的泄漏均易引起火灾甚至爆炸。因此必须对储罐表面进温度监控。

对于不同的储罐类型可布置不同的方案：安装在固定浮顶的储罐上，电缆长度是固定的；安装在外浮顶和内浮顶结构的储罐上，电缆需要预留长度用于浮顶的上下移动；电缆铺设在储罐表面，可水平或垂直布置，用固定卡子或磁铁固定。

4. 输煤系统的温度监控

输煤系统在运转过程中，扬起及洒落的煤粉会落在设备外壳、传带及支架上。传输过程中煤块或煤粉因相互摩擦产生热量，传带的机械设备摩擦也会释放大量的热量。当热量到达煤粉的点燃温度时就会引起煤粉燃

图 6-42　汽化炉表面连续热电偶的安装

烧，导致事故或发生火灾。如果扬起的煤粉过多，在空气中的浓度达到爆炸极限范围内，那么遇到高热，便会引起粉尘爆炸，破坏力更大。因此需要对输煤系统进行温度监控，采用连续热电偶电缆对传输带、电缆桥架、运煤栈桥等进行温度监控，可防止事故的发生。

6.3　数字温度传感器

众所周知，晶体管的基极——发射极的正向压降随着温度升高而减少。利用 PN 结的这一固有特性，可制成温度传感器。将感温 PN 结及有关的电子线路集成在一个小硅片上，可构成一个小型化、一体化及多功能化的专用集成电路片。本节主要介绍 AD590 集成电路温度传感器和 DS1820、DS18B20 智能温度传感器。

6.3.1　AD590 集成电路温度传感器

1. 工作原理

已知晶体管的结电压 V_{be} 是温度的函数，即

$$V_{be} = \frac{kT}{q}\ln\left(\frac{I_c}{A}\right) \tag{6-30}$$

式中，k 是玻尔兹曼常数；q 是电子的电荷量；I_c 是集电极中恒电流；A 是一个与温度

以及结构、材料等多种因素有关的系数。

系数 A 的存在，使 PN 结与温度的关系复杂化，因而，单一的 PN 难以用来测温。采用集成的办法，可以给 PN 制造一个镜像，即制造一对非常匹配的晶体管，并使它们工作在对称状态和设定的电流密度下。其电路如图6-43 所示。VT_1 与 VT_2 是一对镜像管，电流 I_1 与 I_2 由恒流源提供，以确保在工作温度范围内不变化。这样将得到两管的结电压差 ΔV_{be}（T）为

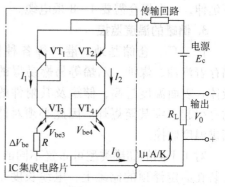

图 6-43　AD590 的电路

$$\Delta V_{be}(T) = \Delta V_{be1}(T) - V_{be2}(T) = \frac{kT}{q}\ln\left(\frac{I_1}{I_2}\gamma\right) \tag{6-31}$$

式中，γ 是 Q_1 与 Q_2 的发射极面积比例因子，是由结构决定的系数；I_1，I_2 是由恒流源提供的电流，I_1/I_2 也是固定的。

因此，可以获得一个与温度成线性关系的变化量 ΔV_{be}。只要能测得 ΔV_{be}，就可依据上式确定温度，这就是其工作原理。

实际电路较上述电路要复杂得多，例如，要增加恒流电路、稳压电路、输出电路等。因此，各公司的产品不尽相同，但都是利用上述同一工作原理来测量温度的。

2. AD590 的应用

由于器件内部有放大电路，容易构成各种应用电路，下面介绍两种简单的测温应用线路。

（1）简单的温度测量电路　图 6-44 所示校正电路，也是一个简单的测温电路。校正以后，固定可调电阻，即可由输出电压 V_T 读出 AD590 所处的热力学温度。如果采用指针仪表测量电压，可将仪表盘的电压值，按每 1K/mV 的比例，转换成温度值；如用摄氏度表示，只要从 273.2K 处改写成 0℃ 即可，如果是数字电压表，则可用一运算放大器，接上减法器减去 0.2732V 即可。

（2）热电偶参考端补偿电路　该种补偿电路如图 6-45 所示。安装时应使 AD590 与 J 型热电偶参考端放在一起，使两者的温度保持一致。AD580 为一三端稳压电路，其输出电压 $V_{out} = 2.5V$，精度约为 1%。电路的作用是，在电阻 R_1 上产生一个随参考端温度变化的补偿电压 $V_1 = R_1 I_1$。根据电路连法，调整 R_2 使：

$$I_1 = t_0 \times 10^{-3}\text{mA} \tag{6-32}$$

$$V_1 = R_1 t_0 \times 10^{-3}\text{mV} \tag{6-33}$$

式中，t_0 是环境温度。

当热电偶参考端温度为 t_0 时，其热电势 $E(t_0,0) \approx st_0$，s 为塞贝克系数。为使 V_1 与参考端的热电势 $E(t_0,0)$ 近似相等，应使 R_1 与以 μV/℃ 为单位的塞贝克系数相等。因此，要根据不同的热电偶，按表 6-8 选择相应的 R_1 值，使 V_1 恰好等于补偿电压。调整时，应在室温 25℃ 下进行，这样在使用时，温度变化在 15～35℃ 范围内时，可获得

±5℃的补偿精度。

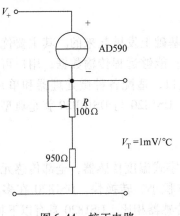

图 6-44　校正电路

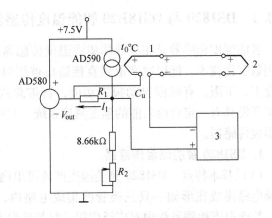

图 6-45　热电偶参考端补偿电路
1—补偿导线　2—热电偶　3—测量仪表

表 6-8　R_1 的电阻值

热电偶分度号	J	T	K	S
R_1 的阻值/Ω	52.3	42.8	40.8	6.4

由 AD590 构成的参考端温度补偿电路，灵敏、准确、可靠，调整也比较方便，但成本较高；同时也是两点全补偿，其中一点即为此电路调整时热电偶参考端温度。

3. AD590 的主要电气参数

AD590 是电流输出型温度传感器的典型产品，是利用电路产生一个与热力学温度成正比的电流输出。AD590 分为 I、J、K、L、M 几档，其温度校正误差随型号不同而异。表 6-9 列出了 AD590 的主要电气参数。

表 6-9　AD590 的主要电气参数

参数	I	J	K	L	M
电源电压/V			4 ~ 30		
测温范围/℃			−55 ~ +50		
温度灵敏系数/(μA/K)			1		
25℃校正误差/℃	±10	±5.0	±2.5	±1.0	±0.5
非线性误差/℃	±3.0	±1.5	±0.8	±0.4	±0.3
长期漂移/(℃/每月)			±0.1		
输出阻抗/MΩ			>10		
（电源电压变化/V）/（输出电流/(μA/V)）			4 ~ 5/0.5		
			5 ~ 15/0.2		
			15 ~ 30/0.1		
最大正向电源/V			44		
最大反向电源/V			−20		

6.3.2 DS1820 与 DS18B20 智能温度传感器

智能温度传感器是在半导体集成温度传感器的基础上发展起来的。其主要优点是采用数字化技术，能以数字形式直接输出被测温度；能够远程传输数据；用户可设定温度上、下限，有越限自动报警功能；自带总线接口，适配各种微处理器和单片机，便于开发具有一定智能功能的温度测控系统。其中，DS1820 与 DS18B20 就是典型的智能温度传感器。

1. DS1820 智能温度传感器

（1）基本特点　DS1820 是美国生产的可组网数字式温度传感器，全部传感元件及转换电路集成在形如一只三极管的集成电路内，体积小，转换快。DS1820 在多点测温、智能温度检测系统中有广泛应用。与其他温度传感器相比，DS1820 具有以下特点：

1）独特的单线接口方式，DS1820 在与微处理器连接时仅需要一条口线即可实现双向通信。

2）DS1820 支持多点组网功能，一条总线上可以挂接多片 DS1820，最多可达248 片。

3）DS1820 在使用中不需要任何外围元件。

4）测温范围为 $-55 \sim +125℃$，固有测温分辨率为 $0.5℃$。若采用高分辨率模式，分辨率可达 $0.1℃$。温度/数字量转换时间的典型值为 200ms，最大值为 500ms。

5）测量结果以 9 位数字量方式串行传送。

（2）工作原理　DS1820 的组成如图 6-46 所示，它包括三个主要的数据部件：64位 ROM、温度传感器、温度报警触发器 TH 和 TL。

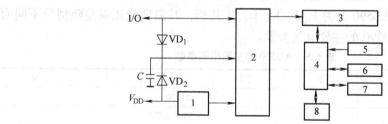

图 6-46　DS1820 的组成

1—电源检测　2—64 位 ROM 与单线接口　3—存储器与
控制逻辑　4—便笺式 RAM　5—温度传感器　6—高温
触发器 TH　7—低温触发器 TL　8—8 位 CRC 发生器

DS1820 的测温原理如图 6-47 所示。图 6-47 中低温度系数振荡器的振荡频率受温度影响很小，用于产生固定频率的脉冲信号，其输出送给预置计数器 1。高温度系数振荡器的振荡频率随温度变化，所产生的信号反映被测温度，作为斜率累加计数器 2 的脉冲输入。预置计数器 1 和温度寄存器被预置在 $-55℃$ 所对应的一个基数上。预置计数器 1 对低温度系数振荡器产生的脉冲信号进行减法计数。当预置计数器 1 的预置值减到 0 时，温度寄存器的值将加 1，预置计数器 1 的预置将重新被装入，预置计数器 1 重新开始对低温度系数振荡器产生的脉冲信号进行计数。如此循环直到斜率累加计数器 2 计数到 0 时，停止温度寄存器值的累加，此时温度寄存器中的数值即为所测温度。图中的斜率累加计数器用于补偿和修正测温过程中的非线性，其输出用于修正预置计数器 1 的预置值。

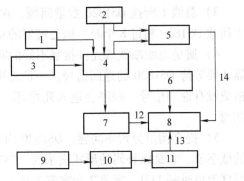

图 6-47　DS1820 的测温原理

1、6—预置计数器　2—斜率累加计数器　3—低温度系数振荡器　4、10—减法计数器　5—计数比较器　7、11—减到零　8—温度寄存器　9—高温度系数振荡器　12—增加　13—停止
14—设置/清除最低有效位

DS1820 属于"单线 – 总线"技术芯片，所谓"单线 – 总线"技术就是在一条总线上仅有一个主系统和若干个从系统组成的计算机应用系统。由于总线上的所有器件都通过一条信号线传输信息，总线上的每个器件在不同的时间段驱动总线，这相当于把数据总线、地址总线和控制总线合在了一起，所以整个系统要按单总线协议规定的时序进行工作。为了使其他设备也能使用这条总线，单线总线协议采用了一个三态门，使得每一个设备在不传送数据时空出该数据线给其他设备。单线总线在外部需要一个上拉电阻，因此在一条总线上可挂接多个 DS1820 芯片。从 DS1820 读出的信息或写入 DS1820 的信息，仅需要一根口线（单线接口）。读写及温度变换功率来源于数据总线，总线本身也可以向所挂接的 DS1820 供电，而不需要额外电源。

对 DS1820 的使用，多采用单片机实现数据采集。处理时将 DS1820 信号线与单片机一位口线相连，单片机可挂接多片 DS1820，从而实现多点温度检测系统。图 6-48 所示为 DS1820 与单片机的电路接线。在单线总线上必须接上拉电阻，其电阻值约为 5kΩ（标称值可取 5.1kΩ 或 4.7kΩ）。

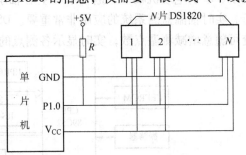

图 6-48　多片 DS1820 与单片机的电路接线

（3）使用注意事项　DS1820 虽然具有测温系统简单、测温精度高、连接方便、占用处理器 I/O 端口少等优点，但在实际应用中也应注意以下几方面的问题：

1）I/O 的时序问题。较低的硬件成本意味着相对复杂的软件补偿。DS1820 与处理器间采用串行的数据通信，因此，在进行软件设计时尤其是设计汇编程序时要注意 I/O 的时序。

2）寄生电源供电问题。虽然 DS1820 支持寄生电源工作方式，但是当总线上所挂 DS1820 超过 8 个时，最好不采用寄生电源的供电方式，而采用电源直接供电的方式，以保证温度测量的可靠性。

3）总线上所挂 DS1820 数量问题。在进行多点测温系统设计时应注意：当单总线上所挂 DS1820 超过 8 个时，微处理器的总线驱动需要另外解决。

4）避免总线断线或元件接触不好的问题。当向传感器发出温度转换指令后，处理器还要等待 DS1820 的返回信号。一旦总线上的某一个元件接触不好或断线，就很容易造成没有返回信号，程序会进入死循环。因此，在进行硬件连接和软件设计时要格外注意。

5）提高测量分辨率问题。DS1820 内含暂存存储器，共有 9 个字节。字节 0 是温度的低字节，它是以补码的形式表示的。字节 1 表示的是符号，当温度为正时是 00H；当温度为负时是 11H。字节 2 和字节 3 是上下限报警值。字节 4 和字节 5 是保留字节。字节 6 存放计数器余值。字节 7 存放的是每摄氏度的计数值。字节 8 存放冗余校验码。DS1820 本身可以达到 0.5℃ 的温度分辨率，为了满足高分辨率的测量需求，可以直接从暂存存储器中读数进行运算。首先，读取当前温度值，将 9 位数据的最低位舍弃，变成一个 8 位数据记为 A（由字节 1 和字节 2 决定），随后读取在门控周期停止后留在计数器中的残留值（字节 6）记为 B，然后再读取每一度产生的计数个数（字节 7）记为 C，最后用公式 $T = A + 0.75 - B/C$ 计算实际温度值 T，可以得到 0.1℃ 的温度分辨率。

（4）应用

1）高速机车的轴温监测系统。随着铁路的提速，机车速度的提高和牵引功率的增加，机车与钢轨之间的冲击、动力效应和振动增大，必然会导致机车行走部分的轴箱轴承、牵引电动机轴承、抱轴承和空心轴承的发热增多。为了保障机车的高速安全运行，实时轴温监测系统的应用非常重要。DS1820 的轴温监测系统如图 6-49 所示。该系统可随意增减测温点数，实时显示各测点的温度，超标时可声光报警并记录报警信息。

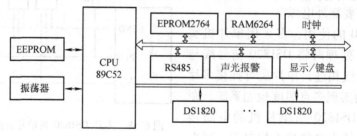

图 6-49　DS1820 的轴温监测系统

2）地下电缆的温度监测系统。热电厂地下电缆的温度监测系统采用图 6-50 所示的分布式温度巡检系统。该系统共有 9 个子站，温度传感器采用 DS1820。可测温度点为 183 点，根据方向和位置的不同分属于两条总线，其中一条总线带 4 个子站，另一条总线带 5 个子站。整个系统的覆盖半径可达 1000m 左右。实际运行证明，该系统稳定可靠，能够正确检测出越限温度，并完成所要求的其他各项任务，大大提高了劳动生产率。

由于 DS1820 可单线挂接多个测温元件，容易构成多点测温，在测量中又无须进行通道切换、A/D 转换和结果修正，能够直接读出所测温度，因此其系统结构简单，使

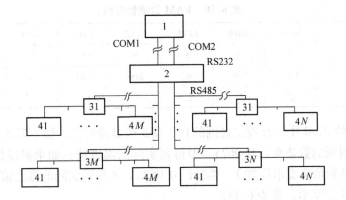

图 6-50　分布式温度巡检系统

1—PC586 主站　2—通信适配器　3—子站　4—测温点

用方便，在常温测量中有较大优势，在工业过程控制、桥梁质量监测、空调系统、智能楼宇、粮仓、蔬菜大棚温度控制等领域的温度测量中有广泛的应用。

2. DS18B20 单总线数字温度传感器

近年来，美国 DALLAS 公司生产的 DS18B20 为代表的新型单总线数字温度传感器以其突出的优点，广泛应用于工农业生产、气象观测、科学研究及军事领域的温度测量。

（1）基本特点

1）DS18B20 采用了单总线技术，可通过串行口线，也可通过其他 I/O 口线与微机直接连接，传感器直接输出被测温度值（二进制数）。

2）其测量温度范围为：$-55 \sim 125$℃。

3）测量分辨力为：0.0625℃，是其他传感器无法相比的。

4）内含 64bit 只读存储器 ROM。内存出厂序列号是对应每一个器件的唯一号。RAM 用于存储温度当前转换值及符号。

5）用户可分别设定每个器件的温度上下限。

6）内含寄生电源。

（2）工作原理及应用　DS18B20 的温度检测与数字数据输出全集成于一个芯片之上，从而抗干扰力更强。其工作周期可分为两个部分：温度检测和数据处理。首先应了解 18B20 的内部存储资源。

1）64bit 只读存储器 ROM，可看作是 18B20 的地址序列号，用于存放 DS18B20 ID 编码。其中，前 8 位是单线系列编码（DS18B20 的编码是 19H），后面 48 位是芯片唯一的序列号，最后 8 位是以上 56 位的 CRC 码（冗余校验）。数据在出厂时设置不由用户更改。

2）RAM 数据暂存器用于内部计算和数据存取，数据在掉电后丢失。RAM 数据暂存器共占 0、1 两个单元，见表 6-10。

表 6-10 RAM 数据暂存器

高8位	bit15	bit14	bit13	bit12	bit11	bit10	bit9	bit8
	S	S	S	S	S	2^6	2^5	2^4
低8位	bit7	bit6	bit5	bit4	bit3	bit2	bit1	bit0
	2^3	2^2	2^1	2^0	2^{-1}	2^{-2}	2^{-3}	2^{-4}

两个8bit的RAM中，存放二进制的数，高5位是符号位，如果温度高于0℃，这5位数为0，将测到的数值乘以0.0625，即得到实际的温度值；如果温度低于0℃，高5位为1，测得的数值需要取反加1，再乘以0.0625，才得到实际的温度值。

18B20共9个字节，见表6-11。

表 6-11 18B20 的 9 个字节

序号	名 称	序号	名 称
0	温度低字节（补码存放）	4、5	保留字节1、2
1	温度高字节	6	计数器余值
2	TH/用户字节1（温度上限）	7	计数器/C
3	TL/用户字节2（温度下限）	8	CRC检验码

（3）封装形式与引脚结构

1）封装形式。具有 TO – 92、TSOC、SOIC 多种封装形式，可以适应不同的环境需求。其测量范围在 – 55 ~ 125℃、– 10 ~ 85℃ 之内的测量精度可达 ± 0.5℃，稳定度为1% 。通过编程可实现9、10、11、12 位的分辨率读出温度数据，以上都包括一个符号位，因此对应的温度量化值分别为 0.5℃、0.25℃、0.125℃、0.0625℃，芯片出厂时默认为 12 位转换精度。读取或写入 DS18B20 仅需要一根总线，要求外接一个约 4.7kΩ的上拉电阻，当总线闲置时，其状态为高电平。此外，DS18B20 是温度 – 电流传感器，对于提高系统抗干扰能力有很大帮助。

2）引脚结构。DS18B20 采用 3 脚 TO – 92 封装或8 脚的 SOIC 封装，如图 6-51 所示。

（4）使用注意事项

1）较低的硬件成本需要相对复杂的软件进行补偿。由于 DS18B20 与微处理器间采用串行数据传送，因此在对 DS18B20 进行读写编程时，必须严格保证读写时序，否则将无法读取测温结果。在使用 PL/M、C 等高级语言进行系统程序设计时，对 DS18B20 操作部分最好采用汇编语言实现。

2）当单总线上所挂 DS18B20 超过 8 个时，就需要解决微处理器的总线驱动问题。这一点在进行多点测温系统设计时要加以注意。

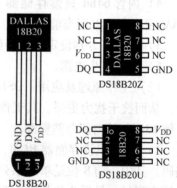

图 6-51 DS18B20 的引脚

GND—电压地 DQ—单数据总线

V_{DD}—电源电压 NC—空引脚

3）连接 DS18B20 的总线电缆是有长度限制的。试验中，当采用普通信号电缆传输长度超过 50m 时，读取的测温数据将发生错误。当将总线电缆改为双绞线带屏蔽电缆时，正常通信距离可达 150m；当采用每米绞合次数更多的双绞线带屏蔽电缆时，正常通信距离进一步加长。这种情况主要是由总线分布电容使信号波形产生畸变造成的。因此，在用 DS18B20 进行长距离测温系统设计时，要充分考虑总线分布电容和阻抗匹配问题。

4）在 DS18B20 测温程序设计中，向 DS18B20 发出温度转换命令后，程序总要等待其返回信号，一旦某个 DS18B20 接触不好或断线，当程序读该 DS18B20 时，将没有返回信号，程序进入死循环。这一点在进行 DS18B20 硬件连接和软件设计时也要给予一定的重视。测温电缆线建议采用屏蔽 4 芯双绞线，其中有一对线接地线与信号线，另一对接 V_{CC} 和地线，屏蔽层在源端单点接地。

总之，DS18B20 是最新的单总线数字温度传感器，其技术含量高，时序复杂，但成本低，在测温要求精度高的情况下也能满足。

6.3.3　新型无线温度传感器

最近，荷兰研发了一款全球最小的无线温度传感器。这款超微型传感器只有 $2mm^2$，大小和一粒芝麻差不多。其外形类似一个超小型的长方体，质量仅为 1.6mg。

这款传感器配备了专门的路由器，内置的天线则可以将射频电磁波传送给传感器，带来电力。由于能量传输精确瞄准了传感器，因此路由器只消耗非常少的电力。此外，传感器自身的设计也使能耗保持在极低的水平。如此小的一个传感器，功能却不可小觑，它可以被安装到某些设备当中，对一些家庭电子设备进行遥控，如台灯、咖啡壶等。目前，这种传感器可以埋置在油漆、塑料和混凝土的下方，这也就意味着传感器可以方便地用于建筑物内。而且，这款传感器不需要与任何电池相连，它只需通过捕捉无线电波，就可使用。也就是说，只要在它所能够接收到的范围内有无线电波，比如 Wifi 信号，它就可以捕捉这部分能量并补足自身所需的电力。开机使用后，传感器会开始测量温度，并将信号发送给路由器。基于测量到的温度，这一信号有着略微不同的频率，而根据频率的不同，路由器可以计算出实际温度。

据悉，这种传感器的生产基于 65nm CMOS 工艺，造价也非常低廉，只要 20 美分，因此不必担心使用这项技术会大幅度地增加设备的成本。当然，目前这款传感器还不完善，还不具有广泛的实用性。

6.4　石英温度计

随着生产及科学技术的发展，各部门对温度测量与控制的要求越来越高，尤其是对高精度、高分辨率温度传感器的需要越来越强烈，普通的传感器难以满足要求。美国 HP 公司在 1969 年研制成的 HP - 2804A 型石英温度计，具有高分辨率（0.0001℃）、高线性度（0.002%）和高稳定性等特点，适于中、低温测量。我国自 1980 年起也先后研制出多种石英温度计，用于高精度、高分辨率的温度测量和作为量值传递的标准温度计。

6.4.1 石英温度计的原理与特性

利用石英晶体固有频率随温度而变化的特性来测温的仪器，称为石英温度计。

1. 工作原理

石英固有振荡频率可用下式表示：

$$f = \frac{n}{2b} \times \sqrt{\frac{C}{\rho}} \qquad (6-34)$$

式中，f 是固有振荡频率；n 是谐波次数；b 是振子的厚度；ρ 是密度；C 是弹性常数。

石英振子的频率还与温度具有下列近似关系：

$$f_t = f_0 [1 + \alpha(t - t_0) + \beta(t - t_0)^2 + \gamma(t - t_0)^3] \qquad (6-35)$$

式中，f_0 是在温度为 t_0 时的频率；f_t 是在温度为 t 时的频率；t_0 是基准参考温度；α、β、γ 是一次、二次、三次幂的温度系数。

系数 α、β、γ 随石英晶体的切割角度的改变而变化。当切割角度不同时，温度系数也明显不同，这说明石英的频率温度系数既是切割角度的函数，又是温度的函数。所谓频率温度系数，是指温度增加 1℃时，其频率变化的相对偏移量。石英的振动频率与温度的关系如图 6-52 所示。由图 6-52 可见，在 YS、LC、RS、AC、AT、DT、BT、CT 各种切割方式中，采用 YS 切割的石英晶体片的振荡频率与温度呈线性关系，其斜率（即频率温度系数）约为 1000Hz/℃。

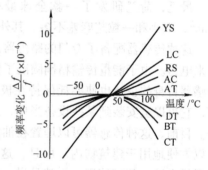

图 6-52　石英的振荡频率与温度的关系

2. 温度计的标定

由频率与温度的关系式（6-35）可知，只要确定式中的 f_0、α、β、γ 的值，就可求得被测温度。下面以国产标准低温石英温度计标定为例进行介绍。

该种温度计的测温范围 $-80 \sim 0℃$，测温的不确定度为 15mK，分辨率为 0.2 ~ 2mK。标定时选用水三相点温度作为基准参考温度 t_0，以一等标准铂电阻温度计作为标准，在恒温槽中与石英温度计做比较检定。最后用最小二乘法拟合频率温度关系式，求出 α、β、γ 三个温度系数。标定后的石英温度计就可投入使用。

3. 特性

石英温度计具有如下特性：

1) 高分辨率。分辨率达 0.0001 ~ 0.001℃。

2) 高精度。在 $-50 \sim 120℃$ 范围内，精度为 ±0.05℃。普通温度计的精度为 ±0.1℃。

3) 高稳定度。年变化在 0.02℃ 以内。

4）热滞后误差小，响应时间为 1s，可以忽略。

5）它是频率输出型传感器，故不受放大器漂移及电源波动的影响，而且，即使将传感器远距离（如 1500m）设置也不受影响。

6）可以作为标准及次级标准使用。

7）抗强冲击性能较差，在使用与安装时要注意。

6.4.2　石英温度计的性能与应用

1. 主要性能

石英温度计性能的优劣，关键在于石英晶体的线性度、稳定度及响应时间。

（1）线性度　由石英晶体的频率与温度关系式（6-35）看出，欲使石英晶体的振荡频率随温度呈线性变化，就必须使 $\beta = 0$，$\gamma = 0$。人们发现采用 "LC 切割" 或 "Y 切割" 等，可使 α 存在，而 $\beta = 0$，$\gamma = 0$，实现了温度与频率变化呈线性。采用 LC 切型，则式（6-35）变为

$$f_t = f_0 + f_0 \alpha t = f_0 + Bt \tag{6-36}$$

式中，B 是频率对温度的斜率。

我国用于测温的石英晶体，主要采取上述两种切割方式。Y 切割的 B 值比 LC 切割的 B 值大，相应分辨率也较高。

（2）稳定度　稳定度通常指短期稳定度、日稳定度与长期稳定度，它是决定石英温度计不确定度的重要因素。短期稳定度和日稳定度的优劣，不仅取决石英晶体，而且还与振荡电路密切相关。影响长期稳定性的因素也很多。为了提高石英晶体的稳定度，主要是改进石英晶体的制造工艺。

（3）响应时间。通常用响应时间表示温度计的滞后特性。它是石英温度计的重要参数。可采用到终值 63% 的方法来测定响应时间。响应时间的长短，主要取决于晶体封装盒内的介质及晶体封装结构。例如，盒内抽真空与不抽真空或充惰性气体，其热响应的效果也不一样。同时，封装晶体外壳结构也很重要，晶体距外壳的距离越小，热响应就越快。日本产石英温度计测量气体温度时的响应时间见表 6-12。

表 6-12　响应时间 （单位：s）

探头型号	63%	99.9%	99.99%
PTY - 122	1.2	10	41
PTY - 123	1.5	—	—
PTY - 124	4.8	44	95

2. 石英温度计的结构

（1）石英传感器的结构　石英温度计通常采用石英振荡器，构成一个决定频率的谐振回路，而石英振子部分，通常采用易接受温度变化的结构。石英温度传感器的结构如图 6-53 所示。石英振子置于不锈钢保护管的上部，使其对外界变化敏感。由支柱支撑。石英振子的两面粘贴有用金等性能稳定的金属或合金制成的电极，并用引线与

外部连通。石英振子虽靠支柱支撑，但是，支柱将阻碍振子振动，而且，外界振动及冲击等又要改变支撑位置，都对准确测温不利。然而，若使石英振子自由振荡，支撑位置又不受冲击影响是相当困难的。

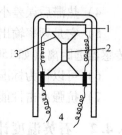

（2）石英温度计的组成　石英温度计的组成如图 6-54 所示。该温度计以石英振子作为感温元件。图中有两个传感器，每个传感器分别构成振荡器 T_1 与振荡器 T_2 回路的一部分。在此回路中，石英振子将产生高次谐波 28.208MHz（0℃），而在基准振荡器中将产生 2.8208MHz 的谐波，再将信号增大 10 倍后，同振荡器 T_1 与 T_2 产生的振荡频率比较。最后利用测量差频信号的方法

图 6-53　石英温度传感器的结构
1—石英振子　2—支柱
3—电极　4—引线

来确定温度。该振子的温度系数为 $1 \times 10^{-6}/℃$，频率温度系数为 1000Hz/℃。由于采用计算器电路进行差频计数来显示温度，因此微小温差也可以读数。

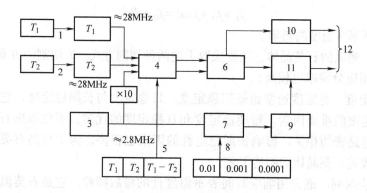

图 6-54　石英温度计的组成
1、2—传感器探头　T_1、T_2—石英振荡器　3—基准振荡器　4—门电路
5—振荡模式　6—混频器　7—分频器　8—分辨率　9—门控电路
10—正或负极性显示器　11—6 位数计数器　12—数字输出

第二代石英温度计的主要特点是采用 μP 技术。由于利用 μP 技术，自动补偿石英振子的非线性，所以可高精度地直接读出温度，使用方便。

3. 应用

石英温度计既可用于高精度、高分辨率的温度测量，又可作为标准温度计进行量值传递，也可以在现场准稳态温度场合下进行精密测温或用于恒温槽的精密控温，还可用作远距离多点温度测量等。

6.5　声学温度计

声学测温技术具有测温原理简单、非接触、测温范围宽（0～1900℃）、可在线测

量等优点，现已应用于发电厂、垃圾焚烧炉、水泥回转窑等工业过程的温度测量和控制。

6.5.1　声学测温原理

　　声学测温通常是以声波在媒质中的传播速度的相关性为基础。对于理想气体，把声波的传播看成快速绝热过程，则可得

$$v^2 = \gamma RT/M \tag{6-37}$$

式中，v 是声波在气体介质中的传播速度（m/s）；γ 是气体介质比定压热容（c_p）与比定容热容（c_V）之比值；R 是摩尔气体常数，8.31451J/(mol·K)；M 是气体的相对分子质量；T 是热力学温度（K）。

　　如果 γ、R 和 M 已知，则通过检测声速就可确定声波在其中传播的气体温度，即

$$T = \frac{M}{\gamma R}v^2 \tag{6-38}$$

　　对于理想气体，比值为 $\gamma = 5/3$，而实际气体是混合气体，因此必须对上式进行修正。因为某种气体 γ、R 与 M 是常数，所以 $Z = \sqrt{rR/M}$ 对某种特定气体为一常数；由式（6-38）可得

$$T = (v/Z)^2 \tag{6-39}$$

式（6-39）也可写成：

$$T_c = (v/Z)^2 - 273.15 \tag{6-40}$$

式中，T_c 是声波传播路径上气体介质的平均温度（℃）。

　　在实际应用中，由于两声波接收器间的距离 d 是固定的已知常数，则可通过测定两个声波接收器间声波的飞行时间 t，来确定声波在传播路径上的平均速度：

$$v = d/t \tag{6-41}$$

式中，d 是声波的传播距离（m）；t 是声波的飞行时间（s）。

　　根据式（6-40）便可求出声波传播路径上气体介质的平均温度 T_c。

6.5.2　声学测温方法

　　测量炉膛或烟道某一断面温度分布时，可在被测"典型层面"四周安装若干个声波发射/接收传感器。按设定的程序，在一个检测周期顺序开闭各个声波发射/接收器，通过测量声波沿每条声波路径的飞行时间，得到若干组声波飞行时间值，经重建算法等便可重建炉内温度场断面二维温度分布。

　　如图 6-55 所示，在炉膛或烟道某一"典型层面"四周均匀安装 8 个声波发射/接收传感器。每个声波发射/接收传感器都具有收/发功能，任何一个声波发射/接收器发出的声波信号皆被其他声波

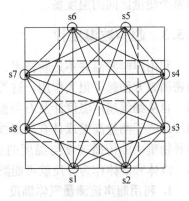

图 6-55　声学测温方法

发射/接收器所接收（自身及处在同一侧的除外），则共有 k（$k = 1 \sim 24$）条声波路径。声波沿任一条声波路径的飞行时间 t_F 可表示为

$$t_F = \int a \mathrm{d}s \qquad (6\text{-}42)$$

式中，t_F 是声波沿任一条声波路径的飞行时间；a 是空间状态因子，为声波速度的倒数；s 是距离。

图 6-55 将被测温度场分为 16 个小区间，如图中虚线所示。从左至右，从下至上依次用数字 i 表示（$i = 1 \sim 16$），每一个小区间内的温度是未知的并假定是均匀的，要实现被测温度场的重建，首先必须求出每个小区间的温度。用 Δs_{ki} 表示 k 条路径通过第 i 个小区间的长度，由式（6-42）声波沿第 k 条声波路径的飞行时间 t_F 可表示为

$$t_F = \sum_{i=1}^{16} \Delta s_{ki} a_i \qquad (6\text{-}43)$$

t_F 与实测值 t_k 之差为

$$\varepsilon_k = t_k - t_F = t_k - \sum_{i=1}^{16} \Delta s_{ki} a_i \qquad (6\text{-}44)$$

对式（6-44）应用最小二乘法得：

$$\frac{\partial}{\partial a} \sum_{k=1}^{24} \left(t_k - \sum_{i=1}^{16} \Delta s_{ki} a_i \right)^2 = 0 \qquad (6\text{-}45)$$

$$s^t s A = s^t t \qquad (6\text{-}46)$$

传感器位置、小区间化分方法确定后，小区间内路径长度 Δs_{ik}（$k = 1 \sim 24$；$i = 1 \sim 16$）就是常数。由式（6-46）可得空间状态因子矩阵 A 为

$$A = (s^T s^T t) \qquad (6\text{-}47)$$

根据式（6-39），每一小区间的平均温度为

$$T(x, y) = \frac{1}{A^2 z^2} \qquad (6\text{-}48)$$

式中，z 是对某种特定气体为一常数。

以每一小区间的平均温度作为对应小区间重心点的温度进行二维插值，便可重建出整个测量区间的温度场。

6.5.3 超声波温度计

利用声学测温并不是新技术，很早就发展起来的超声波气体温度计在大气测温及精密测温方面起了很大作用。这类温度计均是以气体作为传声媒质，其应用受到了限制。自从细线超声温度计及石英温度计问世以后，超声测温技术再次受到重视。超声温度计适于测量高温或具有放射线影响的场合，也可用于环境恶劣的场合。超声波在各种物质中的传播速度与温度的关系如图 6-56 所示。由此可见，根据图 6-56，以气体、液体和固体作为介质就可能测出温度。

1. 利用超声波测量气体温度

利用测量超声波在气体中传播速度因温度不同而变化的温度计称为超声波温度计。

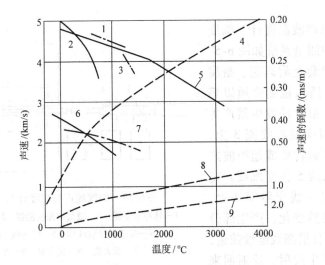

图 6-56　超声波在各种物质中的传播速度与温度的关系

1—铝液　2—细铝丝　3—铁液（碳的质量分数为 3.5%）

4—氢气　5—细铼丝　6—细银丝　7—钠液

8—N_2、O_2、空气　9—氩气

用超声波测量气体温度具有响应速度快、不受外壁热辐射影响等优点。测量对象十分广泛，从滚梯上方气体的平均温度，到内燃机混合气体爆炸燃烧时的温度测量等。

超声波测量气体温度的工作原理与声速测温相同，声速的测量方法有两种：

（1）脉冲法测量　如果扬声器与收音器间的距离为 l，传播的时间为 τ，则可依据 $v = l/\tau$ 求得声速 v。当测量场所有风时，若直接测量声速将产生误差。在这种情况下，将扬声器与收音器交换测量，选用两者的平均速度更为准确。

（2）共振法测量　利用共振频率 $f = v/l$ 可求得声速 v。

2. 固体超声波温度计

（1）工作原理　利用声波在固体中传播速度随温度而变化的温度计称为固体超声波温度计。由于声波在固体中传播时，声速的灵敏度随温度的升高而增大，因此这种温度计更适用于高温测量。

现以细线超声温度计为例介绍其工作原理、结构与应用。将一根长度一定的细金属线（例如钨）插入被测介质中，使声波在此细线中传播。在固体中声速随温度的升高而降低。利用声速与温度的这种相关性，只要能测出声速，就可得到被测介质的温度。对于匀质且等截面的细线，其线径与长度之比小于 0.1～0.2 时，声波在细线中的传播速度 v 为

$$v = \sqrt{\frac{E}{\rho}} \tag{6-49}$$

式中，E 是细线材料的弹性模量；ρ 是细线的密度。

由于尚缺少弹性模量与温度间的准确关系式，因此至今仍靠实验测定声速与温度

间关系。

（2）细线超声波温度计 细线超声波温度计的测量系统如图 6-57 所示。金属细丝套上耐高温、耐腐蚀的保护管 9，插入被测介质以感受其温度变化。由脉冲发生器产生矩形脉冲，加到换能器线圈 3 上，它的作用是将电能转变成超声波之后，沿金属引入线 5 传至细线。超声波在细线与引入线交界面 A 处，由于声阻抗的突然变化，产生部分反射，而透过部分沿细线继续前进，在终端 B 再次产生反射。反射回来

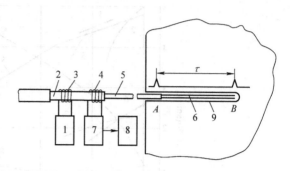

图 6-57　细线超声波温度计的测量系统
1—脉冲发生器　2—磁致伸缩换能器　3—换能器线圈
4—换能器接收线圈　5—引入线　6—细线
7—放大器　8—显示器　9—保护管

的超声波信号，到达 A 界面处，又会产生部分反射和部分透过，透过部分经引入线传给磁致伸缩换能器 2 上的换能器接收线圈 4，并在其中感生出相应的电信号来。此信号再经放大器 7 送至显示器 8，直接显示被测介质的温度。在细线长度一定并与被测介质处于热平衡的前提下，只要测得第一次反射波（A 界面反射）与第二次反射波（B 界面反射）到达接收线圈的时间差 $\Delta\tau$，就可求得声速，从而可确定其温度。

对于传感器用细线的材质，在电学性能上无特殊要求，但最好是耐高温材料，不锈钢可用到 1350K，蓝宝石在氧化性气氛中可用到 1900K，金属铼可用到 3000K 左右。

对于传感器用细线长度的选择，与温度分辨率有关，当要求的分辨率确定后，细线的最小长度可用式（6-50）计算。设被测介质温度为 T_1，测得两个反射波的时间差为 τ_1，则

$$\tau_1 = 2l/v_1 \tag{6-50}$$

当被测介质为 T_2 时，测得两个反射波的时间差为 τ_2，则

$$\tau_2 = 2l/v_2 \tag{6-51}$$

当温度由 T_1 变到 T_2，声速相应的由 v_1 变到 v_2，即速度改变为 $\Delta v = v_1 - v_2$，而相应的时间差则由 τ_1 变到 τ_2，因此

$$\Delta\tau = \tau_1 - \tau_2 = 2l\left(\frac{1}{v_1} - \frac{1}{v_2}\right) = -2l\frac{\Delta v}{v_1 v_2} \tag{6-52}$$

因为 $\Delta v \ll v$

所以

$$\Delta\tau = -\frac{2l\Delta v}{v_1^2} \tag{6-53}$$

或者

$$l = -\frac{v_1^2 \Delta\tau}{2\Delta v} \tag{6-54}$$

上式表明，在能够测量的最小的时间差 $\Delta\tau$ 确定之后，细线的最小长度应取决于温度分辨率对应的声速变化量 Δv。

用细线超声波温度计测温同热电偶相比，其特点为：在高温下不要求细线具有电绝缘性能；细线的材质单一，选择范围宽；只能测出平均温度，而不能测点温；适用于高温，低温下灵敏度不高。

（3）无线超声温度计　该种温度计利用了晶体振子的振荡频率随温度而改变的性质。在测温时将装有晶体振子的传感器，置于被测介质中，晶体振子在外部发出的超声波的作用下，发射出特有频率的超声波。由于该频率与温度存在一定关系，因此依据超声波频率可测出温度。测量温度范围为 $-20 \sim 400℃$，精度为 $0.01℃$。晶体传感器与超声波发射、接收机之间的最大距离为 20cm。

无线超声温度计适于管道、水箱、密封容器内部等无法直接测量温度的场合，可在生物工程及酿造工业中的温度控制方面发挥作用。

（4）应用　据报道，国外已将超声波温度计用于测量火箭的排气温度、快速增殖反应堆的燃料温度、反应堆冷却用液态金属温度等难于测量的部位或熔体。回波式控温系统（见图 6-58），可用于球磨机、轧机、干燥炉、灭菌槽及印刷机等设备的温度测量与控制。

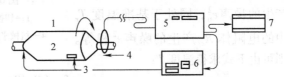

图 6-58　回波式控温系统
1—旋转体　2—传感器天线　3—回波温度
传感器　4—发射天线　5—回波温度计
6—温度控制器　7—$X-Y$ 记录仪

6.6　热噪声温度计

由于电子的热运动，可在电阻的两端产生由热噪声引起的电位起伏。这种热噪声又称约翰逊噪声，热噪声电压与温度之间存在确定关系。利用热噪声电压与温度的相互关系，可制成热噪声温度计。热噪声温度计的特性为：不需要分度（其输出电压与温度间已有明确的理论关系），与传感器材料无关，不受压力影响；传感器的阻值几乎不影响测量精度；测温范围广（$4 \sim 1400K$）。然而，热噪声温度计产生的电压信号非常小，信号处理困难，操作也很复杂。在此，仅介绍两种研究方案，可望用于标准温度计、原子反应堆及超高压条件下的温度测量。

6.6.1　电阻式热噪声温度计

电阻式热噪声温度计是利用电阻元件产生的热噪声电压与温度的相关特性的温度计。

热噪声是在导体和/或半导体中，由于热的激发或是载流子的随机布朗运动引起的。一个电阻就像一个噪声发生器，它的均方噪声电压为

$$\overline{e_n^2} = 4kR\Delta f\, T \tag{6-55}$$

或

$$T = \overline{e_n^2}/(4kR\Delta f) \tag{6-56}$$

式中，k 是玻耳兹曼常数，$k = 1.380658 \times 10^{23} \mathrm{J/K}$；$R$ 是电阻体的电阻值（Ω）；T 是电

阻体的热力学温度（K）；Δf 是噪声频带。

当 $\Delta f = 1 \text{MHz}$，$T = 1000 \text{K}$，$R = 1 \text{k}\Omega$ 时，按式（6-55）求得热噪声电压 $\overline{e_n^2} = 7.4 \mu \text{V}$，该信号非常小。测量仪器对于 Δf 进行准确的测量是困难的。因此，通常采用与另外已知的噪声进行比较的方法求得温度 T。图 6-59 所示为电阻式热噪声温度计的原理图。通过调整电阻 R_r 的电阻，使得处于被测温度 T 的电阻体 R 产生的噪声 $\overline{e_n^2}$，同处于基准温度 T_r 中的电阻体 R_r 产生的噪声 $\overline{e_r^2}$ 相等。则可由下式求得温度 T：

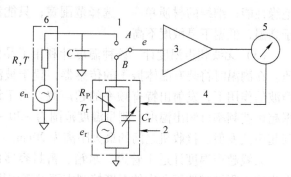

图 6-59　电阻式热噪声温度计的原理
1—切换开关　2—基准温度　3—低噪声放大器
4—机械平衡动作　5—噪声差检测仪表　6—敏感元件

$$T = (R_r / R) T_r \tag{6-57}$$

因为采用同一放大器交换测量噪声，所以测量的频带宽相等，没必要再测量 Δf 值。它是利用测量基准温度及电阻比的方法，求出被测介质的热力学温度的。

6.6.2　比较式热噪声温度计

利用比较噪声源发射噪声的比较式热噪声温度计，是一种新型温度计。由比较噪声源发出的噪声电流为 i_n，它的均方噪声电流可用下式表示：

$$\overline{i_n^2} = 2qI_0\Delta f \tag{6-58}$$

式中，q 是电子电荷量；I_0 是能超过某能量势垒而通过的直流电阻。

这种比较式热噪声温度计的原理如图 6-60 所示。采用两个等价的电流源发射噪声，如果该噪声与敏感元件中的电阻体重叠，那么在 A 点将产生直流电压 E_0 与噪声电压 e。从统计的观点，噪声电压 e 与噪声电流 i 间具有如下关系：

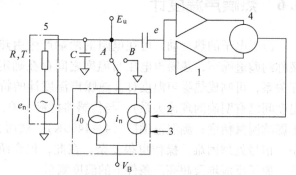

图 6-60　比较式热噪声温度计的原理
1—超低噪声相关放大器　2—电子式自动控制器
3—比较噪声源　4—乘法器　5—敏感元件

$$\overline{e^2} = \overline{e_r^2} + \overline{(i_n R)^2} = 4kTR\Delta f + 2qI_0R \tag{6-59}$$

以一定的周期通—断发射噪声，使之在乘法器的输出中，这种重叠的噪声电压 $\overline{e^2}$ 与单独的噪声电压 $\overline{e_n^2}$ 交替出现，并调整 I_0，使重叠噪声电压 $\overline{e^2}$ 为热噪声电压 $\overline{e_n^2}$ 的 2 倍时，可得到如下关系：

$$T = (q/2k)E \tag{6-60}$$

由此可见，只要能测出探头上的直流电压 E_0，就可以确定温度，整个工作过程由

10Hz 时钟脉冲控制自动进行，再不需要测量基准温度、频带宽度、实际温度校准及电阻测量等。但是，从原理上尚需要比较噪声源。在试验机上采用噪声二极管的散粒噪声作为比较噪声的时间间隔产生噪声。这种精度的热噪声温度计允许在很大的温度范围内连续使用。实验数据表明，其测温精度为 ±0.3%。

6.7　核四级共振温度计

核磁共振是原子核系统的磁共振。具有核自旋的物质处于静磁场中，当在静磁场垂直方向加电磁波时，将对某频率的电磁波产生吸收现象即为核磁共振（NMR）。氯酸钾（$KClO_3$）晶体中核自旋具有电四极矩的 Cl^{35} 原子核，在轴对称电场梯度中，自旋产生能级跃迁，出现吸收电磁波的现象，称为核四级共振（NQR）。利用共振吸收频率随温度升高而减少的特性制成的温度计，称为核四级共振温度计（NQR 温度计）。该温度计可以作为标准温度计或高精度实用温度计。

6.7.1　核四级共振温度计的特性与原理

1. 核四级共振温度计的工作原理

核磁共振是原子核的电四级矩与核周围的电场梯度相互作用，从而产生能级分裂与跃迁的现象。Cl^{35} 原子核的自旋量子数为 3/2，在原子核中，质子的正电荷呈椭球对称分布。Cl^{35} 原子核结构如图 6-61a 所示。这种原子核如果放入轴对称电场梯度中，将产生转矩而引起旋进。由于原子核的量子力学性质，核自旋的轴只能取特定的方向。Cl^{35} 原子核的磁量子数为：$m_1 = \pm 3/2$ 与 $m_2 = \pm 1/2$，相当于取两个方向，这两个方向的能级之差 ΔU 可用下式表示：

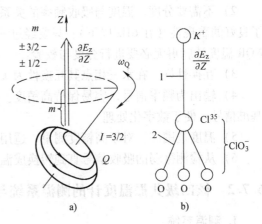

$$\Delta U = \left| U_E(m_1) - U_E(m_2) \right| = \frac{eQ}{2} \times \frac{\partial E_z}{\partial Z}$$

$$(6-61)$$

图 6-61　Cl^{35} 原子核与 $KClO_3$ 晶体结构

a) Cl^{35} 原子核结构　b) $KClO_3$ 晶体结构

Q—核四级矩　1—离子键　2—离子键 + 共价键　$\partial E_z/\partial Z$—电场梯度

式中，$\dfrac{\partial E_z}{\partial Z}$ 是电场梯度；e 是质子所带的正电荷。

这样的原子核，如果处于电磁量子 $\Delta U = h\gamma_T$（h 为普朗克常数）的电磁波中，由于满足共振条件而发生能级跃迁，又因为低能态粒子数比高能态粒子数多，而跃迁的概率相同，所以跃迁的结果将表现为粒子从低能态向高能态跃迁而吸收电磁波的能量。在磁量子数 m_1 与 m_2 能级间产生跃迁时，跃迁的频率 γ_T 与电场梯度 $\partial E_z/\partial Z$ 成正比。

Cl^{35}核周围的电场梯度取决于 KClO$_3$ 晶体结构（见图 6-61b）。在处于低温的 KClO$_3$ 晶体中，由于分子振动使其电场梯度将随温度的升高而减少。在 100K 以上的温度下，因晶格热膨胀也使电场梯度明显减少。

这种 NQR 频率与温度的关系如图 6-62所示。利用共振频率随温度升高而减小的特性，即可进行温度测量，这就是 NQR 温度计工作的基本原理。

如果 KClO$_3$ 晶体内部有杂质或存在晶格变形将发生信号偏移，影响测量精度。而市场上出售的 KClO$_3$ 虽然纯度等化学性质有保证，但其结构不清楚。因此，用作温度传感器时，要先将它变成水溶液，再通过真空干燥法使其再结晶是很重要。

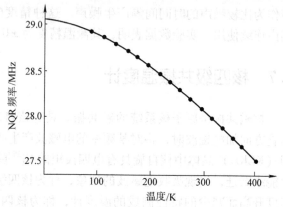

图 6-62　KClO$_3$ 中 Cl^{35} 的 NQR 频率与温度的关系

2. 核四级共振温度计的特性

1) 高准确度，高分辨率。准确度可达 ±0.005K；共振吸收频率与温度的相关性好，在室温附近为 5kHz/K，分辨率达 1mK。

2) 不需要分度。温度与吸收频率的关系，只取决于 KClO$_3$ 的结构，从根本上保证了良好的重现性（在 6Hz 以下）：只要经过一次准确地求出温度与吸收频率的关系，对 NQR 温度计就再无必要进行分度与校验。

3) 互换性好。在水三相点其互换性为 ±10Hz，性能极其优越。

4) 输出为频率信号，容易保持高精度。可利用标准电波、电视信号等作为高精度基准信号，便于数字化处理。

5) 温度范围广。对于高精度测量，适用于室温至低温范围。

6) 从检测微弱的吸收信号直到转换成温度，可全部实现自动化。

6.7.2　核四级共振温度计的测温系统与应用

1. 测温系统

核四级共振温度计的测量系统及外形尺寸分别如图 6-63、图 6-64 所示。在敏感元件的端部，封有 3g 左右的 KClO$_3$ 晶体粉末与高频线圈。为了避免外界磁场影响，保护套要用高导材料。为了提高导热性能，其内部封入 440Pa 的氦气。为了传输 28MHz 的高频信号，其引线采用镀银不锈钢管。由高频线圈与传感器的谐振电容构成了振荡器的谐振回路，通过线圈将振荡器的高频磁场加到 KClO$_3$ 上。谐振回路内的电容变成电容二极管。采用给二极管加电压的方法，改变振荡器的频率。如图 6-63b 所示，当振荡器频率与共振频率一致时，谐振幅下降而出现了吸收信号。其原因是，线圈内电磁波的一部分能量被核自旋体系消耗了，使谐振回路内的损失增大，Q 值下降。

由于信号吸收使谐振振幅变得很小，如图 6-63b 所示，直接观测到吸收线将完全

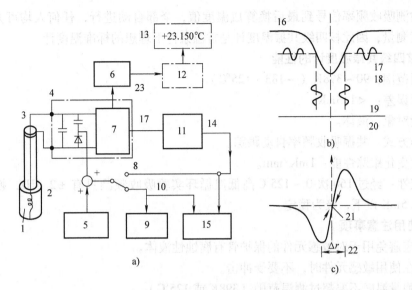

图 6-63　核四级共振温度计的测量系统

a）NQR 信号检测系统　b）吸收线波形　c）基频（f_m）成分（1 次微分信号）

1—KClO₃ 晶体粉末　2—线圈　3—敏感元件　4—传感器谐振部分　5—LF（低频）振荡器

6—频率计数器　7—振荡回路　8—频率控制　9—信号发生器　10—f 扫描

11—锁相放大器　12—计算机　13—显示仪表　14—直流输出　15—X–Y 记录仪

16—谐振振幅　17—低频输出　18—调频信号 f_m　19—吸收频率 γ_T

20—振荡频率 f　21—吸收中心　22—吸收线宽 Δr　23—射频输出

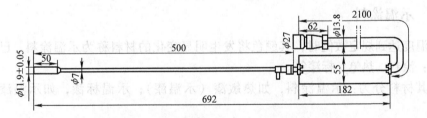

图 6-64　核四级共振温度计的外形尺寸

淹没在噪声中，难以测量。为了检测此种微弱信号，可采用调频方式。在频率扫描的同时，将一小振幅的调频信号 f_m（80Hz）加到可变电容二极管上，则可用对 f_m 谐振频率进行调制。因此，在吸收区域，振荡输出的振幅是靠 f_m 调制，若测量振荡器的输出，就可能得到一个振幅变化成正比的低频信号。如将该信号用锁相放大器进行同步整流，就可得到如图 6-63c 所示的直流输出信号。这个信号相当于吸收线的一次微分的波形，再用吸收中心将其极性反转。如将此信号取代频率扫描信号，作为负反馈加到可变电容二极管上，则可控制吸收频率中心的谐振频率。

控制吸收频率中心的振荡器的频率信号，在计数器回路作为数字信号再传输给计算回路，在此回路内将频率信号转换成温度信号，从而实现温度测量。整个测量过程，包括从检测吸收频率信号到最后换算成温度值，全部自动进行，任何人均可方便地进行高精度测量，因此核四级共振温度计是常温条件下理想的标准温度计。

2. 核四级共振温度计的性能

测温范围：90~398K（-183~125℃）。

测量误差：<1.3mK。

测量对象：液体。

动作方式：共振吸收频率自动跟踪。

温度变化跟踪性能：1mK/min。

稳定性：经过 160 次 0~125℃ 高低温循环实验吸收频漂只有 ±2.5Hz，换算为温度，在 0.5mK 以下，极为稳定。

3. 使用注意事项

1）应避免用于对敏感元件的保护管有腐蚀性液体。

2）在使用敏感元件时，不要受冲击。

3）测量温度不要超过测温范围（398K 或 125℃）。

6.8 示温、感温材料

某些材料在特定的温度下，其物理性质将发生显著变化。这种特殊的物理性能尽管不能用来准确地测量温度，但常用于维修检查及进行简单试验的温度控制，或者作为控温传感器获得了广泛应用。

6.8.1 示温涂料

当温度达到规定数值时，其颜色将发生明显变化的材料称为示温涂料。已形成商品的有：涂料、热笔、标漆等。

按其材料分为：示温涂料，如热敏漆（示温漆）；示温标漆，如示温漆棒、热标漆。

按示温方法分类有：不可逆型，在高温下发生一次颜色变化，即使温度降低，再也不能恢复原来的颜色；准不可逆型，在特定的温度下变色，冷却后吸收空气中水蒸气，逐渐恢复原来的颜色；可逆型，在特定的温度下变色，冷却后直接恢复成原来的颜色。

1. 示温元件与应用

将敏感元件封在塑料膜中，变色前后的变化如图 6-65 所示，敏感元件有 1~5 个不等。变色温度与时间的关系（响应性能）如图 6-66 所示，变色温度与颜色见表 6-13。这类示温材料可用于各种电器、电力设备、加热机械等的维护保养及温度开关等。

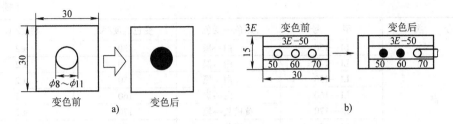

图 6-65 示温漆变色前后的变化

a) 单一敏感元件 b) 3 个敏感元件（温度升至 60℃ 为止）

2. 不可逆、准不可逆示温涂料

（1）原理 利用 Ni、Co、Mn、Pb、Ag、Fe 等重金属的有机、无机化合物及复盐作主要成分，在规定温度下，放出 CO_2、SO_2、NH_3、NO_2 等气体，或者通过颜料的氧化、分解等化学反应发生变色作用，在此之后，即使温度下降，也不能恢复原来颜色的涂料称为不可逆型示温涂料。变色温度与分类见表 6-14。准不可逆涂料是通过化合物脱去结晶水的方法而发生的变色现象，但冷却后如果长时间放置在空气中吸收水分后，将恢复原来的颜色。

（2）变色温度 变色作用是由化学反应所致，在测量变色温度时，要受到多种因素干扰。影响不可逆型、

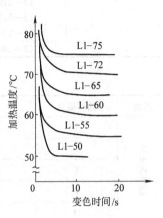

图 6-66 变色温度与时间的关系

表 6-13 变色温度与颜色（单一元件）

分 类	型 号	原色→变色	变色温度/℃	精度/℃
低 温 用	L1—40	白→蓝	40	±2
	L1—45	白→黑	45	±2
	L1—50	白→红	50	±2
	L1—55	白→深蓝色	55	±2
	L1—60	白→蓝绿	60	±2
	L1—65	白→黑	65	±2
	L1—70	白→红橙	70	±2
	L1—75	白→鲜红色	75	±2
	L1—80	白→蓝	80	±2
	L1—85	白→深蓝色	85	±2
	L1—90	白→红	90	±2
	L1—95	白→黑	95	±2
	L1—100	白→鲜红色	100	±2
	L1—105	白→蓝绿	105	±2
	L1—110	白→深蓝	110	±2
	L1—115	白→红橙	115	±2
	L1—120	白→蓝	120	±2
	L1—125	白→黑	125	±2

（续）

分　类	型　号	原色→变色	变色温度/℃	精度/℃
高温用	L1—130	白→黑	130	±2
	L1—140	白→黑	140	±2
	L1—150	白→黑	150	±2
	L1—160	白→黑	160	±2
	L1—170	黄稍灰→黑	170	±2
	L1—180	淡黄→黑	180	±3
	L1—190	黄稍灰→黑	190	±3
	L1—200	淡黄→黑	200	±3
	L1—210	淡黄→黑	210	±3
	L1—220	淡黄→黑	220	±3
	L1—230	淡黄→黑	230	±3
	L1—240	淡黄→黑	240	±3

表 6-14　变色温度与分类

类型	涂料编号	原色	变色温度/℃	变　色
准不可逆型	5	淡粉红	50	明蓝
	7	淡粉红	70	明蓝稍紫
	8	淡粉红	80	明紫
	9	淡粉红	90	明紫
	11	淡绿	110	明蓝稍紫
不可逆型	13	淡紫	130	蓝紫
	14	蓝稍绿	140	淡紫
	16	淡绿稍蓝	160	灰黑
	18	紫红	180	茶黑
	20	淡黄橙	200	明蓝稍紫
	22	白	220	灰黑
	25	淡绿稍蓝	250	红灰
	27	淡黄橙	270	明蓝紫
	29	淡粉红	290	黑
	31	明蓝稍灰	310	茶黑
	33	淡蓝绿	330	灰黑
	36	白	360	橙
	41	蓝	410	茶白
	44	白	440	淡黄体
	45	紫	450	白

　　准不可逆型示温涂料测温精度的因素有加热速度、加热时间等加热条件，还有压力、湿度及气流等。对于压力、湿度及气流等诸因素而言，应在特定条件下使用，而加热

时间及速度等加热条件是经常出现的问题，其影响是无法消除的。掌握变色温度、加热速度同加热时间的关系是至关重要的，必须引起注意。各种气氛的影响见表 6-15。

表 6-15　各种气氛的影响

涂料编号	H$_2$S			NH$_3$			SO$_2$				HCl			Cl$_2$			CO$_2$
	1%	2%	5%	1%	2%	5%	1%	2%	5%	50%	5%	10%	20%	1%	2%	5%	5%
5	○	△	×	●	×	—	○	○	△	×	●	●	●	×	—	—	●
7	○	△	×	○	×	—	△	×	—	—	●	●	○	×	—	—	●
8	○	△	×	●	×	—	○	○	×	—	●	●	●	×	—	—	●
9	○	△	×	●	×	—	△	△	△	—	●	●	●	×	—	—	●
11	○	△	×	○	×	—	○	△	△	△	●	●	●	△	×	—	●
13	●	●	●	●	●	△	●	●	●	○	●	●	●	○	△		●
14	●	△	△	○	△	×	●	●	●	△	●	△	×	●	●	●	●
16	○	×	—	●	●	●	○	△	△	×	●	●	●	●	●	●	●
18	●	○	×	●	●	●	○	△	×	—	●	●	●	●	●	△	●
20	●	△	×	●	●	●	●	●	●	●	●	●	●	△	×	●	●
22	●	×	—	●	●	●	●	●	●	●	●	●	○	●	●	●	●
25	●	●	○	●	●	●	●	●	●	●	●	●	●	●	●	●	●
27	●	●	●	●	●	●	●	●	●	●	●	●	●	●	△	●	●
29	●	●	○	●	●	●	●	●	●	●	●	●	●	●	●	●	●
31	●	●	●	●	●	●	●	●	●	●	●	●	●	●	●	●	●
33	●	●	●	●	●	●	●	●	●	●	●	●	●	●	●	●	●
36	●	○	×	●	●	●	●	●	●	●	●	●	●	●	●	○	●
41	●	●	●	●	●	●	●	●	●	●	●	●	●	●	●	●	●
44	●	△	×	●	△	×	●	●	●	○	●	●	●	●	●	●	●
45	●	●	●	●	△	×	●	●	●	×	●	●	●	●	●	●	●

注：1. ●表示不变质；○表示基本不变；△表示稍变；×表示变质。
　　2. 表中百分数为质量分数。

　1）介质与湿度的影响。液体介质的影响见表 6-16。在有水存在时，示温涂料会溶解；在有汽油存在时，涂膜会剥落。湿度的影响见表 6-17。

表 6-16　液体介质的影响

涂料编号	5	7	8	9	11	13	14	16	18	20	22	25	27	29	31	33	36	41	44	45
水	×	×	×	×	×	●	×	×	●	△	●	●	●	●	●	●	●	●	×	●
全损耗系统用油	○	○	○	○	●	●	●	●	●	●	×	●	●	△	●	●	●	●	●	●
汽油	●	●	●	●	●	●	×	×	×	×	×	×	×	×	×	×	×	×	×	×

注：●表示不变质；○表示基本不变；△表示稍变；×表示变质。

　2）使用温度与示温精度。示温涂料的使用温度范围为 40～1350℃。有的涂料随着温度的变化还能显示出 2～4 种颜色变化。示温精度约 ±5℃。

表 6-17 湿度的影响

涂料编号	20℃时的相对湿度				
	22%	36%	54%	76%	88%
5	12h	2h	20min	10min	5min
7	10h	1.5h	20min	10min	5min
8	10h	1.5h	20min	10min	5min
9	10h	1.5h	20min	10min	5min
11	不能重新着色	14h	30min	10min	5min

3. 可逆型示温涂料

当温度升高（或降低）时，某些涂料颜色发生变化，而在温度降低（或升高）时，又能恢复原来颜色的涂料称为可逆型示温涂料。如碘化汞的铬盐或重金属卤化物等均属于此种示温涂料。该涂料种类较少，多用于测量表面温度分布及简单的温度控制。

6.8.2 液晶

早在 100 多年前人们就发现了液晶，但实际做成温度传感器却是近些年的事情。液晶温度传感器的性能与其他接触式传感器相比较（见表 6-18）具有如下特点：热容量小（$1.5J/cm^3$），对于微小的温度变化具有很高的分辨率，并能可逆地用颜色表示。液晶基本上属于液体状态的接触式温度传感器。在使用时，将其封入热容量小的精密的膜盒中，可以自由选择其形状，而且它的热平衡时间又很短。如能发挥液晶传感器的上述特性，其应用范围将会逐渐扩大。这种传感器多用于测量物体表面温度分布或温度的微小变化。

表 6-18 液晶温度传感器与接触式传感器比较

比较内容	液晶温度传感器	其他接触式传感器
敏感元件的形状	可涂在任意形状的基片上，还可呈粉末状	固体
同被测对象接触难易	接触容易	因是固体，接触方法受限制
对移动对象测量的适应性	适合	不适合
测量小热容量的适应性	适合	大多不适合
响应时间	热平衡时间短，分子排列变化快，响应时间短，但低温下，液晶分子排列稍慢	较长
磁滞变化	无磁滞	有的磁滞很大
测量范围	虽可任意选择，但是很窄	选择范围宽
测温精度	在很窄的温度范围，用于通断测量时，精度达 ±0.1℃；在很宽的温度范围内，由于靠视觉判断颜色变化，因此不适于定量测量	传感器选择适当，精度达 ±0.001℃ 以下，适于定量测定

1. 液晶的结构

自然界的物质因温度不同可从固体变成液体，或从液体变成气体。但是液晶既不是固体，也不是液体，它是液体与固体间能够存在的特异状态，这种特异状态称为液晶或中间相。液晶在物理性能方面，既与液体相同，具有流动性，又与晶体相似，具有很强的光学各向异性。它是类似固体的液体，介于无定形与晶体之间的一种过渡状态。其微观结构也介于固液之间。晶体结构是三维有序排列，液体却为无序排列。液晶的结构：两维是晶体，另一维是液体；或者一维是晶体而另外两维是液体。

2. 工作原理

液晶是不稳定的，外界影响的微小变动都会引起液晶分子排列的变化和光学性质的改变。有一种液晶，在外电压的影响下，将由透明状态变为混浊状态，不再透明；去掉电压，又恢复原状态。利用液晶这一性质可以制成显示元件。在两电极间将液晶涂成数码，施加适当的电压，透明的液晶变混浊了，数码就显示出来了。

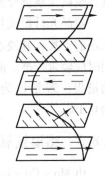

还有一种液晶，如胆甾型液晶，具有非常灵敏的热色效应。胆甾型液晶的分子结构如图 6-67 所示。它是由大量的薄层组成，每一层分子互相平行排列，但相邻两层分子的取向并不一致，而是转过一个角度，这种角度变化是沿着某一方向连续进行的。当分子的排列方法旋转 2π 时，取向为 $0°$ 的分子所在的平面和取向为 2π 的分子所在的平面距离，称为一个螺距，记作 P。

图 6-67　胆甾型液晶的分子结构

当光线垂直入射到胆甾型液晶分子平面上时，其反射光的强度与波长有关，据布拉格最大值公式：

$$\lambda_m = nP \tag{6-62}$$

式中，n 是胆甾型液晶的平均折射率。由上式可知，最大反射率 λ_m 与螺距 P 成正比。胆甾型液晶的螺距 $P = 5 \times 10^{-7}\text{m}$ 左右，它的最强反射光波长处于可见光范围之内，因此液晶呈现出人眼可见的光彩。

实验结果表示，胆甾型液晶的螺距 P 是温度的数函，极小的温度变化（如 $0.05 \sim 0.1℃$）均会引起螺距伸长或缩短，从而导致最大的反射波长 λ_m 的改变及液晶颜色的变化。通常 P 随温度的升高而增大。若在温度量程下限时，液晶呈绿色；随温度升高，液晶的颜色由绿经黄、橙连续过渡到红；温度继续升高，液晶颜色消失。

作为感温材料的液晶，是从氯化胆甾烷（化学符号 CC）、胆甾酸酯或称胆固醇壬酸酯（CN）及胆固醇油烯基碳酸酯（COC）等数百种材料中选取几种，按不同比例配制而成的混合物。在上述三种主要成分中，每种成分的微小变化都将引起温度的明显变化，适当改变配比，可以获得小至 $1 \sim 2℃$ 大至上百摄氏度的测量范围。

3. 应用

根据液晶的特性，最合理、最适宜的应用是测量物体表面的温度分布，如人体温度分布的测定、微波在空气中传播状况的观察等。

液晶光纤温度传感器的结构如图 6-68 所示。将液晶置于玻璃套管的顶部封好，然后用环氧树脂粘牢内外套管，再将光纤插入内玻璃管。光纤按一定规则分成两束，一束用来导入由发光二极管（LED）产生的窄频带红光，另一束用来接收液晶反射光。

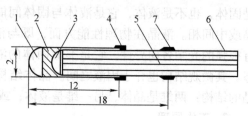

测温时，将液晶探头插入被测介质中，液晶因感受被测介质的温度而发生颜色变化，从而导致液晶对入射单色光（红光）反射强弱的变化。此反射光再经接收光纤束导出传输到光电探测器进行测量。因为液晶的反射光强度在一定的温度范围内（由液晶混合物配方决定）是温度的函数，所以光电探测器的输出就可作为液晶的温度，也就是被测介质的温度。

图 6-68 液晶光纤温度传感器的结构
1—外玻璃套管 2—液晶层 3—内玻璃套管
4、7—环氧树脂粘接点 5—光导纤维束
6—聚乙烯套管

液晶光纤温度传感器的优点是不受电磁场的干扰；其缺点是互换性差，每支传感器均需单独校准，而且稳定性也欠佳，使用时应经常校准。液晶传感器的最高使用温度约为 100℃。对温度的分辨率取决于仪器的量程：若量程为 1 ~ 2℃，则分辨率为 0.01℃；若量程为 30 ~ 50℃，则分辨率为 0.1℃。

6.8.3 感温铁氧体

由 Mn – Cu – Fe、Mn – Zn – Fe、Ni – Zn – Fe 氧化物等构成的铁氧体，通过改变其组成可使居里温度 T_c 变化。如图 6-69 所示，在居里温度 T_c 以上其磁性急骤消失，饱和磁通密度 B_m、起始磁导率 μ 等也将发生很大变化，利用该特性可制成简单的温度开关。

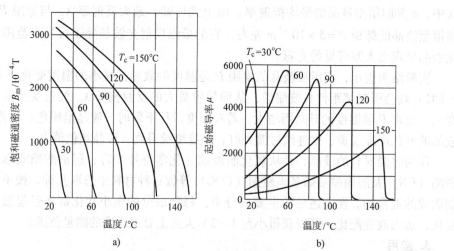

图 6-69 感温铁氧体的特性
a）饱和磁通密度 b）起始磁导率

在居里温度 T_c 下，利用饱和磁通密度 B_m 急剧下降的特性，使感温铁氧体被磁铁吸引（见图 6-70）。如果以一定大小的力向外拉，那么在 T_c 以上将要脱离磁铁。将这元件与开关机构连动，可用作电器及炊具的自动开关。

利用磁导率的变化特性，将螺旋形线圈嵌入环状感温铁氧体中（见图 6-71），在居里温度 T_c 下，检测电感变化，直接控制可控硅整流器 SCR。感温铁氧体的居里温度 T_c 值的偏差为 ± (1~2)℃。

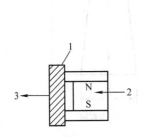

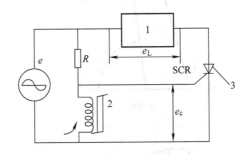

图 6-70　感温铁氧体的应用

1—可动部分（感温铁氧体）

2—钡铁氧体磁铁　3—弹簧

图 6-71　用感温铁氧体控制电炉

1—电炉　2—传感器　3—可控硅整流器 SCR

6.8.4　测温锥

测温锥又称测温三角锥，是一种高精度陶瓷烧成的温度指示器。尽管热电偶及电子控温设备发展很快，但测温锥仍是当今最重要的温度监测与控制的重要部件。

1. 标准测温锥

标准测温锥就是具有规定的形状、尺寸和一定组成的截头斜三角锥体，当其按规定条件安装和加热时，能按已知方式在规定的温度弯倒。

我国用 CN 代表标准测温锥的符号，在 CN 后加上数字为锥号。该锥号乘以 10℃，即标志着标准测温锥锥尖弯倒到底盘时的相当温度，如 CN172 即相当于 1720℃。通常将标准锥制成具有一定温度间隔的一系列锥号，相邻锥号之间的温度间隔一般为 20℃。

（1）标准测温锥分类　标准测温锥主要分为实验室用测温锥和工业窑炉用测温锥两大类。实验室用标准测温锥温度的测温范围为 1500~1800℃，允许误差为 ±5℃。工业窑炉用测温锥的测温范围为 1220~1580℃，允许误差为 ±6℃。

标准测温锥的形状如图 6-72 所示。实验室用测温锥和工业窑炉用测温锥的尺寸及角度见表 6-19。

（2）规定的锥号与对应的标准温度　实验室用测温锥和工业窑炉用测温锥的具体锥号与对应的标准温度见表 6-20。

（3）升温速率　测温锥的弯曲位置是由时间和温度决定的，即对升温速率是有规定的。

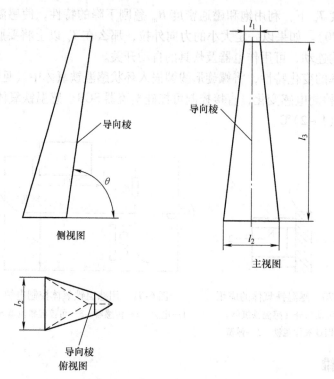

图 6-72　标准测温锥的形状

l_1—顶部锥台边长　l_2—底部锥台边长　l_3—锥的垂直高度　θ—导向棱与水平线的夹角

表 6-19　实验室用测温锥和工业窑炉用测温锥的尺寸及角度（GB/T 13794—2017）

锥类别	l_1/mm	l_2/mm	l_3/mm	θ/(″)
实验室用测温锥	2.0	7.5	30	82
工业窑炉用测温锥	7.0	17.5	60	82

表 6-20　实验室用测温锥和工业窑炉用测温锥的具体锥号与对应的标准温度（GB/T 13794—2017）

实验室用测温锥		工业窑炉用测温锥	
锥号（CN）	标准温度/℃	锥号（CN）	标准温度/℃
150	1500	122	1220
152	1520	124	1240
154	1540	126	1260
156	1560	128	1280
158	1580	130	1300
160	1600	132	1320
162	1620	134	1340
164	1640	136	1360

（续）

实验室用测温锥		工业窑炉用测温锥	
锥号（CN）	标准温度/℃	锥号（CN）	标准温度/℃
166	1660	138	1380
168	1680	140	1400
170	1700	142	1420
172	1720	144	1440
174	1740	146	1460
176	1760	148	1480
178	1780	150	1500
180	1800	152	1520
		154	1540
		156	1560
		158	1580

1）实验室用测温锥的升温速率为 2.5℃/min。

2）工业窑炉用测温锥在室温至低于其标准温度 200℃的范围内，按 8～10℃/min 升温速率加热，然后按 2.5℃/min 升温速率加热至它的弯倒温度。

（4）弯倒温度校验 所谓弯倒温度，即当安插在锥台上的标准测温锥，在规定的条件下，按规定的升温速率加热时，其顶部弯倒至锥台面时的温度。

弯倒温度校验样品数量：应从每批中随机抽取 2%，批量小时，至少取 12 支样锥。

2. 塞格测温熔锥（简称塞格锥）

在陶瓷行业中，为了简单地判断炉内温度和测量材料的耐火度，广泛采用塞格锥（Seger cone）。塞格锥除采用黏土外，还要添加硅酸盐及金属氧化物，经混合后制成如图 6-73 所示的三角锥形状。在使用时，要将三角锥放在耐火材料上边，并要保持 80°倾斜角。当炉内温度逐渐升高时，锥中的玻璃相组成的黏度要降低，在自重作用下，如图 6-73 所示将软化弯曲，致使其尖端与台面接触，据此状态就可大体判定炉内温度。当其组成改变时，塞格锥的软化变形的温度也不同。在 600～2000℃范围内，约有百余种塞格锥（见表 6-21、表 6-22）。

使用塞格锥时，通常其装在适当的耐

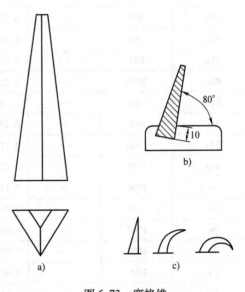

图 6-73 塞格锥
a）形状 b）放置方法 c）软化弯曲

火容器内，避免直接同火焰接触，并尽量使其能均匀受热。

由多组分形成的塞格锥的熔倒温度，可由该体系的相图中液相线预测。但是，熔倒部分受生成的液相及黏度的影响，因此必须研究倒锥温度与液相线的实际关系。

物体的温度与其色相有关，人们常常利用观测物体在高温下的色相，粗略地判断温度。温度与色相关系见表6-23。某些物质的火焰温度见表6-24。

表6-21 塞格锥的熔倒温度及化学成分

锥 号	熔倒温度/℃	用氮气氖铱丝炉测得的温度/℃	化学成分（质量分数,%）						
			MgO	CaO	Na₂O	K₂O	B₂O₃	Al₂O₃	SiO₂
021	650	—	0.25	0.25	0.50	—	1	0.02	1.04
020	670	—	0.25	0.25	0.50	—	1	0.04	1.08
019	690	—	0.25	0.25	0.50	—	1	0.18	1.16
018	710	—	0.25	0.25	0.50	—	1	0.13	1.26
017	730	—	0.25	0.25	0.50	—	1	0.2	1.4
016	750	—	0.25	0.25	0.50	—	1	0.31	1.61
015a	790	—	0.136	0.432	0.432		0.86	0.34	2.06
014a	815	—	0.230	0.385	0.385		0.77	0.34	1.92
013a	835	—	0.314	0.343	0.343		0.69	0.34	1.78
012a	855	—	0.314	0.341	0.345		0.68	0.365	2.04
011a	880	—	0.311	0.340	0.349		0.68	0.4	2.38
010a	900	—	0.313	0.338	0.338	0.011	0.675	0.423	2.626
09a	920	—	0.311	0.335	0.336	0.018	0.671	0.468	3.087
08a	940	—	0.314	0.369	0.279	0.038	0.559	0.543	0.691
07a	960	—	0.293	0.391	0.261	0.055	0.521	0.554	2.984
06a	980	—	0.277	0.407	0.247	0.069	0.493	0.561	3.197
05a	1000	—	0.257	0.428	0.229	0.086	0.457	0.571	3.467
04a	1020	—	0.229	0.458	0.204	0.109	0.407	0.586	3.860
03a	1040	—	0.204	0.484	0.182	0.130	0.363	0.598	4.199
02a	1060	—	0.177	0.513	0.157	0.153	0.314	0.611	4.572
01a	1080	—	0.151	0.541	0.134	0.174	0.268	0.625	4.931
1a	1100	—	0.122	0.571	0.109	0.198	0.217	0.639	5.320
2a	1120	—	0.096	0.559	0.085	0.220	0.170	0.652	5.687
3a	1140	—	0.067	0.630	0.059	0.244	0.119	0.667	6.083
4a	1160	—	0.048	0.649	0.043	0.260	0.086	0.676	6.339
5a	1180	—	0.032	0.666	0.028	0.274	0.056	0.684	6.565
6a	1200	—	0.014	0.685	0.013	0.288	0.026	0.693	6.801

（续）

锥 号	熔倒温度/℃	用氮气氖铱丝炉测得的温度/℃	化学成分（质量分数，%）						
			MgO	CaO	Na₂O	K₂O	B₂O₃	Al₂O₃	SiO₂
7	1230	1285	—	0.7	—	0.3	—	0.7	7.0
8	1250	1305	—	0.7	—	0.3	—	0.8	8.0
9	1280	1335	—	0.7	—	0.3	—	0.9	9.0
10	1300	1345	—	0.7	—	0.3	—	1	10.0
11	1320	1360	—	0.7	—	0.3	—	1.2	12.0
12	1350	1375	—	0.7	—	0.3	—	1.4	14.0
13	1380	1395	—	0.7	—	0.3	—	1.6	16.0
14	1410	1410（20）	—	0.7	—	0.3	—	1.8	18.0
15	1435	1435	—	0.7	—	0.3	—	2.1	21.0
16	1460	1460	—	0.7	—	0.3	—	2.4	24.0
17	1480	1480	—	0.7	—	0.3	—	2.7	27.0
18	1500	1510	—	0.7	—	0.3	—	3.1	31.3
19	1520	1525	—	0.7	—	0.3	—	3.5	35.0
20	1530	1530（40）	—	0.7	—	0.3	—	3.9	39.0
26	1580	1580	—	0.7	—	0.3	—	7.2	72.0
27	1610	1605	—	0.7	—	0.3	—	20.0	200.0
28	1630	1610	—	—	—	—	—	1	10
29	1650	1625	—	—	—	—	—	1	8
30	1670	1640	—	—	—	—	—	1	6
31	1690	1640	—	—	—	—	—	1	5
32	1710	1670	—	—	—	—	—	1	4
33	1730	1680	—	—	—	—	—	1	3
34	1750	1700	—	—	—	—	—	1	2.5
35	1770	1710	—	—	—	—	—	1	2
36	1790	—	—	—	—	—	—	1	1.66
37	1825	—	—	—	—	—	—	1	1.33
38	1850	—	—	—	—	—	—	1	1
39	1880	—	—	—	—	—	—	1	0.66
40	1920	—	—	—	—	—	—	1	0.33
41	1960	—	—	—	—	—	—	1	0.13
42	2000		—	—	—	—	—	—	—

表6-22 高温锥与标称温度　　　　　　（单位:℃）

锥号	英国（斯塔佛德-希尔,Stafford-shire）4℃/min	德国（塞格,Seger）	美国（奥顿,Orton）		
			大 1℃/min	大 2.5℃/min	小 5℃/min
022	600	600	585	600	630
022A	625	—	—	—	—
021	650	650	602	614	643
020	670	670	625	635	666
019	690	690	668	683	723
018	710	710	696	717	752
017	730	730	727	747	784
016	750	750	767	792	825
015	790	—	790	804	843
015A	—	790	—	—	—
014	815	—	834	838	870
014A	—	815	—	—	—
013	835	—	869	852	880
013A	—	835	—	—	—
012	855	—	866	884	900
012A	—	855	—	—	—
011	880	—	886	894	915
011A	—	880	—	—	—
010	900	—	887	894	919
010A	—	900	—	—	—
09	920	—	915	923	955
09A	—	920	—	—	—
08	940	—	945	965	983
08A	950	940	—	—	—
07	960	—	973	984	1008
07A	970	960	—	—	—
06	980	—	991	999	1023
06A	990	980	—	—	—
05	1000	—	1031	1046	1062
05A	1010	1000	—	—	—

（续）

锥号	英国（斯塔佛德–希尔，Stafford–shire）4℃/min	德国（塞格，Seger）	美国（奥顿，Orton）		
			大 1℃/min	大 2.5℃/min	小 5℃/min
04	1020	—	1050	1060	1098
04A	1030	1020	—	—	—
03	1040	—	1086	1101	1131
03A	1050	1040	—	—	—
02	1060	—	1101	1120	1148
02A	1070	1060	—	—	—
01	1080	—	1117	1137	1178
01A	1090	1080	—	—	—
1	1100	—	1136	1154	1179
1A	1110	1100	—	—	—
2	1120	—	1142	1162	1179
2A	1130	1120	—	—	—
3	1140	—	1152	1168	1196
3A	1150	1140	—	—	—
4	1160	—	1168	1186	1200
4A	1170	1160	—	—	—
5	1180	—	1177	1196	1221
5A	1190	1180	—	—	—
6	1200	—	1201	1222	1255
6A	1215	1200	—	—	—
7	1230	1230	1215	1240	1264
7A	1240	—	—	—	—
8	1250	1250	1236	1263	1300
8A	1260	—	—	—	—
8B	1270	—	—	—	—
9	1280	1280	1260	1280	1317
9A	1290	—	—	—	—
10	1300	1300	1285	1305	1330
10A	1310	—	—	—	—
11	1320	1320	1294	1315	1336 * *

（续）

锥号	英国（斯塔佛德－希尔，Stafford-shire）4℃/min	德国（塞格，Seger）	美国（奥顿，Orton）		
			大 1℃/min	大 2.5℃/min	小 5℃/min
12	1350	1350	1306	1326	1337
13	1380	1380	1321	1346	1349
14	1410	1410	1388	1366	1398
15	1435	1435	1424	1431	1430
16	1460	1460	1455	1473	1491
17	1480	1480	1477	1485	1512
18	1500	1500	1500	1506	1522
19	1520	1520	1520	1528	1541
20	1530	1530	1542	1549	1564
23	—	—	1686	1590	1605
26	1580	1580	1589	1605	1621
27	1610	1610	1614	1627	1640
28	1630	1630	1614	1633	1646
29	1650	1650	1624	1645	1659
30	1670	1670	1636	1654	1665
31	1690	1690	1661	1679	1683
$31^1/_2$	—	—	1685	1700	1699
32	1710	1710	1706	1717	1717
$32^1/_2$	—	—	1718	1730	1724
33	1730	1730	1732	1741	1743
34	1750	1750	1757	1759	1763
35	1770	1770	1784	1784	1785
36	1790	1790	1798	1796	1804
37	1826	1825	—	—	1820
38	1850	1850	—	—	1835*
39	1880	1880	—	—	1865*
40	1920	1920	—	—	1885*
41	1960	1960	—	—	1970*
42	2000	2000	—	—	2015*

注：带有＊号者为10℃/min；带有＊＊号者为2.5℃/min。

表 6-23　温度与色相

色　相	温度/℃	色　相	温度/℃
初期的红色	500	橙黄色	1100
暗红色	700	鲜亮的橙黄色	1200
淡红色	900	白色	1300
鲜亮的淡红色	1000	耀眼的白色	>1500

表 6-24　火焰温度

火　焰	温度/℃	火　焰	温度/℃
蜡烛	1400	乙炔	2500
酒精	1700	一氧化碳和氧	2600
本生灯（加入充分的空气）	1800	氢和氧（氢氧焰）	2800
氢	1900	乙炔和氧	3800

6.9　炉温跟踪仪

在钢铁冶金及热处理等行业，为了保证和提高产品质量，需要对材料的加热模型进行检测。炉温跟踪仪（简称黑匣子）就是为了适应这一需要而开发的专用装置。使用时随工件一同装入炉内，热电偶检测的温度信息记入存储器，待取出后收回，读出 IC 储存数据。最新的炉温跟踪仪可在线监测，经无线传输，实时掌控炉内钢坯的受热状况、测点温度及其均匀性，以修正加热模型，优化加热制度，使钢坯加热更符合加热工艺。

1. 炉温跟踪仪的测试系统

炉温跟踪仪的测试系统分 3 个部分：热电偶测温传感器、数据记录器及抗高温保温箱。

（1）热电偶测温传感器　选择能满足测试精度要求的热电偶型号，以被测工件预计达到的最高温度相适应的且价格相对低廉热电偶种类为优选型号，在根据工件不同测点距离配置热电偶尺寸。通常选用国产 N 型或 K 型热电偶，既满足精度和温度要求，又可降低测试成本。

（2）数据记录器　适用于炉温跟踪仪内的数据记录器要求结构紧凑，并且能抗击振动及高温（通常在 100~150℃）对其数据记录影响。PhoenixTM 数据记录器可以在特殊恶劣条件下整个操作温度范围内保持测温的精准性，元器件被安置于防水、坚固的铝制壳体内，高温型数据记录器可在高达 110℃ 的环境下正常工作。内置数据记录仪的抗高温保温箱设计精巧，在 1300℃ 高温下，可持续工作达 9h，确保测试的可靠性。

PhoenixTM 数据记录器有 6、10 和 20 采集通道，总存储量达 200000 点，测试精度为 ±0.3℃，仪器分辨率为 0.1℃。数据记录器采样间隔在 0.5S~1h 内可调，更能适应各种测试要求。在数据记录器通道不外接热电偶的情况下，数据记录器将在这个通道自动记录其环境温度。

（3）抗高温保温箱　抗高温保温箱是保证温度记录器在测试过程中能否正常工作的关键所在。如果抗高温保温箱在测试期间起不到隔热保温的效果，放置在内部的数据记录器超过了仪器允许工作极限温度，将引起数据记录器数据记录不正确或仪器不能正常运行，甚至遭到损毁。因此需要对抗高温保温箱进行合理的设计，保证它的隔热性能，才能在规定的测试时间内可靠地运行。

抗高温保温箱的功能就是隔绝热量，工作原理类似空调运行：采用物质相变特性，使周围高温环境传入抗高温保温箱的大部分热量通过相变液进行吸收，汽化后的热量连同相变物一起重新排至外环境中，使箱内的温度维持在相变液汽化的温度。抗高温保温箱在1300℃环境下可持续9h。图6-74所示为抗高温保温箱的运行原理。

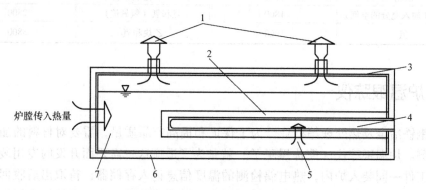

图6-74　抗高温保温箱运行的原理

1—相变汽化带出热量　2—隔热层　3—耐热不锈钢板
4—数据记录器空间　5—进入数据记录器热量　6—高温耐火纤维　7—相变液（水）

2. 热电偶的安装与固定

（1）测温点的选择与布置　工件的质量要求是：工件的厚度、宽度及长度方向的温度状况及均匀性。根据工件的尺寸大小以及测量精度要求选择测温点；同时，工件受热与炉内的多种因素有关，因此还要增加对工件周围的炉气温度进行检测的测温点，以更好地修正工件加热模型。

对于大尺寸工件，要在各方向上布置3个以上测温点，有利于通过测试掌握工件的温度分布状况，对于工件上、下表面的温度测试，应布置于距表面15～20mm深的工件内，可避免炉内火焰对工件表面冲刷而影响热电偶测温。

（2）热电偶的安装　在实际测试过程中，应关注热电偶安装后与工件接触的效果，还要考虑工件在移动过程中的振动对热电偶发生位置偏移的影响等。

为提高热电偶与工件的传热效果，对所埋热电偶采用与该钢种接近的金属粉末（或通常可用铁粉替代）灌注测试孔并做压实处理（见图6-75），保证工件温度向热

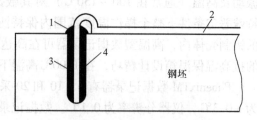

图6-75　热电偶安装示意图

1—502胶水　2—热电偶　3—埋偶孔　4—填充铁粉

电偶快速传递，热电偶能及时正确地反映工件的实际温度。热电偶布置完毕后，应将热电偶捆绑固定，并使用耐火纤维进行包扎，以防止热电偶受火焰直接冲刷而损毁。

通常在堆料场安装热电偶，对布置完毕的工件吊至传输辊道送到炉尾做装炉处理。在辊道传输过程中，由于工件的不平整或辊道高度的不一致性，输送过程中工件会产生振动，从而导致在工件测试孔内的热电偶发生偏移脱位，有时甚至会将热电偶挤压至工件外，致使测试结果偏离工件实际温度。这一点应特别注意。

（3）热电偶的固定

1）502胶或AB胶固定。对安装后的热电偶进行固定处理是热电偶安装后必要的步骤。当热电偶由铁粉填充压实后，再采用502胶或AB胶将热电偶牢牢地固定在工件上，使工件在移动过程中不会发生偏移，保证热电偶测点布置的正确性。当工件进入炉内后，固定用的502胶或AB胶受热后蒸发燃烬，不影响热电偶测温。

2）水玻璃固定。用水玻璃再加少许陶瓷粉将热电偶固定，高温烧成一体。

3）加套管固定。有的被测工件在移动过程中振动很严重，致使有的热电偶寿命不到一个炉次。为此，在$\phi 2 \sim \phi 3mm$铠装热电偶外，再套一个$\phi 5mm$的不锈钢管增强，可使热电偶的寿命延长。

3. 炉温跟踪仪的测试精度与校准

炉温跟踪仪的开发与应用虽有几十年的时间，但直到目前为止，尚无统一的校准规范。炉温跟踪仪通常要进行以下校准：

（1）热电偶校准　按国家校准规范，在计量室的检定炉内测量选用热电偶的精度等级及偏差或修正值，确定热电偶是否满足要求。

（2）数据记录器测试精度校准　PhoenixTM数据记录器的测试精度为$\pm 0.3℃$。

（3）炉温跟踪仪测量系统校准　上述两项校准是设备供应商的校准程序，但用户更关心的是测试系统的校准。

1）选取符合要求的热电偶与数据记录器（处于室温环境）连接后，再放入检定炉内检测各支热电偶测量系统的偏差与修正值，这是当前通用或可行的校准方法。

2）数据记录器处于模拟炉内环境下，对炉温跟踪仪测量系统校准。

数据记录器处于炉内与室温环境下的主要影响是热电偶参比端的温度。如果热电偶通过补偿导线连接，那么采用延长型补偿导线尚可。当补偿型补偿导线超过100℃时，其偏差会较大。如果热电偶直接用接插件插入记录器的插座内，那么应考虑记录器补偿元件的位置。若两者距离较远或温度相差很大，则将引入误差。

4. 应用

步进式轧钢加热炉有效长度为41.7m，宽度为14.4m。加热钢坯长度为8000 ~ 13500mm，厚度为200 ~ 250mm，宽度为1250 ~ 1780mm。以混合煤气为燃料，抽钢设定温度为1170℃，中心内外温差为$\pm 15℃$。在炉加热时间为210min。图6-76所示为步进式轧钢加热炉埋偶试验温度记录运行界面。

使用Thermal View分析软件，对各段炉气温度进行温度范围及平均温度的计算，结果见表6-25。

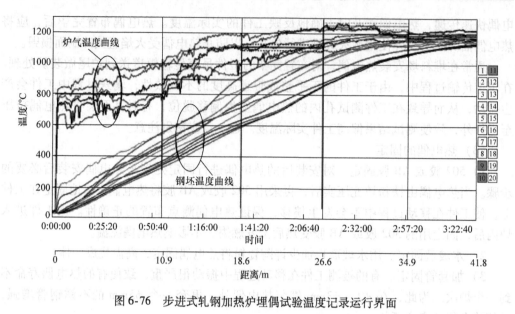

图 6-76 步进式轧钢加热炉埋偶试验温度记录运行界面

表 6-25 加热炉气温度数据处理结果 （单位：℃）

炉段位置		预热回收段	预热段	第一加热段	第二加热段	均热段
各段长度/m		10.9	7.7	8.0	8.3	6.9
东侧上部	温度范围/℃	52.2 ~ 1004.0	994.6 ~ 1131.6	1119.2 ~ 1236.5	1208.9 ~ 1260.9	1200.3 ~ 1229.8
	平均温度/℃	—	1089.2	1187.7	1235.6	1215.8
东侧下部	温度范围/℃	43.6 ~ 814.0	757.3 ~ 1027.8	994.4 ~ 1125.6	1098.1 ~ 1172.5	1149.0 ~ 1166.2
	平均温度/℃	—	925.8	1070.5	1152.2	1156.3
中轴上部	温度范围/℃	59.6 ~ 994.6	859.2 ~ 1116.5	1083.0 ~ 1241.0	1174.0 ~ 1270.3	1197.8 ~ 1232.4
	平均温度/℃	—	1028.9	1171.6	1224.1	1216.6
中轴下部	温度范围/℃	54.1 ~ 790.6	799.9 ~ 984.4	944.2 ~ 1088.9	1079.5 ~ 1130.2	1120.3 ~ 1151.8
	平均温度/℃	—	939.4	1046.6	1108.2	1138.1
西侧上部	温度范围/℃	57.1 ~ 869.1	983.2 ~ 1200.9	1152.9 ~ 1228.0	1172.2 ~ 1239.6	1171.9 ~ 1204.8
	平均温度/℃	—	1116.9	1204.2	1216.9	1193.2
西侧下部	温度范围/℃	54.1 ~ 850.9	803.0 ~ 1119.0	1086.9 ~ 1160.3	1157.0 ~ 1202.8	1172.8 ~ 1196.4
	平均温度/℃	—	996.3	1125.8	1188.1	1185.6

通过对大型轧钢步进式加热炉的炉温跟踪试验，可全面获得加热炉的炉气温度及钢坯各方向的测点温度值，以便用户改进加热制度，从而保证钢坯加热工艺，同时又可实现节能减排。

第 7 章 测温防爆技术

7.1 概述

温度是工业生产过程控制中重要的控制参数。准确控制温度对保证产品质量，降低能耗有重要意义，也是防火防爆所必需的。温度过高，可使化学反应速度加快而失控，若是放热反应，则放热量增加，一旦散热不及时，温度失控，发生冲料，甚至会引起燃烧和爆炸；或由于液化气体介质和低沸点液体介质急剧蒸发，造成过压爆炸。温度过低，有时会因反应速度减慢或停滞造成反应物积聚，一旦温度恢复，往往会因未反应物料过多而发生剧烈反应引起爆炸。这里，反应的燃烧和爆炸，都发生在反应塔、反应釜、蒸馏塔等工艺装置和设备里，或在泵、管道及储存器等辅助设备内。为了不发生灾害事故，必须保证测温仪表高度的准确性和可靠性。

在石油、化工等行业，除了存在上述的燃烧和爆炸灾害外，还存在另一种爆炸灾害，而且这种爆炸灾害几乎占了石油、化工行业爆炸事故的80%以上。这种爆炸灾害是由于上述工艺装置和辅助设备难免存在内部物质的泄漏，如果物质属于易燃性质，当其气体或蒸气与周围空间的空气相混合，就成为爆炸性混合物，此时周围环境就成为爆炸性危险环境或场所。它的起源是以泄漏为中心，如泵、压缩机、阀门、法兰、接头等处。同时，根据周围环境的通风情况，有时还会扩大到车间，甚至整个工厂。如果在工艺装置或设备上进行温度测量，所用测温仪表带有电信号输出或者与显示仪表有连接关系，这些测温仪表就可能成为一个危险点火源。当周围环境存在着爆炸性混合物又恰好在爆炸极限范围内，就可能点燃爆炸性混合物，引起周围环境爆炸，甚至会扩散到整个工厂爆炸。因此，对测温仪表除了保证测温性能外，还必须增加一定的防范措施，阻止由于测温仪表而点燃周围爆炸性混合物的可能，这种防范措施就是测温防爆技术。目前，有隔爆技术、减小点燃能量技术、隔离技术等。这种防爆技术原则上不影响测温性能，仅靠增加防爆措施来实现，如有隔爆热电阻、隔爆热电偶、本安型一体化温度变送器等。

必须说明，测温系统中采用的防爆技术，不是专门为测温仪表而设立的。防爆技术是一个通用和共性的技术，它适用于所有的电气设备，因此下面先介绍防爆电气的共性技术。

7.2 我国爆炸危险环境电气安全规范和标准

爆炸危险环境中用的电气设备，由于存在电气火花而成为了点燃爆炸性混合物最危险的隐患。世界各国都在爆炸危险环境制定了使用电气的安全技术规范和标准，我国也在 20 世纪 80 年代制定了相应的规范和标准。它分两大系列：一部分是要求凡存在爆炸性危险环境的工矿企业，使用电气设备应该按国家规定，强制执行电气安全规范或规程，此规范应属于电气安全技术措施；另一部分是防爆电气设备的生产制造厂，在制造产品时，应该按国家规定，强制执行产品制造标准，此标准是产品安全技术质量保证。

7.2.1 爆炸危险环境电气安全规范

1. 制定目的

为了防止在爆炸危险环境中，由于电气设备和电气线路产生的电气火花或危险温度引起爆炸事故，而采取安全技术与管理防范措施，以保障人身和财产安全。安全规范应做到技术先进、经济合理、安全适度。

由于制定的部门不同，目前，我国共有以下五个规范：

1)《中华人民共和国爆炸危险场所电气安全规程》，由原劳动人事部按劳人护〔1987〕36 号文发布。

2)《爆炸危险环境电力装置设计规范》，标准号为 GB 50058—2014，由中华人民共和国住房和城乡建设部与中华人民共和国国家质量监督检验检疫总局联合发布。

3)《电气装置安装工程 爆炸和火灾危险环境电气装置施工及验收规范》，标准号为 GB 50257—2014 由中华人民共和国住房和城乡建设部与中华人民共和国国家质量监督检验检疫总局联合发布。

4)《爆炸性环境 第 14 部分：场所分类 爆炸性气体环境》，标准号为 GB 3836.14—2014，由全国防爆电气设备标准化技术委员会制定。该标准等同采用国际电工委员会标准 IEC 60079 – 10。

5)《爆炸性环境 第 15 部分：电气装置的设计、选型和安装》，标准号为 GB 3836.15—2017，由全国防爆电气设备标准化技术委员会制定，该标准等效采用 IEC 60079 – 14。

2. 规程的主要内容

上述五个规程或规范主要包括下列内容：

1) 爆炸性混合物的爆炸危险环境区域等级划分。

2) 爆炸危险环境区域等级的判断原则和判断方法。

3) 爆炸危险环境区域等级的平面和立面图绘制。

4) 爆炸危险环境电气设计方法。

5) 爆炸危险环境用防爆电气设备选用方法。

6) 爆炸危险环境防爆电气设备和电气线路安装施工方法。

7) 爆炸危险环境电气设备接地要求。

8) 爆炸危险环境电气工程竣工验收要求。

9) 爆炸危险环境防爆电气设备运行和维护要求。

10) 爆炸危险环境安全技术和管理人员培训要求。

11）爆炸危险环境的电气安全检查和监督要求。

7.2.2　爆炸性环境用防爆电气设备制造标准

爆炸性环境使用的电气设备（含有电动机、电器及自动控制仪表等）在正常运行过程甚至发生故障情况下，都必须具备不点燃周围爆炸性混合物的功能。因此，各类型的电气设备可以根据相适应的防爆原理制造成该类电气的防爆型式，达到防爆要求，才能安全地使用在爆炸危险环境。爆炸性环境用防爆电气设备制造标准就是为电气设备制造成各种防爆型式提供了可靠的技术要求和试验方法。

我国最早的防爆电气设备标准是在 1955 年由原第一机械工业部和化工部联合起草制定的《防爆电气设备检验暂行规程》，其目的是为了检验已试制出来的隔爆型防爆电机，所以当时防爆型式也只限于隔爆型。直至 1977 年两个部联合煤炭工业部共同制定了 GB 1336—1977《防爆电气设备制造　检验规程》，这是我国第一份防爆标准。当时防爆型式已发展到有隔爆型、增安型、通风型、充油型，它们的防爆型式代号分别为 B、A、F、C，制造成防爆电气设备的防爆标志如 B3d、A0d 等。但是由于技术在进步，一些老的防爆电气设备制造标准都逐渐被淘汰，目前已见不到这些标志的产品。

1979 年，国家要求标准都应向 IEC 标准靠拢，希望等同和等效采用国际标准。因此，在国家标准局主持下，成立"全国防爆电气设备标准化技术委员会"，制、修订"防爆电气设备标准"，历经 40 多年的努力工作，制、修订有关标准如下：

1）GB 3836.1—2010《爆炸性环境 第 1 部分：设备　通用要求》，本标准等效采用 IEC 60079 - 0。

2）GB 3836.2—2010《爆炸性环境 第 2 部分：由隔爆外壳"d"保护设备》，本标准等效采用 IEC 60079 - 1。

3）GB 3836.3—2010《爆炸性环境 第 3 部分：由增安型"e"保护的设备》，本标准等效采用 IEC 60079 - 7。

4）GB 3836.4—2010《爆炸性环境 第 4 部分：由本质安全型"i"保护的设备》，本标准等效采用 IEC 60079 - 11。

5）GB/T 3836.5—2017《爆炸性环境 第 5 部分：由正压外壳型"p"保护的设备》，本标准等效采用 IEC 60079 - 2。

6）GB/T 3836.6—2017《爆炸性环境 第 6 部分：由液浸型"o"保护的设备》，本标准等效采用 IEC 60079 - 6。

7）GB/T 3836.7—2017《爆炸性环境 第 7 部分：由充砂型"q"保护的设备》，本标准等效采用 IEC 60079 - 5。

8）GB 3836.8—2014《爆炸性环境 第 8 部分：由"n"型保护的设备》，本标准等效采用 IEC 60079 - 15。

9）GB 3836.9—2014《爆炸性环境 第 9 部分：由浇封型"m"保护的设备》，本标准等效采用 IEC 60079 - 18。

必须指出，国际上的防爆电气规范和标准有两大派系：

1）以美国为首北美派系，采用国家有加拿大、澳大利亚等。

2）以德国为首欧洲派系，采用国家有欧洲各国、日本等。

我国防爆电气设备制造标准主要参照、等效、等同采用 IEC 标准，而 IEC 防爆电气制造标准主要采用德国标准，因此我国防爆标准应属德国派系。两大派系防爆电气制造标准有一定的差异，在防爆电气设备安装施工更为突出，区别很大。北美派系在电气施工布线，习惯用钢管保护；德国派系在电气施工布线，习惯用阻燃性电缆直接施工。为了保证爆炸危险环境电气安全，相应都制定了规范。

7.3 爆炸性混合物

爆炸性混合物分爆炸性气体混合物和爆炸性粉尘混合物。

1）爆炸性气体混合物是指在大气条件下，气体、蒸气、薄雾状的易燃物质与空气混合，点燃后，燃烧将在整个范围内传播的混合物。

2）爆炸性粉尘混合物是指在大气条件下，粉尘或纤维状的易燃物质与空气混合，点燃后，燃烧将在整个范围内传播的混合物。

7.3.1 爆炸性混合物的基本特性

爆炸性混合物的基本特性是用爆炸性混合物的燃烧和爆炸的基本技术参数来表示。这里仅介绍与防爆电气设备设计有关的参数，它是防爆电气设备设计、制造、检验的理论基数。

1. 易燃物质

凡能与空气中的氧或其他氧化物起氧化反应，并能产生燃烧现象的物质，称为易燃物质。

易燃物质可根据存在的状态分为气体、液体、固体。气体如氢、乙炔、乙烯、甲烷等；液体如二甲苯、汽油、柴油、乙醇等；固体如煤、面粉、塑料、棉花等。

2. 燃烧

燃烧是一种放热、发光的氧化反应。易燃物质被点燃后，在空气中进行氧化反应，同时放出反应热使温度上升释，并且放出一定波长的可见光，最后生成一个新生物质，这种现象称燃烧。

自然界只发光、发热，没有新生物质产生的现象不能称为燃烧，如电灯点亮产生光和热的过程不能称是燃烧。

相反，有的氧化反应产生新的物质，而不发光、不发热的化学反应也不能称为燃烧，如生铁在环境中与氧起化学反应（$4Fe + 3O_2 \rightarrow 2Fe_2O_3$）生成三氧化二铁生锈现象。

3. 爆炸

由于化学反应或者其他放热反应而引起压力和温度骤升现象称为爆炸。其中化学反应产生的爆炸称为化学性爆炸，其他放热反应产生的爆炸称为物理性爆炸。

物理性爆炸是由于物质受热或受压膨胀，产生压力和温度的骤变引起外壳突然破损，爆炸前后物质的化学成分和化学性质都未发生改变，如压力容器、蒸气锅炉的爆炸。

化学性爆炸是由物质的一种状态迅速转变成另一种物质状态，并且伴随着压力和温度急骤升高。它可分成四大类：

（1）简单分解化学性爆炸　某些物质不需要点燃，受外界振动就自身分解引起压力和温度急骤升高，产生的爆炸现象，如乙炔铜、乙炔银等物质。

（2）复杂分解化学性爆炸　某些物质不需要点燃，经外界触发后，自身会分解氧而产生氧化反应，引起压力和温度的急骤升高，发生爆炸现象，如火药爆炸。

（3）典型的化学反应爆炸　如氧化反应、还原反应、硝化反应、硫化反应、氯化反应、裂解反应、聚合反应等，由于在反应过程工艺参数失控，引起温度过高、压力过大、流速过快、投料过多等，引起化学反应激烈而爆炸。

（4）爆炸性混合物化学性爆炸　在石油、化工等生产过程必然会存在各种各样的泄漏现象，如泵、阀门、法兰、接头等处。泄漏的易燃物质与周围环境中空气立即混合，马上形成爆炸性混合物，一旦环境中存在点火源，就会发生爆炸现象。通常讲的爆炸三要素（见图7-1）或三角形爆炸，就是指这种类型爆炸。它必须三个条件——易燃物质、空气（或 O_2）、点火源，同时存在才有发生爆炸的可能。常见的点火源有明火、电气火花、静电火花、机械火花、雷电火

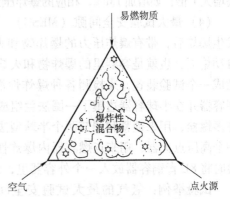

图7-1　爆炸三要素

花、危险高温等。据国内外统计资料，石油、化工行业发生的爆炸事故，80%以上属于此类型。设计和使用防爆电气设备，目的就是要解决爆炸危险环境中除明火外的点火源。

4. 与设计防爆电气设备有关的爆炸技术参数

（1）爆炸极限　爆炸性混合物中易燃物质与空气的体积比，只有在一定的范围内才会引起爆炸，超出这个范围就不会爆炸，这个范围就称为爆炸极限。范围的下限称为爆炸下限，范围的上限称为爆炸上限。

爆炸极限不是一个常数，它与周围环境温度、湿度、净洁度、容积大小、初始压力、含氧量等变化而改变。例如：氢气在实验条件下它的爆炸极限是4%～75%，它的爆炸下限是4%，爆炸上限是75%。

（2）引燃温度　爆炸性混合物可以不用明火或电气火花等引爆，而因加热温度同样能点燃引起爆炸，凡能引起爆炸性混合物爆炸的最低温度值称为引燃温度。爆炸性混合物的浓度对引燃温度影响较大，如图7-2所示。

（3）爆炸压力　爆炸性混合物被点燃后，在瞬间以机械功的形式放出大量能量，并使爆炸引起附近的压力急剧上升，形成爆炸压力。

爆炸压力与爆炸性混合物的浓度、初始压力和容积的形状、大小有关。爆炸压力

和爆炸性混合物浓度的关系，如图7-3所示。

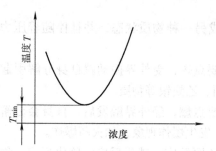 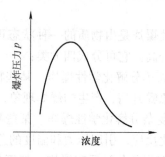

图7-2 引燃温度和爆炸性混合物浓度关系　　图7-3 爆炸压力和爆炸性混合物浓度关系曲线

初始压力对爆炸压力的影响很大。一般初始压力如增加0.1MPa，相应发生的爆炸压力要增大1倍；如增加1MPa，相应的爆炸压力要增大10倍。这种现象称为压力叠加现象。

（4）最大试验安全间隙（MESG）　在有盖的容器里充有爆炸性混合物，当点燃发生爆炸后，带有爆炸压力的爆炸物和火焰，在通过容器和盖的金属结合面的缝隙会自动熄灭，也就是容器里的爆炸物和火焰传不到外面去。到20世纪初，根据这个原理做成一个试验装置，来检测各种爆炸性混合物最大试验安全间隙的数据。由两个半球型容器并在半球容器边镶了一圈法兰组成试验装置。法兰边宽度为25mm，其上安装了许多螺栓，用来锁紧和调节两个半球型法兰间缝隙的大小，在距法兰边内侧10mm处装一个高压点火器，用来点燃容器内爆炸性混合物。容器的材质为青铜，容积为8L。试验时将8L青铜容器放入一个外容器里，外容器口用一个薄膜罩着，如图7-4所示。

试验举例：氢气的最大试验安全间隙（已知氢的爆炸极限为4%～75%），见表7-1。从表中可知0.3mm是氢气的最大试验安全间隙，因为超过0.3mm外容器里爆

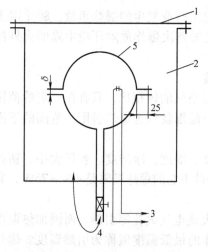

图7-4 最大试验安全间隙

试验装置示意图

1—薄膜　2—外容器　3—高压点火器

4—爆炸性混合物　5—8L球容器

表7-1 氢气的最大试验安全间隙

氢气的体积分数（%）	法兰间隙 δ /mm	外容器点燃情况
4	0.7	爆炸
4	0.6	不爆炸
10	0.6	爆炸
10	0.5	不爆炸
20	0.5	爆炸
20	0.4	不爆炸
32	0.4	爆炸
32	0.3	不爆炸
40	0.3	不爆炸
50	0.3	不爆炸
60	0.3	不爆炸
70	0.3	不爆炸
80	0.3	不爆炸

炸性混合物就被点燃引起爆炸，也就是 8L 容器里的爆炸物和火焰会传到外面来。

（5）最小点燃能量（MIE）　测试爆炸性混合物的最小点燃能量装置，IEC 规定为火花试验装置，如图 7-5 所示。

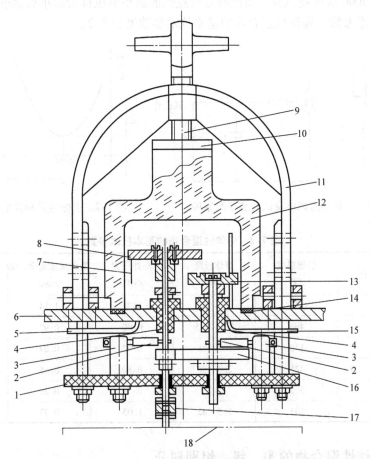

图 7-5　火花试验装置

1—绝缘板　2—接电流处　3—绝缘螺栓　4—绝缘支承　5—气体出口
6—底板　7—钨丝　8—极握　9—夹紧螺杆　10—承压板　11—夹钳
12—罩　13—镉电极盘　14—橡胶垫　15—气体出口　16—拖动齿轮
17—绝缘连接器　18—带减速器的拖动电动机

最小点燃能量试验装置的原理如图 7-6 所示。用一个可变直流电源对电容充电，电容充满电后切换开关，电容就可以对试验槽内两个一直在转动的触点放电，相当于图 7-5 中的钨丝 7 和镉电极盘 13。由于触点始终在开和闭状态，就不断产生电火花，试验槽里是按试验要求充满不同含量的爆炸性混合物，测试不同能量（按 $E = cv^2/2$ 公式计算）和不同含量的关系曲线，就可得到最小点燃能量，如图 7-7 所示。例如，氢气的最小点燃能量是 19μJ，对应氢的最易点燃体积分数是 21%。在实际电路中，常用电流和电压来计算，因此应将最小点燃能量转换成电流和电压。

（6）最小点燃电流（MIC）　在规定的试验条件下，对电阻和电感电路用图 7-5 火花试验装置进行 3000 次火花试验，将能够发生点燃的最小电流称为最小点燃电流。

（7）最小点燃电压（MVC）　在规定的试验条件下，对电容电路用图 7-5 火花试验装置进行 3000 次火花试验，将能够发生点燃的最小电压称为最小点燃电压。

（8）技术参数　爆炸性混合物的基本技术参数见表 7-2。

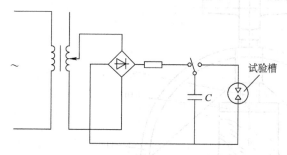

图 7-6　最小点燃能量试验装置的原理　　　　图 7-7　点燃能量和含量关系曲线

表 7-2　爆炸性混合物的基本技术参数

爆炸性混合物	引燃温度 /℃	爆炸极限 （%）	爆炸压力 /MPa	最大试验安全间隙 /mm	最小点燃能量 /mJ
甲烷	537	5 ~ 15	0.72	1.14	0.28
丙烷	466	2.1 ~ 9.5	0.90	0.92	0.26
乙醚	170	1.7 ~ 48	0.92	0.87	0.19
乙烯	425	2.3 ~ 36	0.80	0.65	0.06
氢气	560	4 ~ 75	0.74	0.29	0.019
乙炔	305	1.5 ~ 82	1.03	0.37	0.019

7.3.2　爆炸性混合物的类、级、组别划分

易燃化学物质和它的衍生物目前存在几十万种以上，与空气混合后形成爆炸性混合物也应该有这么多，相应要配用如此多种多样的防爆电气设备来解决电气火花问题，实际上是不可操作的。因此，必须找出它们的属性，进行类、级、组别划分，再合理选用防爆电气设备。

1. 爆炸性混合物的分类

爆炸性混合物分成以下三类：

Ⅰ类是煤矿井下甲烷。造成煤矿爆炸主要是矿井中甲烷气体含量达到爆炸极限，遇点火源引起爆炸。由于煤矿井下工作环境恶劣、潮湿，爆炸气体又单一，所以专门列为Ⅰ类。矿用的防爆电气设备不能用在工厂的爆炸性危险环境中。

Ⅱ类是爆炸性气体、蒸气。所谓爆炸性气体是指易燃气体（氢、一氧化碳、环氧乙烷等）与空气混合，含量达到爆炸极限时的气体混合物。爆炸性蒸气是指易燃液体

（丙酮、汽油等）的蒸气与空气混合，含量达到爆炸极限的气体混合物。

Ⅲ类是爆炸性粉尘（含纤维与火药、炸药，以下同）。这里是指凡是能产生爆炸的粉尘、纤维，包括可燃性粉尘（如淀粉、铝粉等）或纤维（如棉花纤维）与空气混合，含量达到爆炸极限混合物。炸药类粉尘（或纤维）爆炸时威力很大，电气设备须有相当强度，才不致破坏。因此，这类电气设备与一般防爆电气设备又有不同。

2. 爆炸性混合物的分级

（1）爆炸性气体、蒸气分级

1）按最大试验安全间隙分级。爆炸性气体、蒸气发生爆炸时，火焰能通过间隙传播出去，但当间隙狭小到一定程度时，火焰就不能传播出去了。在规定的试验条件下（结合面长度为 25mm），火焰不能传播出去的最大间隙称为最大试验安全间隙（MESG）。不同物质形成的爆炸性混合物其最大试验安全间隙也不同，因此可以分档归纳分级：MESG = 1.14mm 为甲烷，标志Ⅰ；0.9mm < MESG < 1.14mm 为 A 级，标志ⅡA；0.5mm < MESG ≤ 0.9mm 为 B 级，标志ⅡB；MESG ≤ 0.5mm 为 C 级，标志ⅡC。

A 级隔爆型电气设备其隔爆间隙必须小于 1.14mm，而 C 级必须小于或等于 0.5mm，两者是不同的。由此可见，适用于 A 级爆炸性物质的隔爆型电气设备不适用于 B 级或 C 级爆炸性物质的场所。选型不当，就可能失去防爆作用。

2）按最小点燃电流比分级。点燃不同物质所需要的电流大小也不同。在规定的标准试验条件下，以甲烷的最小点燃电流为标准，其他易燃物质的最小点燃电流与之比较，得出最小点燃电流比（MICR）。

某易燃物质的最小点燃电流比 = 某易燃物质最小点燃电流/甲烷最小点燃电流。

实验证明：所有爆炸性气体、蒸气的最小电流都比甲烷小；而且，爆炸性气体、蒸气的最大试验安全间隙与最小点燃电流比二者之间有相关性，最大试验安全间隙越小，最小点燃电流比也越小。按最小点燃电流比分档归纳分级与按最大安全间隙分级，二者结果十分相似，因此在分级时将二者结合：MICR = 1.0 为甲烷，标志Ⅰ；0.8 < MICR < 1.0 为 A 级，标志ⅡA；0.45 < MICR ≤ 0.8 为 B 级，标志ⅡB；MICR ≤ 0.45 为 C 级，标志ⅡC。

（2）爆炸性粉尘的分级　爆炸性粉尘的分级是按粉尘的物理性质划分的。可分为下列三级：ⅢA 级为可燃性飞絮；ⅢB 级为非导电性粉尘；ⅢC 级为导电性粉尘。

3. 爆炸性混合物的分组

爆炸性混合物一律按引燃温度分组。在没有明火源的条件下，不同物质加热引燃所需要的温度是不同的，自燃点各有不同，可分为六组，见表 7-3。

由表 7-3 可见，用于不同组别的防爆电气设备，其表面允许最高温度各不相同，不可随便混用。例如，适用于 T5 的防爆电气设备可以适用于 T1 ~ T4 各级，但是不适用于 T6，因为 T6 的引燃温度比 T5 级低，可能被 T5 适用的防爆电气设备的表面温度所引燃。

表 7-3　引燃温度与组别划分

组　别	引燃温度 $t/℃$
T1	>450
T2	$450 \geqslant t > 300$
T3	$300 \geqslant t > 200$
T4	$200 \geqslant t > 135$
T5	$135 \geqslant t > 100$
T6	$100 \geqslant t > 85$

4. 爆炸性气体和粉尘的分类、分级与分组举例

爆炸性气体和粉尘分类、分级与分组见表 7-4 和表 7-5。

表 7-4　爆炸性气体的分类、分级与分组

类和级	最大试验安全间隙 MESG /mm	最小点燃电流比 MICR	引燃温度 $t/℃$ 与组别					
			T1	T2	T3	T4	T5	T6
			$t > 450$	$450 \geqslant t > 300$	$300 \geqslant t > 200$	$200 \geqslant t > 135$	$135 \geqslant t > 100$	$100 \geqslant t > 85$
I	1.14	1.0	甲烷					
ⅡA	$0.9 <$ MESG < 1.14	$0.8 <$ MICR < 1.0	乙烷、丙烷、丙酮、苯乙烯、氯苯、甲苯、苯、氨、一氧化碳、乙酸乙酯	甲醇、氯乙烯、丁烷、乙醇、丙烯、丁醇、乙酸丁酯、乙酸戊酯、乙酸酐	戊烷、己烷、庚烷、癸烷、辛烷、汽油、硫化氢、环己烷	三甲胺、乙醛		亚硝酸乙酯
ⅡB	$0.5 <$ MESG $\leqslant 0.9$	$0.45 <$ MICR $\leqslant 0.8$	丙烯腈、焦炉煤气、环丙烷	环氧乙烷、环氧丙烷、丁二烯、乙烯	二甲醚、丁烯醛、四氢呋喃	二乙醚、二丁醚、四氟乙烯		
ⅡC	MESG $\leqslant 0.5$	MICR $\leqslant 0.45$	水煤气、氢气	乙炔			二硫化碳	硝酸乙酯

表 7-5　爆炸性粉尘的分类、分级

类和级	粉尘物质	引燃温度 $t/℃$		
		$t > 270$	$270 \geqslant t > 200$	$200 \geqslant t > 140$
ⅢA	可燃性飞絮	木棉纤维、烟草纤维、纸纤维、亚麻、亚硫酸盐纤维素、人造毛短纤维	木质纤维	
ⅢB	非导电性粉尘	小麦、玉米、砂糖、橡胶、染料、聚乙烯、苯酚树脂	可可、米糠	
ⅢC	导电性粉尘	镁、铝、铝青铜、锌、钛、焦炭、炭黑	铝（含油）、铁、煤	

更详尽的爆炸性气体混合物分类、分级、分组与特性见附录 D。

5. 北美防爆体系的分类、分级与分组

北美将爆炸性混合物分为三级，相当我国的分类，如 Class I 代表气体，Class II 代表粉尘，Class III 代表纤维。

将爆炸性气体和粉尘、纤维共分为八组，其典型代表物质有：GroupA 代表气体是乙炔；GroupB 代表气体是氢气；GroupC 代表气体是乙烯；GroupD 代表气体是丙烷和甲烷；GroupE 代表金属导电粉尘，电阻率小于 $10^5\Omega\cdot cm$；GroupF 代表碳粉尘，电阻率为 $10^5\sim10^8\Omega\cdot cm$；GroupG 代表农业粉尘和非导电粉尘，电阻率大于 $10^8\Omega\cdot cm$；爆炸性纤维不分组，直接用 Class III 表示。

我国和北美爆炸性混合物分级对照见表 7-6。爆炸性气体混合物温度分组对照见表 7-7。

表 7-6　我国和北美爆炸性混合物分级对照

典型易燃物质	我国标准	北美（Group）
甲烷	I	D
丙烷	II A	D
乙烯	II B	C
氢气	II C	B
乙炔	II C	A
镁粉	III C	E
炭黑	III C	F
淀粉	III B	G
木棉纤维	III A	Class III

表 7-7　我国和北美爆炸性气体混合物温度分组对照表

引燃温度 $t/℃$	北美标准	我国标准
>450	T1	T1
$450\geqslant t>300$	T2	T2
$300\geqslant t>280$	T3	T3
$280\geqslant t>250$	T3A	T3
$250\geqslant t>230$	T3B	T3
$230\geqslant t>200$	T3C	T3
$200\geqslant t>180$	T4	T4
$180\geqslant t>165$	T4A	T4
$165\geqslant t>160$	T4B	T4
$160\geqslant t>135$	T4C	T4
$135\geqslant t>120$	T5	T5
$120\geqslant t>100$	T5A	T5
$100\geqslant t>85$	T6	T6

7.4 爆炸危险环境的区域划分

7.4.1 爆炸危险环境的分类和分区

1. 爆炸危险环境的分类

爆炸危险环境可按爆炸性混合物的物态，分为爆炸性气体环境和爆炸性粉尘环境两大类。

2. 爆炸危险环境的分区

爆炸危险环境的分区要求是按爆炸性混合物出现或预期可能出现的数量，达到足以要求对电气设备的结构、安装和使用，采取防爆措施的区域。

（1）爆炸性气体环境的分区。爆炸性气体、蒸气与空气混合形成爆炸性气体环境，根据爆炸性气体混合物出现的频繁程度和持续时间分为三个区域等级。

1）0级区域：在正常工作情况下，爆炸性气体混合物，连续地、短时间频繁地出现或长时间存在的环境。

2）1级区域：在正常工作情况下，爆炸性气体混合物，有可能出现的环境。

3）2级区域：在正常工作情况下，爆炸性气体混合物，不可能出现，仅在故障情况下，偶尔短时间出现的环境。

目前，国际上都是用定性方法对爆炸性气体环境分级，某些先进工业国家，也在考虑用定量方法分级，以每年平均在危险环境中能检测到爆炸性混合物爆炸下限值的小时数来分级，如10h/a以下定为2区，10~100（或1000）h/a定为1区，100（或1000）h/a以上定为0区。在生产过程中，0区是极个别的，在设计工艺时，应采取合理措施尽量减少1区，大多数环境应属于2区。

（2）爆炸性粉尘环境分区 爆炸危险区域应根据爆炸性粉尘环境出现的频繁程度和持续时间分为20区、21区、22区，分区应符合下列规定：

1）20区应为空气中的可燃性粉尘云持续地或长期地或频繁地出现于爆炸性环境中的区域。

2）21区应为在正常运行时，空气中的可燃性粉尘云很可能偶尔出现于爆炸性环境中的区域。

3）22区应为在正常运行时，空气中的可燃粉尘云一般不可能出现于爆炸性粉尘环境中的区域，即使出现，持续时间也是短暂的。

7.4.2 爆炸危险环境区域等级的判断方法

1. 爆炸危险环境区域等级的判断原则

（1）爆炸性混合物的理化特性 要了解爆炸性混合物的爆炸极限值、引燃温度、闪点、密度、粒度等特性，其中爆炸下限值是划分等级的重要依据之一。在正常情况下，爆炸性混合物的含量有可能达到爆炸下限值时，应划为1区；对于存在时间较长以及频繁出现者，则要划为 0 区；对于出现爆炸上限值时，由于空气可以稀释，因此这种环境也应划为 0 区；仅在不正常情况下偶尔可能达到爆炸下限值时才划为 2 区。

另外，闪点、密度、粒度等都会直接影响环境的划分，如闪点越低，越易生成爆炸性混合物，范围也越大；粒度大就不能飞扬起来，就不形成爆炸性粉尘环境；密度对爆炸性混合物的出现和存在具有很大的差异，比空气轻的物质，具有扩散性，比空气重的物质具有沉积性。

当爆炸危险环境，同时存在两种以上爆炸性物质时，会产生爆炸危险性叠加效应，扩大爆炸极限值，使爆炸下限值更小，增加了爆炸危险性。

（2）释放源的状态　由于存在释放源，才会形成爆炸性危险环境，因此应了解释放源的具体部位，以及可能发生释放量、释放速度、释放方向、释放时间、释放规律和频度，并研究其所在空间可能分布的范围。

释放源按释放出爆炸性物质的可能性大小分为三个等级。

1）连续级释放源：连续释放或预计长期释放或短时间频繁释放的释放源，如没有充惰性气体的固定顶盖储罐中的易燃液体的表面。

2）一级释放源：正常运行时周期或偶尔释放的释放源，如设备在正常运行时，会释放易燃物质的泵、压缩机和阀门等密封处。

3）二级释放源：在正常运行时不会释放，即使释放也仅是不经常且是短时间释放的释放源，如法兰、接头处。

一般情况，连续级释放源可导致 0 区，一级释放源可导致 1 区，二级释放源可导致 2 区。

（3）通风状态　通风状态的好坏对爆炸危险物质的扩散和排出影响很大。对于通风良好的爆炸危险环境，原则上可降低一级，并可大大缩小其影响范围。

下列情况可视为通风良好条件：

1）露天或敞开式建筑物。

2）敞开式建筑物能充分进行自然通风。

3）屋顶设有天窗的厂房，而且爆炸性物质的密度在 $0.7g/cm^3$ 以下。

4）整个厂房能充分通风换气，要求每小时换气六次以上，并应设有独立备用通风系统。

局部机械通风在稀释爆炸性气体混合物方面比自然通风和一般机械通风更有效，因而可使爆炸危险区域范围缩小，在设计中应当作为一项有效防爆安全措施加以采用。

相反，当释放源处于无通风环境时，则可能提高爆炸危险区域的等级，连续级或一级释放源可能导致 0 区，二级释放源可能导致 1 区。

2. 爆炸气体危险环境内区域等级的判断方法

（1）现场有无释放源　有释放源时按上述内容进行判断，无释放源时即为非爆炸危险环境。

（2）爆炸性混合物有无连续地出现或短时间频繁出现，或者长时间保持在爆炸下限以上的可能性　按上述内容进行判断。有如下可能的定为 0 区。

1）易燃液体的容器或槽罐的液面上部空间等，通常是爆炸性混合物连续地超过爆炸下限的区域。

2）敞开容器内的易燃液体液面附近连续发生爆炸性混合物的区域。

3）喷漆作业的室内，爆炸性混合物断续地出现的区域。

（3）在正常情况下有无积聚形成爆炸性混合物的可能性　按上述内容进行判断，有可能的，如类似下列场所定为 1 区。

1）储油桶、油罐灌注易燃液体时的开口部分附近。

2）爆炸性气体排放口附近，如泄压阀、排气阀、呼吸阀、阻火阀的附近。

3）浮顶储罐的上部。

4）密度比空气重的爆炸危险物质可能泄露的场所，易燃积聚形成爆炸性混合的洼坑、沟槽等处。

5）在正常工作时，会释放易燃物质的泵、压缩机和阀门等密封处。

6）在正常工作时，安装在储有易燃液体容器的排水系统。

（4）在不正常情况下，有无产生爆炸混合物的可能性　有可能的，如类似下列场所定为 2 区；无可能的，则划为非爆炸危险环境。

1）有可能因设备、容器的腐蚀、陈旧等破坏，漏出危险物料的区域。

2）因误操作或因异常反应形成高温、高压，有可能漏出危险物料的区域。

3）因通风设备发生故障，有可能积聚形成爆炸性混合物的区域。

4）在正常工作时，不可能出现释放的泵、压缩机和阀门的密封处。

5）法兰、连接体和管道接头。

3. 爆炸粉尘危险环境内区域等级的判断方法

（1）有无可能产生爆炸性粉尘的释放源　有释放源时按上述内容进行判断，无释放源时划为非爆炸危险环境。

（2）爆炸性粉尘环境频繁程度和持续时间　根据上述爆炸性粉尘环境分区的相关内容判断。

4. 降低爆炸性危险环境的方法

1）当通风良好时，应降低爆炸危险环境区域等级。

2）可采用局部机械通风降低爆炸危险环境区域等级。

3）安装可燃性气体自动检测仪，当环境内任意地点的爆炸性混合物含量接近爆炸下限的 25% 时，能可靠地发出报警并同时联动有效通风的环境，可降低一级。

4）利用堤或墙等障碍物，限制比空气重的爆炸性气体混合物的扩散，可缩小爆炸危险区域的范围。

5. 非爆炸危险环境的判断

1）易燃物质可能出现的最高浓度不超过爆炸下限值的 10%，应判断为非爆炸危险环境。

2）在生产过程中使用明火的设备附近，或炽热部件的表面温度超过区域内易燃物质引燃温度的设备附近。

3）在生产装置区外，露天或敞开设置的输送易燃物质的架空管道地带，但其阀门处按具体情况定。

4）爆炸性气体环境内的车间采用正压或连续通风稀释措施后，车间可降为非爆炸危险环境。

7.5　防爆电气设备的防爆原理

凡是带电的设备都称为电气设备，它应包括仪器、仪表、自控设备、通信设备、报警设备、照明设备、电器设备、动力设备、配电设备、起重设备等。防爆电气设备的设计和制造，原则是不改变这些电气设备的基本性能和特点，而是增加某种防爆措施进行改制。例如，隔爆型防爆按钮，就是在普通的按钮上设计了一个隔爆外壳，隔爆型防爆电动机，就是在原来的电动机外壳上进行了改进设计。改进的原理共有如下几种方法。

1. 间隙隔爆原理

早在 19 世纪初，德国科学家贝林（Beyling）在研究火焰穿过金属间隙现象时，发现间隙缝隙小到一定程度，可以使圆柱形的法兰容器内甲烷与空气混合物爆炸，不会引起容器外面的甲烷与空气混合物的爆炸。其主要原因是金属间隙能阻止爆炸火焰的传播和冷却爆炸产物的温度，达到熄火和降温隔离爆炸产物的效果，俗称隔爆。隔爆型电气设备是用间隙防爆原理进行设计、制造和分类分级的。隔爆型代号为 d。

隔爆间隙种类有平面法兰结合面、止口法兰结合面、圆筒结合面、螺纹结合面，另外，金属微孔（粉末冶金）、金属网罩等结构形式，也属于间隙防爆原理。

2. 减小点燃能量防爆原理

在发明间隙防爆原理的同一时期，由英国科学家提出限制电路中的电气参数，降低电路的电压和电流，或者采取某些可靠保护电路，阻止强电流和高电压窜入爆炸危险场所，以保证爆炸危险场所中电路产生的开断路电火花或热效应能量小于爆炸性混合物的最小点燃能量，不能点燃爆炸性混合物。

在 20 世纪初，电还只能应用在电力驱动和照明方面，要对强电技术减小能量是非常困难；到了 20 世纪 50 年代开始有简单自动控制，才能实现减小点燃能量的防爆原理。本质安全型电气设备是用减小点燃能量的原理进行设计、制造和分类分级的。本质安全型代号为 i。

由于本质安全型电气设备结构简单，体积小，重量轻，制造和维护方便，具有可靠的安全性，能直接应用在最危险的 0 区场所，因此被广泛地应用在石油、化工等大型工程上，并正在逐渐地替代笨重的隔爆型结构。

3. 阻止点火源与爆炸性混合物相接触防爆原理

根据爆炸性混合物的爆炸三要素原理，采取一些有效可靠的措施，迫使电气火花与周围环境中的爆炸性混合物不能直接接触达到防爆要求。该原理与隔爆措施有本质区别，隔爆是隔爆型电气设备的外壳内部已经发生了爆炸，能阻止内部的爆炸物和火焰向外传出；而该原理是先把点火源与爆炸性混合物隔离，根本没有发生爆炸现象的可能。目前，已有正压空气隔离、油隔离、石英砂隔离、浇封隔离、焊接密封隔离。相应的防爆型式称为正压型（p）、充油型（o）、充砂型（q）、浇封型（m）。有些隔离措施尚未定型，人们尚未认可，可送国家指定的防爆检验机构进行鉴定，并制定相应技术条件，报主管部门备案，可称为特殊型防爆形式。

4. 在特定的条件下提高电气设备的电气安全措施

所谓特定条件指某些电气设备在正常运行时不会产生电气火花、电弧和危险温度，如变压器、电磁阀、接线盒、照明灯具、异步电动机等。但在电气设备发生故障时，如接线松动、受潮、过载发热等会引起点燃火花。因此，采取提高电气安全措施，如电气设备外壳防护等级必须达到 IP54 等级，提高电气绝缘性能，增大电气间隙和爬电距离，增加散热措施，增设危险温度报警系统等，进一步确保电气设备运行时的安全可靠性，这种增加安全电气性能的型式，称为增安型，代号为 e。

另外，有些电气设备在正常工作下，不会点燃周围爆炸性混合物，而且一般不会发生有点燃作用的故障，称为无火花型代号为 n。

7.6 防爆电气设备的基本技术要求

普通电气设备因为可能会产生火花、电弧和危险温度而成为一种潜在的危险点燃源，一旦碰到爆炸性气体混合物就会引起爆炸，因此在爆炸危险场所是绝对不能使用普通的电气设备。但是普通的电气设备大部分产品，如电动机、低压电器、控制箱、照明灯具、仪器仪表、通信设备等，都能根据上一节的防爆原理设计制造成为不同防爆类型的防爆电气设备。本节介绍了我国防爆标准规定的各种防爆类型的基本技术要求。

世界各国为了维护自己国家或地区的安全，防止爆炸事故的发生，确保防爆电气设备的高度安全可靠性，都制定了符合本国国情和利益的制造检验规程，如德国 VDE 0170/0171，英国 BS 5501，苏联 ΓOCT 22782，日本 RⅡS - TR，美国 UL 674、698、913，我国 GB 3836.1 等。但是防爆产品根据国际上的惯例，产品从一个国家出口到另一个国家，都必须被进口国家按进口国家标准重新检验，每个国家标准不完全一致，这就造成了防爆电气设备国际贸易的技术壁垒。因此，国际上自 20 世纪 70 年代开始成立一些组织设法把这类标准趋向统一，减少贸易障碍。这些标准有 IEC 的 TC31 委员会制定的 IEC 60079，欧洲电工标准化委员会（CENELEC）制定的 EN 50018/20，经互会标准化常设委员会（nACC3B）制定的 PC 781 标准。

我国防爆电气设备制造标准 GB 3836 系列，等同或等效 IEC 60079 标准。

7.6.1 防爆电气设备的通用技术要求

目前，爆炸性气体环境用防爆电气设备的防爆型式已有隔爆型（d）、本质安全型（i）、增安型（e）、正压型（p）、充油型（o）、充砂型（q）、无火花型（n）、浇封型

（m）等。将它们的共性要求，归并成通用要求，即每种防爆型式都需要执行的技术要求。

1. 环境温度

防爆电气设备运行的环境温度为 - 20 ~ 40℃。因为所有防爆技术参数是在此温度范围内制定的，如果要改变运行环境温度，一定要在产品铭牌上标明，同时将有些技术参数做相应调整或由试验确定，这样才能保证防爆的可靠性。如环境温度低于 - 40℃时，许多材料会产生冷脆现象，影响材料在低温时的强度，因此必须对材料增加 - 40℃时的各项指标考核，以确定能否使用。

2. 最高表面温度

防爆电气设备与普通电气设备一样，在正常运行时会引起温升而传递到设备外壳成为设备的表面温度。设备的外壳接触到环境中爆炸性气体混合物，如果表面温度高于爆炸性气体混合物的自燃温度，就会引起爆炸事故。因此，应对防爆电气设备根据不同的组别加以限制，见表 7-8。

表 7-8　防爆电气设备允许最高表面温度分组表

温度组别	T1	T2	T3	T4	T5	T6
允许最高表面温度/℃	450	300	200	135	100	85

Ⅰ类防爆电气设备的最高表面温度为 T1，如果考虑煤矿井下有煤粉尘堆积时，表面温度上限为 150℃。在环境中最高表面温度可用下式计算确定：

设备最高表面温度 = 实测最高表面温度 - 实测时环境温度 + 规定最高运行环境温度。

3. 外壳材质要求

防爆电气设备的外壳材质，可选用铸钢、铸铁、铸铝和其他有色金属，也可用非金属材料，例如，塑料、陶瓷等材料。由于塑料有冷脆性、易积聚静电、易老化等缺点，以及铝合金撞击摩擦易放出大量热能，因此对选用这两种材质做如下规定：

1）塑料外壳应具有热稳定性能，须承受耐热试验（GB 3836.1）、耐寒试验（GB 3836.1）、机械试验（GB 3836.1）。试验后不得影响防爆性能。

2）塑料外壳应具有防止表面静电荷积聚性能。在规定的试验条件下，测量表面绝缘电阻不应超过 1GΩ 或通过限定塑料外壳的最大表面面积（GB 3836.1）。

3）塑料外壳应具有阻燃性能。

4）铝合金外壳材料中镁的质量分数应小于 6%；Ⅰ类电气设备，铝、钛和镁总的质量分数应小于 15%。

4. 外壳紧固件要求

1）紧固件的型式，只允许用工具才能松开或拆除。

2）紧固孔的螺纹深度应至少等于相应规格紧固件螺栓的全部高度。

3）螺纹公差应达到 6H 级。

5. 联锁装置要求

联锁装置的结构，应保证用专用工具才能解除。

6. 绝缘套管要求

因为绝缘套管在制造装配时和被用户接线、拆线时，都会受到一定量的力矩作用。如果绝缘套管强度低，容易破裂损坏，造成漏电或短路事故，严重时影响防爆性能。因此，要求安装牢固，并保证所有部位不转动，须承受转矩试验（GB 3836.1）。

7. 粘接材料要求

防爆电气设备的内部或外壳某部件需用粘接材料粘接时，粘接材料应具有热稳定性能，须承受耐热试验（GB 3836.1）、耐寒试验（GB 3836.1）后，不能龟裂。

8. Ex 元件

电气设备的某些元件和部件，例如，按钮、开关、显示器、指示灯、电流表、恒温器、本安电源等，可单独按防爆要求设计具有防爆性能的元件和部件。因为没有外壳，所以接线部件就裸露出来，不能单独在爆炸危险环境使用，需要时必须与有关外壳配套使用，这种元件称为 Ex 元件。

9. 接线盒和接线连接件要求

防爆电气设备的外部电缆或导线允许直接与设备电气相连接。但是，当防爆电气设备正常运行时会产生火花、电弧或危险温度和当 I 类电气设备额定功率大于 250W，II 类电气设备额定功率大于 1kW 时，必须采取通过接线盒方式与设备进行电气连接。

通常接线盒可做成隔爆型、增安型、充油型、充砂型、正压型等防爆型式。但是，任何一种型式都必须便于接线，并留有适合于导线弯曲半径的空间。接线盒内部应该设有连接电缆或导线的接线端子。

接线盒内部的连接件应有足够的机械强度，结构要保证连接可靠，不允许在振动和温度变化情况下，发生松动而产生火花或过热现象。连接件之间外壳之间的电气间隙，爬电距离须分别满足相应防爆型式标准的规定。

10. 接地连接件要求

防爆电气设备外壳接地除防止人身触电事故外，更重要的是防止漏电发生火花，引起点燃爆炸性气体混合物。因此，接地须可靠并应符合下列规定：

1）防爆电气设备的金属外壳，须设有外接地螺栓，并要标志接地符号"⊥"，不能用地脚螺栓或紧固螺栓代替接地螺栓。

2）防爆电气设备的接线盒内部须设有接地螺栓，并要标志接地符号"⊥"，不能用其他紧固螺栓和电源中性线代替接地螺栓。

3）接地连接件应至少保证一根保护线可靠连接，保护线最小截面积见表 7-9。另外，电气设备外接地连接件应能至少与截面积为 $4mm^2$ 的接地线有效连接。

4）连接件应有有效防腐措施，其结构应能防止导线松动、扭转，且有效持久地保持接触压力。在连接中被连接部分含轻金属材料时，则必须采取特殊的预防措施（例如，应用钢质过渡件）。

11. 电缆和导管引入装置要求

电缆和导管引入装置也称进线装置，是外部电源进线口或控制电路对设备输入输出的地方，属于防爆电气设备外壳的一部分，也可单独设计一个 Ex 电缆引入装置与防爆电气设备相配合。由于引入装置与周围爆炸性混合物相接触，而且经常需要被操作人员打开接线，因此必须安全可靠，符合规定要求。

表 7-9　保护线最小截面积

主电路导线每相截面积 S/mm^2	对应保护线最小截面积 S_p/mm^2
$S \leqslant 16$	S
$16 < S \leqslant 35$	16
$S > 35$	$0.5S$

（1）安装在电气设备上的情况　电缆和导管引入装置安装在电气设备上时，它们的结构和固定不应损害电气设备的防爆特性。

（2）导管的引入　导管的引入可以通过螺纹旋到螺纹孔中或紧固在光孔中。螺纹孔和光孔可设在外壳壁上、外壳连接板上以及合适的填料盒中，它属于外壳的一部分或连接在外壳壁上。

（3）封堵　电气设备外壳上不装电缆或导管引入装置的通孔用封堵件，应能与设备外壳一起符合相应的防爆型式规定，封堵料只能用工具才能拆除。

（4）引入装置各种结构形式

1）密封圈式引入装置。密封圈式引入装置是采取压紧橡胶弹性密封圈，使电缆或导线穿过密封圈在引入装置内壁压缩涨开密封，达到引入装置内部与外界隔离。压紧密封圈方式有压紧螺母式（见图7-8）和压盘式（见图7-9）。由于橡胶密封圈易损坏和老化。为了保证引入装置安全可靠须满足下列规定：

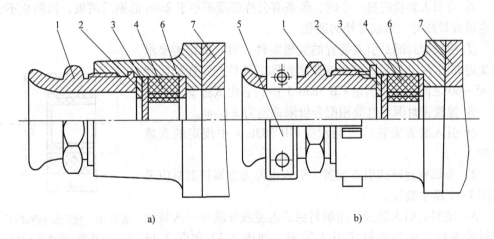

a)　　　　　　　　　　　　　　b)

图 7-8　压紧螺母式引入装置

a）适用于公称外径不大于 20mm 的电缆　b）适用于公称外径不大于 30mm 的电缆

1—压紧螺母　2—金属垫圈　3—金属垫片　4—密封圈

5—防止电缆拔脱及防松动装置　6—连通节　7—接线盒

① 压紧螺母式引入装置，当电缆外径不大于 $\phi 20mm$ 时，可不设置防止电缆拔脱及防松装置，但是移动式的防爆电气设备仍须设置此装置。

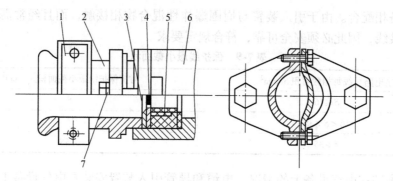

图 7-9 压盘式引入装置

1—防止电缆拔脱装置 2—压盘 3—金属垫圈
4—金属垫片 5—密封圈 6—连通节 7—弹簧垫圈

② 压盘式引入装置，在压盘上的两个压紧螺栓须加弹簧垫圈，防止压盘松动影响密封性能。

③ 为了防止压紧螺母旋紧和压盘压紧时，损坏橡胶密封圈，须在压紧元件和橡胶密封圈之间增加一个金属垫圈。

④ 引入橡套电缆时，压紧螺母或压盘的电缆入口处须制成喇叭口状，其内缘应平滑。

⑤ 引入导线时需要钢管机械保护，压紧螺母或压盘的导线入口处须采用英制管螺纹连接方式。

⑥ 当引入装置超过一个时，须备有公称厚度不小于 2mm 的钢质堵板，以防止不引入电缆或导线时，形成对外的通孔。

⑦ 橡胶密封圈是引入装置的关键零件，对它的结构要求和规定如图 7-10 所示，并对橡胶密封圈的弹性规定在邵氏硬度 45 ~ 60 之间，还须满足 GB 3836.1 中的老化试验要求。

⑧ 橡胶密封圈与电缆相配合极限偏差为 ±1mm。

⑨ 引入装置安装后应能承受 GB 3836.1 中规定的夹紧试验。

2）金属密封环式引入装置。引入电缆为金属护套时应采用图 7-11 所示装置。

3）填料式引入装置。用填料保证电缆或导线与引入装置密封的方法，称为填料式引入装置，如图 7-12 和图 7-13 所示。

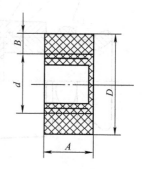

图 7-10　橡胶密封圈结构

注：d = 电缆公称外径 ±1mm；

　　$A > 0.7d$（不小于 10mm）；

　　$B > 0.3d$（不大于 4mm）。

① 填料材料应符合 GB 3836.1 中的规定。

② 填料式引入装置安装后应能承受 GB 3836.1 中的试验要求。

4）Ex 电缆引入装置。Ex 电缆引入装置可作为一种设备单独试验并取得防爆合格证，在和设备外壳一起安装时，则不需要再发防爆合格证书。

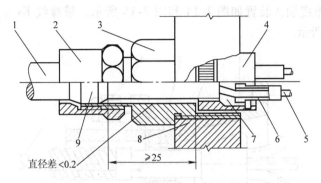

图 7-11 金属密封环式引入装置

1—金属护套电缆 2—压环螺母 3—带螺纹接头 4—端部固定套管

5—导体 6—绝缘套管 7—绝缘填料 8—防爆电气设备外壳 9—金属密封环

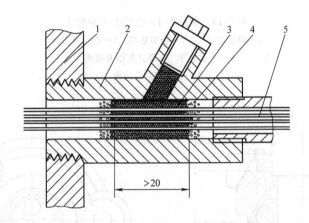

图 7-12 填料式电缆引入装置Ⅰ

1—防爆电气设备外壳 2—带螺纹填料密封接头 3—填料 4—阻燃纤维棉 5—导线或电缆

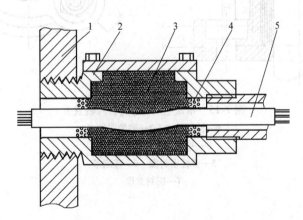

图 7-13 填料式电缆引入装置Ⅱ

1—防爆电气设备外壳 2—带螺纹填料密封盒 3—填料 4—阻燃纤维棉 5—导线或电缆

带法兰 Ex 电缆引入装置如图 7-14 和图 7-15 所示；带螺纹 Ex 电缆引入装置如图 7-16 和图 7-17 所示。

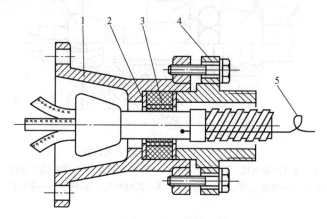

图 7-14　带法兰 Ex 电缆引入装置 I

1—带法兰接头　2—金属垫圈　3—弹性密封圈

4—压紧元件（压盘式配铠装电缆）

5—铝皮和铠装接地

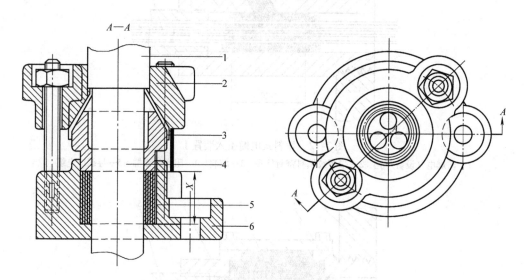

图 7-15　带法兰 Ex 电缆引入装置 II

1—铠装电缆　2—铠装定位卡

3—铠装　4—铠装内包皮

5—弹性密封圈　6—连通节

X—密封宽度

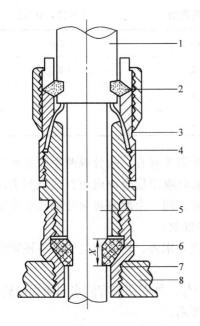

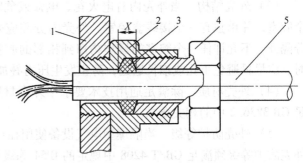

图 7-16　带螺纹 Ex 电缆引入装置 I

1—电缆外层　2—电缆外层密封

3—铠装定位卡　4—铠装　5—铠装内包皮

6—弹性密封圈　7—螺纹引入

8—防爆电气外壳　X—密封宽度

图 7-17　带螺纹 Ex 电缆引入装置 II

1—防爆电气设备外壳　2—带螺纹接头

3—弹性密封圈　4—压紧元件（螺母式配电缆）

5—电缆　X—密封宽度

7.6.2　防爆电气设备的隔爆型技术要求

1. 概述

隔爆型电气设备是将电气设备正常运行或故障状态下可能产生火花的零部件放在一个或几个外壳中，或者在一个外壳中分成几个腔室。这种外壳除了要有一定的强度外，还须具有特殊的结构和尺寸（指隔爆接合面）。这样，才能保证爆炸性气体混合物可能进入外壳内，被电气火花点燃引爆，不至于外壳损坏或变形，也不至于使外壳内部爆炸产物窜到外壳外部去点燃周围环境中的爆炸性混合物。它的代号为"d"。

2. 隔爆外壳

（1）定义　能承受内部爆炸性气体混合物的爆炸压力，并能阻止内部爆炸物向壳外部传播的外壳称隔爆外壳。

（2）外壳机械强度　外壳应承受的压力，即产品出厂水压试验的压力，应是防爆检验站做参考压力试验得出压力的 1.5 倍。但是，当产品在设计阶段，尚不清楚参考压力时，可先按表 7-10 的要求，根据外壳净容积大小，计算外壳的壁厚。当参考压力的 1.5 倍与表 7-10 许用压力值相差较大时，应重新按参考压力的 1.5 倍值计算外壳的壁厚。

表 7-10 隔爆外壳计算许用压力 （单位：MPa）

外壳净容积 V/L	V≤0.5	0.5 < V≤2.0	V>2.0
I	0.35	0.6	0.8
IIA、IIB	0.6	0.8	1
IIC	1.5		

（3）外壳结构　当外壳内有电火花、电弧或危险温度存在，须分成两个腔室或几个腔室，并单独有一个接线盒腔室。外壳内分腔应采取隔爆接合面或密封或浇封措施分隔开，不允许任一个腔室的爆炸物窜到相邻的腔室。同一个腔室再须分隔几个小室时，应尽量避免小孔或细长通道，防止发生压力叠加现象。

（4）外壳材质　除满足通用技术要求中外壳材质要求外，对 I 类电气设备还须满足 GB 3836.2 中的相关要求。

（5）外壳防护等级　当隔爆型电气设备使用在户外，外壳还应有防水和防尘措施。外壳防护等级须满足 GB/T 4208 中规定的 IP54 等级要求。

3. 隔爆接合面（接合面）

（1）定义　隔爆外壳不同部件相对应的表面配合在一起（或外壳连接处），且内部爆炸生成物可能会由此从外壳内部传到外壳外部的部位，称为隔爆接合面。

（2）隔爆接合面主要形式

1）平面隔爆接合面：相对表面为平面，且该平面接合面长度为直线形，如图 7-18、图 7-19 所示。

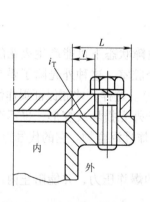 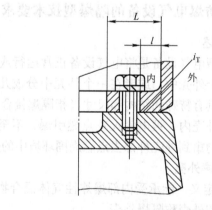

图 7-18　平面隔爆接合面 I 　　　　　图 7-19　平面隔爆接合面 II

2）圆筒隔爆接合面：相对表面为圆筒形，且该圆筒形接合面长度为直线形，如图 7-20、图 7-21 所示。

3）止口隔爆接合面：相对表面为平面和圆筒形，且接合面长度为二段直线相加，如图 7-22、图 7-23 所示。

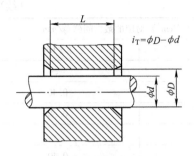

图 7-20　圆筒隔爆接合面 I

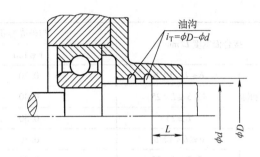

图 7-21　圆筒隔爆接合面 II

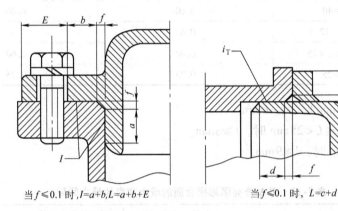

当 $f \leqslant 0.1$ 时, $I = a + b$, $L = a + b + E$

图 7-22　止口隔爆接合面 I

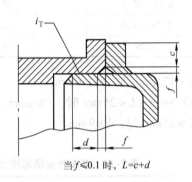

当 $f \leqslant 0.1$ 时, $L = c + d$

图 7-23　止口隔爆接合面 II

4）螺纹隔爆接合面：相对表面为螺纹齿面，且结合面长度转化为啮合的有效扣数，如图 7-24 所示。

（3）隔爆接合面的结构参数　为了保证隔爆外壳内部爆炸不传爆到外壳外部，对平面、圆筒、止口形接合面，按外壳的净容积大小规定，隔爆接合面的最小接合面宽度也称火焰通路长度（l），隔爆接合面相对应表面之间的距离也称最大间隙（i_T），见表 7-11 ~ 表 7-14。

如果接合面被紧固螺栓孔分隔，则图 7-18、图 7-19 和图 7-22 所示距离 l 之最小值应符合下列规定：

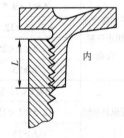

图 7-24　螺纹隔爆接合面

表 7-11　I 类外壳隔爆接合面的最小宽度和最大间隙

接合面宽度 L/mm		与外壳容积（V/cm³）对应的最大间隙 i_T/mm	
		$V \leqslant 100$	$V > 100$
平面接合面和止口接合面	$6 \leqslant L < 12.5$	0.30	—
	$12.5 \leqslant L < 25$	0.40	0.40
	$L \geqslant 25$	0.50	0.50

（续）

接合面宽度 L/mm		与外壳容积（V/cm³）对应的最大间隙 i_T/mm	
		V≤100	V>100
操纵杆和轴	6≤L<12.5	0.30	—
	12.5≤L<25	0.40	0.40
	L≥25	0.50	0.50
带滑动轴承的转轴	6≤L<12.5	0.30	—
	12.5≤L<25	0.40	0.40
	25≤L<40	0.50	0.50
	L≥40	0.60	0.60
带滚动轴承的转轴	6≤L<12.5	0.45	—
	12.5≤L<25	0.60	0.60
	L≥25	0.75	0.75

1）当 L<12.5mm 时，l≥6mm。

2）当 12.5mm≤L<25mm 时，l≥8mm。

3）当 L≥25mm 时，l≥9mm。

表 7-12 ⅡA 外壳隔爆接合面的最小宽度和最大间隙

接合面宽度 L/mm		与外壳容积（V/cm³）对应的最大间隙 i_T/mm		
		V≤100	100<V≤2000	V>2000
平面接合面和止口接合面	6≤L<9.5	0.30	—	—
	9.5≤L<12.5	0.30	—	—
	12.5≤L<25	0.30	0.30	0.20
	L≥25	0.40	0.40	0.40
操纵杆和轴	6≤L<12.5	0.30	—	—
	12.5≤L<25	0.30	0.30	0.20
	L≥25	0.40	0.40	0.40
滑动轴承的转轴	6≤L<12.5	0.30	—	—
	12.5≤L<25	0.35	0.30	0.20
	25≤L<40	0.40	0.40	0.40
	L≥40	0.50	0.50	0.50
带滚动轴承的转轴	6≤L<12.5	0.45	—	—
	12.5≤L<25	0.50	0.45	0.30
	25≤L<40	0.60	0.60	0.60
	L≥40	0.75	0.75	0.75

表 7-13　ⅡB 外壳隔爆接合面的最小宽度和最大间隙

接合面宽度 L/mm		与外壳容积（V/cm^3）对应的最大间隙 i_T/mm		
		$V \leqslant 100$	$100 < V \leqslant 2000$	$V > 2000$
平面接合面和止口接合面	$6 \leqslant L < 9.5$	0.20	—	—
	$9.5 \leqslant L < 12.5$	0.20	—	—
	$12.5 \leqslant L < 25$	0.20	0.20	0.15
	$L \geqslant 25$	0.20	0.20	0.20
操纵杆和轴	$6 \leqslant L < 12.5$	0.20	—	—
	$12.5 \leqslant L < 25$	0.20	0.20	0.15
	$L \geqslant 25$	0.20	0.20	0.20
滑动轴承的转轴	$6 \leqslant L < 12.5$	0.20	0.20	0.15
	$12.5 \leqslant L < 25$	0.25	0.20	0.15
	$25 \leqslant L < 40$	0.30	0.25	0.20
	$L \geqslant 40$	0.40	0.30	0.25
带滚动轴承的转轴	$6 \leqslant L < 12.5$	0.30	—	—
	$12.5 \leqslant L < 25$	0.40	0.30	0.20
	$25 \leqslant L < 40$	0.45	0.40	0.30
	$L \geqslant 40$	0.60	0.45	0.40

表 7-14　ⅡC 外壳隔爆接合面的最小宽度和最大间隙

接合面宽度 L/mm		与外壳容积（V/cm^3）对应的最大间隙 i_T/mm				
		$V \leqslant 100$	$100 < V \leqslant 500$	$500 < V \leqslant 1500$	$1500 < V \leqslant 2000$	$2000 < V \leqslant 6000$
平面接合面	$6 \leqslant L < 9.5$	0.10	—	—	—	—
	$9.5 \leqslant L < 15.8$	0.10	0.10	—	—	—
	$15.8 \leqslant L < 25$	0.10	0.10	0.04	—	—
	$L \geqslant 25$	0.10	0.10	0.04	0.04	0.04
止口接合面	$6 \leqslant L < 12.5$	0.10	0.10	—	—	—
	$12.5 \leqslant L < 25$	0.15	0.15	0.15	0.15	—
	$25 \leqslant L < 40$	0.15	0.15	0.15	0.15	0.15
	$L \geqslant 40$	0.20	0.20	0.20	0.20	0.20
止口结合面（见图 7-23）	$c \geqslant 6mm$					
	$d_{mm} = 0.5L$					
	$L = c + d$					
	$f \leqslant 1mm$					
	$12.5 \leqslant L < 25$	0.15	0.15	0.15	0.15	—
	$25 \leqslant L < 40$	0.18	0.18	0.18	0.18	0.18
	$L \geqslant 40$	0.20	0.20	0.20	0.20	0.20

（续）

接合面宽度 L/mm		与外壳容积（V/cm³）对应的最大间隙 i_T/mm				
		V≤100	100<V≤500	500<V≤1500	1500<V≤2000	2000<V≤6000
圆筒接合面操纵杆或轴	6≤L<9.5	0.10	—	—	—	—
	9.5≤L<12.5	0.10	0.10	—	—	—
	12.5≤L<25	0.15	0.15	0.15	0.15	—
	25≤L<40	0.15	0.15	0.15	0.15	0.15
	L≥40	0.20	0.20	0.20	0.20	0.20
带滚动轴承的旋转电动机圆筒轴承压盖接合	6≤L<9.5	0.15	—	—	—	—
	9.5≤L<12.5	0.15	0.15	—	—	—
	12.5≤L<25	0.25	0.25	0.25	0.25	—
	25≤L<40	0.25	0.25	0.25	0.25	0.25
	L≥40	0.30	0.30	0.30	0.30	0.30

螺纹接合面结构参数见表 7-15。

表 7-15　螺纹接合面结构参数

外壳容积 V/cm³	最小啮合轴向长度 /mm	最小啮合扣数		
		Ⅰ、ⅡA、ⅡB	ⅡC	
			普通螺纹	特殊螺纹
V≤100	≥5	≥5	≥5	≥5（锥形螺纹） ≥6（矩形螺纹 5H4h）
V>100	≥8			≥7（矩形螺纹 6H6h） ≥8（矩形螺纹 7H8h）

（4）隔爆接合面的表面粗糙度　接合面的平均表面粗糙度 Ra 不超过 6.3μm。螺纹的公差配合符合 6g/6H 或 GB 3836.1 的要求。

（5）隔爆接合面的防锈措施　当隔爆接合面锈蚀后，由于锈蚀不均匀，往往会增大接合面间隙，降低隔爆性能，因此接合面表面应进行防腐处理，如电镀、涂防锈油等，但不允许使用油漆或类似材料涂覆。

4. 衬垫

衬垫也称密封垫圈，根据隔爆外壳使用时打开的情况，衬垫起的作用也不同。在维修中不经常打开的外壳部件上采用衬垫密封时，允许将衬垫作为隔爆接合面措施。衬垫的材料须采用金属或金属覆盖的不燃性材料制造。例如，纯铜、铝、纯铜包石棉垫等。衬垫厚度须大于 2mm，当外壳容积 <0.1L 时，宽度须 >6mm；当外壳容积 >0.1L 时，宽度须 >9.5mm。在维修中需要打开的外壳部件上采用衬垫密封时，只能起外壳保护作用，不允许衬垫作为隔爆结合面措施，在衬垫之外应有符合规定的隔爆接合面（隔爆外壳透明件的衬垫除外）。这是因为金属衬垫打开后密封性降低，橡胶衬垫易老化损坏不能始终保持密封性。图 7-25a~d 所示为隔爆外壳采用密封衬垫后，隔爆接合面（L）的计算法。

5. 隔爆外壳的紧固件

隔爆外壳的紧固件除满足通用技术要求规定外，还应满足下列要求：

1）对于平面接合面结构，不小于 4 个，对于止口接合面结构，不小于 3 个。紧固件的间距，不大于 120mm。

2）紧固件应采取防止因振动而松脱的可靠措施。

3）紧固螺钉或螺栓孔不应穿透外壳壁，孔周围的金属厚度应不小于孔径的 1/3，且至少为 3mm。

4）当螺钉或螺栓没有垫圈而完全拧入孔内时，螺钉或螺栓尾部与螺孔的底部之间应留有螺纹余量。

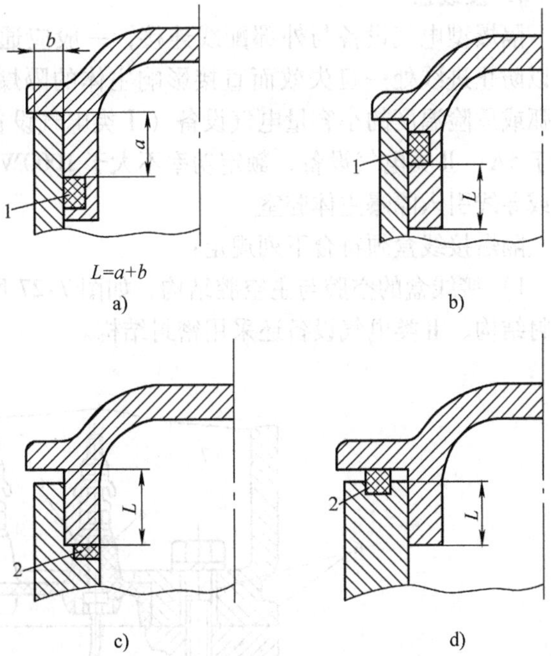

6. 透明件

隔爆型电气设备在运行时，需要观察内部数据或需透光，如灯具的透明罩。允许在隔爆外壳上安装有透明的观察窗或透明罩，它应满足下列要求：

1）透明件应承受 GB 3836.1 中规定的冲击试验。

2）透明件可采用玻璃或其他透明塑料制成。

3）透明塑料应承受 GB 3836.1 中规定的热稳定性试验。

4）透明板用密封衬垫密封（见图 7-26）时，衬垫厚度不小于 2mm。当外壳容积不大于 100cm³ 时，接合面厚度 a 不小于 6mm；当外壳容积大于 100cm³ 时，接合面厚度 a 不小于 9.5mm。

5）透明板采用胶封结构时，胶封的宽度相同于密封衬垫接合面宽度。

6）透明板外露面积，对 Ⅰ 类设备不大于 25cm²，对 Ⅱ 类设备不大于 100cm²。

7）观察窗的透明板和压板应从内腔进行安装。这是因为内部腔室爆炸后，使密封衬垫趋于进一步压缩状态，增强密封性能。

图 7-25　隔爆外壳采用衬垫后的接合面

1—O 型密封圈　2—平板密封衬垫

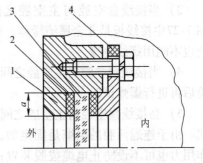

图 7-26　隔爆外壳上观察窗

1—外壳　2—密封衬垫

3—透明板　4—压板

7. 接线盒

隔爆型电气设备与外部配线连接，一般应通过该设备外壳上独立的接线盒连接，可以防止进线处一旦失效而直接影响主体的隔爆性能。对于正常运行时不产生火花、电弧或危险温度的小容量电气设备（Ⅰ类电气设备，额定功率不大于250W，且电流不大于5A；Ⅱ类电气设备，额定功率不大于1000W）允许不采用接线盒，直接将外部电缆或导线引入隔爆主体腔室。

隔爆接线盒须符合下列规定：

1）接线盒的空腔与主空腔结构，如图7-27所示。两腔之间连接可采用隔爆结构、胶封结构、Ⅱ类电气设备还采用密封结构。

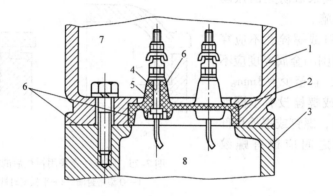

图7-27 接线盒

1—接线盒 2—接线板 3—接线盒座 4—导电杆 5—绝缘柱
6—隔爆面 7—空腔 8—主腔室

2）当接线盒空腔与主空腔之间采用隔爆结构时，隔爆结合面的参数须按大空腔的净容积来确定。

3）当接线盒空腔与主空腔之间采用螺纹隔爆结构时，只限于金属螺纹配合。图7-27中接线板是非金属绝缘体，而不能采用螺纹隔爆，同样导电杆与绝缘柱相接触处也不能用螺纹隔爆。

4）当接线盒空腔与主空腔之间采用胶封结构时，胶封后须进行热稳定性试验，试验后再进行爆炸试验。

5）当接线盒空腔与主空腔之间采用密封结构时，要满足图7-8或图7-9的结构形式。由于连通两腔的电缆是固定的，所以密封圈上可不切割同心槽，且不受到外界的作用力也可不设防止电缆拔脱装置；为防止电缆芯线缝隙产生传爆，电缆的两末端须进行密封处理。

6）接线盒内裸露带电部件之间及金属外壳之间的电气间隙和爬电距离，须符合表7-16的规定。

7）接线盒的结构尺寸，要留有便于导线弯曲半径和接线空间。

表 7-16 电气间隙和爬电距离

工作电压 U /V	最小爬电距离/mm			最小电气间隙 /mm
	材料级别			
	I	II	IIIa	
$U \leq 15$	1.6	1.6	1.6	1.6
$15 < U \leq 30$	1.8	1.8	1.8	1.8
$30 < U \leq 60$	2.1	2.6	3.4	2.1
$60 < U \leq 110$	2.5	3.2	4	2.5
$110 < U \leq 175$	3.2	4	5	3.2
$175 < U \leq 275$	5	6.3	8	5
$275 < U \leq 420$	8	10	12.5	6
$420 < U \leq 550$	10	12.5	16	8
$550 < U \leq 750$	12	16	20	10
$750 < U \leq 1100$	20	25	32	14
$1100 < U \leq 2200$	32	36	40	30
$2200 < U \leq 3300$	40	45	50	36
$3300 < U \leq 4200$	50	56	63	44
$4200 < U \leq 5500$	63	71	80	50
$5500 < U \leq 6600$	80	90	100	60
$6600 < U \leq 8300$	100	110	125	80
$8300 < U \leq 11000$	125	140	160	100

8. 操纵杆（轴）

当操纵杆（轴）穿过隔爆外壳壁时，应符合下列要求：

1）靠外壳壁支撑的操纵杆，其接合面宽度应不小与表 7-11 ~ 表 7-14 规定的最小接合面宽度。

2）如果操纵杆（轴）的直径超过了表 7-11 ~ 表 7-14 规定的最小接合面宽度，应不小于操纵杆（轴）的直径，但不必大于 25mm。

3）操纵杆（轴）与穿过外壳壁孔配合的直径间隙应不超过表 7-11 ~ 表 7-14 规定的最大间隙值。

4）若在正常使用中直径间隙可能因磨损而增大时，则应采取措施，如设置可更换的衬套来避免间隙增大。

9. 隔爆型电气设备的电缆的引入及连接

电缆和导线可按下述两种方法之一进行连接：

1）间接引入，用接线盒连接的方式。

2）直接引入，直接接入主外壳的连接方式。

无论采用哪种引入方式，均采取措施防止电缆受拖拉或扭转时损坏接线端子。

用导管引入设备，应设置有螺纹啮合扣数至少为5扣的螺纹，应作为螺纹隔爆接合面处理，如图7-12、图7-13、图7-16、图7-17所示。

（1）直接引入

1）电缆或导线的直接引入，应采用不会改变外壳隔爆性能的密封填料盖或密封圈的方法，如图7-8、图7-9、图7-12～图7-17所示。

2）压紧密封后，密封的最小轴向尺寸应符合表7-11～表7-14中接合面的最小宽度。

3）当设备配备有连接导管时，导线或电缆应经过与外壳构成一体或连接在外壳上的一个填料盒进入壳内，如图7-12、图7-13所示。

（2）间接引入

1）间接引入是通过接线盒引入。接线盒是隔爆型，除满足隔爆型的基本技术要求外，引入部分应满足直接引入的要求。如果接线盒是其他防爆型式，则应符合相应防爆型式的要求。

2）外部电缆和导线与隔爆外壳内部电路之间应经过绝缘套管连接，如图7-27所示。

3）对带橡胶密封圈引入装置密封圈的要求如下：

① 如果密封圈采用具有同样外径尺寸但内径尺寸不同时，则密封圈非压缩轴长度应满足如下要求：

a. 对于圆形电缆直径不大于$\phi20mm$，非圆形电缆截面圆周长不大于60mm时，最小直径为$\phi20mm$。

b. 对于圆形电缆直径大于$\phi20mm$，非圆形电缆截面圆周长大于60mm时，最小直径为$\phi25mm$。

② 密封圈的橡胶材料应承受GB 3836.1中规定的老化试验，试验后邵氏硬度变化量不超过20%。

③ 密封圈应承受GB 3836.1中规定的夹紧试验、GB 3836.2中规定的密封试验和GB 3836.2中规定的机械强度试验。

4）对填料密封引入装置的填料要求如下：

① 安装时填料密封最小轴向长度为20mm。

② 填料应符合GB 3836.1中规定的热稳定性要求。

③ 填料应承受GB 3836.1中规定的夹紧试验、GB 3836.2中规定的密封试验和GB 3836.2中规定的机械强度试验。

10. 工业热电偶与热电阻接线盒与主腔之间的胶封隔爆结合面

在我国工业热电偶与热电阻接线盒与主腔之间，隔爆结合面过去多采用止口隔爆结合面，现在有的采用胶粘隔爆结合面。采用胶封隔爆接合面的注意事项如下：

1）制造厂应提供文件，证明胶封材料在运行条件下有足够的热稳定性，以适应电气设备的最高温度。材料的极限温度值超过电气设备的最高温度至少20℃，热稳定性才是足够的。

2）采用胶封时，其设计的外壳强度不得取决于胶封的粘接强度。

3）从容积 V 的隔爆外壳内部到外部通过胶封接合面的最短通路：当 $V \leqslant 10\,\text{cm}^3$ 时，不小于 3mm；当 $10\,\text{cm}^3 < V \leqslant 100\,\text{cm}^3$ 时，不小于 6mm；当 $V > 100\,\text{cm}^3$ 时，不小于 10mm。

4）如果部件被直接胶封到外壳壁内构成一个不可分开的整体，或被胶封到金属框架内构成一个部件，在其更换时不损坏胶封部分，则胶封接合面不必符合非螺纹接合面的要求。

7.6.3　防爆电气设备的增安型技术要求

1. 概述

只有在正常运行条件下不产生电火花、电弧和危险温度的电气设备，需进一步采取措施，提高其安全程度和可靠性，防止电气设备在正常运行和认可的过载条件下出现电火花、电弧和危险温度可能性，这种防爆型式即为防爆电气设备的增安型。其代号为"e"。

2. 外壳防护等级

增安型电气设备的外壳不同于隔爆型电气设备外壳，由于不会产生电火花、电弧和危险温度，所以它不应点燃外壳内的爆炸性混合物，但它要防止外物进入与带电部件接触而引起故障和防止水进入外壳，影响外壳的绝缘性能。因此，应满足下列要求：

1）外壳内装有裸露带电零部件，至少具有 GB 4208 中规定的 IP54 防护等级。

2）外壳内仅装有绝缘带电零部件，至少具有 GB 4208 中规定的 IPX4 防护等级。

3. 电气间隙和爬电距离

1）电气间隙是指两个裸露导线部分之间的最短空间距离，以及裸露导电体与外壳之间的最短空间距离。

2）爬电距离是指两个导电部分沿固体绝缘材料表面最短距离。当爬电距离过小，绝缘材料性能差，会使绝缘材料表面出现放电或炭化现象，造成导电通路而产生电火花或高温引起事故。确定爬电距离应根据工作电压、绝缘材料的耐泄痕性和绝缘件的表面形状确定。

防爆电气设备的电气间隙和爬电距离应符合表 7-16 规定。

4. 内部导线连接

电气设备内部导线连接不允许承受不适当的机械应力。只允许采用下列导线连接方法：

1）防松动螺纹紧固件。

2）挤压连接。

3）导线用机械方式连接后，再用软钎焊。

4）硬钎焊。

5）熔焊。

5. 绕组要求

当有绕组的电气设备（如电动机、变压器、电磁铁、阀门定位器、电磁阀等），在选择绕组的导线及浸渍方面应满足下列要求：

1）绕组导线至少应包覆两层绝缘。

2）绕组不允许采用公称直径小于 $\phi0.25mm$ 的导线绕制，但埋在电动机槽中并浸渍处理或与电动机绕组浇封在一起的电阻温度传感器除外。

3）绕组应该在嵌绕和绑扎后先进行干燥处理，然后，用适当浸渍剂，采用沉浸、滴注或真空浸渍处理，以保证导线之间的空隙完全充填，并得到牢固粘接。

4）不允许用涂刷或喷洒方法做浸渍处理。

6. 极限温度

极限温度指电气设备表面及其所有部件所容许的最高温度。

1）极限温度应在电气设备起动和额定运行或规定的过载状态下测量，其任何部件的最高温度均不允许超过表7-3的规定。与隔爆型电气设备的最高表面温度区别在于：最高表面温度是检测隔爆外壳，极限温度则是检测增安型内部部件的最高表面温度。

2）导线和其他金属部件的允许温度还须符合下列要求：

① 不允许降低材料的机械强度。

② 不允许因热膨胀而产生超过材料的许用应力。

③ 不允许损坏邻近的绝缘部件。

3）绕组的温度除满足表7-3的规定外，还须满足表7-17的规定。

4）为确保绕组的温度不超过极限温度，须在电气设备内部或外部增加保护装置（即散热装置）。

表 7-17 绝缘绕组的极限温度

极限温度类型		温度测量方法	符合 GB/T 11021 的绝缘材料的耐热等级/℃				
			A	E	B	F	H
额定运行时的极限温度	单层绝缘绕组	电阻法或温度计法	95	110	120	130	155
	其他绝缘绕组	电阻法	90	105	110	130	155
		温度计法	80	95	100	115	135
t_E 时间终了时的极限温度		电阻法	160	175	185	210	235

注：t_E 时间是交流绕组在最高环境温度下达到额定运行稳定温度后，从开始通过最初起动电流 I_A 时计起直至上升到极限温度所需时间。

7.6.4 防爆电气设备的本质安全型技术要求

1. 概述

本质安全型是指电路、设备及系统在正常运行或规定的故障状态下，产生的电火花或温度都不可能点燃周围爆炸性混合物。它是从限制电路可能释放能量着手，将采取各种有效方法使电路的电压、电流及电感、电容等电子元件控制在一个规定允许范围内，确保电路的电火花能量比爆炸性混合物最小点燃能量小，这样，电路就具有内在的防爆性能。因此，本质安全型防爆电气设备具有结构简单、体积小、重量轻、价格低、安全可靠性好、容易制造、维修简单等优点，是石油、化工行业最理想的仪表防爆型式。其代号为"i"。

本质安全型电路规定的故障是在分析电路时，除可靠元件和组件外，其他任何元件或组件都认为可能损坏，造成短路或开路，使电路的电压或电流改变。有一个元件损坏就视为一个故障。由于该元件损坏引起电路参数改变，导致其他元件损坏，甚至一系列元件的损坏都视为一个故障。两个元件单独损坏而引起的电路参数变化才视为两个故障。

2. 定义

（1）本质安全型电路（以下简称本安电路）　其是指在规定的试验条件下，正常工作或规定的故障状态下产生的电火花或热效应均不能点燃周围的爆炸性混合物的电路。

（2）本安型防爆仪表　其是指全部电路为本安电路的仪表。

（3）关联设备　其是指含有本安电路和非本安电路，且结构使非本安电路不能对本安电路产生不利影响的电气设备。实际上是设置在本安电路与非本安电路之间的限流、限压装置，主要防止非本安电路的危险能量窜到本安电路。

（4）故障　其是指影响本安性能的元件故障，如元件损坏、元件之间的间距、绝缘、连接的故障。

（5）计数故障　其是指符合标准结构要求的电气设备零部件所发生的故障。

（6）非计数故障　其是指不符合标准结构要求的电气设备零部件上发生的故障。

（7）可靠元件或可靠组件　其是指在使用或储存中，故障出现概率很低的元件或组件，因此可不考虑故障出现。

（8）最高电压（交流有效值或直流 U_m）　其是指施加到关联设备非本质安全连接装置上，而不会使本质安全性能失效的最高电压。

（9）最高输入电压（U_i）　其是指施加到本质安全电路连接装置上，而不会使本质安全性失效的最高电压（交流峰值或直流）。

（10）最高输出电压（U_o）　其是指在开路条件下，在设备连接装置施加电压达到最高电压（包括 U_m 和 U_i）时，可能出现的本质安全电路的最高输出电压（交流峰值或直流）。

（11）最大输入电流（I_i）　其是指施加到本质安全电路连接装置上，而不会使本质安全性能失效的最大电流。

（12）最大输出电流（I_o）　其是指来自电气设备连接装置的本质安全电路的最大电流。实际上也是最大短路电流。

（13）最大输出功率（P_o）　其是指能从电气设备获得的本质安全电路的最大功率。

（14）最大内部电容（C_i）　其是指电气设备连接装置上呈现电气设备总的内部等效电容。

（15）最大内部电感（L_i）　其是指电气设备连接装置上呈现电气设备总的内部等效电感。

（16）最大内部电感与电阻比（L_i/R_i）　其是指在电气设备外部连接装置上出现的内部电感与电阻之比。

（17）最大外部电容（C_o）　其是指可以连接到电气设备连接装置上，而不会使本质安全性能失效的最大电容。

（18）最大外部电感（L_o）　其是指可以连接到电气设备连接装置上，而不会使本质安全性能失效的最大电感。

（19）最大外部电感与电阻比（L_o/R_o）　其是指可以连接到电气设备连接装置上，而不会使本质安全性能失效的最大外部电路的电感与电阻之比。

3. 本质安全型电气设备基本型式

（1）独立的本质安全型电气设备　电气设备的电源是由电池或蓄电池供给，不会发生与安全场所的电气发生混触，也不会发生与市电有关电磁干扰影响的电路。

（2）本质安全型系统　大部分本质安全型电气设备由市电网供电，为防止市电网故障影响设备的本安性能，必须进行隔离而增加隔离栅（关联设备）。因此，本质安全型系统应由本质安全型电气设备、关联设备和连接导线（电缆）三者组成。

4. 本质安全型电气设备的等级

本质安全型电气设备及关联设备，根据爆炸危险场所危险等级的要求，对本安设备和关联设备的本质安全部分应分为 i_a 和 i_b 两个等级。

（1）i_a 等级　i_a 等级是指在正常工作下，再施加两个计数故障加上产生最不利条件的非计数故障或一个计数故障加上产生最不利条件的计数故障情况下，均不能点燃爆炸性气体混合物，即电气设备在考虑两个计数故障下也不会失去本安性能。

（2）i_b 等级　i_b 等级是指在正常工作下，再施加一个计数故障加上产生最不利条件的非计数故障情况下，不能点燃爆炸性气体混合物，即加了两个计数故障就会失去本安性能。

因此，i_b 等级本质安全型防爆电气设备只能与隔爆型、增安型防爆电气设备一样使用在爆炸危险场所 1 区和 2 区范围内；而 i_a 等级由于安全程度比 i_b 等级高，可以使用在爆炸危险场所 0 区范围内。

5. 本质安全型电气设备的安全系数

为保证本质安全型电气设备安全可靠，实际运行的本质安全型电气设备的电气参数（本安电路的电流或电压或能量）应比实验得出规定的电气参数小。把规定的参数与实际的参数之比，称为安全系数，即

$$安全系数 = \frac{最小点燃电流（或电压或能量）}{本安电路的电流（或电压或能量）}$$

（1）i_a 等级安全系数

1）在正常工作和施加产生最不利条件的那些非计数故障时，安全系数为 1.5。

2）在正常工作和施加一个计数故障加上产生最不利条件的非计数故障时，安全系

数为 1.5。

3）在正常工作和施加两个计数故障加上产生最不利条件的非计数故障时，安全系数为 1.0。

（2）i_b 等级安全系数

1）在正常工作和施加产生最不利条件的那些非计数故障时，安全系数为 1.0。

2）在正常工作和施加一个计数故障加上产生最不利条件的非计数故障时，安全系数为 1.0。

6. 本质安全型电气设备的结构要求

本质安全型电气设备虽然主要是有电路的电气参数决定它的防爆性能，但是，元器件的表面温度过高，外壳带有静电和本安电路与非本安电路混触带来危险电压、电流、能量，甚至击穿等都可以带来危险。因此，本质安全型电气设备除满足通用技术要求，在结构上还须满足下列规定：

（1）外壳　本质安全设备和关联设备的本质安全部分原则上不需要外壳，因为电路自身已保证了本质安全性能。当电路本质安全性能可能由于导电部分接近而受损害时，需要外壳保护，其防护等级不低于 IP20，对于户外型的外壳应满足 IP54 等级要求。外壳材料可采用金属外壳，也可采用塑料外壳，但均须满足通用技术要求规定。

（2）连接导线

1）为了防止导线载流过大，引起导线温升超过表面规定温度，在选用导线截面面积时应充分留有余量，且不能超过表 7-18 的规定。

表 7-18　铜导线的温度组别

直径/mm	截面面积/mm²	温度组别的最大允许电流/A		
		T1 ~ T4	T5	T6
0.035	0.000962	0.53	0.48	0.43
0.05	0.00196	1.04	0.93	0.84
0.1	0.00785	2.1	1.9	1.7
0.2	0.0314	3.7	3.3	3.0
0.35	0.0962	6.4	5.6	5.0
0.5	0.196	7.7	6.9	6.7

2）本安设备及其关联设备，如果需要外部电路连接时，则应通过接线装置连接。接线端子的电气间隙和爬电距离应满足表 7-19。

表 7-19　电气间隙和爬电距离

电压 （峰值） /V	电气间隙 /mm	通过浇封化合物的间距 /mm	通过固体绝缘的间距 /mm	空气中的爬电距离 /mm	涂层下的爬电距离 /mm	相比漏电起痕指数	
						i_a CT I	i_b CT I
10	1.5	0.5	0.5	1.5	0.5	—	—
30	2	0.7	0.5	2	0.7	100	100
60	3	1	0.5	3	1	100	100

（续）

电压（峰值）/V	电气间歇/mm	通过浇封化合物的间距/mm	通过固体绝缘的间距/mm	空气中的爬电距离/mm	涂层下的爬电距离/mm	相比漏电起痕指数	
						i_a CT I	i_b CT I
90	4	1.3	0.7	4	1.3	100	100
190	5	1.7	0.8	8	2.6	175	175
375	6	2	1	10	3.3	175	175
550	7	2.4	1.2	15	5	275	175
750	8	2.7	1.4	18	6	275	175
1000	10	3.3	1.7	25	8.3	275	175
1300	14	4.6	2.3	36	12	275	175
1575	16	5.3	2.7	49	13.3	275	175

3）在同一个外壳里，本质安全电路端子与非本质安全电路的间距应不小于50mm，并要采取措施防止导线碰线的可能。

4）凡属本安电路的导线应用蓝色或加蓝色标记。

5）本安电路导线绝缘应能承受至少500V的耐压试验，同一外壳中的非本安电路导线绝缘应能承受不低于1500V的耐压试验。

6）本安电路的导线或电缆。该导线是指现场本安设备与控制室里安全栅之间的连接导线或电缆。连接的导线或电缆应为铜芯绞线，且每根芯线的截面面积不小于0.5mm²，介电强度不应低于500V的耐压试验。当现场本安系统设备和安全栅选定后，也就决定了它们之间的电缆连接长度。因为安全栅的最大外部电容C_o和电感L_o已有规定，而且必须要求$C_o \geq C_i + C_c$和$L_o \geq L_i + L_c$才能保证本安系统本质安全，所以电缆的分布参数$C_c \leq C_o - C_i$、$L_c \leq L_o - L_i$，C_i和L_i是现场本安设备未被保护的等效电容和电感。根据$l_c = C_c/C_k$和$l_L = L_c/L_K$公式，分别计算电缆长度l_c和l_i，取两者中的小值作为实际配线长度l。国内电缆生产厂给出的电缆分布参数，见表7-20。

表7-20 电缆的分布参数

名 称	规 格		分布参数		
	截面面积/mm²	绝缘厚度/mm	C_c/(μF/km)	L_c/(mH/km)	R/(Ω/km)
铜芯聚氯乙烯绝缘及护套软线（RVV）	1.0	0.6	0.195	0.617	19.5
	1.5	0.6	0.207	0.577	13.5
	2.5	0.8	0.201	0.583	8.0
铜芯聚氯乙烯绝缘、金属屏蔽及护套线（RVVP）	1.0	0.6	0.234	0.722	19.5
	1.5	0.6	0.248	0.655	13.5
	2.5	0.8	0.241	0.682	8.0

7）印制电路板导线　印制电路板应涂绝缘漆层，当涂覆次数大于两次时，其爬电距离应遵守表 7-19 的规定。

印制电路板铜线的宽度和最大允许的电流值与本安设备的温度组别关系应满足表 7-21 的要求。

表 7-21　印制电路板导线温度组别

（最高环境温度为 40℃）

最小印制线宽度 /mm	温度组别的最大允许电流/A		
	T1～T4 和 Ⅰ 类	T5	T6
0.15	1.2	1.0	0.9
0.2	1.8	1.45	1.3
0.3	2.8	2.25	1.95
0.4	3.6	2.9	2.5
0.5	4.4	3.5	3.0
0.7	5.7	4.6	4.1
1.0	7.5	6.05	5.4
1.5	9.8	8.1	6.9
2.0	12.0	9.7	8.4
2.5	13.5	11.5	9.6
3.0	16.1	13.1	11.5
4.0	19.5	16.1	14.3
5.0	22.7	18.9	16.6
6.0	25.8	21.8	18.9

（3）插头和插座　用于连接外部本安电路的插头和插座，与连接非本安电路的插头和插座应该分开，且不能互换，并采用防止拔脱的措施。

（4）浇封　用粘接材料将本安电路中的元件、电容组件、电感组件、电池组件、印制电路板、导线进行浇封是本安电路常用措施，它可以防止元件短路和断路，避免电火花产生，是增加电气绝缘性的有效措施。浇封导电部件和元件之间的最小间隙，应不小于表 7-19 相关规定值的 1/2 或最小间距 1mm。

7. 本质安全性能相关的元件

（1）元件额定值　任何与本质安全性能有关的元件，在正常工作和规定的故障条件下（变压器、熔断器、继电器、开关等器件除外），不得在超过元件安装条件和温度范围规定的最大电流、电压和功率额定值 2/3 的情况下工作。

（2）熔断器　用熔断器保护其他元件时，熔断器应能连续通过 $1.7I_n$（I_n 为熔断器额定电流）电流。熔断器的时间－电流特性保证不超过元件瞬态值。在危险场所设置的熔断器应当浇封，且在浇封前熔断器应先密封。熔断器应具有不小于 U_m 的电压额定值。用在 250V 交流电网供电系统设备上的熔断器应具有 1500A 分断能力。

（3）电池和电池组　电池和电池组电压应是表 7-22 规定的完全充电后所达到的最

高开路电压。在爆炸性环境使用并可更换的电池组，应与限流器件构成一个可以成套替换的单元，该单元应是封装或包封的。在充电电路中，应设置阻塞用二极管或串联可靠电阻。对于 i_b 等级应使用两个二极管，对于 i_a 等级应使用三个二极管。

表7-22　电池电压

IEC 型式	电池型式	对火花危险评定的峰值开路电压/V	对元件表面温度评定的正常电压/V
K	镍－镉	1.5	1.3
	铅－酸（干式）	2.35	2.2
	铅－酸（湿式）	2.67	2.2
L	碱－锰	1.65	1.5
M	汞－锌	1.37	1.35
N	汞－二氧化锰－锌	1.6	1.4
	银－锌	1.63	1.55
S	锌－空气	1.55	1.4
A	锂－二氧化锰	3.7	3.0
C	锌－二氧化锰（锌－碳）	1.725	1.5
	镍－氢化物	1.6	1.3

（4）半导体器件　半导体器件可以用作限压元件，但它应能承受其短路故障状态下在其安装处可能通过1.5倍电流，且不发生开路。同时还需提供下列参数：

1）除齐纳二极管以外的半导体器件正向额定电流应不低于1.5倍最大可能的短路电流。

2）对于齐纳二极管，其额定值应为齐纳状态下耗散功率的1.5倍；正向电流应为最大可能短路电流的1.5倍。

半导体器件也可以用作串联限流器。对于 i_a 等级电路，应使用三只串联阻塞二极管；对于 i_b 等级电路，允许使用其他半导体和可控半导体器件，但必须双重化。

（5）压电晶体　压电晶体应采取保护措施，以避免受到外部冲击时可能产生能量，影响本安性能。

8. 可靠元件和可靠组件

当电路的电流、电压过大或电感、电容储能过大，达不到本安性能时，可采用保护性元件或组件加以限制，使电路达到本安性能。凡符合规定要求设计的元件或组件均视为可靠性元件或组件，即不会发生损坏而造成电路故障。

（1）电源变压器　可靠电源变压器应认为是向本安电路供电的绕组和任何其他绕组之间不可能发生短路故障的。应符合下列要求：

1）电源变压器的输入绕组应用熔断器或断路器保护。

2）电源变压器本安供电绕组的出线端子与其他端子应分两侧布置，它们的电气间隙和爬电距离应满足表7-19的规定。

3）电源变压器的本安绕组与其他绕组应分开布置，如绕组分布在两个铁心栓上或同一个铁心栓上两个绕组上下排列。

4）当电源变压器的本安绕组与其他绕组一定需要内外重叠布置时，必须满足下列要求：

① 本安绕组与其他绕组间设加强隔离，如用屏蔽铜箔或屏蔽绕组接地隔离，具体要求应符合表 7-23 的规定。

表 7-23　铜箔厚度、最小导线直径与熔断器额定电流的关系

熔断器额定电流/A	0.1	0.5	1	2	3	5
屏蔽铜箔最小厚度/mm	0.05	0.05	0.075	0.15	0.25	0.3
屏蔽绕组的导线直径/mm	0.2	0.45	0.63	0.9	1.12	1.4

② 金属铜箔屏蔽应设置两根结构上分开的接地导线，其中每一根导线应能承受熔断器和断路器动作之前流过的最大持续电流（对于熔断器 $1.7I_n$）而不应损坏。

③ 导线屏蔽由至少两个电气上分开的导线层组成，其中每一层都接地，而且能承受熔断器和断路器动作之前流过的最大持续电流而不应损坏，导线层之间的绝缘应承受 500V 电压试验。

④ 当一对或几对输出绕组短路后，绝缘屏蔽应能承受输入绕组在额定电压作用下经 6h 发热试验，其绕组绝缘不应损坏，并按表 7-24 要求进行绝缘介电强度试验，不应击穿或闪烁。

表 7-24　电源变压器绝缘介电强度试验电压　　　　　　　（单位：V）

部　位	额定电压 U	试验电压
原绕组，向非本安电路供电的副绕组与接地屏蔽、铁心之间及其相互作用	$U \leqslant 36$	1000
	$36 < U \leqslant 220$	1500
	$U \geqslant 220$	$4U$，最低为 2500
向本安电路供电的副绕组与接地屏蔽、铁心之间及其相互之间	$U \leqslant 36$	1000
	$U > 36$	$2U + 1000$，最低为 2500

5）电源变压器绕组须能承受所有输出绕组短路电流的作用。在热保护器动作之前，不应产生超过绝缘等级的允许温度，且不损坏。

6）其他变压器如耦合变压器和电流变换器的绝缘试验电压为 $2U_n + 1000V$ 有效值，但不低于 1500V 有效值。其他相关要求参照电源变压器。

（2）阻尼绕组　为了减少电感影响用作短路环的阻尼绕组，如果它们有可靠的机械结构，应认为是不易发生开路故障的可靠元件，如无缝金属管或用焊接方法使裸露导线能连续短路的绕组。

（3）限流电阻　它可以限制电源短路电流和限制电容放电电流，是一种限流元件。特别当电路中电容过大，达不到本安性能时，可串加限流电阻，然后与电容胶封一体就可组成可靠组件。它不可以用碳膜电阻，应该用金属膜电阻或无感线绕被覆层电阻，

且电阻精度不低于 ±5%，使用功率应不大于其额定功率值的 2/3。

（4）隔离电容器　连接在本安电路与非本安电路之间的隔离电容，其功能是传送本安信号，隔离两侧电路的直流危险电压。如果是由两个电容串联在一起，且每个电容都能承受有效值为 $2U+100V$（U 为电容两端的电压）的交流耐压试验，则可以认为该隔离电容不会产生故障，属于可靠元件。隔离电容应是高度可靠性的电容，如密封式电容或陶瓷电容，电解电容或钽电容不能作为可靠元件。

（5）分流元件　当电感量过大，达不到本安性能时，可在电感线圈两端并接二极管或齐纳二极管，用于保护电感电路。当分流元件采取双重化，并且正确连接，如图 7-28a、b 所示，且胶封一体，则可以认为该分流元件不会产生故障，属于可靠组件。实验证明，并接二极管后，电感元件的等效电感，可减小到原电感值的 1/100 ~ 1/10。

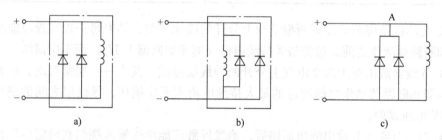

图7-28　电感元件保护元件的连接法
a）正确连接　b）正确连接　c）错误连接

（6）限压元件　常用齐纳二极管作为限压元件，用来限制电源输出电压和电容两端最高电压。当限压元件采取双重化，并且正确连接，且胶封一体，则可认为该限压元件不会产生故障，属于可靠元件。

9. 安全栅

安全栅又称为安全保持器，是置于爆炸危险场所（本安电路）与非爆炸危险场所（非本安电路）之间的限压、限流电气装置，起到防止非本安电路的危险能量窜入本安电路的保护作用，由于是一个装置，也称为关联设备。关联设备一般安装在非爆炸危险场所，需要在爆炸危险场所安装时，还应设置一个隔爆外壳加以保护。安全栅也是一种可靠组件。

（1）安全栅工作原理　在正常情况下不影响测量系统的功能，仅在故障状态下是限制能量装置。它是用齐纳二极管的反向击穿特性或二极稳压管的正向额定电流来限压，保证安全栅本安端的最高输出电压不大于 U_o；同时用限流电阻或晶体管限流电路及快速熔断器，保证安全栅本安端的短路电流限制在 I_o 之内。

（2）安全栅的种类　按电源与信号源是否隔离可分隔离式安全栅和非隔离式安全栅。隔离式安全栅又分为检测端安全栅和操作端安全栅；非隔离式安全栅又分为电阻保护式、晶体管保护式、熔断器保护式、二极管及齐纳式安全栅。

（3）基本技术要求

1）安全栅中的限流电阻、分流元件、限压元件应符合可靠元件的规定。

2）二极管或齐纳二极管应至少为两个并联（双重化）组成。

3）二极管的正向额定电流应不低于 1.5 倍最大可能的短路电流。

4）齐纳二极管额定值：在齐纳状态，1.5 倍齐纳耗散功率；在正向导通状态，1.5 倍最大可能的短路电流。

5）用熔断器保护其他元件时，熔断器应能连续通过 $1.7I_n$ 电流。熔断器的时间 – 电流特性应保证不超过元件瞬态值。

6）二极管安全栅瞬态故障能力试验。每一种型式的二极管应承受住沿使用方向（齐纳二极管为齐纳方向）重复 5 次的持续时间为 $50\mu s$ 的矩形电流脉冲试验，各次试验间隔为 20ms。脉冲幅值由最高电压 U_m 峰值除以 20℃时熔断器冷态电阻值（加上电路中可靠串联电阻的阻值）得到。在预先一击穿时间不能从制造厂获得现成数据时，10 个熔断器应承受预期电流和预先一击穿时间的测定试验。如果该值大于 $50\mu s$ 可以使用。

二极管电压应在元件制造厂试验电流条件下进行测量。测量电压之差应不大于 5%（5% 包括试验设备的误差）。

7）二极管和齐纳二极管在高温 150℃试验箱内放置 2h 后，冷却至室温，逐件测量其稳定电压值，试验前后变化不应大于 ±5%。

10. 本质安全型电路设计参考曲线和有关电路参数

为节省篇幅，将本质安全型电路设计参考曲线图和表列在附录 C 中。

本质安全型电路设计参考曲线同电压和设备级别相对应的允许电流和允许电容，是在环境温度为 –20 ~ 40℃，一个大气压下，在气体最易点燃浓度时，用 IEC 标准火花试验装置（见图 7-5）测出的。

Ⅰ类和ⅡA、ⅡB、ⅡC 级别的电阻、电容和电感三种基本电路，而且是含有镉、锌、镁、铝材质的最小点燃电流和电压曲线，为设计本安电路和设定电路的本安性能提供了可靠依据。

正确使用设计参考曲线应注意下列几点要求：

1）首先确定实际电路的类型，复杂电路可先分解成小电路，根据其是属电阻性、电容性或电感性，再确定使用哪根曲线。

2）根据电路和设备是使用在何种爆炸性混合物气体中，确定属Ⅰ、ⅡA、ⅡB、ⅡC 哪个等级，应查哪根曲线。

3）电阻性电路是指电感小于 1mH 的电路。电感性电路是指电感大于 1mH 的电路。

4）最小点燃参数曲线只适用于线性电路，不适用于具有任何非线形元件（如含铁心的电感线圈），要评定电路的本安性能，应由火花试验来验证。

5）查得的最小点燃电流或电压值是临界安全值。这些参数通常不能直接使用，使用时应考虑相应的安全系数，即将查得的最小点燃电流（或电压）除以相应的安全系数，才是设计允许值，即

$$设计最大允许电流（或电压）= \frac{最小点燃电流（或电压）}{安全系数}$$

一般电阻性和电感性电路用减小电流值作为安全系数；电容性电路用减小电压值作为安全系数。

正压型（p）、充油型（o）、充砂型（q）、无火花型（n）、浇封型（m）、气密型（h）防爆在测温仪表应用很少，本章省略。

7.7　防爆电气设备的标志

大部分防爆电气设备都是由普通电气设备增加一种或几种防爆型式的外壳改制成的防爆电气设备。因此，设备除应有原普通电气设备的名称、型号规格外，还应增加一个防爆标志，说明它属防爆电气设备，该标志应说明下列几点：

1）产品可以使用在爆炸危险环境中，究竟可以使用在哪个等级的爆炸危险环境，目前国内标准尚未明确规定，但可以参考表 7-25 的规定。

表 7-25　气体爆炸危险场所用电气设备防爆类型选型表

电气设备防爆型式	代　号	适用区域	设备保护等级
本质安全型（i_a 级）	Ex i_a	0 区	Ga
为 0 区设计的特殊型	Ex s		
适用于 0 区的防爆型式			
本质安全型（i_b 级）	Ex i_b	1 区	Gb
隔爆型	Ex d		
增安型（慎用）	Ex e		
正压型	Ex p		
充油型	Ex o		
充砂型	Ex q		
浇封型	Ex m		
为 1 区设计的特殊型	Ex s		
适用于 0 区和 1 区防爆型式			
无火花型	Ex n	2 区	Gc
增安型	Ex e		

注：1. 0 区原则上只有本质安全型 i_a 等级可使用。

2. 1 区爆炸危险场所选用增安型要慎重，对温升不稳定的电气设备，应选用隔爆型或正压型。

3. 1 区爆炸危险场所，应尽量避免使用高压防爆电气设备。

4. Ga 具有"很高"的保护级别，在正常运行、出现预期故障或罕见故障时不是点燃源。

5. Gb 具有"高"的保护级别，在正常运行或预期故障条件下不是点燃源。

6. Gc 具有"一般"的保护级别，在正常运行中不是点燃源。

2）标志应反映防爆电气的一种防爆型或多种防爆型式。

3）标志应反映防爆电气设备的类别、级别、组别，即可用在哪些爆炸性混合物的场所。

4）标志应反映防爆电气设备的保护等级，即反映此设备可适用于哪个爆炸危险区域内。

例：隔爆铂电阻 型号：WZP $-\dfrac{240}{440}$ 防爆标志：Exd Ⅱ BT4 Gb

其中：

1）Ex 是一个符号，它是英文 Explosion 的缩写，直译是"爆炸"，而目前都误认为是防爆。实际上它是一个警示符号，表示该产品是一个防爆电气设备，但是还必须注意下列问题，才能真正起防爆作用，否则是一个电气点火花源，会引起"爆炸"灾害。

① 必须注意防爆电气设备的质量，特别是防爆安全性能的质量，应有国家资职认可的检验机构颁发的防爆合格证书，而且应在有效期内。

② 防爆电气设备的安装施工质量要好，不能因施工方便随意破坏防爆结构，而失去防爆性能，目前国内防爆电气设备施工的合格率仅 20% 左右，必须引起注意。

③ 使用维护人员需要培训，不准随便拆装、破坏原来的防爆结构。

④ 保养维修应及时更换老化的橡胶密封圈和损坏的零部件，必须恢复原来的防爆要求，才能继续使用。

2）d 是隔爆型的符号。

3）Ⅱ BT4 的原意可在表 7-4 爆炸性气体混合物的分类、分级、分组表中找到。Ⅱ B 级应在此表纵坐标第三项，最大试验安全间隙在 $0.5 < MESG \leq 0.9$ 范围内，最小点燃电流应在 $0.45 < MICR \leq 0.8$ 范围内，T4 组应在此表横坐标第四项，引燃温度在 $200℃ \geq T > 135℃$，也就是定位在表 7-4 中有二乙醚、二丁醚、四氟乙烯等物质的区域。如果是 Ⅱ CT1，就是定位在表 7-4 中由水煤气、氢气等物质所组成的区域。因此 Ⅱ BT4 表示某些爆炸性气体混合物在表 7-4 中的位号，也反映了这些爆炸性混合物质、它的 MESG 的范围和引燃温度范围。

4）Gb 表示设备保护等级。

如果选用 d Ⅱ CT6 的隔爆型电气设备，就是除煤矿甲烷以外的所有爆炸性气体混合物都可适用。由于隔爆型电气设备的加工尺寸和精度要求并不高，所以制造厂一般都生产 d Ⅱ BT4 防爆等级的常规产品，几乎已适用于大部分的爆炸性气体混合物环境。

同样本质安全型电气设备也是这样分级和分组，应用范围也相同。

例：照明防爆灯 型号：BED - □ 防爆标志：Exe Ⅱ T2 Gb

其中：

1）Ex 同例 1。

2）e 是增安型的符号，它没有级别。对隔爆以 MESG 分级别，本质安全型以 MICR 分级别，其他的防爆型式均不需分级别，只有相应的 Ⅱ 类别。

3）T2 对增安型是组别，不仅是外壳表面温度，还包括壳内、壳外的极限温度不能超过300℃。

4）Gb 表示设备保护等级。

例：防爆控制按钮　型号：BCS－□　　防爆标志：Exed ⅡCT4 Gb

其中：

1）Ex 同例1。

2）ed 主体外壳是增安型 e，部件按钮是隔爆型 d，ed 是复合型符号。

3）ⅡCT4 由于隔爆型应有级别的区分，它适用于表7-4中Ⅱ CT4、Ⅱ CT3、Ⅱ CT2、Ⅱ CT1、Ⅱ BT4、Ⅱ BT3、Ⅱ BT2、Ⅱ BT1、Ⅱ AT4、Ⅱ AT3、Ⅱ AT2、Ⅱ AT1 等12个区域的物质。另外主体外壳是增安型，所以T4不应该仅是外壳的表面温度，而是外壳内外的极限温度不能超过135℃。因此，隔爆型和本质安全型是用最大试验安全间隙（MESG）和最小点燃电流比（MICR）来分级为Ⅱ A、Ⅱ B、Ⅱ C 级别，而其增安型、正压型、充油型、充砂型、无火花型、浇封型、气密型、粉尘型都不分级别，仅是分类和组别，如正压型号应写成 P Ⅱ T6 防爆标志。而煤矿井下只有一种甲烷气体，把组别T1也可省略，只写成 d Ⅰ 防爆标志。

4）Gb 表示设备保护等级。

7.8　防爆电气设备设计与型号表示

7.8.1　防爆电气设计

1. 防爆电气设计项目

项目名称：隔爆热电偶

型号：WRE－240

防爆标志：Exd Ⅱ BT4 Gb

2. 设计步骤

普通热电偶本身就有一个外壳和保护管（属外壳的一部分），设法将外壳改变成符合规定的隔爆外壳，例如，增加接合面的尺寸、精度及增添一个电缆引入装置。因此隔爆外壳会比普通外壳大些。也可以重新设计一个新颖外壳，应满足下列要求：

（1）隔爆外壳的强度　在初步设计时，应按表7-10要求，估算外壳的净容积 $V \leqslant 0.5L$，Ⅱ B 级应按 0.6MPa 来计算。但是隔爆外壳实际的静态试验压力，应为防爆检验机构作动态试验测到参考压力的1.5倍。根据实际积累数据，隔爆热电偶参考压力为 0.4~0.5MPa，隔爆外壳厚度（采用铝合金材料）为4mm左右。

（2）隔爆外壳的分隔　当隔爆外壳内的设备在正常工作时，存在电火花和危险温度，应分隔主腔（安装热电偶）和接线盒腔。热电偶是一种特殊元件，自身不会产生电火花和危险温度，但在检测温度时，被测物质的温度必然会传给热电偶。因此，热电偶按防爆电气设备要求时存在危险温度（当被测温度超过85℃），所以应分成两个腔室，一般用接线板作为分界面，如图 7-29 所示。

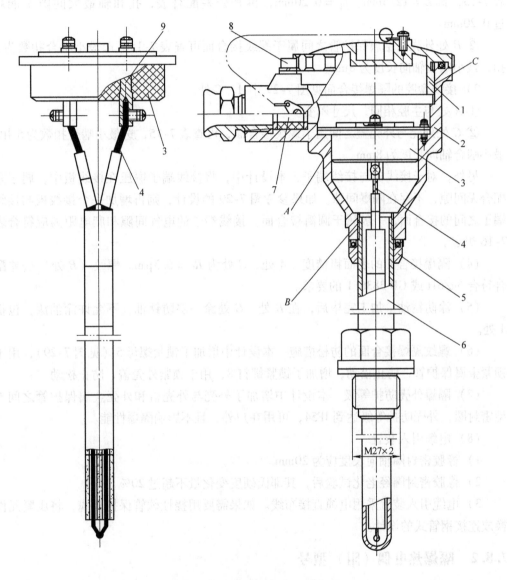

图 7-29　隔爆热电偶总装图

1—外壳盖　2—外壳　3—接线板　4—热电偶

5—锁紧螺母　6—保护管　7—电缆引入装置

8—锁紧螺钉　9—接线端子

（3）隔爆接合面尺寸

1）主腔的隔爆接合面见图 7-29 中 A、B 处。

① A 处外壳与接线板之间属于圆筒接合面，它是分隔主腔和接线盒腔，可查表 7-13，选 $L = 12.5\text{mm}$，$i_T = 0.20\text{mm}$，再查公差配合表，孔和轴最大间隙不能超过 0.20mm。

② B 处外壳与金属保护管之间属于螺纹接合面可查表 7-15，选最小啮合扣数为 5 扣，最小啮合轴向长度为 8mm。

2）接线盒腔的隔爆接合面见图 7-29 中 A、C 处。

① A 处与主腔相同，尺寸不变。

② C 处外壳与外壳盖之间属于螺纹接合面，可查表 7-15，选最小啮合扣数为 5 扣，最小啮合轴向长度为 8mm。

另外，对于接线板与接线端子，本设计中，将接线端子嵌压在接线板中，属于紧配合无间隙，不存在隔爆间隙。如果参考图 7-29 的设计，则再增加一个接线板与接线端子之间的接合面，一般属于圆筒接合面。接线端子的电气间隙和爬电距离应符合表 7-16 规定。

（4）隔爆接合面的表面粗糙度 A 处、C 处为 $Ra = 6.3\mu\text{m}$。螺纹（B 处）公差配合符合 6g/6H 或 GB 3836.1 的要求。

（5）涂防锈油 加工完毕后，在 B 处，C 处涂一层防锈油，不允许涂油漆，包括 A 处。

（6）螺纹隔爆接合面的防松措施 本设计中增加了锁紧螺母 5（见图 7-29），用于锁紧金属保护管，防止松动；增加了锁紧螺钉 8，用于锁紧外壳盖，防止松动。

（7）隔爆外壳防护等级 本设计中增加了外壳与外壳盖和外壳金属保护管之间 O 型密封圈，外壳防护等级达到 IP54，可用在户外，且不影响隔爆性能。

（8）电缆引入装置

1）橡胶密封圈轴向长度应为 20mm。

2）橡胶密封圈经老化试验后，其邵氏硬度变化量不超过 20%。

3）电缆引入装置采用电缆直接布线。如果需要用挠性软管保护电缆，将压紧元件换成连接钢管式的设计。

7.8.2 隔爆热电偶（阻）型号

隔爆热电偶（阻）型号的表示方法如图 7-30 所示。

图 7-30 所示表示方法为全国统一规定的表示方法，也可按第 4 章的表示方法。

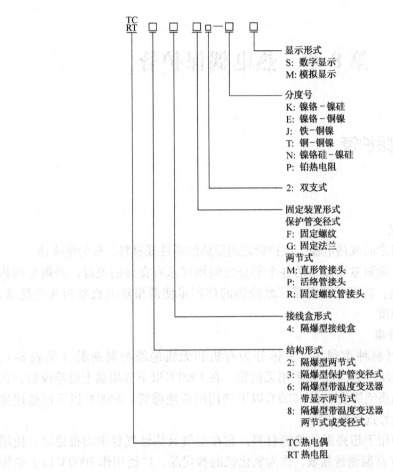

图 7-30　隔爆热电偶（阻）型号的表示方法

第8章 热电偶保护管

8.1 绝缘物与保护管

8.1.1 绝缘物

1. 绝缘物的定义

用来防止热电极之间或热电极与保护管之间短路的零件或材料，称为绝缘物。

热电偶测温时，除测量端以外的各个部分之间均要求有良好的绝缘，否则会因热电极短路而引入误差，甚至无法测量。绝缘物的作用是使两根热电极丝相互电绝缘，并保持一定的机械强度。

2. 绝缘材料的分类

热电偶用绝缘材料种类很多，大体分为有机和无机绝缘材料两类（见表 8-1、表 8-2）。处于高温端的绝缘物必须采用无机物。在 1000℃ 以下选用黏土质绝缘管；在 1300℃ 以下选用高铝质绝缘管；在 1800℃ 以下选用刚玉绝缘管；2000℃ 以下可选用氮化硼；2000℃ 以上最好选用氧化铪。

二氧化铪是一种用于超高温的绝缘材料。它在空气及惰性气氛中均很稳定，使用温度高达 2500℃。在高温测量领域，作为氧化铍的替代品，广泛用作 2000℃ 以上绝缘材料，并与所有的廉金属、贵金属及难熔金属兼容。

3. 热电偶用绝缘管

热电偶用绝缘管种类与使用温度见表 8-3。绝缘管的结构有单孔、双孔和四孔等（其极限偏差见表 8-4）。表示方法为：材质、直径、孔数和长度，如外径 $\phi4\text{mm}$、孔径 $\phi0.8\text{mm}$、双孔、长度 575mm 的高铝质瓷管表示为 $CJ_2\phi4\text{mm}/\phi0.8\text{mm} \times 2\text{mm} \times 575\text{mm}$。为了防止贵金属热电偶在运输或使用过程中折断，可用特殊形式的绝缘物，如日本、德国等除普通绝缘管外，还有端头绝缘管（见表 8-5）。目前我国也有商品供应，对于固定贵金属热电偶是很有效的，基本上消除了断偶现象。绝缘管的长度和孔径大小，取决于热电极的长短和直径。绝缘管的物理性质见表 8-6。连接热电偶参比端的补偿导线，通常采用有机绝缘材料。

表 8-1 有机绝缘材料

性能	丁腈橡胶	聚乙烯	聚氯乙烯	聚全氟乙烯	聚四氟乙烯	氟橡胶	硅橡胶
最高使用温度/℃	60~80	80	90	200	250	250~300	250~300
抗湿性	良	良	良	良	良	良	良
耐磨性	良	良	良	良	良	良	良

表 8-2 无机绝缘材料

种类	熔点/℃	特 点
MgO	2300	主要用做铠装热电偶的绝缘材料
Al_2O_3	2050	1800℃以下热电偶用绝缘材料
BeO	2550	使用温度至2100℃。它是金属氧化物中绝缘电阻最高的。BeO 粉末毒性很强，在操作时必须注意
HfO_2	2777	在高温下化学性能最稳定，同金属几乎不反应，但价格较贵
BN	3000（升华或分解）	在 N_2 或分解 NH_3 中可用到3000℃，不软化，绝缘性好，导热性好，1000℃以下不氧化

表 8-3 热电偶用绝缘管种类与使用温度

标 准 号	名 称	代 号	使用温度/℃
我国标准 JC/T 508—1994	刚玉质瓷管	CJ_1	1600
	高铝质瓷管	CJ_2	1400
	黏土质瓷管	CJ_3	1000
日本标准 JIS R 1401：2010	瓷保护管	特级 PT_0	1600
	瓷保护管	1 级 PT_1	1500
	瓷保护管	2 级 PT_2	1400
	石英保护管	QT	1000

注：使用温度是指在空气中或真空中长期使用时，能耐久的温度。

表 8-4 绝缘管的极限偏差 （单位：mm）

项目	圆形单孔				圆形双孔、四孔					椭圆双孔				
	外径		内径	长度	外径		孔径	孔距	长度	直线度	长轴	短轴	孔径	孔距	长度
	≤4	>4			≤4	>4									
极限偏差	±0.20	±0.50	±0.20	±0.50	±0.20	±0.50	±0.20	±0.20	±2	长度的0.15%	±0.50	±0.50	+0.20 −0.10	±0.20	±0.50

表 8-5 热电偶端头绝缘管形状及尺寸

形状		外径/mm	内径/mm	长度/mm
圆形凸式双孔		4	1.0	6
		6	1.5	6
圆形凹式双孔		4	1.0	6
		6	1.5	6
圆形凹式双孔		9	2	30
		12	3	35
		14	4	35

表8-6 绝缘管的物理性质

项 目		要 求		
		刚玉质瓷管	高铝质瓷管	黏土质瓷管
		1600℃	1400℃	1000℃
高温弯曲度	优等品	0.2mm		
	一级品	0.3mm		
	合格品	0.5mm		
高温黏结性		1600℃	1400℃	1000℃
		不黏结		
吸水率（%）		≤0.2		
高温绝缘电阻/MΩ		1300℃		1000℃
		≥0.02		≥0.08

4. 绝缘物与保护管材料选择

为使热电极不直接与被测介质接触，通常采用保护管。它不仅可以延长热电偶的使用寿命，还可以起到支撑和固定热电极、增加其强度的作用。因此，热电偶绝缘管与保护管选择的是否合适，将直接影响热电偶的使用寿命和测量的准确度。Walker 曾用含 Fe 的绝缘管在 1380℃的空气中，加热 240h，结果变化 -1.4℃；若改变插入深度，其变化竟达 -12℃；而采用优质氧化铝绝缘管，其电动势几乎不发生变化。由此可见，正确选择绝缘管与保护管是很重要的。

选择的原则如下：

1）能够承受被测对象的温度与压力。

2）高温下物理与化学性能稳定。

3）高温机械强度好，能够承受振动、冲击等机械作用。

4）耐热冲击性能良好，不因温度急变而损坏。

5）足够的气密性。

6）不产生对热电偶有害的气体。

7）导热性能良好。

8）对被测介质无影响，不玷污。

8.1.2　保护管简介

1. 保护管的定义

采用两端开口的金属或非金属加工成一端封闭，另一端开口的用来保护热电偶组件免受环境有害影响的管状物，统称热电偶保护管，简称保护管。

2. 保护管的作用

1）保护热电偶组件不受腐蚀，延长热电偶使用寿命。

2）对热电偶组件起到支撑与固定的作用。

3. 对保护管的要求

1）管内环状间隙及内孔公差要小，热响应时间要短。

2）足够的插入深度，保护测量准确度。

3）抗疲劳，防共振。

保护管的长短、结构、安装方式决定是否产生共振，因此插入深度要浅，疲劳部位要加厚。

在高温下，耐热、物理与化学性能稳定和耐热冲击性能是主要的。在实践中要选出完全满足上述要求的保护管是困难的，只能依据使用条件选择比较适宜的保护管。

8.1.3　金属保护管

1. 金属保护管的特点

金属保护管的特点是机械强度高，韧性好，抗渣性强。因此，金属保护管多用于要求具有足够机械强度及抗热冲击的场合。金属保护管的种类很多，见表 8-7。

表 8-7　金属保护管

材　质		特　　性
奥氏体不锈钢	304	18Cr-8Ni 不锈钢。耐热性、耐蚀性优良，在氧化气氛下，可用到 900℃。如有渗碳作用，致使其抗蚀能力降低，使用温度降为 430~540℃。在 -185~790℃ 范围内，有良好的机械强度。主要用于化工、食品、塑料、石油工业。它是一种典型的热电偶保护管材料，有 80% 以上的热电偶采用此种保护管。抗硫腐蚀能力、抗还原性差
	310	25Cr-20Ni 不锈钢。含镍、铬量高，耐热性优良，抗硫腐蚀能力低，在氧化气氛下，可用至 1050℃。主要用于发电厂锅炉，可达 980℃
	316	18Cr-12Ni-Mo 不锈钢。因含钼，在氧化气氛下可用到 930℃。适用范围与 304 型相同。耐热性，耐酸、碱浸蚀性优良
	347	18Cr-9Ni-Nb-Fe 不锈钢。常用温度为 900℃。因加 Nb，抗晶界腐蚀性强
铁素体耐热钢	446	16Cr25-N 型不锈钢。在氧化性气氛下使用温度为 1090℃，具有优异的耐高温腐蚀及抗氧化能力。主要适用于淬火炉、渗氮炉和退火炉，盐浴及铅、锡、巴氏合金熔体，含硫气氛。还可用于均热炉、锌熔体、废气锅炉、水泥窑出口、沥青混合煅烧炉、玻璃窑烟道等。不适于含碳气氛
	—	Cr25-Ti 型不锈钢。在 800℃ 下具有良好的抗晶间腐蚀性，至 1100℃ 仍有良好的抗氧化性，常用温度为 1000℃。用于耐 Na_2O 溶液及 HNO_3、H_3PO_4 腐蚀的测温保护管。易过热晶粒粗化变脆。焊前预热至 200℃，焊后在 700℃ 空冷处理

（续）

材 质		特 性
镍基变形 高温合金	GH3030	化学成分（质量分数,%）为：Cr19 ~ 22，Ti0. 15 ~ 0. 35，余 Ni。具有优良的耐蚀性及抗氧化性，良好的工艺性与满意的焊接性，常用温度为 1150℃。化学成分类同于美国 Inconel 600
	GH3039	化学成分（质量分数,%）为 Cr18 ~ 22，Mo1. 8 ~ 2. 3，Nb0. 9 ~ 1. 3，Fe0. 3，余 Ni。加入 Mo、Nb 等元素进行固溶强化，在 800℃以下具有足够的持久强度和冷热疲劳性能。常用温度为 1150℃
	GH747	具有良好的高温抗氧化性能及高温强度
因科内尔耐热耐蚀合金 （Ni - Cr - Fe） （Inconel）	600	在氧化性气氛下可用至 1150℃，在还原性气氛下最高使用温度降至 1040℃。在含硫气氛下，使用温度不能超过 540℃。主要用于渗碳炉、退火炉、盐浴炉、高炉热风管、余热锅炉、矿石焙烧炉、水泥窑排烟道、煅烧炉、玻璃窑烟道管
	601	其用途与 600 型相同，但高温下抗氧化、抗硫腐蚀能力强，使用温度可达 1260℃
	800	在氧化性气氛下，可用至 1090℃。与 600 型相似，但不适用于渗氮炉、氢氧化物熔体。抗硫腐蚀能力超过 600 型
坎达尔铁 - 铬 - 铝 合 金 （Kanthal）		化学成分（质量分数,%）为 Cr24，Co2. 5，Al15. 5，余 Fe。在氧化性气氛下，使用温度可达 1260℃，高温机械强度高，抗硫腐蚀能力强，卤素、碱将明显降低耐蚀性
三特维克 P4 （Sandvik）		化学成分（质量分数,%）为 Cr17，Ni8. 5。抗高温性、耐蚀性优良，抗硫及还原性气体也强，使用温度高达 1200℃
哈氏合金	B	Ni65Mo28FeV，适用于各种浓度及温度（直至沸点）的盐酸，对硫酸、磷酸也有耐蚀性。在空气中使用温度为 760℃
	C	Ni - Cr - Mo - V，可用于氧化、还原性气氛，抗氯化铁、氯化铜性能优良。在空气中使用温度为 1000℃
耐磨合金	UMCo50	28Cr - 21Fe - 1Si - 50Co，耐热冲击、耐磨、耐硫化物及钒蚀损，高温强度大。可用于 1150℃以下
	HR1230 HR3160	Ni - Cr - W - Mo - Al，具有极高的强度及耐磨性，适用于流化床等恶劣的磨损环境。常用温度为 800 ~ 1200℃
耐热合金	3YC52 HR1300	Ni45Cr17Al、Ni - Cr - W - Mo - Al，在 1250℃以下高温抗氧化性能优于同类高温合金
低合金钢		在无腐蚀性介质存在的条件下，使用温度达 680℃，主要用于退火炉、加热炉陶瓷干燥窑
碳钢		在氧化性气氛下，使用温度为 540℃。主要用于电镀槽、镀锌锅及熔镁、熔锌槽，在炼油厂用于脱腊及热裂解炉

（续）

材　　质		特　　性
低碳钢		有水蒸气存在，将明显氧化。在熔融金属和热处理盐浴中，较其他合金耐蚀性好
铸铁		在氧化性气氛下，使用温度可达700℃。主要用于有色金属熔体。在还原性气氛下，可用到870℃
铁基合金	MPT-1	Fe-Cr，在1000℃以下，耐铝及铝合金液体腐蚀
	MPT-2	Fe-Cr，在1000℃以下，耐氟化物冰晶石熔体腐蚀
铜及铜合金		铜、黄铜的导热性、导电性好，容易加工，并在常温下对空气、淡水、海水及非氧化性酸性水溶液的耐蚀性好。可是，在硝酸等氧化性酸或含氧化性盐类溶液中迅速被侵蚀。在高温下铜易氧化而且机械强度低，因此使用温度通常在300℃以下
钛		耐化学腐蚀性能比不锈钢好
铂与铂铑合金		由于价格昂贵，仅在特殊用途下使用。耐热性强，用于熔融玻璃
铌锆合金 钽（Ta）、钼（Mo）、钨（W）		常用温度可达2200℃，用于真空及惰性气氛中

2. 金属保护管的选择

铜及铜合金主要用于300℃以下无浸蚀性介质；无缝钢管的使用温度约为600℃，温度高会出现氧化层；不锈钢长期工作温度约为850℃；高温不锈钢管可用到1100℃左右；铁基（Fe-Cr、Fe-Cr-Al、Fe-Cr-Ni、Fe-Si-Ni-Si）、镍基（Ni-Cr）、钴基（Co-Cr-Fe）高温合金用在1300℃以下的场合；铂及铂铑合金在氧化性气氛下，可用在1400℃或更高的温度；钼、钨及钽等难熔金属只能用在非氧化性气氛下的高温环境。由于金属保护管在高温下易与碳及熔融金属起反应，故不能用来测量金属熔体的温度。同时，金属在高温下产生一定的蒸气，对贵金属热电偶的污染很严重。因此，铂铑热电偶不能直接采用金属或合金保护管，必须用陶瓷等作内保护管，将热电偶与金属保护管隔开才能使用。金属保护管的耐蚀性见表8-8。

表8-8　金属保护管的耐蚀性

流体物质	质量分数（%）	温度/℃	SUS 304	SUS 321	SUS 316	SUS 316L	SUS 316 JIL	SUS 310S	SUS 347	卡彭特合金20	因科内尔合金	哈氏合金B	哈氏合金C	钛	蒙乃尔合金	铜	铅	碳钢
硫酸	5	30	△	△	△	△	△	△	△	○	△	○	○	△	○	△	○	×
		蒸气	×	×	×	×	×	×	×	△	×	○	△	×	×	×	○	×
	10	30	△	△	△	△	△	△	△	○	△	○	○	△	○	△	○	×
		蒸气	×	×	×	×	×	×	×	△	×	○	△	×	×	×	○	×
	50	30	×	×	×	×	×	×	×	△	△	○	○	△	△	△	△	×
		蒸气	×	×	×	×	×	×	×	×	×	○	△	×	×	×	△	×
	90	30	△	△	△	△	△	△	△	○	△	△	○	△	○	△	△	×
		蒸气	×	×	×	×	×	×	×	×	×	○	△	×	×	×	×	×

（续）

流体物质		质量分数（%）	温度/℃	SUS 304	SUS 321	SUS 316	SUS 316L	SUS 316 JIL	SUS 310S	SUS 347	卡彭特合金20	因科内尔合金	哈氏合金B	哈氏合金C	钛	蒙乃尔合金	铜	铅	碳钢
盐酸		5	30	×	×	×	×	×	×	×	△	△	○	○	○	△	△	△	×
			氯气	×	×	×	×	×	×	×	×	△	○	○	△	△			×
		10	30	×	×	×	×	×	×	×	△	△	○	○	△	△	△	△	×
			蒸气	×	×	×	×	×	×	×	×	△	○	○	△	△			×
		20	30	×	×	×	×	×	×	×	△	△	○	○	△	△	△	△	×
			蒸气	×	×	×	×	×	×	×	×	△	○	○	△	△			×
氯气	干		30	×	×	×	×	×	×	×	○	○	○	○	○	○	○	○	△
	湿		30	×	×	×	×	×	×	×	×		×	×	○		×	△	×
NaOH		10	蒸气	△	○	○	○	○	○	○	○							△	×
		75	100	△	○	○	○	○	○	○	○							△	×
SO$_2$气				△	○	○	○	○	○	○	○		○	○	○	○			×
氨		25	< 100	○	○	○	○	○	○	○	○	○	○	○	○	×			
		100	< 300	○	○	○	○	○	○	○	○	○	○	○	○	×			
			蒸气	○	○	○	○	○	○	○	○	○	○	○	○	×			
NaCl		30		○	○	○	○	○	○	○	○	○	○	○	○		△		△
H$_2$O$_2$				○	○	○	○	○	○	○	○	○	○	○					

注：○—无腐蚀；△—有些腐蚀，使用要注意；×—有腐蚀，不适宜使用。

8.1.4　非金属保护管

1. 非金属保护管的特点、分类与性能

（1）非金属保护管的特点　非金属保护管的耐高温性、耐蚀性好，但强度低，抗热冲击及抗渣性能差。

（2）非金属保护管分类

1）高熔点氧化物及复合氧化物：Al_2O_3、SiO_2、MgO、ZrO_2、BeO 等。

2）氮化物：Si_3N_4、Si_3N_4 结合 SiC、塞隆（$Si - Al - O - N$）、HfN、BN 等。

3）碳化物：SiC 等。

4）硼化物：ZrB_2 等。

（3）非金属保护管的性能　常用非金属保护管的性能见表8-9。陶瓷材料的各种性能如图8-1～图8-5所示。

表 8-9　非金属保护管的性能

材　质	性　能
石英	使用温度可达1090℃，热膨胀系数小，耐热冲击性能强，响应速度快，耐酸性能好，耐碱性能差，可透过氢及还原性气体。用于金、银熔体或高温火焰测量
莫来石（$3Al_2O_3 \cdot 2SiO_2$）	使用温度可达1510℃，机械强度低，耐热冲击性较强，在$BaCl_2$熔盐中可用到1290℃，耐熔融金属及可燃性气体腐蚀，耐金属氧化物及碱腐蚀性能差，应垂直安装。水平安放时，要有支撑。适用于高温陶瓷、热处理及玻璃行业
氧化铝（质量分数为96%）	使用温度可达1760℃，机械强度、耐热冲击性中等。可用于真空感应炉。其他用途同莫来石
刚玉（Al_2O_3质量分数为99.5%）	在有支撑的条件下，使用温度可达1870℃。耐熔融金属腐蚀，气密性好，耐热冲击性能较差。适用于高温加热炉及各种耐火材料炉窑等
碳化硅	耐化学腐蚀性能好，热导率大，高温下变成导体。因气密性不好，使用时要加不透气的内保护管构成复合管。高温氧化是影响寿命的主要问题，可用于玻璃熔体、高炉渣及有色金属熔体
氮化硅	使用温度为1000℃，耐酸式盐腐蚀，耐热冲击性优异，机械强度低。耐有色金属腐蚀，如铝、黄铜、铅、锡、锌，还可用于化工企业及盐浴炉
氧化锆	使用温度为1900℃，在高温下成为导体。耐碱、碱性渣及特殊的玻璃熔体腐蚀
硼化锆	使用温度为1600℃，气密性好，良好的导热、导电性能和化学稳定性，耐热冲击性较纯氧化物有所改善
氧化铍	使用温度为2100℃，热传导、耐热冲击性好，但有毒，在空气，H_2，CO及真空中于1700℃以下均很稳定。在卤素气体中不稳定，于1200℃蒸发
氧化钍	放射性物质，使用温度为2200℃，抗渣性强，高温下在卤素、含硫、含碳气氛中不稳定，高温电低阻
氧化镁	在空气中至1700℃仍很稳定，高温下，蒸气压大，在还原性气氛中，使用温度要低于1700℃，1800℃以上受卤素及含硫气氛腐蚀，耐金属熔体腐蚀性能较氧化铝差
二硅化钼	使用温度为1600℃，抗氧化，耐高温，耐热冲击性、气密性好。在还原性气氛及腐蚀介质中，也具有较高的化学稳定性
石墨	常用温度为1500℃，最高可达2300℃，耐高温、耐热冲击性良好，易氧化。在碱性腐蚀介质中，也有良好的稳定性

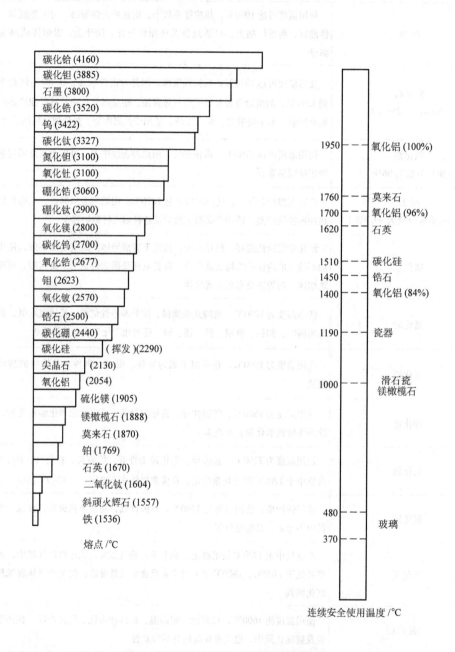

图 8-1 陶瓷材料的熔点与连续使用温度

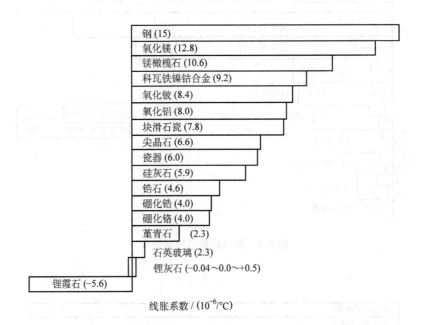

图 8-2　陶瓷材料的线胀系数（室温~700℃）

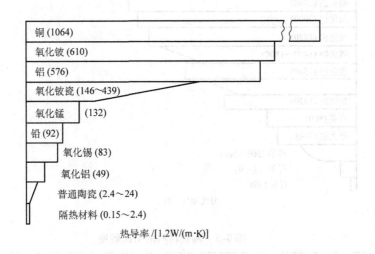

图 8-3　陶瓷材料的热导率

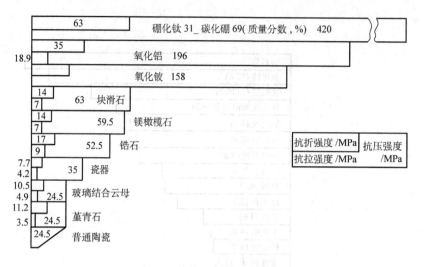

图 8-4 陶瓷材料的机械强度

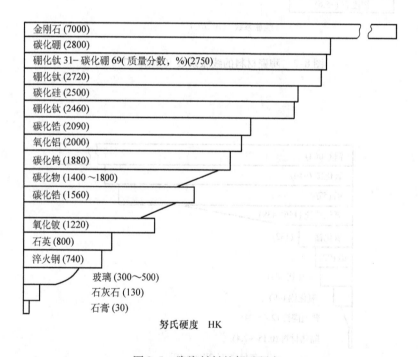

图 8-5 陶瓷材料的努氏硬度

注：努氏硬度是显微硬度的一种。我国通用的洛氏硬度 H_R（HRC）和努氏硬度 H_K（HK）的换算公式为

$$H_K = 0.17H_R^2 - 2.65H_R + 239.7$$

2. 氧化物保护管

常用氧化物保护管的分类与代号见表 8-10。在 1300℃ 以下采用高铝管，国外用莫

来石。而 1300℃ 以上多用刚玉管。但在 1800℃ 时，要用 BeO、ThO_2 及 ZrO_2 等特种保护管，然而，这些保护管价高难得，不易实用化。虽然 BeO、ThO_2 化学性能稳定，作为保护管及绝缘管材料其性能是优越的，但前者有毒，后者有放射性，在制造上困难很大。ZrO_2 同前两者相比，作为保护管材料，适应性差，高温导电，不能用作绝缘管。MgO 在高温下，蒸气压高，使用上限为 1700℃，而且易吸水，作为保护管材料的应用范围，远不如莫来石和刚玉管。

表 8-10　常用氧化物保护管的分类与代号（JC/T 509—1994）

名　　称	代　　号	使用温度/℃
刚玉质瓷管	CB1	1600
高铝质瓷管	CB2	1400
黏土质瓷管	CB3	1000

石英管常用来保护贵金属热电偶。石英的特点是线胀系数很小（5.1×10^{-7}/℃），耐热冲击性强，但机械强度低。使用石英管有以下几点应注意：使用前对保护管应做清洁处理，用氢氟酸清除 Si；当使用温度 >1200℃ 时，石英要发生再结晶、析晶和失透，在有碱金属存在时失透更为严重；燃烧火焰中含碳，也会使表面失去光泽；经清洁处理后的石英管，不要用手摸，因手上有油或肥皂；石英质脆，在安装和使用时要小心。氧化物陶瓷的性能见表 8-11。

表 8-11　氧化物陶瓷的性能

名称	化学式	熔点/℃	在氧化气氛中最高使用温度/℃	耐热冲击	稳定性					价格比较	使用上限制
					还原	碳化	酸性渣	碱性渣	熔融金属		
石英	SiO_2	—	1200	◎	△	○	○	×	×	1	—
莫来石	$3Al_2O_3 \cdot 2SiO_2$	1830	1800	△	△	△	○	△	○	2	—
氧化铝	Al_2O_3	2050	1950	○	○	△	○	△	○	5	—
氧化铍	BeO	2550	2400	◎	◎	◎	○	△	○	1000	有毒价格
氧化镁	MgO	2800	2400	△	×	○	×	○	○	5	—
CaO 稳定的 ZrO_2	ZrO_2	2677	2500	△	○	○	○	×	○	90	价格

注：◎—优；○—良；△—可；×—差。

（1）技术要求　氧化物保护管的主要规格、极限偏差及物理性能见表 8-12～表 8-14。

表 8-12　氧化物保护管的主要规格

外径/mm	6	8	10	12	16	20	25
内径/mm	4	6	7	8	12	15	19
长度/mm	100~2165						

注：其他品种和规格的产品，由供需双方协议。

表 8-13 保护管的极限偏差及直线度（JC/T 509—1994）

项　目		极限偏差/mm
外径/mm	≤φ16	±0.5
	>φ16	±1.0
内径/mm	≤φ12	±0.5
	>φ12	±1.0
长度		±2
直线度		长度的 0.15%

表 8-14 陶瓷保护管的物理性能（JC/T 509—1994）

项　目		要　求		
		刚玉质瓷管	高铝质瓷管	黏土质瓷管
		1600℃ 允许弯曲	1400℃ 允许弯曲	1000℃ 允许弯曲
高温弯曲	特等品	0.2mm		
	一级品	0.6mm		
	合格品	1.0mm		
耐热冲击性		1300℃，3 次不裂		1000℃，3 次不裂
气密性		1.30kPa 负压下，10min，下降小于 0.3kPa		
吸水率（%）		≤0.2		

（2）性能检测　对国产与日本刚玉管（SSA－S）性能进行对比，检测结果见表 8-15 与表 8-16。从两表中可看出：国产刚玉管同日本产品相比，Al_2O_3 含量稍低，CaO、MgO 含量高，但 Na_2O 量少；烧结不均，未烧结部分密度低；泄漏试验发现表观密度低，气孔多，不仅端头有泄漏，而且管中部也有泄漏；高温蠕变试验表明，国产刚玉管同日本产品相比伸长量小，蠕变后晶粒平均直径较试验前增大，原因是未完全烧结所致。

近年来国产刚玉管质量有很大提高，Al_2O_3 含量可达 99.5%（质量分数），并已出口。

表 8-15 化学分析结果（质量分数）　　　　　（%）

项目	国产刚玉管（φ10mm×6mm）	国产绝缘管	日本刚玉管（SSA－S, φ10mm×6mm）
Al_2O_3	99.25	99.56	99.61
SiO_2	0.124	0.075	0.104
TiO_2	0.001	0.030	0.004
Fe_2O_3	0.024	0.011	0.016
CaO	0.372	0.245	0.064
MgO	0.215	0.056	0.086
Na_2O	0.009	0.002	0.104
K_2O	0.002	痕量	0.014
ZrO_2	0.007	0.018	痕量

表 8-16 物理性能分析结果

项　目		国产刚玉管（φ10mm×6mm）	日本刚玉管（SSA-S，φ10mm×6mm）
表观密度/（g/cm³）		3.85（3.73）①	3.85
晶粒平均直径/μm		24.9±4.8	22.3±2.2
抗弯强度/MPa		142±35	264±29
高温蠕变伸长量/mm	0.98MPa	6.31	8.49
	1.7MPa	9.13	9.76
高温蠕变后晶粒平均直径/μm		28.9±3.6	—

① 未烧结部分表观密度。

（3）工业热电偶、热电阻用陶瓷接线板　接线端子是用于实现电气连接的一种产品，通常由接线板和金属接线柱组成。

为了方便导线的连接，在一段绝缘材料里面固定一定形状的金属接线柱，可以插入导线，用工具（如螺钉旋具）紧固或者松开。接线板是接线端子的一部分，由绝缘材料制成。

工业热电偶、热电阻由于其应用的特殊性，其接线板通常由陶瓷制成，并应符合 JB/T 9239—2014《工业热电偶、热电阻用陶瓷接线板》的要求。其主要技术指标如下：

1）按材质分为：滑石质（氧化镁的质量分数为 30%~35%）、高铝质（三氧化二铝的质量分数为 75%~95%）。

2）接线板的符号和字体应符合 GB/T 14691—1993 中的规定，字体凹凸不少于 0.3mm，排列应均匀对称。

3）接线板的吸水率不应大于 0.2%。

4）在环境温度为 5~35℃，相对湿度不大于 80% 时，接线板在安装状态下，接线柱与接线盒间的绝缘电阻应不小于 2000MΩ。

接线板装上接线柱，然后用螺钉紧固在未经涂漆的接线盒内，在温度为 5~35℃，相对湿度不大于 80% 的环境中放置 24h。用直流电压为 500V±50V，测量范围大于 2000MΩ，准确度等级不低于 10 级的绝缘电阻表，测量接线柱与接线盒之间的绝缘电阻。

5）选取符合 GB/T 93、GB/T 97.1 和 GB/T 818 要求的弹簧垫圈、平垫圈和螺钉，将接线板固定在接线盒内，然后用力矩扳手将螺钉拧紧。静止放置 24h 后，检查接线板。接线板应能承受螺钉的压力，无碎裂现象。

（4）氧化物保护管的选择　首先应注意气氛对保护管的影响。在以石墨为发热体的炉内，MgO 腐蚀严重。其原因是，在强还原气氛中，MgO 局部被还原成 Mg，故 MgO 不适宜在高温还原性气氛中使用，因蒸气压大，也不适于在真空条件下使用。

（5）蓝宝石热电偶保护管　由蓝宝石单晶直接一次性生长而成，耐温 2000℃ 和耐压 300MPa，莫氏硬度达 9 级。采用了一次成形技术，具有良好的气密性，能够有效地防止气体渗透且耐化学气体腐蚀，可在刚玉和陶瓷管达不到的工况中使用，是一种热电偶保护管的新型材料。

刚玉和陶瓷保护管中存在 SiO_2，在高温下 Si 能与贵金属热电偶丝中的 Pt 形成化合物 Pt_5Si_2，使偶丝易断裂，降低热电偶的使用寿命。蓝宝石热电偶保护管的纯度达 99.995% 以上，不存在这样的问题。在生产过程中，热电偶传感器中的热电偶丝能与生产原料中的金属发生化学反应，如在铅玻璃的生产过程中就存在热电偶丝与原材料中的铅形成化合物，严重影响了产品质量。蓝宝石热电偶保护管的一次成形技术以及高气密性，有效地减少了此类事故的发生。

鉴于蓝宝石热电偶保护管具有上述优良的特性，目前在化工、炼油、玻璃工业、重油燃烧反应器、浓缩或沸腾的无机酸（矿物酸）以及实验室等应用领域得到了广泛的认可，并逐步推广。

3. 氮化物保护管

氮化物陶瓷有 Si_3N_4、BN、赛隆等陶瓷，对金属有很强的耐蚀性。

（1）Si_3N_4　Si_3N_4 难熔，耐热冲击性强，在 1200～1300℃ 有良好的稳定性，从 1200℃ 下取出至空气中不炸裂；化学稳定性高（见表 8-17 和表 8-18），可用作输送熔盐、金属熔体的部件及热电偶保护管，在 $NaF + ZrF_4$ 熔体（850℃）中超过 100h 不分解，也不与 Zn、Al 及 Sn 等作用；抗氧化、氯化，在氧化性气氛中于 1200℃ 可工作 80h，在氯化气氛中于 900℃ 可工作 500h，在还原与中性气氛中可工作到 1870℃；对液态金属 Si、Sn、Bi 及 Cd 等不润湿。

表 8-17　Si_3N_4 的耐蚀性

物　　质	温度/℃	浸入时间/h	结　　果	物　　质	温度/℃	浸入时间/h	结　　果
Al	800	950	○	Cu	1150	7	×
Al	1000	100	○	钢	1600	20min	×
Pb	900	144	○	氧化铁	1600	10min	×
Sn	300	144	○	高炉渣	1500	2	△
Zn	550	500	○	镍渣	1250	5	○
Mg	750	20	△				

注：○—无浸蚀；△—少量浸蚀；×—腐蚀。

表 8-18　Si_3N_4 的化学性能

无　浸　蚀	有　浸　蚀
1）20% HCl，煮沸	1）50% NaOH，煮沸，115h
2）65% HNO_3，煮沸	2）NaOH450℃（熔盐），5h
3）发烟 HNO_3，煮沸	3）48% HF70℃，3h
4）10% H_2SO_4，70℃	4）3% HF + 10% $HNO_3$70℃，116h
5）Cl_2 气，30℃（湿）	5）NaCl + KCl（900℃熔盐），144h
6）Cl_2 气，900℃	6）NaB（SiO_3）$_2$ + V_2O_5（1100℃），4h
7）H_2S 气，1000℃	7）NaF + ZrF_4（800℃），100h
8）浓 H_2SO_4 + $CuSO_4$ + $KHSO_4$	
9）NaCl + KCl（790℃，熔盐）	

注：表中百分含量都是质量分数。

（2）BN　BN 是一种难熔化合物，有两种晶体结构：一是 α - BN，为六方晶系，其结构同石墨相似，为层状结构，它的电阻大，具有半导体性质及润滑性能；二是 β - BN，为立方晶系，结构与硬度皆与金刚石相似，具有半导体性质，并且还耐高温。BN 难熔，只有在高压时于 3000℃下才熔化。它与一般的化学试剂都不起反应，只与酸及熔融碱一起加热时才分解。BN 的耐蚀性见表 8-19。BN 的强度较高，并随温度的升高、气孔率的增加而降低。

表 8-19　BN 的耐蚀性

材　　料	溶（熔）液或气氛组成	温度/℃	时间/h	作用特点
BN	Fe	1600	0.5	不作用
BN + C	Al	1000	0.2	不作用
BN + C	B + Si	2000	2	不作用
BN + C	KBF_4	900	3	不作用
BN + C	冰晶石	1000	4	不作用
BN	氧化性气氛	1000	60	失重 0.167mg/（$cm^2 \cdot h$）
BN	氯化气氛	1000	20	失重 0.85mg/（$cm^2 h$）
BN	NaOH 为 20%（质量分数）	煮沸	20	完全溶解

我国生产的热解氮化硼已应用于高温测量领域，其特点为：材料呈白色，无毒，易加工，BN 纯度已高达 99.99%，表面致密，气密性好；耐高温且强度随温度升高而增强，到 2200℃时达到极大值；耐酸、碱、盐浸蚀，与金属熔体不润湿；耐热冲击性强，热传导快，线胀系数小；电阻大，绝缘性好，介电强度高。

BN 的技术指标见表 8-20。

表 8-20　BN 的技术指标

物　理　量		指　　标
晶格常数/μm		2.504×10^{-10}（a 向），6.692×10^{-10}（c 向）
表观密度/（g/cm^3）		2.10 ~ 2.15（板材），2.15 ~ 2.19（坩埚）
氦透过率/（cm^3/s）		$< 1 \times 10^{-10}$
努氏硬度 HK		691.88
体积电阻系数/Ω·cm		3.11×10^{11}
抗张强度（力 ∥ c 向）/MPa		153.86
抗弯强度/MPa	力 ∥ c 向	243.63
	力 ⊥ c 向	197.76
弹性模量/MPa		235690
热导率/[W/（cm·K）]	200℃	0.6000（a 向）　0.0260（c 向）
	900℃	0.4370（a 向）　0.0280（c 向）
介电强度（室温）/（kV/mm）		56

（3）赛隆（sialon） 赛隆是 Si、Al、O、N 四种元素符号组成的名词译音。1972年英国学者 K. H. 杰克发现了 $Si_3N_4 - Al_2O_3$ 系中存在 $\beta - Si_3N_4$ 固溶体，在 $\beta - Si_3N_4$ 中部分 Si 和 N 同时被 Al 和 O 取代形成固溶体并保持电中性。这种固溶体称为赛隆（sialon），化学式 $Si_{6-z}Al_zO_zN_{8-z}$（$0 < z \leqslant 4.2$）。这种材料被证明具有良好的结合性能，例如，在高、低温下硬度和强度都比较高，在不同侵蚀条件下耐磨性和抗化学腐蚀性也很好。其物理性能见表 8-21。

表 8-21 赛隆的物理性能

性能	密度 /(g/cm^3)	气孔率 (%)	抗弯强度 /MPa	硬度 HV	弹性模量 /MPa	耐热冲击性 $\Delta T/℃$	线胀系数 /$(^{-6}/℃)$	热导率 /$[W/(m \cdot K)]$	电阻率 /$\Omega \cdot cm$	耐热温度 /℃
赛隆	3.26	0.1	883	1580	0.29×10^6	710	3.0	16.7	$>10^{11}$	1.250

赛隆制作方法：在氮气氛下对硅和氧化铝微粉混合物进行氮化反应原位生成赛隆，并加适当比例的 AlN 作为添加剂，其反应机理如下：

$$(6-z)Si + \left(4 - 2\frac{z}{3}\right)N_2 + z/3Al_2O_3 + z/3AlN \rightarrow Si_{6-z}Al_zO_zN_{8-z}$$

当 $z = 3$ 时，即有

$$3Si + 2N_2 + Al_2O_3 + AlN \rightarrow Si_3Al_3O_3N_5$$

赛隆的高温强度明显地高于常用陶瓷（如 Al_2O_3、ZrO_2、SiC、Si_3N_4），抗弯强度比较如图 8-6 所示；耐热冲击性（$\Delta T = 710℃$）也优于 Al_2O_3、Si_3N_4，耐冲击性比较如图 8-7 所示。

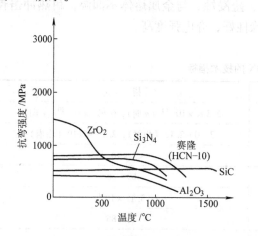

图 8-6 抗弯强度比较

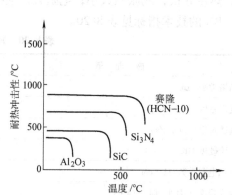

图 8-7 耐热冲击性比较

4. 硼化物保护管

ZrB_2 是一种脆性金属间化合物，具有高熔点（3040℃）、高硬度，优良的导热性、导电性和良好的化学稳定性；但抗氧化、抗渣腐蚀性差，而且当温度超过1650℃时，其腐蚀速度明显加快，因而在1650℃以下使用为宜。ZrB_2 热电偶保护管，曾在连铸的中间包，平炉、冲天炉前炉，铁液包，LD 转炉中做过连续测温试验。在150t LD 转炉上的使用寿命长达 10h。

5. 碳化物保护管

碳化物保护管主要是以 SiC 为基的保护管，其结合形式有陶瓷、氮化硅、氧氮化硅、石墨、自黏结或重结晶 SiC 及反应烧结 SiC。我国过去只生产自黏结 SiC 和重结晶 SiC，由于 SiC 导电，重结晶 SiC 气密性差，一般只用作双层管的外保护管。

现在我国已有氮化硅结合 SiC、反应烧结 SiC 及无压烧结 SiC。SiC 的主要性能见表 8-22。

表 8-22　SiC 的主要性能

材料	熔点/℃	密度 / （g/cm³）	努氏硬度 HK	抗弯强度 /MPa	抗压强度 /MPa
SiC	2690	3.21	2500	200～300（1200℃）	800～1000（1000℃）

（1）无压烧结碳化硅（SiC）保护管

无压烧结 SiC 保护管是广泛使用的保护管中最硬的。其优异性能如下：

1）高温强度好。即使在 1650℃（3000℉）条件下，也不会弯曲。

2）抗热冲击性与耐蚀性好。

3）热导率高，与不锈钢等同，为 Al_2O_3 的 5 倍。

4）可按用户要求提供所需长度。

炼铁厂热风炉温度测量条件苛刻，上海宝钢等选用无压烧结 SiC 保护管，取得了满意的使用效果。

（2）重结晶碳化硅（SiC）保护管　重结晶碳化硅制品具有高温强度高，自重轻，导热性好，蓄热小，寿命长等优异性能，广泛应用于陶瓷、石油化工、航空航天等工业部门，常用作热电偶保护管，特别适合 1250℃ 以上高温条件下使用。其主要技术指标如下：

1）工作温度≤1600℃（氧化气氛）。

2）SiC 的质量分数≥98.5%。

3）体积密度≥2.60g/cm³。

4）显气孔率≤18%。

5）常温抗弯强度≥75 MPa。

6）高温抗弯强度≥85 MPa（1400℃）。

7）直线度误差为应不大于 0.2%。

8）任意 1000mm² 面积上凹坑数量不应超过两处。

6. 石墨保护管

石墨保护管用于铁液、钢液与铝液测温。其寿命虽然比 ZrB_2 和金属陶瓷短，但因石墨具有耐热冲击性好、反应灵敏、价格低廉、来源丰富等优点，所以有时用石墨制作保护管测量钢液、铁液温度。在高温、强碱条件下，作者采用高强石墨管测温取得了很好效果。为了提高石墨管抗渣、抗金属熔体腐蚀的性能，应降低气孔率，采用渗硅的石墨管。

7. 二硅化钼保护管

二硅化钼 $MoSi_2$ 是 Mo－Si 二元合金系中含硅量最高的一种中间相。在 $MoSi_2$ 中钼与硅之间以金属键结合，硅和硅之间则以共价键连结。二硅化钼为灰色四方晶体，不溶于一般的矿物酸（包括王水），但溶于硝酸和氢氟酸的混合酸中，具有金属与陶瓷的双重特性，是一种性能优异的高温材料。二硅化钼具有很好的高温抗氧化性，抗氧化温度高达 1600℃ 以上，与 SiC 相当。

二硅化钼具有适中的密度（$5.4 \sim 5.6g/cm^3$），较低的线胀系数（$8.1 \times 10^{-6}/K$）和良好的热传导性、高温抗氧化能力，可用作高温（＜1600℃）氧化性，还原性或氧化－还原交替气氛、酸性气氛或酸性熔盐等各种腐蚀性介质的热电偶保护管。水平安装使用时最高温度不超过 1400℃，垂直安装使用时最高温度不超过 1600℃。

热电偶用二硅化钼保护管应符合 JB/T 7491—2014 中的相关规定。其主要技术指标如下：

（1）耐急冷急热性　经过 3 次室温至 1400℃ 和 1400℃ 至室温的温度急变，保护管应不产生裂纹或断裂。

（2）高温气密性　在 1400℃ 的炉中，在 80kPa 的负压下经 30min 后，保护管真空度下降应不大于 2kPa。

（3）吸水率　保护管的吸水率应不大于 0.1%。

（4）直线度　保护管的直线度误差应不大于 0.5%。

（5）耐压性　常温下，在保护管内施加 6MPa 的压力，保护管应不产生断裂。

8. 非金属保护管的结构

在测量高温介质时，通常采用瓷管或刚玉管。由于陶瓷加工、焊接均很困难，耐冲击等机械强度又欠佳，所以在安装部位往往带有夹持管、法兰盘、螺纹或密封结构。

9. 非金属保护管的选择

氧化物保护管适于在氧化性气氛中应用。非氧化物保护管除硅化物外，在高温下均无抗氧化性能，因此在高温下，只能在中性、还原性气氛或真空中使用。非氧化物材料的物理性能见表 8-23，该表可供选择非氧化物保护管时参考。由于高熔点的金属硼化物和碳化物不易挥发，所以它们是唯一适于在 2500℃ 以上的真空中应用的保护管材料。总之，在 1000℃ 以下，金属与非金属保护管均可使用，可是当温度大于 1000℃，尤其是温度大于 1300℃ 时，多采用非金属保护管。

表 8-23　**非氧化物材料的物理性能**

材料	名称	熔点/℃	密度/(g/cm³)	25～1000℃线胀系数/(10^{-6}/K)	20℃弹性模量/MPa	20℃电阻率/Ω·cm
碳素	石墨	3800①	2.26	1～5	1×10^6	10^{-3}
	金刚石	3800①	3.52	1.0	90×10^6	10^{12}
	玻璃状	—	1.5	2.0	2×10^6	—

（续）

材料	名称	熔点/℃	密度/(g/cm³)	25~1000℃线胀系数/(10^{-6}/K)	20℃弹性模量/MPa	20℃电阻率/$\Omega \cdot cm$
碳化物	Be_2C	2150	2.26	7.4	35×10^6	10^{-3}
	B_4C	2450	2.52	6.0	45×10^6	400
	SiC	2690	3.21	5.0	48×10^6	>5
	TiC	3140	4.93	7.4	32×10^6	7×10^{-5}
	ZrC	3420	6.6	6.7	39×10^6	6×10^{-5}
	HfC	3890	12.3	6.4	40×10^6	4×10^{-5}
	TaC	3880	14.5	6.3	29×10^6	3×10^{-5}
	WC	2780	15.7	5.2	73×10^6	2×10^{-5}
氮化物	BN	3000①	2.25	3.8	9×10^6	10^9
	BN	—	3.45	—	—	>10^9
	AlN	2300①	3.25	6.0	35×10^6	10^5
	Si_3N_4	1900①	3.2	2.8	22×10^6	10^9
	TiN	2950	5.4	9.4	26×10^6	3×10^{-5}
	ZrN	2980	7.3	6.5	—	2×10^{-5}
硼化物	TiB_2	2900	4.5	7.4	37×10^6	10^{-5}
	ZrB_2	2990	6.1	6.8	35×10^6	10^{-5}
硅化物	Ti_5Si_3	2120	4.3	10.5	—	5×10^{-5}
	$MoSi_2$	2030	6.2	8.5	38×10^6	2×10^{-5}
硫化物	BaS	>2200	4.3	12	—	10^6
	CeS	2450	5.9	—	—	6×10^{-5}
	ThS	>2200	9.5	10.2	—	2×10^{-5}

① 升华或分解。

在使用中值得注意的是：非金属保护管或绝缘管与不同种材料接触时，在高温下容易发生共晶反应，生成低共熔物，使保护管软化，或者玻璃状的熔融物附着在保护管的表面，在加热与冷却的循环过程中，由于热膨胀系数不同，致使保护管破碎。

8.1.5　金属陶瓷保护管

1. 金属陶瓷保护管的特点

金属材料坚韧，抗热冲击性好，但不耐高温，易腐蚀。陶瓷材料恰好相反，耐高温、耐腐蚀，但是很脆。为此，人们将金属与陶瓷结合，集中两者的优点，取长补短，得到了一种既耐高温、耐腐蚀，又抗热冲击的坚韧材料——金属陶瓷复合材料。金属陶瓷保护管的性能见表8-24，国产各种 Mo - MgO 金属陶瓷的物理性能见表8-25。在金属陶瓷中，通常以金属相作为黏结剂与陶瓷骨架形成牢固的结合，或者金属与陶瓷呈镶嵌结构，或者利用中间相加强结合。金属相与陶瓷相的体积比、显微结构等，对其性能影响很大。

表 8-24　金属陶瓷保护管的性能

型　号	主要成分	常用温度/℃	最高温度/℃	规格尺寸/mm	使用介质	特　性
LT-1	Al_2O_3-Cr	1300	1400	28×16	铝以外的有色金属熔体	耐热性、耐磨性优越
CT	ZrO_2-Mo	1600	2200	12×6	液态金属	导热性好，抗热冲击性强，不适于氧化气氛
MCPT-3	$Al_2O_3-Mo-Cr$ $MgO-Mo-Cr$	1600	1800	$\phi10\times190$ $\phi30\times18\times500$	钢液、铁液	钼基金属陶瓷不适于氧化性气氛
MCPT-4	$Al_2O_3-Cr_2O_3-$ TiO_2-Mo	1300	1400	$\phi23\times15\times280$	$BaCl_2$	
MCPT-6	$Al_2O_3-Cr_2O_3-MgO-$ $Mo-TiO_2-Cr$	1200	1300	$\phi23\times15\times280$	铜及铜合金	

表 8-25　国产各种 Mo-MgO 金属陶瓷的物理性能

物理性能	本　溪	上　海	洛　阳	
	CR-5	MCA-5	CR-4	CR-2
硬度　HRC	31	29	44.2	39.6
密度/（kg/cm³）	6.3×10^{-3}	—	6.33×10^{-3}	6.33×10^{-3}
线胀系数 α/（10^{-6}/℃）	—	—	—	8.75（≈1000℃）
热导率/[W/（m·K）]	—	—	—	34.3（≈900℃）
比热容/[J/（kg·K）]	—	—	—	548.5×10^3

2. Al_2O_3 基金属陶瓷

Al_2O_3 基金属陶瓷按含量（质量分数）有 70% Al_2O_3-30% Cr、28% Al_2O_3-72% Cr、34% Al_2O_3-66% CrMo 合金（其中 80% Cr-20% Mo）及 Al_2O_3-Mo 等几种。随着金属陶瓷中金属含量的增加，耐热冲击性将得到改善，金属性也增强，通常称为金属质金属陶瓷；反之称为陶瓷质金属陶瓷。前者从 1035℃到 20℃空气瞬时喷吹 1000 次而不损坏。Al_2O_3-Cr 的结合，主要是依靠中间相 Cr_2O_3，它一方面紧密地附着 Cr，另一方面则又溶在 Al_2O_3 中。若没有 Cr 的氧化物或不生成 Cr_2O_3-Al_2O_3 固溶体，Cr-Al_2O_3 金属陶瓷将很疏松脆弱。Cr-Al_2O_3 金属陶瓷适于在氧化气氛中工作，使用温度可达 1370℃；也可在含腐蚀性气体（SO_2，SO_3）的铜冶炼烟道中使用，在温度为 1200℃的硫黄燃烧炉、水泥窑与化肥工业中连续使用。作者研制的 Mo-Al_2O_3-Cr_2O_3 等三元及四元系金属陶瓷保护管在高温盐浴炉中应用，已取得明显的经济效益。当选用贵金属热电偶时，应采用复合管结构，其内部要用陶瓷管保护。

3. ZrO_2 基金属陶瓷

ZrO_2 基金属陶瓷有 ZrO_2（以 MgO 或 CaO 作为稳定剂）-Mo 或 W。奥地利普兰西

（Plansee）公司首次研制成功的 Mo - ZrO_2 金属陶瓷，不仅抗金属熔体浸蚀，而且对熔融炉渣也具有良好的稳定性。该金属陶瓷作为热电偶保护管（壁厚约 10mm）可在 LD 转炉中使用 20 炉次。国外部分金属陶瓷的物理性能见表 8-26，钼含量对耐热冲击性的影响见表 8-27。

表 8-26　国外部分金属陶瓷的物理性能

材　料 （质量分数）	熔点/℃	密度/ （g/cm^3）	热中子吸 收截面积/ （cm^2/cm^3）	热导率/ [$W/(m \cdot K)$]	线胀系数/ （10^{-5}℃）	弹性模量/ 98GPa	比热容/ [$4.18J/$ （$kg \cdot K$）]	成形方法	在原子 反应堆 中利用 的可 能性
80% SiC - 2% C - 18% Si	1400 （最高 连续使用 温度）	3.1	0.00659	0.5 （50℃） 0.06 （1000℃）	4.2 （20℃）	2.506 （20℃）	0.228 （400℃） 0.252 （700℃） 0.267 （1000℃）	向成形 的碳或 SiC 中渗 Si	F - S
72% Cr - 28% Al_2O_3	1300 （最高 连续使用 温度）	5.95	0.147	0.04 （20℃）	5.85 （25 ~ 500℃）	3.304 （25℃）	—	Ⅰ、Ⅱ、Ⅲ	F - S
30% Cr - 70% Al_2O_3	1300 （最高 连续使用 温度）	4.68	0.056	0.023 （20℃）	8.65 （25 ~ 800℃） 9.45 （25 ~ 1315℃）	3.661 （25℃）	—	Ⅰ、Ⅱ、Ⅲ	F - S
80% TiC - 20% Ni （K151a）	1200 （最高 连续使用 温度）	5.8	0.311	0.080 （20℃）	5.0 （25 ~ 1000℃）	3.97 （1000℃）	—	Ⅱ、Ⅲ	S

注：Ⅰ—注浆成形→烧结；Ⅱ—常温加压成形→烧结；Ⅲ—高温加压成形（热压）；F—裂变体材料；S—构件。

表 8-27　钼含量对耐热冲击性的影响

序　号	钼含量（体积分数, %）	硬度　HRC	密度/（g/cm^3）	抗热冲击情况
1	30		5.9	插入炉中炸裂
2	40		6.3	插入炉中炸裂
3	43	35.4	6.55	稍　好
4	45	36.0	6.71	良　好
5	50	35.5	7.0	良　好
6	60			优

4. MgO 基金属陶瓷

MgO 基金属陶瓷有 MgO – Mo、MgO – Cr$_2$O$_3$ – Mo、MgO – MgCr$_2$O4 – Mo 等，均为我国首创。作者曾在 1975 年用 MgO – Mo 金属陶瓷保护管，在鞍钢 150t 转炉上实现全炉役钢液连续测温。

金属陶瓷的制备方法有拉伸法和等静压法。由后者制备的保护管具有较好的热稳定性，国产金属陶瓷保护管多采用等静压成形，高温烧结工艺。金属陶瓷的热惰性比陶瓷管小，具有与钢相同数量级的电阻率，耐热冲击性也比陶瓷材料好，还可切削加工，使用方便。

5. 碳化钛系金属陶瓷

TiC – Ni、TiC – Mo$_2$C – Ni、TiC – TiN – Ni 等金属陶瓷，具有相当高的硬度与强度，硬度值在 70HRA 左右，使用温度为 600 ~ 1200℃。

6. 金属陶瓷保护管的选择

1）使用气氛。在氧化性气氛中采用 Cr – Al$_2$O$_3$，在中性、还原性气氛中选用 Mo – Al$_2$O$_3$、Mo – MgO、Mo – ZrO$_2$。

2）抗渣腐蚀性能。在碱性渣中采用 Mo – MgO，在酸性渣中用 Mo – ZrO$_2$ 为宜。

3）耐热冲击性。为消除管炸裂的危害，采用金属质金属陶瓷为好。如间歇式钢液温度测量，只能采用 MCPT – 3 型金属陶瓷（ϕ10mm × 190mm）才能承受室温至 1600℃的温度激变，使用寿命达百次，其性能达到国外同类产品先进水平。

4）在抗腐蚀、耐高温方面，采用陶瓷质金属陶瓷更好。

7. LT –1 金属陶瓷保护管应用

（1）适合应用的环境

1）铜和黄铜熔体，温度为 1150℃以下间断或连续测温。

2）腐蚀性气体，SO$_2$ 和 SO$_3$ 温度为 1200℃，SO$_3$ 和 HF 温度为 1100℃的测温。

3）加热炉、均热炉测温（1200℃）。

4）锡液、铅液（345℃）与锌液（870℃）测温。

5）碱性钢和渣连续测温（1370℃），间断测温（1648℃）。

6）强腐蚀的水泥窑或流化床（1200℃）。

7）煤气、乙烯常压裂解炉。

8）冰铜及银钎焊料熔体测温。

9）玻璃熔体上方炉气测温。

10）沸腾的 H$_2$SO$_4$（质量分数为 98%）测温。

（2）不推荐使用场所

1）铝液与冰晶石熔体测温。

2）氯化亚锡（400℃）及玻璃熔体。

3）酸性渣、碳化物渣。

4）沸腾的 H$_2$SO$_4$（质量分数为 10%）测温。

5）渗碳、渗氮气氛。

8.1.6 有机物与有机涂层保护管

在温度不高，强度要求不太严格时，可用有机物保护管，但应用得不多，大多数均采用有机涂层的方法。我国在 250℃ 以下的抗酸、碱腐蚀测温技术也得到了发展和应用，主要是用防腐材料作为测温元件的保护层。

1. 防腐形式

防腐形式有喷涂、烧结和套管密封三种。

(1) 喷涂。适用于 $\phi 8 \sim \phi 20mm$ 的不锈钢保护管，涂层厚度约为 0.2mm，应用在法兰与合金套管的结合处。

(2) 密封。防腐材料在保护管端部采用自溶结合特殊工艺，使套管成为完全密封的整体，防腐层厚度为 1.0 ~ 1.5mm，适用于 $\phi 3 \sim \phi 14mm$ 的铠装产品或保护管。

(3) 烧结。适用于 $\phi 12 \sim \phi 20mm$ 的不锈钢保护管，防腐层厚度可达 2mm，而且可将法兰或螺纹连接件烧结为全防腐材质，从而达到全防腐。

2. 防腐材料

防腐材料多为聚四氟乙烯（PTFE）。

在强腐蚀性气氛中测温用热电偶保护管和接线盒的防腐方面，我国还有以不锈钢接线盒和保护管作为基体，在其表面喷涂可溶性四氟乙烯（PFA）进行包覆，然后再进行烧结的工艺。即使形状复杂的物品也都可喷涂 PFA。烧结后予以包覆，从而满足用户在强腐蚀性气氛中使用的要求。

8.1.7 复合型保护管

热电偶保护管有单层的，也有复合型的。目前，人们试图综合利用几种保护管的长处，采用复合型保护管结构，它有以下四种形式。

1）双金属复合管。在一种金属管外，套上另一种金属或合金管构成双金属复合管，或用其他形式复合。

2）金属与陶瓷复合型保护管，如 Mo、W 复合刚玉保护管、耐热合金复合刚玉保护管等。

3）金属陶瓷与陶瓷或金属复合型保护管。

4）复合陶瓷管。将两种或多种陶瓷材料制成一种两层或多层结构的复合型陶瓷管。制作工艺举例：将 $\phi 12mm \times \phi 8mm \times 1000mm$ 的 Al_2O_3 保护管放置在橡胶膜套中央（内径为 $\phi 50mm$，长度为 800mm），在胶套与保护管基体之间填充用于形成辅助管的混合粉末（成分见表 8-28），并将辅助管与 Al_2O_3 管压成一体，在还原性气氛中，于 1000℃ 烧结 10h。

表 8-28 制作辅助管用混合粉末成分（质量分数） （%）

石墨粉	SiC 粉	Si 粉	Al_2O_3 粉	黏结剂
28.5	9.5	4.75	52.5	4.75

上述的复合陶瓷管插入连铸中间包钢液中 20 次（浸渍时间累计 20h），仍处于可使用的状态。还有一种复合陶瓷管，它是在氧化铝质、莫来石质瓷管的内侧或者中间层，装入 30% ~70% 碳化硅形成陶瓷管，用泥浆浇注法、挤压法、冲击法，使碳化硅陶瓷层与瓷管同时成形，在 1550 ~1660℃ 温度下烧成。此种保护管的特点是在瓷管的内侧或中间层有热导率高的碳化硅层，因而耐热冲击性良好，耐金属熔体腐蚀。

作者采用 Al_2O_3 - SiC 复合结构，在内外管间加入填充剂，在热电偶使用时经高温可自烧结成为一体，改善了耐热冲击性，延长了使用寿命。其结构如图 8-8 所示。

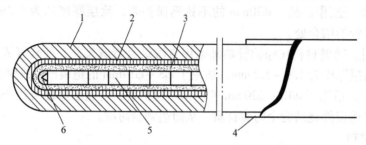

图 8-8 Al_2O_3 - SiC 复合管型实体热电偶结构

1—碳化硅管 2—填充剂 3—刚玉管 4—夹持管 5—绝缘管 6—偶丝

8.1.8 套管的结构与安装

用实心棒加工而成的保护件称为套管。为提高热电偶保护管耐压及耐蚀性，在热电偶保护管外，再加一层保护管，国内称为热安装套管，简称安装套管或套管，国外称温度计套管或热电偶套管。作者建议按 GB/T 19901—2005/IEC 61520：2000 统称为套管。

1. 套管的作用与制作

（1）套管的作用 套管既保护热电偶，又可保证安全实施在线更换热电偶或温度传感器。

（2）套管的制作 在钢材市场可以购得钢管，却无套管。套管则要有针对性地根据使用温度、气氛、成本及强度要求等选择材料，并由强度计算结果，决定其几何尺寸。通常用奥氏体不锈钢棒加工而成。

2. 保护管与套管的区别

为保护热电极组件，并与组件形成整体的为保护管；为保护热电偶或温度传感器，并确保在线更换热电偶的为套管。

因此，在测量高压气体或腐蚀性很强的流体时，多在热电偶保护管外，再加装套管。既可提高热电偶的耐压、耐蚀性，又可在需要时在线更换热电偶。在石化行业普遍采用套管，可提高运行安全与可靠性。

3. 套管的结构

套管与介质接触的部分称为浸没段，插在任何附件内的部分称为插入段。套管顶部管壁的最小厚度，称为顶部厚度。

保护管与套管的分类，通常是依据其连接方式及感温部形状进行分类。我国是按照 GB/T 19901—2005/IEC 61520：2000，将金属套管分成如下四类：

1）A 型：螺纹型，浸没段可以是圆柱形或圆锥形，如图 8-9 所示。

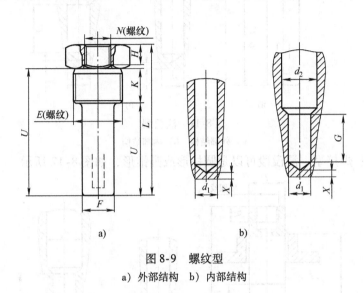

图 8-9　螺纹型
a）外部结构　b）内部结构

2）B 型：加长螺纹型，浸没段可以是圆柱形或圆锥形，如图 8-10 所示。

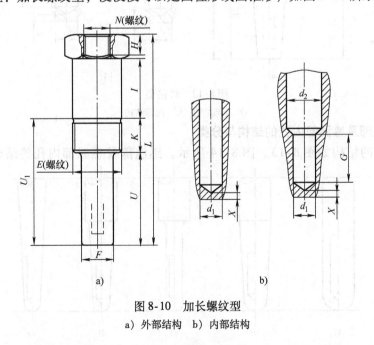

图 8-10　加长螺纹型
a）外部结构　b）内部结构

3）C 型：法兰型，浸没段可以是圆柱形或圆锥形，如图 8-11 所示。

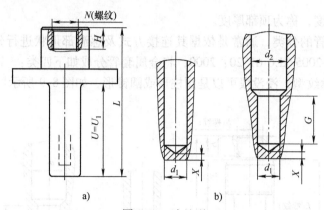

图 8-11 法兰型

a) 外部结构 b) 内部结构

4）D 型：焊接型，浸没段可以是圆柱形或圆锥形，如图 8-12 所示。

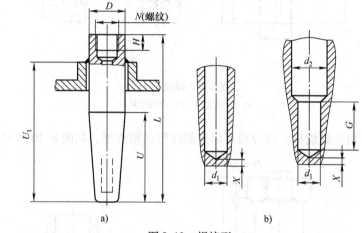

图 8-12 焊接型

a) 外部结构 b) 内部结构

4. 感温部及感温部内孔的结构与分类

感温部的结构如图 8-13、图 8-14 所示。感温部及感温部内孔的结构特点，见

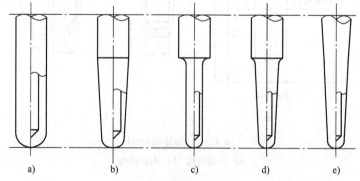

图 8-13 感温部的结构

a) 直形 b) 端部锥形 c) 端部变径直形 d) 端部变径锥形 e) 锥形

表 8-29、表 8-30。

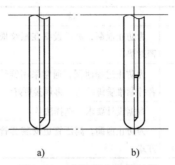

图 8-14　感温部内孔的结构

a）直形　b）变径孔

表 8-29　感温部结构特点

安装形式	特　点
直形	这是一种通用形式。管的外径从测量端到根部或支承面处均相同，加工容易，耐压性好。为了保持强度，热响应快，常将端部变细或锥形
锥形	感温部外径变细，热响应快。对于流体，为了减小投影面积，将感温部制成曲面也是有利的

表 8-30　感温部内孔结构特点

安装形式	特　点
直孔	这是一种通用形式。从端部到顶部的孔径皆相同，容易加工
变径孔	感温部内孔变细，可减小传感器间隙，热响应变快。如采用锥形结构组合，还可提高抗压强度

由图 8-13、图 8-14 可知，当加工制作套管时，为避免应力集中，对其根部或变径部分加工成圆角（半径一般为 $R3 \sim R5$mm）。

5. 套管的安装方式与应用

套管的安装方式与应用如图 8-15、表 8-31 所示。

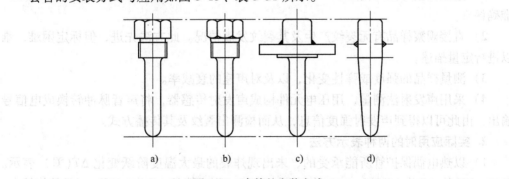

图 8-15　套管的安装方式

a）直螺纹　b）锥管螺纹　c）法兰　d）焊接

表 8-31 套管的安装方式与应用

类型	安装方式	特 点	应 用
螺纹型	直螺纹	为防止泄漏，高压设备在螺纹根部多采用密封垫	飞机、轮船发动机
	锥管螺纹	为防止过程泄漏，通常采用锥管螺纹，或者拧紧锥管螺纹后，再焊接更好	电力、燃气及化工设备
法兰型	法兰	根据设计要求，选择法兰	炼油、燃气及化工设备
焊接型	焊接	为防止泄漏，高压管道安装套管采用焊接方式	电厂过热蒸汽管道

8.2 保护管使用时应注意的问题

8.2.1 保护管的耐热冲击性

热电偶保护管的重要特性之一是耐热冲击性。但是，这种耐热冲击性依据某一种测试方法就能得到所谓客观的数值是不现实的。因为材料的形状及热冲击性能试验方法不同，在材料中产生的热应力类型及其随时间的变化也各异，所以欲探讨保护管的耐热冲击性应从实验与评价方法以及理论分析两方面进行。

1. 耐热冲击性试验与评价方法

测定材料的耐热冲击性目前尚无确定的装置。对样品进行热冲击的试验方法有：

1）环状样品，可在其内孔设置发热体。

2）片状样品，可在炉内加热。

3）管状样品，可在炉内加热后，向管内通水冷却，增大温差。

4）插入熔体中直接进行热冲击。在尽可能接近实际的条件下进行试验，如直接插入钢液中进行热冲击性能试验。

作为热冲击性能试验后的评价手段有：

1）直接测量样品几何形状（如体积、长度等）或重量变化。此方法简单，但难以准确评价。

2）直接观察样品有无裂纹产生及其裂纹发展情况。此方法先进，但标定困难，难以进行定量描述。

3）测量样品的强度或弹性变化，以及对声速的衰减率。

4）采用声发射法测量，用压电元件构成声发射传感器，将声音脉冲转换成电信号输出，由此可以得到声发射强度信息，从而检测出裂纹及其传播方式。

2. 实际应用时的两种表示方法

1）以热电偶保护管所能承受的、未出现炸裂的最大温度阶跃变化 $\Delta T(℃)$ 表示。例如，BN 的 ΔT 为 1500℃，SiC 的 ΔT 为 500℃，刚玉管的 ΔT 为 250℃。ΔT 数值越大，说明耐热冲击性越强。

2）当在某一温度下（t 为规定值），热电偶保护管能承受的热冲击次数越多越好。例如，作者研制的金属陶瓷保护管 MCPT－4，使用温度为 1300℃，在 1280℃下快冷到室温反复 30 次，不会出现炸裂。在相近条件下（1300℃），刚玉质或陶瓷质瓷管只能承受 3 次。由此可见，金属陶瓷的耐热冲击性远优于陶瓷。

3. 热应力的理论分析

能够准确掌握影响热应力的各种物理性质，从理论上进行分析，对于改良材质、提高耐热冲击性是极其有用的。

在复合材料中，各组元间或晶体内部不同晶轴之间，因热膨胀系数的差异使材料中产生应力，这些非均质复合材料的热膨胀行为极其复杂。多晶材料的热膨胀具有各向异性，当表面温度发生突然变化时，致使晶体内部造成很大的温度梯度，因而产生很强的热应力而导致保护管破坏，这一现象称为热冲击。W. D. 毕塞姆曾对热冲击理论进行研究，指出热应力与材料的热膨胀系数、弹性模量、泊松比等诸物理性质密切相关。对于两端用平板固定的圆棒，在加热过程中的应力为

$$\sigma = \frac{E\alpha\Delta T}{1-\mu} \tag{8-1}$$

式中，σ 是热应力；E 是弹性模量；α 是热膨胀系数；μ 是泊松比；ΔT 是样品的温度差。

为了提高材料的耐热冲击性，必须减少温差 ΔT，也可以降低 E 与 α。但有时理论分析的诸条件未必与实际一致，这是常见的。因此，在筛选材料时，与其通过计算，莫不如直接进行热冲击性能试验，更有意义。

8.2.2　保护管的腐蚀与防护

1. 热电偶保护管的工作环境

热电偶保护管的工作环境涉及各种气氛和受力情况。在能源、石化、热处理、冶金、航天、航空等行业中的热电偶，多处于各种腐蚀环境中。热电偶的腐蚀可按所处环境分类，如图 8-16 所示。

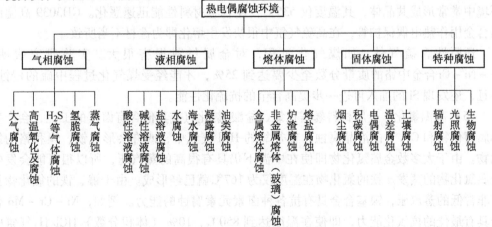

图 8-16　热电偶腐蚀环境分类

(1) 高温氧化 高温环境常与氧化有关，材料应具有足够的抗氧化性能。通常高温下形成的 Cr_2O_3 氧化膜能够满足高温环境的需要。因此，耐热钢和耐热高温合金含有大量的铬，使材料在高温下形成致密 Cr_2O_3 保护膜。Fe－Ni－Cr、Ni－Cr 系耐热钢和耐热合金在高温氧化及腐蚀性环境中可使用到 1000℃。然而，当温度高于 1000℃ 时，Cr_2O_3 剥落严重，这时铝的氧化膜比铬的氧化膜具有更好的保护作用。尤其是合金表面形成的致密 α－Al_2O_3，在 1300℃ 下仍很稳定。

(2) 高温碳化 碳化常出现在石化、冶金和热处理炉用各种金属材料中。当环境中碳的活度高于 1 时，气氛中的碳会扩散到金属中，形成碳化物，从而使合金的塑性降低。碳化腐蚀主要取决于碳在合金中的溶解度及扩散速度，因此，碳化腐蚀主要发生在 1000℃ 以上的高温。在此环境中一般采用镍基高温合金，元素硅可降低碳的溶解度及扩散速度，合金中固溶铬量的增加易形成致密的 Cr_2O_3 保护膜，可有效提高合金的抗碳化能力。但在石化行业中的氧气分压一般比较低，因而多采用含铝耐热高温合金，以形成 Al_2O_3 保护膜防止内部碳化。

铁、钴、镍基合金在 $CO+H_2$（$+H_2O$）的混合气体中，当环境中碳的活度大于 1 时，合金会发生金属灰化现象。对铁基合金，首先形成亚稳定的中间相 Fe_3C，然后分解成石墨与金属颗粒。而对镍基合金，形成石墨向合金中生长而损伤金属。粉化后的金属颗粒会进一步催化碳的沉积。因此，一旦灰化开始，其反应可产生大量的碳。与铁基合金相比，镍基合金的抗灰化能力较强。随铬含量的增加，高温合金下形成的保护层越致密，抗灰化能力越强。

(3) 高温氮化 氮化气氛常出现在氮及氨等高温气氛中，与金属碳化相同，在该环境下氮可进入金属中形成金属氮化物，使材料韧性降低或沿晶界开裂。氮在镍基合金中溶解度低，因而镍基合金对氮化不敏感，而 Fe－Ni－Cr 合金在 1000℃ 就会发生氮化而使材料的韧性下降。

(4) 高温硫化 在化学工业中。当硫含量很高时，金属表面就会形成硫化物。其生长速率比氧化物高几个数量级，且常常形成低熔点相。例如，镍基高温合金在高硫环境中常常形成共晶体，其温度仅 635℃，使合金材料性能迅速恶化。GH3039 高温耐热合金用作热电偶保护管，在高硫气氛中很快发生熔化即为选材不当所致。

还原性含硫气体，如煤气化过程，对金属材料损害很大。实验研究表明，Fe－Ni－Cr 合金中铬的质量分数至少要达到 25%，才能经受煤气化过程中硫的侵蚀；并且，还发现 Si 的加入可进一步提高合金的抗硫化性能。

(5) 高温氯化 金属材料暴露在氯、盐酸/氯化氢或其他含有卤素的工况，会产生金属卤化物和 Cl、F 的沿晶腐蚀。在贫氧的 HCl 气氛中，或许会形成铁、镍和铬的氯化物。由于大多数金属氯化物即使在中温下仍具有很高的蒸汽压，所以很可能会发生金属氯化物的蒸发。铁的氯化物在温度仅为 167℃ 就已经形成。由于镍、铁的氯化物具有非常低的蒸汽压，镍基合金具有抗各种卤素元素腐蚀的能力。例如，Ni－Cr－Mo 合金具有最佳的抗氯化能力，即使在温度达到 850℃，10%（体积分数）HCl/H_2 气氛中仍具有耐蚀性。

在含氧的 Cl_2/O_2 气氛或氯化物沉积时，常常能观察到氯化物致氧化。这是垃圾焚烧炉中的锅炉管道的主要腐蚀方式。在此环境下，合金应具有优良的耐蚀性。

2. 保护管的物理与化学适应性

（1）保护管的材料选择　热电偶保护管的设计与选择，必须根据对象及使用条件，从物理与化学两方面探讨。使用条件主要是温度、气氛、压力与流速等因素。确定其材质、形状、尺寸及连接方式，并充分考虑到保护管的机械强度、化学及物理的适应性。

（2）金属腐蚀　在热电偶保护管中，金属保护管使用最多的是不锈钢，而不锈钢耐腐蚀的本质是，在各种腐蚀环境下容易钝化。因此，不锈钢的耐蚀性，将取决于表面钝化膜的稳定性。

有关不锈钢耐蚀性的判断标准，取决于腐蚀介质或气氛的物理与化学条件，差异很大。由于不锈钢的钝化膜，在氧化气氛中是稳定的。因此，对于氧化性酸，如硝酸、铬酸、过氯酸等，不锈钢具有优异的耐蚀性；但对于非氧化性酸，如硫酸、盐酸、氢氟酸，不锈钢很容易被腐蚀，应格外注意或限制使用。

（3）非金属腐蚀　非金属材料多为非导电体，即使少数导电的非金属（如石墨或碳），在溶液中也不会离子化，所以非金属腐蚀通常不是电化学腐蚀，而是纯粹的化学或物理作用。这是同金属腐蚀的主要区别。金属的物理腐蚀只在极少数环境中发生，而非金属腐蚀多由物理作用引起的。金属腐蚀主要是表面现象，内部腐蚀却很少见，而非金属内部腐蚀则是常见现象。

总之，非金属腐蚀的主要特征是，物理力学性能的变化或外形破坏，不一定是失重。但对金属而言，其腐蚀则是金属逐渐溶解（或成膜）的过程，故失重是主要的。对非金属一般不测失重（腐蚀率），而以一定时间内失强变化或变形程度来衡量破坏程度。

3. 金属腐蚀分类

金属腐蚀可分为全面（均匀）腐蚀与局部腐蚀两大类。前者较为均匀地发生在全部表面，而后者发生在局部，如孔蚀、晶间腐蚀等。

（1）全面（均匀）腐蚀　金属表面的全部或大部分发生腐蚀，其腐蚀程度大致是均匀的。如在表面覆盖一层腐蚀产物膜，能使腐蚀缓解，高温氧化就是一例；又如易钝化的金属如不锈钢、钛、铝等在氧化环境中产生极薄的钝化膜，具有优良的保护性，使腐蚀实质上停止。铁在大气和水中产生的氧化膜（锈）保护性很低，腐蚀则很严重。

均匀腐蚀的程度可用腐蚀率来表示。常用两种单位，一是单位时间内，单位表面积上损失的重量，以 $g/(m^2 \cdot h)$ 计；另一是单位时间内腐蚀的平均厚度，以 mm/a 计。两者换算关系如下：

$$1mm/a = [8.76\ g/(m^2 \cdot h)](1/d) \tag{8-2}$$

式中，d 是材料的密度。

由厚度腐蚀率可以估算保护管的逾期寿命。

（2）孔蚀　孔蚀是局部腐蚀状态。金属表面的大部分不腐蚀或腐蚀轻微，只在局部发生一个或一些孔。孔有大有小，一般孔表面直径等于或小于孔深。小而深的孔可使金属板穿透，引起流体泄漏、火灾、爆炸等事故，它是破坏性和隐患最大的腐蚀状态之一。

孔蚀发生于易钝化的金属，如不锈钢、钛铝合金等，表面覆盖强保护性的钝化膜，腐蚀很微；但由于表面局部可能存在缺陷，溶液内又存在能破坏钝化膜的活性离子（Cl^-、Br^-），钝化膜在局部破坏，微小破口暴露的金属成为电池的阳极，周围广大面积的膜成为阴极，阳极电流高度集中，使腐蚀迅速向内发展，形成蚀孔。蚀孔形成后，孔外部为腐蚀产物阻塞，内外的对流和扩散受到阻滞，孔内形成独特的闭塞区，孔内的氧迅速耗尽，只剩下金属腐蚀的阳极反应，阴极反应氧离子化完全移到孔外侧进行。

蚀孔形成后，是否发展至穿孔，其影响因素繁杂，难以准确推断。通常蚀孔少，电流集中，深入发展的可能性比较大；如果孔多又浅，闭塞程度又不大，危险性较小。如果不锈钢表面清洁、光滑，将有助于提高其抗孔蚀能力。

（3）晶间腐蚀（局部腐蚀）　腐蚀从表面沿晶粒边界向内发展，外表没有腐蚀迹象，但晶界沉积疏松的腐蚀产物。严重的晶间腐蚀可使金属失去强度和延性，在正常载荷下碎裂。晶间腐蚀是晶界在一定条件下产生了化学和组成上的变化，耐蚀性降低所致，这种变化通常是由于热处理和焊接引起的。以奥氏体不锈钢为例，铬的质量分数需大于 11% 才有良好耐蚀性。当焊接时，焊缝两侧 2～3mm 处可被加热到 400～910℃，在这个温度下晶界的铬和碳易化合形成 $Cr_{23}C_6$，Cr 从固溶体中沉淀出来，晶粒内部的 Cr 扩散到晶界很慢，晶界就成了贫铬区，铬的质量分数可降到远低于 11% 的下限，在适合的腐蚀溶液中就形成"碳化铬晶粒（阴极）—贫铬区（阳极）"电池，使晶界贫铬区腐蚀。

（4）应力腐蚀破裂　合金在腐蚀和一定方向的拉应力同时作用下产生破裂，称为应力腐蚀破裂。裂纹形态有两种：沿晶界发展，称为晶间破裂；缝穿过晶粒，称为穿晶破裂；也有混合型，如主缝为晶间型，支缝或尖端为穿晶型，它是最危险的腐蚀形态之一，可引起突发性事故。

应力腐蚀破裂特征：①必须存在拉应力（如焊接、冷加工等产生的残余应力），如果存在压应力则可抑制这种腐蚀；②只发生在一定的体系，如奥氏体不锈钢/Cl^- 体系、碳钢/NO_3^- 体系、铜合金/NH_4^+ 体系等。

（5）氢腐蚀

1）氢鼓泡。对低强度钢，特别是含大量非金属夹杂时，溶液中产生的氢原子很容易扩散到金属内部，大部分 H 通过器壁在另一侧结合为 H_2 逸出，但有少量 H 积滞在钢内空穴，结合为 H_2。因氢分子不能扩散，将积累形成巨大内压，使钢表面鼓泡，甚至破裂。

2）氢脆。在高强钢中晶格高度变形，当 H 进入后，晶粒应变更大，使韧性及延性降低，导致脆化，在外力下可引起破裂。通常钢的强度越高，氢脆破裂的敏感性越大。

3）氢腐蚀。在催化重整、加氢等装置中，往往存在高温高压的氢气，氢渗入钢中与碳化物发生反应：

$$Fe_3C + 2H_2 \Longrightarrow Fe + CH_4 \uparrow$$

反应生成的甲烷气体在局部产生很高压力，致使钢表面发生鼓泡或开裂，并且表面脱碳，这种腐蚀称为氢腐蚀。Cr 的碳化物比 Fe 的碳化物更难于分解，故提高 Cr 含量对抗氢腐蚀有益。Cr - Mo 钢中随 Cr 含量提高，其抗氢腐蚀温度显著提高。奥氏体不锈钢和其他高 Cr 不锈钢也有较好的抗氢腐蚀性能。我国低碳钢的碳含量较低，又加入 Mo、V、Nb、Ti 等强碳化物形成元素，碳不易参与与氢的反应，抗氢腐蚀效果也很好。

4. 多相作用高温腐蚀

在实际的高温环境中，常常不止一种腐蚀特征，如液体腐蚀、熔盐、熔融金属侵蚀等都能明显增加金属腐蚀率，虽然难以准确地预测高温复杂腐蚀环境下材料的性能和腐蚀率，但是通过多年的理论和实践研究，一些可得到初步结论。

（1）工业上常见的高温腐蚀环境

1）化学工业和冶金工业。介质以化学气体为主，如 CO、CO_2、HCl、H_2O、SO_2、SO_3、H_2S 等，环境温度和介质组成往往变化较大，腐蚀形式主要是高温氧化和硫化。

2）石油化工工业。原油常减压蒸馏，设备温度为 300 ~ 450℃，主要问题是硫化；加氢脱硫装置温度为 200 ~ 500℃，腐蚀介质为 H_2、H_2S 及烃类，主要问题是硫化和氢腐蚀；乙烯裂解炉温度为 700 ~ 900℃，介质为 H_2、H_2O、C_2H_4 及其他烃类，主要发生氧化和氢腐蚀，也有硫化。

3）电力工业。锅炉过热管温度约为 600℃，其火焰侧介质有 CO、CO_2、SO_2、SO_3 等及多种杂质，包括含钒的低熔点化合物，可发生高温氧化、硫化、渗碳、熔融灰分腐蚀等；汽轮机叶片工作温度也是 570℃左右，产生水蒸气导致氧化。

4）燃气轮机。在燃烧重油的燃气轮机或航空发动机中，涡轮动叶片温度可达 800 ~ 1050℃，燃气中有 CO、CO_2、H_2O、SO_2 等，并且在叶片上可能形成熔融 Na_2SO_4 附着物，可导致高温氧化、硫化和热腐蚀。

5）煤气化和液化装置。煤液化装置温度约为 450℃，煤气化装置温度可达 1000℃，气氛中有 CO、H_2、H_2O、H_2S 等，同时往往存在固体粒子，主要问题是高温硫化、热腐蚀及腐蚀 - 磨蚀作用。

6）核电站。换热器温度可达 260 ~ 300℃，介质是高温高压水蒸气，奥氏体不锈钢在此环境中可能发生应力腐蚀破裂；在液态金属冷却系统中温度达 400 ~ 700℃，液态金属钠可导致不锈钢脱碳和氧化。

（2）高温腐蚀行为

1）热腐蚀。热腐蚀一般指金属材料在高温环境中由于表面覆盖了一层液态电解质而发生的加速腐蚀现象。热腐蚀可能发生的三种环境：

① 在海洋或近海环境中工作的燃气轮机或燃用劣质重油的工业燃气轮机中，燃油尾气中的 SO_2、SO_3 与大气中的 NaCl 在高温下发生反应：

$$2NaCl + SO_3 + \frac{1}{2}O_2 \longrightarrow Na_2SO_4 + Cl_2$$

$$2NaCl + SO_2 + O_2 \longrightarrow Na_2SO_4 + Cl_2$$

反应生成的 Na_2SO_4 在高温的涡轮叶片上形成液态沉积层，导致热腐蚀。

② 在一些石油化工燃烧炉中，如果存在氯化物来源，也可能与燃料中的 S、SO_2、SO_3 反应生成 Na_2SO_4，引起热腐蚀。

③ 在各种重油燃烧炉中，燃料中往往含有钒，Na_2SO_4 与 V_2O_5 可形成低熔点共晶，在材料表面构成熔融层，导致热腐蚀，又称熔融燃灰腐蚀。在 V_2O_5 – Na_2SO_4 混合物中，随 V 含量升高其熔点降低。表 8-32 列出了一些硫酸盐和含钒化合物的熔点。

表 8-32　一些硫酸盐和含钒化合物的熔点

化合物	熔点/℃	化合物	熔点/℃
Na_2SO_4	884	$Na_2O \cdot V_2O_5$	630
$K_3Fe(SO_4)_3$	618	$Na_2O \cdot 2V_2O_5$	614
$K_3Al(SO_4)_3$	654	$5Na_2O \cdot V_2O_4 \cdot 11V_2O_5$	535
$Na_3Fe(SO_4)_3$	624	$2NiO \cdot V_2O_5$	>900
$Na_3Al(SO_4)_3$	646	$Fe_2O_3 \cdot V_2O_5$	860
$KFe(SO_4)_2$	694	$MgO \cdot V_2O_5$	671
$NaFe(SO_4)_2$	690	$2MgO \cdot V_2O_5$	835
$Na_2SO_4 \cdot NiSO_4$	671	$CaO \cdot V_2O_5$	618
$Fe_2O_3 + Na_2Mg(SO_4)_2 \cdot 4H_2O$	621	$2CaO \cdot V_2O_5$	778
$KCl + NaCl + Na_2SO_4$	515	$Fe_3O_4 \cdot V_2O_5$	855
V_2O_5	690	$2Na_2O \cdot V_2O_5$	640
$10Na_2O \cdot V_2O_5$	574		

Na_2SO_4 的熔点为 884℃，当其中混入杂质时可降低熔点。燃气轮机热腐蚀一般发生在 700～1000℃，以 800～950℃ 范围内最严重。低温下硫酸盐固化，高温下液态熔盐迅速挥发，都不会造成严重腐蚀。燃气轮机涡轮叶片工作温度在 750～1000℃，一般使用镍基高温合金，故燃气轮机的热腐蚀问题集中发生在镍基合金中。

2）氯化物熔盐腐蚀。氯化物熔盐腐蚀经常出现在有害垃圾焚烧、机动车排气管等各种环境中。镍–铬–钼合金 Alloy 625（2.4858）具有优异的抗氯化物沉积腐蚀能力。同时，为了解决 Alloy 625 所存在的中温区韧性低和对低浓度酸敏感的问题，人们发展了 Alloy 625 的改进型 Alloy 625Si，较好地解决了上述问题。

8.2.3　高温高强耐磨合金与保护管表面改性

1. 高温高强耐磨合金

（1）高温合金热电偶保护管　磨损是接触物体在相对运动时，表面和次表面材料不断发生损耗的过程。热电偶保护管的磨损有：高温、磨料、腐蚀、疲劳与冲蚀磨损。因此，对保护管耐磨性要求如下：

1）足够的高温强度。

2）耐磨、抗冲击，以及必要的焊接与铸造性能。

3）良好的热稳定性。

对于输煤系统、流化床、水泥熟料及耐火材料等流动粉体的温度测量，尤其是增压流化床床温测量，由于高温流动粉体对保护管磨损及腐蚀均很严重，因此人们除了寻求高温耐磨材料外，还采用渗硼喷涂、堆焊等表面改性技术，并开发出一种高温耐磨材料，俗称铁铝瓷。它是在含 Al 的铁基合金中添加适量的 Al_2O_3 而形成铁基复合材料。用铁铝瓷保护管装配成耐磨热电偶，用于循环流化床炉膛温度测量，在温度不高的情况下，效果不错。该种保护管同陶瓷保护管相比，其优点为：热导率大，热响应快；具有金属性能，可以焊接，在安装运输时，不会被碰坏。但是，当温度升高时，铁铝瓷将不能满足需要。

（2）高温高强耐磨钴基合金 目前，各种钴基高温合金在中温和高温条件下是综合性能较理想的材料，但由于钴基合金高温条件下形成保护膜 CoO、$CoCr_2O_4$ 鳞状物，与基体结合差且高温下易熔融等问题，所以传统钴基高温合金使用上限温度局限在 1000℃。人们研究发现：通过加入适当的镍和调整合金元素配比，不仅能使合金表面形成以 Cr_2O_3 为主的较致密氧化物，还改善了合金组织的稳定性。使钴基合金的使用温度提高到 1100～1200℃。表 8-33 列出了典型的钴基（Co50、Co51）、钴铬钨（司太立 Stellite 6B）以及作者研制的低钴高强度耐磨合金（HR3230、HRZ3230）的强度对比。

表 8-33 钴基高强度耐磨合金的拉伸性能

拉伸性能		HR3230 变形	HRZ3230 铸造	Co50 铸造	Co50 变形	Co51 铸造	Stellite 6B 变形（带材）	Stellite 6B 变形（棒材）
抗拉强度 R_m/MPa	25℃	760	610	552	924	631	1005	1060
	900℃	350	260	128	157	210	230(980℃)	400(870℃)
	1100℃	115	85	—	—	—	—	—
	1200℃	55	—	—	—	—	—	—
规定塑性延伸强度 $R_{p0.2}$/MPa	25℃	385	320	314	610	496	635	640
	900℃	220	180	108	148	181	140(980℃)	260(870℃)
	1100℃	56	82	—	—	—	—	—
	1200℃	25	—	—	—	—	—	—
伸长率 A(%)	25℃	45	12	8	10	2.2	11	17
	900℃	58	159	12	13	8	36(980℃)	34(870℃)
	1100℃	45	20	—	—	—	—	—
	1200℃	30	—	—	—	—	—	—

（3）新型高温高强耐磨合金 为了使高温合金在高于 1100℃ 时仍具有较高的高温强度和高的热稳定性能，人们用机械方式加入弥散氧化物颗粒（如 Y_2O_3）。这是目前解决高温及超高温强化的有效方法。这主要是因为氧化物质点与基体不起作用而非常稳定，并发展为氧化物弥散强化系列高温合金。但是，此方法存在成本昂贵，在低温性能、合金塑韧性，尤其在焊接方面存在较多问题。

作者通过合金化设计和原位颗粒增强技术，研制出的新型高性能高温合金材料系列（HR1230、HR1300等），具有很高的高温强度和优良的抗氧化性能，长期使用温度为1100~1200℃，短期使用最高温度为1280℃。该新型合金已经在发电厂流化床、热风炉、水泥厂等工况下用作热电偶保护管获得成功。

（4）高温耐热合金　金属材料的高温抗氧化腐蚀性能主要是由在高温下形成致密的保护膜来实现，保护膜既可阻止氧、硫等腐蚀性气体向基体中扩散，又能阻止金属离子向外扩散。常用的保护膜主要有 Cr_2O_3 和 Al_2O_3 等。当使用温度高于1100~1150℃时，Cr_2O_3 剥落严重，因此，该种高温合金短期最高使用温度应低于1200℃。典型高温耐热合金有 GH3030、GH3039、Inconel 600 等。Al_2O_3 保护层具有比 Cr_2O_3 更佳的抗氧化能力。当温度高达1200~1350℃时，Al_2O_3 保护层仍不易剥落，因此具有优异的抗氧化腐蚀性能。可是，这种合金为铁素体基体，脆性很大，高温强度低，限制了其应用。为了提高合金在1200~1300℃的抗氧化性能，开发出可在高温下能形成 Al_2O_3 的高温合金，国外典型合金有 Haynes Alloy214、ЭП747、Inconel 602、Inconel 603 等。作者等在国外合金基础上，通过提高 Cr、Al 含量，并采用晶界净化和强化技术，研制出一种新型抗氧化高温耐热合金（3YC52），该新型合金与国内外同类合金在1100℃、1300℃的高温氧化曲线如图8-17所示。

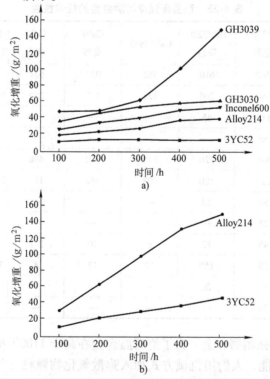

图8-17　新型合金3YC52与同类合金的高温氧化曲线

a) 1100℃　b) 1300℃

作者在 3YC52 基础上，采用原位反应颗粒增强新技术，研制出能在高达 1250 ~ 1350℃的温度下长期使用的抗氧化耐热合金 HR1300。其高温强度较国内外同类合金提高 30% 以上，可用于各种氧化及氧化腐蚀环境下使用的热电偶保护管、高温管道和高温静止件等。国内外常见高温耐热合金的拉伸性能见表 8-34。

表 8-34　国内外常见高温耐热合金的拉伸性能

拉伸性能		HR1230	HR1300	3YC52	Alloy214	ЭП747
抗拉强度 R_m/MPa	20℃	866	680	650	958	600
	980℃	242	120	65	115	50
	1100℃	135	70	40	60	30
	1200℃	65	35	25	30	20
规定塑性延伸强度 $R_{p0.2}$/MPa	20℃	390	340	358	565	300
	980℃	145	80	40	58	35
	1100℃	70	45	25	29	20
	1200℃	34	20	15	10	—
伸长率 A（%）	20℃	48	45	55	43	50
	980℃	83	85	126	83	45
	1100℃	82	95	132	83	70
	1200℃	105	102	125	109	90
抗拉强度 R_m/MPa	20℃	566	662	704	756	820
	980℃	76	76	90	70	98
	1100℃	35	36	45	43	—
	1200℃	—	—	35	27	—
规定塑性延伸强度 $R_{p0.2}$/MPa	20℃	245	282	241	355	
	980℃	56	42	74	—	
	1100℃	23	21	41	—	
	1200℃	—	—	13	—	
伸长率 A（%）	20℃	49	45	50	41	46
	980℃	100	115	100	50	95
	1100℃	108	120	120	71	
	1200℃	—	—	121	108	

2. 保护管表面改性

（1）保护管的表面改性方法　材料表面改性技术种类很多，传统方法有：金属渗碳、渗氮、渗硼等。而热电偶保护管为提高其耐热性、耐蚀性及耐磨性，多采用热喷涂、喷焊工艺。保护管的表面改性方法见表 8-35。

（2）保护管的耐磨涂层　在耐磨领域中，使用最多的材料是陶瓷材料（碳化物与氧化物）与合金粉末材料（镍基、钴基与铁基），以及两类材料的混合粉末。

对耐磨涂层的要求取决于耐磨涂层与基体材料的机械与化学匹配性、载荷的方向、大小及涂层本身的性能。对涂层牢固性的要求：基体应无变形，有足够的硬度和屈服强度支承涂层不发生变形。

1）涂层与基体材料的弹性模量要匹配。若涂层与基体材料的弹性模量不匹配，在载荷下会于基体界面处产生陡变式应力。表8-36列出了高速钢与碳化物的弹性模量。

表8-35　保护管的表面改性方法

方法	分类	用途	材质	常用温度℃	特　性
护套法	特氟龙	耐蚀	聚四氟乙烯	150	在 -200~150℃ 范围内，耐化学腐蚀性能优越。酸与碱均不腐蚀
	钽	耐蚀	Ta	350	耐化学腐蚀性能优越。浓盐酸、硝酸完全不腐蚀，但对发烟硫酸、HF 及氢氧化钠耐蚀性欠佳
喷涂法	金属粉末	耐磨、耐蚀	Co、WC、Cr、Ni	>100	选择适合的合金组合，可具有优异的耐蚀性、耐磨性和耐热性
	陶瓷粉末	耐磨	Al_2O_3、TiO_2	取决于基体	耐磨性、耐蚀性及耐热性优异
喷焊法	喷焊	耐磨	Co、WC、Cr、Ni	取决于基体	同喷涂相比，喷焊可获得更厚的涂层，其性能更佳
涂层法	玻璃釉	耐蚀	珐琅	250	用于铁基管，耐酸但不耐碱腐蚀
	橡胶	耐蚀	氯丁橡胶	60	耐油性及耐磨性优异
	铅	耐蚀	Ph	100	耐酸但不耐碱腐蚀
	树脂	耐蚀	聚四氟乙烯	150	在120℃以下，耐酸碱，但易产生气孔。

表8-36　高速钢与碳化物的弹性模量

材料（质量材料）	高速钢	ZrC	VC	TiC	HfC	NbC	TaC	WC + 12.2% Co	WC + 5.5% Co	WC	金刚石
弹性模量 /10^6MPa	0.2	0.41	0.43	0.45	0.46	0.51	0.54	0.75	0.61	0.62	0.79

2）热膨胀系数要匹配。涂层与基体材料的热膨胀系数不匹配，会因体积变化而产生应力。通常薄涂层的热膨胀受基体热膨胀而产生热应力。热膨胀系数差别越大，涂层中的热应力就会越大。表8-37列出了一些碳化物、氮化物涂层材料与钢的线胀系数。

表8-37　碳化物、氮化物涂层材料及钢的线胀系数

材料（质量分数）	碳化物							氮化物							金属陶瓷		钢	
	TiC	ZrC	HfC	NbC	TaC	Cr_3C_2	WC	TiN	ZrN	HfN	VN	NbN	TaN	CrN	WC + 5.5% Co	WC + 12.2% Co	低合金钢	高速钢
线胀系数/$(10^{-6}/K)$	7.4	6.7	6.6	6.6	6.3	10.3	4.2 ~ 5.0	9.35	7.24	6.9	8.1	10.1	3.6	2.3	5.4	6.1	15	12

（3）涂层方法的选择

采用喷焊、等离子喷涂、蒸镀、热浸渍、热沉积等方法，将具有特殊性能的复合氧化物涂在陶瓷或金属保护管上。为了提高涂层的附着性，多采用喷焊的方法。

采用不同工艺对 WC – Co 涂层的耐磨性影响较大。表 8-38 列出了采用不同工艺喷涂 WC – Co 涂层磨损试验的结果。采用高速火焰喷涂（HVOF）、爆炸喷涂（D.G）、大气等离子喷涂（APS）稍好，真空等离子喷涂（VPS）略差些。

表 8-38　不同工艺喷涂 WC – Co 涂层磨损试验的结果

| 序号 | 涂层材料 | | 喷涂工艺 | 涂层性能 | | | 体积磨损/mm³ |
	成分（质量分数）	粒度/μm		孔隙率（%）	显微硬度 HV3	硬质相成分	
1	WC – 12% Co	−45	HVOF	0.3	1217	WC，W₂C	5.4
2	WC – 12% Co	−45	D.G	1.5	1080	WC，W₂C	5.6
3	WC – 17% Co	−63	APS	1.2	1030	WC，W₂C（W，Co）₆C	11.3
4	WC – 12% Co	−63	VPS	2	950	WC，W₂C	24.4

（4）保护管的涂层材料　依据保护管工作表面所起的作用与性能要求，按其性质分类如下：

1）耐磨涂层材料，常用材料有 Co、WC、Cr 及陶瓷材料等。

2）耐热涂层材料，常用材料有 ZrO_2、Al_2O_3 等。

3）耐蚀涂层材料，在大气环境下，有 Zn、Al 等。

（5）对涂料的选择　金属陶瓷是金属或合金作黏结相，用陶瓷颗粒作强化硬质相的重要涂层材料。这里特别要求基质相金属或合金对陶瓷颗粒有良好的润湿能力，从而使陶瓷颗粒与涂层的金属黏结相间有足够的黏结强度，使涂层在使用过程中不会出现陶瓷颗粒从涂层中脱落出来。

元素周期表中第ⅣB 族金属碳化物（TiC、ZrC），含不活泼的电子，它们与金属熔体的反应微弱，即金属熔体对这些碳化物的润湿性差。第ⅤB 族金属碳化物（VC、NbC、TaC）对金属熔体的反应强烈，润湿性最好。因此，以 WC、Cr_3C_2 为硬质颗粒的金属陶瓷是应用最广泛、最重要的硬质耐磨金属陶瓷涂层材料。图 8-18 所示为等离子喷涂的几种涂层材料的双体磨料磨损比较，基体材料为 $42CrMo_4$ 钢。图 8-19 所示为镍基合金与几种喷涂层、镀硬铬层的线磨损比较，其中 WC – Co 和钴基

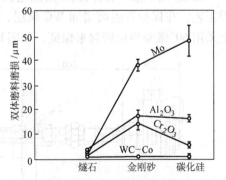

图 8-18　等离子喷涂的几种不同涂层材料的双体磨料磨损比较

合金涂层采用高速火焰喷涂，Al_2O_3 – TiO_2、Cr_2O_3 和镍基合金采用大气等离子喷涂。

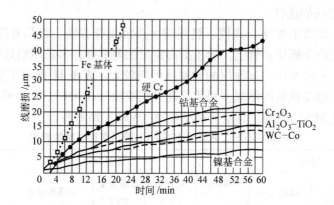

图 8-19 镍基合金与几种喷涂层、镀硬铬层的线磨损比较

（6）应用 为了提高耐磨性，通常在保护管表面喷涂 WC 系金属陶瓷，其硬度可达 75HRA，并可保持到 500℃。由于其硬度极高，即使在恶劣条件下仍可长期使用，适应于重油和粉煤混烧过程及水泥熟料测温。耐磨热电偶的结构如图 8-20 所示。作为热电偶保护管，除喷涂 WC 外，还可喷涂 Ni - Cr - Si - B 合金，在 1000℃左右的工作环境，则应喷涂钴基合金。

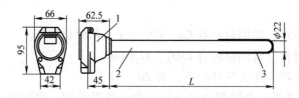

图 8-20 耐磨热电偶的结构
1—接线盒 2—保护管 3—WC 涂层

炼油厂裂解炉用防内漏耐磨热电偶的结构如图 8-21 所示。该种热电偶通常采用喷焊工艺，在保护管表面增加 WC 涂层，提供耐磨性。而防内漏技术，一般是在法兰盘上采用 60°锥角斜面密封来保证，如图 8-22 所示。

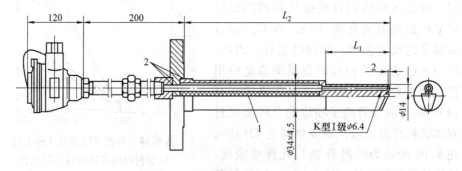

图 8-21 防内漏耐磨热电偶的结构
1—陶瓷纤维 2—焊缝

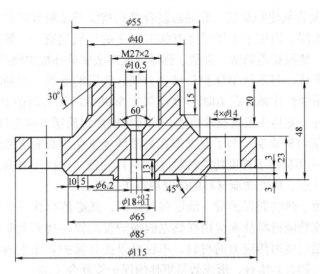

图 8-22　防内漏 60°锥角密封法兰盘

总之，在低温下，最好选择硬的材料 WC 与镍基合金的混合物。在高温下，WC 因脱碳而降低硬度，故可改用 Cr_2O_3 等氧化物。在无氧化性气氛中，采用氧化涂层更有利。

3. 新技术、新材料保护管涂层

（1）W 涂层　用石墨制作衬里或发热体的熔炉，在 1600℃以上的高温常用 Mo 管保护的热电偶测温，在高温下石墨使 Mo 保护管快速碳化。国外现将 Mo 管涂 W，可使管碳化速度大大降低，极大地延长了热电偶的寿命。改用 W 保护管的热电偶将比 W 涂层热电偶的寿命更长。

（2）金属间化合物　目前尚未看到用金属间化合物制作热电偶保护管的报道，但是我国在研究金属间化合物涂层技术方面取得了较好的效果。对金属间化合物 Ni – Al、Fe – Al，利用等离子喷涂的方法，在以高温合金为基体的热电偶套管上获得金属间化合物特殊涂层。

金属间化合物涂层的热电偶保护管具有以下全新的性能：

1）优异的耐蚀性、抗氧化性，特别是抗 H_2S 腐蚀能力极强。

2）高温硬度大，耐磨性优异。

3）优异的耐热性，使用温度可达 1250℃。

4）成本低廉。

在齐鲁石化裂解炉中（H_2S 气体的体积分数高达 98%，温度为 1300℃，强腐蚀），国外进口的热电偶使用 3 个月；采用 GH3039 套管的热电偶寿命为 7 天；铂金套管寿命为 1.5 年，但每支套管价格为 12 万元，企业难以承受。采用金属间化合物涂层的热电偶保护管，使用寿命达 5 个月，超过了国外同类产品性能。采用金属间化合物涂层技术制作的热电偶保护管，还应用在沸腾炉、循环流化床、水泥窑等高温耐磨环境，均获得了满意效果。

（3）非晶态复合氧化物涂层 非晶态复合氧化物涂层是最近针对恶劣高温腐蚀环境研制的保护管涂层，适用于工作温度 1000℃ 以下的二氧化硫、一氧化碳等腐蚀性气体，以及氯化钠、硫酸钠等熔盐，强酸、强碱，液态金属等环境中测温。

涂层经烧结而成，与不锈钢保护管结合力强。涂层的绝缘、耐冲击与抗冷热疲劳性能良好，高温耐蚀性优越，在 1000℃ 高温氧化 500h 和 700℃ 熔融 NaCl 600h 热腐蚀测试后，涂层完好，基体未发现腐蚀痕迹，而传统的渗铝涂层寿命为 20h。

（4）梯度功能材料涂层 为了开发能在高温环境下使用具有缓和热应力功能的超耐热型材料，1984 年提出了梯度功能材料（FGM）的概念。由于具有均匀和复层材料所不具备的许多优点，梯度功能材料的研究取得了进展。

涂层技术应用于热电偶保护管、涂层和基体间，就必然存在一个热应力不相适应的问题。这样梯度功能材料技术应用在热电偶保护管的涂层技术上非常适用。根据该技术开发出的高温时缓和热应力的材料，不仅可以提高保护管涂层的使用寿命，而且可以与金属间化合物有效组合，形成效果更佳的保护管复合涂层。

我国已采用金属间化合物加精细陶瓷梯度功能材料组成的复合涂层，用该涂层制备的热电偶保护管用于玻璃行业测温，使用效果更理想。这种梯度功能材料涂层的热电偶保护管，除了耐高温、耐蚀之外，更突出的是其耐磨性和不粘性。

（5）纳米陶瓷材料涂层 纳米材料界面量大，界面原子排列混乱，原子在外力作用产生变形时，很容易迁移、扩散，表现出甚佳的塑性、韧性、延性和比粗晶高 $10^{16} \sim 10^{19}$ 倍的扩散系数。这些高强度、高塑性的纳米材料对材料表面改性具有特殊意义。

小尺寸效应使纳米材料的比热容和散射率比同类其他材料大，其熔点和烧结温度显著下降，使得在常温条件下加工陶瓷和合金成为可能。如 2nm 的 Au 熔点仅为 330℃，而纳米 Ag 熔点竟低至 100℃，在钨颗粒中添加 0.1% ~ 0.5%（质量分数）的纳米 Ni 可使烧结温度降至 2000℃。这些特性为传统材料表面的合金化和陶瓷功能化改造提供了新的机遇。过去在热电偶保护管表面涂覆一层耐热陶瓷时，一般用等离子喷涂方法，在等离子体 2×10^4 K 的高温才能使陶瓷粉末充分熔化。而采用纳米技术采用高速火焰喷涂方法就可获得陶瓷涂层。同传统热喷涂层相比，纳米结构（ns）涂层在强度、韧性、耐蚀、耐磨、热障、抗热疲劳等方面有显著改善，并且一种涂层可同时具有多种性能。

热电偶涂层质量直接影响热电偶使用寿命。对热喷涂陶瓷涂层的质量检验可参照 JB/T 7703—1995《热喷涂陶瓷涂层技术条件》执行。

4. 改变保护管几何形状提高其耐磨性

改变热电偶保护管的几何形状也可提高其耐磨性。日本用于流化床、煤气化炉的耐磨热电偶是将保护管外形制作成带翅状，在 900 ~ 1000℃ 高温下使用寿命高达 3 年。其外貌及结构如图 8-23 与图 8-24 所示。

另外，可在热电偶保护管迎着高温、高速粒子流一侧加防护罩（见图 8-25），由防护罩挡住颗粒对保护管的冲刷；也可将热电偶保护管内孔做成偏心，安装时将壁厚一侧迎着高速气流方向，也可以延长其使用寿命。这是解决高温下冲蚀磨损的方法之一，在国内电厂已有许多成功应用。

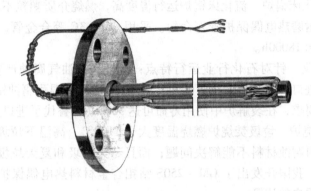

图 8-23　带翅热电偶的外貌

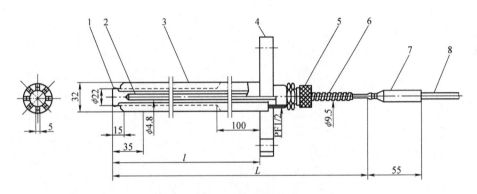

图 8-24　带翅热电偶的结构

1—端头　2—保护管　3—带翅保护管　4—法兰盘　5—卡套　6—软管　7—冷端接头　8—补偿导线

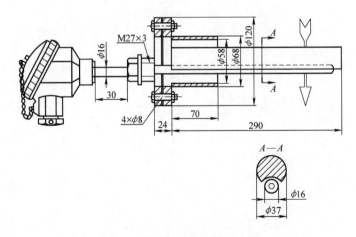

图 8-25　带防护罩的耐磨热电偶

注：箭头所指为高速气流流向。

5. 应用

（1）循环流化床锅炉　流化床锅炉运行温度高，燃烧介质颗粒不均匀，磨损严重，铁基和镍基合金耐磨热电偶保护管寿命短。采用 GM-3C 等合金管，在循环流化床锅炉的使用寿命可达 18000h。

（2）石化行业　针对石化行业运行特点：温度高，油气腐蚀严重，介质流速高，过去我国均采用进口产品，目前我国已开发出 GM-4W8 高温耐腐蚀钴钼合金材料，满足了石化的工况要求，在裂解炉中使用寿命可达 30000h，替代了进口热电偶。

（3）垃圾焚烧炉　垃圾焚烧炉燃烧温度大于 1100℃，高温下垃圾中含有多种强腐蚀介质，单一种耐腐蚀材料不能解决问题；而且冬天垃圾和夏天垃圾不同，南北方垃圾也不同。目前，我国开发出了 GM-250S 钴钼合金材料热电偶保护管，在垃圾焚烧炉中使用得到了用户的认可。

第9章 温度量值传递、检定、校准与标准化

9.1 温度计量器具的检定

9.1.1 温度量值传递

1. 量值传递

通过计量检定，将计量基准所复现的计量单位（或其倍数、分数）逐级传递给各级计量标准直至普通（工作）计量器具的活动称为量值传递。它是计量领域中的常用术语，其含义是指单位量值的大小，通过基准、标准直至工作计量器具逐级传递下去。它是依据计量法、检定系统和检定规程，逐级地进行传递过程。在传递系统中根据量值准确度的高低，规定从高准确度量值向低准确度量值逐级确定的方法、步骤。

国家计量基准所复现的温度量值，通过检定（或其他传递方式）传递给下一等级的温度标准，并依次逐级传递到工作用计量器具，以保证被计量对象的量值准确一致，这个过程称为温度量值传递。

2. 温度量值传递的方式

量值传递的方式有多种，如实物标准传递，计量保证方案（MAP），发放标准物质（CRM），发播信号等。目前我国的温度量值传递系统采用实物标准进行逐级传递的方式。按检定规程中规定的计量周期，定期将仪器送到具有高一级计量标准部门，由专业人员对仪器的性能进行检定。

3. 量值溯源

量值溯源是量值准确一致的前提，计量结果必须具有溯源性，即计量器具的量值应该具有与国际计量基准或国家计量基准相联系的特性。要获得这种特性，就要求待检定的计量器具应该经过具有相应准确等级的计量标准的检定，而该计量标准又经上一等级的计量标准的检定，逐级往上追溯，直至国家计量基准或国际计量基准（追溯到计量单位的源头）。由用户根据实际情况自由去寻找符合要求的上级标准。也可以说，"溯源"是量值传递的逆过程。

9.1.2 温度计量器具检定系统

我国现在执行的是 ITS-90 温标。按照 ITS-90 温标的要求，对温度计量器具检定系统重新进行了修订。该系统是由国家基准器，通过各级计量标准器具将温度量值传递到工作计量器具的重要依据。

根据我国计量法规定，计量检定必须按照国家计量检定系统进行，所以检定系统

是统一计量器具量值和明确各类计量器具之间传递关系的国家法定性技术文件，其具体实施由每个检定规程来详细规定，目的是使工作计量器具的检定和使用范围一致。

我国计量法规定，国务院计量行政部门负责建立各种计量基准器具，作为统一全国量值的最高依据。同时还规定，计量检定必须按照国家计量检定系统进行。国家计量检定系统表由国务院行政部门制定。我国的温度计量器具检定系统也就是温标的传递系统。检定方法中比较法用得比较多，而实际应用中定点法越来越多受到重视。

计量检定系统主要是指国家计量检定系统表（简称检定系统）。它是计量法规，并以文字、框图、表格形式表示，规定从国家计量基准、各级计量标准直至计量器具的检定主从关系。检定系统中的框图是按照计量基准、标准及工作计量器具三大类，用检定方法连接而成的系统框图。

1. 铂电阻温度计的检定系统

按照 ITS－90 规定分为两个温区。

（1）0.65～273.15K 温度范围国家基准 此温区的固定点、内插公式和温度计在 ITS－90 中已有详细介绍。

铂电阻温度计国家基准组包括两个基准组：套管式铂电阻温度计国家基准组，用于 13.8033～273.16K 温度范围；铂电阻温度计国家基准组，用于 83.8058～273.16K 温度范围。

图 9-1 所示为 0.65～273.16K 温度计量器具检定系统框图。

（2）273.16～1234.93K

1）固定点装置：水三相点瓶（273.16K）、镓熔点装置（302.9146K）、铟凝固点装置（429.7485K）、锡凝固点装置（505.078K）、锌凝固点装置（692.677K）、铝凝固点装置（933.473K）、银凝固点装置（1234.93K）。

2）铂电阻温度计基准组。

3）铂电阻温度计基准组主要配套设备：直流或交流电桥和一等标准电阻器组。

图 9-2 所示为 0～961.78℃温度计量器具检定系统框图。图 9-2 中各类工作计量器具的测量范围和允许误差或扩展不确定度见表 9-1。

2. 热电偶的检定系统

目前我国将热电偶分成两个系统进行温度量值传递。

（1）铂铑 10－铂热电偶检定系统

1）标准器。

① 标准组铂铑 10－铂热电偶。在 419.527～1084.62℃温度范围，标准组铂铑 10－铂热电偶是我国热电偶检定的最高温度标准器。它是在经过与国家基准器比对后，实际用于检定计量标准器的计量器具。其测量范围为 419.527～1084.62℃，按 ITS－90 进行定点分度。

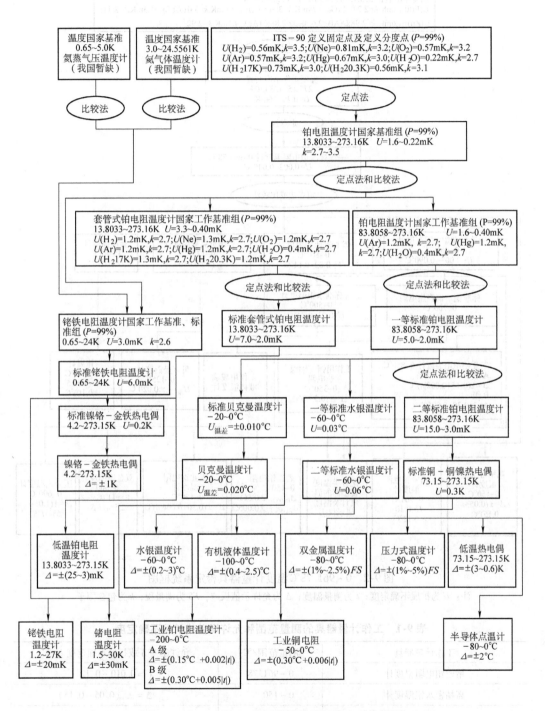

图 9-1　0.65~273.16K 温度计量器具检定系统框图

注：U 为扩展不确定度；t 为测量温度；Δ 为允许示值误差；FS 为满量程；k 为包含因子。

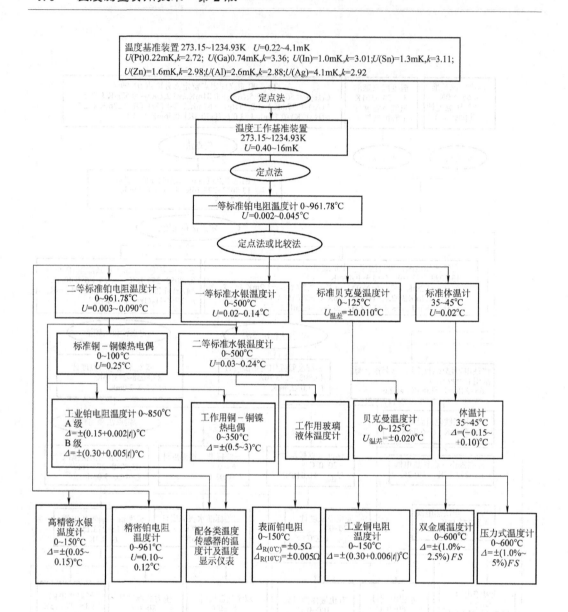

图 9-2 0～961.78℃温度计量器具检定系统框图

注：*U* 为扩展不确定度；*t* 为测量温度；*Δ* 为允许示值误差；*FS* 为满量程；*k* 为包含因子。

表 9-1 工作计量器具的测量范围和允许误差或扩展不确定度

工作计量器具	测量范围/℃	允许误差 Δ 或扩展不确定度 U/℃
精密铂电阻温度计	0～961.78	$U = 0.010 \sim 0.12$
高精密水银温度计	0～150	$\Delta = \pm (0.05 \sim 0.15)$
体温计	35～45	$\Delta = -0.15 \sim 0.10$
贝克曼温度计	0～125	$U_{温差} = \pm 0.020$

（续）

工作计量器具		测量范围/℃	允许误差 Δ 或扩展不确定度 U/℃
	工业铂电阻	0～850	AA 级　$\Delta = \pm (0.100 + 0.0017\,\lvert t \rvert)$ A 级　$\Delta = \pm (0.15 + 0.002\,\lvert t \rvert)$ B 级　$\Delta = \pm (0.30 + 0.005\,\lvert t \rvert)$ C 级　$\Delta = \pm (0.6 + 0.010\,\lvert t \rvert)$
	工业铜电阻	0～150	$\Delta = \pm (0.30 + 0.006\,\lvert t \rvert)$
	压力式温度计	0～600	$\Delta = \pm (1.0\% \sim 5\%)\,FS$
	工作用铜－铜镍热电偶	0～350	$\Delta = \pm (0.5 \sim 3)$
	表面铂电阻	0～150	$\Delta_{R(0℃)} = \pm 0.5\,\Omega$ $\Delta_{W(100℃)} = \pm 0.005$
工作用玻璃液体温度计	电接点玻璃温度计	0～300	$\Delta = \pm (1 \sim 5)$
	表层水温表	0～40	$\Delta = \pm 0.4$
	石油用玻璃液体温度计	0～400	$\Delta = \pm (0.1 \sim 4)$
	工作用玻璃液体温度计	0～600	$\Delta = \pm (1 \sim 15)$
	颠倒温度表	0～80	$\Delta = \pm (0.05 \sim 0.5)$
	量热温度计	9～45	$\Delta = \pm 0.10$
配各类温度传感器的温度计及温度显示仪表	半导体点温计	0～300	$\Delta = \pm (0.2 \sim 2.0)$
	热敏电阻温度计	0～50	$\Delta = \pm 0.5$
	数字式温度计	0～50	$\Delta = \pm 0.2$
	温度指示控制器	0～300	$\Delta = \pm (1.0 \sim 10)$
	海洋电测温度计	0～600	$\Delta = \pm (0.05 \sim 0.5)$
	机械式深度温度计	0～30	$\Delta = \pm 0.2$
	数字式石英晶体温度计	0～100	$\Delta = \pm 0.05$
各类温度显示仪表及温度变送器 （含模拟信号输入输出仪表）			参见相应的检定规程

注：$\lvert t \rvert$ 是以摄氏度表示的绝对值；FS 为满量程。

② 标准铂铑 10 - 铂热电偶。标准铂铑 10 - 铂热电偶可分为一等标准热电偶和二等标准热电偶。各等级热电偶逐级进行量值传递。

2）标准器的分度。对标准组铂铑10-铂热电偶的分度，多采用纯金属定点法。在ITS-90中给出了这些定义固定点的温度值。实际工作中对锌、铝凝固点电动势值是由一等标准铂电阻温度计分度的；铜凝固点电动势值，由银凝固点用光电比较仪延伸得到的。

对于标准铂铑10-铂热电偶的分度，是利用高一级标准热电偶和被检热电偶放在同一温场中直接比较的一种分度方法。一次可以分度多支热电偶。在检定炉中用比较法测出上述三个凝固点温度下的电动势。二等热电偶整百度点的标准值，是依据三个凝固点温度下的电动势，计算出300~1300℃范围内整百度点上的电动势。

3）标准器的选择。检定300~1600℃温度范围的工作热电偶，主要标准器有：一等、二等标准铂铑10-铂热电偶；一等、二等标准铂铑13-铂热电偶。

检定300℃以下工作热电偶，采用的标准器有-30~300℃二等标准水银温度计、二等标准铂电阻温度计、二等标准铜-铜镍热电偶或同等准确度的校准仪表。

工作热电偶在整百度点上，测出它们的电动势后与标准分度表中电动势进行比较，以确定其是否合格。

图9-3所示为419.527~1084.62℃温度计量器具检定系统框图。

（2）铂铑30-铂铑6热电偶检定系统

1）标准器

① 标准组铂铑30-铂铑6热电偶。标准组铂铑30-铂铑6热电偶，用于实验室进行1100~1500℃温区内的温标传递工作。

② 标准铂铑30-铂铑6热电偶。标准铂铑30-铂铑6热电偶可分为一等和二等标准热电偶，各等级热电偶也是逐级进行量值传递。

2）标准器的分度。标准组铂铑30-铂铑6热电偶是采用黑体空腔法进行分度的。利用标准光电高温计或标准光学高温计测出热源黑体空腔的温度对热电偶进行分度。

在标准组铂铑30-铂铑6热电偶以下的热电偶，都采用比较法分度。图9-4所示为1100~1500℃温度计量器具检定系统框图。

3. 辐射温度计检定系统

1234.93~2473.15K范围温度计量器具的国家检定系统，是根据ITS-90规定的1234.93~2473.15K温度范围国家基准的基本计量参数，以及将温度量值由该温度范围的国家基准或其他温度范围的标准，通过标准计量器具传递到工作用辐射测温计量器具的过程，并确定其不确定度和基本检定方法。

（1）计量基准器具

1）961.78℃（1234.93K）以上。用国家基准钨带灯复现、保存和传递961.78℃以上的温度量值。我国采用银凝固点作为复现温标的参考点。

2）副基准钨带温度灯组。温度范围为800~2200℃。

3）工作基准钨带温度灯组。温度范围为800~2200℃。

（2）计量标准器具

1）标准光电高温计。

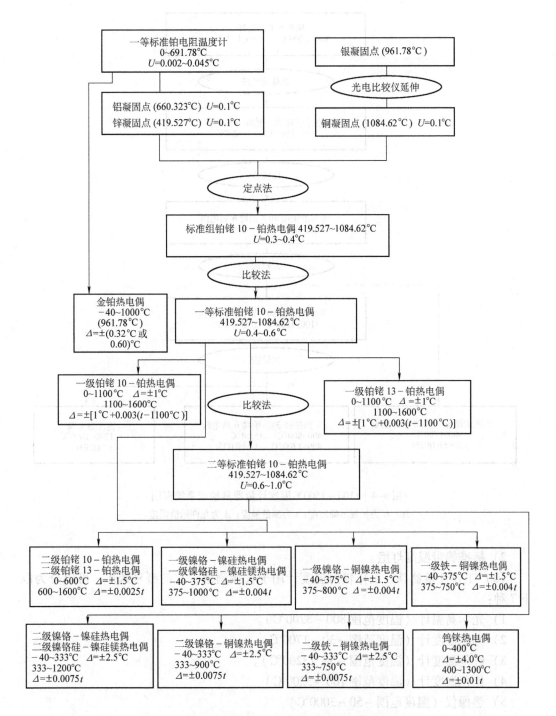

图 9-3　419.527～1084.62℃温度计量器具检定系统框图

注：U 为扩展不确定度；t 为测量温度；Δ 为允许示值误差。

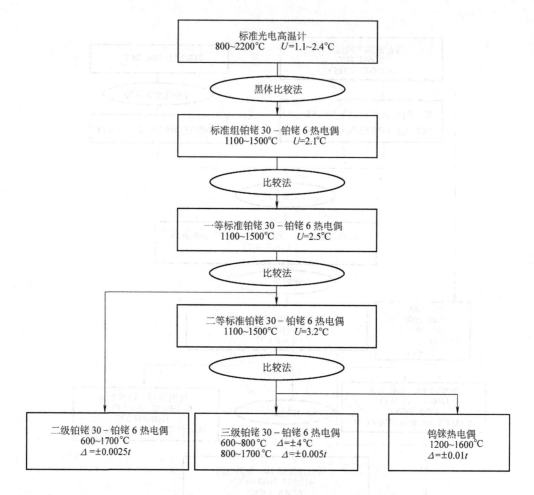

图 9-4　1100~1500℃温度计量器具检定系统框图
注：U 为扩展不确定度；t 为测量温度；Δ 为允许示值误差。

2）标准钨带温度灯组。

（3）工作计量器具　工作辐射温度计用于直接测温，它的型号繁多，可以分为以下 7 种：

1）光学高温计（温度范围 800 ~ 3200℃）。

2）光电温度计（温度范围 - 30 ~ 1700℃）。

3）红外温度计（温度范围 - 50 ~ 3200℃）。

4）比色温度计（温度范围 100 ~ 3200℃）。

5）热像仪（温度范围 - 50 ~ 3000℃）。

6）辐射感温器（温度范围 400 ~ 2000℃）。

7）其他辐射温度计（温度范围 - 50 ~ 3200℃）。

图 9-5 所示为辐射温度计检定系统框图。

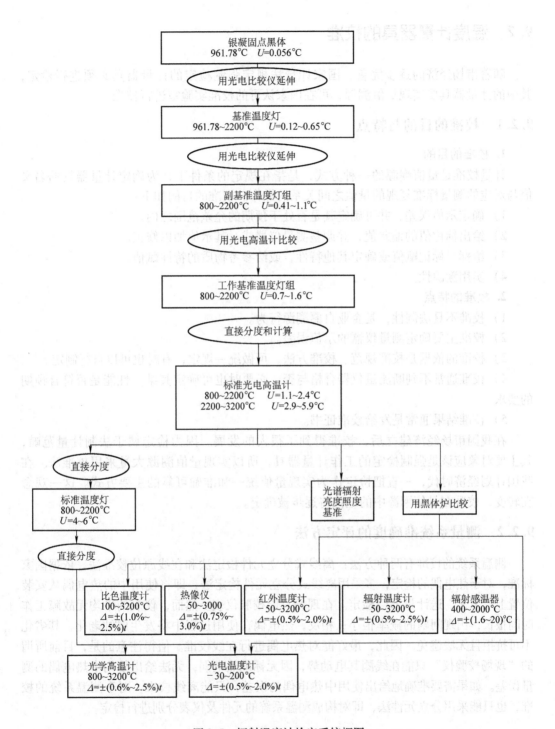

图 9-5　辐射温度计检定系统框图

注：U 为扩展不确定度；t 为测量温度；Δ 为允许示值误差。

9.2　温度计量器具的校准

随着市场经济的逐步完善，国家计量法规定强制检定的计量器具必须进行检定，其他的计量器具要实现量值溯源，可在国家认可的校准实验室进行校准。

9.2.1　校准的目的与特点

1. 校准的目的

计量校准是量值溯源的一种方式，是指在规定的条件下，为确定计量器具的名义值与对应的测量标准复现的量值之间关系的操作。校准的目的如下：

1）确定示值误差，并可确定其是否处于预期的允差范围之内。

2）给出标称值的偏差值，并调整测量仪器或对其示值加以修正。

3）给标尺标记赋值或确定其他特性，或给参考物质的特性赋值。

4）实用溯源性。

2. 校准的特点

1）校准不具法制性，是企业自愿溯源行为。

2）校准主要确定测量仪器的示值误差。

3）校准的依据是校准规范、校准方法，可做统一规定，有时也可以自行制定。

4）校准通常不判断测量仪器合格与否，必要时也可确定其某一性能是否符合预期的要求。

5）校准结果通常是发给校准证书。

在我国市场经济建立后，校准得到了很大的发展。因为检定属于法制计量范畴，其主要对象应该是强制检定的工作计量器具，所以实现量值溯源大量采用校准法。在我国计划经济时代，一直把检定作为实现量值统一和准确可靠的主要方式。这一观念在转变，校准在量值溯源中的地位将逐步被确定。

9.2.2　测量系统准确度的评定方法

测温系统的校准有两种方法：离线式分立元件检定法和在线原位校准法。依据国家标准，对于热电偶的检定，多采用离线式分立元件检定法，即将使用中的热电偶从安装位置上取下来，送计量部门检定。在现场只能校验仪表。然而，仪表的平均无故障工作时间很长，出现问题的概率很小；相反，热电偶在使用过程中将发生腐蚀老化，其劣化不可抗拒且无法避免。因此，最好能对热电偶进行在线校准。值得注意的是，目前所谓的"现场校验仪"只能在线测其电动势，因无标准热电偶，无法给出使用中热电偶的测量误差。如果需要准确地给出使用中热电偶的误差，只能离线校准。对于测温系统的校准，也只能采用分立元件法，即对构成测温系统的元件及仪表分别进行检定。

9.2.3　离线式分立元件校准法的弊端

经计量室检定合格的热电偶，在现场使用时通常是合格的，但是在有些场合下检定合格的产品，在现场使用条件下却超差。其影响因素如下：

（1）热电偶丝不均质

1）热电偶材质本身不均质。热电偶在计量室检定时，按规程要求，插入检定炉内的长度为300mm。因此，每支热电偶的检定结果，确切地说只能体现或主要体现出从测量端开始300mm长偶丝的热电行为。然而，当热电偶的长度较长，使用时大部分偶丝处于高温区，如果热电偶丝不均质且处于具有温度梯度的场合，那么其局部将产生电动势。该电动势称为寄生电势，由寄生电势引起的误差称为均质误差。

2）热电偶丝经使用后产生的不均质。对于新制的热电偶，即使是均质的，但经反复加工、弯曲致使热电偶产生加工畸变，也将失去均质性，而且使用中热电偶长期处于高温下，也会因偶丝的劣化而引起电动势变化。当局部劣化部分处于具有温度梯度的场所，也将产生寄生电势叠加在总的电动势中而出现测量误差。

（2）铠装热电偶的分流误差　用铠装热电偶测量炉温时，由于使用温度高致使绝缘电阻下降，出现热电偶示值误差，称为分流误差。

铠装热电偶的绝缘物为粉末状 MgO，当使用温度超过600℃时，其绝缘强度急剧降低。作者曾实测进口与国产铠装热电偶电缆两级间的绝缘电阻，结果表明（见表9-2），使用温度超过1000℃，尤其是超过1200℃时，其绝缘电阻很低，极易产生分流误差，即出现检定合格，使用中却超差的现象。

表9-2　铠装热电偶线缆两级间的绝缘电阻与温度关系

温度/℃	进口		国产	
	φ6mm	φ3mm	φ6mm	φ3mm
	绝缘电阻/MΩ			
30	∞	∞	∞	∞
100	∞	∞	∞	∞
200	∞	∞	∞	∞
300	∞	∞	∞	∞
400	∞	∞	∞	∞
500	∞	∞	∞	9000
600	10000	3240	2720	2190
700	1380	320	236	219
800	160	80	34	31
900	20	20	4.2	1.2
1000	2.3	4.1	0.34	0.14
1100	0.24	0.32	0.045	0.013
1200	0.03	0.03	0.003	0.002

（3）综合误差较大　各元件检定虽合格，组合成测温系统的综合误差却较大。

由 K 型热电偶（Ⅱ级）、补偿导线（普通级）及数显仪表（0.2级）组成的测温

系统，当 $t = 1000℃$ 时的综合误差为

$$\Delta = \pm \sqrt{\Delta_1^2 + \Delta_2^2 + \Delta_3^2} \tag{9-1}$$

式中，Δ_1 为热电偶的极限误差（℃）；Δ_2 为补偿导线的极限误差（℃）；Δ_3 为仪表的极限误差（℃）。

热处理炉按保温精度分类及其技术要求见表9-3。由离线校准的测温系统难以满足 Ⅲ 类热处理炉以上的工艺要求。

表9-3 热处理炉按保温精度分类及其技术要求

热处理炉类别	炉温均匀性/℃	控温指示精度/℃	记录仪表精度等级
Ⅰ	±3	±1.0	0.25%
Ⅱ	±5	±1.5	0.30%
Ⅲ	±10	±5.0	0.50%
Ⅳ	±15	±8.0	0.50%
Ⅴ	±20	±10.0	0.50%
Ⅵ	±25	±10.0	0.50%

（4）使用不当引起的测量误差　校准合格的热电偶，如果使用方法不正确，也会引起较大的测量误差。

1）插入深度不够，因导热损失致使测温偏低。

2）参比端温度处理不当，例如，炉内火焰喷出致使参考温度偏高，也会引起测量误差。

由上述讨论可以看出，离线校准有诸多弊端，本来检定合格的产品，在使用中可能因上述4种原因出现质量事故。

9.2.4 在线原位校准法的优点

由于离线式分立元件检定法存在的问题，企业迫切要求对测温系统进行在线原位校准。

以前，强调企业的计量器具必须按周期送法定计量机构进行检定，在法定计量范畴，依靠检定，将温度量值逐级自上而下地传递到企业，这个量值传递工作目前是以强制检定的工作计量器具为主要对象。在计划经济时代，一直靠检定的量值传递作为全国实现量值统一和准确可靠的唯一方式。在市场经济条件下这一观念正在转变，利用校准这一量值溯源的办法也可以保证温度量值的统一和准确。

为了克服离线校准的诸多弊端，作者提出在线原位校准的新理念。所谓在线原位校准就是对测量系统在现场实时工作状态下的系统准确度校准，即被校准系统原位不动，插入标准器（带有校准证书），利用现场加热设备作为热源，在现场对测温系统实施在线原位校准。

原位校准理念的基础是要有相对准确的标准器，可是我国目前尚无此项标准的检定规程。作者根据工程测温需要，依据上述理念，在原位校准不确定度分析的基础上，

开发出便携式在线温度校准仪，可满足测温系统在线原位校准要求。

目前，虽有精度极高的仪表及一等或二等标准铂铑 10 - 铂热电偶连接补偿导线进行现场校准，不仅其校准系统未经校准，而且尚须测量环境温度后，查表修正，才能对现场测温系统进行校准。其结果仅供参考，因校准系统未经国家认可实验室校准。作者开发的新型校准仪，经国家认可的实验室校准，并带有校准证书。用这种校准仪在现场对测温系统进行校准。当炉温相对稳定时，分别记录校准仪与被校准系统的温度数值。其差值即为被校测温系统的误差，并按标准证书给定的数值予以修正，即完成了测温系统的现场原位校准。该校准结果是可溯源的，因此其数据在法律上是有效的。

9.2.5　离线式分立元件校准法与在线原位校准法应用对比

1. 离线式分立元件校准法

离线式分立元件校准法就是将测量系统的各个单元分别进行校准。在测量结果的定量表述中，引入测量不确定度。它是由于随机效应和已识别的系统效应不完善的影响，而对测得值的不能确定（或可疑）的程度。测量不确定度是与测量结果相关的一个参数，用以表征合理的赋予被测量值的分散性。现在以 II 级 K 型热电偶、补偿导线及显示仪表在 1000℃ 下采用离线式分立元件检定法校准为例进行不确定度评定。

（1）建立数学模型并列出不确定度传播率

1）数学模型。双极法分度时，被测热电偶在各校准点上的热电动势采用下式计算：

$$E_{被(t)} = \overline{E}_{被(t)} + \frac{E_{标证} - \overline{E}_{标(t)}}{S_{标(t)}} \times S_{被(t)} \tag{9-2}$$

式中，$\overline{E}_{被(t)}$ 是被测热电偶在某校准点附近温度下，测得的热电动势算术平均值；$E_{标证}$ 是标准热电偶证书上某校准点温度的热电动势值；$\overline{E}_{标(t)}$ 是标准热电偶在某校准点附近温度下，测得的热电动势算术平均值；$S_{标(t)}$、$S_{被(t)}$ 分别是标准、被测热电偶在某校准点温度的微分热电动势。

2）不确定度传播率。数学模型中被测热电偶在某点上的热电动势的测量不确定度为

$$u_c^2(E_{被}) = \sum_{i=1}^{n} \left[cu(x_i) \right]^2$$

$$u_c^2(E_{被}) = \sum_{i=1}^{n} \left[\frac{\partial f}{\partial x_i} \right]^2 u^2(x_i) = \sum_{i=1}^{n} \left[c_i u(x_i) \right]^2$$

式中，c_i 是灵敏度系数，$c_i = \dfrac{\partial f}{\partial x_i}$。

当各分量可近似认为彼此独立，$c_i = 1$ 时，则有

$$u_c^2(E_{被}) = \sum_{i=1}^{n} u^2(x_i) \tag{9-3}$$

（2）用离线式分立元件法分度与标准不确定度的评定

1) 被测热电偶（K 型）标准不确定度 u（$\overline{E}_{被}$）。

① K 型热电偶重复性测量带来的标准不确定度 u_1（$\overline{E}_{被}$）。以工作用热电偶（K 型）为例，测量不确定度来源于被测热电偶测量不重复性，采用 A 类方法进行评定。用二等标准铂铑 10 – 铂热电偶对 K 型热电偶在 1000℃点进行分度。在相同条件下，重复测量 8 次的数据（mV）为：41.320、41.324、41.322、41.326、41.323、41.328、41.324、41.325。

$$\overline{X} = 41.324\text{mV}$$

$$\sqrt{\frac{\sum_{i=1}^{n}（x_i - \overline{x}）^2}{n-1}}$$

单次实验标准差 S（x_i）$= 2.45\mu V$

标准不确定度 u_1（$\overline{E}_{被}$）$= \dfrac{S(x_i)}{\sqrt{n}} = 0.87\mu V$

② 电测设备带来的标准不确定度 u_2（$\overline{E}_{被}$）。采用 B 类方法进行评定，测量热电动势采用数字电压表，其准确度为 2×10^{-5}，取量程 $50000\mu V$，示值误差为 $1\mu V$，在区间内可认为均匀分布，覆盖因子 $k = \sqrt{3}$，则电测设备带来的标准不确定度为

$$u_2（\overline{E}_{被}）= 1\mu V/\sqrt{3} = 0.58\mu V$$

③ 检定炉温场不均匀导致的标准不确定度 u_3（$\overline{E}_{被}$）。在 1000℃测量时，检定炉内最高均匀温场不均匀引入的误差不超过 $19.5\mu V$（0.5℃），在区间内可认为均匀分布，覆盖因子 $k = \sqrt{3}$，半宽度为 $9.75\mu V$，则标准不确定度分别为

$$u_3（\overline{E}_{被}）= 9.75\mu V/\sqrt{3} = 5.63\mu V$$

④ 转换开关寄生电势带来的标准不确定度 u_4（$\overline{E}_{被}$）。转换开关寄生电势引入的误差不超过 $\pm 0.4\mu V$，在区间内可认为均匀分布，覆盖因子 $k = \sqrt{3}$，半宽度为 $0.4\mu V$，则标准不确定度为

$$u_4（\overline{E}_{被}）= 0.4\mu V/\sqrt{3} = 0.23\mu V$$

⑤ 热电偶参考端不为 0℃带来的标准不确定度 u_5（$\overline{E}_{被}$）。综合考虑，经实验测得热电偶参考端不为 0℃，带来的最大影响不超过 $\pm 4\mu V$（相当于 0.1℃），对于 0℃附近附加电势，在区间内可认为均匀分布，覆盖因子 $k = \sqrt{3}$，半宽度为 $4\mu V$，则标准不确定度为

$$u_5（\overline{E}_{被}）= 4\mu V/\sqrt{3} = 2.31\mu V$$

⑥ 由测量回路寄生电势带来的标准不确定度 u_6（$\overline{E}_{被}$）。由测量回路寄生电势引入的误差不超过 $\pm 1\mu V$，在区间内可认为均匀分布，覆盖因子 $k = \sqrt{3}$，半宽度为 $1\mu V$，则标准不确定度为

$$u_6（\overline{E}_{被}）= 1\mu V/\sqrt{3} = 0.58\mu V$$

所以，$\overline{E}_{被}$ 在 1000℃测量带来的标准不确定度为

$$u(\overline{E}_{被}) = \sqrt{\sum_{i=1}^{6} u_i^2(\overline{E}_{被})} = 6.21\mu V$$

2）标准器标准不确定度 $u(\overline{E}_{标})$。评定方法与 $u(\overline{E}_{被})$ 评定方法相同。

① 标准器重复性测量带来的标准不确定度 $u_1(\overline{E}_{标})$。对二等标准铂铑 10 - 铂热电偶在 1000℃ 的相同条件下，重复测量 8 次的数据（mV）为：9.583、9.584、9.582、9.585、9.586、9.582、9.587、9.586。

$$\overline{X} = 9.584\text{mV}$$

$$\sqrt{\frac{\sum_{i=1}^{n}(x_i - \overline{x})^2}{n - 1}}$$

$$S_1(x_i) = 1.96\mu V$$

$$u_1(\overline{E}_{标}) = \frac{S(x_i)}{\sqrt{n}} = 0.70\mu V$$

② 电测设备带来的标准不确定度 $u_2(\overline{E}_{标})$。采用 B 类方法进行评定，测量热电动势采用数字电压表，其准确度为 2×10^{-5}，取量程 $50000\mu V$，示值误差为 $1\mu V$，在区间内可认为均匀分布，覆盖因子 $k = \sqrt{3}$，则电测设备带来的标准不确定度为

$$u_2(\overline{E}_{标}) = 1\mu V/\sqrt{3} = 0.58\mu V$$

③ 检定炉温场不均匀带来的标准不确定度 $u_3(\overline{E}_{标})$。在 1000℃ 测量时，检定炉内最高均匀温场不均匀引入的误差不超过 $6\mu V$（0.5℃），在区间内可认为均匀分布，覆盖因子 $k = \sqrt{3}$，半宽度为 $3\mu V$，则标准不确定度分别为

$$u_3(\overline{E}_{标}) = 3\mu V/\sqrt{3} = 1.74\mu V$$

④ 转换开关寄生电势带来的标准不确定度 $u_4(\overline{E}_{标})$。转换开关寄生电势引入的误差不超过 $\pm 0.4\mu V$，在区间内可认为均匀分布，覆盖因子 $k = \sqrt{3}$，半宽度为 $0.4\mu V$，则标准不确定度为

$$u_4(\overline{E}_{标}) = 0.4\mu V/\sqrt{3} = 0.23\mu V$$

⑤ 标准热电偶参考端在冰瓶中不为 0℃ 带来的标准不确定度 $u_5(\overline{E}_{标})$。综合考虑，经实验测得标准热电偶参考端不为 0℃，带来的最大影响不超过 $\pm 0.05℃$，对于 0℃ 附近附加电势为 $\pm 0.4\mu V$，在区间内可认为均匀分布，覆盖因子 $k = \sqrt{3}$，半宽度为 $0.4\mu V$，则标准不确定度为

$$u_5(\overline{E}_{标}) = 0.4\mu V/\sqrt{3} = 0.23\mu V$$

⑥ 由测量回路寄生电势引入的标准不确定度 $u_6(\overline{E}_{标})$。由测量回路寄生电势引入的误差不超过 $\pm 1\mu V$，在区间内可认为均匀分布，覆盖因子 $k = \sqrt{3}$，半宽度为 $1\mu V$，则标准不确定度为

$$u_6(\overline{E}_{标}) = 1\mu V/\sqrt{3} = 0.58\mu V$$

$\overline{E}_{标}$在 1000℃测量带来的标准不确定度为

$$u(\overline{E}_{标}) = \sqrt{\sum_{i=1}^{6} u_i^2(\overline{E}_{标})} = 2.07\mu V$$

3）标准器（二等标准铂铑 10 – 铂热电偶）在整百度点上的标准不确定度 $u(E_{标})$。标准器在锌、铝、铜分度后，300~1100℃间整百度点的标准不确定度，用任意整百度点温度热电动势的不确定度计算方法得到，1000℃温度点的标准不确定度为

$$u(E_{标}) = 3.79\mu V$$

以上测量结果的合成标准不确定度，即将 1）、2）、3）合成为

$$u_c(E_{被}) = \sqrt{u^2(E_{被}) + u^2(E_{标}) + u^2(E_{标})}$$

$$u_c(E_{被}) = 7.56\mu V（相当于 0.19℃）$$

4）补偿导线的标准不确定度。温度在 100℃，测量结果不确定度 $u_c(E_X)$ 为

$$u_c(E_X) = 0.2℃/\sqrt{3} = 0.116℃$$

5）显示仪表的标准不确定度 $u_c(E_{表})$ 为

$$u_c(E_{表}) = 0.7℃$$

总之用分立元件法对热电偶、显示仪表在 1000℃和补偿导线在 100℃时的不确定度见表 9-4。

表 9-4　分立元件法分度结果的不确定度

元　件	测量结果不确定度/℃
K 型热电偶	0.19
补偿导线	0.116
显示仪表	0.7

（3）测量系统的合成标准不确定度　按分立元件法分度，其测量系统的合成标准不确定度为

$$u_c(E)' = \sqrt{u_c^2(E_{被}) + u_c^2(Ex) + u^2(E_{表})} \tag{9-4}$$

$$u_c(E)' = 0.735℃$$

（4）扩展不确定度　扩展不确定度为

$$U(E) = ku_c(E)' \quad (k=2)$$

$$U(E) = 2 \times 0.735℃ = 1.5℃ \quad (k=2)$$

按分立元件法分度结果见表 9-5。

表 9-5　分立元件法分度结果

温度点/℃	测量结果不确定度/℃	包含因子
1000	1.5	2

2. 在线原位校准法分度结果不确定度评定

以 K 型热电偶的测温系统为例，分析在线原位校准法分度结果的不确定度。

（1）在线原位校准测温系统在重复性测量中的标准不确定度 $u_1(\overline{T}_{被})$　用二等标

准铂铑 10 - 铂热电偶对 K 型热电偶测温系统进行整体校准，在 1000℃点的相同条件下，重复测量 10 次的数据（℃）为：1002、1002、1001、1002、1002、1002、1002、1002、1002、1002。

$$\overline{X} = 1001.9℃$$

$$\sqrt{\dfrac{\sum\limits_{i=1}^{n}(x_i - \overline{x})^2}{n-1}}$$

$$S(x_i) = 0.316℃$$

$$u_1(\overline{T}_{被}) = \dfrac{S(x_i)}{\sqrt{n}} = 0.10℃ \quad （相当于 3.90 \mu V）$$

（2）显示仪表分辨率带来的标准不确定度 $u_2(\overline{T}_{被})$　$u_2(\overline{T}_{被})$ 采用 B 类方法进行评定。显示仪表分辨力 1℃（39μV），带来的标准不确定度，在区间半宽度为 0.5℃（19.5μV），覆盖因子 $k = \sqrt{3}$，则标准不确定度分别为

$$u_2(\overline{T}_{被}) = 19.5 \mu V / \sqrt{3} = 11.26 \mu V$$

（3）检定炉温场不均匀引入的标准不确定度 $u_3(\overline{T}_{被})$　在 1000℃测量时，检定炉内最高均匀温场分布不均匀引入的误差不超过 19.5μV（0.5℃），在区间内可认为均匀分布，覆盖因子 $k = \sqrt{3}$，半宽度为 9.75μV，则标准不确定度为

$$u_3(\overline{T}_{被}) = 9.75 \mu V / \sqrt{3} = 5.63 \mu V$$

所以，$\overline{T}_{被}$ 在 1000℃测量带来的标准不确定度为

$$u(\overline{T}_{被}) = \sqrt{\sum_{i=1}^{3} u_i^2(\overline{T}_{被})} = 13.16 \mu V$$

（4）标准器带来的标准不确定度 $u(\overline{E}_{标})$　其值为

$$u(\overline{E}_{标}) = \sqrt{\sum_{i=1}^{6} u_i^2(\overline{E}_{标})} = 2.07 \mu V$$

（5）标准器（二等标准铂铑 10 - 铂热电偶）带来的标准不确定度 $u(E_{标})$　根据二等标准铂铑 10 - 铂热电偶在 300 ~ 1100℃间，任意温度热电动势的不确定度计算方法，可计算 1000℃温度点的标准不确定度为

$$u(E_{标}) = 3.79 \mu V$$

（6）合成标准不确定度　按整体校准方法进行分度，其合成标准不确定度为

$$u_c(E_{被}) = \sqrt{u^2(\overline{T}_{被}) + u^2(\overline{E}_{标}) + u^2(E_{标})} \tag{9-5}$$
$$u_c(E_{被}) = 13.85 \mu V$$

（7）扩展不确定度　扩展不确定度为

$$U(E_{被}) = k u_c(E_{被}) \quad (k = 2)$$
$$U(E_{被}) = 2 \times 13.85 \mu V = 27.70 \mu V \quad （相当于 0.71℃）(k = 2)$$

在线原位校准法分度的不确定度见表9-6。由以上分析看出，以不确定度作为评价校准，在线原位校准法仍具有明显优势。

表9-6 在线原位校准法分度结果

温度点/℃	测量结果不确定度/mV	包含因子
1000	0.0277（相当于0.71℃）	2

9.2.6 便携式在线温度校准仪

1. 便携式在线温度校准仪的组成

1）高精度Ⅰ级N型或K型铠装热电偶。

2）新型高精度补偿导线N（K）XST。

3）0.2级高精度便携式数显仪表。

2. 便携式在线温度校准仪的结构与性能

用于现场的便携式在线温度校准仪（见图9-6）的结构为热电偶、显示仪表、补偿导线三位一体。显示仪表为3位半数字显示，具有数据储存（100组）、采集（USB）及无线传输功能。热电偶长度、直径可根据用户需要改变。

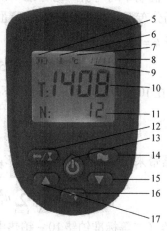

图9-6 便携式在线温度校准仪

1—热电偶 2—显示仪表 3—手柄 4—USB接口 5—电池状态 6—测温标志 7—温度单位 8—存储量
9—当前存储序号 10—实时温度 11—炉号 12—摄氏/华氏温度转换 13—电源按钮 14—查询按钮
15—下查或炉号减 16—温度记录按钮 17—上查或炉号加

便携式在线温度校准仪采用组合结构，热电偶或保护管可更换，准确可靠，使用方便。

便携式在线温度校准仪采用整体校准，每台校准仪均附有国家认可校准实验室（CNAL）的校准证书。其主要技术指标见表9-7。高温或高精度的便携式在线温度校准仪还有铂铑系及铂电阻型的。

表 9-7 主要技术指标

型号	分度号	系统误差	铠装热电偶套管材料	测量范围/℃	响应时间 $\tau_{0.5}$/s
BXJ05	K	$\Delta_{max} = \pm 0.4\% t$ $\Delta_{min} = \pm(1\sim2)$℃	NCR	1200	带保护管 < 60
			Inc600	400~1100	
	N		310	400~1000	无保护管 < 10
	S			1400	

3. 便携式在线温度校准仪的精度

10 年多来作者开发出 200 多台便携式在线温度校准仪,由辽宁省及沈阳市计量院等校准,表 9-8 为部分检定结果。

表 9-8 部分检定结果 (单位:℃)

温度	证书编号										
	1	2	3	4	6	7	10	11	12	13	14
800	-1	-2	-1	0	-2		0	-2	0	0	-2
850						-3					
950					-3						
1000	0	0	0	2		-3	2	0	2	2	-3

由表 9-8 可以看出,便携式在线温度校准仪的准确度均在 0.4% t 以内,绝大多数达到 0.2 级;而且由校准的定义可知,校准仪经计量部门整体校准后的系统误差是可以修正的,只要校准仪各组成部分是稳定的,其误差仅为校准时带来的不确定度是较小的。

4. 带校准孔的热电偶

美国标准 AMS 2750E 实施在线原位校准时,要求标准与被校准传感器测量端间的距离必须小于 76mm。如果炉窑的校温孔,大于此距离要求,预留校准孔只能作废,还有的炉子根本未预留校温孔,因此难以实现在线原位校准。欧美、日本等拥有带校准孔热电偶的专利,该热电偶看似简单,实际却有诸多细节问题,必须逐一解决才能与国际接轨。为此,作者经过不断努力,在国内率先开发出了带有校准孔的热电偶。带校准孔的热电偶如图 9-7 所示。

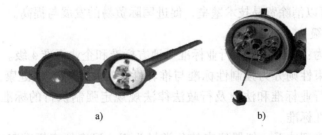

a)   b)

图 9-7 带校准孔的热电偶
a) 国产带校准孔的热电偶 b) 进口带校准孔的热电偶

5. 应用

由于便携式在线温度校准仪及带有校准孔的热电偶适应并满足了提高测温系统准确度的要求，因此近几年发展较快，现有 Ipsen 工业炉、江苏丰东热技术公司、爱协林等几十家企业在应用。通过对现场及科研单位的测温系统进行在线原位校准，极大地提高了测温系统的准确度。10多年来几千支带校准孔热电偶与200多台便携式在线温度校准仪的应用表明，该便携式在线温度校准仪方便实用，准确可靠，是现场测温系统在线校准的最佳选择，也是今后实现温度量值传递扁平化，实现在线校准的发展方向。

9.3 温度领域的标准化

9.3.1 标准及标准化

1. 标准及标准化的定义

GB/T 20000.1—2014 对标准的定义为："通过标准化活动，按照规定的程序经协商一致制定，为各种活动或其结果提供规则、指南或特性，供共同使用和重复使用的文件"。对标准化的定义是"为了在既定范围内获得最佳秩序，促进共同效益，对现实问题或潜在问题确立共同使用和重复使用的条款以及编制、发布和应用文件的活动"。从上述定义可知，标准化是一项活动过程，该过程由制定、发布和实施标准三个关联的环节所组成。

2. 标准化的地位和作用

随着科学技术的发展，世界经济越来越全球化，因此，标准化的地位和作用越来越重要，表现在以下几方面：

1）标准化是组织现代化生产手段，是实施科学管理的基础。

2）标准化是不断提高产品质量的重要保证。

3）标准化是合理简化品种、组织专业化生产的前提。

4）标准化有利于合理利用国家资源，节约能源，节约原材料。

5）标准化可以有效地保障人体健康和人身、财产安全，保护环境。

6）标准化是推广应用科研成果和新技术的桥梁。

7）标准化可以消除贸易技术壁垒，促进国际贸易的发展与提高。

3. 标准的分级

我国标准分为：国家标准、行业标准、地方标准和企业标准4级。

按标准的约束性则分为强制性标准与推荐性标准。保障人体健康，人身、财产安全的国家标准或行业标准和法律及行政法律法规规定强制执行的标准是强制性标准，其他标准是推荐性标准。

我国标准化管理体系，仪器仪表的分类号为 N。温度仪表标准归口上海工业自动化仪表研究院有限公司负责，温度仪表材料标准归口重庆材料研究院有限公司负责。

9.3.2　ASTM 在温度领域的标准化工作

1. ASTM 简介

ASTM 是国际上最大的、历史最悠久的、最权威的标准化组织之一。1898 年成立于美国费城。19 世纪资本主义工业化的迅速发展，导致了生产方与使用方对产品质量、规格等方面的矛盾，出现了对标准化的要求。尤其是制造业、建筑业和交通的发展对材料的标准化要求十分突出，ASTM 就是在这样背景下诞生的。它成立时的名称为 American Section of International Association for Testing Materials，即国际材料试验协会美国分会。1902 年由于在标准观念上的分歧，它成为一个独立组织，更名为 American Society for Testing Materials（ASTM），即美国材料试验学会。

ASTM 的标准主要有两个方面：测试方法和技术条件，而当时以测试方法为主。1961 年 ASTM 已发展到 80 多个技术委员会，标准的重点转向以技术条件为主，更名为 American Society for Testing and Materials，即美国试验和材料学会，缩写仍是 ASTM。世界经济的全球化使标准化工作也日趋全球化，到 20 世纪末，ASTM 已有 130 多个技术委员会，会员共 3 万人，来自 100 多个国家。有 40% ASTM 标准在国际上被采用。ASTM 已逐渐由一个美国标准化组织变成一个国际性的标准化组织。为反映这种变化，由 2002 年起 ASTM 更名为 ASTM International。

2. ASTM 的温度测量技术委员会

ASTM 的技术工作由各技术委员会负责，其中有一个温度测量技术委员会，编号 E20。E20 温度测量技术委员会成立于 1962 年，现有 10 个分技术委员会。它们是 E20.02 辐射测温，E20.03 电阻测温，E20.04 热电偶，E20.05 玻璃温度计，E20.06 新型温度计及技术，E20.07 测温基础，E20.08 医学测温，E20.90 执行，E20.91 编辑及术语，E20.92 出版。

3. ASTM 温度标准的特点

1）标准制定的时间早。几十年前，对标准化热电偶（即用字母作为代号的热电偶），全世界都采用 ASTM 的分度表标准。20 世纪 90 年代采用 90 温标的分度表是国际上联合制定的，但为首的是美国国家标准与技术研究院（NIST），而 NIST 的一批科学家又是 ASTM E20 的积极分子，所以 ASTM 就不等 IEC 的表决程序，先行批准和出版了标准化热电偶分度表标准。后来又增加了 WRe5 – WRe26 热电偶标准，把它的分度号定为 C。至于铠装热电偶标准，ASTM 则在 IEC 前很久（1977 年）就制定了。

ASTM 热电偶标准中，有两个难熔金属热电偶的标准：钨铼热电偶分度表和钨铼热电偶丝材标准；还有一个非标体系的热电偶，包括 W – WRe26、Ni18Mo – Ni0.8Co、Ir40Rh – Ir、Au – Pt、Pt – Pd 和 Platine Ⅱ 等。这些工作都是在世界领先的。

2）技术要求高。由于 IEC 标准要由成员国投票通过，通常技术上不得不做一些妥协以求得通过；而 ASTM 标准则基于美国的技术标准，如果该领域美国是领先的，则技术要求就会严。例如，铠装热电偶标准中的可挠性，在 IEC 标准中铠装电缆可弯成半径 $r = 5D$（D 为铠装电缆外径）的圈而没有可观察到的损坏；而在 ASTM 标准中则要

求在直径为 $2D$ 的芯棒上绕三圈而没有损坏，而且绝缘电阻不得下降一个数量级。ASTM 铠装热电偶标准中，对绝缘物密度做了规定：MgO 密度为 $3580kg/m^3$。为了保证铠装热电偶绝缘物的密度，ASTM 规定了绝缘物粉料和素烧瓷珠的密度为 $2060 \sim 3060kg/m^3$。为了保证绝缘电阻达到要求，ASTM 还规定了 Fe_2O_3、S、C 等的含量。

3）标准涉及范围广。ASTM 标准中的医用温度标准类型涵盖很广，包含玻璃水银类、红外类、电子类、直接式液晶类、热敏电阻类和相变类的医学温度计。2003 年 SARS 袭击我国时，不少单位都在开发、生产红外医用温度计，需要制定相关的标准和检定规程，可当时能找到的权威参考标准只有 ASTM 中的医用红外温度计技术条件。

9.3.3　国际电工委员会第 65 技术委员会（IEC/TC65）简介

国际电工委员会（IEC）成立于 1906 年，它是世界上最早成立的国际性电工标准化专门机构。1947 年国际标准化组织（ISO）成立后 IEC 曾加入 ISO，作为它的电工部门。1976 年 IEC 与 ISO 达成协议脱离 ISO，成为一个独立的组织。IEC 负责有关电工、电子领域的国际化工作，其他领域则由 ISO 负责。这样的分工使温度测量领域中的玻璃温度计、双金属、压力式温度计的标准工作由 ISO 管理，而热电阻、热电偶、辐射测温领域统由 IEC 负责。具体就是 IEC 的第 65 技术委员会（TC65，名为"工业过程测量和控制"）来管理。TC65 下设 4 个分技术委员会，其中 SC65B 分技术委员会负责制定工业过程测量和控制系统使用的各类装置的互换性、性能评定、功能性定义等方面的标准。

SC65B 下设工作组，其中，WG5 为温度检测器工作组，WG6 为系统元件性能试验和评定方法。值得注意的是 TC65 不仅负责温度相关标准的制定，还负责流量、机械量、物位、显示仪表、执行器和结构装置等方面标准的制定。

第10章 实用测温技术与应用

为了准确地测量温度，只靠提高传感器的准确度难以达到预期效果，必须根据测量对象的要求，选择适宜的传感器及正确的测量方法，才有可能达到预期的目的。为获得准确的温度信息，应学会如何选择传感器并按规定进行检定，这样才能确保传感器温度量值的准确。但有时即使采用经检定合格的传感器，或因测量方法不当或受测量条件影响，也会产生较大误差。总之，实用测温技术是复杂的，本章将按被测对象的状态、专业和行业分别进行讨论。

10.1 固体内部温度测量

10.1.1 接触法测量固体内部温度

1. 高导热材料

对于高导热（铜等）与低导热（陶瓷等）的被测物体，它们的热导率相差很大，达 4~5 个数量级，在测量时应予注意。当测量高导热材料内部温度时，要在被测固体内钻一个能插入传感器的孔。为使传感器与被测物体接触良好，可在孔内注入适当的液体，效果更好。

如图 10-1 所示，为了测量金属圆柱体内部 X 处的温度，应在圆柱体上钻一小孔。这种方法虽然方便，但误差较大。假设 X 处较环境温度高，那么，将有热流沿如下轨迹流向外界：$X \rightarrow$ 孔底处固体层 M 及空气层 $A_1 \rightarrow$ 保护管壁 $P \rightarrow$ 保护管内的空气层 $A_2 \rightarrow$ 热电偶测量端 $h \rightarrow$ 热电极丝 W_1 及 $W_2 \rightarrow$ 外界 U。因此，热电偶测量端的温度 T_S 将比被测场所 X 的温度 T_X 低，温差 $\Delta T = T_X - T_S$。当然，要使 ΔT 为零是困难的。可是，总可以找到使其变得很小的方法。例如，将被测物体开孔后（见图 10-2），再放入一个与被测物体的材质相同的圆柱体，在圆柱体的外表面开两个小沟槽，将细热电偶丝经良好绝缘后埋入沟槽内（温度不高时，采用铠装热电偶更方便），然后再将镶有热电偶的圆柱体放入被测物体内，并使测量端接触 X。因此，在这种情况下，热电偶测量端的温度 T_S 与被测对象 X 的温度 T_X 趋于一致，而且两者间的热接触良好，故其热流也非常小，从而使 ΔT 变得很小。

欲测量钢坯内部温度，可采用图 10-3 所示的方法安装热电偶（对其他种传感器也适用）。

首先检查热电偶的测量端，不合要求的焊点要再加工，并将热电极丝的外表面涂上绝缘材料。安装热电偶的孔洞要预先清洗干净，再将热电偶插入洞内，并使测量端处于规定的位置，然后注入与热电偶表面涂料相同的填充材料，待填充料凝结后即可使用。

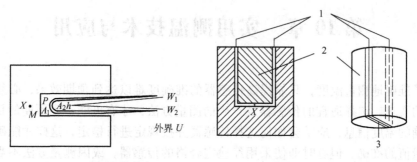

图 10-1 测量固体内部
温度误差较大的例子

图 10-2 测量固体内部
温度误差较小的例子
1—热电偶丝 2—圆柱体 3—测量端

　　热电偶在孔洞外部的引线要固定好，以免多次弯折后松动或断裂。引线的固定方法有锚式及短管固定法等。锚式固定法如图 10-3a 所示，在热电偶引出端旁侧开一个孔，用 0.5mm 的合金线穿过此孔将热电偶的引出线牢牢缚紧，再用填充料将上部覆盖固定。这种固定方法比较牢固，适于测量振动物体。短管固定法如图 10-3b 所示，在物体上部，放一短管保护热电极丝，然后用较粗的引线与热电偶焊接，再把粗引线向外引出。

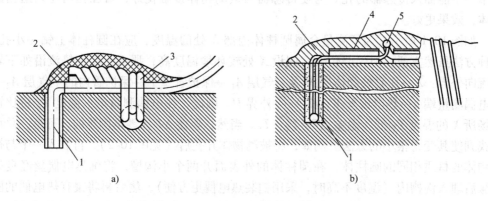

a)　　　　　　　　　　　　　　　　b)

图 10-3 固体内部测温引线固定法
a）锚式固定法 b）短管固定法
1—热电偶丝 2—填充料 3—固紧线 4—短管 5—焊点

2. 低导热材料

　　对于高导热材料，即使热电偶的安装方式稍有不当，仍不会改变被测物体的温度分布，也不会引起较大的误差。但对于低导热材料，只要热电偶的安装方式不当，将会明显改变被测物体的温度分布，引起较大的测量误差。在此种情况下，为了减少因热电偶丝的热传导误差，最好选用细热电偶丝，并将传感器沿被测物体的等温线敷设，例如，欲测低导热材料（耐火砖）的温度，如按图 10-4a 方式敷设热电偶，则原来的等温线（见图 10-4b）将被破坏。为了消除此种现象，可按图 10-4c 所示的沿等温线敷设或采用与被测对象热导率相同的材质制作传感器。

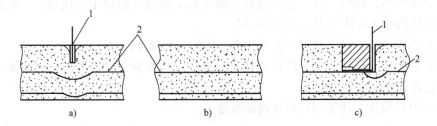

图 10-4　低导热材料内部温度的测量
1—热电偶　2—温度分布

10.1.2　非接触法测量固体内部温度

用非接触法测量固体内部温度时，可将固体开个孔，然后用辐射温度计测量孔底温度。在此种情况下，如果孔中有对流产生也会改变温度分布，必须引起注意。如在孔的表面覆盖已知发射率的玻璃，同时，在孔底部放一些对发射率影响小的氧化铁或氧化镍粉末，也是必要的。

10.2　固体表面温度测量

10.2.1　固体表面温度测量的特点

固体表面的温度，受与它接触物体温度的影响，一般不同于内部温度。因此，测量物体表面温度时（尤其是采用接触方式），由于传感器的敷设，很容易改变被测表面的热状态，故准确测量表面温度很困难。为了准确地测量固体表面温度，当然最好是处于等温状态下。即固体内部、表面及周围环境皆处于热平衡状态。但实际上，从固体内部到表面有温度梯度存在（见图 10-5），因而带来许多问题。为此，必须考虑如下各点：传感器的选择、表面温度范围、表面与环境的温差、测温准确度与响应速度、表面形状与状态。

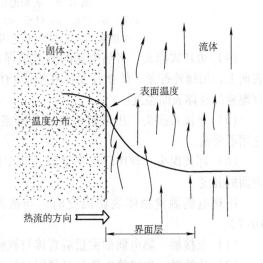

图 10-5　固体表面附近的温度分布

10.2.2 静止表面的温度测量

1. 温度传感器

接触法测量表面温度的传感器，主要是热电偶及热电阻。由于热电偶具有测温范围宽、测量端小、能测"点"温等优点，因而在表面温度测量中应用很广。表面热电偶有如下结构型式可供选用（见图 10-6）。

（1）凸形探头　适于测量平面或凹面物体的表面温度。

（2）弓形探头　适于测量凸形物体表面温度。在测量管壁温度时，可紧紧压在管壁上，接触面积大、效果好。

（3）针形探头　适于测量导体表面温度。

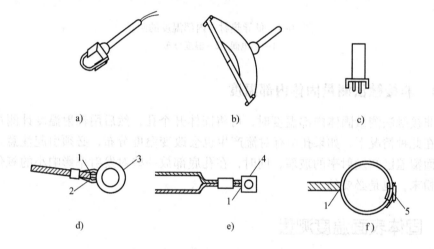

图 10-6　表面温度计的探头形式

a）凸形　b）弓形　c）针形　d）垫片式　e）铆接式　f）环式

1—测量端　2—支持物　3—垫片　4—连接片　5—管式卡子

（4）垫片式探头　将热电偶的测量端焊在垫片上，测温时把垫片安装在被测物体表面上，用螺栓拧紧，使垫片紧压在被测物体的表面上。该种温度计适于测量表面带有螺栓的物体表面温度。

（5）铆接式探头　用铆钉将连接片铆接在被测物体表面上，但铆接工艺较麻烦，应用不普遍。

（6）环式探头　利用环形夹紧器，夹在被测管子上测量表面温度，适于测量管道表面的温度。

用热电偶测量物体表面温度时，与被测表面的接触形式基本上有四种（见图 10-7）。

（1）点接触　热电偶的测量端直接与被测表面接触。

（2）片接触　先将热电偶的测量端与导热性能好的集热片（如薄铜片）焊在一起，然后再与被测表面接触。

（3）等温线接触　热电偶测量端与被测表面直接接触后，热电极丝要沿表面等温

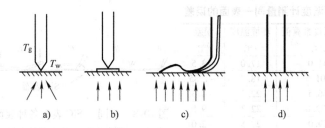

图 10-7　热电偶与被测表面的接触形式

a）点接触　b）片接触　c）等温线接触　d）分立接触

线敷设一段距离再引出。

（4）分立接触　两热电极分别与被测表面接触，通过被测表面构成回路（仅对导体而言），当两接触点温度相同时，依据中间导体定律，它不会影响测量结果。

对于上述四种接触方式，它们通过两热电极向外扩散的热量基本上是一样的，但是，图 10-7a 所示是将散热量集中在一"点"上，图 10-7d 所示是将散热量分散在两"点"上，图 10-7b 所示的散热量则是由集热片所接触的那块表面共同分摊。在相同条件下，图 10-7a 的导热误差最大，图 10-7d 次之，图 10-7b 较小，图 10-7c 的散热量虽然也是集中在很小的区域，然而，测量端所处的温度梯度要比直线引出的图 10-7a、b、d 小得多。因此，在相同条件下，图 10-7c 所示接触形式热电偶测量端的散热量最小，测量准确度最高。

2. 测量物体表面温度的准确度

由上述讨论看出，用热电偶测量物体表面温度时，其准确度与下列因素有关：

1）热电偶的测量端与被测表面的接触形式。

2）被测表面的导热能力。导热性能越差，则导热误差越大（见表 10-1）。

表 10-1　三种接触形式的测量结果

平板试件		a		b		c	
材料	热导率 λ/ [W/(m·K)]	热电偶指示温度/ ℃	导热误差/ ℃	热电偶指示温度/ ℃	导热误差/ ℃	热电偶指示温度/ ℃	导热误差/ ℃
软木	0.038	22.9	12.5	32.3	3.1	35.3	0.1
木头	0.35	25.9	9.9	34.2	1.2	35.3	0.1
铜	384	31.8	3.6	34.4	1.0	35.4	0

注：a、b、c 为图 10-7 中热电偶与表面的接触形式。

3）表面与环境的温差。对于同一被测表面，在选用相同的传感器与测试方法的情况下，表面与环境的温差越大，则测量误差也越大（见表 10-2）。

4）表面温度传感器的类型。由表 10-2 可以看出，各种传感器的测量误差是不同的。

表 10-2 各种表面温度计测量同一表面的误差

方法	表面温度推算值 /℃	环境温度 /℃	误差 /℃
A	31.0	17.0	−3.5
A	101.5	18.7	−1.85
B	66.5	22.3	−4.5
B	122.0	22.3	−9.5
C	89.0	22.5	−2.0
C	111.0	22.5	−5.5
D	121.0	21.0	−3.0
D	19.3	13.2	−0.8
E	38.1	11.5	−2.6
E	72.2	10.4	−6.9
F($\varepsilon = 0.36$)	119.0	20.6	−2.0
F($\varepsilon = 0.42$)	201.0	20.2	−7.0

注：A、B 等表示表面温度计敷设方法，见图 10-8。
ε 为被测材料表面的发射率。

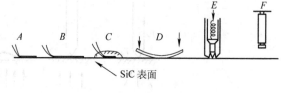

图 10-8 对同一 SiC 表面各种表面温度计的测量误差

A—直径为 0.3mm 的 T 型热电偶，等温线接触
B—直径为 0.3mm 的 T 型热电偶很长的等温线接触
C—直径为 0.1mm 的 T 型热电偶在有绝热涂料覆盖的
　　情况下等温线接触
D—弹簧加压式热敏电阻
E—补偿表面热电偶
F—辐射温度计

3. 接触法测量

当用接触法测量静止表面温度时，应注意以下各项：

（1）使用方式误差 表面热电偶的端头应对准测量表面并垂直，倾斜的角度要在 ±5° 以下才可使用（见图 10-9）。

（2）被测表面的玷污 被测表面要清洁干净，对于污染严重的场合，将产生误差。

（3）被测表面的形状 各种表面温度传感器皆有一个可测量的最小面积，该面积一定要大于传感器的端面；被测表面上有凸凹不平的缺欠，也将引起测温误差。在测量弧状表面（R 面）时，可能检测的最小表面积应为传感器端部面积的 3 倍以上。

（4）接触压力 传感器既要垂直又要压紧，并与表面有良好的热接触，但压力过大也无必要。

根据表面热电偶的固定方法不同，可分为永久性与非永久性两大类。永久性敷设是指用焊接、粘接及铆接

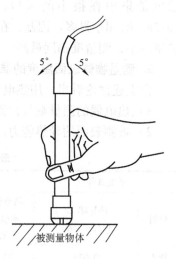

图 10-9 传感器的使用方式

等方法使测量端固定于被测表面；非永久性敷设是指用机械的方法使测量端与被测表面接触。这两种敷设方法各有利弊。永久性敷设的热电偶与被测表面热接触好，测量准确度较高；非永久性敷设的热电偶可自由移动，不损伤被测表面，有较好的灵活性。应根据测量对象的要求合理选用。热电偶的敷设方法：当测量对象相当厚时，可在被测表面开一个浅槽，将热电偶埋入其中（见图 10-10）。热电偶敷设的长度应为线径的 20 ~ 30 倍。并且用石棉等保温材料塞紧，效果更好。对于钢坯和厚壁钢管的表面温度测量，通常按图 10-10 和图 10-11 所示的方法敷设热电偶。

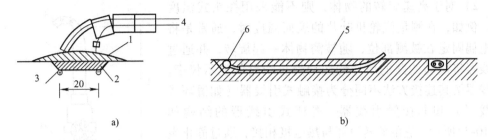

图 10-10 钢坯表面的温度测量

a）分立式 b）埋入式

1—耐火涂层，厚度为 2~3mm 2—用堆焊法构成，并要尽可能平行表面

3—热电偶正负极分别焊在钢坯上 4—K 型热电偶 5—保温材料 6—测量端

4. 非接触法测量

用辐射温度计测量表面温度具有如下特点：

1）测量时不破坏被测温场。

2）适于 2000℃ 以上的表面温度测量，低于 300℃ 时准确度不高。

3）用辐射温度计可以测量大面积的平均温度。

值得注意的是，用辐射温度计测量表面温度时，需要进行发射率修正。光学高温计或者比色温度

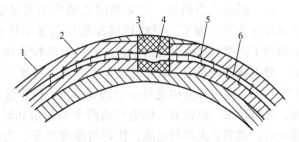

图 10-11 管壁上装置热电偶示意图

1—凹槽 2—快干水泥 3—焊锡

4—测量端 5—棉纱线 6—T 型包覆热电偶

计，都采用可见光，因此只能测量 700℃ 以上的表面温度。

为了消除发射率对辐射测温的影响，可将内表面镀金的半球形腔体扣在被测物体表面上，以提高被测表面的有效发射率，使设在半球反射器上方的探测器接受黑体辐射，从而可测得物体的真实温度。英国兰德（Land）公司及国产前置反射器辐射温度计就是利用上述原理制成的。并且利用圆筒形腔体（内表面镀金）与被测表面间的多次反射，可同时测量被测表面的温度与发射率。

10.2.3 移动表面的温度测量

1. 接触法测量

用热电偶测量旋转或移动物体表面温度时，通常是将它压在旋转体上测温，这样会因摩擦热而产生较大误差。为减少摩擦热，可安装滑轮或滑板；也可将传感器固定在旋转体上，通过滑环将信号导出。但是，无论哪种方法均不能完全避免摩擦热及热传导误差。

1）对于低速旋转（<10m/s）的物体，如轧钢机的轧辊等，欲测量其表面温度，可选用轮式表面温度计（见图 10-12）。

2）对于高速旋转的物体，则不能采用探头式温度计。例如，在测量汽轮机叶片的表面温度时，通常是将热电偶固定在被测部位，随被测物体一起旋转，并通过引线器将旋转线路的信号传送给静止线路的显示仪表。引线器按其连接方法不同分为接触式引线器（如滑环式引线器）和非接触引线器。滑环式引线器的结构如图 10-13 所示。它的旋转滑环与热电极相接，通过静止炭刷与旋转滑环实现电连接，将电动势信号送往显示仪表或数字温度计。滑环式引线器的主要缺点是炭刷与滑环间接触电阻、寄生电势将引起测量误差。为此有人采用非接触式引线器，如感应式引线器等。

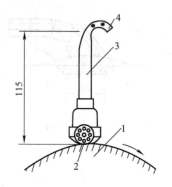

图 10-12 轮式表面温度计
1—被测表面 2—测量端
3—支承杆 4—补偿导线
注：用于测量线速度小于 5m/s 的平动物体和直径大于 $\phi 50\text{mm}$ 低速旋转物体的表面温度。

① 感应式引线器。它是利用磁场作用实现信号非接触传递方法。即不用导线连接温度计与显示仪表，因而消除了因接触摩擦引起的误差。它的原理如图 10-14 所示。热电偶的测量端 2 装在轮盘 1 上，热电极丝由转轴 3 中间引出，露出部分构成另一个测量端 4，位于管式加热炉 5 内；线圈 6 与热电偶串接，并与转轴一起转动。热电偶的两个测量端和转动线圈构成一个闭合回路，在测量温度时，调节管式炉的电流，使炉内温度变化。当被测温度与管式炉温度不同时，则转动线圈中有电流通过，由于耦合作用，固定线圈 7 将产生相当的电流，如果热电偶的两端温度相同，则固定线圈中无电流通过，这时管式炉内的温度即为被测物体的温度。

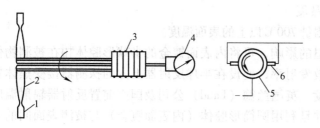

图 10-13 滑环式引线器的结构
1—叶片 2—涡轮 3—炭刷引线器
4—显示仪表 5—滑环 6—炭刷

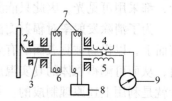

图 10-14 感应式引线器
1—轮盘 2、4—测量端 3—转轴
5—加热炉 6—线圈 7—固定线圈
8—仪表 9—显示仪表

② 感应遥测仪。利用电磁感应原理制成的遥测仪，不同于无线电遥测仪。其原理如图 10-15 所示。由传感器测得的信号，经放大、变频调制后，传输给发射线圈，在它的对侧设置的接受线圈，将感应产生变频波，再经转换成 4~20mA 输出，即实现非接触引出信号的目的。该仪器抗干扰性强，适于作旋转物体的工业测量仪表。除温度外，应力变化、扭矩等物理量的测定也适用。

2. 非接触法测量

用非接触法测量运动物体表面温度时，被测表面发射率对其结果影响很大，这点必须注意。由于辐射温度计的性能不断完善，使其测量准确度也有所提高。因此，作为冶金企业在线测量仪表，在国外应用已经很广泛。例如，钢坯温度为 700～1300℃，发射率为 0.7～0.8。测量结果与真实温度的差值不是很大，因此通常不修正发射率，而是把所测得的温度作为"控制温度"，用来指导生产是很方便的。

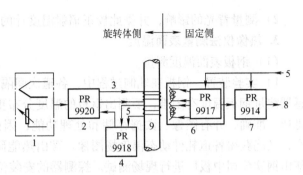

图 10-15　感应遥测仪的原理
1—传感器　2—变频调制器　3—数据
4—电源稳压器　5—电源　6—接受线圈
7—检波器　8—输出　9—发射线圈

加热炉内钢坯温度的测量，过去不仅用辐射温度计，还要插入热电偶测量炉温来控制加热炉温度，可是两者往往不一致。而且，炉内钢坯因其自身大小及装炉时温度等差异，每根钢坯均应有自己的加热曲线。为了使全部钢坯完全加热至应控制的温度，对于热负荷小的钢坯就会产生过热现象。为节约能源，又要充分加热，需要对每个钢坯本身进行测温，其中最大的障碍是由炉壁反射回来的辐射能也进入辐射温度计。为消除这种"背光"引起的误差，可采取以下两种方法：

1）采用辐射遮蔽法，使背光不能射入辐射温度计，辐射遮蔽法示意图与应用实例见图 10-16。

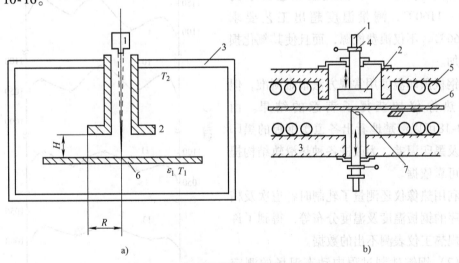

a)　　　　b)

图 10-16　辐射遮蔽法示意图与应用实例
a）辐射遮蔽法示意图　b）应用实例
1—辐射温度计　2—水冷遮蔽板　3—炉壁　4—滤光镜　5—加热器　6—钢板　7—接触式温度计
H—距离　R—半径　T_2—炉温　$\varepsilon_1 T_1$—钢板温度与发射率

2）测量背光的影响，并据此校正辐射温度计的示值。

3. 热像仪法测量表面温度

（1）钢板表面温度测量

1）实验装置。钢板在轧制过程中，各道次间隔时间很短，只有几秒钟。用普通传感器测量钢板温度有困难，要测出钢板的温度分布更不可能；但是用热像仪测温方便、迅速、准确，并有图像、数据存储和处理功能，因此用热像仪测温，既不影响轧钢生产，又能获得各道轧件动态温度场图像。鞍山热能研究所曾用日本6T61型热像仪，在鞍山钢铁公司中板厂进行现场测试。探测器的安装位置如图10-17所示。

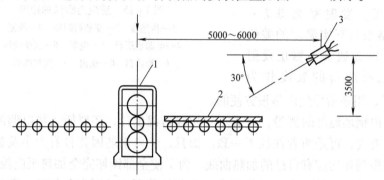

图 10-17 探测器的安装位置

1—轧机 2—钢板 3—探测器

2）实验结果与分析。钢坯出炉温度的测量结果为1206℃，而轧制工艺要求为1140~1160℃，测量温度超出工艺要求46~66℃。不仅浪费能源，而且使其氧化损失增加。

钢板黑印温度用常规方法很难测准，但是用热像仪却获得了满意的结果。由图10-18可以清楚地看出各道次钢板的黑印温度及黑印温差，为改进各种热滑轨结构提供了可靠依据。

利用热像仪还测量了轧制时各道次及精整工序的钢板温度及温度分布等，得到了许多常规热工仪表测不出的数据。

（2）钢锭轧制过程中动态温场的测定

采用AGA78型红外热像仪赴现场测试时，只需携带红外扫描器、显示单元、摄像机等。该仪器的场频率为25Hz，因此可

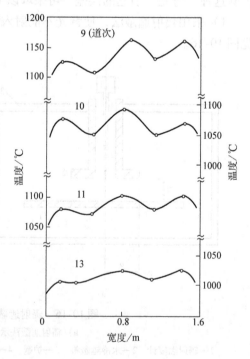

图 10-18 钢板宽度方向温度分布及黑印温度

以在不改变轧制速度的情况下，跟踪测量钢锭温度场随时间的变化。测量时可将结果存入摄像机，拿回实验室后，再将热像调到计算机上，并对热像进行处理，非常方便。

实际测量结果可给出每块钢锭的最高、最低及平均温度、平均温度的均方差及温度中位值等。通过测量由均热炉加热的钢锭在出炉后轧制过程中的温度分布，可以看出：在加挡风墙措施后，同炉各钢锭间的平均温差从 ±100℃ 降到 ±60℃，说明加挡风墙后均热炉内各钢锭间的温度分布情况有了较大改善。

（3）发电机定子铁心温度场的测量　首先用热像仪测出某厂发电机定子铁心的黑度，结果是磨光前后分别为0.9与0.4；然后测出等温显示、立体热剖面图、频率分布图、区域热像图及滤波后的热像图等。通过对多个热像图进行分析、处理后，找到了该厂发电机定子铁心的最热点及温度值。用热像仪寻找过热点迅速、准确、方便。因此，可以用类似的方法测量工业炉窑及锅炉等热设备的表面温度场，找出易损部位，及时进行维修，可以避免较大损失。

4. 示温涂料法

将示温涂料涂在旋转物体的表面上，通过涂料颜色的改变，可粗略地确定温度。虽不太准，但简单方便，常用于车轴及轴承的发热控制等。

10.2.4　带电物体表面的温度测量

当测量通电加热试件的温度时，如果直接将热电偶敷设在试件上，因有电流通过热电偶测量端，所以要产生附加电势 ΔE，引起测量误差。其大小与热电极丝的直径、测量端焊接形式及通电情况有关。在一般情况下，热电极直径越粗，单位长度上的电压降越大，引起的误差也越大。

1. 带直流电物体的表面温度测量

当试件是用直流电加热时，如将热电偶敷设在被测导体上测其表面温度时，若电流为定值，则附加电势 ΔE 也为定值，其符号取决于电流方向，改变电流方向，ΔE 也改变符号。为此，可采取如下措施消除 ΔE 的影响：

（1）改变电流方向法　当电流由某一方向流经导体时，热电偶的示值为 $E_1 + \Delta E$；改变电流方向后，热电偶的示值为 $E_2 - \Delta E$。两次测量结果的平均值为

$$E = \frac{E_1 + \Delta E + E_2 - \Delta E}{2} = \frac{E_1 + E_2}{2} \tag{10-1}$$

由上式可以看出，改变电流方向法可以消除附加电势 ΔE 的影响。

（2）双热电偶法　选择两支热电特性相同、测量端大小基本一致的热电偶，将它们沿着电流流向同时敷设在被测导体表面上，并使两支热电偶的放置极性顺序相反，一支热电偶的正极在前，另一支则是负极在前，并以两支热电偶示值的算术平均值作为测量结果。此种方法也可以消除附加电势 ΔE 的影响。

2. 带交流电物体的表面温度测量

当热电偶与动圈式显示仪表配套使用时，由于此类仪表惯性较大，只要电流不至于损坏仪表的线圈，交流感应对其测量结果影响很小。但是，当热电偶与灵敏度高的电子电位差计或直流电位差计配套使用时，交流感应严重时可使测量无法进行。为了消除此种干扰，首先应搞清干扰信号的特点，然后再按第4章中介绍的方法采取适当的措施，减少交流电引起的干扰。

10.2.5 移动细丝表面的温度测量

经实验证明，利用扫描及零位法测量移动细丝温度具有实用性。

1. 基本原理

在移动细丝下方，设有与细丝同材质并可控制其温度的板状热源。它的温度分布是均匀的，有效发射率与细丝是相同的。

细丝与板状热源的温度用扫描式辐射温度计测量。当两者温度不同时，辐射温度计有输出，每扫描一次，产生一个峰，如采用反馈控制（零位法）板状热源的温度，可使峰高向减小方向移动，那么，峰高消除时底座的温度即为移动细丝的温度。这就是该方法的原理，其测量装置如图10-19所示。

2. 测量结果与讨论

测量结果见表10-3。由表10-3可以看出，用辐射温度计测量 $\phi1.06mm$ 移动的细丝，当距离为50~100cm时，测量误差仅为 ±0.2℃。此方法的优点为：非接触测量，不损伤被测物体；适用温度范围广；采用扫描式测温，允许细丝横向摆动；因细丝与底座材质相同，从理论上讲测量结果与发射率无关。

随着科学技术及生产的发展，人们提出许多有关表面温度测量问题，如高速飞行中歼敌机外蒙皮温度、人造卫星及火箭表面温度的测量等，从而促进了表面测温技术日益发展。

表 10-3 测量结果

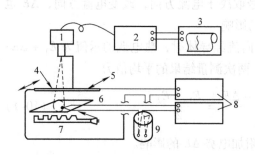

图10-19 测量装置

1—探头 2—控制单元 3—记录仪
4—温度控制点 5—自动扫描 6—底座 7—加热器 8—控制器 9—冰瓶

序号	h/mm	底座温度/℃	细丝温度/℃
1	493	19.63	19.6
2	700	19.94	20.0
3	804	20.03	20.1
4	920	20.21	20.2
5	1017	20.24	20.3

注：h 为辐射温度计与细丝间距离。

10.2.6　摩擦表面的氪化测温技术

运动物体或构件（尤其在密封体系内）在移动过程中，由于摩擦或受热所达到的最高表面温度及温度分布情况，如果采用现有的常规测温技术难以准确测量。在 20 世纪 70 年代美国首次用氪化技术测量摩擦表面温度，据报道测温精度达 $(2000 \pm 10)\,℉$ $[(1093 \pm 5.5)\,℃]$。上海材料研究所用自制的氪化装置，精度达 $(1000 \pm 5)\,℃$，使用范围为室温至 $1000℃$。

1. 氪化技术测温原理

氪气是一种惰性气体。氪化物体的主要方法有高温高压扩散法与离子注入法。经氪化后的物体在室温下都是稳定的。但氪化后的物体受热时氪气将逃逸，随着加热温度的升高，将不断地损失其原有的放射性。这种放射性损失是温度的函数。如果氪化物体在升温过程中达到某一温度，那么以后再重新加热至此温度，只要不超过该温度，就不会有放射性进一步损失。然而，一旦超过先前加热的温度，氪化物体将继续损失放射性，这是氪化物体的重要特性，它是氪化技术测温的基础。用氪化技术测得的温度，是物体所经受过的表面最高温度。

2. 应用

用氪化技术测量无油润滑往复式 CO_2 压缩机活塞环摩擦表面温度及陀螺仪上微型轴承表面工作温度，都取得了良好效果。

10.2.7　连铸二次冷却区钢坯及轧辊表面的温度测量

1. 钢坯表面温度测量的特点

（1）连铸二次冷却区的工况特点　连铸是将钢液浇注到结晶器（铸型）中使之与铸型接触的表面凝固后，逐渐被拉到铸型下部的二次冷却喷雾区，使铸坯内部完全凝固的过程。由于凝固过程中的凝固速率在很大程度上决定着铸坯质量，所以连铸过程中温度管理是非常重要的。在二次冷却区拖压铸坯的辊群众多，用于测量的空间狭小；又由于喷雾冷却，整个二冷区充满水蒸气和水雾；有时在铸坯某些局部表面上形成水膜；有时某些氧化物杂质常产生鳞片覆盖在铸坯表面上。总之，在二次冷却区用辐射温度计测量铸坯表面温度是非常困难的。

（2）辐射温度的干扰因素与测量误差　采用清洗光路的方法可减轻或克服光路中水膜和水蒸气对辐射温度计示值的干扰。即使采用清洗光路的方法，还是应选择抗水膜和水蒸气干扰能力强的辐射温度计。

2. 水膜对单色和比色温度计示值影响

在水膜对单色和比色温度计示值影响的试验中，采用 IRCON 公司单色 2010 - 13C 和比色 OR05 - 14C 温度计，在两个石英片中间充水可保持一定厚度的水膜（测量后扣除两石英片吸收的影响），并采用中高温黑体辐射源。

（1）水膜对单色温度计示值影响的试验结果　由于水膜对进入辐射温度计中的被测光有吸收衰减作用，致使单色温度计示值产生了负偏差。水膜厚度增加，在同一辐射源温度下负偏差增大；当水膜厚度一定时，辐射源温度越高，单色温度计示值的偏差越大。在波长 0.9μm 以内水膜透过率较高，该试验采用的 IRCON 温度计的工作波长范围为 0.7~1.08μm，实际上属于窄波段辐射温度计，在高于 0.9μm 波长范围的辐射能衰减较大。

（2）水膜对比色温度计示值影响的试验结果 采用比色温度计的试验结果显示：由于水膜对进入辐射温度计中的被测光有吸收衰减作用，比色温度计示值产生了正偏差。在同一辐射源温度下，随着水膜厚度的增加，正偏差增大。对于厚度一定的水膜，随着辐射源温度的升高，比色温度计正偏差增大。该试验采用的 IRCON 比色温度计的两个工作波长范围为 0.7~1.08μm、1.08μm。在这两个波段内，水膜的透过率差别较大。

3. 水蒸气对单色和比色温度计示值影响

水蒸气对辐射温度计示值的干扰试验装置如图 10-20 所示。试验中，仍采用上述 IRCON 单色 2010~13C 和比色 OR05~14C 温度计。试验用辐射源采用稍带腔体效应的辐射源，靶面为普通碳钢。采用一定热源功率的水蒸气发生器，每分钟发生 3~4g 水蒸气。

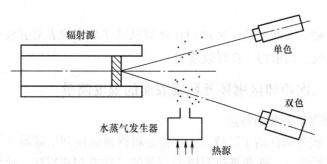

图 10-20 水蒸气对辐射温度计示值的干扰试验装置

（1）水蒸气对单色温度计示值的干扰试验结果 由于水蒸气雾对入射到辐射温度计中的测量光将产生吸收和散射作用，致使单色温度计示值产生了负偏差。水蒸气对辐射能的吸收和散射虽然物理本质不同，但其作用都是减弱入射辐射。在水蒸气发生器出口一段距离内水蒸气初速度稍大。水蒸气流股能充满被测辐射的光路，这时光路中水蒸气密度最大（水蒸气流量为 3~4g/min）；当水蒸气流股离开水蒸气发生器出口稍远时，一方面水蒸气向周围扩散，另一方面水蒸气整个流股向四周漂移，致使被测对象辐射的光路中水蒸气密度减小（水蒸气流量不变）。光路中水蒸气密度越大（对于相同的辐射源温度），单色温度计示值负偏差越大；而对于相同的水蒸气密度，随着辐射源温度的升高，单色温度计示值负偏差也增加。

（2）水蒸气对比色温度计示值的干扰试验结果 由于水蒸气对入射到辐射温度计中的光辐射的吸收和散射作用，比色温度计示值产生了正偏差。光路中水蒸气密度越大，对于相同的辐射源温度，比色温度计示值正偏差越大；对于相同的水蒸气密度，随着辐射源温度的升高，比色温度计示值正偏差也增大。

4. 轧辊表面测温

轧钢厂的轧辊表面温度的准确测量十分困难，至今很难实用化。但是，伴随生产技术的发展，对轧辊表面温度进行准确测量与控制的要求与日俱增。当轧辊表面温度在 500℃ 以上时，多采用非接触法测温。采用接触法，是将铠装热电偶安装在轧辊表面，利用滑环将信号导出进行测温。发电机及电动机采用滑环与炭刷测量旋转体温度的方法，已经实用化了。但热电偶的安装方法仍需进一步探讨，而且热电偶产生的电动势很小，应采取必要的对策以消除滑环的干扰。图 10-21 所示为轧辊表面温度测量的实例。今后将采用无线传输方式测量轧辊表面温度。

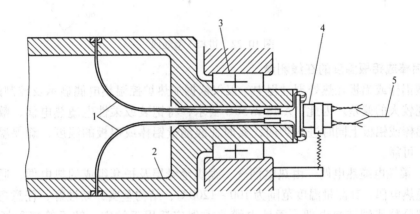

图 10-21　轧辊表面温度测量的实例
1—铠装热电偶　2—轧辊　3—轴承　4—滑环　5—补偿导线

5. 结论

由于水膜及水蒸气对光路中被测对象的光辐射的吸收和散射，衰减了进入单色温度计中的辐射能，致使该类温度计的示值产生负偏差。这一实验结果在 800℃ 左右与前人的结果基本一致，但在 900～1300℃ 范围内尚未看到有关报道。

由于水膜对辐射能的吸收和水蒸气对辐射能的吸收和散射，对同一台 IRCON 比色 OR05－14C 温度计，在各种不同辐射源温度下，该比色温度计的示值均出现正偏差。因为各制造厂对比色温度计两波长的设置各不相同，其示值是否都出现正偏差，需要进一步实验研究，逐步得到全面认识。

根据上述试验和实践，大板坯连铸二次冷却区板坯表面温度测量最终选用 IRCON "OA" 系列单色温度计。

10.2.8　铝棒或铝板表面温度快速测量

1. 铝棒表面温度快速测量

在铝加工行业中，对于感应加热的铝棒的表面温度测量，国内外通常采用"触偶"瞬间测量快速加热铝棒的温度。热电偶的分度号多数为 K 型或 J 型，热电极直径为

$\phi6 \sim \phi10mm$。

从瑞士进口的 J 型触偶（见图 10-22）由于热电极直径粗，为非标产品，很难订货，校准更困难，价格极贵。作者虽已开发出 J 型触偶替代进口产品，用户也比较满意。但由于正极为铁易氧化或生锈，因此建议改用 K 型触偶。

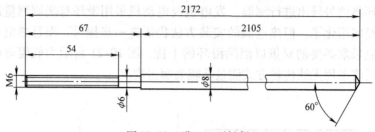

图 10-22　进口 J 型触偶

2. 铝棒或铝板温度的在线测量

大型铝棒或铝板在热处理过程中，仅仅依据加热炉控温热电偶显示及控制的温度，往往呈现较大的偏差。因此，AMS 2750E 要求，将铠装或柔性电缆热电偶，敷设在被加热的铝棒或铝板上同时进入炉内，实时在线测量铝棒或铝板的温度，确保温度数值的准确、可靠。

（1）柔性电缆热电偶　由热电偶丝、编织绝缘层及护套组成的热电偶，通常称为柔性电缆热电偶。其测量温度范围为 100 ～ 1200℃，结构坚实，韧性好，任意弯曲不折断，可部分替代铠装热电偶。柔性电缆热电偶广泛用于航空、航天等特种场合温度测量。

（2）柔性电缆热电偶的技术指标（表 10-4）

表 10-4　柔性电缆热电偶的技术指标

型号	分度号	允差		测量范围/℃
		I 级	II 级	
WR□B – 106 WR□B – 176	J	±1.5℃ 或 ±0.4% t	±2.5℃ 或 ±0.75% t	0 ～ 800
	N, K			0 ～ 1000
	S, R	—	±1.5℃ 或 ±0.25% t	0 ～ 1300
WRB B – 106	B	±0.25% t		600 ～ 1500

10.3　气体温度测量

10.3.1　高速气流的温度测量

1. 测量气流温度的特点

气流温度测量是指管道内速度快但温度不高的温度测量，以及各种工业炉窑及锅炉中速度不快但温度较高的燃烧气流的温度测量。目前在这一领域内采用的温度传感器主要是热电偶。但是，在测量气流温度时，要注意以下特点，否则，将带来许多困难，甚至会造成极大的测量误差。

1）气体的比热容与表面传热系数均小于液体，而且，在许多场合下温度分布也不均。因此，用热电偶测量低速气流温度时，两者很长时间达不到热平衡状态，无论是位置或时间变化，其温度都有明显差别，致使热电偶不能测出气流的真实温度，气流温度波动越大，造成的测量误差也越大。

2）当热电偶的温度较高时，依据传热学原理，它将以辐射换热方式向其周围较冷物体传递热量，并以传导方式沿其自身由测量端向参考端传递热量（见图 10-23）。因上述两项热损失致使热电偶所显示的温度总是低于气流的实际温度。

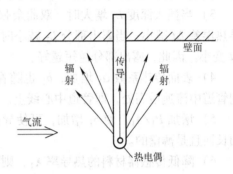

图 10-23 热电偶与周围物体的换热方式

3）用热电偶测量气流温度时，由于热电偶对气流的制动作用，将气流的动能转化为热能，致使热电偶所测温度高于气流的真实温度。当气流流速高于 0.2 马赫数时，由此引起的误差是不容忽略的。气流速度越高，误差越大。

4）用铂铑热电偶测量的气流中含有 H_2、CO、CH_4 等气体时，铂等贵金属对上述气体的燃烧反应起催化作用，使热电偶周围气体的燃烧充分，致使热电偶指示的温度偏高而引起测量误差。

综上所述，为了提高测量低速、高温气流的准确度，关键在于提高气流与热电偶之间的对流换热能力，并设法减少热电偶对其周围较冷物体的热辐射及热传导损失。

2. 高速气流的温度测量

管道中蒸汽流温度的测量是热工测量中经常碰到的问题。温度传感器在管道中安装位置如图 10-24a 所示。管道中气流温度为 t_0，管道周围介质的温度为 t_3，若 $t_0 > t_3$，则有热量沿传感器向外导出，由于热损失，使传感器指示的温度 t_1 低于气体温度 t_0，即产生导热误差 $\Delta t = t_1 - t_0$。当传感器附近无低温冷壁、管道又敷有保温层，而且气体温度 t_0 不太高时，传感器对管道内壁的辐射散热的影响可以忽略。如果管道中介质为液体，则传感器对管内壁无辐射散热。在上述情况下，据传热学原理，导热误差应为

$$\Delta t = t_1 - t_0 = -\frac{t_0 - t_3}{\mathrm{ch}(b_1 L_1)\left[1 + \dfrac{b_1}{b_2}\mathrm{th}(b_1 L_1)\coth(b_2 L_2)\right]} \qquad (10\text{-}2)$$

其中， $b_1 = \sqrt{\dfrac{\alpha_1 P_1}{\lambda_1 A_1}}$； $b_2 = \sqrt{\dfrac{\alpha_2 P_2}{\lambda_2 A_2}}$；

式中，α_1、α_2 是管道内外介质与热电偶保护管间的表面传热系数；λ_1、λ_2 是管道内外保护管材料的热导率，$\lambda_1 = \lambda_2$；P_1、P_2 是管道内外保护管的周长，$P_1 = P_2$；A_1、A_2 是

管道内外保护管的截面积，$A_1 = A_2$；L_1、L_2 是管道内外保护管的长度。

实际上传感器在管道中的传热情况很复杂。上式为了推导方便做了许多假设，因此该式不能真正进行误差计算，只能作为定性分析的依据。由上式可以看出：

1）当有热量从传感器向外散失的情况下，导热误差 Δt 不可能消除。

2）管道中流体与管外介质的温差 $t_0 - t_3$ 越大，即式中分子越大，导热误差越大。为了减少此项误差，可将露在管道外部分用保温材料包起来以提高 t_3，减少导热损失，而且使表面传热系数 α_2 降低，b_2 也变小，故使导热误差 Δt 减小。

3）当插入深度 L_1 增大时，双曲余弦 ch（$b_1 L_1$）、双曲正切 th（$b_1 L_1$）都增加，使导热误差 Δt 减小；当露出部分 L_2 减小时，双曲余切 coth（$b_2 L_2$）增加，也使导热误差 Δt 变小。因此，露出部分越短越好。

4）表面传热系数 α_1 增加，b_1 也随着增大，使导热误差 Δt 减小，故应把传感器插到管道中流速最高处，即管道中心线上。

5）增加 P_1/A_1，使 b_1 增大，可使导热误差 Δt 减小。因此，传感器的形状最好是细长而且是薄壁的。

6）降低传感器材料的热导率 λ_1，则 b_1 增大，故使导热误差 Δt 减小。因此，最好选用导热性能不好的陶瓷材料制作保护管。

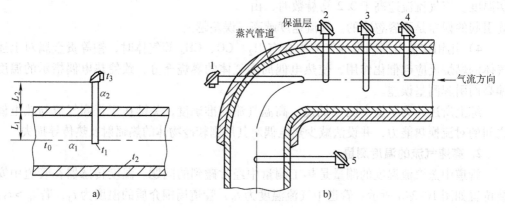

图 10-24 温度传感器的不同安装方案
a）安装位置 b）测温方案
1～5—热电偶放置位置

为了探讨上述分析的合理性，按图 10-24b 所示进行试验。在管道（内径为 ϕ100mm）中蒸汽压力为 2.9MPa，温度为 386℃，流速为 30～35m/s 的条件下，采用热电偶作为温度传感器，按以下 5 种方案测温。

1）从管道弯头处，迎着气流方向自管道中心线将热电偶插入很深，并在安装部位有很厚的保温层，而且，热电偶露在管道外部分很短（L_2 小），其测量误差接近于零。

2）将热电偶插到管道中心，热电偶外部有保温层，其测量误差为 -1℃。

3）插入深度超过管道中心，与方案 1）不同的是保护管的直径及壁厚都较大，因此误差增大到 -2℃。

4）保护管没有插到管道中心，其误差为 -15℃。

5）在安装处无保温层，而且，保护管露出部分 L_2 较长，L_1 也较方案 1）短，致使测量误差达 -45℃。

通过不同的安装方案进一步证实，在通常情况下，上述要求基本正确，但在有些场合下难以实现。例如高温、高压、高速大管径的蒸汽管道（直径为 $\phi200 \sim \phi500mm$），由于管道直径粗，按上述要求将保护管插到管道中心，则悬臂长度往往超过 250mm，所以许多发电厂的主要蒸汽管道中的热电偶保护管常出现断裂事故。

为解决此问题，经过理论分析、计算和长期的实验研究表明，在测量高速气流温度时，为了保证测量元件不断裂，同时又不降低测量精度，可以缩短保护管的插入深度。因为管道内气流速度高，呈很强的紊流状态，管道横截面的温场分布比较均匀，同时由于被测介质的表面传热系数 α_1 远远超过静止或低流速状态，所以为保证设备安全运行，缩短保护管的插入深度是可行的，只要能保证其端部有足够的等温段（$\geqslant30mm$），不插到管道中心，就能满足测量准确度要求。此项研究成果在发电厂中应用，基本上消除了保护管断裂，避免了由此而引起的停机停炉事故，减少了损失。

3. 航空发动机中高速气流的温度测量

温度传感器测量气流温度，一般希望得到的是气流总温，但是，即使在忽略温度传感器导热和辐射的条件下，实际测得的温度也将低于气流总温。这是由于气流的气动滞止、黏性耗散和导热联合作用的结果。在紧贴传感器表面的速度附面层内，气流速度迅速下降，到表面处降为零，这一现象称为气动滞止。由于外层气流向接近表面的内层气流做黏性剪切功，使内层温度高于外层温度；同时，由于黏性剪切功形成了内层高于外层的温度梯度，因而将有内层向外层的热传导，它使靠近表面的内层温度降低。上述两个过程达到平衡后，附面层内的气流和传感器表面将达到一个平衡温度 T_g，称为气流的有效温度，或者绝热壁温（恢复温度）。由于热传导，并且 Pr 数小于1，导热影响大于黏性影响，因此 T_g 低于自由流总温 T_0。

由上面的分析，可以写出：

$$\frac{T_g}{T} = 1 + \frac{r(\kappa - 1)Ma^2}{2} \tag{10-3}$$

式中，T 是热电偶指示温度；r 是恢复系数（也可称为复温系数）；κ 是绝热指数；Ma 是气流马赫数。

气流总温 T_0 与气流有效温度 T_g 的偏差称为速度误差 σ_w，写为

$$\sigma_w = T_0 - T_g \tag{10-4}$$

温度传感器在测量高速气流温度时，速度误差可能较大。一般在气流马赫数 $Ma > 0.2$ 时，应考虑速度误差对测量结果的影响。

恢复系数的定义式为

$$r = \frac{T_g - T}{T_0 - T} \tag{10-5}$$

我国多采用恢复系数来表示温度传感器的恢复特性。

恢复修正系数的定义式为

$$\Delta = \frac{T_0 - T_g}{T_0} \tag{10-6}$$

美国多采用恢复修正系数来表示温度传感器的恢复特性。

恢复率的定义式为

$$R = \frac{T_g}{T_0} \tag{10-7}$$

测量高速、低温气流温度时，对流换热能力强，而且温度传感器的辐射和传导热损失可忽略不计。但是，由于温度传感器对高速气流的滞止作用，使得温度传感器测量的温度是有效温度，该温度介于气流静温和总温之间。如果想要准确测量气流的总温，则需要着重考虑减小速度误差。为减小速度误差，通常是在温度传感器的敏感元件外面设计滞止罩，以降低敏感元件周围的气流速度。这种带滞止罩的温度传感器称为滞止式温度传感器，如图10-25所示。

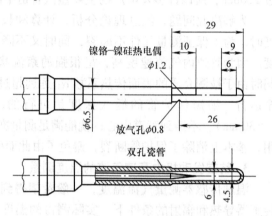

图 10-25 滞止式温度传感器

滞止式温度传感器的特点是滞止罩进气口的面积大于出气口的面积，即进出气口面积比大于1。进出气口面积比并非越大越好，为追求较高的温度传感器恢复系数，传感器进出气口面积比有一个最优值。

当测量高速、高温气流温度时，由辐射和导热热损失带来的温度传感器传热误差相对较大，需要重点关注传感器的辐射误差和导热误差。

10.3.2 高温气体的温度测量

当测量工业炉窑的火焰温度或锅炉烟道中烟气温度时，往往在热电偶保护管附近有温度较低的受热面，如炉壁等，使保护管表面有辐射散热，因而造成测量误差。被测介质温度越高，误差越大，有时误差达几百摄氏度，使测量工作完全失去意义。

为了减少测量误差，应选择适宜的安装位置。选择的原则是：首先应使火焰或烟气能经过装在炉内或烟道内的保护管整个部分，并使火焰或烟气通过装有保护管的炉壁或烟道壁，以提高壁温；其次，为了减少导热损失，在装有保护管的外壁应敷以较厚的保温层。

应该指出，在高温下因辐射影响而产生的测温误差是很大的。为了准确地测量高温气体温度，最好采用抽气热电偶。

1. 抽气热电偶

(1) 抽气热电偶的基本原理　用一般热电偶测量的是炉窑的均衡温度，它是热电偶与气流间对流传热，与炉壁、工件、炉气间辐射传热，以及沿热电偶导线的传导传热等因素综合作用的结果。用抽气热电偶却可近似测得气体的真实温度。因为当抽气用喷射介质（压缩空气或高压蒸汽）以高速经由拉瓦尔管喷出时，在喷射器始端造成很大的抽力，使被测高温气体以高速流经铠装热电偶的测量端，极大地增加了对测量端的对流传热；又有遮蔽套的作用，相当大地减少了周围物体与测量端间的辐射传热，所以用抽气热电偶测得的温度便可接近气体的真实温度。因此，测量高温气体的真实温度，应采用抽气热电偶。

由抽气热电偶的原理可知，最终的测量误差取决于被测气体的温度、抽气速度、热电偶结构等。兰德（Land）与巴贝（Barber）提出采用效率系数 E 表示最终误差的关系式为

$$t_G - t_M = (1 - E)(t_G - t_0) \tag{10-8}$$

式中，t_G 是气体的真实温度（℃）；t_M 是抽气时测得的温度（℃）；t_0 是不抽气时测得的温度（℃）。

若测得某一条件下效率系数 E 的值，则气体真实温度 t_G 可由下式确定：

$$t_G = \frac{t_M - t_0(1 - E)}{E} \tag{10-9}$$

在理想状态下，$E = 1$，$t_G = t_M$。因此，只要 E 足够大，便可认为 $t_G \approx t_M$，即抽气时测得的温度近似等于气体的真实温度。

效率系数 E 是评价抽气热电偶性能的重要技术指标。其数值可以借助于下列一些系数通过实验确定（见图 10-26）。

1）由形象系数 f 确定效率系数 E。作为抽气速度函数的温度曲线的形象系数 f，当抽气速度为 v_m 时，形象系数 f 应为

$$f = \frac{t_{v_m} - t_0}{t_{v_m} - t_{v_{m/4}}} \tag{10-10}$$

式中，t_0 是不抽气时测得的温度（℃）；t_{v_m} 是当抽气速度为 v_m 时测得的温度（℃）；$t_{v_{m/4}}$ 是当抽气速度为 $v_{m/4}$ 时测得的温度（℃）。

通过计算求得的形象系数 f，在图 10-26a 中可查出相应的 E 值。

2）由形象系数 f' 确定效率系数 E。作为温度 - 响应时间曲线的形象系数 f'，其定义为

$$f' = \tau_0 / \tau_G \tag{10-11}$$

式中，τ_0、τ_G 分别为抽气热电偶不抽气和抽气时达到平衡所需要的时间（s）。

由式（10-11）得到的形象系数 f'，在图 10-26b 中同样可查出相应的 E 值。

用实测的 t_M、t_0 及用实验方法确定的 E 值，根据式（10-8）即可计算出火焰或烟气的真实温度 t_G。

(2) 抽气热电偶的结构　抽气热电偶是由双层或多层遮蔽套、铠装热电偶及铠装

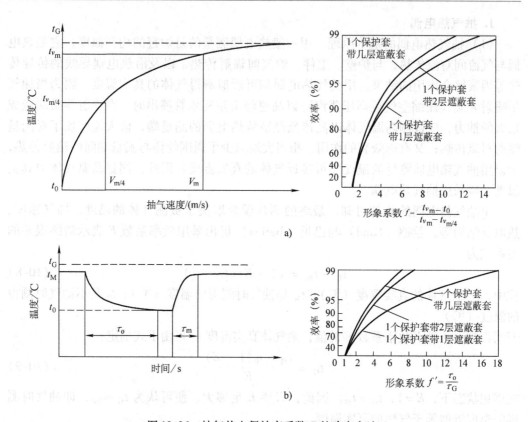

图 10-26 抽气热电偶效率系数 E 的确定方法

a）由形象系数 f 确定效率系数 E b）由形象系数 f' 确定效率系数 E

补偿导线、喷射器、水冷管等组成。遮蔽套的材质与热电偶型号的选择取决于被测气体温度。当被测气体高于 1350℃ 时，通常选用金属陶瓷或陶瓷遮蔽套及 B 型或者 S 型热电偶；当温度 <1300℃ 时，可用耐热钢、不锈钢等遮蔽套及 K 型（镍铬－镍硅）热电偶。作者研制的 CH－2 型抽气热电偶，其结构如图 10-27 所示，主要技术指标如下：

1）规格：外径 ϕ30mm，总长 2～3m，重量 <6kg。

2）最高工作温度：1650℃。

3）抽气用喷射介质压力：0.3～0.4MPa。

4）抽气速度 >150m/s。

5）冷却水：当测温上限 ≤1350℃ 时，冷却水压力 ≥0.23MPa；当测温上限提高时，要逐渐增加冷却水的压力，使冷却水出口温度 <70℃。

6）达到第一次平衡所需时间 <1.5min。

7）准确度等级：1.0 级。

CH－2 型抽气热电偶的结构特点是：选用耐高温、抗热震性能好的金属陶瓷遮蔽套；采用 B 型短热电偶（200mm 左右）与长的铠装补偿导线相连接的技术；代替原来整支 B 型热电偶，节约了贵金属。该热电偶经北京、辽宁等地使用证明，效果良好。各种抽气热电偶的性能指标见表 10-5。

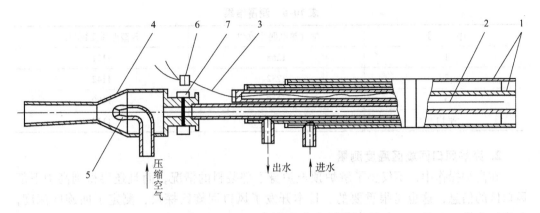

图 10-27　CH - 2 型抽气热电偶的结构

1—双层金属陶瓷遮蔽套　2—B 型铠装热电偶　3—铠装补偿导线　4—喷射器
5—拉瓦尔管　6—接线插座　7—螺母

表 10-5　抽气热电偶的性能指标

名　　称	喷射介质压力/MPa	响应时间/s	效率系数 E（%）	相对误差（%）	测量范围/℃	备　注
IFRE 标准抽气热电偶	—	$\tau_1 = 180$	98.0	0.5	0 ~ 1600	实验室测试
LAND 公司抽气热电偶	≥0.35	—	93.0	—	0 ~ 1600	现场测试
北钢短偶高灵敏抽气热电偶	0.25 ~ 0.3	$\tau_1 = 5 ~ 10$	—	精度较高	0 ~ 1600	实验室测试、现场测试
冶金部鞍山热能所 RC - 1 型抽气热电偶	0.3 ~ 0.5（或抽气机）	$\tau_m < 120$	93.0	—	0 ~ 1360	现场测试
东工 CH - 1 型抽气热电偶	0.55	$\tau_1 \leqslant 120$	≥95.0	—	0 ~ 1000	实验室测试、现场测试
东工 CH - 2 型抽气热电偶	0.3 ~ 0.4	$\tau = 82 ~ 86$ $\tau_m = 21 ~ 24$	93.0 ~ 95.0	1.0	0 ~ 1650	现场测试

（3）抽气热电偶的应用　本溪钢铁公司连轧厂采用 CH - 2 型抽气热电偶，实际测量加热炉内气体温度，其位置为 9 号门，插入深度为 1.8m，距料面高度为 400mm。为了便于比较，将铂铑 10 - 铂裸偶的测量端与 CH - 2 型抽气热电偶测量端处在同一截面。用双笔记录仪自动记录，测量结果见表 10-6。由表 10-6 可以看出，抽气热电偶测得的温度，比用普通热电偶测得的综合温度约高 105℃。此例再一次证明，若测量高温气体的真实温度，必须用抽气热电偶。

表 10-6 测量结果

序 号	抽气热电偶读数/℃	S 型裸偶读数/℃
1	1268	1121
2	1232	1142
3	1259	1180
平均	1253	1148

2. 高炉风口回旋区温度测量

在高炉操作中，不仅要了解炉顶至炉身下部装料的情况，而且还要得到高炉下部风口区的信息，这也是很重要的。日本开发了风口回旋区探尺，测定了回旋区深度，并进行取样、测温，对分析高炉操作作用很大。

（1）高炉回旋区探尺的结构　如图 10-28 所示，高炉回旋区探尺由三层水冷管、检测枪及驱动机构组成，可完成回旋区深度测量，煤气、炭黑取样，温度参数检测。

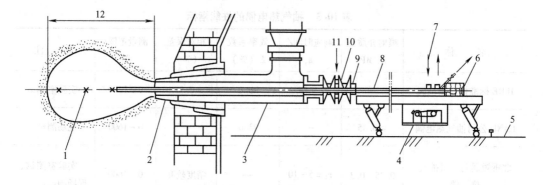

图 10-28　高炉回旋区探尺的结构

1—煤气采样及测温点　2—风口　3—送风支管　4—驱动电动机　5—操作平台
6—负载传感器　7—冷却水　8—检测枪　9—填料盒　10—自动球阀　11—空气
12—回旋区深度

（2）回旋区温度测量　为了检测高炉回旋区温度，曾探讨过接触式与非接触式两种方式：

1）接触式。采用钨铼热电偶，在惰性气氛中能用至 2400℃，并可测任意点的温度，但因受高炉渣侵蚀，难以连续测温。

2）非接触式。

① 用辐射温度计测温，既能用至 2000℃，又很方便；可是，因装入料的特性不同，使发射率波动很大，难以修正。

② 用比色温度计测温有如下优点：在测量光路中即使有灰尘、煤气等，对其影响也很小；在测量波长范围内，发射率与物质有关，是确定的，而不需要修正；玻璃等夹杂物若能透过测温波长，则不需要修正。

针对定点测温的要求，采用带光纤探头的比色测温系统。

（3）回旋区温度测量系统　为了测定高炉回旋区内任意位置的温度，在测温用检测枪端部装有感温元件（见图 10-29）。用光导纤维和自动比色温度计间接测量感温元件的温度。感温元件是消耗件，其材质为氮化硼陶瓷。BN 属于难熔化合物，耐高温、耐腐蚀，在 1600℃ 的铁液中浸渍 0.5h 也不会溶解。即使在 2000℃ 以上的高温，该感温元件也可插入高炉内测温（几分钟），使用起来很方便。

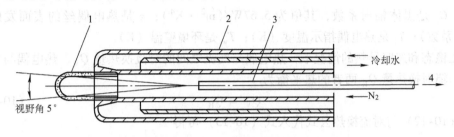

图 10-29　测温用检测枪端部结构
1—测温元件　2—检测枪　3—φ3mm 不锈钢镀层光纤　4—比色温度计

因感温元件受水冷枪的影响，该测温系统的测量结果比真实温度低，在 2000℃ 下，约偏低 160℃，目前正在研究修正问题。

温度计的主要技术指标如下：

1）型号：A-120FH 型比色温度计。

2）测温范围：1600～2600℃。

3）输出信号：1～5V（DC）。

4）精度：示值的 1% 以内。

5）接受光部分：前端用 φ3mm×8000mm 的光导纤维，该光纤外层为不锈钢。

（4）应用　用该测温系统实际测量了日本神户制钢厂 1 号高炉回旋区温度分布（见图 10-30）。由图 10-30 可以看出，在距风口 400mm 处存在着最高温区。对该现象的产生有待进一步研究。

总之，新开发的回旋区探尺，可在回旋区深度方向上任意位置上进行煤气取样与检测，比较方便。

3. 航空发动机中的高温气流的温度测量

温度传感器在测量高温气流温度时，传感器的辐射往往成为测温误差的

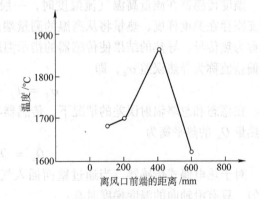

图 10-30　高炉回旋区温度分布（1 号高炉、未吹燃料、热风温度为 1800℃）

主要来源。一般采用热电偶测量高温气流温度，因此这里以热电偶为例说明辐射误差。

一般气体为透明体，因而互不接触的热电偶与其周围的壁面之间存在着换热。这

种换热通过热射线的运动实现，称为热辐射。对于热电偶，其换热面积 A 比壁面面积小得多，辐射换热与两者的绝对温度四次方之差和热电偶的换热面积成比例。辐射换热量 Q_R 为

$$Q_R = C_0 \varepsilon A \left[\left(\frac{T_j}{100} \right)^4 - \left(\frac{T_w}{100} \right)^4 \right] \tag{10-12}$$

式中，C_0 是黑体辐射系数，其值为 $5.67\text{W}/(\text{m}^2 \cdot \text{K}^4)$；$\varepsilon$ 是热电偶丝的表面发射率（黑度系数）；T_j 是热电偶指示温度（K）；T_w 是环境壁温（K）。

在稳态和忽略导热的情况下，热电偶与气流之间的对流换热量 Q_V、热电偶与壁面之间的辐射换热量 Q_R 两者的热平衡为

$$Q_V = Q_R \tag{10-13}$$

将式（10-12）与对流换热公式代入式（10-13）可得

$$T_g - T_j = \frac{C_0 \varepsilon}{\alpha} \left[\left(\frac{T_j}{100} \right)^4 - \left(\frac{T_w}{100} \right)^4 \right] \tag{10-14}$$

式中，α 是对流换热系数。

传感器与环境壁面之间的辐射换热，将使传感器的指示温度 T_j 偏离气流的有效温度 T_g，两者之间的偏差值（$T_g - T_j$），即为辐射误差。

在工程应用中，为了使用方便，常将热电偶的辐射误差写成下列的经验公式：

$$T_g - T_j = K_{\text{rad}} \left(\frac{Map}{10^5} \right)^{-0.5} \left(\frac{T_j}{555} \right)^{3.82} \left[1 - \left(\frac{T_w}{T_j} \right)^4 \right] \tag{10-15}$$

式中，K_{rad} 是辐射修正系数，它是通过温度传感器在热风洞中校准得到的；Ma 是气流马赫数；p 是气体静压（Pa）。

温度传感器在测量高温气流温度时，一般支座温度都低于测量端温度。从测量端到支座存在温度梯度，热量将从高温的测量端向低温的支座传递，这个过程称为导热，或称为热传导。导热的结果使传感器的指示温度 T_j 低于气流的有效温度 T_g，两者之间的偏差值称为导热误差 σ_c，即

$$\sigma_c = T_g - T_j \tag{10-16}$$

在稳态和忽略辐射误差的情况下，传感器与气流之间的对流换热量 Q_v 和传感器的导热量 Q_c 的热平衡为

$$Q_v = Q_c \tag{10-17}$$

对于热电偶式传感器，当通过壁面插入气流中，如果热电偶横截面上的温度分布均匀，只有沿轴向的温度梯度时有：

$$T_g - T_j = \frac{T_g - T_d}{\text{ch} \left[L \left(\frac{hU}{\lambda A} \right)^{0.5} \right]} \tag{10-18}$$

式中，L 是浸入长度（m）；A 是横截面积（m^2）；U 是热电偶周长（m）；T_d 是支座温度（K）。

当传感器为圆柱体时有：

$$T_g - T_j = \frac{T_g - T_d}{\mathrm{ch}\left[L\left(\frac{4h}{\lambda d}\right)^{0.5}\right]} \tag{10-19}$$

式中，d 为传感器直径（m）。

温度传感器的导热修正系数 H 为

$$H = \frac{T_g - T_j}{T_g - T_d} \tag{10-20}$$

用于高温气流温度测量的传感器有多种分类方法，如按外壳冷却方式分，主要包括水冷式、气冷式和干烧式三种，一般以水冷式的测温误差最大，干烧式的测温误差最小。干烧式温度传感器尽管测温误差小，但外壳材料的选择是一个难题；而对于水冷式、气冷式温度传感器，如果结构设计合理，也可以将测温误差控制在一个合理的范围内。按测点数量分，高温气流温度传感器可分为单点式和多点式。按头部结构分，高温气流温度传感器可分为裸露式、单屏蔽式、双屏蔽式和半屏蔽式，按测温误差从大到小排序依次是裸露式、半屏蔽式、单屏蔽式和双屏蔽式温度传感器，其中双屏蔽式温度传感器主要用作参考标准。

在实际的高温气流温度测量中，通常采用单屏蔽式温度传感器，如图 10-31 所示。

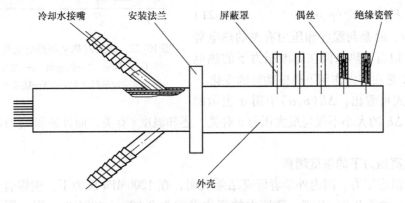

图 10-31　单屏蔽式温度传感器

要保证单屏蔽式温度传感器较高的测量准确度，需要对其结构进行优化设计。影响高温气流温度传感器测量准确度的因素很多，而其中最主要的影响因素是屏蔽罩进出气口面积比、屏蔽罩和热电偶丝的长径比，设计时需要进行传热和气动的分析计算。

10.3.3　超高压力下的温度测量

在常压下无法实现的反应，在超高压（力）环境下却可以实现。例如，在 10^4 MPa 的高压和 3000K 高温环境中，石墨将转变为金刚石。在低温与 $(3 \sim 7) \times 10^5$ MPa 的高压下，电绝缘的分子晶体氢将转成金属氢，金属氢有可能是室温超导体。因此，超高压下的测温，必须考虑压力因素的影响。迄今为止，热电偶仍然是高压系统中测量温度最广泛采用的工具。在高压条件下应用热电偶比热电阻好，这是由于热电偶不仅具有尺寸小、响应快等结构特点，而且热电偶在超高压力作用下受其影响也比热电阻要小得多。

1. 超高压条件下热电偶测温的特点

在高压环境中测温，热电偶本身也受到超高压力影响，使其原子间距减小，致使费米能增高，能带结构和费米面均发生变化，声子的频谱、声子与电子的相互作用也发生变化，结果使热电偶材料的热电特性发生变化（见图 10-32）。

由图 10-32 可知，当 p 和 t 是沿热电极坐标 x 的函数，处在高压作用下的两端温度为 t_0 和 t_1 的均质热电偶丝材的热电动势为

$$E_{t_0}^{t_1}(p) = \int_{x_1}^{x_2} S(t,p)\Delta t(x)\,\mathrm{d}x$$

$$= \int_{t_0}^{t_1} S(t)\,\mathrm{d}t + \int_{x_1}^{x_2} \frac{\partial S}{\partial p}(t)p(x)\Delta t(x)\,\mathrm{d}x$$

$$= \bar{E}_{t_0}^{t_1} + \Delta E_{t_1}^{t_2}(p,\alpha) \qquad (10\text{-}21)$$

式中，$S(t,p)$ 是与温度和压力有关的热电势率；$\bar{E}_{t_0}^{t_1}$ 是相当于热电偶在标准压力下的热电动势；ΔE 是在压力作用下热电动势的变化。

由上式可看出，$\Delta E(p,\alpha)$ 中用 α 表示的参数表明 ΔE 的大小不仅与最大压力 p 有关，还和温度 t 有关，而且还和 $p(x)$ 和 $t(x)$ 的分布有关。

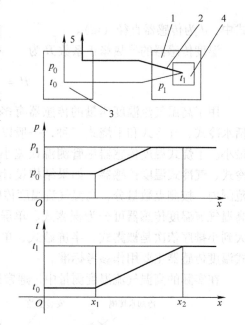

图 10-32　压力对热电偶热电动势的影响
1—高压室　2—热电偶　3—参考端
4—加热器（炉）　5—接仪表

2. 超高压力下的温度测量

（1）恒定压力　国内外学者研究结果表明，在 1200MPa 压力下，铜镍合金的热电动势较大，约为 $0.35\mu V/K$，随压力的变化平均为 $0.03\mu V/100MPa$，铜 – 铜镍热电偶在 $-200 \sim 300℃$，$0 \sim 1000MPa$ 下的压力热电动势（ΔE_p），在 77K 时为 $4.1\mu V/100MPa$，在 362K 时为 $2.2\mu V/100MPa$。

S 型热电偶在超高压力下热电动势的试验结果为：在 500℃、350MPa 时，$\Delta E_p = 20\mu V$，相当于 2℃，而在 500℃、500MPa 时，ΔE_p 的修正值 $\Delta t = 3℃$。

图 10-33 所示为在 $0 \sim 1300℃$、$(1 \sim 5) \times 10^3 MPa$ 条件下 S 型和 K 型热电偶的压力致热电动势 ΔE_p。

（2）冲击压力　冲击压力对热电偶影响的研究结果表明，在冲击瞬间热电动势值发生突变，而所发生的变化大大超过了预期的数值。如 T 型热电偶在 200℃ 时，受 30GPa 冲击压力作用将产生的热电动势达 250mV，而正常情况下仅为 9mV。用不同的金属材料组成的热电偶，在 $16 \sim 40$GPa 冲击压力下的试验也发现，热电动势大大超过计算得到的数值，其产生的热电动势不和温度成比例而和冲击负载作用下的压力成

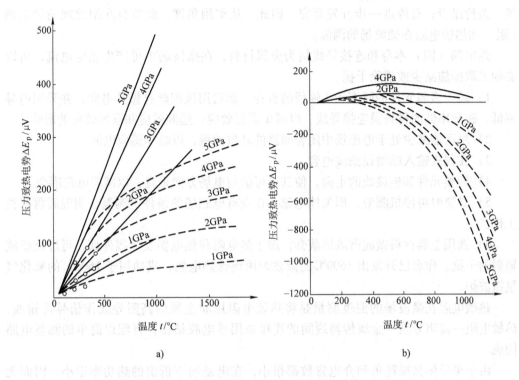

图 10-33　常用热电偶的压力致热电动势 ΔE_p

a）S 型热电偶　b）K 型热电偶

比例。

　　同时要指出的是超高压环境对热电偶热电动势值的影响 ΔE 无法消除，需要合理设计高压装置与测量线路，以减少其影响。

10.3.4　微波场温度测量

　　微波是指在电磁波谱中频率范围为 300MHz ~ 300GHz 的电磁辐射，具有频率高、波长短、能穿透电离层等特点，可以应用在雷达、通信等方面。20 世纪 60 年代以后，微波作为一种新型热源得到迅速发展。微波加热具有加热速度快，热能利用率高，可实现快速自动控制等优点，现广泛用于医疗化学研究、食品加工、材料热处理等行业，数以千万计的微波炉都需要测温。

　　由于微波属于超高频电磁波，存在着强电磁场，在微波场下的温度测量，依然是一个技术难题。在强电磁场下，温度传感器的金属部分和导线在高频电磁场下产生感应电流，由于趋肤效应和涡流效应使其自身温度升高，对温度测量造成严重干扰，使温度示值产生很大误差或者无法进行稳定的温度测量。因此，研究微波场下无干扰的温度传感器很有现实意义。

　　光纤温度传感器用于微波场温度测量详见第 6 章。红外测温仪可用于微波场测温，但因受到物体发射率、烟雾、视场过小等因素的影响，误差较大。超声测温用于微波场，造价昂贵，有待进一步开发研究。因此，从实用角度，此节只介绍常规的热电偶（阻）和热敏电阻在微波场的测温。

热电偶（阻）本身和连接导线均为金属材料，在微波场中可产生感应电流，所以必须采取措施减少或消除干扰。

1）减少金属元件的厚度和传输线的直径，如选用极细丝材做热电偶，并采用电导率低、磁导率低的材料做连接导线，以减少涡流效应、趋肤效应和欧姆效应的影响。

2）尽可能减少处于电磁场中闭合回路的环包面积，以减少感应电流。

3）在仪表输入端增设滤波电容。

4）调整元件和连接线的走向，使其尽可能与电场方向垂直，以减弱电磁耦合。

5）必要时可停机测温，即关掉电源，在没有电磁场的条件下测温，测温后再开机工作。

6）选用金属材料做成微波屏蔽套，加于热电阻和热电偶及导线外部，可屏蔽微波辐射的干扰。作者已开发出1600℃的微波炉用钨铼热电偶，成功用于1600℃的氧化气氛微波炉。

热敏电阻在微波场的温度测量是将热敏电阻用非金属的高阻导线作信号传输线，热敏电阻—高阻导线—金属传输线间的连接采用导电胶粘接，再配以简单的测量电路构成。

由于半导体其损耗角和介电常数都很小，在电磁场下析出的热功率很小，因而无感应电流或感应电流极小，基本上不带来电磁干扰。

10.4 真空炉温度测量

10.4.1 真空炉温度测量对热电偶的要求

1）可靠的真空密封。作为真空炉专用热电偶，必须防止空气进入真空体系，即保证测温时系统真空度不会变化。

通常以真空炉漏气率来衡量系统真空度的变化。真空炉漏气率直接影响产品质量和抽气系统抽速配备，是真空炉重要指标之一。工程上以漏气率和漏放气率（炉室静态压升率）进行衡量；漏气率是由真空炉设计结构和质量决定的，漏放气率是运行过程中接触到真空系统的材料性能决定的。我国大型真空铝钎焊炉真空系统要求，漏气率 $\leqslant 5 \times 10^{-8}$ Pa·m³/s，漏放气率（静态压升率）为 $0.4 \sim 0.67$ Pa/h。

作者采用实体化结构及密封性极强的连接方式，很好地解决了金属和陶瓷的封接、传感器与真空系统的连接，可以保证满足真空炉的漏放气率的要求，即使保护管折断也不会影响系统真空度。

2）真空感应炉用热电偶必须抗交变电磁场对温度的干扰。

3）使用温度。采用高纯刚玉管，使用温度达1600℃；采用 W、Mo 等难熔金属或合金保护管，使用温度高达 2000℃；采用 BN 或 HfO₂ 绝缘，可保证在 2000℃ 以下的绝缘性能良好。

4）真空炉用贵金属热电偶保护管。我国真空炉制造业，为了降低成本，自行设计制造了铂铑热电偶，在 1200℃ 左右的温度下，常选用镍基高温合金制作保护管，但在高温下镍基保护管对贵金属热电偶有污染。Ipsen 工业炉用 S 型热电偶为防止金属保护管对热电偶的污染，选用陶瓷管；为防止陶瓷破损，加长了夹持管的长度。该热电偶的关键技术在于夹持管与陶瓷管间的密封。作者研发 S 型真空炉专用密封式热电偶，外层采用耐热合金管，内层为刚玉管的复合型结构（见图 10-34）。该热电偶保护管兼有金属与陶瓷两者优点，替代了进口产品，很受用户欢迎。

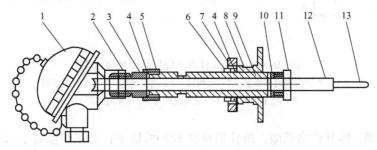

图 10-34　真空炉专用铂铑热电偶
1—接线盒　2—锁紧器　3—压紧环　4—硅橡胶 O 形圈　5—过渡套　6—定位套
7—密封螺母　8—上法兰盘　9—主管　10—密封圈　11—密封螺栓
12—耐热合金保护管　13—刚玉管

10.4.2　真空炉专用密封式热电偶

1. 真空烧结炉专用热电偶

随着电子工业的发展，在电子元件真空烧结炉的温度测量和控制系统中，急需 1200℃ 以上真空炉专用热电偶。我国现有长期使用在 1450℃ 的电子元件真空烧结炉专用 R 型热电偶，如图 10-35 所示。

由于在高温状态下，真空炉炉衬材料和烧结元件会产生一些对铂铑热电偶有害的气体，以及考虑到真空烧结炉的密封性要求，该种热电偶采用充氮气结构。其气路由 A 处进气（见图 10-35）→φ16mm 刚玉管内的底部→进入刚玉通管和刚玉绝缘管中间→不锈钢密封接线盒→由 B 处出气。在隔离挡圈处将进气口和出气口分隔，使 R 型热电偶丝完全处在氮气保护中。

刚玉管和不锈钢管的粘接采用特殊的耐高温密封胶，保证其密封性。在常温下加 0.6MPa 的内气压，15min 无泄漏现象。加热至 1450℃ 后，保温 1h，真空度达到 96kPa 时，在 20min 内真空度变化不大于 0.1kPa，完全满足用户要求。为了方便热电偶的定期检定及维修，该种热电偶的结构与常规热电偶相同，可以拆卸更换。

真空炉环境中，正确选用热电偶可获得准确和可靠的工艺温度数据。例如，K 型

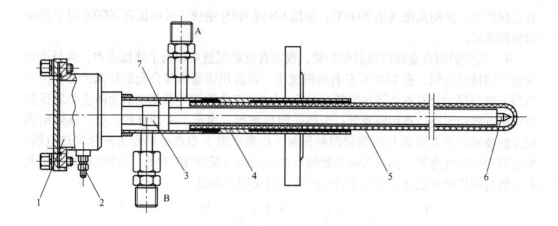

图 10-35 电子元件真空烧炉结专用热电偶
1—不锈钢密封接线盒 2—接线柱 3—刚玉通管 4—不锈钢通管
5—刚玉保护管 6—刚玉绝缘管 7—隔离挡圈

或 N 型热电偶,因其价格低廉,最佳选择在 1250℃以下;如果炉温高于 1250℃,可选用 R 型或 S 型;而 B 型或钨铼热电偶使用温度为 1500℃以上。

在烧结 WC – Co、WC – Ni 硬质合金制品时,如果材料采用 Mo 保护管,虽然烧结温度只有 1500℃,但仍可能使熔点高达 2623℃的钼管烧熔。其原因是 Mo 与 Co、Ni 等元素形成低共熔合金所致。因此,在烧结 WC 等硬质合金时,不用 Mo 制作热电偶保护管,最好使用刚玉管。在国外进口烧结炉中,其测温均采用刚玉保护管。

2. 超高真空专用密封式热电偶

普通的热电偶由于没有严格密封措施,不仅达不到真空系统要求,而且当保护管破损时,将使真空炉内外相通,致使发热体等氧化,造成损失。作者研发的超高真空专用密封式热电偶,采用单层或双层实体化结构的钨铼热电偶,并严格密封,满足了中科院科学仪器中心超高真空度 (10^{-5}Pa) 的要求 (见图 10-36)

图 10-36 超高真空专用密封式热电偶

3. 带校准孔真空炉专用热电偶

为了克服离线式校准热电偶的诸多弊端,可采用带有校准孔真空炉专用热电偶,在线校准测温系统简单易行、方便实用。

(1) 不可拆卸的带校准孔真空炉专用热电偶 (见图 10-37) 这种热电偶在校准

时测温组件不能从保护管中取出，只能整支校准，为企业定期校准带来不便。

图 10-37 不可拆卸的带校准孔真空炉专用热电偶

（2）可拆卸的带校准孔真空炉专用热电偶（见图 10-38） 这种热电偶组件可以从保护管中抽出送检，十分方便。

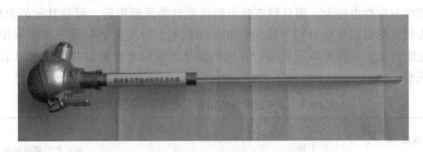

图 10-38 可拆卸的带校准孔真空炉专用热电偶

4. 全部可拆卸型真空炉专用热电偶

真空炉专用热电偶有的部件易损坏，尤其是陶瓷保护管。为了降低成本，使修复工作变得简单易行，开发出了使用者也可自行修复的全部可拆卸真空炉专用热电偶（见图 10-39）。当发现热电偶部件损坏时，用户可自行更换，很受欢迎。

5. 超高压烧结炉与高压气淬炉专用热电偶

目前超高压烧结炉的压力已增至 10 ~ 15MPa，该设备所用热电偶以前主要靠进口，不仅价格昂贵，而且周期长，急需国产化。作者相继解决了保护管的开发，螺纹焊接，钨铼热电偶分散性及密封等关键技术，开发出 6 ~ 15MPa 超高压专用钨铼热电偶（见图 10-40），成功替代进口。

（1）盲钻钼管 粉末冶金制备的钼管，可靠性较差；拉拔钼管壁薄，难以承受 6 ~ 15MPa 压力。为此，成功开发了用锻造钼棒盲钻而成的钼管，耐压强度很高。

（2）密封螺纹焊接 为了保证热电偶既承受高压，又要严格密封，故用固定螺纹密封。通常采用氩弧焊固定螺纹，但氩弧焊温度过高，钼管晶粒长大、变脆、强度降低，不可靠。改用铜钎焊固定螺纹，既耐压又能严格密封，很实用。

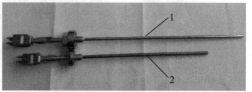

图 10-39 全部可拆卸真空炉用热电偶　　　　图 10-40 专用钨铼热电偶
　　　　　　　　　　　　　　　　　　　　　　1—15MPa　2—6MPa

（3）钨铼热电偶的分散性　经过几十年的努力，我国在 1986 年成功解决钨铼热电偶统一分度难题，但钨铼热电偶的分散性仍比其他热电偶大，即使是同一批的热电偶，其示值往往分散性也较大，而且双支热电偶的测量端虽然很近，可是其示值也较分散。其原因为钨铼热电偶丝自身的不均匀性和绝缘问题。针对上述问题，作者采用控制室温绝缘电阻方法，可使超高压烧结炉专用钨铼热电偶的电动势偏差很小（见表10-7），用户很满意。

表 10-7　双支超高压烧结炉专用钨铼热电偶偏差

检定点温度/℃	误差/℃		
	1 号	2 号	双支热电偶间的偏差
1300	0.22	0.52	0.30
1500	- 5.82	- 5.43	0.39

10.4.3　真空炉测温准确度的影响因素

（1）真空度　在真空条件下，几乎无对流传热，主要依靠辐射热。当真空度很高时，在线测温系统的测量结果的示值往往偏低，即仪表显示的温度要低于真空炉内的实际温度，有时可能达到几十摄氏度。但是，当系统充氩气加强对流传热后，将减小此种偏差或基本上消除真空度的影响。

（2）发射率　当真空炉处于高温状态下，材料的发射率对测量结果的影响尤为显著。由于陶瓷管的发射率比金属保护管低，因此测量结果将比在同等条件下的金属管测温系统偏低。在进行炉温均匀性测试时多采用铠装热电偶，而控制系统多采用陶瓷管保护的热电偶。如果要求两者测量结果一致是不可能的，或是偶然的。除其他影响因素外，在高温高真空条件下，发射率的影响更是不可忽视的。

（3）热导率　在低温状态下，材料的热导率对温度测量的准确度影响较大。因此，采用金属或合金保护管的热电偶，因其热传导引起的热损失大，比陶瓷保护管的热电偶测温系统示值偏低。在低温、高真空条件下，热导率的影响尤为重要。

（4）响应时间　响应时间的快慢主要取决于热电偶的结构与测量条件，差别极大，对于真空设备因系统无对流传热，很少的传导传热，主要靠辐射传热，故其热平衡时间较长。而且，热电偶保护管因其表面发射率及防氧化措施不同，热电偶的响应时间也不同。由表 10-8 可以看出，实体化热电偶的响应时间很快，而抽气式钨铼热电偶的响应时间很慢，为实体化的 2.2 倍。

表 10-8　热电偶时间常数

保护管直径/mm	$\phi6$	$\phi8$	$\phi8$	$\phi12$（外） $\phi8$（内）	$\phi16$（外） $\phi10$（内）
保护管材质	钼管	钼管	钼管	刚玉管	刚玉管
结构	实体	实体	抽空	单层实体	单层实体
响应时间实测值/s	5.286	8.634	18.979	13.429	27.03

（5）热电偶插入深度　热电偶插入真空炉内，沿着保护管长度方向将产生热流。因此，由热传导引起的误差与插入深度有关。插入深度又与保护管材质有关：

1）金属保护管的导热性好，插入深度要深一些，应为保护管直径的 15~20 倍。

2）陶瓷保护管的绝热性好，插入深度要浅一些，应为保护管直径的 10~15 倍。

对于工程测温，其插入深度还与被测对象是静止或流动等状态有关。流动的液体或高速气流的温度测量将不受上述限制。然而，对于真空体系，影响将更大一些，应引起注意。

10.5　高温熔体温度测量

10.5.1　高温盐浴炉温度测量

1. 高温盐浴炉的温度测量方法

高温盐浴炉曾是热处理行业广泛采用的设备，但因对环境污染严重，已成为国家淘汰工艺，仅有少数企业继续使用。目前高温盐浴炉的温度测量方法有以下两类：

（1）非接触法　用辐射温度计测量盐浴温度。它的优点是响应速度快；缺点是误差较大，而且只能测量盐浴表面温度，而不能测出熔盐内部的真实温度。

（2）接触法　将热电偶插入熔盐内，直接测出熔盐内部的真实温度，这是最准确的方法。

2. 热电偶保护管的材料

用于高温盐浴炉的热电偶保护管材料主要有：

（1）金属保护管（如不锈钢、低碳钢管等）　低碳钢管寿命短但价格便宜；用因科内尔耐热耐蚀合金管，其寿命可达 200~300h，但价格较贵。

（2）非金属保护管（如刚玉管、瓷管等）　这种保护管耐高温、耐腐蚀，但质脆，耐急冷急热性差。

（3）金属陶瓷保护管　金属陶瓷保护管是由金属与陶瓷相构成的复合材料，兼有金属与陶瓷材料的优点。作者在探讨金属陶瓷在 $BaCl_2$ 熔盐中的腐蚀行为的基础上，研制出 $Mo-Al_2O_3-Cr_2O_3$ 三元系及 $Mo-Al_2O_3-Cr_2O_3-X$ 等四元系金属陶瓷保护管 MCPT-4。经瓦房店轴承厂等许多工厂实际应用表明，这两种保护管可在高温熔盐中长期连续使用寿命达到 1680h 以上，见表 10-9。经专家鉴定认为，MCPT-4 型保护管主要性能指标在国际上处于领先地位。

表 10-9　金属陶瓷保护管在高温盐浴炉中的使用寿命

制造单位	外形尺寸/mm			使用天数/天	总的运行时间/h	管壁蚀损速度/[mm/(24h)]	备　注
	长度	外径	内径				
上海第二耐火材料厂	180	20	10	9.5	227	0.16	保护管腐蚀严重,不能使用
北京耐火厂	300	26	17	13	312	0.30	保护管腐蚀严重,不能使用
洛阳耐火材料研究所	150	28	12	15	360	0.25	保护管腐蚀严重,不能使用
东大(MCPT-4)	280	30	15	72	1680	0.08	热偶连接套腐蚀坏,保护管完好
东大(MCPT-4)	260	30	18	67	1608	0.002	热偶连接套腐蚀坏,保护管完好

3. 技术指标与规格

金属陶瓷（MCPT-4）的主要技术指标与规格如下：

1）在 $BaCl_2$ 熔盐中（1000～1300℃）连续或间断使用，寿命不少于1400h。

2）15～1280℃反复热冲击50次以上，不出现裂纹。

3）开口孔隙度小于0.1%。

4）规格：$\phi23mm \times 15mm \times 300mm$，该种保护管可按图 10-41 连接，装配成杆式与角式热电偶（见图 10-42）。

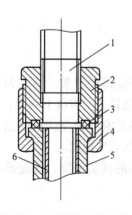

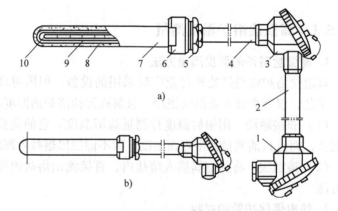

图 10-41　保护管连接结构
1—钢管　2—连接套　3—耐火
密封垫　4—外连接套　5—外保
护管　6—陶瓷保护管

图 10-42　整体热电偶的结构形式
a）角式　b）杆式
1—参考端接线盒　2—连接管　3—中间接线盒　4—连
接管　5—螺纹接头　6—外连接套　7—外保护管
8—绝缘物　9—内保护管　10—热电偶

4. 金属陶瓷 MCPT – 4 型保护管在 BaCl$_2$ 熔盐中的腐蚀行为

高温盐浴的主体成分为 BaCl$_2$，MCPT – 4 在 BaCl$_2$ 熔盐中的蚀损主要是金属相 Mo 的电化学蚀损，电极反应为

$$阳极　Mo - 4e = Mo^{4+}$$
$$阴极　O_2 = 2[O]$$
$$2[O] + 4e = 2O^{2-}$$

Mo 进一步氧化为

$$Mo^{4+} - 2e + 4O^{2-} = (MoO_4)^{2-}$$

使氧不断渗入金属陶瓷，并在金属相表面形成原电池，促使 Mo 氧化物脱离基体。其腐蚀速度随 Mo 含量的增加而加快，但有陶瓷相起保护作用。因此，同其他材料相比，MCPT – 4 型金属陶瓷是耐 BaCl$_2$ 腐蚀的较理想的复合材料。

在测量金属熔体以及盐浴温度时，常常是将热电偶从高温熔体上方插入。除了受到高温熔体的蚀损外，暴露在空气中的金属陶瓷的金属相 Mo 不可避免地将发生氧化反应。因此，钼基金属陶瓷在空气中的高温氧化与防护是必须解决的技术关键。

当温度低于 475℃ 时，钼氧化可形成致密的氧化膜，氧化速度缓慢。当温度高于 725℃ 后，钼的氧化物蒸发速度很快。在这种条件下，钼的氧化是很不利的，使用时应注意防止 Mo 氧化。Mo 的氧化反应为

$$2Mo(s) + 3O_2(g) = 2MoO_3(g)$$

MCPT – 4 型保护管在高温盐浴炉中应用，自 1983 年获机械部科技进步二等奖以来，已在全国推广。经美国现场使用证明，其寿命为美国常用的 Inconel 600 或 AISI 446 耐热钢保护管寿命的 3 ~ 5 倍。

5. 应用

（1）控温精度　在热处理生产中，盐浴炉等加热设备对其控温精度有一定的要求。当采用金属陶瓷保护管进行直接测温时，其控温精度主要取决于控温设备与测温线路。例如，沈阳量具刃具厂采用磁性调压器及 PID 控温，用装有金属陶瓷保护管的热电偶测温，则其炉温波动只有 ±1℃。但是，如果采用开关式调节器，则使炉温波动增大，对于此种纯滞后信号，只要在测量线路上加一个信号导前装置即可解决问题。

（2）铂铑 10- 铂热电偶的长期稳定性　MCPT – 4 保护管是钼基金属陶瓷，钼在高温下很容易氧化，生成 MoO$_3$。MoO$_3$ 是一种白色粉末，加热转变为黄色，熔点为 795℃，沸点为 1155℃。因此，如果不加内保护管，钼的氧化物要玷污铂铑热电偶。为此，采用贵金属热电偶时必须加内保护管。瓦房店轴承厂对铂铑热电偶在此种条件下的长期稳定性，做了专门考核。同一支热电偶经 30 天、60 天使用后，检定结果表明，铂铑 10- 铂热电偶的电动势偏差量很少，完全符合热电偶标准中有关稳定性的要求。

（3）关于硼砂脱氧问题　作者对 Mo – Al$_2$O$_3$ 二元系金属陶瓷腐蚀行为的研究结果表明，该种金属陶瓷在高温下，其蚀损的主要途径是钼的电化学腐蚀，金属陶瓷之所以耐腐蚀，是因为表面层的钼蚀损后，靠 Al$_2$O$_3$ 保护内层钼不再继续蚀损，此时金属陶瓷的表面层类似于刚玉管。但是，如果采用硼砂脱氧，那么硼酐将与 Al$_2$O$_3$ 作用，从而使 Al$_2$O$_3$ 失去了对 Mo 的保护作用，加速了保护管的蚀损。不加硼砂仅腐蚀钼，加硼砂

后金属与陶瓷皆受腐蚀；而且，用于以硼砂作脱氧剂的熔盐介质时，其寿命要缩短。具体时间主要取决于硼砂含量及使用条件，不能一概而论。

（4）插入深度　保护管长度只有300mm，如果插入深度过深，那么螺纹接头会因浸入熔池而蚀损，致使保护管掉入熔池而无法测温。因此，保护不宜插入过深。

（5）存在问题　金属陶瓷保护管比较脆，在使用中容易因机械冲击而断裂。其次，它的抗热震性能虽然优于陶瓷，但频繁地间歇式使用也会降低使用寿命。

6. 采用阴极保护法延长金属保护管的使用寿命

为了防止或减少金属或合金的电化学蚀损，在测温时按图10-43所示，将金属保护管接电源的负极，辅助电极接正极。因为金属在熔盐中蚀损的本质是氧化，即是失掉电子的过程，所以如给金属施加一定的负电位即变成阴极，将阻止金属失掉电子而蚀损，从而可以延长保护管的使用寿命。但有的效果好，有的却不起作用，关键在于电流密度的大小，必须使电流密度超过一定的数值才能有效。

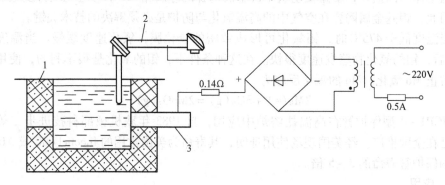

图10-43　阴极保护法示意图

1—高温盐浴炉　2—热电偶保护管　3—埋入式电极

10.5.2　钎焊炉温度测量

1. 盐浴钎焊中 NaCl 对金属陶瓷的腐蚀

NaCl熔盐具有良好的传热性、流动性及化学稳定性，在我国很多行业中均采用NaCl作为盐浴钎焊的传热介质。钎焊工艺要求准确地测量与控制盐浴温度，这是保证零部件焊接质量的关键。但因氯化物熔盐对热电偶保护管的腐蚀性极强，故盐浴炉连续测温难以实现。作者从1980年开始研究并对现有的保护管材质进行了筛选试验。首先选取在高温盐浴炉中使用成功的金属陶瓷保护管，在盐浴钎焊炉（温度约1100℃，NaCl）中进行实验，结果其寿命只有十几小时。使用温度低的盐浴钎焊炉，其寿命却远远低于高温盐浴炉。为了探讨其原因，作者曾在实验室研究金属陶瓷的腐蚀行为。

（1）$Mo-Al_2O_3$在加硼砂熔盐中腐蚀行为　熔盐中添加硼砂后，其腐蚀速度比纯NaCl熔盐快得多，说明添加硼砂加速了腐蚀；而刚玉棒在纯NaCl介质中几乎不蚀损，但在加硼砂的熔盐体系中，腐蚀却很明显。$Mo-Al_2O_3$样块在加硼砂的熔盐体系中的蚀损量，超过在纯NaCl介质中的蚀损量，说明添加硼砂后，其腐蚀行为有所改变。

硼砂在高温下将发生如下反应：

$$Na_2B_4O_7 = 2NaBO_2 + B_2O_3$$

如有金属氧化物（MeO）存在，则发生如下反应：

$$B_2O_3 + MeO = Me(BO_2)_2\downarrow$$

由相图可知，熔融的 B_2O_3 和 Al_2O_3 可生成两种物质：

$$2Al_2O_3 + B_2O_3 = 2Al_2O_3\cdot B_2O_3$$

$$9Al_2O_3 + 2B_2O_3 = 9Al_2O_3\cdot 2B_2O_3$$

在 1000℃ 以下容易生成 $2Al_2O_3\cdot B_2O_3$，高于 1000℃ 容易生成 $9Al_2O_3\cdot 2B_2O_3$，因而导致陶瓷相 Al_2O_3 蚀损，并随 B_2O_3 添加量的增加，腐蚀速度加快。

B_2O_3 在熔融状态下相对密度为 1.795，而 NaCl 在 1000～1100℃ 时的相对密度为 1.394～1.448。用静态法进行腐蚀实验时，坩埚底部的 B_2O_3 含量应高于中部。如果上述分析是正确的，那么坩埚底部的样块失重应大于中部的样块。实验结果证实了上述推测。

由此可见，在加硼砂的体系中，Al_2O_3 丧失了保护作用。因此，金属陶瓷始终处于和腐蚀介质接触的状态，金属与陶瓷相均被腐蚀，腐蚀速度不断加快。

（2）添加 Cr_2O_3 对样块腐蚀行为的影响　添加 Cr_2O_3 以后，$Mo - Al_2O_3 - Cr_2O_3$ 样块在加硼砂的介质中腐蚀速度与 Cr_2O_3 含量有关。Cr_2O_3 在陶瓷相中所占比例越大，样块腐蚀速度越慢。其原因可能是 Cr_2O_3 与 Al_2O_3 形成固溶体，降低了 Al_2O_3 与 Cr_2O_3 的活度，削弱了 B_2O_3 与 Al_2O_3 的反应，使蚀损速度变慢。

（3）研究结果

1）$Mo - Al_2O_3$ 金属陶瓷在纯 NaCl 熔盐中的蚀损，主要是金属相的电化学蚀损，并随 Mo 含量的增加而加快，随 Al_2O_3 含量的增加而减缓。Al_2O_3 对金属 Mo 起保护作用。

2）在加硼砂的熔盐介质中，因 Al_2O_3 与 B_2O_3 起反应，破坏了陶瓷相的保护作用，硼砂含量越高，腐蚀越严重，从而找出了钎焊炉中保护管蚀损快的主要原因。

3）在 $Mo - Al_2O_3$ 中添加 Cr_2O_3，可与 Al_2O_3 形成固溶体，在含硼砂的 NaCl 介质中，随 Cr_2O_3 含量增加，耐蚀性增强。

4）由于单一氧化物容易被硼砂腐蚀，因此在 $Mo - Al_2O_3 - Cr_2O_3$ 三元系基础上，又开展了以尖晶石与锆英石为基础的金属陶瓷保护管的研制工作，并取得了一定进展。

2. 真空铝钎焊炉的温度测量

真空铝钎焊炉是将被焊工件静止摆放在真空室中，不像盐浴钎焊工艺借助熔盐的流动使焊缝结合处得到清理。真空铝钎焊工艺同样需要使焊缝母材结合区形成洁净的新鲜表面，这就需要较高的真空度、适宜的温度、Si - Mg 元素的置换等条件，来完成母材表面氧化层的破碎和蒸发。实践证明，当工件温度在 550℃ 以上的整个钎焊准备和焊缝成形过程中，工件摆放区域的真空度应小于 7×10^{-3} Pa，才能保证良好的焊接质量，否则焊缝强度和连续性均受到较大影响。

（1）温度均匀性与控温精度　有效加热区的温度均匀性是由加热器的合理布置、每个可控加热区的合理划分所决定的。使用者最关心的是工件的温度均匀性。铝板式钎焊工艺适宜的钎焊区温度范围因母材成分和钎剂配方不同而略有差别，一般为 590 ~ 615℃。传感器的布置不可能使工件得到全面测量，测量回路各环节也存在测量误差，通常将工件上的温度传感器布置在一些极端点，并控制这些极端点使其在加热过程中的温度为 595 ~ 610℃，时间为 20 ~ 40min。温度超范围或在钎焊区内停留超时，都会对钎焊质量产生明显影响。因此，对温度均匀性与控温精度要求很高，空炉时温度均匀性达 ±4℃或更高。

（2）温度传感器 真空铝钎焊炉对测温元件——热电偶的要求严格，特点如下：

1）高精度。铝钎焊的工艺温度一般为 590℃ ±5℃，温度过高或停留时间过长时，钎料熔化后由焊缝流出焊不上；如果温度过低，钎料未熔化，也焊不上。因此，对 K 型热电偶的精度要求高，必须为 I 级。

2）分散性小。只要求热电偶的精度高还不够，因为即使是合格的热电偶，其偏差方向并非一致，对测量结果影响很大。假如，一台钎焊炉的 10 支热电偶，其中 5 支为正偏差（+2.4℃），另外 5 支为负偏差（-2.4℃），虽然每支热电偶合格，但由测温元件自身分散性所带来的偏差将不能满足铝钎焊工艺要求。针对上述问题，作者采取在源头上解决的有效措施，保证为用户提供分散性小的热电偶，以适应真空铝钎焊装备的需要。

3）热电偶用接插件的使用温度。真空铝钎焊炉用热电偶的接插件安装在炉内，环境温度高，一般在 400℃以上。只能选用陶瓷质接插件才能达到用户要求。

4）热电偶用接插件的耐热冲击性。当钎焊操作完成后，打开炉门取出工件时，接插件的温度急骤降低。因此，有的陶瓷接插件反复使用几次后，将因耐热冲击性能欠佳而破损。并且，在反复升降温的间歇式操作过程中，陶瓷件与自身紧固螺钉等，因其热膨胀系数不一致，加速陶瓷接插件的破损。

5）热电偶的规格、型号。由于铝钎焊炉对升温速率有要求，因此多采用热响应快的铠装热电偶，有如下两种：

① 直接测量铝钎焊工件温度。采用细铠装 K 型热电偶（ϕ2mm）插入工件内，直接测出工件的温度。它的特点是测温准确，但寿命低。

② 测量钎焊炉膛温度，采用较粗的变截面的铠装 K 型热电偶（ϕ5 ~ ϕ6mm），使用寿命较长。

随着真空铝钎焊装备的发展，必将对温度传感器提出更新、更高的要求。因此，有针对性地开发出新型温度传感器，才能适应我国真空铝钎焊装备发展的需要。

10.5.3 铝及其合金熔体的温度测量

1. 铝液测温

在铝冶金及加工行业中，有关熔化炉、保持炉、精炼炉等铝液温度连续测量和控制是保证产品质量的重要条件。这些炉型按加热方式可分为电加热炉（炉膛温度为 1000℃，坩埚温度为 800℃左右）、燃气加热反射炉（炉膛温度达 1300℃）、油加热反射炉（炉膛温度 1200℃）；按化学成分可分为纯铝炉和铝合金炉。

大型铝锭熔化炉可装铝液 40t，小型只有几十千克，不同炉型工况差异很大。此外，在铝锭熔化和精炼过程中，还有加料，加精炼剂、除气剂、覆盖剂，机械搅拌或电磁搅拌，机械扒渣等工艺操作。因此，欲解决铝液连续测温问题，热电偶保护管是关键。

（1）铝液测温用热电偶的特点

1）耐铝液腐蚀。

2）足够的高温机械强度和高温抗氧化性能。反射式加热炉的气氛温度远远高于铝液温度，特别是当炉内铝液快放完时，整支保护管都处在高温状态，很容易变形、氧化起层脱落。另外，搅拌和扒渣工艺操作时容易碰弯、碰断保护管。

3）能承受热冲击的作用，在加大块料时为防止碰撞，热电偶必须拔出。因此，对热电偶保护管的热冲击很大。

4）应有良好的抗渣性能，如添加的精炼剂、除气剂和覆盖剂对保护管均有腐蚀作用。

（2）铁基合金保护管　作者开发的 MPT–1 型铁基铸造合金保护管（专利），直径为 $\phi16 \sim \phi45$mm，长度为 $300 \sim 2800$mm。其特点是强度高，韧性好，耐蚀性好。在扒渣时也不易碰断。该种保护管有两种：

1）铁基合金保护管如图 10-44 所示。

2）带釉的铁基合金保护管，铁基合金表面上釉后可提高使用寿命。该种保护管用于东北轻合金公司保温炉铝液连续测温，可替代进口热电偶。

图 10-44　铁基合金保护管

（3）陶瓷保护管　纯铝及铝轮毂等行业对铁杂质含量要求很严格，因此必须采用陶瓷保护管（见图 10-45）。陶瓷保护管种类繁多，SiC 保护管虽然耐腐蚀，但强度低，耐热冲击性能较差。Si_3N_4、赛隆（Sialon）保护管耐高温、耐腐蚀、强度高、耐热冲击性极佳，又不污染铝液，在铝液中使用寿命可达 1 年以上。目前因其价格昂贵，应用很少。采用 NSiC（Si_3N_4 结合 SiC）保护管，其使用寿命达 $4 \sim 6$ 个月，用于东大三建工业炉等，可代替进口产品，效果很好。

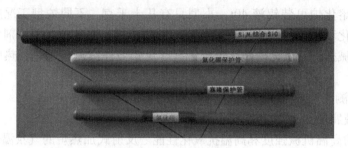

图 10-45 陶瓷保护管

2. 铝液与铝电解液测温——便携式浸入型测温仪

现有的浸入型测温仪具有如下缺点：

1）不断地更换保护管或热电偶。

2）频繁地切断偶丝，制作新的测量端。

作者与抚顺铝厂联合开发的便携式浸入型测温仪由热电偶、保护管及数字显示仪表构成（见图10-46），已成功地用于铝冶金及加工行业中铝电解液及铝液的温度测量。

（1）特点

1）测枪与数字显示仪表一体化，同普通热电偶相比，体轻且响应速度快（1～2min）。

2）复合型保护管耐腐蚀，更换方便，使用寿命长（100～500次），测温费用低。

3）数字显示，直观且准确，并有峰值保持功能。

4）保护管可更换。

（2）新型便携式浸入型测温仪 在图10-46所示便携式浸入型测温仪的基础上，作者又开发出了新型便携式浸入型测温仪（见图10-47），它的特点是：

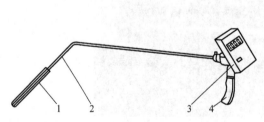

图 10-46 便携式浸入型测温仪

1—保护管 2—热电偶 3—数字显示表 4—手柄

图 10-47 新型便携式浸入型测温仪

1）准确度高（0.4%t），有的可达0.2%t。

2）测温范围为0～1250℃。

3）具有100组数据存储、采集（USB）及无线传输功能。

4）电池供电，具有电量显示报警。

3. 锌、镁液专用保护管

锌、镁液测温机理虽与铝液相近，但应有针对性的分别采用锌、镁液专用的热电偶保护管。作者采用特种钨钼合金保护管，用于株洲冶炼厂锌液测温，使用寿命在 1 年以上。采用 NSiC 保护管，用于临江镁业的镁液测温，使用寿命在半年以上。实践证明，碳钢管在镁液中的使用寿命优于不锈钢管。宝钢热镀锌槽采用 NSiC 保护管，使用寿命在 3 个月以上。

10.5.4　铝电解液温度测量

铝电解工业是耗能大户，1t 铝电耗为 13500 ~ 15000kW·h，而温度与能耗关系很大。理论与实践都证明，降低电解液的温度，可提高电流效率，这是降低铝电解工业能耗的有效途径。因此，人们都致力于准确地测量与控制铝电解液的温度。但因铝电解液为含冰晶石（Na_3AlF_3）的强腐蚀性高温熔体，连续测温十分困难。为了测出电解液的真实温度，用热电偶浸入电解液测量是最直接而有效的方法。目前国内外铝厂仍是每天由人工测量铝电解液温度，这种测量结果无法参与电解槽的实时在线控制。

1. 铝电解槽连续测温用陶瓷保护管及涂层

（1）复合氧化物保护管　用氧化镧（质量分数为 68.2%）和氧化铬（质量分数为 31.8%）制成 $\phi15mm \times 10mm \times 500mm$ 的保护管。将该保护管插入冰晶石中，连续使用 1 个月后，仍可继续使用。复合氧化物有尖晶石型、钙钛矿型、白钨矿型、金红石型及复合钙钛矿型等多种结构型式。

（2）涂层保护管　将上述特定组成的复合氧化物 $LaCrO_3$ 粉末，用等离子法喷涂在氧化铝保护管上，厚度为 $400\mu m$。将该保护管插入冰晶石等熔盐中，连续使用 1 个月，保护管仅有轻微腐蚀。但是，在相同条件下没有涂层的氧化铝管，仅使用 1 周，保护管被腐蚀就不能再用了。

1985 年邱竹贤院士等将锌铁尖晶石喷涂在铁基保护管上，在铝电解槽中测温使用寿命达 1 个月。但因涂层工艺不稳定，未能实用化。

（3）外延法　为延长保护管的使用寿命，可把保护管埋入铝电解槽的碳质炉墙内，用外延法求得铝液温度。此方法误差过大，一般不采用。

（4）阳极保护法　氧化锡等氧化物对纯冰晶石是稳定的，但却与溶解或悬浮在冰晶石中的金属铝起反应：

$$3SnO_2 + 4Al = 3Sn + 2Al_2O_3$$

当有电流通过 SnO_2 且电流密度在 $0.01A/cm^2$ 以上时，其腐蚀速度明显降低。因为氧化物同金属反应本质是还原，即获得电子的过程，如给氧化物施加一定的正电位，即变成阳极，因而难以获得电子，致使氧化物的腐蚀速度明显降低。但值得注意的是，应对电流密度有一定要求，即在阳极表面上通过的电流密度最小为 $0.01A/cm^2$，否则达不到预期的效果。

2. 铝电解槽内电解液连续测温

目前国内外尚未找到适宜的耐电解液腐蚀的材料，美国研制的保护管使用寿命只有 72h。作者采用整体嵌入式一次浇铸成形新技术，开发出铁基合金与陶瓷复合管型浸入式热电偶，已获国家发明专利。其特点是：强度高，韧性好，不粘电解质，灵敏度高。该热电偶在贵州铝厂进行试验，使用寿命最长达 48d。

3. 铝电解质温度间歇式在线测量装置

铝电解槽是一个大滞后系统，并不是每次进行槽况分析时都需要采集温度参数，只有在发现电解槽热平衡出现变化时，才需要采集和处理温度信号。这种需要是随机的。因此，作者同设计、生产单位合作开发出一种间歇式测温装置，在槽控机控制下在线检测温度。法国已在超大型铝电解槽中采用类似间歇式测温装置，用于生产过程的在线控制。

（1）结构　铝电解质间歇式在线测温装置的结构如图 10-48 所示。它是由三部分组成：形成测温孔的打壳机构，驱动测温探头的测量结构，控制测量过程、采集和处理温度信号的槽控机。

（2）技术指标　测温探头用特种铁基铸造合金保护管（MPT - 2）及 K 型热电偶，使用寿命在 500 次以上，响应时间为 $3 \sim 4\min$，测温精度为 $0.5\% t$（t 为实测温度）。

铝电解质间歇式在线测温装置，在铝厂投入运行后情况良好。经专家组鉴定认为，该装置解决了铝电解生产过程中急需解决的铝电解质温度的实时在线测量技术难题，为槽控软件在温度控制方面取得突破提供了重要的前提条件，可在现有槽控软件（物料平衡）的基础上，进而实现能量平衡控制。

4. 电解槽烘烤工艺及探讨

目前各铝厂有关新建及大修后电解槽的烘烤制度确定尚无准确依据，各厂采取的工艺也不一致，还未看到有关烘烤过程中对不同温度下的升温速度的定量描述。这样就难免在烘烤过程中出现各种事故，缩短了使用周期。作者曾为钢铁工业中钢包的烘烤过程中有关升温

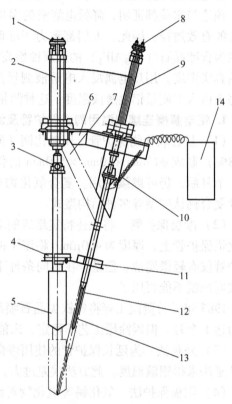

图 10-48　铝电解质
间歇式在线测温装置的结构
1—电磁阀　2—打壳气缸　3—接头
4—定位砖套　5—打壳锤头　6—支架
7—电解槽上部结构　8—电磁阀　9—测
温气缸　10—接头　11—定位砖套
12—保护管　13—热电偶　14—槽控箱

与自然降温情况进行连续监测与描述，对确定合理的烘烤工艺提供了理论依据，达到了节能降耗的目的。

5. 炉底温度监测

在电解槽易蚀损部位的不同深度安装热电偶，既可以测得铝液温度，又能监控蚀

损部位的温度，同时可对电解槽漏铝情况进行监测。同阴极母线温度测量法相比，该测量方法可提前准确预报。

（1）热电偶的型号和规格　采用特种铠装热电偶（K 型或 N 型），热电偶直径为 $\phi 2 \sim \phi 4 m$，长度为 $5 \sim 20 m$。

（2）热电偶的安装　将铠装热电偶插入被测温场所。该技术可保证传感器不漏铝液。

10.5.5　铜液连续测温

1. 概述

温度是铜冶炼、加工、熔铸过程中的重要参数，因此连续测量铜液温度对节约能源、保证产品质量、稳定生产工艺具有重要意义。人们探讨铜液连续测温，相继试用过石墨、石英、不锈钢、氧化铝、硼化锆、碳化硅保护管，都难以满足生产要求。作者针对铜液的特点，研制出一种新型金属陶瓷保护管（MCPT - 6 型）。经铜加工厂多年来在工频感应炉上使用证明，MCPT - 6 型金属陶瓷保护管是一种抗热震、耐铜液腐蚀的热电偶保护管，主要技术指标如下：

1）适用介质：铜及铜合金熔体。

2）使用温度：$0 \sim 1300 ℃$。

3）使用方式：由炉墙侧面插入熔体连续测温。

4）使用寿命：$\geq 1000 h$。

5）耐热冲击性：$1200 ℃$ 至室温（$15 ℃$）反复 10 次不炸裂。

6）开口孔隙率：$< 0.1\%$。

7）规格：$\phi 23 mm \times 16 mm \times (260 \sim 350) mm$。

2. 高性能复合管型实体热电偶的特性

用于铜液连续测温的传感器，是由 MCPT - 6 型金属陶瓷保护管、高性能热电偶、填充剂高温黏结剂构成的复合管形实体结构（见图 10-49）。该种热电偶具有如下特点：

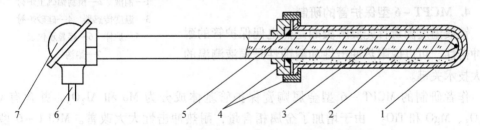

图 10-49　高性能复合管型实体热电偶的结构

1—金属陶瓷管　2—填充剂　3—高性能热电偶　4—密封卡套
5—高温黏结剂　6—补偿导线　7—接线盒

1）热电性能稳定。该种热电偶同铠装热电偶相比，在高温下难以发生氧化，提高了热电偶的耐热性，又因为采用高温黏结剂密封端头，防止空气对流及腐蚀性气体侵入，使热电偶的热电性能更加稳定可靠。

2）响应速度快。普通型热电偶在两层保护管间是空气，它的热传导性能差，其热导率为 $2.8 \times 10^{-2} W/(m \cdot K)$。但复合管型实体热电偶，是由氧化物或碳化物等作填充剂构成实体结构，热传导性能比空气高。经辽宁省技术监督局实际测定普通型热电偶的时间常数为230s，而高性能复合管型实体热电偶的时间常数为57~140s（取决于填充剂）。因此，高性能复合管型实体热电偶改善了传感器的响应与控制特性，收到较好的控制效果。

3）耐高温、使用寿命长。高性能复合管型实体热电偶的最大特点在于耐高温、使用寿命长。由于该热电偶保护管壁厚大于普通型热电偶，而热电极丝直径相近，并且，此种实体结构形式既可以减少保护管内壁氧化，又可以防止热电偶外套管的氧化，因此在相同条件下，将提高耐热性，延长热电偶的高温使用寿命。如果采用 N 型热电偶效果将会更好，在1300℃温区可以部分代替 S 型热电偶。

4）安全可靠。由于热电偶是实体结构，当水平插入高温熔体测温时，只要热电偶与耐火材料间装配好，即使保护管端头砸断仍可保证高温熔体不泄漏。有的从炉底插入高温铜液中，也未发生泄漏现象。因此，实体热电偶能确保安全可靠。

3. 安装与使用

为了提高保护管的耐热冲击性，需要增加金属相，致使其抗氧化性能下降。即使采取上插方式也难以克服抗氧化与耐热冲击这对矛盾。作者改用从炉墙侧面插入炉内浸入铜液中，深度为80~100mm，此种安装方式既可以解决上述矛盾，避免保护管在空气中氧化，又很方便。只要保护管与炉衬配合紧密，实践证明效果良好。侧插安装方式如图10-50所示。

多年来经铜加工厂现场使用证明，只要热电偶测量端的插入深度适当，测温将准确可靠。

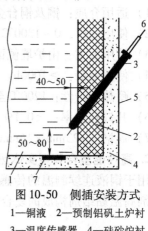

图10-50　侧插安装方式
1—铜液　2—预制铝矾土炉衬
3—温度传感器　4—硅砂炉衬
5—炉体　6—接显示仪表
7—熔沟

4. MCPT-6 型保护管的研制

铜液温度测量首先要解决的是热电偶保护管的耐热冲击性，可以说耐热冲击性和耐蚀性是铜液测温的两大技术关键。

作者研制的 MCPT-6 型金属陶瓷保护管基体成分为 Mo 和 Al_2O_3，并含有 Cr、Cr_2O_3、MgO 和 TiO_2。由于增加了金属相含量，耐热冲击性大大改善。MCPT-6 型中的 Mo 和 Al_2O_3 对铜液是不润湿的，并且结构致密，开口气孔率小于0.1%。因此，铜液不能浸入到金属陶瓷的内层，只能在表层接触。又因为构成金属陶瓷的成分 Mo、Al_2O_3 都不溶于铜液，所以不会发生溶蚀反应。其蚀损主要是金属陶瓷表面的金属相 Mo、Cr 和铜液中的 [O]、Cu_2O 发生氧化反应，生成 MoO_3、MoO_2、Cr_2O_3。MoO_3 在高温下挥发，留下孔隙，生成的 MoO_2、Cr_2O_3 成为陶瓷相。Cr_2O_3 与 Al_2O_3 能够形成固溶体，致使在腐蚀层中陶瓷相体积增大，减小孔隙，使铜液向金属陶瓷内层传输氧的阻力增大。腐蚀层的厚度为 $80 \sim 100 \mu m$，只要腐蚀层不被破坏，就能起到保护作用。一旦外表的陶瓷层被熔体冲刷掉，内层的氧化蚀损反应又会发生。实测浸在铜液中的腐蚀速度与在实验室坩埚中浸渍腐蚀速度相吻合，均小于 $9 \times 10^{-4} mm/h$。

保护管前端腐蚀部位取样后经电子探针微区分析表明，腐蚀层厚度为 $80 \sim 100 \mu m$；在腐蚀层中 Cr 与基体同样地均匀分布；Al 在腐蚀层中依然存在，只是靠近腐蚀介质一侧略有减少，而靠近基体一侧与基体中的含量差别不大；Mo 几乎不见了，只是靠近基体一侧保存少量的 Mo；Cu 已渗入腐蚀层。

试验研究结果证明，MCPT - 6 型金属陶瓷保护管是抗铜液浸蚀与耐热冲击性良好的一种复合材料。采用该种保护管用于铜液连续测温，经多年考察证明，性能稳定可靠，使用寿命为 2 ~ 6 个月，达到美国知名品牌 LT - 1 型金属陶瓷保护管（MCPT）的水平。

10.5.6　间歇式测量钢液温度

温度是炼钢过程中的重要参数之一。合理的温度规范和准确的温度测量对提高产品质量、产量，降低消耗，实现冶金生产自动化，均有积极作用。测量钢液温度的检测环境极为恶劣，尤其是转炉，钢液温度达 1500 ~ 1700℃，有时甚至超过 1750℃。在吹氧时点火区温度高达 2000 ~ 2500℃，而且钢液面激烈搅动，强烈冲刷传感器。因此，到目前为止，尚未研制出适于冶炼过程在线监测的温度传感器。

测量钢液温度的方法主要有两大类：非接触法与接触法。在接触法中，用热电偶测量钢液温度具有测量准确、可靠、简便等优点。用热电偶测量钢液温度，除了需要耐高温、抗氧化的热电偶外，还要有抗钢渣浸蚀及热冲击的保护管，或者研制出能够短时间经受高温钢液浸蚀和冲击的专用热电偶和特殊方法。前者是研制新型保护管和热电偶，而后者则是采用小惰性结构的浸入式或投入式热电偶，能在烧毁前迅速地测出钢液温度，如快速热电偶或副枪浸入式热电偶等，而动态测温则是一种特殊的测量方法。

1. 浸入式热电偶

浸入式热电偶是各国普遍采用的热电偶。根据被测对象的不同，其结构也有所差异，但其基本结构是把热电偶装在一根较长的钢管中，热电偶的测量端要焊接或绞接起来，热电极用刚玉管绝缘，为能经受钢液及炉渣的高温浸蚀，钢管的前端套有石墨管。在保证测量准确度和不损坏枪体的情况下，应力求轻便，其具体结构如图 10-51 所示。依据测量范围可选用下列测温元件：

（1）热电偶　当温度高于 1300℃ 时，常选用 S 型、B 型、WRe3 - WRe25、WRe5 - WRe26 热电偶等。热电偶丝直径一般为 $\phi 0.3 \sim \phi 0.5 mm$。当温度低于 1300℃ 时，可选用 N 型或 K 型热电偶，热电偶丝直径通常为 $\phi 2.5 mm$ 或 $\phi 3.2 mm$。

热电极材料是保证测量准确度的关键。不仅要求热电偶分度准确，稳定性、均匀性要好，而且在使用中也应充分注意：当采用铂铑系热电偶时，由于高温下有害物质的污染及合金元素的扩散，会使热电特性发生变化，所以测量 10 ~ 20 次后，应剪去

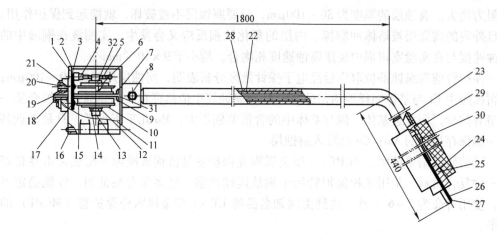

图 10-51　浸入式热电偶

1—接线盒　2—纸垫　3—导板（Ⅰ）　4—固定杆绝缘柱　5—固定杆　6—轴绝缘套　7—引线绝缘柱

8—固定螺钉　9—导板（Ⅱ）　10—轮侧绝缘垫　11—盒盖　12—螺母　13—主轴　14—螺母

15—线轮　16—小轴　17—导块　18—固定销　19—小绝缘套　20—插孔柱　21—塑料垫

22—短绝缘瓷珠　23—连接件　24—保护管　25—塞头　26—长绝缘瓷珠

27—热电极　28—钢管　29—主石墨套　30—小钢管　31—轮间绝缘垫　32—铜环

10～20mm，更新测量端。钨铼系热电偶因高温下晶粒长大及玷污，也应在测量数次后将前端剪断，再绞接或焊接新的测量端。

（2）保护管　浸入式热电偶采用的保护管有石英管（短时间可用至 1700℃）、金属陶瓷保护管，有时也用氧化物、硼化物保护管等。无论何种保护管，其耐热冲击性必须好，否则要经预热后才能缓慢地浸入钢液中。为了减少导热误差，保证测量准确，保护管应有足够的插入深度。外径为 $\phi7mm$、壁厚为 1mm 的石英管，在 1450℃ 的温度下，插入深度与导热误差的关系如图 10-52 所示。石英管的壁厚、热电极丝的粗细、测量端的直径等都直接影响热电偶的响应速度。外径为 $\phi6.25mm$ 的石英管，壁厚与响应速度的关系如图 10-53 所示。

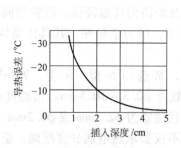

图 10-52　插入深度和
导热误差的关系

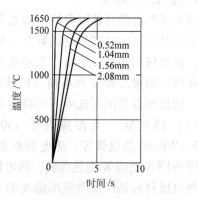

图 10-53　壁厚与响应
速度的关系

（3）金属陶瓷保护管　真空感应炉内合金钢液温度测量时，以前多用刚玉管，但它的耐热冲击性差，易损坏。直到 20 世纪 70 年代初，英国莫根（Morgan）公司研制出 $Mo-Al_2O_3$（Mo 的质量分数约为 80%，Al_2O_3 的质量分数约为 20%）薄壁金属陶瓷保护管，广泛用于各种合金钢液的温度测量，使用寿命达 70~80 次。目前国产 $Mo-Al_2O_3$ 及 $Mo-Al_2O_3-ZrO_2$ 两种材质的薄壁管，在真空感应炉中使用，平均使用寿命大于 120 次，最高达 500 次，比英国同类产品的使用寿命提高 2 倍以上，受到用户欢迎。其主要特性如下：

1）使用温度：1400~1600℃。

2）使用寿命：大于 120 次。

3）使用方式：不经预热可直接插入钢液中间断使用。

4）热响应时间：小于 30s。

5）耐热冲击性：在 1500℃的氩气氛中反复急冷急热次数大于 100 次。

6）规格：$\phi10mm \times 6.0mm \times (140~190)mm$。

（4）显示仪表　仪表的量程应根据选用的热电偶和测量范围而定，响应时间要小于 2.5s，准确度不应低于 0.5 级。浸入式测温仪已经数字化，可以给出清晰的四位显示，准确度达 1℃，并具有峰值保持装置，即使从熔体中抽出后，仍维持测得的温度数值。由于采用干电池供电，使用十分方便。

浸入式钨铼热电偶测温仪如图 10-54 所示，可用于铸造行业中铁液与钢液的温度测量，也可用于铁合金及有色金属熔体的温度测量。

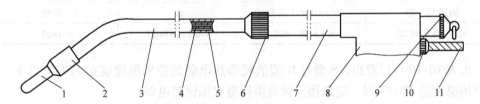

图 10-54　浸入式钨铼热电偶测温仪

1—保护管　2—接头　3—活动杆　4—瓷管　5—钨铼丝　6—紧固螺母
7—固定杆　8—护手　9—吊环　10—接插件　11—补偿导线

2. 消耗型热电偶

消耗型热电偶专门用于快速测量钢液、铜液等的温度。自 1959 年以来，欧美各国用它取代较笨重的浸入式热电偶，现已全面推广应用。我国不仅有 S 型、B 型热电偶，而且，还在世界上首先开发出消耗型钨铼热电偶。消耗型热电偶的工作原理与普通热电偶相同。

（1）消耗型热电偶的特点

1）测量元件小，响应速度快。

2）每测一次更换一支新的热电偶，因此无必要定期检定，而且准确度较高。

3）几乎不需要维修、保养。

4) 由于纸管不吸热，故可测得真实温度。

消耗型热电偶的测量系统如图 10-55 所示。它是由测温探头、补偿导线及显示仪表构成的。固定在测温枪内的补偿导线应采用耐热级或铠装补偿导线，通过接插件与显示仪表相连。

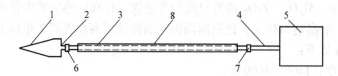

图 10-55 消耗型热电偶的测量系统
1—热电极 2、3、4—补偿导线 5—显示仪表
6、7—插件 8—测温枪杆

（2）分类与分级 目前我国有两类消耗型热电偶，即消耗型铂铑热电偶与消耗型钨铼热电偶，它们的名称、型号及分度号见表 10-10。按使用要求，消耗型热电偶又分为普通级与精密级两种（见表 10-11）。

表 10-10 消耗型热电偶的名称与分度号（YB/T 163—2008）

名　　称	型　　号	分　度　号	使用温度上限/℃
铂铑 10-铂	KS – 602P（或 J）	S	1650
铂铑 30 – 铂铑 6	KB – 602P（或 J）	B	1800
铂铑 13 – 铂	BP – 602P（或 J）	R	1650
钨铼 3 – 钨铼 25	KW3/25 – 602	WRe3 – WRe25	1800

由表 10-10 可以看出，S 型与 R 型消耗型热电偶的使用温度应在 1700℃以下，如果使用温度达 1800℃时，应选用钨铼及消耗型双铂铑热电偶。

表 10-11 消耗型热电偶的分级和允差

名　　称	分度号	最高检定温度/℃	允差/℃	
			普通级（P）	精密级（J）
铂铑 10-铂	S	1600	±5	
铑铑 30 – 铂铑 6	B	1600	±5	
铂铑 13 – 铂	R	1600	±5	±2
钨铼 3 – 钨铼 25	WRe3 – WRe25	1554	±7	
钨铼 5 – 钨铼 26	WRe5 – WRe26	1554	±7	

（3）结构

1）消耗型热电偶。其结构见图 10-56，各部分的作用及特点如下所述：

① 保护帽。它的作用是保护石英管顺利通过渣层，进入钢液时保护帽迅速熔化，石英管露出。如果没有保护帽，通过渣层时，石英管要粘渣影响测量。值得注意的是，

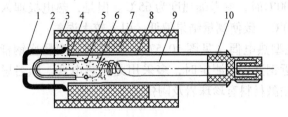

图 10-56　消耗型热电偶的结构
1—保护帽　2—U 形石英管　3—外纸管　4—高温水泥
5—热电偶参考端　6—填充物　7—绝缘纸管
8—小纸管　9—补偿导线　10—塑料插件

应依据被测熔体选择适合的保护帽。比如测量铜液时，绝不能用铁帽，必须用铜或铝帽。

②U 形石英管。保护快速热电偶的 U 形石英管用透明石英制造，其外径不小于 $\phi2.5mm$，厚度不小于 0.5mm。石英管应与高温水泥平面垂直。

③热电极丝。用来制造快速热电偶的丝材，其热电性能应符合相应的标准要求。丝材的直径一般为 $\phi0.1mm$。为了保证热电偶在测温过程中参考端温度不超过 100℃，除了用绝缘性能好的纸管保护外，铂铑偶丝的剪切长度不能短于 27mm。各批热电偶丝可在钯点用熔丝法分度，其允差应符合表 10-10 规定。

④消耗型钨铼热电偶的分度方法。采用熔丝法分度快速热电偶，对铂与钯丝的要求：纯度为 99.99%，直径为 $\phi0.3\sim\phi0.35mm$；使用前熔丝应清洗，并在 $400\sim600℃$ 下进行软化处理 $5\sim10min$。

被分度的热电偶与支撑丝一起用钯丝或铂丝在测量端处跨接或绕接（$4\sim5$ 卷），然后放入炉中分度。在钯丝熔化前 $10\sim15℃$ 时，炉温升速为 $3\sim6℃/min$，当熔化前 $5\sim10℃$ 时，炉温升速为 $2\sim4℃/min$，并且每隔 15s 记录一次读数，热滞处即为 Pd 熔点，此时的热电动势即为该热电偶在 Pd 点的热电动势值。

消耗型钨铼热电偶不均匀热电动势：在 1554℃ 下，WRe3 为 $34\mu V$，WRe25 为 $26\mu V$。

⑤补偿导线。制造消耗型铂铑及钨铼热电偶的补偿导线合金丝的热电性能与技术条件应符合 GB/T 4990—2013 和 JB/T 9496—2014 的要求。对于 B 型消耗型热电偶，因低温时热电动势很小，可用铜线作补偿导线。关于消耗型热电偶的回路电阻，包括补偿导线在内，不得大于 3Ω。

⑥高温水泥。它是一种特制的密封绝热材料，其作用是支撑石英管及外保护管，同时应具有良好的绝缘性能。对高温水泥的要求是：耐高温，热稳定性好，低热传导；对它的灌注必须充实、平整，并能在常温固化又具有一定强度。常用的有硅镁质、铝镁质及全镁质三种高温水泥。它的质量及热电极埋入深度，是测温过程中参考端温度 t_0 能否超过 100℃ 的关键环节。参考端埋入深度一般不小于 13mm，测量端露出高温水泥面的高度一般不小于 12mm。当测量时间小于 8s 时，一般参考端温度小于 100℃。例

如，钢液温度为 1700℃时，参考端温度为 65℃。但是，热电极埋入深度大于 5mm，则参考端温度大于 100℃，致使测量结果偏低，引入较大误差。

2）无喷溅消耗型热电偶（见图 10-57）。如果需要测量盛钢桶、钢锭模内钢液的温度，或者必须靠近钢液进行测定时，多采用此种热电偶。顾名思义，其特点是测量时无喷溅。作为防喷溅材料有珍珠岩及陶瓷。

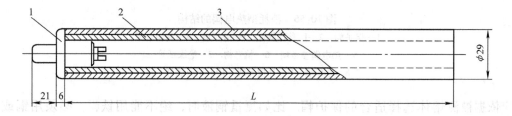

图 10-57 无喷溅消耗型热电偶
1—衬垫 2—纸管 3—珍珠岩

3）注流用消耗型热电偶。由盛钢桶向钢锭模中浇注时常选择注流用消耗型热电偶测量注流的温度。其结构与图 10-57 相似。透明石英管露出长度为 25mm，而测量端又要从透明石英管的顶点露出一点。透明石英管既要耐高温，又要具有耐钢液流动压头的能力。在测量时直接将热电偶的端头插入注流中心，注意纸管接触注流时会引起喷溅。

4）感应炉用微型消耗型热电偶。为了面向铸造行业，尤其是从经济上考虑，开发出了超小型无喷溅的感应炉用微型消耗型热电偶，如图 10-58 所示。它的特点是，可安全、迅速地测量出感应炉及坩埚内钢液温度。

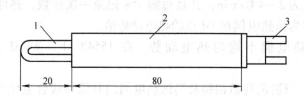

图 10-58 感应炉用微型消耗型热电偶
1—透明石英管 2—陶瓷管 3—插头

（4）消耗型热电偶的制作 目前我国消耗型热电偶的生产均采用专用设备。图 10-59 所示为钨铼消耗型热电偶测量端的绕结机；图 10-60 所示为测量端的焊接机；图 10-61 所示为参考端与补偿导线的焊接机。三套设备组合起来构成了生产钨铼消耗型热电偶所需的全套专用设备，可确保消耗型热电偶的质量与生产率。

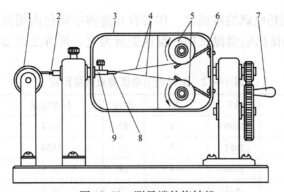

图 10-59 测量端的绕结机

1—轴轮 2—绕好的测量端 3—框架 4—钨铼热电偶正负电极丝

5—正、负电极线轴 6—弹簧片 7—摇把（可带动框架 3 旋转） 8、9—特制的轴

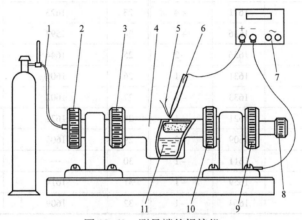

图 10-60 测量端的焊接机

1—氩气 2、3、9、10—旋紧装置 4—玻璃部件（上有小孔） 5—绕好的热电偶

6—镊子 7—电源 8—内装有石墨电极（可转，可进退） 11—乙醇（无氩气时仍然可焊接）

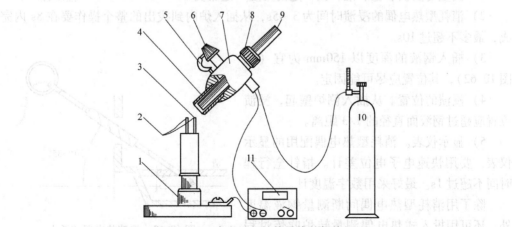

图 10-61 参考端与补偿导线的焊接机

1—底座 2—已焊好测量端的热电偶 3—补偿导线 4—玻璃管 5—气体导管 6—微型开关（开关气体）

7—特制微型焊具 8—固定装置 9—石墨电极 10—氩气瓶 11—电源

（5）消耗型钨铼热电偶的准确度　作者曾在连铸中间包内用双枪同时插入消耗型钨铼热电偶与标准铂铑热电偶测量同一温区钢液温度，两者之差 Δt 最大为 ±5℃，其结果见表 10-12。

表 10-12　消耗型热电偶测量结果比较　　　　（单位：℃）

序号	标准铂铑	钨铼	差	序号	标准铂铑	钨铼	差
1	1692	1696	−4	17	1674	1676	−2
2	1676	1681	+5	18	1659	1657	+2
3	1670	1666	+4	19	1629	1631	−2
4	1640	1641	−1	20	1671		—
5	1636	1632	+4	21	1652	1651	+1
6	1624	1620	+4	22	1615	1616	−1
7	1675	1671	+4	23	1623	1625	−2
8	1639	1636	+3	24	1597	1600	−3
9	1654	1656	−2	25	1644	1646	−2
10	1632	1631	+1	26	1609	1607	+2
11	1630	1633	−3	27	1602	1600	+2
12	1620	1621	−1	28	1621	1623	−2
13	1607	1609	−2	29	1605	1606	−1
14	1610	1611	−1	30	—	1612	
15	1600	1659	−1	31	1614	1612	+2
16	1663	1664	−1	32	1609	1614	−5

（6）操作　消耗型热电偶的插入有如下注意事项：

1）测量时要快、稳、准，按一定的角度（通常为30°~35°），一口气直线插入。

2）消耗型热电偶的浸渍时间为 3~5s，从插入炉内到拔出的整个操作要在 8s 内完成，最多不超过 10s。

3）插入钢液的深度以 150mm 为宜（见图 10-62），其位置应尽可能固定。

4）浸渍的位置。从插入侧炉壁起，浸渍位置应超过钢液面直径的 1/3 距离。

5）显示仪表。消耗型热电偶配用的显示仪表，要用快速电子电位差计。指针全行程时间不超过 1s。最好采用数字温度计。

除了用消耗型热电偶间断测量钢液温度外，还可用投入式热电偶测量转炉吹炼过程中的钢液温度。它是用耐热导线与热电偶相连接的，在完成测量任务前，耐热导线能够经受钢渣腐蚀。它的测量准确度与消耗型

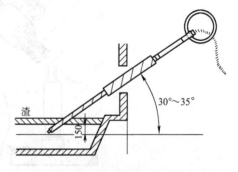

图 10-62　快速热电偶的插入

热电偶相同。

（7）消耗型热电偶存在问题的探讨

1）消耗型热电偶丝直径大小的影响与最小直径

① 直径过细的热电偶丝，使其机械强度降低，热电动势的稳定性下降。

为了证实高温下热电偶丝直径的影响，取不同直径的热电偶丝进行试验，其结果见表 10-13。通过试验可确定消耗型热电偶丝直径的合理下限值为 $\phi0.09mm$。目前，我国和日本均已突破此下限值，达到 $\phi0.06mm$ 或 $\phi0.05mm$。尽管表 10-12 的数值为日本 20 世纪 80 年代水平，但是对于合理地选取消耗型热电偶丝的下限值，上述试验仍有参考价值。

表 10-13　R 型热电偶丝直径与高温稳定性关系

试验条件	偶丝直径/mm						
	$\phi0.2$	$\phi0.1$	$\phi0.09$	$\phi0.08$	$\phi0.07$	$\phi0.06$	$\phi0.05$
将铂丝垂直插入 1500℃ 电炉中，连续加热 1h	稳定	稳定	稳定	部分结晶粗大	结晶粗大	全面结晶粗大化	全面结晶粗大化
将铂丝垂直插入 1500℃ 电炉中，连续加热 2h	稳定	稍稳定	部分结晶粗大	结晶粗大	部分断线	断线	断线
在 1000℃ 下测量其电动势	稳定	稳定	稍稳定	不稳定	不稳定	不稳定	不稳定

② 热电偶丝因加工而产生应力或被污染，致使热电动势降低。应力大时，可引起温度示值下降 9～13℃。

③ 消耗型热电偶丝最细直径的选用原则：确保高温下的稳定性，探头元件焊接组装后能充分进行退火与清洗，可使以后的装配操作简单易行。

2）酸洗与退火。经过加工的热电偶丝应进行酸洗，并在 1000℃ 下退火 20s 后，再次进行检定。结果表明，酸洗与退火均可使电动势得到恢复。

3）接插件接触不良会引起仪表指示、记录不稳定。应改善插头的材质与结构，将插销由圆形改为扁形，插孔由圆孔改为扁孔。改善热电偶丝与补偿导线的铆接状态，采用粗直径热电偶丝。

4）偏差与分散性。对消耗型热电偶的生产工艺调查结果表明，不同生产厂家之间、同一生产厂不同批号间的偏差与分散性的产生，是生产过程中管理不完善所致。

5）高温检定。采用 Pd 熔丝法对消耗型热电偶丝进行高温检定时，首先应探讨 Pd 丝直径对测量精度的影响。试验结果表明，Pd 丝与热电偶丝的直径不同，检定结果的分散性及偏差增大，使分度难以准确进行。因此，对消耗型热电偶丝进行 Pd 熔丝法检定时，必须采用与热电偶丝直径相同的 Pd 丝。

（8）消耗型热电偶校准的新方法

1）现有校准方法的弊端。消耗型热电偶是我国当前用量最多的测温元件，也是世界上用量最多的测温元件之一。随着我国冶金工业的飞速发展，每年消耗量超过亿支。

但是其成品的质量，目前国际上只能依靠消耗型热电偶丝（B.S.R 型）在钯点（1554℃ ±1℃）的允差来评定。20 世纪 80 年代，多用制作严格的消耗型热电偶作为标准，与普通的消耗型热电偶捆绑在一起，在钢液中进行示值比较。由于这种方法存在重现性不佳、精度低等缺陷，所以未能彻底解决消耗型热电偶测温的精度评定。作为消耗型热电偶，人们关心的不仅是一支消耗型热电偶准确度，而是一批消耗型热电偶的测量准确度和精度。

2）消耗型热电偶校准的新方法。为了克服上述存在的弊端，彻底解决消耗型热电偶测温的可靠性问题，作者开发出了一种消耗型热电偶在线校准的方法。它是以整体校准的新理念，提出具有校准精度高、可靠性好、误差小，并可溯源的在线校准新方法（专利）。

新方法采用的校准装置是由温度传感器、补偿导线及测温仪表组成，如图 10-63 所示。温度传感器的结构如图 10-64 所示。

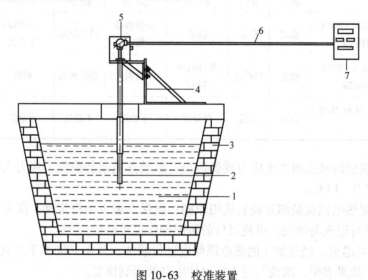

图 10-63　校准装置

1—钢液　2—温度传感器　3—中间包　4—支架　5—保护盒　6—补偿导线　7—测温仪表

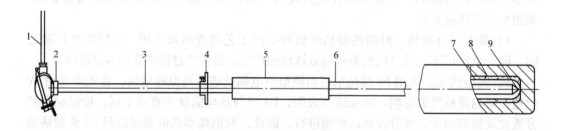

图 10-64　温度传感器的结构

1—补偿导线　2—接线盒　3—高温合金管　4—活动法兰　5—护套
6—保护管　7—内保护管　8—填充剂　9—热电偶

3）新型校准装置的特点

① 连铸中间包温场热容量大。在连铸中间包内对消耗型热电偶进行在线校准，因其钢液热容量大，不会因消耗型热电偶的插入而改变温场，示值不稳定。

② 校准装置可溯源。新型校准装置首先要经国家认可实验室于 1300℃、1400℃、1500℃、1600℃温度点进行整体分度，并附校准证书。现行的对消耗型热电偶准确度的检验只能用对比法，不能进行量值溯源；而新型校准装置带有国家认可实验室校准证书，是可溯源的。

4）校准装置存在的问题。校准装置的设计理念是具有开创性的，但存在如下两个问题：

① 中间包温度的稳定性或控温精度，难以满足要求。

② 新型校准装置与消耗型热电偶的结构差异甚大。标准与被校的消耗型热电偶的响应时间不同。当温场波动时，两者不同步，因此影响校准精度。

总之，消耗型热电偶的在线校准方法，到目前为止仍是一项尚未攻克的难题。如能提高温场的控温精度并缩短标准装置的响应时间，该方法是有应用前景的。

3. 副枪浸入式热电偶

氧气顶吹转炉炼钢的特点是吹炼时间短，反应激烈，终点温度不易控制。为了适应生产发展的需要，从 20 世纪 60 年代开始用电子计算机控制转炉炼钢，控制方法有以下几种：

（1）静态控制　在吹炼开始前，确定物料平衡和热平衡关系公式。根据公式进行配料计算，然后按计算结果装料与吹炼。在吹炼过程中，不做任何测试和修正。此种控制方法称为静态控制。由于理论计算模型与实际偏离较大，因此静态控制的命中率约为 70%，比人工控制提高 10% 左右，仍不够理想。

（2）动态控制　在吹炼开始前，配料计算与静态控制相同，但可依据吹炼过程中测得的参数对终点进行预测与判断，从而可调整或控制吹炼参数，以便对原模型进行修正，使之达到预定的目标。动态控制的命中率可达 90% 左右。命中率的高低关键在于能否在吹炼过程中，快速、准确地获得熔池的各参数，尤其是温度及碳含量。当前绝大多数国家采用副枪测量钢液温度及碳含量，可实现动态控制。

所谓副枪，是在氧枪的另一侧设置的水冷枪，枪头上安装了可更换的探头。副枪用探头有下列三种形式：测温探头、复合探头（测量温度与碳含量，见图 10-65）、多用探头（既能测温，又能测出氧含量）。在复合探头内有一个装有热电偶的样杯，在测量时，副枪下降，探头进入钢液，首先测出熔池温度；与此同时，钢液也进入探头样杯内，当副枪提升时，样杯内的热电偶测出了杯内钢液的凝固温度曲线，由曲线可迅速判断出钢液中碳含量。

副枪的结构类似于转炉的氧枪，它是由高压水冷却的二层或三层钢管构成的。副枪支撑在升降小车上，用钢丝绳及拖动机构带动副枪沿滑道上升或下降。每次测量后，自动更换探头。副枪浸入式热电偶的安装情况如图 10-66 所示。用副枪测出的钢液温度及碳含量由仪表自动记录、打印或经变送器转换成统一信号送至计算机，作为冶炼过程的参数。

副枪浸入式热电偶的突出优点是，可在转炉吹炼过程中进行测量，不必停吹或倒炉，是实现转炉炼钢自动化的关键性测试手段。

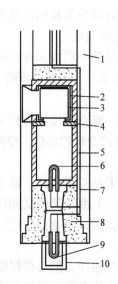

图 10-65 复合探头的结构

1—纸管 2—隔热材料 3—铝箔 4—隔板
5—样杯 6—测量钢液凝固温度热电偶
7—补偿导线 8—水泥
9—测量钢液温度热电偶 10—钢帽

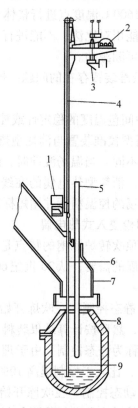

图 10-66 副枪浸入式热电偶的安装情况

1—探头的装卸装置 2—提升绞车
3—导轨旋转机构 4—副枪导轨
5—氧枪 6—副枪温度
7—OG 烟气处理烟罩 8—转炉
9—探头

4. 动态测温法

动态法测温技术是 20 世纪 60 年代发展起来的一种新的测温方法。它的特点是：在非稳态导热过程中，测出传感器的温度随时间变化的函数关系（动态曲线），然后依据一定的数学模型，利用电子计算机推算出被测熔体的实际温度。由于传感器测温时不需要达到热平衡，所以测温速度较快，既可用普通热电偶代替贵金属热电偶，降低测温费用，又可降低对保护管材料耐高温、耐腐蚀的苛刻要求。动态测温法的缺点是利用外推法计算实际温度，准确度难以提高。此种方法用于测量 2000℃以上的超高温时，其优越性才能得到充分发挥。这种新的测温方法有待于进一步发展、完善。

10.5.7 消耗型光纤辐射温度计测量钢液温度

在铁液、钢液测温中，世界上广泛地采用消耗型热电偶。但是存在如下问题：测温探头为一次性，测温费用较高，每次测量后必须更换新探头，难以自动化，不能连续或高频率测温。针对上述情况，不少单位和科研人员都在研究新的测量方法。曾用 ZrB_2 及金属陶瓷作为热电偶保护管插入熔融金属中连续测温。接触法测量虽然准确，但寿命短，成本高，无法实用化；而辐射温度计只能测量熔融金属的表面温度，却不能测得熔体内部真实温度，也难以实用化。

日本开发的消耗型光纤辐射温度计可以克服上述缺点，是一种全新概念的测量熔融金属温度的方法。它的测温精度与消耗型热电偶接近。自 1994 年开始在日本的钢铁企业试用。

1. 原理与特点

消耗型光纤辐射温度计与普通光纤辐射温度计的比较如图 10-67 所示。普通光纤辐射温度计测量温度的特点是，接收被测物表面的辐射光，即为非接触测温法。与此相反，消耗型光纤辐射温度计却是将光纤的端头浸入到被测熔融金属中，它是接触式测温法，即将熔融金属内部的热辐射直接通过光纤导入辐射温度计进行测温。

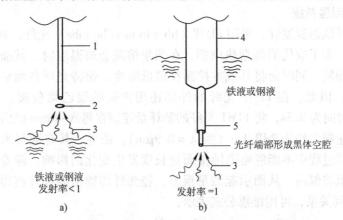

图 10-67 消耗型光纤辐射温度计与普通光纤辐射温度计的比较
a) 普通型光纤辐射温度计 b) 消耗型光纤辐射温度计
1—光纤 2—透镜 3—辐射光 4—聚乙烯包套 5—金属管

消耗型光纤辐射测温法的最大优点是：不依赖被测对象的发射率，可将被测物的发射率看为 1，仍然可以得到准确的测量结果。因为光纤是由芯线与金属包层构成的玻璃线体，其直径非常细（$\phi125\mu m$），即使插入深度很浅，因其相对开口很小，也可以看成在熔体内形成一个等温壁玻璃圆筒，是一良好的黑体空腔。据此优点，即可实现发射率为 1 的高精度测温。

消耗型光纤辐射温度计的测温程序如图 10-68 所示。将光纤插入被测熔体中，光纤端部将被高温熔融金属蚀损。然而，因其响应速度快，在光纤蚀损前，即可得到测

温结果。完成测量后向上拉起光纤，在下次
测量时，只要端部能伸出头就可以继续进行
测量。

消耗型光纤辐射温度计与消耗型热电偶
相比，具有以下优点：

1）采用廉价光纤，成本低。

2）可实现自动测量。

3）可高频率测量（时间间隔约 10s）。

4）响应速度快，测量时间短。

消耗型光纤辐射温度计与普通型光纤辐
射温度计相比，具有以下优点：

1）可以测量熔融金属内部的真实温度。

2）不受被测熔体表面炉渣及气氛的
干扰。

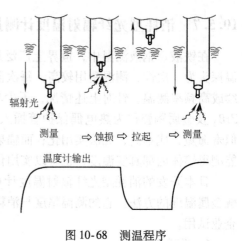

图 10-68　测温程序

3）被测对象的发射率可取作 1，因而可得到准确的测量结果。

4）通过蚀损，可以经常保持完好的光纤端部进行测温。

2. 光纤与测温系统

消耗型光纤辐射温度计，采用 FIMT（fiber in metallic tube）光纤，具有很高的机械
强度与耐热性。为了取代消耗型热电偶，在测量熔融金属温度时，其插入深度必须与
消耗型热电偶相同，同时为将其成本控制在最低限度，保持光纤在测量过程中蚀损量
最小是必要的。因此，在 FIMT 光纤的外部还用含碳的聚乙烯包覆，当插入深度为
300mm，保持时间为 0.5s，将 FIMT 光纤的消耗量控制在每次 40mm 以内是可能的。

光纤的传输损失约为 2dB/km（当 $\lambda = 0.9\mu m$）。因此，具有数百米长的光纤辐射
温度计，在使用过程中不能忽略因蚀损而使长度发生变化的影响。随着消耗型光纤长
度变短，其示值将偏高，从而引起测量误差。经光纤传输由温度计测得的辐射亮度 E
与真实温度 t_0 间关系，可用维恩公式表示：

$$E = \exp(\alpha x)(2c_1/\lambda^5)\exp(-c_2/\lambda t_0) \tag{10-22}$$

式中，c_1、c_2 是普朗克第一、第二辐射常数；α 是光纤衰减量；λ 是测量波长；x 是当
波长为 λ 时，光纤的传输损失。

辐射亮度 E 和表现温度 t 的关系，可用下式表示：

$$E = (2c_1/\lambda^5)\exp(-c_2/\lambda t) \tag{10-23}$$

当衰减量为 α 时，由式（10-22）、式（10-23）可得出其示值误差 Δt 为

$$\Delta t = t - t_0 = \alpha\lambda t_0^2/(2c_2 x)$$

将 FIMT 光纤以数十米为单位截成若干段，在 1500℃ 的黑体炉内通过测量求得示值
误差 Δt。对于测量波长为 $0.9\mu m$ 的硅辐射温度计，每 100m 光纤因衰减引起的示值误
差约为 8℃。为了修正该误差，实际测出光纤的传输量后，再考虑 Δt 后，求出真实
温度。

FIMT 光纤以 100 ~ 500m 为单位卷在转筒上, 光纤的一端由插入装置通过导向管浸入到熔体中, 为防止聚乙烯包覆套燃烧, 导向管内要通入惰性气体保护, 如图 10-69 所示。光纤的另一端与温度变送器相连, 并要测出 FIMT 光纤的进给量对光纤长度变化的影响, 并进行修正, 从而保证测量的准确度。测量装置的规格见表 10-14。

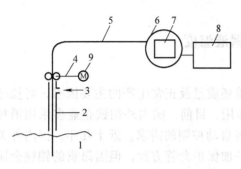

图 10-69　消耗型光纤辐射温度计测量系统

1—熔融金属　2—导向管　3—净化气体
4—传送辊　5—FIMT 光纤　6—光纤转筒
7—辐射温度计　8—长度修正运算器
9—电动机

表 10-14　测量装置的规格

项　　目	规　　格
光纤	聚乙烯包覆 FIMT (ϕ4mm ×300000mm) 光纤 G150 ~ 125μm
辐射温度计	检测元件 Si, 0.9μm 测量范围 1050 ~ 1650℃ 响应时间 50ms
采样	FIMT 插入深度 0 ~ 500mm FIMT 插入速度 0 ~ 1000mm/s FIMT 保持时间 10s
信号处理	采样时间 10ms FIMT 长度修正功能

3. 应用与存在问题

(1) 应用情况　日本连铸机对测温精度要求为 ±3℃, 使用消耗型光纤辐射温度计后, 测温精度与消耗式热电偶相近 (±3℃), 但测温费用可降低 2/3。该装置与消耗型热电偶测量结果的比较如图 10-70 所示。

(2) 消耗型光纤辐射温度计存在的问题

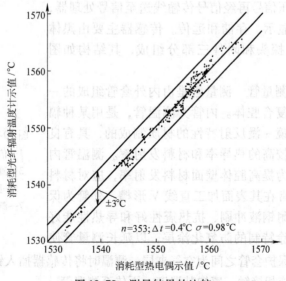

n=353; Δt=0.4℃ σ=0.98℃

图 10-70　测量结果的比较

1）光纤长度的准确测量。光纤长度因对辐射衰减的影响而引起误差，但使用中的光纤长度难以测准。

2）使用后光纤的透光率将发生变化，而该变化的程度是随机的，很难测准。

上述两个主要问题未解决，影响了其测温的准确度，致使消耗型光纤辐射温度计至今未能实际推广应用。

10.5.8 黑体空腔红外辐射温度计测量钢液温度

1. 黑体空腔式钢液连续测温传感器

在连铸生产中，中间包钢液温度是影响铸坯质量及正常生产的主要因素，对拉坯速度、浇注速度、二冷水量的调节起着重要作用。目前，国内外钢铁企业多采用消耗型热电偶间断测量钢液温度，难以保证和连铸自动控制的需求。近十几年，国内外关于钢液连续测温研究主要集中在铂铑热电偶外加保护套管方面，但因昂贵的铂铑金属使得测温费用过大，企业难以承受。因此，实现钢液连续测温一直是亟待解决的重大研究课题之一。

基于在线黑体空腔理论的研究成果，设计出一种新型的黑体空腔式钢液连续测温传感器。实验结果表明，该测温传感器的测量误差 ≤ ±3℃，测温管寿命可达20~40h。

2. 传感器的结构

黑体空腔式钢液连续测温传感器，兼有接触式和非接触式两种温度计的优点，具有测量温度准确、抗干扰能力强、安装使用方便等优点。其测温原理是将传感器插入钢液中，使其与被测介质直接接触感知温度，以专门设计的测温探头接收测量管发出的红外辐射信号，所产生的与温度成一定关系的电压信号再经信号传输线送至信号处理器，进行计算、补偿、显示、存储和远传。传感器主要由黑体空腔测量管、测温探头和附件三部分组成，其结构如图10-71所示。

（1）黑体空腔测量管　测量管是由内外套管组成的一端开口一端封闭的复合腔体。内管为测温管，是用某种辐射特性稳定和具有镜 – 漫反射特性的材质制成的，具有良好的抗氧化性能、较高的热导率和材料发射率。测温管内壁形成黑体空腔，为提高腔体壁面材料发射率，应对材料进行粗糙加工，如常在其表面加工直线 V 形槽。外管为保护管，由耐高温、耐钢液冲刷、抗热震性好和导热性能好的材料制成，并外涂特制的防氧化涂层，以延长测量管使

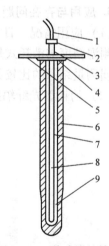

图 10-71　传感器的结构
1—信号传输线　2—接管
3—测温探头　4—调整架
5—固定架　6—保护管
7—测温管　8—黑体空腔
9—空气夹层

用寿命。测温管与保护套管之间为空气夹层。测温时将传感器插入钢液中至少 250mm，保护套管直接与钢液相接触，感知其温度，再传至测温管。

（2）测温探头　测温探头由保护玻璃、光学透镜、光电探测器、变送器、环境温度补偿电路、信号传输线（光纤）及冷却风路等组成。光电探测器采用光电管，其峰值波长的选择应与测量管相匹配。测温管腔体发出的热辐射经保护玻璃和光学透镜聚焦成像在光电管上，产生与温度成一定关系的电流信号，此电流信号经电缆线传至信号处理器。

（3）附件部分　附件部分包括接管、调整架、固定架和支撑管等，主要用于传感器的连接、固定和安装。

3. 传感器测温原理

传感器长约 1m，进行测温时，一部分插入钢液中，另一部分暴露于空气中。两部分的边界条件（流体温度和对流换热系数）具有较大差异，温度分布沿轴向方向必然存在梯度，测温管内壁所形成的黑体空腔也必然具有一定的非等温性。其在线腔体的实际发射率随腔体温度、波长、腔体结构和材质的不同而变化，难以用经典黑体空腔理论的等温性和密闭性来准确评价。

（1）在线黑体空腔理论　为有效表达腔体温度分布特性，提出用不等温系数表述的在线黑体空腔单色辐射特征公式：

$$E_b(T_S,\lambda) = X_0^c E_b[T/(1-K_t),\lambda] \tag{10-24}$$

式中，E_b 为黑体空腔的光谱辐射力；λ 为波长；T_S 为黑体空腔的亮度温度；T 为黑体空腔的实际温度；X_0^c 为腔体发射率；K_t 为腔体不等温系数。

由式（10-24）可得传感器所测亮度温度为

$$T_S = \left(\frac{\lambda}{C_2}\ln\frac{1}{X_0^c} + \frac{1-K_t}{T}\right)^{-1} \tag{10-25}$$

在线黑体空腔理论以基尔霍夫的物理模型为基础，提出用腔体发射率 X_0^c 和不等温系数 K_t 两个参数反映黑体空腔的腔体特性。其中，X_0^c 是从有效发射率的角度描述黑体空腔的几何结构、材料发射率等腔体的固有特性，而 K_t 则从有效温度的角度表达了黑体空腔温度分布均匀性的好坏，二者不随辐射波长和腔体温度变化，具有较强的适用性。当 $X_0^c = 1$ 和 $K_t = 0$ 时，即为理想黑体，且满足基尔霍夫定律中的等温性和密闭性。对于实际在线黑体空腔，其 X_0^c 越接近于 1，K_t 越接近于 0，黑体空腔品质越好，越接近于理想黑体。

（2）腔体发射率　即等温腔体积分发射率，其表达式为

$$X_0^c = \frac{\int_0^{z_1'} X_{a0}(z')\,dF_{z,D}'\,dA_z' + \int_{z_1'}^{z_2'} X_{a0}(z')\,dF_{bz,D}'\,dA_z'}{\int_0^{z_1'} dF_{z,D}'\,dA_z' + \int_{z_1'}^{z_2} dF_{bz,D}'\,dA_z'} \tag{10-26}$$

式中，$X_{a0}(z')$ 为等温腔体内 z' 处有效发射率；z' 为无量纲轴坐标；z_1' 为全照区和半照区分界处无量纲轴坐标；z_2' 为半照区和不可见光照区分界处无量纲轴坐标；$dF_{bz,D}'$ 为 dA_z' 对探测器接收面 A_D 的半照区角系数；dA_z' 为腔体壁面 z' 处微元环面积。

由式（10-26）可知，腔体发射率不随腔体温度和波长的变化而变化，完全由腔体

几何特性、材料发射率和腔口与探测器之间的距离决定，即表达了与腔体工作温度和波长无关的固有特性。

（3）腔体不等温系数　由积分方程理论可推出腔体不等温系数的一阶近似式为

$$K_t = \frac{1}{F_{A_0,D}A_0X_0^c}\left(\int_0^{z'}\sum_{i=0}^2 a_i\phi_{ai}(z')\,\mathrm{d}F'_{z,D}\mathrm{d}A'_z + \int_{z'_1}^{z'_2}\sum_{i=0}^2 a_i\phi_{ai}(z')\,\mathrm{d}F'_{bz,D}\mathrm{d}A'_z\right)$$

$$(10\text{-}27)$$

式中，A_0 为腔体开口面积；$F_{A_0,D}$ 为 A_0 对探测器接收面 A_D 的辐射换热角系数；a_i 为相对温差分布多项式系数；ϕ_{ai} 为腔体内温度分布影响的加权函数，它满足下列方程：

$$\phi_{ai}(z'_0) = X(z')^i + (1-X)\int_K \phi_{ai}(z')\,\mathrm{d}^2F'_{z0,z'}$$

$$i = 0,1,2 \qquad (10\text{-}28)$$

式中，$\mathrm{d}^2F'_{z0,z'}$ 为腔体壁面 z'_0 处微元环面积 $\mathrm{d}A'_{z0}$ 对 z' 处微元环面积 $\mathrm{d}A'_z$ 的角系数；X 为腔体材料发射率；K 为腔体积分区域。

由式（10-27）、式（10-28）可知，一阶不等温系数 K_t 与腔体实际温度和波长无关，与腔体内温度分布特性、腔体结构和材料发射率 X 有关。一旦传感器设计完成，腔体结构和 X 即为常数，则 K_t 只随被测对象温度的变化而变化，体现为相对误差分布多项式系数 a_i 的变化，这只有通过传感器温度场的分析才可确定。由传热学理论可知，保护套管和测温管的管壁均为含有非齐次边界条件的二维非稳态导热，保护套管外侧插入钢水部分为纵掠圆管的受迫对流，保护套管未插入钢液部分为纵掠圆管的自然对流，经有限元分析可得测温管内壁的温度分布曲线，进而拟合出相对温差分布多项式系数 a_i。

4. 实验结果

利用作者研制的传感器组成钢液连续测温系统，即将所测信号，经信号传输线送入信号处理器进行滤波、放大、模数转换、计算、显示和存储等。在包钢炼钢厂方坯铸机中间包上进行准确性、传感器使用寿命等一系列实验。

（1）准确性实验　将一支二等铂铑热电偶封装于黑体空腔测量管内紧靠管底处，其输出信号与钢液连续测温传感器的输出信号同步送入信号处理器进行处理。在长达 280min 的准确性实验中，黑体空腔钢液连续测温传感器与标准铂铑热电偶测温偏差小于 2℃，其准确性完全满足生产要求。准确性实验曲线如图 10-72 所示。图 10-72 中曲线右端下降部

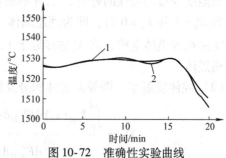

图 10-72　准确性实验曲线
1—红外辐射温度计　2—二等铂铑热电偶

分具有较大温差是由于更换中间包时（约 3min），两个测温传感器的响应时间不同而造成的动态测温误差。

（2）使用寿命测试　10 支传感器使用寿命的记录数据列于表 10-15 中，从表10-15

中可见，平均寿命为 24 ~ 40h。传感器使用寿命不同主要取决于钢种和工艺。

表 10-15 传感器的使用寿命

传感器号	浇铸炉数	寿命/h
1	38	27
2	66	48
3	46	34
4	39	28
5	57	44
6	41	31
7	36	29
8	38	27
9	54	40
10	64	45
平均		35

5. 结论

测试实验和现场应用表明，基于在线黑体空腔理论所研制的钢液连续测温传感器具有如下特点：

1）准确度高：在温度为 1400 ~ 1600℃时，其测温误差 ≤ ± 3℃（测钢液温度）；在温度为 700 ~ 1400℃时，其测温误差 ≤ ±7℃（烘烤中包）。

2）使用寿命长：24 ~ 40h（取决于钢种和工艺）。

3）测温成本与现行的消耗型热电偶实际消耗相当或略低，具有较强实用性。

4）运行稳定、可靠。

10.5.9 钢液连续测温

副枪浸入式热电偶仅能间断测量，只有连续测温才能及时反映炉内冶炼过程的温度变化，弥补副枪测温技术之不足。俄罗斯、日本等国用于钢液连续测温的热电偶保护管见表 10-16。

表 10-16 钢液连续测温用热电偶保护管

保护管牌号	使用条件		可靠性 (%)
	设 备	温度/时间或浇注次数等	
高级耐火材料 HCK	平炉(МП)	(1500 ~ 1650℃)/(2 ~ 4h)	90 ~ 97
高级优质耐火材料	电炉(ЭП)	(1500 ~ 1750℃)/(0.5 ~ 1.0h)	95
刚玉管(单管)HK	中间包(ПК)	(1550 ~ 1650℃)/(1.5 ~ 2.0h)	87 ~ 99
刚玉管 TK	盛钢桶(PK)	(1550 ~ 1580℃)/(15 ~ 20 次)	100
硼化锆管 ЧЬИМ	转炉(K)	(1550 ~ 1800℃)/(0.5 ~ 1.0h)	50 ~ 80
氮化硅结合的氧化铝保护管	中间包(6h 以上)		
BN – Al$_2$O$_3$ 双层保护管		间断使用 110 次以上，连续测温达 15h	
Al$_2$O$_3$ – C 保护管	中间包	8 ~ 12h 连续测温	
ZrB$_2$ 保护管	中间包	40 ~ 100h 连续测温	

1974 年我国研制出 Mo – MgO 金属陶瓷热电偶保护管，作者于 1975 年在鞍钢 150t 转炉上用更换套管法两次突破全炉役（103 炉、88 炉）钢液连续测温，以后采用不更换套管法，在首钢多次出现单支多孔套管连续测温超过百炉的记录。

1. 测温系统

我国转炉连续测温有更换套管法、多砖多孔接力法及一管多孔组合接力法等。测温系统由温度传感器、连接导线及显示仪表构成，如图 10-73 所示。

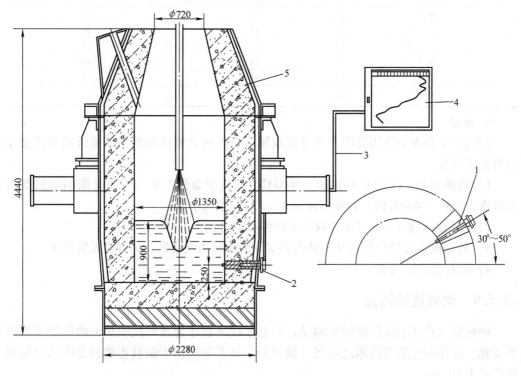

图 10-73　测温系统示意图

1—标准孔砖　2—温度传感器　3—补偿导线　4—显示仪表　5—转炉

（1）标准孔砖　特制的具有光滑、平直内孔的耐火砖，称为标准孔砖，它与炉衬砖同时砌筑，两者配合应紧密。它的孔径尺寸应稳定，对传感器起着固定、支撑和保护作用。

（2）温度传感器　由热电偶、内保护管、绝缘物及金属陶瓷保护管等构成。

金属陶瓷保护管多采用国产 Mo – MgO 系金属陶瓷管，有单孔或多孔（2 ~ 7 孔）等多种形式。长度为 150 ~ 300mm。

热电偶用国产钨铼热电偶，在套管与热电偶间隙填充干而细的 Al_2O_3 粉形成实体，参考端用磷酸铝密封。这样，既能使热电偶与外界隔绝，又可增加热电偶抗氧化与振动能力。由于温度传感器与标准砖紧密配合，传感器内部又是实体结构，插入炉内安全可靠，几年来从未发生漏钢事故。

（3）组合式热电偶工作情况　金属陶瓷管为 5 孔，组合式热电偶的结构及安装如图 10-74 所示。各支热电偶测量端间的距离为：1#～2#为 30mm；2#～3#为 30mm；3#～4#为 45mm；4#～5#为 12mm。1#热电偶工作到 46 炉时，2#热电偶开始正常工作，直到 86 炉。4#热电偶工作到 121 炉共 62h。3#热电偶测得的温度偏低，5#热电偶未工作就坏了，"接力"工作情况如图 10-75 所示。

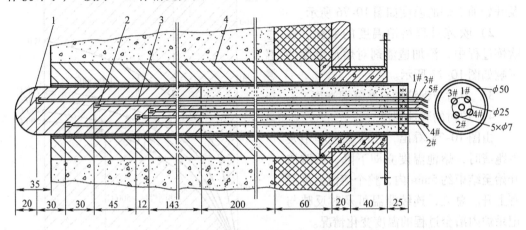

图 10-74　组合式热电偶的结构及安装示意图
1—保护管　2—热电偶　3—绝缘物　4—标准砖

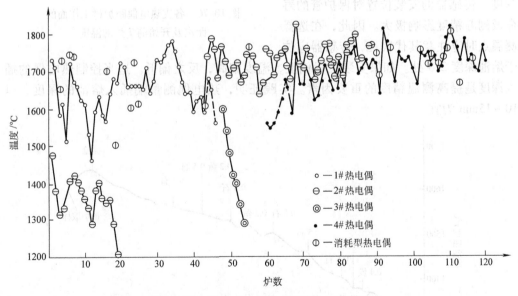

图 10-75　组合式热电偶"接力"工作情况

2. 连续测温在生产中的作用

我国转炉钢液温度的测量多采用消耗型热电偶间断测温，即所谓点测的方法。同点测相比，连续测温有许多优点：提高转炉终点温度控制命中率；提高炉龄；减少铁合金消耗量；能提供必要的工艺参数。

3. 连续测温可提供的工艺参数

1）确定炉衬的烧结情况。在 150t 转炉炉衬的不同位置设置 4 支热电偶，各支热电偶测量端距炉衬工作面的距离及开始前 7 炉的温度如图 10-76 所示。

2）吹炼过程熔池温度的变化。在吹炼过程中，添加造渣剂对熔池温度的影响如图 10-77 所示。

3）炉衬与钢液的自然降温速度。

4）炉衬的腐蚀速度。

由图 10-78 看出，在吹炼过程中发生跑渣时，熔池温度立即下降，从跑渣开始至结束约 5min 内，整个熔池温度没有上升。总之，连续测温可及时反映与记录炉内冶金过程的温度变化情况。

4. 注意事项

（1）测温点的选择与热电偶的插入深度　传感器的安装位置对保护管的寿命及测温精度影响极大。因此，在选择测温点时应注意其代表性，传感器应位于熔池深度 2/3 处。如果安装位置偏上，温度偏高，反之偏低。适当控制热电偶的插入深度是提高测温精度的重要因素。实践证明，热电偶测量端插入熔池的深度，以 10～15mm 为宜。

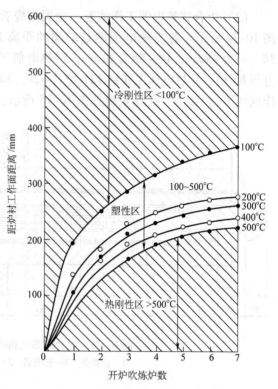

图 10-76　各支热电偶距炉衬工作面的距离及开始前 7 炉的温度

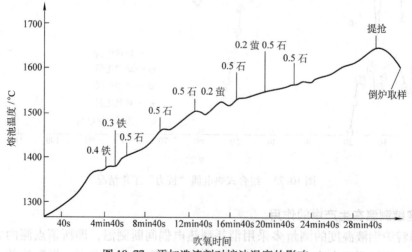

图 10-77　添加造渣剂对熔池温度的影响

石—石灰石（t）　铁—氧化铁皮（t）　萤—萤石（t）

（2）组合偶"接力"的探讨 由于单孔管寿命有限，所以采用组合偶"接力"方式。确定适宜的热电偶测量端间距和套管壁厚，是保证连测准确度的关键因素之一。为了确定适合热电偶测量端间距与套管壁厚，必须熟悉转炉的冶炼工艺，摸清炉衬的腐蚀规律。为保证测温准确度，宁肯牺牲一点传感器寿命，也要把热电偶间距变小。

（3）保护管挂渣时对连测精度的影响 为了提高炉龄，各钢厂多采用造黏渣的冶炼工艺，这对连续测温是个严重威胁。保护管之所以挂渣而不粘钢，主要是因为金属陶瓷对渣的润湿性好，对生铁则不润湿。当炉壁挂渣致使保护管也挂上一层厚厚的渣时，则使传感器测温数值偏低以致失灵。

5. 金属陶瓷保护管的蚀损行为

在转炉冶炼条件下，套管要经受钢液的机械冲刷和化学腐蚀。在顶吹转炉中使用后的套管呈铅笔尖状（见图 10-79），说明机械冲刷造成套管蚀损的严重性。在化学蚀损方面，Fe 与 Mo 互溶致使 Mo 溶解在钢液中是套管蚀损的基本途径。下面将分别予以探讨。

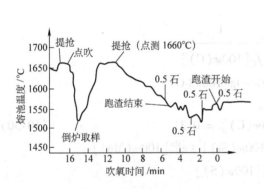

图 10-78 LD 转炉冶炼过程中
跑渣对熔池温度的影响

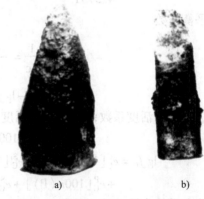

图 10-79 现场使用后保护管的蚀损情况
a）首钢顶吹转炉用后的套管
b）沈阳一钢厂侧吹转炉用后的套管

（1）金属陶瓷的显微结构与耐蚀性 由金相观察可以看出，MgO 与 Mo 均匀分布形成镶嵌结构，在该种结构中的气孔与 Mo 晶粒的尺寸通常在 $10\mu m$ 以下，钢液对该种金属陶瓷是不润湿的。临界半径 r_c 为

$$r_c = \frac{2\sigma}{p}\cos\theta \qquad (10\text{-}29)$$

式中，σ 是表面张力；p 是静压力；θ 是润湿角。

当金属陶瓷中气孔的半径 $r > r_c$ 时，钢液就能进入孔隙。作者就鞍钢 150t LD 转炉测温部位的具体条件做了估算，$r_c = 26\mu m$。由此可见，在正常情况下，钢液难于浸入，即使表面的金属相 Mo 溶蚀了，只要 MgO 骨架尚存，并且孔隙仍小于 r_c，钢液也难以浸入。在对现场使用后保护管剖析检测过程中也没有发现铁液沿孔隙直接渗入的现象。

这证明该种金属陶瓷是较好的抗钢和渣等高温熔体侵蚀的耐热材料。

（2）Fe – C 熔体中［C］含量的影响 由 Fe – Mo 相图可知，当 Mo 中 w（Fe）>10% 且温度 >1540℃ 时，就会有液相出现。液相的出现加速 Mo 颗粒长大，当长大到一定程度后就会脱离基体。图 10-80 中保护管边界处乳头状合金相恰好能证实这一蚀损过程。

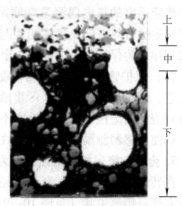

图 10-80 在 LD 转炉中使用 92 炉后
保护管端部边缘处的显微结构
上—基体 中—过渡层 下—腐蚀带

金属陶瓷与 Fe – C 熔体的作用，除了 Fe – Mo 互溶蚀损外，还将发生碳化反应：

$$2Mo + C = Mo_2C$$

$$C = [C]$$

$$2Mo + [C] = Mo_2C_{(s)}$$

$$\lg K = -\frac{\Delta G^\circ_{1800}}{4.575T} = -0.31$$

而平衡常数

$$K = \frac{1}{a_C} = -\frac{1}{f_C[100w(C)]}$$

$$\lg K = -\lg f_C - \lg[100w(C)]$$

式中，f_C 是碳的活度系数；a_C 是碳的活度。

即

$$\lg f_C + \lg[100w(C)] = 0.31 \qquad (10\text{-}30)$$

又

$$\lg f_C = e_C^C[100w(C)] + e_C^{Si}[100w(Si)] + e_C^{Mn}[100w(Mn)]$$
$$+ e_C^P[100w(P)] + e_C^S[100w(S)]$$

代入试验介质的化学组成，可得

$$\lg f_C = 0.21[100w(C)] + 0.05 \times 0.63 + 0 + 0.04 \times 0.09 + 0.04 \times 0.09$$
$$= 0.21[100w(C)] + 0.04 \qquad (10\text{-}31)$$

式（10-31）代入式（10-30）得

$$0.21[100w(C)] + 0.04 + \lg[100w(C)] = 0.31$$

$$0.21[100w(C)] + \lg[100w(C)] = 0.27$$

$$[100w(C)] = 1.1$$

热力学计算结果表明，Mo 的碳化反应平衡［C］含量为 1.1%（质量分数）。实验用腐蚀介质铁液中［C］含量远远超过 1.1%（质量分数），故可发生碳化反应。而钢液中的［C］含量远远小于 1.1%（质量分数），因而 Mo 难以被钢液中碳所碳化。实验结果也完全证明了这一点。

在此实验条件下，生成的 Mo_2C 是稳定的，其晶型为六角形，而 Mo 为体心立方结构，碳化反应引起的体积效应，将使腐蚀带组织松动，加剧了熔体的腐蚀作用。

由此可见，在一定条件下，铁碳熔体中［C］对金属陶瓷中的 Mo 有腐蚀作用，随着［C］含量的增加、温度的提高，其腐蚀作用加剧。

（3）炉渣氧化性的影响　实验室腐蚀试验表明，终渣对金属陶瓷腐蚀作用比初期渣严重，其原因是终渣的 FeO 含量高，氧化性强，使之与接触的 Mo 氧化，即

$$2(FeO) + Mo = MoO_2 + 2[Fe]_{Mo}$$

$$\Delta G = \Delta G° + 2RT\ln \frac{a_{[Fe]}}{a_{(FeO)}} \tag{10-32}$$

当温度为 1800K，根据实验渣组成，$a_{(FeO)} = 0.4$，可求出平衡时的 $a_{[Fe]} = 0.11$。因此，只要 Fe 在合金中的活度 $a_{[Fe]} < 0.11$，上述反应就可以进行。腐蚀实验后渣成分分析结果也确认渣中 FeO 及 ∑Fe 减少，而金属 Fe 增加，证明有 Fe 被还原并溶解于 Mo 中，故腐蚀带中有球状的 Fe－Mo 合金相。

总之，炉渣对金属陶瓷的腐蚀作用，随着渣中 FeO 含量增加而增加，FeO 可同时对金属相及陶瓷相起腐蚀作用，故终渣腐蚀作用严重。因此，炉渣的氧化性是影响炉渣对金属陶瓷腐蚀的主要因素。

（4）钢液连续测温用保护管的腐蚀过程　在转炉冶炼条件下，熔池受氧气流股的作用而强烈地搅动，使保护管受到激烈的冲刷。因此，保护管在熔池中呈非均匀蚀损。在纯氧顶吹转炉中，距炉体中心线越近，冲刷越激烈，使用后保护管呈铅笔尖状（见图 10-79a）；在全氧侧吹转炉中，迎着冲刷面蚀损严重（见图 10-79b）。安装组合式"接力"热电偶时，必须事先考虑到保护管因高温熔体冲刷而蚀损的情况，否则，有可能破坏原设计热电偶的工作程序，降低使用寿命。

保护管除了因冲刷蚀损外，还要交替与钢液、熔渣接触。浸在铁液中保护管的表面金属 Mo 除了与熔体中［C］发生碳化反应外，还将直接在铁液中溶解，同时 Fe 也向 Mo 中扩散。在保护管表面 Fe 含量高，越向内越少，直到 0；Mo 则相反，由表及里逐渐增加到 100%。Fe 对金属陶瓷的渗透有三种可能：在 Mo－Fe 固熔体中扩散；沿颗粒间隙扩散；通过气孔或裂纹而渗入。对正常蚀损保护管的检验中，尚未发现以纯铁形态渗入，说明上述三种可能性中，Fe 在 Fe－Mo 固熔体中扩散是主要的。

由 Fe－Mo 相图可知，当 Mo 中 $w(Fe) > 10\%$、温度 $>1540℃$ 时就有液相产生。液相的出现加速 Mo 颗粒长大，当长大到一定程度后就会脱离基体。图 10-80 中保护管边界处乳头状合金相恰好显示出这一蚀损过程。

在金属相蚀损过程中，松动了陶瓷相结构，为渣的侵蚀提供了条件。在出钢时，保护管不可避免地要与炉渣接触，从而使陶瓷相受到 FeO 及 SiO_2 的浸蚀而转入渣中。终渣温度越高，氧化性越强，对保护管的蚀损越严重。

由此可见，在满足耐热冲击性的前提下，提高金属陶瓷中 MgO 含量能提高保护管的耐蚀性。为了改变或减缓上述的 Fe－Mo 互溶与碳化速度，可寻求新的金属、合金或化合物代替钼，或在金属钼中添加微量元素。

（5）连续测温用保护管在空气中的氧化　关于 MCPT－3 型保护管在空气中的高温氧化，作者研究结果表明：

1）在 500~800℃ 范围内，经 16h 高温氧化后，变化甚微。

2）在1000~1100℃范围内，经23h高温氧化后，其氧化增重与时间关系，经回归处理后回归方程为

$$\Delta W = 2.05\ln\tau - 0.18$$

式中，τ是高温下氧化时间（h）。

3）在1200~1300℃范围内，经10h氧化增重与时间关系，数据处理后回归方程为

$$\Delta W = 1.29 + 2.73\tau$$

MCPT-3型金属陶瓷中，金属钼为连续相，在$t > 300$℃时将发生氧化，即

$$Mo(s) + \frac{3}{2}O_2(g) = MoO_3(g)$$

钼的氧化产物MoO_3，其熔点为795℃，进一步与陶瓷相反应生成$MgO \cdot MoO_3$保护膜，即

$$MgO(s) + MoO_3(g) = MgO \cdot MoO_3(s)$$

$$MgO(s) + MoO_3(L) = MgO \cdot MoO_3(s)$$

由热力学计算上述两个反应式的自由焓变化ΔG（J/mol）与温度t的关系为

$$\Delta G_1 = 100200 + 38.0t$$

$$\Delta G_2 = -23950 + 6.77t$$

当温度高于795℃时，钼的氧化物为液态。在样品表面形成保护膜将防止基体中钼氧化，由于MCPT-3型的反应物又与陶瓷相反应生成保护膜，所以在1155℃以下氧化速度很缓慢。当$t > 1155$℃时，因钼的氧化产物呈气态使体积膨胀，致使表面疏松，降低了保护作用。如不接触MgO，它将容易挥发，使氧化速度加快。当$t > 1230$℃时，达到了$MgO \cdot MoO_3$的熔点，其表面又出现液态保护膜，使其高温氧化速度有所降低。

试验结果（见表10-17）证实了上述分析的正确性。

表10-17　MCPT-3型高温下氧化速度

温度/℃	1000	1206	1232	1242
氧化速度/[mg/(cm²·h)]	0.28	4.27	2.62	2.14

6. 转炉钢液连续测温总结

1）国产MgO-Mo金属陶瓷热电偶保护套管用于转炉钢液连续测温，耐腐蚀，耐冲刷，热稳定性好，是目前最好的材质。组合偶套管（ϕ50mm）寿命高，比单孔管具有明显的优越性。

2）在转炉条件下应用WRe电偶，采用焊接热电偶测量端和实体化措施，使其具有一定的抗氧化能力。

3）合理选择测温孔位置和适当的插入深度（10~15mm），可减少挂渣和温度指示偏低的现象，从而提高测温的命中率。

4）尚存在的问题是，尽管金属陶瓷套管寿命有了很大提高，但与上千炉的炉龄相比仍然差距甚大；WRe热电偶长期使用寿命的考核与准确度的提高，以及套管挂渣等

仍是连测至关重要的难题。

7. 感应炉钢液连续测温

（1）用光纤温度计测量钢液温度　日本研制出一种适用于感应炉的光纤温度计。它的特点是探头小而轻，安装方便，不改变被测温场，并具有抗电磁感应的特性。

1）测量装量。光纤温度计如图 10-81 所示。

2）测量结果

① 圆周方向的温度分布如图 10-82 所示。由于圆钢锭的中心位置偏离，引起温度偏差，最大为 50℃ 左右。由图 10-82 还可以看出，H_4 方向的温度偏高，为改善温度分布指明了方向。

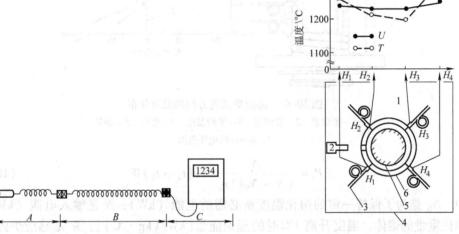

图 10-81　光纤温度计　　　　　　　图 10-82　感应炉圆周方向的温度分布

A—探头：微型镜头＋光纤　B—光纤石英光纤（100m）　　1—测量点　2—高温计　3—探头

C—信号处理与显示（800～1300℃）　　　　　4—线圈底座　5—钢锭　6—加热线圈

② 高度方向的温度分布如图 10-83 所示。高度方向温度分布取决于通电区间的选择，自钢锭顶端起距离越远温度分布越均匀。最佳位置不仅与温度分布有关，而且还与电功率有关。

实验结果表明，用光纤温度计可以给出感应炉的加热特性。

（2）应用计算机由输入电能推测感应炉钢液温度

1）原理。该装置可由输入到感应炉内电能的多少推测出钢液温度。但是，由于感应炉内往往有残存熔体，尤其是加入冷料的形状，投料时间的不同，欲达到具有一定温度的熔融状态，所需要的电能波动很大。因此，根据输入电能的多少判断钢液温度将产生较大误差。可是，当基本上达到熔化状态后，在升温过程中，输入电能与钢液温度的关系则不变化。因此，只要测量一次钢液温度，以此结果为基础，再考虑到熔料的熔解能、感应炉的电学及热学特性，利用计算机就可以按下式计算经一次测温（t_1，℃）后，欲达到任意温度（t_x，℃）时，所需要的电能 P：

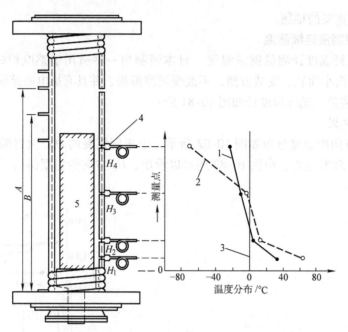

图 10-83 感应炉高度方向的温度分布
1—正常点 2—实测点 3—平均温度 4—探头 5—钢锭
A、B—使用电压范围

$$P = \frac{N}{(N - N_0 k)\eta_e} \times e(t_x - t_1)W \qquad (10\text{-}33)$$

式中，N_0 是为了保持一定的熔化温度所必需的电能（kW）；N 是输入电能（kW）；e 是单位重量的熔体，温度升高 1℃ 时的理论能量[kW/(kg·℃)]；W 是感应炉内熔料的重量（kg）；η_e 是电效率；k 是保温电能修正系数。

2）结构。测温系统如图 10-84 所示。

3）使用。该测温系统曾用于 16t 感应炉，取得如下效果：

① 出钢温度波动小，采用该装置前出钢温度波动约 100℃；采用该装置后仅为 10℃，相差一个数量级。

② 出钢温度平均降低 20℃，仅此一项一年内节省电能是相当可观的。

该测温系统尚需要操作者测一次钢液温度，以后可开发全自动测温系统。

8. 连铸中间包钢液连续测温

采用等离子加热的中间包（TD）对钢液温度的稳定性要求严格，迫切要求连续测温。在浇注新钢种时，更要求频繁地测量钢液温度，致使测温费用高、劳动强度大、操作环境恶劣，不利于自动化水平的提高。因此，有效地将中间包内加热装置与连续测温相配合，控制浇注温度稳定是有可能的。

（1）连续测温系统 连铸中间包钢液连续测温系统由温度传感器、补偿导线及显示仪表组成。

1）热电偶。国外采用 B 型或 R 型，热电极丝寿命通常超过保护管。作者采用实体

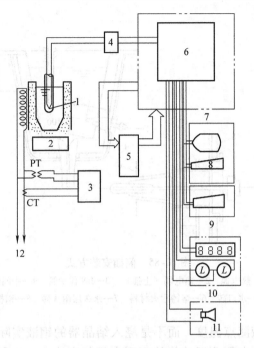

图 10-84 测温系统

1—浸入式温度计 2—感应炉 3—电能表 4—热电偶用温度变送器 5—空调器
6—计算机 7—阴极射线管终端 8—键盘 9—打字机 10—显示屏 11—报警器 12—电源

型防氧化钨铼热电偶（专利产品）替代价格昂贵的铂铑热电偶，经现场使用证明，用钨铼热电偶测温准确可靠。

2）保护管。用于钢液测温的保护管的材料主要有：ZrB_2、铝碳质（$Al_2O_3 - C$，简称 AC）、BN、$Mo - ZrO_2$、$Mo - MgO$ 及 $Mo - Al_2O_3$。国外多选用前两种，国内则多采用 AC 及金属陶瓷。在上述保护管中，使用寿命最长的是 ZrB_2 管，可达 100h，但价格昂贵，目前多选用 AC 管。

3）连续测温传感器的结构。国内外多采用双层保护管，即外套管为 ZrB_2、AC 等，内保护管用刚玉管。对于钢液测温，最重要的是安全可靠，尤其是采用侧插方式，即由炉壁或包壁打孔插入，要保证传感器绝不漏钢。采用复合管型实体结构，在保护管发生灾难性断裂时，也不会漏钢。

（2）传感器的安装 上插式多采用由中间包上盖插入钢液。侧插式由中间包壁打孔插入传感器，安装方式如图 10-85 所示。选用抗热震性能良好的 BN 制作外保护管，当保护管壁厚为 7mm 时，使用寿命为 20～30h。侧插可降低测温成本，但操作复杂。

（3）试用结果 连续测温系统至今仍未能实用化。其主要原因是，传感器价格昂贵，用户难以接受，实用性差；中间包使用寿命有限，需要不断地将热电偶插入拔出，操作不便；而且控制中间包的钢液温度，尚不能使铸坯质量与表面性能有重大改善。

（4）具有热电偶测温功能的新型中间包塞棒 中间包钢液温度测量，由于结构、操作和维护上的问题，测温点都与塞棒所在的钢液出口有一段距离，所以严格说来，

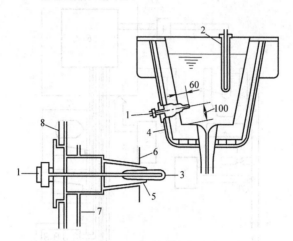

图 10-85　侧插安装方式

1—热电偶　2—热电偶（上插）　3—BN 保护管　4—中间包
5—水口砖　6—熔铸耐火材料　7—永久层耐火砖　8—钢板

所测得的是中间包钢液测点温度，而不是浇入结晶器的钢液实际温度。为了解决上述问题，作者首创具有热电偶测温功能的新型中间包塞棒。它是利用中间包塞棒，插入热电偶测温装置实现连续测温的，从而省略了热电偶外保护管。

1）新型中间包塞棒结构。在连铸中间包塞棒内插入热电偶构成测温装置。该装置包括热电偶、补偿导线及测温仪表。热电偶通过补偿导线与测温仪表连接，热电偶外置有保护管，再插入塞棒内，保护管通过夹持管与接线盒连接。其热电偶为 S 型、B 型、C 型或 D 型热电偶。

该装置是利用中间包设备上的塞棒代替现有热电偶测温装置中的保护管，形成具有热电偶测温功能的新型塞棒。

2）新型中间包塞棒特点

① 准确度。连铸中间包钢液连续测温，多采用黑体空腔红外辐射温度计测量钢液温度（见图 10-86），所测温度为中间包内某点的温度，其准确度受感温窥测管及其他多种因素的影响。新型塞棒测得的温度，则是浇入结晶器钢液的实际温度（见图 10-87）。

② 测温费用低。利用中间包塞棒做热电偶外保护管（见图 10-88），降低了测温费用。

③ 测温元件与塞棒的使用寿命：目前塞棒的使用期一般为 20 ~ 30h，热电偶法测温装置中 B 型或 S 型热电偶在 1500 ~ 1600℃ 中的使用寿命一般都超过 30h。

④ 在使用过程中，即使向塞棒内吹入氮气，也不影响测温效果（见图 10-89）。

3）应用。作者曾在济南钢铁公司，将具有热电偶测温功能的新型塞棒用于中间包钢液连续测温。虽然取得一定的效果，但尚未产业化。

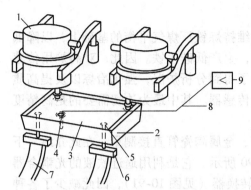

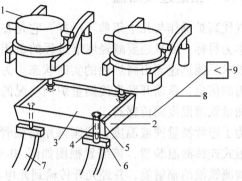

图 10-86　连铸中间包钢液温度测量装置
1—钢包　2—中间包　3—钢液　4—测温装置
5—塞棒　6—结晶器　7—钢坯　8—补偿导线
9—测温仪表

图 10-87　新型中间包塞棒温度测量装置
1—钢包　2—中间包　3—钢液　4—测温装置
5—塞棒　6—结晶器　7—钢坯　8—补偿导线
9—测温仪表

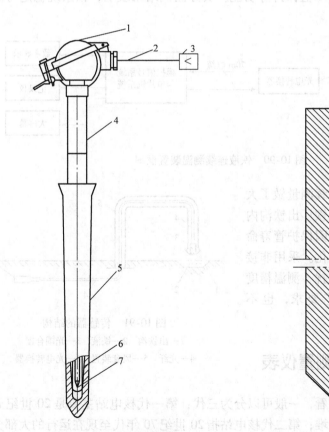

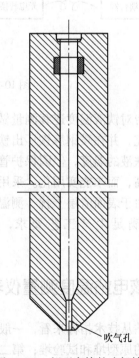

吹气孔

图 10-88　新型塞棒的结构
1—接线盒　2—补偿导线　3—测温仪表
4—夹持管　5—塞棒　6—保护管　7—热电偶

图 10-89　新型塞棒的吹氮结构

10.5.10 铁液连续测温

现代高炉操作与几十年前不一样，它是在维持炼铁厂煤气平衡的基础上，以降低总成本为目标，而且还要减轻炼钢过程的负担，生产低硅生铁。因此，对高炉用传感器的要求是能迅速测出高炉内的实时状态。为了得到分析炉况，强化冶炼以及提高质量所需的信息，急需开发直接测量炉内状况的传感器。其中最为迫切需要的是高精度连续测量铁液温度的传感器。

为了连续测量铁液温度，我国采用石墨管、金属陶瓷管直接测量。在此介绍一下非接触式连续测温装置，该装置框图如图 10-90 所示。它是利用逼近铁液的光耦合器收集被测铁液的辐射能，并经光纤传输到光电转换器（见图 10-91），因此减少了各种介质对光路的干扰。光电转换器采用硅光电池，形成简单的双色差动结构，将温度信号转换成电信号。再通过电缆将信号传送到仪表室内的信号处理系统。信号处理系统包括两部分：①模拟信号处理系统，有数字显示、记录等功能；②单片机信号处理系统，有屏幕显示、记录、峰值保持等功能。实际测试结果表明，该系统稳定可靠，抗干扰能力强。

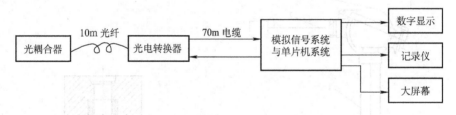

图 10-90 铁液连续测温装置框图

作者曾对铁液温度连续测量做了大量实验研究，并在鞍钢炼铁厂出铁沟内连续测量铁液的温度，但因保护管寿命短，成本高，而未能实用化。采用非接触方式，由于表面渣层干扰，测温精度低，不能满足生产工艺要求，也不实用。

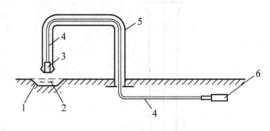

图 10-91 传感器的结构
1—出铁沟 2—铁液 3—光耦合器
4—光纤 5—风套装置 6—光电转换器

10.6 核电站温度测量仪表

核电站从技术指标来看，一般可以分为三代：第一代核电站主要是 20 世纪五六十年代开发的原型堆和试验堆；第二代核电站指 20 世纪 70 年代至现在运行的大部分商业核电站，它们大部分已实现标准化、系列化和批量建设，主要有压水堆（PWR）、沸水堆（BWR）、重水堆（CANDU）和苏联设计的压水堆（VVER）和石墨水冷堆（RB-

MK）；第三代核电站一般指符合美国"用户要求文件（URD）"或"欧洲用户要求文件（EUR）"的先进核电反应堆。

目前正在进行设计，预计二三十年后才能投入商业运行的核电站称为第四代核电站。

核电站的主要堆型是压水堆核电站、沸水堆核电站和气冷堆核电站，而压水堆核电站是目前世界上最主要的核电站。核电站温度测量仪表主要有热电偶和热电阻两大类。本节主要介绍压水堆核电站的温度仪表。

10.6.1　核电站仪表的特点

核电站的仪表分为安全级和非安全级两大类。

安全级仪表应用在核电站特定场合并满足核电站设计的功能和性能指标，而且这些指标都需要通过鉴定进行验证，并承担或支持下列功能：

1）反应性控制。

2）余热排出。

3）放射性物质包容。

4）其他的防止或缓解事故的功能。

安全级仪表的特点就是高质量和高可靠性。高质量性表现在设计制造的规范标准高。高可靠性表现在不单考虑能在正常环境运行下使用，还要考虑在事故（辐照、地震、失水事故等）工况下可靠运行，并且在运行过程中需要不断检查和维修，在各个过程中有质量保证，能承受核电站各种环境场合。

核电站仪表的关键是对其进行分级。

10.6.2　核电站仪表的分级

仪表的分级包括以下几个方面；

1）安全等级：安全级（SC）和非安全级（NC）。

2）抗震类别：抗震Ⅰ类、抗震Ⅱ类、非核抗震类（NA）。

3）规范等级：1 级、2 级、3 级。

4）质保等级：QA1、QA2、QA3、QAN。

其中安全分级是最关键的分级。

1. 安全等级的要求

所谓安全分级，就是从核电厂或核设施的设备中找出履行安全功能的设备，即所谓"与安全有关"或"对安全是重要"的设备，并按其执行安全功能的重要性，分为不同的等级。

在非安全级中，有特殊要求的称为安全重要的非安全级 NC（S）。

电气设备的安全级又称 1E 级，非安全级又称非 1E 级，NC（S）又称 SR 级。

2. 抗震等级的要求

核电厂的抗震具有特殊的重要性。由于核电厂中许多设备和部件中聚集着大量的放射性物质，一旦遭到地震破坏就可能使放射性物质外逸，从而对公众的生命和健康造成危害，这是核设施与常规工业设施的重要区别之一。

核电厂仪表的抗震等级分为三大类；抗震Ⅰ类、抗震Ⅱ类和非核抗震类。

抗震Ⅰ类：参与反应堆保护和安全设施驱动控制系统的检测以及事故后监测的仪表，要求在地震过程中，地震后都能够正常的完成其检测功能，并且具有一定的精度、响应时间等性能要求。

抗震Ⅱ级：安装在有抗震要求的工艺设备或管道上的仪表及其附属设备，即在线安装的仪表，必须首先能够确保设备管道的完整性，不能因为仪表本身的损害造成放射性介质的外溢，如安装在管道上的流量仪表、温度计套管、液位测量仪表等。

抗震鉴定的方法如下：

1）试验法。

2）分析法。

3）试验加分析结合法。

带有电气元件的仪表通常采用试验的方式进行抗震鉴定。

纯机械装置的仪表，或者安装在设备或管道上，仅有完整性要求的仪表可以通过抗震分析的方法完成抗震鉴定。

1E 级的仪控电设备都是抗震Ⅰ类。

抗震Ⅰ类、Ⅱ类以外的为非核抗震类。

3. 规范等级的要求

所谓规范等级，是指对不同安全等级的设备提出的相应设计、制造和检验等方面的要求。规范等级分为：1 级、2 级、3 级。

由于我国还没有现成的核设备规范，目前仍沿用美国 ASME 和法国 RCC 标准。1E 级仪表控制电气设备则遵从美国的 IEEE 标准或 RCC – E 标准。

4. 质保等级的要求

质保分级是根据设备的安全等级，并考虑其复杂性和成熟性，对设备的设计、制造、安装等不同阶段提出的质量保证和质量控制的要求。

质量保证（QA）要求分为 4 个等级，即质量保证 1 级（QA1）、质量保证 2 级（QA2）和质量保证 3 级（QA3），以及没有质量保证要求的 QAN 级，质量保证要求依次降低。不同的核电站，设备的质量保证分级存在一定的差异，这主要取决于电站以及用户要求等因素。

质量保证等级是以安全级别为依据，并考虑到一些其他因素，诸如部件的复杂性、单件产品、新产品等进行分级的。

QA1 级要求供应方满足有关法规的所有要求，并编制相应的质保大纲。

QA2 级要求供应方满足有关法规的部分要求，并编制相应的质保大纲。

QA3 级仅要求供应方符合承包方的相应文件要求。

QAN 级即不需要质保大纲。

10.6.3 安全级温度传感器的质量鉴定

根据法规和标准要求证实这些设备在要求的任何可能的工况下都能可靠地执行其功能，这就是设备质量鉴定。

质量鉴定可通过分析法、试验法（主要指型式试验）、运行经验法或组合法（分析、试验、运行经验的结合）获得的证据，以证明在规定的运行条件和环境条件下设备能满足其规定的准确度和性能要求。

首先编制质量鉴定试验文件，其目的是为了证明安全级温度传感器按其应用进行质量鉴定，并满足规定的功能和性能要求。为此，证明温度传感器在正常和异常运行条件、设计基准事故期间和事故后特定的运行条件下能满足对其规定的要求。

质量鉴定试验文件包括：鉴定试验大纲和鉴定试验程序。

编制鉴定试验大纲和鉴定试验程序的依据是相关的标准、设备技术规格书、设备标识文件及参考文件。

10.6.4 核电站温度仪表的应用

温度仪表是核电站运营过程中重要的测量仪表，广泛应用于反应堆的控制和信号采集、重要设备的保护、事故中和事故后的监测和报警，以及环境的监控等场所，保证核电站的正常运行和安全。

1. 温度仪表的选型

安全级温度仪表选用 Pt100 热电阻和 K 型热电偶。

非安全级的温度仪表有 Pt100 热电阻、K 或 E 型热电偶、双金属和压力式温度计等种类，其中无需信号传输要求的就地显示温度仪表均为 NC 级，主要选用双金属和压力式温度计。

2. 安装结构

温度仪表根据不同的功能要求主要可分为带套管和不带套管两种。安装固定方式有焊接、螺纹连接、法兰和卡箍固定等。

以 CPR1000 堆型为例介绍以下几种主要套管：

（1）T 型保护管 使用螺纹连接在管道或容器上，分为 T1、T2、T3、T4 四种类型。其中，T1 型用于测量热交换器上下游温度，T3 型用于测量回路温度，为安全级；T2、T4 型主要为非安全级。

（2）M 型保护管 M 型保护管使用螺纹连接，测量金属表面温度。M1 型为安全级，用于测量稳压器波动管路温度。

（3）P 型保护管 P 型保护管使用焊接方式安装在稳压器上，为安全级，用于测量稳压器气相温度。

（4）H 型保护管 H 型保护管用于热电阻的铠装丝超过 2m 的场合，主要用于测量地坑或乏燃料水池的温度。

总之，由于核电站环境的特殊性，其仪表除了满足常规的技术要求以外，还要对安全级的仪表进行质量鉴定，这是核电站安全运行的重要保障。

10.7 热量与热流测量仪表

10.7.1 热量表

1. 热量表的工作原理

热量表（又称热能表）是测量和显示载热液体经热交换设备所吸收（供冷系统）或释放（供热系统）热能量的仪表。本节介绍适用于以水为介质的热量表。

热量表不能直接测量系统消耗的热量。它是利用将一对温度传感器分别安装在供热管网的进水管和回水管上，将流量传感器安装在进水管或回水管上，当水流经热量表的管道时，流量传感器采集流量信号，配对温度传感器给出表示温度高低的模拟信号，计算器采集来自流量传感器和温度传感器的信号，利用公式算出热交换系统所消耗的热量（见图 10-92）。

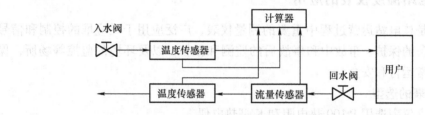

图 10-92 热量表的工作原理

2. 热量的测量方法

热量的测量可采用焓差法或热系数法。

1）焓差法计算公式如下：

$$Q = \int_{\tau_0}^{\tau_1} q_m \Delta h \mathrm{d}\tau = \int_{\tau_0}^{\tau_1} \rho q_V \Delta h \mathrm{d}\tau \tag{10-34}$$

式中，Q 是系统释放或吸收的热量（J）；q_m 是流经热量表的水的质量流量（kg/h）；q_V 是流经热量表的水的体积流量（$\mathrm{m^3/h}$）；ρ 是流经热量表的水的密度（$\mathrm{kg/m^3}$）；Δh 是在热交换系统供水和回水温度下的水的焓值差（J/kg）；τ 是时间（h）。

2）热系数法计算公式如下：

$$Q = \int_{V_0}^{V_1} k \Delta \theta \mathrm{d}V \tag{10-35}$$

$$k = \rho \frac{\Delta h}{\Delta \theta}$$

式中，V 是流经热量表的水的体积（$\mathrm{m^3}$）；$\Delta \theta$ 是在热交换系统供水和回水的温差（K）；k 是热系数[$\mathrm{J/(m^3 \cdot K)}$]，它是载热液体在相应温度、温差与压力下的函数。

3. 热量表的结构与分类

（1）热量表的组成 热量表由计算器、温度传感器、流量传感器三部分组成。

1）温度传感器：安装在热交换系统中，用于采集温度并发出温度信号的部件。

2）流量传感器：安装在热交换系统中，用于采集流量并发出流量信号的部件。

3）计算器：接收来自流量传感器和配对温度传感器的信号，进行热量计算、储存和显示系统所交换的热量值的部件。

（2）热量表的分类

1）按流量计的测量原理分为：机械式（其中包括涡轮式、孔板式、涡街式）、电磁式、超声波式等热量表。这是最常用的分类方法。

2）按基本结构分为：整体式热量表、组合式热量表、紧凑式热量表。

3）按使用用途分为：用户式热量表、楼栋式热量表、管网式热量表。

4）按使用功能分为：热量表、冷量表、冷热量表。

5）按口径分为：$DN15$、$DN20$、$DN25$ 等热量表。

（3）热量表用温度传感器的工作原理　热量表常用的测量元件是薄膜铂电阻，它们分别安装在热力管线的进水管和回水管上，与计算器配合使用可以测量进水与回水之间的温度差。为了提高分辨率、减小引线电阻对测温精度的影响并兼顾成本控制，一般多采用两线制 Pt1000 薄膜铂电阻作为温度传感器。

在热量计算中，进、回水的温差是影响热量计量精度的关键，保证温差准确的基本方法是提高温度传感器的精度，但这样会大幅度提高温度传感器的成本。因此，只满足工业铂电阻标准的温度传感器应用在热量表中存在较大偏差，必须研究针对两支温度传感器进行配对处理的测量方法。

配对温度传感器是将偏差相同或相近的两支温度传感器分别作为进、回水温度传感器使用。这样既可以降低对温度传感器的精度要求，又可以保证对温差的高精度测量。因此，配对铂电阻的误差校验是非常关键的。

（4）热量表用温度传感器的结构与安装

1）温度传感器的结构如图 10-93 ~ 图 10-95 所示。

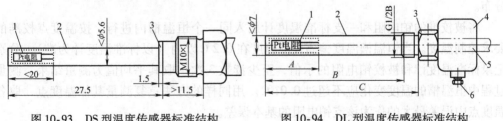

图 10-93　DS 型温度传感器标准结构　　　　图 10-94　DL 型温度传感器标准结构
1—测温元件　2—测温元件保护管　3—密封圈　　1—测温元件　2—测温元件保护管　3—密封圈
　　　　　　　　　　　　　　　　　　　　　4—接线盒外形　5—固定引线轮廓
　　　　　　　　　　　　　　　　　　　6—传感器导线（直径≤φ9mm）

2）配对温度传感器的安装。温度传感器与流量传感器在同一安装管道时，其安装位置应在流量传感器的下游侧，与流量传感器之间的距离应大于要求的下游直管段的长度。

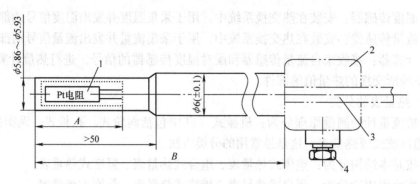

图 10-95　PL 型温度传感器标准结构

1—测温元件　2—接线盒外形　3—固定引线轮廓密封圈　4—传感器导线（直径≤ϕ9mm）

温度传感器的安装点应避开管路的高位，避免管道内因不满管影响测量准确度。在条件具备时，尽量选择距离流量传感器或计算器最近的位置，使连接线最短同时便于布线。在有分支的管路安装温度传感器时，安装点必须远离管路汇集点，距离汇集点的尺寸应按照生产厂家使用说明书的要求。如果使用说明书中没有规定，则温度传感器上游侧距离汇集点至少 10 倍公称通径（10DN），下游侧为 5DN。

4. 热量表用温度传感器的校准

（1）单支铂电阻的基本误差校准　单支铂电阻的基本误差应满足 B 级精确度的要求：

$$\Delta = \pm(0.30 + 0.005 |t|)$$

式中，Δ 是铂电阻的基本误差（℃）；$|t|$ 是测量温度的绝对值（℃）。

温度传感器在校准中不应带外保护套管，并且插入深度不应小于其总长的 90%。

应在（5±5）℃、（40±5）℃、（70±5）℃、（90±5）℃、（130±5）℃、（160±10）℃等温度范围中选择 3 个校准点，其高温、中温、低温应在工作温度范围内均匀分布。

将被校准的铂电阻和一支标准温度计放入同一个恒温槽内进行，按温度点校准的要求控制温度。当恒温槽温度偏离校准温度在 0.2℃ 以内（以标准温度计为准），分别记录标准温度计和被校铂电阻的示值，至少读数 3 次，取其平均值为测量结果。测量过程中恒温槽的温度变化应不超过 0.01℃。用同样的方法重复测量其他温度点，取各温度点中误差最大的作为该支铂电阻的基本误差。

（2）配对铂电阻测量误差的校准

1）配对铂电阻的准确度 E_θ 用下式计算：

$$E_\theta = \pm\left(0.5 + 3\frac{\Delta\theta_{\min}}{\Delta\theta}\right) \times 100\% \tag{10-36}$$

式中，$\Delta\theta_{\min}$ 是最小温差（K）；$\Delta\theta$ 是使用范围内的温差（K）。

2）配对铂电阻测量误差校准方法。配对铂电阻测量误差校准应在同一标准槽中进行，其 3 个校准点的选择见表 10-18。

配对铂电阻测量误差校准点也可根据用户的要求，双方协商确定。

表 10-18　配对铂电阻的测量误差校准点

校准点	温度下限 /℃	校准点的范围/℃	
		供热系统	制冷系统
1	<20	$\theta_{\min} \sim (\theta_{\min} + 10K)$	$0 \sim 10$
	≥20	$35 \sim 45$	—
2	—	$75 \sim 85$	$35 \sim 45$
3	—	$(\theta_{\max} - 30K) \sim \theta_{\max}$	$75 \sim 85$

注：$\theta_{\max}$ 为最大温差（K），$\theta_{\min}$ 为最小温差（K）。

方法一：铂电阻经校准符合单支铂电阻基本误差要求后，再进行此项的校准。

将两支配对铂电阻和两支标准温度计分别放入两个不同温度的恒温槽中，按表 10-23 中温差温度点校准的要求控制两个恒温槽的温度。恒温槽温度偏离校准温度应控制在 0.2℃ 以内（以标准器为准）。待两个恒温槽都达到热平衡后，分别记录标准温度计和对应进水或回水铂电阻的示值，至少读数 3 次，取其平均值为测量结果。测量过程中恒温槽的温度变化应不超过 0.01℃。用同样的方法重复测量其他温度点，将进水铂电阻与回水铂电阻示值平均值之差作为测量误差结果。

方法二：与单支铂电阻基本误差的校准测量方法相同，将两支配对铂电阻和一支标准温度计放入在同一个恒温槽中，按表 10-23 中温差温度点的要求控制恒温槽温度。恒温槽温度偏离校准温度应控制在 0.2℃ 以内（以标准器为准）。待热平衡后，记录标准温度计和两支配对铂电阻的示值。至少读数两次，取两次读数的平均值作为测量结果。测量过程中恒温槽的温度变化应不大于 0.01℃。用同样的方法重复测量其他温度点，得到进水铂电阻与回水铂电阻在各温度点示值平均值。根据工业铂电阻温度计检定规程的方法，得到每只铂电阻在协定温度下的拟合曲线，并按热能表检定规程中配对温度传感器的最大允许误差要求进行计算，计算出最大误差值作为配对温度传感器的测量误差结果。

10.7.2　热流计

在国际上重视温度测量的同时，由于能源计量的需要，对热流的测量也逐渐发展起来。但我国现在对热流计、热量计、热通量传感器等仪表称呼还不完全统一。使用热流计和热通量传感器时要注意，因为两者的英文缩写均为 HFS（Heat Flow Sensor 和 Heat Flux Sensor）。但热流（Heat Flow）和热通量（Heat Flux）是有区别的，前者量纲为 W，后者则为 W/m²，不可混淆。目前在应用时，习惯称呼多为热流计，国内有学者称热通量传感器。本节仍以热流量传感器表示热通量传感器。

1. 热流计的原理

从传热学理论可知，对于一个通过均匀材料壁的一维稳态热流密度 q，它应有下面关系式：

$$q = -\lambda \frac{\partial T}{\partial x} \qquad (10\text{-}37)$$

式中，λ 是材料的热导率。

如果壁的厚度为 L_W，而壁的两个表面温度分别为 T_H 和 T_L，如图 10-96 所示。根据式（10-97）可给出：

$$q = \frac{\lambda_W}{L_W}(T_H - T_L) \qquad (10\text{-}38)$$

式中，λ_W 是壁材料的热导率。

如果在壁的表面再加上一层由另一种材料制成的附加壁，如图 10-97 所示，并假定上式中的热流密度 q 仍能保持不变，则 q 也可以下式表示：

$$q = \frac{\lambda_S}{L_S}\Delta T \qquad (10\text{-}39)$$

式中，λ_S 是附加壁材料的热导率；L_S 是附加壁的厚度；ΔT 是附加壁两表面之间的温差。

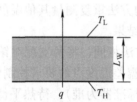

图 10-96　通过厚度为 L_W 和热导率
为 λ_W 的热流密度 q

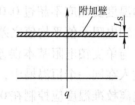

图 10-97　厚度为 L_S 和热导率
为 λ_S 的附加壁

显然，只要能测量出温差 ΔT，并且附加壁材料的热导率 λ_S 和厚度 L_S 已知时，则热流密度就可以根据式（10-39）计算出来。

实际上，附加壁就是一种热流量传感器，把它贴附于壁的表面上是为了测量通过壁的热流量。热流量传感器是由若干支串联的热电偶所组成，如图 10-98 所示。

如热电堆的输出为 E，则有：

$$E = nS\Delta T \qquad (10\text{-}40)$$

式中，n 是串联的热电偶数目；S 是热电偶的塞贝克系数。

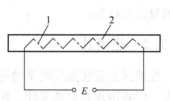

图 10-98　埋入热电堆的
热流量传感器
1—热电堆　2—匹配层材料

由式（10-39）和式（10-40）得

$$q = \frac{\lambda_S}{L_S}\frac{1}{nS}E \qquad (10\text{-}41)$$

或

$$q = CE \tag{10-42}$$

式中，C 是检定常数，$C = \dfrac{\lambda_S}{L_S} \dfrac{1}{nS}$。

　　理论上检定常数 C 可以由参数 λ_S、L_S、n，以及 S 求出，但更为实用而准确的方法是直接测量。

　　值得注意的是，通过一个壁的热流量不但与壁的两表面之间的温差有关，也与壁的热阻有关。测量时使用的热流量传感器，即贴上附加壁肯定增加壁热流量的热阻。实际上测得的已是减少后的热流量，这就给测量结果带来了误差。为减小这一测量误差，尽可能选用很薄的（L_S 小）和高热导率（λ_S 大）的材料制作的热流量传感器。当然，这么做将会使温差 ΔT 变小，增加了测温的难度。

2. 热流计的结构

　　现有的热流量传感器，基本上都是由带有热电堆的薄片制成的。通常采用半镀绕丝技术，把铜镍丝绕在可挠曲的塑料片上，而绕丝的一半镀以纯铜或纯银，其交界处起到热电偶的作用，从而形成若干支铜 – 铜镍或银 – 铜镍热电偶所组成的热电堆。其结构如图 10-99 所示。

　　用模压技术制作的圆盘型热电堆（见图 10-100）。其典型尺寸为：直径 $\phi 1 \sim \phi 30$cm，厚度 $2 \sim 5$mm 热电偶数目在 $1000 \sim 2000$ 之间。制造热电堆的技术还有光刻技术、印制电路技术与厚膜技术等。

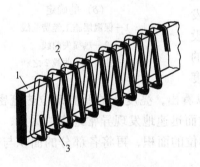
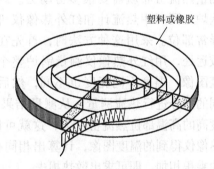

塑料或橡胶

图 10-99　用半镀绕丝技术制作的热电堆　　　　　图 10-100　圆盘型热电堆
1—塑料带　2—铜镍合金丝
3—镀铜或银

　　热流量传感器的技术指标如下：

1）灵敏度：$0.005 \sim 1000 \mu V \cdot m^2/W$。

2）温度范围：$-150 \sim 800℃$。

3）外部尺寸：$0.8cm \times 1.2cm \sim 50cm \times 50cm$。

4）厚度：$0.07 \sim 6mm$。

3. 热流计的应用

测量传输热的热流计与前面介绍的热流量传感器并无本质上的差异，只是应用目的不同。

（1）热分析领域的应用 在热分析领域内，将样品放在温度场中，它所吸收或放出的热量可用差热分析仪（DTA）和差示扫描量热仪（DSC）进行测量。所谓 DTA 是在程序控制温度下，测量被测物与参比物之间的温度差与温度关系的一种技术。而 DSC 是在程序控制温度下，测量输入到被测物和参比物的功率差与温度关系的一种技术。依据测量方法的不同，又分为功率补偿型和热流型。DSC 法由于灵敏度高，分辨能力强，能定量测量各种热力学及动力学参数，因此在应用研究及基础研究中获得了广泛应用。

（2）确定最经济的保温层厚度 利用热流计的测定结果来确定最佳保温层厚度 $\delta_{佳}$。如图 10-101 所示，保温层施工经费（元）随保温层厚度（δ）的增加而增加（曲线 1）；而热损失所耗费用随厚度的增加而减少。因而有一最佳值，将曲线 1 与曲线 2 相加可以得到曲线 3，其最低点所对应的横坐标值即为最经济的保温层厚度 $\delta_{佳}$。

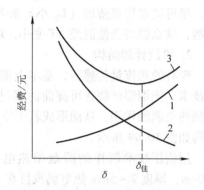

图 10-101 最佳保温层厚度
（δ）的确定
1—保温层施工经费曲线
2—热损失曲线
3—曲线 1 与曲线 2 之和

（3）了解设备散热损失 当需测热流的设备很庞大或涉及面很广时，检查它的异常部位和测量热流分布就需要很多劳动力。现在发电厂锅炉上同时用热流计和红外热像仪可迅速发现异常部位。采用这种方法时，首先在离开设备较远处，用红外热像仪测量锅炉整个壁面的温度图像，温度不同亮度也不同，然后对亮度不同的部分进行热流测量。从测量结果中可以看出，亮度低的低温部位热流密度小，亮度高的高温部位热流密度大，这就可以有效而迅速地发现异常地点。另外，根据红外热像仪得到的温度图像，计算出相同亮度部位的面积，再将各部分的面积与热流密度的乘积相加，即可求出散热损失。

（4）设备安全管理 大型电炉的炉底衬里过薄时容易发生穿底事故，如果过厚，则停炉时会造成很大的经济损失，所以经常需要正确地掌握其厚薄。通常在炉底安装热电偶，根据炉底温度上升情况来估计炉衬损坏情况。但对于强制冷却炉底的大型电炉，该种方法已经不太起作用。目前正在用热流计作为操作管理的重要仪器。如图 10-102所示，3 个热流传感器埋设在 3 个电极中心正下方炉底的炉衬中，同时测量热流和温度，根据测得的信号推测炉底残存厚度。

为了掌握炉衬的破损情况，一般把热流传感器埋设在最易损坏的金属液面的圆周方向的炉壁中或炉壁上。水冷却时，必须安装水冷型热流传感器。利用热流传感器推测残存砖厚度在电炉使用后期是很重要的。此外，热流传感器也经常用于安全管理和为了延长电炉寿命的检测。

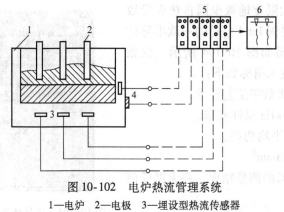

图 10-102 电炉热流管理系统
1—电炉 2—电极 3—埋设型热流传感器
4—表面型或水冷型热流传感器 5—热流计算器 6—记录器

10.8 芯片与半导体集成电路生产过程中的温度测量

10.8.1 芯片运行过程中的温度测量

1. 高功率密度芯片的热能管理

在过去的几十年里，半导体行业已经发生了革命性的变革。随着集成度的急剧增加，计算性能也在按指数曲线提高。随着半导体制造技术的扩展，今天的高度集成的系统芯片（SoC）和微处理器在越来越小的面积上集成越来越多的电路元件，并同时提供比以往任何时候都高更多的处理速度。比如，美国苹果公司 iPhone 8 手机里的 A11 多核应用处理器（见图 10-103）是一个用 10nm FinFET 工艺制作的系统芯片，在 87.66mm² 面积上集成了 43 亿个晶体管，并具有频率高达 2.39GHz 的时钟。

图 10-103 苹果 A11 应用处理器

集成度和性能的大幅提高造成了集成电路（IC）单位面积的功耗的快速增长。例如，美国 Intel 公司估计该公司的处理器芯片的功耗每四年翻一倍。芯片的功耗主要以热能量形式消散。增加功耗可以导致更高结温，而结温的过度增高反过来会影响芯片性能和可靠性。高功率密度芯片的热能管理因此变得势在必行。

2. 半导体集成电路温度传感器

内置温度传感器对增强芯片电源和热能管理系统的性能方面发挥着重大作用。但是，由于芯片不同功能模块的不均匀功耗，造成了模块之间具有相当大的热梯度。当然，在所有可能的热点附近放置复杂温度的传感器是不实际的。因此，理想的方案是采用简单和小面积的温度传感器，并将之放置在芯片里适当的位置，可不必大幅度地改变芯片布局平面图。此外，传感器的功耗应该是非常低，以减少热监控系统的功率预算开销，并且最大限度地减少因自热而导致的温度测量误差。美国 Intel 公司的一款半导体集成电路温度传感器如图 10-104 所示。该款温度传感器的主要技术指标如下：

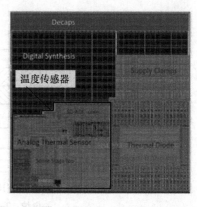

1）采用 22nm 级数字工艺技术。

2）高达每秒 45kHz 采样频率。

3）低至 20μW 平均功耗。

4）面积为 0.013mm^2。

5）确保低于 2℃ 的测量精度，并无需任何校准。

图 10-104　半导体集成电路温度传感器

3. 多核处理器芯片的温度测量与控制

以微处理器为例，准确的芯片内部温度测量对于微处理器性能和可靠性最大化至关重要。在多核微处理器的情况下，不同核的特定处理任务决定了在同一芯片上不同核之间的功耗分配，进而决定了不同核之间热梯度。因此，需要多个温度传感器来测量芯片里不同相关坐标处的温度分布。使用芯片温度测量的结果，微处理器可采取相应的纠正措施，以提高性能或避免过热所导致的芯片永久性损坏。图 10-105 所示为一个八核处理器芯片的温度测量与控制。每核都有自己集成的温度传感器和功耗调节器。前者用于测量该核的内部温度，后者用于通

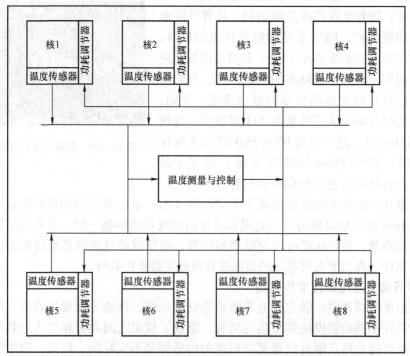

图 10-105　八核处理器芯片的温度测量与控制

过控制时钟频率和供电电压来调节核的功耗，以达到调节核的内部温度。图 10-106 所示为芯片温度调节过程。当检测到的芯片温度升高至预定的临界值（t_1），温度测量与控制器开始启动功耗调节器，降低时钟频率和供电电压，直到温度下降至适当的预设值，然后再逐渐调高频率和电压（t_2）。

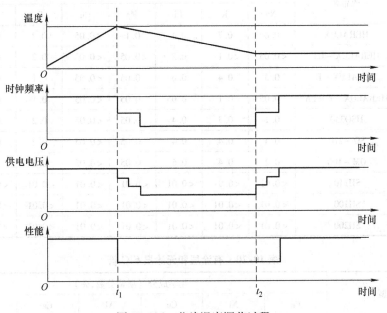

图 10-106　芯片温度调节过程

10.8.2　半导体集成电路生产过程中的温度测量

半导体集成电路生产过程分为扩散、制版、光刻和制膜、离子注入五大工序，每个工序的制作特性与使用的原料及设备各不相同。其中以扩散过程对热电偶的要求更高，因此以下主要介绍半导体扩散过程用热电偶。

1. 半导体扩散过程测温特点

1）在半导体集成电路扩散过程中，温度控制对产品合格率的影响很大，尤其在前段扩散过程。温度对扩散系数与扩散速率具有决定性的影响，扩散及离子注入是用来控制半导体中杂质含量的关键程序。

2）半导体集成电路生产用设备要在无尘的洁净室内工作。因为悬浮微粒将导致金属线径缩小，在扩散区域电阻增加或造成短路，所以对半导体产品合格率有极大的影响。

3）扩散炉每炉产值达上百万元，要求热电偶生产厂家提供热电偶的保质期及赔偿条款。

2. 半导体扩散过程使用的热电偶

1）生产环境：半导体扩散过程使用的热电偶须在洁净室中生产。

2）材料：为使装置内污染降至最低需严格选材，包含石英管（见表 10-19）、SiC

管（见表 10-20）、陶瓷绝缘套管等。为降低污染，陶瓷绝缘管须采用刚玉材质（见表 10-21），同时 Na_2O 含量要低，以避免产生化学污染。

表 10-19 石英管纯度

分类		产品名	金属夹杂物（质量分数，10^{-4}%）							
			Na	K	Li	Mg	Cu	Fe	Ca	Al
半导体用	透明	HERALUX	0.8	0.7	0.4	0.1	<0.05	0.2	0.6	15
		HERALUX – LA	<0.05	<0.1	0.2	<0.05	<0.05	0.2	0.5	8
		HERALUX – E	0.3	0.4	0.6	0.05	<0.05	0.1	0.5	15
		HERALUX – E – LA	0.05	0.1	0.05	0.05	<0.05	0.1	0.5	15
		HSQ330	0.1	0.3	0.4	0.05	<0.05	0.2	0.2	15
	不透明	SO – 210	0.4	0.4	0.4	0.05	<0.05	0.2	0.2	15
		OM – 100	0.2	0.4	0.4	0.05	<0.05	0.2	1.2	15
	合成	SH110	<0.01	<0.01	<0.01	<0.01	<0.01	<0.01	<0.01	<0.01
		SH100	<0.01	<0.01	<0.01	<0.01	<0.01	<0.01	<0.01	<0.01
		SH200	<0.01	<0.01	<0.01	<0.01	<0.01	<0.01	<0.01	<0.01

表 10-20 有涂层和无涂层 SiC 管

类型	化学成分（质量分数，%）					
	Fe	Ni	Cu	Al	Ca	Na
无涂层 SiC 管	2.5	0.3	<0.1	3.0	0.7	0.2
有涂层 SiC 管	0.04	0.01	0.01	0.01	0.02	0.01

注：因 SiC 管有先天缺陷，已有由蓝宝石管取代 SiC 管的趋势。

表 10-21 刚玉材质纯度

组分	Al_2O_3	SiO_2	CaO	MgO	Fe_2O_3	Na_2O
质量分数（%）	99.7	0.1	0.04	0.05	0.05	0.06

3）生产过程：符合 ISO 9001，材料及成品要经校准，并要求供应商要符合 ISO 14001。

4）准确度：核心位置要求其精度为 ±0.5℃，热电偶丝应符合 IEC 584 – 2 CLASS1 或 ASTM E230 Special Tolerances 或国标中的高精度要求。

5）质保期及稳定性：质保期内要求热电偶正常运行不得发生异常或不稳定。测温热电偶因生产过程不同使用寿命也不同。

6）包装要求：热电偶包装材料须符合洁净室规范。

7）温度校准：设备、机器、人员须符合 ICE/ISO 17025 二级实验室要求，标准热电偶须溯源国家级实验室或国际实验室认证联盟（如 ILAC）认可实验室。

8）校准数据必要性：为保持温度准确性，使用测温热电偶时，应将校准的修正值输入仪表，以确保示值准确。

3. 半导体集成电路生产过程中用热电偶

（1）控温热电偶（SPIKE T/C）　控温热电偶（见图 10-107）多为单点型。控温热电偶每点位置需与测温热电偶各点位置相互平行对应，确保炉温稳定及准确。

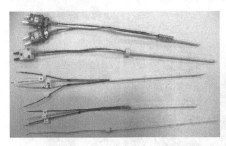

图 10-107　控温热电偶

（2）测温热电偶（PROFILE T/C）　测温热电偶有 LP PROFILE T/C 以及 AP PRO-FILE T/C 两种。测温热电偶（见图 10-108）常为多点型，应确保炉内每一设定点的温度与设定值相同。

测温热电偶保护管分为高纯透明石英管、SiC 管（又分有涂层及无涂层）和蓝宝石管，SiC 管及蓝宝石管用于高温生产过程。无涂层 SiC 管易受硅渗透，污染铂丝，造成热电偶断线，但是由于价格因素，也有半导体厂家采用。

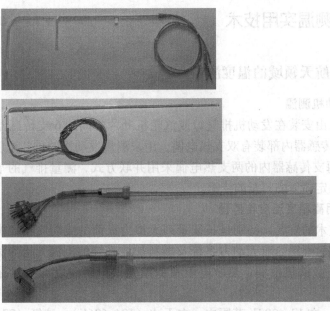

图 10-108　测温热电偶

（3）校准热电偶（FLAT ZONE T/C）　当产品厚度有异常时，则采用校准热电偶测量炉体温度分布。单点式校准热电偶将由底部插入，缓慢移动同时记录温度。插入方式分自动（24h）或手动（2h）两种。

4. 实际应用

立式扩散炉如图 10-109 所示，卧式扩散炉如图 10-110 所示。

图 10-109 立式扩散炉

图 10-110 卧式扩散炉

10.9 行业测温实用技术

10.9.1 航空航天领域的温度测量

1. 航空发动机测温

测温系统是由安装在发动机排气口或汽轮机叶片中间的 6 支传感器组成的（见图 10-111）。每支传感器内部装有双支热电偶，用来测量发动机的排气温度，其结构如图 10-112 所示。每支传感器内的两支热电偶采用并联方式，测量排气的平均温度传送到操纵室，作为决定喷射燃料量的依据。

2. 深低温用高精度温度传感器

我国航天技术的发展，特别是长征系列大推力火箭的成功应用，推动了低温工程的发展。以液氢为燃料的航天动力系统及燃料加注系统的测温，均为深低温测量，采用高精度镍铬－金铁热电偶、热敏电阻及低温铑铁电阻温度计测量深低温。其特点如下：

1）高精度。在 17~293K 范围内，在干冰（194.686K）、液氮（77.356K）和液氢（20.398K）三定点分度，其允许偏差仅为（±0.1~±0.3）K。

2）高压力。工作压力为 20MPa。

3）响应快。响应时间为 30~50ms。

深低温热电偶的要求是在液氢临界点（17K）下实现既耐高压，又要响应快。该热

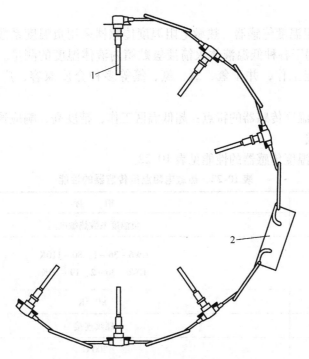

图 10-111　航空发动机用温度传感器的组成
1—温度传感器　2—接线盒

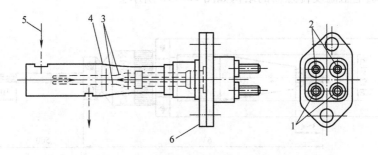

图 10-112　航空发动机用温度传感器的结构
1—NiCr 合金接线端子　2—NiAl 合金接线端子　3—铠装热电偶（双支）
4—保护管　5—气体　6—安装法兰

电偶的结构特征如下：

1）严格选择均匀性优良、线径为 $\phi0.2 \sim \phi0.3mm$ 的热电极丝，经氟塑料包覆及金属网屏蔽。为保证高精度，热电偶的选材、配对与稳定化处理工艺都十分严格。

2）热电偶长度不大于 150mm，采用露头型的密封结构与严格球面密封及加压低温胶封，再进行深低温循环处理，以达到性能稳定，并保证耐高压，响应快。

3. 液氢贮箱的温度测量

用于液氢贮箱的温度传感器有：热敏电阻温度传感器、铂电阻温度传感器及低温铑铁电阻温度计。

（1）热敏电阻温度传感器 热敏电阻温度传感器采用负温度系数热敏电阻元件作为感温元件，适用于各种低温液体火箭液氢贮箱内液体温度的测量。该温度传感器可在超低温区内稳定工作，并于氢、氧、氦、氮等多种介质兼容，广泛用于现役低温火箭。

1）热敏电阻温度传感器的特点：超低温区工作，精度高，响应速度快，多种介质兼容，整体置入式。

2）热敏电阻温度传感器的性能见表10-22。

表10-22 热敏电阻温度传感器的性能

项　　目	指　　标
测量原理	负温度系数热敏电阻
测量范围	CW6 – 36 – 1：80 ~ 110K CW6 – 36 – 2：19 ~ 30K
测量精度	±0.5K
安装方式	螺纹连接
电缆耐温	200℃
分度表	专用分度表

3）热敏电阻温度传感器的结构如图10-113所示。

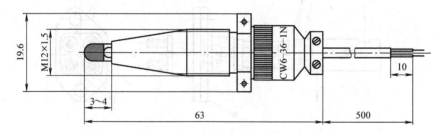

图10-113 热敏电阻温度传感器的结构

（2）铂电阻温度传感器 铂电阻贮箱温度传感器采用陶瓷铂电阻元件作为感温元件，适用于各种低温液体火箭液氢液氧贮箱内气体或液体温度测量。可在从低温到高温宽温区内稳定工作，并与氢、氧、氦、氮等多种介质兼容，广泛用于现役低温火箭。

1）铂电阻温度传感器的特点：宽温区工作，精度高，响应速度快，多种介质兼容，整体置入式。

2）铂电阻温度传感器的性能见表10-23。

表 10-23　铂电阻温度传感器的性能

项　目	指　标
测量原理	铂电阻 Pt100
测量范围	CW2-42-1：60~273K CW2-42-2：20~273K CW2-42-3：90~500K CW2-42-4：80~600K CW2-42-5：20~400K
测量精度	±0.5K
响应时间	7.8s
安装方式	螺纹连接
电器接口	三线制（可定制四线制，无接插件）
分度表	专用分度表

3）铂电阻温度传感器的结构如图 10-114 所示。

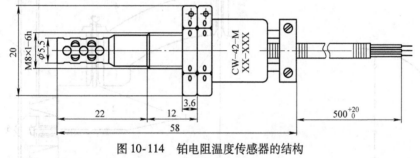

图 10-114　铂电阻温度传感器的结构

（3）低温铑铁电阻温度计

1）低温铑铁电阻温度计的特点：精度高，响应快，气密性优于 $1 \times 10^{-4} Pa \cdot cm^3/s$。

2）贮箱各测点的精度要求见表 10-24。

表 10-24　各测点的精度要求

序号	测点名称	温度范围/K	精度/K	数量
1	储箱内	10~200		18
2	储箱外	10~300		15
3	阀前后	10~30	0.1	2
4	换热器前后	10~80		2
5	注回温度	10~30		1

3）温度测量系统。由于低温铑铁电阻温度计尚无分度表，因此要对每支铑铁电阻温度计单独分度。现场使用时，应配有温度自动测量系统，该系统包含采集卡、$7\frac{1}{2}$ 数字万用表、40 通道程控转换开关、恒流源及自动采集软件等。

4）传感器的安装与布线。贮箱内的温度测点如图10-115所示。传感器的安装座、支架、测温引线与焊接引线至法兰口,采用玻璃烧结密封。密封法兰接口加工与安装后,采用橡胶或铟密封。

总之,以液氢为燃料的航天动力系统,采用铑铁电阻温度计或热电偶,对燃料运输、系统预冷与发动机工况监控,起到了重要作用。

10.9.2　隧道窑、高炉与热风炉的温度测量

1. 隧道窑的温度测量

隧道窑内温度测量目的主要是对窑内气体温度随时间的变化进行管理。关于测温点的选择,应尽可能减少测量误差。因此,温度传感器最好安装在隧道窑内温度变化较小的预热带、冷却带的炉壁中。对于温度变化大,但对质量影响至关重要的燃烧室,最好安装在炉顶及燃烧室的侧面,如图10-116所示。

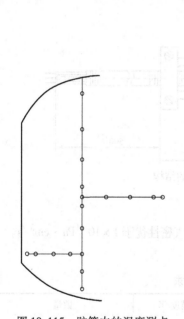

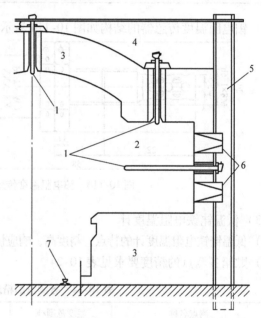

图 10-115　贮箱内的温度测点

图 10-116　隧道窑用温度传感器的安装

1—热电偶　2—燃烧室　3—耐火砖　4—拱顶
5—工字梁　6—燃烧器　7—导轨

2. 高炉与热风炉的温度测量

（1）高炉的温度测量　高炉是将铁矿石还原成铁的设备。在投入焦炭的同时,要从炉体下部送入热风。为了获得热风而设置热风炉,在炉内燃烧与送风两种过程反复进行,在燃烧期积蓄燃烧热,在送风期再将存储的热量给予冷风后形成热风进入高炉。高炉的温度测量如图10-117所示。

（2）热风炉炉顶的温度测量

1）高炉煤气加热的热风炉温度（<1280℃）测量,热电偶保护管采用高铝或刚玉

管，铂铑热电偶的使用寿命在 60d 左右。作者采用耐热合金保护管，使用寿命达到 300d。

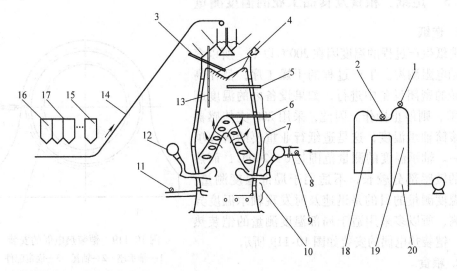

图 10-117　高炉温度测量

1—热风炉炉顶温度　2—连管温度　3—料钟下温度传感器　4—炉喉热像仪　5—上部水平温度传感器
6—软熔带温度分布传感器　7—炉墙温度　8—冷却水温度　9—热风温度　10—炉底温度　11—出铁口
12—风口　13—垂直方向温度传感器　14—上料传送带　15—焦炭　16—铁矿石、
烧结矿、石灰石　17—原料　18—燃烧室　19—蓄热室　20—热风炉

2）焦炉煤气加热的热风炉，其炉温高于 1300℃，只能采用 SiC 等非金属保护管。上海宝钢一直采用日本反应烧结 SiC 保护管，它的特点是高温强度高，气密性好（≤9%）。我国其他钢厂使用的多为再结晶 SiC 保护管，气孔率很高（25%～30%），强度低，因此在热风炉上应用效果不好。

作者采用国产反应烧结 SiC 管，制成金属与陶瓷复合管型热电偶（见图 10-118）用于大型热风炉炉顶的温度测量，应用效果较好。

3）红外辐射温度计，运用红外测温技术测量炉顶温度，从原理到实施均无问题。只是以往的红外辐射温度计现场维护量大，目前虽有所改进，但误差仍然偏大。

（3）烧结机点火器专用热电偶　烧结机点火器的温度约为 1150℃。其特点是，点火时温度高，灭火时温度低，温度变化大。采用陶瓷保护管的铂铑热电偶，平均使用寿命约 50d。作者采用耐热合金保护管的 N 型热电偶，平均使用寿命为 110d，约为铂铑热电偶的 2 倍，而价格仅为铂铑

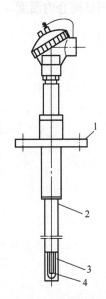

图 10-118　热风炉用
复合管型热电偶
1—安装法兰　2—SiC 保护管
3—刚玉管　4—R 型或
B 型热电偶

热电偶的 1/5。其性价比十分优越。

10.9.3 造纸、粮食及食品工业的温度测量

1. 造纸

造纸生产过程的温度因在 200℃ 以下，所以多采用铂电阻测温。生产过程的干燥工序，都在高速旋转的密闭设备中进行，如果设备内的温度超过 70℃，则停止操作。因此，采用 200 支传感器监测滚筒轴承温度，这是造纸行业重要的管理项目之一。轴承温度的测量范围是 0～200℃，而热电阻的敏感部分较长，不适用于局部温度测量。此处温度测量的目的是迅速及时发现轴承温度异常升高，所以多采用适于局部温度测量的铠装热电偶。铠装热电偶的安装如图 10-119 所示。

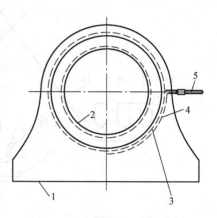

图 10-119　铠装热电偶的安装
1—轴承座　2—轴瓦　3—固定配件
4—铠装热电偶　5—补偿导线

2. 粮食

由于农业现代化及物流的发展，粮食的流通也日益兴旺。散装物料的输送、存储均采用筒仓。筒仓与普通仓库相比，虽然储藏能力很大，但是由于外界温度变化或粮食自身呼吸等原因，引起粮食内温度升高，水分增加，细菌繁殖，致使粮食质量低下，腐败变质。为了测量筒仓内温度，尤其是大型筒仓多选择专用温度传感器，如图 10-120 所示。

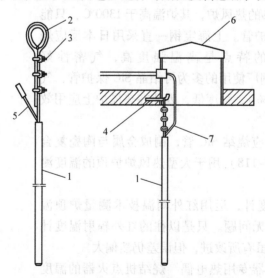

图 10-120　筒仓专用温度传感器的安装
1—筒仓专用温度传感器　2—套圈　3—线夹
4—钩　5—进入口　6—筒仓顶棚　7—导线

3. 食品工业

食品工业在生产过程中的温度测量对象有粉体、固体及液体。现在人们对食品文化越来越关心,因此食品工业用传感器的开发十分活跃。食品工业用温度传感器除用于杀菌过程外,均用于常温或低温领域。由于传感器直接与食品接触,因此对保护管材质与安装方法等卫生要求极其严格。除高可靠性外,食品工业用传感器必须满足如下要求:

1) 清洁卫生。

2) 安装、维修与保养方便。

3) 采用食品级材料,与食品接触部分应精抛光、无死角,绝对不泄漏食品。

肉类制品等食品工业专用温度计,采用无毒的硅胶套管、聚四氟引线。探头形式有斜面或锥面式两种,探头直径为 $\phi3 \sim \phi5mm$。传感器为 Pt100 铂电阻,测温范围为 $-50 \sim 200℃$。食品专用温度传感器如图 10-121 所示。

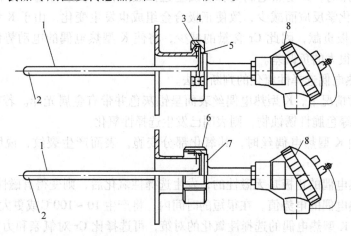

图 10-121　食品专用温度传感器

1—精抛光区域　2—测量端　3—垫圈　4—弓形卡　5—填料　6—螺母　7—衬垫　8—接线盒

10.9.4　渗碳炉、多用炉的温度测量

1. 项目概况

瓦房店轴承股份公司由美国引进了渗碳炉,用于铁路轴承渗碳,渗碳剂为甲醛和乙酸乙酯,工艺温度为 $(930 \pm 5)℃$。当用国产普通热电偶替代进口时,国产普通热电偶使用寿命太短(仅 1~2 周),测量误差很大,不能适应新型渗碳设备的需要。针对上述情况,作者首先开发出 CO 等还原气氛专用热电偶系列,十多年的应用证明,该系列产品完全可以替代进口产品。

(1) 还原性气氛对 K 型热电偶测量精度的影响

1) K 型热电偶的选择性氧化。在高温下还原性气体 CO、H_2 分子可穿透刚玉管,H 原子还可渗透金属管向内部渗透,或通过保护管的贯通气孔和缝隙侵入管内与热电极中的合金元素作用。

天然气中含有无机硫或有机硫，即使脱硫也会残留微量的硫。当长时间工作时，不锈钢保护管与硫将发生如下反应：

$$2SO_2 + 3Fe + 2Ni \longrightarrow Fe_2O_3 + NiS + NiO + FeS$$

由于 NiS 和 NiO 同时存在即形成鳄鱼皮表面，使保护管丧失保护功能。作者曾对使用后热电偶的腐蚀产物进行 X 射线衍射分析，结果表明，主相为 NiO、Ni 及少量 Ni_2SiO_4。对使用后和未使用的热电偶丝进行光谱分析表明，使用后热电偶中合金元素相对减少，尤其是正极中 Cr 发生选择性氧化，使电动势呈现负偏差。

2）在还原性气氛中用 K 型热电偶出现负偏差的原因。K 型热电偶的正极，很容易发生选择性氧化，尤其是当体系中氧分压低于某一个水平时，对氧亲和力大的 Cr 将首先发生选择性氧化，用显微镜观察其外表面，就可以发现绿色氧化物，通称为绿蚀。特别应注意的是，当 K 型热电偶处于 800～1050℃的温度范围内，并在含有 CO、H_2 等还原性气氛使用时，K 型热电偶更容易发生选择性氧化。在这种情况下，正极中的 Cr 含量将因物理化学反应而减少，致使正极合金组成也发生变化，由于 K 型热电偶的电势值主要是正极贡献，因此 Cr 含量的减少，将使 K 型热电偶的电动势值也大幅度降低，从而引起很大的负偏差。

3）K 型热电偶选择性氧化的判断方法。

① 在正常情况下，K 型热电偶丝表面呈银灰色并带有金属光泽。若在偶丝表面或表层以下生成绿色脆性锈蚀物，则表明已发生选择性氧化。

② 当弯曲 K 型热电偶丝时，其氧化部分变脆，表面产生裂纹，说明发生选择性氧化。

③ K 型热电偶的正极是无磁性的，发生选择性氧化后，则变得有磁性。

④ K 型热电偶的电势值，在很短的时间内，将产生 10～100℃或更大的负偏差。

关于防止 K 型热电偶的选择性氧化的对策，可选择比 Cr 对氧亲和力更强的金属作为吸气剂，封入保护管内是有效的。即使是铠装热电偶，处于氢等还原性气氛中，仍有还原性气体透过或扩散侵入其内，使其发生选择性氧化，因此采取上述相同的对策，同样可延长热电偶的使用寿命。

（2）进口热电偶存在的问题　进口热电偶用于渗碳炉、多用炉性能稳定，可靠性高。但近期有些热电偶也出现质量问题：使用寿命仅有半个月。

通过对进口热电偶的分析、检验，结果表明，存在如下问题：

1）电动势（EMF）严重超差，偏差最大值达 -302.88℃，见表 10-25。

表 10-25　进口热电偶的电动势偏差　　　　　（单位:℃）

检验温度点	传感器编号			
	1 号	2 号	3 号	4 号
400	-19.17	-35.72	-135.58	-35.98
600	-20.52	-39.92	-183.84	-47.39
800	-26.49	-54.16	-239.67	-62.24
1000	-31.89	-64.01	-302.88	-77.85

2）外观及内在质量均有问题，测量端有杂质、气孔、凹陷等缺陷。有的偶丝有轴向裂纹。热电偶因选择性氧化，表面产生绿蚀，并伴有龟裂和断层现象（见图10-122），致使偶丝断裂。

通过检验分析表明，有些进口热电偶存在诸多问题，并因选择性氧化，出现很大负偏差而不能使用。

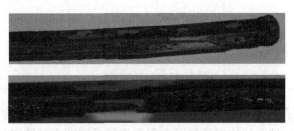

图 10-122　热电偶丝发生绿蚀

2. 渗碳炉、多用炉专用热电偶的研制

（1）常规热电偶存在的问题

1）常规热电偶采用不锈钢保护管，当温度大于930℃时，表面发生氧化而剥落，水平安装的热电偶容易弯曲，难以从炉内抽出，更换困难。

2）热电偶未能隔离还原性气体，易发生选择性氧化，寿命短。

上述两项缺点决定常规热电偶难以满足在还原性气氛中使用的苛刻要求。

（2）多用炉、渗碳炉专用热电偶的优势

1）保护管采用耐热钢，使用温度可达1100℃。

2）采用金属与陶瓷复合型实体化密封结构，既能隔绝还原性气体，又不弯曲变形，保证热电偶的使用寿命超过12个月。即使水平安装也不变形。

（3）用 N 型廉金属热电偶替代进口 S 型贵金属热电偶　我国工业炉窑的温度测量，尤其1300℃以上的高温领域，多以铂铑系热电偶作为测温工具，每年测温消耗的铂大约有500kg。我国是铂资源贫乏的国家，几乎全靠进口，而且铂的价格不断飙升。为此，作者开展以廉金属替代贵金属热电偶的研究。

N 型装配式温度传感器（见图10-123）主要用于多用炉内辐射管的温度测量。采用陶瓷保护管，内装镍铬硅 – 镍铬镁（N 分度）热电偶。技术指标：使用温度为 0 ~ 1250℃；准确度为 ±0.4%t（Ⅰ级）或 ±0.75%t（Ⅱ级）。

图 10-123　N 型装配式温度传感器

3. 渗碳炉、多用炉专用热电偶的指标及应用

（1）主要技术指标　多用炉、渗碳炉专用温度传感器的主要技术指标见表10-26。

表 10-26 多用炉、渗碳炉专用温度传感器的主要技术指标

型号	分度号	允差	测量范围/℃	使用寿命/月	响应时间/s
WRKC－133	K（N）	±0.4%t 或 ±0.75%t	0～1100	>12	≤90（φ16） ≤120（φ20～φ25）
WRK₂C－133					
WRKC－233					
WRK₂C－233					
WRKC－733					
WRK₂C－733					

（2）带有校准孔的多用炉、渗碳炉专用热电偶 带有校准孔的多用炉、渗碳炉专用热电偶既可用于对炉温的控制，又可在需要进行系统准确度校准时提供校准孔。

（3）国内外多用炉、渗碳炉专用热电偶性能对比 作者开发的多用炉、渗碳炉专用热电偶，不仅使用寿命达到国外同类产品先进水平（12 月以上），而且还带有校准孔，为在线原位校准提供方便。国内外多用炉、渗碳炉专用热电偶性能对比见表10-27。

表 10-27 国内外多用炉、渗碳炉专用热电偶性能比对

项目	日本	美国				德国	中国
保护管结构	单层	单层	单层	单层	单层	单层	金属与陶瓷 复合管
直径/mm	φ22	φ21.3	φ21.7	φ21.7	φ21.7	φ22	φ22、φ16
外管长度/mm	700	762	762	762	914	710	700
热电偶组件	装配	装配	装配	铠装	铠装	装配	双支铠装
准确度	Ⅱ级	Ⅰ级	Ⅰ级	Ⅰ级	Ⅰ级	Ⅱ级	Ⅰ或Ⅱ级
带校准孔	无	无	无	无	无	无	有
可动卡套	有	无	无	无	无	无	有
使用寿命/月	>12	>12	>12	>12	>12	>12	>12

（4）应用 国产的多用炉、渗碳炉专用热电偶自1996 年研制成功，多年来已批量生产近万支，近百家工业炉制造企业及热处理生产企业使用结果表明，该热电偶完全可以替代进口热电偶。

10.9.5 符合美国宇航材料标准 SAE AMS 2750E 的温度测量

1. 航空航天用高端温度传感器

美国宇航材料标准 SAE AMS 2750E《高温测量》，1980 年发布，并不断更新版本，一直保持其先进性、权威性。2012 年的版本是目前最新的版本。世界领先的航空企业，如空客、波音公司等多家企业均取得航空认证（NADCAP），而要取得该认证，就必须执行 SAE AMS 2750E。我国已有沈飞、黎明公司等 26 家企业取得 NADCAP 认证。而其他行业如风力发电、轴承等行业的国际合作或出口产品也要执行 SAE AMS 2750E。该标准同国际上现行通用标准相比，它是当今世界最为严格、准确度最高的标准，也是高温测量领域的指导性标准。为了满足我国热处理加工企业实施 SAE AMS 2750E 的需求，我国也制定出了与 SAE AMS 2750 相当的国家标准（GB/T 30825—2014《热处理温度测量》）。

（1）标准特点

1）准确度高。对 II 级标准传感器精度要求：N 型热电偶，±1.1℃ 或 0.4% t。

2）对热电偶的 EMF − t 关系的线性度要求高。在 100 ~ 1000℃ 整个温度范围内皆满足：±1.1℃ 或 0.4% t。国产 N 型热电偶在 t ≤ 275℃ 时，可满足偏差 ≤ ±1.1℃，t > 275℃ 时，可满足偏差 ≤ 0.4% t，但全量程 100 ~ 1000℃ 却不一定能满足要求。

3）不单独对被偿导线精度要求，强调对测试系统整体精度要求，即由热电偶与补偿导线组合起来的测温系统，必须满足 SAE AMS 2750E 的要求。

（2）温度传感器

1）按照温度传感器的性能分类。温度传感器的精度和校准见表 10-28。

① 温度均匀性测量传感器是指经过校准并可溯源、偏差已知，用于温度均匀性测量的温度传感器。依据炉膛有效工作空间大小，决定所需温度均匀性测量传感器的数量。

温度均匀性是表征炉内加热工作区温度偏差程度的指标。温度偏差的概念有 4 种：测量点间的温度偏差、测量点与控温点间的温度偏差、测量点与监测点间的温度偏差、测量点与设定点间的温度偏差。

上述 4 种温度偏差的概念区别在于精密度和准确度。

精密度：测量点间的温度偏差，表明工作区内温度的相对偏差，即对测量点间精密度的要求。

准确度：后 3 种除对测量点间精密度有要求外，还对测量点的准确度也有要求，即要求测量热电偶与控温热电偶的读数偏差，不超过温度允许偏差的上限。

② 系统精度校准传感器是指经过校准、可溯源、偏差为已知，用于系统精度校准的温度传感器。

③ 控制、记录与监测传感器安装在热处理设备有效空间内，同炉温控制仪组成炉温测量、控制系统，用于对工艺温度控制。

④ 载荷传感器是指固定在加热工件、模拟件或材料上，为工艺提供热处理工件准确温度信息的传感器。

2）按照传感器的结构分类如下：

① 易损型传感器。用有机或无机纤维材料编织绝缘的热电偶称为易损型传感器。工业热电偶标准称为柔性电缆热电偶，与包覆热电偶相似，但不同于消耗式热电偶。

② 耐用型传感器。耐用型传感器又分为可拆与不可拆卸热电偶两种耐用型温度传感器。

表 10-28 温度传感器精度和校准

传感器	温度传感器类型①③	用途	允差②③④	校准⑤ 周期	校准⑤ 标准器
参考标准传感器	R 和 S 型贵金属	I 级标准校准	无	5 年	国家标准或参考标准
I 级标准传感器	R 和 S 型贵金属	II 级标准校准	±0.6℃或 ±0.1%t	3 年	参考标准
II 级标准传感器	廉金属或 R 和 S 型贵金属	测试温度传感器校准	廉金属：±1.1℃或 ±0.4%t 贵金属：R、S 型，±1.0℃或 ±0.25%t	首次使用前重新校准：R 或 S 型，2 年；廉金属，1 年	I 级标准
	B 型贵金属		±0.6℃或 ±0.5%t	首次使用前重新校准：B 型，2 年	
控制、记录和监测传感器	廉金属或 B、R 和 S 型贵金属	在设备中测量温度	I 类或 II 类炉：±1.1℃或 ±0.4%t IIIA 类至 VI 类炉：±2.2℃或 ±0.75%t	首次使用前	I 级或 II 级标准
载荷传感器	廉金属或 B、R 和 S 型贵金属	测量载荷温度	±2.2℃或 ±0.75%t	首次使用前重新校准：B、R 或 S 型，6 个月；廉金属，不允许	I 级或 II 级标准
系统精度校准传感器	廉金属或 B、R 和 S 型贵金属	系统精度校准	廉金属：±1.1℃或 ±0.4%t 贵金属：±1.0℃；R、S 型，或 ±0.25%t；B 型，或 ±0.5%t	首次使用前重新校准：B、R 或 S 型贵金属，6 个月；J 或 N 型，3 个月；其他廉金属，不允许	I 级或 II 级标准
温度均性测量传感器	廉金属或 B、R 和 S 型贵金属	温度均匀性测量	±2.2℃或 ±0.75%t	首次使用前重新校准：B、R 或 S 型贵金属，6 个月；J 或 N 型，3 个月；其他廉金属，不允许	I 级或 II 级标准

① 允许用精度相同或更高精度的温度传感器。

② 读数的百分数或修正值（以℃表示），以大者为准。

③ T 型热电偶通常用于 0℃以下，具有 ±0.6℃或 ±0.8%t 的允差，以大者为准。

④ t 为被测温度绝对值。

⑤ 参考标准温度传感器可以用于校准任何低一级温度传感器。

（3）温度传感器的选择

1）对温度传感器的要求。温度传感器按其性能及准确度可分成 7 类（见表10-2）。用户首先要明确所需传感器是哪类，是温度均匀性测量传感器？还是控制传感器？例如，用户要求提供符合 SAE AMS 2750E 的控制温度传感器。由表 10-27 可以看出：按热处理炉的等级分两种，即 I～II 类炉的允差为 ±1.1℃或 ±0.4%t，而 IIIA～VI 类炉其允差要放宽。因此，用户在选择控制温度传感器时，应该明确炉子的等级以及工艺温度范围，才能确定传感器及温度检定点。

另外，还应注意，GB/T 30825—2014 I 级精度与 SAE AMS 2750E 中对控制传感器

的要求是不同的。例如，工艺温度为 100～800℃ 时，两者的显著区别是：SAE AMS 2750E 传感器的检定点应从 100℃ 起，而符合 GB/T 30825—2014 的 Ⅰ 级通常只要求在 400℃、600℃、800℃ 检定符合 Ⅰ 级即可，但在 100～800℃ 的全量程范围不一定符合 Ⅰ 级。

2) 温度传感器的选择。依据用户对温度传感器的性能要求，提供最佳选择（见表 10-29）。

表 10-29　温度传感器的使用寿命与选择

类　型	易损型温度传感器 最多使用次数	耐用型温度传感器的 最长使用时间或次数	最佳选择
控制温度传感器	仅限用一次	一直用到超差	选择耐用型，使用温度高，寿命长，受气氛影响小
系统精度校准传感器	取决 U 系数 $t > 980℃$，仅限用一次	可使用 90d，与热循环次数无关	
温度均匀性测量传感器			
载荷温度传感器	$t \leqslant 650℃$，可用 30 次，$t > 650℃$，仅限用一次	$t \leqslant 650℃$，90d 或 270 次 $650℃ < t \leqslant 980℃$，90d 或 180 次 $980℃ < t \leqslant 1205℃$，90d 或 90 次 $1205℃ < t \leqslant 1260℃$，90d 或 10 次 $t > 1260℃$，1 次	

2. 符合 SAE AMS 2750E 标准温度传感器的研制

(1) 带有校准孔的控温传感器　SAE AMS 2750E 要求在线原位系统准确度校准时，标准与被校准传感器的测量端间的距离必须小于 76mm。有的炉窑设计的校准孔若大于此距离时，预留校准孔只能作废，还有的炉窑根本未预留校准孔，因此难以实现在线系统准确度校准。为此，作者在国内率先开发出带有校准孔控温传感器（现已获国家专利）：

1) 带有校准孔的廉金属控温传感器。

2) 带有校准孔的贵金属控温传感器。

(2) 温度均匀性测量传感器研制

1) 温度均匀性测量（TUS）。在热处理炉稳定前后，用已校准的温度均匀性测量传感器，对炉内有效加热区的温度偏差进行一系列检测，称为温度均匀性测量。目前用于温度均匀性测量的传感器分为两类：廉金属与贵金属温度均匀性测量传感器。

2) 工艺温度 $t < 1250℃$ 时采用廉金属温度均匀性测量传感器。作者从 2008 年开始购买进口 N 型热电偶制作温度均匀性测量传感器，后来为了探讨国产 N 型热电偶替代进口的可能性，又做了如下对比试验。

① 选取国内外 5 家公司的 N 型铠装热电偶样品，在 100～1000℃ 范围内进行试验。国产厂商 A：4 支，国产厂商 B：2 支，德国厂商 A：3 支，德国厂商 B：3 支，美国厂商 A：1 支，共 13 支。

② 试验结果。各种 N 型铠装热电偶的误差见表 10-30，误差曲线如图 10-124～图 10-128 所示。

表10-30 N型铠装热电偶的误差

误差/℃

检测温度点/℃	国产 A1 (φ1.6mm, Inconel 600)	国产 A2 (φ2mm, Inconel 310)	国产 A3 (φ3mm, Inconel 600)	国产 A4 (φ5mm, Inconel 321)	国产 B1 (φ3.2mm, Inconel 600)	国产 B2 (φ3.2mm, Inconel 600)	德国 A1 (φ2mm, Inconel 600)	德国 A2 (φ3mm, Inconel 600)	德国 A3 (φ4mm, Inconel 600)	德国 B1 (φ1.5mm, Inconel 600)	德国 B2 (φ3mm, Inconel 600)	德国 B3 (φ2mm, Inconel 600)	美国 A (φ1.5mm, Inconel 600)
100	-0.88	-0.37	-0.60	-1.44	-0.85	-0.88	0.07	-0.13	-0.24	-0.20	-0.56	-0.60	-0.97
200	-0.75	-0.17	-0.28	-1.69	-1.16	-1.33	-0.23	-0.46	-0.32	0.35	-0.18	-0.06	-0.88
300	-0.42	-0.15	-0.35	-1.74	-1.56	-1.73	-0.80	-0.97	-0.68	0.23	-0.14	-0.05	-1.00
400	-0.04	0.06	-0.07	-1.56	-1.36	1.53	-0.76	-0.91	-0.52	0.65	0.08	0.27	-0.64
500	0.39	0.36	0.49	-1.24	-0.87	-0.99	-0.48	-0.59	-0.14	1.34	0.50	0.78	0.07
600	0.97	0.69	1.10	-0.83	-0.33	-0.43	-0.10	-0.22	0.22	1.95	0.84	1.20	0.82
700	1.31	0.70	1.40	-0.64	0.02	-0.05	0.18	0.02	0.44	2.32	0.96	1.42	1.48
800	1.65	0.65	1.67	-0.42	0.44	0.38	0.64	0.46	0.82	2.73	1.10	1.66	2.25
900	1.71	0.30	1.65	-0.42	0.68	0.63	1.06	0.87	1.14	2.91	1.06	1.67	3.01
1000	1.58	-0.23	1.45	-0.60	0.71	0.72	1.56	1.36	1.48	2.88	0.84	1.47	3.98
1100	1.34	-0.81	1.16	-0.75	0.76	0.86	2.47	2.25	2.22	2.76	0.56	1.17	5.33

注: Inconel 600 为 Ni-Cr-Fe 基固溶强化合金, 310 相当于我国的耐热钢20Cr25Ni20, 321 相当于我国的不锈钢06Cr18Ni11Ti。

　　由表 10-30 可以看出，进口热电偶基本满足标准要求，国产热电偶 75% 满足标准要求。对比试验表明，国产铠装热电偶也可以替代进口满足 SAE AMS 2750E 的要求。

　　3）研发的高精度热电偶补偿导线的允差见表 10-31。

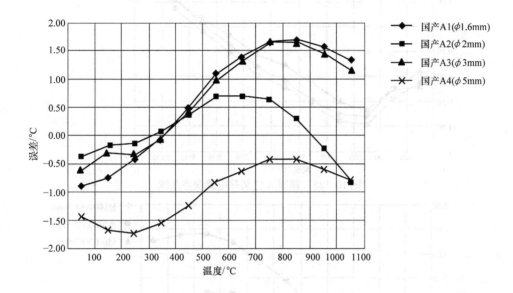

图 10-124　国产 A 铠装热电偶的误差曲线

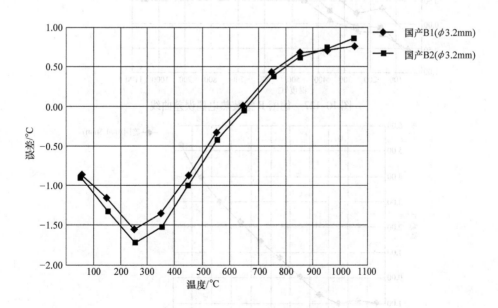

图 10-125　国产 B 铠装热电偶的误差曲线

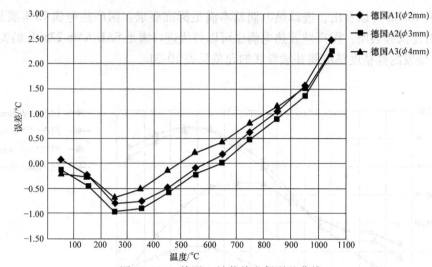

图 10-126　德国 A 铠装热电偶误差曲线

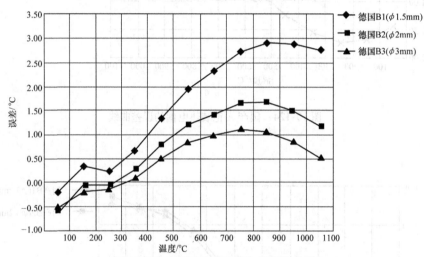

图 10-127　德国 B 铠装热电偶误差曲线

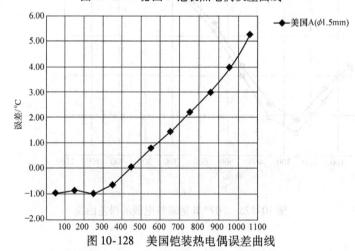

图 10-128　美国铠装热电偶误差曲线

表 10-31　高精度热电偶补偿导线的允差

品种	补偿型		延长型				
配用热电偶	S			K	N	T	J
允差/℃　类型	标准 SCHF	GS – SCHF	标准	GS KXHF	GS NXHF	GS TXHF	GS JXHF
精密级 100℃	±2.5	±0.4	±1.1	±0.4	±0.2	±0.3	±0.4
普通级 100℃	±5		±2.2				

4）工艺温度大于 1300℃时，真空炉采用温度均匀性测量传感器。对于工艺温度大于 1300℃的真空炉温度均匀性测量，作者开发出了弥散强化型 S 型热电偶。该热电偶既可防止折断偶丝，又有一定的柔软性。使用结果表明，该热电偶的使用寿命比普通 S 型裸偶提高 5 倍。

（3）系统精度校准传感器

1）系统精度校验（SAT）。热处理设备的工艺仪表系统，用经过校验其偏差或修正值为已知的测量仪表系统进行现场温度比对，以确定现场工艺仪表系统所测温度偏差是否符合要求的测试，称为系统精度校验（SAT）。

2）系统精度校准传感器。用于系统精度校验的传感器称为系统精度校准传感器。该传感器定期用于对在线监测与控制的工艺仪表系统进行校准，以确保工艺仪表系统准确无误。

现行的离线校准方法存在诸多弊端，在线原位校准的优势突显，已在本书第 9 章有详细论述。目前，我国的系统精度校验，多选用经过校准、可溯源、偏差为已知的系统精度校准传感器，再配以高精度仪表构成的校准系统。

3）便携式在线校准仪。为了克服离线校准的弊端，作者开发出了便携式在线校准仪（已获专利），利用现场加热设备作为热源，对现场测温度系统实施在线原位校准。该校准仪是经过具有国家认可实验室资质的机构校准，并带有系统校准证书。该系统温度偏差或修正值为已知的。该校准仪与带有校准孔的控温热电偶配合使用，十分方便、实用。

（4）载荷传感器的研制　控制温度传感器虽然可以准确测量出炉内温度，但是该温度却不是工件本身温度，特别是在升温或降温过程尚未达到热平衡时，两者相差很大，而且随工件的材质、几何尺寸的不同各异。因此，为了准确测量出被加热工件的温度，尤其是大型、重要工件，通常是将载荷传感器固定在被加热工件上，准确提供工件的实时温度。载荷传感器的准确度要求较低，为 ±2.2℃或 ±0.75%t，相当于国产热电偶的 Ⅱ 级。

3. 应用

10 多年来作者开发的符合 SAE AMS 2750E 要求的多种温度传感器达几千支。实践证明，即使采用国产铠装热电偶制成测温传感器，仍能满足 SAE AMS 2750E 要求，可替代进口。

10.9.6 火电与石油化工行业的温度测量

1. 热电厂

热电厂的设备由锅炉、汽轮机及发电机组成，其使用的温度传感器依据要求不同有运行监控用温度传感器、自动控制用温度传感器及热管理用温度传感器。运行监视用温度传感器有锅炉管壁温度传感器等，自动控制用温度传感器有主蒸汽温度传感器、锅炉流体温度传感器、汽轮机轴承衬瓦温度传感器等，热管理用温度传感器有蒸汽温度传感器、给水温度传感器及排气温度传感器等。

（1）管壁表面温度测量 管壁表面温度传感器（见图10-129）多采用铠装热电偶。在锅炉中，该温度传感器处于高温、振动、有腐蚀性气体等恶劣环境，应充分考虑防止断线及耐蚀性是很必要的；而且为了同管壁接触紧密，要将与管表面具有相同曲率的导热板焊接在管壁表面上。

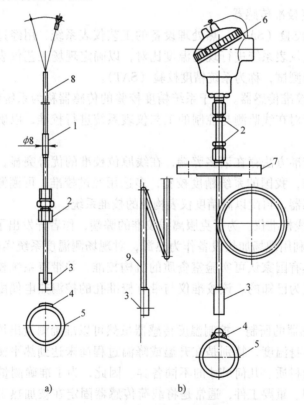

图 10-129 管壁表面温度传感器

a）螺纹连接 b）法兰连接

1—冷端接头 2—卡套（螺纹） 3—导热板 4—焊点 5—管道
6—接线盒 7—法兰 8—补偿导线 9—热电偶

（2）主蒸汽温度测量 为了测量主蒸汽温度，通常采用带有盲钻管的热电偶。为了使管内的热电偶与管底部压紧，并能适应管的振动、热膨胀等，多采用有压簧结构的热电偶（见图 10-130）。插入管路内盲钻管应满足如下条件：

1）机械强度高，应满足抗压强度与抗弯强度，以及由卡门涡街引起的共振。

2）耐高温，抗氧化。

3）为提高测量精度，要有足够的插入深度，但可能引起强度下降。

（3）管道外壁测温热电偶（阻）　该测温热电偶（阻）主要用于管道外壁的温度测量，采用抱箍或卡箍式固定装置，用弹簧压紧式的温度探头使其与管道外壁紧密接触。其具有拆卸方便、反应灵敏、抗压、抗振和测量可靠等优点，尤其适用于 $DN \leqslant$ 100mm、$PN \geqslant 10$MPa 的高压管道温度测量。管道外壁的温度测量如图 10-131 所示。传感器分度号有 Pt100 和 K、E、J、T 型，配用温度变送器，可实现远程传输。

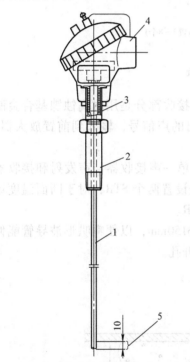

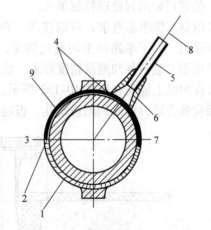

图 10-130　带有压簧结构的热电偶

1—铠装热电偶　2—弹簧　3—固定螺纹

4—接线盒　5—可动范围

图 10-131　管道外壁的温度测量

1—嵌入板　2—感温部分　3—火焰侧

4—扁平型铠装热电偶　5—支撑管　6—支撑管接头

7—炉衬侧　8—φ1.0mm 铠装热电偶　9—保护板

2. 声学测温系统及其在电站锅炉中的应用

声学测温系统主要由声波发射/接收单元、处理控制单元、通信系统、数据处理与图像重建计算机等构成，如图 10-132 所示。

（1）声波发射/接收单元（STR）　声波发射/接收单元是声学系统的主要装置，它具有声发射和接收功能，组成一个单元设置，由一个用法兰安装在炉墙壁的不锈钢喇叭形波导管和一个前置放大器组成。考虑到炉内的噪声特性和高温情况下声波的传播特性，通过控制电磁阀产生 0.55 ~ 0.83MPa 的压缩空气，经波导管内孔板产生声压级

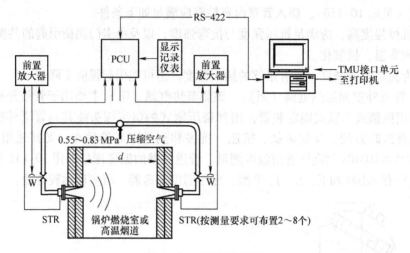

图 10-132　声学测温系统

为 130dB 以上的宽频带声波，作为系统的声源。声波接收部分是用耐腐蚀镍基合金制作的压电式传感器，用来接收本单元和其他单元发出的声信号，输入到前置放大器，经放大、处理后输出到处理控制单元。

STR 根据系统组态要求，可以按单一声发射器、单一声接收器、声发射和接收器三种方式运行。对于单路径平均温度测量，每条路径设置两个 STR；对于断面温度场测量，可根据安装条件和测量精度要求，设置多个 STR。

STR 在炉墙上的安装如图 10-133 所示。孔径为 $\phi150\text{mm}$，以便喇叭形波导管能伸入。如果位置合适，可以利用观察孔，否则需要专门开孔。

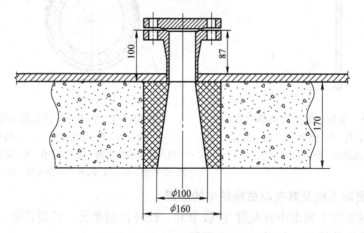

图 10-133　STR 在炉墙上的安装

（2）处理控制单元（PCU）　处理控制单元是一个专门的微处理机系统，主要由微处理器、存储器、多路转换开关、可变增益放大器、多路 A/D 转换器、上下位机通信接口和电源等组成。处理控制单元具有的功能包括：

1）电磁阀的控制，对所有接收声波信号的滤波、放大。

2）根据系统组态的要求，控制 STR 顺序发声和多路声波接收信号的采样与存储，以及采样结果的上传。

3）具有 4~20mA 模拟量输出和 RS422 串行数字量输出。

4）能识别锅炉吹灰器运行的固有噪声，剔除吹灰器投入时产生的无效数据。按设定值定时启停压缩空气清扫系统，吹扫波导管及墙孔内的粉尘、渣粒和杂物。

5）可设置路径长度、气体介质特性参数、发射/接收器数量、测量周期等。

（3）数据处理与图像重建计算机　数据处理与图像重建计算机主要完成对下位机采集数据的接收、处理，为用户提供所需的各类实时图像，供监测、分析、存档和打印输出。它具有几种显示方式，可显示测温路径、路径上的平均温度、测量区域某一小区的平均温度、实时温度场显示等。

（4）系统的安装要求　根据要求的监测点确定 STR 的安装位置，如炉膛及其出口、辐射过热器、高温过热器、再热器区域。在为调整燃烧工况监测炉膛断面温度场时，STR 应安装在最上层燃烧器上部大于 5m 的位置。

安装 STR 波导管的孔径应为 ϕ150mm 或更大些，要保证接口的气密性；并特别注意波导管与炉膛空间的声学阻抗匹配，最大限度地提高输出声波的能量；应保证压缩空气在 0.83MPa 压力下达到 1700L/min 的流量；与 STR 相连的压缩空气管路应有一个柔性的过渡段。

为提高系统的抗干扰性及稳定性，前置放大器箱与 STR 之间最大距离不得超过 2m，而且不能装在炉墙上。前置放大器与处理单元之间的电缆最大长度为 152m，中间不得有接头。在不安装冷却系统时，处理控制单元工作的环境温度最高为 38℃。

（5）应用

1）可根据炉内温度场实时监测的结果及时调整燃烧器平衡，控制火焰中心位置，防止火焰冲刷水冷壁，减小水冷壁的应力和磨损，改善水循环。

2）根据实时的烟气温度监测值和火焰分布，调整、优化风煤比或多种燃料分配比例，提高燃烧的经济性。

3）代替维护量大的热电偶监测过热器和再热器区域的烟气温度，在机组起动或负荷波动时，防止受热面金属超温。

4）实时测量受热面前后高温烟气温差，作为吹灰器切投的依据，监测吹灰系统的工作效果，从而提高锅炉效率，减少吹灰用介质的消耗。

5）实时监测过热器、再热器区域的烟气温度，用调整燃烧系统、改变烟温的手段来减少水量，提高热力系统效率，减少金属承压部件所受的热冲击。

6）根据实时温度监测数据，控制炉内 SO_x、NO_x 吸收剂喷射区域温度，优化炉内脱硫、脱硝反应，降低 SO_x、NO_x 排放。

声学测温系统在电站锅炉上的应用如图 10-134 所示。该技术还应用于垃圾处理炉内温度场的测量。通过对炉内温度场的测量和控制，降低污染物的排放。

图 10-134　声学测温系统在电站锅炉上的应用

3. 石油化工行业的温度测量

（1）液体温度测量　液体温度大多采用接触法测量。液体的比热容及热导率都比较大。与检测元件的热接触好。用接触式温度计时注意下列事项，可获得较高的准确度：

1）当测量液体温度分布时，宜选用热容量小的检测元件。

2）将液体充分搅拌，只测一点即可代表液体的平均温度。

3）当测量管道内液体温度时，应注意检测元件要与液体充分接触。

4）测量高温熔体温度时，可采用浸入式高温计。

（2）石油化工企业中测温的特点

1）被测对象的温度比较低。主要使用廉金属铠装热电偶。

2）测量准确度要求高。在石油化工企业中由于温度的微小波动，将直接影响产品的收得率，因此要求准确地测量与控制温度。

3）常用于 0℃ 以下的低温，有时低达 -200℃。

4）多用于还原性或腐蚀性气氛。从石油化工企业的生产过程或产品性质看出，传感器多处于还原性或腐蚀性气氛。不仅如此，连接传感器的配管、配线等也要接触具有腐蚀性的化学试剂、废油及含有腐蚀性物质的废水等。

5）严格要求防火、防爆。从石油化工企业的原料到成品，在整个生产工艺过程中，经常有极其易燃的物质，因此必须做好万无一失的准备，最好选用防爆传感器及阻燃的绝缘材料。

（3）热电偶的劣化及其解决方法　在石油化工企业中使用的传感器，最大的问题是准确度与使用寿命，而使用寿命又与劣化有关。廉金属热电偶在正常温度范围内连续使用时，其使用寿命一般为 10000h。如果温度波动较大，其使用寿命要减半或更低。

在石油化工企业中热电偶的劣化不仅与使用温度有关，而且还与使用气氛、被测介质的状态、热循环的次数及热电偶的安装方法有关。如果不注意此特点，热电偶的劣化速度会很快，一个月内其偏差甚至达 100℃。为了减少劣化，实现长使用寿命、高准确度测量的目标，要长期积累现场使用的有关数据，总结经验，探讨劣化的原因及对策。

（4）防水、阻燃性补偿导线　石油化工企业中使用的补偿导线，不仅要求准确度高，而且还要求防水、阻燃。补偿导线通常采用的绝缘层为聚氯乙烯（PVC）或聚乙烯（PE），它们一般都能防水，但使用条件不同，也将有一定的吸水或透水性。在绝缘层两侧水的压差越大，其透过量越大，两侧的温差增大，渗透性也变大，而且绝缘层越薄，水透过越容易。当然，防水效果好的是铠装补偿导线。

补偿导线不同于电线，因无高压及大电流通过，所以它自身不能引起火灾。然而，当其他物质燃烧时，也担心火灾会蔓延过来。聚氯乙烯一般是阻燃的，但在苛刻条件下也是可燃的，同样是危险的。有效的解决办法是制成铠装补偿导线，或者选用阻燃的绝缘材料，如交链聚乙烯、氯丁二烯等制成补偿导线也有成效。这种阻燃性补偿导线，最初是为确保核电站的安全而研制的。然而，最近在石油化工、发电厂及钢铁厂中的应用也不断增加。

4. 反应釜内的温度测量

为了控制各种化学反应，监控反应釜内的温度也很重要。通常在反应釜内安装超细多点式铠装热电偶，监控异常反应的发生。因受管径所限，若采用粗直径热电偶，响应慢，不能及时发现异常现象。因此，多采用超细多点式铠装热电偶（见图10-135）。反应釜温度监控点多，一个位置最多的测定点数可达 20 个。

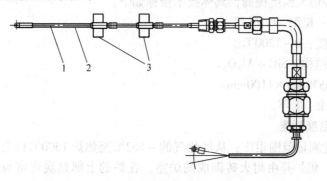

图 10-135　超细多点式铠装热电偶
1—ϕ0.5mm 铠装热电偶　2—保护管　3—中心架

5. 硫回收装置温度测量

炼油厂为了不使脱硫产生的硫排放到大气中，往往要增设硫回收装置。在近1300℃的高温下，并含有硫（H_2S）的气氛中测温，其条件极其恶劣，装置中所用的热电偶使用寿命非常短，迫切需要有长使用寿命的热电偶。而且硫回收炉与普通燃烧炉不同，是在正压下运行。因此，当保护管破裂后，高温腐蚀性气体将侵入温度计内，在这种条件下，多采用耐蚀性优越的陶瓷保护管。为了防止破损事故发生，宁愿牺牲测量精度，也要减少保护管的插入深度。为了防止从缝隙中进入腐蚀性气体，往往采用空气净化方式，如图 10-136 所示。日本某公司采用钨铼热电偶，用于硫回收装置的温度测量，其使用寿命远超过 S 型热电偶。

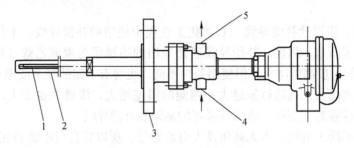

图 10-136 硫回收装置用热电偶
1—热电偶 2—陶瓷保护管 3—法兰 4—空气进口 5—空气出口

6. 腈纶化工厂焚烧炉温度测量

在丙烯腈生产过程中，产生大量含剧毒物质的废水、废气，必须将氰氢酸等有机物在高温下焚烧转化为无毒气体。

焚烧炉工作温度为 900 ~ 1000℃，有 5 个测温点，采用不锈钢保护管的 K 型热电偶测温，当焚烧浓度很高的氰氢酸时，热电偶使用寿命只有 3 ~ 5 天，改用陶瓷管的 S 型热电偶使用寿命也未超过 20 天。

作者采用 $SiC + Al_2O_3$ 复合型结构，运用填充剂自烧结技术形成实体化热电偶，使热电偶的使用寿命大幅度提高，具体技术指标如下：

1）热电偶：K 型，0.75 级。

2）使用温度：0 ~ 1200℃。

3）保护管结构：$SiC + Al_2O_3$。

4）规格：$\phi 30mm \times 1100mm$。

5）使用寿命：1 年。

7. 燃气厂温度测量

燃气厂温度测量范围很广：从液化气的 -162℃ 至焦炉 1300℃ 以上的温度。

（1）焦炉 焦炉是由耐火砖砌成的炉室，在炉的上部是炭化室与燃烧室交替以层状结构排列，有 100 个室以上。焦炉的下部为蓄热室，其主要工艺参数是燃烧室烟道温度。当温度在 1000℃ 左右时，几乎无测温问题；但当温度大于 1200℃ 时，应探讨环境条件对测温精度的影响。用于焦化炉的热电偶，其长期使用温度为 1400℃，短期为 1600℃。此种热电偶保护管外有耐高温石棉纤维袋，即使是刚玉管断裂，也不会坠入炉内造成污染。

（2）液化气设备 液化气设备有液化天然气的存储设备（约 -162℃）及汽化设备。汽化设备使用的温度传感器多选择带保护管的传感器，用于测量管道的表面温度及液体温度。对于储罐，则多采用特种温度传感器。液化气储罐分地上、地下两种，无论地上或地下，其大型罐的直径为 $\phi 60m$，液体深度为 30m 左右。因此，多采用长达 140m 的铠装热电偶，如图 10-137 所示。

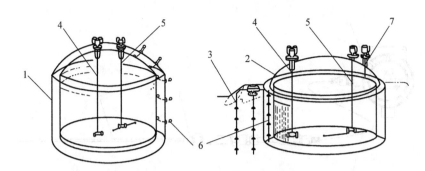

图 10-137 液化气储罐测温测量

1—地上双层液化气储罐 2—地下液化气储罐 3—测量埋入地下水泥与土壤温度用传感器 4—预报层间
发生翻滚用传感器 5—测量气、液层温度用传感器 6—测量内层外壁
温度传感器 7—监测罐内液体冷却状态传感器

储罐温度传感器视其位置和作用而具有不同的用途。开始输入液体时，主要是用温度传感器监测储罐整体冷却状况。当同一储罐内装入密度不同的液化气时，液化气因密度差将产生分层现象。由于需要预测分层后层间翻滚现象，可采用翻滚传感器。液化气交易时，需要测量气体层及液体层温度的传感器，以及测量埋在地下储罐周围地基中温度分布用传感器。为控制地基周围冻结，在储罐底部装有加热器，并用温度传感器对其进行控温。

10.9.7 石油化工反应器的温度测量

1. 乙二醇反应器的温度测量

（1）工况特点 乙二醇反应器大多为列管式，列管内径小，测点多，同时又必须保证物料的充分反应。要求多点热电偶具有占用空间小、测点多的性能。单支多点热电偶便是针对该工况而研制的。

（2）存在问题

1）传统产品采用卡套螺纹的安装方式，虽然可实现长度可调，但偶丝易折断。

2）单支多点热电偶对绝缘要求极高，传统工艺生产的单支多点热电偶，测点经常失效。

（3）新型传感器的研制和应用

1）采用 K 型热电偶，保护套管及元件采用 316 不锈钢或 Inconel 合金，柔性可弯曲。

2）采用单支多点式结构，在一个保护管内垂直分布各测点。一般保护管直径为 $\phi 5 \sim \phi 6mm$，内置 4~16 点，最长达 15m（见图 10-138）。

3）采用活动螺纹套筒安装，长度可以调整，保证良好的强度。

4）采用特殊密封方式，保证安全生产。

5）应用。该产品成功应用在内蒙新杭能源、新疆天业、山东利华益、贵州黔西等项目，其中新杭能源已开车稳定运行 4 年（见图 10-139）。

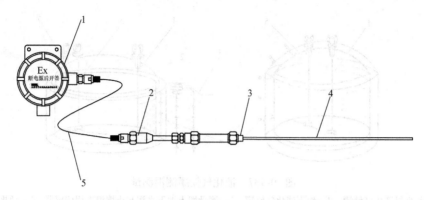

图 10-138　乙二醇反应器用温度传感器的结构

1—接线盒　2—密封装置　3—螺纹套筒　4—单支多点测量元件　5—屏蔽电缆

2. 丙烷（异丁烷）脱氢反应器的温度测量

（1）工况特点　该反应器是引进 UOP 工艺包中具有代表性的。其典型安装位置是再生反应器的燃烧区和还原区。因其操作温度较高，又需多点测量，从而对多点热电偶的制作工艺提出了新的要求。

（2）存在问题　传统热电偶壁薄，偶丝细，在高温高压下，测点不稳定，从而导致测温不准确。

图 10-139　新杭能源安装现场

（3）新型传感器的研制和应用

1）采用旋锻工艺制成高性能实体热电偶，其特点是：管壁厚（≥1.8mm），偶丝粗（≥ϕ0.8mm），高温（可达 1200℃）、高压（可达 1.7MPa）及高可靠性。

2）采用 K 型热电偶，保护套管及元件采用 Inconel 合金或 347 不锈钢，柔性可弯曲。

3）保护管直径为 ϕ12.7mm 或 ϕ9.5mm，其中 ϕ12.7mm 为同方向放置，内置 9 点，一般为双支 18 点。ϕ9.5mm 为柔性环向放置，内置 4 点，可满足不同需求（见图 10-140）。

4）设置密封腔和检漏装置，确保安全生产。

5）接线箱可为分体式或一体式。

6）该专利产品成功用于河北新欣元（见图 10-141）、浙江卫星能源等现场，可替代进口产品，实现了国产化。

3. 丁辛醇反应器的温度测量

（1）工况特点　丁辛醇反应器的温度测点多，布局密集，且安装必须与填装催化剂同时进行，因此要求热电偶具有优越的密封性能和耐多次弯曲的能力。

（2）存在问题

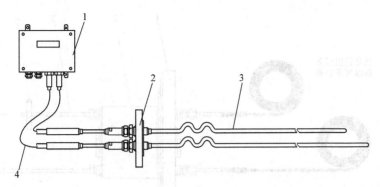

图 10-140　丙烷（异丁烷）脱氢反应器用温度传感器的结构

1—分体式接线箱　2—固定法兰　3—2 支 ϕ12.7mm 柔性元件（每支内 9 点）　4—连接引线

1）传统产品采用卡套螺纹，在安装时法兰密封处易松动，导致泄漏。

2）当元件与法兰焊接时，无法满足元件弯曲的要求。

（3）新型传感器的研制和应用　作者对密封结构进行了重新设计，并且配合更优质的热电偶丝材，新型传感器的使用周期可达 5 年以上（见图 10-142）。

1）8 支元件同时测量，在催化剂床层上准确布点。铠装元件柔性可靠。

2）采用 K 型热电偶，保护套管及元件采用 Inconel 合金，使用周期长。

图 10-141　新欣元安装现场

3）法兰下设置全不锈钢密封腔，内置多级密封组件，可以单点更换，确保安全生产。

4）应用。该专利产品先后在天津碱厂、江苏华昌、华鲁恒升及中海油惠州炼化分公司（见图 10-143）等现场应用，博得用户好评，多个用户又在二期项目中采用。

4. 苯酐反应器的温度测量

（1）工况特点　苯酐反应器最突出的特点是设备套管内径小，测温点数多，布点长。对热电偶的技术要求是在细直径内放置多个测点，以实现测温目的。

（2）存在问题　这种高度密集的多测点结构，致使现场易出现的故障是测点失效，俗称"丢点"。另一弊病是法兰与热电偶密封处易损坏，测点位置偏差大。

（3）新型传感器的研制和应用　作者从制作工艺和结构设计两方面提供出了切实可行的解决方案。

1）单套管直径为 ϕ6mm 或 ϕ7mm，内置 24 点测量，高绝缘性能，确保长周期运行。

2）在长度范围内设置多个支承架，稳定放置于设备 ϕ10mm $\times$1mm 的套管中。

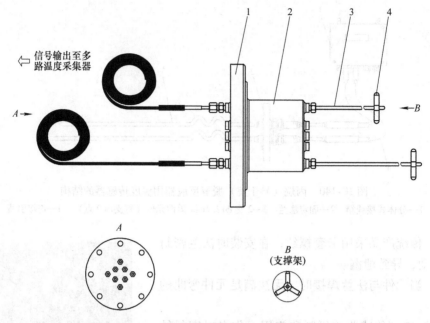

信号输出至多
路温度采集器

A

A

B
(支撑架)

图 10-142　丁辛醇反应器用温度传感器的结构
1—安装法兰　2—全不锈钢密封腔　3—测量元件　4—支撑架

3）接线箱采用一体式，热电偶配备支撑杆，以支
撑接线箱（见图 10-144）。

4）应用。该专利产品已在邯郸鑫宝和唐山旭阳等
现场稳定运行达两年以上。

5. 甲烷化反应器的温度测量

（1）工况特点　甲烷化是煤制天然气项目中非常
重要的工艺流程（合成气→甲烷化反应→天然气），温
度过高会使催化剂表面产生积炭，从而使催化剂失去
活性，因此对温度的准确控制是甲烷化反应的重要
因素。

图 10-143　中海油惠州炼化分
公司安装现场

（2）存在问题

1）测点多：因反应器内催化剂分布范围广，需要
同时测量不同位置的多点温度，即需要多点式热电偶。

2）耐高压：如果设备套管发生泄漏，热电偶自身能承受反应器内的压力而不发生
泄漏。

3）耐腐蚀：因甲烷化反应器中富含 H_2、CO 等还原性高温气体，因此要求热电偶
必须能抵抗还原性气氛的腐蚀，确保长周期运转。

4）快与准：测温要求快速、准确，能及时测出反应器内温度。

（3）新型传感器的研制和应用

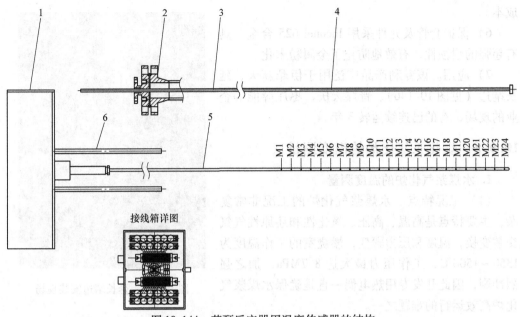

图 10-144　苯酐反应器用温度传感器的结构

1—接线箱　2—安装法兰　3—φ10mm×1mm 保护套管　4—支撑卡

5—φ7mm 内置 24 点测量元件　6—接线箱支撑杆

1）外套管规格为 φ114mm×9mm，长度一般为 7~10m。运用自动焊接和焊口检测技术，可保证套管和法兰的良好连接，确保套管密封性。

2）每个测量元件穿入各自的导向管内，导向管前端开口，并具有 30° 的外倾角。在外倾角的作用下，测量元件与设备套管的内壁弹性紧密接触，保证响应快而准确。

3）在导向管的轴向，均匀焊接了一定数量的多孔支撑板，固定导向管，定位测量元件各自的径向位置（见图 10-145）。

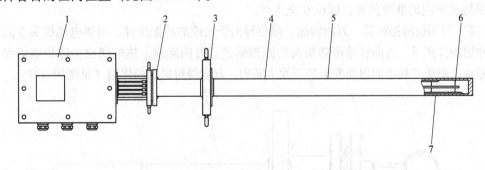

图 10-145　甲烷化反应器用温度传感器的结构

1—接线箱　2—转换法兰　3—安装法兰　4—保护套管　5—多点热电偶元件　6—支撑环　7—导向管

4）测量元件穿过法兰进入接线箱内，法兰与接线箱均用 NPT 卡套螺纹固定，保证密封安全性。

5）测量元件可单独抽取，不仅减少更换的工作量，又降低了维护费用与生产成本。

6）保护套管及元件采用 Inconel 625 合金，具有超强的耐蚀性，有效地防止了金属粉末化。

7）应用。该专利产品广泛用于伊犁新天、延长靖边（见图10-146）、晋煤天庆、枣庄薛能等企业的现场，有的已连续运转3年。

图 10-146　延长靖边安装现场

10.9.8　煤化工气化炉的温度测量

1. 水煤浆气化炉的温度测量

（1）工况特点　水煤浆气化炉的工况非常复杂，主要特点是高温、高压、氧化性和还原性气氛交替变换，温度和压力骤变，燃烧室的工作温度为 1350~1500℃，工作压力最大达 8.7MPa，加之强烈冲刷，因此开发专用热电偶一直是确保水煤浆气化炉高效运行的难题之一。

（2）存在问题

1）热电偶密封效果不好，水煤浆气化炉加压过程中，出现压力变化，热电偶易泄漏。

2）热电偶保护管不具备耐高温、抗强冲刷和耐蚀性，水煤浆气化炉启动后，在较短的时间内，热电偶示值偏低，甚至无测量值。

3）热电偶结构无法适应水煤浆冲刷，套管极易损坏。

（3）新型传感器的研制和应用

1）采取可伸缩式结构，插入长度可以在 ±100mm 范围内调节，从而使热电偶测量端保持在炉内的准确位置，保证安全生产。

2）采用由减振弹簧、万向转球、限位导向管组成的减振组件，当热电偶探头在高压和冲刷的作用下，万向转球可随探头的倾斜而进行万向旋转，热电偶也会随炉墙的变化而随动，避免了热电偶扭曲变形甚至发生断裂，起到缓解振动的作用（见图10-147）。

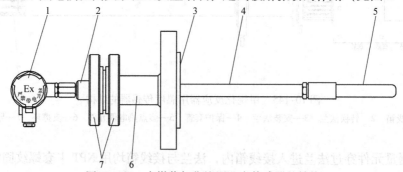

图 10-147　水煤浆气化炉用温度传感器的结构

1—接线盒　2—多级阻漏密封结构　3—安装法兰　4—拉伸调节杆　5—耐冲刷套管　6—减振装置　7—转换法兰

3）在接线盒和保护管的连接处设有密封阻漏装置，由卡套螺纹和柔性石墨构成，有效地防止了高压腐蚀介质发生泄漏。

4）变径双法兰组的安装方式和抽芯式结构的结合运用，可反复安装拆卸，即安全又轻便快捷。

5）应用。该专利产品广泛应用在神华集团（见图 10-148）、兖矿集团、中煤集团、东华能源、久泰能源等企业的现场。

2. 干煤粉气化炉的温度测量

（1）工况特点　干煤粉气化炉目前有壳牌气化炉、西门子气化炉、科林气化炉、航天气化炉等多种气化炉。壳牌气化炉的特点：空间狭小，在 500 ~ 600mm 的环隙空间测温（多点采集）。气化炉的介质为煤粉，工作压

图 10-148　神华宁煤安装现场

力 4MPa。因此，要求热电偶必须具有不低于炉内工况压力 1.5 倍的耐压能力，并具有在超压情况下的应急措施，既能承受高温，又更换装卸方便。

（2）存在问题

1）热电偶法兰连接处易泄漏。

2）热电偶丝在弯折过程中，冷端易泄漏。

3）热电偶外套易被腐蚀。

（3）新型传感器的研制和应用

1）采用法兰与测温主体分离式结构，即先完成法兰的安装固定，再进行测温主体与法兰的配合安装。此方案可使笨重的法兰一次性安装，而在日常的维护中只需更换主体部分即可，方便快捷。与此结构密切结合的是测量元件可独立更换性。每支测量元件都是可单独拆卸的个体，如果哪一支发生故障，可单独抽出更换，减少了维护成本和备品备件的数量及费用。

2）炉内因含有大量 H_2S，为提高耐蚀性，热电偶材料全部采用 Inconel 600 合金，保持了测温元件、安装法兰以及密封卡套等的材料一致性（见图 10-149）。

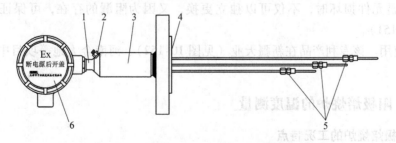

图 10-149　干煤粉气化炉用温度传感器的结构

1—二级密封　2—检压阀　3—密封腔（内置阻漏密封结构）
4—安装法兰　5—固定元件卡套螺栓　6—接线盒

3）采用具有多级阻漏的密封结构，即每一支元件均具备双级阻漏装置，当任何一支测温元件发生损坏时，因阻漏的存在，环形空间内的高温高压气流不会泄漏，满足安全环保的现场要求。

4）应用。该专利产品已应用于河南中原大化（见图 10-150）、天津碱厂、云南云维、广西柳化等十余个壳牌气化炉的煤气化装置。

图 10-150　反应器内部安装现场

3. 清华炉的温度测量

（1）工况特点　目前在国内该炉型是非常具有代表性的新生代气化炉，炉膛操作温度达1200℃，环隙工作温度为 400℃，压力为11MPa。实现炉膛高温区和环隙及水冷壁低温区同时测量是清华炉温度测量的特点。

（2）存在问题

1）炉内环隙小，仅有 110mm 左右的空间，因此对热电偶的安装要求极高。

2）炉内压力大，对热电偶的密封要求极高。如果密封不可靠，法兰连接处就易泄漏。

3）工作温度高，如结构不合理，一体化的温度变送器就易损坏。

（3）新型传感器的研制和应用

1）采用三点式结构，分别为炉膛高温热电偶、环隙低温热电偶、水冷壁低温热电偶。

2）采用 B 型高温热电偶及无压烧结碳化硅保护管，具有高温、高压和耐蚀性。采用螺纹与炉连接，确保密封承压。

3）环隙低温热电偶采用柔性 K 型铠装结构和耐腐蚀的 316 不锈钢或 Inconel 合金，直接插入炉内的环隙和水冷壁测温。

4）采用法兰安装方式，并在法兰和接线箱之间设有全不锈钢散热装置，以确保接线箱内的温度变送器在适宜的环境下稳定工作。

5）具有多级阻漏的密封结构，各元件之间独立密封，且均为双级阻漏装置。当任何一支测温元件损坏时，不仅可以独立更换，又因为阻漏的存在，可保证安全生产（见图 10-151）。

6）应用。该专利产品在新疆天业（见图 10-152）、河南金大地等项目中已平稳运行两年。

10.9.9　阳极焙烧炉的温度测量

1. 阳极焙烧炉的工况特点

阳极焙烧炉是大型预焙电解铝行业的重要烧结炉，主要用来烧结铝电解行业用阳极块。烧制工艺为：800 ~ 1050℃升温 32h，1050 ~ 1150℃升温 8h，1150℃保温 56h，一个烧制周期共 96h。由于焙烧阳极块为碳素制品，不抗氧化，所以加热方式多为间接

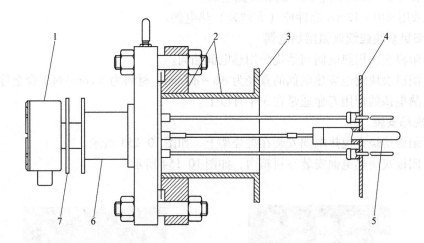

图 10-151　清华炉用温度传感器的结构
1—接线盒　2—设备法兰　3—设备外层炉壁　4—设备内层炉壁
5—B 型高温热电偶　6—密封腔　7—散热片

加热。要求测量燃烧部位（火道）和阳极块的
实际温度。火道为燃烧区域，按加热燃料不
同，它主要分为重油加热、煤气和水煤气加热
三种，此外还有天然气和燃煤加热。重油和天
然气比较干净，高温腐蚀较小；煤气和水煤气
含硫量比较高，对热电偶的高温腐蚀较严重；
燃煤高温腐蚀就更严重。阳极焙烧炉测温点太
多（如一个 34 炉室的阳极焙烧炉，就有近 80
个测温点），很难保证每个火道的燃烧温度稳
定、可靠。

2. 阳极焙烧炉火道连续测温用热电偶

（1）热电偶保护管

图 10-152　新疆天业安装现场

1）陶瓷管。早期曾采用 Al_2O_3 陶瓷管，因耐热冲击性欠佳，而未能推广使用。

2）金属或合金管。目前常用以下两种合金管：

① Inconel 601 合金管（$\phi22mm$），使用寿命 6 个月，但热电偶的寿命仅为 4～5
个月。

② 铸造成型的铁铬铝管，使用寿命为 4～6 个月。

（2）热电偶

1）S 型热电偶的价格昂贵，且易受污染脆断。

2）N 型热电偶的使用温度 0～1300℃，精度Ⅱ级，±0.75% t。通常热电偶的寿命
比保护管短。

① 采用 φ3.2mm 热电偶丝组装成热电偶。

② 采用 φ10～12mm 高性能（大铠装）热电偶。

3. 阳极炭块连续测温用热电偶

1）阳极炭块用热电偶与焙烧炉用热电偶相同。

2）阳极炭块用铠装热电偶的直径为 φ6～φ8mm，材料为 Inconel 601 合金等。

3）热电偶的使用寿命通常在 3 个月以上。

4. 现场安装

1）阳极焙烧火道热电偶安装在燃烧架上，如图 10-153 所示。

2）阳极炭块热电偶安装在料箱内，如图 10-154 所示。

图 10-153　阳极焙烧火道热电偶的安装　　　图 10-154　阳极炭块热电偶的安装

10.9.10　玻璃与橡塑工业的温度测量

1. 玻璃工业测温

温度是玻璃炉窑运行时最重要的监控参数。原料的熔化、溶液的澄清以及加工成形都取决于温度。

玻璃的原料主要是硅砂（SiO_2），质量分数约为 60% 以上，根据玻璃种类的不同，配以其他成分，如 PbO、K_2O、B_2O_3、Na_2O 等。除了特种玻璃用坩埚炉熔化以外，一般的玻璃炉窑都用耐火材料砌筑的熔池，在熔池上方用油或煤气等燃烧加热。熔池的温度很高，达 1450～1650℃。

浮法玻璃测温采用铂铑热电偶（B型、R型或S型）及刚玉保护管。热电偶前端采用特殊钩形或直形结构，并用白金或铂铑合金套管保护，如图 10-155 所示，以达到高温测量和避免玻璃腐蚀的效果。

2. 挤塑机及注塑机测温

随着注塑成型等技术的发展，塑料制品几乎渗透到所有行业。由于塑料制品的质量与模具温度及熔融材料温度有关，因此温度参数的管理极为重要。图 10-156 所示为

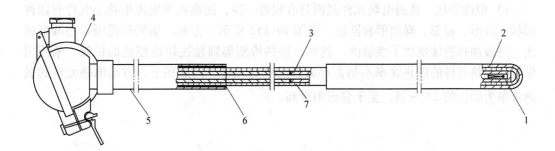

图 10-155　玻璃熔体专用热电偶

1—B 型或 S 型热电偶　2—铂或铂铑 10 套管　3—刚玉管　4—接线盒

5—夹持管　6—锆基黏结剂　7—Inconel 管

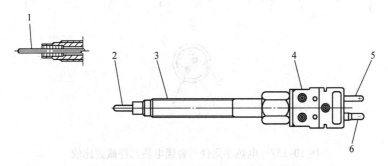

图 10-156　挤塑机及注塑机用温度传感器

1—铠装热电偶测量端部形状　2—铠装热电偶　3—固定螺纹

4—接插件　5—正极插头　6—负极插头

挤塑机及注塑机用温度传感器。

3. 精密注塑热流道加热器中的温度测量与控制

热流道系统是指在精密注塑件成型中，对熔融塑料热流道和模具型腔注入口实施加热与控制的装置。

在注塑机、塑料挤出机、热固性温浇道注塑机的加热设备上都装有热电偶，使用热电偶的弊端是未直接接触被加热的物体，温差较大，调控温度滞后。目前改进了加热装置，利用高功率密度电加热小元件，将热电偶装在电加热元件中，其问题就迎刃而解了。

（1）高功率密度电热小元件的优点　高功率密度电热小元件（也称热流道小元件）的优点如下：

1）电热元件功率密度高，加热时表面温度高，热效率高，从而节约了能源。

2）元件小，可以安装在热流道模具的内部，热电偶又装在电热元件内，这样温度调控快，热惯性小，反应快，控温精度高。

3）小元件节省了原辅材料，系统的体积大幅度减小。

（2）高功率密度电热小元件与普通电热元件的比较

1) 截面形状。普通电热元件截面只有圆形一种，而高功率密度电热小元件有四种形状：方形、扁形、椭圆形和圆形，如图 10-157 所示。方形、扁形和椭圆形与圆形相比，与被加热物体增加了接触面。例如，加热橡塑等颗粒注塑成型机的机筒，采用圆形管状加热元件的散热效率不如方形截面的电热元件。同面积下，方形电热元件的散热效率为圆形的 $2/\sqrt{\pi}$ 倍，至于扁形则更高。

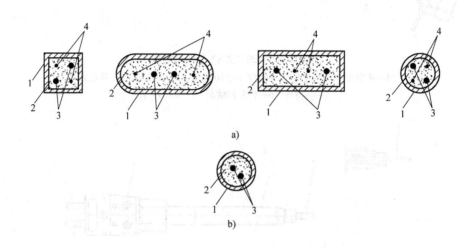

图 10-157　电热小元件与普通电热元件截面比较
a）电热小元件　b）普通电热元件
1—外套管　2—电熔氧化镁　3—加热合金丝　4—控温热电偶

2) 加热控制方式。普通电热元件的温度控制，典型的是在某一部位装上可复式温控器。当加热元件处于"干烧"状态时，可复式温控器断开，使电源中断，避免烧毁其他零部件。或者将热电偶直接安装在被加热物体上，通过温度仪表控制加热元件的温度。而高功率密度电热小元件控温，在结构上是控温热电偶和加热合金丝同时装入电熔氧化镁中成一整体，所以测温、控温反应速度快，精度得以提高。

(3) 结构特征　精密注塑热流道系统由可加热的分流道板、注塑喷嘴及相应的温度控制器三部分组成。其核心技术是一种可控制的塑料流道均衡温场的设计及制造。它包括一种具有感温功能、微型化铠装结构、高功率密度的电加热器件，一种均匀温度分布的分流道板和可控温的热喷嘴，一种插卡式结构、控温精度达到 ±1℃ 的功率温度控制器。

1) 感温与加热双功能器件，其盘条最小截面积 $\geqslant 9mm^2$，外保护管表面负荷 $\leqslant 7W/cm^2$，单位长度功率为 $8 \sim 18W/cm$。控温热电偶的测量端置于铠装盘条的远端，其分度号有 K 型、J 型、E 型。

2) 分流板采用温场均匀化设计，埋入式热电偶测温。

3) 热喷嘴由高导热铍铜合金做芯体，用感温加热双功能加热器加热。

4) 温控器采用高散热、小型化晶闸管，具有 PID 调节、小功率起动、模糊控制与系统保护报警功能。

（4）应用　精密注塑件生产中，有温度分布要求的电加热场合都可以借鉴热流道系统的相关技术。

1）用于热流道系统的弹簧圈式电加热器。H 系统各种尺寸、功率的弹簧圈式电加热器采用优质不锈钢材料制成，可带 K 型、E 型、J 型控温热电偶。

2）铠装管圈加热器。采用特殊结构与材质、填充无机绝缘材料制成的最小外径为 $\phi1mm$ 的双端引出铠装管圈加热器如图 10-158 所示。在铠装管圈加热器外，可安装 $\phi0.5 \sim \phi3mm$ 各种分度号的铠装热电偶。

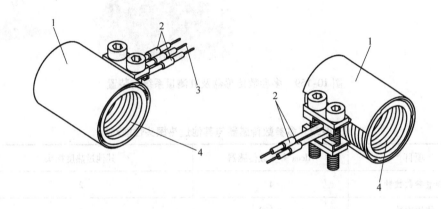

图 10-158　双端引出铠装管圈加热器

1—金属卡套圈　2—电流引出线

3—热电偶引出线　4—铠装管式电加热圈

10.9.11　铝电解质温度与成分在线测量

1. 铝冶金用多参数温度传感器与智能化仪表

国内外电解铝行业急需在线检测铝电解质温度与过热度。德国某公司率先开发出了测量铝电解质温度与过热度的探头，但价格贵。随后，美国铝业公司（Alcoa）又研制出多参数传感器及智能化仪表，现已在世界范围内推广应用。

多参数传感器与智能化仪表是美国发明专利，用于原铝生产在线检测铝电解质温度、过热度，并通过智能化仪表的专家系统计算出 Al_2O_3 浓度与分子比。

1）多参数传感器及其测量系统与装置如图 10-159 所示。

多参数传感器端头有单双杯两种，目前多采用双杯。端头内两支热电偶分别测出铝电解质的温度与初晶温度，由测温枪上数据采集系统以无线传输方式至智能化仪表。

2）多参数传感器与其他过热探头性能对比（见表 10-32）

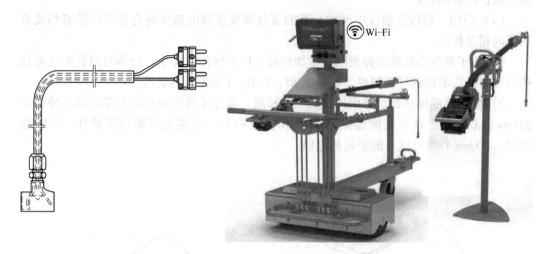

图 10-159 多参数传感器及其测量系统与装置

表 10-32 多参数传感器与其他过热探头性能对比

项目	Alcoa 多参数传感器	其他过热度探头
测量参数数量	4	2
使用次数	>100	1
性价比	优	差

由表 10-32 可看出，其他的探头仅能提供 2 个参数且只用一次，而多参数传感器可在线提供 4 个参数，其使用寿命在 100 次以上。有关电解质成分分析，目前多为现场取样再送质检中心分析化验。这种离线方式不仅费时费力，还有可能耽误对电解过程的调控时机。现已实现在线成分检测，博得普遍的认可与赞扬。

2. 应用

自 2005 年起，美国铝业公司授权沈阳东大传感技术有限公司开发铝电解行业用多参数传感器。沈阳东大传感技术有限公司现已成为美国铝业公司的独家供应商。截至 2018 年 5 月沈阳东大传感技术有限公司销售多参数传感器及热电偶达 30 多万支。为此，美国铝业公司特授予沈阳东大传感技术有限公司"优秀供应商"称号。

10.9.12 垃圾焚烧炉的温度测量

1. 垃圾焚烧技术

垃圾焚烧处理技术已有 100 多年的历史了，1896 年和 1898 年，德国和法国先后建立了世界上最早的生活垃圾焚烧厂，丹麦在 1931 年建立了世界上第一个垃圾焚烧发电厂，处理能力为 288t/d，从而开启了生活垃圾焚烧发电的先河。生活垃圾焚烧可以实现城市生活垃圾处理减容化、无害化，同时可利用垃圾焚烧时产生的热量发电，变废为宝，不仅实现垃圾处理的资源化，而且还可以使垃圾减容 90%，减重 75%，同时还可以杀死病毒和细菌。

生活垃圾焚烧过程中，垃圾中的含氯高分子化合物，如聚氯乙烯、氯代苯等二噁英前驱物，在氯化铁和氯化铜的催化作用下与 O_2、HCl 反应生成二噁英。二噁英在 800℃ 以上的高温下易分解，而在 300℃ 附近时被分解的二噁英类前驱物又会迅速重新组合生成。在各种影响二噁英形成的因素中，温度是最重要的影响因素。

现在采用高温空气燃烧技术用于垃圾与生活物质焚烧，由于燃烧温度高（在 800℃ 以上）而均匀，火焰大，抑制了二噁英的生成。

在 1400℃ 的高温下，有机物发生热分解、燃烧与汽化，而无机物则熔融成玻璃质炉渣，飞灰中 SiO_2 在熔融处理中形成网状构造，把进入熔渣的金属包封在其中，构成极稳定的玻璃质熔渣，重金属熔出的可能性很小。高温下绝大多数无机物形成玻璃质。因此，熔融不但可以达到减容 2/3 以上，而且排除了从垃圾焚烧飞灰中释放二噁英的可能。通过对焚烧飞灰的高温熔化处理（1200～1400℃），使飞灰中残存的二噁英类物质分解，达到无害化处理。该技术在日本的应用情况表明，垃圾飞灰经熔融处理后，99% 的二噁英可被分解，熔融渣中二噁英的含量由未经熔融处理前的 TEQ 29ng/g 减少到熔融处理后的 TEQ 3.7×10^{-4}ng/g。因此，飞灰熔融技术也称为二噁英零排放技术。

2. 焚烧炉温度测量

焚烧炉炉膛温度的准确测量，是防止生活垃圾焚烧处理生成有害物质（二噁英），造成二次污染的关键。德国马丁公司逆推焚烧炉，炉膛温度测点分别布置在炉膛一、二、三、四、五段，以及余热炉、省煤器炉墙上左右侧各一只，监控垃圾燃烧是否充分及运行情况。垃圾焚烧炉的燃烧温度在 850～1000℃ 之间，其产生的高温烟气，烟气成分为粉尘、二氧化碳（CO_2）、氮气（N_2）、水分（H_2O）、氧气（O_2）及有害气体如硫氧化物（SO_X）、氯化氢（HCL）、氟化氢（HF）、氮氧化物（NO_X）、重金属、二噁英和呋喃（PCDDs/PCDFs）及一氧化碳、甲烷等。HCL 和 SO_X 将对热电偶保护管产生腐蚀作用及结焦。垃圾焚烧要保证燃烧温度高于 850℃，烟气停留时间大于 2s，这样才能使垃圾中的有机物在焚烧过程中彻底分解，确保达到我国垃圾焚烧污染排放标准，确保二噁英等有害气体高温分解，从而减轻后续净化工序的负荷和对大气环境的污染。

3. 热电偶的使用寿命与测量误差

1）热电偶保护管与分度号。焚烧炉温度测量用保护管，选用刚玉与 310S 耐热钢保护管。热电偶分别为 B 型及 K 型。

2）使用寿命较短，平均寿命约为 4 个月。

3）温度测量误差较大。炉膛温度测量两支热电偶的偏差在 ±25℃，最大为 ±70℃，严重影响了焚烧炉燃烧控制及安全运行。

4. 存在问题

1）刚玉容易破损，响应慢。

2）310S 保护管耐蚀性欠佳，拔出来时可能断裂，堵塞测温孔。

5. 焚烧炉温度测量技术的改进与对策

鉴于炉膛温度的重要性，应选择适合垃圾焚烧的温度测量热电偶，以提高温度测量的准确性，缩短响应时间。为垃圾焚烧自动控制和遏制二噁英生成，提供可靠的温度参数，可减少故障，并方便维修。

（1）热电偶保护管

1）采用镍基高温合金保护管。镍基高温合金具有耐高温、抗氧化、耐热腐蚀及有良好的疲劳性、断裂韧度等高可靠性能。镍基高温合金保护管的性能见表 10-33。

表 10-33 镍基高温合金保护管的性能

保护管材质	主要特性和用途	使用温度/℃
00Cr20NiMoTiAl	镍基变形高温合金，具有良好的抗氧化性和耐热性，保护管使用温度为 1100℃，短时可达 1200℃	200 ~ 1200
0Cr15Ni70NbTiAl	这是一种以 Al、Ti、Nb 强化的镍基变形高温合金，是 Inconel 合金系列中较好的品种之一。在 980℃ 以下具有较高的强度和蠕变断裂强度，抗氧化性和耐蚀性良好，在氧化气氛中使用温度可达 1050℃，主要用作耐热部件，还有抗 H_2S 腐蚀等	200 ~ 1100
Ni45Cr17Al	我国新开发的镍基变形高温合金，具有优良的抗氧化性，可在 1300℃ 的大气、含硫、含氯气氛中长期使用，是目前国内变形高温合金中使用温度最高的品种，用作耐高温件、热电偶保护管等	200 ~ 1300

2）采用钴基高温耐磨合金保护管。

（2）铠装热电偶 铠装热电偶具有热响应快、耐振动，以及便于弯曲等优点，适宜安装在管线狭窄、弯曲和要求快速反应、微型化的特殊测温场所。

6. 应用

采用镍基高温合金保护管，兼具刚玉管和 310S 耐热钢保护管的双重特性。采用铠装热电偶，装入保护管内没有间隙，提高了热电偶可靠性和测温精度，解决了垃圾焚烧炉的测温困难，也提高了热电偶的使用寿命。

10.10 现场测温典型故障分析与对策

现场测温典型故障分析与对策见表 10-34。

表 10-34　现场测温典型故障分析与对策

序号	热电偶类型	故障状况	检验与分析	产生原因	对策
1	铠装热电偶（K 型、φ1.6mm）	从室温至 1000℃使用 30h，10 次热循环后启动线	经 X 射线检查结果发现有多处偶丝断线	当超过铠装热电偶外径常用温度限时，在热循环的使用条件下，由于铠装热电偶套管材料、绝缘物（MgO）及热电偶丝热膨胀系数的差异，致使热电偶丝过度伸缩而断线	增加铠装热电偶直径，改变同保护管间距离，留出随温度变化的空间，使热电偶丝受力减少
2	铠装热电偶（K 型、φ6.4mm）	使用温度 800℃，20d，炉内气氛（体积分数）为：N_2=40%；CO_2=21%；H_2=39%，示值异常低下（-100℃）	热电偶导通，绝缘电阻检查无异常现象。在 800℃下检查结果与用户测量结果相同	虽然热电偶丝外层有金属套管保护，但是 H_2 可以通过套管壁内残留氧反应，使其套管内氧浓度恰好可供镍铬合金发生选择性氧化而脱铬，引起热电动势大幅度降低	采用无氧化膜的光亮偶丝，组装成带保护管的热电偶并具有防氧化结构或者添加有钛的吸气剂气氛。推荐使用有钽吸气剂的铠装热电偶
3	铠装热电偶（K 型、φ4.8mm）	使用温度 470℃，30h，产生 +4.6℃误差	在 400℃下检查，其误差为 +4.1℃	因 K 型热电偶短程有序转变现象，如果处于特定温度范围 450～600℃，那么在短时间内，由冶金学的影响（原子排列变化）使其热电动势变化的。该现象是可逆的，通过 900℃以上的热处理，可恢复原来的校正值，这是 K 型热电偶的特征	短程有序转变材料自身的特性，不可避免，推荐使用受其影响小的 N 型热电偶
4	铠装热电偶（K 型、φ8.0mm）	用户定期检查，改变插入深度，从 355mm 至 380mm，误差有很大变化	插入 400℃下的盐槽内，插入深度从 250～390mm 范围内进行测量，结果发现有很大变化	当插入深度为 250mm 时，因热电偶同具有温度梯度的部位，故产生很大误差。当插入深度为 390mm 时，热电偶劣化部分处于干槽内加热区域，不受劣化影响	插入炉内部分热电偶发生劣化，因具有温度梯度，已达到使用寿命，建议更换热电偶
5	带法兰的铠装热电偶	使用寿命一年，在法兰焊接处，出现铠装热电偶断裂。测量体系中有磷酸及磷酸蒸汽存在	显微分析发现，在铠装电偶破断部分，有贯通管壁的裂纹。裂纹形态为穿晶型的通道裂纹	被测气体在法兰下凝结，因焊接时产生残余应力，使其出现腐蚀裂纹	在法兰上安装插座，将铠装热电偶固定

（续）

序号	热电偶类型	故障状况	检验与分析	产生原因	对策
6	铠装热电偶（K 型、φ4.8mm，外套材质为 Inconel 合金）	温度 980℃，使用 3 个月后，温度指示出现摇摆，时通时断。如果温度过高，呈断线状态。当温度下降时，则有示值	X 射线检测发现有一处偶丝断裂，用显微镜观察，发现晶粒粗大，有碳断面，有脆性断裂痕迹	铠装热电偶在测温时处于很大的温度梯度下，因铠装热电偶丝与套管的热膨胀系数不同，致使偶丝承受过大的应力。由于在高温部分及低温部分的晶粒成长速度不同，因此产生沿晶脆性断裂	安装铠装热电偶时增加支撑管，用以降低铠装热电偶所处的温度梯度
7	铠装热电偶	安装前热电偶不导通	发现接线端子部分芯线断线	在接线或去掉芯线包皮时，出现损伤所致	加强教育，提高操作者素质
8	铠装热电偶（K 型、φ3.2mm，SUS316）	仪表显示温度偏低	温度特性检验无异常	热电偶正、负极性接反	改变连接极性
9	带金属保护管的铠装热电偶	安装在室外用于气体温度测量的铠装热电偶套管破损，使用温度 150℃	对保护管破损部位，管内附着物进行显微分析检验	发现有孔蚀，应力腐蚀及龟裂现象，并有大量 Cl^- 及 SO_4^{2-} 离子存在	安装热电偶时，注意保护，防止进雨水
10	铠装热电偶（K 型、φ1.6mm，SUS316）	测量高温高压水温（400℃，10MPa），使用时间为 2～3 个月，铠装热电偶出现裂纹	用电子显微镜观察裂纹断面	确认为一般奥氏体不锈钢与氯离子有关的，穿晶型应力腐蚀引起的裂纹	推荐采用耐腐蚀性能优异的、镍含量高的 Ni-Cr-Fe 系材质
11	铠装热电偶（K 型）	使用 6 个月后，温度示值不定，绝缘电阻下降	铠装热电偶部位管壁减薄，出现裂纹，并在裂纹附近发现有绝缘物脱落	在振动环境下，因振动产生摩擦，使铠装热电偶壁厚减薄，蒸汽从其破损部位侵入铠装内部绝缘材料反应，引起体积膨胀，因其内压力增大，扩展成二次裂纹	安装固定螺纹，防止铠装热电偶振动
12	铠装热电偶（T 型）	绝缘降低，使用温度（80～90℃）	电子显微镜观察发现铠装热电偶有裂纹	铠装热电偶有部分应力腐蚀裂纹，并有疲劳断面存在	改善铠装热电偶固定方法
13	带接线盒的铠装热电偶（K 型、φ6.4mm）	示值不稳	对折损部分进行显微观察及附着物分析	接线盒内接线端子的形态为应力腐蚀裂纹，附着物多为 Cl	拧紧铠装热电偶盒盖，防止有害气体从其缝隙进入

序号	热电偶	热电动势超差	现象	原因分析	措施
14	铠装热电偶		对铠装热电偶与补偿导线连接处及现场安装进行检查，无异常现象	铠装热电偶与补偿导线连接处温度超出温度补偿范围	增加铠装热电偶长度，使其参考端温度处于至温补偿范围
15	S 型热电偶 双层保护管，外层 SiC，内层 Al_2O_3，Al_2O_3 绝缘	使用温度 1100～1150℃，使用寿命约 1 个月，断线	在测量端附近，因绝缘管与偶丝扭曲而断线	因绝缘管过度振动，结果对偶丝施加扭曲力而断线	减少热电偶丝长度，抑制振动发生
16	6 芯 R 型热电偶 石英保护管，内层 Al_2O_3 绝缘物	在 1200～1250℃ 的温度下断线使用，使用 2 个月后一支断线	测量端断线，发现偶丝有明显损伤及机械作用痕迹	当热电偶与绝缘物反复热膨胀、收缩时，即石英管与 Al_2O_3 绝缘物的热膨胀、收缩不同，相互摩擦作用大，使偶丝受压力等机械作用	将 Al_2O_3 绝缘物换成石英绝缘物，或者将石英管换成 Al_2O_3 管，使二者热膨胀系数一致
17	R 型热电偶 双层保护管，外层金属保护管，内层陶瓷保护管	使用 3 个月后，热电动势显著降低	X 射线检查发现陶瓷保护管破损，热电偶已经劣化	因陶瓷保护管破损，致使热电偶丝受金属保护管的金属蒸汽污染，特别是铁水汽的影响尤为显著	在安装时务请注意，防止陶瓷瓷管破损
18	R 型热电偶 双层保护管，外层金属保护管，内层陶瓷保护管	在 400～1150℃ 的热循环条件下使用 1～3 个月后，随着接线板破损而断线	在双层陶瓷保护管开口部位，有内层陶瓷保护管顶出，经 X 射线检查分析，发现在外层金属保护管底部有大量氧化物堆积	在热循环条件下，外金属管内壁因显著氧化而剥离，沉积在管底部，堆积在陶瓷底和金属管端部间隙内，当降温时，伴随外管收缩，堆积的氧化物将内管向上推，使中间的热电偶丝接到接线板，使其破损	在双层管的开口端，将其外层同隙密封，抑制金属管内壁氧化
19	K 型热电偶	使用温度 900℃，使用时间 20 天产生 −11℃ 误差	NiCr 极表面氧化呈绿色并带有磁性	因保护管细又长，管内空气供应不充分，致使 NiCr 极中的 Cr 发生选择性氧化生成绿色氧化物	缩短或加粗保护管
20	K 型热电偶	使用温度 900℃，使用时间 10 天，发生断线	NiCr 极表面氧化呈绿色并带有磁性。同样的，有 6 处断线	因采用氨分解装置，氢气透过保护管，使保护管内氧分压降低，同保护管内氧结合，使 NiCr 极中的 Cr 发生选择性氧化而断线	在保护管内添加吸气剂
21	K 型热电偶	用户检查超差	复检无异常	检查方法与插入深度不同	双方统一检定条件

（续）

序号	热电偶类型	故障状况	检验与分析	产生原因	对策
22	K型热电偶金属保护管	保护管破损	在保护管表面发现有茶褐色污染物附着及孔蚀，而且在保护管与法兰盘的焊接处沿着圆周有裂纹	由保护管的孔蚀推测，保护管破损是因应力腐蚀裂纹与机械冲击共同作用的结果。如果因流速引起的弯曲应力及共振而引起的破损，那么因附着物的存在将会产生大弯曲应力	法兰与保护管连接部应为复合管时，应尽量提高其机械强度。如果保护管发生孔蚀，应更换保护管材质
23	K型热电偶金属保护管	使用温度750℃，在测量端200mm附近，镍铝极板断线	金相显微检查结果发现，断线截面周边晶粒脱落并有晶界侵蚀的孔洞，而且断面处晶粒也长大，还可以看到折断面弯曲表面有多处裂纹产生	因硫或硫化物作用引起高温硫化腐蚀而断线，NiAl极为高温镍合金耐硫腐蚀性能差	偶丝及保护管内部，不应有含硫的油等附着物，应改善清洗方法
24	带有绝缘管的钨铼热电偶（WRe 5/26）镍热电偶	在真空炉中温度为1500℃，使用5h后断线	热电偶测量端端部因氧化而断线，整个偶丝几乎全变脆易折。试验发现在密封焊接部位漏气，用显微镜观察发现正极（WRe5）沿偶丝有轴向龟裂纹	截断WRe偶丝之际，因刀具刃不快，致使沿偶丝轴向产生龟裂纹，密封后使空气沿裂纹侵入，将热电偶氧化而断线	截断偶丝时易发生沿偶丝轴向裂纹，因此截断后要将其端面研磨，以消除龟裂或者在密封部分推荐采用补偿导线
25	装配式热电偶，金属保护管	水平安装，使用3~6个月，热电偶失效	保护管前端部分弯曲，绝缘物损坏，偶丝断开	保护管在高温时强度降低，受重力作用使保护管向下弯曲，当弯曲到一定程度时，绝缘物及偶丝弯曲导致折断	采用双层复合结构
26	钨铼热电偶或B型丝短（φ0.5mm，200~250mm）	1400~1600℃，真空熔炼炉，同蓝式测温，测量值偏低	温度特性检验无异常	当热电偶插入坩埚后，多比因受辐射及辐射的影响增大后，导致参比端温度过高，显示温度偏低	做好接线部位的散热与隔热措施，增加热电偶丝长度，使用高温补偿导线
27	铠装热电偶（K型，φ8mm）	950℃，使用一段时间后显示温度偏低	温度特性检验无异常	热电偶使用时，插入炉内时穿过发热体，造成该部位加热区部分的温度最高，使该部位绝缘性能下降，导致温度偏低	采用装配式结构，使用绝缘性能更佳的刚玉绝缘管，或者避开加热器

序号	热电偶	使用条件	故障现象	原因分析	处理措施
28	钨铼热电偶（W保护管，φ8mm，200~300mm）	2000℃，炉底安装，使用2~3炉后温度显示值乱跳	参比端密封胶变质、碳化	炉内温度高，虽然炉体壁有水冷，但热电偶过、参比端受热导影响较大，温度高，从而导致热电偶内部偶丝失效，造成密封胶封碳化氧化	加长热电偶，使炉外部分的长度满足散热要求，长度满足散热要求，保证密封胶处在合理的温度
29	钨铼热电偶丝（WRe5/26分度，φ0.5mm）接无纸记录仪	1600℃，显示温度不准	温度特性检验无异常	无纸记录仪输入信号选择有误（W2），应选择 W1	加强学习，充分了解钨铼热电偶
30	S型热电偶丝（φ0.5mm）	真空炉，1100~1200℃，值偏低	温度特性检验无异常	真空炉的温度测量，多采用炉内热电偶管，真空过渡法兰接近室温时真空过渡法兰温度不等，两端温度有偏差，使用炉内温度偏高，炉外温度过渡法兰接近室温，而真空过渡法兰的接线柱大部分为同一材质，起不到补偿作用，因此造成测温体系温度偏低	采用带固定法兰的热电偶或更换为热电偶专用真空密封转接法兰
31	R型热电偶（φ0.5mm）	1450℃，气氛为 H₂，使用一段时间温度不准，部分无显示	热电偶测量表面有不规则裂痕，部分偶丝断开	氢气原子半径小容易渗透，高温下氢气能很快渗透到保护管内，使偶丝因氢脆而断裂	采用高纯度刚玉管或密封性更好的保护管，最好改用钨铼热电偶
32	钨铼热电偶（刚玉保护管）	1500℃连续炉，2h后热电偶失效	热电偶取出时保护管部分损坏或完全损坏，热电偶损坏	刚玉保护管耐热冲击温度不大于250℃，插入过快导致使刚玉保护管炸裂，钨铼热电偶处于无保护状态很快失效	按操作规程操作，或更换为更适合的保护管
33	钨铼热电偶（Mo保护管，φ8mm）	热电偶测温，当温度大于1600℃时改用红外高温计测温，使用一段时间后无信号	打开保护管，取出偶丝，发现偶丝断裂，用显微镜观察断面，发现晶粒粗大	钨铼热电偶超过400晶粒开始长大，到1500℃时特别明显，且晶粒长大过程不可逆，个别晶粒长大到接近偶丝的直径，受到热应力及振动后易断	减少振动及热应力，改变偶丝结构，或改用其他温度传感器
34	热电阻	使用时间1年4个月，在保护管焊接部位（φ6mm）发生破损	经显微镜观察破损面，发现有波纹状痕迹，可以看出该现象的出现是因保护管的疲劳破坏而破损	同保护管外径相比，作为支点的焊接部，将因振动反复受到应力作用，使其破断	缩短安装尺寸，改用小接线盒

（续）

序号	热电偶类型	故障状况	检验与分析	产生原因	对策
35	热电阻（玻璃涂层保护管）	因显示不准，将元件取出，发现保护管内已进入液体	检查保护管，发现在法兰下约20mm处的圆周上有10mm宽的玻璃涂层剥落	保护管的插入口太小，在流体作用下，因保护管振动而剥离	扩大保护管插入口
36	热电阻	引线折断	元件与引线间断线	引线受到很大的拉伸力而断线	注意安装
37	热电阻（金属保护管）	仪表无显示（断线）	显微观察云母骨架内部，结果发现铂丝熔断，表明是过电流所致	因元件回路中存在脉冲电流，致使铂丝熔断	作为回路保护对策，推荐采用接地方式
38	辐射温度计（0～300℃）检测元件为热电堆，波长7～12μm	调整辐射温度计的发射率，使其与接触式表面温度计的测量值一致，但达不到设定要求，如果与热电偶等的设定发射率敏损，则与敏损发射率的设定不一致	测量硬质氯乙烯塑成型温度。外部干扰的主要因素是背景辐射	以同玻璃树脂等有良好的热接触，或者对热阻近大的材料，其示值将低于实际值。本例中，由于挤出后温度有降低的倾向，因此，其结果要比响应速度慢的接触式温度测量值低	辐射温度计的发射率设定为0.95，用由此得到的温度测量数据，设定管理范围数据
39	辐射温度计	1台集成电路放大器烧损	辐射温度计专用冷却水套的温度及冷却水流量的测定	冷却水管内有铁锈而阻塞	管内除锈，安装流量计
40	温度调节仪	继电器无输出动作	检查内部回路，电路基板输出回路的模板部分熔断	在负载回路中，有过电压、过负载现象存在	再次调查用户的负载的实际状况
41	温度调节仪	加冲击力，显示消失	检查内部回路，发现在印制电路板中，在基板与印制板连接桥上有裂纹，而且附着许多磨粉末	在使用中，因有激烈振动而施加应力所致	改进温度调节仪的安装方法，用黏结剂固定调节仪的部件及基板等
42	温度调节仪	温度不上升，指示不稳定	输出继电器接点磨损，致使接触不良	继电器接点寿命，对于AC250V3A（5A）的继电器寿命为10万次，如果同期为20s，日运转为8h，其寿命约为70天，在这种场合下，应是继电器接点接到寿命所致	高频长时间使用场合，建议采用电压输出型，SSR驱动方式

附　录

附录A　第3章相关内容附录

表A-1　工业铂热电阻（Pt100）分度表（GB/T 30121—2013）　（单位：Ω）

温度/℃	0	10	20	30	40	50	60	70	80	90	100
-200	18.52	22.83	27.10	31.34	35.54	39.72	43.88	48.00	52.11	56.19	60.26
-100	60.26	64.30	68.33	72.33	76.33	80.31	84.27	88.22	92.16	96.09	100.00
0	100.00	103.90	107.79	111.67	115.54	119.40	123.24	127.08	130.90	134.71	138.51
100	138.51	142.29	146.07	149.83	153.58	157.33	161.05	164.77	168.48	172.17	175.86
200	175.86	179.53	183.19	186.84	190.47	194.10	197.71	201.31	204.90	208.48	212.05
300	212.05	215.61	219.15	222.68	226.21	229.72	233.21	236.70	240.18	243.64	247.09
400	247.09	250.53	253.96	257.38	260.78	264.18	267.56	270.93	274.29	277.64	280.98
500	280.98	284.30	287.62	290.92	294.21	297.49	300.75	304.01	307.25	310.49	313.71
600	313.71	316.92	320.12	323.30	326.48	329.64	332.79	335.93	339.06	342.18	345.28
700	345.28	348.38	351.46	354.53	357.59	360.64	363.67	366.70	369.71	372.71	375.70
800	375.70	378.68	381.65	384.60	387.55	390.48					

表A-2　工业铜热电阻（Cu50）分度表（JB/T 8623—2015）［R（0℃）=50.000Ω］

（单位：Ω）

温度/℃	0	-1	-2	-3	-4	-5	-6	-7	-8	-9
-50	39.242									
-40	41.400	41.184	40.969	40.753	40.537	40.322	40.106	39.890	39.674	39.458
-30	43.555	43.339	43.124	42.909	42.693	42.478	42.262	42.047	41.831	41.616
-20	45.706	45.491	45.276	45.061	44.846	44.631	44.416	44.200	43.985	43.770
-10	47.854	47.639	47.425	47.210	46.995	46.780	46.566	46.351	46.136	45.921
0	50.000	49.786	49.571	49.356	49.142	48.927	48.713	48.498	48.284	48.069

温度/℃	0	1	2	3	4	5	6	7	8	9
0	50.000	50.214	50.429	50.643	50.858	51.072	51.286	51.501	51.715	51.929
10	52.144	52.358	52.572	52.786	53.000	53.215	53.429	53.643	53.857	54.071
20	54.285	54.500	54.714	51.928	55.142	55.356	55.570	55.784	55.988	56.212

（续）

温度/℃	0	1	2	3	4	5	6	7	8	9
30	56.426	56.640	56.854	57.068	57.282	57.496	57.710	57.924	58.137	58.351
40	58.565	58.779	58.993	59.207	59.421	59.635	59.848	60.062	60.276	60.490
50	60.704	60.918	61.132	61.345	61.559	61.773	61.987	62.201	62.415	62.628
60	62.842	63.056	63.270	63.484	63.698	63.911	64.125	64.339	64.553	64.767
70	64.981	65.194	65.408	65.622	65.836	66.050	66.264	66.478	66.692	66.906
80	67.120	67.333	67.547	67.761	67.975	68.189	68.403	68.617	68.831	69.045
90	69.259	69.473	69.687	69.901	70.115	70.329	70.544	70.762	70.972	71.186
100	71.400	71.614	71.828	72.042	72.257	72.471	72.685	72.899	73.114	73.328
110	73.542	73.751	73.971	74.185	74.400	74.614	74.828	75.043	75.258	75.472
120	75.686	75.901	76.115	76.330	76.545	76.759	76.974	77.189	77.404	77.618
130	77.833	78.048	78.263	78.477	78.692	78.907	79.122	79.337	79.552	79.767
140	79.982	80.197	80.412	80.627	80.843	81.058	81.273	81.788	81.704	81.919
150	82.134									

表 A-3 工业铜热电阻（Cu100）分度表（JB/T 8623—2015）[R (0℃) =100.00Ω]

（单位：Ω）

温度/℃	0	−1	−2	−3	−4	−5	−6	−7	−8	−9
−50	78.48									
−40	82.80	82.37	81.94	81.51	81.07	80.64	80.21	79.78	79.35	78.92
−30	87.11	86.68	86.25	85.82	85.39	84.96	84.52	84.06	83.66	83.23
−20	91.41	90.98	90.55	90.12	89.69	89.26	88.83	88.40	87.97	87.54
−10	95.71	95.28	94.85	94.42	93.99	93.56	93.13	92.70	92.27	91.84
0	100.00	99.57	99.14	98.71	98.28	97.85	97.42	97.00	96.57	96.14

温度/℃	0	1	2	3	4	5	6	7	8	9
0	100.00	100.43	100.86	101.29	101.72	102.14	102.57	103.00	103.42	103.86
10	104.29	104.72	105.14	105.57	106.00	106.43	106.86	107.29	107.72	108.14
20	108.57	109.00	109.43	109.86	110.28	110.71	111.14	111.57	112.00	112.42
30	112.85	113.28	113.71	114.14	114.56	114.99	115.42	115.85	116.27	116.70
40	117.13	117.56	117.99	118.41	118.84	119.27	119.70	120.12	120.55	120.98
50	121.41	121.84	122.26	122.69	123.12	123.55	123.97	124.40	124.83	125.26
60	125.68	126.11	126.54	126.97	127.40	127.82	128.25	128.68	129.11	129.53

（续）

温度/℃	0	1	2	3	4	5	6	7	8	9
70	129.96	130.39	130.82	131.24	131.67	132.10	132.53	132.96	133.38	133.81
80	134.24	134.67	135.09	135.52	135.95	136.38	136.81	137.23	137.66	138.09
90	138.52	138.95	139.37	139.80	140.23	140.66	141.09	141.52	141.94	142.37
100	142.80	143.23	143.66	144.08	144.51	144.94	145.37	145.80	146.23	146.66
110	147.08	147.51	147.94	148.37	148.80	149.23	149.66	150.09	150.52	150.94
120	151.37	151.80	152.23	152.66	153.09	153.52	153.95	154.38	154.81	155.24
130	155.67	156.10	156.52	156.95	157.38	157.81	158.24	158.67	159.10	159.53
140	156.96	160.39	160.82	161.25	161.68	162.12	162.55	162.98	163.41	163.84
150	164.27									

表 A-4　美国对热电阻参数检测的重复性和复现性的评价（ASTM E 644—2011）

试验温度或条件		重复性	复现性
绝缘电阻		±5%	10%
温度计校准	0.00℃	±0.005℃	±0.001℃
	0.01℃	±0.001℃	±0.002℃
	100℃	±0.001 ~ ±0.01℃	±0.002 ~ ±0.05℃
	232℃	±0.001 ~ ±0.01℃	±0.002 ~ ±0.05℃
	420℃	±0.001 ~ ±0.01℃	±0.002 ~ ±0.05℃
最小浸没深度，要求引起的不确定度为 ±0.01 ~ ±0.1℃		±5mm	±10mm
热响应时间 1 ~ 30s		±5%	±10% ~ ±15%
自热效应	0℃	±10% ~ ±20%	±20% ~ ±30%
	20℃流水中	±20% ~ ±30%	±30% ~ ±40%
	100℃	±20% ~ ±30%	±30% ~ ±50%
	232℃	±10% ~ ±20%	±20% ~ ±50%
	420℃	±10% ~ ±40%	±20% ~ ±50%
温度校准点热电效应		±1μV	±1μV

表 A-5　日本热敏电阻分度表（JIS C 1611：2015）

温度/℃	标称电阻值/Ω			温度/℃	标称电阻值/Ω		
	6kΩ（0℃）	30kΩ（0℃）	3kΩ（100℃）		0.55kΩ（0℃）	4kΩ（200℃）	8kΩ（200℃）
-50	75.36			80	12.66		
-45	56.59			85	10.18		
-40	42.90			90	8.626		
-35	32.80			95	7.345		
-30	25.23			100	6.281		
-25	19.53			105	5.393		
-20	15.21	77.07		110	4.649		
-15	11.92	60.23		115	4.023		
-10	9.414	47.41		120	3.495		
-5	7.489	37.59		125	3.046		
0	6.000	30.00		130	2.664	23.06	
5	4.843	24.10		135	2.338	20.02	
10	3.934	19.49		140	2.056	17.44	
15	3.209	15.85		145	1.818	15.23	
20	2.637	12.97		150	1.510	13.33	
25	2.179	10.67		155	1.430	11.70	
30	1.812	8.828	28.05	160	1.273	10.29	
35	1.510	7.343	23.21	165	1.137	9.082	
40	1.266	6.140	19.31	170	1.017	8.027	
45	1.067	5.159	16.15	175	0.9133	7.111	
50	0.9042	4.356	13.57	180	0.8236	6.312	13.39
55	0.7696	3.696	11.46	185	0.7408	5.615	11.73
60	0.6577	3.147	9.717	190	0.6693	5.006	10.29
65	0.5648	2.695	8.278	195	0.6060	4.470	9.071
70	0.4870	2.317	7.081	200	0.5500	4.000	8.000
75	0.4212	2.000	6.081	205	0.5002	3.586	7.093
80	0.3657	1.734	5.243	210	0.4554	3.221	6.305
85	0.3188	1.508	4.536	215	0.4157	2.898	5.616
90	0.2789	1.318	3.939	220	0.3806	2.611	5.015
95	0.2448	1.155	3.432	225	0.3478	2.356	4.481
100	0.2156	1.017	3.000	230	0.3192	2.131	4.014
105	0.1903	0.8970	2.631	235	0.2935	1.930	3.604
110	0.1684	0.7940	2.314	240	0.2699	1.751	3.240

（续）

温度/℃	标称电阻值/Ω			温度/℃	标称电阻值/Ω		
	6kΩ（0℃）	30kΩ（0℃）	3kΩ（100℃）		0.55kΩ（0℃）	4kΩ（200℃）	8kΩ（200℃）
115	0.1496	0.7049	2.041	245	0.2491	1.590	2.918
120	0.1333	0.6277	1.805	250	0.2300	1.445	2.634
125		0.5604	1.601	255	0.2126	1.316	2.381
130		0.5017	1.424	260	0.1968	1.202	2.156
135		0.4503	1.269	265	0.1826	1.098	1.956
140		0.4052	1.134	270	0.1695	1.004	1.779
145		0.3655	1.016	275		0.9201	1.619
150		0.3305	0.9121	280		0.8425	1.474
155		0.2295	0.8180	285		0.7735	1.345
160		0.2720	0.7349	290		0.7108	1.228
165		0.2476	0.6613	295		0.6540	1.125
170		0.2258	0.5961	300		0.6024	1.030
175			0.5382	305		0.5555	0.9453
180			0.4867	310		0.5128	0.8681
185			0.4409	315		0.4739	0.8004
190			0.4000	320		0.4383	0.7382
195			0.3634	325			0.6907
200			0.3306	330			0.6310
				335			0.5844
				340			0.5422
				345			0.5030
				350			0.4680

表 A-6　美国检定槽介质和使用温度范围（ASTM E 644—2011）

介　质	温度范围/℃
卤素	−150 ~ 70
硅油	−100 ~ 315
液体矿物油	−75 ~ 200
水	0 ~ 100
粒子流化床	75 ~ 850
熔盐	200 ~ 620
锡水	315 ~ 540

附录 B 第 4 章相关内容附录

表 B-1 铂铑 10 - 铂热电偶（S）分度表（GB/T 16839.1—2018）（参比端温度为 0℃）

（单位：μV）

温度/℃	0	-10	-20	-30	-40	-50	-60	-70	-80	-90	-100
0	0	-53	-103	-150	-194	-236					

温度/℃	0	10	20	30	40	50	60	70	80	90	100
0	0	55	113	173	235	299	365	433	502	573	646
100	646	720	795	872	950	1029	1110	1191	1273	1357	1441
200	1441	1526	1612	1698	1786	1874	1962	2052	2141	2232	2323
300	2323	2415	2507	2599	2692	2786	2880	2974	3069	3164	3259
400	3259	3355	3451	3548	3645	3742	3840	3938	4036	4134	4233
500	4233	4332	4432	4532	4632	4732	4833	4934	5035	5137	5239
600	5239	5341	5443	5546	5649	5753	5857	5961	6065	6070	6275
700	6275	6381	6486	6593	6699	6806	6913	7020	7128	7236	7345
800	7345	7454	7563	7673	7783	7893	8003	8114	8226	8337	8449
900	8449	8562	8674	8787	8900	9014	9128	9242	9357	9472	9587
1000	9587	9703	9819	9935	10051	10168	10285	10403	10520	10638	10757
1100	10757	10875	10994	11113	11232	11351	11471	11590	11710	11830	11951
1200	11951	12071	12191	12312	12433	12554	12675	12796	12917	13038	13159
1300	13159	13280	13402	13523	13644	13766	13887	14009	14130	14251	14373
1400	14373	14494	14615	14736	14857	14978	15099	15220	15341	15461	15582
1500	15582	15702	15822	15942	16062	16182	16301	16420	16539	16658	16777
1600	16777	16895	17013	17131	17249	17366	17483	17600	17717	17832	17947
1700	17947	18061	18174	18285	18395	18503	18609				

表 B-2 铂铑 13 - 铂热电偶（R）分度表（GB/T 16839.1—2018）（参比端温度为 0℃）

（单位：μV）

温度/℃	0	-10	-20	-30	-40	-50	-60	-70	-80	-90	-100
0	0	-51	-100	-145	-188	-226					

温度/℃	0	10	20	30	40	50	60	70	80	90	100
0	0	54	111	171	232	296	363	431	501	573	647
100	647	723	800	879	959	1041	1124	1208	1294	1381	1469
200	1469	1558	1648	1739	1831	1923	2017	2112	2207	2304	2401
300	2401	2498	2597	2696	2796	2896	2997	3099	3201	3304	3408

（续）

温度/℃	0	10	20	30	40	50	60	70	80	90	100
400	3408	3512	3616	3721	3827	3933	4040	4147	4255	4363	4471
500	4471	4580	4690	4800	4910	5021	5133	5245	5357	5470	5583
600	5583	5697	5812	5926	6041	6157	6273	6390	6507	6625	6743
700	6743	6861	6980	7100	7220	7340	7461	7583	7705	7827	7950
800	7950	8073	8197	8321	8446	8571	8697	8823	8950	9077	9205
900	9205	9333	9461	9590	9720	9850	9980	10111	10242	10374	10506
1000	10506	10638	10771	10905	11039	11173	11307	11442	11578	11714	11850
1100	11850	11986	12123	12260	12397	12535	12673	12812	12950	13089	13228
1200	13228	13367	13507	13646	13786	13926	14066	14207	14347	14488	14629
1300	14629	14770	14911	15052	15193	15334	15475	15616	15758	15899	16040
1400	16040	16181	16323	16464	16605	16746	16887	17028	17169	17310	17451
1500	17451	17591	17732	17872	18012	18152	18292	18431	18571	18710	18849
1600	18849	18988	19126	19264	19402	19540	19677	19814	19951	20087	20222
1700	20222	20356	20488	20620	20749	20877	21003				

表 B-3　铂铑 30 – 铂铑 6 热电偶（B）分度表（GB/T 16839.1—2018）（参比端温度为 0℃）

（单位：μV）

温度/℃	0	10	20	30	40	50	60	70	80	90	100
0	0	−2	−3	−2	0	2	6	11	17	25	33
100	33	43	53	65	78	92	107	123	141	159	178
200	178	199	220	243	267	291	317	344	372	401	431
300	431	462	494	527	561	596	632	669	707	746	787
400	787	828	870	913	957	1002	1048	1095	1143	1192	1242
500	1242	1293	1344	1397	1451	1505	1561	1617	1675	1733	1792
600	1792	1852	1913	1975	2037	2101	2165	2230	2296	2363	2431
700	2431	2499	2569	2639	2710	2782	2854	2928	3002	3078	3154
800	3154	3230	3308	3386	3466	3546	3626	3708	3790	3873	3957
900	3957	4041	4127	4213	4299	4387	4475	4564	4653	4743	4834
1000	4834	4926	5018	5111	5205	5299	5394	5489	5585	5682	5780
1100	5780	5878	5976	6075	6175	6276	6377	6478	6580	6683	6786
1200	6786	6890	6995	7100	7205	7311	7417	7524	7632	7740	7848
1300	7848	7957	8066	8176	8286	8397	8508	8620	8731	8844	8956
1400	8956	9069	9182	9296	9410	9524	9639	9753	9868	9984	10099
1500	10099	10215	10331	10447	10563	10679	10796	10913	11029	11146	11263
1600	11263	11380	11497	11614	11731	11848	11965	12082	12199	12316	12433
1700	12433	12549	12666	12782	12898	13014	13130	13246	13361	13476	13591
1800	13591	13706	13820								

表 B-4 镍铬硅 - 镍硅热电偶（N）分度表（GB/T 16839.1—2018）（参比端温度为 0℃）

（单位：μV）

温度/℃	0	−10	−20	−30	−40	−50	−60	−70	−80	−90	−100
−200	−3990	−4083	−4162	−4226	−4277	−4313	−4336	−4345			
−100	−2407	−2612	−2808	−2994	−3171	−3336	−3491	−3634	−3766	−3884	−3990
0	0	−260	−518	−772	−1023	−1269	−1509	−1744	−1972	−2193	−2407

温度/℃	0	10	20	30	40	50	60	70	80	90	100
0	0	261	525	793	1065	1340	1619	1902	2189	2480	2774
100	2774	3072	3374	3680	3989	4302	4618	4937	5259	5585	5913
200	5913	6245	6579	6916	7255	7597	7941	8288	8637	8988	9341
300	9341	9696	10054	10413	10774	11136	11501	11867	12234	12603	12974
400	12974	13346	13719	14094	14469	14846	15225	15604	15984	16366	16748
500	16748	17131	17515	17900	18286	18672	19059	19447	19835	20224	20613
600	20613	21003	21393	21784	22175	22566	22958	23350	23742	24134	24527
700	24527	24919	25312	25705	26098	26491	26883	27276	27669	28062	28455
800	28455	28847	29239	29632	30024	30416	30807	31199	31590	31981	32371
900	32371	32761	33151	33541	33930	34319	34707	35095	35482	35869	36256
1000	36256	36641	37027	37411	37795	38179	38562	38944	39326	39706	40087
1100	40087	40466	40845	41223	41600	41976	42352	42727	43101	43474	43846
1200	43846	44218	44588	44958	45326	45694	46060	46425	46789	47152	47513
1300	47513										

表 B-5 镍铬 - 镍硅（镍铝）热电偶（K）分度表（GB/T 16839.1—2018）（参比端温度为 0℃）

（单位：μV）

温度/℃	0	−10	−20	−30	−40	−50	−60	−70	−80	−90	−100
−200	−5891	−6035	−6158	−6262	−6344	−6404	−6441	−6458			
−100	−3554	−3852	−4138	−4411	−4669	−4913	−5141	−5354	−5550	−5730	−5891
0	0	−392	−778	−1156	−1527	−1889	−2243	−2587	−2920	−3243	−3554

温度/℃	0	10	20	30	40	50	60	70	80	90	100
0	0	397	798	1203	1612	2023	2436	2851	3267	3682	4096
100	4096	4509	4920	5328	5735	6138	6540	6941	7340	7739	8138
200	8138	8539	8940	9343	9747	10153	10561	10971	11382	11795	12209
300	12209	12624	13040	13457	13874	14293	14713	15133	15554	15975	16397
400	16397	16820	17243	17667	18091	18516	18941	19366	19792	20218	20644
500	20644	21071	21497	21924	22350	22776	23203	23629	24055	24480	24905
600	24905	25330	25755	26179	26602	27025	27447	27869	28289	28710	29129

（续）

温度/℃	0	10	20	30	40	50	60	70	80	90	100
700	29129	29548	29965	30382	30798	31213	31628	32041	32453	32865	33275
800	33275	33685	34093	34501	34908	35313	35718	36121	36524	36925	37326
900	37326	37725	38124	38522	38918	39314	39708	40101	40494	40885	41276
1000	41276	41665	42053	42440	42826	43211	43595	43978	44359	44740	45119
1100	45119	45497	45873	46249	46623	46995	47367	47737	48105	48473	48838
1200	48838	49202	49565	49926	50286	50644	51000	51355	51708	52060	52410
1300	52410	52759	53106	53451	53795	54138	54479	54819			

表 B-6　镍铬－铜镍热电偶（E）分度表（GB/T 16839.1—2018）（参比端温度为0℃）

（单位：μV）

温度/℃	0	−10	−20	−30	−40	−50	−60	−70	−80	−90	−100
−200	−8825	−9063	−9274	−9455	−9604	−9718	−9797	−9835			
−100	−5237	−5681	−6107	−6516	−6907	−7279	−7632	−7963	−8273	−8561	−8825
0	0	−582	−1152	−1709	−2255	−2787	−3306	−3811	−4302	−4777	−5237

温度/℃	0	10	20	30	40	50	60	70	80	90	100
0	0	591	1192	1801	2420	3048	3685	4330	4985	5648	6319
100	6319	6998	7685	8379	9081	9789	10503	11224	11951	12684	13421
200	13421	14164	14912	15664	16420	17181	17945	18713	19484	20259	21036
300	21036	21817	22600	23386	24174	24964	25757	26552	27348	28146	28946
400	28946	29747	30550	31354	32159	32965	33772	34579	35387	36196	37005
500	37005	37815	38624	39434	40243	41053	41862	42671	43479	44286	45093
600	45093	45900	46705	47509	48313	49116	49917	50718	51517	52315	53112
700	53112	53908	54703	55497	56289	57080	57870	58659	59446	60232	61017
800	61017	61801	62583	63364	64144	64922	65698	66473	67246	68017	68787
900	68787	69554	70319	71082	71844	72603	73360	74115	74869	75621	76373
1000	76373										

表 B-7　铁－铜镍热电偶（J）分度表（GB/T 16839.1—2018）（参比端温度为0℃）

（单位：μV）

温度/℃	0	−10	−20	−30	−40	−50	−60	−70	−80	−90	−100
−200	−7890	−8095									
−100	−4633	−5037	−5426	−5801	−6159	−6500	−6821	−7123	−7403	−7659	−7890
0	0	−501	−995	−1482	−1961	−2431	−2893	−3344	−3786	−4215	−4633

温度/℃	0	10	20	30	40	50	60	70	80	90	100
0	0	507	1019	1537	2059	2585	3116	3650	4187	4726	5269
100	5269	5814	6360	6909	7459	8010	8562	9115	9669	10224	10779

（续）

温度/℃	0	10	20	30	40	50	60	70	80	90	100
200	10779	11334	11889	12445	13000	13555	14110	14665	15219	15773	16327
300	16327	16881	17434	17986	18538	19090	19642	20194	20745	21297	21848
400	21848	22400	22952	23504	24057	24610	25164	25720	26276	26834	27393
500	27393	27953	28516	29080	29647	30216	30788	31362	31939	32519	33102
600	33102	33689	34279	34873	35470	36071	36675	37284	37896	38512	39132
700	39132	39755	40382	41012	41645	42281	42919	43559	44203	44848	45494
800	45494	46141	46786	47431	48074	48715	49353	49989	50622	51251	51877
900	51877	52500	53119	53735	54347	54956	55561	56164	56763	57360	57953
1000	57953	58545	59134	59721	60307	60890	61473	62054	62634	63214	63792
1100	63792	64370	64948	65525	66102	66679	67255	67831	68406	68980	69553
1200	69553										

表 B-8　铜－铜镍热电偶（T）分度表（GB/T 16839.1—2018）（参比端温度为 0℃）

（单位：μV）

温度/℃	0	−10	−20	−30	−40	−50	−60	−70	−80	−90	−100
−200	−5603	−5753	−5888	−6007	−6105	−6180	−6232	−6258			
−100	−3379	−3657	−3923	−4177	−4419	−4648	−4865	−5070	−5261	−5439	−5603
0	0	−383	−757	−1121	−1475	−1819	−2153	−2476	−2788	−3089	−3379

温度/℃	0	10	20	30	40	50	60	70	80	90	100
0		391	790	1196	1612	2036	2468	2909	3358	3814	4279
100	4279	4750	5228	5714	6206	6704	7209	7720	8237	8759	9288
200	9288	9822	10362	10907	11458	12013	12574	13139	13709	14283	14862
300	14862	15445	16032	16624	17219	17819	18422	19030	19641	20255	20872
400	20872										

表 B-9　钨铼 5－钨铼 26 热电偶（C）分度表（GB/T 16839.1—2018）

（参比端温度为 0℃）　　　　　　　　　　　　　　（单位：mV）

温度/℃	0	10	20	30	40	50	60	70	80	90
0	0.000	0.135	0.273	0.413	0.555	0.699	0.846	0.994	1.145	1.297
100	1.451	1.608	1.766	1.926	2.087	2.251	2.415	2.582	2.750	2.919
200	3.090	3.262	3.436	3.610	3.786	3.963	4.141	4.321	4.501	4.682
300	4.865	5.048	5.232	5.417	5.603	5.789	5.976	6.164	6.353	6.542
400	6.732	6.922	7.113	7.305	7.497	7.689	7.882	8.075	8.269	8.463
500	8.657	8.851	9.046	9.241	9.436	9.631	9.827	10.022	10.218	10.413
600	10.609	10.804	10.999	11.195	11.390	11.585	11.780	11.974	12.169	12.364
700	12.559	12.753	12.947	13.141	13.335	13.529	13.723	13.916	14.109	14.301
800	14.494	14.686	14.878	15.069	15.260	15.451	15.641	15.831	16.021	16.210

（续）

温度/℃	0	10	20	30	40	50	60	70	80	90
900	16.398	16.587	16.775	16.962	17.149	17.335	17.521	17.707	17.892	18.076
1000	18.260	18.444	18.627	18.809	18.991	19.172	19.353	19.533	19.713	19.892
1100	20.071	20.249	20.426	20.603	20.779	20.955	21.130	21.305	21.479	21.652
1200	21.825	21.997	22.169	22.340	22.510	22.680	22.849	23.018	23.186	23.353
1300	23.520	23.686	23.852	24.017	24.181	24.345	24.508	24.671	24.833	24.994
1400	25.155	25.315	25.475	25.633	25.792	25.949	26.107	26.263	26.419	26.574
1500	26.729	26.883	27.037	27.190	27.342	27.493	27.645	27.795	27.945	28.094
1600	28.243	28.391	28.538	28.685	28.831	28.977	29.122	29.266	29.410	29.553
1700	29.696	29.838	29.979	30.120	30.260	30.399	30.538	30.676	30.813	30.950
1800	31.087	31.222	31.357	31.491	31.625	31.758	31.890	32.022	32.153	32.283
1900	32.413	32.542	32.670	32.797	32.924	33.050	33.175	33.300	33.424	33.547
2000	33.669	33.791	33.911	34.031	34.151	34.269	34.387	34.503	34.619	34.734
2100	34.849	34.962	35.074	35.186	35.296	35.406	35.515	35.623	35.730	35.836
2200	35.940	36.044	36.147	36.249	36.350	36.449	36.548	36.645	36.742	36.837
2300	36.931	37.024								

表 B-10　钨铼 5 – 钨铼 20 热电偶（A）分度表（GB/T 16839.1—2018）（参比端温度为 0℃）

（单位：mV）

温度/℃	0	10	20	30	40	50	60	70	80	90
0	0	0.121	0.245	0.373	0.503	0.636	0.771	0.909	1.049	1.192
100	1.336	1.483	1.631	1.781	1.932	2.086	2.240	2.396	2.553	2.711
200	2.871	3.031	3.193	3.355	3.519	3.683	3.847	4.013	4.179	4.345
300	4.512	4.680	4.848	5.016	5.185	5.354	5.524	5.693	5.863	6.033
400	6.203	6.373	6.544	6.714	6.885	7.055	7.226	7.396	7.567	7.737
500	7.908	8.078	8.248	8.418	8.588	8.758	8.928	9.098	9.267	9.436
600	9.605	9.774	9.943	10.111	10.279	10.447	10.615	10.783	10.950	11.117
700	11.283	11.450	11.616	11.781	11.947	12.112	12.277	12.442	12.606	12.770
800	12.933	13.096	13.259	13.422	13.584	13.746	13.907	14.068	14.229	14.389
900	14.549	14.709	14.868	15.027	15.185	15.343	15.501	15.658	15.815	15.971
1000	16.127	16.282	16.437	16.592	16.746	16.900	17.053	17.206	17.358	17.510
1100	17.662	17.812	17.963	18.113	18.263	18.412	18.560	18.708	18.856	19.003
1200	19.150	19.296	19.441	19.587	19.731	18.875	20.019	20.162	20.305	20.447
1300	20.588	20.729	20.870	21.010	21.150	21.289	21.427	21.565	21.702	21.839
1400	21.976	22.112	22.247	22.382	22.516	22.650	22.783	22.916	23.048	23.179
1500	23.310	23.441	23.571	23.701	23.830	23.958	24.086	24.213	24.340	24.466
1600	24.592	24.718	24.842	24.966	25.090	25.213	25.336	25.458	25.580	25.701
1700	25.821	25.941	26.060	26.179	26.298	26.416	26.533	26.650	26.766	26.882

（续）

温度/℃	0	10	20	30	40	50	60	70	80	90
1800	26.997	27.111	27.226	27.339	27.452	27.565	27.677	27.788	27.899	28.009
1900	28.119	28.228	28.337	28.445	28.552	28.659	28.766	28.871	28.977	29.081
2000	29.185	29.289	29.392	29.494	29.596	29.697	29.798	29.897	29.997	30.096
2100	30.194	30.291	30.388	30.484	30.580	30.675	30.770	30.864	30.957	31.049
2200	31.141	31.233	31.323	31.414	31.503	31.592	31.680	31.768	31.855	31.941
2300	32.027	32.112	32.197	32.281	32.365	32.448	32.530	32.612	32.694	32.775
2400	32.855	32.935	33.015	33.094	33.173	33.251	33.329	33.407	33.485	33.562
2500	33.640									

表 B-11　钨铼 3 – 钨铼 25 热电偶（D）分度表（GB/T 29822—2013）（参比端温度为 0℃）

（单位：mV）

温度/℃	0	10	20	30	40	50	60	70	80	90
0	0.000	0.098	0.200	0.305	0.415	0.528	0.645	0.765	0.888	1.015
100	1.145	1.278	1.415	1.554	1.696	1.841	1.988	2.138	2.290	2.445
200	2.603	2.762	2.924	3.088	3.253	3.421	3.591	3.762	3.936	4.111
300	4.287	4.465	4.645	4.826	5.009	5.192	5.378	5.564	5.752	5.940
400	6.130	6.321	6.513	6.706	6.899	7.094	7.289	7.485	7.682	7.880
500	8.078	8.277	8.476	8.676	8.877	9.078	9.279	9.481	9.683	9.885
600	10.088	10.291	10.494	10.698	10.901	11.105	11.309	11.512	11.716	11.921
700	12.125	12.329	12.533	12.737	12.942	13.146	13.351	13.555	13.760	13.965
800	14.170	14.375	14.580	14.784	14.989	15.193	15.398	15.602	15.805	16.009
900	16.212	16.415	16.618	16.821	17.023	17.225	17.427	17.628	17.829	18.029
1000	18.230	18.430	18.629	18.828	19.027	19.225	19.423	19.621	19.818	20.014
1100	20.211	20.406	20.602	20.797	20.991	21.185	21.379	21.572	21.765	21.957
1200	22.149	22.340	22.531	22.721	22.911	23.100	23.289	23.477	23.665	23.853
1300	24.040	24.226	24.412	24.598	24.783	24.967	25.151	25.335	25.517	25.700
1400	25.882	26.063	26.244	26.425	26.605	26.784	26.963	27.141	27.319	27.497
1500	27.673	27.850	28.026	28.201	28.375	28.550	28.723	28.896	29.069	29.241
1600	29.412	29.583	29.753	29.923	30.092	30.260	30.428	30.595	30.762	30.928
1700	31.093	31.258	31.422	31.586	31.749	31.911	32.072	32.233	32.393	32.553
1800	32.712	32.870	33.027	33.183	33.339	33.494	33.648	33.802	33.954	34.106
1900	34.257	34.407	34.557	34.705	34.852	34.999	35.144	35.289	35.433	35.575
2000	35.717	35.858	35.997	36.136	36.273	36.409	36.544	36.678	36.811	36.942
2100	37.073	37.202	37.329	37.456	37.580	37.704	37.826	37.947	38.066	38.183
2200	38.299	38.414	38.527	38.638	38.747	38.855	38.961	39.065	39.167	39.267
2300	39.365	39.461								

表 B-12　钨 – 钨铼 26 热电偶分度表（GB/T 30090—2013）（参比端温度为 0℃）

（单位：mV）

温度/℃	0	10	20	30	40	50	60	70	80	90
0	0.000	0.015	0.034	0.058	0.085	0.117	0.152	0.192	0.235	0.282
100	0.333	0.386	0.446	0.508	0.573	0.642	0.715	0.790	0.869	0.951
200	1.037	1.125	1.217	1.311	1.409	1.509	1.613	1.719	1.828	1.940
300	2.055	2.172	2.292	2.414	2.539	2.666	2.796	2.928	3.063	3.200
400	3.339	3.480	3.624	3.769	3.917	4.067	4.219	4.372	4.528	4.685
500	4.845	5.006	5.169	5.334	5.500	5.668	5.837	6.008	6.181	6.355
600	6.531	6.707	6.886	7.065	7.246	7.428	7.611	7.796	7.982	8.169
700	8.357	8.546	8.737	8.928	9.120	9.314	9.508	9.704	9.900	10.097
800	10.295	10.494	10.694	10.894	11.095	11.297	11.500	11.703	11.907	12.111
900	12.316	12.522	12.728	12.934	13.141	13.349	13.557	13.765	13.974	14.183
1000	14.392	14.602	14.812	15.022	15.232	15.443	15.654	15.865	16.076	16.287
1100	16.498	16.710	16.921	17.133	17.345	17.556	17.768	17.979	18.191	18.402
1200	18.614	18.825	19.036	19.247	19.458	19.669	19.880	20.090	20.300	20.510
1300	20.720	20.929	21.138	21.347	21.556	21.764	21.972	22.180	22.387	22.594
1400	22.800	23.006	23.212	23.417	23.622	23.826	24.030	24.234	24.437	24.639
1500	24.841	25.042	25.243	25.444	25.643	25.843	26.041	26.239	26.437	26.633
1600	26.829	27.025	27.220	27.414	27.607	27.800	27.992	28.184	28.374	28.564
1700	28.753	28.942	29.129	29.316	29.502	29.688	29.872	30.056	30.239	30.421
1800	30.602	30.782	30.962	31.140	31.318	31.495	31.671	31.846	32.020	32.193
1900	32.365	32.536	32.707	32.876	33.044	33.212	33.378	33.543	33.708	33.871
2000	34.033	34.195	34.355	34.514	34.672	34.829	34.985	35.140	35.294	35.447
2100	35.598	35.749	35.898	36.046	36.193	36.339	36.484	36.627	36.770	36.911
2200	37.051	37.189	37.327	37.463	37.598	37.732	37.864	37.995	38.125	38.253
2300	38.380	38.506								

表 B-13　钯 55 铂 31 金 14 – 金 65 钯 35 热电偶（Platinel – Ⅱ）**分度表**（GB/T 30090—2013）
（参比端温度为 0℃）（单位：mV）

温度/℃	0	10	20	30	40	50	60	70	80	90
0	0.000	0.302	0.610	0.925	1.247	1.575	1.908	2.248	2.593	2.944
100	3.300	3.661	4.028	4.399	4.774	5.154	5.538	5.926	6.319	6.715
200	7.115	7.518	7.924	8.334	8.747	9.163	9.581	10.003	10.427	10.853
300	11.281	11.712	12.145	12.580	13.016	13.454	13.894	14.335	14.778	15.222
400	15.667	16.113	16.560	17.008	17.456	17.905	18.355	18.806	19.256	19.707
500	20.158	20.610	21.061	21.512	21.963	22.414	22.865	23.315	23.765	24.214
600	24.663	25.111	25.558	26.005	26.450	26.895	27.338	27.781	28.222	28.662
700	29.101	29.538	29.974	30.408	30.841	31.272	31.702	32.130	32.557	32.982
800	33.406	33.828	34.249	34.668	35.086	35.502	35.916	36.328	36.739	37.148
900	37.556	37.961	38.365	38.767	39.167	39.565	39.962	40.356	40.749	41.140
1000	41.529	41.915	42.300	42.683	43.064	43.443	43.820	44.195	44.568	44.939

表 B-12 ... （GB/T 30090—2013） ... （续）

温度/℃	0	10	20	30	40	50	60	70	80	90
1100	45.308	45.675	46.040	46.403	46.764	47.123	47.480	47.835	48.187	48.538
1200	48.887	49.233	49.578	49.920	50.261	50.599	50.935	51.269	51.601	51.931
1300	52.258	52.584	52.907	53.228	53.546	53.863	54.177	54.488	54.798	55.104

表 B-14　镍铬－金铁 0.07% 热电偶分度表 （GB/T 30090—2013）（参比端温度为 0℃）

（单位：mV）

温度/℃	0	-1	-2	-3	-4	-5	-6	-7	-8	-9	-10
-270	-5.279	-5.290	-5.300	-5.308							
-260	-5.130	-5.147	-5.163	-5.179	-5.195	-5.211	-5.226	-5.241	-5.254	-5.267	-5.279
-250	-4.961	-4.978	-4.995	-5.011	-5.028	-5.045	-5.062	-5.079	-5.096	-5.113	-5.130
-240	-4.794	-4.811	-4.827	-4.844	-4.860	-4.877	-4.894	-4.910	-4.927	-4.944	-4.961
-230	-4.630	-4.646	-4.663	-4.679	-4.696	-4.712	-4.728	-4.745	-4.761	-4.778	-4.794
-220	-4.463	-4.480	-4.497	-4.513	-4.530	-4.547	-4.563	-4.580	-4.596	-4.613	-4.630
-210	-4.292	-4.310	-4.327	-4.344	-4.361	-4.378	-4.395	-4.412	-4.429	-4.446	-4.463
-200	-4.117	-4.135	-4.153	-4.170	-4.188	-4.205	-4.223	-4.240	-4.258	-4.275	-4.292
-190	-3.938	-3.956	-3.974	-3.992	-4.010	-4.028	-4.046	-4.064	-4.082	-4.100	-4.117
-180	-3.755	-3.773	-3.792	-3.810	-3.829	-3.847	-3.865	-3.884	-3.902	-3.920	-3.938
-170	-3.568	-3.586	-3.605	-3.624	-3.643	-3.662	-3.680	-3.699	-3.718	-3.736	-3.755
-160	-3.377	-3.396	-3.415	-3.434	-3.453	-3.472	-3.492	-3.511	-3.530	-3.549	-3.568
-150	-3.182	-3.202	-3.221	-3.241	-3.260	-3.280	-3.299	-3.318	-3.338	-3.357	-3.377
-140	-2.984	-3.004	-3.024	-3.044	-3.064	-3.084	-3.103	-3.123	-3.143	-3.162	-3.182
-130	-2.784	-2.804	-2.824	-2.844	-2.864	-2.885	-2.905	-2.925	-2.945	-2.964	-2.984
-120	-2.581	-2.601	-2.622	-2.642	-2.662	-2.683	-2.703	-2.723	-2.744	-2.764	-2.784
-110	-2.375	-2.396	-2.417	-2.437	-2.458	-2.478	-2.499	-2.520	-2.540	-2.560	-2.581
-100	-2.168	-2.189	-2.209	-2.230	-2.251	-2.272	-2.293	-2.313	-2.334	-2.355	-2.375
-90	-1.958	-1.979	-2.000	-2.021	-2.042	-2.063	-2.084	-2.105	-2.126	-2.147	-2.168
-80	-1.746	-1.767	-1.789	-1.810	-1.831	-1.852	-1.873	-1.895	-1.916	-1.937	-1.958
-70	-1.533	-1.554	-1.575	-1.597	-1.618	-1.640	-1.661	-1.682	-1.704	-1.725	-1.746
-60	-1.317	-1.339	-1.361	-1.382	-1.404	-1.425	-1.447	-1.468	-1.490	-1.511	-1.533
-50	-1.101	-1.122	-1.144	-1.166	-1.188	-1.209	-1.231	-1.253	-1.274	-1.296	-1.317
-40	-0.883	-0.904	-0.926	-0.948	-0.970	-0.992	-1.014	-1.035	-1.057	-1.079	-1.101
-30	-0.663	-0.685	-0.707	-0.729	-0.751	-0.773	-0.795	-0.817	-0.839	-0.861	-0.883
-20	-0.443	-0.465	-0.487	-0.510	-0.532	-0.554	-0.576	-0.598	-0.620	-0.642	-0.663
-10	-0.222	-0.244	-0.267	-0.289	-0.311	-0.333	-0.355	-0.377	-0.399	-0.421	-0.443
0	0.000	-0.022	-0.045	-0.067	-0.089	-0.111	-0.133	-0.156	-0.178	-0.200	-0.222

温度/℃	0	1	2	3	4	5	6	7
0	0.000	0.022	0.045	0.067	0.089	0.111	0.134	0.156

表 B-15　铂钼 5 – 铂钼 0.1 热电偶分度表（GB/T 30090—2013）（参比端温度为 0℃）

（单位：mV）

温度/℃	0	10	20	30	40	50	60	70	80	90
0	0.000	0.106	0.221	0.340	0.463	0.591	0.724	0.862	1.003	1.149
100	1.229	1.453	1.611	1.773	1.938	2.107	2.279	2.455	2.634	2.816
200	3.002	3.190	3.382	3.576	3.774	3.974	4.177	4.382	4.591	4.801
300	5.015	5.231	5.450	5.671	5.894	6.120	6.384	6.578	6.811	7.046
400	7.283	7.522	7.764	8.007	8.253	8.501	8.750	9.001	9.254	9.509
500	9.765	10.024	10.285	10.548	10.813	11.081	11.350	11.622	11.695	12.171
600	12.448	12.727	13.008	13.291	13.576	13.862	14.150	14.440	14.731	15.024
700	15.319	15.615	15.913	16.213	16.514	16.816	17.120	17.426	17.733	18.042
800	18.352	18.664	18.977	19.291	19.607	19.924	20.242	20.562	20.883	21.205
900	21.529	21.854	22.180	22.507	22.835	23.165	23.496	23.828	24.160	24.494
1000	24.829	25.165	25.502	25.840	26.179	26.519	26.860	27.202	27.544	27.888
1100	28.232	28.577	28.923	29.269	29.616	29.964	30.313	30.663	31.013	31.363
1200	31.714	32.066	32.419	32.771	33.125	33.479	33.833	34.188	34.543	34.898
1300	32.254	35.610	35.967	36.324	36.681	37.038	37.395	37.753	38.111	38.469
1400	38.827	39.185	39.543	39.902	40.260	40.618	40.977	41.335	41.694	42.053
1500	42.411	42.770	43.129	43.488	43.847	44.206	44.566	44.926	45.286	45.647
1600	46.008									

表 B-16　铂铑 40 – 铂铑 20 热电偶分度表（GB/T 30090—2013）（参比端温度为 0℃）

（单位：mV）

温度/℃	0	10	20	30	40	50	60	70	80	90
0	0.000	0.004	0.007	0.011	0.015	0.019	0.023	0.027	0.032	0.036
100	0.041	0.045	0.050	0.055	0.060	0.065	0.070	0.076	0.081	0.087
200	0.093	0.099	0.105	0.111	0.118	0.125	0.132	0.139	0.146	0.153
300	0.161	0.169	0.177	0.185	0.194	0.202	0.211	0.221	0.230	0.240
400	0.250	0.260	0.270	0.281	0.292	0.303	0.315	0.326	0.338	0.351
500	0.363	0.376	0.389	0.402	0.416	0.430	0.444	0.459	0.474	0.489
600	0.505	0.521	0.537	0.553	0.570	0.587	0.605	0.622	0.640	0.659
700	0.678	0.697	0.716	0.736	0.756	0.776	0.797	0.818	0.840	0.862
800	0.884	0.906	0.929	0.952	0.976	1.000	1.024	1.048	1.073	1.098
900	1.124	1.150	1.176	1.203	1.230	1.257	1.284	1.312	1.341	1.369
1000	1.398	1.427	1.456	1.486	1.516	1.547	1.577	1.609	1.640	1.672
1100	1.704	1.736	1.769	1.802	1.835	1.869	1.903	1.937	1.971	2.006
1200	2.041	2.077	2.113	2.149	2.185	2.222	2.259	2.297	2.334	2.372
1300	2.410	2.449	2.488	2.527	2.566	2.606	2.646	2.686	2.726	2.767
1400	2.808	2.849	2.890	2.932	2.974	3.016	3.058	3.101	3.143	3.186

（续）

温度/℃	0	10	20	30	40	50	60	70	80	90
1500	3.229	3.273	3.316	3.360	3.404	3.447	3.492	3.536	3.580	3.625
1600	3.670	3.714	3.759	3.804	3.849	3.894	3.940	3.985	4.030	4.076
1700	4.121	4.166	4.212	4.257	4.303	4.348	4.394	4.439	4.484	4.530
1800	4.575	4.620	4.665	4.710	4.755	4.800	4.844	4.889	4.933	

表 B-17　镍钼 18 – 镍钴 0.8 热电偶分度表（GB/T 30090—2013）（参比端温度为 0℃）

（单位：mV）

温度/℃	0	10	20	30	40	50	60	70	80	90
0	0.000	0.373	0.755	1.146	1.544	1.951	2.365	2.786	3.215	3.650
100	4.091	4.538	4.992	5.450	5.913	6.381	6.854	7.330	7.809	8.292
200	8.777	9.264	9.753	10.243	10.734	11.225	11.716	12.205	12.694	13.180
300	13.663	14.142	14.616	15.085	15.548	16.002	16.448	16.884	17.314	17.746
400	18.181	18.618	19.059	19.502	19.949	20.399	20.853	31.310	21.771	22.235
500	22.703	23.174	23.649	24.127	24.610	25.095	25.584	26.077	26.573	27.072
600	27.574	28.080	28.589	29.101	29.616	30.135	30.656	31.180	31.707	32.237
700	32.769	33.304	33.842	34.382	34.925	35.470	36.017	36.567	37.119	37.672
800	38.228	38.786	39.346	39.907	40.471	41.036	41.602	42.171	42.740	43.312
900	43.884	44.459	45.034	45.611	46.189	46.768	47.348	47.929	48.512	49.095
1000	49.680	50.265	50.852	51.439	52.027	52.617	53.207	53.797	54.389	54.981
1100	55.574	56.168	56.762	57.357	57.953	58.549	59.146	59.743	60.341	60.939
1200	61.537	62.135	62.734	63.333	63.931	64.530	65.129	65.728	66.326	66.925
1300	67.523	68.121	68.719	69.317	69.914	70.511	71.109	71.707	72.305	72.903
1400	73.503	74.104								

表 B-18　铱铑 40 – 铱热电偶分度表（GB/T 30090—2013）（参比端温度为 0℃）

（单位：mV）

温度/℃	0	10	20	30	40	50	60	70	80	90
0	0.000	0.032	0.064	0.099	0.134	0.171	0.209	0.248	0.288	0.329
100	0.371	0.414	0.458	0.503	0.549	0.596	0.643	0.691	0.741	0.790
200	0.841	0.892	0.944	0.997	1.050	1.103	1.158	1.212	1.268	1.323
300	1.380	1.436	1.493	1.551	1.608	1.666	1.725	1.783	1.842	1.901
400	1.961	2.020	2.080	2.140	2.200	2.260	2.320	2.380	2.441	2.502
500	2.562	2.623	2.684	2.745	2.806	2.867	2.928	2.989	3.050	3.111
600	3.172	3.233	3.294	3.354	3.414	3.474	3.534	3.594	3.654	3.714
700	3.773	3.833	3.892	3.951	4.010	4.069	4.128	4.186	4.245	4.303
800	4.361	4.419	4.477	4.535	4.592	4.649	4.707	4.764	4.820	4.877
900	4.933	4.990	5.046	5.102	5.158	5.213	5.269	5.324	5.379	5.343
1000	5.489	5.544	5.598	5.653	5.707	5.761	5.815	5.869	5.922	5.976
1100	6.029	6.082	6.135	6.188	6.241	6.294	6.346	6.399	6.451	6.503

（续）

温度/℃	0	10	20	30	40	50	60	70	80	90
1200	6.555	6.607	6.659	6.711	6.763	6.814	6.866	6.918	6.969	7.020
1300	7.072	7.123	7.174	7.225	7.276	7.327	7.378	7.429	7.480	7.531
1400	7.581	7.632	7.683	7.734	7.785	7.835	7.886	7.937	7.988	8.039
1500	8.090	8.140	8.191	8.242	8.293	8.344	8.395	8.447	8.498	8.549
1600	8.600	8.652	8.703	8.754	8.806	8.858	8.909	8.961	9.013	9.065
1700	9.117	9.170	9.222	9.274	9.327	9.380	9.432	9.485	9.538	9.951
1800	9.645	9.698	9.751	9.805	9.859	9.913	9.967	10.021	10.075	10.130
1900	10.185	10.239	10.294	10.349	10.404	10.460	10.515	10.571	10.627	10.683
2000	10.739	10.795	10.851	10.908	10.965	11.021	11.078	11.136	11.193	11.250
2100	11.308	11.365								

表 B-19　金铂热电偶分度表（GB/T 30120—2013）（参比端温度为0℃）

（单位：μV）

温度/℃	0	10	20	30	40	50	60	70	80	90
0	0.0	62.3	128.4	198.1	271.2	347.8	427.6	510.7	596.8	685.9
100	777.8	872.7	970.3	1070.6	1173.6	1279.1	1387.1	1497.5	1610.4	1725.6
200	1843.2	1963.0	2085.0	2209.3	2335.7	2464.2	2594.7	2727.4	2862.0	2998.7
300	3137.3	3277.9	3420.4	3564.8	3711.0	3859.1	4009.1	4160.9	4314.4	4469.8
400	4626.9	4785.7	4946.3	5108.7	5272.7	5438.5	5605.9	5775.1	5945.9	6118.4
500	6292.5	6468.3	6645.8	6824.9	7005.6	7188.0	7372.0	7557.7	7745.00	7933.9
600	8124.5	8316.6	8510.4	8705.9	8902.9	9101.6	9310.9	9503.8	9707.3	9912.5
700	10119.3	10327.7	10537.7	10749.3	10962.6	11177.5	11393.9	16120.0	11831.7	12053.0
800	12275.9	12500.4	12726.5	12954.2	13183.5	13414.3	13646.7	13880.7	14116.3	14353.5
900	14592.2	14832.5	15074.4	15317.8	15562.8	15809.4	16057.6	16307.3	16558.7	16811.7

表 B-20　铂-钯热电偶分度表（GB/T 30120—2013）（参比端温度为0℃）

（单位：μV）

温度/℃	0	10	20	30	40	50	60	70	80	90
0	0.0000	53.400	107.70	162.80	218.70	275.40	332.70	390.80	449.50	508.90
100	569.00	629.70	691.10	753.20	815.90	879.40	943.60	1008.5	1074.1	1140.6
200	1207.9	1276.0	1345.0	1415.0	1485.9	1557.7	1630.7	1704.6	1779.7	1856.0
300	1933.4	2012.0	2091.9	2173.1	2255.7	2339.6	2425.0	2511.8	2600.1	2689.9
400	2781.3	2874.3	2968.9	3065.1	3163.0	3262.6	3363.9	3467.0	3571.9	3678.5
500	3787.0	3897.3	4009.4	4123.4	4239.3	4357.0	4476.6	4598.1	4721.6	4846.9
600	4974.1	5103.3	5234.4	5367.4	5502.3	5639.1	5777.9	5918.5	6061.1	6205.5
700	6351.8	6500.0	6650.1	6802.0	6955.8	7111.4	7268.8	7428.1	7589.1	7752.0
800	7916.6	8082.9	8251.1	8420.9	8592.5	8765.7	8940.7	9117.3	9295.5	9475.4
900	9656.9	9840.0	10024.7	10211.0	10398.8	10588.1	10779.0	10971.3	11165.1	11360.4

（续）

温度/℃	0	10	20	30	40	50	60	70	80	90
1000	11557.2	11755.3	11954.9	12155.9	12358.3	12562.0	12767.1	12973.5	13181.2	13390.3
1100	13600.6	13812.2	14025.1	14239.2	14454.5	14671.1	14888.8	15107.8	15327.9	15549.2
1200	15771.7	15995.3	16220.0	16445.9	16672.8	16900.9	17130.0	17360.2	17591.5	17823.9
1300	18057.2	18291.7	18527.1	18763.6	19001.1	19239.6	19479.1	19719.5	19961.0	20203.4
1400	20446.8	20691.1	20936.4	21182.6	21429.7	21677.8	21926.8	22176.7	22427.4	22679.1
1500	22931.7									

表 B-21　热电偶丝材线径米制、英制与美制关系

美国（AWG）或 Brown and Sharp 线规号	直径/in	米制直径/mm	英国标准线规/in	美国标准线规/in
1	0.2893	7.348	0.300	0.281
2	0.2576	6.544	0.276	0.266
3	0.2294	5.827	0.252	0.250
4	0.2043	5.189	0.232	0.234
5	0.1819	4.621	0.212	0.219
6	0.1620	4.115	0.192	0.203
7	0.1443	3.665	0.176	0.188
8	0.1285	3.264	0.160	0.172
9	0.1144	2.906	0.144	0.156
10	0.1019	2.588	0.128	0.141
11	0.0907	2.304	0.116	0.125
12	0.0808	2.053	0.104	0.109
13	0.0720	1.829	0.092	0.0938
14	0.0641	1.628	0.080	0.0781
15	0.0571	1.450	0.072	0.0703
16	0.0508	1.291	0.064	0.0625
17	0.0453	1.150	0.056	0.0563
18	0.0403	1.024	0.048	0.0500
19	0.0359	0.9116	0.040	0.0438
20	0.0320	0.8118	0.036	0.0375
21	0.0285	0.7230	0.032	0.0344
22	0.0253	0.6438	0.028	0.0313

（续）

美国（AWG）或 Brown and Sharp 线规号	直径/in	米制直径/mm	英国标准线规/in	美国标准线规/in
23	0.0226	0.5733	0.024	0.0281
24	0.0201	0.5106	0.022	0.0250
25	0.0179	0.4547	0.020	0.0219
26	0.0159	0.4049	0.018	0.0188
27	0.0142	0.3606	0.0164	0.0172
28	0.0126	0.3211	0.0148	0.0156
29	0.0113	0.2859	0.0136	0.0141
30	0.0100	0.2546	0.0124	0.0125
31	0.0089	0.2268	0.0116	0.0109
32	0.0080	0.2019	0.0108	0.0102
33	0.00708	0.178	0.010	0.0094
34	0.00630	0.152	0.0092	0.0086
35	0.00561	0.138	0.0084	0.0078
36	0.00500	0.127	0.0076	0.0070
37	0.00445	0.1131	0.0068	0.0066
38	0.00397	0.1007	0.006	0.0063
39	0.00353	0.08969	0.0052	—
40	0.00314	0.07987	0.0048	—

表 B-22　国际电工委员会补偿导线着色规定（IEC 60584-3：2007）

热电偶分度号	补偿导线型号	正极的护套颜色
S	SC	黄
R	RC	黄
K	KX 或 KC	绿
N	NX 或 NC	粉红
E	EX	紫
J	JX	黑
T	TX	棕

注：各型号负极均为白色。

表 B-23　英制非密封管螺纹（G）基本尺寸

尺寸 代号	牙数 n	螺距 P/mm	牙高 h/mm	基本直径/mm		
				大径 $d = D$	中径 $d_2 = D_2$	小径 $d_1 = D_1$
1/16	28	0.907	0.581	7.723	7.142	6.561
1/8	28	0.907	0.581	9.728	9.147	8.566
1/4	19	1.337	0.856	13.157	12.301	11.445

（续）

尺寸代号	牙数 n	螺距 P/mm	牙高 h/mm	基本直径/mm		
				大径 $d = D$	中径 $d_2 = D_2$	小径 $d_1 = D_1$
3/8	19	1.337	0.856	16.662	15.806	14.950
1/2	14	1.814	1.162	20.955	19.793	18.631
5/8	14	1.814	1.162	22.911	21.749	20.587
3/4	14	1.814	1.162	26.441	25.279	24.117
7/8	14	1.814	1.162	30.201	29.039	27.877
1	11	2.309	1.479	33.249	31.770	30.291
$1^1/_8$	11	2.309	1.479	37.897	36.418	34.939
$1^1/_4$	11	2.309	1.479	41.910	40.431	38.952
$1^1/_2$	11	2.309	1.479	47.803	46.324	44.845
$1^3/_4$	11	2.309	1.479	53.746	52.267	50.788
2	11	2.309	1.479	59.614	58.135	56.656
$2^1/_4$	11	2.309	1.479	65.710	64.231	62.752
$2^1/_2$	11	2.309	1.479	75.184	73.705	72.226
$2^3/_4$	11	2.309	1.479	81.534	80.055	78.576
3	11	2.309	1.479	87.884	86.405	84.926
$3^1/_2$	11	2.309	1.479	100.330	98.851	97.372
4	11	2.309	1.479	113.030	111.551	110.072
$4^1/_2$	11	2.309	1.479	125.730	124.251	122.772
5	11	2.309	1.479	138.430	136.951	135.472
$5^1/_2$	11	2.309	1.479	151.130	149.651	148.172
6	11	2.309	1.479	163.830	162.351	160.872

表 B-24　英制密封管螺纹（R）基本尺寸

尺寸代号	牙数 n	螺距 P	牙高 h	基准平面内的基本直径			基准距离				装配余量		外螺纹的有效螺纹长度（不小于基准距离）		
				大径（基准直径）$d = D$	中径 $d_2 = D_2$	小径 $d_1 = D_1$	基本	极限偏差 $\pm T_1/2$		最大	最小			基本	最大	最小
				mm					圈数	mm		圈数		mm		
1/16	28	0.907	0.581	7.723	7.142	6.561	4	0.9	1	4.9	3.1	2.5	$2^3/_4$	6.5	7.4	5.6
1/8	28	0.907	0.581	9.728	9.147	8.566	4	0.9	1	4.9	3.1	2.5	$2^3/_4$	6.5	7.4	5.6
1/4	19	1.337	0.856	13.157	12.301	11.445	6	1.3	1	7.3	4.7	3.7	$2^3/_4$	9.7	11	8.4

（续）

尺寸代号	牙数 n	螺距 P	牙高 h	大径（基准直径）$d=D$	中径 $d_2=D_2$	小径 $d_1=D_1$	基准距离 基本	基准距离 极限偏差 $\pm T_1/2$	基准距离（圈数）	基准距离 最大	基准距离 最小	装配余量 (mm)	装配余量（圈数）	外螺纹有效螺纹长度 基本	外螺纹有效螺纹长度 最大	外螺纹有效螺纹长度 最小
				mm	mm	mm	圈数	mm		mm	mm	mm	圈数	mm	mm	mm
3/8	19	1.337	0.856	16.662	15.806	14.950	6.4	1.3	1	7.7	5.1	3.7	$2^3/_4$	10.1	11.4	8.8
1/2	14	1.814	1.162	20.955	19.793	18.631	8.2	1.8	1	10.0	6.4	5.0	$2^3/_4$	13.2	15	11.4
3/4	14	1.814	1.162	26.441	25.279	24.117	9.5	1.8	1	11.3	7.7	5.0	$2^3/_4$	14.5	16.3	12.7
1	11	2.309	1.479	33.249	31.770	30.291	10.4	2.3	1	12.7	8.1	6.4	$2^3/_4$	16.8	19.1	14.5
$1^1/_4$	11	2.309	1.479	41.910	40.431	38.952	12.7	2.3	1	15.0	10.4	6.4	$2^3/_4$	19.1	21.4	16.8
$1^1/_2$	11	2.309	1.479	47.803	46.324	44.845	12.7	2.3	1	15.0	10.4	6.4	$2^3/_4$	19.1	21.4	16.8
2	11	2.309	1.479	59.614	58.135	56.656	15.9	2.3	1	18.2	13.6	7.5	$3^1/_4$	23.4	25.7	21.1
$2^1/_2$	11	2.309	1.479	75.184	73.705	72.226	17.5	3.5	$1^1/_2$	21.0	14.0	9.2	4	26.7	30.2	23.2
3	11	2.309	1.479	87.884	86.405	84.926	20.6	3.5	$1^1/_2$	24.1	17.1	9.2	4	29.8	33.3	26.3
4	11	2.309	1.479	113.030	111.551	110.072	25.4	3.5	$1^1/_2$	28.9	21.9	10.4	$4^1/_2$	35.8	39.3	32.3
5	11	2.309	1.479	138.430	136.951	135.472	28.6	3.5	$1^1/_2$	32.1	25.1	11.5	5	40.1	43.6	36.6
6	11	2.309	1.479	163.830	162.351	160.872	28.6	3.5	$1^1/_2$	32.1	25.1	11.5	5	40.1	43.6	36.6

表 B-25　美制一般密封管螺纹（NPT）基本尺寸

尺寸代号	牙数 n	螺距 P	牙型高度 h	大径 $d=D$	中径 $d_1=D_2$	小径 $d_1=D_1$	基准距离 L_1 圈数	基准距离 L_1 mm	装配余量 L_3 圈数	装配余量 L_3 mm	外螺纹小端面内的基本小径
				mm	mm	mm	圈数	mm	圈数	mm	mm
1/16	27	0.941	0.752	7.894	7.142	6.389	4.32	4.064	3	2.822	6.137
1/8	27	0.941	0.752	10.242	9.489	8.737	4.36	4.102	3	2.822	8.481
1/4	18	1.411	1.129	13.616	12.487	11.358	4.10	5.785	3	4.233	10.996
3/8	18	1.411	1.129	17.055	15.926	14.797	4.32	6.096	3	4.233	14.417
1/2	14	1.814	1.451	21.224	19.772	18.321	4.48	8.128	3	5.443	17.813
3/4	14	1.814	1.451	26.569	25.117	23.666	4.75	8.618	3	5.443	23.127
1	11.5	2.209	1.767	33.228	31.461	29.694	4.60	10.160	3	6.626	29.060
$1^1/_4$	11.5	2.209	1.767	41.985	40.218	38.451	4.83	10.668	3	6.626	37.785
$1^1/_2$	11.5	2.209	1.767	48.054	46.287	44.520	4.83	10.668	3	6.626	43.853
2	11.5	2.209	1.767	60.092	58.325	56.558	5.01	11.065	3	6.626	55.867
$2^1/_2$	8	3.175	2.540	72.699	70.159	67.619	5.46	17.335	2	6.350	66.535
3	8	3.175	2.540	88.608	86.068	83.528	6.13	19.463	2	6.350	82.311
$3^1/_2$	8	3.175	2.540	101.316	98.776	96.236	6.57	20.860	2	6.350	94.932
4	8	3.175	2.540	113.973	111.433	108.893	6.75	21.431	2	6.350	107.554
5	8	3.175	2.540	140.952	138.412	135.872	7.50	23.812	2	6.350	134.384

表 B-26 欧洲体系法兰的公称通径和钢管外径 （单位：mm）

公称通径		10	15	20	25	32	40	50	65	80	100	125	150	200
钢管外径	A	17.2	21.3	26.9	33.7	42.4	48.3	60.3	76.1	88.9	114.3	139.7	168.3	219.1
	B	14	18	25	32	38	45	57	76	89	108	133	159	219

注：A 系列为国际通用系列（英制管）；B 系列为国内沿用系列（公制管）。

表 B-27 美洲体系法兰的公称通径和钢管外径

公称通径	in	1/2	3/4	1	$1^1/_4$	$1^1/_2$	2	$2^1/_2$	3	4	5	6	8
	mm	15	20	25	32	40	50	65	80	100	125	150	200
钢管外径/mm		21.3	26.9	33.7	42.4	48.3	60.3	76.1	88.9	114.3	139.7	168.3	219.1

注：以上适用于国际通用系列。

表 B-28 欧洲体系法兰类型代号

法兰类型	法兰类型代号
板式平焊法兰	PL
带颈平焊法兰	SO
带颈对焊法兰	WN
整体法兰	IF
承插焊法兰	SW
螺纹法兰	Th
对焊环松套法兰	PJ/SE
平焊环松套法兰	PJ/RJ
法兰盖	BL
衬里法兰盖	BL（S）

表 B-29 美洲体系法兰类型代号

法兰类型	法兰类型代号
带颈平焊法兰	SO
带颈对焊法兰	WN
整体法兰	IF
承插焊法兰	SW
螺纹法兰	Th
对焊环松套法兰	LF/SE
法兰盖	BL
大直径管法兰	WN

附录 C 第 5 章相关内容附录

表 C-1 金属在各波段下的发射率

材 质		0.7~1.0μm	0.9~1.8μm	2.05~2.55μm	8~11.5μm
铝	无氧化	0.13	0.09	0.08	0.025
	有氧化	0.40	0.40	0.40	0.35
铬	无氧化	0.43	0.34		0.07
	有氧化	0.75	0.80		0.85
钴	无氧化	0.32	0.28		0.44
	有氧化	0.70	0.65		0.35
铜	无氧化	0.06	0.05	0.04	0.03
	有氧化	0.80	0.80	0.80	0.80
金		0.05	0.02	0.02	0.02
钢板	无氧化	0.35	0.30		0.10
	有氧化	0.85	0.85	0.85	0.80
铅	无氧化	0.35	0.28		0.13
	有氧化	0.65	0.65	0.65	0.65
镁	无氧化	0.27	0.24	0.20	0.07
	有氧化	0.75	0.75	0.75	0.75
钼	无氧化	0.33	0.25		0.10
	有氧化	0.80	0.80	0.80	0.80
镍	无氧化	0.35	0.25		0.04
	有氧化	0.85	0.85	0.85	0.85
钯		0.28	0.23		0.05
铂		0.27	0.22		0.07
铑		0.25	0.18		0.05
银	无氧化	0.05	0.04	0.04	0.02
	有氧化	0.10	0.10	0.10	0.12
钽	无氧化	0.35	0.20		0.08
	有氧化	0.80	0.80		0.75
锡	无氧化	0.40	0.28		0.06
	有氧化	0.60	0.60	0.60	0.60
钛	无氧化	0.55	0.50		0.15
	有氧化	0.80	0.80		0.60
钨		0.39	0.30		0.06
锌	无氧化	0.50	0.32		0.04
	有氧化	0.60	0.55		0.30

表 C-2 合金材料在各波段下的发射率

材 质		0.7~1.0μm	0.9~1.8μm	2.05~2.55μm	8~11.5μm
黄铜	无氧化	0.20	0.18		0.03
	有氧化	0.70	0.70	0.70	0.60
镍铬、镍铝合金	无氧化	0.30	0.30	0.30	0.30
	有氧化	0.80	0.80	0.80	0.80
铜镍、锰铜合金	无氧化	0.25	0.22	0.20	0.05
	有氧化	0.65	0.60	0.60	0.35
因科内尔合金	无氧化	0.30	0.30	0.30	0.10
	有氧化	0.85	0.85	0.85	0.85
蒙乃尔合金	无氧化	0.25	0.22	0.20	0.10
	有氧化	0.70	0.70	0.70	0.70
镍铬系耐热合金	无氧化	0.30	0.28		0.20
	有氧化	0.85	0.85	0.85	0.85

表 C-3 非金属材料在各波段下的发射率

材 质		0.7~1.0μm	0.9~1.8μm	2.05~2.55μm	8~11.5μm
氧化铝陶瓷		0.30	0.30	0.30	0.60
砖	红砖	0.80	0.80	0.80	0.90
	白砖	0.30	0.35		0.80
	硅砖	0.55	0.60		0.80
	硅线石砖	0.60	0.60		0.60
陶瓷		0.40	0.50		0.90
菱镁矿					0.60

表 C-4 常用材料在各波段下的发射率

材 质		0.7~1.0μm	0.9~1.8μm	2.05~2.55μm	3.2~4.0μm	4.8~5.2μm	8~11.5μm
石棉	板状、纸状、布状	0.90	0.90	0.90			0.90
沥青		0.85	0.85	0.85			0.85
碳		0.85	0.85	0.85			0.85
石墨		0.80	0.80	0.80			0.80

（续）

材　质		0.7~1.0μm	0.9~1.8μm	2.05~2.55μm	3.2~4.0μm	4.8~5.2μm	8~11.5μm
煤		0.95	0.95	0.95			0.95
水泥混凝土		0.65	0.70				0.90
布		0.75	0.80				0.85
玻璃厚度	3mm				0.72	0.96	
	6mm				0.90	0.96	
	12mm				0.95	0.96	
	20mm	0.80			0.96	0.96	
纸				0.8~0.95			0.8~0.95
塑料	不透明						0.85
	透明度0.1						0.75
	透明度0.4						0.45
涂料	搪瓷						0.90
	纤维素涂料						0.85
	铝系涂料						0.3~0.6
橡胶	硬质			0.95（黑色）			0.95
	软质						0.85
水（50mm深）							0.95
木材							0.85

表 C-5　辐射感温器分度表

分度号：F1　　　　　　　　　　　　　　　　　　　　　　　（石英玻璃）

（单位：mV）

温度/℃	0	10	20	30	40	50	60	70	80	90
400	0.148	0.164	0.182	0.202	0.223	0.245	0.269	0.295	0.322	0.352
500	0.384	0.417	0.453	0.492	0.532	0.576	0.622	0.670	0.722	0.776
600	0.834	0.894	0.958	1.026	1.097	1.171	1.249	1.331	1.417	1.507
700	1.601	1.699	1.802	1.909	2.021	2.138	2.259	2.386	2.518	2.654
800	2.797	2.944	3.098	3.257	3.421	3.592	3.769	3.953	4.142	4.338
900	4.541	4.751	4.967	5.190	5.421	5.659	5.904	6.157	6.418	6.686
1000	6.963	7.248	7.541	7.842	8.152	8.471	8.798	9.135	9.480	9.836
1100	10.200	10.574	10.958	11.352	11.755	12.170	12.594	13.029	13.474	13.931
1200	14.398									

表 C-6 辐射感温器分度表

分度号：F2 　　　　　　　　　　　　　　　　　　　　　（K_9 玻璃）

（单位：mV）

温度/℃	0	10	20	30	40	50	60	70	80	90
700	0.670	0.719	0.772	0.828	0.887	0.950	1.017	1.087	1.161	1.238
800	1.320	1.406	1.496	1.590	1.688	1.792	1.899	2.012	2.129	2.251
900	2.378	2.510	2.648	2.791	2.940	3.094	3.254	3.420	3.592	3.770
1000	3.955	4.146	4.343	4.547	4.758	4.976	5.202	5.434	5.674	5.921
1100	6.176	6.439	6.709	6.988	7.275	7.570	7.874	8.187	8.508	8.838
1200	9.177	9.525	9.882	10.249	10.625	11.012	11.407	11.813	12.229	12.655
1300	13.091	13.538	13.996	14.464	14.942	15.432	15.933	16.445	16.968	17.502
1400	18.048	18.606	19.175	19.756	20.349	20.954	21.571	22.200	22.842	23.495
1500	24.161	24.840	25.531	26.235	26.952	27.681	28.423	29.178	29.947	30.728
1600	31.522	32.329	33.150	33.984	34.831	35.691	36.565	37.452	38.352	39.266
1700	40.193	41.134	42.087	43.055	44.036	45.030	46.037	47.058	48.092	49.139
1800	50.200	51.274	52.361	53.461	54.574	55.701	56.840	57.992	59.157	60.334
1900	61.524	62.727	63.942	65.169	66.409	67.660	68.924	70.199	71.486	72.785
2000	74.095									

附录 D　第 7 章相关内容附录

表 D-1　爆炸性气体混合物分类、分级、分组及特性

物质名称	引燃温度组别	引燃温度/℃	闪点/℃	爆炸极限（体积分数,%）		蒸气相对密度
				上限	下限	
I						
甲烷	T1	537	气体	5.0	15.0	0.55
IIA						
丙烯腈	T1	481	0	2.8	28.0	1.83
乙醛	T4	140	−37.8	4.0	57.0	1.52
乙腈	T1	524	5.6	4.4	16.0	1.42
丙酮	T1	537	−19.0	2.5	13.0	2.00
氨	T1	630	气体	15.0	28.0	0.59
一氧化碳	T1	605	气体	12.5	74.0	0.97
乙醇	T2	422	11.1	3.5	19.0	1.59
乙烷	T1	515	气体	3.0	15.5	1.04

（续）

物质名称	引燃温度组别	引燃温度/℃	闪点/℃	爆炸极限（体积分数，%）		蒸气相对密度
				上限	下限	
ⅡA						
丙烯酸乙酯	T2	350	15.6	1.7		3.50
乙醚	T4	170	−45.0	1.7	18.0	2.55
硫化氢	T3	260	气体	4.3	45.0	1.19
汽油	T3	280	−42.8	1.4	7.6	3.40
壬烷	T3	205	31	0.7	5.6	4.43
甲苯	T1	535	4.4	1.2	7.0	3.18
1-丁醇	T2	340	28.9	1.4	11.3	2.55
丁烷	T2	365	气体	1.5	8.5	2.05
苯	T1	555	11.1	1.2	8.0	2.70
三氟甲基苯	T1	620	12.2			5.00
戊醇	T3	300	32.7	1.2	10.5	3.04
戊烷	T3	285	< −40.0	1.4	7.8	2.49
醋酐	T2	315	49.0	2.0	10.2	3.52
甲醇	T1	455	11.0	5.5	36.0	1.10
丙烯	T2		气体	2.0	11.7	1.49
甲基苯乙烯	T1					
二甲苯	T1	465	30	1.0	7.6	3.66
乙苯	T2	430	15	1.0	7.8	3.66
三甲苯	T1	485	50	1.1	6.4	4.15
萘	T1	540	80	0.9	5.9	4.42

表 D-2　易燃易爆粉尘和可燃纤维特性

粉尘种类	粉尘名称	引燃温度组别	高温表面沉积粉尘（5mm 厚）的引燃温度/℃	云状粉尘的引燃温度/℃	爆炸下限浓度（标态）/（g/m³)	粉尘平均粒径/μm	危险性种类
火药炸药	一号硝化棉	T13	154			100 目	爆
	黑火药	T13	230			100 目	爆
	梯恩梯	T12	220				爆
	奥克托金	T12	200				爆
	2 号硝铵煤矿炸药	T12	218				爆

（续）

粉尘种类	粉尘名称	引燃温度组别	高温表面沉积粉尘（5mm 厚）的引燃温度/℃	云状粉尘的引燃温度/℃	爆炸下限浓度（标态）/（g/m³）	粉尘平均粒径/μm	危险性种类
矿物和金属	铝（表面处理）	T11	320	590	37～50	10～15	爆
	铝（含油）	T12	230	400	37～50	10～20	爆
	铁粉	T12	242	430	153～240	100～150	易导
	镁	T11	340	470	44～59	5～10	爆
	红磷	T11	305	360	48～64	30～50	易
	炭黑	T11	535	＞690	36～45	10～20	易导
	钛	T11	290	375			爆
	锌	T11	430	530	212～284	10～15	易导
合成树脂	聚乙烯	T11	熔融	410	26～35	30～50	易
	聚丙烯	T11	熔融	430	25～35		易
	聚苯乙烯	T11	熔融	475	27～37	40～60	易
	苯乙烯（70%）、丁二烯（30%）粉状聚合物	T11	熔融	420	27～37		易
	聚乙烯醇	T11	熔融	450	42～55	5～10	易
	聚丙烯酯	T11	熔融炭化	505	35～55	5～7	易
化学药品	硫黄	T11	熔融	235		30～50	易
	乙酸钠酯	T11	熔融	520	51～70	5～8	易
	阿司匹林	T11	熔融	405	31～41	60	易
	肥皂粉	T11	熔融	575		80～100	易
农产品	玉米淀粉	T11	炭化	430		20～30	易
	马铃薯淀粉	T11	炭化	430		60～80	易
	布丁粉	T11	炭化	395		10～20	易
	糊精粉	T11	炭化	400	71～99	20～30	易
	砂糖粉	T11	熔融	360	77～99	20～40	易
鱼粉与纤维	鱼粉	T11	炭化	485		80～100	易
	烟草纤维	T11	290	485		50～100	易
燃料	泥煤粉	T11	260	450		60～90	导
	褐煤粉（褐煤）	T11	260		49～63	2～3	导
	褐煤粉（火车焦用）	T11	230	485		3～5	导
	有烟煤粉	T11	235	595	41～57	5～10	导

表 **D-3**　本质安全型电路设计时与电压和设备组别相对应的允许短路电流

设备组别	ⅡC		ⅡB		ⅡA	
安全系数	X1	X1.5	X1	X1.5	X1	X1.5
电压/V	电流/A					
12.0						
13.0	3.02	2.02				
14.0	1.80	1.20	4.33	2.88		
15.0	1.35	0.900	3.29	2.19	4.73	3.15
16.0	1.03	0.687	2.55	1.70	3.63	2.42
17.0	0.80	0.533	2.00	1.34	2.83	1.89
18.0	0.66	0.440	1.66	1.11	2.24	1.49
19.0	0.551	0.367	1.392	0.928	1.842	1.228
20.0	0.464	0.309	1.177	0.785	1.572	1.048
21.0	0.394	0.262	1.004	0.670	1.353	0.902
22.0	0.337	0.224	0.863	0.575	1.172	0.781
23.0	0.290	0.193	0.747	0.498	1.022	0.681
24.0	0.261	0.174	0.650	0.433	0.896	0.597
25.0	0.237	0.158	0.589	0.393	0.790	0.527
26.0	0.215	0.143	0.536	0.357	0.700	0.467
27.0	0.196	0.131	0.489	0.326	0.644	0.429
28.0	0.180	0.120	0.448	0.299	0.594	0.396
29.0	0.165	0.110	0.411	0.274	0.550	0.367
30.0	0.152	0.101	0.379	0.253	0.510	0.340
31.0	0.140	0.0933	0.350	0.233	0.475	0.317
32.0	0.132	0.0878	0.324	0.216	0.442	0.295
33.0	0.124	0.0827	0.301	0.201	0.414	0.276
34.0	0.117	0.0780	0.280	0.187	0.389	0.259
35.0	0.111	0.0738	0.266	0.177	0.368	0.245
36.0	0.105	0.0699	0.253	0.168	0.348	0.232
37.0	0.0994	0.0662	0.241	0.160	0.330	0.220
38.0	0.0944	0.0629	0.229	0.153	0.314	0.209
39.0	0.0897	0.0598	0.219	0.146	0.298	0.199
40.0	0.0854	0.0570	0.209	0.139	0.284	0.190
41.0	0.0814	0.0543	0.200	0.133	0.271	0.181
42.0	0.0777	0.0518	0.192	0.128	0.259	0.173
43.0	0.0743	0.0495	0.184	0.122	0.247	0.165
44.0	0.0710	0.0474	0.176	0.117	0.237	0.158
45.0	0.0680	0.0453	0.169	0.113	0.227	0.151

表 D-4 本质安全型电路设计时与电压和设备组别相对应的允许电容

设备组别	ⅡC		ⅡB		ⅡA	
安全系数	X1	X1.5	X1	X1.5	X1	X1.5
电压/V	电容/μF					
5.0		100				
6.0	600	40		1000		
7.0	175	15.7		300		
8.0	69	8.4		100		
9.0	40	4.9	1000	40		500
10.0	20.0	3.0	450	20.2		100
11.0	12.5	1.97	210	13.8		60
12.0	8.4	1.41	100	9.0		36.0
13.0	6.0	1.00	52	6.2	1000	22.5
14.0	4.0	0.73	30	4.60	330	17.0
15.0	3.0	0.58	20.2	3.55	100	14.0
16.0	2.26	0.460	15.8	2.75	70	11.0
17.0	1.76	0.375	12.0	2.20	50	9.0
18.0	1.41	0.309	9.0	1.78	36	7.6
19.0	1.12	0.258	7.2	1.58	26	6.30
20.0	0.9	0.220	5.6	1.41	20.0	5.50
21.0	0.73	0.188	4.6	1.27	17.0	4.78
22.0	0.63	0.165	3.90	1.14	15.0	4.20
23.0	0.53	0.143	3.25	1.03	13.0	3.71
24.0	0.460	0.125	2.75	0.93	11.0	3.35
25.0	0.400	0.110	2.36	0.84	9.5	2.97
26.0	0.350	0.099	2.05	0.77	8.5	2.60
27.0	0.309	0.090	1.78	0.705	7.60	2.23
28.0	0.272	0.083	1.65	0.650	6.60	2.15
29.0	0.247	0.074	1.53	0.605	6.00	1.97
30.0	0.220	0.066	1.41	0.560	5.50	1.82
31.0	0.198	0.0605	1.32	0.515	5.00	1.67
32.0	0.180	0.0560	1.23	0.475	4.60	1.56
33.0	0.165	0.0515	1.14	0.437	4.20	1.46
34.0	0.150	0.0480	1.07	0.406	3.85	1.37
35.0	0.135	0.0450	1.00	0.387	3.60	1.28
36.0	0.125	0.042	0.93	0.370	3.35	1.20
37.0	0.115	0.0390	0.87	0.353	3.10	1.12
38.0	0.105	0.0364	0.82	0.336	2.85	1.06
39.0	0.099	0.0342	0.77	0.320	2.60	1.00

本质安全型电路设计参考曲线如图 D-1～图 D-4 所示。

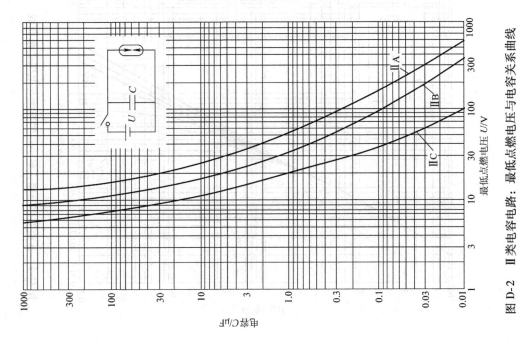

图 D-2　Ⅱ类电容电路：最低点燃电压与电容关系曲线

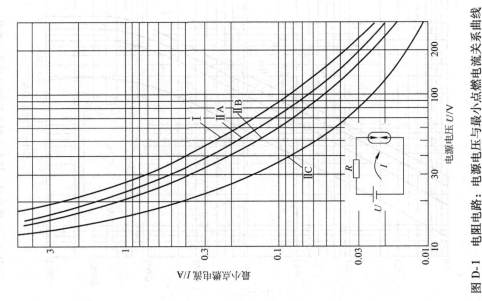

图 D-1　电阻电路：电源电压与最小点燃电流关系曲线

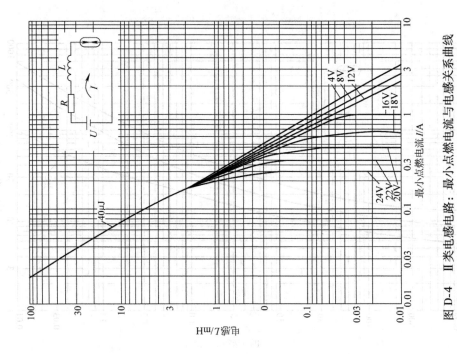

图 D-4 II 类电感电路：最小点燃电流与电感关系曲线

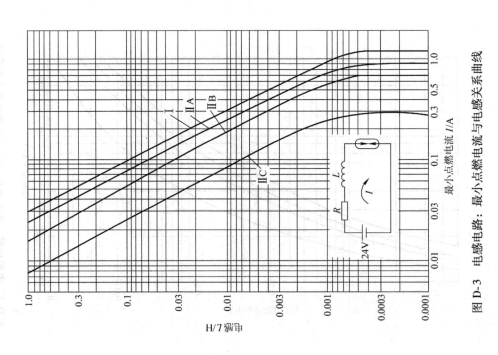

图 D-3 电感电路：最小点燃电流与电感关系曲线

附录 E　第 8 章相关内容附录

表 E-1　常用高温耐热钢及耐热合金主要性能和价格比较

类别	钢种	主要成分（质量分数,%）	牌号	空气最高温度/℃	抗渗硫	耐热腐蚀	抗渗碳	抗渗氮	高温强度	价格比较	其　他
Fe 基	Fe – Cr – Ni	Cr18，Ni9	SUS304	800 ~ 900	◎	△	△	△	△	1	
		Cr17，Ni14，Mo2.5	SUS316	800 ~ 900	◎	△	△	△	△	2	
		Cr25，Ni20，（Si2）	SUS310	1000 ~ 1100	△	△	◎	◎	◎	4	中温区有脆性
		Cr20，Ni32	Inconel800	1050 ~ 1100	△	△	◎	◎	◎	6	
	Fe – Cr	Cr25	SUH446	800 ~ 1050	▲	△	△	△	×	3	
	Fe – Cr – Al	Cr20，Al3		1150 ~ 1200	▲	◆	◆	×	×	2	高温使用后急冷或冷热过程存在脆性
		Cr24，Al5.5		1200 ~ 1300	▲	◆	◆	×	×	3	
	Fe – Cr – Al – Si	Cr24，Al5.5，Si1.5	DIN1.4762 FS – 8	1100 ~ 1200	▲	◆	◆	◆	×	4	
Ni 基	Ni – Cr Ni – Cr – W – Mo Ni – Cr – K	Cr16，Fe7	Inconel600	1100 ~ 1150	×	×	▲	▲	◎	8	
		Cr22，Al2	Inconel601/2	1200 ~ 1250	△	×	▲	▲	▲	10	
		Cr22，Mo9，Nb3	Inconel625	900 ~ 1000	△	▲	▲	▲	▲	15	
		Cr20，Al，Ti	GH3030	1100 ~ 1150	×	×	▲	▲	▲	10	
		Cr20，Mo，Nb，Al，Ti	GH3039	1150 ~ 1200	×	×	▲	▲	▲	11	
		Cr17，Al5	Alloy214	1200 ~ 1250	◎	◆	▲	▲	▲	11	
		Cr17，Al5，Fe	3YC52	1200 ~ 1300	◎	◆	▲	◆	▲	8	
		Cr17，Al5，Fe，K	HR1300	1200 ~ 1300	◎	◆	▲	◆	▲	9	
		Ni – Cr – Al – K	HR1350	1200 ~ 1350	▲	◆	▲	◆	▲	9	
		Ni – Cr – W – Mo – K	HR1230	1000 ~ 1200	▲	◆	▲	▲	▲	12	耐磨性良好
		Co30，Cr28，Si3	HR3160	900 ~ 1200	▲	▲	▲	▲	▲	18	
Co 基	Co – Cr – Fe	Cr30，Fe20	UMCo50	800 ~ 1100	◎	▲	▲	▲	▲	20	耐磨性优异
	Co – Cr – W	Cr30，Fe20，W		800 ~ 1100	◎	▲	▲	▲	▲	21	
		Co – Cr – W – Mo – K		800 ~ 1200	◎	▲	▲	▲	▲	21	

注：1. ▲表示优；◆表示好；◎表示较好；△表示一般；×表示差。

2. K 代表特殊强化相。

表 E-2 温度对变形镍基、铁基、钴基高温合金抗拉强度的影响

合　　金	21℃	540℃	650℃	760℃	870℃
	抗拉强度/MPa				
Astroloy	1415	1240	1310	1160	775
Cabot214	915	715	675	560	440
D－979	1410	1295	1105	720	345
Hastelloy C－22	800	625	585	525	—
Hastelloy G－30	690	490	—	—	—
Hastelloy S	845	775	720	575	340
Hastelloy X	785	650	570	435	255
Inconel 587	1180	1035	1005	830	525
Inconel 597	220	1140	1060	930	—
Inconel 600	660	560	450	260	140
Inconel 617	740	580	565	440	275
Inconel 617	770	590	590	470	310
Inconel 625	965	910	835	550	275
Inconel 706	1310	1145	1035	725	—
Inconel 718	1435	1275	1228	950	340
Inconel X750	1200	1050	940	—	—
M－252	1240	1230	1160	945	510
Nimonic 75	745	675	540	310	150
Nimonic 80A	1000	875	795	600	310
Nimonic 90	1235	1075	940	655	330
Nimonic 105	1180	1130	1095	930	660
Nimonic 115	1240	1090	1125	1085	830
Nimonic 263	970	800	770	650	280
Nimonic 942	1405	1300	1240	900	—
Nimonic PE. 11	1080	1000	940	760	—
Nimonic PE. 16	885	740	660	510	215
Nimonic PK. 33	1180	1000	1000	885	510
Pyromet 860	1295	1255	1110	910	—
Rene 41	1420	1400	1340	1105	620
Rene 95	1620	1550	1460	1170	—
Udimet 400	1310	1185	—	—	—
Udimet 500	1310	1240	1215	1040	640
Udimet 520	1310	1240	1175	725	515

镍基

（续）

合　金		21℃	540℃	650℃	760℃	870℃
		抗拉强度/MPa				
镍基	Udimet 630	1520	1380	1275	965	—
	Udimet 700	1410	1275	1240	1035	690
	Udimet 710	1185	1150	1290	1020	705
	Udimet 720	1570	—	1455	1455	1150
	Unitemp AF2 – 1DA6	1560	1480	1400	1290	—
	Waspaloy	1275	1170	1115	650	275
铁镍基	A – 286	1005	905	720	440	—
	Alloy 901	1205	1030	960	725	—
	Discaloy	1000	865	720	485	—
	Haynes 556	815	645	590	470	330
	Incoloy 800	595	510	405	235	—
	Incoloy 801	785	660	540	325	—
	Incoloy 802	690	600	400	400	195
	Incoloy 807	655	470	350	350	220
	Incoloy 825	690	≈590	≈470	≈275	≈140
	Incoloy 903	1310	—	1000	—	—
	Incoloy 909	1310	1160	1025	615	—
	N – 155	815	650	545	428	260
	V – 57	1170	1000	895	620	—
	19 – 9DL	815	615	517	—	—
	16 – 25 – 6	980	—	620	415	—
钴基	AirResis 213（g）	1120	—	960	485	315
	Haynes 188	960	740	710	635	420
	L – 605	1005	800	710	455	325

附录 F　温度测量相关标准目录

标　准　号	标　准　名　称
GB/T 1598—2010	铂铑 10 – 铂热电偶丝、铂铑 13 – 铂热电偶丝、铂铑 30 – 铂铑 6 热电偶丝
GB/T 2614—2010	镍铬 – 镍硅热电偶丝
GB/T 2903—2015	铜 – 铜镍（康铜）热电偶丝
GB/T 4989—2013	热电偶用补偿导线
GB/T 4990—2010	热电偶用补偿导线合金丝

（续）

标　准　号	标　准　名　称
GB/T 4993—2010	镍铬－铜镍（康铜）热电偶丝
GB/T 4994—2015	铁－铜镍（康铜）热电偶丝
GB/T 5977—2019	电阻温度计用铂丝
GB/T 9452—2012	热处理炉有效加热区测量方法
GB/T 16701—2010	贵金属、廉金属热电偶丝热电动势测量方法
GB/T 16839.1—2018	热电偶 第1部分：电动势规范和允差
GB/T 17615—2015	镍铬硅－镍硅镁热电偶丝
GB/T 18404—2001	铠装热电偶电缆及铠装热电偶
GB/T 19900—2005	金属铠装温度计元件的尺寸
GB/T 19901—2005	温度计检测元件的金属套管实用尺寸
GB/T 25480—2010	仪器仪表运输、贮存基本环境条件及试验方法
GB/T 29822—2013	钨铼热电偶丝及分度表
GB/T 30429—2013	工业热电偶
GB/T 30825—2014	热处理温度测量
GB/T 32541—2016	热处理质量控制体系
GB/T 36010—2018	铂铑40－铂铑20热电偶丝及分度表
GB/T 36016—2018	铠装连续热电偶电缆及铠装连续热电偶
GJB 509A—1995	热处理工艺质量控制要求
GJB 2716—1996	舰船用热电偶和热电阻通用规范
JJF 1007—2007	温度计量名词术语及定义
JJF 1049—1995	温度传感器动态响应校准
JJF 1059.1—2012	测量不确定度评定与表示
JJF 1098—2003	热电偶、热电阻自动测量系统校准规范
JJF 1176—2007	（0～1500）°C 钨铼热电偶校准规范
JJF 1262—2010	铠装热电偶校准规范
JJF 1309—2011	温度校准仪校准规范
JJF 1409—2013	表面温度计校准规范
JJF 1631—2017	连续热电偶校准规范
JJF 1637—2017	廉金属热电偶校准规范
JJF（冀）3003—2018	热量表配对温度传感器校准规范
JJG 141—2013	工作用贵金属热电偶
JJG 167—1995	标准铂铑30－铂铑6热电偶
JJG 229—2010	工业用铂、铜热电阻检定规程
JJG 542—1997	金－铂热电偶检定规程

（续）

标　准　号	标　准　名　称
JJG 668—1997	工作用铂铑 10 - 铂、铂铑 13 - 铂短型热电偶检定规程
JB/T 5582—2014	工业铠装热电偶技术条件
JB/T 7491—2014	热电偶用二硅化钼保护管
JB/T 8205—1999	廉金属铠装热电偶电缆
JB/T 8623—2015	工业铜热电阻技术条件及分度表
JB/T 8803—2015	双金属温度计
JB/T 9236—2014	工业自动化仪表产品型号编制原则
JB/T 9239—2014	工业热电偶、热电阻用陶瓷接线板
JB/T 10449—2004	碳化硅特种制品 重结晶碳化硅 方梁
JB/T 12529—2015	工业钨铼热电偶技术条件
JC/T 508—1994	热电偶用陶瓷绝缘管
JC/T 509—1994	热电偶用陶瓷保护管
HB 5354—1994	热处理工艺质量控制
HB 5425—2012	航空制件热处理炉有效加热区测定方法

参考文献

[1] 王魁汉. 温度测量技术 [M]. 沈阳：东北工学院出版社，1991.

[2] ROSSO A, RIGHINI F. A new transfer standard pyrometer [J]. Measurement, 1985, 3 (131): 131 - 136.

[3] 褚载祥，陈守仁，孙毓星. 材料发射率测量技术 [J]. 红外研究，1986, 5 (3): 231 - 239.

[4] 赵琪，凌善康. 科学和工业中温度测量与控制 [M]. 北京：中国计量出版社，1986.

[5] 凌善康. 温度计量 [M]. 北京：中国计量出版社，1986.

[6] GU S, FU G, ZHANG Q. 3500K high frequency induction - heated blackbody source [J]. Thermophysics, 1989, 3 (1): 83 - 85.

[7] 褚载祥，戴景民，霍伟光. 精密（标准）光电高温计 [J]. 哈尔滨工业大学学报，1991 (2): 114 - 116.

[8] 潘圣铭. 温度计量 [M]. 北京：中国计量出版社，1991. .

[9] 黄泽铣. 功能材料及其应用手册 [M]. 机械工业出版社，1991.

[10] WANG K H, CUI C M. New thermocouple ceramet protection tubes for high temperature melt thermometry [J]. Temperature its measurement and control in science and industry, 1992 (6): 631 - 635.

[11] RIGHINI F, BUSSOLINO G C, ROSSO A. A new technique for the measurement of radiance temperature at the melting point [J]. International Journal of Thermophysics, 1993, 14 (3): 485 - 494.

[12] 日本電気計測器工業會. 新編温度計の正しい使い方 [M]. 東京：東京日本工業出版社，1997.

[13] 师克宽. 计量测试技术手册：第3卷 温度 [M]. 北京：中国计量出版社，1997.

[14] 张忠模. 偶型热敏电缆 [J]. 传感器世界，1997 (12): 36 - 39.

[15] 崔志尚. 温度计量与测试 [M]. 北京：中国计量出版社，1998.

[16] 全国计量标准、计量检定人员考核委员会. 测量不确定度评定与表示实例 [M]. 北京：中国计量出版社，2001.

[17] 张继培. 温度计量技术进展近况 [J]. 上海计量测试，2002, 29 (1): 49.

[18] 戴景民. 多光谱辐射测温理论与应用 [M]. 北京：高等教育出版社，2002.

[19] 山田善郎・金属 - 炭素共晶を用いた高温度標準の動向 [J]. 計測と制御，2003, 42 (11): 918 - 921.

[20] 全国螺纹技术标准化委员会. 公制、美制和英制螺纹标准手册 [M]. 3版. 北京：中国标准出版社，2009.

[21] 孙宝元，杨宝清. 传感器及其应用手册 [M]. 北京：机械工业出版社，2004.

[22] 魏小明，张忠模. 气化炉表面温度监测与过温报警系统 [J]. 大氮肥，2004, 27 (4): 249 - 251.

[23] 邓世钧. 高性能陶瓷涂层 [M]. 北京：化学工业出版社，2004.

[24] 彭平. 大型真空铝钎焊装备——主要技术参数设计与控制 [J]. 真空. 2004, 41 (4): 94 - 97.

[25] 谢植，次英，孟红记，等. 基于在线黑体空腔理论的钢水连续测温传感器的研制 [J]. 仪器仪表学报，2005, 26 (5): 9 - 11, 19.

[26] 张忠模，徐丽艳，李多庄，等. 铠装热敏电缆材料及将其制成的温度传感器 [J]. 功能材料信

息，2005，2（6）：26 – 30.

[27] 周怀春. 炉内火焰可视化检测原理与技术［M］. 北京：科学出版社，2005.

[28] SUN X G, YUAN G B, DAI J M, et al. Chu, Processing method of multi – wavelength pyrometer data for continuous temperature measurements［J］. International Journal of Thermophysics, 2005, 26 (4)：1255 – 1261.

[29] LOU C, ZHOU H C, YU P F, et al. Measurements of the flame emissivity and radiative properties of particulate medium in pulverized – coal – fired boiler furnaces by image processing of visible radiation［J］. Proceeding of the Combustion Institute, 2007, 31 (2)：2771 – 2778.

[30] 朱家良. 温度显示仪表及其校准［M］. 北京：中国计量出版社，2008.

[31] DUVAUT T. Comparison between multiwavelength infrared and visible pyrometry：Application to metals ［J］. Infrared Physics & Technology, 2008, 51 (4)：292 – 299.

[32] 易丽华，黄俊. 基于 AT89C51 单片机与 DS18B20 的温度测量系统［J］. 电子与封装，2009，9 (5)：39 – 43.

[33] 刘春怡. 数字温度传感器 DS18B20 测温的应用［J］. 自动化系统工程，2010（10）：116 – 117.

[34] EITAN R, COHEN A. Untrimmed Low – Power Thermal Sensor for SoC in 22 nm Digital Fabrication Technology［J］. Journal of Low Power Electronics and Applications, 2014, 4 (4)：304 – 316.

[35] FU T R, LIU J F, TANG J Q, et al. Temperature measurements of high – temperature semi – transparent infrared material using multi – wavelength pyrometry［J］. Infrared Physics & Technology, 2014, 66：49 – 55.

[36] 金志军，谷祖康. 热量表计量检定技术和程序实施指南［M］. 北京：中国质检出版社，2015.

[37] 钱惠国，高超. 轧钢加热炉钢坯"黑匣子"测量方法［J］. 金属热处理，2015，40（11）：205 – 208.

[38] 姚艳玲，代军，黄春峰. 现代航空发动机温度测试技术发展综述［J］. 航空制造技术，2015 (12)：103 – 107.

[39] 田集斌，符泰然，许乔奇，等. 基于有效发射率的涡轮叶片辐射测温方法研究［J］. 计量学报，2015，36 (6A)：45 – 49.

[40] 卢小丰，原遵东，董伟，等. 应用高温固定点校准精密光电高温计［J］. 计量学报，2017，38 (05)：584 – 588.

[41] XING J, PENG B, MA Z, et al. Directly data processing algorithm for multi – wavelength pyrometer (MWP)［J］. Optics Express, 2017, 25 (24)：30560 – 30574.

[42] ANTÓNIO J M M ARAÚJO. Multi – spectral pyrometry – a review［J］. Measurement Science and Technology, 2017, 28 (8)：1 – 15.

[43] FU T R, LIU J F, TIAN J B. VIS – NIR multispectral synchronous imaging pyrometer for high – temperature measurements［J］. Review of Scientific Instruments, 2017, 88 (6)：1 – 7.

民, 2008, 2 (4): 26-30.

[27] 张洪才. 有限元分析：ANSYS理论与应用 [M]. 北京: 机械工业出版社, 2005.

[28] SUN X Q, YUAN G B, DAI L W, et al. Processing method of multi-wavelength pyrometer data for continuous temperature measurements [J]. International Journal of Thermophysics, 2005, 26 (4): 1255-1268.

[29] LOU C, ZHOU H C, YU P F, et al. Measurements of the flame emissivity and radiative properties of particulate medium in pulverized-coal-fired boiler furnaces by image processing of visible radiation [J]. Proceedings of the Combustion Institute, 2007, 31 (2): 2771-2778.

[30] 朱定一. 高温物理及其实验技术 [M]. 北京: 冶金工业出版社, 2008.

[31] DUVAUT T. Comparison between multiwavelength infrared and visible pyrometry: Application to metals [J]. Infrared Physics & Technology, 2008, 51 (4): 292-299.

[32] 姚瑞生, 李恒. 基于 AT89C51 单片机的 DS18B20 的温度测量系统 [J]. 电子工程师, 2009, 9 (34): 29-43.

[33] 刘景岩. 基于单总线技术的 DS18B20 测温电路设计 [J]. 仪器仪表用户, 2010, 10: 116-117.

[34] GITAN B, COHEN A. Unmanned Low-Power Thermal Sensor for SoC in 22 nm Digital Fabrication Technology [J]. Journal of Low Power Electronics and Applications, 2014, 4 (4): 304-310.

[35] FU T R, LIU J F, TANG J Q, et al. Temperature measurements of high-temperature semi-transparent infrared material using multi-wavelength pyrometry [J]. Infrared Physics & Technology, 2014, 66: 49-55.

[36] 俞金寿, 孙自强. 过程自动化及仪表技术与应用丛书 [M]. 北京: 中国石化出版社, 2015.

[37] 郑红波, 赵磊. 基于微型热电偶的瞬态温度 [J]. 测量与检测技术, 2018, 40 (11): 205-208.

[38] 姚国强, 代彬. 测温方法及其技术发展现状及发展趋势 [J]. 稀有金属与硬质合金, 2015 (12): 102-107.

[39] 田昌会, 段宝岩, 杜敬利, 等. 基于平板式透镜天线的微波辐射测温技术研究 [J]. 电子学报, 2015, 36 (6A): 43-49.

[40] 李小飞, 骆清铭, 曾绍群, 等. 超宽带超短激光脉冲多光谱成像技术 [J]. 科学通报, 2017, 58 (05): 564-575.

[41] XING J, PENG B, MA Z, et al. Directly data processing algorithm for multi-wavelength pyrometer (MWP) [J]. Optics Express, 2017, 25 (24): 30560-30574.

[42] ANTONIO J, M ARAUJO. Multi-spectral pyrometry - a review [J]. Measurement Science and Technology, 2017, 28 (8): 1-13.

[43] FU T R, LIU J F, TIAN B, VIS-NIR multispectral synchronous imaging pyrometer for high-temperature measurements [J]. Review of Scientific Instruments, 2017, 88 (6): 1-7.